JN415595

Fundamental Physical Constants

Avogadro	$N_0 = 6.022\,136 \times 10^{23}$ l/mol
Boltzmann	$k = 1.380\,658 \times 10^{-23}$ J/K
Planck	$h = 6.626\,076 \times 10^{-34}$ Js
Gas Constant	$\bar{R} = N_0 k = 8.314\,51$ J/mol K
Atomic Mass Unit	$m_0 = 1.660\,540 \times 10^{-27}$ kg
Velocity of Light	$c = 2.997\,925 \times 10^{8}$ m/s
Electron Charge	$e = 1.602\,177 \times 10^{-19}$ C
Electron Mass	$m_e = 9.109\,389 \times 10^{-31}$ kg
Proton Mass	$m_p = 1.672\,623 \times 10^{-27}$ kg
Gravitation (Std.)	$g = 9.806\,65$ m/s^2
Stefan Boltzmann	$\sigma = 5.670\,51 \times 10^{-8}$ W/m^2 K^4

Prefixes

10^{-1}	deci	d
10^{-2}	centi	c
10^{-3}	milli	m
10^{-6}	micro	μ
10^{-9}	nano	n
10^{-12}	pico	p
10^{-15}	femto	f
10^{1}	deka	da
10^{2}	hecto	h
10^{3}	kilo	k
10^{6}	mega	M
10^{9}	giga	G
10^{12}	tera	T
10^{15}	peta	P

Concentration

10^{-6} parts per million ppm

Introduction to
Engineering Theromodynamics
Second Edition

Richard E. Sonntag
Claus Borgnakke

손탁의

열역학 강의

제2판

김인찬 · 권영필 · 김동혁 · 김성훈 · 김태권 · 배대석 · 이도형 옮김

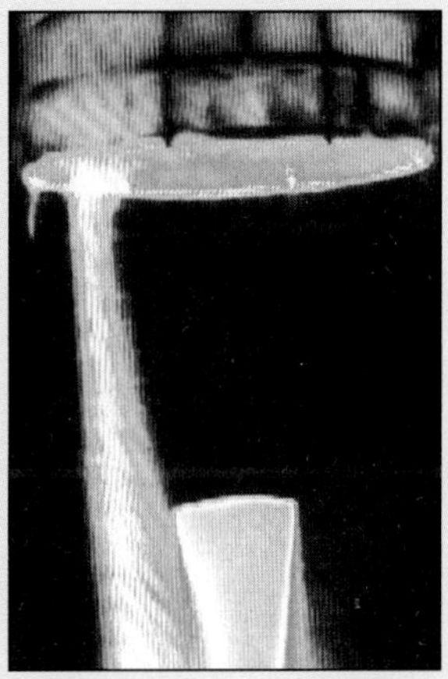

WILEY

TEXTBOOKS
텍스트북스

Introduction to Engineering Thermodynamics 2/E
Richard E. Sonntag, Claus Borgnakke

ISBN 978-04-71737-59-9

옮긴이 소개

김인찬 군산대학교
권영필 숭실대학교
김동혁 한국해양대학교
김성훈 계명대학교
김태권 계명대학교
배대석 부경대학교
이도형 부경대학교

손탁의 열역학 강의 제2판 수정판

발행일 2024년 3월 10일 제2판 수정1쇄 발행
지은이 Richard E. Sonntag, Claus Borgnakke
옮긴이 김인찬, 권영필, 김동혁, 김성훈, 김태권, 배대석, 이도형
발행인 임은정 발행처 (주)텍스트북스
주소 서울시 영등포구 양평로 30길 14, 세종앤까뮤스퀘어 1109호
전화 02-702-5725 팩스 02-702-5727 웹사이트 www.textbooks.co.kr
등록번호 제2022-000098호
ISBN 979-11-91679-22-9 93550
정가 38,000원

머리말

Preface

열역학은 많은 공학 및 자연과학 분야에서 필수적인 기본 과목이며 열역학 학습을 통해 현대의 필수적인 과학적 개념인 에너지와 엔트로피에 대한 이해와 응용을 기대할 수 있다. 다른 분야도 마찬가지겠지만 열역학 역시 그 중요도에 비해 학습에 필수적인 적절한 교재의 선택은 강의를 담당할 교수자에게도 쉽지 않은 일이다. 이 책은 Sonntag 교수와 Borgnakke 교수의 "Introduction to Engineering Thermodyamics"의 번역판이다. 대학 강단에서 다년간 열역학을 강의한 필자들에게 이 책은 그 깊이와 구성, 그리고 분량에서 최적의 해법을 제공해 왔다고 할 수 있다. 이 책의 순서를 따라가면서 "에너지란 무엇인가, 왜 필요한가?"에서 시작하여 "엔트로피는 무엇이고 그 역할은 어떤 것인가?"에 이르기까지 열역학의 스토리라인을 자연스럽게 구성할 수 있었다.

이번 수정판은 "손탁의 열역학 강의"는 번역 과정에서 흔히 나타나는 오탈자의 최소화에 주안점을 두었으며 또 시각적 가독성의 향상에 노력을 기울였다. "손탁의 열역학 강의"는 교수자의 재량에 따라 한 학기 또는 두 학기에 강의할 수 있는 교재이다. 요점 위주로 강의하면 한 학기에 마칠 수 있을 것이며 연습 문제들의 학습과 개념들의 숙지 등을 차근차근 다져가면 두 학기 분량으로도 충분한 학습 내용을 포함한다고 생각한다.

이 책의 출판에 수고를 아끼지 않은 텍스트북스 관계자들에게 감사를 표한다.

옮긴이 적음

Introduction to
Engineering Thermodynamics

차례

Contents

▸ 머리말 ▸ *iii*

▸ 기호표 ▸ *xiii*

제 1 장

서론 ▸ *1*

▸ **1.1** 단순 증기 동력 발전소 ▸ *1*

▸ **1.2** 연료 전지 ▸ *2*

▸ **1.3** 증기 압축 냉동 사이클 ▸ *5*

▸ **1.4** 열전 냉동기 ▸ *5*

▸ **1.5** 공기 분리 장치 ▸ *7*

▸ **1.6** 가스 터빈 ▸ *8*

▸ **1.7** 화학 로켓 엔진 ▸ *9*

▸ **1.8** 기타 응용 및 환경 문제 ▸ *10*

제 2 장

개념과 정의 ▸ *13*

▸ **2.1** 열역학계와 검사체적 ▸ *13*

▸ **2.2** 거시적 관점과 미시적 관점 ▸ *14*

▸ **2.3** 물질의 상태와 상태량 ▸ *15*

▸ **2.4** 과정과 사이클 ▸ *16*

▸ **2.5** 질량, 길이, 시간 및 힘의 단위 ▸ *17*

▸ **2.6** 에너지 ▸ *18*

▸ **2.7** 비체적과 밀도 ▸ *20*

▸ **2.8** 압력 ▸ *22*

2.9 온도의 동등성 ▸ 27
2.10 열역학 제0법칙 ▸ 27
2.11 온도 눈금 ▸ 28
이 장의 요약 ▸ 28
주요 개념과 식 ▸ 29
연습 문제 ▸ 30

제3장

순수 물질의 상태량 ▸ 35

3.1 순수 물질 ▸ 36
3.2 순수 물질의 증기–액체–고체 상 평형 ▸ 36
3.3 순수 물질의 독립 상태량 ▸ 41
3.4 열역학 성질표 ▸ 42
3.5 열역학 면 ▸ 48
3.6 저밀도와 적정 밀도 가스의 P–V–T 거동 ▸ 50
3.7 압축성 인자 ▸ 52
3.8 상태 방정식 ▸ 55
3.9 전산 상태량 표 ▸ 56
3.10 방법론 편 ▸ 57
이 장의 요약 ▸ 60
주요 개념과 식 ▸ 61
연습 문제 ▸ 61

제4장

일과 열 ▸ 67

4.1 일의 정의 ▸ 67
4.2 일의 단위 ▸ 69
4.3 단순 압축성 시스템의 경계 이동에 의한 일 ▸ 70
4.4 다른 시스템에서의 일 ▸ 77
4.5 일에 대한 결론 ▸ 79
4.6 열의 정의 ▸ 80
4.7 열전달 방식 ▸ 81
4.8 열과 일의 비교 ▸ 83

▸ **4.9** 방법론 편 ▸ *84*

이 장의 요약 ▸ *84*

주요 개념과 식 ▸ *85*

▶ 연습 문제 ▸ *86*

제5장

열역학 제1법칙 ▸ *91*

▸ **5.1** 검사질량의 사이클변화에 대한 열역학 제1법칙 ▸ *91*

▸ **5.2** 검사질량의 상태변화량에 대한 열역학 제1법칙 ▸ *92*

▸ **5.3** 내부 에너지—열역학 상태량 ▸ *98*

▸ **5.4** 문제해석 및 풀이기법 ▸ *99*

▸ **5.5** 열역학 상태량—엔탈피 ▸ *101*

▸ **5.6** 정적비열과 정압비열 ▸ *104*

▸ **5.7** 이상기체의 내부 에너지, 엔탈피 및 비열 ▸ *106*

▸ **5.8** 시간 변화율로서의 제1법칙 ▸ *110*

▸ **5.9** 질량보존 ▸ *112*

▸ **5.10** 방법론 편 ▸ *113*

이 장의 요약 ▸ *114*

주요 개념과 식 ▸ *115*

▶ 연습 문제 ▸ *115*

제6장

검사체적에 대한 제1법칙 해석 ▸ *123*

▸ **6.1** 순 질량 보존과 검사체적 ▸ *123*

▸ **6.2** 검사체적에 대한 열역학 제1법칙 ▸ *126*

▸ **6.3** 정상 상태 과정 ▸ *128*

▸ **6.4** 정상 상태 과정의 예 ▸ *130*

▸ **6.5** 천이 과정 ▸ *141*

▸ **6.5** 방법론 편 ▸ *147*

이 장의 요약 ▸ *148*

주요 개념과 식 ▸ *149*

▶ 연습 문제 ▸ *151*

제7장

열역학 제2법칙 ▸ 161

▸ 7.1 열기관과 냉동기 ▸ 161

▸ 7.2 열역학 제2법칙 ▸ 166

▸ 7.3 가역 과정 ▸ 168

▸ 7.4 과정을 비가역적으로 만드는 요인들 ▸ 169

▸ 7.5 Carnot 사이클 ▸ 172

▸ 7.6 Carnot 사이클의 효율과 관련하여 두 가지의 중요한 원리 ▸ 173

▸ 7.7 열역학적 온도 눈금 ▸ 174

▸ 7.8 이상기체의 온도 눈금 ▸ 175

▸ 7.9 이상적인 기계와 실제 기계 ▸ 178

이 장의 요약 ▸ 181

주요 개념과 식 ▸ 182

▸ 연습 문제 ▸ 182

제8장

엔트로피 ▸ 187

▸ 8.1 Clausius 부등식 ▸ 187

▸ 8.2 엔트로피—계의 상태량 ▸ 191

▸ 8.3 순수 물질의 엔트로피 ▸ 193

▸ 8.4 가역 과정에서의 엔트로피 변화 ▸ 194

▸ 8.5 열역학적 상태량의 관계식 ▸ 198

▸ 8.6 고체 및 액체의 엔트로피 변화 ▸ 199

▸ 8.7 이상기체의 엔트로피 변화 ▸ 200

▸ 8.8 이상기체의 가역 폴리트로프 과정 ▸ 204

▸ 8.9 비가역 과정 중 검사질량 내의 엔트로피 변화 ▸ 207

▸ 8.10 엔트로피의 생성 ▸ 208

▸ 8.11 엔트로피 증가의 원리 ▸ 210

▸ 8.12 시간 변화율 식으로서의 엔트로피 ▸ 213

▸ 8.13 방법론 편 ▸ 214

이 장의 요약 ▸ 216

주요 개념과 식 ▸ 216

▸ 연습 문제 ▸ 217

제9장

검사체적에 대한 제2법칙 해석 ▸ 225

▸ 9.1 검사체적에 대한 열역학 제2법칙 ▸ 225
▸ 9.2 정상 상태 과정과 과도 과정 ▸ 226
▸ 9.3 정상 상태 단일 유동 과정 ▸ 233
▸ 9.4 엔트로피 증가의 원리 ▸ 236
▸ 9.5 효율 ▸ 238
▸ 9.6 가용 에너지, 가역 일 및 비가역성 ▸ 243
▸ 9.7 가용성과 제2법칙 효율 ▸ 249
▸ 9.8 엔트로피와 카오스(chaos)에 관한 몇 가지 일반적인 해설 ▸ 253
▸ 9.9 방법론 편 ▸ 254
이 장의 요약 ▸ 256
주요 개념과 식 ▸ 257
▸ 연습 문제 ▸ 258

제10장

기체 혼합물 ▸ 267

▸ 10.1 일반적 사항과 이상 기체 혼합물 ▸ 267
▸ 10.2 기체와 수증기 혼합물에 대한 간단한 모델 ▸ 273
▸ 10.3 기체–수증기 혼합물에 대한 제1법칙 ▸ 276
▸ 10.4 단열 포화 과정 ▸ 278
▸ 10.5 건구 온도와 습구 온도 ▸ 280
▸ 10.6 습공기 선도 ▸ 281
▸ 10.7 방법론 편 ▸ 282
이 장의 요약 ▸ 284
주요 개념과 식 ▸ 285
▸ 연습 문제 ▸ 286

제11장

동력 및 냉동계 ▸ 293

▸ 11.1 동력계의 개요 ▸ 293
▸ 11.2 Rankine 사이클 ▸ 295
▸ 11.3 재생 사이클 ▸ 300

▸ 11.4 실제 사이클과 이상 사이클의 차이 ▸ 304
▸ 11.5 열병합 발전 ▸ 307
▸ 11.6 공기 표준 동력 사이클 ▸ 308
▸ 11.7 Brayton 사이클 ▸ 309
▸ 11.8 재생기가 있는 단순 가스 터빈 사이클 ▸ 315
▸ 11.9 제트 추진용 공기 표준 사이클 ▸ 317
▸ 11.10 왕복 기관 동력 사이클 ▸ 319
▸ 11.11 Otto 사이클 ▸ 320
▸ 11.12 디젤 사이클 ▸ 323
▸ 11.13 냉동계의 개요 ▸ 326
▸ 11.14 증기 압축 냉동 사이클 ▸ 326
▸ 11.15 증기 압축 냉동계의 작동 유체 ▸ 328
▸ 11.16 실제 증기 압축 냉동 사이클과 이상 사이클의 차이 ▸ 329
▸ 11.17 공기 표준 냉동 사이클 ▸ 331
▸ 11.18 복합 사이클의 동력 및 냉동계 ▸ 334
이 장의 요약 ▸ 336
주요 개념과 식 ▸ 337
▶ 연습 문제 ▸ 338

제12장

화학 반응 ▸ 347

▸ 12.1 연료 ▸ 347
▸ 12.2 연소 과정 ▸ 350
▸ 12.3 생성 엔탈피 ▸ 356
▸ 12.4 반응 계의 제1법칙 해석 ▸ 358
▸ 12.5 연소 열 ▸ 362
▸ 12.6 단열 화염 온도 ▸ 364
▸ 12.7 열역학 제3법칙과 절대 엔탈피 ▸ 366
▸ 12.8 반응 계의 제2법칙 해석 ▸ 367
▸ 12.9 연료 전지 ▸ 369
▸ 12.10 화학 평형 ▸ 371
▸ 12.11 방법론 편 ▸ 376
이 장의 요약 ▸ 377
주요 개념과 식 ▸ 378
▶ 연습 문제 ▸ 379

제13장

열전달 개론 ▸ 383

▸ 13.1 열전달 형태 ▸ 383
▸ 13.2 정상 상태 1차원 전도 ▸ 388
▸ 13.3 확장 표면 ▸ 397
▸ 13.4 내부 에너지 생성 ▸ 402
▸ 13.5 천이 열전달 ▸ 406
▸ 13.6 대류 열전달 ▸ 408
▸ 연습 문제 ▸ 417

부록A SI 단위: 단일 상태의 상태량 ▸ 425
부록B SI 단위: 열역학표 ▸ 445
부록C 이상기체 비열 ▸ 491
부록D 상태방정식 ▸ 493
부록E 그림 ▸ 497
부록F 영국 단위 보충 ▸ 501
부록G 영국 단위표 ▸ 509

▸ 연습 문제 해답 ▸ 539
▸ 찾아보기 ▸ 545

기호표

Symbols

a	acceleration
A	area
AF	air-fuel ratio
c	mass fraction
C_p	constant-pressure specific heat
C_v	constant-volume specific heat
C_{po}	zero-pressure constant-pressure specific heat
C_{vo}	zero-pressure constant-volume specific heat
e, E	specific energy and total energy
F	force
FA	fuel-air ratio
g	acceleration due to gravity
g, G	specific Gibbs function and total Gibbs function
h, H	specific enthalpy and total enthalpy
h	convection heat transfer coefficient
i	electrical current
I	irreversibility
k	conductivity
k	specific heat ratio: C_p/C_v
K	equilibrium constant
KE	kinetic energy
L	length
m	mass
$\dot{m}$	mass flow rate
M	molecular weight
n	number of moles
n	polytropic exponent
P	pressure
P_i	partial pressure of component i in a mixture
PE	potential energy
P_r	relative pressure as used in gas tables
Pr	Prandtl number
q, Q	heat transfer per unit mass and total heat transfer
$\dot{Q}$	rate of heat transfer
Q_H, Q_L	heat transfer with high-temperature body and heat transfer with low-temperature body; sign determined from context
R	gas constant
$\overline{R}$	universal gas constant
R	thermal resistance
Re	Reynolds number

s, S	specific entropy and total entropy
S_{gen}	entropy generation
$\dot{S}_{gen}$	rate of entropy generation
t	time
T	temperature
u, U	specific internal energy and total internal energy
v, V	specific volume and total volume
v_r	relative specific volume as used in gas tables
$\mathbf{V}$	velocity
w, W	work per unit mass and total work
$\dot{W}$	rate of work, or power
w^{rev}	reversible work between two states
x	quality
y	gas-phase mole fraction
Z	elevation
Z	compressibility factor
Z	electrical charge

Script Letters

$\mathscr{E}$	electrical potential
$\mathscr{S}$	surface tension
$\mathscr{T}$	tension

Greek Letters

α	temperature coefficient
β	coefficient of performance for a refrigerator
β'	coefficient of performance for a heat pump
η	efficiency
θ	temperature variable
μ	absolute viscosity
ν	stoichiometric coefficient
ν	kinematic viscosity
ρ	density
Φ	equivalence ratio
ϕ	relative humidity
ψ	flow availability or exergy
ω	humidity ratio or specific humidity
ω	acentric factor

Subscripts

c	property at the critical point
c	cross-sectional
cond	conduction
conv	convection

c.v.	control volume
e	state of a substance leaving a control volume
f	formation
f	property of saturated liquid
fg	difference in property for saturated vapor and saturated liquid
g	property of saturated vapor
i	state of a substance entering a control volume
i	property of saturated solid
if	difference in property for saturated liquid and saturated solid
ig	difference in property for saturated vapor and saturated solid
r	reduced property
s	isentropic process
s	surface value
0	property of the surroundings free stream value

SUPERSCRIPTS

$\bar{}$	bar over symbol denotes property on a molal basis
$^\circ$	property at standard-state condition
rev	reversible
$'$	property per unit length
$''$	property per unit area
$'''$	property per unit volume

Introduction to
Engineering Thermodynamics

제 1 장

서론

Some Introductory Comments

이 장의 주제

- 단순 증기 동력 발전소
- 증기 압축 냉동 사이클
- 공기 분리 장치
- 화학 로켓 엔진
- 연료 전지
- 열전 냉동기
- 가스 터빈
- 기타 응용 및 환경 문제

열역학을 공부하는 과정에서 제시되는 많은 예제와 연습 문제는 증기 동력 발전소, 연료 전지, 증기 압축 냉동기, 열전 냉동기, 터빈이나 로켓 기관, 공기 분리 장치 등에서 나타나는 각종 과정과 관련된 것이다. 본 장에서는 이러한 장치들에 관하여 간략히 소개하고자 하며, 여기에는 다음과 같은 두 가지 목적이 있다. 첫째는 대부분의 학생들이 이러한 시스템을 접해 본 경험이 없기 때문에 실제 과정과 장치에 대한 친근감을 갖게 하여 좀더 의미 있는 문제 해석을 하도록 하기 위한 것이다. 둘째는 나중에 보다 정확하게 정의하겠지만 몇 가지 용어를 포함하여 열역학을 소개하고, 열역학을 응용하여 해결할 수 있는 문제들과 그동안 이룩된 성과들을 소개하고자 하는 것이다.

열역학은 본 장에서 다루는 것보다 훨씬 더 많은 과정과 관계되며, 재료, 화학 반응 및 플라즈마 등의 연구에 기본이 된다. 따라서 본 장이 열역학에 관한 간략하고도 불충분한 소개에 불과하다는 것을 염두에 두기 바란다.

1.1 단순 증기 동력 발전소

그림 1.1은 최근 설치된 증기 동력 발전소(steam power plant)의 개략도이다. 고압의 과열 수증기(superheated steam)가 증기 발생기인 보일러(boiler)의 상부에 있는 증기 드럼에서 나와 터빈(turbine)으로 유입된다. 수증기는 터빈 내에서 팽창하면서 일을 하며 터빈에 연결된 발전기를 구동한다. 저압의 수증기는 터빈을 빠져나와 열교환기로 유입되어 냉각수에 열을 빼앗겨 응축된다. 이때 대량의 냉각수가 필요하므로 발전소는 전통적으로 강가나 호숫가에 위치하게 되며, 공급수의 오염(thermal pollution) 문제를 일으키기도 한다. 최근에는 응축기에서 나온 냉각수를 대형 냉각탑에서 물의 일부를 증발시켜 재활용하고 있다. 그림 1.1에 있는 발전소는 응축기에서 나온 냉각수를 지역 난방을 위한 온수로 사용하여 재활용할 수 있도록 설계한 것이다.

응축기에서 나온 응축수는 펌프에 의해 가압하여 다시 증기 발생기로 보냄으로써 재활용된다. 많은 경우 절탄기(economizer) 또는 급수 예열기(water preheater)가 이용되며, 많은 발전소에서 연소에 필요한 공기를 예열하는데 연소 배기 가스를 이용한다. 또한 배기 가스는 대기로 배출되기 전에 정화되어야 하며, 이로 인해 단순 사이클은 매우 복잡해진다.

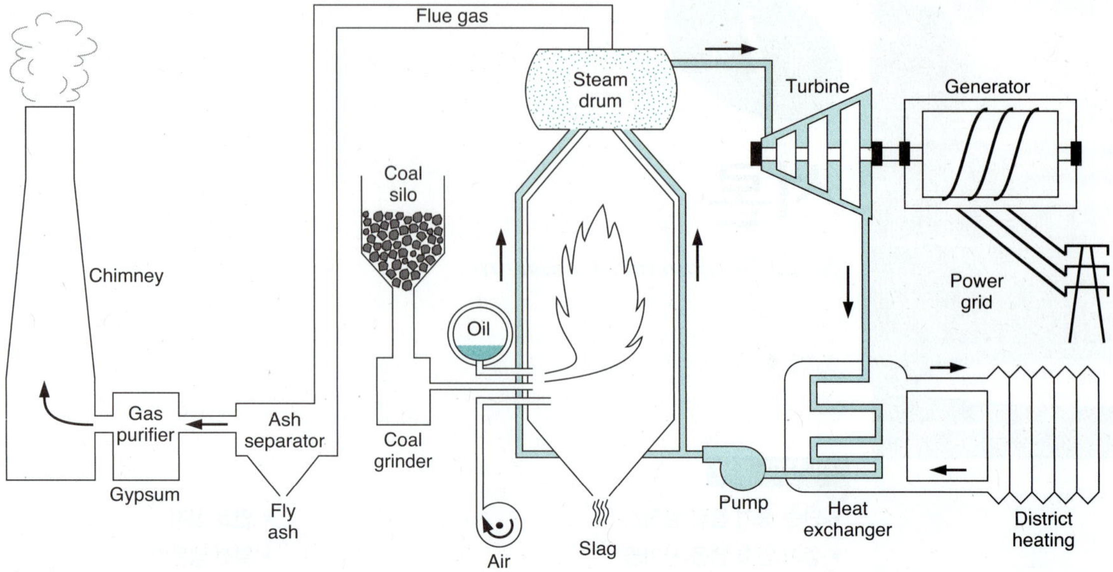

그림 1.1 증기 동력 발전소의 개략도.

그림 1.2는 그림 1.1에 묘사된 발전소의 사진이다. 왼쪽의 높은 건물이 보일러가 있는 건물이고, 그 옆에 터빈과 다른 부속 설비가 있다. 높은 굴뚝과 선착장에는 석탄 공급선도 보인다. 이 특별한 발전소는 덴마크에 위치해 있으며, 설치 당시 석탄 연소에너지 850 MW의 45%를 전기로 변환하는 효율(efficiency)을 올려 세계기록을 수립하였다. 또 다른 47%는 지역 난방에 재활용될 수 있게 하였으며, 이것은 기존 발전소에서 아무 쓸모 없이 단순히 대기로 버려져왔던 것에 해당하는 양이다.

위에서 언급한 증기 동력 발전소는 석탄을 연료로 사용하지만, 다른 발전소들은 천연가스, 연료용 기름 혹은 생물 자원(biomass)을 이용하기도 한다. 세계 도처의 수많은 발전소는 연료의 연소 대신 핵 반응으로부터 방출된 열을 이용하여 운전되고 있다. 그림 1.3은 핵 추진 선박의 발전 설비의 개략도이다. 2차 유체가 반응기를 통해 순환하면서 내부의 원자핵 반응에 의해 발생한 열을 빼앗아 증기 발생기의 물로 전달한다. 증기 사이클은 앞서 설명한 예와 동일하지만 응축기 냉각수로 해수를 사용하고, 사용된 고온의 해수는 다시 바다로 방출한다.

1.2 연료 전지

기존의 발전소를 그림 1.4와 같이 개략적으로 도시하여 보면 연료와 공기가 발전소에 공급되고, 연소 생성물이 외부로 배출됨을 알 수 있다. 이 과정에서 열이 냉각수로 전달되고, 발생한 일은 전기 에너지의 형태로 발전소에서 나온다. 발전소의 총체적 목표는 비용, 공간, 안전성 및 환경 문제를 고려하여 가장 효율적인 방법으로 연료의 가용 에너지를 전기 에너지 형태의 일로 변환하는 것이다.

여기서 우리는 발전소에 있는 모든 장치, 즉 증기 발생기, 터빈, 응축기 및 펌프 등이 필요한 것인지 질문할 수 있다. 좀 더 직접적인 방법으로 연료에서 전기 에너지를 얻을 수 없을까?

연료 전지(fuel cell)는 바로 이러한 질문에 부합하는 장치이다. 그림 1.5는 이온 교환막 형(ion-exchange membrane type) 연료 전지의 개략도이다. 여기서 수소와 산소가 반응하여 물을 생성한다. 그림 1.5에 도시한 바와 같이 수소 기체는 음극(anode) 쪽으로 들어가서 이온 교환막의 표면에서 이온화된다. 전자는 외부 회로를 거쳐, 수소 양이온은 막을 통해 양극(cathode)으로 이동하며, 그곳에서 전자와 수소 양이온은 산소와 반응하여 물을 생성한다.

음극과 양극 사이에 전위차가 야기되어 전기가 흐르며, 이 현상을 열역학 용어로 일(work)이라고 한다. 또 위의 과정 중에 연료 전지와 주위 사이에 열전달도 있을 수 있다.

그림 1.2 덴마크의 Esbjerg 발전소(Vestkreft 1996 제공).

현재 연료 전지의 연료로 보통 수소 또는 기체상의 탄화수소와 수소의 혼합물을 사용하고 있다. 산화제(oxidizer)로는 대개 산소를 사용하지만 탄화수소 연료와 공기를 이용하는 연료 전지를 개발하는 추세이다. 아직까지는 원자력 발전소를 포함한 종래의 발전소가 대규모 발전 시스템에 사용되고 있으며,

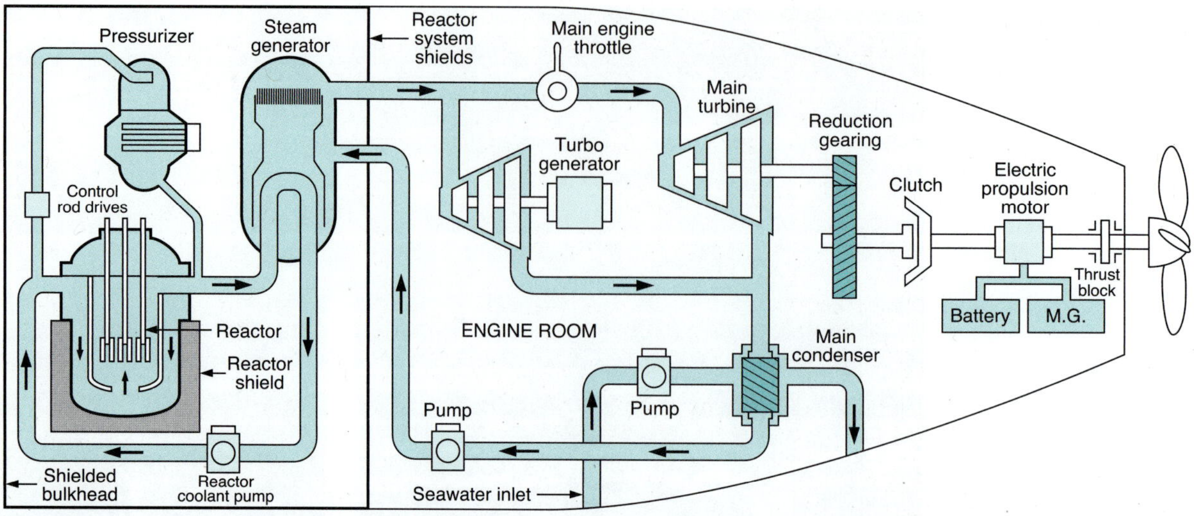

그림 1.3 선박용 핵 추진 시스템의 개략도(BABCOCK & WILCOX CO. 제공).

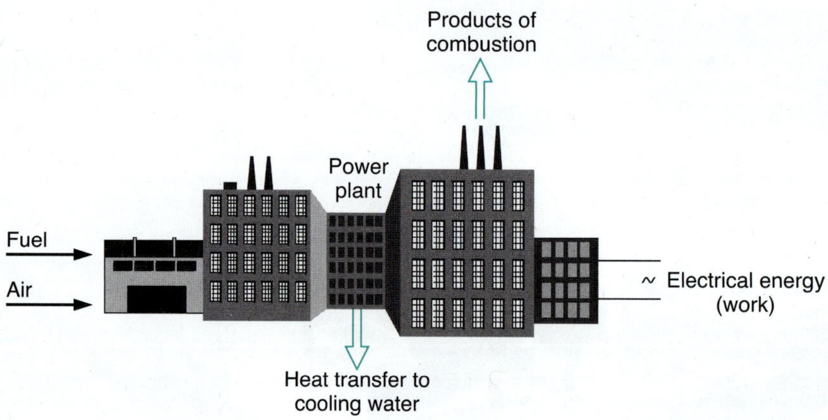

그림 1.4 발전소의 개략도.

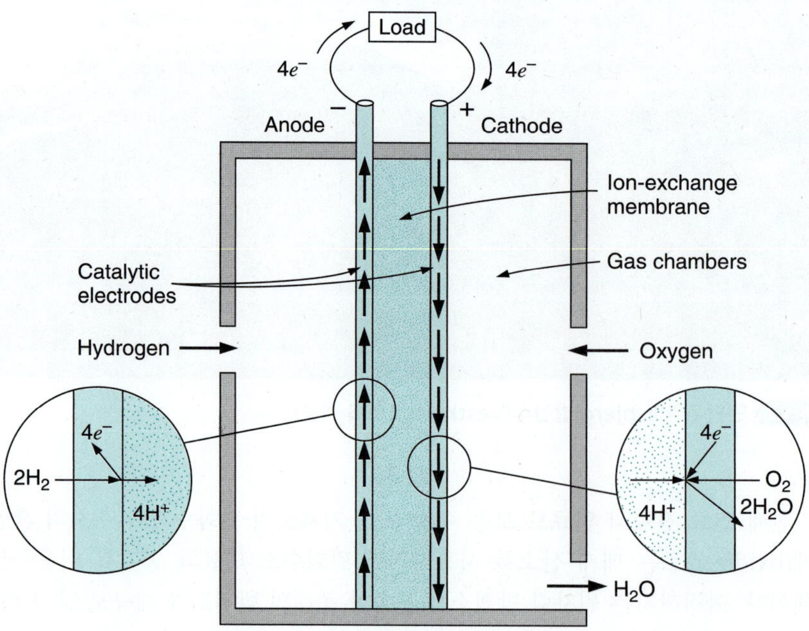

그림 1.5 이온 교환막 형 연료 전지의 개략도.

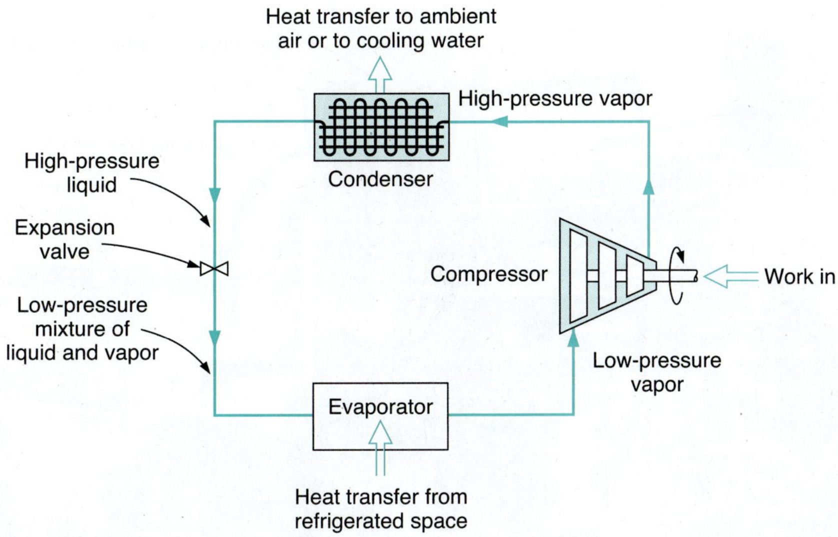

그림 1.6 단순 냉동 사이클의 개략도.

피스톤 기관과 가스 터빈이 대부분의 수송용 동력 장치에 사용되고 있다. 그러나 미래에는 연료 전지가 이들의 강력한 경쟁 상대가 될 것이며 이미 우주 개발이나 특수 목적을 위한 동력 발생 장치에 사용되고 있다.

열역학은 왕복동식 내연 기관과 가스 터빈을 포함하는 모든 동력 발생 시스템의 설계, 개발 및 해석에 있어서 가장 핵심적인 역할을 한다. 무엇보다 효율 향상, 설계 개선, 최적 운전, 환경 오염 문제 및 새로운 동력 발생 장치의 개발 등에 있어서 열역학의 기본 법칙이 신중하게 응용되고 있다.

1.3 증기 압축 냉동 사이클

그림 1.6은 단순 증기 압축 냉동 사이클(refrigeration cycle)을 개략적으로 도시한 것이다. 약간 과열된 저압의 냉매 증기가 압축기(compressor)에 유입되어 압축된 후 고압의 증기 상태로 응축기(condenser)에 유입된다. 응축기에서 냉매는 냉각수나 대기 중으로 열을 빼앗겨서 응축하여 고압의 액체 상태로 응축기를 나온다. 응축기에서 나온 액체 상태의 냉매는 팽창 밸브를 지나는 동안 압력이 강하하여 일부는 증발하여 저온 증기로 된다. 나머지 저온 저압의 액체는 증발기(evaporator)를 지나면서 냉동실로부터 열을 흡수하여 증발하게 되며, 기체 상태의 냉매는 다시 압축기에 재유입된다.

대개의 가정용 냉장고(refrigerator) 압축기는 냉장고 후면 아래 부분에 위치하고 있다. 냉매의 누설을 방지하기 위하여 대개 압축기와 모터는 하나의 밀폐된 용기 안에 있으며, 모터에 전기를 공급하는 도선은 용기를 관통하게 된다. 응축기도 냉장고 후면에 위치하며, 실내 공기가 자연 대류(natural convection)에 의하여 응축기 주위를 흐르도록 한다. 팽창 밸브는 긴 모세관 형태를 취하며, 증발기는 냉장고 내부의 냉동실(freezing compartment) 외벽을 감싸도록 설치된다.

그림 1.7은 공기 조화 장치용 냉동기에 사용되는 대형 원심(centrifugal) 냉동기로서, 냉각수를 생산하여 냉각이 필요한 곳을 순환하게 된다.

1.4 열전 냉동기

증기 동력 발전소에 대해서 제기했던 것과 같은 질문을 증기 압축 냉동기에 대해서도 할 수 있다. 즉 "좀 더 직접적인 방법으로 냉동 효과를 얻을 수 없을까?" 냉동기의 경우 압축기를 구동하는 데 사용하는 전기 에너지를 좀 더 직접적인 방법으로 생산할 수는 없을까? 그리하면 압축기, 응축기, 증발기 및 관련 배관에 소요되는 비용을 줄일 수 있지 않을까? 라는 것이다.

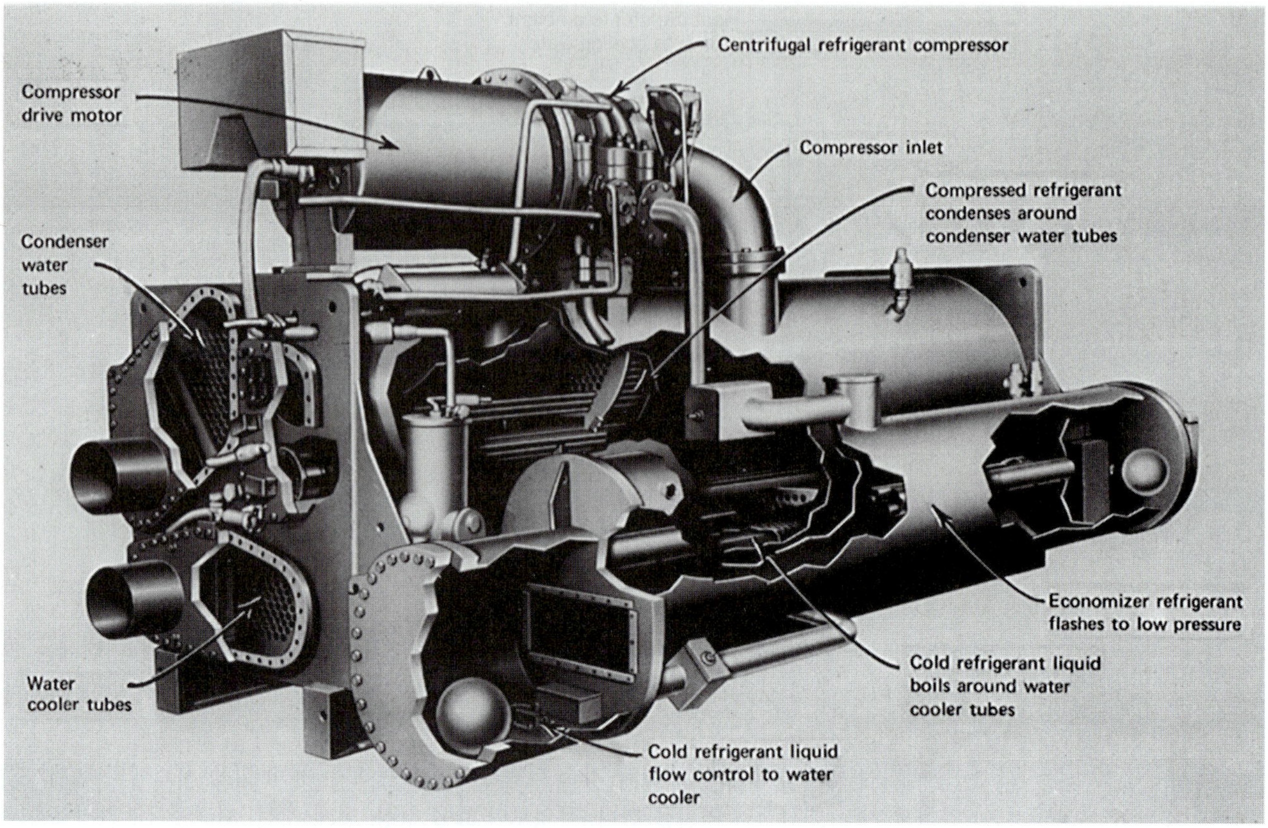

그림 1.7 공기 조화 시스템용 냉동기(Carrier Air Conditioning Co. 제공).

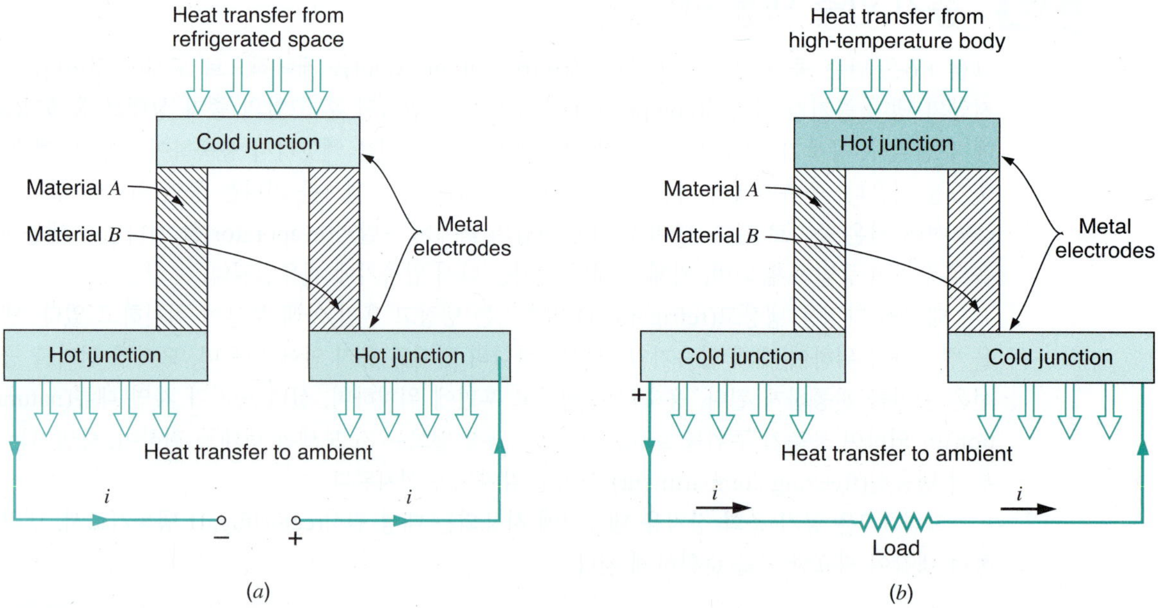

그림 1.8 (A) 열전 냉동기, (B) 열전 발전기.

열전 냉동기(thermoelectrical refrigerator)는 이러한 목적에 부합하며 그림 1.8*a*는 그 개략도이다. 열전 장치는 기존의 열전대(thermocouple)처럼 서로 다른 두 물질을 이용한다. 열전 냉동기에는 이들 두 물질 사이에 두 개의 접점이 존재하는데 한 접점은 냉각실에 위치하고, 다른 접점은 주위 환경에 위치한다. 그림에서와 같이 전위차가 가해지면 냉각실에 위치한 접점의 온도는 내려가고, 다른 접점의 온도는 올라간다. 정상 상태(steady state) 운전 조건일 때 냉각실로 부터 냉접점으로 열이 전달되고, 주위 온도보다 높은 온접점으로부터 열이 방출된다.

냉각실을 주위 온도보다 높은 물체로 대치하면 열전 장치를 전력 생산에도 이용할 수 있으며 그러한 시스템은 1.8*b*에 도시되어 있다.

아직까지 열전 냉동기는 경제적인 면에서 증기 압축 냉동기의 경쟁 상대가 되지 않는다. 그러나 특수한 목적으로는 이미 사용되고 있으며, 이 분야의 연구 개발을 위한 노력에 비추어볼 때 미래에는 열전 냉동기를 훨씬 광범위하게 이용할 가능성이 높다.

1.5 공기 분리 장치

산업에 이용되는 중요한 공정의 하나는 공기 분리로, 이것은 공기를 각 성분으로 분리하는 것이다. 이렇게 분리된 산소, 질소, 아르곤 및 희귀 가스(rare gas)는 각종 산업, 연구, 우주 개발 분야 및 소비재에 광범위하게 응용되고 있다. 공기 분리 장치는 화학 공정 산업과 극저온학(cryogenics)의 중요한 예이며, 극저온학은 일반적으로 150 K 이하의 매우 낮은 온도에서 기술, 공정 또는 연구에 적용되는 용어이다. 화학 공정과 극저온학에서 일어나는 많은 현상을 이해하거나 공정 및 장치를 설계하고 개발하는 데 열역학이 기초가 된다.

여러 종류의 공기 분리 장치가 개발되어 왔으며 그림 1.9는 자주 사용되고 있는 장치의 단순화된 개략도이다. 대기 중의 공기를 2~3 MPa(대략 대기압의 20~30배)까지 압축한 후 공기를 정화한다. 특히 이산화탄소는 공기를 액화(liquefaction) 온도까지 냉각할 때 고형화(solidification)되어 공기의 유로를 막기 때문에 반드시 제거하여야 한다. 정화된 공기는 다시 15~20 MPa까지 압축한 후 후냉각기(after-cooler)에서 대기 온도까지 냉각시키며 수증기도 냉각 중에 얼음이 되어 유동을 방해하므로 건조기에서 제거한다.

액화 공정에는 기본적인 두 가지 냉동 방식이 이용된다. 하나는 공기를 팽창 기관에서 급팽창시키는 것이다. 급팽창 과정 동안 압축 공기는 일을 함으로써 온도가 내려간다. 또 하나는 공기의 압력을 급속히 낮춤

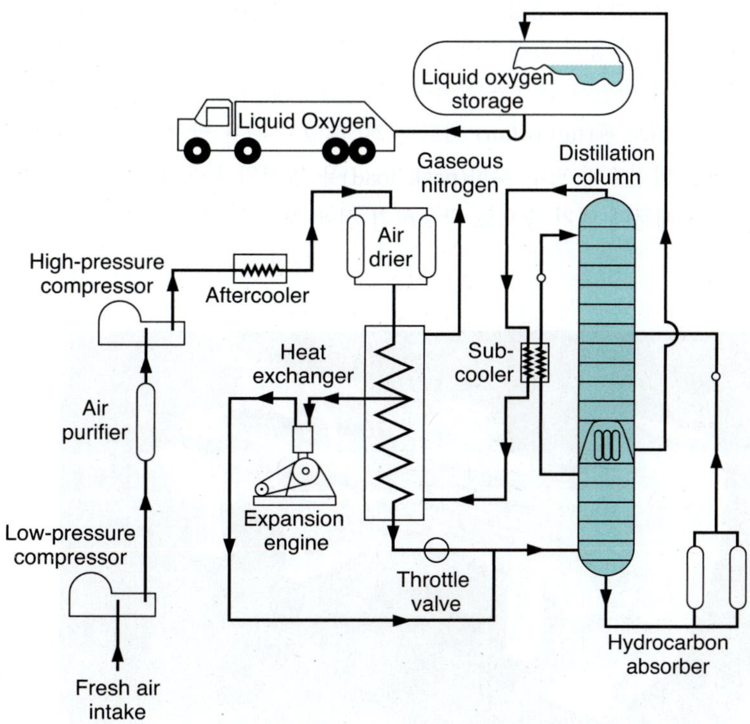

그림 1.9 액체 산소 공장의 개략도.

으로써 동시에 공기의 온도도 내려가도록 설계, 제작된 스로틀 밸브(throttle valve)를 사용하는 방식이다.

그림 1.9에서 보는 바와 같이 고압의 건조한 공기가 열교환기를 지나는 동안 온도가 내려간다. 열교환기 중간 부분에서 공기의 일부는 추출되어 팽창 엔진을 통과시키고 잔류 공기는 열교환기를 통과한 후 스로틀 밸브를 지나게 되며, 0.5~1 MPa의 압력에서 두 공기는 합류하여 고압인 증류탑(distillation column)의 하부로 들어간다. 증류탑은 공기를 각 성분 별로(주로 산소와 질소로)분리한다. 혼합 비가 다른 두 유동이 고압 탑으로부터 스로틀 밸브를 지나 저압 탑인 상부 탑으로 들어간다. 저압 탑의 하부에서 나오는 것은 산소 농도가 높은 액체이며, 과냉기를 지나는 것은 질소 농도가 높은 기체이다. 상부 탑에서 분리 공정이 완료되며, 상부 탑 하부에서는 액화 산소가 배출되고, 상부에서는 질소 가스가 과냉기와 주 열교환기를 거친 후 배출된다. 이때 열교환기에 유입된 고압 공기는 차가운 질소 가스로 열을 빼앗겨 냉각된다.

이러한 시스템 전반의 설계를 위해서는 열역학적 해석이 필수적이며, 압축기, 팽창 엔진, 정화기, 건조기 및 증류탑 등의 모든 부품 또한 열역학 법칙에 의해 운전된다. 이러한 분리 공정에서 혼합물의 열역학적인 상태량(property)은 물론 혼합물을 분리하는 원리와 과정을 잘 이해하는 것이 중요하다. 이러한 종류의 문제는 원유의 정제 과정이나 다른 많은 화학 공정에서 자주 접하게 된다. 극저온학은 우주 개발 계획과 여러 면에서 특별한 관계를 맺고 있으며, 이를 창의적이고 효과적으로 이용하기 위해서는 열역학에 관한 철저한 지식을 습득하는 것이 필요하다.

1.6 가스 터빈

가스 터빈(gas turbine)의 기본적인 작동은 물 대신에 공기가 이용된다는 사실 외에는 증기 터빈과 유사하다. 외부 공기는 압축기를 통하여 고압이 되며, 여기에 연료를 분사하여 점화하고 연소시킴으로써 에너지가 가해져 고온의 유동이 발생된다. 고온 고압의 가스가 터빈에 유입되어 배압까지 팽창하는 과정에서 축일(shaft work)이 얻어지고 터빈의 축일은 압축기를 구동하며, 축에 연결된 발전기와 같은 다른 장치를 구동하는 데에도 이용된다. 축일 생산에 이용되지 않는 에너지가 배기 가스로 배출되므로 배기 가스는 고온이거나 고속으로 된다. 가스 터빈은 목적에 따라 가장 바람직한 형태로 에너지의 효율을 극대화할 수 있도록 설계되어야 한다. 고정식 발전용 대형 가스 터빈의 한 예가 그림 1.10에 있다. 이 터빈에는 16개의 압축 단과 4개의 팽창 단이 있으며, 용량은 150 MW이다. 연료의 연소를 위하여 공기 중의 산소를 이용하므로 증기 동력 발전소의 물처럼 배기 가스가 재순환될 수 없다.

큰 동력이 필요하면서 크기는 작아야 하는 경우에 가스 터빈을 동력 발생 장치로 종종 사용한다. 그 예로 제트 엔진, 터보 팬(turbo-fan) 제트 엔진, 해양 유전용 발전소, 선박 엔진, 헬리콥터 엔진, 소형 지역 발전소 및 대형 발전소의 첨두 부하(peak load)용 발전기 등을 들 수 있다. 가스 터빈의 배출 가스 온도는 비교적 높기 때문에 대기 중으로 방출하기 전에 증기 동력 발전소의 급수 가열에 배기 가스의 열을 회

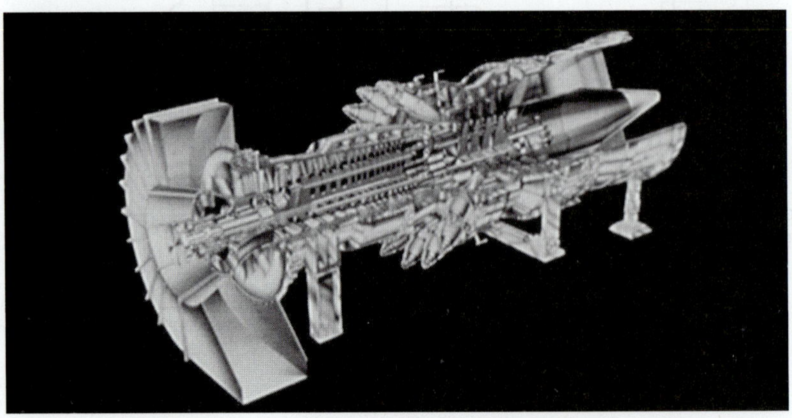

그림 1.10 150 MW 가스 터빈(Westinghouse Electric Corporation 제공).

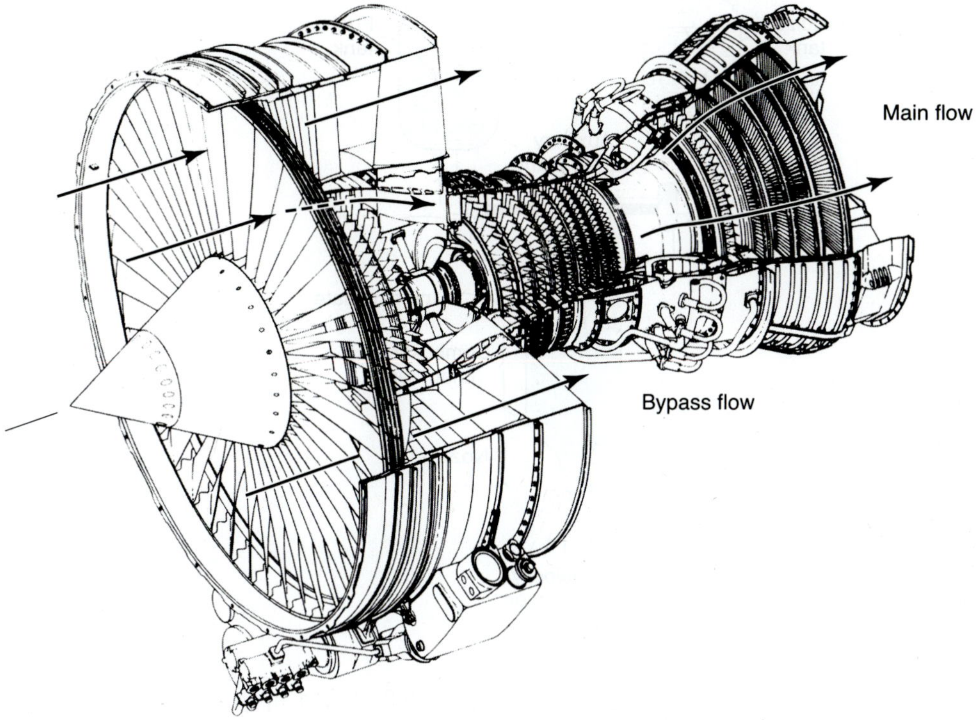

그림 1.11 터보 팬 제트 엔진(General Electric Aircraft Engines 제공).

수할 수도 있다.

앞에서 언급한 제트 엔진과 터보 팬 제트 엔진에서는 출력의 일부를 이용하여 연소 가스를 고속으로 분출한다. 고속의 유동이 비행기를 날아가게 하는 추력(thrust)을 만드는 것이다. 따라서 제트 추진 기관에 사용되는 가스 터빈은 한 곳에 고정되어 에너지를 축일의 형태로 변환하여 발전기를 구동하는 발전용 가스 터빈과는 다르게 설계된다. 상용 비행기에서 사용하고 있는 터보 팬 제트 엔진의 한 예가 그림 1.11에 도시되어 있으며, 엔진의 앞부분에 설치된 대형팬의 역할은 공기를 불어넣어 엔진을 식히고 엔진의 추력을 보강하기 위한 것이다.

1.7 화학 로켓 엔진

미사일과 위성의 출현에 의하여 로켓 엔진이 추진 동력 장치로 각광을 받게 되었다. 화학 로켓 엔진은 사용 연료에 따라 액체 추진제 로켓과 고체 추진제 로켓으로 분류할 수 있다.

그림 1.12는 액체 추진제 로켓 엔진의 개략도를 도시한 것이다. 산화제와 연료가 분사기 판(injector plate)을 통하여 연소실에 분사되어 고압 상태에서 연소된다. 고온 고압의 연소 생성물이 분사 노즐(nozzle)을 통과하는 동안 팽창하여 노즐 출구에서 고속으로 배출된다. 속도 증가에 따른 운동량 변화로 인하여 로켓의 추력이 얻어진다.

펌프에 의하여 산화제와 연료가 연소실로 유입되므로 펌프를 구동하기 위한 보조 동력 장치가 필요하다. 대형 로켓의 경우에는 이런 보조 동력 장치는 신뢰할 수 있으면서도 고출력이며 경량이어야 한다. 산화제와 연료 탱크는 실제 로켓에서 체적의 대부분을 차지하며, 로켓의 사정 거리와 탑재량은 적재할 수 있는 산화제와 연료의 양에 의하여 결정된다. 많은 종류의 연료와 산화제가 연구 개발되어 왔으며, 단위 질량 유량 당 보다 높은 추력을 내는 반응물(연료와 산화제)을 개발하기 위한 많은 노력이 있었다. 액체 추진제 로켓의 경우에 액체 산소가 산화제로 많이 사용되고 있으며, 연료로는 액체 수소가 많이 사용되고 있다.

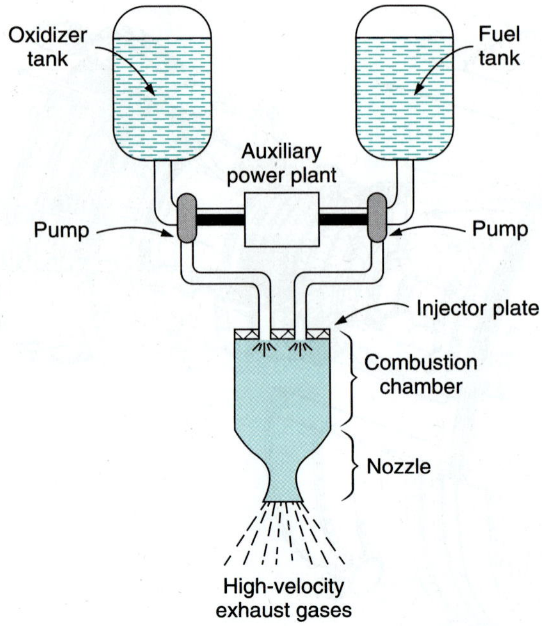

그림 1.12 액체 추진제 로켓 엔진의 개략도.

고체 추진제 로켓 개발에도 많은 노력을 기울여 비행기의 제트 보조 이륙 장치, 군사용 미사일 및 우주선에 매우 성공적으로 사용되고 있다. 고체 추진제 로켓은 운전이나 보관에 필요한 장치가 훨씬 간단한 대신 제어하기는 더 어려운 면이 있다.

1.8 기타 응용 및 환경 문제

앞에서 소개한 것 외에도 많은 열역학 응용 분야가 있다. 많은 도시에서 쓰레기 매립지의 운전에 소요 동력을 생산하기 위하여 생물 자원의 분해 열을 이용하고 있으며 이들의 화학 반응으로 생성되는 메탄 가스를 채취하여 연료로 사용하기도 한다. 태양열이나 풍력으로 전기를 생산하듯이 지열 또한 이용되고 있다. 석탄을 기체 연료화하거나 생물 자원을 액체 연료로 변환하는 데서 보듯이 연료 자원은 보다 유용하고 편리한 형태로 변환되고 있다. 수력에 관련된 다른 응용 분야와 마찬가지로 수력 발전도 오랜 세월 동안 사용되어 왔다. 열역학은 열을 방출하는 콘크리트의 양생, 전자 장비의 냉각, 저온 치료나 급속 냉동과 같은 저온 공학의 여러 분야에도 관련이 된다.

우리는 또한 열역학 장치나 응용 분야와 관계된 환경 문제에도 관심을 가져야 한다. 예를 들면, 증기 동력 발전소의 건설이나 운전으로 전기를 생산하는 것에 대하여 우리는 너무나 친숙해 있기 때문에 그것의 유용성을 당연시하고 있다. 그러나 최근에는 발전소의 운전이 환경에 미치는 영향을 신중하게 고려해야 한다는 것이 점차 명백해지고 있다. 탄화수소 연료가 연소하면서 생기는 이산화탄소가 대기 중에 방출되어 그 농도가 증하고 있기 때문이다. 다른 기체와 마찬가지로 이산화탄소는 지구 상공에서 적외선을 흡수하여 지구 근처에 잡아둠으로써 "온실 효과(green house effect)"를 유발한다. 온실 효과는 지구의 온도를 상승시켜 지구 기후에 치명적인 변화를 일으키는 것으로 믿어진다. 특히 석탄을 사용하는 화력 발전소는 이산화황을 방출하며, 이산화황이 구름에 흡수되면 나중에 광범위한 지역에 산성비(acid rain)가 내리게 된다. 화력 발전소와 가솔린 기관 및 디젤 기관에서 일어나는 연소 과정으로 인해 위에서 언급한 이산화탄소와 이산화황 이외의 공해 물질도 발생된다. 일산화탄소, 질소 산화물, 미연소 연료 및 입자상 물질 모두가 대기를 오염시키므로 여러 응용 분야에서 법으로 규제하고 있다. 자동차의 촉매 변환기는 대기 오염을 최소화하는 데 도움을 주고 있다. 발전소의 경우 그림 1.1에서 비산 회분의 처리와 배기 가스의 정화(요즈음은 양자를 통합하여 말함)를 나타내고 있다. 발전소 냉각수의 열 오염은 이미 1.1절에서 언급하였다.

냉동 공조 시스템에서도 다른 산업 공정에서와 같이 염화불화탄소를 사용하여 왔는데 이는 궁극적으로 대기권의 상층에 이르러 보호막인 오존층(ozone layer)을 파괴한다. 많은 나라가 이미 이들 혼합물의 생산을 금지하고 대체 물질의 개발을 위한 연구를 계속하고 있다.

앞에서 언급한 내용은 생활을 개선하기 위하여 재화나 물품을 생산하는 과정에서 발생되는 많은 환경 문제의 몇 가지 예일 뿐이다. 한 형태에서 다른 형태로의 에너지 변환에 관한 과학이라고 할 수 있는 열역학을 공부하는 동안 이러한 문제에 대하여 끊임없이 관심을 가짐으로써 천연자원을 효율적이고도 책임감 있게 사용하는 방법을 찾는 동시에 환경에 미치는 나쁜 영향을 제거하거나 최소화하는 방법을 모색해야 할 것이다.

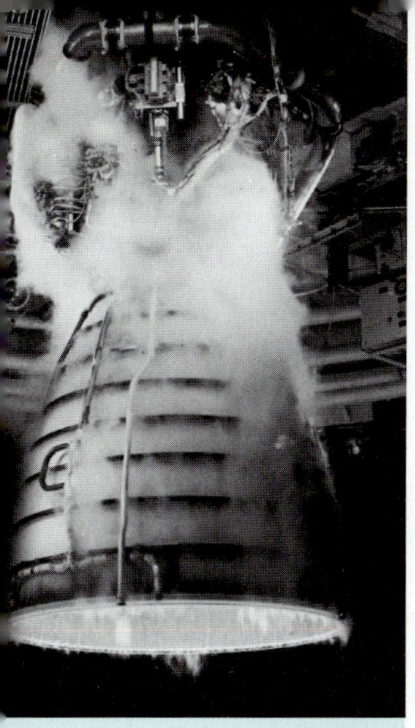

제 2 장

개념과 정의

Some Concepts and Definitions

이 장의 주제

- 열역학계와 검사체적
- 물질의 상태와 상태량
- 질량, 길이, 시간 및 힘의 단위
- 비체적과 밀도
- 온도의 동등성
- 온도 눈금
- 거시적 관점과 미시적 관점
- 과정과 사이클
- 에너지
- 압력
- 열역학 제0법칙

"열역학은 에너지와 엔트로피에 관한 과학이다"는 열역학에 대한 훌륭한 정의가 될 수 있다. 그러나 아직 에너지와 엔트로피라는 용어를 정의하지 않았으므로 익숙한 용어를 이용하여 달리 정의한다면 열역학은 열과 일 그리고 이들과 관계가 있는 물질의 상태량(property)을 다루는 과학이라고 할 수 있다. 다른 모든 과학과 마찬가지로 열역학의 기초는 실험적 관찰이다. 열역학에서는 이러한 실험적 관찰을 통하여 발견한 것들을 법칙으로 만들었으며, 이것들을 열역학 제1법칙(the first law of thermodynamics), 제2법칙(the second law), 제3법칙(the third law)이라고 한다. 이들 세 법칙 외에 열역학의 논리적인 전개 측면에서 제1법칙보다 앞서는 열역학의 제0법칙(the zeroth law)을 설정하였다.

앞으로 여러 장에서 이러한 법칙을 소개하고, 법칙과 관련이 있는 열역학 상태량을 설명하며, 이러한 법칙들을 대표적인 예제에 적용하게 된다. 학생들은 기본적인 원칙을 철저히 이해하고 이러한 원칙을 열역학 문제에 응용하는 능력을 갖도록 하는 데 목표를 두어야 한다. 예제와 연습 문제를 통하여 두 가지 목표를 훌륭하게 성취할 수 있다. 많은 식을 암기하려 할 필요는 없다. 이 장에서는 열역학의 기초가 되는 개념과 정의를 소개한다.

2.1 열역학계와 검사체적

열역학계(thermodynamic system)는 연구 대상인 일정량의 물질을 포함하는 장치 또는 이러한 장치들의 조합이다. 좀더 정확히 정의하려면 **검사체적**(control volume)을 선정하여 검사 면(control surface) 내에 질량과 장치를 내포하도록 한다. 검사체적 외부의 모든 것은 주위(surrounding)라고 하며 검사체적과 주위를 검사 면으로 분리한다. 검사 면은 질량 유동(mass flow)에 대하여 개방(open)되어 있거나 밀폐(closed)되어 있을 수 있다. 에너지는 일과 열의 형태로 검사 면을 통과할 수 있다. 경계(boundary)는 고정되어 있거나 움직일 수 있다. 검사 면이 질량 유동에 대하여 밀폐되어 있어 질량이 검사체적으로 유입 또는 유출될 수 없을 때 이를 **검사질량**(control mass)이라고 하며, 이 검사질량에는 항상 동일한 물질이 들어 있다.

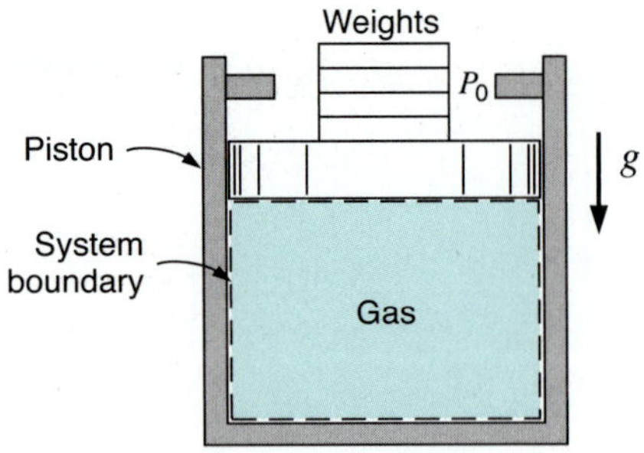

그림 2.1 검사질량의 예.

그림 2.1의 실린더 안에 들어 있는 기체(gas)를 둘러싸는 검사 면을 설정하여 그 기체를 검사체적으로 선정하면 이것이 검사질량이 된다. Bunsen 버너를 실린더 아래 놓고 가열하면 기체의 온도가 상승하며, 피스톤은 위로 움직이게 된다. 피스톤이 올라감에 따라 검사질량의 경계도 움직이게 된다. 앞으로 살펴보겠지만 이 과정중에 일(work)과 열(heat)은 검사질량의 경계를 통과한다. 그러나 검사질량을 구성하는 물질은 항상 식별이 가능하며 동일하다.

고립계는 주위로부터 영향을 전혀 받지 않는 계이다. 즉 질량, 열 또는 일이 계의 경계를 통과하지 않는다. 많은 경우 그림 2.2에 있는 공기 압축기와 같이 질량이 유입되거나 유출되는 장치에 대한 열역학 해석을 하게 된다. 이러한 해석의 첫 과정은 해석 대상인 장치를 둘러싸는 검사체적을 설정하는 것이다. 검사체적의 표면을 검사 면이라고 하며 질량, 운동량, 열 및 일이 검사 면을 통과할 수 있다.

따라서 좀 더 일반적인 검사 면을 이용하여 검사체적을 정의하며, 검사체적으로 질량이 유입 또는 유출될 수 있다. 특별하게 질량의 유출입이 없는 검사질량에서는 그 이름과 같이 항상 질량이 일정하다. 검사질량 또는 검사체적에 따른 해석 기법의 차이는 6장에서 상세히 다루게 된다. 때로는(질량이 동일한) **밀폐계**(closed system)와 (질량의 유출입이 있는) **개방계**(open system)라는 용어를 사용하여 구별하기도 한다. 이 책에서는 질량, 장치 또는 장치들의 조합을 더 개괄적으로 그리고 막연히 기술할 때는 계라는 용어를 사용하며, 계를 더 정확히 정의할 때는 검사체적이라는 용어를 사용한다. 열역학 제1법칙과 제2법칙을 제시하는 순서로, 먼저 검사질량에 대하여 이들 법칙을 제시하고, 그 다음에 더 일반적인 검사체적으로 확장하고자 한다.

2.2 거시적 관점과 미시적 관점

계의 이동은 거시적 관점(macroscopic point of view) 또는 미시적 관점(microscopic point of view)으로 관찰할 수 있다. 한 계를 미시적 관점으로 간략히 살펴보자. 한 변의 길이가 25 mm인 정육면체 안에 대기 온도와 압력 하에 있는 단원자 분자를 계라고 하면, 주어직 체적 안에는 10^{20}개의 원자가 있다. 한 원자의 위치를 규명하려면 세 개의 좌표 값을 기술하여야 하며, 속도를 규명하려면 세 방향의 속도 성분을 기술해야 한다.

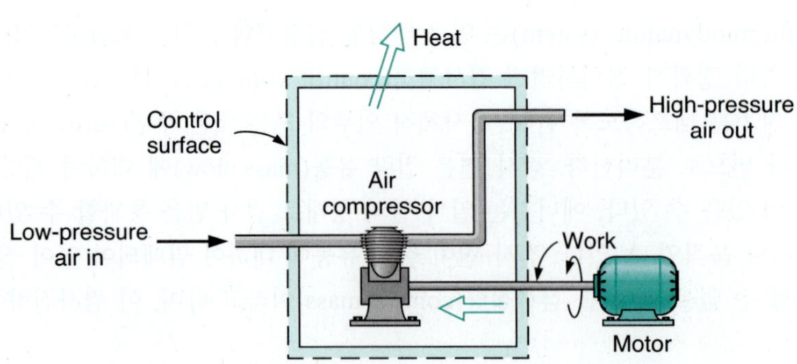

그림 2.2 검사체적의 예.

따라서 미시적 관점으로 이 계의 거동을 완전하게 기술하려면 최소한 6×10^{20}개의 식을 다루어야 한다. 대형 컴퓨터로도 불가능한 계산량이다. 그러나 비교적 쉽게 계산할 수 있도록 식의 수와 변수의 수를 줄일 수 있으며, 여기에는 두 가지 접근 방법이 있다. 한 가지 방법은 통계적 접근 방법이다. 통계적 사고와 확률 이론에 기초하여 대상이 되는 모든 입자의 "평균(average)" 값을 사용하는 것이다. 이러한 방법을 대체로 원자의 모델과 관련하여 수행하고 있으며, 운동 이론(kinetic theory)과 통계역학(statistical mechanics) 분야에서 사용하는 접근 방법이다.

변수의 수를 취급할 수 있는 몇 개로 줄이는 다른 접근 방법은 고전 열역학의 거시적 관점을 적용하는 것이다. 거시적이라는 용어가 암시하듯이 많은 입자의 집단(gross) 효과 또는 평균 효과를 취급하게 된다. 이러한 효과는 우리의 감각으로 감지할 수 있으며 기기로 측정할 수 있다. 그러나 실제로 감지하거나 측정하는 것은 많은 분자들의 시간–평균(time-average) 효과이다. 예를 들어 용기 안의 기체가 벽면에 가하는 압력을 생각해보자. 압력은 분자가 벽에 충돌 할 때 분자 운동량의 변화로 인하여 생긴다. 그러나 거시적 관점에서 우리의 관심 대상은 각 입자의 작용이 아니라 주어진 면적에 작용하는 시간–평균 힘이며, 이 힘은 압력계로 측정할 수 있다. 실제로 이러한 거시적 관측은 물질의 속성에 대한 과정과는 전혀 무관하다.

이 책에 수록한 이론은 거시적 관점으로 전개하고 있으나, 내포된 물리 과정에 대한 이해를 돕기 위하여 미시적 관점의 중요성에 대한 몇 가지 언급을 하고 있다. 같은 계열의 다른 책인 R. E. Sonntag과 G. J. Wylen의 『*Introduction to Thermodynamics: Classical and Statistical*』에서는 미시적 관점과 통계적 관점의 열역학을 다루고 있다.

연속체(continuum)에 관한 약간의 언급이 필요하다. 거시적 관점으로 우리가 다루는 체적은 분자 크기에 비하여 매우 크므로, 많은 분자가 들어 있는 계를 다루게 된다. 각 분자의 거동에는 관심을 갖기 않으므로 물질을 연속으로 간주하고 각 분자의 운동은 무시한다. 이를 연속체라고 한다. 물론 연속체의 개념은 편리한 가정일 뿐이며, 예를 들어 고진공 기술에서와 같이 평균 자유 경로가 용기 치수의 크기 정도가 되면 타당하지 않은 가정이 된다. 많은 공학 문제에서 연속체의 가정은 타당하고 편리하며, 거시적 관점과 조화가 된다.

2.3 물질의 상태와 상태량

우리는 물이 여러 가지 형태로 존재할 수 있음을 알고 있다. 처음에 액체(liquid)인 물을 가열 하면 증기(vapor)가 되고, 냉각하면 고체(solid)가 된다. 이때 우리는 물질의 서로 다른 상을 말하는 것이다. **상**(phase)은 전반적으로 균일한 다량의 물질로 정의한다. 한 개 이상의 상이 존재하면 상 경계에 의하여 각 상이 서로 분리된다. 각 상에서 물질은 여러 가지 압력과 온도로 존재할 수 있다. 열역학 용어를 쓰면 여러 가지 **상태**(state)로 존재할 수 있다. 상태는 어떤 관측 가능한 거시적 **상태량**(property)으로 확인하거나 기술할 수 있다. 우리에게 익숙한 상태량으로는 온도, 압력 및 밀도가 있다. 다른 상태량들은 이후의 장에서 소개한다. 주어진 상태에서 물질의 각 상태량 값은 유일하며 명확하다. 주어진 상태에서 상태량의 값은 항상 일정하며, 물질이 어떤 경로를 통하여 그 상태에 도달하였는가와는 무관하다. 사실 상태량은 계의 상태에 종속되며, 계가 주어진 상태에 도달하게 된 경로(이전의 이력)와는 무관한 모든 양으로 정의할 수 있다. 역으로 상태는 상태량으로 지정하거나 기술한다. 추후에 물질의 독립 상태량의 수, 즉 물질의 상태를 결정하는 데 필요한 상태량의 최소 개수를 살펴보기로 한다.

열역학적 상태량은 **강성적 상태량**(intensive property)과 **종량적 상태량**(extensive property) 두 가지로 구분할 수 있다. 강성적 상태량은 질량과 무관하고 종량적 상태량은 질량에 직접적으로 비례한다. 주어진 상태의 물질을 이등분하였을 때 각 부분의 강성적 상태량은 처음과 같으나 종량적 상태량은 처음의 절반이 된다. 압력, 온도 및 밀도는 강성적 상태량의 예이며, 질량과 전체 체적은 종량적 상태량의 예이다. 비체적과 같은 단위 질량 당 종량적 상태량은 강성적 상태량이다.

물질의 상태량뿐만 아니라 계의 상태량을 종종 언급할 것이다. 계의 상태량을 언급할 때는 그 상태량이 전체 계에 걸쳐 의미가 있다는 것을 뜻하며, 이는 평형(equilibrium)을 암시한다. 예를 들어 그림 2.1에 있는 계(검사질량)를 구성하는 기체가 열적 평형(thermal equilibrium)에 있다고 하면, 전 계에 걸쳐 온도가 같을 것이며, 이때 계의 상태량으로 온도를 말하게 될 것이다. 역학적 평형(mechanical equilibrium)도 생각할 수 있으며, 이는 압력과 관계가 있다. 계가 역학적 평형 상태에 있다면 계가 주위로부터 고립되어 있는 한 계 안의 어떠한 점에서도 압력이 시간에 따라 변화하려는 경향이 없다. 한편 중력의 영향으로 압력은 높이에 따라 변화할 것이다. 그러나 많은 열역학 문제에서 높이에 따른 압력의 변화는 작아서 무시할수 있다. 화학적 평형(chemical equilibrium)도 중요한 분야지만 여기서는 다루지 않는다. 가능한 모든 상태 변화에 비추어 계가 평형 상태에 있을 때 그 계는 **열역학적 평형**(thermodynamic equilibrium) 상태에 있다고 한다.

2.4 과정과 사이클

한 개 또는 그 이상의 계의 상태량이 변하면 상태가 변했다고 말한다. 예를 들어 그림 2.3에서 피스톤 위에 있는 추를 한 개 제거하면 피스톤이 위로 움직이며 상태가 변한다. 왜냐하면 압력이 감소하고 비체적이 증가하기 때문이다. 계가 거쳐가는 상태의 연속적인 경로를 **과정**(process)이라고 한다.

계의 상태가 변하는 동안의 평형에 관하여 생각해 보자. 그림 2.3에서 추를 제거하는 순간 역학적 평형이 파괴되므로 역학적 평형이 다시 이루어질 때까지 피스톤은 위로 움직인다. 이때 다음과 같은 의문이 생긴다. 상태량은 단지 평형 상태에 있는 계의 상태를 기술한다. 그러나 평형이 파괴될 때만 실제 과정이 일어나므로 과정 중에는 계의 상태를 어떻게 기술할 것인가? 이러한 의문에 답하기 위한 첫 단계로 준평형 과정(quasi-equilibrium process)은 열역학적 평형으로부터 벗어나는 정도가 매우 작은 과정이며, 따라서 준평형 과정 중에 계가 거쳐가는 모든 상태를 평형 상태로 간주할 수 있다. 많은 실제 과정이 준평형 과정에 가까우며 그렇게 취급해도 본질적으로 틀리지 않는다. 그림 2.3의 피스톤 위에 있는 추의 무게가 작고 추를 한 번에 한 개씩 제거하다면 그 과정을 준평형 과정으로 간주할 수 있다. 반면에 추를 한꺼번에 모두 제거한다면 피스톤은 급격히 상승하여 멈추개(stop)와 충돌하게 될 것이다. 이러한 과정은 비평형(nonequilibrium) 과정이며, 상태가 변하는 동안에는 계가 평형 상태에 있지 않을 것이다.

비평형 과정에 대해서는 과정이 시작하기 전과 과정이 완료되고 새로운 평형이 회복된 후의 상태만을 기술할 수 있다. 계가 지나가는 각 상태를 상술할 수 없으며, 과정이 진행되는 속도도 알 수가 없다. 그러나 비평형 과정 동안 발생한 어떤 전체 효과는 기술할 수 있음을 나중에 알게 될 것이다.

과정이 진행되는 동안 하나의 상태량이 변하지 않는 경우가 있다. 접두어 등(또는 정, iso-)을 사용하여 그런 과정을 기술한다. 등온 과정(isothermal process)은 온도가 일정한 과정, 정압 과정(isobaric process)은 압력이 일정한 과정, 정적 과정(isochoric process)은 체적이 일정한 과정이다.

계가 여러 가지 상태 변화 또는 과정을 거쳐서 초기 상태로 돌아올 때 그 계는 한 **사이클**(cycle)을 거쳤다고 한다. 따라서 사이클의 최종 상태에서 모든 상태량은 계의 초기 상태량과 각각 같아야 한다. 증기 동력 발전소에서 순환하는 수증기(물)는 사이클을 거치게 된다.

방금 설명한 열역학적 사이클과 역학적 사이클은 구별되어야 한다. 4행정(four-stroke cycle) 내연기

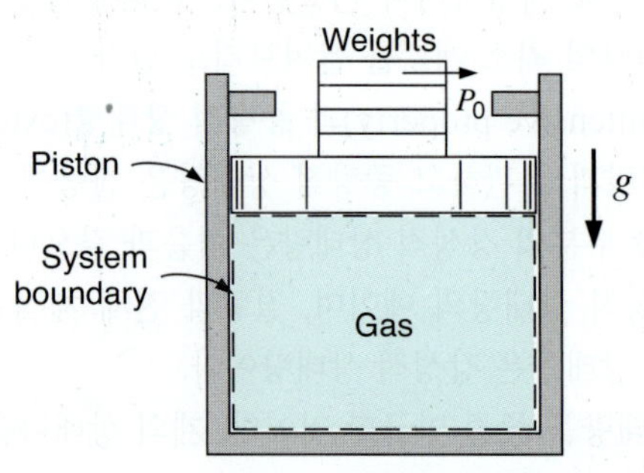

그림 2.3 준평형 과정을 겪는 계의 예.

관(internal-combustion engine)은 매 2회전마다 역학적 사이클을 거친다. 그러나 작동 유체(working fluid)는 열역학적 사이클을 거치지 않는다. 왜냐하면 공기와 연료가 연소되어 연소 생성물로 바뀌고 대기 중으로 배출되기 때문이다. 이 책에서는 별도의 언급이 없으면 사이클은 "열역학적 사이클"을 의미한다.

2.5 질량, 길이, 시간 및 힘의 단위

우리는 열역학적 상태량을 거시적 관점에서 고려하므로 직접 또는 간접으로 측정 또는 계량할 수 있는 양을 취급하게 된다. 따라서 단위는 매우 중요한 문제이다. 이 장의 나머지 절에서 몇 가지 열역학적 상태량과 기본 단위를 정의하고자 한다. 힘과 질량의 관계는 종종 학생들에게 어려운 문제이므로 이 절에서 상세히 설명하고자 한다.

힘, 질량, 길이 및 시간은 Newton의 제2운동법칙(Newton's second law motion)으로 서로 관련된다. 즉, 물체에 작용하는 힘은 질량과 작용하는 힘과 같은 방향의 가속도의 곱에 다음과 같이 비례한다.

$$F \propto ma$$

시간의 개념은 잘 정립되어 있다. 시간의 기본 단위는 초(s)이다. 과거에는 지구가 태양을 기준으로 한 번 자전하는 데 걸리는 시간, 즉 태양일을 이용하여 초를 정의하였다. 태양일은 계절에 따라 변하므로 일 년의 평균을 구하여 평균 태양일(mean solar day)을 정의하고, 평균 태양일의 1/86,400을 평균 태양초(mean solar second)로 정의하였다[지구의 자전을 고정된 별을 기준으로 하였을 때는 항성일(sidereal day)이라고 한다]. 1967년 국제 도량형 총회(CGPM)에 서 1초를 세슘-133 (cesium-133) 원자광이 세슘 공명기(resonator) 안에서 9,192,631,770번 공명하는 데 걸리는 시간으로 정의하였다.

1초보다 짧은 시간을 나타내기 위해서는 표 2.1에 있는 밀리(mm), 마이크로(micro), 나노(nano) 또는 피코(pico)라는 접두어(prefix)를 사용한다. 보다 긴 시간을 나타내기 위해서는 분, 시간 또는 일을 사용한다. 표 2.1에 있는 접두어는 다른 단위와도 함께 사용한다.

길이의 개념도 잘 정리되어 있다. 길이의 기본 단위는 미터이다. 오랫동안 사용된 표준은 국제 미터 원기(International Prototype Meter)이다. 1 m는 특정 조건하에 있는 백금-이리듐(platinum-iridium) 원기 상에 있는 두 표식 사이의 길이였다. 이 원기는 France의 Sevres에 있는 국제 도량형 국(International Bureau of Weights and Measures)에 보관되어 있다. 1960년 CGPM에서 1 m를 진공 중에서 크립톤-86(Krypton-86)의 오렌지빛 적광선(orange-red line) 파장의 1,650,763.73배의 길이로 정의하였다. 그 후 1983년 CGPM에서 (일정한 상수인) 빛의 속도를 이용하여 좀 더 정확히 1 m를 정의하였다. 1 m는 1/299,792,458초 동안에 빛이 진공 중에서 진행한 거리이다.

질량의 기본 단위는 킬로그램(kg)이다. 1889년 제1차 CGPM에서 채택하고 1901년에 개정한 내용에 의하면 1 kg은 국제 도량형 국에서 특정 조건하에 보관하고 있는 백금-이리듐 원통의 질량이다. 열역학에서 많이 사용하는 관련 단위는 몰(mole)이다. 1 mol은 분자량이 12인 탄소 0.012 kg에 들어 있는 원자의 개수와 같은 수의 기본 입자로 구성된 물질의 양이다. 기본 입자는 지정하여야 하며, 원자, 분자, 전자, 이온 또는 특정한 그룹이 기본 입자가 될 수 있다. 예를 들어 분자량이 32인 이원자 산소 1 mol은 (분자량이 12인 탄소와 비교하여) 질량이 0.032 kg이다. 몰을 종종 그램 몰(gram mole)이라고도 한다.

표 2.1 단위의 접두어.

Factor	Prefix	Symbol	Factor	Prefix	Symbol
10^{12}	tera	T	10^{-3}	milli	m
10^{9}	giga	G	10^{-6}	micro	μ
10^{6}	mega	M	10^{-9}	nano	n
10^{3}	kilo	k	10^{-12}	pico	p

그 이유는 1 mol의 물질의 양을 gram으로 나타내면 분자량과 같은 수가 되기 때문이다. 이 책에서는 미터계 SI 단위를 사용하므로 몰보다는 킬로몰(kilomole, kmole)을 사용하는 것이 바람직하다. 1 kmol의 물질의 양을 kg 단위로 나타내면 분자량과 같은 수가 된다.

현재 국제적으로 널리 사용하는 단위계는 국제 미터계(metric International System)로 간단히 SI 단위계(Le Systèm International d'Unités)라고 한다. SI 단위계에서는 앞에서 정의한 초, 미터 및 킬로그램을 각각 시간, 길이 및 질량의 기본 단위로 사용하며, 힘의 단위는 Newton의 제2법칙으로부터 직접 정의한다.

이렇게 하면 비례 상수가 필요하지 않으므로 Newton의 제2법칙을 등식으로 다음과 같이 쓸 수 있다.

$$F = ma \tag{2.1}$$

힘의 단위는 newton (N)이며, 정의에 의해 1 N은 1 kg의 질량을 1 m/s^2의 가속도로 움직이는 데 필요한 힘이다.

$$1 \text{ N} = 1 \text{ kg m/s}^2$$

고유명사에서 유래한 SI 단위는 대문자를 기호로 사용하고, 그렇지 않은 단위는 소문자를 기호로 사용한다. 단, 리터(liter)의 기호 L은 예외이다.

무게(중량, weight)라는 용어를 자주 사용하며, 때때로 질량과 혼동하기도 한다. 그러나 무게는 힘의 의미로만 사용해야 옳다. 물체의 무게는 지구(또는 다른 물체)가 그 물체를 당기는 힘이다. 즉 질량과 그 지점에서 중력 가속도의 곱이다. 물체의 질량은 높이에 따라 변하지 않지만 무게는 높이에 따라 변한다.

예제 2.1

지역 중력 가속도가 9.75 m/s^2인 고도에서 질량 1 kg의 무게를 결정하라.

풀이

무게는 질량에 작용한 힘이므로. Newton의 제2법칙으로부터

$$F = mg = 1 \text{ kg} \times 9.75 \text{ m/s}^2 \times [1 \text{ N s}^2/\text{kg m}] = 9.75 \text{ N}$$

■

전통적으로 미국에서 많이 사용되는 영국 공학 단위계는 부록 F에 실었고 본 절에서는 언급하지 않았다. 또한 영국 공학 단위계를 이용하여 풀고자 하는 학생들을 여러 가지 다양한 문제와 열역학적 데이터 및 표를 함께 실었다.

2.6 에너지

열역학에서 매우 중요한 개념 가운데 하나가 에너지이다. 에너지는 질량이나 힘과 같은 기본 개념이다. 그러한 개념의 경우에 정의하기가 매우 어렵다. 에너지(energy)는 효과를 유발할 수 있는 능력이라고 정의하였다. 다행히 에너지라는 낱말과 이 말이 나타내는 기본적인 개념은 일상 생활에서 우리에게 익숙하며, 이 시점에서 에너지의 엄밀한 정의는 중요하지 않다.

에너지는 계 안에 저장될 수 있고(예를 들어 열과 같이), 한 계에서 다른 계로 전달될 수 있다. 만약 통계 열역학을 공부하게 된다면 에너지가 저장되는 방식을 분자 관점에서 자세히 살펴보게 될 것이다. 그러나 고전 열역학을 공부할 때도 에너지가 저장되는 방식을 이해하는 것이 도움이 되기 때문에 여기서 간단히 소개한다.

압력 용기나 탱크 안에 주어진 온도, 압력으로 저장되어 있는 기체를 계로 생각하자. 분자 관점에서 생각하면 세 가지 일반적인 형태의 에너지를 확인할 수 있다.

1. 분자 사이에 작용하는 힘과 관련된 분자 위치 에너지(intermolecular potential energy)

2. 분자의 병진 운동과 관련된 분자 운동 에너지(molecular kinetic energy)
3. 분자 구조와 원자 구조 및 이와 관계된 힘과 관련된 분자 내부 에너지(intramolecular energy)

첫 번째 형태인 분자 위치 에너지는 임의의 순간에 분자 간의 힘의 크기와 분자 상호 간의 위치에 따라 변한다. 이 에너지의 크기를 정확하게 결정하는 것은 불가능하다. 왜냐하면 임의의 순간에 분자들의 배열(configuration)이나 방향 또는 분자 간 위치 함수(intermolecular potential function), 그 어느 것도 정확하게 알지 못하기 때문이다. 그러나 근사 계산을 할 수 있는 두 가지 경우가 있다. 첫 번째는 밀도가 적절히 낮은 경우이다. 이 경우에는 분자가 비교적 널리 퍼져 있어서 두 개의 분자 또는 두 개~세 개의 분자 간 상호 작용이 위치 에너지에 기여한다. 이처럼 밀도가 적절히 낮은 경우에는 비교적 구조가 간단한 분자로 구성된 계의 위치 에너지를 적절한 정확도로 결정하는 방법이 있다. 두 번째는 밀도가 매우 낮은 경우이다. 이 경우에는 분자 간의 거리가 매우 멀어서 위치 에너지가 없다고 가정할 수 있다. 결과적으로 이 경우에는 독립 입자(이상기체)계가 된다. 따라서 통계적 관점으로 분자의 병진 운동에 의한 에너지 와 내부 에너지만 계산하면 된다.

병진 에너지는 분자의 질량과 속도에만 의존하므로 양자역학(quantum mechanics)이나 고전역학의 식을 이용하여 계산할 수 있다.

분자 내부 에너지는 일반적으로 많은 요인에 의하여 생기므로 계산하기가 더 어렵다. 헬륨과 같은 간단한 단원자 기체를 고려해 보자. 각 분자는 하나의 헬륨 원자로 구성되어 있다. 이러한 원자에는 핵 주위를 돌고 있는 전자의 궤도 운동에 의한 각 운동량과 자신의 축을 중심으로 하는 자전에 의한 각 운동량 모두에 의해 생기는 전자 에너지(electronic energy)가 있다. 이 전자 에너지는 병진 에너지에 비하면 매우 작다(핵 에너지도 있으며 핵반응이 일어나는 경우 외에는 일정하다. 여기서 핵 에너지는 고려하지 않는다). 두세 개의 원자로 구성된 좀 더 복잡한 분자일 경우에는 몇 가지 요인을 더 고려하여야 한다. 전자 에너지 외에 분자는 자신의 무게 중심을 축으로 회전 운동을 할 수 있으므로 회전 에너지(rotational energy)가 있다. 더욱이 원자들이 서로 상대적으로 진동하므로 그에 의한 진동 에너지(vibrational energy)가 있으며, 상황에 따라서는 회전과 진동의 상호작용도 고려하여야 한다.

그림 2.4처럼 산소와 같은 이원자 분자를 생각해 보자. 분자는 강체와 같은 병진 운동과 함께 질량의 중심에 관해 회전 운동을 한다. 이때 회전축은 x축과 z축이 된다(y축에 관한 회전은 무시한다). 동시에 두 원자는 y축을 따라 진동할 수 있다. 회전이 빨라지면 회전 에너지가 증가하고 진동이 강해지면 분자의 진동 에너지는 증가한다.

다원자 분자와 같은 복잡한 분자들은 3차원 구조이며 분자의 에너지 저장에 기여하는 다양한 진동 모드를 갖고 있다. 분자가 복잡해질수록 에너지를 저장하는 자유도는 증가한다. 에너지 저장 모드와 관련된 주제를 부록 C에서 상세히 논의하였다. 분자 관점에서 정량적 효과에 관심 있는 학생은 이를 참조하기 바란다.

그림 2.5를 이용하여 앞에 설명한 일반적인 내용을 요약할 수 있다. 저장 용기 안에 들어 있는 물을 가열하면 액체와 증기의 온도가 상승하게 되며, 결국에는 액체가 모두 증발하여 증기가 된다. 거시적인 관점에서는 열의 형태로 전달된 에너지, 온도 및 압력과 같은 상태량의 변화, 매 순간 H_2O가 갖는

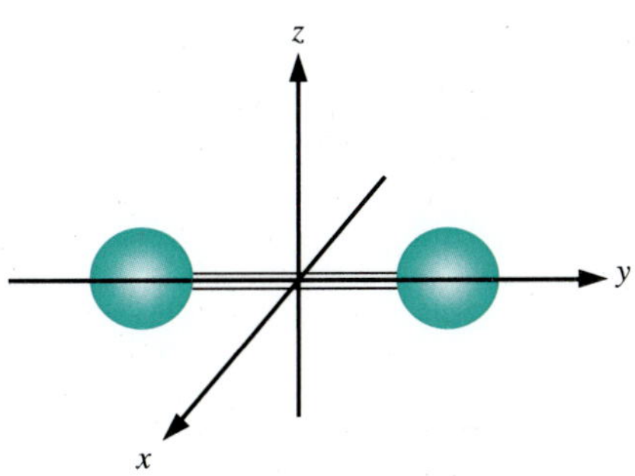

그림 2.4 이원자 분자의 좌표계.

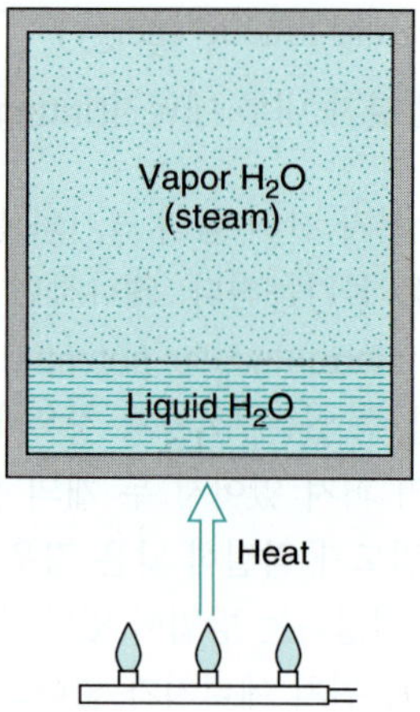

그림 2.5 물에 전달되는 열.

전체 에너지의 변화가 주된 관심이다. 따라서 H_2O에 에너지가 어떻게 저장되는가에는 관심이 없다. 그러나 미시적 관점에서는 분자에 에너지가 저장되는 방법에 관심이 있으며 주어진 양만큼 온도를 변하게 하기 위해서 공급해야 할 에너지의 양을 예측할 수 있는 분자 모델을 개발하는 것에 관심이 있을 수도 있다. 이 책에서는 거시적 관점, 즉 고전적 관점에 초점이 있지만 미시적 관점, 즉 통계적 관점도 기억해 두는 것이 도움이 된다. 양자의 관계가 에너지와 같은 기본 개념을 이해하는 데 도움이 되기 때문이다.

개념에 관한 질문

a. 그림 1.1에 있는 증기 동력 발전소(power steam plant)의 터빈을 검사체적으로 설정하고, 그 검사체적의 경계를 통과하는 질량 및 에너지의 목록을 작성하라.

b. 여러분의 부엌 냉장고를 검사체적으로 설정하여 그림 1.6에 나타낸 요소들의 위치를 표시하고, 모든 에너지 전달 흐름을 보여라.

2.7 비체적과 밀도

물질의 **비체적**(specific volume)은 단위 질량 당 체적으로 정의하며, 기호 v로 표기한다. 물질의 **밀도**(density)는 단위 체적 당 질량으로 정의한다. 따라서 밀도는 비체적의 역수이다. 밀도의 기호는 ρ이다. 비체적과 밀도는 강성적 상태량이다.

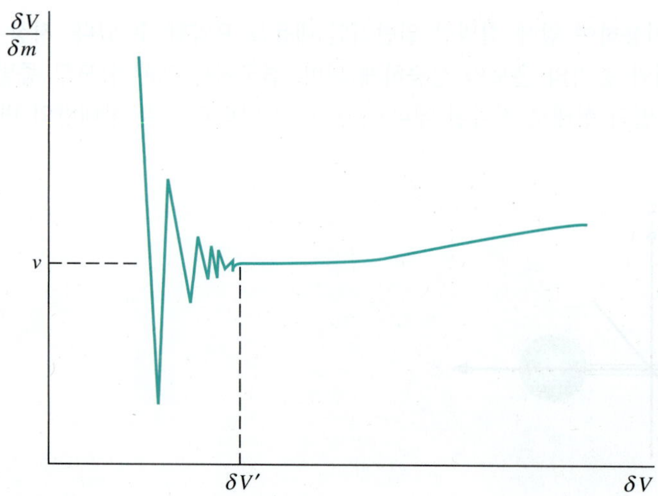

그림 2.6 비체적의 연속체 한계.

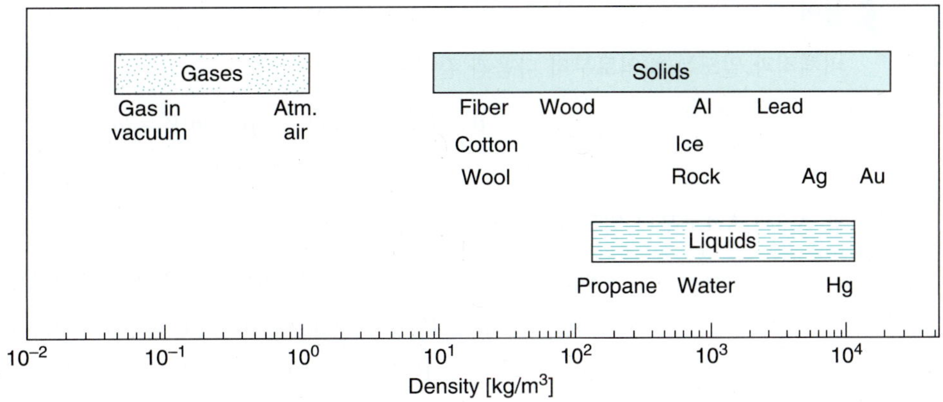

그림 2.7 일반적인 물질의 밀도.

중력장 안에서 계의 비체적은 위치에 따라 변할 수 있다. 예를 들어 대기를 계로 선정하면 높이 올라갈수록 비체적은 증가한다. 따라서 정의에는 계 안의 한 점에서의 비체적이라는 의미가 내포되어 있다.

계의 미소 체적이 δV이며 미소 질량이 δm일 때 비체적은 다음과 같이 정의한다.

$$v = \lim_{\delta V \to \delta V'} \frac{\delta V}{\delta m}$$

여기서 $\delta V'$은 질량을 연속체로 가정할 수 있는 최소 체적이다. 체적이 이보다 작아지면 질량이 공간 안에 고르게 분포되어 있지 않고 분자, 원자 또는 전자 등과 같은 입자에 집중되어 있다. 이러한 내용을 그림 2.6에 나타내도록 시도하였다. 체적이 0인 극한에서는 비체적이 무한대이거나(체적 안에 질량이 없음) 매우 작다(체적이 핵의 일부임).

따라서 주어진 계에서 비체적 또는 밀도를 말할 때는 원칙적으로 계 안의 한 점에서 해야 하며, 높이에 따라 변할 수 있음을 알아야 한다. 다행히 우리가 취급하는 대부분의 계는 비교적 작고, 높이에 따른 비체적의 변화가 크지 않으므로 전체 계의 비체적 또는 밀도를 말할 수 있다.

이 책에서는 비체적과 밀도를 질량 기준 또는 몰 기준으로 나타낸다. 몰 기준으로 계산한 상태량은 (소문자) 기호 위에 막대 기호(–, bar)를 붙여 표기한다. 즉 $\bar{\rho}$는 몰 비체적(molal specific volume), $\bar{v}$는 몰 밀도(molal density)를 나타낸다. SI 단위계에서 비체적의 단위는 m^3/kg과 m^3/mol(또는 m^3/kmol)이며 밀도의 단위는 kg/m^3와 mol/m^3(또는 kmol/m^3)이다.

SI 단위계에서 체적의 단위는 m^3이지만, 상용하는 체적이 단위는 리터(L)이며 1 L = 10^{-3} m^3이다. 흔히 사용하는 기체, 액체 및 고체의 밀도 값의 범위를 그림 2.7에 나타내었다.

예제 2.2

그림 2.8의 1 m^3 콘테이너는 화강암 0.12 m^3, 모래 0.15 m^3, 25°C 물 0.2 m^3로 채워져 있고, 나머지 체적 0.53 m^3은 밀도 1.15 kg/m^3인 공기로 되어있다. 전체(평균) 비체적과 밀도를 구하라.

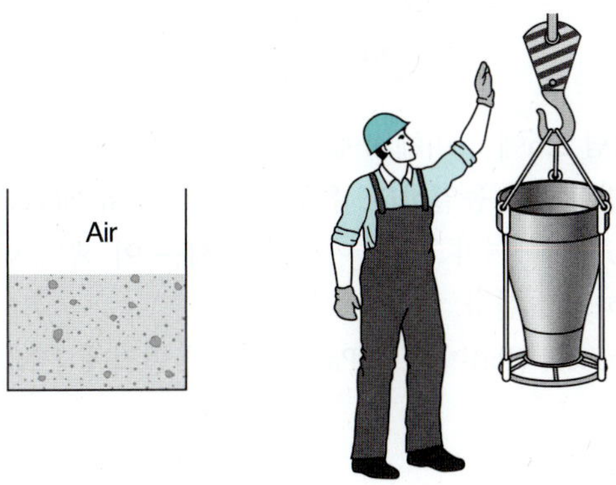

그림 2.8 예제 2.2의 개략도.

주의: 공기는 나머지 질량으로부터 분리되어 있으므로 ρ와 V의 값에 공기를 포함하면 안 된다.

풀이

비체적과 밀도는 정의로부터 다음과 같다.

$$v = V/m \qquad \text{and} \qquad \rho = m/V = l/v$$

표 A.3과 A.4로부터 밀도를 구하여 총 질량을 계산한다.

$$m_{\text{granite}} = \rho V_{\text{granite}} = 2750 \text{ kg/m}^3 \times 0.12 \text{ m}^3 = 330 \text{ kg}$$
$$m_{\text{sand}} = \rho_{\text{sand}} V_{\text{sand}} = 1500 \text{ kg/m}^3 \times 0.15 \text{ m}^3 = 225 \text{ kg}$$
$$m_{\text{water}} = \rho_{\text{water}} V_{\text{water}} = 997 \text{ kg/m}^3 \times 0.2\text{m}^3 = 199.4 \text{ kg}$$
$$m_{\text{air}} = \rho_{\text{air}} V_{\text{air}} = 1.15 \text{ kg/m}^3 \times 0.53 \text{ m}^3 = 0.61 \text{ kg}$$

총 질량은 다음과 같다.

$$m_{\text{tot}} = m_{\text{granite}} + m_{\text{sand}} + m_{\text{water}} + m_{\text{air}} = 755 \text{ kg}$$

그리고 전체(평균) 비체적과 밀도는 다음과 같이 계산된다.

$$v = V_{\text{tot}}/m_{\text{tot}} = 1 \text{ m}^3/755 \text{ kg} = 0.001\,325 \text{ m}^3/\text{kg}$$
$$\rho = m_{\text{tot}}/V_{\text{tot}} = 755 \text{ kg}/1 \text{ m}^3 = 755 \text{ kg/m}^3$$

■

개념에 관한 질문

c. 파이버(fiber), 록 울 보온재(rock wool insulation), 거품(forms), 그리고 솜의 밀도가 상당히 낮다. 그 이유가 무엇인가?

d. 맑은 물의 호수보다 사해에서 사람들이 더 잘 뜨는 이유가 무엇인가?

e. 물의 밀도는 $\rho = 1008 - T/2$ [kg/m^3]이고, T의 단위는 °C이다. 만약 온도가 증가하면 밀도와 비체적에는 어떠한 변화가 일어나는가?

2.8 압력

액체와 기체를 다룰 때 **압력**(pressure)이라는 용어를 흔히 사용한다. 고체의 경우에는 응력(stress)이라는 용어를 사용한다. 움직이지 않는 유체의 한 점에서의 압력은 모든 방향으로 동일하다. 압력은 단위 면적에 작용하는 힘의 수직 성분으로 정의한다. 좀 더 정확히 하면 유체의 미소 면적을 δA, 면적 위에 있는 유체를 연속체로 가정할 수 있는 최소 면적을 A', A에 작용하는 힘의 수직 성분을 F_n이라 할 때 압력 P를 다음과 같이 정의한다.

$$P = \lim_{\delta A \to \delta A'} \frac{\delta F_n}{\delta A}$$

여기서 하한 극한(lower limit)은 그림 2.6에서 비체적에 대하여 언급한 크기에 해당한다. 평형 상태에 있는 유체의 한 점에서 압력은 모든 방향으로 동일하다. 유동 중인 점성 유체(viscous fluid)에서는 방향에 따른 응력 상태의 변화를 중요하게 고려하여야 한다. 이러한 문제는 이 책의 범주에서 벗어나므로 평형 상태에 있는 유체의 압력만을 고려하고자 한다.

SI 단위계에서 압력의 단위는 pascal (Pa)이며, 1 Pa은 1 m^{2}의 면적에 1 N의 힘이 작용할 때의 압력이다. 즉 다음과 같다.

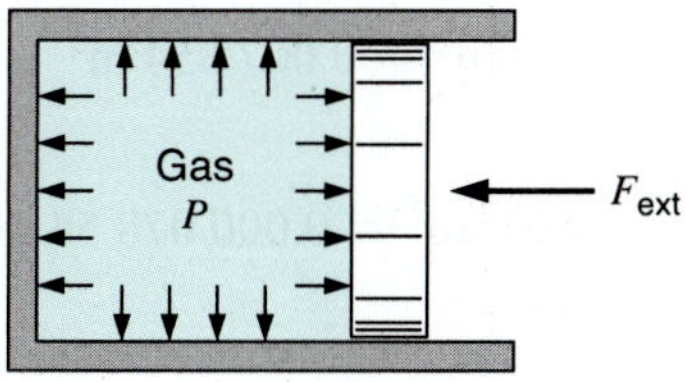

그림 2.9 이동 경계에 작용하는 힘과 기체 압력의 균형.

$$1 \text{ Pa} = 1 \text{ N/m}^2$$

SI 단위계에는 포함되지 않으나 일반적으로 많이 사용해 온 단위로 bar와 atm(표준 대기압)이 있다. 각각은 다음과 같다.

$$1 \text{ bar} = 10^5 \text{ Pa} = 0.1 \text{ MPa}$$
$$1 \text{ atm} = 101\ 325 \text{ Pa}$$

표준 대기압 1 atm이 1 bar보다 약간 크다. 이 책에서는 보통 SI 단위인 Pascal (Pa)을 사용한 다. 특히 kPa과 MPa을 많이 사용한다. 예제와 연습 문제에서 종종 압력의 단위로 bar를 사용한다. 그러나 특정 기준 압력을 지정하는 경우 외에는 atm을 사용하지 않는다.

그림 2.9과 같이 이동이 가능한 피스톤 및 실린더로 구성된 장치 안에 들어 있는 기체를 고려해 보자. 기체가 평형 상태에 있다고 가정하면, 기체가 모든 경계에 가하는 압력은 동일하다. 이 압력은 피스톤에 작용하는 외력에 의해 결정된다. 피스톤이 움직이지 않으려면 힘의 균형이 이루어져야 하기 때문이다. 따라서 압력과 피스톤 면적의 곱은 외력과 같다. 이제 외력이 증가 또는 감소하였다면, 내부의 기체 압력은 그에 대응하여 변화해야 하므로 피스톤이 적절히 이동하여 새로운 평형 상태에서 힘의 균형이 이루어진다. 다른 예로 실린더 안의 기체를 외부의 물체로 가열하면 기체 압력이 올라가는 대신 피스톤이 이동하여 외력에 의해 결정되는 압력 값과 기체 압력이 같게 유지되도록 한다.

예제 2.3

그림 2.10의 수력 실린더/피스톤 시스템은 질량이 25 kg인 피스톤–로드와 직경 D 0.1 m인 실린더로 되어있다. 로드의 직경은 0.01 m, 대기압은 101 kPa이고, 내부 수압은 250 kPa이다. 얼마나 큰 힘이 로드를 상방향으로 밀어 올리는가?

풀이

피스톤에서 정적 평형을 가정하면(상방향이 +) 다음과 같다.

$$\begin{aligned} F_{\text{net}} &= ma = 0 \\ &= P_{\text{cyl}}A_{\text{cyl}} - P_0(A_{\text{cyl}} - A_{\text{rod}}) - F - m_p g \end{aligned}$$

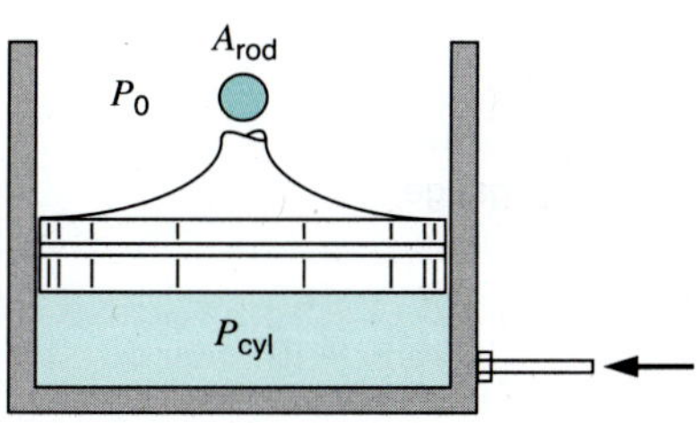

그림 2.10 예제 2.3의 개략도.

힘 F에 대하여 풀면

$$F = P_{\text{cyl}}A_{\text{cyl}} - P_0(A_{\text{cyl}} - A_{\text{rod}}) - m_p g$$

면적은:

$$A_{cyl} = \pi r^2 = \pi D^2/4 = \frac{\pi}{4}\,0.1^2\,\mathrm{m}^2 = 0.007\,854\ \mathrm{m}^2$$

$$A_{rod} = \pi r^2 = \pi D^2/4 = \frac{\pi}{4}\,0.01^2\,\mathrm{m}^2 = 0.000\,078\,54\ \mathrm{m}^2$$

따라서 힘 F는 다음과 같다.

$$\begin{aligned} F &= [250 \times 0.007\,854 - 101(0.007\,854 - 0.000\,078\,54)]\,1000 - 25 \times 9.81 \\ &= 1963.5 - 785.32 - 245.25 \\ &= 932.9\ \mathrm{N} \end{aligned}$$

주의: N (Newton)의 단위로 나타내기 위해서는 kPa에서 Pa로 바꾸어야 한다.

■

열역학을 연구할 때 사용하는 압력은 절대 압력(absolute pressure)이다. 그러나 대부분의 압력계와 진공계로 측정하는 것은 절대 압력과 대기압의 차이이다. 이렇게 측정한 압력을 계기 압력(gauge pressure)이라고 한다. 절대 압력과 계기 압력의 관계는 그림 2.11와 같다. 이 원리는 다음과 같이 설명한다. 대기압보다 낮거나 다소 높은 압력과(예로 관 안에 든 오리피스 전후의) 차압은 마노미터(manometer)로 측정한다. 마노미터에는 물, 수은, 알콜, 기름 또는 다른 유체가 들어 있다.

그림 2.12처럼 마노미터의 점 B 위에 높이가 H인 액주를 생각하자, 액주의 위에서 아래로 향하는 힘은

$$P_0 A + mg = P_0 A + \rho A g H$$

이 식에서 m은 액주의 질량이고, A는 단면적이며, ρ는 밀도이다. 이 힘은 액주의 바닥에서 위로 향하는 힘 $P_B A$와 균형을 이루어야 한다. 즉

$$P_B - P_0 = \rho g H$$

점 A와 B는 동일한 유체에서 높이가 같으므로 압력도 같다(압력 P는 P_A와 같도록 용기 내의 유체 밀도는 작아야 한다). 정리하면,

$$\Delta P = P - P_0 = \rho g H \tag{2.2}$$

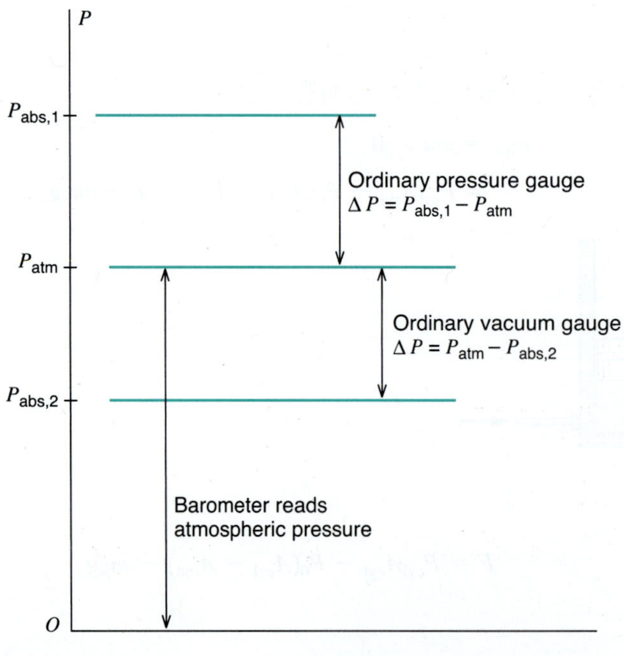

그림 2.11 압력 측정에 사용하는 용어의 예시.

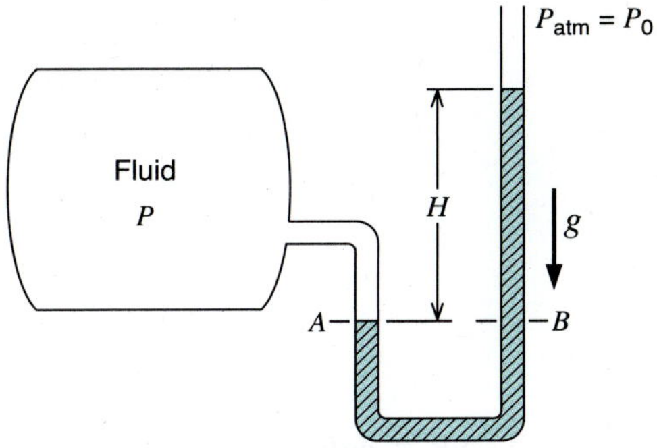

그림 2.12 액주를 이용한 압력 측정의예.

이 책에서 절대 압력과 계기 압력을 구분하기 위하여 사용한 단위 Pa는 항상 절대 압력을 나타내며, 계기 압력은 별도로 명시한다.

예제 2.4

수은(Hg) 마노미터를 이용하여 그림 2.12과 같이 용기 안의 압력을 측정한다. 수은의 밀도는 13,590 kg/m^{3}이고, 두 액주의 높이 차는 측정 결과 24 cm이다. 용기 안의 압력을 결정하라.

풀이

마노미터로 측정하는 차압은 계기 압력이며 다음과 같다.

$$\Delta P = P_{\text{gauge}} = \rho g H = 13\,590 \times 9.806\,65 \times 0.24$$
$$= 31\,985 \frac{\text{kg}}{\text{m}^3}\frac{\text{m}}{\text{s}^2}\text{m} = 31\,985 \text{ Pa} = 31.985 \text{ kPa}$$
$$= 0.316 \text{ atm}$$

용기 안의 절대 압력은 다음과 같이 계산한다.

$$P_A = P_{\text{vessel}} = P_B = \Delta P + P_{\text{atm}}$$

따라서 기압계로 측정하는 대기압(절대 압력)을 알아야 한다. 대기압은 위의 장치와 유사한 장치로 측정한다. 마노미터의 한 쪽을 대기에 개방하고, 다른 쪽은 밀봉하면 액주의 상부에 수은 증기만이 존재하므로 아주 낮은 압력이 된다. 대기압이 750 mmHg라고 가정하면 용기 안의 절대 압력은 다음과 같게 된다.

$$P_{\text{vessel}} = \Delta P + P_{\text{atm}} = 31\,985 + 13\,590 \times 0.750 \times 9.806\,65$$
$$= 31\,985 + 99\,954 = 131\,940 \text{ Pa} = 1.302 \text{ atm}$$

■

예제 2.5

그림 2.13에 나타낸 25°C의 액체를 저장하는 탱크의 높이는 7.5 m이다. 저장 탱크 바닥에서의 압력을 구하라. 액체는 가솔린이고, 탱크 최상부 표면에서의 대기압은 101 kPa이라고 가정한다. 또한 탱크 최상부 표면에서의 대기압이 1 MPa이고, 액체가 냉매 R-134a인 경우에 대하여서도 풀이하라.

풀이

표 A.4에 구한 액체의 밀도는 다음과 같다.

$$\rho_{\text{gasoline}} = 750 \text{ kg/m}^3; \qquad \rho_{\text{R-134a}} = 1206 \text{ kg/m}^3$$

중력에 의한 압력 차는 식 2.2로부터

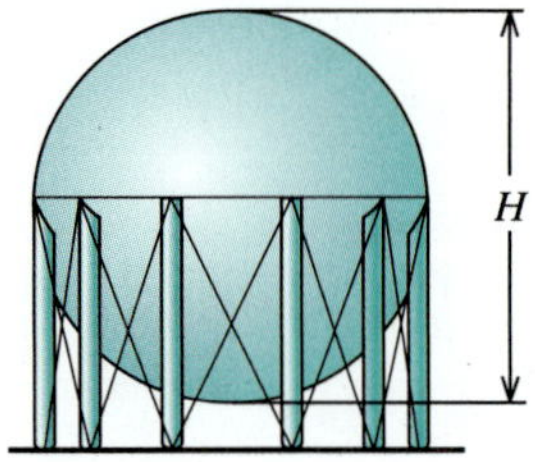

그림 2.13 예제 2.5의 개략도.

$$\Delta P = \rho g H$$

전압은

$$P = P_{\text{top}} + \Delta P$$

가솔린인 경우 압력 차는 다음과 같고,

$$\Delta P = \rho g H = 750 \text{ kg/m}^3 \times 9.807 \text{ m/s}^2 \times 7.5 \text{ m} = 55\ 164 \text{ Pa}$$

전압을 kPa로 나타내면 다음과 같다.

$$P = 101 + 55.164 = 156.2 \text{ kPa}$$

R-134a인 경우 압력 차는 다음과 같고,

$$\Delta P = \rho g H = 1206 \text{ kg/m}^3 \times 9.807 \text{ m/s}^2 \times 7.5 \text{ m} = 88\ 704 \text{ Pa}$$

전압을 kPa로 나타내면 다음과 같다.

$$P = 1000 + 88.704 = 1089 \text{ kPa}$$

■

예제 2.6

단면적이 0.01 m^2인 피스톤/실린더가 단면적이 0.05 m^2인 피스톤/실린더에 수력학적으로 연결되어 있다. 공간체적과 연결관은 밀도가 900 kg/m^3인 유체로 채워져 있고, 큰 단면적을 가진 피스톤/실린더가 6 m 높은 위치에 있다고 가정한다. 그림 2.14와 같이 텔레스코프 암(telescope arm)과 버킷(bucket)이 수력 피스톤/실린더를 움직인다. 외부 대기압이 100 kPa이고, 작은 피스톤에 25 N의 힘이 작용한다면 평형을 이루기 위해 큰 피스톤에 작용하는 힘은 얼마인가?

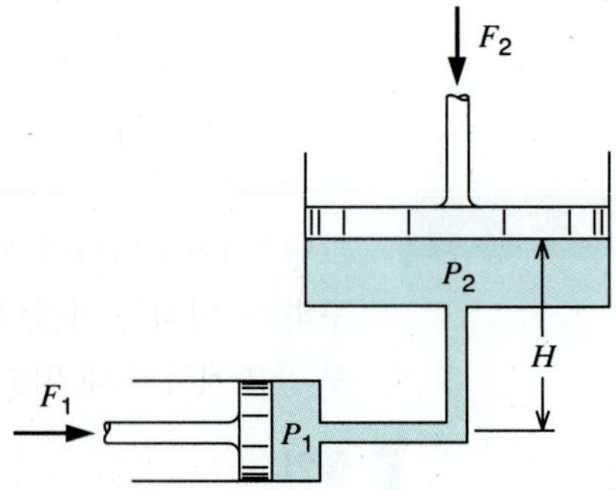

그림 2.14 예제 2.6의 개략도.

풀이

유체가 정지되어 있고 같은 높이에 있을 때 유체의 압력은 같다. 작은 피스톤에서의 힘의 평형은 다음과 같으므로(봉의 면적을 무시),

$$F_1 + P_0A_1 = P_1A_1$$

유체의 압력은 다음과 같다.

$$P_1 = P_0 + F_1/A_1 = 100\ \text{kPa} + 25\ \text{kN}/0.01\ \text{m}^2 = 2600\ \text{kPa}$$

큰 피스톤/실린더 2의 높은 위치에서의 압력은 식 2.2로부터 다음과 같고,

$$P_2 = P_1 - \rho gH = 2600\ \text{kPa} - 900\ \text{kg/m}^3 \times 9.81\ \text{m/s}^2 \times 6\ \text{m}/(1000\ \text{Pa/kPa})$$
$$= 2547\ \text{kPa}$$

위 식의 두 번째 항은 Pa을 kPa로 바꾸기 위하여 1000으로 나누어졌다. 그리고 큰 피스톤/실린더에 힘의 평형을 적용하여 구하면 다음과 같다.

$$F_2 + P_0A_2 = P_2A_2$$
$$F_2 = (P_2 - P_0)A_2 = (2547 - 100)\ \text{kPa} \times 0.05\ \text{m}^2 = 122.4\ \text{kN}$$

■

개념에 관한 질문

f. 자동차 타이어용 게이지가 195 kPa을 나타낸다. 공기압이 얼마인가?

g. 그림 2.12에서 A 위치 위의 액체 압력 차 ΔP를 항상 무시할 수 있는가? 어떤 상황에 좌우되는가?

h. U튜브 액주계(manometer)의 왼쪽 튜브는 압력이 110 kPa인 상자에 연결되어 있고 오른쪽 튜브는 개방되어 있다. 어느 쪽 튜브의 액체의 높이가 높은가?

2.9 온도의 동등성

온도(temperature)는 우리에게 익숙한 상태량이지만 정확히 정의하기는 어렵다. "온도"는 물체를 만질 때 느끼는 온냉의 의미로 우선 알고 있다. 또한 이미 알고 있는 바와 같이 따뜻한 물체와 차가운 물체를 접촉시키면 따뜻한 물체는 차가워지고 차가운 물체는 따뜻해진다. 두 물체를 상당 기간 동안 붙여두면 온냉의 정도가 같아진다. 그러나 온냉에 대한 인간의 감각은 불확실하여 매우 차가운 물체를 뜨겁게 느낄 수도 있으며, 온도가 같은 물체도 재료에 따라 온도를 다르게 느낄 수도 있다.

이러한 어려움 때문에 **온도의 동등성**(equality of temperature)을 정의한다. 한 개는 차갑고 다른 한 개는 뜨거운 두 개의 구리 블록이 있다. 각각에 유리제 수은 온도계를 붙여 두었다. 두 개의 구리 블록 사이에 열 교류(thermal communication)를 시키고 각각의 전기 저항을 측정하면 뜨거운 구리 블록의 저항은 시간에 따라 감소하며 차가운 구리 블록의 저항은 시간에 따라 증가하는 것을 관찰할 수 있다. 그러나 어느 정도 시간이 지나면 저항이 더 이상 변하지 않는다는 사실을 관찰할 수 있다. 뿐만 아니라 두 블록을 붙였을 때 뜨거운 구리 블록의 한쪽 변의 길이가 시간에 따라 줄어들고 차가운 블록의 한쪽 변의 길이는 시간에 따라 늘어나는 것을 관찰할 수 있다. 또한 뜨거운 구리 블록에 접촉한 온도계의 수은주는 떨어지고, 차가운 구리 블록에 접촉한 온도계의 수은주는 올라가며, 어느 정도 시간이 지나면 두 수은주가 더 이상 변하지 않는다는 사실을 관찰하게 된다. 이와 같이 열교류가 가능하도록 접촉한 두 물체에서 관찰이 가능한 상태량에 아무런 변화가 없을 때 두 물체의 온도가 같다고 한다.

2.10 열역학 제0법칙

동일한 구리 블록 두 개와 온도계 한 개가 있다. 온도계에 하나의 구리 블록을 붙여 온도가 같아질 때까지 두었다가 떼어냈다. 그 후 다른 블록을 이 온도계에 붙였다. 두 번째 블록을 온도계에 붙였을 때 온도

계의 수은주 높이가 변하지 않았다면 두 블록은 수은 온도계와 열적 평형 상태에 있다고 할 수 있다.

열역학 제0법칙(the zeroth law of thermodynamics)은 두 물체의 온도가 제3의 물체의 온도와 각각 같으면 두 물체의 온도도 같다는 것이다. 이는 경험에 의해 매우 익숙하므로 너무나 당연하게 느껴진다. 그러나 이 법칙은 다른 법칙으로부터 유도할 수 없으며 열역학 법칙이라고 한다. 열역학 제0법칙은 온도 측정의 기초이다. 물체와 온도계 사이에서 온도의 동등성이 성립될 때 온도계에서 읽은 온도를 그 물체의 온도라고 말한다. 남은 문제는 서로 다른 수은 온도계에서 읽거나 열전대나 저항 온도계와 같은, 서로 다른 온도 측정 장치에서 얻은 온도 사이의 관계를 설명하는 것이다. 이러한 생각에서 온도 측정에 대한 표준 눈금이 필요하게 된다.

2.11 온도 눈금

SI 단위계에서 온도 측정에 사용되는 눈금은 섭씨 눈금(Celsius scale)이며, °C로 나타낸다. 섭씨 눈금은 이전에는 백분도 눈금(centigrade scale)이라고 했으나 지금은 이를 고안한 스웨덴의 천문학자 Anders Celsius (1701~1744)의 이름을 따서 섭씨 눈금이라고 한다.

1954년 이전까지 섭씨 눈금은 재현하기 쉬운 두 개의 고정점, 즉 **얼음 점**(ice point)과 **수증기 점**(steam point)을 근거로 정의하였다. 얼음 점은 1 atm (0.101325 MPa)의 압력 하에서 포화 공기와 평형 상태에 있는 물–얼음 혼합물의 온도로 정의하였다. 수증기 점은 1 atm의 압력하에서 물과 수증기가 평형 상태에 있을 때의 온도로 정의하였다.

1954년 제10차 CGPM에서 단일 고정점과 이상기체 온도 눈금을 이용하여 섭씨 눈금을 재정의하였다. 단일 고정점은 물의 (고상, 액상, 기상이 평형 상태로 공존하는) 삼중점이다. 온도 1도의 크기는 7장에서 논의할 이상기체 온도 눈금을 이용하여 정의하였다. 새로운 눈금의 특징은 단일 고정점과 1도의 크기의 정의에 있다. 물의 삼중점에 0.01°C를 부여하였으며, 이 눈금에서 수증기 점의 온도는 실험을 통해 100.00°C가 되었다. 따라서 신 온도 눈금과 구 온도 눈금은 실질적으로 일치한다.

절대 온도 눈금(absolute scale of temperature)은 아직까지 고려하지 않았다. 이러한 온도 눈금의 가능성은 7장에서 논의하게 될 열역학 제2법칙에서 찾을 수 있다. 열역학 제2법칙에 기초하여 온도계 물질과 무관한 온도 눈금을 정의할 수 있다. 이러한 절대 온도 눈금을 열역학적 온도 눈금(thermodynamic scale of temperature)이라고 한다.

섭씨 눈금과 관련된 절대 온도 눈금은 Kelvin 눈금[Kelvin 경, 즉 William Thomson (1824~1907)의 이름에서 따옴]이며 기호는 (도의 기호를 생략한) K이다. 두 눈금의 관계는 다음과 같다.

$$\mathrm{K} = {}^\circ\mathrm{C} + 273.15$$

1967년 CGPM에서 1 K를 물의 삼중점 온도의 1/273.16로 정의하였다. 섭씨 눈금은 원래의 정의 대신에 위의 식으로 새로 정의하였다.

온도 측정 및 교정 방법을 표준화하기 위해 경험에 근거한 많은 온도 눈금이 지난 70년에 걸쳐 사용되었다. 가장 최근의 눈금은 1990 국제 온도 눈금, 즉 ITS-90이다. 이는 재현이 용이한 많은 (온도값을 부여한) 고정점에 근거하고 있으며, 정의된 고정점 사이에서 내삽(interpolation)을 위한 특정한 온도 측정 장치의 눈금과 온도를 관련짓는 상세한 공식에 근거하고 있다. ITS- 90에 대한 더 자세한 내용은 이 책에서는 다루지 않는다. 이 눈금은 절대 열역학적 온도 눈금에 가깝게 부합하는 측정 방법을 제정하는 실질적인 수단이다.

이 장의 요약

열역학 시스템은 **검사체적**(control volume)과 고정된 질량인 **검사질량**(control mass)으로 소개되었다. 이러한 시스템은 **고립**(isolated)되어지고, 주위와 질량, 운동량, 혹은 에너지를 교환하지 않는다. **개방계**(open)와 **밀폐계**(closed)는 주위와 질량 교환의 여부로 결정된다. 만약 물질의 상태량이 변하면, 상이 변하고 과정이 일어난다. 물질이 여러 **과정**(process)을 거쳐서 처음의 **상태**(state)로 돌아올 때 **한 사이클**(a cycle)을 완성한다.

열역학의 기본 **단위**(units)와 물리적 상태량을 살펴보았고, 표 A.1에 나타내었다. **밀도** ρ(density ρ), **비체적** v(specific volume v), **압력** P(pressure P), 그리고 **온도** T(temperature T)가 그들의 단위와 함께 소개되었다. 상태량은 질량과 무관한(비체적 v와 같은) **강성적**(intensive) 상태량과 질량에 비례하는(체적 V와 같은) **중량적**(extensive) 상태량으로 분류된다. 이미 물리학으로부터 힘 F, 속도 $\mathbf{V}$, 그리고 가속도 a와 같은 다른 개념들에 대해서는 잘 알고 있다. 뉴턴의 운동법칙을 적용하면 액주에서의 정압의 변화량과 기압계(barometer)와 액주계(manometer)로 압력(절대, 게이지)을 측정할 수 있다. 표준 온도 척도과 절대 온도 척도를 소개하였다.

여러분은 본 장을 공부하여 다음과 같은 많은 기술을 배우고, 능력을 키웠다.

- 어떤 물체 주위에 검사체적(C.V.)을 선정(설정); 내용물을 스케치하고 질량의 저장 위치를 확인; C.V. 표면을 통과하는 질량과 에너지 흐름의 확인
- 상태량 P, T, v 그리고 ρ와 이들의 단위
- 표 A.1에 나타낸 단위 환산법
- 에너지가 운동, 위치, 내부 에너지로 저장됨
- 에너지는 전달될 수 있음
- 강성적 상태량(v, ρ)와 종량적 상태량(V, m)의 차이점
- 주어진 시스템에 힘의 평형을 적용하여 압력 P와 관계 설명
- 상대(계기)와 절대 압력 P의 차이점
- 액주계(manometer)와 기압계(barometer)의 작동 원리를 이해하고, 높이 H로 ΔP 또는 P 계산
- 상대와 절대 온도 T의 차이점
- (v, ρ, P, T)의 크기에 대한 개념

이러한 개념들의 대부분은 뒤이은 장들에서 반복되고 보강될 것이다. 즉 3장에서는 상태량, 4장에서는 열과 일로서 에너지 전달, 그리고 5장에서는 내부 에너지에 관하여 적용과 함께 설명될 것이다.

주요 개념과 식

검사체적	검사 면 내의 모든 것
압력	$P = \dfrac{F}{A}$ (작은 A에 대한 수학적 극한)
비체적	$v = \dfrac{V}{m}$
밀도	$\rho = \dfrac{m}{V}$ (표 A.3, A.4, A.5, F.2, F.3, F.4)
정압차	$\Delta P = \rho g H$ (밀도 ρ인 유체 내 깊이 H)
절대 온도	$T[\text{K}] = T[^\circ\text{C}] + 273.15$
단위	표 A.1

물리학으로부터의 개념

뉴턴의 운동법칙	$F = ma$
가속도	$a = \dfrac{d^2x}{dt^2} = \dfrac{d\mathbf{V}}{dt}$

속도 $\mathbf{V} = \frac{dx}{dt}$

연습 문제

Homework Problems

개념 문제

2.1 그림 1.2에 있는 발전 설비 주위에 검사체적을 설정하고, 그림 1.1을 활용하여 질량과 에너지의 유입, 출입 및 에너지 저장의 목록을 작성하라. 그리고 각자가 선택한 C.V. 안과 밖에 무엇이 있는지 명확히 하라.

2.2 그림 1.3의 핵추진 시스템 내에 있는 증기 유동을 포함하는 주 터빈 루프를 검사체적으로 설정하여 C.V.을 유입,유출하는 에너지 전달 및 질량 유동(온수 또는 냉수)을 확인하라.

2.3 목록 P, F, V, v, ρ, T, a, m, t, $\mathbf{V}$를 종량적 상태량, 강성적 상태량 및 상태량이 아닌 것으로 분류하라.

2.4 자연 상태의 물은 고체, 액체, 그리고 증기(기체)와 같은 다른 상으로 존재한다. 세 상들의 비체적과 밀도의 상대적 크기를 확인하라.

2.5 전열기를 물잔 속에 넣어 물을 20°C에서 80°C로 가열하였다. 에너지 유동과 저장을 보이고, 무엇이 변했는지 설명하라.

2.6 에스컬레이터가 총 중량이 300 kg인 네 사람을 건물 내 25 m 위로 올려놓았다. 에너지 전달과 저장의 관점에서 무엇이 일어났는지 설명하라.

2.7 밀도가 체적 안의 질량을 나타내는 유일한 표시법일까? 그것은 변할까? 만약 그렇다면 척도의 크기는 무엇인가(차이점)?

2.8 당신은 물 1 m^3을 운반할 수 있는가?

2.9 수영장 바닥의 압력은 고르게 분포된다. 100 m^2 운동장에 놓여있는 7272 kg의 평판 주물을 상상해 보자. 평판 주물 아래의 평균압력은 얼마인가? 평판 주물의 압력도 수영장 바닥의 압력과 같이 고르게 분포될까?

2.10 무거운 용기에 조절할 수 있는 4개의 다리를 설치했다. 어떤 형태의 다리가 마루에 자국을 남기지 않을까?

2.11 물 액주계의 차압 ΔP가 $P_0/10$이다. 액주의 높이 차는 얼마인가?

2.12 두 잠수부가 20 m 깊이에서 수영을 한다. 그들 중의 한 명은 초대형 탱크 안에서 수영을 계속하고, 다른 한 명은 탱크에서 나왔다. 누가 더 큰 압력을 느끼는가?

2.13 물 스키어(water skier)는 그들의 속도가 충분히 빠르면 너무 깊게 물에 가라앉지 않는다. 무엇이 이 상황을 정압 계산과 다르게 하는가?

2.14 섭씨온도에서 가장 낮은 온도는 얼마인가? 얻을 수 있는가? 랭킨 온도는?

2.15 개념 질문 "e"에 있는 물의 밀도를 구하는 식을 T가 켈빈 온도인 경우의 식으로 바꾸어라.

상태량과 단위

2.16 질량 2 kg의 강 실린더가 200 kPa에서 25°C 물 4 L를 담고 있다. 시스템의 전 질량과 체적을 구하라. 물의 종량적 상태량 2개와 강성적 상태량 3개의 목록을 작성하라.

2.17 8°C 냉장고에 중량 80 g, 체적 100 cm^3인 사과가 있다. 사과의 밀도를 구하라. 사과의 강성적 상태량 3개와 종량적 상태량 2개의 목록을 작성하라.

2.18 가압된 강 용기가 산소 5 kg, 질소 7 kg으로 채워져 있다. 용기에 몇 킬로 몰(kmoles)이 들어가 있는가?

힘과 에너지

2.19 표준 중력 가속도는(45° 위도의 해수면에서) 9.806 65 m/s^2이다. 이 중력장 안에서 2 kg의 질량을 들고 있으려면 얼마의 힘이 필요한가? 힘 1 N으로 들고 있을 수 있는 질량은 얼마인가?

2.20 지구 표면으로부터 위로 올라가면, 중력은 미터 단위인 고도 z에 따라 $g = 9.807 - 3.32 \times 10^{-6}\, z$로 감소한다. 비행기가 고도 11,000 m에서 순항할 때 비행기의 중량이 몇 % 감소하는가?

2.21 시속 60 km로 달리는 차를 5초 동안 일정한 가속도로 감속하여 완전히 정지시킨다. 차와 운전자의 총 질량이 1075 kg이다. 필요한 힘을 구하라.

2.22 질량 1,775 kg 자동차가 100 km/h 속도로 달리고 있다. 운동 에너지를 구하라. 운동 에너지와 동일한 위치 에너지를 갖기 위하여 표준 중력장에서 자동차가 얼마나 들여 올려져야 하는가?

2.23 질량 950 kg의 철판을 정지 상태로부터 10초 동안 3 m/s^2로 가속한다. 필요한 힘을 구하라. 최종 속도는 얼마인가?

비체적

2.24 질량 15 kg의 철제 용기 안에 1.75 kmol의 액체 프로판이 들어 있다. 이 계를 2 kN의 힘으로 가속한다. 가속도를 구하라.

2.25 멤브레인에 의해 두 개의 방으로 분리된 탱크가 있다. 방 A에는 질량 1 kg, 부피 0.5 m^3의 공기가 들어 있고, 방 B에는 체적이 0.75 m^3, 밀도가 0.8 kg/m^3인 공기가 들어 있다. 멤브레인이 터져서 양쪽 방의 공기가 혼합되어 균일해졌다. 공기의 최종 밀도를 구하라.

2.26 체적이 1 m^3인 용기에 질량 400 kg인 화강암, 질량 200 kg인 마른 모래, 부피가 0.2 m^3인 25°C의 물이 들어 있다. 공기의 질량과 부피를 무시했을 때 각각의 질량의 평균 비체적과 평균 밀도를 구하라. 각 물질의 상태량은 표 A.3과 표 A.4를 이용하라.

2.27 질량이 15 kg인 철제 가스 탱크에 밀도가 800 kg/m^3인 액체 가솔린 300 L가 들어 있다. 이 계를 6 m/s^2로 감속하려면 얼마의 힘이 필요한가?

2.28 수은(Hg) 1 L의 질량은 대략 얼마인가? 대기는?

압력

2.29 유압 리프트의 최대 유체 압력이 500 kPa이다. 질량 850 kg인 물체를 들어올리려면 피스톤–실린더의 직경은 얼마가 되어야 하는가?

2.30 단면적이 0.01 m^2인 피스톤–실린더 장치 안에 질량이 100 kg인 피스톤이 멈추개 위에 놓여 있다(그림 P2.30 참조). 대기압이 100 kPa일 때 피스톤을 들어 올리려면 물의 압력은 얼마나 되어야 하는가?

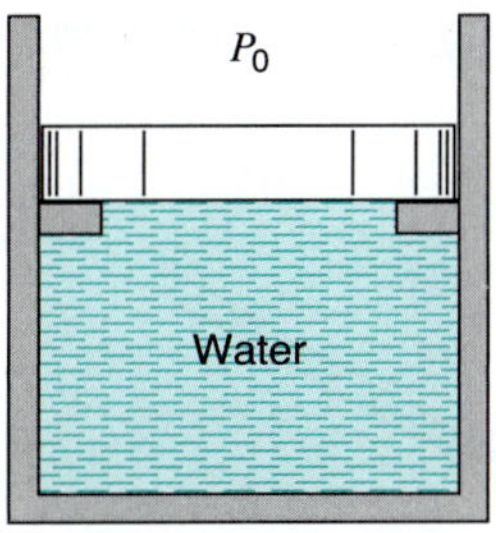

그림 P2.30

2.31 직경이 0.15m인 실린더 안에 들어 있는 5 kg의 대포알이 피스톤의 역할을 한다. 화약이 연소되어 대포알 뒤의 가스 압력이 7 MPa가 되었다. 실린더(대포)가 수평으로 놓여 있다면 대포알의 가속도는 얼마인가?

2.32 직경이 125 mm인 피스톤이 설치되어 있는 수직 유압 실린더 안에 유압 액체가 들어 있다. 대기압은 1 bar이다. 표준 중력 가속도 하에서 내부 압력이 1500 kPa이라면 피스톤의 질량은 얼마인가?

2.33 그림 P2.33의 실린더 밸브의 단면적은 11 cm^2이고, 실린더 내부의 압력은 735 kPa, 실린더 외부의 압력은 99 kPa이다. 실린더 밸브를 열기 위하여 얼마나 큰 힘이 필요한가?

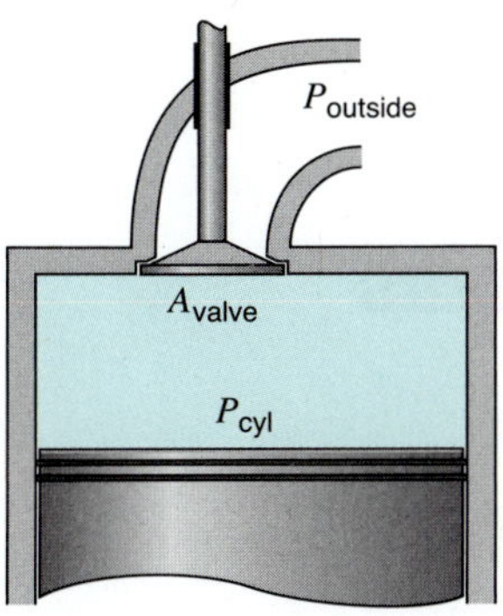

그림 P2.33

2.34 바다 아래로 5 m 잠수한다. 그곳의 절대 압력을 구하라.

2.35 실험실의 큰 배기 팬이 실내 압력을 복도에 비해 물 높이 10 cm의 상대 진공을 유지한다. 1.9 m, 1.1 m 문에 작용하는 정미 힘을 구하라.

2.36 자동차 정비소의 유압 승강기 실린더 직경이 0.2 m이다. 리프트 장치(40 kg)와 차(700 kg)를 동시에 들어 올리기 위해 필요한 유압 액체의 압력은 얼마인가?

2.37 2.5 m 높이의 강 실린더의 단면적은 1.5 m^2이다. 바닥에서 0.5 m 높이까지는 물이고, 그 위로 1 m는 가솔린으로 채워져 있다(그림 P2.37 참조). 가솔린 표면은 대기에 노출되어 있고, 대기압은 101 kPa이다. 물에서 가장 높은 압력을 구하라.

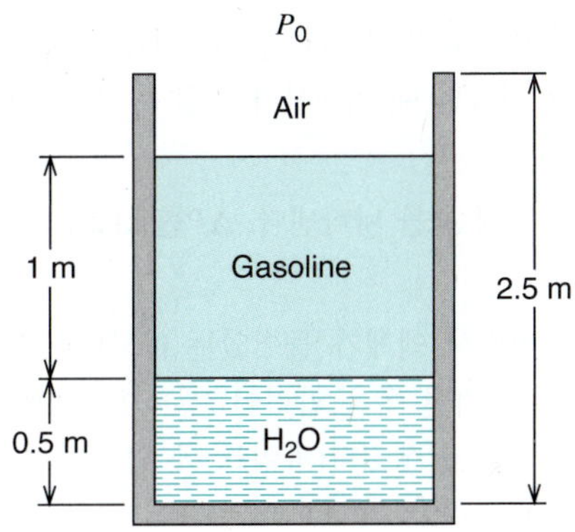

그림 P2.37

2.38 해변의 대기압은 1025 mbar이다. 바다 아래로 15 m 잠수한 후, 높이 250 m 언덕을 올라갔다. 물의 밀도는 약 1000 kg/m^3, 공 기의 밀도는 1.18 kg/m^3이라고 가정한다. 각 위치에서의 압력을 구하라.

2.39 밀도가 ρ인 물이 그림 P2.39처럼 단면적 A, 높이 H인 실린더 안에 들어 있는 두께가 얇은 피스톤 위에 채워져 있다. 피스톤 아래로 공기가 들어와 피스톤을 밀어 물이 넘친다. 공기의 압력을 실린더 바닥 면에서 피스톤의 높이(h)의 함수로 나타내는 식을 유도하라.

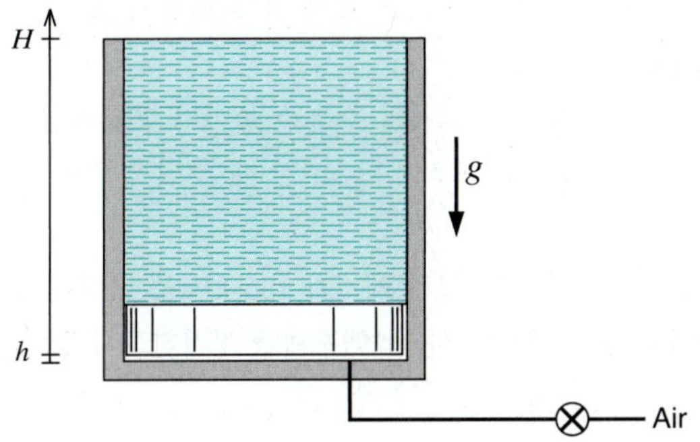

그림 P2.39

2.40 큰 회오리바람(tornado)이 질량 1000 kg, 면적 100 m^2인 지붕을 날려 보냈다. 만약 고정 장치의 힘을 무시한다면, 그러기 위해 필요한 최소 진공 압력을 구하라.

2.41 높이 18 m, 중량 10,000 kg, 단면적 3 m^2인 강 탱크가 그림 P2.41과 같이 윗부분이 대기에 노출되어 있다. 탱크를 바다에 띄우

기 위해 탱크 바닥에 콘크리트를 부어 넣어 탱크를 바다 밑 10m 위치에 머무르게 하였다. 콘크리트를 얼마나 부어 넣어야 하는가?

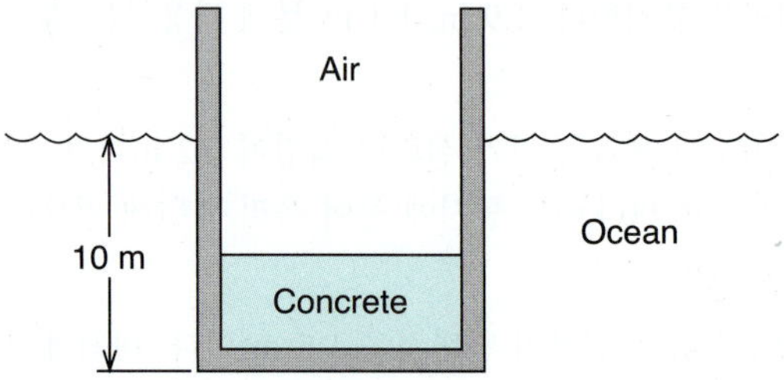

그림 P2.41

액주계와 기압계

2.42 대기 10 m 높이의 압력 차를 구하라.

2.43 대기의 밀도는 1.15 kg/m^{3}로 일정하다. 압력이 101 kPa인 지표면에서 출발하여 1500 m 상승할 때 비행사가 느낄 수 있는 절대 압력의 크기는 얼마인가?

2.44 액주계가 수은 1 m의 압력 차를 나타낸다. ΔP를 kPa로 나타내어라.

2.45 밀도가 925 kg/m^{3}인 파란색 액체가 들어있는 마노미터가 있다. 한쪽은 파이프와 연결하고 다른 쪽은 압력이 P_0 = 101 kPa인 곳에 연결하니 3 cm의 액주차가 생겼다(파이프 쪽 압력이 작음). 파이프 내의 절대 압력을 구하라.

2.46 잠수부가 바다 아래로 10 m 잠수했을 때 공기탱크의 압력 게이지가 75 kPa을 나타낸다. 압력 게이지가 영이 되는 깊이를 구하라. 이것은 무엇을 의미하는가?

2.47 탱크 안의 절대 압력이 85 kPa이며 같은 장소에서 절대 대기압은 97 kPa이다. 밀도가 13,550 kg/m^{3}인 수은이 들어 있는 U-관을 용기에 설치하여 진공을 측정하고자 한다. 수은주의 높이 차는 얼마이겠는가?

2.48 밀도가 900 kg/m^{3}인 유체가 들어 있는 마노미터의 높이 차가 200 mm이다. 압력 차는 얼마인가? 마노미터의 유체로 미도가 13,600 kg/m^{3}인 수은을 사용하면 같은 압력 차에 대하여 높이 차가 얼마이겠는가?

2.49 절대 압력을 측정하는 기압계의 수은주 높이가 725 mm를 가리키고 있다. 수은의 밀도가 13,550 kg/m^{3}일 때 주위 압력을 구하라.

2.50 강 실린더에 부착된 절대 압력 계기가 135 kPa을 나타낸다. 대기압 P_{atm} 101 kPa일 때 물을 사용한 액주계를 부착하고자 한다. 이를 위해 유체 높이 차를 얼마로 해야 하는가?

2.51 용기에 설치된 차압계(differential pressure gauge)로 읽은 압력이 1.25 MPa이고, 같은 장소에서 기압계로 읽은 압력이 0.96 bar이다. 용기 안의 절대 압력은 얼마인가?

2.52 내부 압력을 101 kPa로 유지하고 있는 잠수함이 바다 밑 240 m로 잠수하였다. 바닷물의 밀도는 1030 kg/m^{3}이다. 잠수함 내부와 외부의 압력 차를 구하라.

2.53 기압계로 측정한 압력이 거리에서는 760 mm Hg이고, 건물의 꼭대기에서는 735 mm Hg이다. 공기의 밀도를 1.15 kg/m^{3}로 가정할 때 건물의 높이를 구하라.

2.54 고층 건물에서 바닥과 지붕의 공기 압력을 측정하기 위해 압력계를 사용한다고 가정한다. 압력 차의 정확도가 1 mbar (0.001 bar)이면 이에 해당하는 높이 차의 정확도는 얼마인가?

2.55 그림 P2.55와 같이 경유가 흐르는 관에 액주계가 달려 있다. 관내의 절대 압력을 구하라.

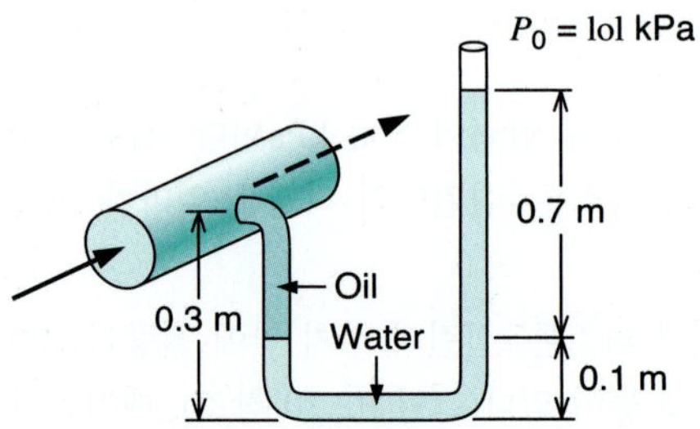

그림 P2.55

2.56 밀도가 1000 kg/m^{3}인 물이 들어 있는 U-관 마노미터 액주 높이 차가 25 cm이다. 계기 압력은 얼마인가? 오른쪽 관을 그림 P2.56처럼 수평에서 위로 30°가 되도록 기울였다. 경사관의 액주 길이는 U-관의 액주 길이의 몇 배인가?

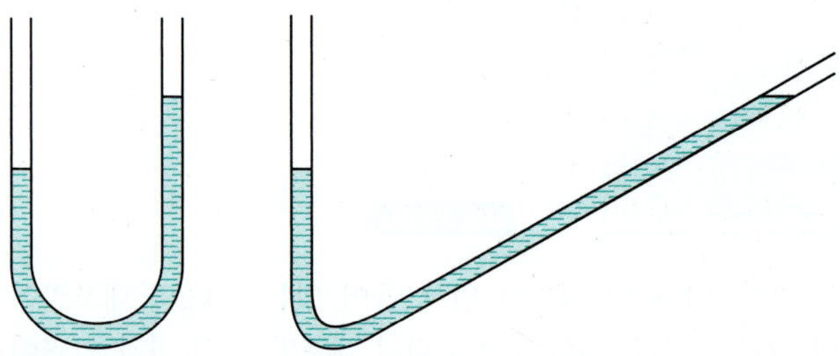

그림 P2.56

2.57 그림 P2.57과 같은 상수도 탑에 물을 지상 25 m 높이까지 끌어 올려 가압 탱크에 저장한다. 수면 위에는 압력 125 kPa의 공기가 갇혀 있다. 물의 밀도는 1000 kg/m^{3}이며, 표준 중력 가속도를 가정한다. 지표면에 있는 물을 좀 더 끌어 올리려면 압력이 얼마가 되어야 하는가?

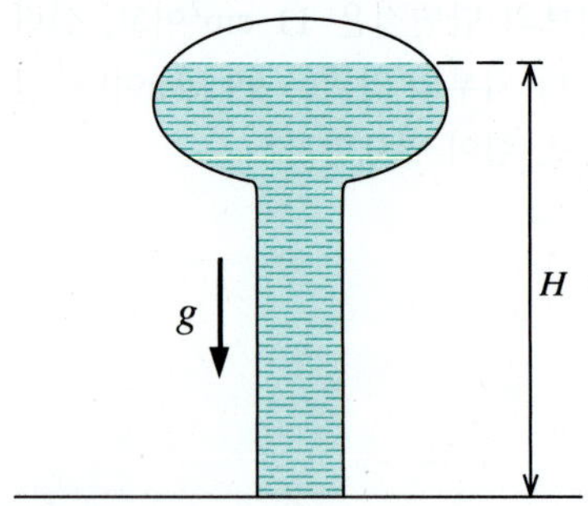

그림 P2.57

온도

2.58 −5°C를 켈빈 눈금으로 표시하면 얼마인가?

2.59 물의 밀도 $\rho = 1008 - T/2$[kg/m^3]이고, 온도의 단위는 K이다. 만약 온도가 10°C 증가하면 물 1 m 층은 얼마나 더 깊어지는가?

2.60 수은의 밀도는 다음과 같이 대체로 온도에 선형으로 변한다.

$$\rho\,\text{Hg} = 13\,595 - 2.5\ T\ \text{kg/m}^3 \quad (T \text{ in Celsius})$$

따라서 압력 차가 같더라도 온도에 마노미터를 읽을 때 차이가 있다. 압력 차가 100 kPa이면 35°C인 여름과 −15°C인 겨울에 측정한 두 수은주의 높이 차는 얼마나 달라지는가?

2.61 수은 온도계는 밀도 변화로 인한 부피 팽창을 이용하여 온도를 측정한다(문제 2.60 참조). 온도가 10°C에서 20°C로 변하면 체적의 변화량은 몇 %인가?

2.62 대기 온도는 고도가 높아질수록 낮아진다. 일반적으로 표준 대기 절대 온도는 T_{atm} 288 − 6.5 × 10^{-3} z로 나타내고, 고도 z의 단위는 m이다. 비행기가 12000 m에서 순항할 때 비행기 외부 온도를 켈빈과 섭씨 척도로 나타내라.

제3장

순수 물질의 상태량

Properties of a Pure Substance

이 장의 주제

- 순수 물질
- 순수 물질의 독립 상태량
- 열역학 면
- 압축성 인자
- 전산 상태량 표
- 순수 물질의 증기–액체–고체 상 평형
- 열역학 성질표
- 저밀도와 적정 밀도 가스의 $P–V–T$ 거동
- 상태 방정식
- 방법론 편

2장에서는 우리에게 익숙한 상태량인 온도, 압력 및 비체적에 대하여 알아 보았다. 이제는 순수 물질의 상, 주어진 상태에서 순수 물질의 독립 상태량의 개수 및 열역학 상태량을 나타내는 방법에 대하여 살펴본다.

물질의 상태량과 거동은 기계 장치와 열역학 계 등에 대한 우리의 학습에서 매우 중요한 부분이다. 그림 1.1의 증기 발전소와 그림 1.3의 핵 추진 시스템은 물을 작동유체로 사용하는 매우 유사한 과정들로 이루어진다. 기체의 물(수증기)은 고압의 증기 발생기에서 기화되어 만들어지고 터빈에서 팽창하여 저압이 되고, 응축기에서 냉각되고, 펌프에서 압력이 높여진 후 보일러로 되돌아간다. 버너, 열교환기, 터빈, 펌프 같은 장치들에서 필요한 에너지 전달, 물의 유량 등에 맞춰서 그 규모를 적절하게 산정하기 위해서는 물의 상태량을 알아야 한다. 물은 액체에서 기체로 바뀌므로 주어진 압력에서 온도가 얼마인지 알아야 하며, 밀도나 비체적을 알아야 유동에 적합한 관로의 크기를 결정할 수 있다. 관로가 너무 작으면, 수증기 팽창에 의해 유속이 커져서 압력 손실이 커지고 관로 마찰도 증가하게 되며, 따라서 더 큰 펌프가 필요하게 되고, 결과적으로, 터빈의 일 출력은 감소하게 될 것이다.

다른 예로는 그림 1.6의 냉장고를 들 수 있다. 냉장고에는 낮은 온도, 예컨대 −20°C에서 액체에서 기체로 바뀌는 물질이 필요하다. 저온의 공간을 저온으로 유지하도록 에너지를 흡수하려면 이런 성질이 필요하다. 냉장고의 뒷면이나 바닥의 검은색 그릴에서는 이제 덥혀진 작동 물질이 그릴 주위를 지나는 공기에 의해 냉각되어 상온보다 약간 높은 온도에서 기체에서 액체로 응축된다. 냉장고를 설계하려면, 이런 과정들이 일어나는 압력과 각 과정들에 관련된 에너지의 양을 알 필요가 있다. 이런 내용은 5장에서 취급될 것이다. 또 작동 물질이 차지하는 부피, 또는 비체적의 크기를 알아야 증기 발전소의 경우처럼 관로의 직경을 결정할 수 있다. 이 과정들 중 압력이 적절하도록 작동 물질을 선정한다: 압력이 너무 크면 누수 손실이나 안전 문제가 생길 수 있고, 압력이 너무 작으면 외부 공기가 관로 내로 스며들 수 있다.

물질의 상태량이 필요한 마지막 예로는 가스 터빈과 그림 1.11의 제트 엔진 등을 들 수 있다. 이런 시스템에서 작동 물질은 (공기처럼) 기체이며 상변화는 일어나지 않는다. 연소 과정을 통해 연료와 공기가 연소되어 많은 양의 에너지를 방출하고 기체를 가열하여 팽창시킨다. 기체가 얼마나 가열되는지, 팽창이 얼마나 되는지 알아야 터빈과 제트 엔진 배기 노즐에서의 팽창 과정을 해석할 수 있다. 이 장치에서는, 터빈 부위와 제트 엔진 배기 부위에서 고속 유동이 발생한다. 이 고속 유동이 터빈 날개를 밀어서 축일을 생성한다. 즉, 제트 엔진을 밀고 (추력을 생성하여) 항공기를 앞으로 밀게 된다.

작동 물질이 여러 과정을 거치면서 열역학적 상태와 상태량이 변화하는 열역학 시스템의 몇 가지 예를 들어 보았다. 이후 학습을 진행하면서 다양한 학습 주제에 따라 여러 가지 다른 예들이 사용될 것이다.

3.1 순수 물질

순수 물질(pure substance)은 화학 조성이 균일하고 일정한 물질을 말한다. 순수 물질은 한 개 이상의 상으로 존재할 수 있다. 그러나 어떠한 상에서라도 화학 조성은 같아야 한다. 따라서 액체 상태의 물, 물과 수증기의 혼합물, 얼음과 물의 혼합물 등은 순수 물질이다. 각 상의 화학 조성이 같기 때문이다. 반면에 액체 공기와 기체 공기의 혼합물은 액체의 조성과 기체의 조성이 다르기 때문에 순수 물질이 아니다.

간혹 공기와 같은 기체 혼합물을 상 변화가 없는 한 순수 물질로 간주하기도 한다. 엄밀한 의미에서 이것은 옳지 않다. 앞으로 공부할 바와 같이, 공기와 같은 기체 혼합물은 상 변화가 없는 한 순수 물질의 몇 가지 특성을 보인다고 말해야 한다.

이 책에서는 단순 **압축성**(compressible) 물질을 주로 취급한다. 단순 압축성 물질의 경우 표면 효과, 자기 효과 및 전기 효과는 크지 않으므로 무시한다. 반면에 실린더 안에서의 기체의 팽창과 같은 체적의 변화는 매우 중요하다. 표면 효과, 자기 효과 또는 전기 효과가 중요한 물질에 대해서는 별도로 언급한다. 단순 압축성 물질로 구성된 시스템을 단순 압축성 시스템이라고 한다.

3.2 순수 물질의 증기–액체–고체 상 평형

그림 3.1*a*와 같은 피스톤–실린더 장치 안에 들어 있는 물 1 kg을 시스템으로 생각한다. 피스톤과 추를 이용하여 실린더 내부 압력을 0.1 MPa로 유지한다. 처음 온도는 20°C이다. 물을 가열하면 온도는 상당히 올라가고, 비체적은 조금 증가하고, 압력은 일정하게 유지된다. 온도가 99.6°C가 되었을 때 좀 더 열을 가하면 그림 3.1*b*와 같이 상 변화가 발생한다. 즉 액체의 일부가 증기로 된다. 이 과정 동안 온도와 압력은 일정하게 유지되나 비체적은 상당히 증가한다. 마지막 액체 방울이 증기로 변하였을 때 열을 더 가하면 그림 3.1*c*와 같이 증기의 온도와 비체적이 함께 증가한다.

포화 온도(saturation temperature)는 주어진 압력하에서 증발이 일어나는 온도를 말한다. 이때의 압력을 주어진 온도에 대한 **포화 압력**(saturation pressure)이라고 한다. 따라서 물의 경우 99.6°C에 대한 포화 압력이 0.1 MPa이며, 0.1 MPa에 대한 포화 온도가 99.6°C이다. 순수 물질의 포화 온도와 포화 압력 사이에는 일정한 관계가 있다. 이 관계를 증기압 곡선이라 하며, 대표적인 곡선이 그림 3.2에 있다.

물질이 포화 온도와 포화 압력하에서 액체로 존재할 때 그 물질을 **포화 액체**(saturated liquid)라고 한다. 액체의 온도가 현재의 압력에 대한 포화 온도보다 낮으면(주어진 압력에 대한 포화 온도보다 온도가 낮다는 의미로) **과냉 액체**(subcooled liquid) 또는(주어진 온도에 대한 포화 압력보다 압력이 높다는

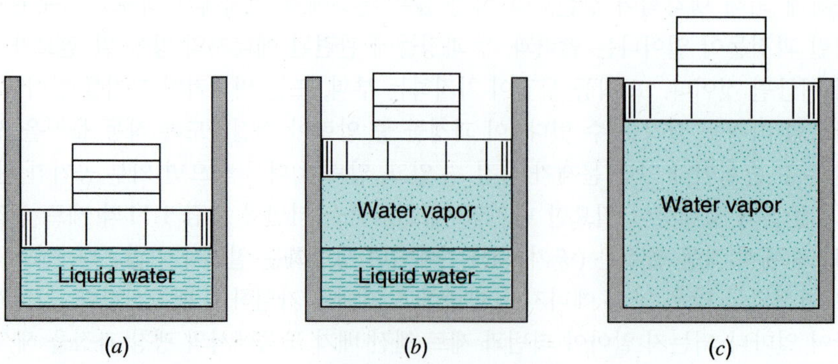

그림 3.1 순수 물질에 대한 액상에서 기상으로의 등압변화.

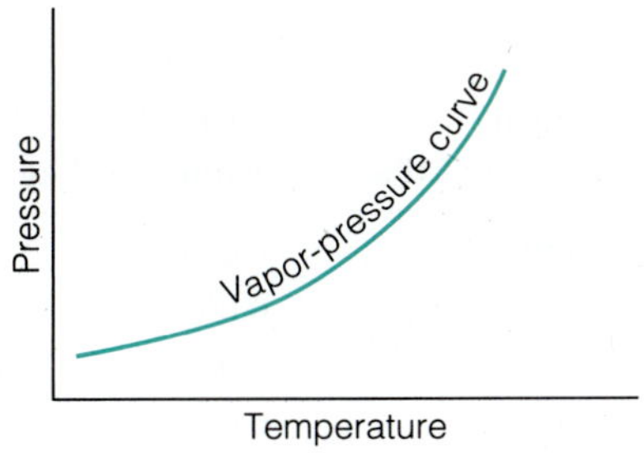

그림 3.2 순수 물질의 증기압 곡선.

의미로) **압축 액체**(compressed liquid)라고 한다. 이 두 용어 모두를 사용하지만 이 책에서는 압축 액체를 사용한다.

물질이 포화 온도하에서 일부는 액체로 또 일부는 증기로 존재할 때 전체 질량에 대한 증기 질량의 비를 **건도**(quality)로 정의한다. 따라서 그림 3.1*b*에서 증기의 질량이 0.2 kg이고 액체의 질량이 0.8 kg이라면, 건도는 0.2, 즉 20%이다. 건도는 강성적 상태량으로 볼 수 있으며 기호 *x*로 나타낸다. 건도는 물질이 포화 상태, 즉 포화 압력과 포화 온도하에 있을 때에만 의미가 있다.

물질이 포화 온도와 포화 압력하에서 증기로 존재하면, 이를 **포화 증기**(saturated vapor)라고 한다(건도가 100%임을 강조하여 건포화 증기라는 용어가 때때로 쓰인다). 증기가 포화 온도보다 높은 온도 하에 있을 때, 이를 **과열 증기**(superheated vapor)라고 한다. 과열 증기의 압력과 온도는 독립 상태량이다. 압력이 일정하게 유지되면서 온도가 증가할 수 있기 때문이다. 실제로 기체는 고도로 과열된 증기이다.

그림 3.1을 다시 살펴보자. 그림 3.3의 온도–체적 선도에 정압 선을 그려 물이 초기 상태 0.1 MPa, 20°C로부터 가열되어 지나가는 상태를 나타내도록 한다. 상태 *A*는 초기 상태를, 상태 *B*는 포화 액체 상태(99.6°C)를, 선 *AB*는 액체가 가열되어 초기 온도에서 포화 온도까지 온도가 상승하는 과정을 나타내도록 한다. 점 *C*는 포화 증기 상태이다. 선 *BC*는 등온 과정이며, 이 과정에서는 액체에서 증기로 상 변화가 일어난다. 선 *CD*가 나타내는 과정에서는 수증기가 정압하에서 과열된다. 이 과정 동안에는 온도와 체적이 모두 증가한다.

이번에는 1 MPa의 일정 압력으로 초기 온도 20°C에서 출발하여 진행되는 과정을 살펴보자. 점 *E*가 나타내는 초기 상태에서 비체적은 0.1 MPa, 20°C 상태의 비체적보다 조금 작다. 증발이 시작되는 점 *F*에서 온도는 179.9°C이다. 점 *G*는 포화 증기 상태이다. 선 *GH*는 정압 과정이며, 수증기는 과열된다.

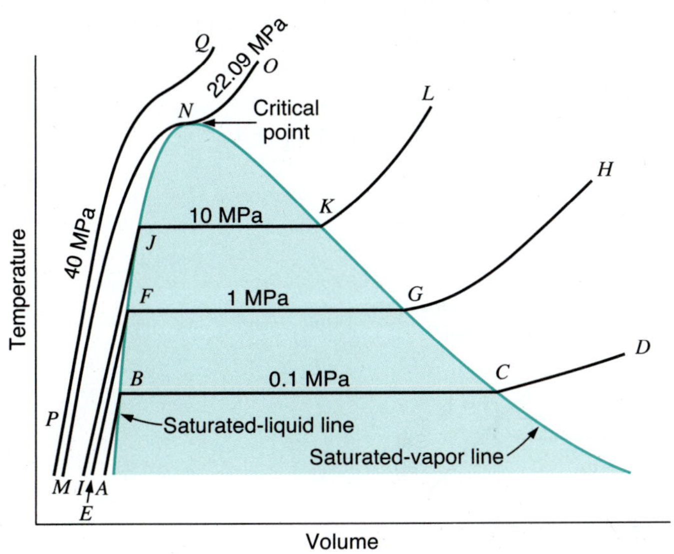

그림 3.3 액상과 기상이 (척도 표시 안 됨) 표시된 물의 온도–체적 선도.

표 3.1 몇 가지 임계값.

	Critical Temperature, °C	Critical Pressure, MPa	Critical Volume, m³/kg
Water	374.14	22.09	0.003 155
Carbon dioxide	31.05	7.39	0.002 143
Oxygen	−118.35	5.08	0.002 438
Hydrogen	−239.85	1.30	0.032 192

유사한 방법으로 10 MPa의 정압 과정은 선 *IJKL*로 나타내었으며, 이때 포화 온도는 311.1°C이다.

압력이 22.09 MPa인 과정은 선 *MNO*로 나타내었으며, 등온 증발 과정이 없는 대신 점 *N*이 수평 변곡점(inflection point)임을 발견하게 된다. 이 점을 **임계점**(critical point)이라고 한다. 임계점에서는 포화 액체와 포화 증기의 상태가 동일하다. 임계점에서의 온도, 압력 및 비체적을 각각 임계 온도, 임계 압력 및 임계 체적(역자주: 임계 비체적을 뜻함)이라고 한다. 몇몇 물질에 대한 임계점 데이터가 표 3.1에 있다. 더 광범위한 데이터는 부록의 표 A.2에 있다.

정압 과정으로서 압력이 임계 압력 이상인 경우를 선 *PQ*로 나타내었다. 초기 상태 40 MPa, 20°C의 물을 그림 3.1과 같이 실린더 안에서 정압 과정으로 가열하면 두 개의 상이 나타나지 않는다. 즉 그림 3.1*b*와 같은 상태는 존재하지 않는다. 그 대신 밀도가 연속적으로 변하며 항상 하나의 상만이 나타난다. 그렇다면 언제 액체이고 언제 기체인가? 이러한 질문은 초임계 압력에서는 타당치 않으며, 단순히 '유체이다'라고 답한다. 다만 임의로 임계 온도 이하의 온도에서는 압축 액체, 임계 온도 이상의 온도에서는 과열 증기라고 한다. 그러나 중요한 것은 임계 압력 이상의 압력에서 순수 물질의 액체 상과 증기 상이 평형 상태로 공존하지 않는다는 것이다.

그림 3.3에서 선 *NJFB*는 포화–액체 선이며, 선 *NKGC*는 포화–증기 선이다.

약속에 의해 첨자 f는 포화 액체 성질을 가리키고 첨자 g는 포화 증기 성질을 가리키는 데 사용된다(하첨자 g는 포화 온도와 압력을 가리키는 데 사용된다). 따라서 그림 3.1*b*처럼 일부는 액체이고 일부는 증기를 포함하는 포화 상태는 그림 3.4처럼 T–v 좌표계에서 보일 수 있다. 모든 액체는 비체적 v_f를 갖고 상태 f에 있고 모든 증기는 v_g로 상태 g에 있다. 전체 체적은 액체와 증기 체적의 합이다.

$$V = V_{\text{liq}} + V_{\text{vap}} = m_{\text{liq}} v_f + m_{\text{vap}} v_g$$

시스템의 평균 비체적 v는

$$v = \frac{V}{m} = \frac{m_{\text{liq}}}{m} v_f + \frac{m_{\text{vap}}}{m} v_g = (1 - x) v_f + x v_g \tag{3.1}$$

건도 $x = m_{\text{vap}}/m$로 정의하면

$$v_{fg} = v_g - v_f$$

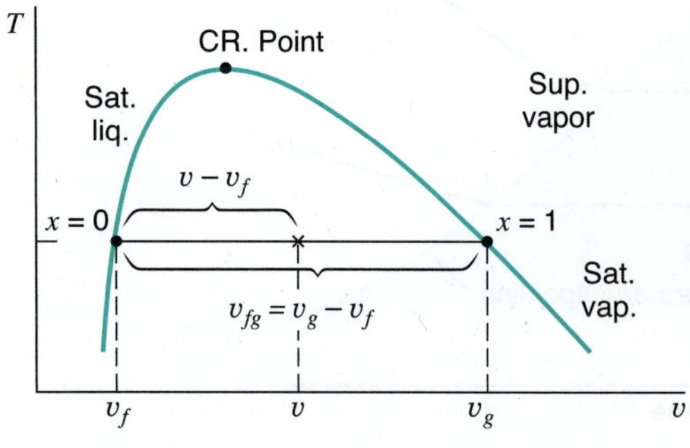

그림 3.4 건도와 비체적 관계를 보이는 액체–기체 2상 영역에 대한 T–v.

식 3.1은 다음과 같이 쓸 수 있다.

$$v = v_f + xv_{fg} \tag{3.2}$$

건도 x는 그림 3.4처럼 포화 액체와 증기 사이 거리의 비인 분수 $(v - v_f)/v_{fg}$로 나타낼 수 있다. 그림 3.4 건도와 비체적 관계를 보이는 액체–기체 2상 영역에 대한 T–v 선도 피스톤–실린더 장치로 다른 실험을 해보자. 실린더 안에 −20°C, 100 kPa의 얼음 1 kg이 들어 있다. 압력을 일정하게 유지하면서 얼음에 열을 전달하면 비체적은 조금씩 증가하고, 온도는 상승하여 0°C에 도달하게 된다. 이 때부터 얼음이 녹으며, 온도는 일정하게 유지된다. 이 상태의 얼음을 포화 고체라고 한다. 대부분의 물질의 경우 비체적은 이 융해 과정 동안 증가한다. 그러나 물의 경우 고체의 비체적보다 액체의 비체적이 작다. 얼음이 모두 녹았을 때 열을 더 가하면 액체의 온도가 상승한다.

초기 압력이 0.260 kPa이며 온도가 −20°C인 얼음에 열을 가하면 온도가 상승하여 −10°C에 도달하게 된다. 이때부터 얼음은 고체 상에서 직접 증기 상으로 변한다. 이 과정을 **승화**(sublimation)라고 한다. 열을 더 가하면 증기가 과열된다.

마지막으로 초기 압력이 0.6113 kPa이며 온도가 −20°C인 얼음을 생각해 보자, 열전달을 통해 온도가 상승하여 0.01°C에 도달하게 된다. 이때 열을 더 가하면 얼음의 일부는 증기로, 다른 일부는 액체로 변한다. 그 이유는 이 점에서 세 상이 평형 상태로 있을 수 있기 때문이다. 이 점을 **삼중점**(triple point)이라고 한다. 삼중점은 세 상 모두가 평형 상태로 존재할 수 있는 상태로 정의한다. 여러 가지 물질에 대한 삼중점 압력과 온도가 표 3.2에 있다.

지금까지 언급한 내용을 요약한 것이 그림 3.5의 선도이며, 고체, 액체 및 증기 상이 평형 상태로 어떻게 공존하는가를 나타낸다. **승화 곡선**(sublimation line)을 따라 고체 상과 증기 상이 평형 상태로 있을 수 있으며, **융해 곡선**(fusion line)을 따라 고체 상과 액체 상이 평형 상태로 있고, **증발 곡선**(vaporization line)을 따라 액체 상과 기체 상이 평형 상태로 있다. 단 한 점에서 세 가지 상 모두가 평형 상태로 있을 수 있으며, 이 점이 삼중점이다. 증발 곡선은 임계점에서 끝난다. 왜냐하면 임계점 이상에서는 액체 상에서 증기 상으로의 뚜렷한 변화가 일어나지 않기 때문이다.

그림 3.5에서 상태 A의 고체를 생각해 보자. 온도는 증가하지만 (삼중점 압력보다는 낮은) 압력은 일정하게 유지될 때, 물질은 고체 상에서 직접 증기 상으로 변한다. 정압선 EF를 따라서 물질은 한 온도에서 고체 상에서 액체 상으로 변하며, 그 다음에는 더 높은 온도에서 액체 상에서 증기 상으로 변한다. 정압선 CD는 삼중점을 지나며, 삼중점에서만 세 상이 평형 상태로 공존할 수 있다. 임계점 이상의 압력의 예인 선 GH를 따라서는 액체 상과 증기 상의 뚜렷한 구분이 없다.

비록 지금까지의 설명을 (단지 익숙하다는 이유로) 특정 물질인 물을 중심으로 하였으나, 모든 순수 물질은 일반적으로 같은 거동을 한다. 그러나 삼중점 온도와 임계 온도는 물질에 따라 차이가 크다. 예를

표 3.2 몇 가지 고체–액체–기체 3중점 데이터.

	Temperature, °C	Pressure, kPa
Hydrogen (normal)	−259	7.194
Oxygen	−219	0.15
Nitrogen	−210	12.53
Carbon dioxide	−56.4	520.8
Mercury	−39	0.000 000 13
Water	0.01	0.6113
Zinc	419	5.066
Silver	961	0.01
Copper	1083	0.000 079

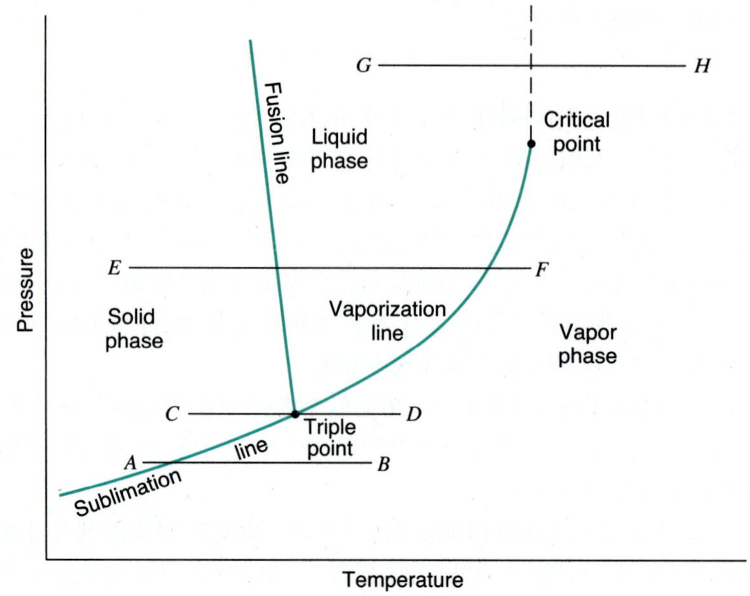

그림 3.5 물과 같은 물질에 대한 압력–온도 선도.

들어 헬륨의 임계 온도는 표 A.2에서 5.3 K이다. 그러므로 대기 중에서 헬륨의 절대 온도는 임계 온도의 50배 이상이다. 반면에 물의 임계 온도는 374.14°C (647.29 K) 이므로 대기 중에서 물의 절대 온도는 임계 온도의 절반 이하이다. 대부분의 금속은 물보다 임계 온도가 훨씬 높다. 주어진 상태에서 물질의 거동을 살펴볼 때 임계 상태 또는 삼중점과 연관하여 그 상태를 생각하는 것이 도움이 될 때가 많다. 예를 들어 압력이 임계 압력보다 높으면 액체 상과 증기 상이 평형 상태로 있을 수 없다. 다른 예로 금속의 진공 용해가 가능한 상태는 삼중점의 상태량을 고려하여 확인할 수 있다. 철은 5 Pa(삼중점 압력) 바로 위의 압력에서는 약 1535°C의 온도(삼중점 온도)에서 용해될 것이다.

그림 3.6은 탄산 가스의 상태도를 보인다. 그림에서 삼중점 압력이 대기압보다 더 크다는 사실을 알 수 있다(표 3.2 참조). 따라서 약 100 kPa의 대기압에서 일반적으로 관찰되는 상 변화는 액상을 겪지 않고 직접 고체에서 기체로 변하는 승화 과정이며, 고체 탄산 가스를 드라이아이스라고 하는 이유이다. 그림 3.6으로부터 100 kPa에서 이러한 상 변화는 200 K이하 온도에서 일어남에 유의하라.

또한 지적해야 할 사항은 순수 물질은 여러 가지 서로 다른 고체 상으로 존재할 수 있다는 것이다.

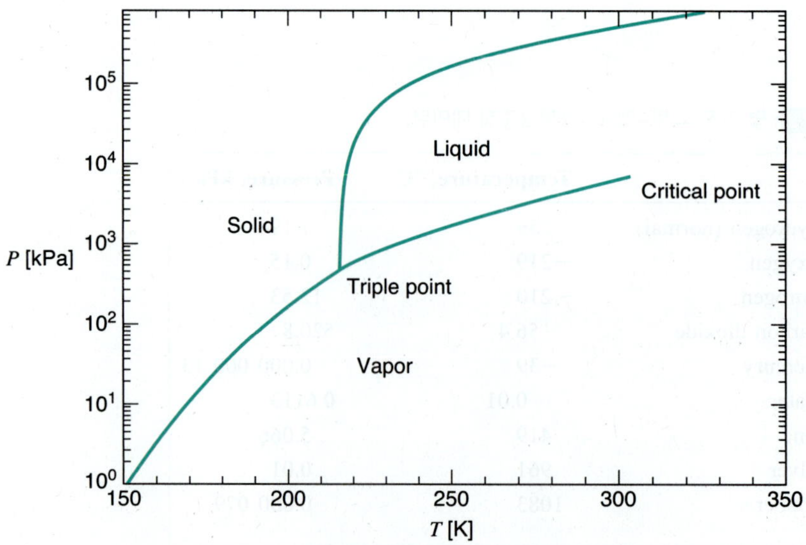

그림 3.6 탄산 가스의 상태 선도.

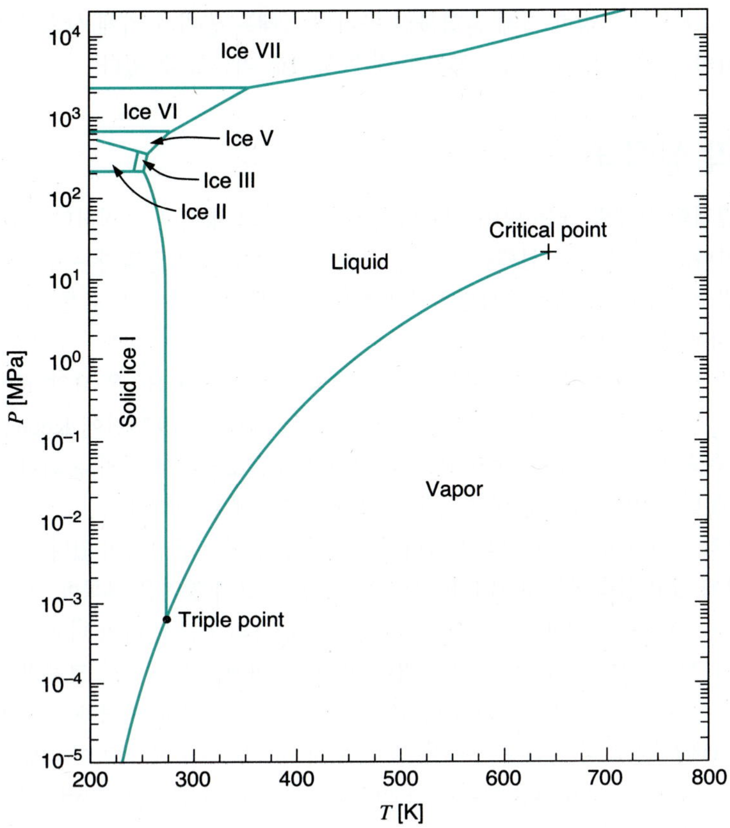

그림 3.7 물의 상태선도.

한 고체 상에서 다른 고체 상으로 변하는 것을 **동소 변태**(allotropic transformation)라고 한다. 그림 3.7에 물에 대한 여러 가지 고체 상이 나타나 있다. 순수 물질의 삼중점은 여러 개이지만 단지 하나의 삼중점에서만 고체, 액체, 및 증기가 평형이 된다. 순수 물질에 대한 다른 삼중점에는 두 개의 고체 상과 액체 상, 두 개의 고체 상과 증기 상 또는 세 개의 고체 상이 있다.

개념에 관한 질문

a. 주어진 온도 T에서 압력이 P_{sat}보다 작으면 상은 무엇인가?

b. 옥외 수도는 잠금 장치가 벽 안의 깊숙한 곳에 위치하도록 긴 굴대로 작동되는 밸브를 갖고 있다. 그 이유는 무엇인가?

c. 물이 액체로 존재할 수 있는 최저 온도는 약 몇 도인가?

3.3 순수 물질의 독립 상태량

순수 물질의 개념을 소개하는 중요한 이유는 단순 압축성(움직이지 않으며, 중력의 영향을 받지 않으며, 표면, 자기 및 전기 효과가 없는) 순수 물질의 상태는 두 개의 **독립 상태량**(independent properties)으로 결정하기 때문이다. 예를 들어 과열 수증기의 비체적과 온도를 지정하면 그 수증기의 상태를 결정하게 된다.

독립 상태량이라는 용어의 중요성을 이해하기 위하여 순수 물질의 포화 액체 상태와 포화 증기 상태를 생각해보자. 이 두 상태의 압력과 온도는 각각 같지만 분명히 같은 상태는 아니다. 그러므로 포화 상태의 경우에 압력과 온도는 독립 상태량이 아니다. 다른 두 개의 독립 상태량, 예를 들어 압력과 비체적 또는 압력과 건도 등이 순수 물질의 포화 상태를 지정하기 위해 필요하다. 앞에서 공기와 같은 기체 혼합물이 단지 한 가지 상만으로 존재하는 한 순수 물질과 같은 특성을 보인다고 기술한 이유는 바로 이 점과 관계가 있다. 조성이 일정한 기체 혼합물인 공기의 상태는 공기가 기체 상으로 유지되는 한 두 개의 상태량을 지정하여 결정한다. 그러므로 공기를 순수 물질로 취급할 수 있다.

3.4 열역학 성질표

물질별로 열역학 상태량 표는 많이 있으나 일반적으로 그 형식은 동일하다. 이 절에서는 수증기 표를 살펴보기로 한다. 수증기 표를 선택한 이유는 그것이 열역학 표를 설명하는 수단이 되기 때문이며, 또한 수증기가 발전소와 산업 공정에서 광범위하게 쓰이기 때문이다. 수증기 표를 이해하기만 하면 다른 상태량 표도 즉시 사용할 수 있다.

여러 가지 다른 수증기 표가 수년 간에 걸쳐 발표되었다. 표 B.1은 요약 표이며, 물의 거동을 잘 표현하는 복잡한 상태 방정식에 근거하고 있다. 이 표는 1969년과 1978년에 Keenan, Keyes, Hill 및 Moore가 출판한 *수증기 표*와 매우 유사한다. 주로 살펴볼 것은 2장에서 이미 논의한 세 상태량 즉 T, P 및 v이며, 표 B.1에 나와 있는 다른 상태량 즉 u, h 및 s는 추후에 논의한다.

부록 B의 수증기 표는 그림 3.8에 나타낸 것처럼 5개 표로 구성되어 있다. 그림 3.5의 과열 수증기 영역은 표 B.1.3에 있고 압축액은 표 B.1.4, 그림 3.5의 압축 고체 영역은 부록에 나와 있지 않다. 그림 3.3 T–v 선도에 보이는 것처럼 포화액, 포화 증기 영역은 표 B.1.1의 T 값에 따라 나와 있고 표 B.1.2에는 P 값에 따라 나와 있다(2상 영역에서는 T와 P가 독립이 아니다). 마찬가지로 포화 고체와 포화 증기 영역은 표 B.1.5에 T에 따라 나와 있으나 그림 3.5의 포화 고체와 포화 액체 영역인 상 경계선은 부록에 나와 있지 않다.

표 B.1.1에서 온도 바로 다음 열에는 그 온도에 대응되는 포화 압력이 kPa 단위로 나와 있다. 그 다음의 세 열에는 비체적들이 m^3/kg 단위로 나와 있다. 이들 세 열 중 처음 열에는 포화 액체의 비체적 v_f가 있고 세 번째 열에는 포화 증기의 비체적 v_g가 있으며 두 번째 열에는 두 비체적의 차이 v_{fg}가 나와 있다. 표 B.1.2에는 위에서 언급한 것처럼 압력에 따라 정리된 것 외에는 표 B.1.1과 동일한 내용이 나와 있다.

예로 200°C, 건도 70%의 포화 수증기 비체적을 계산해 보자. 식 3.1을 이용하면 다음과 같다.

$$\begin{aligned} v &= 0.3(0.001\ 156) + 0.7(0.127\ 36) \\ &= 0.0895\ \text{m}^3/\text{kg} \end{aligned}$$

표 B.1.3은 과열 증기의 상태량 표이다. 과열 증기 영역에서 온도와 압력은 독립 상태량이므로 각 압력에 대해 여러 온도가 나와 있고, 각각의 온도에 대해 4개의 열역학 상태량이 나와 있다. 그중 처음 것이 비체적이다. 따라서 압력 0.5 MPa, 온도 200°C의 수증기 비체적은 0.4249 m^3/kg이다.

표 B.1.4는 압축액 상태량 표이다. 이 표 사용을 설명하기 위하여 피스톤–실린더 장치(그림 3.9)안에 들어 있는 100°C 포화 액체 상태의 물 1 kg을 생각해 보자. 상태량은 표 B.1.1에 나와 있다. 따라서 압력은 0.1013 MPa, 비체적은 0.001044 m^3/kg이다. 압력을 10 MPa까지 증가시키면서 필요한 열전달 Q를 함으로써 온도를 100°C로 일정하게 유지한다고 하자. 물은 약간 압축되므로 이 과정 동안 비체적이 약간 감소될 것이다. 표 B.1.4에 의하면 이 비체적은 0.001039 m^3/kg이다. 감소량이 미소하므로 작은

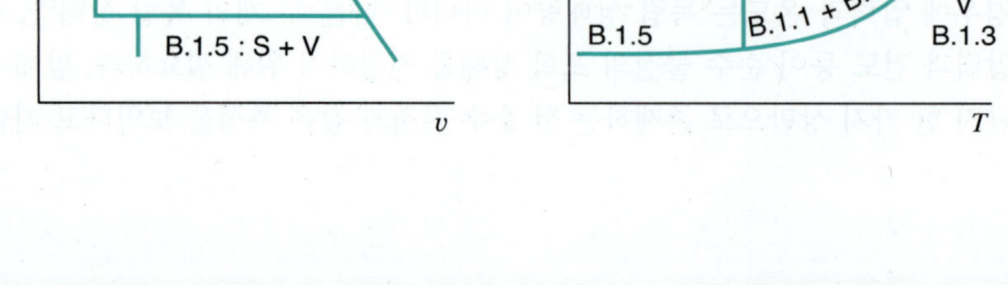

그림 3.8 수증기 표 리스팅.

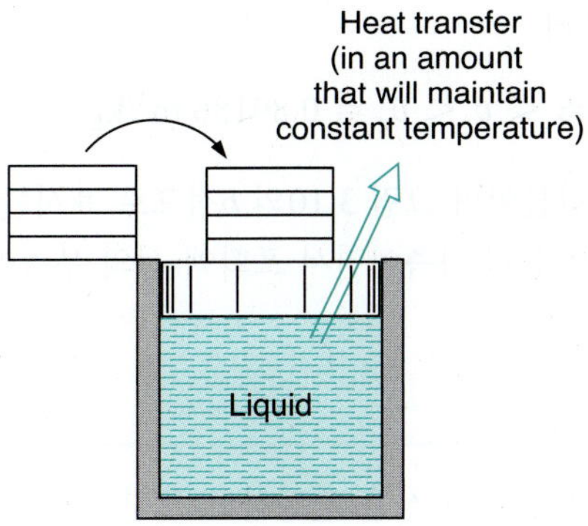

그림 3.9 압축액 상태 설명.

오차를 감수한다면 압축 액체의 비체적은 같은 온도에서 포화 액체의 비체적과 같다고 가정할 수 있다. 많은 경우에, 특히 압축 액체 데이터가 없을 때 이 가정은 매우 편리하다. 그러나 주어진 압력 10 MPa에서 포화 액체 비체적은 좋은 근사가 아님을 알 필요가 있다. 표 B.1.2로부터 311.1°C에서의 이 값은 0.001452 m^3/kg이며 거의 오차가 40%이다.

수증기 표 B.1.5에는 평형 상태의 포화 고체와 포화 증기의 상태량이 나와 있다. 첫째 열에는 온도가, 둘째 열에는 그 온도에 대응하는 포화 압력이 나와 있다. 예상대로 모든 압력은 삼중점 압력보다 낮다. 그 다음의 두 열에는 포화 고체와 포화 증기의 비체적(표의 값은 $Vi \times 10^3$임)이 나와 있다.

부록 B는 암모니아, R-12, R-22, R-134a, 액체 질소 등의 여러 가지 다른 물질의 열역학적 표도 있다. 각 경우에 온도에 따라 나와 있는 포화 액체–증기표(물에 대한 B.1.1과 동일)와 과열 증기표(B.1.3과 동일) 두 개만 주어진다.

물과 부록 B에 있는 물질에 대한 열역학적 표 사용을 설명하기 위하여 몇 가지 예제를 살펴보도록 한다.

예제 3.1

부록 B의 표를 사용하여 다음 각 물의 상태에 대한 상을 결정하고 P–v, T–v 및 P–T 선도에 그 상대적인 위치를 표시하라.

a. 120°C, 500 kPa

b. 120°C, 0.5 m^3/kg

풀이

a. 표 B.1.1에서 120°C에 대한 포화 압력은 198.5 kPa이므로 압축액임을 알 수 있고 그림 3.10의 점 a로 표시할 수 있다. 그 점은 120°C에 대한 포화선보다 위쪽에 있다. 표 B.1.2 에 압력 500 kPa을 적용할 수도 있는데 포화 온도는 151.86°C이므로 과냉 액체임을 알 수 있다. 그 점은 P–T 선도에서 500 kPa에 대한 포화선 좌측에 위치한다.

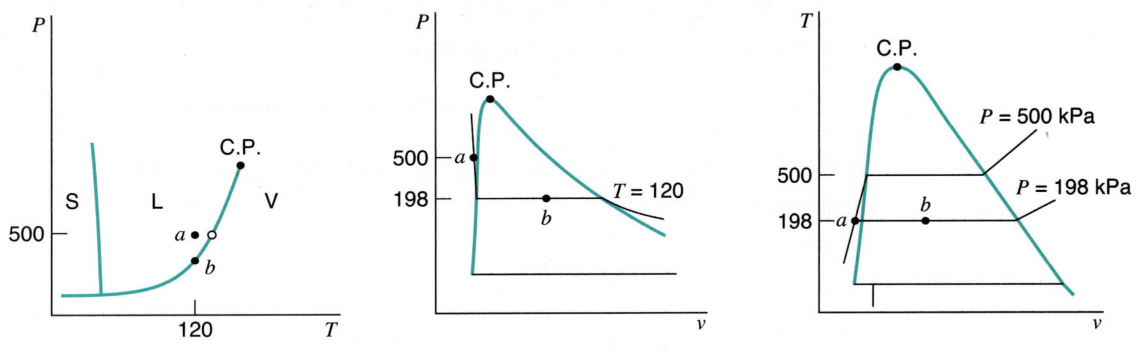

그림 3.10 예제 3.1에 대한 선도.

b. 표 B.1.1에 120°C에 대한 비체적으로부터

$$v_f = 0.00106 < v < v_g = 0.89186 \text{ m}^3/\text{kg}$$

따라서 그 상태는 액과 증기의 2상 혼합물이며 그림 3.10의 b점으로 표시할 수 있다. 그 상태는 P–v 및 T–v 선도에 도시한 바와 같이 포화 증기 선의 좌측이면서 포화액 선의 우측에 존재한다.

■

예제 3.2

부록 B의 표를 사용하여 다음 각 물의 상태에 대한 상을 결정하고 그림 3.11 및 3.12와 같은 P–v, T–v 및 P–T 선도에 그 상대적인 위치를 표시하라.

a. 30°C, 1000 kPa 암모니아

b. 200 kPa, 0.15 m³/kg

풀이

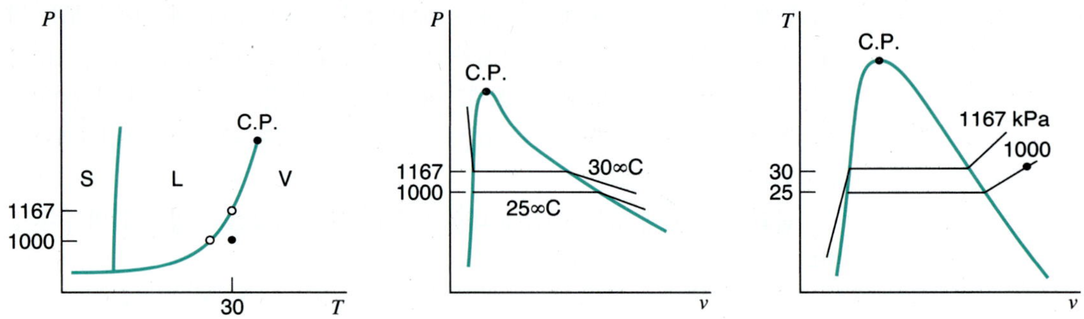

그림 3.11 예제 3.2a에 대한 선도.

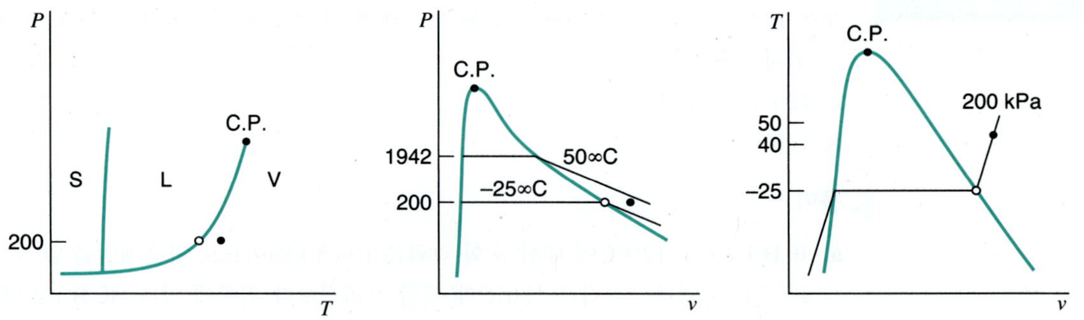

그림 3.12 예제 3.2b에 대한 선도.

a. 표 B.2.1에서 30°C에 대한 포화 압력은 1167 kPa인데 이보다 압력이 더 낮으므로 과열 증기 상태임을 알 수 있다. 그림 3.10의 점 a로 표시할 수 있다. 압력 1000 kPa을 적용할 수도 있는데 포화 온도는 25°C 보다 약간 낮으므로 5°C 이상 과열된 상태임을 알 수 있다.

b. 표 B.4.1에서 200 kPa에 대한 비체적으로부터

$$v > v_g \approx 0.1119 \text{ m}^3/\text{kg}$$

따라서 P–v 선도로부터 그 상태는 과열 증기임을 알 수 있다. 표 B.4.2에서 그 상태는 40°C와 50°C 사이에 있음을 알 수 있다.

■

▶ 예제 3.3

다음 각 비체적과 300 kPa 압력에서 물의 건도와 온도를 구하라.

a. 0.5 m^3/kg

b. 1.0 m^3/kg

풀이

원하는 상태의 값을 얻기 위하여 적절한 표가 어떤 것인지 알기 위하여 각 상태에서 어떠한 상이 존재하는지 결정할 필요가 있다. 즉 주어진 값과 적절한 상 경계값을 비교하여야 한다. 그림 3.8과 같은 T–v 선도(또는 P–v 선도)를 고려하자. 그림 3.13처럼 300 kPa 등압선에 대하여 v_f, v_g 값은 표 B.1.2에서 구하였다.

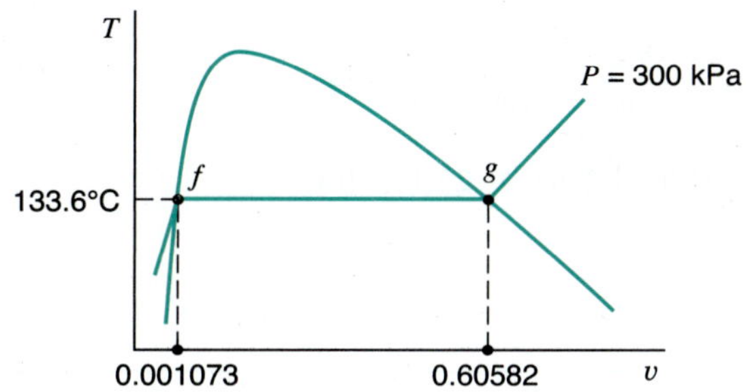

그림 3.13 300 kPa 물에 대한 T–v 선도.

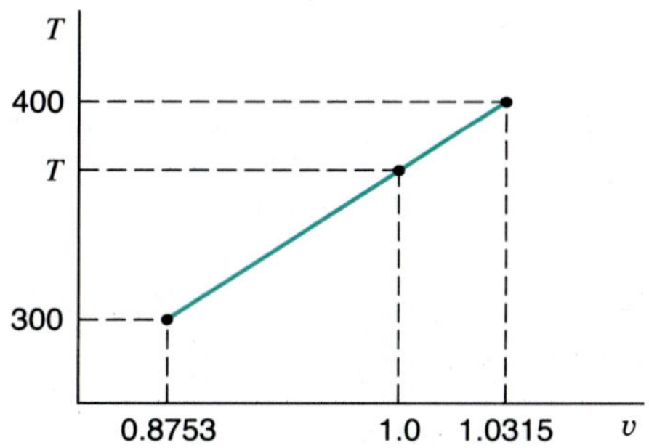

그림 3.14 300 kPa 과열수증기에 대한 T, v값.

a. 그림 3.13의 값과 비교하면 v가 0.5 m^3/kg인 상태는 포화 온도가 $T = 133.6°C$인 액체–증기 이상 영역에 있음을 알 수 있다. 식 3.2로부터 건도 x는 다음과 같다.

$$0.5 = 0.001\,073 + x\,0.604\,75, \qquad x = 0.825$$

표 B.1.2가 없다면(부록 B에 있는 기타 물질의 경우처럼) 300 kPa에 대한 v_f, v_g값을 얻기 위하여 130°C, 135°C 사이에서 표 B.1.1의 값을 보간하여야 한다.

b. 그림 3.13의 값과 비교하면 v가 1.0 m^3/kg인 상태는 과열 증기 영역으로 여기서는 건도가 정의되지 않고 온도는 표 B.1.3에서 구할 수 있다. 이 경우에 그림 3.14처럼 300 kPa에서 300°C와 400°C의 비체적 값을 선형 보간하여 T를 구한다. 300 kPa 등압선에 대한 실제 관계는 정확히 선형이 아니므로 이것은 T에 대한 근사값이다.

그림으로부터

$$\text{slope} = \frac{T - 300}{1.0 - 0.8753} = \frac{400 - 300}{1.0315 - 0.8753}$$

따라서 $T = 379.8°C$이다.

■

예제 3.4

밀폐 용기 안에 30°C 평형 상태에서 R-134a 포화 액체 0.1 m^3와 R-134a 포화 증기 0.9 m^3가 있다. 증기의 질량 비율을 구하라.

풀이

R-134a에 대한 포화 성질 값은 표 B.5.1에 있다. 질량–체적 관계는 다음과 같다.

$$V_{\text{liq}} = m_{\text{liq}}v_f, \qquad m_{\text{liq}} = \frac{0.1}{0.000\,843} = 118.6\text{ kg}$$

$$V_{\text{vap}} = m_{\text{vap}}v_g, \qquad m_{\text{vap}} = \frac{0.9}{0.026\,71} = 33.7\text{ kg}$$

$$m = 152.3\text{ kg}$$

$$x = \frac{m_{\text{vap}}}{m} = \frac{33.7}{152.3} = 0.221$$

즉 용기 체적의 90%가 증기이지만 질량비로는 22.1%이다.

■

예제 3.5

강체 용기 안에 20°C 포화 암모니아 증기가 있다. 온도가 40°C가 될 때까지 시스템에 열을 가한다. 최종 압력은 얼마인가?

풀이

이 과정 동안 체적은 변하지 않으므로 비체적은 일정하다. 표 B.2.1 암모니아 표로부터 다음 값을 얻는다.

$$v_1 = v_2 = 0.149\,22\text{ m}^3/\text{kg}$$

40°C에서 v_g가 0.149 22 m^3/kg보다 작으므로 최종 상태 암모니아는 과열 증기임을 알 수 있다. 표 B.2.2의 800 kPa과 1000 kPa 사이에서 보간하면 다음 값을 얻는다.

$$P_2 = 945\text{ kPa}$$

■

예제 3.6

다음 상태에서 P–v–T와 적용 가능한 경우 x의 누락된 값을 구하라.

a. −53.2 , 600 kPa 질소

b. 100 K, 0.008 m^3/kg 질소

풀이

질소에 대한 성질은 표 B.6에 켈빈 온도로 작성되어 있다.

a. 표 B6.1에서 온도 $T = 273.2 - 53.2 = 220$ K는 마지막 칸의 임계 온도보다 높다는 것을 알 수 있다. 그러면 과열 증기표로 가라. 표 A.2의 임계 물성치로부터도 이 점은 알 수 있다. 표 B6.2의 600 kPa ($T_{\text{sat}} = 96.37$ K) 부분에서

$$v_2 = 0.10788\text{ m}^3/\text{kg}$$

이며 그림 3.15의 점 a로 표시할 수 있다.

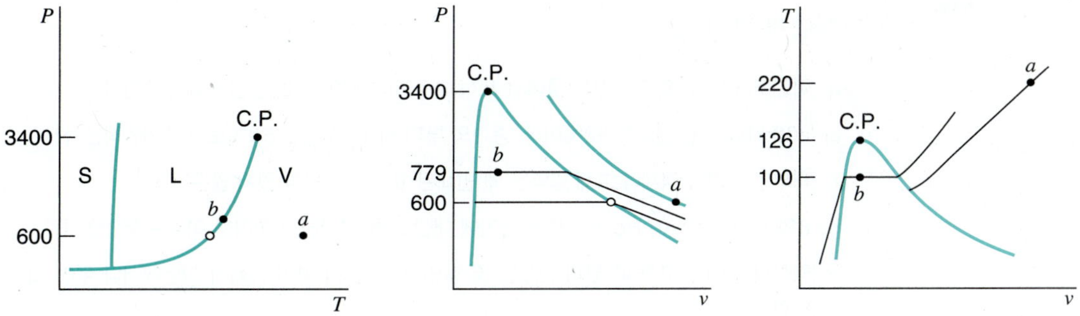

그림 3.15 예제 3.6에 대한 선도.

b. 표 B.6.2에서 온도 $T = 100$ K에 대하여 다음을 알 수 있다.

$$v_f = 0.001\ 452 < v < v_g = 0.0312 \text{ m3/kg}$$

따라서 그림 3.15에 b점으로 도시된 포화 압력

$$P_{sat} = 779.2 \text{ kPa}$$

인 2상 상태이고 식 3.2로부터 건도는 다음과 같다.

$$x = (v - v_f)/v_{fg} = (0.008 - 0.001\ 452)/0.029\ 75 = 0.2201$$

■

예제 3.7

비체적이 $v = 0.4$ m^3/kg이고 온도 200°C인 물의 압력을 구하라.

풀이

표 B.1.1.에서 온도 200°C로 시작하면 $v > v_g = 0.127\ 36$ m^3/kg이므로 과열 증기이다. 다음 표 B1.3의 온도 200°C인 어떤 부분에서든 시작한다. 예로서 200 kPa이면 $v = 1.080\ 34$로 너무 크기 때문에 압력은 더 높아야 한다. 500 kPa일 때 $v = 0.42492$이고 500 kPa일 때 $v = 0.352\ 02$이므로 그 사이에 있다. 도시하면 그림 3.16과 같다.

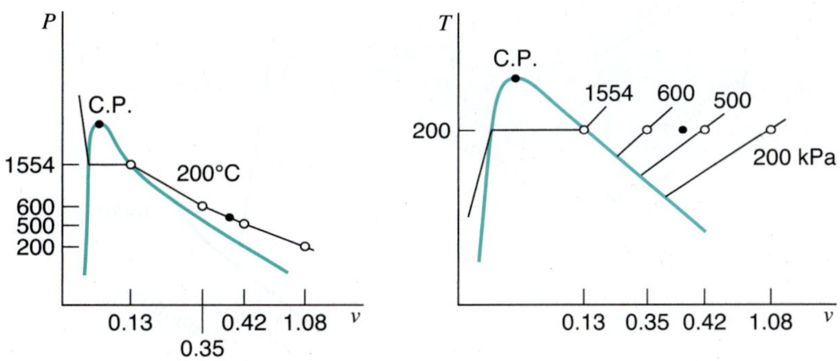

그림 3.16 예제 3.7에 대한 선도.

원하는 P를 얻기 위하여 비체적으로 선형 내삽을 시행하면(그림 3.17)

$$P = 500 + (600 - 500)\frac{0.4 - 0.424\ 92}{0.352\ 02 - 0.424\ 92} = 534.2 \text{ kPa}$$

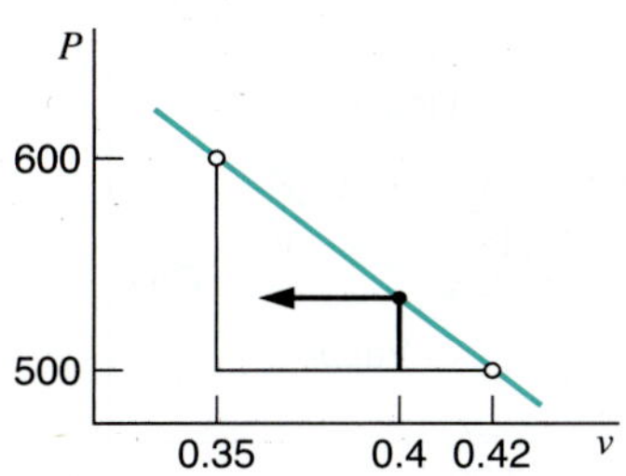

실제 일정 온도선은 약간 곡선이며 선형적이 아니다.
그러나 간편한 내삽을 위해 선형적인 변화를 가정한다.

그림 3.17 예제 3.7을 위한 선형 내삽.

■

개념에 관한 질문

d. 어떤 공구는 150°C 액상의 물에서 세척해야 한다. 얼마나 높은 압력이 필요한가?

e. 200 kPa의 물 건도가 50%이다. 증기의 부피 비 V_g/V_{tot}는 50%보다 큰가? 작은가?

f. 대부분의 압축 액체나 고체 영역은 왜 인쇄된 표에 포함되어 있지 않은가?

g. B의 표와 같은 Ar, He, Ne 또는 공기에 대한 표를 발견하기 어려운 이유는 무엇인가?

h. 액상의 물이 응고할 때 부피 변화는 몇 %인가? 그러한 부피 변화가 자연에서나 우리 일상 생활에 미치는 영향은 무엇인가?

3.5 열역학 면

이 장에서 지금까지 다룬 내용을 정리하기 위해 **압력–비체적–온도 면**(pressurespecific-volume-temperature surface)을 살펴보기로 한다. 두 가지 면이 그림 3.18와 3.19에 각각 나와 있다. 그림 3.18와 같은 거동을 하는 물질로는 물을 예로 들 수 있으며 어느 동안 비체적이 증가한다. 그림 3.19과 같은 거동을 하는 물질은 어느 동안 비체적이 감소한다.

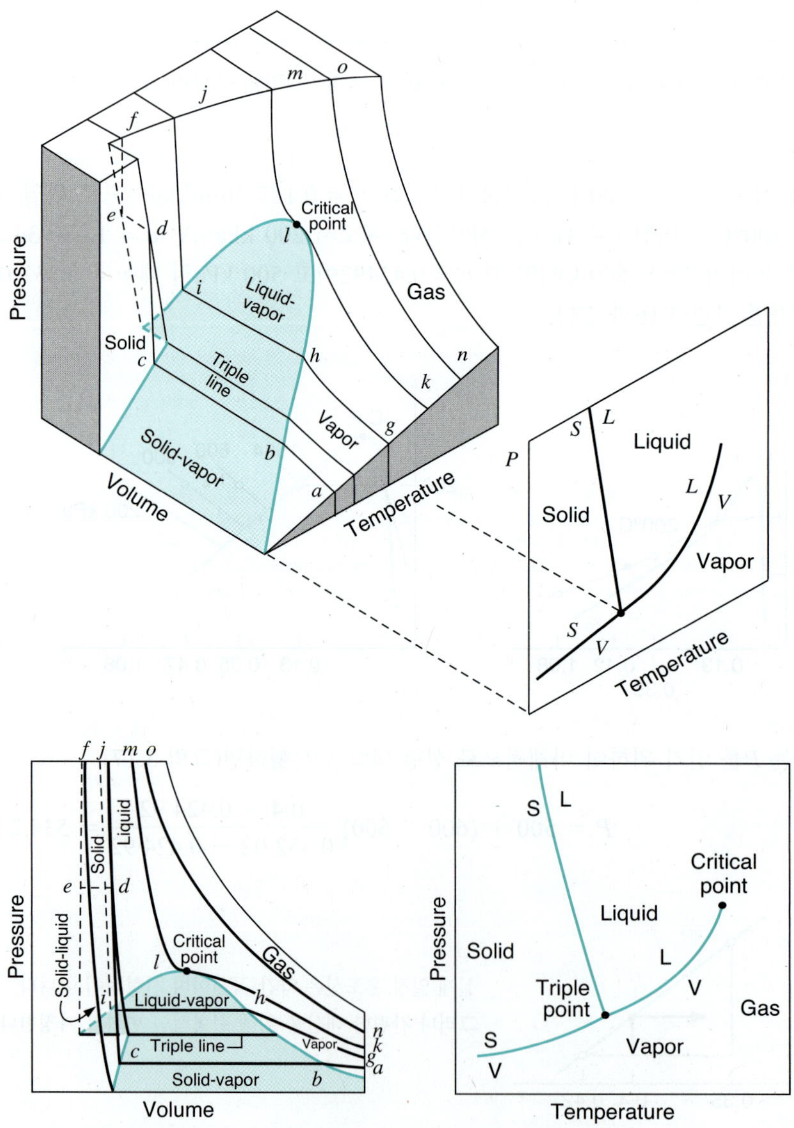

그림 3.18 응고 시 팽창하는 물질에 대한 압력–체적–온도 표면.

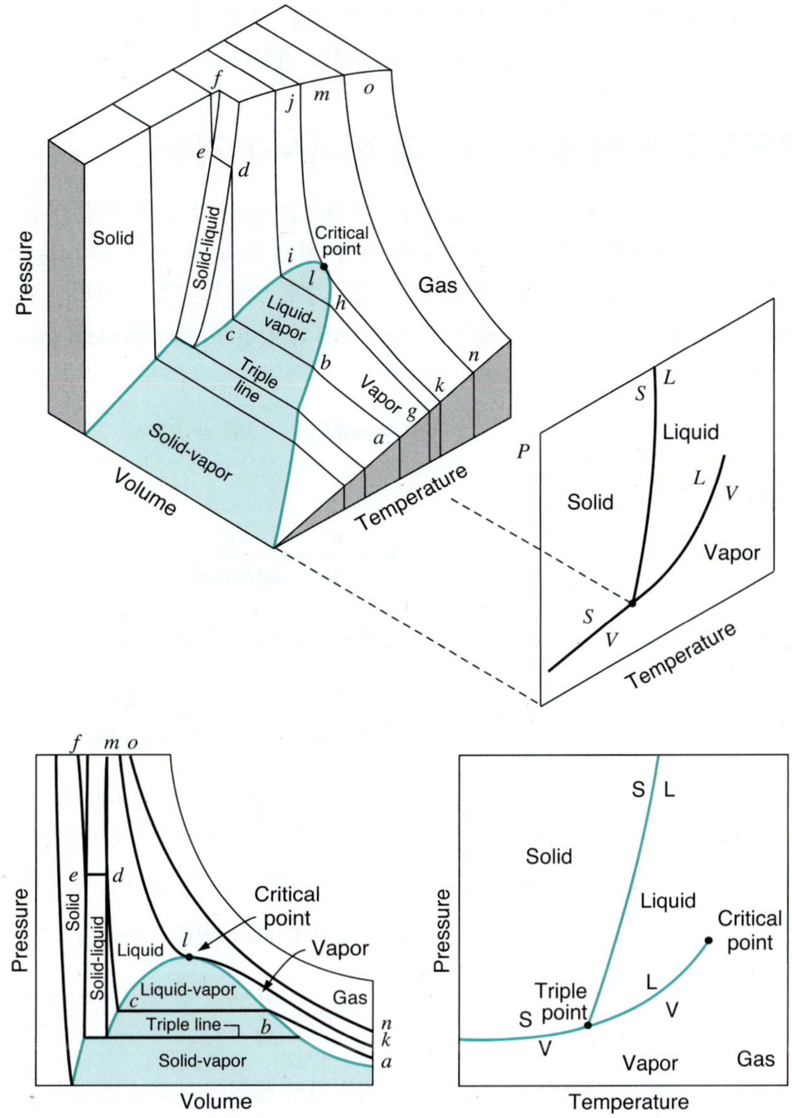

그림 3.19 응고 시 수축하는 물질에 대한 압력–체적–온도 표면.

두 선도에서 압력, 비체적 및 온도를 서로 수직인 좌표축으로 택하였다. 따라서 모든 가능한 평행 상태는 항상 면 위의 한 점으로 나타난다. 그 이유는 바로 순수 물질의 독립적인 강성적 상태량이 단지 두 개이기 때문이다. 준평형 과정 상의 모든 점들은 P–v–T 면 위에 놓인다. 왜냐 하면 그 과정은 일련의 평형 상태로 이루어지기 때문이다.

선도에 표시한 영역들은 단상(고체 상, 액체 상 및 증기 상)을 나타내는 곡면이다. 2상 영역(고체–액체 영역, 고체–증기 영역 및 액체–증기 영역)은 단면이다. 이 단면은 비체적 축에 평행인 직선으로 구성되어 있다. 그 이유는 2상 영역에서는 비체적이 변하더라도 정압 선이 곧 등온 선이기 때문이다. 삼중점은 P–v–T 위의 삼중 선으로 나타난다. 삼중점의 압력과 온도는 변하지 않으나 비체적은 각 상이 차지하는 비율에 따라 변할 수 있기 때문이다.

이 면의 압력–온도, 압력–체적 투영을 살펴볼 필요가 있다. 앞에서 물에 대한 온도–압력 선도는 살펴보았다. 바로 이 선도 상에 삼중점이 나타난다. 이미 물과 같은 물질의 온도–압력 선도는 살펴보았다. 여러 등온선들은 압력–체적 선도 상에 나타내었으며, 이에 해당하는 등온 단면들을 같은 기호로 붙여 P–v–T 위에 나타내었다. 임계 등온선의 변곡점은 임계점 위에 있다.

물과 같이 얼 때 팽창하는 물질이 압력이 높아지면 어는 온도가 낮아진다. 얼 때 수축하는 물질은 압력이 높아지면 어는 온도가 높아진다. 따라서 증기를 그림 3.18의 등온선 *abcdef*를 따라 가압하면, 얼 때 팽창하는 물질은 먼저 고체가 된 후에 액체로 변한다. 얼 때 수축하는 물질은 그림 3.19의 해당 등온선을 따라 증기를 가압하면, 먼저 액체가 된 후에 고체로 변한다.

3.6 저밀도와 적정 밀도 가스의 $P-V-T$ 거동

2.6 절에서 논의한 시스템의 에너지 소유의 한 형태는 분자 간 힘과 관련된 분자 간 위치 에너지였다. 밀도가 매우 낮은 경우에 분자 간 평균 거리는 매우 커서 분자 간 위치 에너지는 실제로 무시할 수 있다. 이러한 경우에 입자들은 서로 독립적이므로 이상기체로 말할 수 있다. 이러한 근사 하에서 실험을 통한 관찰로부터 확립된 사실은, 밀도가 낮은 기체는 다음과 같은 **이상기체**(ideal gas) 상태 방정식에 따라 거동한다는 것이다.

$$PV = n\bar{R}T, \qquad P\bar{v} = \bar{R}T \tag{3.3}$$

여기서 n은 가스의 몰 수이다.

$$n = \frac{m}{M} = \frac{\text{kg}}{\text{kg/kmol}} \tag{3.4}$$

식 3.3에서 $\bar{R}$은 일반 기체 상수로서 모든 기체에 대하여 다음 값을 갖는다.

$$\bar{R} = 8.3145\,\frac{\text{kN m}}{\text{kmol K}} = 8.3145\,\frac{\text{kJ}}{\text{kmol K}}$$

T는 절대 온도 켈빈이다(즉 $T(\text{K}) = T(°\text{C}) + 273.15$). T가 방정식에서 사용될 때 항상 절대 온도이어야 함을 유의해야 한다. 이상기체 절대 온도 스케일은 7장에서 상세히 다루게 된다.

식 3.3에식 3.4를 대입하고 정돈하면 이상기체 상태 방정식이 다음 형태로 쓰일 수 있다.

$$PV = mRT, \; Pv = RT \tag{3.5}$$

$$R = \frac{\bar{R}}{M} \tag{3.6}$$

여기서 R은 각 특정 기체마다 다른 값이다. 여러 가지 물질에 대한 R의 값은 부록의 표 A.5에 있다.

예제 3.8

크기가 6 m × 10 m × 4 m인 방 안에 들어 있는 공기의 질량은 얼마인가? 압력은 100 kPa이고 온도는 25°C이다. 공기는 이상기체로 가정한다.

풀이

식 (3.5)와표 A.5의 R 값을 이용하면 다음과 같다.

$$m = \frac{PV}{RT} = \frac{100\ \text{kN/m}^2 \times 240\ \text{m}^3}{0.287\ \text{kN m/kg K} \times 298.2\ \text{K}} = 280.5\ \text{kg}$$

■

예제 3.9

체적이 0.5 m^3인 용기 안에 분자량이 24인 이상기체 10 kg이 들어 있다. 온도가 25°C일 때 압력은 얼마인가?

풀이

우선 기체 상수를 다음과 같이 구한다.

$$R = \frac{\bar{R}}{M} = \frac{8.3145 \text{ kN m/kmol K}}{24 \text{ kg/kmol}} = 0.346\,44 \text{ kN m/kg K}$$

이제 압력 P를 다음과 같이 구한다.

$$P = \frac{mRT}{V} = \frac{10 \text{ kg} \times 0.346\,44 \text{ kN m/kg K} \times 298.2 \text{ K}}{0.5 \text{ m}^3}$$
$$= 2066 \text{ kPa}$$

■

예제 3.10

가스 종(gas-bell)이 그림 3.20에 보인 바와 같이 줄과 도르래 장치로 무게를 떠받치면서 액체 상의 물에 잠겨 있다. 내부의 압력은 105 kPa인 것으로 주의 깊게 측정되었고 온도는 21°C이다. 185 s 동안에 부피가 0.75 m³ 만큼 증가한 것이 측정되었다. 가스를 탄산 가스로 가정할 때 종 안으로의 흐름에 대한 체적 유동률 및 질량 유동률은 얼마인가?

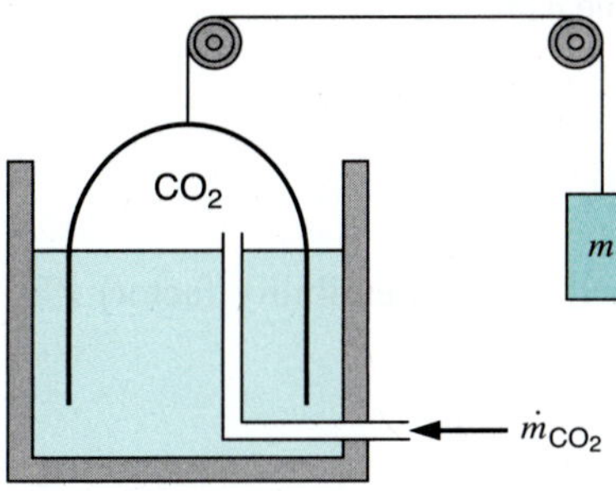

그림 3.20 예제 3.10에 대한 스케치.

풀이

체적 유동률은

$$\dot{V} = \frac{dV}{dt} = \frac{\Delta V}{\Delta t} = \frac{0.75}{185} = 0.040\,54 \text{ m}^3\text{/s}$$

그리고 질량 유동률은 $\dot{m} = \rho\dot{V} = \dot{V}v$ 실내 조건 가게에서 탄산 가스는 이상기체이다. 따라서 $PV = mRT$ 또는 $v = RT/P$ 그리고 표 A.5에서 이상기체 상수는 $R = 0.1889$ kJ/kg. 따라서 질량 유동률은

$$\dot{m} = \frac{P\dot{V}}{RT} = \frac{105 \times 0.040\,54}{0.1889\,(273.15 + 21)} \frac{\text{kPa m}^3\text{/s}}{\text{kJ/kg}} = 0.0766 \text{ kg/s}$$

■

간단하기 때문에 이상기체 상태 방정식은 열역학 계산에 이용하기가 매우 편리하다. 그러나 두 가지 질문을 해볼 수 있다. 이상기체 상태 방정식은 밀도가 낮을 때 훌륭한 근사식이 된다. 그러나 밀도가 낮다는 것은 어느 때 성립되는가? 다른 말로 표현하면 어떤 밀도 범위에서 이상기체 상태 방정식이 정확하게 성립되는가? 두 번째 질문은 주어진 압력과 온도 하에서 실제 기체가 이상기체 거동에서 얼마나 벗어나는가?

이러한 질문에 답하기 위하여 특정 예제가 그림 3.21에 있다. 이 그림은 물에 대한 T–v 선도로 포화 증기와 과열 증기에 대한 이상기체 가정의 오차를 나타낸다. 예상대로 압력이 매우 낮거나 온도가 매우 높은 경우에 오차가 작다. 그러나 밀도가 커질 때 오차는 커진다. 그림 3.18와 3.19에 대해서도 동일한 일반적 경향을 볼 수 있다. 물질 상태가 포화 영역에서 더 멀어질수록 (높은 T 낮은 P) 가스는 이상기체 모델에 가까워진다.

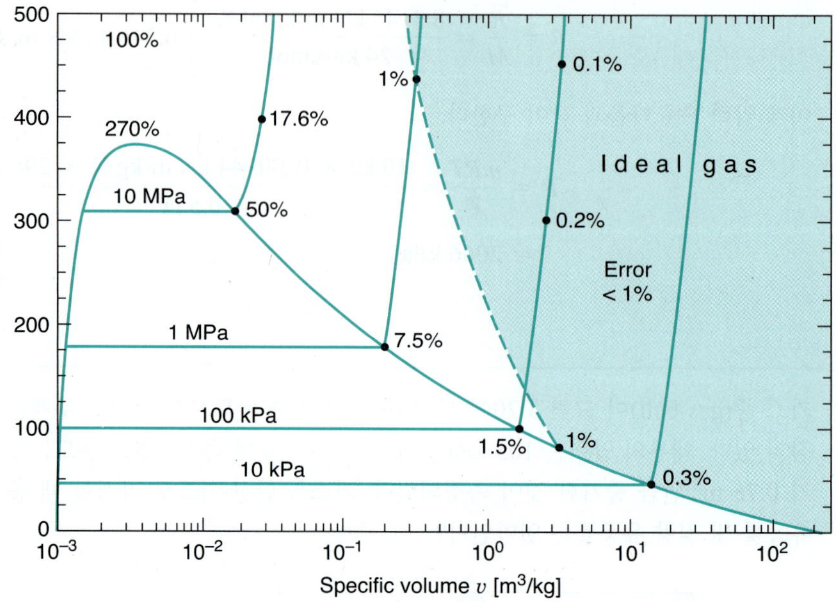

그림 3.21 물에 대한 온도-비체적 선도.

3.7 압축성 인자

이상기체 근사 질문에 답하기 위하여 **압축성 인자**(compressibility factor) Z의 개념을 도입한다. 압축성 인자는 다음 식으로 정의한다.

$$Z = \frac{Pv}{RT}$$

또는

$$Pv = ZRT \tag{3.7}$$

이상기체에 대해서 $Z = 1$이며, Z가 1에서 벗어나는 정도로부터 실제 관계가 이상기체 상태 방정식에서 벗어나는 정도를 판단할 수 있다.

그림 3.22는 질소에 대한 압축성 인자 선도의 골격이다. 이 선도로부터 세 가지를 관찰하게 된다.

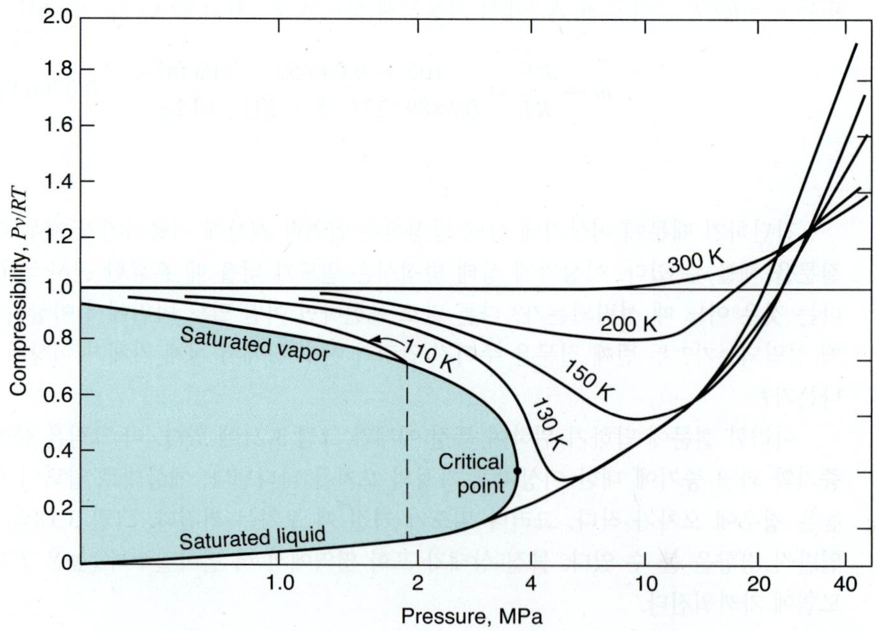

그림 3.22 질소의 압축성 인자.

첫째는 온도와 관계없이 $P \to 0$이면 $Z \to 1$이다. 즉 압력이 0에 접근하면 $P–v–T$ 거동은 이상기체 상태 방정식이 예측하는 거동에 접근한다. 또한 300 K(실온) 이상의 온도에서 압축성 인자는 약 10 MPa의 압력에 도달할 때까지 1에 가깝다. 이것이 의미하는 바는 질소(그리고 공기)에 대해 위의 범위에 걸쳐 이상기체 방정식을 사용하여도 상당히 정확하다는 것이다.

온도가 낮거나 압력이 높은 경우에 압축성 인자는 이상기체 값에서 크게 벗어남을 알 수 있 다. 적정 밀도 가스의 인력은 분자들을 서로 끄는 경향이 있으므로 $Z < 1$이 된다. 반면에 매우 밀도가 높은 경우에 척력은 반대 효과를 갖는 경향이 있다.

다른 순수 물질에 대한 압축성 인자 선도를 조사하면, 최소한 정성적인 면에서 위에서 기술한 질소의 거동과 모두 유사하다는 것을 알게 된다. 그러나 정량적으로 선도들은 모두 서로 다르다. 그 이유는 임계 온도와 임계 압력이 물질에 따라 다르며 그 범위가 넓기 때문이다. 이는 표 A.2에 나열한 값으로부터 분명히 알 수 있다. 공통점을 찾아 그것을 기초로 이들 물질 모두를 묶어 표현하는 방법이 있는가? 그렇게 하기 위해 상태량을 임계점에서의 상태량 값을 기준으로 "환산"한다. 환산 상태량은 다음과 같이 정의한다.

$$\text{reduced pressure} = P_r = \frac{P}{P_c}, \qquad P_c = \text{critical pressure}$$

$$\text{reduced temperature} = T_r = \frac{T}{T_c}, \qquad T_c = \text{critical temperature} \tag{3.8}$$

위의 식들이 뜻하는 바는 주어진 상태에서의 환산 상태량은 상태량의 값을 임계점에서의 해당 상태량 값으로 나눈 값이라는 것이다.

환산 온도(Tr)가 일정한 선을 $Z–P_r$ 선도에 도시하면 그림 D.1과 같은 그림이 된다. 특이한 점은 이러한 $Z–P_r$ 선도를 많은 물질에 대하여 그리면 모두가 거의 일치하다는 것이다. 특히 물질이 실질적으로 단순 구형 분자일 때 그러하다. 더 복잡한 물질에 대한 상관 관계를 보면 포화 상태, 그와 가까운 상태 또는 고밀도 영역을 제외하면 상당히 가깝다. 따라서 그림 D.1은 실질적으로 단순 분자에 대한 일반 선도이다. 이는 여러 단순 물질에 대한 평균 거동을 나타낸다는 뜻이다. 그러한 선도를 특정 물질에 대해 이용하면 결과에는 일반적으로 얼마간 오차가 있을 수 있다. 반면에 물질에 대한 $P–v–T$ 관계가 필요하지만 해당 영역에서 실험을 통하여 측정한 것이 없는 경우에는 이 일반 압축성 인자 선도를 이용하면 적당히 정확한 결과를 얻을 수 있다. 단지 임계 압력과 임계 온도만을 알면 이 기본적인 **일반 선도**(generalized chart)를 이용할 수 있다.

그림 D.1을 13장에서 많이 사용하게 될 것이다. 여기서는 이 선도를, 주어진 상황에서 모델로서 이상기체 거동을 가정하는 것이 타당한지 여부를 결정하는 데 주로 이용한다. 예를 들어 선도로부터 알 수 있는 것은 압력이 매우 낮은($\ll P_c$)의 경우에 이상기체 모델이 온도에 관계없이 정확하다고 가정할 수 있다는 것이다. 또한 고온(T_c의 약 두 배 이상의 온도)에서 이상기체 모델은 P_c의 4~5배까지의 압력에서 정확하다고 가정할 수 있다. 온도가 임계 온도의 약 두 배보다 낮고 압력이 극히 낮지 않을 경우는 일반적으로 과열 증기라고 하는 영역에 있으며, 이상기체 거동에서 상당히 벗어나게 된다. 이 영역에서는 3.4절에서 논의한 것처럼 특정 물질에 대한 열역학 상태량 표 또는 선도를 이용하는 것이 바람직하다.

▶ 예제 3.11

다음 각 상태를 이상기체 거동으로 가정하는 것이 타당한가?

a. 20°C, 1.0 MPa 질소

b. 20°C, 1.0 MPa 탄산 가스

c. 20°C, 1.0 MPa 암모니아

풀이

각 경우에 대하여 우선 상 경계 값과 임계 상태 값을 조사한다.

a. 질소에 대하여 임계값은 표 A.2로부터 126.2 K, 3.39 MPa이다. 293.2 K는 임계 온도의 두 배보다 크고, 환산 압력이 0.3보다 작으므로 이상기체 거동 가정은 타당하다.

b. 탄산 가스에 대하여 임계 성질은 304.1 K, 7.38 MPa이다. 따라서 환산 성질은 0.96, 0.136이다. 부록 그림 D.1로부터 Z 값이 약 0.95인 가스이다. 따라서 이상기체 가정은 약 5% 내에서 정확하다.

c. 부록 B.2 암모니아 표로부터 정확한 값을 얻을 수 있다. 표 B.2.1로부터 20°C에서 $P_g = 858$ kPa이다. 압력 1 MPa은 압력 P_g보다 크므로 이 상태는 가스가 아니고 압축액 상태이다.

■

예제 3.12

다음 모델에 대하여 100°C, 3.0 MPa의 R-134a에 대한 비체적을 구하라.

a. R-134a 표, 표 B.5

b. 이상기체

c. 일반화 선도, 그림 D.1

풀이

a. 표 B.5.2로부터 100°C, 3.0 MPa에서

$$v = 0.00665 \text{ m}^3/\text{kg} \ (\text{가장 정확한 값})$$

b. 이상기체를 가정하면 이 값은 50% 이상 큰 값이다.

$$R = \frac{\bar{R}}{M} = \frac{8.3145}{102.03} = 0.081\,49 \frac{\text{kJ}}{\text{kg K}}$$

$$v = \frac{RT}{P} = \frac{0.081\,49 \times 373.2}{3000} = 0.010\,14 \text{ m}^3/\text{kg}$$

c. 그림 D.1 일반화 선도를 사용하면 다음 값을 얻는다.

$$T_r = \frac{373.2}{374.2} = 1.0, \qquad P_r = \frac{3}{4.06} = 0.74, \qquad Z = 0.67$$

$$v = Z \times \frac{RT}{P} = 0.67 \times 0.010\,14 = 0.006\,79 \text{ m}^3/\text{kg}$$

이것은 단지 2% 정도 큰 값이다.

■

예제 3.13

체적 0.1 m^{3}인 강철 병에 프로판이 15°C에 건도 10%인 상태로 들어 있다. 일반 압축성 선도를 사용하여 총 질량과 압력을 구하라.

풀이

일반 선도를 사용하려면 환산 입력과 온도가 필요하다. 표 A.2에서 프로판의 $P_c = 4250$ kPa, $T_c =$ 369.8 K. 식 3.8에서 환산 온도는 그림 3.23에 도시한 그림 D.1에서 포화 상태에 대한 다음 값을 구할 수 있다.

$$T_r = \frac{T}{T_c} = \frac{273.15 + 15}{369.8} = 0.779\,2 = 0.78$$

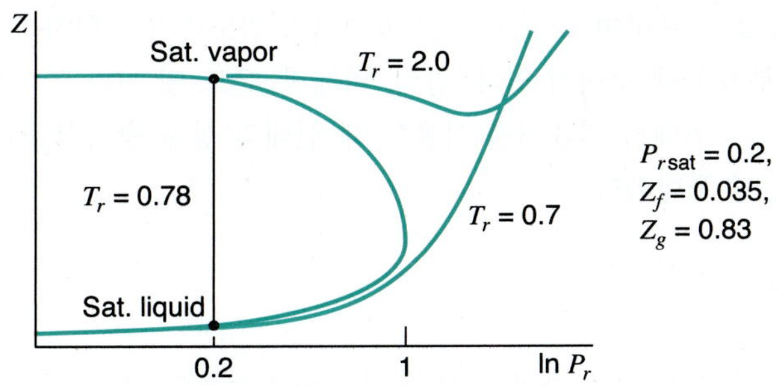

그림 3.23 예제 3.13에 대한 선도.

2상 상태에 대하여 압력은 포화 압력이다.

$$P = P_{r\,\mathrm{sat}} \times P_c = 0.2 \times 4250\ \mathrm{kPa} = 850\ \mathrm{kPa}$$

총괄 압축성 인자는 v에 대한 식 3.1과 같이

$$Z = (1 - x)Z_f + xZ_g = 0.9 \times 0.035 + 0.1 \times 0.83 = 0.1145$$

표 A.5에서 기체 상수는 $R = 0.1886$ kJ/kg K이므로

$$PV = mZRT$$

$$m = \frac{PV}{ZRT} = \frac{850 \times 0.1}{0.1145 \times 0.1886 \times 288.15}\ \frac{\mathrm{kPa\ m^3}}{\mathrm{kJ/kg}} = 13.66\ \mathrm{kg}$$

■

개념에 관한 질문

i. 실내 조건에서 메탄을 이상기체로 가정하는 것은 얼마나 정확한가?

j. 어떤 물질의 상태를 결정하려고 하는데 P = 200 kPa임을 알고 있다. 제2의 상태량을 구하기 위해 $PV = mRT$를 쓰는 것이 도움이 되는가?

k. 병에 298 K의 액체 프로판을 담으려면 얼마나 높은 압력이 필요한가? (그림 D.1 사용)

3.8 상태 방정식

기체의 거동을 나타내기 위하여 이상기체 모델 또는 근사적인 일반 압축성 인자 선도 대신 전 과열 증기 영역에서 특정 기체의 P–v–T 거동을 정확히 표시할 **상태 방정식**(equation of state)을 갖는 것이 바람직하다. 그러한 방정식은 필연적으로 더 복잡하게 되고 사용하기에도 더 어렵다. 그러한 많은 방정식들이 제시되어 기체의 관측된 거동들을 구하는데 사용되어 왔다. 예를 들어 4개의 매개 변수 a, b, c 및 d의 함수로서 상태의 3차식으로 알려진 비교적 간단한 수준의 방정식을 생각하자.

$$P = \frac{RT}{v - b} - \frac{a}{v^2 + cbv + db^2} \tag{3.9}$$

(a, b, c, d가 모두 0이면 이상기체 모델과 같다) 이러한 수준의 몇몇 다른 모델이 부록 D에 주어져 있다. 더 복잡한 또 하나의 방정식은 Benedict-Webb-Rubin 상태 방정식이다.

$$P = \frac{RT}{v} + \frac{RTB_0 - A_0 - C_0/T^2}{v^2} + \frac{RTb - a}{v^3} + \frac{a\alpha}{v^6} + \frac{c}{v^3T^2}\left(1 + \frac{\gamma}{v^2}\right)e^{-\gamma/v^2} \tag{3.10}$$

이 식은 8개의 실험 상수를 내포하며 임계 밀도의 약 2배의 밀도까지 정확하다. 여러 물질에 대한 이 방정식의 실험 상수 역시 부록 D에 주어져 있다. 압력, 비체적, 온도 및 기타 열역학 상태량을 부록 B에 제시된 표와 같이 도표화하기 위해서 컴퓨터를 사용할 때 현대의 상태 방정식들은 훨씬 더 복잡하여 때로는 40개 이상의 실험상수를 포함한다.

3.9 전산 상태량 표

부록에 있는 대부분의 상태량 표는 이 책에 첨부한 디스켓에 수록된 전산 프로그램으로 구해진다. 주 프로그램은 PC형 컴퓨터의 윈도우 환경에서 시각적 그래픽 처리를 통하여 동작하며, 대체로 별도의 사용 설명 없이 쓸 수 있다.

주 프로그램을 이용하면 물, 냉매 및 극저온 유체의 상태량(표 B.1~B.7에 해당함)을 압축 액체 영역을 포함하는 전 영역에서 구할 수 있다. 인쇄된 표에는 물에 대해서만 압축 액체 영역이 나와 있다. 각 물질에 대하여 P–v 선도 상의 작은 그래프로 임계점 근방에서부터 삼중점까지를 나타내어 압축 액체 영역, 2상 액체–증기 영역, 고밀도 유체 영역 및 과열 증기 영역을 보여 준다. 상태가 선정되어 상태량이 계산되면 가는 십자선으로 선도에 상태점을 나타내어 상태의 위치를 시각적으로 확인할 수 있다.

이상기체 상태량은 공기(표 A.7)와 여타 이상기체(표 A.8, A.9)에 대하여 계산이 가능하다. 물질 및 적용 단위를 선택할 수 있으므로 인쇄된 표를 사용하는 것보다 활용도가 더 높다. 상태량을 SI 단위 또는 표준 영국 단위뿐만 아니라 질량(kg 또는 1bm) 기준 또는 몰 기준으로도 나타낼 수 있으므로 대부분의 일반 응용 문제에서 필요한 계산을 할 수 있다.

주 프로그램으로 압축성 인자를 계산할 수 있다. 따라서 Z 값을 일반 선도 D.1을 이용하는 것보다 약간 더 정밀하게 구할 수 있다. 이것이 특히 유용한 경우는 포화 액체와 포화 증기에 대한 값이 필요한 2상 혼합물을 다룰 때이다.

압축성 인자 이외에도 주 프로그램으로 실제 기체 보정 항을 계산할 수 있다.

예제 3.14

컴퓨터 지원 열역학 표 CATT를 사용하여 예제 3.1 및 3.2의 상태를 구하고 P–v–T 및 적용 가능한 경우 x의 누락된 상태량을 구하라.

풀이

예제 3.1의 물의 상태: Water를 클릭하고 Calculator를 클릭한 후 Case 1 (T, P)를 선택한다. $(T, P) = (120, 0.5)$를 입력하면 그림 3.24와 같은 결과가 나온다.

⇒ 압축액 $v = 0.0106\ m^3/kg$ (표 B.1.4와 같다)

Calaculator를 클릭하고 Case 2(T, v)를 선택하여 $(T, v) = (120, 0.5)$를 입력한다.

⇒ 2상 $x = 0.5601,\ P = 198.5$ kPa

예제 3.2의 암모니아의 상태: Cryogenics를 클릭하고 그것이 암모니아인지 확인한다. 그렇지 않으면 암모니아를 선택하여 Calaculator를 클릭하고 Case 1 (T, P)를 선택한 후 $(T, P) = (30, 1)$을 입력한다.

⇒ 과열 증기 $v = 0.1321\ m^3/kg$ (표 B.2.2와 동일)

예제 3.2에서 R-22의 상태: Refrigerents를 클릭하고 그것이 R-22인지 확인한다. 그렇지 않으면 R-22 (Alt-R)를 선택하여 Calculator를 클릭하고 Case 5(P, v)를 선택한 후 $(P, v) = (0.2, 0.15)$를 입력한다.

⇒ 과열 증기 $T = 46.26°C$

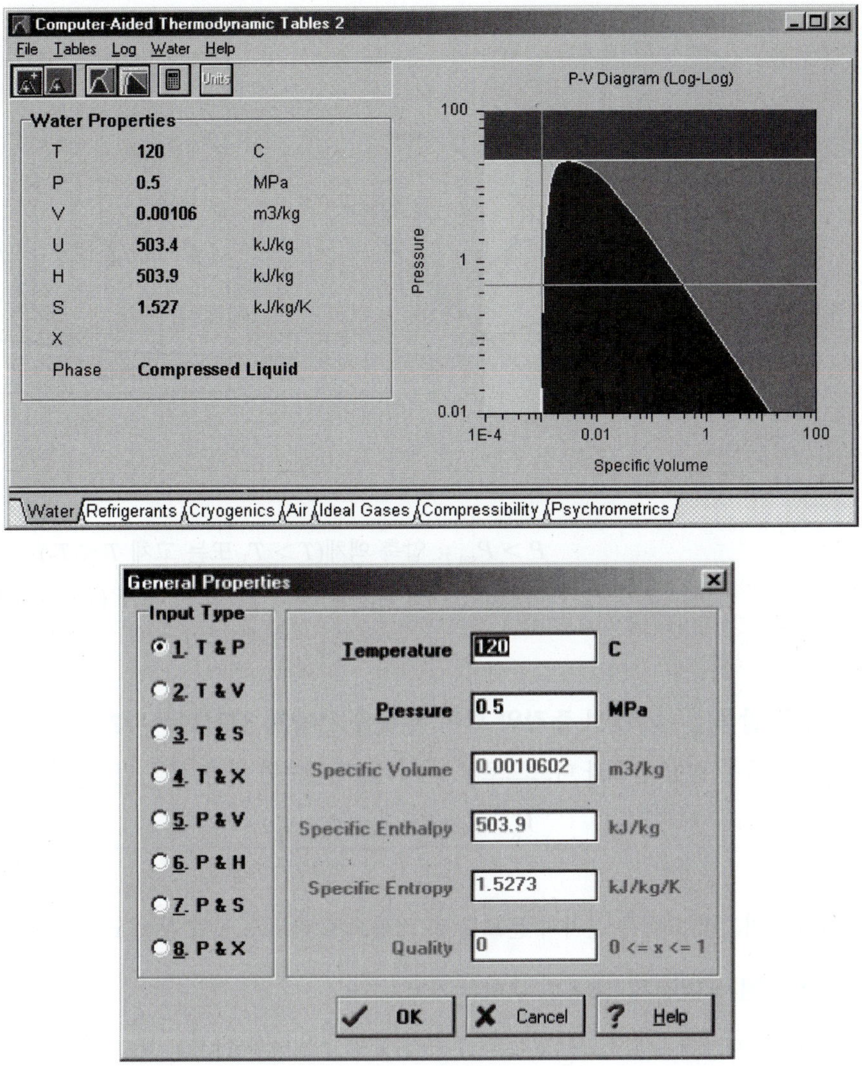

그림 3.24 CATT Result for Example 3.1.

■

개념에 관한 질문

l. 298 K의 액체 프로판을 병에 보관하려고 한다. 얼마나 높은 압력이 필요한가? (소프트웨어 사용)

3.10 방법론 편

주어진 상태에 대한 상을 어떻게 결정하는가?

주어진 물질에 대한 그림 3.6~3.7과 같은 상태 선도나 B편의 표가 있어야 한다. (T, P)의 쌍으로 상태가 지정되면 그림을 이용할 수 있다. 아니면 인쇄된 표가 필요하다. 때로는 표 A.2의 임계점이나 표 3.2의 삼중점으로 충분한 정보를 얻을 수 있다.

이 선도나 인쇄된 표에서(T_3 = 삼중점온도)

$P \geq P_c$ 밀한 액체

$T > T_c$: $P < P_c$ 과열 증기

$P \ll P_c$ 이상기체

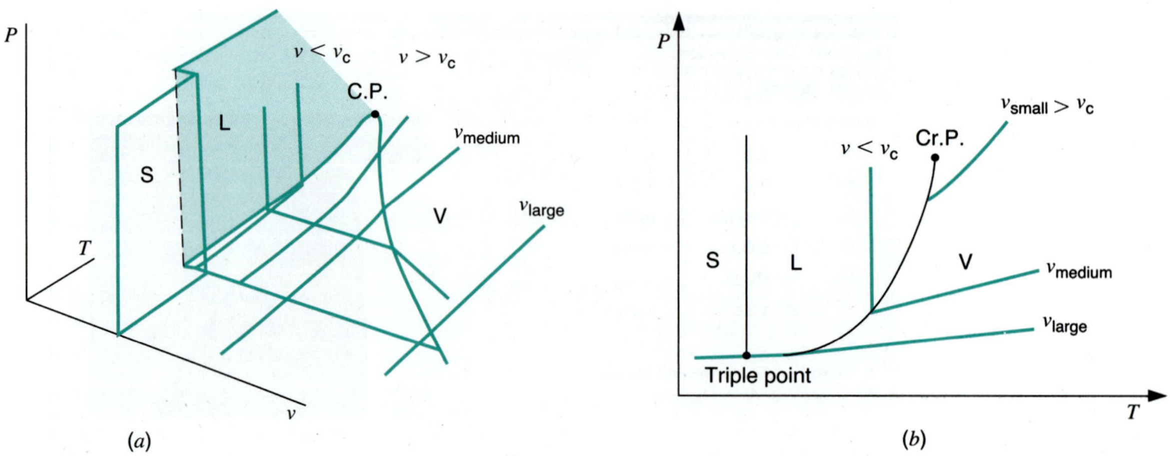

그림 3.25

$$P > P_{\text{sat }T}\text{: 압축 액체}(T > T_3 \text{ 또는 고체 } T < T_3)$$
$$T < T_c\text{: P} = P_{\text{sat }T}\text{: 액체 혼합물 } (T > T_3) \text{ 또는 고체 } (T < T_3) \text{ 및 증기}$$
$$P < P_{\text{sat }T}\text{: 과열 증기}$$

2상 혼합물($L-V$)에서 증기의 부피 분율을 어떻게 결정하는가?

부피 분율은 질량 분율과 다르므로 $y = V_g/V_{\text{tot}}$로 놓으면 다음 식을 얻게 되고

$$y = \frac{V_g}{V_{\text{tot}}} = \frac{V_g}{V_f + V_g} = \frac{m_g v_g}{m_f v_f + m_g v_g} = \frac{x v_g}{(1 - x)v_f + x v_g}$$

여기서 마지막 표현은 분자와 분모를 총 질량으로 나누고 질량 분율 $x = m_g/m_{\text{tot}}$를 사용했다.

B편 표에서 어떻게 상태를 구하는가?

(T, P, v, x)에서 2개의 상태량으로 정의된 상태가 있다고 하자.

a. $(\boldsymbol{T}, \boldsymbol{P})$가 주어진 경우. 표 B.?.1에 주어진 온도 T에 대한 P_{sat}을 구한다.

$P > P_{\text{sat}}$이면 액체이다. 가능하면 압축액 표로 가라. 표가 없으면 같은 온도의 포화액의 상태량으로 가정하라.

$P < P_{\text{sat}}$이면 과열 증기이다. 과열 증기표로 가라. 압력이 가장 낮은 압력보다 더 낮으면 이상기체이다.

b. $(\boldsymbol{T}, \boldsymbol{v})$가 주어진 경우. 표 B.?.1에 주어진 온도 T에 대한 v_f, v_g를 구한다.

$(\boldsymbol{P}, \boldsymbol{v})$가 주어진 경우. 표 B.?.1에 주어진 압력 P에 대한 내삽법을 사용하여 v_f, v_g를 구한다.

$v < v_f$이면 압축액이다. 있으면 그 표로 간다.

$(\boldsymbol{T}, \boldsymbol{v})$**:** 표가 없으면 압력 P를 구할 수 없다.

$(\boldsymbol{P}, \boldsymbol{v})$**:** $v = v_f$가 되는 T를 구한다. 그 온도와 압력에서의 압축액이다.

$v_f < v < v_g$이면 T–v 선도의 포화액 선과 포화 증기 선 사이의 2상 상태이다. 건도를 다음 식으로 구한다.

$$x = \frac{v - v_f}{v_{fg}}$$

$v > v_g$이면 과열 증기이고 그 표로 간다.

c. $(\boldsymbol{T}, \boldsymbol{x})$ 또는 $(\boldsymbol{P}, \boldsymbol{x})$가 주어진 경우. 2상 상태이므로 주어진 온도나 압력을 찾거나 내삽법을 써서 v_f 및 v_g를 구한다. 그러면 총괄 비체적을 구할 수 있다.

$$v = v_f + x(v_g - v_f)$$

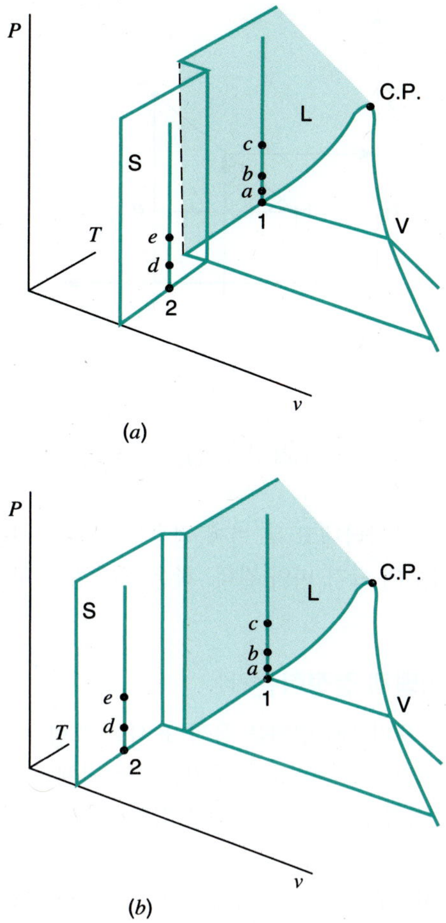

얼음의 비체적이 액체의 비체적보다 큰 물의 액체면

1: 포화 액체

a, *b*, *c*: 압축 액체

2: 포화 고체

d, *e*: 압축 고체

고체의 비체적이 액체의 비체적보다 작은 일반적인 물질에 대한 액체면

1: 포화 액체

a, *b*, *c*: 압축 액체

2: 포화 고체

d, *e*: 압축 고체

그림 3.26

d. (v, x)가 주어진 경우. B.?.1를 사용한다. 2상이지만 표에 필요한 P나 T를 모르므로 시행 착오법을 사용한다. 즉 T를 추정하여 v_f, v_g를 읽고 주어진 건도에 대한 v를 계산한 후 주어진 v와 비교한다. 처음 추측을 위해 $v = xv_g$를 가정하고(즉 v_f 를 무시한다) 이 v_g에 대한 온도를 구한다.

T가 낮은 경우 면들의 경사가 급격하고 평평하여 v는 거의 상수이다. (P에 무관하게)

$$v_a \approx v_b \approx v_c \approx v_1 = v_f(T) \qquad \text{및} \qquad v_d \approx v_e \approx v_2 = v_i(T)$$

다음에 다룰 다른 상태량들(5장에서 u 및 h, 8장에서 s)은

$$u_a \approx u_b \approx u_c \approx u_1 = u_f(T) \qquad \text{및} \qquad u_d \approx u_e \approx u_2 = u_i(T)$$

$$h_a \approx h_f + (P_a - P_{sat})v_f = u_f + P_a v_f \qquad \text{상태 } b\text{와 } c\text{도 비슷}$$

$$h_d \approx h_i + (P_d - P_{sat})v_i = u_i + P_d v_i \qquad \text{상태 } e\text{도 비슷}$$

$$s_a \approx s_b \approx s_c \approx s_1 = s_f(T) \qquad \text{및} \qquad s_d \approx s_e \approx s_2 = s_i(T)$$

더 높은 온도에 대하여 액체 면은 휘기 시작하며 얼마나 압축성이 있는지 알아야 한다. 그러면 표, 상태 방정식 또는 일반화된 도표가 필요하다.

표의 두 값 사이에 선형 내삽을 어떻게 하는가?

어떤 상태량 f의 x_1과 x_2에서의 두 개의 표 값을 가지고 주어진 x에서의 값을 구하고자 할 때 다음 식으로 내삽한다.

$$f(x) = f_1 + (f_2 - f_1)\frac{x - x_1}{x_2 - x_1}$$

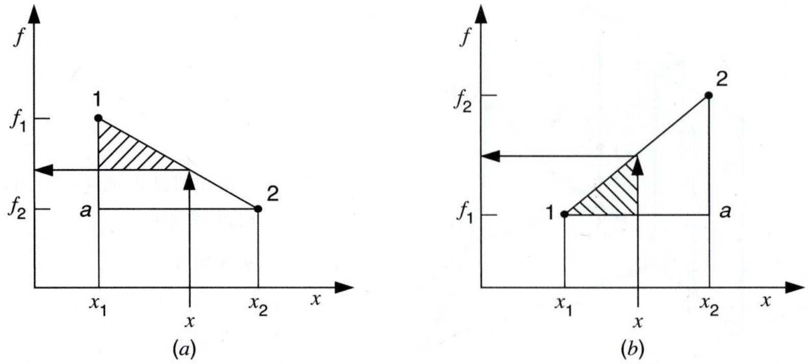

그림 3.27

이것은 함수의 Taylor 급수에서 최초 두 항이다. 미분(경사) $(f_2 - f_1)/(x_2 - x_1)$은 두 상태 사이에서 일정한 것으로 가정한다.

그림 3.27의 첫째 경우는 음의 경사를 나타내고 두 번째 경우는 양의 경사를 나타낸다. 필요로 하는 차 $(f_2 - f_1)$의 분율은 그림에서 두 삼각형의 크기 비와 같다. 작은 삼각형은 빗금을 친 것이고 큰 삼각형은 1–2–*a*이다.

어떤 상태가 이상기체 상태인지를 어떻게 결정하는가?

힌트를 얻기 위하여 물의 이상기체(1% 오차 내) 영역을 음영 표시한 그림 3.27을 보자. 증기 영역이면 40 kPa 이하의 모든 압력에 대해서는 어떤 온도에서도 수증기는 이상기체이다. 압력이 낮을수록(밀도가 더 작을수록) 이상기체 모델은 더욱 더 정확하게 된다. 더 높은 압력의 경우에는 이상기체가 되기 위해서는 온도가 그만큼 더 높아야 한다.

임계점에 대하여 $T > T_c$이고 $P < 0.1\ P_c$이면 이상기체가 되고 $T > 2T$이면 압력이 임계 압력일 때까지도 이상기체임을 알 수 있다.

환산 상태량 $P_r = P/P_c$, $T_r = T/T_c$ 및 $v_r = v/v_c$를 표 A.2의 임계 상수를 사용하여 구하면 식 3.7의 압축성 인자는 다음 식으로 된다.

$$P_r v_r = Z\, T_r / Z_c \qquad \text{with} \qquad Z_c = \frac{P_c V_c}{R T_c}$$

그림 D.1의 압축성 선도를 사용하여 Z를 구한다. (P, T)를 모르면 상태를 구하기 위하여 반복법이 필요할 수 있다. 압축성 인자 Z는 상태가 이상기체 상태에 얼마나 가까운지를 직접적으로 나타내는 것이다.

이 장의 요약

순수 물질(pure substance)의 열역학적 상태량과 **고체**(solid), **액체**(liquid) 및 **증기**(vapor) 상태의 상 경계에 관하여 논의하였다. 증발(액체에서 증기)과 그 반대 과정인 응축(증기에서 액체); 승화(고체에서 증기)나 그 반대인 응고(증기에서 고체): 그리고 융해(고체에서 액체)나 그 반대인 응고(액체에서 고체)를 이해하여야 한다. 3차원 ***P*–*v*–*T* 면**(*P*–*v*–*T* surface)과 (P, T), (T, v) 및 (T, v) 선도상에 2차원 표시 및 **증발**(vaporization), **승화**(sublimation) 및 **융해**(fusion) 선은 부록 B의 인쇄된 표와 관련이 있다. 수많은 물질들에 대한 인쇄되었거나 컴퓨터에 의한 표의 상태량들을 증기의 질량 분율[**건도**(quality)]을 사용하는 2상 혼합물을 포함하여 소개하였다. 이상기체 법칙은 밀도가 낮을 때 극한적인 거동을 근사화한 것이다. **압축성 인자**(compressibility factor) Z에 의한 이상기체 법칙의 확장 및 더 복잡한 **상태 방정식**(equations of state)들을 소개하였다.

이 장을 통하여 공부한 많은 기술과 능력으로 다음 항목들을 알 수 있다.

- 상 및 상과 상 경계에 사용되는 기호를 안다.
- 주어진 상태 (P, T)에 대한 상을 구한다.
- 상태의 임계점에 대한 상대적인 위치를 구하고 표 A.2 (G.1) 및 3.2를 안다.
- 상 선도와 상 경계 위치를 인식한다.
- (T, P), (T, v) 또는 (P, v)의 어떤 것으로부터도 부록 B 표에서 상태를 결정한다.
- 표들이 어떻게 (T, P), (T, v) 또는 (P, v) 선도의 부분들을 나타내는지를 인식한다.
- 2상 영역에서 상태량을 구하고 건도 x를 사용한다.
- 선형 내삽법을 포함한 (T, P, v, x)의 어떤 결합을 사용하더라도 상태를 구한다.
- 고체나 액체에 대하여 표 A.3, A.4 (G.2, G.3)의 상태량을 안다.
- 증기가 언제 이상기체인지(또는 알아내는 방법)을 안다.
- 이상기체 법칙과 표 A.5 (G.4)를 안다.
- 압축성 인자 Z와 압축성 선도 그림 D.1을 안다.
- 더 일반적인 상태 방정식의 존재를 안다.
- 컴퓨터 프로그램으로 상태량을 구하는 방법을 안다.

주요 개념과 식

상	고체, 액체 및 증기(기체)
상 평형	T_{sat}, P_{sat}, v_f, v_g, v_i
다상 경계	증발, 승화 및 융해 선: 그림 3.5(일반). 3.6 (CO_2) 및 3.7(물)
	임계점: 표 3.1, 표 A.2; 3중점; 표 3.2
평형 상태	두 개의 독립된 상태량(#1, #2)
건도	$x = m_{vap}/m$(증기 질량 분율)
	$1 - x = m_{liq}/m$(액체 질량 분율)
평균 비체적	$v = (1-x)v_f + x_{vg}$(2상 혼합물에만)
평형 면	P–v–T 표나 상태 방정식
이상기체 법칙	$Pv = RT$ $\quad PV = mRT = n\bar{R}T$
일반 기체 상수	$\bar{R} = 8.3145$ kJ/kmol K
기체 상수	$R = \bar{R}/M$ kJ/kg K, 표 A.5 또는 표 A.2의 M
압축성 인자 Z	$Pv = ZRT$ 그림 D.1의 Z에 대한 선도
환산 상태량	$P_r = \dfrac{P}{P_c}$ $\quad T_r = \dfrac{T}{T_c}$ 압축성 선도에 사용
상태 방정식	3차, 압력 명시: 부록 D, 표 D.1
	B–W–R: 식 3.7 및 여러 물질에 대한 표 D.2

연습 문제

Homework Problems

개념 문제

3.1 표에서 압력은 절대 압력인가 아니면 계기 압력인가?

3.2 얼음 위에서 스케이트를 탈 때 스케이트 아래에 얇은 액막이 형성되는 이유는 무엇인가?

3.3 실내 상태의 압력 및 온도(100 kPa, 20°C)에서 암모니아 1 L를 가지고 있다면 그 질량은 얼마인가?

3.4 T–v 선도에 2개의 일정 압력(500 kPa 및 30,000 kPa) 곡선을 그리고 증기표에서 보는 상태량 값을 그 곡선에 표시하라.

3.5 200 kPa, −10°C인 암모니아의 상태를 T–v 선도에 표시하시오. 인쇄된 표 B.2에 열거된 가장 가까운 상태의 위치를 P–v 및 T–v 선도에 표시하라.

3.6 표 A.2에 근거하여 아르곤과 수소에 대한 이상기체 상수를 계산하고 표 A.5의 값으로 입증하라.

3.7 실내 상태의 압력 및 온도에서 $v \approx 1 \times 10^n$ m³/kg 물의 비체적이다. n은 얼마인가?

3.8 실내 조건에서 프로판을 이상기체로 가정하는 것은 얼마나 정확한가?

3.9 $T_r = 0.85$ 및 건도 0.6으로 그림 D.1에서 압축성 인자를 구하라.

상 선도, 3중 임계점

3.10 최신 추출 기법은 탄산 가스 같은 초임계 유체에 물질을 용해시키는 방법에 기초한다. 탄산 가스 상태가 임계점 근처일 때 압력과 밀도는 얼마인가? 에틸 알코올에 대해서 구하라.

3.11 물이 액체 상으로 존재할 수 있는 최저 온도를 구하라. 이 액체는 얼마의 압력으로 존재하는가?

3.12 금속을 액체로 보기 위한 최저 온도는 켈빈 온도로 얼마인가?

a. 은 b. 구리

3.13 물은 27°C에서 압력에 따라 서로 다른 상에서 존재할 수 있다. 증기, 액체 또는 고체의 상으로 물이 존재할 수 있는 압력 범위(kPa)를 근사적으로 각각 결정하라.

3.14 얼음의 밀도가 920 kg/m³이라 하고, 북극에 있는 1000 m 두께의 빙판 밑면에서의 압력을 구하라. 이 압력에서 얼음이 녹는 온도는 얼마인가?

3.15 드라이아이스는 고체 탄산 가스에 대한 별개 명칭이다. 대기압(100 kPa)에서 드라이 아이스의 온도는 얼마인가? 100 kPa에서 가열하면 어떻게 될 것인가?

3.16 강체 용기에 어떤 물질이 2 MPa, 17°C 상태로 들어 있다. 이 물질이 질소, 물 또는 프로판이라면 단지 임계 상태량만으로 물질의 상을 결정할 수 있는가?

3.17 다음 상태에 대한 상을 결정하라.

a. $T = 267$°C, $P = 0.5$ MPa의 CO_2

b. $T = 20$°C, $P = 200$ kPa의 공기

c. $T = 170$°C, $P = 600$ kPa의 암모니아

일반 표

3.18 다음 상태에 대한 상을 결정하라.

a. $T = 275$°C, $P = 5$ MPa의 물

b. $T = -2$°C, $P = 100$ kPa의 물

3.19 다음 상태의 물이 압축 액체인지, 과열 증기인지 아니면 포화액과 증기의 혼합물인지를 결정하라.

a. 10 MPa, 0.003 m³/kg c. 200°C, 0.1 m³/kg

b. 1 MPa, 190°C d. 10 kPa, 10°C

3.20 부록 B의 표를 사용하여 주어진 상태에서 물질의 상을 결정하라.

a. 물 $T = 100$°C $P = 500$ MPa

b. 암모니아 $T = -10$°C $P = 150$ kPa

c. R-12 $T = 0$°C $P = 350$ MPa

3.21 물에 대하여 다음 표를 완성하시오.

	P[kPa]	T[°C]	v[m³/kg]	x
a.	500	20		
b.	500		0.20	
c.	1400	200		
d.		300		0.8

3.22 P–v 선도와 T–v 선도를 그리고 문제 3.21의 4가지 상태, a–d를 표시하라.

3.23 그림 3.18에서 20°C의 물을 I 상태에서 15000 kPa에 달하는 j 상태로 움직일 때 비체적의 변화는 얼마인가?

3.24 다음 상태에서 R-22가 압축 액체인지, 과열 증기인지 아니면 포화액과 증기의 혼합물인지를 결정하라.

a. 50°C, 0.05 m³/kg c. 01MPa, 0.1 m³/kg

b. 1.0 MPa, 20°C d. −20°C, 200 kPa

3.25 문제 3.24의 상태를 P–v 선도의 스케치에 표시하라.

3.26 100 kPa 건도, 10%인 물에 대하여 증기의 체적 분율을 구하라.

3.27 암모니아에 대하여 다음 표를 완성하라.

	P[kPa]	T[°C]	v[m³/kg]	x
a.		50	0.1185	
b.		50		0.5

3.28 P–v 및 T–v 선도를 그리고 문제 3.27의 두 상태 a–b를 점으로 표시하고 기호를 붙여라.

3.29 상과 P, T, v 및 x의 누락된 상태량을 결정하라

a. R-134a, $T = -20$°C, $P = 150$ kPa

b. R-134a, $T = 300$ kPa, $v = 0.072$ m³/kg의 공기

3.30 다음 질소에 대하여 상과 P, x를 결정하라.

a. $T = 120$ kPa, $v = 0.006$ m³/kg

b. $T = 140$ kPa, $v = 0.002$ m³/kg

3.31 부록 B의 표를 이용하여 다음 상태에 있는 암모니아에 대한

상과 비체적을 결정하라.

a. −10°C, 150 kPa

b. 20°C, 100 kPa

c. 60°C, 건도 25%

3.32 건도 25% 갖는 120°C의 물을 체적이 일정한 과정으로 온도를 20°C 올릴 때 새로운 건도와 압력은 얼마인가?

3.33 체적 1 m^3인 밀폐된 용기에 100°C의 물 20 kg이 들어있다. 안전 밸브가 장착되어 있다면 최고 온도가 200°C까지 되도록 용기를 가열하려면 밸브의 작동 압력을 얼마에 설정해 놓아야 하는가?

3.34 60°C의 포화 액체 상태인 물을 온도를 일정하게 하고 압력을 가하여 부피를 1% 줄이려고 압력을 가한다. 압력을 얼마까지 압축해야 하는가?

3.35 건도 25%를 갖는 200 kPa의 물을 압력이 일정한 과정으로 온도를 20°C 올릴 때 새로운 건도와 체적은 얼마인가?

3.36 105°C에 있는 물을 끓이기 위한 물 포트를 원한다. 대기압이 P_{atm} = 101 kPa일 때 15 cm 지름의 포트에 얼마나 무거운 뚜껑을 놓아야 하는가?

3.37 냉장고의 작동 유체가 냉장실 파이프 내에서 −20°C 액체로부터 증기로 증발한다. 냉장실 밖에서 작동유체는 40°C에서 응축한다. 냉매가 다음과 같을 경우에 각 위치에서 압력과 비체적 변화를 구하라.

a. R-12

b. 암모니아

3.38 보일러의 급수 펌프로 240°C, 20 MPa의 물을 초당 0.05 m^3/s씩 공급한다. 질량 유량(kg/s)은 얼마인가? 계산할 때 240°C 포화수의 상태량을 사용하면 백분율 오차는 얼마인가? 20 MPa 포화수의 상태량을 사용하면 백분율 오차는 얼마인가?

3.39 50°C R-134a 포화 증기가 등온에서 체적이 변한다. 체적이 2배가 될 경우 압력을 구하라. 체적이 반으로 될 경우 포화 상태라면 건도와 압력을 구하라.

3.40 유리 항아리에 500 kPa, 건도 25%인 포화 상태의 물을 채우고 뚜껑을 닫아 밀봉한 후 −10°C까지 냉각하였다. 이때 고체의 질량 분율은 얼마인가?

3.41 체적이 2 m^3인 견고한 밀폐 용기에 10°C의 R-134a 포화 증기와 포화 액체의 혼합물이 들어 있다. 온도 50°C까지 가열하면 액체상이 사라진다. 이때의 압력과 처음 상태에서 액체 질량을 구하라.

3.42 밀폐된 압력 용기에 100°C의 물이 들어 있으며 증기 체적의 1/10이 액체 체적이다. 압력이 2.0 MPa이 될 때까지 가열할 때 최종 온도를 구하라. 최종 상태에서 증기가 초기 상태보다 많은가 아니면 적은가?

3.43 온도 60°C의 포화 수증기를 등온 과정으로 감압하여 체적을 10% 증가시키려 한다. 얼마의 압력까지 팽창시켜야 하는가?

3.44 건도 50%, 총 질량 2 kg인 50°C의 암모니아가 바닥에 배출 밸브가 있는 단단한 탱크 안에 들어 있다. 온도는 일정하다고 할 때 얼마나 많은 액체를 뽑아 낼 수 있는가?

3.45 체적이 0.015 m^3인 철제 용기 안에 20°C의 프로판(액체 + 증기) 6 kg이 들어 있다. 이 탱크를 서서히 가열한다. 최종적으로 액체 면이 용기의 위까지 올라가겠는가 아니면 바닥까지 내려가겠는가? 초기 질량이 6 kg이 아니라 1 kg이라면 어떻게 되는가?

3.46 그림 P3.46처럼 물이 들어 있는 두 탱크가 연결되어 있다. 탱크 A는 200 kPa, v = 0.5 m^3/kg, V_A = 1 m^3이고, 탱크 B는 0.5 MPa, 400°C인 3.5 kg 물을 담고 있다. 밸브를 열어 균일한 상태가 될 때 최종 비체적을 구하라.

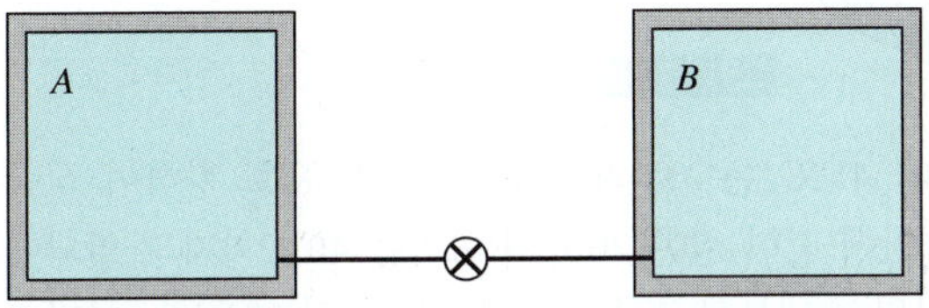

그림 P3.46

3.47 질량 10 kg의 10°C 암모니아가 처음 체적 1 m^3인 피스톤/실린더 장치에 들어 있다. 처음에 멈추개에 놓여 있던 피스톤이 압력 900 kPa에서 떠오르는 질량을 갖는다. 이제 서서히 암모니아를 50°C까지 가열할 때 최종 압력과 부피를 구하라.

이상기체

3.48 질량과 체적을 일정하게 하고 이상기체의 절대 온도를 두 배로 올리면 압력의 상대적인 변화(%)는 얼마인가? 질량과 온도를 일정하게 하고 부피를 두 배로 하면 어떻게 되는가?

3.49 지름 10 m 인 구형의 헬륨 풍선이 온도와 압력이 각각 15°C와 100 kPa이다. 얼마나 많은 헬륨이 들어 있는가? 그것은 치환된 공기의 질량과 같은 총 질량을 들어올릴 수 있다. 풍선의 천과 승강대의 질량을 얼마까지 들어올릴 수 있는가?

3.50 다음에 주어진 상태에서 그 물질들이 이상기체로 거동한 다고 가정하는 것은 합리적인가?

a. 30°C, 3 MPa 산소

b. 30°C, 3 MPa 메탄

c. 30°C, 3 MPa 물

d. 30°C, 3 MPa R-134a

e. 30°C, 3 MPa R-134a

3.51 실내 온도(20°C)와 압력(100 kPa)의 기체로 1 m^3의 탱크가 채워져 있다. 그 기체의 질량은 얼마인가?

a. 공기

b. 네온

c. 프로판

3.52 강철 탱크 안에 0.1 m^3 체적의 헬륨이 250 kPa, 300 K 상태에 있다. 이 헬륨으로 풍선을 채우려고 한다. 압력이 150 kPa 이면 헬륨의 유동은 스스로 정지된다. 온도는 여전히 300 K라면 풍선의 크기는?

3.53 그림 P3.53에 보인 1 m^3의 단단한 탱크에 100 kPa, 300 K의 프로판이 들어 있으며 250 kPa, 400 K 상태의 부피 0.5 m^3인 프로판에 연결되어 있다. 밸브가 열려 두 탱크는 325 K의 균일한 상태에 도달한다. 최종 압력은 얼마인가?

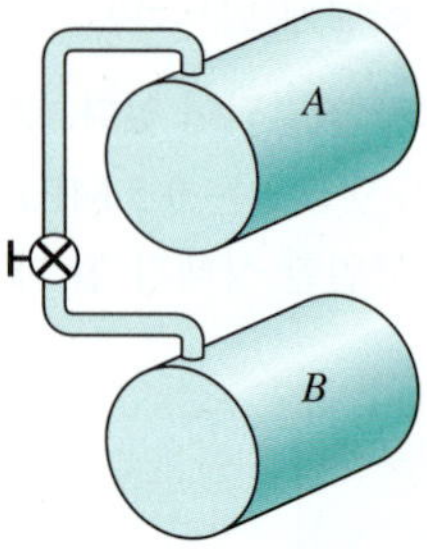

그림 P3.53

3.54 유리컵을 45°C 온수로 세척하여 바닥을 위로 향하여 식탁에 놓는다. 컵 안에 갇힌 실온 20°C의 공기는 40°C까지 가열되며 일부는 새어 나와서 내부의 최종 압력은 대기압인 101 kPa 보다 2 kPa 높아진다. 이제 컵과 내부 공기가 실온으로 냉각된다. 유리 컵 내부의 압력은 얼마인가?

3.55 1 m 길이, 안 지름 20 cm인 원통형 기체 탱크를 진공으로 만들고 25°C의 탄산 가스로 채운다. 탄산 가스의 질량이 1.2 kg으로 되려면 압력이 얼마일 때까지 채워야 하는가?

3.56 공압 실린더(공기를 갖는 피스톤 실린더)는 500 N의 힘으로 문을 닫아야 한다. 실린더의 단면적이 5 cm^2이고 체적이 50 cm^3일 때 공기의 압력과 질량은?

3.57 내연기관 안의 공기는 0.1 m^3 체적에 227°C, 1000 kPa이다. 이제 연소에 의해 일정한 체적 과정으로 1500 K로 가열된다. 공기의 질량은 얼마이며 압력은 얼마나 높은가?

3.58 자동차 타이어에 공기는 처음에 −10°C, 190 kPa이다. 자동차가 한참 달린 후에 온도는 10°C로 상승한다면 그때의 압력을 구하시오. 한 가지 가정은 각자 하여야 한다.

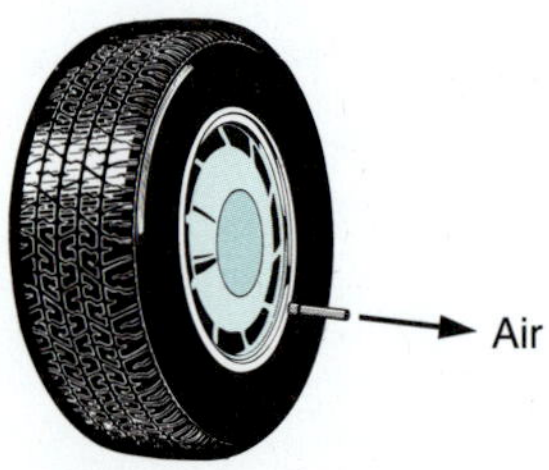

그림 P3.58

3.59 그림 3.21에 도시한 포화 수증기에 대한 비체적을 계산하는데 이상기체 모델을 사용할 때의 정확성을 확증하라. 10 kPa 및 1 MPa에 대한 계산을 하라.

3.60 R-134a 포화 수증기의 세 상태 +40°C, 0°C 및 −40°C를 가정하고 이 온도와 이에 대응하는 포화 압력에서의 비체적을 이상기체 거동을 가정하여 계산하라. 포화 R-134a 표에서 v_g를 사용하여 백분율 상대오차 = $100(v - v_g)/v_g$를 구하라.

3.61 1 m^3의 단단한 탱크에 600 kPa, 400 K의 질소 가스가 들어 있다. 실수로 누군가가 0.5 kg을 흘렸다고 하자. 최종 온도가 375 K라면 최종 압력은?

3.62 문제 3.60을 암모니아에 대하여 풀어라.

3.63 문제 3.60을 R-12에 대하여 풀어라.

3.64 시편을 50°C에서 건조시키는 통을 진공으로 만들기 위하여 진공 펌프를 사용한다. 유입 압력 0.1 kPa, 온도 50°C에서 펌프의 체적 제거율은 0.5 m^3/s이다. 30분 동안 얼마나 많은 수증기가 제거되었는가?

압축성 인자

3.65 100 kPa의 포화 증기 암모니아는 이상기체와 얼마나 가까운가? Z 값을 구하라. 2000 KPa의 포화 증기의 Z 값도 구하라.

3.66 마찰이 없는 피스톤이 장착된 실린더에 25°C, 500 kPa의 부탄이 들어있다. 이 상태의 부탄을 이상 기체로 가정하는 것이 합리적인가?

3.67 그림 D.1의 Z를 이용하여 270 K, 2500 kPa의 에틸렌 2 kg의 체적을 구하라.

3.68 아르곤이 5 m^3의 강체 탱크 내에서 −30°C, 3 MPa로 유지된다. 압축성 인자를 사용하여 질량을 계산하라. 만약 이상 기체 모델을 사용한다면 오차는 얼마나 되는가?

3.68 체적이 400 m^3인 탱크를 건설하여 액화 천연 가스(LNG)를 저장하려고 한다. LNG는 순수 메탄으로 취급할 수 있다. 탱크에 체적비로 90% 액체, 10% 증기가 압력 100 kPa 하에 들어 있어야 한다면 탱크 안의 LNG 질량(kg)은 얼마인가? 건도는 얼마인가?

3.69 온도 40°C, 압력 500 kPa 상태의 암모니아 과열 증기의 비체적을 이상기체 모델을 사용하여 계산하면 백분율 오차는 얼마인가? 그림 D.1의 일반 압축성 인자 선도를 사용하면 오차가 얼마인가?

3.70 신냉매 R-125가 −20°C에서 소량의 증기와 액체로 저장되어 있다. 전체 냉매 질량이 1.5 kg일 때 압력과 체적을 구하라.

3.71 300 K의 염소의 포화 압력을 추정하라.

3.72 보통 혼합하기 어려운 물질이 초임계 압력 하에서는 용이하게 혼합된다. 이러한 공정에 사용하기 위해 에틸렌 125 kg이 7.5 MPa, 296.5 K 상태에서 저장되어 있다. 이것이 차지하는 체적은 얼마인가?

3.73 330 K 탄산 가스가 10 MPa 고압으로 유정 안으로 펌프되고 있다. 탄산 가스는 암유를 지날 때 원유 점도를 떨어뜨려 유동을 수월하게 한다. 이 과정 동안 펌핑되는 탄산 가스 밀도를 구하라.

3.74 체적이 0.1 m^3인 용기 안에 건도 75%, 온도 300 K 상태의 부탄이 들어 있다. 일반 압축성 인자 선도를 이용하여 용기 안의 부탄 총 질량을 추정하라.

3.75 냉매 R-32가 건도 15%로 −10°C 상태에 있다. 압력과 비체적을 구하라.

선형 내삽

3.76 v = 0.1 m³/kg의 R-12 포화 증기에 대한 온도와 압력을 구하라.

3.77 선형 보간을 사용하여 아래 표 빈 칸의 암모니아 성질을 구하시오.

	P[kPa]	T[°C]	v[m³/kg]	x
a.	550			0.75
b.	80	20		
c.		10	0.4	

3.78 선형 보간을 사용하여 900 kPa 질소의 포화 온도 T_{sat}를 구하시오. 표 B.6.1로부터 900 kPa 부근의 값을 사용하여 $P_{sat}(T)$ 곡선을 손으로 그려라. 선형 보간으로 구한 값이 이 곡선보다 위에 있는가, 아래에 있는가?

3.79 140 kPa, 0°C에서 암모니아의 비체적을 구하라.

3.80 200°C, 1.5 m³/kg인 물의 압력을 구하라.

컴퓨터 표

3.81 컴퓨터 소프트웨어를 사용하여 문제 3.21의 네 상태의 물에 대한 상태량을 구하라.

3.82 컴퓨터 소프트웨어를 사용하여 문제 3.27의 두 상태의 암모니아에 대한 상태량을 구하라.

3.83 컴퓨터 소프트웨어를 사용하여 문제 3.77의 세 상태의 암모니아에 대한 상태량을 구하라.

3.84 표 B.6.1의 질소에 대하여 압력 900 kPa일 때의 포화온도를 선형 내삽법으로 구하라. 이를 컴퓨터 소프트웨어로 구한 값과 비교하라.

Introduction to
Engineering Thermodynamics

제 4 장

일과 열

Work and Heat

이 장의 주제

- 일의 정의
- 단순 압축성 시스템의 경계 이동에 의한 일
- 일에 대한 결론
- 열전달 방식
- 방법론 편
- 일의 단위
- 다른 시스템에서의 일
- 열의 정의
- 열과 일의 비교

이 장에서는 일과 열을 취급한다. 많은 열역학 문제에서 문제의 올바른 해석 여부는 일과 열의 구분에 달려있기 때문에 열역학에서 일과 열의 정의를 명확하게 이해하는 것은 매우 중요하다.

일과 열은 한 시스템에서 다른 시스템으로 전달되는 에너지이며, 많은 열역학 시스템이나 열역학적 장치에서 매우 중요한 역할을 한다. 열역학 시스템이나 장치를 해석하기 위해서는, 일과 열을 상태량이나 또는 시스템의 고유한 특성을 나타내는 기타 변수들의 함수들로 모델링할 필요가 있다. 일과 열을 모델링하고, 에너지 전달과 변화에 대한 해석 결과를 활용하기 위해서는, 관련 있는 자연법칙들의 이해가 필수적이다. 이러한 해석과 결과의 활용은 5장에서 열역학 제1법칙과 함께 취급하게 될 것이다.

기본적인 개념들의 이해를 돕기 위해, 여러 가지 물리적 장치들을 구성해 볼 것이다. 이 장치 들은 열역학 과정 중에 시스템이 겪는 변화로 일을 표현할 수 있게 해 줄 것이다. 또 일이 주어진 열역학 과정의 결과라는 것을 확인해 볼 것이다. 여기서, 이 과정이 물리적으로 어떻게 가능한지를 자세히 따지지는 않을 것이다. 자세히 따지려면 너무 복잡해지고 또한 아직 취급하지 못한 개념들까지 필요하기 때문이다. 하지만 과정의 결과에 대해서는 확인해 볼 것이다.

여러 가지 다른 상황에서 열전달에 대한 서술은 대개는 각 상황별로 구분하여 별도의 다른 주제로 취급하는 것이 보통이다. 그러나 여기서는 간단한 서론적 설명만으로 충분하며, 이것으로 열전달이 지나치게 추상적으로 되는 것을 막고, 또한 우리가 검토하는 열역학 과정과도 연결시킬 수 있을 것이다. 전도, (유동에 의한) 대류, 그리고 복사에 의한 열전달은 간단한 모델을 이용하여 설명할 것이며, 이같은 열전달은 온도차에 기인한다는 점이 강조될 것이다.

4.1 일의 정의

보통 일은 힘 F를 힘이 가해지는 방향으로 변위 x만큼 작용하는 것으로 정의한다. 즉

$$W = \int_1^2 F\,dx \tag{4.1}$$

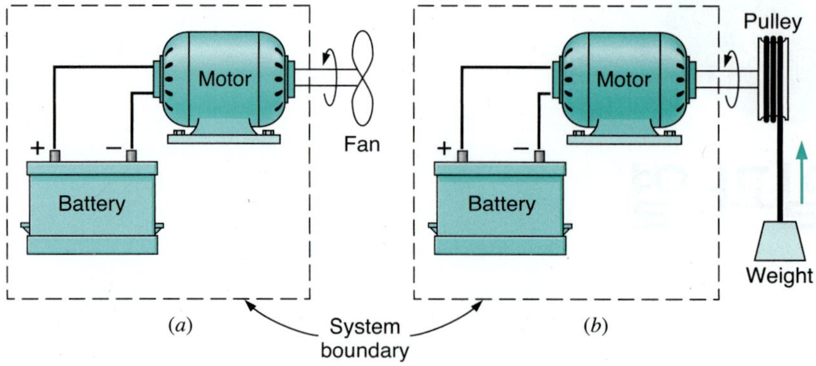

그림 4.1 시스템 경계를 통과하는 일의 예.

이다. 이 같은 정의는 무게추를 들어 올리거나, 와이어를 잡아당길 때, 또는 전하를 띤 입자를 자기장에서 이동시키는 등에 필요한 일을 계산하는 데 유용하다.

그러나 거시적인 관점에서 열역학을 취급할 때는, 일을 시스템이나 상태량 그리고 과정 등의 개념과 연관시켜 정의하는 것이 여러 모로 유리하다. 따라서 여기서는 일을 다음과 같이 정의한다: 열역학적 과정의 결과, 주위(시스템 외부의 모든 것)에 나타나는 효과로써 무게추를 들어 올릴 수 있으면, 일은 시스템에 의해서 수행된 것이다. 무게추를 들어 올리는 것은 결과적으로 힘을 작용하는 것과 같다. 또 여기서 일은 무게추를 실제로 들어 올리거나 힘을 실제로 작용하는 것이 아니라 다만 이와 동등한 효과를 얻는 것으로 정의됨을 주의하라. 시스템에 의해 수행된 일은 양(+)으로, 시스템으로 가해진 일은 음(−)으로 취급한다. 기호 W는 시스템에 의해 수행된 일을 나타낸다.

일반적으로 일은 이동 중인 에너지 형태, 즉 시스템 경계를 통해 전달되고 있는 에너지이다. 에너지와 에너지 저장 또는 취득의 개념은 2.6절에서 자세히 취급된 바와 같다. 일은 이 같은 앞의 정의를 따르는 에너지 형태이다.

일의 정의에 관해 몇 가지 예를 들어보자. 그림 4.1*a*의 축전지와 전동기로 이루어진 시스템에서 전동기에 의해 팬을 작동시킨다고 하자. 일은 시스템의 경계를 통과하는가? 일에 대한 앞의 정의를 이용하여 이 문제에 답하기 위해 팬을 그림 4.1*b*에 나타낸 것처럼 도르래와 무게추로 대치한다. 전동기가 회전하면 무게추가 들리고 시스템 외부에서 일어난 변화는 무게추를 들어올린 것이다. 따라서 그림 4.1a의 원래 시스템에서는 시스템 외부에 일어난 변화가 무게추를 들어 올리는 것과 동등하므로 일이 시스템 경계를 통과한 것으로 생각할 수 있다.

이제 그림 4.2에서처럼 시스템이 축전지만으로 이루어지도록 경계를 이동하고 같은 문제를 생각해 보자. 일은 시스템 경계를 통과하는가? 이 문제에 답하려면 보다 더 일반적인 문제를 생각할 필요가 있다. 시스템 경계를 통한 전기 에너지의 흐름은 일인가?

시스템 외부에서 무게추를 들어 올리는 것 이외의 변화를 일으킬 수 있는 요인으로는 전동기의 낮은 효율을 들 수 있다. 그러나 베어링에 의한 손실과 전기적 손실을 낮추는 등의 방법에 의해 전동기 효율을 점차 높이면 최종적으로는 시스템 외부의 변화가 무게추를 들어 올리는 것뿐이라고 할 수 있게 될 것이다. 따라서 그림 4.2에서처럼 전기가 시스템 경계를 통과하면 이것은 일이라고 할 수 있다.

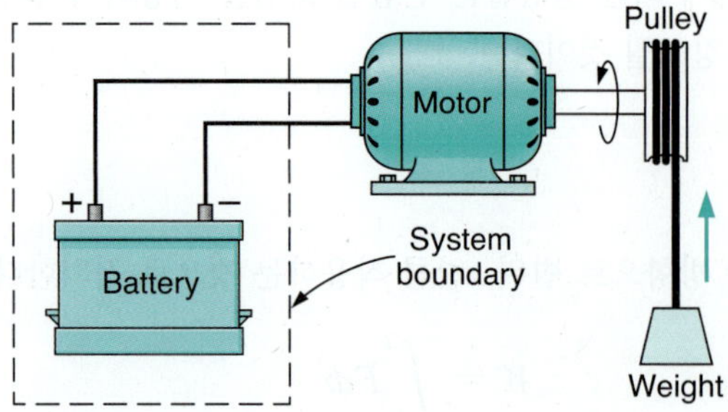

그림 4.2 시스템의 경계를 통과하는 전류의 흐름에 의해 일이 시스템 경계를 통과하는 예.

4.2 일의 단위

이미 언급했듯이, 피스톤에 대항하여 팽창하는 기체에 의한 일과 같이, 시스템에 의해 가해진 일은 양(+)이고, 기체를 압축하는 피스톤에 의한 일과 같이, 시스템으로 가해진 일은 음(−)이다. 따라서 양의 일은 에너지가 시스템으로부터 빠져나가는 것을 의미하며, 음의 일은 에너지가 시스템으로 유입되는 것을 의미한다.

일의 단위는 단위 중량을 단위 거리만큼 들어 올리는 것, 즉, 단위 힘(1 N)을 단위 거리(1 m)만큼 작용하여 이를 곱한 것으로 정의된다. SI 단위계에서 일에 대한 이 단위를 **주울**(J)이라 한다.

$$1\ \mathrm{J} = 1\ \mathrm{N\ m}$$

동력은 일의 시간 당 비율, 즉 일률이며 기호 $\dot{W}$로 표시한다.

$$\dot{W} \equiv \frac{\delta W}{dt}$$

동력의 단위는 1초당 1 J의 비율로 정의되며 이를 **와트**(W)라 한다:

$$1\ \mathrm{W} = 1\ \mathrm{J/s}$$

그림 4.1에서 시스템의 경계를 통과하는 일은 회전축과 관계된 일임에 유의해야 한다. 동력의 표현식은, 식 4.1을 미분식으로 표시하면,

$$\delta W = F\,dx = Fr\,d\theta = T\,d\theta$$

즉 힘과 작용거리의 곱, 또는 그림 4.3에서 보듯이, 토크($T = Fr$)와 작용각의 곱으로 쓸 수 있다. 따라서 동력은

$$\dot{W} = \frac{\delta W}{dt} = F\frac{dx}{dt} = F\,\mathbf{V} = Fr\frac{d\theta}{dt} = T\omega \tag{4.2}$$

즉, 힘과 속도의 곱 또는 토크와 각속도의 곱이 된다.

시스템 내 단위 질량 당 일, 즉, "비 일(specific work)"을 취급하는 것이 편리한 경우가 많다. 이 값은 w로 나타내고 다음과 같이 정의된다.

$$w \equiv \frac{W}{m}$$

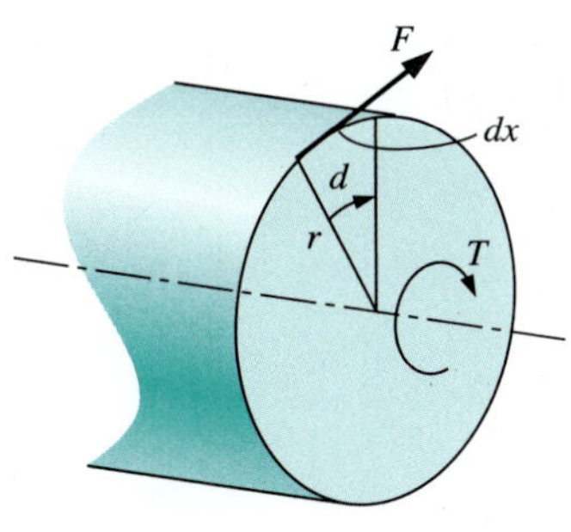

그림 4.3 팔의 길이 r에 힘이 작용하면 토크는 $T = Fr$이 된다.

개념에 관한 질문

a. 한국전력은 소비자에게 kWh의 단위로 요금을 부과한다. 1 kWh는 SI 단위로는 얼마인가?

b. 토크, 에너지, 그리고 일은 모두 같은 단위(Nm)를 가진다. 차이를 설명하라.

4.3 단순 압축성 시스템의 경계 이동에 의한 일

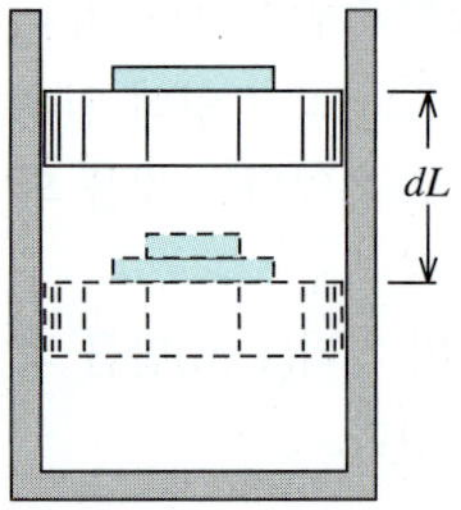

그림 4.4 준평형 과정에서 시스템 경계 이동에 의한 일의 예.

일이 시스템으로 유입되거나 시스템으로부터 유출되는 방법에 여러 가지가 있는 것은 이미 살펴본 바 있다. 이런 방법 중에는 회전축에 의한 일, 전기적인 일, 그리고 실린더 내 피스톤의 이동에 따른 일 등과 같이 시스템 경계의 이동에 의한 일이 있다. 여기서는 단순 압축 시스템에서 준평형 과정에 의해 경계가 이동할 때 수행된 일을 자세히 살펴보기로 한다.

그림 4.4에서와 같이 실린더와 피스톤 장치 내의 기체를 시스템으로 생각해 보자. 피스톤 위에 놓인 작은 무게추들 중 한 개를 제거하면 피스톤은 변위 dL만큼 상승하게 될 것이다. 이 변화를 준평형 과정으로 생각하면 이 과정에 걸쳐 시스템이 한 일 W를 계산할 수 있다. 기체 압력을 P, 피스톤 면적을 A라 하면, 피스톤에 가해지는 힘은 PA이므로 일 δW는

$$\delta W = PA\,dL$$

이 된다. 여기서 $A\,dL = dV$, 즉 기체의 체적 변화이므로

$$\delta W = P\,dV \tag{4.3}$$

으로 쓸 수 있다. 준평형 과정을 거치는 경계 이동에 의한 일은 식 4.3을 적분하여 구할 수 있다. 그러나 이 적분을 계산하기 위해서는 주어진 과정에 대해 P와 V사이의 관계가 알려져야 한다. 이 관계는 방정식의 형태로 주어질 수도 있고 도표의 형태로 주어질 수도 있다.

도표에 의한 해를 먼저 생각해 보자. 그림 4.5의 실린더 내 공기를 압축하는 과정을 예로 들어 생각해 보자. 과정을 시작할 때 피스톤은 위치 *1*에 있으며 압력은 비교적 낮다. 이 상태는 압력–체적 선도(P–V 선도라 한다)에 표시되어 있다. 과정이 끝난 후 피스톤은 위치 2에 있으며 이 위치에서의 기체 상태 역시 P–V 선도에 표시되어 있다. 이 압축과정이 준평형 과정이고 시스템의 중간 상태는 P–V 선도 상에서 상태 *1*과 상태 *2*를 연결하는 선으로 표시된다고 하자. 선 1–2 상의 모든 점은 확정된 상태를 나타내며, 이 상태들은 평형 상태와 무한히 가까울 때만 시스템의 실제 상태를 나타내게 되므로, 여기서 준평형 과정이란 전제는 필수적이다. 이 압축 과정에서 공기에 가해진 일은 식 4.3을 적분하여 계산할 수 있다.

$${}_1W_2 = \int_1^2 \delta W = \int_1^2 P\,dV \tag{4.4}$$

여기서 기호 ${}_1W_2$는 상태 1에서 상태 2까지의 과정에서 수행된 일을 의미한다. P–V 선도를 살펴보면 이 과정에서 수행된 일

$$\int_1^2 P\,dV$$

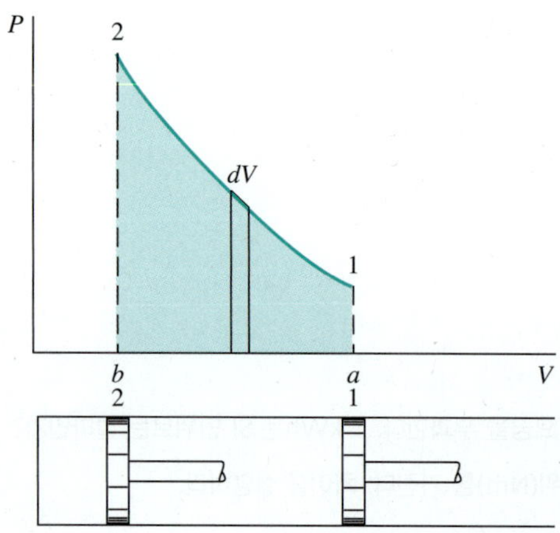

그림 4.5 준평형 과정에서 시스템 경계 이동에 의한 일을 나타내는 압력–체적 (P–V) 선도.

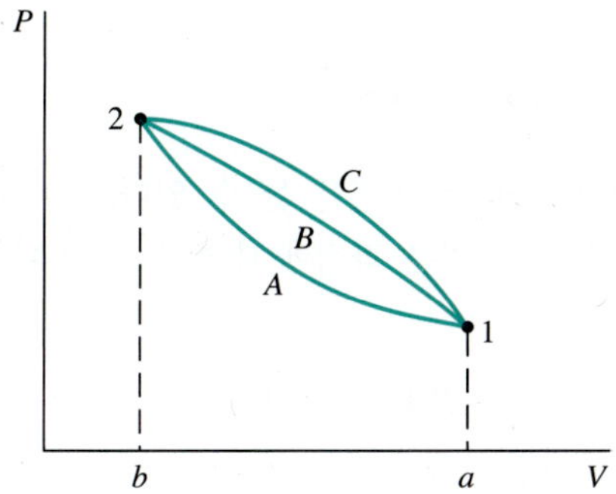

그림 4.6 일이 경로 함수임을 보여주는 여러 가지 준평형 과정들.

가 곡선 1–2의 아래 부분 면적 *a*–1–2–*b*–*a*를 나타낸다는 사실을 쉽게 확인할 수 있다. 이 예에서, 체적은 감소하고 면적 *a*–1–2–*b*–*a*는 시스템으로 가해진 일과 같다. 만약, 과정이 상태 2에서 상태 1로 같은 경로를 거쳐 진행한다면 이 면적은 시스템에 의해 수행된 일을 나타내게 될것이다.

그림 4.6과 같은 P–V 선도를 살펴보면 또 하나의 중요한 결론이 얻어진다. 상태 1에서 상태 2로 진행하는 준평형 과정은 A, B, C 등 많은 과정이 있을 수 있다. 각각 다른 곡선 아래의 면적은 각 과정에서의 일을 나타내므로, 모든 과정에서 가해진 일의 양은 처음과 최종 상태뿐 아니라 중간에 지나가는 경로에 따라서도 달라지는 것이다. 이런 이유로 일을 경로 함수라 부르고, 수학적으로 이것은 δW가 불완전 미분량(inexact differential)임을 의미한다.

여기서 점 함수(point function)와 경로 함수(path function), 또는 완전 미분량과 불완전 미분량의 차이를 구분해 두는 것이 좋다. 열역학적 상태량은 점 함수이다. 그림 4.6과 같은 선도나 그림 3.18과 같은 곡면 위에 점이 주어지면, 상태가 결정되고 따라서 이 점에 해당하는 모든 상태량이 확정되므로 열역학적 상태량은 점 함수라 할 수 있다. 점 함수의 미분량은 완전 미분량이고 적분은 단순히

$$\int_1^2 dV = V_2 - V_1$$

이 된다.

따라서 상태 2의 체적과 상태 1의 체적이라 말할 수 있고 체적의 변화는 단순히 처음 상태와 최종 상태에만 의존하는 것이다.

그러나 일은 경로 함수이다. 이것은 이미 논하였듯이, 두 상태 사이의 준평형 과정에서 일이 경로에 따라 달라지기 때문이다. 경로 함수의 미분량은 불완전 미분량이며 이 책에서는 불완전 미분량을 나타내기 위해 (완전 미분량을 d로 나타내는 것에 비해) 기호 δ를 사용한다. 즉 일은

$$\int_1^2 \delta W = {}_1W_2$$

로 쓴다.

상태 1에서 상태 2까지 변화하는 과정에서 경로 A를 따랐을 때의 일이라는 관점에서 ${}_1W_{2A}$라고 표시하는 것이 더 정확할 수도 있지만 ${}_1W_2$라는 표기에는 상태 1에서 상태 2로 이르는 과정이 정해진 것으로 간주한다. 여기서 상태 1이나 상태 2에서의 시스템의 일은 존재하지 않음을 유의해야 한다. 따라서 $W_2 - W_1$처럼 쓸 수는 없다.

식 4.4의 적분을 계산할 때, 그림 4.6의 곡선의 아래 부분의 면적을 구한다는 것을 잊지 말아야 할 것이다. 이런 사항을 감안하여 다음과 같이 두 가지 종류의 열역학 문제를 생각해 볼수 있다.

1. P와 V의 관계가 실험 데이터나 도표의 형태(예를 들어 오실로스코프 화면상의 자취)로 주어진 경우, 식 4.4의 적분을 도표나 수치 적분을 통해 계산한다.
2. P와 V사이의 함수식이 주어진 경우, 직접 적분할 수 있다.

두 번째의 함수식이 주어진 경우의 예로서

$$PV^n = \text{일정}$$

인 **폴리트로프 과정**(polytropic process)이라 불리는 과정을 들 수 있다. 지수 n은 과정의 종류에 따라 $-\infty$와 $+\infty$ 사이의 어떤 값이라도 될 수 있다. 이 같은 과정에 대해서, 식 4.4는 다음과 같이 적분할 수 있다.

$$PV^n = \text{일정} = P_1V_1^n = P_2V_2^n$$

$$P = \frac{\text{일정}}{V^n} = \frac{P_1V_1^n}{V^n} = \frac{P_2V_2^n}{V^n}$$

$$\int_1^2 P\,dV = \text{일정}\int_1^2 \frac{dV}{V^n} = \text{일정}\left(\frac{V^{-n+1}}{-n+1}\right)\Bigg|_1^2$$

$$\int_1^2 P\,dV = \frac{\text{일정}}{1-n}(V_2^{1-n} - V_1^{1-n}) = \frac{P_2V_2^nV_2^{1-n} - P_1V_1^nV_1^{1-n}}{1-n}$$

$$= \frac{P_2V_2 - P_1V_1}{1-n} \tag{4.5}$$

식 4.5에서 지수의 값이 $n = 1$인 경우는 제외되는 것에 유의해야 한다. $n = 1$인 경우에는

$$PV = \text{일정} = P_1V_1 = P_2V_2$$

이고 따라서

$$\int_1^2 P\,dV = P_1V_1\int_1^2 \frac{dV}{V} = P_1V_1 \ln\frac{V_2}{V_1} \tag{4.6}$$

이 된다.

식 4.5와 4.6에서 일이 각 표현식과 같다고 명기하지 않았음을 유의하라. 이 표현식은 수학적인 적분의 계산 값에 불과하다. 이 적분 값이 과정에서의 일과 같은 지의 여부는 그 과정에 대한 열역학적 해석에 따라 달라진다. 일의 값이 꼭 식 4.4의 결과와 같지 않은 경우도 많으므로 수학적 결과와 열역학적 해석과는 분리해서 생각하는 것이 중요하다.

위의 폴리트로프 과정은 P와 V사이의 함수 관계 중 특별한 한 가지 예에 불과하다. 이 장의 뒷부분에 제시한 연습 문제들은 많은 다른 관계들을 취급하고 있다.

예제 4.1

그림 4.7의 실린더 내 기체를 시스템으로 생각한다. 실린더의 피스톤 위에는 작은 무게추들이 다수 놓여 있다. 초기 압력은 200 kPa, 초기 체적은 0.04 m³이다.

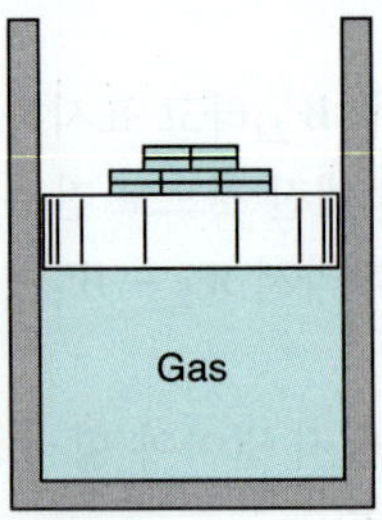

그림 4.7 예제 4.1의 스케치.

a. 실린더 아래에 버너를 설치하여 기체가 일정한 압력에서 체적이 0.1 m³까지 증가하게 한다. 이 과정에서 시스템이 한 일을 계산하라.

$$_1W_2 = \int_1^2 P\,dV$$

압력이 일정하므로, 식 4.4으로부터

$$_1W_2 = P\int_1^2 dV = P(V_2 - V_1)$$

$$_1W_2 = 200\ \text{kPa} \times (0.1 - 0.04)\text{m}^3 = 12.0\ \text{kJ}$$

임을 알수 있다.

b. 같은 시스템이 같은 초기 조건에서 시작하고, 실린더 아래에 버너를 설치하여 피스톤이 상승하는 동시에, 피스톤으로부터 무게추를 한 개씩 제거하여 기체의 온도가 전 과정을 통하여 일정하게 유지되도록 한다.

이상기체 모델이 유효하다고 가정하면, 식 3.5로부터

$$PV = mRT$$

가 되고 이 과정은 $n = 1$인 폴리트로프 과정임을 알 수 있다. 따라서 일은 식 4.4로 쓸 수 있고 여기서 적분은 식 4.6으로 주어진다. 그러므로

$$\begin{aligned} {}_1W_2 &= \int_1^2 P\,dV = P_1V_1 \ln \frac{V_2}{V_1} \\ &= 200 \text{ kPa} \times 0.04 \text{ m}^3 \times \ln \frac{0.10}{0.04} = 7.33 \text{ kJ} \end{aligned}$$

이 된다.

c. 같은 시스템에서 피스톤으로부터 무게추를 제거하는 속도를 조절하여 압력과 체적 사이 에 $PV^{1.3}$ = 일정의 관계가 성립하도록 한다. 최종 체적이 0.1 m^{3}으로 앞에서와 같을 때, 일을 계산하라. 이 과정은 $n = 1.3$인 폴리트로프 과정이다. 이 과정 역시 일은 식 4.4로 쓸 수 있고 적분은 식 4.5로 계산할 수 있다. 따라서

$$P_2 = 200\left(\frac{0.04}{0.10}\right)^{1.3} = 60.77 \text{ kPa}$$

$$\begin{aligned} {}_1W_2 &= \int_1^2 P\,dV = \frac{P_2V_2 - P_1V_1}{1 - 1.3} = \frac{60.77 \times 0.1 - 200 \times 0.04}{1 - 1.3} \text{ kPa m}^3 \\ &= 6.41 \text{ kJ} \end{aligned}$$

이 된다.

d. 시스템과 초기 상태는 위의 세 문제와 같지만 피스톤이 핀에 의해 고정되어 체적이 일정하게 유지된다. 또 시스템으로부터 열이 빠져 나가 압력이 100 kPa까지 떨어질 때 이 과정의 일을 구하라.

준평형 과정에서는 $\delta W = PdV$이고 체적 변화가 없으므로 일은 영이다.

네 가지 예제에 대해 P–V 선도를 그림 4.8에 나타낸다. 과정 1–2a는 정압 과정이고 면적 1–2a–f–e–1은 일을 나타낸다. 마찬가지로, 선 1–2b는 PV = 일정인 과정을 나타내고 선 1–2c는 $PV^{1.3}$ = 일정인 과정, 그리고 선 1–2d는 정적 과정을 나타낸다. 학생들은 각 곡선 아래의 면적과 일의 계산값을 비교해 봐야 할 것이다.

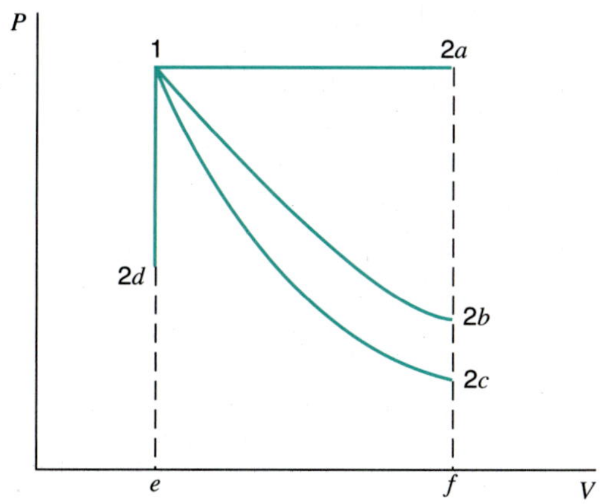

그림 4.8 예제 4.1의 여러 가지 과정에서의 일을 나타내는 압력–체적 선도.

예제 4.2

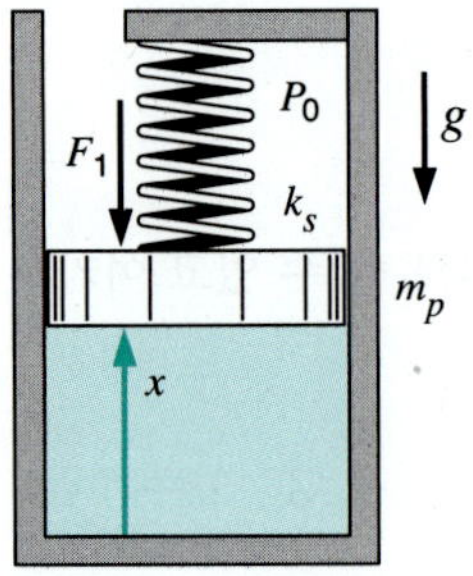

그림 4.9 예제 4.2의 스케치.

여기서는 그림 4.9에서 나타내듯이 약간 달라진 피스톤–실린더 장치를 생각해 본다. 이 예제에서는 피스톤이 질량 m_p, 외부 대기압 P_0, 스프링, 그리고 힘 F_1의 영향을 받는다. 피스톤에 의해 기체는 압력 P를 유지한다. 피스톤 이동 방향으로의 힘의 균형은, 준평형 과정에서 가속도가 영이므로

$$m_p a \cong 0 = \sum F_\uparrow - \sum F_\downarrow$$

으로 된다. 스프링 상수가 k_s인 스프링이 피스톤과 접할 때 각각의 힘은

$$\sum F_\uparrow = PA, \qquad \sum F_\downarrow = m_p g + P_0 A + k_s(x - x_0) + F_1$$

이 된다. 스프링이 이완되었을 때의 피스톤 위치 x_0는 스프링이 설치된 방법에 따라 달라진다. 힘의 균형식을 면적 A로 나누면 기체 압력이

$$P = P_0 + [m_p g + F_1 + k_s(x - x_0)]/A$$

으로 얻어진다.

P–V 선도에서 이 과정을 나타내기 위해 면적 A를 나누고 곱하여 거리 x를 체적으로 바꿔 쓰면

$$P = P_0 + \frac{m_p g}{A} + \frac{F_1}{A} + \frac{k_s}{A^2}(V - V_0) = C_1 + C_2 V$$

으로 쓸 수 있다.

이 관계식은 압력이, 기울기가 $C_2 = k_s/A^2$이며, 체적의 비례 함수임을 의미한다. 팽창 과정에서 P와 V가 취할 수 있는 값들을 그림 4.10에서 볼 수 있다. 준평형 과정에서 일은

$$_1W_2 = \int_1^2 P\,dV = \text{과정 곡선 아래의 면적}$$

$$_1W_2 = \frac{1}{2}(P_1 + P_2)(V_2 - V_1)$$

으로 된다. 팽창이 아니고 수축 과정이라면 과정은 그림 4.10의 직선을 따라 시작점 1에서 반대 방향으로 진행할 것이다.

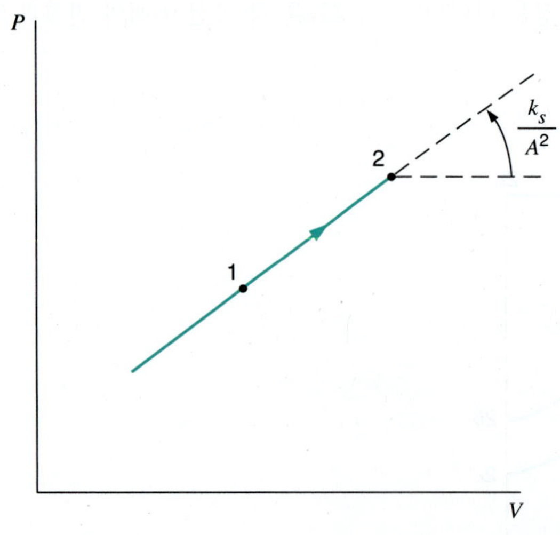

그림 4.10 예제 4.2의 P–V 조합을 나타내는 과정 곡선.

예제 4.3

예제 4.2의 피스톤-실린더 장치에, 온도 −20°C, 건도 25%인 암모니아 0.5 kg이 있다. 암모니아를 +20°C까지 가열하였더니 체적이 1.41배 증가함이 확인되었다. 최종 압력과 암모니아가 한 일을 구하라.

풀이

피스톤에 작용하는 힘, 중력 상수, 대기압, 선형 스프링 등을 이용하여 P와 $v(V)$ 사이의 비례 관계를 얻을 수 있다.

상태 1: 표 B.2.1에서 (T_1, x_1)

$P_1 = P_{sat} = 190.2$ kPa

$v_1 = v_f + x_1 v_{fg} = 0.001\,504 + 0.25 \times 0.621\,84 = 0.0156\,96$ m³/kg

상태 2: $(T_2, v_2 = 1.41\ v_1 = 1.41 \times 0.156\,96 = 0.2213$ m³/kg)

표 B.2.2에 의해 $P_2 = 600$ kPa에 매우 근접

과정: $P = C_1 + C_2 v$

P와 v의 관계가 주어졌으므로, 일은, 그림 4.11에서와 같이 P–v 선도에서의 면적으로 계산 할수 있다.\

$$
\begin{aligned}
{}_1W_2 &= \int_1^2 P\,dV = \int_1^2 Pm\,dv = \text{area} = m\frac{1}{2}(P_1 + P_2)(v_2 - v_1) \\
&= 0.5\ \text{kg}\ \frac{1}{2}(190.2 + 600)\ \text{kPa}\ (0.2213 - 0.156\,96)\ \text{m}^3/\text{kg} \\
&= 12.71\ \text{kJ}
\end{aligned}
$$

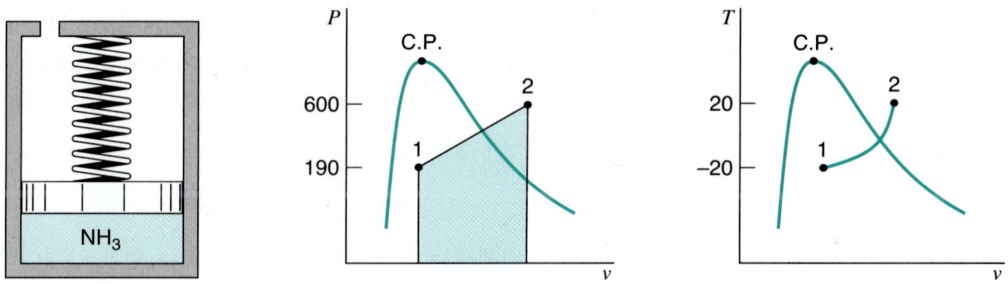

그림 4.11 예제 4.3의 선도.

■

예제 4.4

그림 4.12의 피스톤-실린더 장치에 1000 kPa, 500°C의 물이 0.1 kg 있다. 피스톤에 일정한 힘이 가해져서 체적이 원래의 반이 되며 이 과정에서 물은 냉각된다. 여기서 피스톤은 걸쇠에 걸려 정지하고, 이후 25°C까지 계속 냉각된다. 물의 최종 압력과 전체 과정에 걸친 일을 구하라. 또 이 과정을 P–v 선도 상에 나타내라.

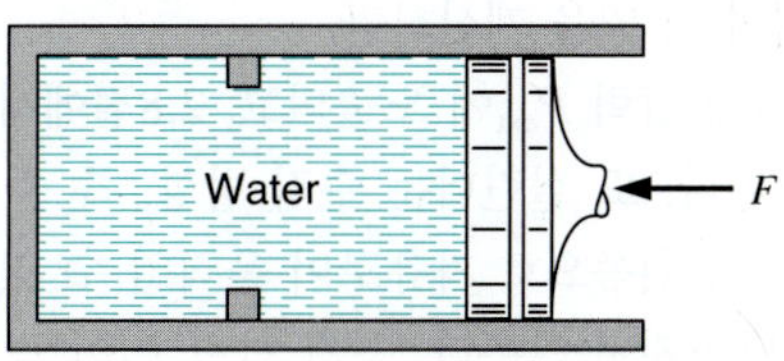

그림 4.12 예제 4.4의 스케치.

풀이

전체 과정은 두 단계로 이루어진 과정으로, 첫 단계는 P가 일정하고, 다음 단계는 V가 일정하며, 이것은 그림과 같이 구성된 장치에 의해 실현된다.

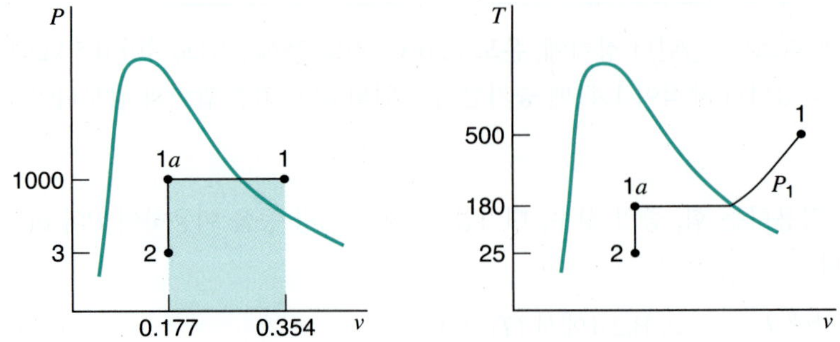

그림 4.13 예제 4.4의 선도.

상태 1: 표 B.1.3에서 (P,T) : $v_1 = 0.35411\ \mathrm{m^3/kg}$

과정 1-1a: $P =$ 일정 $= F/A$

과정 1a-2: $v =$ 일정 $= v_{1a} = v_2 = v_1/2$

상태 2: $(T,\ v_2 = v_1/2 = 0.17706\ \mathrm{m^3/kg})$

표 B.1.1에서 $v_2 < v_g$이므로 포화 상태이며, $P_2 = P_{sat} = 3.169$ kPa

$$ {}_1W_2 = \int_1^2 P\,dV = m\int_1^2 P\,dv = mP_1(v_{1a} - v_1) + 0 $$
$$ = 0.1\ \mathrm{kg} \times 1000\ \mathrm{kPa}\ (0.177\,06 - 0.354\,11)\ \mathrm{m^3/kg} = -17.7\ \mathrm{kJ} $$

그림 4.13에서 보듯이, $1a$에서 2 사이의 일은 (체적 변화가 없으므로) 영임을 주목하라.

■

이 절에서 우리는 준평형 과정에서 경계 이동에 의한 일을 살펴보았다. 비평형 과정에서도 경계 이동에 따른 일은 있을 수 있다. 비평형 과정의 경우, 실린더 내 기체가 피스톤에 가하는 힘 PA는 외부의 힘 F_{ext}와 같지 않고 따라서 일의 양은 식 4.3과 달라지게 된다. 일은 F_{ext} 또는 이를 면적으로 나눈 외부압력 P_{ext}를 이용하여 계산해야 한다. 이 경우 경계 이동에 따른 일은

$$ \delta W = F_{ext}dL = P_{ext}dV \tag{4.7} $$

으로 된다. 식 4.7을 계산하기 위해서는 문제에서 외부의 힘 또는 외부 압력이 해당 과정 동안 어떻게 변화하는지가 알려져야 할 것이다.

예제 4.5

그림 4.14에서처럼 질량 m_p인 피스톤이 핀에 의해 고정되어 있는 시스템을 생각해 보자. 실린더 내의 기체는 처음에 압력 P_1, 체적 V_1의 상태에 있다. 핀을 제거하면 시스템 (기체) 경계에 작용하는 단위 면적당 외력은 두 부분으로 이루어진다.

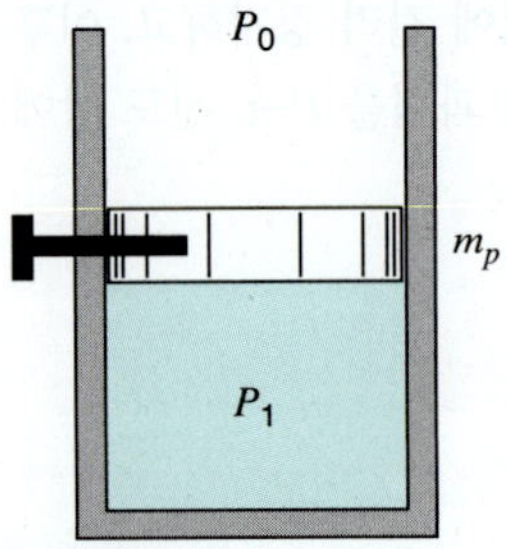

그림 4.14 비평형 과정의 예.

$$ P_{ext} = F_{ext}/A = P_0 + m_pg/A $$

피스톤이 최종적으로 정지할 때까지 시스템이 한 일을 계산하라.

피스톤에서 핀을 제거하면, 시스템은 경계 압력 P_{ext}에 노출되고, 2.8절에서 그림 2.9와 함께 설명했듯이, 시스템 내의 압력은 P_{ext}과 같아지게 된다. 또 실린더는 수직 방향, 즉 중력 방향으로 놓여있고 시스템의 위쪽은 주위의 대기에 접하여 피스톤이 위쪽으로 자유로이 움직일 수 있으므로 외력에 관한 식의 두 요소 중 어느 것도 경계의 이동에 따라 달라지지 않는다. 초기 압력 P_1이 경계에서 항력보다 크면 피스톤은 유한한 속도로, 즉 비평형 과정을 거쳐 위로 움직이고 실린더 압력은 최종적으로 P_{ext}에 이르러 평형을 이루게 될 것이다. 평균 실린더 압력을 시간의 함수로 그려 보면, 그 모양은 개략적으로 그림 4.15와 같이 될 것이다. 그러나 이 과정에서 시스템이 한 일은 경계에서의 항력에 대항하여 가해진 것이므로 식 4.7에 의해 구할 수 있다. 이 과정 동안 외력은 일정하므로 일은

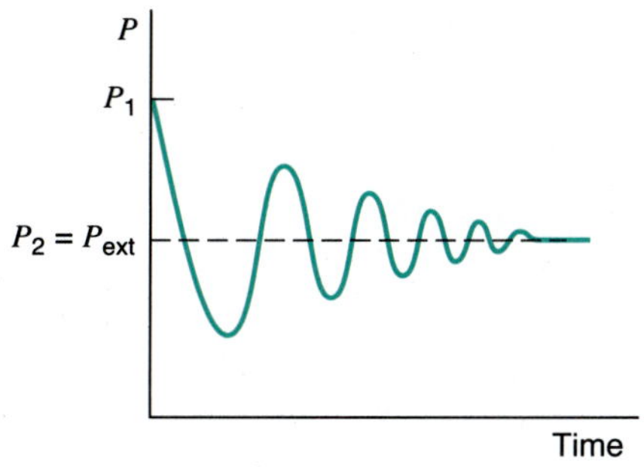

그림 4.15 실린더 압력의 시간에 따른 변화.

$$_1W_2 = \int_1^2 P_{ext}\, dV = P_{ext}(V_2 - V_1)$$

이 되고 여기서 V_2는 V_1보다 크므로 시스템이 한 일은 양(+)이 된다. 만약 초기 압력이 경계 압력보다 작으면 피스톤은 아래로 움직이고 기체는 압축된다. 시스템이 최종적으로 P_{ext}에서 평형을 이룰 때 체적은 초기 체적에 비해 감소하고 따라서 일은 음(−)이 된다. 즉 시스템은 주위로부터 일을 받은 결과가 된다. ■

개념에 관한 질문

c. 그림 4.8에서 1-2c 과정의 일은 1-2a 과정의 일에 비해 대략 얼마나 되는가?

d. 125 kPa, 350 K의 헬륨 기체 0.25 m^3이 n = 1.667인 폴리트로프 과정을 통해 100 kPa로 팽창한다. 일은 양(+)인가, 음(−)인가, 영인가?

e. 이상기체가 팽창하여 체적이 두 배로 된다. 이때 등온 과정과 n = 1.25인 폴리트로프 과정 중 어느 과정의 일이 더 클까?

4.4 다른 시스템에서의 일

앞의 절에서는 준평형 과정과 비평형 과정을 거치는 단순 압축 시스템의 경계 이동에 의한 일을 살펴보았다. 다른 종류의 시스템에서도 이동하는 경계에서 일이 발생할 수 있다. 이 절에서는 이런 시스템 세 가지, 즉 와이어의 인장, 표면 액막의 인장, 전기적 일 등을 간단히 살펴보기로 한다.

인장력 $\mathcal{T}$가 작용하여 늘어나는 와이어를 시스템이라 하자. 와이어의 길이가 dL만큼 증가하면 시스템이 한 일은

$$\delta W = -\mathcal{T}\, dL \tag{4.8}$$

이 된다. 시스템이 일을 하면 dL이 음이 되므로 음의 부호가 있어야 한다. 이 식을 적분하면

$$_1W_2 = -\int_1^2 \mathcal{T}\, dL \tag{4.9}$$

이 된다. 적분은 도표를 이용하여 계산하거나 $\mathcal{T}$와 L의 관계가 주어지면 해석적으로 계산할 수 있다. 와이어의 인장은 고체역학에서 일을 계산하는 문제의 쉬운 예이다.

예제 4.6

원래 길이가 L_0인 금속 와이어를 인장시킨다. 탄성이 있다고 가정하고 일을 탄성 계수(modulus of elasticity)와 연율(strain)로 표시하라.

σ = 응력, e = 연율, E = 탄성 계수라 하면

$$\sigma = \frac{\mathcal{T}}{A} = Ee$$

이므로

$$\mathcal{T} = AEe$$

이고 연율의 정의

$$de = \frac{dL}{L_0}$$

에 의해

$$\delta W = -\mathcal{T}\, dL = -AEeL_0\, de$$

$$W = -AEL_0 \int_{e=0}^{e} e\, de = -\frac{AEL_0}{2}(e)^2$$

으로 된다. ■

이제 표면 장력이 $\mathcal{S}$인 액체의 막으로 이루어진 시스템을 생각해 보자. 그림 4.16에서처럼 와이어 틀에 놓여 있는 액막의 한쪽을 이동시킨다. 와이어를 틀에 따라 움직이는 등의 방법으로 액막의 면적을 변화시킬 때, 액막은 일을 하거나 받게 된다. 면적이 dA만큼 증가할 때, 시스템이 한 일은

$$\delta W = -\mathcal{S}\, dA \tag{4.10}$$

로 되고 유한한 크기의 변화에 대해서는

$$_1W_2 = -\int_1^2 \mathcal{S}\, dA \tag{4.11}$$

이 된다.

앞에서 언급하였듯이 시스템 경계를 통과하는 전기 에너지는 일이다. 단지 전기적 일만 있는 시스템을 고려함으로서 이 과정을 더 잘 이해할 수 있다. 이런 시스템의 예로서는 대전된 콘덴서나, 전해 전지, 1장에서 언급한 연료 전지 등을 들 수 있다. 이 시스템이 준평형 과정을 거치고, 과정 중에 전위차 $\mathcal{E}$가 유지되고 시스템으로 유입된 전하를 dZ라 하자. 이 준평형 과정에서 일은

$$\delta W = -\mathcal{E}\, dZ \tag{4.12}$$

로 주어진다. 전류 i는 dZ/dt(t는 시간)와 같으므로 이 식은

$$\delta W = -\mathcal{E}i\, dt$$

$$_1W_2 = -\int_1^2 \mathcal{E}i\, dt \tag{4.13}$$

로 쓸 수 있다. 식 4.13은 또

$$\dot{W} = \frac{\delta W}{dt} = -\mathcal{E}i \tag{4.14}$$

처럼 일의 변화율(동력)에 대한 식으로도 쓸 수 있다. 암페어(전류)는 SI 단위계의 기본 단위 중 하나

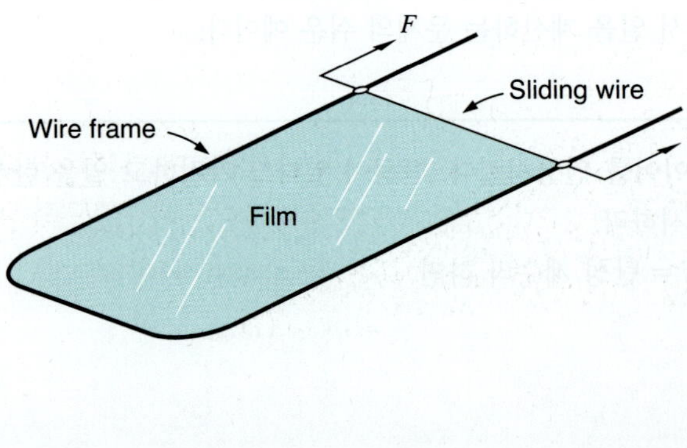

그림 4.16 액체 막에 가해진 일을 나타내는 스케치.

이고, 이미 정의했던 와트를 이용하면 이 식은 전위의 단위, 볼트(V)를 정의하는 식으로 생각할 수 있다. 즉 1볼트는 1와트를 1암페어로 나눈 것과 같다.

4.5 일에 대한 결론

4.4절에서 예로 든 세 가지 과정의 일에 대한 표현식이 경계의 이동에 의한 일의 표현식과 비슷한 것에 주목할 필요가 있다. 준평형 과정의 일은 모두 강성적 상태량과 종량적 상태량을 곱하여 적분한 식으로 표시된다. 일에 대한 표현식을 요약하면 다음과 같다.

단순 압축 시스템 $${}_1W_2 = \int_1^2 P\,dV$$

인장된 와이어 $${}_1W_2 = -\int_1^2 \mathcal{T}\,dL$$

액막 $${}_1W_2 = -\int_1^2 \mathcal{S}\,dA$$

전기적 일만 있는 시스템 $${}_1W_2 = -\int_1^2 \mathcal{E}\,dZ \qquad (4.15)$$

우리는 주로 한 가지 방식의 일만 관계된 시스템을 취급하지만, 두 가지 이상의 일이 관계된 과정도 생각해 볼 수 있다. 이 경우

$$\delta W = P\,dV - \mathcal{T}\,dL - \mathcal{S}\,dA - \mathcal{E}\,dZ + \cdots \qquad (4.16)$$

와 같이 쓸 수 있다. 여기서 · · ·는 강성적 상태량과 종량적 상태량의 미분량을 곱한 다른 항들을 나타낸다. 각 항마다, 강성적 상태량은 해당되는 종량적 상태량의 변화를 불러 일으키는 원인이 되는 힘(driving force)으로 생각할 수 있으며 이 종량적 상태량을 흔히 변위(displacement)라 부른다. 식 4.2로 동력을 나타낸 것과 마찬가지로 식 4.16의 변화율인 동력을

$$\dot{W} = \frac{dW}{dt} = P\dot{V} - \mathcal{T}\mathbf{V} - \mathcal{S}\dot{A} - \mathcal{E}\dot{Z} + \cdots \qquad (4.17)$$

으로 나타낼 수 있다.

준평형이 아닌 과정에서는 다른 종류의 일이 여러 가지 있을 수 있다. 이러한 예로는, 점성 유체 내 마찰에서 전단력에 의한 일이나 시스템 경계를 통과하는 회전축에 의한 일을 들 수 있다.

많은 열역학 문제에서 일을 규명하는 것은 문제의 중요한 부분에 해당한다. 우리는 이미 시스템의 경계에서만 일을 규명할 수 있음에 주목한 바 있다. 예로 그림 4.17에서 보듯이 기체와 진공이 분리막(membrane)으로 분리된 시스템을 생각해 보자. 분리막을 제거하여 기체가 전체 체적을 채운다고 하자. 분리막을 제거하는 데 관계된 일을 무시할 때, 이 과정에서 일이 가해졌는가? 기체와 진공을 합하여 시스템이라 하면 시스템 경계에서 일이 없었으므로 일은 가해지지 않았다고 할 수 있다. 기체만을 시스템으로 하면 체적 변화가 있으므로 일을

$$\int_1^2 P\,dV$$

으로 계산하고 싶어질 수 있다.

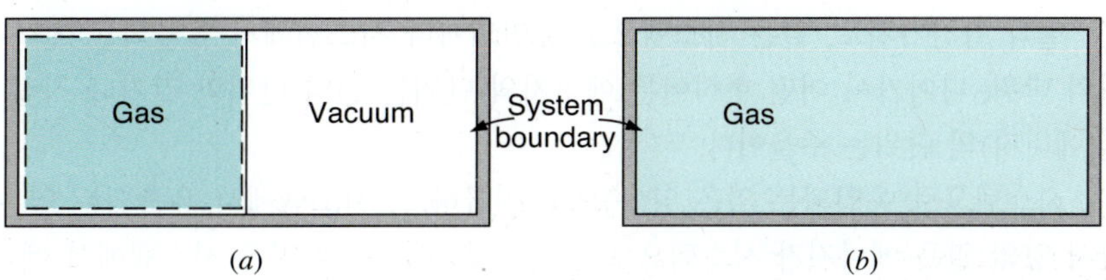

그림 4.17 체적이 변화하면서 일이 영인 과정의 예.

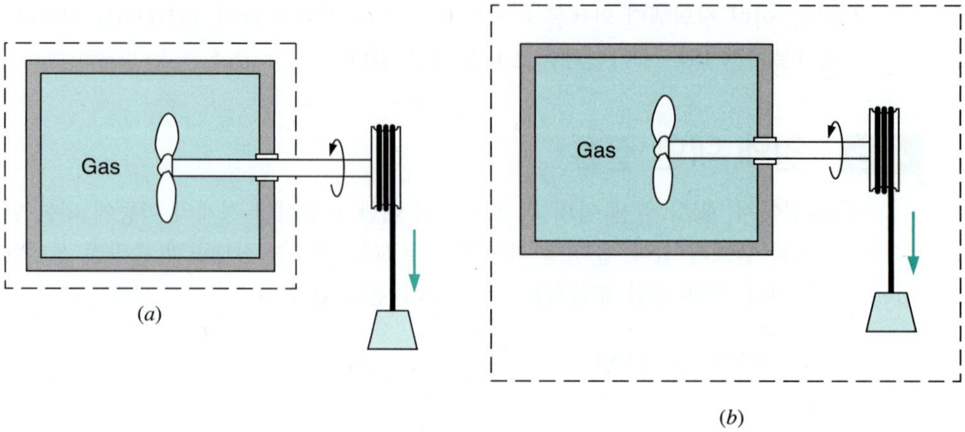

그림 4.18 시스템을 택하는 방법에 따라 일이 달라지는 것을 나타내는 예.

그러나 이 과정은 준평형 과정이 될 수 없고 따라서 일을 위의 식으로 계산할 수는 없다. 체적이 증가할 때 시스템 경계에서의 항력이 없으므로, 기체가 진공을 채우는 이 과정에서는 일이 영이라고 결론지을 수 있다.

그림 4.18은 다른 예를 보여준다. 그림 4.18*a*에서 시스템은 용기와 기체로 구성된다. 시스템 경계와 회전축이 만나는 지점에서 일은 시스템 경계를 통과하고 이 일은 회전축의 전단력과 관계가 있다. 그림 4.18*b*에서는 시스템이 기체와 용기 외에도 회전축과 무게추를 포함한다. 따라서 무게추가 하강할 때, 일은 시스템 경계를 통과하지 않는다. 다음 장에서 취급하겠지만, 시스템 경계 내에서 위치 에너지 변화는 있을 수 있다. 그러나 이것과 시스템 경계를 통과하는 일과는 구분되어야 한다.

4.6 열의 정의

열역학에서 열의 정의는 일상생활에서 쉽게 이해하는 열의 개념과는 약간 다르다. 여기서 열을 정확히 정의하고 이를 이해하는 것은 필수적이며 이것은 많은 열역학 문제에서 중요한 역할을 한다.

뜨거운 구리 덩이를 차가운 물이 담긴 비커에 넣으면, 구리 덩이는 식고 물은 덥혀져서 결국은 구리와 물이 같은 온도에 이르게 되는 것을 우리는 경험적으로 알고 있다. 무엇 때문에 구리 온도는 내려가고 물의 온도는 올라가는가? 이것은 구리 덩이로부터 물로 에너지가 전달된 결과라 할 수 있다. 이 같은 에너지 전달로부터 우리는 열을 정의할 수 있다.

열(Heat)은, 주어진 온도를 가진 한 시스템의 경계면에서 이보다 온도가 낮은 다른 시스템(또는 주위)으로, 두 시스템 사이의 온도차에 의해 전달되는 에너지 형태로 정의할 수 있다. 즉 열은 온도가 높은 시스템에서 온도가 낮은 시스템으로 전달되며, 열전달은 순전히 두 시스템 사이의 온도차에 의해서만 발생한다. 이같은 열의 정의에 비춰볼 때, 물체가 열을 보유한다고는 말할 수 없다. 단지 열은 시스템 경계를 통과할 때만 의미를 갖는 것이다. 따라서 열은 천이 현상(transient phenomenon)이다. 뜨거운 구리 덩이를 한 시스템으로 생각하고, 비이커 내의 찬 물을 다른 시스템으로 생각하면, 애초에 어느 시스템도 열을 보유하지 않는다(물론 에너지는 보유하고 있다). 구리 덩이가 물 속에 놓여 두 시스템이 열적으로 교류할 때, 열은 구리에서 물로 전달되며 이는 온도의 평형에 이를 때까지 계속된다. 온도의 평형에 이르면, 온도차가 없어지므로 열전달도 멈추게 된다. 과정의 끝에서는 두 시스템 모두 열을 보유하지 않게 된다. 열은 시스템 경계를 통과하는 에너지로 정의되므로, 시스템 경계에서만 열을 확인할 수 있는 것이다.

일과 마찬가지로, 열은 시스템으로 유입되거나 시스템에서 유출되는 에너지 전달 형태이다. 따라서 일의 단위, 나아가서 어떤 형식이든 에너지의 단위는 일의 단위와 같거나 직접 비례한다. SI 단위계에서 열(에너지)의 단위는 주울이다.

시스템으로 유입되는 열은 양(+)으로 취급하고, 시스템에서 유출되는 열은 음(−)으로 취급한다. 따라서 양의 열은 에너지가 시스템으로 유입되었음을, 음의 열은 시스템에서 에너지가 유출되었음을 나타낸다. 열은 기호 Q로 나타낸다. 열전달이 없는 ($Q = 0$) 과정은 **단열 과정**(adiabatic process)이라 한다.

수학적으로, 열은 일과 마찬가지로 경로 함수이며, 불완전 미분량으로 나타낸다. 이것은, 시스템이 상태 *1*에서 상태 *2*로 변하는 과정을 겪을 때 전달된 열의 양이, 상태가 변하는 동안 시스템이 경험하는 경로에 따라 달라지는 것을 의미한다. 열은 불완전 미분량이므로, 미분량은 δQ로 쓰고 이의 적분은

$$\int_1^2 \delta Q = {}_1Q_2$$

으로 쓴다. 즉 ${}_1Q_2$는 상태 1과 2 사이에서 주어진 과정 동안 전달된 열이다.

시스템으로 열이 전달되는 단위 시간당 비율은 $\dot{Q}$로 표시한다.

$$\dot{Q} \equiv \frac{\delta Q}{dt}$$

또 시스템의 단위 질량 당 열전달, q를 다루는 것이 편리할 경우가 많으며 이것을 비열전달(specific heat transfer)이라 하며

$$q \equiv \frac{Q}{m}$$

으로 정의한다.

4.7 열전달 방식

열전달은 서로 다른 두 물체의 온도차에 의한 에너지 전달이다. 냉장고에서 꺼낸 얼음을 물잔에 집어넣거나 따뜻한 실내에서 접시 위에 놓으면 이 얼음은 녹을 것이다. 2.6절에서 에너지에 대해 논의할 때 살펴보았듯이, 물체를 구성하는 분자들은 병진(운동) 에너지, 회전 에너지, 진동 에너지를 가진다. 이같은 방식의 에너지들은 인접한 분자들끼리의 상호 작용(충돌)이나 분자의 교환에 의해 전달되어, 결과적으로 평균 에너지가 큰(높은 온도의) 분자로부터 평균 에너지가 작은(낮은 온도의) 분자로 에너지가 전달된다. 분자들 사이의 이같은 에너지 교환이 바로 **전도**(conduction)에 의한 열전달이며, 전도 열전달은 온도차가 크거나 물질의 열전달 능력이 클수록 커지게 된다. 이 관계는 Fourier의 전도법칙

$$\dot{Q} = -kA\frac{dT}{dx} \tag{4.18}$$

으로 쓸 수 있으며, 이 식은 열전달률이 열전도율 k, 열전달 면적 A, 그리고 온도 구배에 비례하는 것을 말해준다. 음의 부호는 열전달 방향이 고온에서 저온 영역으로 향하는 것을 나타낸다. 수학적인 해나 수치해가 없을 경우 온도 구배는 흔히 온도차를 거리로 나눈 값으로 계산한다.

열전도율 k의 값은, 금속은 100 W/mK의 크기 정도의 값을 가지며, 유리, 얼음, 바위 등과 같은 비금속 고체는 1에서 10 정도의 값을 갖는다. 또 액체는 0.1에서 10 정도의 값을, 단열 재료는 약 0.1 정도의 값을, 기체는 0.1에서 0.01 이하의 값을 갖는다.

대류(convection)라 불리는 다른 방식의 열전달은 열전달 매체가 유동할 때 발생한다. 대류 열전달에서는 어떤 온도를 가진 유체가 다른 온도를 가진 고체 표면의 위나 근처를 지나가게 된다. 여기서 대류에 의한 열전달은 유체와 고체가 접촉하거나 또는 가까워지는 정도에 따라서 달라지게 된다. 이같은 예는 빌딩 주위에 부는 바람이나 열교환기를 통과하는 유체를 들 수 있다. 열교환기를 통과하는 유체로는 라디에이터를 지나는 공기나 라디에이터 배관 내 냉각수 등이 있다. 총 열전달은 흔히 Newton의 냉각법칙

$$\dot{Q} = Ah\,\Delta T \tag{4.19}$$

으로 표시한다. 여기서 열전달 특성은 열전달 계수 h로 나타내며, h는 매질의 상태량, 유동, 기하학적 형상

등에 따라 달라진다. 주어진 열전달 상황에서 열전달 계수를 계산하기 위해서는 유체역학과 열전달에 대한 깊은 이해가 필요하다.

대표적인 열전달 계수의 값은 (W/m^2 K의 단위로)

Natural convection	h = 5–25, gas	h = 50–1000, liquid
Forced convection	h = 25–250, gas	h = 50–20 000, liquid
Boiling phase change	h = 2500–100 000	

와 같다.

열전달의 마지막 방식인 **복사**(radiation)에서는, 에너지가 전자기파의 형태로 공간 중에 전파된다. 열전달은 진공에서도 일어날 수 있고 매질이 필요하지 않다. 그러나 복사의 방사(즉, 발생)과 흡수에는 매질이 있어야 한다. 표면 방사는 완전한 흑체 방사(black body emission)에 대한 분율인 방사율(emissivity) ε을 이용하여

$$\dot{Q} = \varepsilon\sigma\, AT_s^4 \tag{4.20}$$

으로 나타낸다. 여기서 T_s는 표면 온도, σ는 Stefan-Boltzmann 상수이다. 대표적인 방사율의 값은, 비금속 표면의 경우 0.92에서 무광택 금속 표면의 경우 0.6 내지 0.9, 광택 금속 표면의 경우 0.1 이하에 이르기 까지 다양하다. 복사는 넓은 파장 범위에 걸쳐 분포되고, 다른 표면에서는 서로 다르게 방사되고 흡수되지만, 더 이상의 자세한 설명은 이 책의 범위를 넘어선다.

예제 4.7

그림 4.19에 나타낸 것과 같이 온도가 20°C인 따뜻한 실내에서 −10°C인 차가운 실외 대기로 유리창을 통하여 에너지가 일정한 비율로 전달된다. 유리창 바깥쪽으로는 거리에 따라 온도가 변화하여 대류 열전달 층이 있으나 실내에서는 이런 층이 형성되지 않는다. 유리창은 두께가 5 mm (0.005 m)이고 열전도율은 1.4 W/mK, 그리고 전체 표면적은 0.5 m^2이다. 바깥쪽의 바람에 의한 대류 열전달 계수는 100 W/m^2 K이다. 유리창의 바깥쪽 온도가 12.1°C라 할 때 유리와 대류층을 통과하는 열전달률을 계산하려 한다.

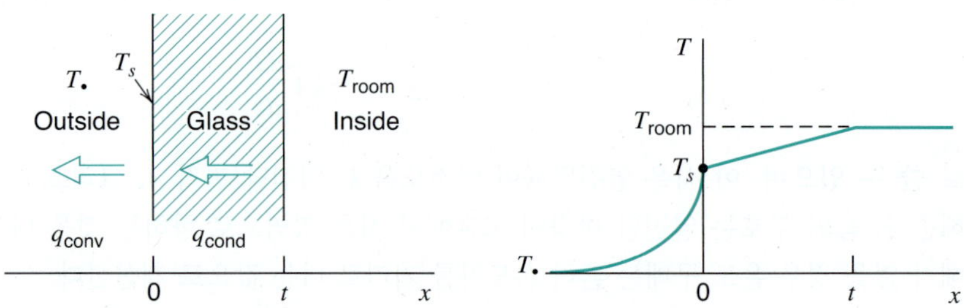

그림 4.19 유리창을 통한 전도와 대류 열전달.

유리를 통한 전도에 대해서는

$$\dot{Q} = -kA\frac{dT}{dx} = -kA\frac{\Delta T}{\Delta x} = -1.4\ \frac{\text{W}}{\text{m K}} \times 0.5\ \text{m}^2\ \frac{20 - 12.1}{0.005}\ \frac{\text{K}}{\text{m}} = -1106\ \text{W}$$

가 되고 여기서 음의 부호는 에너지가 실외로 유출되는 것을 나타낸다. 바깥쪽의 대류층에 대해서는

$$\dot{Q} = hA\,\Delta T = 100\ \frac{\text{W}}{\text{m}^2\,\text{K}} \times 0.5\ \text{m}^2\ [12.1 - (-10)]\ \text{K} = 1105\ \text{W}$$

가 되며 열전달 방향은 고온에서 저온으로(즉 바깥쪽으로) 향하게 된다. ■

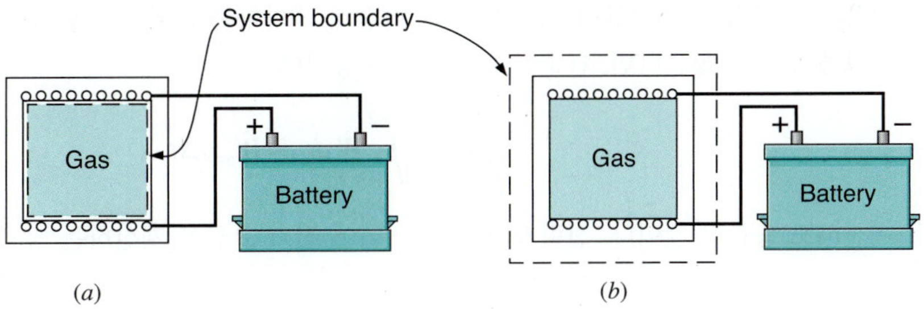

그림 4.20 열과 일의 차이를 나타내는 예.

4.8 열과 일의 비교

이 시점에서는 열과 일 사이에 많은 유사점이 있다는 것을 쉽게 알 수 있을 것이다.

1. 열과 일은 모두 천이 현상이다. 열이나 일은 시스템이 보유하는 것이 아니고 시스템의 상태가 변화할 때 시스템 경계를 통과하는 것이다.
2. 열과 일은 경계 현상이다. 열과 일 모두 시스템 경계에서만 관찰되며, 시스템 경계를 통과하는 에너지를 나타낸다.
3. 일과 열은 모두 경로 함수이며 불완전 미분량이다.

이 책의 부호규약에서 $+Q$는 시스템으로 유입되어 시스템의 에너지를 더하는 열을 나타내고, $+W$는 시스템에서 유출되어 시스템의 에너지를 감소시키는 일을 나타내는 것에 주의해야 한다.

다음의 예는 열과 일을 구분하는 데 도움이 될 것이다. 그림 4.20에서처럼 강체 용기가 기체를 포함하고 있다. 용기의 바깥쪽에는 전기 저항 코일이 감겨져 있다. 코일에 전류가 흐르면 기체의 온도는 증가한다. 시스템 경계를 통과하는 것은 열인가, 일인가?

그림 4.20*a*에서처럼 기체만을 시스템으로 택해보자. 에너지가 시스템 경계를 통과하는 것은 용기 벽의 온도가 기체의 온도보다 높기 때문이다. 따라서 시스템 경계를 통과한 것은 열이다.

그림 4.20*b*에서는 시스템이 용기와 코일까지 포함한다. 여기서 시스템 경계를 통과하는 것은 전기이며, 앞에서 논의되었듯이 이것은 일이다.

그림 4.21에서처럼 움직일 수 있는 피스톤이 장착된 실린더 내의 기체를 생각해 보자. 기체에 양(+)의 열이 전달되면 온도는 상승하며 기체 압력 역시 상승하려 할 것이다. 그러나 2.8절에서 논의되었듯이, 압력은 이동 경계면에 작용하는 외력에 의해 결정된다. 외력이 일정하면, 압력이 증가하는 대신 체적이 증가하게 된다. 음(−)의 열이 전달되면, 즉 시스템에서 열에 유출되면 이와는 반대의 경향을 보이게 된다. 이번에는 다시 양의 열이 전달되는 것과 동시 외력이 감소하는 경우를 생각해 보자. 기체 압력은 감소하고 온도는 하강하려 할 것이다. 즉 이 경우에는 온도를 증가시키려는 경향과 감소시키려는 경향이 동시에 존재하게 되고, 결과적으로 열전달과 온도 변화의 방향이 서로 무관할 수 있음을 의미하게 되는 것이다.

일이나 열로서 전달된 에너지 양을 계산하려면 변화율을 적분해야 한다.

$$ {}_1W_2 = \int_1^2 \dot{W}\,dt, \qquad {}_1Q_2 = \int_1^2 \dot{Q}\,dt $$

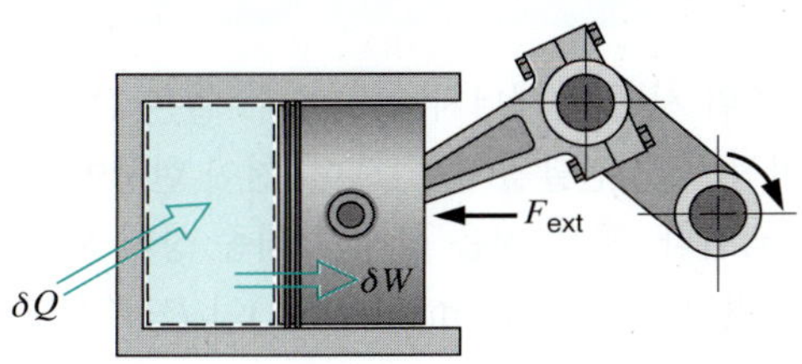

그림 4.21 일을 할 수 있는 검사체적에 열을 가할 때 나타나는 결과.

이 적분을 계산하려면, 변화율이 시간에 따라 어떻게 변화하는지 알아야 한다. 만약 일정한 시간 동안 변화율이 크게 변하지 않는다면, 단순한 평균값을 사용하여

$$ {}_1W_2 = \int_1^2 \dot{W}\,dt = \dot{W}_{\text{avg}}\,\Delta t \tag{4.21} $$

으로 계산해도 충분할 것이다. 전력계의 눈금을 읽어 전기 요금을 계산하는 방식도 이와 같은 것이다.

4.9 방법론 편

과정이 어떤 종류인지 어떻게 결정할까?

일과 열은 모두 과정의 경로 함수이므로, 상태가 과정의 처음부터 끝까지 어떻게 변하는지에 따라 달라진다. 즉 일과 열을 계산하려면, 과정의 경로를 알 필요가 있다. 이것은 장치의 거동에 따라 달라지는 장치 함수이다. 강체 용기에서는 체적 변화가 없고 따라서 경계일이 있을 수 없다. 단열된 용기라면, 열전달은 작을 것이고, 과정에 걸린 시간이 지나치게 크지 않으면, 단열 과정이라고 가정해도 좋을 것이다. 반대로, 금속 용기를 온도 조절이 가능한 기름통이나 물통에 담가 놓고 과정을 서서히 진행시키면 용기 내 온도가 일정하게 유지되도록 열전달을 제어할 수도 있다.

경계일: $\quad {}_1W_2 = \int F\,dx$ 또는 $\int \mathcal{S}\,dA$ 또는 $\int P\,dV$ 또는 $\dot{W} = P\dot{V} = F\mathbf{V}$

검사체적(C.V.)의 표면을 움직여야 한다. 표면이 움직이지 않으면 경계일은 영이다.

열전달: $\quad {}_1Q_2 = C_1\,\Delta T$ 또는 $\dot{Q} = C_2\,\Delta T$

대기와의 온도차와 C 값이 있어야 한다. 여기서 $C_1 = C_2\,\Delta t$

$\dot{Q} \to 0$ **as** $\Delta T \to 0$ **or** $C_2 \to 0$ (more insulation)

${}_1Q_2 \approx 0$ **as** $\Delta T \approx 0$ **or** $C_1 \approx 0$ (lots of insulation **or** $\Delta t \approx 0$ fast process)

${}_1Q_2 \neq 0$ **as** $\Delta T \neq 0$ **and** $C_1 \neq 0$ (no insulation **or** $\Delta t \to \infty$ slow process)

변화율과 유한한 양과는 어떤 관계가 있나?

우리가 취급하는 변화율에는 일률(동력), 열전달률, 질량 유동률, 체적 유동률, 그리고, 질량, 에너지, 체적 등의 누적 증가율 등이 있다. 일반적으로 이같은 변화율은 과정 중 순간적인 변화를 나타내며, 일정한 시간 간격 동안의 변화율을 합산하여 최종적인 전달량과 누적된 양을 계산할 수 있는 것이다.

시간 간격 동안의 합산은, 열전달의 경우에는

$$ {}_1Q_2 = \int \dot{Q}\,dt = \dot{Q}_{\text{avg}}\,\Delta t = \dot{Q}_{\text{avg}}\,(t_2 - t_1) $$

으로 쓸 수 있고, 다른 물리량의 경우에도 비슷한 식으로 쓸 수 있다. 식에서 보듯이, 열전달량을 계산하려면, 적당한 평균값이 필요하고, 평균값을 계산하려면, 변화율이 시간에 따라 어떻게 변하는지를 알 필요가 있다.

이 장의 요약

일(work)과 **열**(heat)은 검사체적과 주위 사이의 에너지 전달이다. 일은 한 시스템에서 다른 시스템으로 기계적으로 (또는 전기적이거나 화학적으로) 전달될 수 있으며, 천이 현상이나, 일정한 일률[**동력**(power)이라 한다]의 형태로 검사표면을 통과한다. 일은 처음 상태와 최종 상태 외에, 과정의 경로에도 의존하는 함수이다. 평형 과정의 경우에는, 변위 일(displacement work)이 P–V 선도 상의 곡선 아래의 면적과

같다. 많은 과정은 P–V 사이에 간단한 수학적 함수관계를 가지는 **폴리트로프 과정**(polytropic)으로 표현된다. 표면 장력, 힘, 전기적 시스템 등과 관련된 일은 별도로 취급되어야 한다. 일을 계산하기 위해서는 평형력 또는 압력만 필요하므로, 어떤 방식이든지 비평형 과정은 확인되어야 한다. (예를 들어, 동적인 힘은 가속도와 관련되므로 중요하다.)

열전달은 온도차에 의해 전달되는 에너지이며 **전도**(conduction), **대류**(convection), **복사**(radiation)의 방식이 있다.

이 장에서 취급한 여러 가지 내용들을 익힌 학생들은 다음과 같은 능력을 갖추어야 할 것이다.

- 시스템 내 힘과 변위의 인식
- 동력을 일률(힘 × 속도, 토크 × 각속도)로서 인식
- 일이 과정의 처음 상태와 최종 상태와 함께 지나간 경로의 함수라는 인식
- P–V 또는 F–x 관계에 바탕한 일의 계산
- 폴리트로프 과정에서의 일의 계산
- 일이 P–V 선도 상의 곡선 아래의 면적이라는 인식
- 질량에 가해지는 힘의 균형에 바탕한 과정 일의 계산
- 평형 과정과 비평형 과정의 구별
- 열전달의 세 가지 방식, 전도, 대류, 복사의 인식
- Fourier의 전도 법칙과 간단한 사용예의 익힘
- 대류 및 복사 열전달의 간단한 모델의 숙지
- 변화율 $\dot{W}$, $\dot{Q}$과 변화량 ${}_1W_2$, ${}_1Q_2$의 차이에 대한 이해

주요 개념과 식

일	전달된 에너지—기계적, 전기적, 화학적
열	ΔT에 의해 전달된 에너지
변위 일(displacement work)	$W = \int_1^2 F\,dx = \int_1^2 P\,dV = \int_1^2 \mathcal{S}\,dA = \int_1^2 T\,d\theta$
비 일(specific work)	$w = W/m$ (단위 질량당 일)
동력, 일률	$\dot{W} = F\mathbf{V} = P\dot{V} = T\omega$ ($\dot{V}$, 변위의 변화율)
	속도 $\mathbf{V} = r\omega$, 토크 $T = Fr$, 각속도 $= \omega$
폴리트로프 과정	$PV^n =$ constant 또는 $Pv^n =$ constant
폴리트로프 과정 일	${}_1W_2 = \dfrac{1}{1-n}(P_2V_2 - P_1V_1)$ (if $n \neq 1$)
	${}_1W_2 = P_1V_1 \ln \dfrac{V_2}{V_1}$ (if $n = 1$)
전도 열전달	$\dot{Q} = -kA\dfrac{dT}{dx}$
열전도율	k (W/m K)
대류 열전달	$\dot{Q} = hA\,\Delta T$
대류 열전달 계수	h (W/m^2 K)
복사 열전달	$\dot{Q} = \epsilon\sigma A(T_s^4 - T_{\text{amb}}^4)$ ($\sigma = 5.67 \times 10^{-8}$ W/m^2 K^4)
변화율 적분	${}_1Q_2 = \int \dot{Q}\,dt \approx \dot{Q}_{\text{avg}}\Delta t$

연습 문제

Homework Problems

개념 문제

4.1 자동차 엔진 출력이 160 hp이면 SI 단위로는 얼마인가?

4.2 피스톤은 대개 헤드 부분이 평평하지만, 디젤 엔진의 경우 우묵한 홈이나 볼록한 융기부분을 갖기도 한다. 이런 기하학적 형상이 일에 영향을 미치는가?

4.3 검사체적 A는 피스톤–실린더 내의 질량이고, 검사체적 B는 여기에 피스톤까지 합한 것이다. 피스톤은 표준 대기와 접하고 있다. 상태 1과 상태 2 사이에 Q가 영이 아니라고 가정할 때, 두 가지 검사체적에 대하여 과정의 식과 일에 대하여 쓰라.

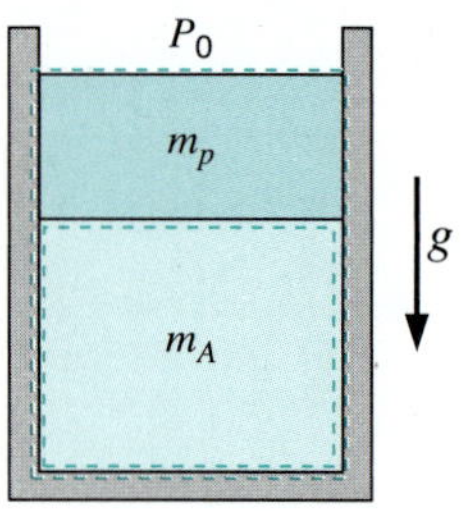

그림 P4.3

4.4 290 K, 100 kPa의 공기가 강체 상자 내에서 325 K로 가열된다. P와 v는 각각 어떻게 변화할까(증가 또는 감소)? 또 Q와 W는 어떻게 변화하는가(증가 또는 감소)?

4.5 그림 P4.5의 장치에서 실린더를 가열하면 P, T, v가 어떻게 변화하는가(증가 또는 감소)? 또 Q와 W는 어떻게 변화하는가(증가 또는 감소)?

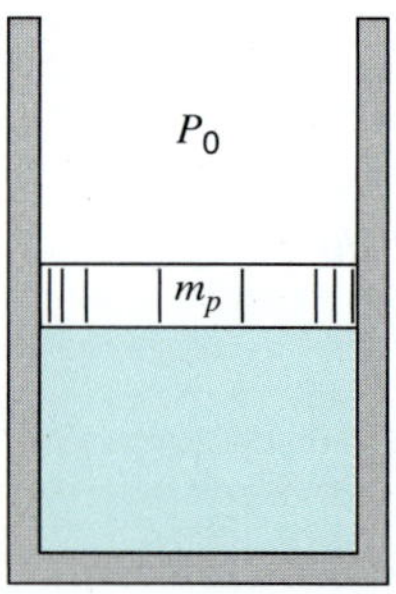

그림 P4.5

4.6 두 개의 유압 피스톤–실린더가 유압 라인으로 연결되어 거의 같은 압력을 유지한다. 각각의 지름이 D_1, $D_2 = {}_2D_1$이라면 피스톤에 작용하는 힘 F_1과 F_2 사이의 관계는 어떻게 되는가?

4.7 천연 가스(CH_4)의 저장고에서 내부 압력을 105 kPa로 유지하기 위해 용기 내의 대형 벨이 상하로 이동하게 한다. 태양열에 의해 용기가 가열되어 용기 내 온도가 4시간에 걸쳐 280 K에서 300 K로 상승한다. 체적은 어떻게 되는가? 일은 양(+)인 가, 음(−)인가?

4.8 그림 P4.9에 나타낸 세 가지 장치 a, b, c에 대해 P–v 선도 상에 가능한 과정을 그려라.

4.9 그림 P4.9의 세 가지 장치 a, b, c에 대해 과정의 식과 일의 표현식을 쓰라.

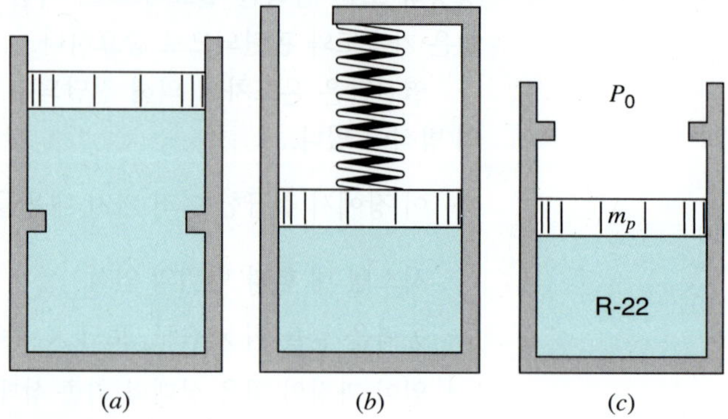

그림 P4.9

4.10 그림 P4.10의 장치에서의 일은 다음 중 어느 것인가?

a. ${}_1w_2 = P_1(v_2 - v_1)$

b. ${}_1w_2 = v_1(P_2 - P_1)$

c. ${}_1w_2 = \frac{1}{2}(P_1 + P_2)(v_2 - v_1)$

d. ${}_1w_2 = \frac{1}{2}(P_1 - P_2)(v_2 + v_1)$

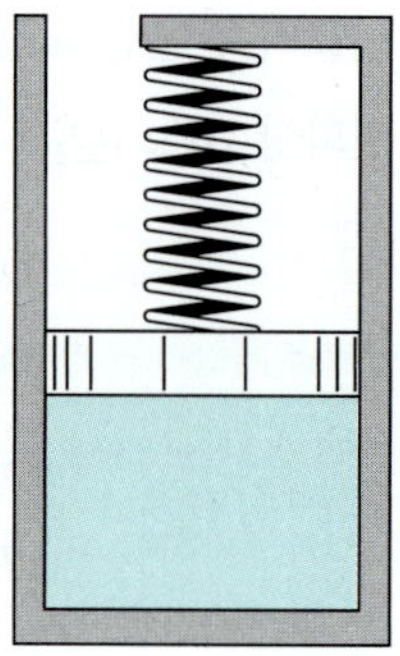

그림 P4.10

4.11 그림 P4.11에 나타낸 세 가지 장치 a, b, c에 대해 P–v 선도 상에 가능한 과정을 그려라.

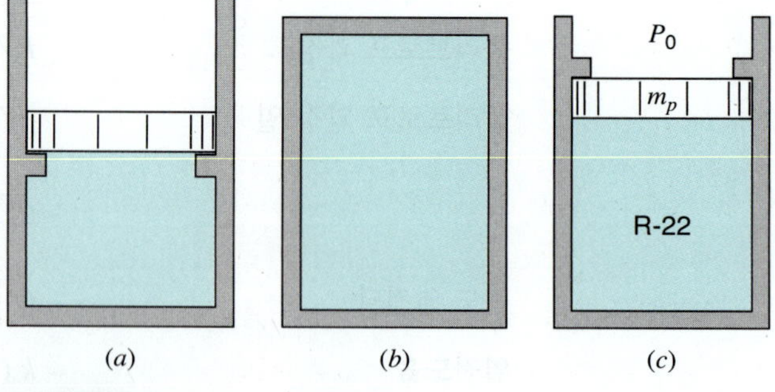

그림 P4.11

4.12 처음과 최종 상태량 (P_1 ,V_1)과 (P_2, V_2)가 주어졌을 때, 폴리트로프 지수 n을 어떻게 계산할지 보여라.

4.13 (공기 중의 자동차나 수중의 잠수함처럼) 매질을 통과하는

물체에 작용하는 항력이 $F_d = 0.225\ A\ \rho \mathbf{V}^2$이다. 이 단위는 N이 됨을 보여라.

힘, 변위, 일

4.14 표준 중력장에서 질량 2 kg인 피스톤이 0.5 m 하강한다. 이 과정에서 필요한 힘과 일을 구하라.

4.15 에스컬레이터로 100 kg의 모래를 1분 동안 10 m 상승시킨다. 이 과정에서 수행된 일을 구하라.

4.16 면적이 0.01 m^2인 유압 실린더가 1000 kg의 팔과 삽을 0.5 m만큼 위로 들어올린다. 압력은 얼마나 되고 일은 얼마인가?

4.17 유압 실린더의 피스톤 면적이 25 cm^2이고 유압은 2 MPa이다. 피스톤이 0.25 m만큼 이동할 때 수행된 일은 얼마인가?

4.18 압력이 1200 kPa인 두 개의 유압 실린더 중 하나는 단면적이 0.01 m^2이고 다른 하나는 0.03 m^2이다. 피스톤에 1 kJ의 일을 전달하려면 변위(V)와 피스톤 이동거리 H는 각각 얼마나 되어야 하는가? P_{atm}은 무시하라.

4.19 $F = k_s(x - x_0)$이고 $k_s = 500$ N/m인 선형 스프링을 100 mm만큼 늘릴 때 필요한 힘과 일을 구하라.

4.20 공기압이 500 kPa까지 허용되는 공압 피스톤–실린더가 동력 축에 2.5 kJ의 일을 전달해야 한다. 동력 축의 이동거리가 0.5 m로 제한될 때, 실린더의 지름은 얼마나 될까?

4.21 자동차의 굴림 저항(rolling resistance)은 그 중량에 비례하여 $F = 0.006$ mg의 관계를 가진다. 1400 kg의 자동차에 25 kJ의 일이 주어지면 얼마나 주행할까?

4.22 자동차의 공기 항력(air drag force)는 0.225 $A\rho \mathbf{V}^2$이다. 공기는 290 K, 100 kPa이고 자동차의 전면 면적은 4 m^2로서 90 km/h로 주행한다. 30 min동안 주행하며 공기 항력을 이겨내려면 에너지가 얼마나 필요한가?

경계일: 단순한 일단계 과정

4.23 정압 피스톤–실린더 장치 내에 400 kPa의 포화 수증기 0.2 kg이 있다. 수증기가 냉각되어 원래 체적의 반으로 줄어들었다. 이 과정에서의 일을 구하라.

4.24 25°C인 실내의 라디에이터에 110 kPa의 포화 수증기가 흐른다. 라디에이터 밸브를 모두 잠그고 온도를 25°C까지 떨어뜨리면 물의 압력과 건도는 얼마인가? 일은 얼마인가?

4.25 문제 3.35에서 비 일(specific work)을 구하라.

4.26 그림 P4.26의 400 L 탱크 A에 250 kPa, 30°C의 아르곤 기체가 채워져 있다. 실린더 B의 마찰이 없는 피스톤에는 150 kPa의 압력이 작용하는데 처음에는 비어 있다. 밸브가 열리고 아르곤이 B로 흘러들어가 최종적으로 전체에 걸쳐 150 kPa, 30°C로 균일하게 되었다면 아르곤이 한 일은 얼마인가?

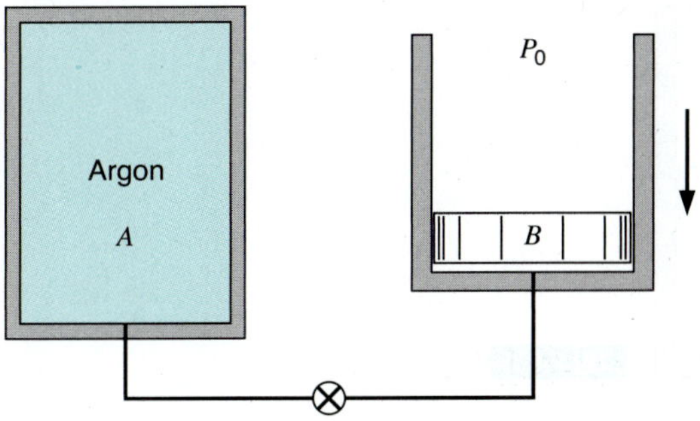

그림 P4.26

4.27 피스톤–실린더 장치 내에 600 kPa, 290 K의 공기가 0.01 m^3 있다. 정압 과정을 통해 18 kJ의 일을 한다. 공기의 최종 체적과 최종 온도를 구하라.

4.28 정압 피스톤–실린더 내에 200 kPa의 포화 수증기가 있다. 이 때 피스톤은 실린더 바닥에서 0.1 m 떨어져 있고 실린더 면적은 0.25 m^2이다. 온도를 200°C로 올리려면 일이 얼마나 필요한가?

4.29 마찰이 없는 피스톤이 장착된 실린더가 1000 kPa, 140°C의 과열 증기 상태의 냉매 R-134a 5 kg을 포함하고 있다. 이 R-134a를 정압 과정을 통하여 건도 25%인 포화 상태로 변화시킨다. 이 과정에서의 일을 구하라.

4.30 피스톤–실린더 장치 내에 200 kPa, 150°C의 물이 있다. 압력과 체적이 선형적으로 비례하는 과정을 거쳐 600 kPa, 250°C까지 가열된다. 최종 체적과 이 과정에서의 일을 구하라.

4.31 문제 3.39에서 체적이 감소될 경우, 비 일(specific work)을 구하라.

4.32 피스톤–실린더 장치에서 단면적이 0.1 m^2인 피스톤($m = 0$)의 위에 20°C의 물이 5 m 높이로 있다(그림 P2.39 참조). 아래로 유입된 공기에 의해 피스톤이 상승하면 물은 위로 흘러넘치게 된다. 물을 모두 흘러넘치게 하기 위해 필요한 일을 계산하고 이 과정의 P–V 선도를 그려라.

4.33 피스톤–실린더 장치 내에 20°C, 0.1 m^3의 물 1 kg이 있다. 누군가 실수로 피스톤을 잠가 움직일 수 없게 된 상태에서 가열하여 물이 포화 증기 상태로 된다. 최종 온도와 체적, 그리고 일을 구하라.

4.34 피스톤–실린더 장치 내에 200 kPa, −10°C의 암모니아 0.5 kg이 있다. 압력과 체적이 선형적으로 비례하는 과정을 거쳐 120°C, 300 kPa까지 가열된다. 이 과정에서 암모니아가 한 일을 구하라.

4.35 그림 P4.35에서 보듯이 피스톤–실린더 장치에 20°C, 300 kPa의 물 1 kg이 담겨 있다. 피스톤에는 선형 스프링이 부착되어 있어서, 물을 가열하여 압력이 3 MPa에 이르면 체적이 0.1 m^3이 된다.

a. 최종 온도를 구하라.

b. P–v 선도에 이 과정을 그려라.

c. 이 과정에서의 일을 구하라.

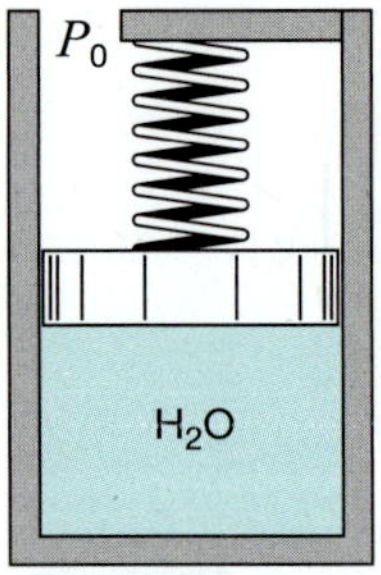

그림 P4.35

4.36 피스톤–실린더 장치에 20°C, 300 kPa 상태의 공기 3 kg이 있다. 압력을 일정하게 유지하며 600 K까지 가열한다.

a. 최종 체적을 구하라.

b. P–v 선도에 이 과정을 그려라.

c. 이 과정에서의 일을 구하라.

4.37 피스톤–실린더 장치에 500 kPa, 500 K상태의 공기 0.5 kg이 있다. 압력이 체적 증가에 반비례하여 감소하는 과정을 통해 공기가 최종적으로 100 kPa, 300 K에 이를 때까지 팽창시킨다. 이 과정의 일을 구하라.

폴리트로프 과정

4.38 압력이 체적에 직접 비례하는 폴리트로프 과정($n = -1$)을 일정한 질량의 물질이 수행한다. 처음에 $P = 0$, $V = 0$에서 시작하여 최종적으로 $P = 600$ kPa, $V = 0.01$ m^{3}이 된다. 이 물질에 의한 경계일을 구하라.

4.39 1500 K, 1000 kPa의 공기가 $n = 1.5$인 폴리트로프 과정을 거쳐 200 kPa까지 팽창한다. 공기의 온도는 어떻게 되며 비 일은 얼마인가?

4.40 그림 P4.40에서 체적이 0.02 m^{3}인 피스톤–실린더 장치에 300 kPa, 100°C의 이산화탄소가 있다. 기체가 $PV^{1.2}$ = 일정인 관계를 따라 최종 온도가 200°C가 되도록 피스톤에 무게추를 얹는다. 이 과정의 일을 구하라.

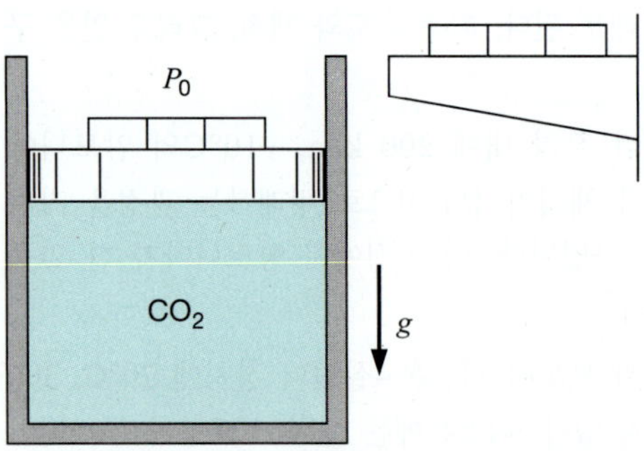

그림 P4.40

4.41 처음에 1 MPa, 500°C인 기체가 체적이 0.1 m^{3}인 피스톤–실린더 장치에 담겨 있다. PV = 일정한 관계를 유지하며 기체를 서서히 팽창시켜 최종 압력이 100 kPa에 이르게 한다. 이 과정의 일을 계산하라.

4.42 스프링이 장착된 피스톤–실린더 장치에 500°C, 3 MPa의 물 1 kg이 있다. 압력은 체적에 비례하여, $P = CV$의 관계를 가진다. 물이 포화 증기가 될 때까지 냉각시킨다. P–v 선도를 그리고, 이 과정의 일을 구하라.

4.43 125 kPa, 350 K의 헬륨 기체 0.25 m^{3}을 $n = 1.667$인 폴리트로프 과정을 통해 100 kPa까지 팽창시킨다. 이 과정의 일은 얼마인가?

4.44 풍선의 압력이 $P = C_2V^{1/3}$, $C_2 = 100$ kPa/m의 관계를 가진다. 풍선에 공기를 주입하여 체적이 처음 1 m^{3}에서 3 m^{3}으로 증가한다. 공기 온도를 25°C로 가정할 때, 공기의 최종 질량과 공기가 수행한 일을 구하라.

4.45 피스톤–실린더 장치에 100 kPa, 27°C의 질소 0.1 kg이 있다. $n = 1.25$인 폴리트로프 과정을 거쳐 질소를 250 kPa까지 압축한다. 일은 얼마인가?

4.46 풍선의 내부 압력이 지름의 제곱에 비례한다. 풍선에는 온도 0°C이고, 60%의 건도를 가지는 암모니아 2 kg이 채워져 있다. 풍선과 암모니아를 가열하여 최종 압력이 600 kPa에 이른다. 암모니아를 검사질량으로 취급하여, 과정에서 수행된 일을 계산하라.

4.47 피스톤–실린더 장치에 −10°C인 포화 증기 상태의 R-134a 냉매 0.5 kg이 채워져 있다. $n = 1.5$인 폴리트로프 과정을 거쳐 압력이 500 kPa이 될 때까지 압축한다. 최종 상태의 체적과 온도를 구하고, 이 과정에서 수행된 일을 계산하라.

4.48 공기가 폴리트로프 과정을 거쳐 125 kPa, 325 K에서 300 kPa, 500 K로 바뀐다. 폴리트로프 지수 n과 이 과정의 비 일을 구하라.

4.49 피스톤–실린더 장치에 500°C, 3 MPa의 물이 있다. 폴리트로프 과정을 통해 이 물이 200°C, 1 MPa까지 냉각된다. 폴리트로프 지수와 이 과정의 비 일을 구하라.

경계일: 단순한 다단계 과정

4.50 처음에 압력이 150 kPa로 일정한 과정을 거쳐 체적이 0.1 m^{3}에서 0.2 m^{3}으로 팽창했다가 이어서 150 kPa에서 300 kPa까지는 체적이 압력에 비례하여 0.2 m^{3}에서 0.4 m^{3}까지 증가한다. 이 2단계 과정을 P–V 선도에 그리고 경계일을 구하라.

4.51 1 kg의 암모니아를 포함한 실린더에 무게를 조절할 수 있는 피스톤이 장착되어 있다. 처음에 2 MPa, 180°C인 암모니아를 냉각시켜 40°C의 포화 증기로 만들고 추가로 냉각시켜 20°C, 건도 50%인 포화 상태로 만든다. 압력 P와 체적 V 사이에 단계별로 서로 다른 비례 관계가 있다고 가정하고 이 과정의 일을 구하라.

4.52 100 kPa, 300 K의 헬륨 기체를 일정한 체적을 유지하면서 500 K까지 가열한다. 다음에는, 일정한 압력을 유지하면서 처음 체적의 3배가 될 때까지 팽창시킨다. 전 과정 동안의 비 일은 얼마인가?

4.53 그림 P4.53의 피스톤–실린더 장치에 150 kPa, 400°C의 공기가 처음에 채워져 있다. 주위 온도 20°C와 같아질 때까지 이 장치를 냉각시킨다.

a. 피스톤은 최종적으로 중간 걸쇠에 걸리는가? 실린더 내 최종 압력은 얼마인가?

b. 이 과정에서 공기에 의한 비 일은 얼마인가?

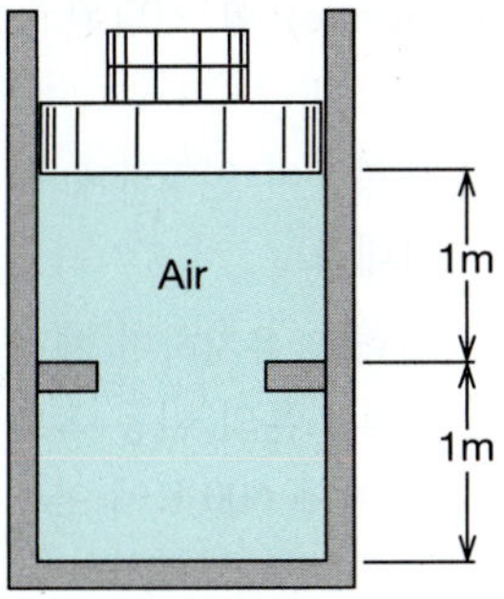

그림 P4.53

4.54 피스톤–실린더 장치에 300 K, 150 kPa의 공기 1.5 kg이 있다. 이 공기를 두 과정에 걸쳐 가열한다. 먼저 정적 과정을 거쳐 100 K(상태 2)까지 가열한 후 이어서 정압 과정을 거쳐 1500 K(상태 3)까지 가열한다. 최종 체적과 이 과정에서의 일을 구하라.

4.55 피스톤–실린더 장치에 1000 kPa, 800 K의 공기 0.05 m^3이 있다. 피스톤은 위쪽의 걸쇠에 걸려 있으며, 750 kPa의 압력에서 부유하기 시작한다. 이 공기를 400 K까지 냉각할 때 과정 일은 얼마인가?

4.56 그림 P4.56의 피스톤–실린더 장치에 냉매 R-22가 채워져 있다. 피스톤이 걸쇠에 걸릴 때 실린더 체적은 11 L이다. 처음에 냉매의 상태는 –30°C, 150 kPa이며 체적은 10 L이다. 이 시스템을 실내로 이동하여 15°C까지 온도를 상승시킨다.

a. 피스톤은 최종적으로 걸쇠에 걸리는가?

b. 이 과정에서 R-22가 한 일을 구하라.

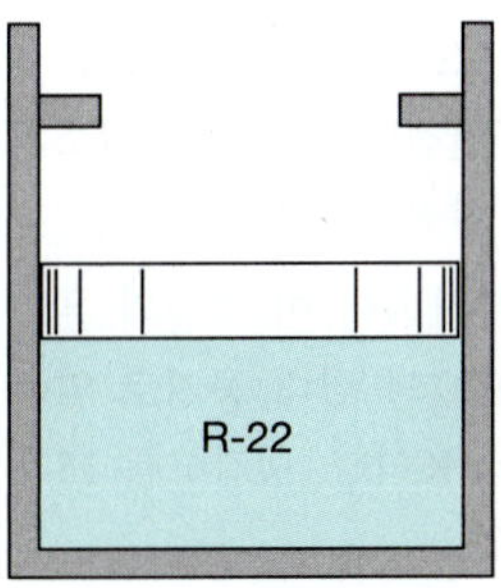

그림 P4.56

4.57 피스톤–실린더 장치에 200 kPa의 물 50 kg이 담겨 있으며 그 체적은 0.1 m^3이다. 실린더 체적이 0.5 m^3이 되는 위치에 걸쇠가 있으며 그 구조는 문제 4.56에서와 유사하다. 물을 200°C까지 가열할 때 최종 상태의 압력과 체적, 그리고 물에 의한 일을 구하라.

4.58 피스톤–실린더 장치(그림 P4.60)에 20°C의 물 1 kg이 담겨 있으며 그 체적은 0.1 m^3이다. 처음에 피스톤은 걸쇠에 걸려 있으며 피스톤의 윗면은 대기 압력 P_0에 노출되어 있다. 실린더 안에는 수증기 압력이 400 kPa이 되어야 피스톤이 들리기 시작할 만큼의 질량이 있다. 온도가 어느 정도로 상승해야 피스톤이 들리는가? 포화 증기 상태까지 가열된다면 최종 온도와 압력, 그리고 그 과정의 일, ${}_1W_2$는 얼마인가?

4.59 피스톤–실린더 장치에 20°C, 300 kPa의 물 1 kg이 있다. 문제 4.56에서처럼 피스톤은 처음에 물 위에 떠 있으며 피스톤이 걸쇠에 걸릴 때의 최대 체적은 0.002 m^3이다. 최종 압력이 600 kPa이 되도록 가열할 때 최종 체적과 이 과정의 일을 구하라.

4.60 피스톤–실린더 장치에 100 kPa, 건도 50%인 포화수/수증기 10 kg이 담겨 있다. 가열하여 체적이 3배로 된다. 실린더 압력이 200 kPa일 때 피스톤이 물 위에 뜨기 시작할 정도의 질량이 실린더 내에 있다면 (그림 P4.60 참조)

a. 물의 최종 온도와 체적을 구하라.

b. 물에 의한 일을 구하라.

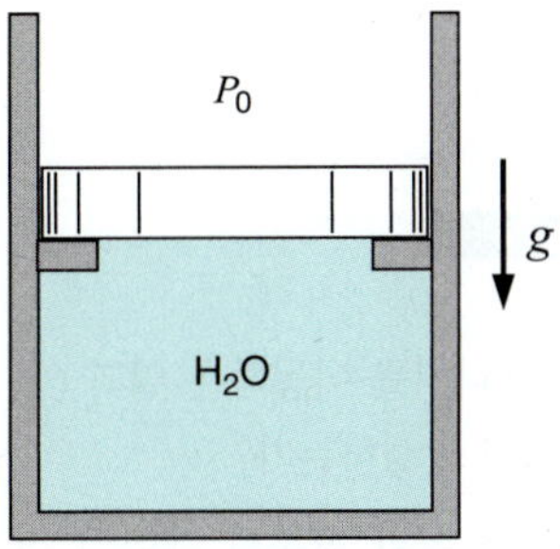

그림 P4.60

4.61 문제 3.47에서 일을 구하라.

4.62 그림 P4.60과 같은 피스톤–실린더 장치에 100 kPa의 포화수와 포화 수증기가 0.1 kg 담겨 있으며 건도는 25%이다. 실린더 안에는 수증기 압력이 500 kPa이 되어야 피스톤이 들리기 시작할 만큼의 질량이 있다. 물을 300°C까지 가열할 때 최종 압력과 체적, 그리고 일 ${}_1W_2$를 구하라.

다른 종류의 일과 일반적 개념

4.63 전력은 볼트 곱하기 암페어이다($P = Vi$). 자동차 배터리가 12 V, 6 amp로 3시간 동안 충전된다면 전달된 에너지는 얼마인가?

4.64 지름이 1 cm이고 길이가 0.5 m인 강철봉을 인장 시험한다. 상대 연율(relative strain)이 0.1%에 이르게 하기 위해 필요한 일은 얼마인가? 강철의 탄성 계수는 2×10^8 kPa이다.

4.65 표면 장력이 22.3 mN/m인 20°C의 에타놀 액체막이 그림 P4.65와 같은 와이어 틀에 형성되어 있다. 이 액체막을 표면이 두 개인 검사 질량으로 생각하고 와이어를 10 mm만큼 이동하여 액체막이 20×40 mm^2이 되게 할 때 수행된 일을 구하라.

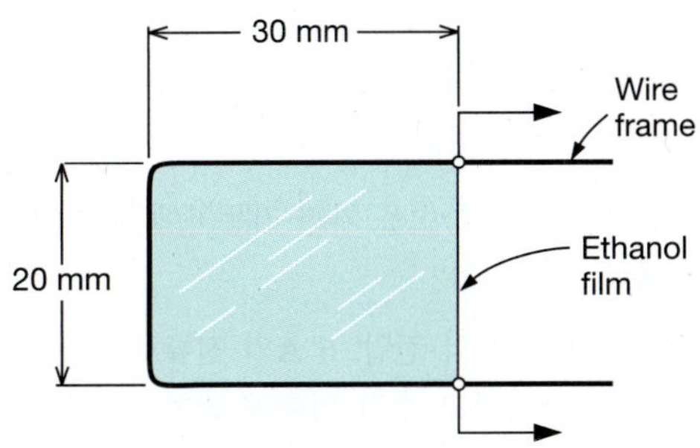

그림 P4.65

4.66 표면 장력 $\mathcal{S}$ = 2 N/m인 물질로 이루어진 풍선이 있다. 이 풍선을 반지름 r = 0.5 m가 되도록 팽창시키는 데 필요한 일은 얼마인가? 공기의 압력에 의한 효과는 무시하라.

4.67 표면 장력 $\mathcal{S} = 3 \times 10^{-4}$ N/cm인 비누 막이 지름 5 cm인 강체 링 위에 평평하게 놓여 있다. 이 비누 막을 불어서 지름 5 cm인 반구(half-sphere)를 만든다면 이 과정의 일은 얼마인가?

4.68 반지름 0.25 m인 링을 이용하여 고무판을 늘린다. 그림 P4.68에서처럼 20°C의 물을 위에 부어서 반구(컵) 모양을 만든다. 고무의 질량을 무시하고, 링 근처의 표면 장력을 계산하라.

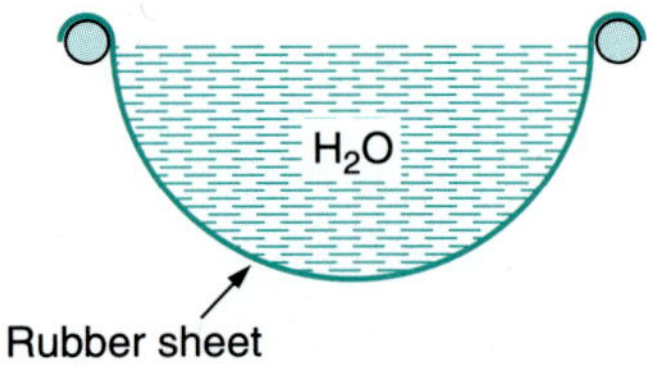

그림 P4.68

4.69 불이 켜진 전구를 생각해 보자. 에너지를 이동하는 일과 (열전달 방식을 포함하여) 열전달이 어디에서 발생하는가?

4.70 여름에 실내 유입공기를 냉각하기 위한 창문형 에어컨 장치를 생각해 보자. 시스템 경계를 설정하고 일과 열의 전달률을 부호를 첨부하여 표시해보라.

4.71 겨울날에 전기 난방기로 실내를 덥힌다. 다음에 대해 검사체적을 설정하고 열전달과 일을 부호를 첨부하여 표시하라.

a. 난방기

b. 실내

c. 난방기와 실내

일률

4.72 트럭에 1.2 kN의 힘을 가해 언덕을 따라 60 km/h의 속도로 움직인다. 동력은 얼마인가?

4.73 에스컬레이터가 100 kg의 무게를 1분에 10 m씩 들어올린다. 이 과정의 일률을 구하라.

4.74 자동차가 25 hp를 사용하여 100 km/h의 정속으로 평지를 달린다. 타이어와 도로 사이의 견인력(traction force)은 얼마인가?

4.75 단면적 0.01 m^2인 피스톤–실린더가 일정한 압력으로 유지된다. 실린더 내에는 150°C에서 건도 5%인 물 1 kg이 있다. 1 g/s의 비율로 액체가 증발하도록 가열한다면, 일률은 얼마인가?

4.76 문제 4.21에서와 같은 굴림 저항을 가진 자동차에 30 hp를 가하면 얼마나 빨리 주행할 수 있는가?

4.77 문제 4.22에서와 같은 공기 항력을 가진 자동차에 30 hp를 가하면 얼마나 빨리 주행할 수 있는가?

4.78 잘 절연된 배터리가 12.3 V의 전압, 6 A의 전류로 충전된다. 배터리를 검사 질량으로 생각하고 순간 일률과 함께 4시간 충전될 때의 총 일을 구하라.

4.79 10 A의 전류가 15 Ω의 저항을 통해 흐른다. 저항을 가열하는 일률을 구하라.

4.80 지름 0.25 m인 피스톤에 650 kPa의 압력을 가해 **V** = 5 m/s의 속도로 움직인다. 체적 변위율(displacement rate), 힘, 전달된 동력은 각각 얼마인가?

4.81 문제 4.50의 과정이 2분 동안 체적 변화율이 일정하게 진행된다고 가정하고 일률을 시간의 함수로 나타내라.

4.82 300 kPa, 300 K의 공기가, 일정한 압력을 유지하며 체적이 0.1 m^3인 피스톤–실린더 장치 내에 있다. 피스톤의 이동 속도가 일정하게 유지되도록 공기를 가열하여 30초 후에 600 K에 이르게 한다. 피스톤에 가해진 동력을 구하라.

열전달률

4.83 양측의 온도차가 20°C일 때, 열전도율이 k = 0.16 W/mK인 1.5 cm 두께의 합판을 통한 전도 열전달률을 구하라.

4.84 면적 150 m^2인 도로 면에 햇빛이 비치어 45°C가 된다. 두께가 5 cm이고 평균 열전도율이 0.06 W/mK인 아스팔트 층 아래로는 온도 15°C의 자갈층이 있다. 자갈층으로의 열전달률을 구하라.

4.85 온수기를 총 표면적이 3 m^2인 단열재로 감싼다. 단열재의 내면은 75°C이고 바깥 면은 20°C이다. 단열재의 열전도율은 0.08 W/mK이다. 열전달 손실을 200 W 이하로 제한하려면 단열재의 두께는 얼마나 되어야 하는가?

4.86 발전소 내 대형 응축기(열교환기)에서 열교환기 내로 해수를 순환시켜 관로 내 수증기로부터 총 100 MW의 열을 제거해야 한다. 수증기 관로와 해수 관로가, 열전도율이 15 W/mK이고 두께 4 mm인 강철 벽으로 분리되어 있고, 설계 조건에 따라 두 유체 사이에는 최대 5°C까지 온도차가 허용된다. 열전달에 필요한 최소의 전열 면적을 구하라. 단, 유동에 따른 대류 열전달은 무시하라.

4.87 냉장고 뒷면에 흑색 방열 그릴이 부착되어 이 그릴의 온도가 35°C이며 총면적이 1 m^2이다. 온도 20°C인 실내 공기로 열이 전달되며 평균 대류 열전달 계수는 15 W/m^2K이다. 냉장고를 15분 동안 가동할 때 에너지 손실량은 얼마인가?

4.88 면적이 2 m^2인 창문의 표면 온도가 15°C이고 2°C의 외풍이 분다. 대류 열전달 계수는 h = 125 W/m^2 K이다. 전체 열손실은 얼마인가?

4.89 주택의 벽면이 30°C이며, 방사율은 ε = 0.7이다. 주위의 공기 온도는 15°C이며 평균 방사율은 0.9이다. 양측에서 단위 면적 당 전달되는 복사 에너지 전달률을 구하라.

4.90 벽난로에서 연소되는 통나무의 표면 온도가 450°C이다. 방사율이 1이라(즉 완전 흑체라) 가정하고 단위 면적 당 방사되는 에너지를 구하라.

4.91 복사 램프의 표면 온도가 1000 K이고 방사율은 ε = 0.8이다. 복사 열전달이 250 W가 되려면 표면적이 얼마나 되어야 하는가?

제 5 장

열역학 제1법칙

The First Law of Thermodynamics

이 장의 주제

- 검사질량의 사이클변화에 대한 열역학 제1법칙
- 내부 에너지—열역학 상태량
- 열역학 상태량—엔탈피
- 이상기체의 내부 에너지, 엔탈피 및 비열
- 질량보존
- 검사질량의 상태변화량에 대한 열역학 제1법칙
- 문제해석 및 풀이기법
- 정적비열과 정압비열
- 시간 변화율로서의 제1법칙
- 방법론 편

기본적인 정의와 개념들에 관한 고찰을 완료하였으므로 열역학 제1법칙에 관한 논의를 시작하고자 한다. 이 법칙은 종종 에너지보존법칙(conservation of energy law)이라 불리기도 한다. 앞으로 이해하게 되겠지만 에너지 보존법칙은 근본적인 진리이다. 먼저 사이클 변화를 하는 시스템(검사질량: control mass)에서 열역학 제1법칙을 설명한 후 시스템(system)의 상태변화에 대한 열역학 제1법칙을 설명할 것이다.

시스템에 대한 에너지보존식을 공식화한 후 이 식을 이용하여 검사체적(control volume)이 과정을 진행하는 동안 검사체적 내부의 상태변화와 열과 일의 형태로 전달되는 에너지의 양을 관계시킬 것이다. 자동차가 엔진으로부터 일을 받게 되면 자동차의 속도가 증가되므로 일과 운동 에너지를 관계시킬 수 있으며 난로로부터 물이 채워진 주전자로 임의의 양의 열전달이 발생할 때 열전달 양과 물의 온도상승 간에 관계를 세울 수 있다. 좀 더 복잡한 과정이 발생할 수도 있다. 예를 들어 자동차 엔진의 피스톤 실린더 내에서 고온의 기체가 팽창함에 따라 일이 발생하게 되고 동시에 열은 저온의 벽으로 전달된다. 다른 예로서 일과 열전달이 없는 상태변화도 생각할 수 있다. 즉, 낙하하는 물체는 높이가 변함에 따라 동시에 운동 에너지도 변하게 되므로 에너지보존식은 이 물체의 두 가지 형태의 에너지를 관계시켜준다.

5.1 검사질량의 사이클변화에 대한 열역학 제1법칙

열역학 제1법칙이란 시스템(검사질량)이 임의의 사이클 변화를 하는 동안 열의 사이클 적분(cyclic integral of heat)이 일의 사이클 적분(cyclic integral of work)에 비례하는 것을 의미한다. 이 법칙을 설명하기 위해서 그림 5.1에 나타낸 것과 같이 용기 내의 기체를 검사질량으로 생각하고 이 시스템이 두 개의 과정으로 구성되는 사이클 변화를 진행한다고 생각하자. 첫 번째 과정에서는 추가 하강하며 날개를 회전시켜 시스템에 일을 가하게 되고 두 번째 과정에서 시스템은 열을 방출함으로써 초기 상태로 돌아가게 되어 사이클이 완성된다.

역사적으로 일은 ft-lbf 혹은 줄(J)과 같이 힘과 거리의 곱인 역학 단위로 측정되었으며 열은 BTU(British Thermal Unit) 혹은 칼로리와 같이 열 단위로서 측정되었다. 여러 가지 다양한 시스템과

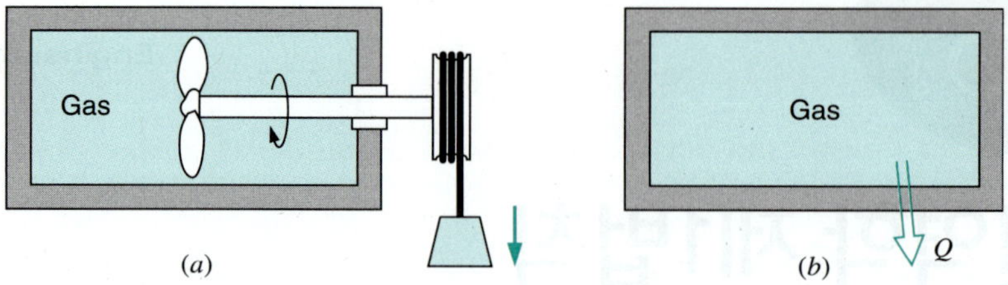

그림 5.1 사이클 변화를 하는 검사질량의 예.

다양한 크기의 일과 열을 가지고 사이클변화를 하는 동안 일과 열을 측정하여 이들의 크기를 비교한 결과 일과 열은 항상 서로 비례관계에 있음이 발견되었다. 이러한 관찰의 결과는 열역학 제1법칙의 근간을 이루며 아래와 같은 식으로 표현된다.

$$J \oint \delta Q = \oint \delta W \tag{5.1}$$

기호 $\oint \delta Q$는 열전달의 사이클 적분이라 하며 물리적으로는 사이클 변화를 하는 동안 정미 열전달량(net heat transfer)을 의미하고 $\oint \delta W$는 일의 사이클 적분이라 하며 사이클 변화를 하는 동안 정미 일량(net work)을 의미한다. 여기서 J는 일과 열의 사용된 단위에 따라 변하는 비례 상수이다.

자연의 모든 법칙이 실험적으로 확인되어야 하는 것과 같이 열역학 제1법칙도 실험적인 결과에 기초하고 있다. 열역학 제1법칙은 여러 가지 다른 방법으로 수행된 실험에 의해 직간접적으로 확인되었으며 한번도 부정되지 않았다.

4장에서 논의된 바와 같이 열과 일을 포함한 어떤 에너지의 단위도 SI 단위계에서는 줄(J)이다. 따라서 식 5.1에 사용된 비례상수 J는 필요하지 않게 된다. 즉

$$\oint \delta Q = \oint \delta W \tag{5.2}$$

식 5.2는 **열역학 제1법칙**(first law of thermodynamics)의 기본개념을 나타내는 식이라 할 수 있다.

5.2 검사질량의 상태변화량에 대한 열역학 제1법칙

식 5.2는 사이클 변화를 하는 동안 검사질량의 열역학 제1법칙을 의미한다. 그러나 이번에는 사이클변화에서보다 검사질량이 상태 변화를 하는 과정(process)에 대한 열역학 제1법칙을 생각하기로 하자. 먼저 기호 E로 표현되는 새로운 열역학적 상태량인 에너지를 소개하고 사이클 변화를 하는 시스템을 생각한다. 이 사이클은 과정 A를 통해 상태 1에서 상태 2까지 변하며 다시 과정 B를 통해 상태 2에서 상태 1로 돌아오게 된다. 이와 같은 사이클과 각 과정을 그림 5.2와 같이 압력(혹은 다른 강성적 상태량)–체적(혹은 다른 종량적 상태량) 선도에 도시하였다. 식 5.2의 열역학 제1법칙을 다시 표기하면

$$\oint \delta Q = \oint \delta W$$

위의 식을 사이클을 구성하고 있는 두 개의 과정으로 분리하여 적용하면 다음 식을 얻게 된다.

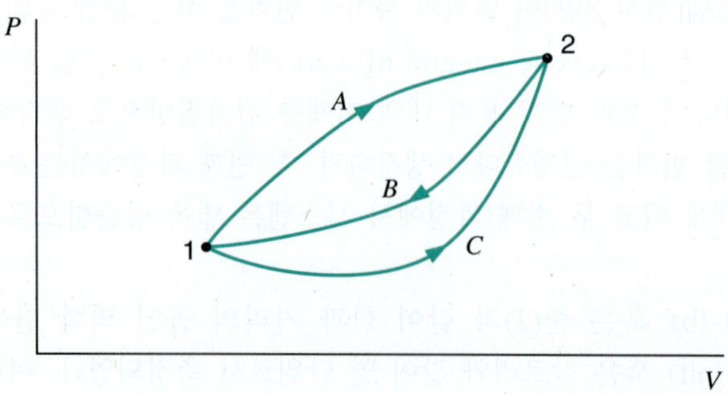

그림 5.2 열역학적 상태량 E의 존재에 대한 증명.

$$\int_1^2 \delta Q_A + \int_2^1 \delta Q_B = \int_1^2 \delta W_A + \int_2^1 \delta W_B$$

이제 검사질량이 과정 C를 통해 상태 1에서 상태 2로 변하며 다시 과정 B를 통해 상태 2에서 상태 1로 돌아오는 앞의 사이클과 다른 사이클을 생각하고 이 과정에 식 5.2를 적용하면 다음 식을 얻는다.

$$\int_1^2 \delta Q_C + \int_2^1 \delta Q_B = \int_1^2 \delta W_C + \int_2^1 \delta W_B$$

첫 번째 식에서 두 번째 식을 빼면 다음의 식을 얻는다.

$$\int_1^2 \delta Q_A - \int_1^2 \delta Q_C = \int_1^2 \delta W_A - \int_1^2 \delta W_C$$

위의 식을 다시 정리하면 식은 다음과 같다.

$$\int_1^2 (\delta Q - \delta W)_A = \int_1^2 (\delta Q - \delta W)_C \tag{5.3}$$

과정 A와 C는 상태 1과 상태 2 사이의 임의의 과정이므로 $\delta Q - \delta W$의 크기는 상태 1과 상태 2 사이의 어떤 과정에서도 같아야 한다. 그러므로 $\delta Q - \delta W$는 초기 및 최종 상태에만 의존하며 두 상태 사이의 경로에는 무관하다. 따라서 이 함수는 점 함수(point function)이며 질량이 가지고 있는 임의의 상태량으로서 미분 형태로 표시할 수 있다. 이 상태량을 **에너지**(energy)라 하며 기호 E로 표시한다. 그러므로 이는 다음의 식으로 표시된다.

$$dE = \delta Q - \delta W \tag{5.4}$$

에너지(E)는 상태량이므로 미분은 dE로 표시하며 식 5.4를 상태 1에서 상태 2까지 적분하면 다음의 식으로 표기된다.

$$E_2 - E_1 = {}_1Q_2 - {}_1W_2 \tag{5.5}$$

여기서 E_1과 E_2는 각각 검사질량의 에너지 E의 초기상태와 최종상태를 나타내며 ${}_1Q_2$와 ${}_1W_2$는 각각 상태 1에서 상태 2까지 과정(process)을 진행하는 동안 검사질량에 전달된 열량과 검사질량에 의해 수행된 일이다.

검사질량은 그림 5.3에서 보는 것처럼 여러 개의 서로 다른 부분시스템(subsystem)으로 구성될 수도 있다. 이 경우 식 5.5의 열역학 제1법칙은 각 부분 별로 적용되어야 하고 해석되어야만 한다. 식 5.5를 열과 일에 관한 표준 부호규약에 따라 좀 더 일반적인 형태로 표현할 때 아래의 식과 같이 표현할 수 있다.

$$\Delta\text{에너지} = +\text{유입} - \text{유출}$$

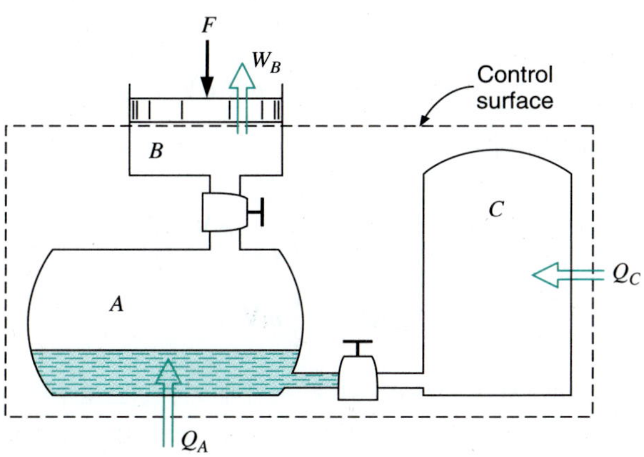

그림 5.3 여러 개의 서로 다른 부분시스템으로 구성된 검사질량.

상태량 E에 관한 물리적 중요성은 주어진 상태(state)에서 시스템이 보유하는 모든 형태의 에너지를 뜻한다는 것이다. 모든 에너지라 함은 선택한 좌표계를 기준으로 시스템의 운동 에너지 혹은 위치 에너지는 물론 분자의 위치와 운동에 관련된 에너지, 원자의 구조에 관련된 에너지, 전자에 저장된 화학에너지, 축전지에 저장된 에너지 등 여러 가지 형태로 존재할 수 있다.

열역학에서는 에너지를 검사질량의 전체적인 운동 에너지와 위치 에너지를 따로 분리해서 생각하고 검사질량의 나머지 여러 형태의 에너지를 하나의 상태량, 즉 기호 U로 표시되는 **내부 에너지**(internal energy)로 분리하여 생각하는 것이 편리하다. 따라서 에너지는 다음의 식으로 나타낼 수 있다.

$$E = \text{내부 에너지} + \text{운동 에너지} + \text{위치 에너지}$$

혹은

$$E = U + \text{KE} + \text{PE}$$

검사질량의 **운동 에너지**(kinetic energy)와 **위치 에너지**(potential energy)는 선택되는 좌표계에 관련이 되며 그 크기는 질량, 속도 및 높이의 거시적 변수에 의해 정해진다. 내부 에너지 U는 앞의 두 가지 에너지를 제외한 검사질량의 모든 다른 형태의 에너지들을 포함하며 시스템의 열역학적 상태(state)에 연관되어 있다.

에너지 E를 구성하는 에너지들이 점 함수(point function)이므로 에너지의 미분은 다음과 같이 쓸 수 있다.

$$dE = dU + d(\text{KE}) + d(\text{PE}) \tag{5.6}$$

따라서 상태 변화에 대한 열역학 제1법칙은 다음 식과 같이 표현된다.

$$dE = dU + d(\text{KE}) + d(\text{PE}) = \delta Q - \delta W \tag{5.7}$$

이 식의 의미를 표현하면 검사질량이 상태 변화를 하는 동안 에너지는 열 혹은 일의 형태로 경계면을 통과할 수 있으며 각각은 양 혹은 음의 값이 될 수 있다. 시스템 내부에서 에너지의 정미변화량은 시스템 경계면을 통과하는 에너지의 정미량과 정확히 일치한다. 이때 시스템의 에너지는 내부 에너지, 운동 에너지 혹은 위치 에너지 중 어느 것으로도 변할 수 있다.

끝으로 이 절에서 검사질량의 운동 에너지와 위치 에너지에 대한 식을 유도하고자 한다. 먼저 좌표계로 택한 지구에 상대적으로 고정된 질량을 생각하자. 이 시스템(질량)이 외부에서 작용하는 수평력 F에 의해 수평으로 dx만큼 움직였다면 위치 에너지의 변화는 없다. 이 과정 동안 열교환과 내부 에너지의 변화가 없다고 할 때 식 5.7의 제1법칙은 다음과 같다.

$$\delta W = -F\,dx = -d\text{KE}$$

한편 힘은 다음과 같이 정의된다.

$$F = ma = m\frac{d\mathbf{V}}{dt} = m\frac{dx}{dt}\frac{d\mathbf{V}}{dx} = m\mathbf{V}\frac{d\mathbf{V}}{dx}$$

이를 제1법칙에 대입하면

$$d\text{KE} = F\,dx = m\mathbf{V}\,d\mathbf{V}$$

위 식을 적분하면 다음의 식을 얻는다.

$$\int_{\text{KE}=0}^{\text{KE}} d\text{KE} = \int_{\mathbf{V}=0}^{\mathbf{V}} m\mathbf{V}\,d\mathbf{V}$$

$$\text{KE} = \frac{1}{2}m\mathbf{V}^2 \tag{5.8}$$

위치 에너지에 대한 식도 비슷하게 얻을 수 있다. 초기에 기준선으로부터 얼마간의 높이에 정지되어 있는 검사질량을 생각하자. 이 질량에 임의의 크기의 수직 힘 F를 작용시켜 등속으로 질량을 dZ만큼의 높이로 들어올렸다고 하자. 단, 이때의 중력가속도는 g이다. 식 5.7의 제1법칙은 다음과 같다.

$$dW = -F\,dZ = -d\,\mathrm{PE}$$

$$F = ma = mg$$

이를 제1법칙에 대입하면

$$d\mathrm{PE} = F\,dZ = mg\,dZ$$

위 식을 적분하면 다음 식을 얻는다.

$$\int_{\mathrm{PE}_1}^{\mathrm{PE}_2} d\,\mathrm{PE} = m\int_{Z_1}^{Z_2} g\,dZ$$

중력가속도 g가 높이 Z에 따라 변하지 않는다고 가정할 때(높이에 따른 변화가 크지 않을 경우 타당한 가정이다) 다음의 식을 얻는다.

$$\mathrm{PE}_2 - \mathrm{PE}_1 = mg(Z_2 - Z_1) \tag{5.9}$$

예제 5.1

질량이 1100 kg인 자동차가 그림 5.4와 같이 400 kJ의 운동 에너지를 갖고 움직일 때 속도를 계산하라. 만약 이 자동차가 표준중력장에서 기중기에 의해 올려지는 경우 앞의 운동 에너지와 같은 크기의 위치 에너지를 보유하기 위해서는 얼마나 올려져야 하는가?

그림 5.4 예제 5.1에 대한 스케치.

풀이

질량의 표준운동 에너지는 아래와 같다.

$$\mathrm{KE} = \frac{1}{2}m\mathbf{V}^2 = 400\ \mathrm{kJ}$$

이 관계식으로부터 다음과 같이 속도를 얻을 수 있다.

$$\mathbf{V} = \sqrt{\frac{2\ \mathrm{KE}}{m}} = \sqrt{\frac{2 \times 400\ \mathrm{kJ}}{1100\ \mathrm{kg}}}$$

$$= \sqrt{\frac{800 \times 1000\ \mathrm{N\ m}}{1100\ \mathrm{kg}}} = \sqrt{\frac{8000\ \mathrm{kg\ m\ s^{-2}\ m}}{11\ \mathrm{kg}}} = 27\ \mathrm{m/s}$$

표준 위치 에너지는 아래와 같다.

$$\mathrm{PE} = mgH$$

따라서 위치 에너지와 운동 에너지가 같을 경우 높이는 다음과 같이 얻을 수 있다.

$$H = \frac{\mathrm{KE}}{mg} = \frac{400\ 000\ \mathrm{N\ m}}{1100\ \mathrm{kg} \times 9.807\ \mathrm{m\ s^{-2}}} = 37.1\ \mathrm{m}$$

이 계산과정에서 단위를 kJ에서 J로 환산할 필요가 있음을 유의하라. ■

운동 에너지와 위치 에너지의 식을 식 5.6에 대입하면 다음의 식을 얻는다.

$$dE = dU + m\mathbf{V}\, d\mathbf{V} + mg\, dZ$$

위의 식을 상태 1에서 상태 2까지 일정한 중력 g 하에 변화하는 상태를 적분하면 다음의 식을 얻는다.

$$E_2 - E_1 = U_2 - U_1 + \frac{m\mathbf{V}_2^2}{2} - \frac{m\mathbf{V}_1^2}{2} + mg\, Z_2 - mgZ_1$$

같은 방법으로 위의 운동 에너지와 위치 에너지 식을 식 5.7에 대입하면 다음 식을 얻는다.

$$dE = dU + \frac{d(m\mathbf{V}^2)}{2} + d(mgZ) = \delta Q - \delta W \qquad (5.10)$$

g가 일정할 때 위 식을 적분하면 다음 식을 얻는다.

$$U_2 - U_1 + \frac{m(\mathbf{V}_2^2 - \mathbf{V}_1^2)}{2} + mg(Z_2 - Z_1) = {}_1Q_2 - {}_1W_2 \qquad (5.11)$$

이 식에 관해서는 세 가지 면을 관찰해야 한다. 첫 번째로, 검사질량의 상태량인 에너지 E가 존재한다는 것과 식 5.5를 이용하여 상태변화에 대한 제1법칙을 기술할 수 있는 것이다. 그나 에너지 상태량 E로 다루기보다는 이를 검사질량의 내부 에너지와 운동 에너지 및 위치 에너지로 분리하여 다루는 것이 더 편리하다. 따라서 본 교재에서는 에너지를 이와 같이 분리해서 다루고자 한다.

두 번째로 식 5.10과 식 5.11은 사실상 **에너지 보존**(conservation of energy)을 의미한다. 검사질량에 대한 에너지의 정미변화는 경계면을 통과하는 열이나 일과 같은 에너지의 정미 전달량과 항상 같다. 이는 마치 남편과 부인이 공유하는 은행 계좌와 유사하다. 예금을 입출금하는 데는 남편이나 부인이 각각 입출금을 하는 두 가지 방법이 있지만 은행잔고는 항상 정미거래량을 반영하고 있다. 마찬가지로 에너지가 검사질량의 경계면을 통과하는 데는 열이나 일로서 통과하는 두 가지 방법이 있지만 질량의 에너지는 경계면을 통과하는 정미 에너지의 양만큼 정확하게 변한다. 에너지의 개념과 에너지의 보존법칙은 열역학의 기본이 된다.

세 번째로 식 5.10과 식 5.11은 내부 에너지, 운동 에너지 및 위치 에너지의 변화량만 제시한다. 이 식들은 각각의 에너지에 대한 절대 값에 대한 정보는 제공해 주질 못한다. 만약 이들 에너지에 값을 부여하고자 하면 기준 상태를 가정해야 하고 이 상태에 임의의 값을 부여하여야 한다. 운동 에너지는 지구에서 속도가 영인 물체를 영으로 가정한다. 마찬가지로 위치 에너지는 임의의 높이에 있는 물체를 영으로 한다. 그러므로 내부 에너지에 대해서도 값을 부여하기 위해 기준상태(reference state)를 정하여야 한다. 이에 대해서는 다음 절에서 논의 하고자 한다.

예제 5.2

회전 날개가 용기 안의 유체를 섞고 있다. 회전 날개에 입력된 일은 5090 kJ이고 용기로부터 방열된 열량은 1500 kJ이다. 용기와 유체가 검사 면 내부에 있다고 생각할 때 이 검사질량의 내부 에너지 변화량을 결정하라.

열역학 제1법칙은 식 5.11과 같으므로

$$U_2 - U_1 + \frac{1}{2}m(\mathbf{V}_2^2 - \mathbf{V}_1^2) + mg(Z_2 - Z_1) = {}_1Q_2 - {}_1W_2$$

운동 에너지와 위치 에너지의 변화가 없으므로 식은 다음과 같이 단순화된다.

$$U_2 - U_1 = {}_1Q_2 - {}_1W_2$$
$$U_2 - U_1 = -1500 - (-5090) = 3590 \text{ kJ}$$

■

예제 5.3

질량 10 kg의 돌과 100 kg의 물이 들어있는 물동이를 생각하자. 초기에 돌이 수면 위 10.2 m에 위치하고 돌과 물은 같은 온도이다(상태 1). 이후 돌이 물 속으로 떨어진다.

다음의 상태 변화에 대한 ΔU, ΔKE, ΔPE, Q와 W를 계산하라. 단, 표준 중력가속도는 9.806 65 m/s^{2}으로 가정한다.

a. 돌이 물 속으로 들어가기 직전, 상태 2.

b. 돌이 물동이 안에 정지하는 순간, 상태 3.

c. 열이 외부(surrounding)로 전달되어 돌과 물의 온도가 초기 온도 T_1과 같아질 때, 상태 4.

해석과 풀이

각 경우에 적용되는 제1법칙은 다음의 식이며

$$Q = \Delta U + \Delta\text{KE} + \Delta\text{PE} + W$$

식의 각 항은 각각의 경우 상태변화에 따라 확인될 수 있다.

a. 돌은 Z_1에서 Z_2까지 떨어지면서 열전달이 없다고 가정한다. 물의 상태는 변화가 없으므로

$$\Delta U = 0, \qquad {}_1Q_2 = 0, \qquad {}_1W_2 = 0$$

이를 제1법칙에 적용하면

$$\Delta\text{KE} + \Delta\text{PE} = 0$$

$$\begin{aligned} \Delta\text{KE} &= -\Delta\text{PE} = -mg(Z_2 - Z_1) \\ &= -10\text{ kg} \times 9.806\,65\text{ m/s}^2 \times (-10.2\text{ m}) \\ &= 1000\text{ J} = 1\text{ kJ} \end{aligned}$$

즉, 상태 1에서 상태 2까지의 과정에 대해서는

$$\Delta\text{KE} = 1\text{ kJ} \qquad \text{and} \qquad \Delta\text{PE} = -1\text{ kJ}$$

b. 상태 2에서 상태 3까지 과정에는 운동 에너지가 영이므로

$$\Delta\text{PE} = 0, \qquad {}_2Q_3 = 0, \qquad {}_2W_3 = 0$$

따라서

$$\Delta U + \Delta\text{KE} = 0$$

$$\Delta U = -\Delta\text{KE} = 1\text{ kJ}$$

c. 최종상태에는 운동 에너지 및 위치 에너지가 없으며 내부 에너지는 상태 1과 같다.

$$\Delta U = -1\text{ kJ}, \qquad \Delta\text{KE} = 0, \qquad \Delta\text{PE} = 0, \qquad {}_3W_4 = 0$$

$${}_3Q_4 = \Delta U = -1\text{ kJ}$$

개념에 관한 질문

a. 완전하게 구성되는 사이클에서 에너지의 정미변화량과 체적의 정미변화량은 각각 얼마 인가?

b. 예제 5.3에서 다룬 돌의 에너지 항이 어떻게 변했는지 서술형으로 답하라. 만약 표면에 구가 부딪혀 튀어 오르는 경우에는 어떻게 다른가?

c. 에너지가 저장되는 형태를 설명하고 최소한 5개의 저장시스템을 적어라.

d. 일정한 질량이 100 J의 열을 받고 100 J의 일을 방출하는 과정을 진행하고 있다. 질량이 상태를 변화시켰는가?

5.3 내부 에너지—열역학 상태량

내부 에너지는 시스템의 질량에 비례하므로 종량적 상태량이다. 마찬가지로 운동 에너지와 위치 에너지도 종량적 상태량이다.

다른 종량적 상태량에 사용한 기호약속에 따라 순수 물질의 주어진 질량에 대한 내부 에너지는 기호 U를 사용하며 단위 질량 당 내부 에너지는 u를 사용한다. 기호 v를 비체적(specific volume)으로 사용한 것과 같이 기호 u는 비내부 에너지(specific internal energy)라고 부르기로 한다. 그러나 문장 속에서 u 혹은 U를 의미하는지가 명확하기 때문에 단위 질량당 내부 에너지와 총 내부 에너지를 인용할 때 단순히 내부 에너지라 부르기로 한다.

3장에서 언급한 대로 운동, 중력, 표면력, 전기 및 그 밖의 영향이 없을 때는 순수 물질의 상태는 두 개의 독립 상태량에 따라 결정된다고 하였다. 같은 제한 조건하에 내부 에너지는 순수 물질의 독립적인 상태량 중에 하나라는 것은 매우 중요한 사실이다. 예를 들면 과열 증기 상태에서 압력과 내부 에너지(임의의 기준에 따른)가 주어지면 온도는 자동적으로 정해진다는 것을 의미한다.

그러므로 증기표와 같이 상태량을 제시하는 표에는 내부 에너지가 다른 열역학 상태량과 더불어 표로 제시되어 있다. 증기표인 표 1과 표 2(표 B.1.1과 표 B.1.2)에는 포화 상태의 내부 에너지를 제시하였다. 또한 이 표에는 포화 액체의 내부 에너지(u_f), 포화 증기의 내부 에너지(u_g), 포화 액체와 포화 증기의 내부 에너지 차이(u_{fg})가 포함되었다. 표에 제시한 값들은 임의의 기준에 따른 상대 값이다. 예를 들어 증기표에서 물의 경우 삼중점(0.01°C)의 포화액의 내부 에너지를 영으로 잡았다. 증기표에 제시된 내부 에너지 값은 이 값을 기준으로 하여 상대적으로 계산된 값이다(임의의 두 상태에서 내부 에너지의 차이를 계산할 때 기준 값은 서로 상쇄됨을 기억하라). 증기표에서 내부 에너지 값을 찾는 방법은 비체적을 찾는 방법과 같다. 액체-기체가 공존하는 포화영역에서 내부 에너지를 계산하는 방법은 다음과 같다.

$$U = U_{\text{liq}} + U_{\text{vap}}$$

혹은

$$mu = m_{\text{liq}}u_f + m_{\text{vap}}u_g$$

양변을 m으로 나누고 건도 x의 개념을 도입하면

$$u = (1 - x)u_f + xu_g$$

$$u = u_f + xu_{fg}$$

일례로 압력 0.6 MPa과 건도 95%의 포화 증기의 비내부 에너지는 다음과 같이 계산된다.

$$u = u_f + xu_{fg} = 669.9 + 0.95(1897.5) = 2472.5 \text{ kJ/kg}$$

과열 증기영역과 압축수영역의 내부 에너지 값은 각각 표 B.1.3과 표 B.1.4에 제시하였으며 고체-기체의 경우 내부 에너지 값은 표 B.1.5에 주어져 있다.

▸ 예제 5.4

다음에 주어진 상태에서 물의 경우 상태량(P, T, x) 및 v를 결정하라.

a. T = 300°C, u = 2780 kJ/kg

b. P = 2000 kPa, u = 2000 kJ/kg

각 경우 두 개의 독립 상태량이 주어져 있으므로 상태는 확정(fix)되어 있다. 주어진 상태량의 정보와 상(phase)의 경계 값(포화 액체 및 포화 증기)을 비교하여 상을 결정하여야 한다.

a. 표 B.1.1의 증기표로부터 온도 300°C에서 포화 증기의 내부 에너지는 u_g = 2563.0 kJ/kg 이다. 주어진 u는 u_g 보다 크기 때문에 이 상태는 8581 kPa인 P_g보다 작은 어떤 압력 P를 갖는 과열 증기

영역에 존재한다. 따라서 표 B.1.3의 과열 증기 표에서 온도 300°C에 $u = 2780$의 값은 1600 kPa($u =$ 2781.0)과 1800 kPa($u = 2776.8$) 사이에 존재한다. 선형 내삽법을 적용하면 압력은 다음과 같다.

$$P = 1648 \text{ kPa}$$

주의해야 할 것은 과열 증기 영역에서는 건도가 정의되지 않는다는 것이다. 이 압력에서 비체적 역시 선형내삽법을 사용하여 $v = 0.1542 \text{ m}^3/\text{kg}$을 얻는다.

b. 압력 $P = 2000$ kPa에서 주어진 값 $u = 2000$ kJ/kg는표 B.1.2에서부터 $u_f(906.4)$보다 크고 $u_g(2600)$보다 작다. 따라서 이 상태는 이상(two-phase)영역에 속하게 되며 이 때의 온도는 $T = T_g = 212.4°\text{C}$이다. 이상영역에서 건도는 다음과 같이 구해진다.

$$u = 2000 = 906.4 + x1693.8, \qquad x = 0.6456$$

또한 비체적은

$$v = 0.001\ 177 + 0.6456 \times 0.098\ 45 = 0.064\ 74 \text{ m}^3/\text{kg}$$

■

개념에 관한 질문

e. 물이 100 kPa, 20°C로부터 1000 kPa, 200°C로 가열된다. 한 경우에는 온도를 일정하게(T = C) 하여 압력을 증가시키고 다시 압력을 일정하게(P = C) 하여 온도를 증가시킨다. 다른 경우에는 각각 반대의 순서로 온도를 증가시키고 압력을 증가시킨다. ${}_1Q_2$와 ${}_1W_2$에 어떠한 차이가 있는가?

f. 강체 탱크 A가 단열된 상태에서 400 kPa, 800°C의 물을 포함하고 있으며 다른 강체 탱크 B는 탱크 A와 체적이 같으며 100 kPa의 포화 증기를 포함하고 있다. 이 두 탱크를 관으로 연결하고 관 밸브를 개방한 상태에서 두 탱크 내부의 물이 최종적인 상태에 도달하였다. 최종상태를 결정하는 두 개의 상태량은 무엇인가?

5.4 문제해석 및 풀이기법

현재까지 열역학에 대한 상당한 지식을 축적하였기 때문에(열역학 문제를 해결하기 위한 도구들을 축적하였다) 이 시점에서 문제를 분석하고 해결하기 위한 기법 및 방법을 체계화 할 필요가 있다. 당분간 많은 문제에 대해 이러한 정도의 엄격한 방법은 필요하지 않지만 더 복잡한 문제를 다루기 위해서는 더욱 더 해석적인 방법이 필요한 것을 기억해야 한다. 따라서 앞으로 다루게 될 복잡한 문제를 염두에 두고 이러한 기법을 익혀두어야 한다.

열역학 문제에 있어 문제 해석 및 풀이 기법은 다음의 틀에 해당하는 질문들을 포함하여야 하며 각 질문에 해당하는 답을 순서대로 제시하여야 한다.

1. 무엇을 검사질량 혹은 검사체적으로 택할 것인가? 하나 이상을 택하는 것이 필요(necessary) 혹은 유리(useful)한가? 이 시점에서 시스템에 대한 모든 열과 일의 흐름과 외부압력 혹은 중력에 의한 힘들을 스케치를 하는 것이 도움이 된다.
2. 초기 상태에 대해 아는 것은? (알고 있는 열역학 상태량들)
3. 최종 상태에 대해 아는 것은?
4. 상태 사이에 일어나는 과정에 대해 아는 것은? 과정이 상수이거나 혹은 영인 것이 있는가? 두 상태량 사이에 주어진 함수 관계가 있는가?
5. 앞의 2에서 4 단계에 대한 정보를 선도(T–v 혹은 P–v 선도)에 그리는 것이 도움이 되는가?
6. 순수 물질의 거동에 대한 열역학 모델은 무엇인가? (예를 들면 증기표, 이상기체 등)
7. 문제를 해석하는데 적용할 법칙은 무엇인가? (즉 검사표면에서 일의 형태(mode)를 검토했는가? 혹은 질량보존의 법칙이나 제1법칙을 사용해야 하는가?)

8. 풀이 기법은 무엇인가? 다시 이야기해서 1단계로부터 7단계까지 수행한 내용이 필요한 것을 찾는데 충분한가? 아니면 시행착오법이 필요한가?

본 교재의 대부분의 문제들이 그렇듯이 항상 위의 해석 단계가 필요한 것은 아니다. 그러나 중요한 것은 새롭거나 익숙하지 않은 문제들, 즉 좀더 도전성이 강한 문제들의 해석 능력을 키우기 위해서는 위의 해석 기법에 대한 질문들을 항상 염두에 두어야 한다. 다음의 예제에서 이 기법을 상세히 적용하고자 한다.

예제 5.5

체적이 5 m^3인 용기 안에 물이 0.1 MPa의 압력에서 0.05 m^3의 포화 액체와 4.95 m^3의 포화 증기로 들어있다. 용기가 포화 증기로 가득 채워질 때까지 용기를 가열하였다. 이 과정에 전달된 열량을 구하라.

검사질량: 용기 안에 있는 물(포화 액체와 포화 증기)
스케치: 그림 5.5
초기상태: 압력, 액체체적, 증기체적이 주어져 있으므로 상태 1 확정
최종상태: 포화 증기 선상의 한 점; 물이 가열됨으로 $P_2 > P_1$
과정: 체적과 질량이 일정하므로 비체적이 일정
선도: 그림 5.6
모델: 증기표

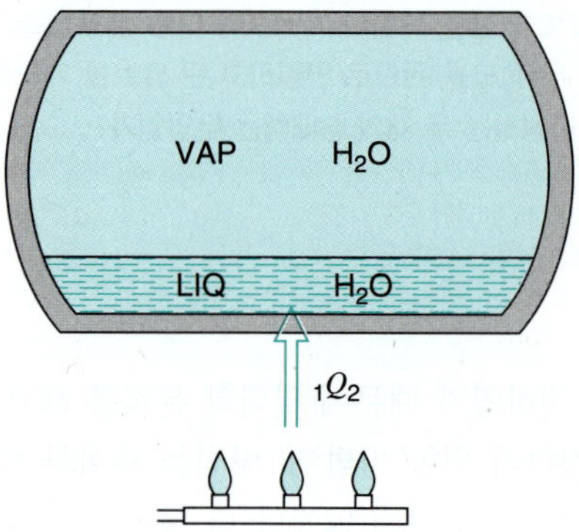

그림 5.5 예제 5.5에 대한 스케치.

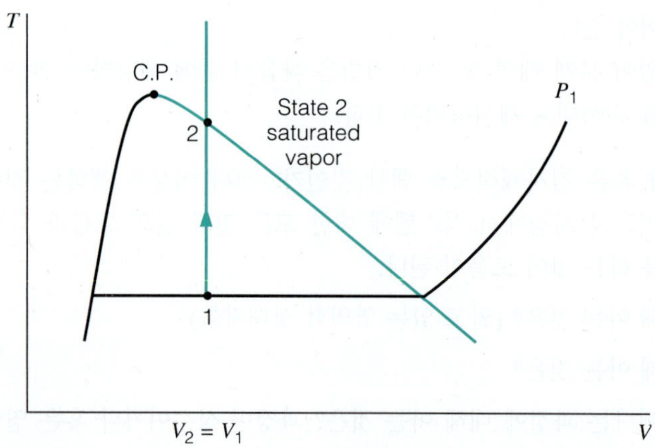

그림 5.6 예제 5.5에 대한 T–V선도.

해석

제1법칙으로부터

$$ {}_1Q_2 = U_2 - U_1 + m\frac{\mathbf{V}_2^2 - \mathbf{V}_1^2}{2} + mg(Z_2 - Z_1) + {}_1W_2 $$

검사표면에 일의 존재 여부를 조사하면 이 과정에는 일이 없다. 더욱이 시스템은 움직이지 않아 운동 에너지의 변화도 없으며 비록 시스템의 질량중심에 작은 변화가 있으나 이에 따른 위치 에너지 변화를 무시하면 제1법칙은 다음 식과 같이 단순화된다.

$${}_1Q_2 = U_2 - U_1$$

풀이

제1법칙으로부터 열전달량을 알 수 있다. 상태 1은 확정되었으므로 U_1은 계산되고 상태 2에서 비체적 역시 아는 값(상태 1의 값과 주어진 과정으로부터 같은 값임)이다. 상태 2는 포화 증기이므로 그림 5.6에서 보듯이 확정된 상태이다. 따라서 U_2 역시 구해진다.

풀이 과정은 다음과 같다.

$$m_{1\text{ liq}} = \frac{V_{\text{liq}}}{v_f} = \frac{0.05}{0.001\,043} = 47.94\text{ kg}$$

$$m_{1\text{ vap}} = \frac{V_{\text{vap}}}{v_g} = \frac{4.95}{1.6940} = 2.92\text{ kg}$$

따라서

$$\begin{aligned} U_1 &= m_{1\text{ liq}}u_{1\text{ liq}} + m_{1\text{ vap}}u_{1\text{ vap}} \\ &= 47.94(417.36) + 2.92(2506.1) = 27\,326\text{ kJ} \end{aligned}$$

두 개의 열역학 상태량을 알아야 최종 상태를 결정할 수 있으며 이로부터 u_2를 결정한다. 알고 있는 상태량은 건도 $x = 100\%$와 비체적 v_2이다. 최종 상태의 비체적은 다음과 같이 쉽게 결정된다.

$$m = m_{1\text{ liq}} + m_{1\text{ vap}} = 47.94 + 2.92 = 50.86\text{ kg}$$

$$v_2 = \frac{V}{m} = \frac{5.0}{50.86} = 0.098\,31\text{ m}^3\text{/kg}$$

표 B.1.2에서 내삽법을 이용하여 압력 2.03 MPa, $v_g = 0.09831\text{ m}^3\text{/kg}$의 상태를 찾아낼 수 있으며 이에 따라 수증기의 최종 압력은 2.03 MPa이다. 그러므로 최종상태의 내부 에너지와 열전달량은 다음과 같다.

$$u_2 = 2600.5\text{ kJ/kg}$$

$$U_2 = mu_2 = 50.86(2600.5) = 132\,261\text{ kJ}$$

$${}_1Q_2 = U_2 - U_1 = 132\,261 - 27\,326 = 104\,935\text{ kJ}$$

5.5 열역학 상태량—엔탈피

특정한 과정을 해석할 경우 종종 열역학 상태량의 조합(combination)인 상태량을 보게 되는데 이 역시 상태 변화를 하는 동안 순수 물질의 상태를 나타내는 상태량이다. 이러한 경우를 살펴 보기 위해 그림 5.7과 같은 준평형 정압과정 하의 검사질량을 생각하자. 먼저 운동 에너지와 위치 에너지의 변화는 없고 과정이 진행되는 동안 경계이동으로 인한 일만을 가정한다. 실린더 속의 기체를 검사질량으로 잡고 식 5.11의 제1법칙을 적용하면 다음과 같다.

$${}_1Q_2 = U_2 - U_1 + {}_1W_2$$

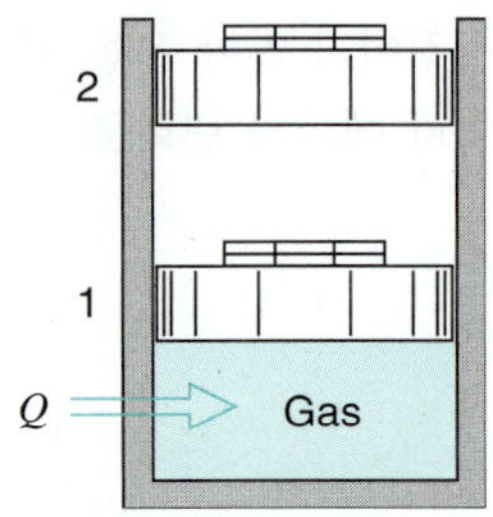

그림 5.7 정압–준평형 과정.

일은 다음의 관계식으로 계산된다.

$$ {}_1W_2 = \int_1^2 PdV $$

압력이 일정한 과정이므로

$$ {}_1W_2 = P\int_1^2 dV = P(V_2 - V_1) $$

그러므로 열역학 제1법칙은

$$ \begin{aligned} {}_1Q_2 &= U_2 - U_1 + P_2V_2 - P_1V_1 \\ &= (U_2 + P_2V_2) - (U_1 + P_1V_1) \end{aligned} $$

이와 같이 매우 제한적인 경우에 초기상태에서 최종상태까지 과정이 진행되는 동안 열전달량은 $U + PV$ 양의 차이로 나타난다. 이 각각의 양(quantity)들은 모두 열역학 상태량이기 때문에 이들의 조합 역시 같은 특성을 가져야만 한다. 따라서 새로운 종량적 상태량인 **엔탈피**(enthalpy)를 정의하면 편리하다.

$$ H \equiv U + PV \tag{5.12} $$

단위 질량 당 엔탈피는

$$ h \equiv u + Pv \tag{5.13} $$

내부 에너지의 경우와 같이 h는 비엔탈피(specific enthalpy)라 하며 H는 총엔탈피(total enthalpy) 라 한다. 그러나 앞으로는 문맥에서 그 의미가 명백하므로 위의 두 엔탈피를 단순히 엔탈피라고 부를 것이다.

준평형 정압 과정에서 열전달량은 엔탈피의 변화량과 같다. 엔탈피의 변화는 내부 에너지 변화와 정압과정에서 시스템의 일의 변화를 포함한 것이다. 이러한 결과는 일반적인 것은 아니다. 이 결과는 과정이 진행하는 동안 한 일이 최종상태와 초기 상태의 PV의 차이와 같은 특별한 경우에만 유효하다. 만약 압력이 일정하지 않은 과정이었다면 같은 결과를 얻지 못했을 것이다.

그러나 엔탈피의 중요성과 용도는 앞서 언급한 특정한 과정(정압과정)에 제한되지는 않는다. 상태량의 조합인 $u + Pv$를 사용하는 다른 경우들은 6장에 검사체적을 이용한 해석을 할 때 다루어질 것이다. 본 교재에는 부록 B(증기표)에 내부 에너지 값을 제공하였지만 많은 경우 열역학 표에는 엔탈피의 값만 제공하면서 내부 에너지 값은 제공하지 않기 때문에 여기서 엔탈 피를 소개하였다. 따라서 내부 에너지가 제공되지 않은 경우에는 증기표에 제공된 엔탈피 값과 식 5.13으로부터 상태의 내부 에너지 값을 다음과 같이 계산하여야 한다.

$$ u = h - Pv $$

종종 학생들은 시스템에 대한 해석을 할 때 정압과정이 아닌 과정에서 엔탈피는 물리적 의미를 상실하므로 이 식의 유효성에 대한 의문을 갖는다. 그러나 상태량으로서의 엔탈피는 상태 (state)함수 혹은 점(point)함수이며 특정 상태에서 엔탈피로부터 내부 에너지를 계산하는 것은 어떤 과정에도 의존하거나 관련되어 있지 않음을 기억해야한다.

증기표 B.1에서 B.6에 제공된 엔탈피는 모두 임의의 기준에 대한 상대 값들이다. 수증기 표에는 0.01°C의 포화 액체가 기준 점이며 이 점에서의 내부 에너지를 영으로 택하였다. 암모니아와 염화불화탄소인 R-12와 R-22와 같은 냉매의 경우 임의의 기준점을 −40°C의 포화 액체로 택하고 이 상태의 엔탈피 값을 영으로 부여하였다. 질소와 같은 초저온유체는 증기표에 제시한 엔탈피 값에 따른 임의의 기준점을 가지고 있다. 이러한 기준 상태들은 임의로 정해졌기 때문에 표 B.1.5에 제시된 포화–고체 수증기 표와 같이 엔탈피 값이 음수가 될 수 있다. 모든 열역학 표에 필수적 사항인 엔탈피와 내부 에너지가 같은 기준상태에 대한 상대값일 때 기준상태에서 내부 에너지와 엔탈피의 차이는 Pv이다. 액체의 비체적은 매우 작기 때문에 증기표의 유효숫자에 대해 이 값은 무시할 만큼 작다. 그러나 어떤 경우는 이 값이 큰 경우도 있으므로 기본원리는 기억해야 한다.

많은 열역학 표에는 비내부 에너지의 값이 제시되어 있지 않다. 앞서 언급한데로 비내부 에너지는 $u = h - Pv$의 관계식으로 계산할 수 있다. 그러나 항상 단위에 주의해야한다. 예를 들어 0.4 MPa, 70°C에서 R-134a의 과열 증기의 내부 에너지 u는 다음과 같이 계산할 수 있다.

$$\begin{aligned} u &= h - Pv \\ &= 460.55 - 400 \times 0.06648 \\ &= 433.96 \text{ kJ/kg} \end{aligned}$$

포화 상태에서 건도가 주어진 경우 순수 물질의 엔탈피는 비체적과 내부 에너지를 구하는 방법과 같다. 포화 액체의 엔탈피는 기호 h_f, 포화기체는 h_g, 또한 증발 시 엔탈피증가량은 h_{fg}를 사용한다. 포화 상태의 엔탈피는 다음의 관계식으로 구할 수 있다.

$$h = (1 - x)h_f + xh_g$$
$$h = h_f + xh_{fg}$$

압축수의 엔탈피는 표 B.1.4에서 구할 수 있다. 만약 압축수표에 제공되지 않은 경우 압축수의 엔탈피는 같은 온도의 포화 액체의 엔탈피를 사용한다.

예제 5.6

체적이 0.1 m³인 피스톤이 장치된 실린더에 압력 0.4 MPa, 질량 0.5 kg의 증기가 있다. 압력이 일정하게 유지되면서 열이 증기로 전달되어 온도가 300°C가 되었다. 이 과정에서 열전달량과 일량을 구하라.

검사질량: 실린더 내부의 물

초기상태: P_1, V_1, m; 따라서 v_1이 계산된다, 상태 1은 확정(P_1, v_1의 경우 증기표에서 2상영역에 있음을 확인)

최종상태: P_2, T_2 ; 상태 2는 확정(과열 증기영역)

과정: 정압과정

선도: 그림 5.8

모델: 수증기 표

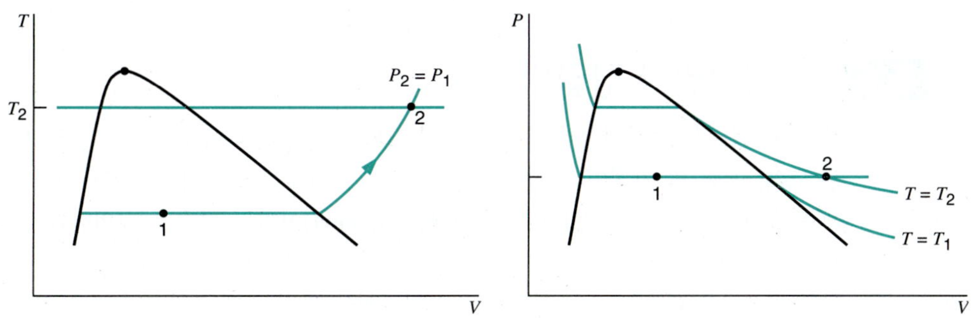

그림 5.5 정압–준평형 과정.

해석

운동 에너지 및 위치 에너지의 변화가 없고 경계면의 이동에 의해 일이 외부로 수행되었다. 준 평형과정으로 가정하여 압력이 일정하므로 일은 다음 식으로 계산된다.

$${}_1W_2 = \int_1^2 P\,dV = P\int_1^2 dV = P(V_2 - V_1) = m(P_2v_2 - P_1v_1)$$

따라서 열전달량은 제1법칙으로부터 다음과 같이 구해진다.

$$\begin{aligned} {}_1Q_2 &= m(u_2 - u_1) + {}_1W_2 \\ &= m(u_2 - u_1) + m(P_2v_2 - P_1v_1) = m(h_2 - h_1) \end{aligned}$$

풀이

문제를 푸는 데 두 가지 방법이 있다. 상태 1이 확정되어 있으므로 v_1과 h_1(혹은 u_1)을 구할 수 있다. 상태 2 역시 확정되어 있으므로 v_2과 h_2(혹은 u_2)도 구할 수 있다. 제1법칙과 일의 정의로부터 열전달량과 일량을 계산할 수 있다. 엔탈피를 이용하면

$$\begin{aligned} v_1 &= \frac{V_1}{m} = \frac{0.1}{0.5} = 0.2 = 0.001\,084 + x_1 0.4614 \\ x_1 &= \frac{0.1989}{0.4614} = 0.4311 \\ h_1 &= h_f + x_1 h_{fg} \\ &= 604.74 + 0.4311 \times 2133.8 = 1524.7 \text{ kJ/kg} \\ h_2 &= 3066.8 \text{ kJ/kg} \\ {}_1Q_2 &= 0.5(3066.8 - 1524.7) = 771.1 \text{ kJ} \\ {}_1W_2 &= mP(v_2 - v_1) = 0.5 \times 400(0.6548 - 0.2) = 91.0 \text{ kJ} \end{aligned}$$

따라서

$$U_2 - U_1 = {}_1Q_2 - {}_1W_2 = 771.1 - 91.0 = 680.1 \text{ kJ}$$

열전달량은 u_1과 u_2로부터도 구할 수 있다.

$$\begin{aligned} u_1 &= u_f + x_1 u_{fg} \\ &= 604.31 + 0.4311 \times 1949.3 = 1444.7 \text{ kJ/kg} \\ u_2 &= 2804.8 \text{ kJ/kg} \end{aligned}$$

따라서

$$\begin{aligned} {}_1Q_2 &= U_2 - U_1 + {}_1W_2 \\ &= 0.5(2804.8 - 1444.7) + 91.0 = 771.1 \text{ kJ} \end{aligned}$$

5.6 정적비열과 정압비열

본 절에서는 성분이 일정한 물질의 동질상(homogeneous phase)을 고찰하고자 한다. 이러한 상(phase)은 고체, 액체 및 기체일 수 있으나 상변화는 일어나지 않는다. 그리고 이러한 물질의 온도 1도 올리는 데 필요한 단위 질량 당 열량을 비열(specific heat)이라는 변수로 정의한다. 비열과 다른 열역학 변수와의 관계를 살펴보기 위해 먼저 식 5.10에 주어진 열전달량을 주목하자. 운동 에너지와 위치 에너지의 변화를 무시하고 단순 압축성 물질과 준평형과정을 가정할 때 식 4.2의 일을 식 5.10에 대입하면 다음 식을 얻는다.

$$\delta Q = dU + \delta W = dU + P\,dV$$

이 식을 두 개의 특별한 경우로 분리하여 평가해 보자.

1. 일을 나타내는 항(PdV)이 영인 정적과정에서의 **정적비열**[specific heat (at constant volume)]은 다음과 같다.

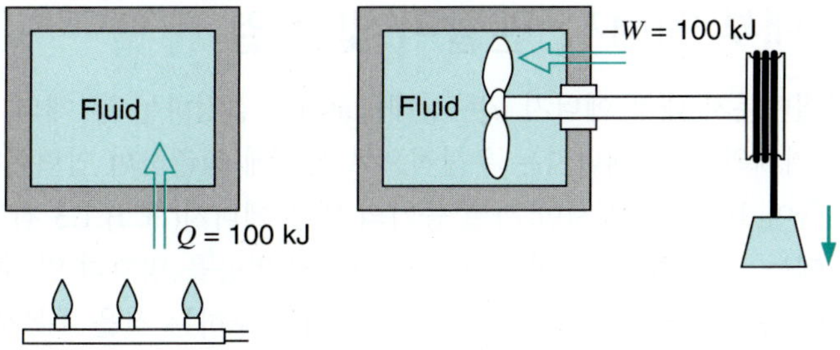

그림 5.9 내부 에너지 변화량을 얻는 두 가지 방법에 대한 스케치.

$$C_p = \frac{1}{m}\left(\frac{\delta Q}{\delta T}\right)_p = \frac{1}{m}\left(\frac{\partial H}{\partial T}\right)_p = \left(\frac{\partial h}{\partial T}\right)_p \tag{5.14}$$

2. 정압과정에서 일을 나타내는 항(PdV)을 적분한 결과인 PV의 초기상태 및 최종상태의 값과 각각의 내부 에너지의 값을 더하면 5.5절에 제시된 것과 같이 열전달량을 나타내며 이는 엔탈피 차이로 나타낼 수 있다. 따라서 **정압비열**[specific heat (at constant pressure)]은 다음과 같다.

$$C_p = \frac{1}{m}\left(\frac{\delta Q}{\delta T}\right)_p = \frac{1}{m}\left(\frac{\partial H}{\partial T}\right)_p = \left(\frac{\partial h}{\partial T}\right)_p \tag{5.15}$$

각각의 경우 식 5.14와 식 5.15에서 정의된 각 비열은 모두 열역학 상태량만으로 구성되어 있다. 따라서 정적비열과 정압비열도 당연히 열역학 상태량이 되어야만 한다. 이는 비록 물질의 단위온도를 변하게 하는 데 필요한 열전달양에 대한 논의로부터 시작하였지만 특별한 전개 과정을 통해 식 5.14이나 식 5.15를 얻고 궁극적으로 비열을 열역학 상태량의 항들로 표시하여 임의의 과정에 무관함을 밝혔다(전 절에서 엔탈피는 과정에 무관하고 열역학 해석에서 매우 유용하게 사용되는 상태량임을 밝혔다). 예를 들어 그림 5.9에 보여 주는 것과 같이 2개의 동일한 유체질량을 생각하자. 첫 번째 시스템에는 100 kJ의 열을 가하고 두 번째 시스템에는 100 kJ의 일을 가할 때 각각의 내부 에너지 변화는 두 경우 같아진다. 따라서 두 시스템의 최종 상태와 최종온도는 같다. 비록 두 경우는 열전달을 고려할 때 완전히 다른 과정이지만 서로 다른 두 과정에서 유체의 평균 정적 비열은 정확히 일치한다.

고체와 액체에서의 비열

특별한 경우로서 고체나 액체의 경우를 생각해 보자. 액체 상과 고체 상은 거의 비압축성이므로 엔탈피의 변화는 다음과 같이 표현된다.

$$dh = du + d(Pv) \approx du + v\,dP \tag{5.16}$$

두 개의 상(phase)의 비체적은 매우 작으므로 이를 무시하면 식 5.16은 식 5.17과 같다.

$$dh \approx du \approx C\,dT \tag{5.17}$$

여기서 C는 정적비열이나 정압비열을 의미하나 고체나 액체 상에서 이 두 값은 거의 같기 때문에 이들 상을 다루는 과정에서는 식 5.17의 비열이 일정(과정이 낮은 온도에서 진행되거나 온도의 범위가 광범위하지 않은 경우)하다고 가정한다. 따라서 식 5.17을 적분하면 다음과 같다.

$$h_2 - h_1 \simeq u_2 - u_1 \simeq C(T_2 - T_1) \tag{5.18}$$

여러 고체나 액체의 비열을 표 A.3과 A.4에 제시하였다.

비열이 일정하다고 가정할 수 없는 과정에서는 C의 온도에 관한 함수 형태를 알면 식 5.17의 적분이 가능하다.

5.7 이상기체의 내부 에너지, 엔탈피 및 비열

일반적으로 어떤 물질이든지 내부 에너지 u는 상태(state)를 결정하는 두 개의 독립 상태량에 의존한다. 그러나 밀도가 낮은 기체의 내부 에너지는 우선적으로 온도에 의존하며 압력이나 비체적에 대한 의존도는 매우 작다. 예를 들어 표 5.1에 제시한 과열 증기의 내부 에너지(표 B.1.3 참조)를 생각하자. 수증기의 내부 에너지는 온도에는 크게 의존하지만 압력에는 그렇지 않음을 명확히 알 수 있다. 또한 내부 에너지는 낮은 압력 그리고 높은 온도에서 압력에 대한 의존도가 감소하는 것을 주목해야 한다. 즉 밀도가 감소하게 되면 압력에 대한 내부 에너지의 의존도도 감소한다는 의미이다. 따라서 이상기체의 압력에 관한 거동을 매우 낮은 압력의 경우에 적용하는 것은 타당하며 낮은 밀도의 기체를 이상기체라고 가정할 수 있다. 그러므로 이상기체의 내부 에너지는 압력에 무관하며 온도만의 함수로 생각한다. 즉 이상기체에 대해 다음 식을 적용할 수 있다.

$$Pv = RT \qquad \text{and} \qquad u = f(T) \text{ only} \tag{5.19}$$

내부 에너지와 온도와의 관계는 식 5.14에 주어진 정적 비열의 정의를 이용하여 구할 수 있다. 일반적으로 정적 비열의 정의는 다음과 같다.

$$C_v = \left(\frac{\partial u}{\partial T}\right)_v$$

이상기체의 내부 에너지는 비체적의 함수가 아니므로 이상기체의 정적비열과 내부 에너지는 다음과 같다.

$$C_{v0} = \frac{du}{dT}$$

$$du = C_{v0}\,dT \tag{5.20}$$

여기서 하첨자 0은 이상기체의 비열을 의미한다. 질량 m을 고려한 총 내부 에너지는

$$dH = mC_{p0}dT \tag{5.21}$$

엔탈피의 정의에 이상기체의 상태 방정식을 대입하면 엔탈피는 다음과 같다.

$$h = u + Pv = u + RT \tag{5.22}$$

기체 상수(R)는 일정한 값이며 내부 에너지(u)는 온도만의 함수이므로 이상기체의 엔탈피(h) 역시 온도만의 함수가 된다. 즉

$$h = f(T) \tag{5.23}$$

엔탈피와 온도의 관계는 식 5.15에 제시한 정압비열의 정의로부터 구해진다.

$$C_p = \left(\frac{\partial h}{\partial T}\right)_p$$

이상기체의 엔탈피는 온도만의 함수이므로 압력에 무관하여 이상기체의 정압비열(C_{p0})과 엔탈피는 다음

표 5.1 과열수증기의 내부 에너지.

	P, kPa			
***T*, °C**	**10**	**100**	**500**	**1000**
200	2661.3	2658.1	2642.9	2621.9
700	3479.6	3479.2	3477.5	3475.4
1200	4467.9	4467.7	4466.8	4465.6

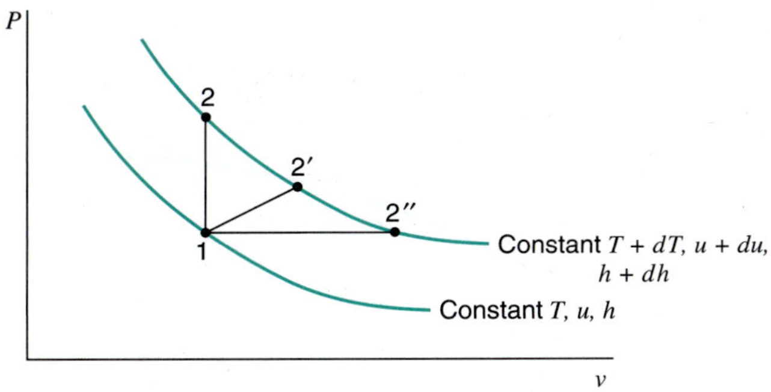

그림 5.10 이상기체의 압력-체적 선도(P–v 선도).

과 같다.

$$C_{p0} = \frac{dh}{dT}$$

$$dh = C_{p0}dT \tag{5.24}$$

질량 m을 고려한 총 엔탈피는 다음과 같다.

$$dH = mC_{p0}dT \tag{5.25}$$

식 5.20과 식 5.24의 결과는 그림 5.10의 P–v 선도에 나타낸 두 개의 등온선으로부터 입증된다. 내부 에너지와 엔탈피는 온도만의 함수이므로 등온선은 내부 에너지와 엔탈피가 같은 선이기도 하다. 상태 1에서 높은 온도에 도달하는 경로는 여러 가지가 있으며 각 경우 최종상태는 다르다. 그러나 다른 경로에도 불구하고 내부 에너지의 변화와 엔탈피의 변화는 같다. 이는 등온선이 내부 에너지와 엔탈피가 같은 선이기 때문이다.

이상기체의 내부 에너지와 엔탈피가 온도만의 함수이기 때문에 정적비열과 정압비열 역시 온도만의 함수이기도 하다. 즉

$$C_{v0} = f(T), \qquad C_{p0} = f(T) \tag{5.26}$$

모든 기체는 압력이 영으로 접근하면 이상기체의 거동에 가까워지기 때문에 주어진 물질에 대한 이상기체의 비열은 종종 영–압력비열(zero-pressure specific heat)이라 하기도 한다. 또한 영-압력 정적 비열은 기호 C_{p0}로 표시하며 영–압력 정적비열은 기호 C_{v0}로 표시한다. 그림 5.11은 여러 가지 물질에 대한 C_{p0}를 온도의 함수로 보여주고 있다. 이 값들은 통계열역학(statistical thermodynamics)의 기법으로 구한 것이며 여기서는 상세히 논의하지 않겠지만 요약된 내용을 부록 C에 제시하였다. 비열이 온도에 따라 변하는 주요 원인은 분자의 진동에 있다. 구조적으로 복잡한 분자는 여러 형태의 분자 진동 모드가 있으므로 그림 5.11에서처럼 온도에 대한 의존도가 더 커진다. 이러한 사실은 특정 경우에 적용할 때 비열의 온도에 따른 변화를 고려해야 할지를 결정하는 데 있어 중요한 인자이다.

이상기체의 정압비열과 정적비열 사이의 매우 중요한 관계식은 엔탈피의 정의와 이상기체의 상태방정식으로부터 유도될 수 있다.

$$h = u + Pv = u + RT$$

위 식을 미분하고 식 5.20과 식 5.24를 대입하면 다음과 같다.

$$dh = du + R\,dT$$

$$C_{p0}\,dT = C_{v0}\,dT + R\,dT$$

그러므로

$$C_{p0} - C_{v0} = R \tag{5.27}$$

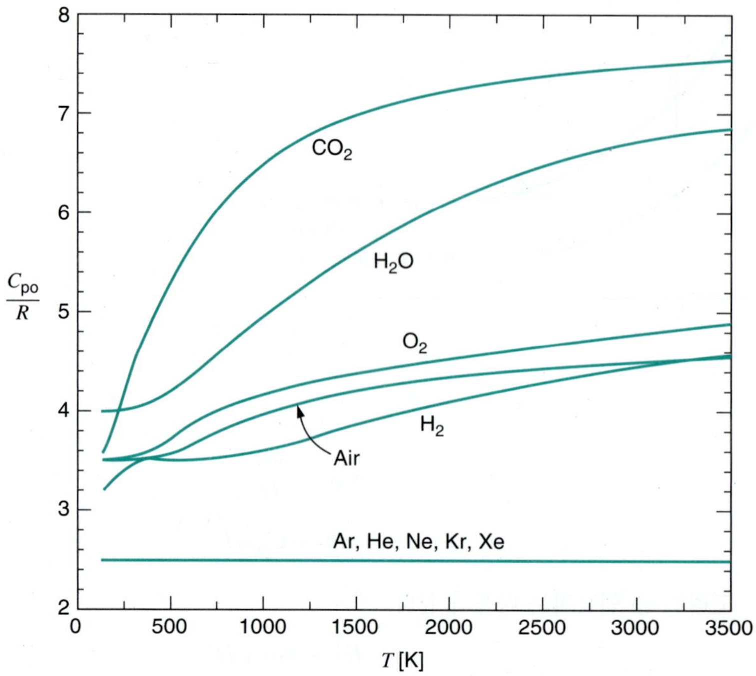

그림 5.11 여러 기체에서 온도에 따른 정압비열.

몰 기준으로 이 식을 다시 표현하면 다음과 같다.

$$\overline{C}_{p0} - \overline{C}_{v0} = \overline{R} \tag{5.28}$$

위 식은 이상기체의 정압비열과 정적비열은 각각 온도의 함수이지만 그 차이는 항상 일정한 것을 의미한다. 그러므로 둘 중 하나의 비열에 대한 온도의 의존도를 알면 다른 비열은 식 5.27로부터 구할 수 있다.

이상기체의 정압비열 C_{p0}을 생각할 때 세 가지의 경우를 검토해야 한다. 가장 간단한 경우는 비열이 온도에 무관한 상수로 가정하는 방법이다. 이때는 식 5.24를 직접 적분하여 다음의 식을 얻는다.

$$h_2 - h_1 = C_{p0}(T_2 - T_1) \tag{5.29}$$

그림 5.11로부터 어떤 경우 일정비열 모델에 정확히 적용될 수 있는지를 주목해야 한다. 일정하지 않은 경우라 할지라도 특정 온도영역의 평균 비열을 사용하여 식 5.29를 이용한다면 상당한 근사값(approximation)을 얻을수 있다. 여러 가지 기체에 대해 실온에서의 비열 값과 기체 상수를 표 A.5에 제시하였다.

두 번째 경우는 정압비열(C_{p0})이 온도의 함수로 주어진 해석적인 식을 이용하는 방법이다. 통계열역학적 방법으로 구한 비열이기 때문에 편리한 수학적인 식으로 표현하기 어려워서 이를 근사화(approximated)된 경험식으로 표현하여 사용하는 것이다. 여러 가지 기체에 대한 정압비열(C_{p0})을 온도의 함수로 표 A.6에 제시하였다.

세 번째 경우는 통계열역학의 계산 결과를 임의의 기준 온도로부터 구하고자 하는 온도 T까지 적분하는 함수를 정의하는 방법이다.

$$h_T = \int_{T_0}^{T} C_{p0}\, dT$$

이 함수는 온도만의 함수로서 표에 나타낼 수 있다. 임의의 상태 1과 상태 2 사이의 엔탈피 차이는 식 5.30과 같다.

$$h_2 - h_1 = \int_{T_0}^{T_2} C_{p0}\, dT - \int_{T_0}^{T_1} C_{p0}\, dT = h_{T_2} - h_{T_1} \tag{5.30}$$

여기서 기준온도에 대한 적분 값은 상쇄된다. 공기의 경우 함수 h_T(유사함수 $u_T = h_T - RT$)의 값을 표 A.7에 제시하였고 다른 기체들에 관한 함수의 값은 표 A.8에 나타내었다.

세 가지 경우를 요약하면 이상기체에 대해 표 A.7과 표 A.8을 사용하는 것이 가장 정확한 값을 얻을 수 있는 방법이지만 표 A.6의 식을 이용하여도 경험적인 근사 값을 얻을 수 있을 것 이다. 단원자 기체나 실온 이하의 기체에 대해서는 일정 비열의 가정이 비교적 정확하지만 그 외의 경우에 대해 일정 비열의 가정은 정확도가 감소한다. 그러나 이 세 가지 방법에 대한 결과는 이상기체 모델의 일부지만 많은 문제에 있어 이상기체의 가정이 물질의 거동을 예측하는 데 유효하지 않을 수도 있다는 사실을 기억해야만 한다.

예제 5.7

이상기체의 거동을 가정하여 산소 1 kg이 300 K에서 1500 K까지 가열될 때 엔탈피 변화량을 계산하라.

풀이

이상기체의 경우 엔탈피 변화량은 식 5.24로 계산된다. 그러나 비열의 온도에 대한 의존도를 가정할 필요가 있다. 이 문제를 여러 방법으로 풀고 그 결과를 비교해 보자.

300 K에서 1500 K까지 이상기체로서 산소의 엔탈피 변화량을 가장 정확히 예측하는 방법은 표 A.8의 이상기체표를 사용하는 것이다. 식 5.30을 사용하면 결과는 다음과 같다.

$$h_2 - h_1 = 1540.2 - 273.2 = 1267.0 \text{ kJ/kg}$$

표 A.6의 경험식을 이용하면 이 결과에 근접한 값을 얻을 수 있다. 식 5.24를 적분하면 엔탈피 차이는 다음과 같다.

$$\begin{aligned} h_2 - h_1 &= \int_{T_1}^{T_2} C_{p0}\, dT = \int_{\theta_1}^{\theta_2} C_{p0}(\theta) \times 1000\, d\theta \\ &= 1000 \left[0.88\theta - \frac{0.0001}{2}\theta^2 + \frac{0.54}{3}\theta^3 - \frac{0.33}{4}\theta^4 \right]_{\theta_1 = 0.3}^{\theta_2 = 1.5} \\ &= 1241.5 \text{ kJ/kg} \end{aligned}$$

이 값은 첫 번째 결과보다 약 2.0% 작은 값이다.

만약 비열이 일정하다고 가정하려면 어떤 값을 사용할지를 먼저 결정하여야 한다. 표 A.5에서 300 K의 값을 사용하면 식 5.29로부터

$$h_2 - h_1 = C_{p0}(T_2 - T_1) = 0.922 \times 1200 = 1106.4 \text{ kJ/kg}$$

이 값은 첫 번째 결과보다 12.7% 작다. 그러나 주어진 온도 범위의 평균값인 900 K에서 비열이 일정하다고 가정하고 이 온도 값을 표 A.6의 비열을 구하는 식에 대입하면

$$\begin{aligned} C_{p0} &= 0.88 - 0.0001(0.9) + 0.54(0.9)^2 - 0.33(0.9)^3 \\ &= 1.0767 \text{ kJ/kg K} \end{aligned}$$

이 비열 값을 식 5.29에 대입하면 엔탈피 변화량은 다음과 같다.

$$h_2 - h_1 = 1.0767 \times 1200 = 1292.1 \text{ kJ/kg}$$

이 값은 첫 번째 결과보다 약 2% 크다. 그러나 실온의 비열을 사용한 결과에 비하면 훨씬 가까운 값이다. 이와 같이 비열이 일정한 이상기체의 모델을 사용할 때는 어떤 값을 사용해야 할 것인지도 모델의 일부분이라는 것을 기억해야만 한다.

■

예제 5.8

피스톤이 장착된 실린더는 초기체적이 0.1 m^3이며 150 kPa, 25°C의 질소를 포함하고 있다. 피스톤이 움직여서 압력 1 MPa, 온도 150°C가 될 때까지 압축을 하였다. 이 압축과정이 진행되는 동안 질소로부터 열이 방출되었으며 질소에 가한 일은 20 kJ이다. 열전달량을 구하라.

검사질량: 질소
초기상태: P_1, T_1, V_1; 상태 1 확정
최종상태: P_2, T_2; 상태 2 확정
과정: 일의 입력량은 아는 값
모델: 이상기체표 A.5의 온도 300 K의 일정한 비열

해석

제1법칙으로부터

$$ {}_1Q_2 = m(u_2 - u_1) + {}_1W_2 $$

풀이

질소의 질량은 표 A.5의 기체 상수(R)와 상태 방정식으로부터 구해진다.

$$ m = \frac{PV}{RT} = \frac{150\ \text{kPa} \times 0.1\ \text{m}^3}{0.2968\ \frac{\text{kJ}}{\text{kg K}} \times 298.15\ \text{K}} = 0.1695\ \text{kg} $$

표 A.5에 주어진 일정한 비열을 사용하면

$$ \begin{aligned} {}_1Q_2 &= mC_{v0}(T_2 - T_1) + {}_1W_2 \\ &= 0.1695\ \text{kg} \times 0.745\ \frac{\text{kJ}}{\text{kg K}} \times (150 - 25)\ \text{K} - 20.0\ \text{kJ} \\ &= 15.8 - 20.0 = -4.2\ \text{kJ} \end{aligned} $$

물론 실온 기준으로 일정 비열을 가정하는 것보다 표 A.8을 사용하면 더 정확한 값을 얻을 수 있겠지만 표의 값을 내삽법으로 구하는 어려움에 불구하고 정확도는 크게 증가하지 않을 수도 있다. ■

개념에 관한 질문

g. 특정 액체나 고체에서 v나 u를 구하기 위해 P 혹은 T 중에서 더 중요한 것은?

h. 이상기체에서 v나 u를 구하기 위해 P 혹은 T에서 더 중요한 것은?

i. 일정한 압력(200 kPa)에서 특정한 물질 1 kg을 1도 올리기 위해 가열하였다. 만약 이 특정물질이 각각 10°C의 물, 25°C의 강(steel), 325 K의 공기, −10°C의 얼음이라 할 때 각 물질에 필요한 열량은 얼마인가?

5.8 시간 변화율로서의 제1법칙

종종 열역학 제1법칙은 순간적이거나 평균적인 변화율로 표현하기 위해 시간에 대한 변화율로 나타낼 필요가 있다. 이 변화율은 열이나 일로서 검사표면을 통과하는 에너지 변화율일 수도 있으며 검사질량의 에너지 변화율일 수도 있다. 변화율로 표현된 식을 나타내기 위해 엄격한 고전적인 관점에서 벗어나야 한다. 왜냐하면 기본적으로 고전 열역학에서는 평형상태의 시스템을 다루어 시간은 관련 변수가 아니기

때문이다. 그러나 이러한 변화율의 식들은 고전열역학의 개념으로부터 발전되었고 실제로 열역학 응용 분야에 사용되고 있기 때문에 본 교재에 포함시켰다. 변화율로 표현된 제1법칙은 6.2절에서 검사체적을 사용하는 제1법칙을 전개할 때 사용할 것이며 열역학은 물론 유체역학 및 열전달 분야 등 광범위한 응용 분야에서 볼 수 있다.

시간 δt 동안 검사표면을 통과하는 열전달량 δQ, 검사질량이 한 일 δW, 내부 에너지 변화 ΔU, 운동 에너지 변화 ΔKE 및 위치 에너지 변화 ΔPE를 생각하자. 이 시간 동안 일어나는 열량과 일량 및 상태량 변화를 제1법칙에 적용하면 다음과 같다.

$$\Delta U + \Delta\text{KE} + \Delta\text{PE} = \delta Q - \delta W$$

이 식을 δt로 나누면 열과 일의 형태로서 평균 에너지전달률과 검사질량의 에너지 증가율의 식을 얻을수 있다.

$$\frac{\Delta U}{\delta t} + \frac{\Delta\text{KE}}{\delta t} + \frac{\Delta\text{PE}}{\delta t} = \frac{\delta Q}{\delta t} - \frac{\delta W}{\delta t}$$

시간 간격 δt를 영으로 접근시켜 각 항의 극한값을 취하면 다음과 같다.

$$\lim_{\delta t\to 0}\frac{\Delta U}{\delta t} = \frac{dU}{dt}, \qquad \lim_{\delta t\to 0}\frac{\Delta(\text{KE})}{\delta t} = \frac{d(\text{KE})}{dt}, \qquad \lim_{\delta t\to 0}\frac{\Delta(\text{PE})}{\delta t} = \frac{d(\text{PE})}{dt}$$

$$\lim_{\delta t\to 0}\frac{\delta Q}{\delta t} = \dot{Q} \qquad (\text{열전달률})$$

$$\lim_{\delta t\to 0}\frac{\delta W}{\delta t} = \dot{W} \qquad (\text{동력})$$

따라서 **시간변화율**(rate equation)로 나타낸 열역학 **제1법칙**(first law)은 다음과 같다.

$$\frac{dU}{dt} + \frac{d(\text{KE})}{dt} + \frac{d(\text{PE})}{dt} = \dot{Q} - \dot{W} \tag{5.31}$$

각 에너지 항을 합하여 다음과 같이 표현할 수도 있다.

$$\frac{dE}{dt} = \dot{Q} - \dot{W} \tag{5.32}$$

예제 5.9

축전지를 충전하는 동안 전류 i가 20 A이고 % 전압이 12.8 V로 유지된다. 축전지에서 방출되는 열전달률이 10 W일 때 내부 에너지 증가율은 얼마인가?

풀이

이 경우 운동 에너지와 위치 에너지의 변화는 무시할 수 있으므로 식 5.31의 시간변화율로 표시된 제1법칙을 적용하면

$$\frac{dU}{dt} = \dot{Q} - \dot{W}$$

$$\dot{W} = \mathscr{E}i = -12.8 \times 20 = -256 \text{ W} = -256 \text{ J/s}$$

따라서

$$\frac{dU}{dt} = \dot{Q} - \dot{W} = -10 - (-256) = 246 \text{ J/s}$$

▶ 예제 5.10

그림 5.12와 같이 25 kg의 주철로 만든 난로 내부에 5 kg의 부드러운 소나무와 1 kg의 공기가 채워져 있다. 각각의 질량은 20°C의 실내온도와 101 kPa의 압력에서 정의된 것이다. 나무가 타서 1500 W를 방열시켜 전체질량을 균일하게 가열시킨다. 공기의 유동이나 질량의 변화 및 열손실은 무시한다. 전체질량의 온도변화율(dT/dt)과 전체질량의 온도가 75°C에 도달하기까지의 시간을 구하라.

그림 5.12 예제 5.10의 스케치.

▶ 풀이

C.V.: 주철, 나무, 공기. 이는 검사질량이다.

$$\text{변화율형태의 에너지식}: \dot{E} = \dot{Q} - \dot{W}$$

운동 에너지와 위치 에너지의 변화가 없고 질량의 변화도 없으므로

$$U = m_{air}u_{air} + m_{wood}u_{wood} + m_{iron}u_{iron}$$

$$\dot{E} = \dot{U} = m_{air}\dot{u}_{air} + m_{wood}\dot{u}_{wood} + m_{iron}\dot{u}_{iron}$$

$$= (m_{air}C_{V\,air} + m_{wood}C_{wood} + m_{iron}C_{iron})\frac{dT}{dt}$$

일이 없고 방열율이 $\dot{Q}$라 할 때 에너지 식은 다음과 같다.

$$(m_{air}C_{V\,air} + m_{wood}C_{wood} + m_{iron}C_{iron})\frac{dT}{dt} = \dot{Q} - 0$$

$$\frac{dT}{dt} = \frac{\dot{Q}}{(m_{air}C_{V\,air} + m_{wood}C_{wood} + m_{iron}C_{iron})}$$

$$= \frac{1500}{1 \times 0.717 + 5 \times 1.38 + 25 \times 0.42}\,\frac{W\,K}{kg\,(kJ/kg)} = 0.0828\ K/s$$

온도 상승률이 일정하다고 가정하면 총 소요시간은 다음과 같다.

$$\Delta T = \int \frac{dT}{dt}\,dt = \frac{dT}{dt}\Delta t$$

$$\Rightarrow \Delta t = \frac{\Delta T}{\frac{dT}{dt}} = \frac{75 - 20}{0.0828} = 664\ s = 11\ min$$

■

5.9 질량보존

지금까지 상태변화를 하는 검사질량에 대한 열역학 제1법칙을 고찰하였다. 검사질량이란 일정한 양의 질량을 뜻한다. 그렇다면 시스템의 에너지가 변할 때 시스템의 질량은 변할 것인가 하는 의문점이 생긴다. 만약 질량이 변한다면 지금까지 정의해온 검사질량이란 에너지의 변화가 있을 때는 더 이상 유효할 수가 없다.

상대성원리에 따르면 질량과 에너지는 다음과 같이 유명한 관계식이 성립한다.

$$E = mc^2 \tag{5.33}$$

여기서 c는 빛의 속도이며 E는 에너지이다. 이 식은 시스템의 에너지가 변할 때 검사질량의 질량도 변하는 것을 의미한다. 이 질량 변화의 크기를 계산하여 그 변화가 얼마나 큰가를 보기 위해 대표적인 예를 들어보자.

화학양론 혼합물(stoichiometric mixture)인 탄화수소(가솔린 같은 물질) 1 kg과 공기가 견고한 용기 안에 들어있다. 연소의 정보에 따르면 연소가 일어난 후 약 2900 kJ의 열이 방출되어야 초기 상태의 온도를 회복할 수 있다고 한다. 이 경우를 제1법칙으로 표현하면

$${}_1Q_2 = U_2 - U_1 + {}_1W_2$$

이 과정에서 ${}_1W_2 = 0$이며 ${}_1Q_2 = -2900$ kJ이므로 이 시스템의 내부 에너지는 열전달이 일어나는 동안 2900 kJ만큼 감소한다. 이제 식 5.33을 이용하여 이 과정이 일어나는 동안 감소한 질량을 계산하자.

빛의 속도는 2.9979×10^8 m/s 이므로

$$2900 \text{ kJ} = 2\,900\,000 \text{ J} = m \text{ (kg)} \times (2.9979 \times 10^8 \text{ m/s})^2$$

따라서 감소된 질량은

$$m = 3.23 \times 10^{-11} \text{ kg}$$

이와 같이 검사질량의 에너지가 2900 kJ 감소할 때 질량은 3.23×10^{-11} kg만큼 감소하였다.

이 정도 크기의 질량 변화량은 가장 정확한 화학용 저울로서도 측정할 수 없는 양이다. 이 정도의 미소한 질량변화량은 모든 공학용 계산상에 필요로 하는 정확도를 넘어선다. 그러므로 질량보존법칙과 에너지보존법칙을 분리된 법칙으로 사용하여도 대부분의 열역학 문제를 다루는 데 심각한 오차를 초래하지 않을 것이다. 따라서 일정한 질량을 유지한다는 의미의 검사질량이란 정의는 비록 에너지가 변하여도 사용할 수 있다.

5.10 방법론 편

여러 질량에 대한 U(혹은 E)는 어떻게 계산하는가?

검사체적이 서로 다른 상태를 갖는 물질의 조합으로 구성되어 있을 때 내부 에너지(또한 $E = U + \frac{1}{2}m\mathbf{V}^2 + mgh$)는 다음과 같이 각각의 내부 에너지의 합이다.

$$U = \sum mu = m_a u_a + m_b u_b + m_c u_c$$

여기서 질량 m_a를 포함하여 각 질량은 균일한 상태로 가정하였다. 만약 상태가 질량의 내부에서 변한다면 u_a는 질량평균의 값으로 이해해야 한다. 이와 같은 개념은 집중계해석(lumped analysis; 적분 혹은 평균개념)의 기본으로서 질량을 합하는 것과 같이 질량에 저장된 다른 값도 합해져야만 한다.

비열은 언제 사용하는가?

비열인 C_p와 C_v는 각각 P와 v가 일정할 때 함수 $h(T, P)$와 $u(T, v)$의 온도 T에 대한 미분항(기울기)이다. 비열은 실제적으로 P 혹은 v에 의존하지 않는 단상(single phase)영역에서만 유용하다. 이러한 영역이라 함은 고체나 액체(T_c보다 낮은 온도)의 경우가 될 수 있다. 기체에 대해서는 밀도가 낮은(즉, 주어진 온도에서 압력이 충분히 작은) 경우에 적용된다. 그림 3.21에서 보듯이 물(수증기)의 경우 이상기체로 생각할 수 있는 영역(오차 1% 이내)을 음영부분으로 표시하였으며 Ps가 40 kPa보다 적은 경우 모든 영역의

압력과 온도에서 수증기는 이상기체의 거동을 한다. 압력이 낮을수록 이상기체 모델은 더 정확하다(밀도는 더 작아진다).

용해(고체에서 액체)나 증발(액체에서 기체)과 같이 상변화가 동반되면 비열의 항을 사용할 수 없다. 이 경우 증발과정에서 h_{fg}와 같은 h의 변화나 u_{fg}와 같이 u의 변화를 알아야 한다.

일정한 비열은 언제 사용하는가?

제한된 온도 범위와 상(phase)이 하나일 때 범위 내의 평균온도에 해당되는 비열을 사용할 수 있다. T가 너무 높지 않은 경우 표 A.3, A.4 및 A.5에 제시된 기준온도(T_0)에서의 값을 사용할 수 있다. 액체와 고체의 경우 비열 값은 크게 변하지 않기 때문에 상당히 광범위한 온도범위에서도 일정한 비열을 사용하여 u와 h의 변화를 쉽게 계산할 수 있다.

이 장의 요약

사이클에 대한 **에너지보존**(conservation of energy)과 검사질량에 대한 총에너지의 변화를 다루었다. **운동 에너지**(kinetic energy)와 **위치 에너지**(potential energy)는 검사질량에 작용하는 힘을 통해 변화되며 이들 에너지는 **총 에너지**(total energy)의 일부분이다.

내부 에너지(internal energy)와 **엔탈피**(enthalpy) 및 이들의 온도에 대한 미분 값인 **비열**(specific heats, 열용량)이 물질의 물성치로서 정의되었다. 제한된 경우 물성치의 변화가 액체와 고체와 같은 물질의 비압축성 상태 및 이상 기체와 같은 매우 높은 압축성 상태에 대해 제시되었다. 고체와 액체의 비열은 온도에 거의 무관하나 기체의 비열은 온도에 따라 상당히 변한다.

비정상과정의 문제를 풀기위해 에너지 식이 **변화율**(rate form)의 형태로 표현되었다.

본 장을 배운 후 다음의 사항에 대한 이해와 능력을 보유하여야 한다.

- 검사질량에 저장된 총 에너지의 각 성분을 이해하라.
- 하나의 균일한 검사질량에 대해 에너지 식을 적어라.
- 부록 B의 표에서 주어진 상태의 u와 h의 값을 구하라.
- (P, h)와 같은 입력 값이 주어질 때 표에서 이 상태의 위치를 결정하라.
- 표 A.3과 표 A.4를 이용하여 고체와 액체 상태의 u와 h의 변화를 구하라.
- 표 A.5로부터 이상기체 상태의 u와 h의 변화를 구하라.
- 표 A.7과 표 A.8로부터 이상기체 상태의 u와 h의 변화를 구하라.
- 표 A.6에 제시된 C_p는 그림 5.11의 온도에 의존하는 비열에 대한 근사함수이고 표 A.7과 표 A.8은 더 정확한 값을 제시한 표임을 이해하라.
- 일과 열전달을 포함하고 다른 상태 사이를 진행하는 과정에서 검사질량에 대한 질량 보존식과 에너지 보존식을 적어라.
- 질량이 다른 각 상태 사이의 검사질량에 대한 질량 보존식과 에너지 보존식을 적어라
- 변화율의 형태로 에너지 식을 사용하라.
- 질량 보존식(연속식: continuity equation), 에너지 보존식(제1법칙) 및 장치의 거동이나 과정을 표현하는 특정 법칙과 같은 일반 법칙들 사이의 차이점을 이해하라.

주요 개념과 식

총 에너지	$E = U + \mathrm{KE} + \mathrm{PE} = mu + \frac{1}{2}m\mathbf{V}^2 + mgZ$
운동 에너지	$\mathrm{KE} = \frac{1}{2}m\mathbf{V}^2$
위치 에너지	$\mathrm{PE} = mgZ$
비 에너지	$e = u + \frac{1}{2}\mathbf{V}^2 + gZ$
엔탈피	$h \equiv u + Pv$
이상영역에서 질량평균	$u = u_f + xu_{fg} = (1-x)u_f + xu_g$
	$h = h_f + xh_{fg} = (1-x)h_f + xh_g$
비열(열용량)	$C_v = \left(\frac{\partial u}{\partial T}\right)_v;\ C_p = \left(\frac{\partial h}{\partial T}\right)_p$
고체와 액체	비압축성, $v =$ 상수 $\cong v_f$
	$C = C_v = C_p$ (표 A.3과 표 A.4표)
	$u_2 - u_1 = C(T_2 - T_1)$
	$h_2 - h_1 = u_2 - u_1 + v(P_2 - P_1)$ (두 번째 항은 작다.)
	$h = h_f + v_f(P - P_{sat}); u \cong u_f$ (같은 온도에서 포화 상태)
이상기체	$h = u + Pv = u + RT$ (T만의 함수)
	$C_v = \frac{du}{dT};\ C_p = \frac{dh}{dT} = C_v + R$
	$u_2 - u_1 = \int C_v\, dT \cong C_v(T_2 - T_1)$
	$h_2 - h_1 = \int C_p\, dT \cong C_p(T_2 - T_1)$
	표 A.7이나 표 A.8의 왼쪽 항, T_{avg}에서 표 A.6의 중간 항과 오른쪽 항 혹은 표 A.5
변화율의 에너지식	$\dot{E} = \dot{Q} - \dot{W}$ (rate = in − out)
적분된 에너지식	$E_2 - E_1 = {}_1Q_2 - {}_1W_2$ (change +in − out)
	$m(e_2 - e_1) = m(u_2 - u_1) + \frac{1}{2}m(\mathbf{V}_2^2 - \mathbf{V}_1^2) + mg(Z_2 - Z_1)$
복수의 질량과 상태	$E = m_A e_A + m_B e_B + m_C e_C + \cdots$

연습 문제

Homework Problems

개념 문제

5.1 1 cal는 SI 단위로 얼마이며 N-m의 이름은 무엇인가?

5.2 총 에너지에 대해서는 ΔE 혹은 $E_2 - E_1$으로 표기하고 열과 일에 대해서는 ${}_1Q_2$와 ${}_1W_2$로 표기하는 이유는 무엇인가?

5.3 장난감의 스프링을 감거나 고무줄을 늘일 때 일, 에너지 및 열전달의 항에는 어떤 변화가 있는가? 이들을 다시 풀어 놓으면 어떻게 되는가?

5.4 그림 P5.4와 같이 검사체적 A는 피스톤–실린더 내부의 질량이며 검사체적 B는 검사체적 A와 피스톤을 포함한다. 피스톤 외부는 표준대기상태이다. 두 개의 검사체적에 대해 에너지 식과 일의 항을 적어라. 이때 상태 1과 상태 2 사이에 열전달 Q는 영이 아닌 것으로 가정하라.

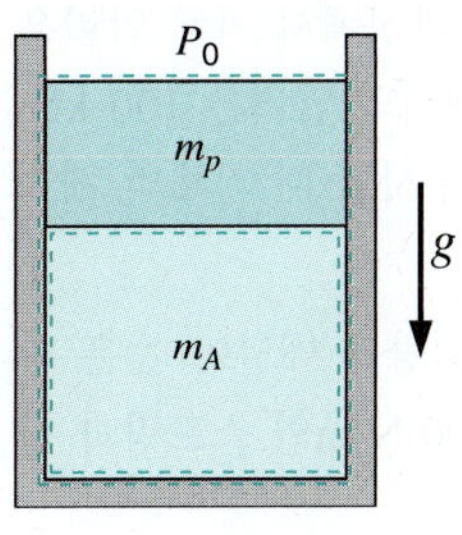

그림 P5.4

5.5 포화수증기는 235°C 부근에서 최대의 u와 h를 갖는다. 다른 물질에 대해서도 그런가?

5.6 압축공기로 채워진 강체 탱크가 다음의 두 경우에 사용된다; a) 피스톤 실린더(원통형 실린더)에 선형 스프링을 장착하여 체적을 증가시킨다. b) 구형 풍선에 공기를 채우다. 두 경우 모두 $P = A + BV$의 관계를 가지며 같은 값의 A와 B라고 가정하라. 각 경우에 대해 일을 구하라.

5.7 10 K의 기체를 $P = C$로 가열한다. 표 A.5에서 어떤 기체가 최대의 에너지를 필요로 하며 그 이유는?

5.8 가열선에 팬으로 공기를 불어 가열하는 방식의 실내 가열기의 용량은 500 W이다. 다음의 각 경우: a) 가열선; b) 실내공기; c) 가열기를 포함한 실내를 검사체적으로 택하여 저장에너지, 일, 열전달 항을 표시하라. 단, 열전달은 +500 W, −500 W 및 0 W로 생각하고 실내 벽이나 창문을 통한 Q는 무시하라.

운동 에너지 및 위치 에너지

5.9 자동차 정비소에서 유압 호이스트(hoist)가 1750 kg의 자동차를 1.8 m 높이로 올린다. 유압펌프는 피스톤에 800 kPa의 일정한 값으로 압력을 가한다. 자동차의 위치 에너지의 증가는 얼마인가? 또한 같은 양의 일을 하기 위해 펌프에 의해 수행된 체적변화를 구하라.

5.10 1200 kg의 자동차가 5초 안에 30에서 50 km/h로 가속된다. 얼마의 일을 했는가? 만약 5초 안에 50에서 70 km/h로 가속하면 일이 같은가?

5.11 항공모함의 비행기는 이륙할 때 수증기로 구동되는 평균 압력 750 kPa의 피스톤/실린더 장치의 도움을 받는다. 3500 kg의 비행기가 속도 0에서 30 m/s로 가속될 때 수증기 피스톤으로부터 25%의 에너지를 받는다. 이 때 필요한 피스톤의 체적 변화량을 구하라.

5.12 실린더의 수증기 압력이 1000 kPa에서 시작하여 최종 압력이 100 kPa까지 체적에 따라 선형적으로 감소한다고 가정하여 문제 5.11를 풀어라.

5.13 1200 kg의 자동차가 400 m 거리에 걸쳐 0에서 100 km/h로 가속된다. 400 m 도로 끝의 높이는 출발지점의 높이보다 100 m 더 높다. 자동차의 운동 에너지와 위치 에너지의 총 증가량은 얼마인가?

5.14 긴 수직 실린더 내부에 25 kg의 피스톤이 기체 상부에 놓여있다. 피스톤은 정지 상태에서 움직이기 시작하여 가속되어 높이 5 m 상부에서 속도 25 m/s에 도달한다. 이 과정에서 기체 압력은 감소하나 평균 압력은 600 kPa이다. 한편 대기의 압력은 100 kPa이다. 기체의 운동 에너지와 위치 에너지를 무시할 때 기체의 체적 변화량을 구하라.

5.15 길이가 5 m인 탄성의 줄에 5 kg의 질량을 매달아 높은 다리에서 떨어뜨린다. 줄은 일직선일 때 $k = 100$ N/m인 스프링과 같다. 질량이 5 m 하부에 위치할 때(줄이 일직선이 될 때) 질량의 속도를 구하라. 질량이 줄에 매달려 튀어 오르고 내린 후 정지될 때 질량의 높이는 얼마인가?

운동 에너지 및 위치 에너지(u, h)

5.16 T, P, v, u, h와 x 중 누락된 상태량을 구하고 T–v 및 P–v 선도에 다음의 상태를 점으로 표시하라.

a. 5000 kPa, $u = 800$ kJ/kg의 물

b. 5000 kPa, $v = 0.06$ m^3/kg의 물

c. 35°C, $v = 0.01$m^3/kg의 R-134a

5.17 T, P, v, u와 x 중 누락된 상태량을 구하고 상(phase)을 결정하라.

a. 5000 kPa, $u = 3000$ kJ/kg의 물

b. 50°C, $v = 0.08506$ m^3/kg의 암모니아

c. 28°C, 1200 kPa의 암모니아

d. 20°C, $u = 350$ kJ/kg의 R-134a

5.18 누락된 상태량을 구하라.

a.	H_2O	$T = 250$°C, $v = 0.02$m^3/kg	$P = ?$ $u = ?$
b.	N_2	$T = 120$ K, $P = 0.8$ MPa	$x = ?$ $h =?$
c.	H_2O	T = −2°C, P = 100 kPa	$u = ?$ $v = ?$
d.	R-134a	$P = 200$ kPa, $v = 0.12$ m^3/kg	$u = ?$ $T = ?$

5.19 온도 120°C, 건도 25%인 물 2 kg이 정적과정으로 온도 20 °C가 증가되었다. 이 상태에서 건도와 비내부 에너지는 얼마인가?

5.20 압력 200 kPa, 건도 25%인 물 2 kg이 정압과정으로 온도 20°C가 증가되었다. 엔탈피 변화량은 얼마인가?

5.21 20°C의 포화액을 일정 온도로 압축하여 고압을 형성하였다. 이 초기 상태에서 최종 압력이 다음과 같을 때 u와 h의 변화량을 구하라.

a. 500 kPa

b. 2000 kPa

c. 20 000 kPa

5.22 암모니아 NH_3의 누락된 상태량을 구하고 상을 결정하라.

a.	$T = 65$°C, $P = 600$ kPa	$u = ?$ $v = ?$
b.	$T = 20$°C, $P = 100$ kPa	$u = ?$ $v = ?$ $x = ?$
c.	$T = 50$°C, $v = 0.1185$ m^3/kg	$u = ?$ $v = ?$ $x = ?$

5.23 i. 누락된 상태량 T, P, v, u와 x를 구하고 상을 결정하라.

a. P = 5000 kPa, u = 1000 kJ/kg에서 H_2O(수증기 표 참고)

b. T = 20°C, u = 300 kJ/kg에서 R-134a

d. T = 250 K, P = 200 kPa에서 N_2

ii. 이상(two-phase)영역을 기준으로 위의 3개 상태를 T–v 선도에 이름을 붙여 점으로 나타내라.

5.24 누락된 상태량을 구하고 물질의 상(phase)을 결정하라.

a. H_2O	T = 120°C,	u = ? P = ? x = ?
	v = 0.5 m^3/kg	
b. H_2O	T = 100°C,	u = ? x = ? v = ?
	P = 10 MPa	
c. N_2	T = 200 K,	v = ? u = ?
	P = 200 kPa	
d. NH_3	T = 100°C,	P = ? x = ?
	v = 0.1 m^3/kg	
e. N_2	T = 100 K,	v = ? u = ?
	x = 0.75	

5.25 T, P, v, u, h와 필요하면 x 중 누락된 상태량을 구하고 물질의 상을 정하고 T–v 선도와 P–v 선도에 포화영역을 기준으로 상태를 나타내라.

a. R-12	P = 500 kPa, h = 230 kJ/kg
b. R-22	T = 10°C, u = 200 kJ/kg
c. R-134a	T = 40°C, h = 400 kJ/kg

에너지: 단순과정

5.26 체적이 100 L인 견고한 탱크 안에 질소가 900 K, 3 MPa의 상태로 들어있다. 탱크가 냉각되어 100 K에 도달했을 때 이 과정에서 발생한 일과 열전달량을 구하라.

5.27 견고한 탱크에 300°C, 1200 kPa의 물이 0.75 kg 들어 있다. 물이 냉각되어 최종 압력이 300 kPa이 되었다. 최종 온도와 이 과정 동안 일과 열전달량을 구하라.

5.28 20°C, 100 kPa의 액체 상태의 물 2 kg에 20 kJ의 에너지를 정압하에 가하였다. 가열 후의 온도는 얼마인가? 일정한 수평력을 가하면 얼마나 빨리 움직이는가? 상부로 움직일 수 있게 하면 얼마나 상승하겠는가?

5.29 마찰이 없는 피스톤이 장착된 실린더 내부에 R-134a 냉매의 과열 증기 2 kg이 350 kPa, 100°C 상태로 들어 있다. 압력이 유지된 상태에서 실린더는 냉각되어 냉매가 75%의 건도로 되었다. 이 과정 동안 열전달량을 구하라.

5.30 체적이 200 L인 강체 탱크에 0°C, 건도 60%의 암모니아가 들어있다. 탱크와 암모니아를 가열하여 최종 압력이 1 MPa에 도달했다. 이 과정 동안 열전달량을 구하라.

5.31 피스톤/실린더 내부의 체적은 1 m^3이며 20°C의 물 1 kg이 들어있다. 누군가 실수로 피스톤을 움직이지 못하게 하고 물을 가열시켜 포화 증기가 되게 하였다. 이 상태의 온도와 이 과정에서의 열전달량을 구하라.

5.32 체적이 0.1 L로 일정한 시험용 실린더가 임계점의 물을 포함하고 있다. 실린더를 냉각하여 20°C의 실온까지 감소했을 때 물로부터의 열전달량을 계산하라.

5.33 문제 4.30의 과정에 대한 열전달량을 구하라.

5.34 체적이 10 L인 강체탱크에 −10°C, 건도 80%의 R-22가 들어있다. 가열선을 탱크 내에 장치해서 전압 6 V, 전류 10 A로 10분 동안 가열하여 R-22의 온도가 40°C로 상승하였다. 이 과정 동안 열전달이 탱크로 유입되었는지 방출되었는지를 결정하고 열전달량을 구하라.

5.35 피스톤/실린더 내에 400 kPa의 포화 수증기가 0.2 kg 들어 있다. 이를 정압 하에 냉각시켜 초기 체적의 반이 물로 채워졌다. 이 과정 동안 열전달량을 구하라.

5.36 그림 P5.36과 같이 120°C, 25% 건도의 물 2 kg이 정적 과정하에 20°C가 상승하였다. 이 과정에서 열전달량과 일은 얼마인가?

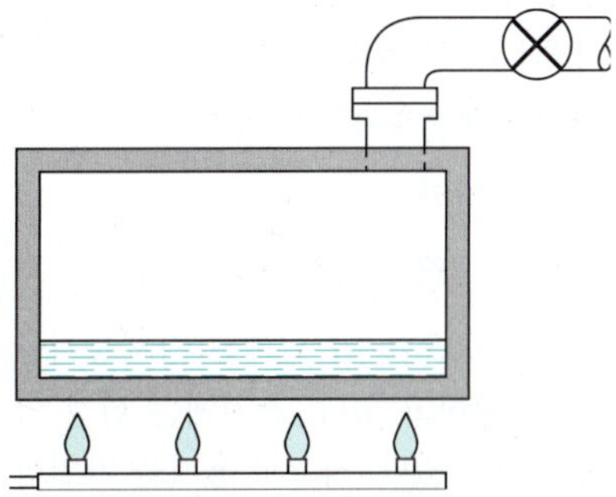

그림 P5.36

5.37 질량 25 kg의 물체가 25 m/s로 움직이고 있다. 이 물체를 완전히 정지시키기 위해 제동장치를 작동시켜 5초 동안 등감속을 시켰다. 제동 시 발생한 에너지는 초기상태가 20°C, 100 kPa 인 0.5 kg의 물에 흡수되었다. 물체의 압력과 온도는 일정하다고 가정할 때 물체로부터 제거된 제동 에너지를 구하고 등압 과정으로 가정한 물의 온도증가를 구하라.

5.38 피스톤이 장착된 실린더의 내부는 체적이 45 L이며 25°C, 건도 90%의 R-12를 포함하고 있으며 외부는 열차단이 되어 있다. 피스톤을 움직이게 하여 R-12가 포화기체가 될 때까지 팽창시켰다. 이 과정 동안 R-12는 피스톤에 대해 7.0 kJ의 일을 했다. 단열과정으로 가정할 때 최종상태의 온도를 구하라.

5.39 문제 4.34에서 과정이 진행되는 동안 열전달량을 구하라.

5.40 그림 P5.40과 같이 체적이 1 m^3이고 20 MPa, 360°C의 물이 가득 찬 반응로를 저장고 내부에 위치시켰다. 저장고는 외부와 단열시켰으며 초기에는 진공 상태이다. 사고로 반응로가 파열되어 물이 저장고를 가득 채웠다. 저장고 내부의 최종 압력이 200 kPa을 넘지 않게 하기 위한 최소한의 체적을 구하라.

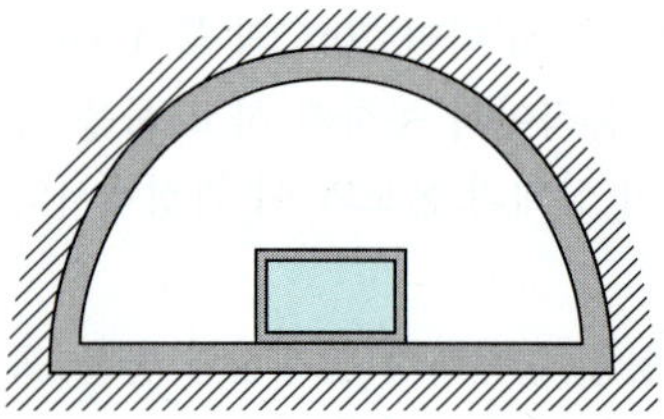

그림 P5.40

5.41 그림 P5.41과 같은 피스톤/실린더 장치에 외부 대기압과 피스톤 질량으로 인한 내부 압력이 150 kPa이 되도록 하였다. 피스톤 내부에 −2°C인 물을 포화 증기가 될 때까지 가열하였을 때 최종 상태의 온도와 단위 질량 당 일 및 열전달량을 구하라.

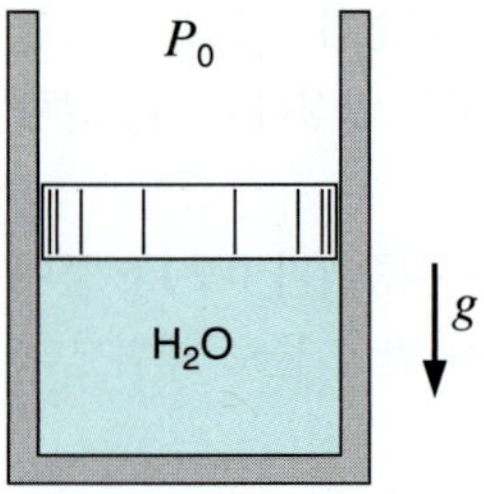

그림 P5.41

5.42 피스톤/실린더 장치에 20°C, 300 kPa의 물 1 kg이 들어 있다. 피스톤에는 선형 스프링이 장착되어 있다. 물을 가열하여 피스톤 내부 압력이 1 MPa, 체적이 0.1 m³이 되었다.

a. 이 과정을 P–v 선도에 그리고 최종온도를 구하라.

b. 이 과정 동안 일과 열전달량을 구하라.

5.43 문제 4.35의 과정이 진행되는 동안 열전달량을 구하라.

5.44 그림 P5.44와 같이 체적이 0.05 m³인 밀폐된 강체용기에 −20°C, x = 20%의 암모니아를 포함하고 있다. 용기에는 설정 압력이 1.4 MPa인 안전밸브가 장착되어 있다. 사고로 용기를 가열하여 안전밸브가 열리게 되었다. 밸브가 열리는 순간 온도와 열전달량을 구하라.

그림 P5.44

5.45 압력 200 kPa, 25% 건도의 물 2 kg이 정압과정 하에 20°C가 상승되었다. 이 과정에서 열전달량과 일은 얼마인가?

5.46 피스톤/실린더 내에 온도 100 K, x = 0.5인 질소 2 kg이 정압과정 하에 300 K로 가열되었다. 초기 및 최종 체적을 구하고 필요한 총 열전달량을 구하라.

5.47 체적이 각각 1 m³인 두 개의 탱크가 밸브와 관으로 그림 P5.47와 같이 연결되어 있다. 탱크 A에는 20°C, 건도 15%의 R-134a로 채워져 있으며 탱크 B는 진공상태이다. 밸브가 열리고 두 개의 탱크 압력이 같아질 때까지 포화 증기가 탱크 A에서 B로 흐른다. 이 과정은 매우 천천히 진행되기 때문에 과정이 진행되는 동안 온도가 20°C로 일정하게 유지된다. 이 과정 동안 R-134a에 전달된 총 열전달량을 구하라.

그림 P5.47

5.48 문제 5.47과 같은 시스템에서 밸브가 열려 두 탱크에 액체가 남아있지 않게 열을 충분히 가할 때 필요한 열전달량을 구하라.

5.49 피스톤/실린더 장치에 R-134a의 냉매가 20°C, 0.5 MPa의 과열 상태로 들어있다. 피스톤의 냉매를 등온 과정으로 식혀서 건도 50%의 이상(two-phase)영역으로 최종 상태에 도달하였다. 냉매의 질량은 5 kg이며 이 과정 동안 냉매로부터 방출된 열량은 500 kJ이었다. 초기 상태와 최종 상태의 체적을 구하고 필요한 일을 구하라.

5.50 체적 1 L의 캡슐(capsule)에 700 kPa, 150°C의 물이 들어있다. 이 캡슐은 외부가 단열되고 내부가 진공으로 된 큰 용기 안에 놓여져 있다. 캡슐이 파열되어 물이 전체 용기를 가득 채울 때 용기 내부 압력이 125 kPa를 초과하지 않는다면 용기의 체적은 얼마가 되어야 하는가?

5.51 그림 P5.51과 같이 견고한 탱크가 박막(membrane)에 의해 두 개의 공간으로 나누어져 있으며 각 공간은 물로 채워져 있다. 공간 A는 200 kPa, v = 0.5 m³/kg, V_A = 1 m³이며 공간 B는 0.5 MPa, 400°C로서 질량 3.5 kg이 들어있다. 이제 박막이 파열되고 열전달이 일어나서 섞인 물은 100°C의 균일한 상태가 되었다. 이 과정 동안 열전달량을 구하라.

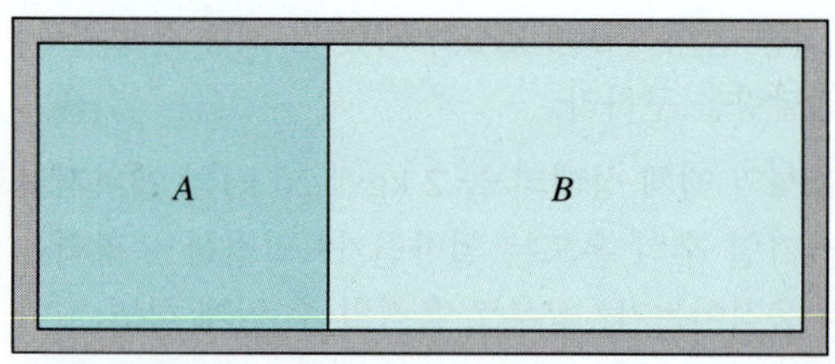

그림 P5.51

5.52 그림 P5.52에 보듯이 높이가 10 m이고 단면적이 A_{cyl} = 0.1 m²인 개방형 실린더에 질량이 198.5 kg의 얇고 단열된 피스톤이 위쪽과 아래쪽의 물 사이에 떠있다. 피스톤 위에는 20°C의 물이 차 있고 아래에는 20°C의 물 2 kg이 들어있다. 표준 중력가속도 g와 대기압 P_0를 가정한다. 아래쪽의 물에 열을 가하면 팽창하여 피스톤이 위로 밀리며 위쪽의 물은 용기를 넘치게 된다. 이 과정이 계속되어 피스톤이 실린더 상부에 도달할 때 피스톤 아래쪽 물의 최종 상태(T, P, v)를 구하고 이때까지 가한 열량을 구하라.

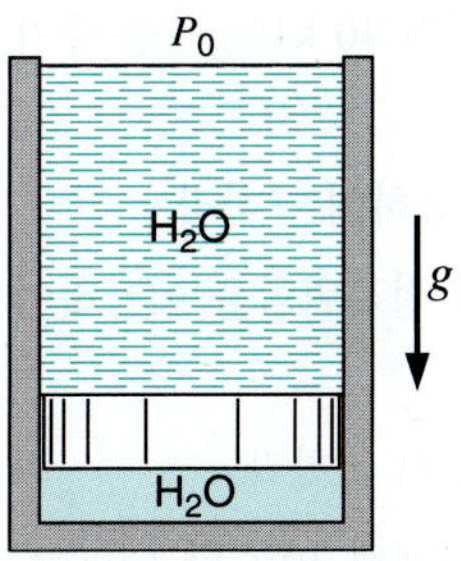

그림 P5.52

에너지: 복합과정

5.53 피스톤/실린더 장치에서 10 kg의 물이 100 kPa에서 건도 50%의 포화 액체/기체로 들어있다. 시스템을 가열하여 체적이 3배로 증가하였다. 그림 P5.59에서와 같이 피스톤의 질량은 실린더의 내부압력이 200 kPa일 때 위로 움직이기 시작한다. 최종 온도와 이 과정의 열전달량을 구하라.

5.54 그림 P5.54와 같이 피스톤이 설치된 수직 실린더에 10°C의 R-22가 5 kg 들어있다. 실린더에 열을 가해 피스톤이 멈추개에 이를 때까지 상승하였다. 이때의 체적은 초기 체적의 두 배이다. 이 상태에서 열을 더 가하여 실린더 내부의 온도가 50°C, 압력이 1.3 MPa에 도달하였다.

a. 초기 상태의 건도는 얼마인가?

b. 전체 과정의 열전달량은 얼마인가?

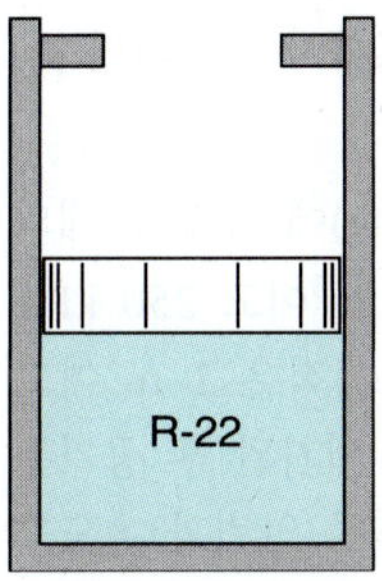

그림 P5.54

5.55 문제 4.59에서 열전달량을 구하라.

5.56 그림 P5.56와 같은 피스톤/실린더 장치에 질량을 무시할 수 있는 피스톤이 멈추개에 걸려 있다. 피스톤 내부의 체적은 0.5 m^3이고 R-12가 2 MPa, 150°C로 들어있다. 피스톤 상부는 10°C, 450 kPa의 공기 공급관이 밸브에 의해 연결되어 있다. 전체 시스템이 주위온도 10°C까지 냉각될 때 열전달량을 구하고 이 과정을 P–v 선도에 그려라.

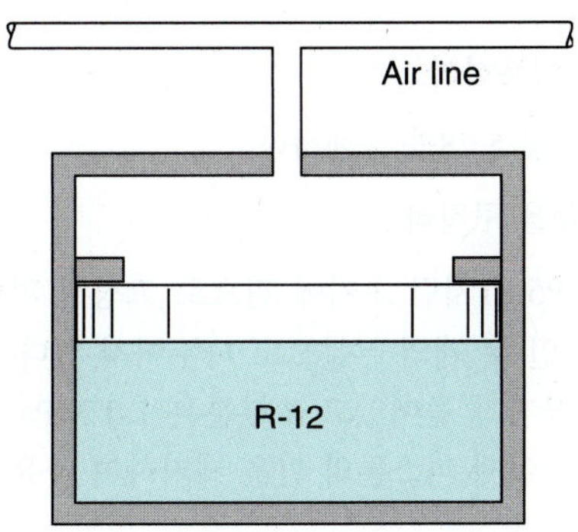

그림 P5.56

5.57 문제 4.58에서 열전달량을 구하라.

5.58 문제 4.62의 과정에서 열전달량을 구하라.

5.59 실린더/피스톤 장치에 100°C, x = 20%의 물이 5 kg 들어있다. 피스톤의 질량(m_p)는 75 kg이며 그림 P5.59처럼 멈추개 위에 놓여있다. 대기압은 100 kPa이며 실린더 단면적은 24.5 cm^2이다. 이제 물을 가열하여 포화 증기 상태에 도달하였다. 초기 상태의 체적, 최종 상태의 압력, 일 및 열전달량을 구하고 이를 P–v 선도에 나타내라.

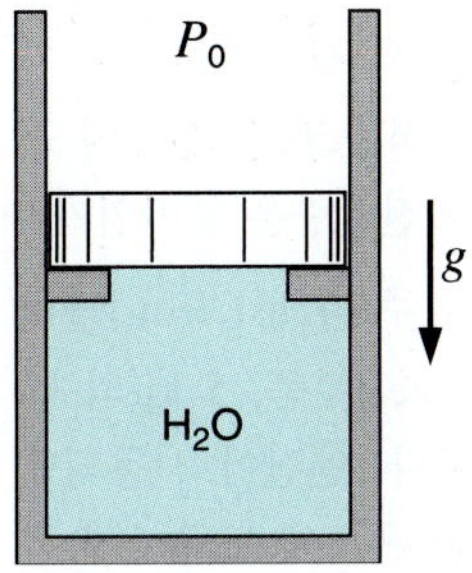

그림 P5.59

에너지 식: 고체와 액체

5.60 싱크대에 70°C의 물 5리터가 각각 20°C인 1 kg의 알루미늄포트, 1 kg의 강제(steel) 접시류와 1 kg의 유리제품과 섞여 있다. 열손실과 일을 무시할 때 최종 균일온도는 얼마인가?

5.61 온수를 틀 때 온수용 배관의 질량으로 인해 온수가 즉시 나오지 않으므로 배관을 가열해야 한다. 100 kPa, 80°C의 온수가 45°C로 냉각되고 15 kg의 구리배관은 20°C에서 45°C까지 가열된다. 필요한 물의 질량(kg)은 얼마인가?

5.62 체적이 1 L인 구리 블록을 열처리하기 위해 500°C까지 가열하고 그림 P5.62에 보듯이 온도가 20°C이며 체적이 200 L인 기름통에 넣어 냉각시킨다. 주위와 열교환이 없다고 가정할 때 최종 온도는 얼마인가?

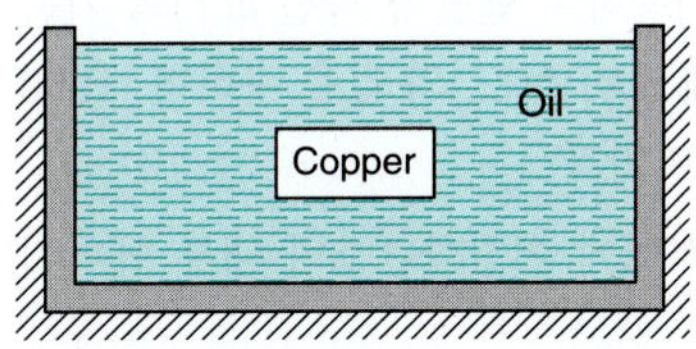

그림 P5.62

5.63 태양열을 이용한 주택을 설계하는데 열저장조 재료로서 두꺼운 콘크리트 바닥재를 사용하기로 하였다. 콘크리트의 두께는 30 cm이며 주간에 태양에 노출되는 면적은 4 m × 6 m이다. 이 크기의 재료는 낮 동안 약 3°C의 온도가 상승될 것으로 예측된다. 야간에는 얼마의 에너지를 난방용으로 사용할 수 있는가?

5.64 강제(steel)인 1 kg의 포트 내에 1 kg의 물이 들어있다. 초기 온도는 모두 15°C이며 난로에 올려 물이 끓는점까지 가열을 하였다. 공기가 가열되는 것을 무시할 때 필요한 총 에너지량을 구하라.

5.65 질량 1275 kg의 자동차가 60 km/h의 속도로 주행 중이다. 속도를 20 km/h로 줄이기 위해 브레이크를 작동했다. 브레이크

패드(pad)는 0.5 kg의 질량과 1.1 kJ/kg K의 비열을 갖고 있으며 브레이크 디스크/드럼은 질량 4.0 kg의 강철(steel)이다. 두 개의 질량이 균일하게 가열된다고 할 때 브레이크 어셈블리(assembly)의 온도는 얼마나 상승하는가?

5.66 컴퓨터 CPU칩은 50 g의 실리콘과 20 g의 구리 및 50 g의 염화폴리비닐(플라스틱)로 구성되어 있다. 컴퓨터의 전원을 켜면 칩의 온도는 15°C로부터 70°C까지 상승된다. 이 칩이 가열되는 데 필요한 에너지는 얼마인가?

5.67 질량이 25 kg이며 −10°C를 유지하는 강철탱크에 온도 30°C의 우유 100 kg을 채웠다(우유는 물과 같은 상태량이라고 가정한다). 최종적으로 저장실 내에서 우유와 강철탱크는 +5°C의 균일한 온도로 바뀌었다. 이 과정 동안 필요한 열전달량은 얼마인가?

5.68 그림 P5.68과 같이 엔진은 100 kg의 주철(cast iron)블럭과 20 kg의 알루미늄 헤드, 20 kg의 강제(steel)부품, 5 kg의 엔진오일, 6 kg의 글리세린(부동액)으로 구성된다. 엔진이 시동되면 7000 kJ의 열을 흡수하여 정상 상태의 균일한 온도에 도달하게 된다. 이때의 온도는 얼마인가?

Automobile engine 그림 P5.68

이상기체(u, h, C_v 및 C_p)

5.69 이상기체 공기표 A.7을 사용하여 엔탈피 곡선 $h(T)$의 기울기인 $\Delta h/\Delta T$를 이용하여 300 K에서 비열(C_p)의 값을 구하라. 1000 K와 1500 K에서의 비열 값은 얼마인가?

5.70 온도 600 K와 1200 K 사이에 이산화탄소의 내부 에너지(u)의 변화를 구하고자 한다.

a. 표 A.5로부터 일정한 정적비열(C_{v0})을 이용하여 구하라

b. 표 A.6의 식에 구간 평균온도를 이용한 정적비열(C_{v0})을 이용하여 구하라.

c. 표 A.8의 주어진 내부 에너지(u) 값으로부터 구하라.

5.71 400 kPa의 물이 정압과정으로 150°C로부터 1200°C까지 가열된다. 비내부 에너지 변화량을 다음을 이용하여 구하라.

a. 수증기 표

b. 이상기체 표 A.8

c. 표 A.5의 비열

5.72 온도 1200 K의 질소기체가 내부 에너지 40 kJ/kg만큼 증가할 때 상승한 온도를 구하고자 한다.

a. 표 A.5로부터 일정한 정적비열(C_{v0})을 이용하여 구하라

b. 표 A.6의 식을 이용하여 온도 1200 K의 정적비열을 이용하여 구하라.

c. 표 A.8의 주어진 내부 에너지(u) 값으로부터 구하라.

5.73 특수한 경우를 해석하기 위해 100 kPa에서 30°C와 1500°C 사이의 이산화탄소 엔탈피 변화를 계산하고자 한다. 다음 방법들을 고찰하여 가장 정확한 방법을 찾아라.

a. 표 A.5로부터 일정한 비열 값을 찾아 사용하라.

b. 표 A.8에 주어진 이상기체표로부터 엔탈피를 찾아라.

5.74 다음의 이상기체들이 500 K로부터 1500 K까지 가열된다. 표 A.5에 주어진(실온에서 비열) 일정한 비열 값을 이용하여 엔탈피 변화량을 구하라. 또한 결과의 정확성에 대해 논하라.

a. 아르곤(Argon)

b. 산소(Oxygen)

c. 이산화탄소(Carbon dioxide)

에너지 식: 이상기체

5.75 강체 탱크 내부의 공기가 300 K로부터 350 K까지 가열된다. ${}_1q_2$를 구하라. 공기가 1300 K로부터 1350 K까지 가열되면 ${}_1q_2$는 얼마인가?

5.76 단열되어 있는 강체 탱크가 강판(stiff plate)에 의해 두 개의 공간으로 분리되어 있다. 공간 A의 체적은 0.5 m^3이고 250 kPa, 300 K의 공기를 포함하고 있으며 공간 B의 체적은 1 m^3이고 150 kPa, 1000 K의 공기가 들어 있다. 강판이 제거된 후 공기는 외부와 열교환이 없이 균일 상태에 도달한다. 최종 압력과 온도를 구하라.

5.77 체적이 250 L인 강체 탱크가 500 K, 1500 kPa의 메탄(methane)을 포함하고 있다. 메탄이 300 K까지 냉각될 때 메탄을 이상기체로 생각하여 질량과 냉각 시 열전달량을 구하라.

5.78 강체용기에 질량 2 kg의 이산화탄소가 100 kPa, 1200 K로 들어 있다. 이를 가열하여 1400 K로 상승시켰다. 다음의 방법을 이용하여 열전달량을 구하라.

a. 표 A.5의 비열을 이용하라.

b. 표 A.8에 주어진 상태량을 이용하라.

5.79 질소가스(N_2)에 대해 문제 5.78를 수행하라.

5.80 문제 4.36에서 열전달량을 구하라.

5.81 단열된 실린더가 그림 P5.81처럼 초기에 핀으로 고정된 피스톤에 의해 체적이 각각 1 m^3인 두 개의 부분으로 나누어져 있다. A 부분은 200 kPa, 300 K의 공기가 들어있고 B 부분은 1.0 MPa, 1000 K의 공기가 채워져 있다. 이제 피스톤의 핀을 제거하여 자유

롭게 움직이게 하였으며 공기의 온도는 피스톤의 열전도(heat conduction)에 의해 균일한 온도 $T_A = T_B$로 되었 다. A 부분과 B 부분의 질량을 각각 구하고 최종상태의 온도와 압력을 구하라.

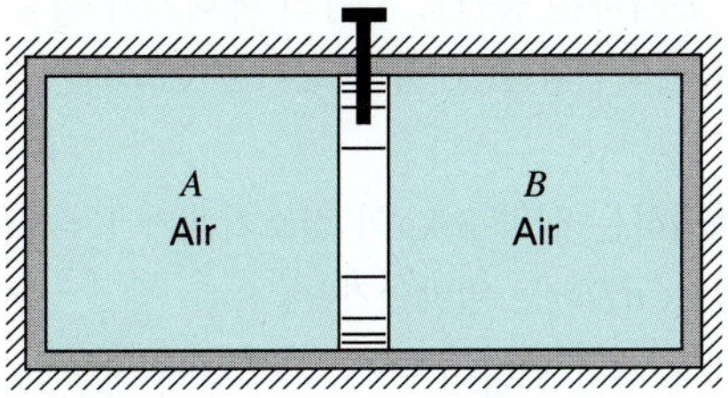

그림 P5.81

5.82 체적이 0.01 m^3인 피스톤/실린더 내부에 600 kPa, 290 K의 공기가 채워져 있다. 등압 과정으로 18 kJ의 일을 외부로 할 때 공기의 최종 온도와 열전달량을 구하라.

5.83 선형 스프링이 달린 피스톤/실린더 내부에 500 kPa, 400°C의 이산화탄소 2 kg이 들어있다. 이를 온도 40°C, 압력 300 kPa까지 냉각하였다. 이 과정 동안 열전달량을 구하라.

5.84 정압하에 100 kPa, 400 K의 물을 전기적으로 700 kJ/kg만큼 가열하였다. 다음의 방법으로 최종온도를 구하라.

a. 표 B.1의 증기표

b. 표 A.8의 이상기체

c. 표 A.5의 일정한 비열 값

5.85 문제 4.52에서 헬륨(helium)에 대한 비 열전달량을 구하라.

5.86 피스톤/실린더 내부에 300 K, 150 kPa의 공기 0.5 kg이 채워져 있다. 공기는 2단계 과정으로 가열된다. 1단계에서는 정적 과정으로 1000 K까지 가열되며(상태 2) 2단계에서는 정압 과정으로 1500 K까지 가열된다(상태 3). 전체 과정이 진행되는 동안 열전달량을 구하라.

5.87 그림 P5.87과 같이 피스톤/실린더 내부에 2000 kPa, 1000 K의 공기 0.5 kg이 들어 있다. 실린더에는 멈추개가 있어 최소 체적(V_{min})은 0.03 m^3이다. 실린더와 외부 사이의 열전달에 의해 공기는 400 K까지 냉각된다. 공기의 최종 체적과 압력을 구하라(피스톤이 멈추개에 닿을 것인가?). 또한 과정 동안 일과 열전달량을 구하라.

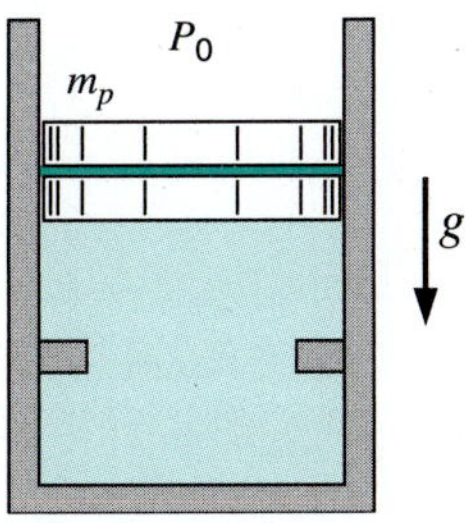

그림 P5.87

5.88 선형스프링이 달린 피스톤/실린더 내부에 27°C, 160 kPa의 공기가 1.5 kg 들어있다. 압력과 체적은 선형적 관계를 가지며 공기는 900 K까지 가열되어 최종체적이 초기체적의 2배가 되었다. 이 과정을 P–v 선도에 그리고 일과 열전달량을 구하라.

에너지 식: 폴리트로프 과정

5.89 피스톤/실린더 장치에 300 K, 100 kPa의 공기 0.1 kg이 들어있다. 공기를 서서히 등온 과정(T = 일정)으로 압축하여 최종 압력이 250 kPa이 되었다. 이 과정을 P–V 선도에 나타내고 이 과정 동안 일과 열전달량을 구하라.

5.90 문제 4.45에서 열전달량을 구하라.

5.91 체적이 0.1 m^3인 피스톤/실린더 장치 내부에 300 K, 100°C의 산소가 들어있다. 이 산소를 지수 n = 1.2의 폴리트로프 과정으로 압축하여 최종 온도가 200°C가 되었다. 이 과정 동안의 열전달량을 구하라.

5.92 체적 0.25 m^3의 헬륨 가스가 125 kPa, 350 K로부터 100 kPa까지 지수 n = 1.667의 폴리트로프 과정으로 팽창한다. 이 과정 동안 열전달량은 얼마인가?

5.93 문제 4.48에서 열전달량을 구하라.

5.94 그림 P5.94와 같이 피스톤/실린더 내에 750 K, 1500 kPa의 질소 기체가 들어있다. 질소는 지수 n = 1.2의 폴리트로프 과정으로 P = 750 kPa까지 팽창한다. 최종 온도를 구하고 이 과정 동안 비일과 비열전달량을 구하라.

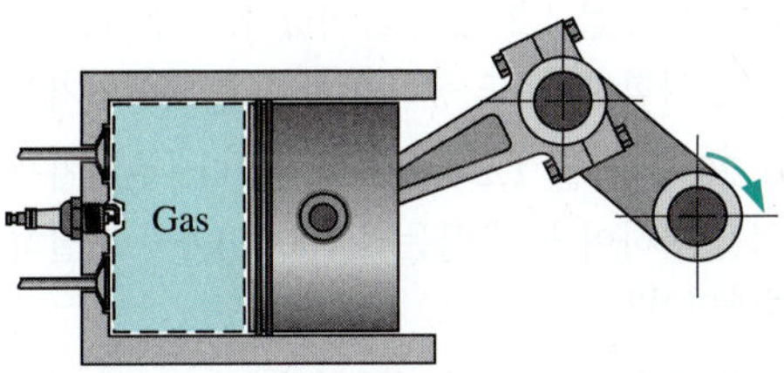

그림 P5.94

5.95 체적이 0.001 m^3인 피스톤/실린더 장치에 300 K, 150 kPa의 공기가 들어있다. 공기를 $PV^{1.25} = C$의 폴리트로프 과정으로 압축하여 최종 압력이 600 kPa이 되었다. 공기에 의해 수행된 일과 열전달량을 구하라.

5.96 그림 P5.96과 같이 자동차의 피스톤/실린더 장치에 90 kPa, 20°C의 공기 0.2 L가 들어있다. 공기는 폴리트로프 지수 n = 1.25의 준평형 폴리트로프 과정으로 압축되어 최종 체적이 초기체적의 1/6이 되었다. 최종 압력, 온도 및 이 과정 동안의 열전달량을 구하라.

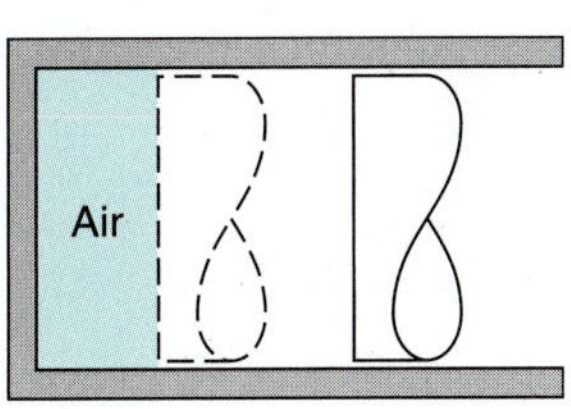

그림 P5.96

5.97 피스톤/실린더 장치의 초기 체적은 0.025 m^3이며 180°C의 포화수증기가 들어있다. 수증기는 폴리트로프 지수 n = 1의 폴리트로프 과정으로 팽창한다. 최종 압력이 200 kPa일 때 수증기가 팽창하면서 피스톤에 일을 하는 동안 열전달량을 구하라.

5.98 피스톤/실린더 장치에 공기가 400 kPa, 600 K의 초기 상태에로부터 폴리트로프 과정으로 150 kPa, 400 K의 최종상태까지 팽창하였다. 폴리트로프 지수 n을 구하고 표 A.5의 일정한 비열을 이용하여 공기의 단위 질량 당 일과 열전달량을 구하라.

5.99 피스톤/실린더 장치에 700 kPa, 40°C의 프로판 기체 1 kg이 들어있다. 피스톤의 단면적은 0.5 m^2이며 피스톤에 작용하는 총 외력은 실린더 체적의 제곱에 비례한다. 프로판 기체를 700°C까지 가열할 때 실린더 내부의 최종 압력과 프로판 기체가 한 일을 구하고 이 과정 동안의 열전달량을 구하라.

5.100 체적이 100 L인 피스톤/실린더 장치에 140 kPa, 10°C의 알곤 기체가 들어있다. 이 기체를 폴리트로프 과정으로 압축하여 700 kPa, 280°C가 되었다. 폴리트로프 지수를 계산하고 이 과정의 열전달량을 구하라.

에너지 식: 폴리트로프 과정

5.101 동력 2 kW를 사용하는 기중기가 100 kg의 상자를 20 m 높이로 들어 올린다. 시간이 얼마나 걸리는가?

5.102 동력 1 kW를 사용하는 기중기가 450 kg의 무게를 수직으로 상승시킨다. 기중기가 얼마나 빨리 들어 올릴 수 있는가?

5.103 주전자에 온도 20°C의 물 1.2 kg이 들어있다. 주전자를 난로에 올려 1250 W의 열을 가할 때 온도 증가율(K/s)은 얼마인가?

5.104 주전자에 온도 20°C의 물 1.2 kg이 들어있다. 주전자를 난로에 올려 1250 W 열을 가하여 물이 끓는점(100°C)까지 도달하는 데 걸리는 시간은 얼마인가?

5.105 체적이 200 m^3인 밀폐된 방 안에 컴퓨터가 10 kW의 에너지율로 방열하고 있다. 실내는 50 kg의 나무와 25 kg의 강철 그리고 공기로 구성되어 모두 100 kPa, 300 K를 유지하고 있다. 모든 재료가 균일하게 가열된다고 가정하면 실내온도를 10°C 상승시키는 데 걸리는 시간은 얼마인가?

5.106 휴식을 취하고 있는 사람이 주위로 방출하는 열전달률(rate of heat transfer)은 약 400 kJ/h이다. 100명이 있는 음악당의 환기장치가 고장이라고 가정한다. 음악당의 체적은 1500 m^3이며 초기에 300 K, 101 kPa을 유지하는 공기로 사람의 에너지가 방출되기 시작할 때 실내공기의 온도변화율(분 당 상승하는 온도)을 구하라.

5.107 온도 2000 K를 유지하는 질량 3 kg의 질소기체가 $V = C$의 과정으로 500 W 냉각된다. $dT/\delta t$는 얼마인가?

5.108 우주선의 가열기가 갑자기 고장이 났다. 우주선의 내부 체적은 10 m^3이며 100 kPa, 25°C의 공기로 채워져 있었다. 우주선은 복사(radiation)에 의해 100 kJ/h로 열을 뺏기며 내부 전기제품으로부터 75 kJ/h의 열을 공급받는다. 내부 공기의 공기 온도가 −20°C에 도달하는 데 걸리는 시간은 얼마인가?

5.109 피스톤/실린더 형의 증기 발생기 장치는 200 kPa의 정압 하에서 포화 액체에 열을 가해 포화 증기를 만든다. 가열동력이 1.5 kW일 때 생산되는 포화 증기의 질량유량률(kg/s)을 구하라.

5.110 주전자의 물을 난로에 올려 325 W로 가열시켰다. 이를 정압 과정이라고 가정할 때 증발되는 질량유량률(kg/s)은 얼마인가?

5.111 건설 현장에 사용할 소형 엘리베이터를 설계하고자 한다. 엘리베이터는 몸무게가 75 kg의 인부 4명을 2분 안에 100 m 높이의 빌딩 꼭대기로 올려야 한다. 엘리베이터 케이지(cage)는 무게의 균형을 맞추기 위해 평형추(counterweight)가 달려있다. 이 장치를 구동하는 데 필요한 최소용량의 전기모터 동력은 얼마인가?

5.112 경화 전 콘크리트를 타설하여 경화시킬 때 화학변화에 의해 2 W/kg의 에너지를 방출한다. 타설된 콘크리트의 중앙에서는 열이 손실되지 않으며 평균 비열이 0.9 kJ/kg K이라 가정한다. 경화 과정 1시간 후에 상승하는 온도를 구하라.

5.113 체적이 0.1 m^3인 피스톤/실린더 장치 내의 물이 700 kPa, 건도 90%로 들어있다. 가열기를 작동시켜 2.5 kW로 물을 가열시킬 때 물이 모두 증발되는 데 걸리는 시간을 구하라.

5.114 정면적(frontal area)이 A = 2 m^2인 자동차가 20°C의 공기 속을 80 km/h의 속도로 운전될 때 항력은 $F_d = 0.025A\ \rho_{air}\mathbf{V}^2$으로 계산할 수 있다. 필요한 동력은 얼마인가? 또한 견인력(traction force)은 얼마인가?

제 6 장

검사체적에 대한 제1법칙 해석

First-Law Analysis for a Control Volume

이 장의 주제

- 순 질량 보존과 검사체적
- 정상 상태 과정
- 천이 과정
- 검사체적에 대한 열역학 제1법칙
- 정상 상태 과정의 예
- 방법론 편

앞 장에서 과정(process)을 진행하는 검사질량의 제1법칙 해석(에너지평형)에 대하여 다루었다. 제2장에서 논의한 바와 같이 실제 많은 열역학 문제에서는 검사질량의 해석 방법보다는 좀 더 일반적인 검사체적의 기법을 이용하는 것이 편리하다. 본 장에서는 물질의 유동이 있을 경우 검사체적 해석에 적용할 질량 보존 및 에너지 보존 식을 다룰 것이다.

6.1 순 질량 보존과 검사체적

검사체적이란 특정한 연구나 해석을 위해 연구자가 관심을 두고 있는 공간 상의 체적을 의미한다. 이 검사체적의 표면은 검사표면(control surface)이라 하며 검사체적을 정의하기 위해 폐쇄된 면(closed surface)들로 구성된다. 검사체적의 크기나 모양은 임의로 정할 수 있으며 해석 목적에 따라 적절하게 정의할 수 있다. 한편 검사표면은 고정될 수도 있으며 팽창이나 수축으로 인해 움직일 수도 있으나 반드시 특정 좌표계에 상대적으로 정의되어야만 한다. 어떤 해석에 있어서는 좌표계의 회전이나 이동을 고려해야 하며 검사표면의 위치는 이런 좌표계에 상대적으로 나타나야 한다.

열이나 일처럼 질량도 검사표면을 통과할 수 있으며 검사체적 내의 질량은 물론 질량이 가지고 있는 상태량도 시간에 따라 변한다. 그림 6.1은 검사체적의 개략도를 나타내며 체적 내부에서 발생하는 열전달, 축일, 경계 이동, 질량의 저장 및 질량의 유동을 보여주고 있다. 검사체적에서 발생하는 질량 유동, 에너지의 유동 및 질량의 저장을 확인하고 분석하는 것은 매우 중요하다.

검사체적에 관련된 **질량 보존**(conservation of mass)의 법칙을 생각하고자 한다. 5.9절에서 다루었듯이 질량에 관한 물리적인 법칙에 따르면 질량이란 생성되거나 소멸될 수 없다는 것이다. 검사체적에 대한 질량 보존 법칙을 수학적으로 표현할 때 검사체적의 내부로 유입되는 질량 유동과 외부로 유출되는 질량 유동 및 체적 내부의 질량의 순증가량(net increase)을 고려하여야 한다. 그림 6.2에 도시한 것과 같이 실린더/피스톤과 두 개의 배관이 장착된 탱크와 같은 좀 더 단순한 검사체적을 생각해 보자. 검사체적에 질량을 더하거나 감하게 되면 검사체적 내의 질량 변화율은 영이 아니며 다음의 식으로 표현할 수 있다.

$$\text{질량 변화율} = +\text{유입유량} - \text{유출유량}$$

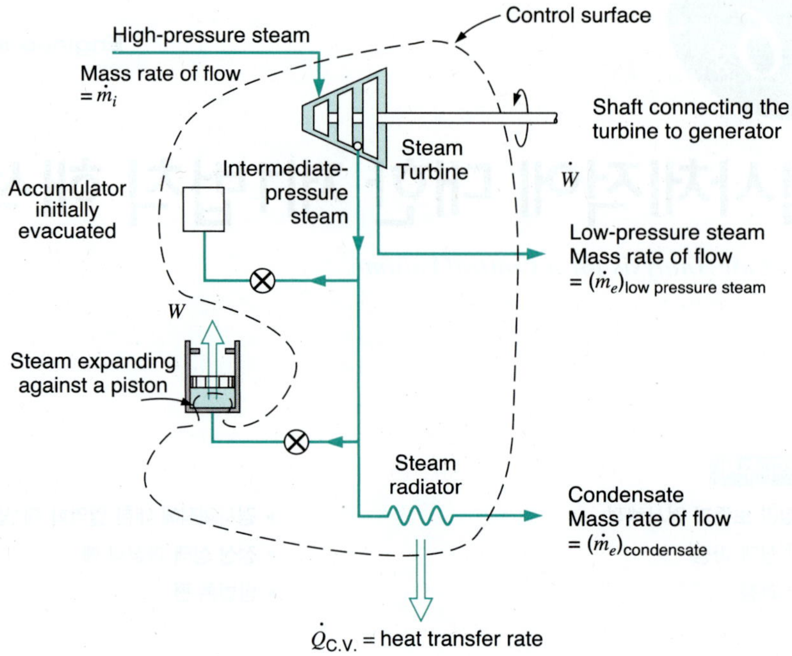

그림 6.1 질량 및 에너지 전달, 저장 (accumulation)을 나타내는 검사체적의 개략도.

유출입 유량이 여러 개일 때 위의 식은 다음과 같이 표현할 수 있다.

$$\frac{dm_{\text{C.V.}}}{dt} = \sum \dot{m}_i - \sum \dot{m}_e \tag{6.1}$$

위 식은 검사체적 내에 질량의 시간에 대한 변화율은 질량이 더해지거나 감해진 것에 기인하는 것을 의미하며 다른 방법으로는 검사체적 내의 질량이 변할 수 없다. 질량은 보존된다는 의미의 식 6.1은 일반적으로 **연속식**(continuity equation)이라 하기도 한다. 식 6.1과 같은 형태 식은 대부분의 열역학 문제를 다루는데 있어 충분하지만 유체역학이나 열전달 분야에서는 유체 상태량의 국소 값으로 표현되기도 한다. 본 교재에서는 질량에 대한 전체적인 평형(overall balance)에 관심을 두기 때문에 식 6.1을 일반적 형태의 연속식으로 생각할 것이다.

식 6.1은 검사체적 내의 전체 질량(lumped form)으로 생각한 것이나 이를 여러 개로 나누어 생각하면 다음과 같다.

$$m_{\text{C.V.}} = \int \rho \, dV = \int (1/v) dV = m_A + m_B + m_C + \cdots$$

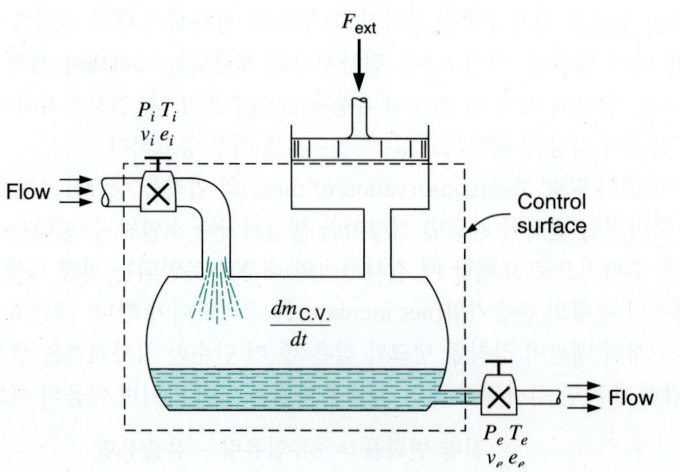

그림 6.2 연속식 해석을 위한 검사체적의 개략도.

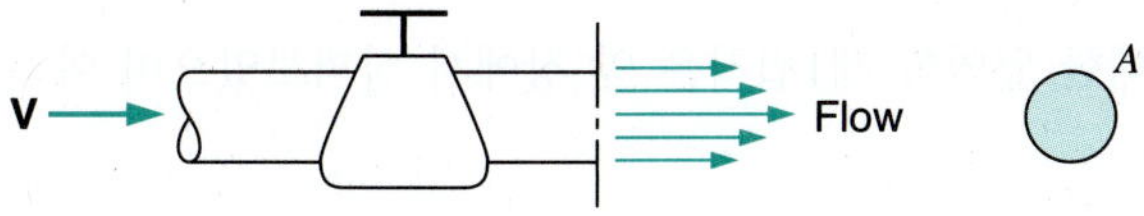

그림 6.3 단면적 A인 검사체적의 표면을 통과하는 유동, 밸브 왼쪽의 평균 속도와 밸브 오른쪽의 단면에 따라 분포된 속도.

이렇게 합(summation)의 형태로 표현하는 것은 서로 다른 상태의 질량이 검사체적에 합쳐질 때 필요한 표현이다.

이제 검사체적을 통과하는 질량 유동률(mass flow rate)에 대해 좀 더 자세히 살펴보기 위해 그림 6.3에 예시된 것과 같이 배관이나 덕트로 유입되는 유체 유동을 생각하자. 식 6.1에 나타낸 총 유동률(total flow rate)과 유체의 국소 상태량의 관계식을 구하고자 한다. 그림에서 보듯이 검사체적의 표면을 통과하는 유동은 밸브의 왼편에 평균 속도와 오른편에 배관의 단면에 따른 속도 분포로 표현될 수 있다.

배관을 통과하는 체적 유량률(volume flow rate)은 다음과 같아진다.

$$\dot{V} = \mathbf{V}A = \int \mathbf{V}_{\text{local}}\, dA \tag{6.2}$$

따라서 평균 속도를 사용한 질량 유량률은 다음과 같다.

$$\dot{m} = \rho_{\text{avg}}\, \dot{V} = \dot{V}/v = \int (\mathbf{V}_{\text{local}}/v)dA = \mathbf{V}A/v \tag{6.3}$$

식 6.3의 결과는 정지된 검사표면에 대해 유도된 것이며 유동은 검사표면에 수직으로 가정한 것을 주목해야 한다. 이 가정이 성립하는 경우 검사체적에 유입되거나 유출되는 어떠한 유동에 대해서도 질량 유량률 식은 유효하다.

예제 6.1

온도가 25°C이며 압력이 150 kPa인 공기가 직경 0.2 m의 관 내를 평균 속도 0.1 m/s로 흐른다. 질량 유량률을 구하라.

풀이

식 6.3으로부터 질량 유량률은 다음과 같다.

$$\dot{m} = \mathbf{V}A/v$$

표 A.5로부터 공기의 기체 상수 R과 상태 방정식으로부터 비체적은 다음과 같다.

$$v = \frac{RT}{P} = \frac{0.287\ \text{kJ/kg K} \times 298.2\ \text{K}}{150\ \text{kPa}} = 0.5705\ \text{m}^3/\text{kg}$$

관의 단면적은

$$A = \frac{\pi}{4}(0.2)^2 = 0.0314\ \text{m}^2$$

따라서 질량 유량률은

$$\dot{m} = \mathbf{V}A/v = 0.1\ \text{m/s} \times 0.0314\ \text{m}^2/0.5705\ \text{m}^3/\text{kg} = 0.0055\ \text{kg/s}$$

■

개념에 관한 질문

a. 검사체적 내로 유입되는 질량 유량률은 속도의 수직 성분을 필요로 한다. 이유는?

6.2 검사체적에 대한 열역학 제1법칙

일정 질량의 검사질량에 대한 열역학 제1법칙은 앞 장에서 살펴보았으며 아래의 식 5.5와 같이 표현하였다.

$$E_2 - E_1 = {}_1Q_2 - {}_1W_2$$

또한 이 식을 시간에 대한 변화율의 식으로 다음과 같이 나타낼 수 있다.

$$\frac{dE_{\text{C.M.}}}{dt} = \dot{Q} - \dot{W} \tag{6.4}$$

검사체적에 대한 열역학 제1법칙을 시간에 따른 변화율의 식으로 표시하기 위해 질량 보존 법칙을 시간에 대한 변화율로 표시한 식과 비슷하게 구하고자 한다. 이를 위해 열전달률(heat transfer rate), 일률(rate of work) 및 질량 유동을 포함하는 검사체적을 그림 6.4에 나타내었다. 기본적인 물리 법칙에 따르면 에너지는 생성되거나 소멸되지 않으므로 검사체적의 에너지 변화율은 체적으로 유입되거나 유출되는 에너지율에만 기인한다. 이미 식 6.4에 에너지율 및 일률이 포함되어 있으므로 질량 유량률에 관한 설명을 부가하고자 한다.

검사표면을 통과하는 유체는 단위 질량 당 에너지를 가지고 들어오거나 나가게 된다.

$$e = u + \frac{1}{2}\mathbf{V}^2 + gZ$$

이때 에너지는 유체의 위치와 상태에 관련된 에너지를 포함한 것이다. 유체가 상태 i를 가지고 검사체적으로 유입되고 상태 e를 가지고 유출되는 과정에서는 항상 경계 이동 일이 존재한다.

이를 자세히 설명하기 위해 검사체적 내부로 들어가는 일정량의 질량을 생각하자. 이 질량이 검사체적으로 들어갈때 "질량" 후면에는 압력이 존재하여 "질량"은 검사체적 내부로 들어간다. 이는 "질량"이 그 후면의 질량, 즉 주위(surrounding)에 의해 유입되는 것을 의미한다. 이 과정이 진행하는 동안 초래된 결과는 주위가 "질량"을 검사체적의 국소 압력에 대항하여 속도 V로 밀어 넣어 검사체적에 일(일률)을 제공한 것과 같아진다. 마찬가지로 검사체적을 나가는 상태 e의 유체도 전면의 주위(surrounding)에 대항해서 나가야 하므로 주위에 대해 일을 해야만 한다. 즉 검사체적에서 일을 가지고 나가게 된다. 검사체적으로 유입되는 단위시간 당의 일정량의 체적에 대한 속도 및 면적은 유입되는 질량의 비체적과 질량 유량률의 항으로 나타낼 수 있다. 즉 **유동 일률**(rate of flow work)은 다음과 같이 나타낼 수 있다.

$$\dot{W}_{\text{flow}} = F\mathbf{V} = \int P\mathbf{V}\, dA = P\dot{V} = Pv\dot{m} \tag{6.5}$$

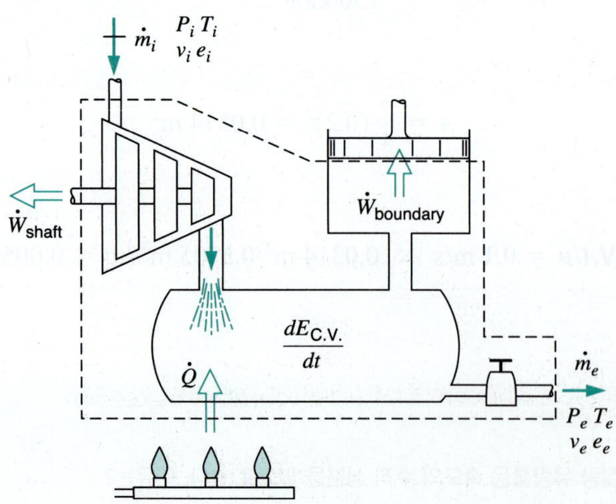

그림 6.4 일반적인 검사체적에서 에너지 식의 각 항을 예시하는 개략도.

검사체적을 나가는 유동은 검사체적이 $P_e v_e \dot{m}_e$ 크기의 일(일률)을 하게 되며 검사체적에 들어오는 유동은 주위가 검사체적에 $P_i v_i \dot{m}_i$ 크기의 일(일률)을 하게 된다. 따라서 단위 질량 당 유동일은 Pv가 되어 질량 유동에 관계한 단위 질량 당 총에너지는 다음과 같다.

$$e + Pv = u + Pv + \frac{1}{2}\mathbf{V}^2 + gZ = h + \frac{1}{2}\mathbf{V}^2 + gZ \tag{6.6}$$

이 식에서 열역학 상태량인 엔탈피가 사용되었으며 이는 질량 유동이 존재하는 경우 에너지 식에 대해 열역학 상태량의 합 $(u + Pv)$을 의미하기 위해 사용되었다. 이것이 엔탈피를 정의하게 된 중요한 이유이다. 5장에서 엔탈피를 정압 과정에 대해 정의한 이유는 엔탈피가 포함된 열역학 상태량 표를 만들기 위해서였다.

예제 6.2

지방 도시의 상수도 주 공급관은 압력이 600 kPa(6 atm)이며 약 10°C의 물을 공급하고 있다. 이 상수도관에 밸브로 연결된 작은 관으로 물 1 kg을 주입시키고자 한다. 이때 얼마의 일을 수행해야 하는가?

만약 이 상수관의 밸브를 열고 양동이의 물 1 kg을 부어 넣으려고 한다면 물은 반대로 흐를 것이다. 즉, 물은 압력이 높은 곳에서 낮은 곳으로 흐르기 때문에 주 배관으로부터 외부로 흐를 것이다. 따라서 물을 넣기 위해서는 1 kg의 물을 피스톤이 장착된 실린더(손펌프)에 넣고 관에 연결한 후 실린더의 내부 압력이 600 kPa이 될 때까지 압축하여 밸브를 열고 천천히 1 kg의 물을 주입시켜야 한다. 피스톤이 물에 대해 수행한 일은 다음과 같다.

$$W = \int P\,dV = P_{\text{water}}\,mv = 600\text{ kPa} \times 1\text{ kg} \times 0.001\text{ m}^3/\text{kg} = 0.6\text{ kJ}$$

이것이 물 1 kg을 넣기 위해 필요한 유동일이다.

따라서 식 6.4의 열역학 제1법칙을 검사체적에 대한 식으로 표현하면 다음과 같다.

$$\frac{dE_{\text{C.V.}}}{dt} = \dot{Q}_{\text{C.V.}} - \dot{W}_{\text{C.V.}} + \dot{m}_i e_i - \dot{m}_e e_e + \dot{W}_{\text{flow in}} - \dot{W}_{\text{flow out}}$$

식 6.5의 유동일을 대입하면 위의 식은

$$\frac{dE_{\text{C.V.}}}{dt} = \dot{Q}_{\text{C.V.}} - \dot{W}_{\text{C.V.}} + \dot{m}_i(e_i + P_i v_i) - \dot{m}_e(e_e + P_e v_e)$$

$$= \dot{Q}_{\text{C.V.}} - \dot{W}_{\text{C.V.}} + \dot{m}_i\left(h_i + \frac{1}{2}\mathbf{V}_i^2 + gZ_i\right) - \dot{m}_e\left(h_e + \frac{1}{2}\mathbf{V}_e^2 + gZ_e\right)$$

이 에너지 식에서 보듯이 일률의 항은 축일, 경계 이동 일 및 검사체적에 의한 그 밖의 모든 일의 항들을 포함한 것이나 유동일은 이 일로부터 따로 분리하여 질량 유량률의 항에 포함시켰다.

일반적인 검사체적(general control volume)의 경우 질량 유량이 여러 곳에서 유입되고 유출되므로 이 항들을 합의 형태로 표현할 필요가 있다. 검사체적에 대한 최종적인 **열역학 제1법칙**(first law of thermodynamics)은 다음과 같다.

$$\frac{dE_{\text{C.V.}}}{dt} = \dot{Q}_{\text{C.V.}} - \dot{W}_{\text{C.V.}} + \sum \dot{m}_i\left(h_i + \frac{1}{2}\mathbf{V}_i^2 + gZ_i\right) - \sum \dot{m}_e\left(h_e + \frac{1}{2}\mathbf{V}_e^2 + gZ_e\right) \tag{6.7}$$

이 식의 의미는 검사체적 내부의 에너지 변화율은 순 열전달률, 순 일률(외부로 수행한 일의 양), 검사체적으로 들어오거나 나가는 질량 유동에 의한 단위 질량 당 에너지의 합에 따른다는 것이다. 질량 보존의 법칙에서와 같이 에너지 식은 전체 검사체적에 대해 사용될 수 있으므로 부분 합(lumped)의 형태나 적분형으로 다음과 같이 사용될 수 있다.

$$E_{\text{C.V.}} = \int \rho e\, dV = me = m_A e_A + m_B e_B + m_C e_C + \cdots$$

모든 유동에서 단위 질량 당 운동 에너지 및 위치 에너지는 엔탈피와 함께 나타나므로 **총 엔탈피**(total enthalpy)와 **정체 엔탈피**(stagnation enthalpy; 유체역학에서 사용됨)와 같은 간단한 항으로 표기하기도 한다.

$$h_{\text{tot}} = h + \frac{1}{2}\mathbf{V}^2 + gZ$$

$$h_{\text{stag}} = h + \frac{1}{2}\mathbf{V}^2$$

따라서 이들의 정의를 사용하면 시간에 따른 변화율의 에너지 식을 다음과 같이 더욱 단순히 표시할 수 있다.

$$\frac{dE_{\text{C.V.}}}{dt} = \dot{Q}_{\text{C.V.}} - \dot{W}_{\text{C.V.}} + \sum \dot{m}_i h_{\text{tot}.i} - \sum \dot{m}_e h_{\text{tot}.e} \tag{6.8}$$

에너지 식을 적용할 때 식 6.8의 형태를 기본으로 하며 다음의 절에서 보여줄 특별한 경우에는 좀 더 간단한 식으로 표현할 수 있다.

6.3 정상 상태 과정

검사체적의 에너지 식을 적용하기 위해 오랜 시간(long-term)에 걸쳐 정상 상태를 유지하는 장치를 택해 적절한 해석모델을 얻고자 한다. 이러한 장치로서는 열역학 해석에 있어 많은 흥미로운 문제를 던져주는 터빈, 압축기, 노즐, 보일러 및 응축기를 택하였다. 이 모델은 이러한 장치들의 시동(start-up)이나 정지(shutdown)와 같이 짧은 시간의 과도기에는 적용되지 않으며 정상 가동 시에만 적용된다.

이러한 형태의 과정, 즉 **정상 상태 과정**(steady-state process)에 적용할 타당한 모델을 얻기 위해 일련의 가정을 살펴보자(식 6.1과 식 6.7을 유도하는 데 사용되지 않은 가정).

1. 검사체적은 기준 좌표계에 대해 움직이지 않는다.
2. 검사체적 내의 각 지점에서 질량의 상태는 시간에 따라 변하지 않는다.
3. 질량이 검사표면을 통과할 때 검사표면 상의 각 지점에서 질량 플럭스(mass flux) 및 질량의 상태는 시간에 따라 변하지 않는다. 또한 검사표면을 통과하는 열전달률 및 일률도 시간에 대해 일정하다.

정상 상태의 일례로서 유입되고 유출되는 질량 유량률이 일정하며, 주위로의 열전달률도 일정하며 일정한 동력을 갖는 원심 공기 압축기를 생각하자. 압축기 내부를 흐르는 공기는 상태량이 변할지라도 압축기 각 지점에서의 공기의 상태량은 시간에 따라 변하지 않고 일정하다. 주된 관심은 검사체적에 유출입되는 유체의 상태량에 있기 때문에 이러한 과정을 정상 유동 과정(steady-flow process)이라 한다. 반면에 같은 가정을 적용하는 열전달 문제에 있어 해석의 주된 관심은 온도와 같은 상태량의 공간(spatial)에 따른 분포이기 때문에 정상 상태 과정(steady state process)라고 한다. 본 교재는 입문서이기 때문에 위의 두 가지 경우에 대해 모두 정상 상태 과정이란 용어를 사용한다. 다만 학생들은 다른 문헌에서는 정상 상태 과정과 정상 유동 과정이라는 용어가 광범위하게 사용된다는 것을 알아야한다.

정상 상태 과정에 각각의 가정에 대한 의미를 살펴보자.

1. 검사체적이 기준 좌표계에 대해 움직이지 않는다는 가정이란 좌표계를 기준으로 측정한 속도가 검사표면에 정의된 속도이며 검사체적의 가속도로 인한 어떤 일도 없다는 의미이다.
2. 검사체적 내의 각 지점에서 질량의 상태는 시간에 따라 변하지 않는다는 가정이란 다음 식을 의미한다.

$$\frac{dm_{\text{C.V.}}}{dt} = 0$$

또한

$$\frac{dE_{\text{C.V.}}}{dt} = 0$$

따라서 식 6.1과 식 6.7로부터 검사체적에 대한 정상 상태 과정의 식은 다음과 같다.

$$\textbf{연속방정식: } \sum \dot{m}_i = \sum \dot{m}_e \tag{6.9}$$

$$\textbf{제1법칙: } \dot{Q}_{\text{C.V.}} + \sum \dot{m}_i\left(h_i + \frac{\mathbf{V}_i^2}{2} + gZ_i\right) = \sum \dot{m}_e\left(h_e + \frac{\mathbf{V}_e^2}{2} + gZ_e\right) + \dot{W}_{\text{C.V.}} \tag{6.10}$$

3. 검사표면을 통과하는 질량 유동, 유체의 상태, 열과 일률이 일정하다는 가정은 식 6.9와 식 6.10의 모든 물리량이 시간에 대해 일정하다는 것을 의미한다. 따라서 이 식들은 시간에 무관하게 운전되는 장치에 대해서 적용해야 한다.

정상 상태 모델을 사용하는 많은 경우 가운데 검사체적에 각각 하나의 입출구에서 유출입되는 경우가 많다. 이런 경우의 연속식과 제1법칙은 다음과 같이 쓸 수 있다.

$$\textbf{연속방정식: } \dot{m}_i = \dot{m}_e = \dot{m} \tag{6.11}$$

$$\textbf{제1법칙: } \dot{Q}_{\text{C.V.}} + \dot{m}\left(h_i + \frac{\mathbf{V}_i^2}{2} + gZ_i\right) = \dot{m}\left(h_e + \frac{\mathbf{V}_e^2}{2} + gZ_e\right) + \dot{W}_{\text{C.V.}} \tag{6.12}$$

위 식의 각 항을 질량 유량률로 나누면 다음과 같이 단위 질량 당 에너지 식을 얻는다.

$$q + h_i + \frac{\mathbf{V}_i^2}{2} + gZ_i = h_e + \frac{\mathbf{V}_e^2}{2} + gZ_e + w \tag{6.13}$$

여기서 q와 w는 다음과 같이 정의된다.

$$q = \frac{\dot{Q}_{\text{C.V.}}}{\dot{m}} \quad \text{and} \quad w = \frac{\dot{W}_{\text{C.V.}}}{\dot{m}} \tag{6.14}$$

q와 w의 단위는 kJ/kg인 것을 유의하라. 위와 같은 정상 상태 과정의 경우 정의로부터 q와 w는 검사체적에 유출입되는 단위 질량 당 열전달과 일(유동일은 제외)을 의미한다.

기호 q와 w는 앞 절에서는 검사질량에 대해 단위 질량 당 열전달 및 일로서도 사용하였으나 문맥상 검사질량(고정된 질량)에 대한 것인지 검사체적(질량 유동을 포함한)에 대한 것인지 분명하게 나타나므로 이들의 의미는 경우마다 매우 분명하다.

정상 상태 과정은 왕복 압축기나 왕복 기관 엔진의 해석에도 사용된다. 이런 경우 유동은 맥동류(pulsating flow)이며 유동률은 다수의 사이클에 대한 평균 유동률로 정의한다. 검사표면을 통과하는 유체에 대한 상태량과 열전달 및 일에 대해서는 비슷한 가정을 세우고 왕복 기관이 다수의 사이클을 진행하는 동안 검사체적 내의 질량과 에너지는 시간에 따라 변하지 않는다고 가정을 한다.

정상 상태 과정에 대한 해석을 여러 가지 예를 가지고 설명하고자 한다.

개념에 관한 질문

b. 정상 상태의 장치가 경계일(boundary work)을 가질 수 있는가?

c. 정상 상태의 장치에서 $\dot{m}$과 $\dot{V}$의 변화에 대해 논하라.

d. 복수의 장치를 갖는 유동 시스템에서 상태량을 결정해야한다. 그 정보를 상류에서 찾아야 하는가? 하류에서 찾아야 하는가?

6.4 정상 상태 과정의 예

이 절에서는 검사체적에 유입구와 유출구가 각각 하나인 경우 정상 상태 과정에 관한 다수의 예를 생각하고자 한다. 이 경우 제1법칙은 식 6.13으로 표현되나 하나 이상의 유출입구가 있는 검사체적의 경우에는 더 일반적인 제1법칙의 식 6.10을 사용해야 한다.

열교환기 _Heat Exchanger

정상 상태의 열교환기(steady-state heat exchanger)는 배관이나 배관 시스템을 통과하는 단순한 유체 유동이 일어나며 이때 열이 유체로 전달되거나 유체로부터 외부로 전달된다. 열교환기를 흐르는 유체는 가열되거나 냉각되며 액체에서 기체로의 비등, 기체에서 액체로의 응축을 동반할 수도 안할 수도 있다. 이런 예로서 그림 6.5에 나타낸 냉동 시스템의 응축기를 들 수 있으며 R-134a의 과열 증기가 응축기로 들어와 액체로 나간다. 이 과정에서 유체는 배관을 지나면서 벽과의 마찰로 인해 압력 강하가 발생하지만 아주 작은 양이므로 정압 과정이라 볼 수 있다. 이런 압력 강하는 해석에 따라 고려할 수도 있고 무시할 수도 있다. 이 과정이 진행되는 동안에 어떠한 일(축일, 전기일)도 없으며 운동 에너지나 위치 에너지의 변화도 무시할 만큼 작다(예외로서 보일러의 관 내부에는 액체로 들어와 기체로 나가기 때문에 출구에서 비체적이 상대적으로 커지게 된다. 이런 경우에는 식 6.3을 가지고 출구 속도를 검사하여 운동 에너지가 무시할 만큼 작은지 판단해야 한다). 대부분의 열교환기에서 열전달량은 유체의 엔탈피 차이로서 식 6.13으로부터 구할 수 있다. 그림 6.5의 응축기에서 응축기 밖으로 제거된 열은 공기나 냉각수와 같이 열을 제거할 수 있는 매체로 전달된다. 만약 열교환기 해석에서 전체 열교환기에 대해 제1법칙을 적용하면 열을 제거할 수 있는 공기나 냉각수를 포함하여 열교환기에는 두 개의 유동이 생기게 되며 이 유동 사이에 는 열교환이 있지만 외부와의 열교환은 극히 작거나 없는 것으로 단순화할 수 있다. 이런 경우를 다음의 예제에 제시하였다.

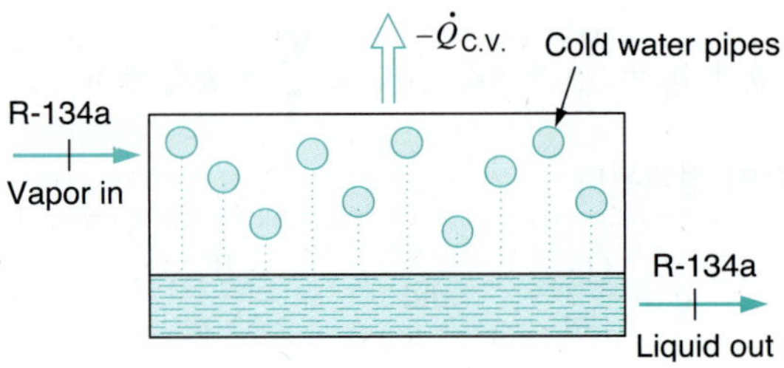

그림 6.5 냉동 시스템의 응축기.

예제 6.3

냉매로 R-134a를 사용하는 대형 냉동 시스템의 수냉식 응축기를 생각하자. 냉매는 1.0 MPa, 60°C의 상태로 질량 유량률 0.2 kg/s로 응축기에 들어가서 0.95 MPa, 35°C의 액체로 나간다. 한편 냉각수는 10°C로 응축기에 유입되어 20°C로 유출된다. 응축기를 지나는 냉각수의 유량을 구하라.

검사질량: 응축기
스케치: 그림 6.6
초기 상태: R-134a—확정; 물—확정
최종 상태: R-134a—확정; 물—확정
과정: 정상 상태
모델: R-134a 증기표

해석

이 검사체적에는 R-134a와 냉각수가 두 개의 유체유동으로 검사체적에 유입되고 유출된다. 또한 운동 에너지와 위치 에너지의 변화는 무시할 만하다고 가정하고 일의 교환은 없으며 검사 표면을 통과하는 열전달은 없다고 가정한다. 그러므로 식 6.10의 제1법칙은 다음과 같이 단순화된다.

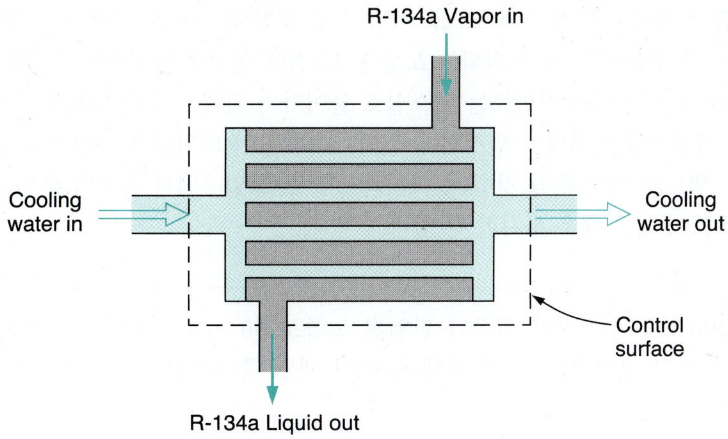

그림 6.6 R-134a 응축기의 개념도.

$$\sum \dot{m}_i h_i = \sum \dot{m}_e h_e$$

위 식을 냉매에 대해 하첨자 r을 냉각수에 대해 하첨자 w를 사용하여 다시 쓰면

$$\dot{m}_r(h_i)_r + \dot{m}_w(h_i)_w = \dot{m}_r(h_e)_r + \dot{m}_w(h_e)_w$$

풀이

R-134a 증기표와 수증기 표로부터 각 물성치는 다음과 같다.

$$(h_i)_r = 441.89 \text{ kJ/kg}, \qquad (h_i)_w = 42.00 \text{ kJ/kg}$$
$$(h_e)_r = 249.10 \text{ kJ/kg}, \qquad (h_e)_w = 83.95 \text{ kJ/kg}$$

위의 식을 $\dot{m}$(냉각수의 질량 유량률)에 대해 풀면

$$\dot{m}_w = \dot{m}_r \frac{(h_i - h_e)_r}{(h_e - h_i)_w} = 0.2 \text{ kg/s} \frac{(441.89 - 249.10) \text{ kJ/kg}}{(83.95 - 42.00) \text{ kJ/kg}} = 0.919 \text{ kg/s}$$

이 문제는 검사체적을 두 개로 나누어서 풀 수도 있다. 그중 하나는 검사표면을 통과하는 R-134a의 유동이며 다른 하나는 냉각수의 유동이다. 이 경우 R-134a의 검사체적으로부터 냉각수의 검사체적으로 열전달이 일어난다.

R-134a의 검사체적으로부터 열전달량을 계산하자. 이 경우 식 6.10의 정상 상태 에너지 식은 다음과 같이 단순화된다.

$$\begin{aligned}\dot{Q}_{\text{C.V.}} &= \dot{m}_r(h_e - h_i)_r \\ &= 0.2 \text{ kg/s} \times (249.10 - 441.89) \text{ kJ/kg} = -38.558 \text{ kW}\end{aligned}$$

R-134의 검사체적에서 방출된 에너지는 냉각수의 검사체적이 획득한 에너지와 같으므로 냉각수의 검사체적으로의 열전달량은 $\dot{Q}_{\text{C.V.}} = +38.558$ kW이다.

$$\dot{Q}_{\text{C.V.}} = \dot{m}_w(h_e - h_i)_w$$

$$\dot{m}_w = \frac{38.558 \text{ kW}}{(83.95 - 42.00) \text{ kJ/kg}} = 0.919 \text{ kg/s}$$

■

노즐 _Nozzle

노즐(nozzle)은 정상 상태 장치로서 그 목적은 유체의 압력을 이용하여 고속의 유속을 생성하는 데 있다. 이 장치는 유체의 흐름을 천천히 저압으로 팽창시켜며 속도를 증가시키기 위해 외형 처리(contoured)를

하였다. 또한 움직이는 부분이 없으므로 어떤 일도 포함되지 않고 위치 에너지의 변화와 열전달은 거의 없다. 열전달 측면에서 볼 때 예외되는 노즐은 1.7절에 언급한 것과 같은 액체 추진 로케트에 사용되는 대형의 노즐로서 저온의 추진연료는 연소실로 들어가기 전에 노즐의 외부를 순환하여 노즐이 녹는 것을 방지하므로 상당량의 열전달이 발생하게 된다. 이와 같이 열전달을 동반한 노즐은 예외로서 추후 응용 예를 가지고 별도로 다루게 될 것이다. 마지막으로 노즐 입구에서 유체의 운동 에너지는 보통 작으며 그 값이 주어져 있지 않을 경우 무시할 수 있다.

예제 6.4

0.6 MPa, 200°C의 수증기가 외부와 단열된 노즐로 50 m/s의 속도로 유입되며 0.15 MPa의 압력과 600 m/s의 속도로 유출된다. 최종 상태(출구)가 과열 증기이면 최종 온도를 구하고 포화 상태이면 건도를 구하라.

검사질량: 노즐
초기 상태: 확정(그림 6.7)
최종 상태: 출구 압력(P_e)은 아는 값
과정: 정상 상태
모델: 수증기 표

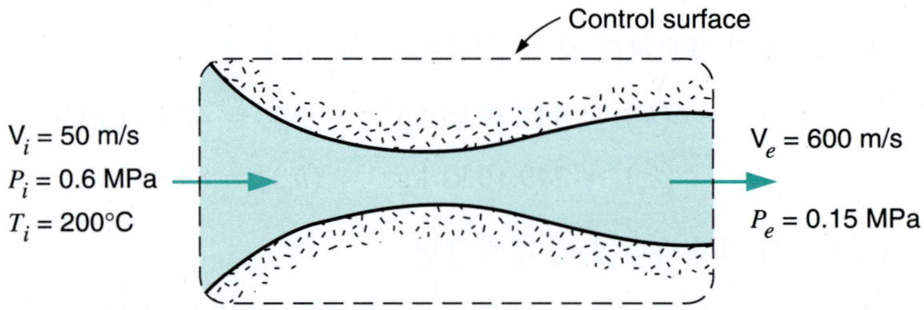

그림 6.7 예제 6.4에 대한 그림.

해석

$$\dot{Q}_{\text{C.V.}} = 0 \qquad (\text{노즐은 단열})$$
$$\dot{W}_{\text{C.V.}} = 0$$
$$\text{PE}_i \approx \text{PE}_e$$

식 6.13의 제1법칙에 위의 조건을 적용하면

$$h_i + \frac{\mathbf{V}_i^2}{2} = h_e + \frac{\mathbf{V}_e^2}{2}$$

풀이

이 식을 h_e에 대하여 풀면

$$h_e = 2850.1 + \left[\frac{(50)^2}{2 \times 1000} - \frac{(600)^2}{2 \times 1000}\right]\frac{\text{m}^2/\text{s}^2}{\text{J/kJ}} = 2671.4 \text{ kJ/kg}$$

출구에서 유체의 두 개의 상태량, 압력과 엔탈피를 알고 있으므로 유체의 상태는 확정되어 있다. 출구의 주어진 압력 0.15 MPa에서 h_e는 h_g 보다 작기 때문에 건도는 다음과 같이 계산된다.

$$h = h_f + xh_{fg}$$
$$2671.4 = 467.1 + x_e 2226.5$$
$$x_e = 0.99$$

■

디퓨저 _Diffuser

정상 상태의 **디퓨저**(diffuser)는 고속의 유체를 감속시키는 장치로서 그 결과 유체의 압력이 증가하게 된다. 본질적으로 노즐의 정반대인 장치이며 노즐에 유체가 반대로 흘러 반대의 효과를 나타내는 장치로 생각할 수 있다. 노즐에서 사용한 가정이 거의 비슷하게 적용되어 디퓨저의 입구는 큰 운동 에너지를 가지며 출구는 아주 작지만 일반적으로 무시할 수는 없는 운동 에너지를 갖는다. 따라서 디퓨저의 경우 식 6.13은 엔탈피와 운동 에너지의 항으로 표시된다.

스로틀 _Throttle

스로틀 과정(throttling process)은 유체가 흐르는 유로에 단면적이 갑자기 제한될 때 발생한다. 이 예는 그림 6.8과 같이 작은 구멍이 뚫린 판, 부분적으로 잠긴 밸브가 돌출되어 있는 유로, 혹은 냉장고에서 볼 수 있는 **모세관**(capillary tube)이라 부르는 매우 작은 직경의 관에서 찾을 수 있다. 이렇게 유로 면적을 제한하면 유체는 급격히 작아진 유로를 통과하기 위해 급격한 압력 강하를 발생하게 된다. 이런 스로틀 과정은 외형 처리되어 완만한 면적 변화와 팽창 과정을 겪어 속도를 증가시키는 노즐과 매우 다르다. 전형적으로 스로틀 장치에서 속도는 어느 정도 증가하지만 입구와 출구의 운동 에너지는 작기 때문에 무시할 수 있다. 또한 일의 교환이 없고 위치 에너지 변화도 거의 없다. 일반적으로 상당량의 열전달이 일어나기에는 시간적으로 충분치 않기 때문에 식 6.13의 제1법칙에서 고려되는 항은 입구와 출구에서 엔탈피 항뿐이다. 결론적으로 정상 상태의 스로틀 과정은 압력 강하를 동반하며 근사적으로 등엔탈피 과정으로 가정할 것이다.

스로틀 과정은 종종 유체의 상변화를 동반한다. 대표적인 예로서 유체가 증기–압축 냉동 사이클의 팽창 밸브를 지날 때 발생한다. 다음 예제에서 상변화를 동반한 문제를 다룰 것이다.

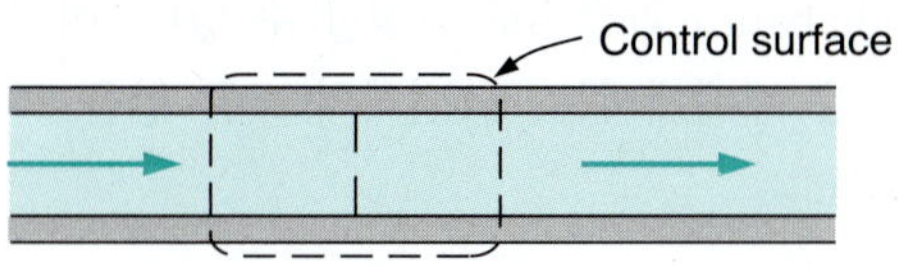

그림 6.8 스로틀(throttle) 과정.

예제 6.5

증기–압축 냉동 사이클의 팽창 밸브나 모세관을 지나는 스로틀 과정을 생각하자. 이 과정에서 냉매의 압력은 고압의 응축기에서 저압의 증발기까지 감소하며 액체 냉매의 일부가 증기로 기화한다. 만약 이 과정이 단열 과정이라면 증발기 입구에서 냉매의 건도를 계산할 수 있다.

암모니아가 냉매일 때 다음의 과정을 생각하자. 압력 1.50 MPa, 온도 35°C의 암모니아가 팽창 밸브로 들어가 291 kPa로 나올 때 팽창 밸브를 지난 암모니아의 건도를 계산하라.

검사질량: 팽창 밸브 혹은 모세관
초기 상태: P_i, T_i는 아는 값이며 상태는 확정
최종 상태: P_e는 아는 값
과정: 정상 상태
모델: 암모니아 증기표

해석

표준 스로틀 과정의 해석과 가정을 적용하면 제1법칙은 다음과 같이 단순화된다.

$$h_i = h_e$$

풀이

암모니아 증기표로부터 입구의 엔탈피는

$$h_i = 346.8 \text{ kJ/kg}$$

(약간 압축된 압축수의 엔탈피는 같은 온도의 포화 액체의 엔탈피와 거의 같다.)

$$h_e = h_i = 346.8 = 134.4 + x_e(1296.4)$$

$$x_e = 0.1638 = 16.38\%$$

■

터빈 _Turbine

터빈(turbine)은 회전식 정상 상태 기계로서 그 목적은 작동 유체의 압력을 이용하여 축일(시간 변화율로는 동력)을 생산하는 것이다. 터빈은 일반적으로 두 가지 종류가 있으며 하나는 수증기 터빈(혹은 다른 작동 유체를 사용한 증기 터빈)이며 다른 하나는 가스 터빈이다. 증기 터빈은 증기가 터빈을 거쳐 응축기로 유입되어 액체로 응축되며 가스 터빈은 터빈을 지난 가스가 대기 중으로 방출된다. 어떤 종류의 터빈이던지 터빈 출구의 압력은 작동 유체가 배출되는 환경(environment)에 의해 결정되며 터빈 입구의 압력은 터빈 팽창 과정 전에 펌프나 압축기에 의한 작동 유체의 압축에 의해 결정된다. 터빈 내부에는 두 가지 서로 다른 과정이 존재한다. 먼저 작동 유체는 일련의 노즐이나 노즐에 해당하는 장치, 즉 외형 처리된 고정익(fixed blade) 사이의 유로를 지나면서 팽창하여 압력은 감소하고 속도는 증가한다. 다음의 과정에서 터빈 내부에 고속의 유체 유동은 일련의 동익(회전익)으로 유입되어 속도가 감소하면서 회전축에 토르크를 발생시켜 축일을 생산하며 이후 저속, 저압의 유체는 터빈으로부터 배출된다.

이 과정에 적용되는 제1법칙은 식 6.10 혹은 식 6.13이다. 일반적으로 위치 에너지의 변화를 무시하고 출구 운동 에너지도 무시한다. 터빈으로부터 열손실은 바람직하지 못하기 때문에 보통 작다고 보며 따라서 터빈의 팽창 과정은 단열(adiabatic) 과정으로 가정할 수 있다. 이런 과정에서 출력은 입출구 사이의 엔탈피 차이가 된다. 그러나 다음 예제에서는 제1법칙의 모든 항을 포함시키고 각 항의 중요성을 고찰하자.

▶ 예제 6.6

증기 터빈으로 1.5 kg/s의 수증기가 유입되며 터빈에서 열손실은 8.5 kW이다. 터빈으로 유입되고 유출되는 수증기는 다음의 표와 같은 물성치를 갖는다.

	초기 조건	최종 조건
압력	2.0 MPa	0.1 MPa
온도	350°C	
건도		100%
속도	50 m/s	100 m/s
기준면으로부터의 높이	6 m	3 m
$g = 9.8066 \text{ m/s}_2$		

터빈의 출력을 구하라.

검사질량: 터빈(그림 6.9)
초기 상태: 확정(위의 표)
최종 상태: 확정(위의 표)
과정: 정상 상태
모델: 수증기 표

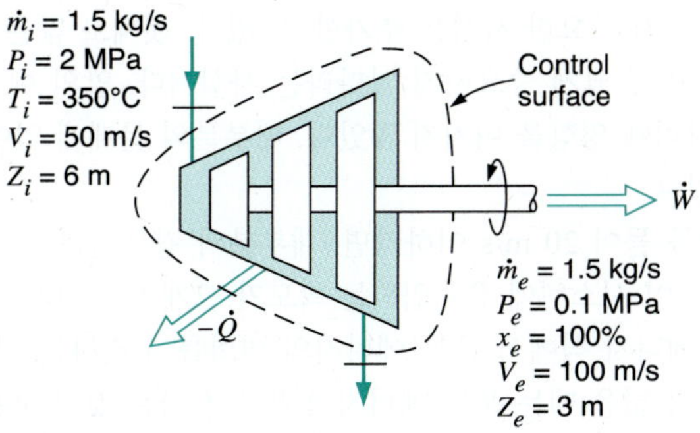

그림 6.9 예제 6.6의 그림.

해석

식 6.12의 제1법칙은

$$\dot{Q}_{\text{C.V.}} + \dot{m}\left(h_i + \frac{\mathbf{V}_i^2}{2} + gZ_i\right) = \dot{m}\left(h_e + \frac{\mathbf{V}_e^2}{2} + gZ_e\right) + \dot{W}_{\text{C.V.}}$$

열전달률은

$$Q_{\text{C.V.}} = -8.5 \text{ kW}$$

풀이

수증기 표로부터 $h_i = 3137.0$ kJ/kg이다. 입구 조건을 대입하여 운동 에너지와 위치 에너지를 구한다.

$$\frac{\mathbf{V}_i^2}{2} = \frac{50 \times 50}{2 \times 1000} = 1.25 \text{ kJ/kg}$$

$$gZ_i = \frac{6 \times 9.8066}{1000} = 0.059 \text{ kJ/kg}$$

같은 방법으로 출구에서 $he = 2675.5$ kJ/kg이며 에너지를 구하면 다음과 같다.

$$\frac{\mathbf{V}_e^2}{2} = \frac{100 \times 100}{2 \times 1000} = 5.0 \text{ kJ/kg}$$

$$gZ_e = \frac{3 \times 9.8066}{1000} = 0.029 \text{ kJ/kg}$$

따라서 위의 값을 식 6.12에 대입하면 다음과 같이 축동력을 얻는다.

$$-8.5 + 1.5(3137 + 1.25 + 0.059) = 1.5(2675.5 + 5.0 + 0.029) + \dot{W}_{\text{C.V.}}$$

$$\dot{W}_{\text{C.V.}} = -8.5 + 4707.5 - 4020.8 = 678.2 \text{ kW}$$

만약 식 6.13을 이용하면 먼저 유체의 단위 질량 당 일이 구해진다.

$$q + h_i + \frac{\mathbf{V}_i^2}{2} + gZ_i = h_e + \frac{\mathbf{V}_e^2}{2} + gZ_e + w$$

$$q = \frac{-8.5}{1.5} = -5.667 \text{ kJ/kg}$$

그러므로 단위 질량 당 열전달량을 식 6.13에 대입하면 다음을 얻는다.

$$-5.667 + 3137 + 1.25 + 0.059 = 2675.5 + 5.0 + 0.029 + w$$

$$w = 452.11 \text{ kJ/kg}$$

$$\dot{W}_{\text{C.V.}} = 1.5 \text{ kg/s} \times 452.11 \text{ kJ/kg} = 678.2 \text{ kW}$$

이 예제의 결과로부터 두 가지 중요한 사실을 추가할 수 있다. 첫째로 많은 공학적인 문제에 있어서 위치 에너지는 다른 에너지에 비해 크게 중요하지 않다라는 사실이다. 앞의 예제에서와 같이 위치 에너지는 전체 에너지 값의 유효 자리에 영향을 미치지 않았다. 대부분의 문제에 있어 높이 변화가 작은 경우 위치 에너지 항은 무시될 수 있다.

둘째로 속도가 작다면, 예를 들어 20 m/s 이하라면, 대부분의 경우 운동 에너지는 다른 형태의 에너지에 비해 무시할 수 있다. 더욱이 시스템에 유출입되는 속도가 크게 다르지 않은 경우 운동 에너지의 변화도 매우 작다. 정상 상태의 에너지 식에서 운동 에너지의 변화를 고려하는 것은 중요하지만 검사체적에 유출입되는 속도에 큰 차이가 없을 때는 운동 에너지 항을 무시하는 것이 보통이다. 이에 따라 열역학 문제를 해석할 경우 어떤 양을 무시할지를 판단해야 한다.

앞에서 회전식으로 일을 생성하는 장치인 터빈에 관한 예제를 다루고 이에 관해 논의하였다. 일을 생성하는 팽창기(expander)라 하는 비회전식 장치도 있다. 이러한 장치에서 제1법칙에 대한 해석과 가정도 일반적으로 터빈의 경우와 같다. 그러나 피스톤/실린더 형태의 팽창기는 예외로서 대부분의 경우 팽창 과정 시 열손실 혹은 열방출이 더 커진다.

압축기와 펌프 _*Compressor and Pump*

정상 상태의 **압축기**(compressor, 기체) 혹은 **펌프**(Pump, 액체)는 동일한 목적을 갖는다. 즉 축일(변화율로서 동력)을 사용하여 유체의 압력을 증가시키는 것이다. 압축기는 기본적으로 두 개의 종류가 있다. 가장 일반적인 것은 회전식 압축기(축류 혹은 반경류/원심류)로서 내부에서 일어나는 과정은 터빈에서 발생하는 두 개의 과정에 정반대이다. 작동 유체는 저압으로 압축기에 들어 와서 일련의 회전익으로 유입되며 축일이 유체로 전달되어 고속으로 나가게 되며 유체는 다시 디퓨저 부분을 지나면서 속도는 감소하고 압력은 증가하여 고압 상태로 압축기를 나가게 된다.

압축기에 대한 제1법칙은 식 6.10이나 식 6.13을 사용하며 보통 위치 에너지 및 입구와 출구의 운동 에너지는 무시하게 된다. 작동 유체를 압축할 때 열을 방출하는 것은 바람직하지만 일반적으로 회전식 압축기에서는 크지 않다. 회전식 압축기는 고유량을 목적하는 기계이므로 작동 유체로부터 많은 열을 전달하기에 시간이 충분하지가 않다. 따라서 회전식 압축기의 과정을 단열 과정으로 가정할 때 입력된 일은 입구와 출구의 엔탈피 차이로 단순화된다.

피스톤/실린더 방식의 압축기에서 압축 과정 중 열방출을 증가시키기 위해 실린더에 핀을 부착한다[대형압축기에서는 더 큰 냉각효과를 얻기 위해 실린더에 물-자켓(water-jacket)을 설치한다]. 이런 왕복형 압축기에는 작동 유체의 냉각이 매우 중요하며 제1법칙에서 무시할 수 없다. 그러나 본 교재의 예제와 문제에서는 별도의 언급이 없는 한 압축기는 단열이라고 가정한다.

▸ 예제 6.7

그림 6.10과 같이 발전소의 압축기는 100 kPa, 280 K의 이산화탄소를 저속으로 유입하여 출구에서 1100 kPa, 500 K의 상태를 가지고 25 m/s의 속도로 유출시킨다. 이후 유동은 후냉각기(aftercooler; 열교환기)를 지나면서 정압 과정으로 350 K까지 냉각된다. 압축기에 사용된 동력이 50 kW일 때 후냉각기에서 열전달률을 구하라.

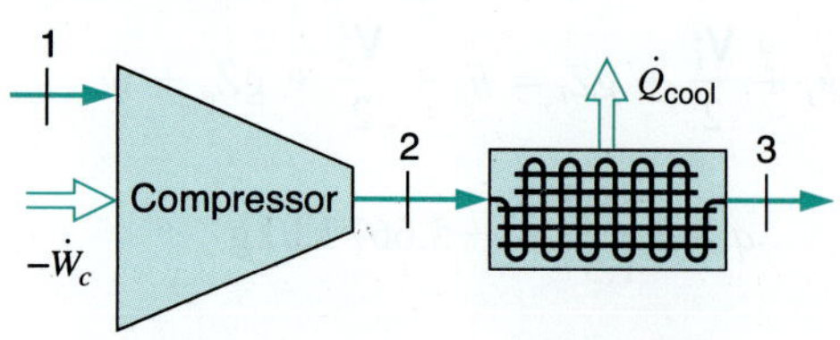

그림 6.10 예제 6.7의 그림.

▶ 풀이

검사체적은 압축기이며 정상 상태로서 입출구는 각각 하나이다. 따라서 식 6.13의 에너지 식은 다음과 같다.

$$q + h_1 + \frac{1}{2}\mathbf{V}_1^2 = h_2 + \frac{1}{2}\mathbf{V}_2^2 + w$$

여기서 $q \cong 0$이고 $\mathbf{V}_1 \cong 0$로 가정하고 표 A.8에서 h를 구하면

$$-w = h_2 - h_1 + \frac{1}{2}\mathbf{V}_2^2 = 401.52 - 198 + \frac{(25)^2}{2 \times 1000} = 203.5 + 0.3 = 203.8 \text{ kJ/kg}$$

여기서 운동 에너지의 단위인 J/kg를 1000으로 나누어 kJ/kg으로 바꾼 것을 기억하라.

$$\dot{m} = \frac{\dot{W}_c}{w} = \frac{-50}{-203.8} = 0.245 \text{ kg/s}$$

검사체적을 후냉각기로 잡고 정상 상태이며 각 하나의 입출구를 생각하고 일이 없다고 가정하면 식 6.13의 에너지 식은 다음과 같다.

$$q + h_2 + \frac{1}{2}\mathbf{V}_2^2 = h_3 + \frac{1}{2}\mathbf{V}_3^2$$

여기서 입출구의 운동 에너지 변화는 작다고 가정하고(이 변화가 중요하지 않음을 주목하라) 다시 표 A.8에서 h를 구하면

$$q = h_3 - h_2 = 257.9 - 401.5 = -143.6 \text{ kJ/kg}$$

$$\dot{Q}_{\text{cool}} = -\dot{Q}_{\text{C.V.}} = -\dot{m}q = 0.245 \text{ kg/s} \times 143.6 \text{ kJ/kg} = 35.2 \text{ kW}$$

■

예제 6.8

작은 액체용 펌프가 저장조 하부 15 m에 위치하여 10°C, 90 kPa의 물을 1.5 kg/s의 질량 유량으로 송출시킨다. 직경 0.04 m의 배관 출구는 계기 압력이 400 kPa를 유지하는 저장조에 연결되어 있다. 관은 단열되어 있고 입출구의 속도가 같으며 물의 온도가 10°C를 유지한다고 가정할 때 펌프에 필요한 일을 구하라.

검사체적; 펌프와 배관.
정상 상태, 입출구 각 하나의 유동,
배관 입출구의 속도는 동일,
열전달은 없음

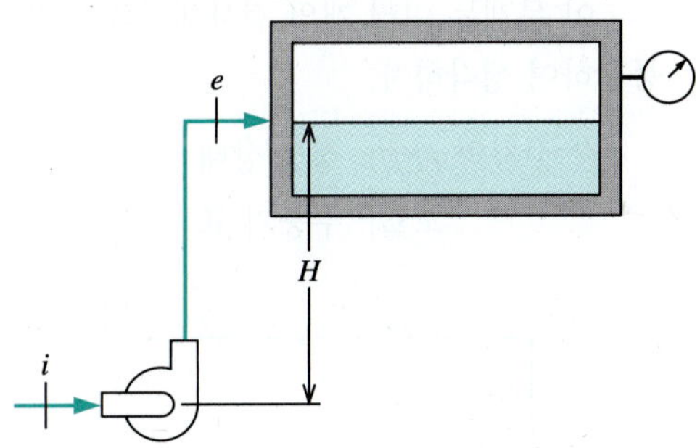

그림 6.11 예제 6.8에 대한 스케치.

풀이

연속식: $\dot{m}_{\text{in}} = \dot{m}_{\text{ex}} = \dot{m}$

식 6.12의 에너지 식: $\dot{m}\left(h_{\text{in}} + \frac{1}{2}\mathbf{V}_{\text{in}}^2 + gZ_{\text{in}}\right) = \dot{m}\left(h_{\text{ex}} + \frac{1}{2}\mathbf{V}_{\text{ex}}^2 + gZ_{\text{ex}}\right) + \dot{W}$

상태: $h_{\text{ex}} = h_{\text{in}} + (P_{\text{ex}} - P_{\text{in}})v$ (v와 u는 일정)

에너지 식으로부터

$$\dot{W} = \dot{m}(h_{\text{in}} + gZ_{\text{in}} - h_{\text{ex}} - gZ_{\text{ex}}) = \dot{m}[g(Z_{\text{in}} - Z_{\text{ex}}) - (P_{\text{ex}} - P_{\text{in}})v]$$

$$= 1.5\frac{\text{kg}}{\text{s}} \times \left[9.807\frac{\text{m}}{\text{s}^2} \times \frac{-15 - 0}{1000}\text{m} - (400 + 101.3 - 90)\text{ kPa } 0.001\,001\frac{\text{m}^3}{\text{kg}}\right]$$

$$= 1.5 \times (-0.147 - 0.412) = -0.84 \text{ kW}$$

즉, 펌프에 필요한 동력은 840W이다.

■

동력 발전소와 냉동기 _Power Plant and Refrigerator

본 절에서 설명한 많은 장치들과 기계들을 조합하여 특별한 목적에 따라 만들어진 완전한 열역학 시스템을 다음의 예제들을 통해 설명할 것이다.

예제 6.9

그림 6.12에 도시한 단순 형태의 증기 동력 발전소를 생각하자. 발전소의 운전자료는 다음과 같다.

위치	압력	온도 혹은 건도
보일러 출구	2.0 MPa	300°C
터빈 입구	1.9 MPa	290°C
터빈 출구, 응축기 입구	15 kPa	90%
응축기 출구, 펌프 입구	14 kpa	45°C
펌프 일 = 4 kJ/kg		

다음의 각 장치에서 단위 질량 당 양을 구하라.

1. 보일러와 터빈 사이의 배관에서 열전달
2. 터빈의 일
3. 응축기에서 열전달
4. 보일러에서 열전달

사이클의 여러 지점에 번호를 붙이면 해석에 도움이 된다. 이런 이유로 정상 상태의 에너지 식에 입구와 출구를 의미하는 하첨자 i와 e는 해당 번호로 대체된다.

이 문제는 여러 개의 검사체적을 생각하여야 하므로 그림 6.12에 있는 번호를 사용하여 풀이 과정을 통합하여 생각하자.

각 장치의 과정: 정상 상태

모델: 수증기 표

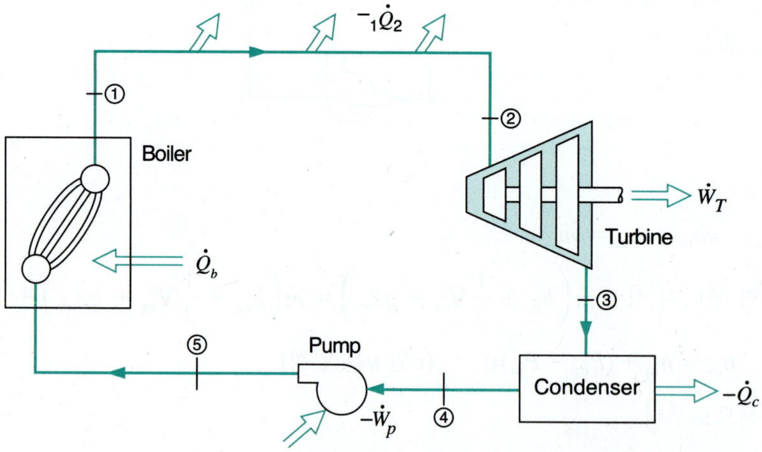

그림 6.12 단순 형태의 증기 동력 발전소.

수증기 표로부터 각 지점의 엔탈피를 구한다.

$$h_1 = 3023.5 \text{ kJ/kg}$$
$$h_2 = 3002.5 \text{ kJ/kg}$$
$$h_3 = 226.0 + 0.9\,(2373.1) = 2361.8 \text{ kJ/kg}$$
$$h_4 = 188.5 \text{ kJ/kg}$$

각 장치의 과정: 운동 에너지 및 위치 에너지 변화를 무시하였으며 식 6.13의 제1법칙을 적용하였다.

이제 문제에서 제기한 앞의 네 가지 질문에 대한 답을 구하고자 한다.

1. 보일러와 터빈 사이의 배관의 검사체적에 제1법칙을 적용한 해는 다음과 같다.

$$ {}_1q_2 + h_1 = h_2 $$
$$ {}_1q_2 = h_2 - h_1 = 3002.5 - 3023.5 = -21.0\ \text{kJ/kg} $$

2. 터빈은 단열 기계이므로 제1법칙에서 열전달 항을 무시할 수 있다.

$$ h_2 = h_3 + {}_2w_3 $$
$$ {}_2w_3 = 3002.5 - 2361.8 = 640.7\ \text{kJ/kg} $$

3. 응축기를 포함하는 검사체적에는 일 교환이 없으므로 제1법칙을 적용한 해는 다음과 같다.

$$ {}_3q_4 + h_3 = h_4 $$
$$ {}_3q_4 = 188.5 - 2361.8 = -2173.3\ \text{kJ/kg} $$

4. 보일러를 포함하는 검사체적에는 일 교환이 없으므로 제1법칙은 다음과 같다.

$$ {}_5q_1 + h_5 = h_1 $$

이 식에서 열전달량을 구하려면 h_5의 값이 필요하다. 이 값은 펌프를 검사체적으로 택해 다음과 같이 구할 수 있다.

$$ h_4 = h_5 + {}_4w_5 $$
$$ h_5 = 188.5 - (-4) = 192.5\ \text{kJ/kg} $$

따라서 보일러의 열전달량이 구해진다.

$$ {}_5q_1 + h_5 = h_1 $$
$$ {}_5q_1 = 3023.5 - 192.5 = 2831\ \text{kJ/kg} $$

■

예제 6.10

그림 6.13에 도시한 냉동기는 냉매로서 R-134를 사용한다. 각 부품을 지나는 질량 유동률은 0.1 kg/s이며 압축기에 소요되는 일은 5.0 kW이다. 다음의 상태 값들이 주어지며 상태 번호는 그림 6.13에 나타냈다.

$$ P_1 = 100\ \text{kPa}, \qquad T_1 = -20°\text{C} $$
$$ P_2 = 800\ \text{kPa}, \qquad T_2 = 50°\text{C} $$
$$ T_3 = 30°\text{C}, \qquad x_3 = 0.0 $$
$$ T_4 = -25°\text{C} $$

다음을 결정하라.

1. 증발기 입구의 건도

2. 증발기로의 열전달률

3. 압축기로부터의 열전달률

각 장치들의 과정: 정상 상태

모델: R-134a 증기표

각 장치에서의 해석: 운동 에너지 및 위치 에너지 변화량은 없으며 각 장치에는 식 6.10의 제1법칙을 적용한다.

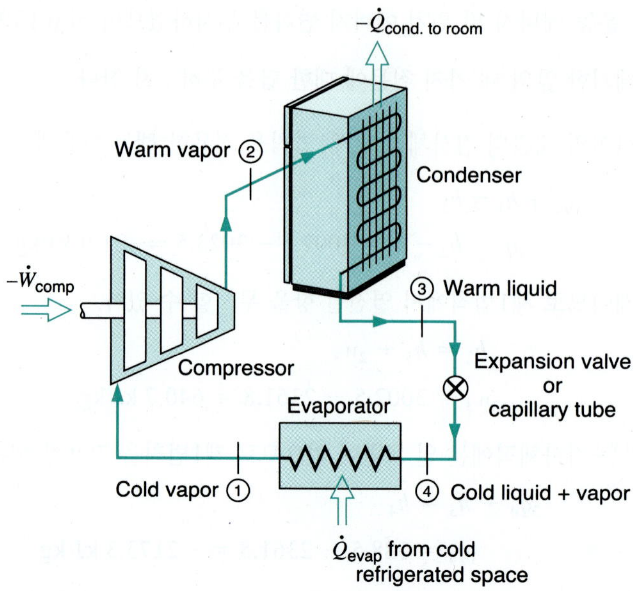

그림 6.13 냉동기.

풀이

1. 스로틀을 포함하는 검사체적에 제1법칙을 적용해 다음을 얻는다.

$$h_4 = h_3 = 241.8\ \text{kJ/kg}$$
$$h_4 = 241.8 = h_{f4} + x_4 h_{fg4} = 167.4 + x_4 \times 215.6$$
$$x_4 = 0.345$$

2. 증발기를 포함하는 검사체적에 제1법칙을 적용하여 열전달률을 구한다.

$$\dot{Q}_{\text{evap}} = \dot{m}(h_1 - h_4)$$
$$= 0.1(387.2 - 241.8) = 14.54\ \text{kW}$$

3. 압축기의 경우도 마찬가지로 제1법칙을 적용하여 열전달률을 구한다.

$$\dot{Q}_{\text{comp}} = \dot{m}(h_2 - h_1) + \dot{W}_{\text{comp}}$$
$$= 0.1(435.1 - 387.2) - 5.0 = -0.21\ \text{kW}$$

■

개념에 관한 질문

e. 노즐이나 분무기 헤드는 어떻게 운동 에너지를 발생시키는가?

f. 노즐 유동과 교축 과정의 차이점은 무엇인가?

g. 포화 액체가 교축되면 유체 상태는 어떻게 변하는가? 만약 이상기체가 교축되면 어떤가?

h. 댐 하부의 터빈 내부로 액체가 흐른다. 어떻게 출력을 발생시키는가? 만약 검사체적이 터빈이라면 에너지 식에서 어느 항이 중요한가? 만약 검사체적이 터빈과 호수 상부까지의 상류 부분의 유동을 포함한다면 에너지 식에서 어느 항이 중요한가?

i. 공기를 압축시키면 온도가 상승한다. 이유는 무엇인가? 고온 고압의 공기가 긴 배관을 지나면서 점차적으로 주위 온도까지 냉각된다. 유동이 어떻게 바뀌겠는가?

j. 압력 손실을 무시하여 같은 압력에서 여러 유동을 섞는 혼합실(mixing chamber)이 있으며 또한 섞지 않고 분리시킨 유동으로 에너지 교환을 하는 열교환기가 있다. 두 가지 형태를 사용하는 이유는 무엇인가?

6.5 천이 과정

6.3절과 6.4절에서 정상 상태 과정과 여러 개의 응용 예를 고찰하였다. 열역학에서 관심이 많은 과정 중에는 비정상 유동(unsteady flow)이 있으며 이는 정상 유동의 범주에 들지 않는다. 이런 비정상 유동의 범주에 속하는 유동은 먼저 근사적인 별개의 단순화된 모델을 이용하여 논리적으로 표현되어야 한다. 비정상 유동의 예로는 밀폐된 용기에 가스나 액체로 채우는 과정이나 방출하는 과정이 있다. 이러한 과정을 편의상 **천이 과정**(transient process)이라 하며 항상 유효하지는 않지만 특정한 몇몇 가정을 통해 모델을 전개한 것이다. 천이 과정의 모델에 사용된 가정은 다음과 같다.

1. 검사체적은 기준 좌표계에 대해 움직이지 않는다.
2. 검사체적 내의 질량의 상태는 시간에 따라 변하지만 어느 한 순간의 상태는 전체 검사체적에 걸쳐 균일(uniform)하다(전체 검사체적을 구성하는 식별이 가능한 여러 영역에 걸쳐서 균일하다).
3. 비록 질량 유량률은 시간에 따라 변하지만 검사표면을 통과하는 질량의 상태는 시간에 따라 변하지 않는다.

위의 가정에 대한 결과를 살펴보고 비정상 과정에 적용되는 제1법칙의 식을 유도하자. 검사체적이 기준 좌표계에 대해 고정되어 있다는 가정은 이미 6.3절에서 논의된 바 있으며 나머지 가정들은 연속식과 제1법칙으로 다음과 같이 단순화시킬 수 있다.

비정상 유동에서 전 과정은 t시간 동안 일어나지만 특정 순간에 연속식은 다음과 같다.

$$\frac{dm_{\text{C.V.}}}{dt} + \sum \dot{m}_e - \sum \dot{m}_i = 0$$

여기서 합이란 유동이 통과하는 검사표면의 영역을 모두 포함한다는 의미이다. 시간 t에 대해 적분하면 비정상 과정이 진행되는 동안에 검사체적 내의 질량 변화를 구할 수 있다.

$$\int_0^t \left(\frac{dm_{\text{C.V.}}}{dt}\right) dt = (m_2 - m_1)_{\text{C.V.}}$$

시간 t 동안에 검사체적을 나간 총 질량은 다음과 같다.

$$\int_0^t \left(\sum \dot{m}_e\right) dt = \sum m_e$$

시간 t 동안에 검사체적에 들어온 총 질량은 다음과 같다.

$$\int_0^t \left(\sum \dot{m}_i\right) dt = \sum m_i$$

따라서 시간 t 동안 비정상 과정의 **연속식**(continuity equation)은 다음과 같다.

$$(m_2 - m_1)_{\text{C.V.}} + \sum m_e - \sum m_i = 0 \tag{6.15}$$

비정상 과정에 적용할 제1법칙은 어느 순간에도 적용할 수 있는 식 6.7로부터 시작한다.

$$\dot{Q}_{\text{C.V.}} + \sum \dot{m}_i\left(h_i + \frac{\mathbf{V}_i^2}{2} + gZ_i\right) = \frac{dE_{\text{C.V.}}}{dt} + \sum \dot{m}_e\left(h_e + \frac{\mathbf{V}_e^2}{2} + gZ_e\right) + \dot{W}_{\text{C.V.}}$$

어느 순간에도 검사체적 내의 상태는 균일하므로 비정상 과정의 제1법칙은 다음과 같이 표현된다.

$$\dot{Q}_{\text{C.V.}} + \sum \dot{m}_i\left(h_i + \frac{\mathbf{V}_i^2}{2} + gZ_i\right) = \sum \dot{m}_e\left(h_e + \frac{\mathbf{V}_e^2}{2} + gZ_e\right) + \frac{d}{dt}\left[m\left(u + \frac{\mathbf{V}^2}{2} + gZ\right)\right]_{\text{C.V.}} + \dot{W}_{\text{C.V.}}$$

위 식을 시간 t에 대해 적분을 하면 각 항은 다음과 같다.

$$\int_0^t \dot{Q}_{\text{C.V.}}\, dt = Q_{\text{C.V.}}$$

$$\int_0^t \left[\sum \dot{m}_i\left(h_i + \frac{\mathbf{V}_i^2}{2} + gZ_i\right)\right] dt = \sum m_i\left(h_i + \frac{\mathbf{V}_i^2}{2} + gZ_i\right)$$

$$\int_0^t \left[\sum \dot{m}_e\left(h_e + \frac{\mathbf{V}_e^2}{2} + gZ_e\right)\right] dt = \sum m_e\left(h_e + \frac{\mathbf{V}_e^2}{2} + gZ_e\right)$$

$$\int_0^t \dot{W}_{\text{C.V.}}\, dt = W_{\text{C.V.}}$$

$$\int_0^t \frac{d}{dt}\left[m\left(u + \frac{\mathbf{V}^2}{2} + gZ\right)\right]_{\text{C.V.}} dt = \left[m_2\left(u_2 + \frac{\mathbf{V}_2^2}{2} + gZ_2\right) - m_1\left(u_1 + \frac{\mathbf{V}_1^2}{2} + gZ_1\right)\right]_{\text{C.V.}}$$

따라서 시간 t 동안 비정상 유동의 **제1법칙**(first law)은 다음과 같이 쓸 수 있다.

$$Q_{\text{C.V.}} + \sum m_i\left(h_i + \frac{\mathbf{V}_i^2}{2} + gZ_i\right)$$
$$= \sum m_e\left(h_e + \frac{\mathbf{V}_e^2}{2} + gZ_e\right)$$
$$+ \left[m_2\left(u_2 + \frac{\mathbf{V}_2^2}{2} + gZ_2\right) - m_1\left(u_1 + \frac{\mathbf{V}_1^2}{2} + gZ_1\right)\right]_{\text{C.V.}} + W_{\text{C.V.}}$$

위의 가정이 유효하고 식 6.16이 적용 가능한 예제로서 진공 용기를 충전하는 고전적인 문제를 생각하자. 예제 6.11은 이 주제에 대한 예제이다.

예제 6.11

그림 6.14와 같이 압력 1.4 MPa, 온도 300°C의 수증기가 관을 흐르고 있다. 이 관은 밸브를 지나 진공 탱크에 연결되어 있다. 밸브를 개방하여 탱크의 압력이 1.4 MPa에 도달할 때까지 수증기를 채우고 밸브를 닫는다. 이 과정은 단열 상태에서 진행되며 운동 에너지와 위치 에너지는 무시한다. 수증기의 최종 온도를 구하라.

검사체적: 그림 6.14에 도시된 탱크
초기 상태(탱크 내부): 진공 상태로 초기 질량 $m_1 = 0$
최종 상태: P_2는 아는 값임
입구 상태: P_i, T_i(공급관)는 아는 값
과정: 천이 과정
모델: 수증기 표

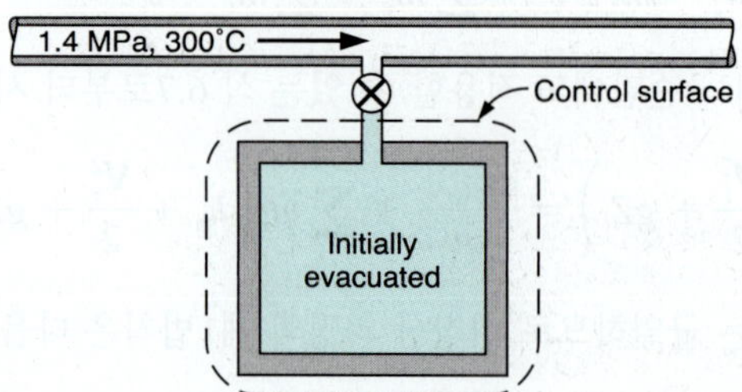

그림 6.14 진공 용기로 유입되는 유동—검사체적 해석.

해석

식 6.16의 제1법칙을 적용한다.

$$Q_{\text{C.V.}} + \sum m_i\left(h_i + \frac{\mathbf{V}_i^2}{2} + gZ_i\right)$$
$$= \sum m_e\left(h_e + \frac{\mathbf{V}_e^2}{2} + gZ_e\right)$$
$$+ \left[m_2\left(u_2 + \frac{\mathbf{V}_2^2}{2} + gZ_2\right) - m_1\left(u_1 + \frac{\mathbf{V}_1^2}{2} + gZ_1\right)\right]_{\text{C.V.}} + W_{\text{C.V.}}$$

위의 식에서 아는 값들은 $Q_{\text{C.V.}} = 0$, $W_{\text{C.V.}} = 0$, $m_e = 0$, $(m_1)_{\text{C.V.}} = 0$이다. 이와 더불어 운동 에너지 및 위치 에너지의 변화량을 무시하면 이 과정에 적용되는 제1법칙은 다음과 같이 단순화된다.

$$m_i h_i = m_2 u_2$$

이 과정에 대한 식 6.15의 연속식은 다음과 같이 쓸 수 있다.

$$m_2 = m_i$$

이 과정에 대한 연속식과 제1법칙을 합하면 다음의 결과를 얻는다.

$$h_i = u_2$$

탱크 내부에 최종 상태의 내부 에너지는 탱크 안으로 들어가는 수증기의 엔탈피와 같다.

풀이

수증기 표로부터 다음을 얻는다.

$$h_i = u_2 = 3040.4 \text{ kJ/kg}$$

최종 압력이 1.4 MPa로 주어져 있기 때문에 최종 상태의 두 개의 상태량을 알게 되어 최종 상태가 확정된다. 압력 1.4 MPa과 내부 에너지 3040.4 kJ/kg에 해당하는 온도는 452°C로 구해진다.

같은 문제를 그림 6.15에 나타낸 것과 같이 탱크로 유입되는 수증기와 진공 상태의 탱크 내부 공간을 검사질량으로 생각하여 풀 수도 있다.

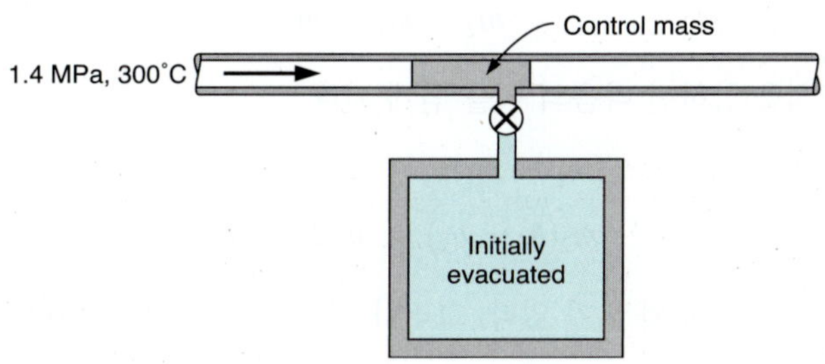

그림 6.15 진공 용기로 유입되는 유동—검사질량 해석.

이 과정은 열전달 측면에서는 분명 단열 과정이지만 일을 구하기 위해서는 경계면(boundary)을 고찰할 필요가 있다. 검사질량에 포함된 수증기와 그 후면의 수증기 사이에 피스톤을 상상한다면 검사질량에 포함된 수증기의 경계면은 이동할 것이며 후면의 수증기는 검사질량의 수증기에 대해 일을 한다는 것을 알게 된다. 이 일의 크기는 다음과 같이 표시 된다.

$$-W = P_1 V_1 = m P_1 v_1$$

식 5.11의 검사질량에 대한 제1법칙을 적고 운동 에너지와 위치 에너지를 무시하면 다음과 같다.

$$_1Q_2 = U_2 - U_1 + {_1W_2}$$
$$0 = U_2 - U_1 - P_1 V_1$$
$$0 = m u_2 - m u_1 - m P_1 v_1 = m u_2 - m h_1$$

따라서

$$u_2 = h_1$$

이와 같이 검사질량을 이용한 해석과 검사체적을 이용한 해석은 같은 결과를 얻는다. 천이 과정을 설명하기 위해 두 개의 예제를 더 살펴보자.

■

예제 6.12

앞의 예제에서 탱크의 체적이 0.4 m³이며 초기에 350 kPa의 포화 증기가 차있다고 생각하자. 이때 밸브를 열어 1.4 MPa, 300°C의 수증기가 탱크 안으로 유입되어 탱크 압력이 1.4 MPa이 되었다. 탱크로 유입된 수증기의 질량을 구하라.

검사체적: 그림 6.14의 탱크
초기 상태: 압력 P_1의 포화 증기; 상태 확정
최종 상태: 압력 P_2
입구 상태: P_i, T_i; 상태 확정
과정: 천이 과정
모델: 수증기 표

해석

탱크가 초기에 진공이 아니라는 것을 제외하고 예제 6.11과 같은 상황이다. 다시 $Q_{C.V.} = 0$, $W_{C.V.} = 0$, $m_e = 0$, $(m_1) = 0$이며 운동 에너지와 위치 에너지의 변화량이 없다고 가정한다. 식 6.16의 제1법칙은 이 과정에 적용되는 다음의 식으로 단순화된다.

$$m_i h_i = m_2 u_2 - m_1 u_1$$

식 6.15의 연속식도 다음과 같이 단순화된다.

$$m_2 - m_1 = m_i$$

따라서 연속식과 제1법칙을 합하면 다음의 식을 얻게 된다.

$$(m_2 - m_1)h_i = m_2 u_2 - m_1 u_1$$

$$m_2(h_i - u_2) = m_1(h_i - u_1) \tag{a}$$

이 식에는 두 개의 미지수 m_2와 u_2가 있다. 그러나 식 하나를 더 알고 있다.

$$m_2 v_2 = V = 0.4\ m^3 \tag{b}$$

식 (b)를 식 (a)에 대입하여 정리하면 다음의 식을 얻는다.

$$\frac{V}{v_2}(h_i - u_2) - m_1(h_i - u_1) = 0 \tag{c}$$

이 식에서 미지수는 v_2와 u_2이지만 두 미지수는 모두 T_2와 P_2의 함수이다. 여기서 T_2가 미지수라는 의미는 식 (c)를 만족하는 T_2의 값은 오직 하나뿐이라는 것을 뜻한다. 따라서 이 값은 시행착오 방법(trial and error)으로 구해야만 한다.

풀이

주어진 조건으로부터 구한 상태량 값들은 아래와 같다.

$$v_1 = 0.5243\ \mathrm{m^3/kg}, \qquad m_1 = \frac{0.4}{0.5243} = 0.763\ \mathrm{kg}$$

$$h_i = 3040.4\ \mathrm{kJ/kg}, \qquad u_1 = 2548.9\ \mathrm{kJ/kg}$$

최종 상태의 온도를 먼저 아래와 같이 가정한다.

$$T_2 = 300°\mathrm{C}$$

위의 가정된 온도와 알고 있는 압력 P_2로부터 확정된 상태의 상태량을 구할 수 있다.

$$v_2 = 0.1823\ \mathrm{m^3/kg}, \qquad u_2 = 2785.2\ \mathrm{kJ/kg}$$

이 값을 식 (c)에 대입하여 계산하면 그 결과는 식 (c)의 우변 값과 일치하지 않는다.

$$\frac{0.4}{0.1823}(3040.4 - 2785.2) - 0.763(3040.4 - 2548.9) = +185.0\ \mathrm{kJ}$$

따라서 최종 온도를 다시 가정하자.

$$T_2 = 350°\mathrm{C}$$

다시 가정된 온도와 알고 있는 압력 P_2로 확정된 상태의 상태량을 구할 수 있다.

$$v_2 = 0.2003\ \mathrm{m^3/kg}, \qquad u_2 = 2869.1\ \mathrm{kJ/kg}$$

이 값을 다시 식 (c)에 대입하여 계산하면,

$$\frac{0.4}{0.2003}(3040.4 - 2869.1) - 0.763(3040.4 - 2548.9) = -32.9\ \mathrm{kJ}$$

가정한 온도와 아는 압력 값을 대입하여 식 (c)의 우변 값이 영이 되기 위해서는 실제 T_2 값은 앞의 두 개의 가정된 온도 사이에 있어야 한다. 내삽법(interpolation)을 사용하여 T_2를 구하면 다음과 같다.

$$T_2 = 342°\mathrm{C}\text{와} \quad v_2 = 0.1974\ \mathrm{m_3/kg}$$

따라서 최종적인 탱크 안의 질량은

$$m_2 = \frac{0.4}{0.1974} = 2.026\ \mathrm{kg}$$

탱크 내로 유입된 수증기의 양은

$$m_i = m_2 - m_1 = 2.026 - 0.763 = 1.263\ \mathrm{kg}$$

■

예제 6.13

체적이 2 $\mathrm{m^3}$인 탱크에 온도 40°C의 포화 암모니아가 들어있다. 초기에 탱크 체적의 50%는 액체이며 50%는 증기로 구성되어 있다. 탱크의 상단에서 암모니아 증기를 배출시켜 탱크의 온도가 10°C가 되었다. 배출 시 증기만(액체는 배출되지 않음) 배출되며 배출 과정은 단열 과정이라 가정하자. 배출된 암모니아의 질량을 계산하라.

검사체적: 탱크
초기 상태: T_1, V_{liq}, V_{vap}; 상태 확정
최종 상태: T_2
출구상태: 포화 증기(온도는 변함)
과정: 천이 과정
모델: 암모니아 증기표

해석

식 6.16의 제1법칙에서 $Q_{C.V.} = 0$, $W_{C.V.} = 0$, $m_i = 0$을 적용하고 운동 에너지와 위치 에너지 변화량을 무시하자. 그러나 포화 증기의 엔탈피는 온도에 따라 변하기 때문에 탱크에서 배출되는 포화 증기의 엔탈피를 일정하게 가정할 수 없다. 40°C의 온도에서 포화 증기의 엔탈피는 $h_g = 1470.2$ kJ/kg이고 10°C의 온도에서 포화 증기의 엔탈피는 $h_g = 1452.0$ kJ/kg인 것을 유의하라. 포화 증기가 배출되는 동안 h_g의 변화는 작기 때문에 배출 시 포화 증기의 엔탈피 h_e를 위의 두 값에 평균값을 취하면 비교적 정확한 가정이 될 수 있다. 따라서

$$(h_e)_{av} = 1461.1 \text{ kJ/kg}$$

위의 가정을 적용한 제1법칙은 다음으로 단순화된다.

$$m_e h_e + m_2 u_2 - m_1 u_1 = 0$$

식 6.15의 연속식은

$$(m_2 - m_1)_{C.V.} + m_e = 0$$

위의 두 식을 합하여 최종적으로 다음의 식을 얻는다.

$$m_2(h_e - u_2) = m_1 h_e - m_1 u_1$$

풀이

암모니아 증기표로부터 다음과 같이 관련 상태량을 얻는다.

$$v_{f1} = 0.001\,725 \text{ m}^3\text{/kg}, \qquad v_{g1} = 0.083\,13 \text{ m}^3\text{/kg}$$
$$v_{f2} = 0.001\,60, \qquad v_{fg2} = 0.203\,81$$
$$u_{f1} = 368.7 \text{ kJ/kg}, \qquad u_{g1} = 1341.0$$
$$u_{f2} = 226.0, \qquad u_{fg2} = 1099.7$$

먼저 탱크의 초기 질량을 계산하고 초기의 액체 질량(m_{f1})을 구한다.

$$m_{f1} = \frac{V_f}{v_{f1}} = \frac{1.0}{0.001\,725} = 579.7 \text{ kg}$$

같은 방법으로 초기의 증기 질량(m_{g1})은

$$m_{g1} = \frac{V_g}{v_{g1}} = \frac{1.0}{0.083\,13} = 12.0 \text{ kg}$$
$$m_1 = m_{f1} + m_{g1} = 579.7 + 12.0 = 591.7 \text{ kg}$$
$$m_1 h_e = 591.7 \times 1461.1 = 864\,533 \text{ kJ}$$
$$m_1 u_1 = (mu)_{f1} + (mu)_{g1} = 579.7 \times 368.7 + 12.0 \times 1341.0$$
$$= 229\,827 \text{ kJ}$$

위의 값들을 제1법칙에 대입하면 다음을 얻는다.

$$m_2(h_e - u_2) = m_1 h_e - m_1 u_1 = 864\,533 - 229\,827 = 634\,706$$

위 식에 두 개의 미지수 m_2와 u_2가 있지만 이 미지수들은 다음과 같이 건도의 함수로 나타낼 수 있다.

$$m_2 = \frac{V}{v_2} = \frac{2.0}{0.001\,60 + x_2(0.203\,81)}$$

또한

$$u_2 = 226.0 + x_2(1099.7)$$

따라서 두 개의 미지수는 최종 상태의 건도 x_2만의 함수로 다음과 같이 그 값이 결정된다.

$$\frac{2.0(1461.1 - 226.0 - 1099.7x_2)}{0.001\,60 + 0.203\,81x_2} = 634\,706$$

x_2에 대해 풀어 값을 구하면,

$$x_2 = 0.011\,057$$

따라서

$$v_2 = 0.001\,60 + 0.011\,057 \times 0.203\,81 = 0.003\,853\,5\ \text{m}^3/\text{kg}$$

$$m_2 = \frac{V}{v_2} = \frac{2}{0.003\,853\,5} = 519\ \text{kg}$$

배출된 암모니아의 질량은 다음으로 구해진다.

$$m_e = m_1 - m_2 = 591.7 - 519 = 72.7\ \text{kg}$$

■

개념에 관한 질문

k. 초기에 비어있는 실린더 내부에 20°C, 100 kPa의 공기가 가득 채워진다. 이 과정에서 열전달이 없다고 할 때 최종 온도는 20°C보다 클지, 작을지, 같을지를 답하라. 최종 온도는 실린더 크기에 관계하는가?

6.5 방법론 편

어떤 형태의 에너지 식을 사용해야 하는가?

실제적으로 에너지 식은 한 형태만이 존재 한다(질량, 운동량 및 엔트로피에 관한 다른 보존식도 마찬가지이다). 일반적으로 보존식은 다음의 개념으로 나타낼 수 있다.

저장 변화률 = +유입 − 유출 + 발생률

엔트로피(8장)만이 발생률 항을 갖는다. 에너지률의 식은

$$\dot{E}_{\text{C.V.}} = \dot{Q}_{\text{C.V.}} - \dot{W}_{\text{C.V.}} + \sum \dot{m}_i h_{\text{tot}\,i} - \sum \dot{m}_e h_{\text{tot}\,e}$$

위 식을 시간에 대해 적분하면 에너지 식은

$$E_2 - E_1 = {}_1Q_2 - {}_1W_2 + \sum m_i h_{\text{tot}\,i} - \sum m_e h_{\text{tot}\,e}$$

좌변은 마치 은행 구좌의 잔고의 변화와 같이 선택된 검사체적 내에 저장되는 에너지를 의미하며 우변은 마치 은행 구좌에 입출금처럼 검사표면을 통해 주위와 교환되는 에너지를 뜻한다. 위의 식에서 존재하지 않는 항을 제거하면 특정한 경우를 나타내는 단순한 식으로 나타낼 수 있다.

예를 들어 유동이 없을 때 합으로 나타낸 항은 없어지며 식 5.11로 단순화된다. 정상 유동의 경우 좌변은 없어지며 식 6.10으로 단순화된다(입출구가 하나씩 있는 경우는 식 6.12). 마지막으로 천이 과정에는 저장 효과와 유동에 의한 전달을 동시에 가지고 있으므로 식 6.16과 같이 표현된다.

언제 "u"와 "h"를 사용하는가?

에너지 식에 나타나는 u와 h는 임의적이지 않다. 식 6.8의 일반적인 에너지 식에서 좌변에는 (mu)항을 포함하는 E_{CV}의 에너지 저장 항을 가지며 반면에 우변에는 $(\dot{m}h)$의 항을 갖는다. 정상 상태의 문제에서 좌변은 영이며 식 6.12~13과 같이 에너지 식에는 h항만 남게 된다. 유동이 없는 경우에는 시간 적분으로 식 5.11과 같이 좌변에 "u"항이 남게 된다. 마지막으로 천이 과정에서는 양변에 항을 다 갖게 되어 "u"와 "h"의 항이 식 6.16에서와 같이 동시에 나타난다. 결론적으로 "u"는 에너지의 저장과 관련되며 "h"는 질량 유동으로 인한 에너지의 유동과 관련이 있다.

유동이 있을 때 항상 운동 에너지와 위치 에너지를 고려해야 하는가?

반드시 그렇지 않다. 다른 에너지 항과 비교하여 운동 에너지나 위치 에너지의 크기에 의존한다. 공기 유동이 속도 10 m/s이고 높이 10 m이며 이를 10°C 증가시켰다고 가정하자. h의 증가에 비해 운동 및 위치 에너지는 얼마인가?

$$KE = \tfrac{1}{2}\mathbf{V}^2 = \tfrac{1}{2}10^2\ (\text{m/s})^2 = 50\ \text{J/kg} = 0.05\ \text{kJ/kg}$$
$$PE = gZ = 9.807 \times 10\ (\text{m/s})^2 = 98.1\ \text{J/kg} = 0.098\ \text{kJ/kg}$$
$$\Delta h = C_P\,\Delta T = 1.0 \times 10\ \text{kJ/kg} = 10\ \text{kJ/kg}$$

위의 값으로부터 운동 에너지나 위치 에너지가 1 kJ/kg를 갖기 위해서는 50 m/s 이상의 속도와 100 m 이상의 높이여야 한다는 것을 알 수 있다. 따라서 이들 에너지는 제1법칙에서 다른 항에 비해 매우 작음을 알 수 있다.

이 장의 **요약**

질량 보존식(conservation of mass)은 검사체적으로 유출입되는 질량 유동으로 인한 총 질량의 변화율을 나타낸다. 검사질량에 대한 에너지 식을 확대하여 질량 유동을 포함하게 되면 질량 유동이 운반하는 에너지(내부 에너지, 운동 에너지 및 위치 에너지)와 상류의 압력에 대해 검사체적 내부로 혹은 외부로 유동을 미는데 필요한 유동일을 고려해야 한다. 질량 보존식[**연속식**(continuity equation)]과 **에너지 보존식**(conservation of energy, 제1법칙)은 많은 종류의 표준 장치에 적용된다.

정상 상태(steady-state)에서 장치는 저장 효과가 없으므로 모든 상태량은 시간에 대해 일정하며 대부분의 유동형 장치에 적용된다. 각종 장치의 조합으로 발전소, 제트 엔진, 냉장고와 같은 특정 목적에 적용되는 완전한 시스템을 이루게 된다.

천이 과정(transient process)에서 용기를 채우거나 비우는 것처럼 질량 변화(저장)는 평균적인 기술(description)을 기본으로 한다. 정상 상태의 장치를 가동하거나 정지할 때 천이 과정이 되는 것도 알아야 한다.

본 장을 배운 후 다음의 사항에 대한 이해와 능력을 보유하여야 한다.

- 보존식의 물리적인 의미를 이해하라. 율(rate) = + 유입(in) − 유출(out)
- 질량 유량률, 체적 유량률 및 국소 속도의 개념을 이해하라.
- 에너지 식에서 유동 관련 항과 비관련 항들을 인지하라.
- 대부분의 대표적인 장치가 어떻게 일을 하는지를 알고 장치에서 열전달과 일전달의 유무를 파악하라.
- 운동 및 위치 에너지가 중요한 장비를 파악하라.
- 노즐, 스로틀, 터빈 혹은 펌프와 같이 정상 상태의 단순 유동을 해석하라.
- 열교환기, 혼합실, 터빈 그 밖에 특정 장비와 같은 다수의 입출구가 있는 장비에 대해 적용하라.

- 개개의 장치나 이를 포함한 전체 시스템에 대해 보존식을 적용하고 이들 간 연결성과 상호 작용에 대해 인지하라
- 천이 과정의 문제에 대한 보존식들의 적절한 형태를 인지하고 사용하라.
- 천이 상태의 유동에 대해 적절한 평균값을 가정할 수 있게 하라.
- 저장 에너지(dE/dt)와 유동($\dot{m}h$) 사이의 차이점을 인식하라.

여러 가지 정상 유동 장치들의 예를 표 6.1에 열거하였다. 표는 장치들의 용도에 대한 간략한 설명, 일과 열전달에 대해 알려진 사실들, 그리고 보편적인 가정들을 포함한다. 표에 열거된 장치들의 개수나 적시한 사실들이 완전하지는 않겠지만, 대표적인 몇가지 예로는 충분할 것이다. 어떤 예들은 독자들에게 생소할 수도 있을 것이다.

주요 개념과 식

체적 유량률 $\dot{V} = \int \mathbf{V}\,dA = A\mathbf{V}$ (평균 속도 사용)

질량 유량률 $\dot{m} = \int \rho \mathbf{V}\,dA = \rho A\mathbf{V} = A\mathbf{V}/v$ (평균각 사용)

유동 일률 $\dot{W}_{\text{flow}} = P\dot{V} = \dot{m}Pv$

유동 방향 KE나 PE가 크지 않다면 높은 P에서 낮은 P의 방향

순간 과정 _Instantaneous Process

연속식 $\dot{m}_{\text{C.V.}} = \sum \dot{m}_i - \sum \dot{m}_e$

에너지 식 $\dot{E}_{\text{C.V.}} = \dot{Q}_{\text{C.V.}} - \dot{W}_{\text{C.V.}} + \sum \dot{m}_i h_{\text{tot}\,i} - \sum \dot{m}_e h_{\text{tot}\,e}$

총 엔탈피 $h_{\text{tot}} = h + \frac{1}{2}\mathbf{V}^2 + gZ = h_{\text{stagnation}} + gZ$

정상 상태

저장이 없음: $\dot{m}_{\text{C.V.}} = 0$; $\dot{E}_{\text{C.V.}} = 0$

연속식 $\sum \dot{m}_i = \sum \dot{m}_e$ (in = out)

에너지 식 $\dot{Q}_{\text{C.V.}} + \sum \dot{m}_i h_{\text{tot}\,i} = \dot{W}_{\text{C.V.}} + \sum \dot{m}_e h_{\text{tot}\,e}$ (in = out)

비열전달 $q = \dot{Q}_{\text{C.V.}}/\dot{m}$ (steady state only)

비일 $w = \dot{W}_{\text{C.V.}}/\dot{m}$ (steady state only)

하나의 입출구에서 정상 상태의 에너지 식 $q + h_{\text{tot}\,i} = w + h_{\text{tot}\,e}$ (in = out)

천이 과정

연속식 $m_2 - m_1 = \sum m_i - \sum m_e$

에너지 식 $E_2 - E_1 = {}_1Q_2 - {}_1W_2 + \sum m_i h_{\text{tot}\,i} - \sum m_e h_{\text{tot}\,e}$

$$E_2 - E_1 = m_2\left(u_2 + \frac{1}{2}\mathbf{V}_2^2 + gZ_2\right) - m_1\left(u_1 + \frac{1}{2}\mathbf{V}_1^2 + gZ_1\right)$$

$$h_{\text{tot}\,e} = h_{\text{tot exit average}} \approx \frac{1}{2}(h_{\text{tot}\,e1} + h_{\text{tot}\,e2})$$

표 6.1 대표적인 정상 유동 장치.

장치	목적	기지사항	가정
후냉각기(aftercooler)	압축기 후 유동을 냉각	$w = 0$	$P =$ 일정
보일러(boiler)	물질을 기체 상태로 변경	$w = 0$	$P =$ 일정
응축기(condenser)	물질에서 열을 빼내어 액체 상태로 변경	$w = 0$	$P =$ 일정
연소기(combustor)	연료를 태움; 열을 내부로 전달하는 것과 같음	$w = 0$	$P =$ 일정
압축기(compressor)	물질에 고압을 생성	w in	$q = 0$
탈기기(deaerator)	액체에 용해된 기체를 제거	$w = 0$	$P =$ 일정
제습기(dehumidifier)	공기로부터 수분을 제거		$P =$ 일정
과열 저감기(desuperheater)	과열 증기에 액체를 더해 포화 증기로 변경	$w = 0$	$P =$ 일정
디퓨저(diffuser)	운동 에너지를 고압으로 변경	$w = 0$	$q = 0$
절탄기(economizer)	저온, 저압의 열교환기	$w = 0$	$P =$ 일정
증발기(evaporator)	물질을 기체 상태로 변경	$w = 0$	$P =$ 일정
팽창기(expander)	터빈과 비슷하나 열교환 존재		
팬/송풍기(fan/blower)	공기와 같은 물질을 이동시킴	w in, KE up	$P =$ 일정, $q = 0$
급수 가열기(feedwater heater)	다른 유동으로 액체를 가열	$w = 0$	$P =$ 일정
플래시 증발기(flash evaporator)	팽창(교축)을 시켜 증기를 생성	$w = 0$	$q = 0$
열기관(heat engine)	열의 일부를 일로 변환시키는 장치	q in, w out	
열교환기(heat exchanger)	한 물질에서 다른 물질로 열을 전달하는 장치	$w = 0$	$P =$ 일정
열펌프(heat pump)	일을 입력시켜 T_{low}에서 T_{high}로 Q를 이동시키는 장치, 냉장고	w in	
가열기(heater)	물질을 가열시킴	$w = 0$	$P =$ 일정
가습기(humidifier)	습공기에 물을 첨가	$w = 0$	$P =$ 일정
중간 냉각기(intercooler)	압축기 사이에 열교환기	$w = 0$	$P =$ 일정
노즐(nozzle)	압력을 낮추어 운동 에너지를 생성, 유량을 측정	$w = 0$	$q = 0$
혼합기(mixing chamber)	2개 이상의 유동을 혼합	$w = 0$	$q = 0$
펌프(pump)	압축기와 같으나 액체용	w in, P up	$q = 0$
반응기(reactor)	2개 이상의 물질을 반응시킴	$w = 0$	$q = 0$, $P =$ 일정
재생기(regenerator)	에너지를 회복시키는 열교환기	$w = 0$	$P =$ 일정
증기 발생기(steam generator)	보일러와 같으며 액체에 열을 가해 과열 증기를 생성	$w = 0$	$P =$ 일정
과급기(supercharger)	엔진 축에 의해 가동되는 압축기 공기를 자동차 엔진으로 충전	w in	
과열기(superheater)	T_{sat} 이상의 온도를 만드는 열교환기	$w = 0$	$P =$ 일정
터빈(turbine)	고압의 유동으로부터 축일을 생성	w out	$q = 0$
터보 과급기(turbocharger)	배기 유동으로 가동되는 압축기 공기를 자동차 엔진으로 충전	$\dot{W}_{터빈} = \dot{W}_{C.V.}$	
스로틀(throttle)	밸브와 같음		
밸브(valve)	단면적을 제한하여 유량을 조절, 압력은 감소	$w = 0$	$q = 0$

연습 문제

Homework Problems

개념 문제

6.1 온도 차이는 열전달을 발생시킨다. 이와 비슷한 개념이 $\dot{m}$에 적용되는가?

6.2 유동의 상류에서는 어떤 효과가 있겠는가?

6.3 유체 흐름의 상태량 (P, v, T) 중 어떤 상태량이 조정 가능한가? 어떻게 조정하는가?

6.4 2단의 정상 상태로서 500 K, 500 kPa의 공기가 100 kPa로 팽창된다. 1단은 스로틀이며 2단은 터빈이다. 어느 출구에서 가장 높은 온도가 되겠는가? 이유는?

6.5 풍차는 바람의 운동 에너지 일부를 축의 동력으로 만든다. 공기의 온도와 속도가 어떻게 동력에 영향을 미치는가? (*힌트*: 동력을 질량 유량률과 비일의 항으로 나타내라)

6.6 공기로 풍선을 분다. 이 경우 유동일에 해당되는 것은 무엇인가? 에너지는 어디에 저장되는가?

연속식과 유량률

6.7 배수구가 닫혀있는 빈 목욕통이 수도꼭지로부터 10 kg/min의 물로 채워지고 있다. 10분 후 배수구를 열어 4 kg/min로 물을 배출시킴과 동시에 유입 유동을 2 kg/min로 감소시켰다. 목욕통 내의 물의 질량을 시간의 함수로 그리고 이 과정의 시작으로부터 목욕통이 비워질 때까지의 시간을 구하라.

6.8 히트펌프의 증발기에서 10°C의 R-134a 포화 증기가 질량 유량 0.1 kg/s로 정상 상태를 유지하며 흐른다. 냉매의 속도가 7 m/s를 넘지 않게 하려면 이 지점에서 튜브의 최소 직경은 얼마로 해야 하는가?

6.9 보일러에서 100 kPa의 물이 1 m/s로 유입되어 증기가 발생된다. 관 지름이 같을 때 100 kPa의 포화 증기의 속도는 얼마인가? 이후 유동의 압력은 일정할 수 있는가?

6.10 보일러에 5000 kg/h의 일정 유량으로 액체 상태의 물이 5 MPa, 20°C 상태로 들어가 450°C, 4.5 MPa로 가열되어 배출된다. 유체의 속도가 20 m/s 미만일 때 입구와 출구에 필요한 최소의 단면적을 구하라.

6.11 직경 50 mm인 파이프에서 15°C, 200 kPa인 질소 기체가 유량률 0.05 kg/s로 흐르면서 부분 폐쇄된 밸브를 지난다. 밸브를 지나면서 압력이 30 kPa 감소하고 실제적인 온도의 변화가 없다면 밸브의 상하류에서 속도는 얼마인가?

6.12 가정용 열풍기가 100 kPa, 17°C의 공기를 0.25 m^3/s로 흡입한 후 52°C까지 가열시켜 그림 P6.12와 같이 0.2 m × 0.2 m의 사각 덕트를 통해 배출시킨다. 덕트에서 공기 속도를 구하라.

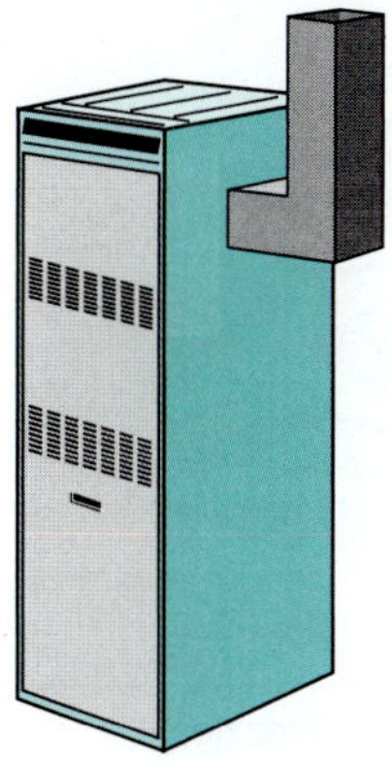

그림 P6.12

6.13 상태가 3 MPa, 400°C인 증기가 체적 유량 5 m_3/s로 터빈에 유입된다. 이 입구에서 질량 유량률 중 15%를 추출(extraction)하여 600 kPa, 200°C의 상태인 곳으로 배출하고 나머지 유량은 건도 90%, 압력 20 kPa의 상태인 터빈 출구로 속도 20 m/s로 유출한다. 추출 유동의 체적 유량률을 구하고 터빈 출구의 배관의 직경을 구하라.

6.14 지름이 0.75 m인 가정용 선풍기가 98 kPa, 22°C의 공기를 끌어 105 kPa, 23°C의 공기로 바꾸어 속도 15 m/s로 배출한다(그림 P6.14를 보라). 질량 유동률(kg/s)과 입구 속도및 배출되는 체적 유량률(m^3/s)은 얼마인가?

그림 P6.14

단일 유동, 단일 장치에서의 과정

노즐, 디퓨저

6.15 온도 15°C인 액체 상태의 물이 노즐을 통과하여 15 m 수직 상부로 배출된다. 노즐 출구의 속도 $\mathbf{V}_{exit}$는 얼마인가?

6.16 200 kPa, 400 K의 질소 기체가 매우 느린 속도로 완만한 축소 노즐(convergent nozzle)에 들어가 100 kPa, 330 K로 나온다. 노즐이 단열되어 있다면 출구 속도는 얼마인가?

6.17 노즐 입구에서 1 MPa, 400°C의 수증기 0.1 kg/s가 운동 에너지를 무시할 만한 속도로 들어와 500 kPa, 350°C의 상태로 나간다. 유동이 단열되어 있다면 노즐 출구에서 속도와 출구면적을 구하라.

6.18 그림 P6.18과 같이 제트 엔진의 입구에서 1000 K, 200 kPa의 공기가 30 m/s의 속도로 유입되어 850 K, 90 kPa로 배출된다. 열손실이 없다면 출구에서의 속도는 얼마인가?

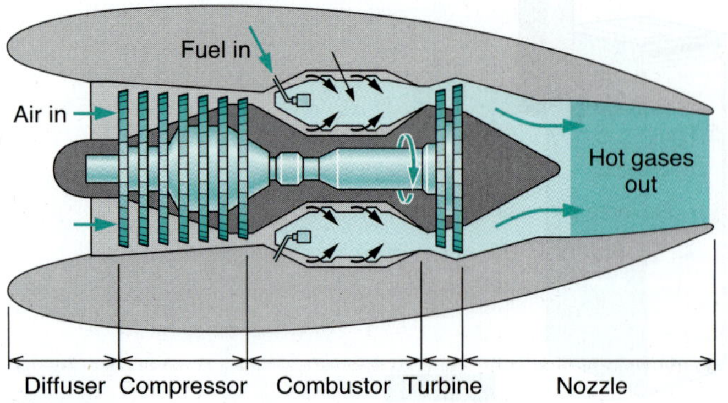

그림 P6.18

6.19 제트 엔진의 입구에서 1000 K, 200 kPa의 공기가 40 m/s의 속도로 유입되어 출구에서 90 kPa과 500 m/s로 배출된다. 열손실이 없다면 출구에서의 온도는 얼마인가?

6.20 높이 5 m의 물로 차있는 댐에 수문이 있다. 수문 바닥에 있는 직경 1 cm의 구멍을 통해 20°C의 물이 흐르게 하였다. 내부 에너지 변화량을 무시할 때 구멍을 흐르는 물의 속도와 질량 유량률을 구하라.

6.21 그림 P6.21과 같은 디퓨저로 100 kPa, 300 K의 공기가 200 m/s의 속도로 들어간다. 노즐의 입구 단면적은 100 mm^{2}이며 출구 단면적은 860 mm^{2}이다. 출구에서 공기의 속도가 20 m/s일 때 압력과 온도를 구하라.

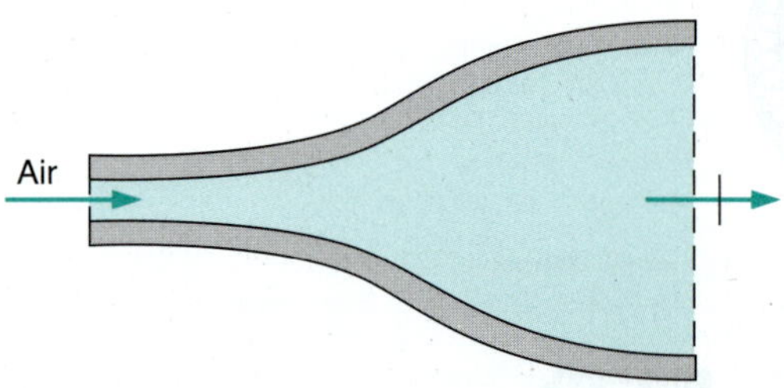

그림 P6.21

6.22 디퓨저 입구에서 100 kPa, 300 K의 이상기체가 속도 250 m/s로 들어간다. 출구 속도가 25 m/s일 때 출구의 온도를 기체가 알곤, 헬륨, 질소인 경우에 대해 각각 구하라.

6.23 그림 P6.23과 같이 속도가 매우 작은 암모니아의 과열 증기가 단열된 노즐로 유입된다. 이때 정상 상태의 유량은 0.01 kg/s이다. 암모니아가 300 kPa, 속도 450 m/s로 나갈 때 온도(만약 포화 상태면 건도)와 노즐 출구의 면적을 구하라.

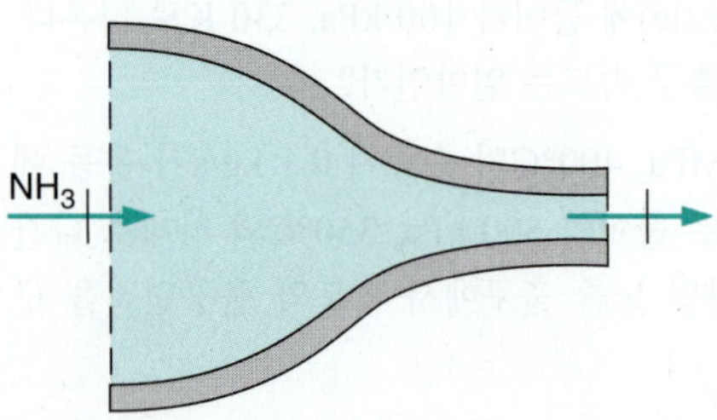

그림 P6.23

6.24 공기가 300 m/s, 300 K, 100 kPa로 디퓨저에 들어간다. 출구에서 속도는 매우 작지만 압력은 높다. 공기가 디퓨저를 통과하는 동안 열전달이 없다고 할 때 출구에서 온도를 구하라.

스로틀 유동

6.25 30°C, 800 kPa의 R-134a가 스로틀되어 −10°C로 냉각되었다. 출구에서의 압력은?

6.26 헬륨이 1.2 MPa, 20°C에서 스로틀 과정으로 100 kPa의 압력으로 감소한다. 관의 출구 직경이 입구보다 훨씬 커서 입출구의 속도는 같다. 헬륨의 출구 온도와 입출구에서 관 직경의 비를 구하라.

6.27 R-134a의 포화 증기가 정상 유동으로 밸브를 지나 500 kPa에서 200 kPa까지 교축된다. 입구와 출구에서 운동 에너지는 같다. 출구온도는 얼마인가?

6.28 400 kPa의 물이 배관을 따라 흐른다. 연결된 밸브를 열고 포화 수증기를 100 kPa의 압력으로 추출한다. 운동 에너지의 변화와 열전달이 없다면 밸브를 지난 후의 온도를 구하라.

6.29 180°C, 2000 kPa인 액체의 물을 500 kPa를 유지하고 있는 플래시(flash) 증발 용기에 스로틀 과정으로 들어간다. 운동 에너지 변화를 무시하면 용기 내부에 액체와 기체가 차지하는 비율은 얼마인가?

6.30 냉장고에서 25°C인 R-12의 포화 액체가 150.9 kPa로 스로틀된다. 출구 온도는 얼마인가? 체적 유량률은 몇 % 증가하는가?

6.31 1.5 MPa, 150°C의 물이 밸브를 지나면서 단열 스로틀 과정으로 압력 200 kPa에 도달한다. 밸브 입구의 속도는 5 m/s이며 입구 및 출구의 파이프 직경은 같다. 출구의 상태(에너지 식에서 운동 에너지를 무시한 경우)를 결정하고 물의 속도를 구하라.

6.32 3 MPa, 300 K의 메탄이 밸브를 통해 100 kPa까지 스로틀 된다. 운동 에너지의 변화가 없으며 이상기체 거동을 할 때 출구 온도는 얼마인가?

터빈, 팽창기

6.33 20 m/s, 260 K, 75 kPa의 공기가 질량 유량률 5 kg/s로 제트 엔진으로 들어가 500 m/s, 800 K, 75 kPa로 나간다. 운동 에너지 변화(동력)는 얼마인가?

6.34 증기 터빈의 입구로 1000 kPa, 350°C의 수증기가 15 m/s의 속도로 들어간다. 이때 입구의 질량 유량률은 2 kg/s이다. 출구의 상태는 100 kPa, 150°C이며 속도는 매우 작다. 단위 질량 당 일(비일)과 출력을 구하라.

6.35 압축 공기를 사용하는 소형 고속 터빈의 출력은 100 W이다. 입구 상태는 400 kPa, 50°C이며 출구 상태는 150 kPa, −30°C이다. 속도가 매우 작고 단열 과정이라 가정할 때 터빈을 통과하는 공기의 질량 유량률을 구하라.

6.36 작은 팽창기(열전달을 동반한 터빈)에 1000 kPa, 550 K의 헬륨이 0.05 kg/s로 들어가 250 kPa, 300 K로 나간다. 축동력 출

력은 55 kW로 측정된다. 운동 에너지를 무시할 때 열전달률을 구하라.

6.37 수력 터빈이 2 kg/s의 질량 유량률로 운전되고 있다. 입구에서 2000 kPa, 20°C의 상태에서 속도 15 m/s로 흐르고 출구에서는 100 kPa, 20°C의 상태에서 매우 작은 속도로 흐른다. 단위 질량 당 일을 구하고 출력을 구하라.

6.38 그림 P6.38과 같이 콜로라도 강을 가로지르는 후버 댐 상류의 미드 호수(Lake Mead)는 하류보다 200 m 높다. 수력 터빈으로 운전되는 전기발전기의 출력은 1300 MW이다. 물의 온도가 17.5°C일 때 터빈 내부를 흐르는 물의 최소량은 얼마인가?

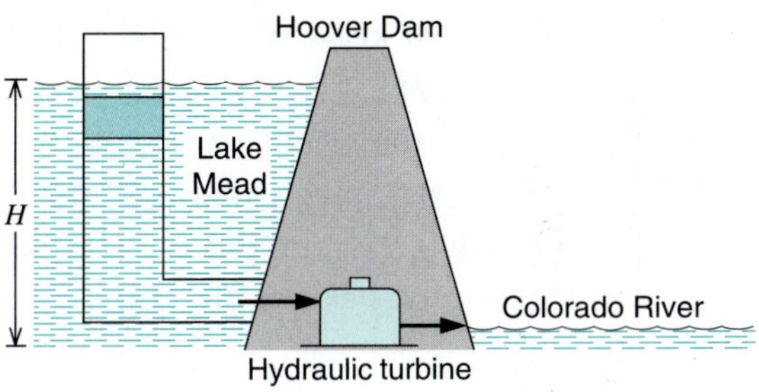

그림 P6.38

6.39 지름이 30 m인 날개가 장착된 풍차는 공기의 온도가 20°C이며 풍속이 30 km/h일 때 바람의 운동 에너지 중 40%를 하루에 축일로서의 출력을 만든다. 생산되는 동력은 얼마인가?

6.40 그림 P6.40과 같은 소형 터빈을 부분 부하(part load)로 운전하기 위해 0.25 kg/s의 증기를 1.4 MPa, 250°C로부터 밸브로 스로틀시켜 1.1 MPa로 감압한다. 감압된 증기는 터빈을 지나 10 kPa로 배출된다. 터빈의 출력이 110 kW일 때 터빈 출구에서 온도(포화 상태면 건도)를 구하라.

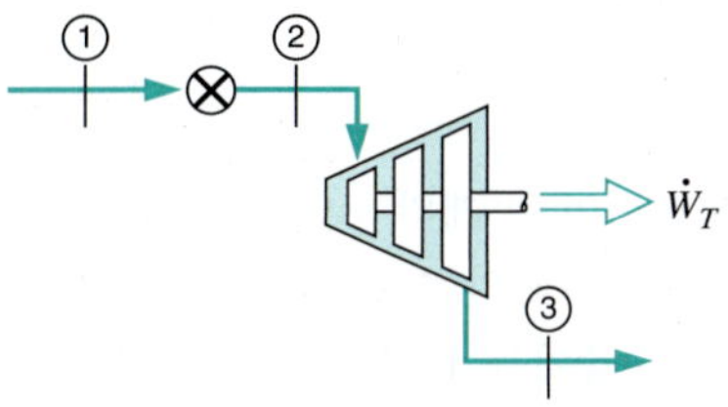

그림 P6.40

압축기, 팬

6.41 상업용 냉동기에 설치된 압축기에 R-22의 냉매가 −25°C, $x = 1$로 들어와 1000 kPa, 60°C로 나간다. 운동 에너지를 무시할 때 단위 질량 당 일을 구하라.

6.42 대형 가스 터빈의 압축기는 대기 중에서 아주 작은 속도로 95 kPa, 20°C의 공기를 흡입하여 속도 90 m/s, 1.52 MPa, 430°C로 배출한다. 압축기에 들어간 동력은 5000 kW이다. 압축기를 지나는 질량 유동률을 구하라.

6.43 압축기가 150 kPa, −10°C의 R-134a를 흡입하여 1200 kPa, 50°C로 배출한다. 압축기에서 수냉식으로 40 kW의 열손실이 발생하며 150 kW의 축일을 받는다. 압축기를 지나는 질량 유량률은 얼마인가?

6.44 그림 P6.14와 같이 질량 유량률이 0.2 kg/s인 일반적인 선풍기 팬이 실내 공기를 18 m/s로 흐르게 한다. 이 팬을 운전하기 위한 전기모터의 최소 동력은 얼마인가? (힌트: 압력과 온도에 변화가 있는가?)

6.45 그림 P6.45와 같이 공기 압축기가 100 kPa, 17°C의 공기를 흡입하여 1 MPa, 600 K로 압축하고 이를 정압 냉각기로 이송한다. 냉각기 출구의 온도는 300 K이다. 공기 압축기의 단위 질량 당 일을 구하고 냉각기의 단위 질량 당 열전달량을 구하라.

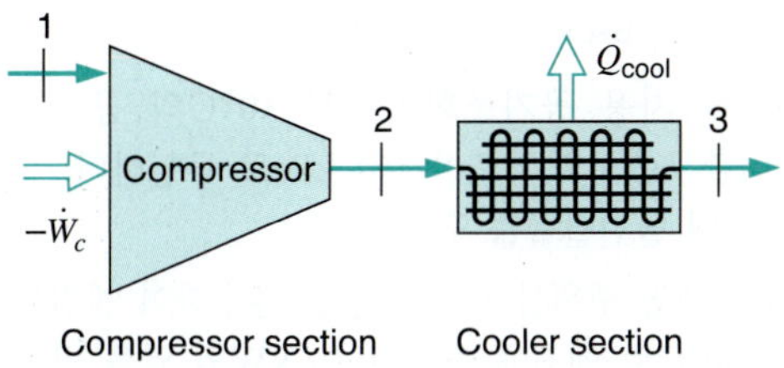

그림 P6.45

6.46 빌딩에 장치된 배기 팬이 98 kPa, 20°C의 공기를 직경 0.4 m의 배풍구로 질량 유량률 2.5 kg/s로 유지시켜야 한다. 배출 속도는 얼마이며 필요한 동력은 얼마인가?

6.47 문제 6.14에서 팬을 구동하기 위한 동력은 얼마인가?

가열기, 냉각기

6.48 그림 P6.48과 같이 300 kPa, 300 K의 이산화탄소가 가열기를 정상 상태–정상 유동으로 흘러 275 kPa, 1500 K로 빠져나간다. 운동 에너지와 위치 에너지를 무시할 때 가열기를 흐르는 이산화탄소 1 kg 당 열전달량을 계산하라.

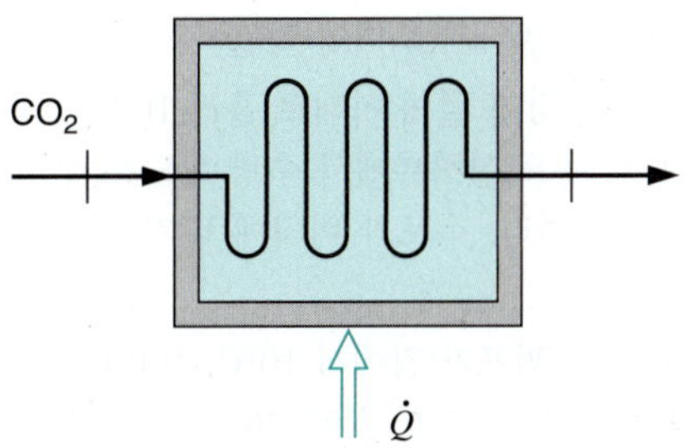

그림 P6.48

6.49 800 kPa, 40°C의 R-22가 응축기(냉각기)로 들어가 15°C로 냉각되어 나간다. 이때 유량은 0.05 kg/s이며 응축기를 지날 때 약간의 압력 강하가 발생하며 출구의 상태는 포화 액체이다. 응축기의 냉각 용량(kW)는 얼마인가?

6.50 공기조화기 용 냉각 장치(chiller)에 2.5 kg/s의 물이 흐른다. 물은 20°C, 100 kPa로 들어가 5°C로 냉각되어 나온다. 얼마의 열전달(kW)이 필요한가?

6.51 그림 P6.51과 같이 600 kPa의 포화 액체 질소가 0.005 kg/s로 보일러에 들어와서 포화 증기가 되어 나간다. 이후 포화 증기는 다시 600 kPa의 상태로 과열기로 들어가서 600 kPa, 280 K로 나간다. 보일러와 과열기에서 열전달률을 각각 구하라.

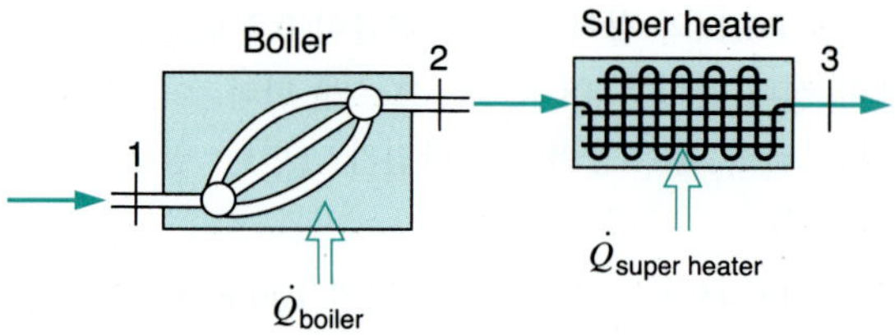

그림 P6.51

6.52 증기 발생기의 직경 30 mm의 튜브에 10 MPa, 30°C의 압축수가 3 L/s로 들어가서 9 MPa, 400°C의 증기로 되어 나온다. 압축수에 전달된 열전달률을 구하라.

6.53 가정용 혹은 자동차용 공기조화기에서 30°C의 공기를 10°C까지 냉각한다. 입출구에서의 압력은 101 kPa로 동일하다. 질량 유량률이 0.5 kg/s일 때 열전달률을 구하라.

6.54 액체 글리세린이 엔진 주위를 흐르며 열을 흡수하여 엔진을 냉각한다. 글리세린이 60°C로 엔진에 들어가 19 kW의 열을 받는다. 출구에서 글리세린의 최대온도가 95°C라면 이에 필요한 질량 유량률은 얼마인가?

6.55 저온 관찰에 사용되는 측정부에 액체질소가 90 K, 400 kPa로 유입된다. 측정부로부터 회수관을 지난 질소는 160 K, 400 kPa이다. 질소로 전달된 비(specific)열전달은 얼마인가? 회수관의 단면적이 입구관의 단면적에 100배 크다면 입구 속도와 회수관 속도의 비는 얼마인가?

펌프, 파이프 및 채널 유동

6.56 지상에서 200 kPa의 과열 증기가 300 m 높이의 빌딩의 증기 배관에 공급된다. 꼭대기 층에서 압력은 125 kPa이며 배관을 통한 열손실은 110 kJ/kg이다. 꼭대기 층의 배관에서 응축된 물이 생기지 않으려면 입구에서의 온도는 얼마가 되어야 하는가?

6.57 20°C의 물이 흐르는 작은 강이 절벽 아래로 흘러 100 m 높이의 폭포를 이루고 있다. 만약 폭포 상하류에서 수평 속도를 무시한다면 하류에서 물의 온도를 구하라. 폭포가 바닥에 닿기 직전의 물의 속도는 얼마인가?

6.58 관개용(irrigation) 소형 물 펌프가 강에서 10°C, 100 kPa의 물을 5 kg/s로 흡입하여 펌프와 강으로부터 상부 20 m 높이에 있는 개수로(open channel)에 물을 공급한다. 이 과정을 단열 과정이며 물의 온도가 10°C로 일정하다고 가정할 때 펌프에 필요한 일을 구하라.

6.59 빌딩에서 다른 빌딩으로 15°C의 물을 보내는 배관이 연결되어 있다. 겨울에 배관은 500 W의 열을 손실한다. 배관 내의 물을 얼지(0°C에 도달) 않게 하려면 질량 유량률은 최소한 얼마가 되어야 하는가?

6.60 그림 P6.60과 같이 고층 빌딩의 주급수 배관이 지하 5 m에서 600 kPa의 압력으로 유지되고 있다. 펌프는 압력을 상승시켜 물이 지상 150 m 높이의 꼭대기 층에서 200 kPa의 압력을 유지하게 한다. 물의 온도가 10°C이며 10 kg/s의 유량을 유지하고 운동에너지와 내부 에너지의 변화를 무시할 때 펌프에 필요한 일을 구하라.

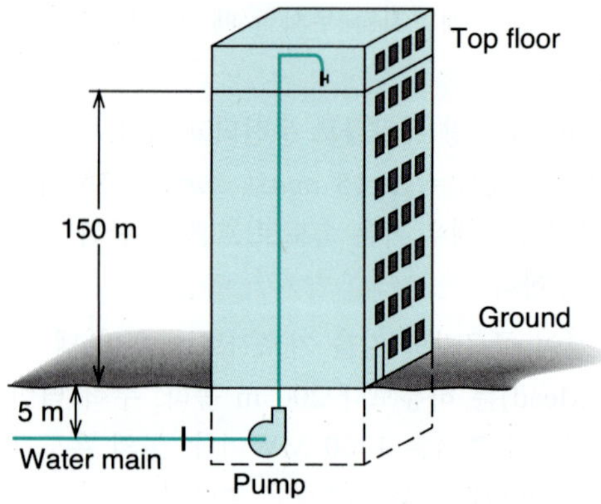

그림 P6.60

6.61 그림 P6.61과 같이 15°C, 100 kPa의 물을 흡입하는 물펌프를 생각하자. 펌프의 출구에는 입구와 같은 직경의 짧은 파이프가 연결되어 있으며 파이프 끝에는 100 kPa의 대기 중으로 직경 1 cm(0.01 m)의 노즐이 부착되어 있다. 파이프 내의 운동 에너지를 무시하고 물의 내부 에너지가 일정하다고 가정할 때 출구의 속도를 구하고 펌프의 동력이 1 kW일 때 질량 유량률을 구하라.

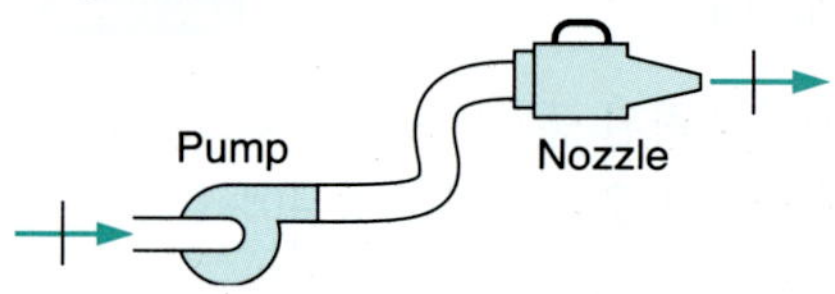

그림 P6.61

6.62 절삭 공구에 고속의 물 제트를 만들기 위해 노즐을 사용한다. 노즐의 출구 직경은 2 mm(0.002 m)이며 온도 20°C의 물의 속도는 500 m/s이다. 질량 유량률은 얼마인가? 20°C, 200 kPa의 물을 일정하게 공급하려면 펌프의 동력은 얼마인가?

복수 유동, 단일 장치에서의 과정

터빈, 압축기, 팽창기

6.63 그림 P6.63과 같이 증기 터빈이 두 개의 보일러로부터 수증기를 공급받는다. 하나는 3 MPa, 700°C의 수증기 5 kg/s를 받고 다른 하나는 800 kPa, 500°C의 수증기를 15 kg/s로 공급받는다. 터빈 출구 상태가 10 kPa, 건도 96%일 때 단열된 터빈의 총 출력을 구하라.

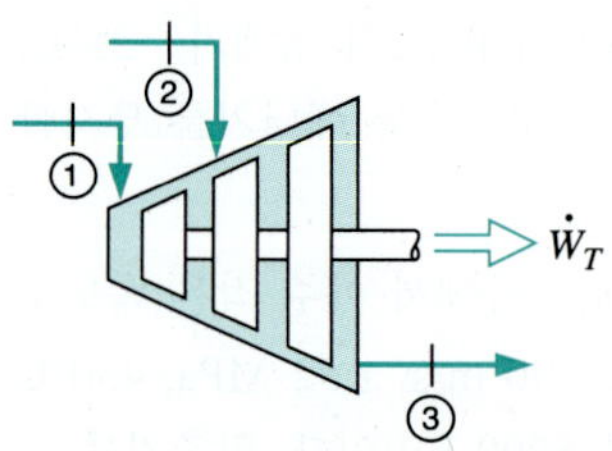

그림 P6.63

6.64 그림 P6.64와 같은 증기 터빈에 15 MPa, 600°C의 수증기가 100 kg/s로 들어온다. 터빈의 중간에서 2 MPa, 350°C의 수증기를 20 kg/s로 추출하고 나머지는 터빈을 지나 75 kPa, 건도 95%로 나간다. 열전달이 없으며 운동 에너지 변화를 무시할 때 터빈의 총 출력을 구하라.

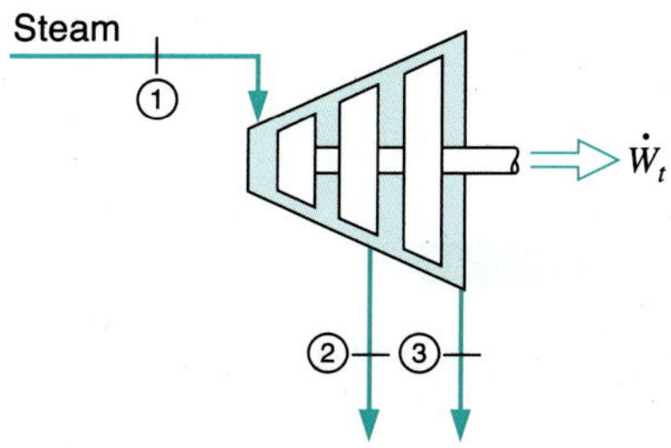

그림 P6.64

6.65 두 개의 정상 유동의 공기가 그림 P6.65와 같이 검사체적으로 들어온다. 한 입구에서는 350 kPa, 150°C의 공기(상태 1)가 0.025 kg/s로 유입되며 다른 입구에서는 450 kPa, 15°C의 공기(상태 2)가 유입된다. 출구에서는 100 kPa, −40°C의 공기(상태 3)가 단일 유동으로 나간다. 검사체적은 1 kW의 열을 대기로 방출하며 4 kW의 출력을 발생하였다. 운동 에너지를 무시하고 상태 2에서 공기의 질량 유량률을 구하라.

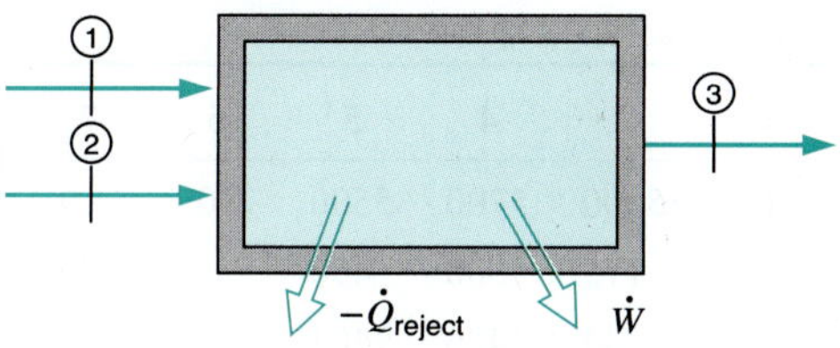

그림 P6.65

6.66 산업 공정의 에너지 용으로 필요한 수증기를 펌프와 보일러를 이용하여 공급하는 대신 열병합 발전(cogeneration)을 이용하여 공급하는 경우가 많다. 그림 P6.66과 같이 고압 터빈으로부터 추출하여 0.5 MPa의 수증기 5 kg/s를 공급하기 위해 구성된 열병합 발전에서 사용되는 터빈 동력을 구하라.

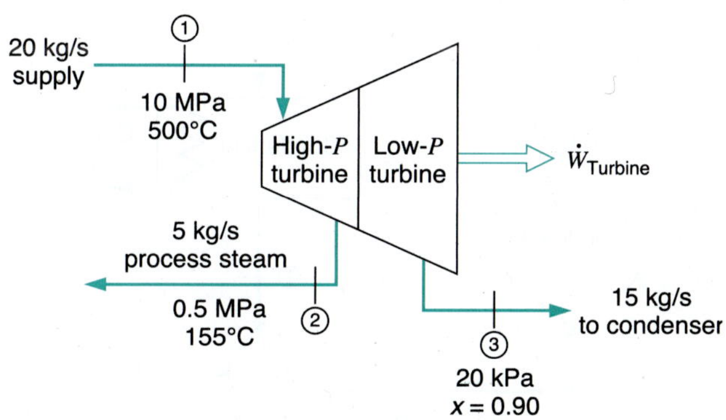

그림 P6.66

6.67 압축기가 150 kPa, −10°C의 R-134a를 0.1 kg/s로 받아 1000 kPa, 40°C로 배출한다. 필요한 동력은 3 kW로 측정되었다. 압축기는 공기로 열전달이 일어나 100 kPa에서 20°C의 공기를 25°C로 배출한다. 공기의 질량 유량률은 얼마인가?

열교환기

6.68 동향류(coflow; 같은 방향) 열교환기에서 한 채널에서는 500 K의 공기가 1 kg/s로 흐르고 이웃 채널에서는 300 K의 공기가 2 kg/s로 흐른다. 축 방향으로 무한히 길다고 가정하면 출구 온도는 얼마인가? 두 유동에 대한 온도 변화를 스케치하라.

6.69 열교환기에서 600 K의 공기가 3 kg/s로 흐른다. 100 kPa, 20°C의 물이 얼마나(kg/s) 흐르면 물이 비등점에 도달하는가?

6.70 그림 P6.70과 같은 응축기(열교환기)에 10 kPa, 300°C의 물 1 kg/s가 들어가서 10 kPa의 포화 액체로 응축되어 나온다. 냉각수는 20°C의 호수 물을 유입하여 30°C로 호수에 배출된다. 응축기가 외부와 열차단이 되었을 때 냉각수의 유량을 구하라.

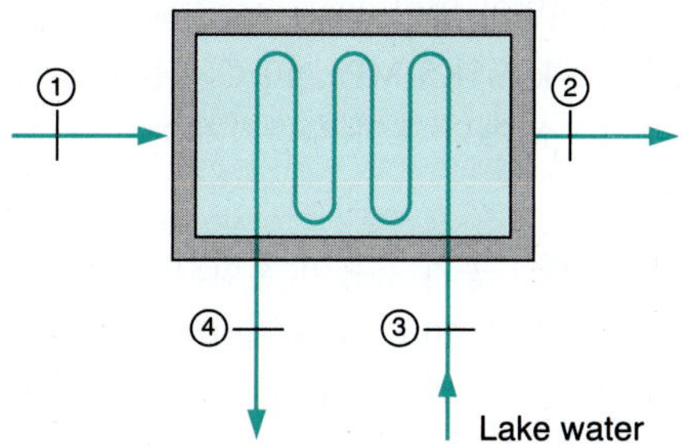

그림 P6.70

6.71 가정용 온수 시스템에 500 kPa, 300°C의 수증기가 사용되어 15°C의 냉수를 75°C로 가열시킨다. 가열용 수증기가 응축되지 않으려면 냉수 1 kg 당 얼마의 수증기가 필요한가?

6.72 그림 P6.72와 같이 자동차용 방열기에서 95°C의 글리세린이 들어와 55°C로 배출된다. 한편 방열기를 통과하는 공기는 20°C로 유입되어 25°C로 나간다. 방열기의 열전달 능력이 25 kW일 때 글리세린의 질량 유량률은 얼마이며 100 kPa의 공기의 체적 유량률은 얼마인가?

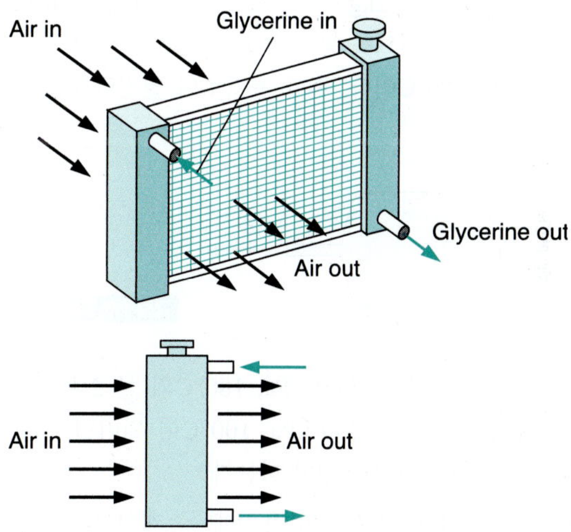

그림 P6.72

6.73 구리선이 1000 K에서 열처리된 후 20°C의 공기 1.5 kg/s가 흐르는 냉각실로 이동한다. 공기는 냉각실을 거친 후 60°C로 배출된다. 구리선이 0.25 kg/s로 움직이며 냉각실을 나올 때의 온도는 얼마인가?

혼합과정

6.74 그림 P6.74와 같이 동력 발전소의 개방형 급수 가열기가 45°C, 100 kPa의 물 4 kg/s과 터빈에서 추출된 100 kPa, 250°C의 수증기를 혼합하여 가열한다. 이 압력에서 가열기 출구 상태가 포화 액체라고 가정할 때 터빈으로부터의 수증기 유량을 구하라.

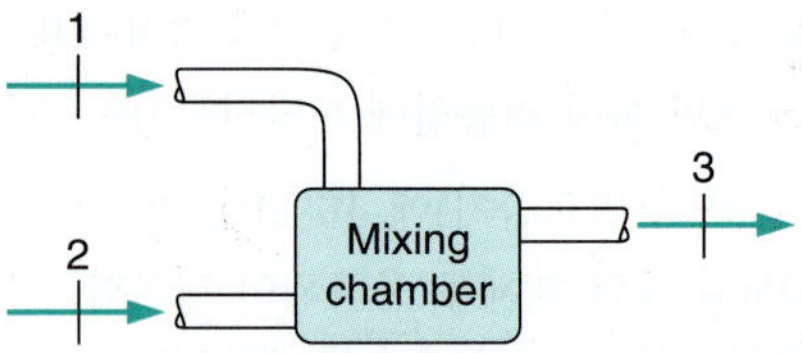

그림 P6.74

6.75 과열 제거기(desuperheater)에 과열 수증기와 물이 적절한 비율로 섞여서 외부와의 열전달이 없이 포화 수증기로 나간다. 5 MPa, 400°C의 과열 증기 0.5 kg/s와 5 MPa, 40°C의 물이 과열 제거기로 들어간다. 출구에 4.5 MPa의 포화 수증기가 배출될 때 물의 유량을 구하라.

6.76 그림 P6.76과 같이 두 개의 공기 유동이 혼합되어 하나의 유동으로 합쳐진다. 단면 1의 유동은 20°C, 1 m^3/s이며 단면 2의 유동은 200°C, 2 m^3/s이며 압력은 각 100 kPa이다. 두 공기는 열전달이 없이 혼합되어 100 kPa인 단면 3의 출구로 나간다. 운동 에너지를 무시하고 출구 온도와 출구 체적 유량률을 구하라.

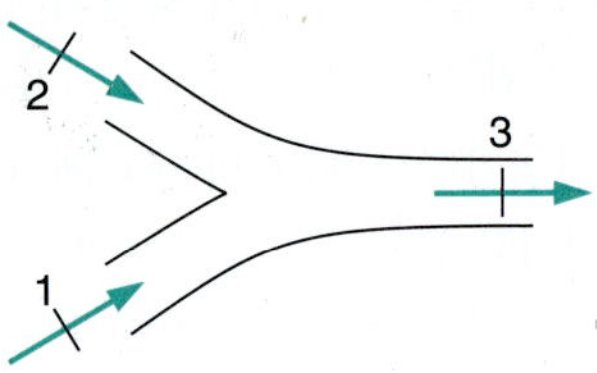

그림 P6.76

6.77 그림 P6.77과 같이 열전달이 있는 혼합 용기에 하나의 관을 통해 1 MPa, 40°C의 R-22 2kg/s가 흐르고 다른 관에는 30°C, 건도 50%의 R-22 1 kg/s가 밸브를 통해 혼합 용기로 들어간다. 혼합기 출구상태는 1MPa, 60°C이다. 혼합 용기로의 열전달률을 구하라.

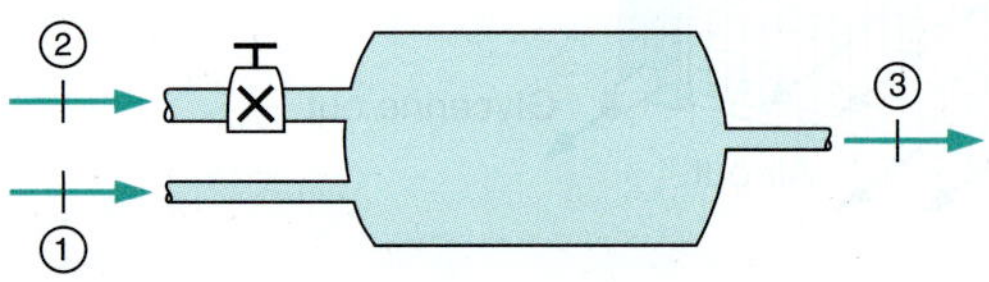

그림 P6.77

6.78 2000 kPa, 20°C의 물이 2000 kPa, 180°C의 물 2 kg/s의 유동과 혼합된다. 출구의 상태가 200 kPa, 100°C이 되려면 2000 kPa, 20°C의 물의 유량은 얼마가 되어야 하는가?

6.79 그림 P6.77과 같이 단열된 혼합 용기에 두 개의 유입관이 연결되어 있다. 하나에는 1 MPa, 100°C의 R-134a 2 kg/s가 작은 속도로 들어오고 다른 하나에는 60°C의 포화 액체 1 kg/s이 밸브를 지나 용기로 들어온다. 밸브를 지난 혼합 용기는 1 MPa을 유지하고 용기 출구에서 1 MPa의 포화 증기가 20 m/s로 흐른다. 두 번째 관의 유량을 구하라.

6.80 제트 엔진의 온도 상승을 방지하기 위해 흡입 공기 중 일부가 연소실을 바이패스한다. 2000 K, 500 kPa의 상태에 고온의 공기 2 kg/s와 500 K, 500 kPa 상태의 공기를 단열 상태로 혼합한다고 한다. 표 A.5에 제시한 일정한 비열 값을 이용하여 출구 온도를 구하라.

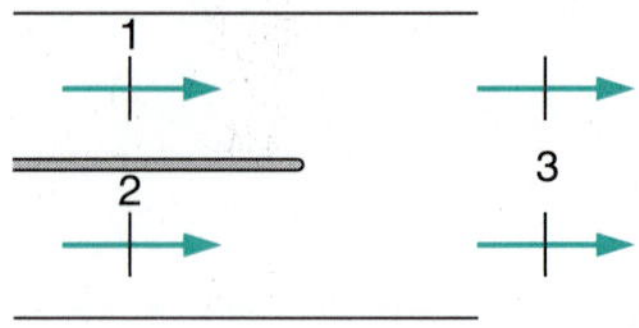

그림 P6.80

6.81 문제 6.80을 표 A.7의 값을 이용해 풀어라.

복합 장치, 사이클 과정

6.82 그림 P6.82의 단순 증기 동력 발전소의 운전 데이터를 다음의 표에 제시하였다. 상태 6에서 건도는 $x_6 = 0.92$이며 속도는 200 m/s이다. 수증기의 질량 유량률은 25 kg/s이며 펌프에는 300 kW의 동력을 공급한다. 증기 발생기에서 터빈까지의 배관 직경은 200 mm이며 응축기에서 절탄기(economizer) 및 증기 발생기까지의 배관 직경은 75 mm이다. 상태 5에서 속도를 구하고 터빈의 출력을 구하라.

상태	1	2	3	4	5	6	7
P, kPa	6200	6100	5900	5700	5500	10	9
T, °C		45	175	500	490		40
h, kJ/kg		194	744	3426	3404		168

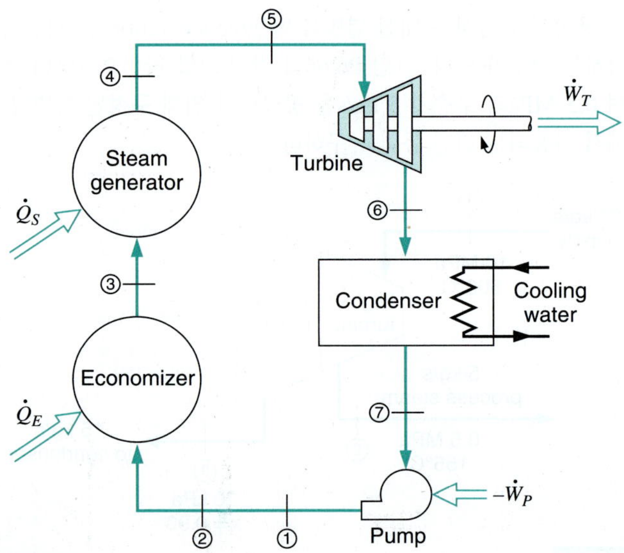

그림 P6.82

6.83 문제 6.82의 증기 동력 발전소에서 호수의 냉각수를 15°C로 유입하여 25°C로 배출할 때 응축기의 열전달률과 호수로부터 냉각수의 질량 유량률을 구하라.

6.84 문제 6.82의 증기 동력 발전소에서 저온 열교환기인 절탄기와 증기 발생기에 필요한 열전달률을 각각 구하라.

6.85 그림 6.85와 같은 가스 터빈 시스템이 최대 수요 시 전기를 발생시키기 위해 구성된다. 터빈은 공기 압축기와 발전기에 동력을 공급한다. 발전기가 5 MW를 공급할 때 상태 1에서 필요한 공기 유동은 얼마인가? 상태 2와 3 사이의 연소실에 필요한 열전달은

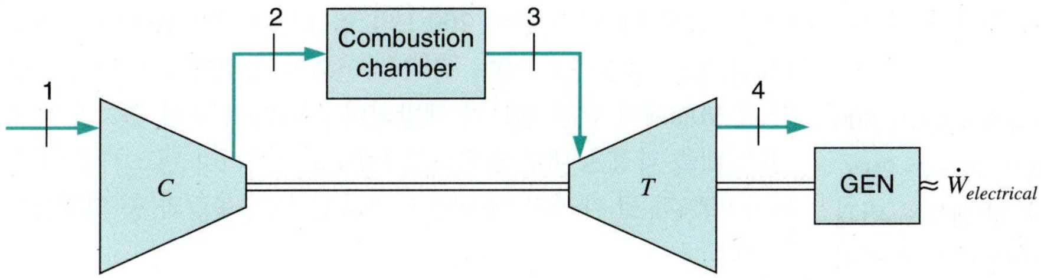

그림 P6.85

얼마인가? 각 상태량은 다음과 같다.

1. 90 kPa, 290 K
2. 900 kPa, 560 K
3. 900 kPa, 1400 K
4. 100 kPa, 850 K

6.86 그림 P6.86과 같이 지열(geothermal)로 공급된 고온수로부터 증기 터빈을 가동하자는 제안서가 만들어졌다. 1.5 MPa, 180°C의 고압의 물은 플래시 증발 용기(flash evaporator)에서 스로틀되어 400 kPa의 저압에서 증기와 액체를 형성하게 한다. 액체는 버리고 10 kPa, 건도 90%의 포화 증기를 터빈으로 공급한다. 터빈이 1 MW를 생산하기 위해서 시간당 kg의 단위로 필요한 고온의 지하수 질량 유량률을 구하라.

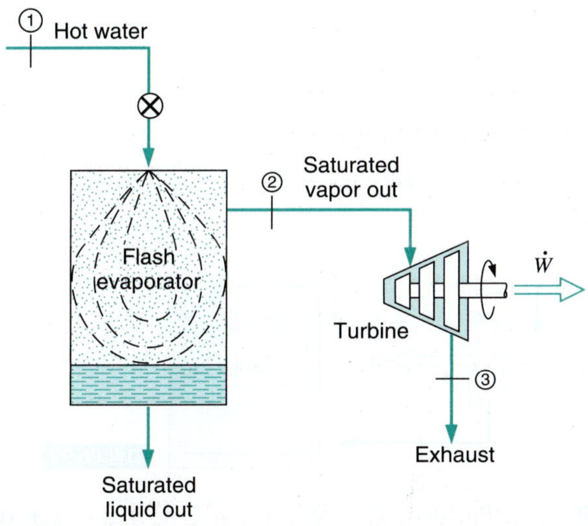

그림 P6.86

6.87 그림 P6.87에 도시한 R-12 히트 펌프 사이클에서 유량은 0.05 kg/s이며 압축기에 공급되는 동력은 4 kW이다. 이 조건에서의 운전 데이터는 다음 표와 같다.

상태	1	2	3	4	5	6
P, kPa	1250	1230	1200	320	300	290
T, °C	120	110	45		0	5
h, kJ/kg	260	253	79.7		188	191

압축기로부터 열전달량, 응축기의 R-12로부터 열전달량 및 증발기의 R-12로의 열전달량을 각각 구하라.

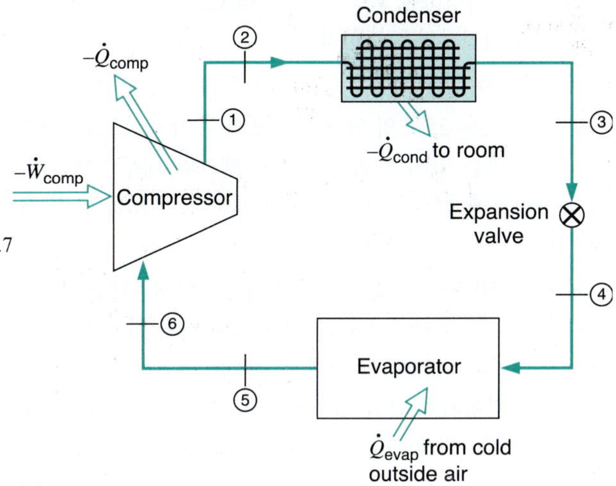

그림 P6.87

6.88 그림 P6.88과 같이 최신 제트 엔진에서 연소실을 지난 후 압력은 3200 kPa이며 온도가 약 1500K이고 이후 터빈부로 들어간다(상태 3). 압축기 입구 부분(상태 1)은 80 kPa, 260 K이며 출구 부분(상태 2)은 3300 kPa, 780 K이고 노즐로 들어가기 전 터빈 출구(상태 4)는 400 kPa, 900 K이고 노즐 출구 부분(상태 5)은 80 kPa, 640 K이다. 열전달을 무시하고 노즐 출구 부분을 제외한 부분에서 운동 에너지를 무시할 때 압축기와 터빈의 비일(specific work)을 구하고 노즐 출구에서의 속도를 구하라.

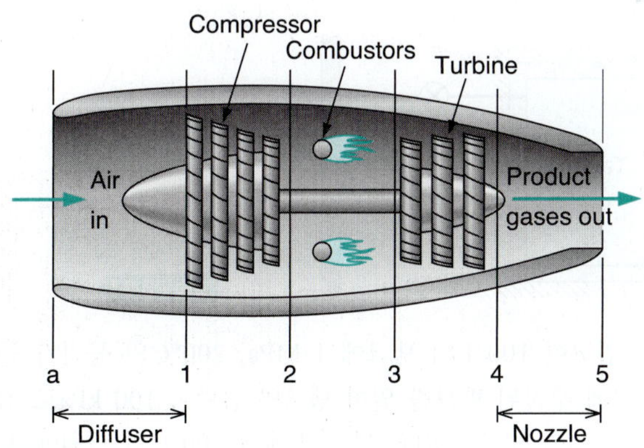

그림 P6.88

천이 과정

6.89 무게가 5 kg인 피스톤이 장착된 실린더 내부에 공기가 0.1 kg이 있으며 그 상태는 25°C, 200 kPa이다. 실린더 바닥에 장치된 밸브를 열고 공기를 뽑아내어 피스톤이 0.25 m 아래로 이동했다.

이 과정에 포함된 일은 얼마이며 에너지에는 어떤 변화가 일어났는가?

6.90 체적이 1 m^3이며 질량이 40 kg의 견고한 강철 탱크가 500 kPa의 공기를 포함하고 있다. 초기에 탱크와 공기의 온도는 20°C이다. 탱크는 2 MPa, 20°C의 공기가 흐르는 공급관에 밸브로 연결되어 있다. 밸브를 열어 탱크의 압력이 1.5 MPa이 될 때까지 공기를 주입시킨 후 밸브를 닫는다. 공기와 탱크의 온도는 항상 같은 온도를 유지한다고 가정하여 최종 온도가 35°C로 되었다. 최종 상태의 공기 질량과 열전달량을 구하라.

6.91 초기에 비어 있는 2.5리터의 탱크에 10 g의 암모니아를 채우고자 한다. 탱크는 25°C의 암모니아 포화 증기가 흐르는 배관으로 연결되어 원하는 양이 채워질 때까지 탱크와 내부 암모니아가 30°C를 유지하도록 천천히 냉각을 하며 채운다. 밸브를 닫기 직전의 최종 압력과 열전달을 구하라.

6.92 체적이 150 L인 탱크가 실온 25°C, 압력 8 MPa의 공기가 흐르는 관에 밸브로 연결되어 있다. 초기에 비워져 있는 탱크에 밸브를 열어 압력이 6 MPa이 될 때까지 공기를 주입하였다. 이 주입 과정은 빠르게 진행되어 단열 과정이다. 이 탱크를 다시 저장조에 두어 천천히 실온이 되게 하였다. 최종 압력은 얼마인가?

6.93 초기에 비어 있는 용기를 배관으로부터 공급되는 0.8 MPa, 350°C의 물로 가득 채웠다. 용기의 내부 압력이 공급 압력과 같아지면 밸브를 닫고 이 과정이 단열 과정이라 가정한다. 최종 질량이 0.75 kg일 때 용기 내의 물의 최종 온도와 체적을 구하라.

6.94 그림 P6.94와 같이 초기에 진공으로 비어 있는 25 L의 탱크에 공기 공급 배관을 밸브를 통해 연결하였다. 공기 공급관의 공기 상태는 20°C, 800 kPa이며 밸브를 열어 탱크의 압력이 600 kPa로 상승할 때까지 공기를 주입시켰다. 이 과정을 단열 과정이라 가정하고 일정 비열을 이용하여 공급 공기의 온도와 탱크의 최종 온도 사이의 관계식을 유도하라.

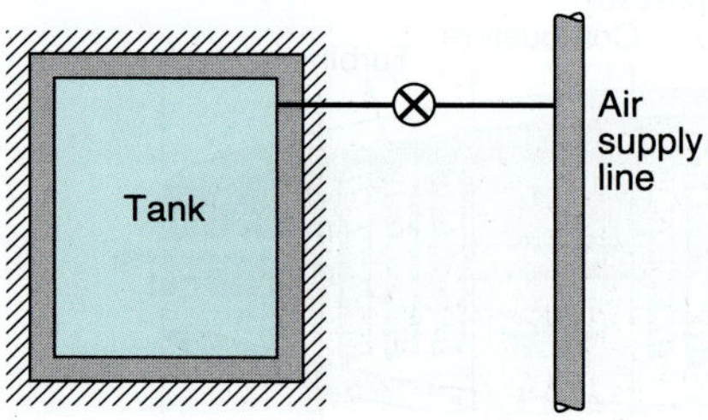

그림 P6.94

6.95 견고한 100 L의 탱크에 1 MPa, 200°C의 공기가 들어있다. 탱크에 부착된 밸브를 열어 탱크의 압력이 100 kPa로 감압될 때까지 공기를 방출하였다. 이 과정에서 200°C의 열원에서 탱크로 열전달이 일어나며 밸브를 닫았을 때 탱크 내부의 공기 온도는 50°C이다. 열전달량은 얼마인가?

6.96 체적이 1L인 빈 통에 0°C의 R-134a가 흐르는 배관을 통해 채워진다. 충진 과정은 빠르게 진행되므로 단열 과정이다. 충진후 R-134a의 질량은 얼마인가? 통이 저장조에 놓여져 천천히 실온인 20°C까지 가열되면 최종 압력은 얼마인가?

6.97 그림 P6.97과 같이 200 L의 탱크가 초기에 100 kPa, 건도 1%의 물을 포함하고 있다. 물이 가열되어 압력과 온도가 상승한다. 2 MPa에서 안전 밸브가 개방되며 2 MPa의 포화 증기가 배출된다. 배출 과정은 내부 압력이 2 MPa로 유지되며 탱크 내부의 건도가 90%가 될 때까지 계속된다. 배출된 물의 총량과 총 열전달을 구하라.

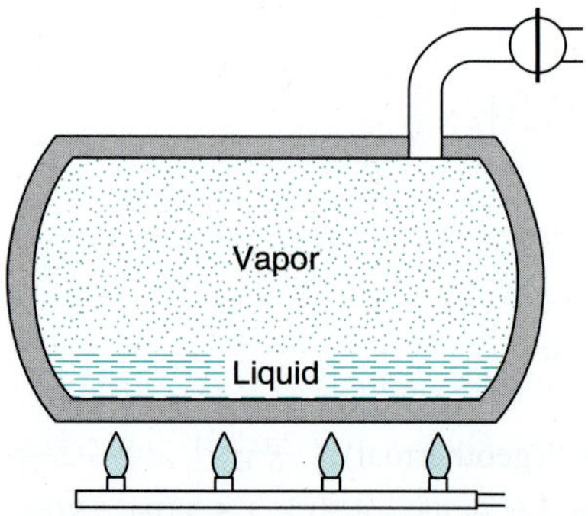

그림 P6.97

6.98 체적 100 L인 견고한 탱크에 1 MPa, 300 K의 이산화탄소가 들어있다. 밸브를 조금씩 개방하여 이산화탄소를 천천히 배출시켜 탱크의 압력을 500 kPa로 감압시키고 밸브를 닫는다. 탱크 내부의 기체가 감압 과정 시 지수 $n = 1.15$의 폴리트로픽 과정으로 팽창한다고 가정할 때 탱크 내부 기체의 최종 질량과 이 과정 동안에 탱크로 전달된 열전달량을 구하라.

6.99 그림 P6.99와 같이 300 K, 0.5 MPa의 질소 공급관이 터빈과 연결되고 터빈 출구는 초기에 비어있는 체적 50 m^3인 탱크와 연결된다. 터빈이 탱크의 압력 0.5 MPa, 온도 250 K가 될 때까지 가동을 한다. 전체과정을 단열 과정으로 가정할 때 터빈이 한 일을 구하라.

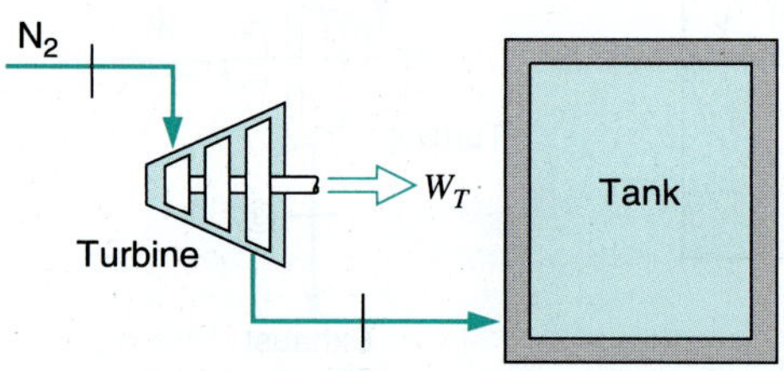

그림 P6.99

6.100 그림 P6.100과 같이 체적이 2 m^3인 단열 용기에 4 MPa의 포화 수증기가 들어있다. 탱크 상부의 밸브를 열어 수증기를 배출하였다. 배출되는 동안 형성된 액체는 용기 바닥에 모이므로 포화 수증기만 배출된다. 용기의 압력이 1 MPa이 될 때까지 배출된 총 질량을 구하라.

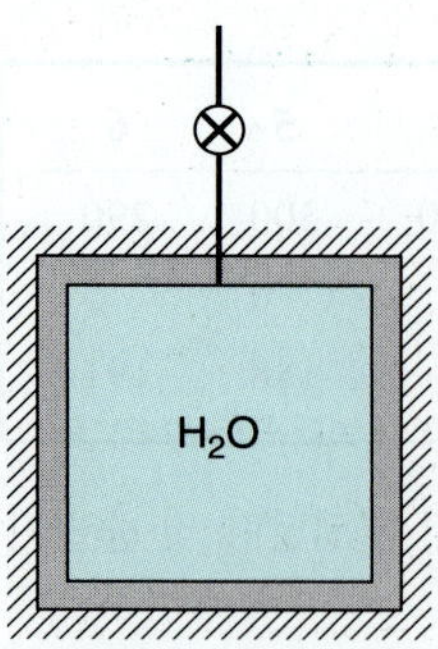

그림 P6.100

6.101 그림 P6.101과 같이 체적이 750 L인 견고한 탱크에 온도 250°C의 상태로 전체 체적의 50%는 물, 나머지 50%는 수증기가 들어 있다. 탱크의 바닥에 연결된 밸브를 열어 물을 천천히 배출한다. 이 과정 동안 열전달이 일어나 온도는 일정하게 유지된다. 초기 질량의 반이 배출될 때까지 필요한 열전달량을 구하라.

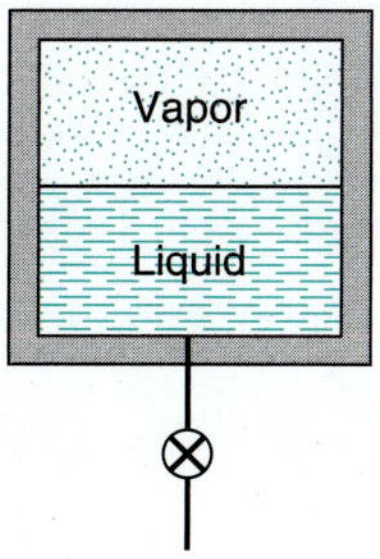

그림 P6.101

6.102 앞의 문제에서 배출 밸브와 배관이 탱크 상부에 연결되었다고 하자. 따라서 포화 수증기가 천천히 배출되며 열전달이 발생하여 내부 온도가 일정하다. 초기 질량의 반이 배출될 때까지 필요한 열전달량을 구하라.

제 7 장

열역학 제2법칙

The Second Law of Thermodynamics

이 장의 주제

- 열기관과 냉동기
- 가역 과정
- Carnot 사이클
- 열역학적 온도 눈금
- 이상적인 기계와 실제 기계
- 열역학 제2법칙
- 과정을 비가역으로 만드는 요인들
- Carnot 사이클의 효율과 관련하여 두 가지의 중요한 원리
- 이상기체 온도 눈금

열역학 제1법칙은 시스템이 수행하는 어떤 사이클이든지 열의 사이클 적분과 일의 사이클 적분이 같다는 것을 말해준다. 그러나 제1법칙은 열과 일의 흐름 방향에 대한 아무런 제약을 가하지 않는다. 시스템으로부터 일정량의 열이 유출되고 시스템으로 같은 양의 일이 유입되는 사이클과 열과 일의 방향이 뒤바뀐 반대 방향의 사이클은 똑같이 아무 문제가 없다. 그러나 어떤 사이클이 제1법칙을 위반하지 않는다고 해서 현실적으로 꼭 이루어지지는 않는다는 것을 우리는 경험적으로 알고 있다. 이런 경험적 증거에 의해 **열역학 제2법칙**(second law of thermodynamics)을 유도할 수 있다. 즉 제1법칙과 제2법칙이 모두 만족되는 사이클만이 실현가능한 것이다.

제2법칙을 넓게 적용하면, 과정이 한 방향으로는 진행하지만 반대 방향으로는 진행하지 않는 것을 알 수 있다. 컵 안의 뜨거운 커피는 주위로의 열전달에 의해 식혀지지만, 시원한 공기로부터 따뜻한 커피로 열이 전달되지는 않는다. 자동차가 언덕을 오를 때 휘발유를 소모하지만 언덕을 내려간다고 해서 휘발유를 생산하지는 않는다. 이 같은 현상들과 또 많은 다른 현상들의 관찰은 열역학 제2법칙이 타당함을 나타내는 증거들이라 할 수 있다.

이 장에서는 사이클을 수행하는 시스템에 대한 제2법칙을 취급하고 다음의 두 장에서는 제2법칙을 상태변화를 겪는 시스템과 검사체적에 대하여 적용할 것이다.

7.1 열기관과 냉동기

그림 7.1에 나타낸 것과 같이 제1법칙의 전개에서 사용하였던 시스템과 주위를 다시 생각해 보자. 제1법칙을 다룰 때와 마찬가지로 시스템은 기체로 이루어지며 이 시스템이 사이클을 수행한다. 무게추가 내려가면 먼저 회전날개가 시스템에 일을 한다. 이어서 열을 주위로 전달하여 사이클이 완성된다.

이 사이클이 반대 방향으로는 작동할 수 없음을 우리는 경험에 의해 알고 있다. 즉 그림의 점선 방향으로 기체에 열을 가하면 기체 온도는 상승하지만 회전 날개를 회전시켜 무게추를 들어 올릴 수는 없다. 주어진 환경(컨테이너, 회전 날개, 무게추)에서 이 시스템은 열전달과 일이 모두 음(−)인 사이클을 수행

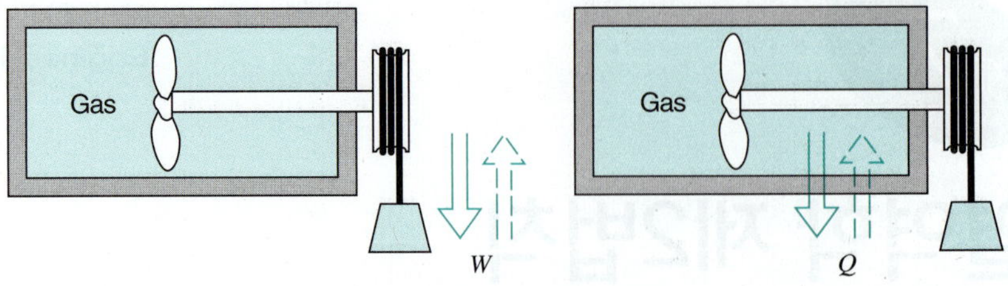

그림 7.1 일과 열이 관련된 사이클을 수행하는 시스템.

할 수 있지만 열전달과 일이 모두 양(+)인 사이클은, 그것이 제1법칙을 위반하는 것은 아니지만, 수행할 수 없다.

경험상 실현 불가능한 다른 사이클을 생각해 보자. 고온과 저온의 두 시스템이 있어서 고온 시스템에서 저온 시스템으로 일정량의 열이 전달된다고 하자. 이 과정은 실제로 가능한 과정이다. 이와는 반대 방향의 과정, 즉 저온 시스템으로부터 고온 시스템으로 열이 전달되는 과정은 실현될수 없고, 따라서 열전달만으로 사이클을 구성하는 것은 불가능하다. 그림 7.2는 이 사이클이 불가능한 것을 나타낸다.

위의 두 가지 예는 **열기관**(heat engine)과 **열펌프**(heat pump)라고도 하는 **냉동기**(refrigerator)를 생각하게 한다. 열기관은 사이클을 수행하며 일과 열이 모두 양(+)이 되는 것을 가능하게 해주는 시스템이다. 열펌프는 사이클을 수행하며, 일을 소비하기는 하지만, 저온 물체로부터 고온 물체로 열을 전달할 수 있게 하는 시스템이다. 세 가지 간단한 열기관과 두 가지 간단한 열펌프를 생각해 보기로 하자.

첫 번째 열기관은 그림 7.3과 같다. 열기관은 적당한 위치에 있는 걸쇠 몇 개와 피스톤이 장착된 실린더이다. 시스템은 실린더 안의 기체로 이루어진다. 처음에 피스톤은 아래쪽 걸쇠에 걸려 있고 무게추는 피스톤에 연결된 받침대 위에 있다. 외부의 고온 물체로부터 기체로 열이 전달되면 시스템은 팽창하고 피스톤은 위쪽의 걸쇠 위치까지 상승한다. 여기서 무게추를 제거한다. 이어서 기체로부터 외부의 저온 물체로 열을 전달하면 시스템은 원래의 상태로 되돌아가고 사이클은 완성된다. 사이클 동안 무게추를 들어 올렸으므로 분명히 이에 해당하는 일이 사이클 동안에 가해졌다. 제1법칙으로부터, 순 열전달은 양(+)이고, 사이클 동안 수행된 일과 같다고 결론지을 수 있다.

이런 장치를 열기관이라 하고, 열을 주고받는 물질을 작동 물질 또는 작동 유체라 한다. 열기관은 열역학적 사이클을 수행하고, 고온 물체로부터 저온 물체로 열을 전달하며 양(+)의 순 일을 하는 장치라고 정의할 수 있다. 흔히 열기관이란 용어는 더 넓은 의미로 사용되어 열역학적 사이클이 완성되지 않아도 열전달이나 연소를 통해 일을 생산하는 장치를 의미하기도 한다. 내연기관이나 가스 터빈은 이런 예이며, 이런 장치를 열기관이라 부르는 것이 문제 되지는 않는다. 그러나 이 장에서는 이 용어를 바로 앞에서 정의한 것처럼 제한적으로 사용하여, 열역학적 사이클을 완성하는 장치만을 열기관이라 칭하기로 한다.

단순 증기 발전소는 제한적 의미에서의 열기관의 예이다. 발전소의 각 구성요소는 독립적으로 정상 상태, 정상 유동의 과정으로 해석할 수 있으나, 발전소 전체로서는 물(그리고 증기)이 작동 유체인 열기관(그림 7.4)으로 생각할 수 있다. 크기 Q_H의 열이 고온 물체로부터 전달된다. 고온 물체는 가열로, 또는 핵반응로의 연소가스이거나 핵반응로에서 가열된 2차 냉각수일 수도 있다. 그림 7.4에서는 개략적으로 터빈이 펌프를 구동하는 것으로 그려져 있지만, 여기서 중요한 것은, 사이클 동안 생산되는 순 일이다. 저온 물체로는 크기 Q_L의 열이 버려진다. 저온 물체는 대개 응축 냉각수이다. 즉 단순 증기 발전소는, 작동 유

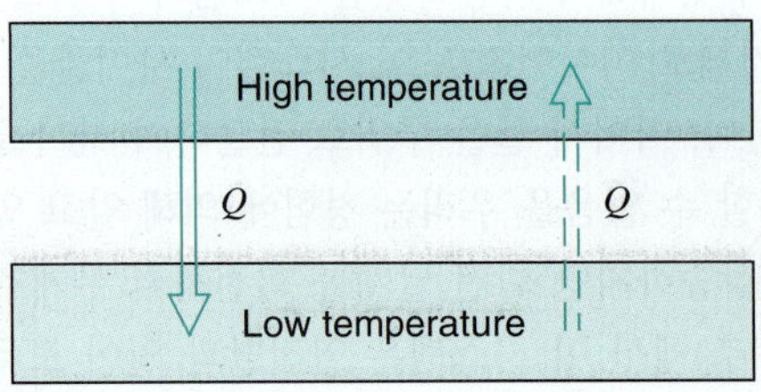

그림 7.2 저온 물체로부터 고온 물체로 열을 전달시켜 사이클을 완성하는 것이 불가능함을 나타내는 예.

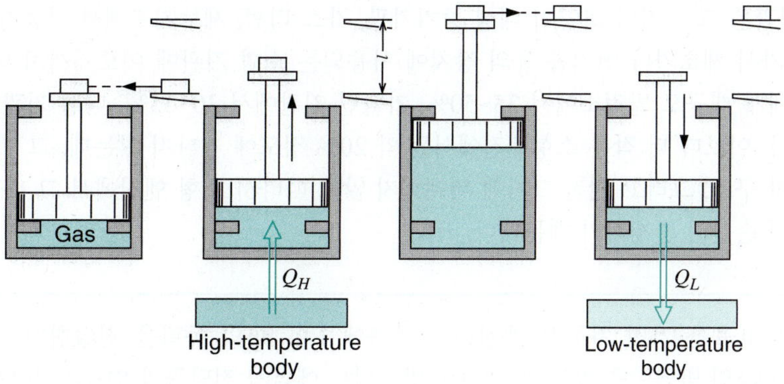

그림 7.3 간단한 열기관.

체가 사이클을 수행하고, 또 열이 출입하며 일을 생산하므로, 제한적 의미에서의 열기관이라 할 수 있다.

또 다른 열기관의 예는 1장에서 살펴보았고 그림 1.8b에 나타낸 열전식 발전(thermoelectric power generation) 장치에서 찾아볼 수 있다. 열은 고온 물체로부터 고온 접점으로(Q_H), 또 저온 접점으로부터 주위로(Q_L) 전달된다. 일은 전기 에너지의 형태로 행해진다. 여기에는 작동 유체가 없으므로 보통은 사이클 장치로 취급하지 않는다. 그러나 미시적인 관점에서 보면, 전자의 흐름에 의한 사이클로 생각할 수 있다. 또 증기 발전소에서처럼 열전식 발전기 내 어떤 위치에서도 시간에 따라 상태가 바뀌지 않는 정상 상태 조건이 유지된다.

결론적으로, 열기관을 이용하면, 시스템이 사이클을 수행하면서 순 일과 순 열전달이 양(+)이 되도록 할 수 있다. 이것은 그림 7.1의 시스템과 주위에서는 불가능한 것이다.

기호 Q_H와 Q_L을 사용함에 있어 열에 대한 통상적 부호 규약을 적용하지 않음에 유의해야 한다. 이것은 열기관에서 작동 유체를 시스템으로 하면 Q_L이 음이 되기 때문이다. 이 장에서는 기호 Q_H가 고온 물체로 출입하는 열을 나타내고, Q_L은 저온 물체로 출입하는 열을 나타내게 하는 것이 편리하다. 문제에 따라 열전달의 방향은 명백하므로 이에 따른 어려움은 없을 것이다.

여기서, 열기관의 **열효율**(thermal efficiency)이란 개념을 도입하는 것이 적절할 것이다. 일반적으로 효율은 출력, 즉 에너지 효용과 입력, 즉 에너지 비용의 비를 나타낸다. 여기서 출력과 입력은 명확하게 정의되어야 한다. 약간 과장하여 단순하게 말하면, 열기관에서 에너지 효용은 일이고, 금전적인 에너지 비용은 고온의 열원(간접적으로는, 연료비)라 할 수 있다. 열효율은

$$\eta_{\text{thermal}} = \frac{W(\text{에너지 효용})}{Q_H(\text{에너지 비용})} = \frac{Q_H - Q_L}{Q_H} = 1 - \frac{Q_L}{Q_H} \tag{7.1}$$

으로 정의된다.

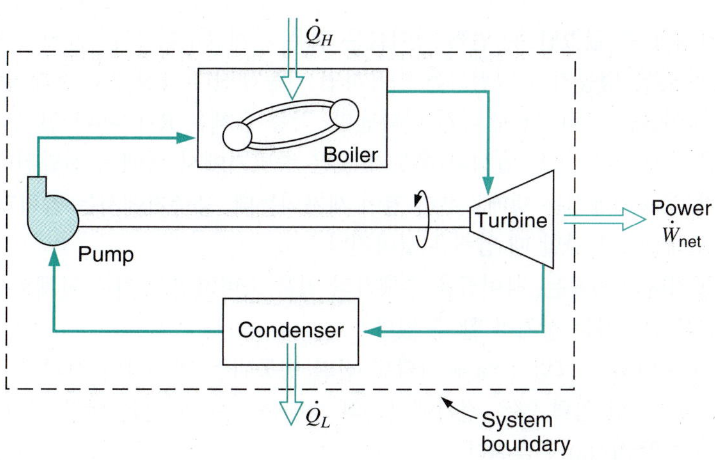

그림 7.4 정상 상태 과정을 따르는 열 기관.

열기관은 그 크기와 모양이 대형 증기기관, 가스 터빈, 제트기관에서 자동차용 가솔린 기관, 디젤 기관, 나아가서 제초기나 전기톱 등의 장치에 사용되는 소형 기관에 이르기까지 다양하다. 실제 기관의 열효율은 대개 대규모 발전소에서 35~50%, 가솔린 기관에서 30~35%, 디젤 기관에서 35~40% 정도의 값을 갖는다. 이보다 더 작은 소형엔진에서는 약 20% 정도에 지나지 않는데, 그 이유는 기화기와 제어장치의 단순한 구조, 그리고 엔진 크기에 비례하지 않고 따라서 소형 엔진에서 그 비율이 상대적으로 더 커지는 에너지 손실이 존재하기 때문이다.

예제 7.1

30%의 열효율을 가진 자동차 엔진이 구동축에 136 hp의 동력을 전달한다. 엔진이 연소하는 연료는 35000 kJ/kg의 발열량을 가진다. 대기로 방출되는 에너지 전달률과 연료소모율을 kg/s로 계산하라.

풀이

식 7.1의 열기관 효율의 정의와 표 A.1의 hp 전환율을 이용하면

$$\dot{W} = \eta_{\text{eng}}\dot{Q}_H = 136\text{ hp} \times 0.7355\text{ kW/hp} = 100\text{ kW}$$

$$\dot{Q}_H = \dot{W}/\eta_{\text{eng}} = 100/0.3 = 333\text{ kW}$$

이 된다. 엔진 전체에 대한 에너지 균형식은

$$\dot{Q}_L = \dot{Q}_H - \dot{W} = (1 - 0.3)\dot{Q}_H = 233\text{ kW}$$

이 된다. 연료의 연소에서는

$$\dot{m} = \dot{Q}_H/q_H = \frac{333\text{ kW}}{35\,000\text{ kJ/kg}} = 0.0095\text{ kg/s}$$

이 된다. 그림 7.5에 나타낸 실제 자동차에서는 라디에이터를 냉각시키는 대기, 그리고 배기계와 고온의 배기가스에 의한 열전달에 의해 에너지를 대기로 방출한다.

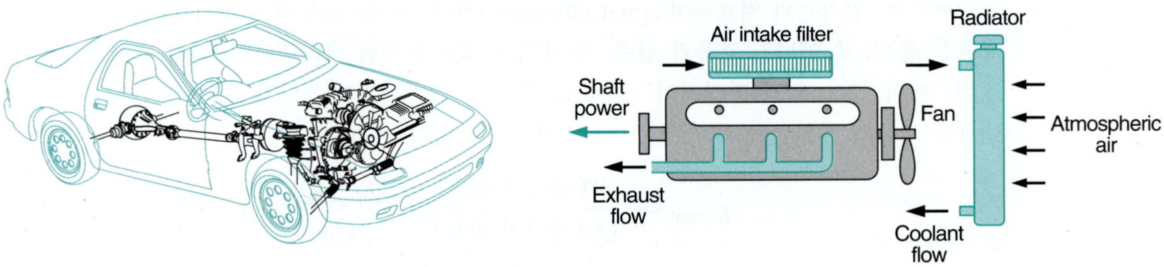

그림 7.5 예제 7.1의 스케치.

■

앞에서 완성할 수 없었던 두 번째 사이클은 저온 물체로부터 고온 물체로 직접 열을 전달하는 사이클이다. 이것은 물론 냉동기나 열펌프를 이용하면 가능해진다. 1장에서 소개되어 그림 1.7에 나타낸 증기압축 냉동 사이클을 그림 7.6에 다시 나타낸다. 작동 유체는 R-134a나 암모니아 같은 냉매이며, 열역학적 사이클을 수행한다. 열은 압력과 온도가 낮은 증발기에서 냉매로 전달된다. 압축기에서는 일이 냉매로 가해지며, 응축기에서는 냉매로부터 열이 제거되는데, 응축기에서는 압력과 온도가 높다. 냉매가 스로틀 밸브나 모세관을 통과할 때 압력은 낮아진다.

결국, 냉동기나 열펌프는, 사이클을 수행하되 일을 소비하면서 저온 물체로부터 고온 물체로 열을 전달하려는 목적을 달성하는 장치라 할 수 있다.

제1장에서 논의되고 그림 1.8a에 나타낸 전열 냉동기는 냉동기의 정의에 부합되는 장치의 또 다른 예이다. 전열 냉동기의 입력 일은 전기에너지의 형태를 취하며 열은 냉장 공간에서 저온 접점으로(Q_L), 고온 접점에서 주위로(Q_H) 전달된다.

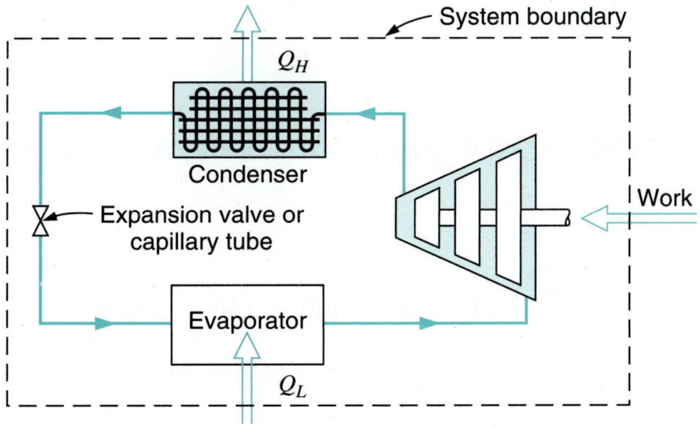

그림 7.6 간단한 냉동 사이클.

냉동기의 "효율"은 **성능계수**(coefficient of performance)로 표현된다. 여기서 성능계수는 기호 β로 나타내기로 한다. 냉동기에서, 목적, 즉 에너지 효용은 냉장 공간으로부터 제거되는 열 Q_L이고 에너지 비용은 일 W이다. 따라서 성능계수 β는[1]

$$\beta = \frac{Q_L(\text{에너지 효용})}{W(\text{에너지 비용})} = \frac{Q_L}{Q_H - Q_L} = \frac{1}{Q_H/Q_L - 1} \tag{7.2}$$

으로 주어진다.

가정용 냉장고의 성능계수(흔히 COP라 한다)는 약 2.5인 반면, 저온용 냉동고의 성능계수는 1.0에 가깝다. 저온측의 온도가 낮고 고온측의 온도가 높을수록, COP의 값은 작아지며 이것은 7.6절에서 다루게 될 것이다. 중간 정도의 온도 범위에서 작동하는 열펌프에서는 COP가 약 4 정도의 값을 갖지만 작동 온도 범위가 넓어지면 이 값은 급격히 감소한다.

예제 7.2

그림 7.7의 부엌에서 냉장고가 150 W의 전력을 소비하면서 부엌 공기에 400 W를 방출한다. 냉장 공간에서 제거한 에너지 제거율과 냉장고의 성능계수를 구하라.

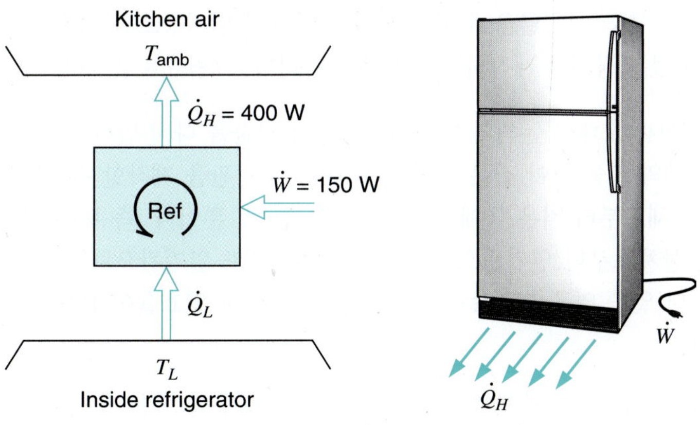

그림 7.7 예제 2.2의 스케치.

[1] 냉동기나 열펌프를 사용하는 목적은 두 가지 중 한 가지이다. 냉동기로 사용될 경우, 일차적 목적은 냉장공간으로부터 냉매로 전달된 열 Q_L이다. 또 난방 시스템으로 사용될 경우(대개는 이 경우를 일컬어 열펌프라고 한다) 목적은 냉매로부터 고온 물체, 즉 난방 공간으로 전달된 열 Q_H이다. Q_L은 대지나, 대기 또는 우물에서 냉매로 전달된다. 이 경우 성능계수 β'은

$$\beta' = \frac{Q_H(\text{에너지 효용})}{W(\text{에너지 비용})} = \frac{Q_H}{Q_H - Q_L} = \frac{1}{1 - Q_L/Q_H}$$

으로 주어진다. 또 주어진 사이클에서

$$\beta' - \beta = 1$$

의 관계가 성립한다. 특별한 언급이 없으면 성능계수는 식 7.2에서 정의한 냉동기에 관한 것을 의미한다.

풀이

검사체적: 냉장고

정상 상태로 가정하면 에너지는 저장되지 않는다. 주어진 조건에 의해, 일은 $\dot{W} = 150$ W이고, 제거된 열은 $\dot{Q} = 400$ W이다.

에너지 균형식은

$$\dot{Q}_L = \dot{Q}_H - \dot{W} = 400 - 150 = 250 \text{ W}$$

이 된다. 이것은, 냉장고 문을 열 때, 열전달과 공기의 교환에 의해 따뜻한 부엌으로부터 냉장공간으로 전해지는 에너지 전달률과 같다.

식 7.2의 정의에 의해, 성능계수는

$$\beta_{\text{REFRIG}} = \frac{\dot{Q}_L}{\dot{W}} = \frac{250}{150} = 1.67$$

이 된다.

■

제2법칙을 서술하기에 앞서 열저장조(thermal reservoir)의 개념을 소개할 필요가 있다. 열저장조는 열이 출입해도 온도가 변하지 않는 물체를 의미한다. 즉 열저장조의 온도는 항상 일정하다. 대양이나 대기는 이 정의에 매우 가깝다. 고온 저장조와 저온 저장조를 지정하여 나타내는 것이 편리한 경우가 많다. 열을 공급하는 저장조를 열원(source), 열을 흡수하는 저장조를 열침전원(sink)이라 하기도 한다.

7.2 열역학 제2법칙

앞 절에서 취급한 내용을 바탕으로 열역학 제2법칙을 서술할 수 있다. 제2법칙을 서술하는 데는 Kelvin-Planck 서술과 Clausius 서술 두 가지가 있다.

Kelvin-Planck 서술: 사이클을 수행한 효과가 하나의 열저장조와 열을 교환하면서 무게추를 들어올리는 것 밖에 없는 장치를 제작하는 것은 불가능하다. 그림 7.8을 보라.

이 서술은 열기관에 대한 논의와 연관이 있다. 이 서술을 다시 말하면, 사이클을 수행하는 중에 고온 물체로부터 일정량의 열을 받아 같은 양의 일을 하는 열기관을 제작할 수 없다는 의미이다. 유일한 대안은 저온의 작동 유체로부터 저온 물체로 열이 전달되는 것 뿐이다. 즉 두 개의 서로 다른 온도를 갖는 물체가 있고, 고온 물체로부터 열기관으로 열이 전달되고, 또 열기관으로부터 저온 물체로 열이 전달되어야만 열전달로부터 일을 얻을 수 있는 것이다. 이 서술은 또 열효율이 100%인 열기관을 만들 수 없음을 의미하기도 한다.

Clausius 서술: 사이클을 수행한 효과가 저온 물체로부터 고온 물체로 열을 전달하는 것밖에 없는 장치를 제작하는 것은 불가능하다. 그림 7.9를 보라.

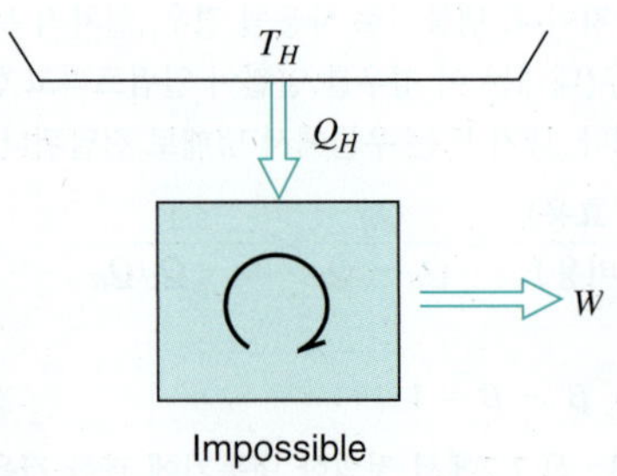

그림 7.8 Kelvin-Planck 서술.

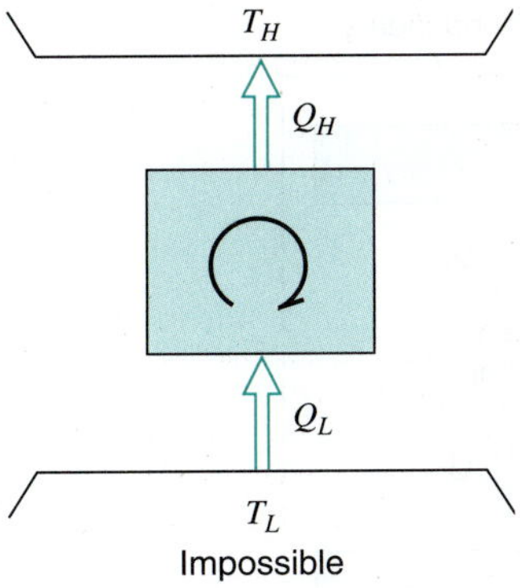

그림 7.9 Clausius 서술.

이 서술은 냉동기나 열펌프와 연관이 있다. 이 서술을 다시 말하면, 일의 입력이 없이 작동하는 냉동기는 만들 수 없다는 의미이다. 또는 성능계수가 무한대가 될 수 없다는 의미이기도 하다. 위의 두 가지 종류의 서술에 대해 관찰되는 점 세 가지가 있다. 첫 번째는 두 서술 모두 부정적인 서술이라는 점이다. 부정적인 서술을 "증명"할 수는 없다. 그러나, 열역학 제2법칙은(다른 자연법칙과 마찬가지로) 실험적 증거에 근거한다. 이제까지 수행된 모든 실험은 직접적이건 간접적이건 제2법칙이 옳은 것을 보여주고 있으며 그 어떤 실험도 제2법칙이 틀렸음을 나타낸 적이 없다. 따라서 제2법칙의 근거는 실험적 증거이다.

두 번째로 관찰되는 점은 제2법칙에 대한 두 가지 서술이 동등하다는 점이다. 두 서술 모두 어느 한 쪽 서술이 옳을 때 다른 쪽 서술도 옳거나 또는 어느 한쪽 서술에 위반될 때 다른 쪽 서술도 위반되면 두 서술은 동등하다. Clausius 서술에 위반되면 Kelvin-Planck 서술도 위반되는 것을 증명해 보자. 그림 7.10에서 왼쪽의 장치는 일이 필요 없는 냉동기, 즉 Clausius 서술을 위반하는 냉동기이다. 저온 저장조로부터 이 냉동기로 크기 Q_L의 열이 전달되고 같은 크기의 열 Q_L이 고온 저장조로 전달된다고 하자. 이번에는 Q_L보다 더 큰 Q_H가 고온 저장조로부터 열기관으로 전달되고, 열기관은 Q_L을 저온 저장조에 방출하고 W의 일을 수행한다고 하면, W는 $Q_H - Q_L$과 같다. 저온 저장조의 순 열출입량은 영이므로, 저온 저장조, 열기관, 냉동기를 모두 합하면, 이것은 하나의 열저장조와 열을 교환하면서 무게추를 들어올리는 효과만을 갖는(즉 일을 생산하기만 하는) 사이클 장치로 생각할 수 있다. 즉 Clausius 서술을 위반하면 Kelvin-Planck 서술도 위반되는 것이다. 두 서술이 완전히 동등함을 증명하려면, 이 외에도, Kelvin-Planck 서술이 위반될 때, Clausius 서술도 위반되는 것을 보여야 한다. 이 문제는 학생들의 연습 문제로 남겨둔다.

세 번째로 관찰되는 점은, 열역학 제2법칙은 흔히 제2종 **영구운동 기계**(perpetual-motion machine)를 만들 수 없다는 내용으로 서술되고 있다는 사실이다. 제1종 영구운동 기계는 무에서 일이나 질량 또는 에너지를 생산해내는 장치로서 열역학 제1법칙을 위반하는 것이다. 제2종 영구운동 기계는 열원으로부터 열을 공급받아 이것을 완전히 다른 형태의 에너지로 바꿔 주는 장치로서 열역학 제2법칙을 위반하는 것이다. 제3종 영구운동 기계는 마찰이 전혀 없어서 영원히 운동하지만 일은 생산하지 못하는 장치이다.

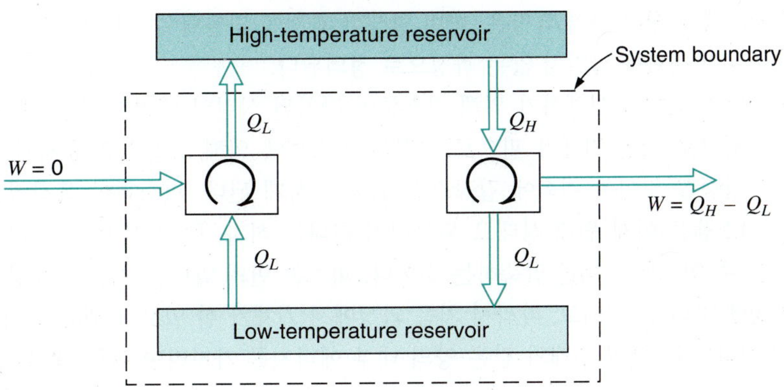

그림 7.10 제2법칙의 두 가지 서술이 서로 동등한 것을 나타내는 예.

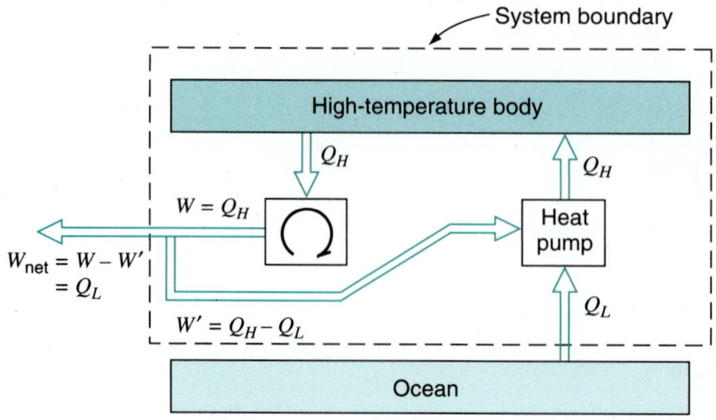

그림 7.11 제2종 영구운동 기계.

제2법칙을 위반하는 열기관은 다음과 같이 제2종 영구운동 기계로 만들 수 있다. 그림 7.11을 보자. 이것은 예컨대 선박의 발전 설비를 나타낸다. 열펌프에 의해 바다로부터 크기 Q_L의 열이 추출된다. 여기에 필요한 일은 W'이고 고온 물체로 전달된 열은 Q_H이다. 같은 크기의 열을 제2법칙의 Kelvin-Planck 서술을 위반하는 열기관으로 보내어 $W = Q_H$의 일을 하게 한다. 이 중에서 $Q_H - Q_L$만큼의 일은 열펌프를 가동하는데 필요하므로 나머지에 해당하는 순 일($W_{net} = QL$)이 선박을 움직이는 데 사용될 수 있다. 결국, 바다나 대기와 같이 얼마든지 무료로 구할 수 있는 열원을 활용하여 일을 생산해내는 영구운동 기계를 갖게 되는 것이다.

개념에 관한 질문

a. TV나 오디오 등의 가전제품은 전력을 입력으로 사용한다. 동력은 어떻게 되나? 이것들은 열기관인가? 제2법칙은 이 장치들에 대해 어떻게 적용되는가?

b. 지열을 보유한 지하의 고온수나 고온 수증기를 이용하여 전력을 생산할 수 있다. 이것은 제2법칙을 위반하는가?

c. 풍차는 바람의 운동 에너지를 이용하여 동력을 얻어낸다. 이것은 열기관인가? 이것은 영구운동 기계인가? 설명하라.

d. 열기관과 열펌프(냉동기)는 Q와 W 사이의 에너지 전달량을 변화시키는 에너지 전환 장치라고 할 수 있다. 제2법칙에 의하면, $Q \rightarrow W$와 $W \rightarrow Q$의 전환 방향 중 어느 방향이 더 제한적이고 어느 방향이 무제한인가?

7.3 가역 과정

이제 논리적으로 볼 때 이런 질문이 제기될 것이다: 100%의 효율을 갖는 열기관이 불가능하다면, 최대 효율은 얼마나 될까? 이 질문에 답하기 위해 취해야 할 첫 번째 단계는 **가역 과정**(reversible process)이라고 일컫는 이상적인 과정을 정의하는 것이다.

한 시스템에 대해 가역 과정은, 한번 발생한 과정을 되돌릴 수 있으며 또 그렇게 하는 데 시스템이나 주위에 아무런 변화를 남기지 않는 과정으로 정의된다.

이 정의의 의미를 이해하기 위해 피스톤이 장착된 실린더 내의 기체를 생각해 보자. 먼저 그림 7.12에서 시스템으로 택한 기체가 핀으로 고정된 피스톤에 의해 고압으로 유지된다고 하자. 핀을 제거하면 피스톤은 상승할 것이며 걸쇠에 갑작스런 힘을 가하게 된다. 피스톤이 움직였으므로 시스템은 일을 한 것이다. 시스템을 이제 원래 상태로 되돌리려 한다고 하자. 한 가지 방법은 피스톤에 힘을 가하여 핀을 다시 꽂을 수 있도록 기체를 압축하는 것이다. 피스톤 면의 압력은 처음의 팽창 행정(stroke)보다 다음의 압축 행정에서 더 클 것이고, 따라서 처음 과정에서 기체가 한 일보다 귀환 과정에서 기체에 가해진 일이 더 클 것이다. 시스템이 원래와 같은 양의 내부 에너지를 가지려면 귀환 행정 동안 시스템으로부터 열이

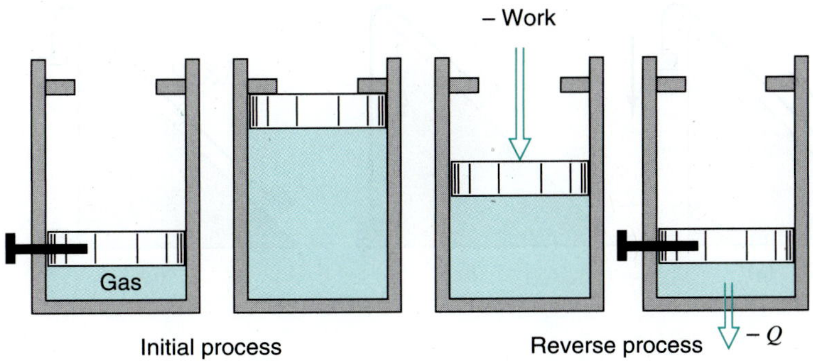

그림 7.12 비가역 과정의 예.

빠져나가야 한다. 결국, 시스템은 원래 상태로 되돌아가지만, 주위는 피스톤을 누르는 데 필요한 일과 시스템으로부터 빠져 나온 열 때문에 상태가 바뀌게 된다. 그러므로 처음의 팽창 과정은 주위에 변화의 흔적을 남기지 않고서는 원래 상태로 되돌릴 수 없는 **비가역**(irreversible) 과정이다.

그림 7.13에서 시스템은 실린더 내의 기체이며 피스톤에는 많은 수의 무게추가 얹혀 있다. 무게추를 수평 방향으로 한 번에 한 개씩 밀어내서 기체가 팽창하여 피스톤에 남아 있는 무게추를 들어 올리는 일을 한다고 하자. 무게추의 크기를 줄이고 대신 그 수를 늘려감에 따라, 이 과정은 가역 과정에 가까워진다. 왜냐하면, 귀환 과정 중에 피스톤이 어느 위치에 있더라도, 정확하게 받침대의 높이에 위치한 무게추가 있고 이 무게추를 받침대 위에 올려놓는 데는 일이 필요 없기 때문이다. 그러므로, 무게추의 크기를 무한히 작게 한 극한에서는 시스템과 주위가 정확하게 원래의 상태로 되돌아가게 하는 귀환 과정을 실현할 수 있다. 이 과정은 가역 과정이다.

7.4 과정을 비가역적으로 만드는 요인들

많은 요인들이 과정을 비가역적으로 만든다. 여기서는 네 가지 요인들—마찰, 제어되지 않은 팽창, 유한한 온도차에 의한 열전달, 서로 다른 물질의 혼합—에 대해 생각해 본다.

마찰

마찰이 과정을 비가역적으로 만드는 것은 명백하지만, 간단한 예를 들어 이 점을 강조해 보자. 그림 7.14에서처럼, 블록과 경사면으로 시스템을 구성하고 무게추를 잡아당겨서 블록이 경사면을 따라 끌려 올라가게 한다. 이를 위해서는 일정량의 일이 필요하다. 이 일의 일부는 블록과 경사면 사이의 마찰을 극복하기 위해 필요하고 또 일부는 블록의 위치 에너지를 높이는 데 필요하다. 무게추의 일부를 제거하여 블록이 경사면을 따라 미끄러져 내려가게 하면 블록은 원래의 위치로 되돌아갈 수 있다. 블록이 원래의 온도

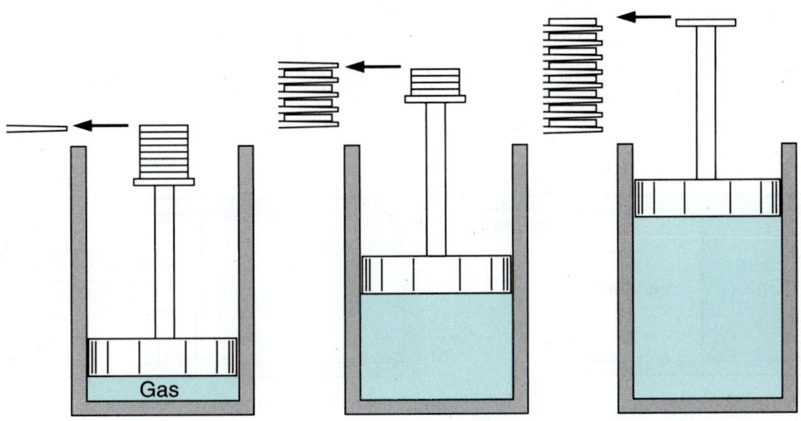

그림 7.13 가역에 가까운 과정의 예.

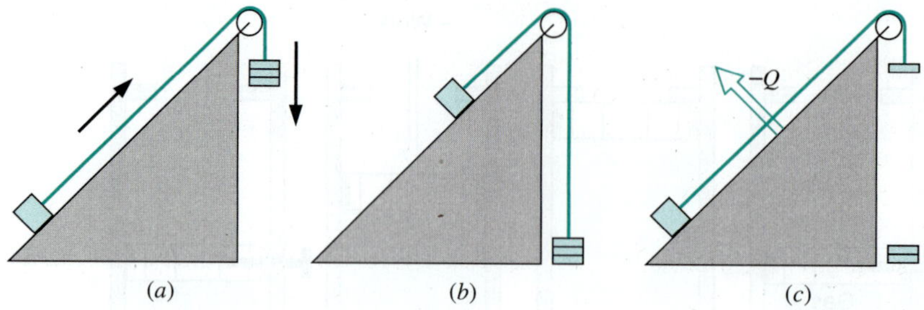

그림 7.14 마찰이 과정을 비가역적으로 만드는 예.

를 회복하려면, 틀림없이 시스템으로부터 주위로 열이 전달되어야 할 것이다. 귀환과정이 종료된 후에도 주위는 원래 상태를 회복하지 못하므로 마찰이 이 과정을 비가역적으로 만들었다고 결론지을 수 있다. 다른 종류의 마찰 효과로는, 파이프와 기타 유로를 흐르는 점성 유체의 유동과 관련된 마찰, 그리고 점성 유체를 통과하는 물체의 움직임과 관련된 마찰 등을 들 수 있다.

제어되지 않은 팽창

제어되지 않은 팽창의 고전적인 예는 그림 7.15에서와 같이 분리막에 의해 진공과 분리된 기체이다. 분리막이 제거되어 기체가 용기 전체를 채울 때 일어나는 현상을 생각해 보자. 이 시스템을 원래의 상태로 되돌리는 데 필요한 것이 무엇인가를 생각해보면 이 과정이 비가역 과정인 것을 알 수 있다. 기체는 압축되어야 하고 원래 상태로 될 때까지 열을 제거해야 한다. 일과 열전달은 주위를 변화시켜 원래 상태와 달라지게 하므로, 제어되지 않은 팽창은 비가역 과정이 다. 그림 7.12의 과정 역시 제어되지 않은 팽창의 예이다.

기체가 가역적으로 팽창하려면, 기체에 의한 힘과 이에 대항하는 힘 사이에 오직 무한히 작은 차이만 있어서 경계가 무한히 작은 속도로 움직여야 한다. 이전의 정의에 따르면, 이것은 준평형 과정이다. 그러나, 실제 시스템은 유한한 힘의 차이를 겪게 되고, 이것은 경계의 이동 속도를 유한하게 하고, 따라서 실제 과정은 적어도 어느 정도는 비가역적으로 되게 마련이다.

유한한 온도차에 의한 열전달

시스템이 고온 물체와 저온 물체로 이루어지고 고온에서 저온으로 열이 전달된다고 하자. 시스템이 원래 상태를 회복하는 유일한 방법은 냉동에 의한 것이다. 냉동을 위해서는 시스템이 주위로부터 일을 받고 또 주위로 열을 발산해야 한다. 이 일과 열에 의해 주위는 원래 상태를 회복할 수 없고, 따라서 이 과정은 비가역적이다.

여기서 흥미있는 질문이 제시될 수 있다. 열은 온도차에 의해 전달되는 에너지로 정의된다. 온도차가 있을 때 열전달이 비가역 과정이란 것은 바로 앞에서 설명한 바와 같다. 그러면 가역 열전달 과정은 어떻게 가능한가? 두 물체의 온도차가 작아질수록 열전달 과정은 가역 과정에 가까워진다. 그러므로 무한히 작은 온도차를 통해 열이 전달되는 과정을 가역 열전달 과정이라 정의할 수 있다. 물론 무한히 작은 온도차를 통해 유한한 양의 열이 전달되려면 무한히 긴 시간이나 무한히 큰 열전달 면적이 필요할 것이다. 그러므로 실제 열전달은 모두 유한한 온도차를 통해 일어나고 따라서 비가역적이다. 온도차가 클수록,

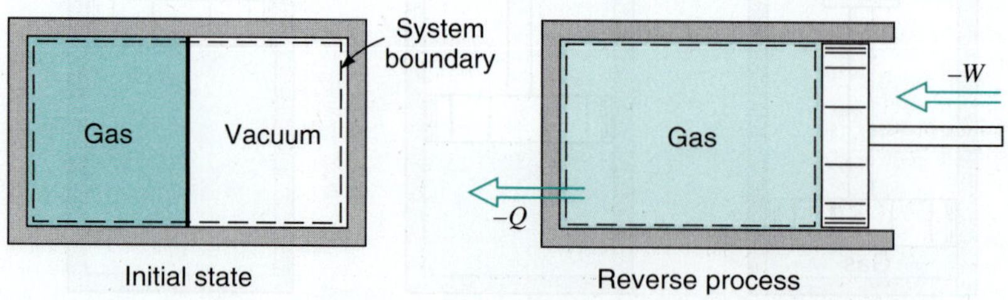

그림 7.15 제어되지 않은 팽창이 과정을 비가역적으로 만드는 예.

그림 7.16 서로 다른 두 기체의 혼합 이 비가역 과정임을 나타내는 예.

비가역성은 더 커진다. 가역 열전달의 개념은 앞으로 이상적인 과정을 설명하는 데 유용하게 사용될 것이다.

서로 다른 두 물질의 혼합

그림 7.16은 분리막으로 분리된 서로 다른 두 기체의 혼합과정을 나타낸다. 분리막이 제거되면, 산소와 질소의 균일한 혼합물이 전체 체적을 채운다. 이 과정은 10장에서 자세히 논의될 것이다. 여기서는 다만, 각 기체들이 전체 체적을 채울 때 제어되지 않은 팽창을 겪으므로, 이 과정을 제어되지 않은 팽창의 특별한 예로 생각할 수 있다는 점만 지적하기로 하자. 기체를 다시 분리하려면 일이 필요하다. 즉 1장에서 취급한 분리 설비에서 분리 과정을 완성하려면 일을 사용해야 하는 것이다.

기타 요인들

과정을 비가역적으로 만드는 요인은 이 외에도 많이 있으나 자세히 다루지는 않기로 한다. 전기회로에서 나타나는 히스테리시스(hysterisis) 효과와 i^2R 손실은 모두 과정을 비가역적으로 만든다. 보통 연소 과정도 비가역 과정이다.

내부적인 비가역성과 외부적인 비가역성을 구분하는 것이 유리할 경우가 많다. 그림 7.17은 열이 전달되는 두 개의 동일한 시스템을 나타낸다. 두 시스템 모두 순물질로 이루어지며 열전달 과정에서 온도는 일정하다. 한 시스템에서는 온도가 $T + dT$인 저장조로부터 열이 전달되며, 다른 시스템에서는 시스템보다 온도가 훨씬 높은 $T + \Delta T$인 저장조로부터 열이 전달된다. 첫 번째 과정은 가역 열전달 과정이고, 두 번째 과정은 비가역 열전달 과정이다. 그러나 시스템 자체만을 놓고 생각해보면, 두 과정에서 시스템은 정확히 같은 상태들을 경험하며, 따라서 가역적이라고 할 수 있다. 즉 두 번째 시스템에서는 비가역성이 시스템의 외부에 있으므로 내부적으로는 가역적이지만 외부적으로는 비가역적이라고 말할 수 있다.

또한, 비가역성과 평형, 그리고 시간 사이의 상호 관계에 주목해야 한다. 가역 과정에서는 평형으로부터의 이탈이 무한히 작으며, 따라서 과정의 속도도 무한히 작다. 실제 과정은 유한한 속도로 진행되는 것이 바람직하므로, 평형으로부터의 이탈도 유한하고, 따라서 어느 정도 비가역적일 수밖에 없다. 평형으로부터의 이탈이 커질수록, 비가역성은 커지고 과정 역시 빠르게 진행될 것이다. 2장에서 기술한 준평형 과정은 가역 과정임을 주의해야 한다. 앞으로는 가역 과정이란 용어가 사용될 것이다.

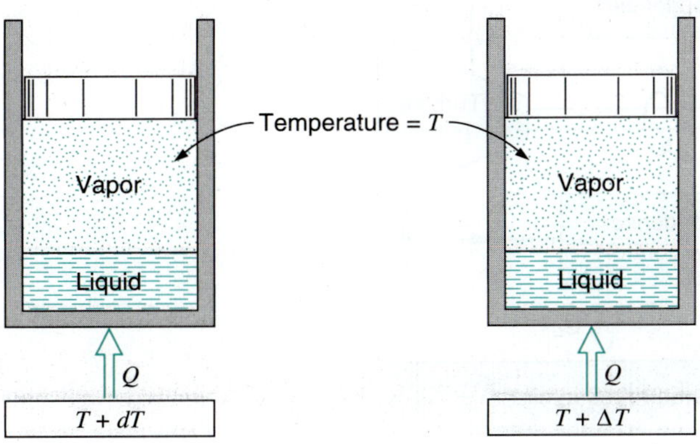

그림 7.17 내부적 가역 과정과 외부적 가역 과정의 차이를 나타내는 예.

개념에 관한 질문

e. 유리컵의 물에 띄운 얼음 조각은 언젠가는 녹아서 모두 물이 되고 결국은 실온과 같아질 것이다. 이 과정은 가역 과정인가? 이유는?

f. 과정이 빨라지면 열전달 측면에서 더욱 가역적이 되는가, 아니면 그 반대인가? *힌트*: 4장에서 $\dot{Q} = CA\,\Delta T$임을 기억하라.

g. 태양 에너지를 이용하여 수소를 생산한다면, 다음 중 어떤 방법이 더 효율적이겠는가? (1) 엔진까지 수송하여 엔진 내에서 연소하는 방법. (2) 태양 에너지를 전기로 전환하여 전기를 수송하는 방법. 확실한 답을 하려면 또 알아야 할 것이 무엇인가?

7.5 Carnot 사이클

가역 과정을 정의하였고 과정을 비가역적으로 만드는 여러 요인들을 살펴본 이 시점에서 7.3절에서 제기되었던 질문을 다시 생각해 보자. 열기관의 효율이 모두 100%보다 작다면, 가장 효율적인 사이클은 무엇인가? 고온의 열저장조로부터 열을 받아 저온 열저장조로 열을 배출하는 열기관에 대해 생각해 보자. 열저장조를 대상으로 하므로 고온이나 저온의 온도는 일정하며 전달된 열의 크기에 관계없이 변하지 않는다.

주어진 두 열저장조 사이에서 작동하는 열기관이 수행하는 사이클의 모든 과정이 가역적이라고 하자. 모든 과정이 가역적이면 사이클 역시 가역적이다. 만일 사이클을 반대방향으로 운용하면 열기관은 냉동기가 된다. 이 사이클이, 온도가 일정한 두 열저장조 사이에서 작동하는 가장 효율적인 사이클이라는 것은 다음 절에서 밝혀질 것이다. 이 사이클은 프랑스 공학자, Nicolas Leonard Sadi Carnot (1796~1832)의 이름을 따라 **Carnot 사이클**(Carnot cycle)이라 부른다. Carnot는 1824년에 열역학 제2법칙의 근거를 확립한 바 있다.

이제 Carnot 사이클에 주의를 기울여 보자. 그림 7.18은 여러 가지 면에서 단순 증기 발전소와 유사한 발전소를 나타낸다. 이 발전소가 Carnot 사이클로 작동된다고 가정하자. 작동 유체는 수증기와 같은 순물질이라고 생각한다. 열은 고온 저장조로부터 보일러의 물(증기)로 전달된다. 이 열전달 과정이 가역적이기 위해서는 저장조의 온도에 비해 물(증기)의 온도가 무한소만큼 작아야 한다. 열저장조의 온도는 일정하므로 이 결과는 물의 온도가 일정하게 유지되어야 함을 의미한다. 그러므로 Carnot 사이클의 첫

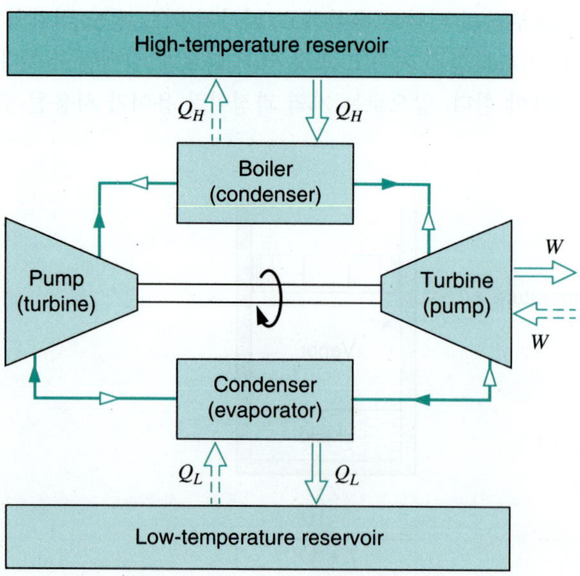

그림 7.18 Carnot 사이클로 작동되는 열기관의 예.

번째 과정은 가역 등온 과정이며 이 과정에서 열은 고온 열저장조로부터 작동 유체로 전달된다. 일정한 압력에서 순물질의 액체가 기체로 상이 바뀌는 과정은 이런 등온과정이다.

다음은 터빈에서 일어나는 과정으로 열전달이 없으므로 단열(adiabatic) 과정이다. Carnot 사이클에서 모든 과정은 가역 과정이므로, 이 과정은 가역 단열 과정이며, 이 과정 동안 작동 유체의 온도는 고온 열저장조의 온도에서 저온 열저장조의 온도까지 낮아진다.

다음 과정에서는 열이 작동 유체로부터 저온 열저장조로 전달된다. 이 과정은 가역 등온 과정이며, 작동 유체의 온도는 저온 열저장조보다 무한소만큼 높다. 이 등온 과정에서 증기의 일부는 응축된다.

사이클을 완성하는 마지막 과정은 가역 단열 과정이며, 이 과정 동안 작동 유체의 온도는 저온 열저장조의 온도로부터 고온 열저장조의 온도까지 높아진다. 작동 유체가 물(증기)이라면 액체와 기체가 섞인 채로 응축기에서 배출되어 압축되어야 할 것이다(현실적으로 이렇게 하는 데는 어려움이 많다. 따라서 모든 발전소에서 작동 유체는 응축기에서 완전히 응축된다. 펌프에는 완전한 액체 상태의 작동 유체만 유입된다).

Carnot 열기관은 가역적이므로 모든 과정은 반대 방향으로 이루어질 수 있으며 그렇게 하면 냉동기가 된다. 냉동기는 그림 7.18에서 점선과 괄호로 나타낸다. 이때 작동 유체의 온도는, 증발기에서는 저온 저장조보다 무한소만큼 낮고, 응축기에서는 고온 저장조보다 무한소만큼 높다.

Carnot 사이클은 여러 가지 다른 방법으로도 실행될 수 있음을 주의해야 한다. 기체나 제1장에서 다루었던 열전 장치와 같이 여러 가지 다른 작동 물질이 사용될 수도 있다. 또 기계 장치 부품의 배치에도 여러 가지 방법이 있을 수 있다. 예를 들어 그림 7.19에서와 같이, 기체를 작동 유체로 사용하여, Carnot 사이클이 완전히 실린더 안에서 수행되도록 할 수도 있다.

여기서 중요한 점은 작동 물질에 관계없이 Carnot 사이클은 항상 네 가지의 기본 과정으로 이루어진다는 사실이다. 이 네 가지 과정은

1. 고온 저장조와 열을 교환하는 가역 등온 과정,
2. 작동 유체의 온도가 고온 저장조의 온도에서 저온 저장조의 온도까지 낮아지는 가역 단열 과정,
3. 저온 저장조와 열을 교환하는 가역 등온 과정, 그리고
4. 작동 유체의 온도가 저온 저장조의 온도에서 고온 저장조의 온도까지 높아지는 가역 단열 과정이다.

7.6 Carnot 사이클의 효율과 관련하여 두 가지의 중요한 원리

Carnot 사이클의 효율과 관련하여 두 가지의 중요한 원리가 있다.

첫 번째 원리

주어진 두 개의 열저장조 사이에서 작동하면서, 이 두 열저장조 사이에서 작동하는 가역 기관보다 더 효율적인 기관은 존재할 수 없다.

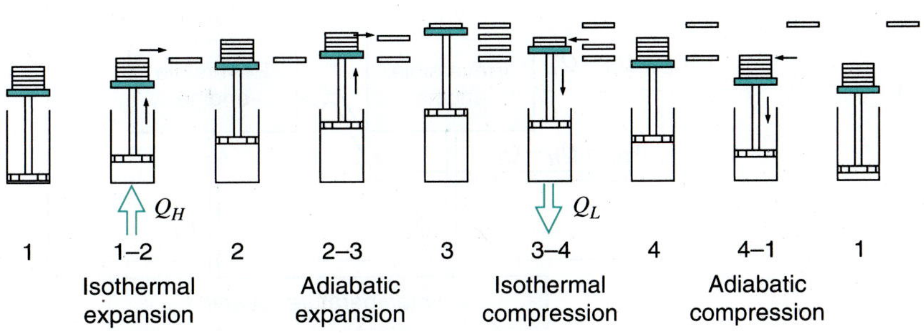

그림 7.19 Carnot 사이클로 작동되는 기체 시스템의 예.

이 서술은 "사고 실험"에 의해 증명할 수 있다. 사고 실험에서는 먼저 한 가지 가정을 한다. 이 가정에 따라 얻어지는 결론이 불가능함을 증명한다. 유일한 가능성은 처음의 가정이 틀린 가정인 것이다.

주어진 두 열저장조 사이에서 작동하는 가역 기관보다 효율이 더 큰 비가역 기관이 존재한다고 가정하자. 그림 7.20에서처럼, 이 비가역 기관으로 전달되는 열을 Q_H, 배출하는 열을 Q_L, 일을 $W_{IE}(= Q_H - Q'_L)$이라 하자. 가역 기관은 냉동기로서 작동한다고 하자(가역적이므로 가능하다). 여기서 저온 열저장조와의 열교환량을 Q_L, 고온 열저장조와의 열교환량을 Q_H, 필요한 일을 $W_{RE}(= Q_H - Q_L)$이라 하자.

비가역 기관의 효율이 더 높다고 가정했으므로 (Q_H는 두 기관에서 동일하므로) $Q'_L < Q_L$, 그리고 $W_{IE} > W_{RE}$가 된다. 비가역 기관으로 가역 기관을 구동하면 순 일 W_{net}의 여유가 남으며 이것은 $W_{IE} - W_{RE} = Q_L - Q'_L$과 같다. 그림 7.20에 나타낸 것처럼 두 기관과 고온 열저장조를 하나의 시스템으로 생각하면, 사이클을 수행하는 이 시스템은 하나의 열저장조와 열을 교환하면서 일을 생산해내는 시스템이 된다. 그러나 이것은 제2법칙을 위반하는 것이며, 따라서 처음의(비가역 기관이 가역 기관보다 더 효율적이라는) 가정이 옳지 않았다는 결론을 내릴 수밖에 없다. 그러므로 같은 두 열저장조 사이에서 작동하는 가역 기관보다 더 효율적인 비가역 기관은 존재할 수 없다.

두 번째 원리

두 열저장조 사이에서 Carnot 사이클로 작동하는 열기관의 효율은 모두 같다. 이 원리는 첫 번째 원리에서와 비슷하게, 같은 두 열저장조 사이에서 작동하는 두 Carnot 사이클 중, 한 사이클이 다른 사이클보다 더 효율적이라고 가정함으로써, 증명할 수 있다. 효율이 높은 Carnot 사이클을 앞에서 논의했던 비가역 사이클로 대체하고, 효율이 낮은 Carnot 사이클을 냉동기로 작동시켜 보면, 첫 번째 원리의 증명에서와 같은 방법으로 두 번째 원리를 증명할 수 있다. 자세한 과정은 학생들에게 연습 문제로 남겨 두기로 한다.

7.7 열역학적 온도 눈금

2장에서 온도에 대하여 논의할 때, 열역학 제0법칙이 온도 측정의 근거를 제공하지만, 온도를 측정하기 위해서는 먼저 특정한 온도 측정 물질과 장치가 있고 이 측정 물질과 장치에 기초한 온도 눈금이 정의되어야 함을 밝힌 바 있다. 온도 눈금으로는 측정 물질의 종류와 관계없이 독립적인 눈금이 가장 바람직하며, 이를 **절대 온도 눈금**(absolute temperature scale)이라 한다. 앞에서, Carnot 사이클의 효율은 작동 물질에 관계없이 다만 그 온도에만 의존함을 주목한 바 있다. 이 사실은 열역학적 눈금(thermodynamic scale)이라 불리는 절대 온도 눈금을 도입할 수 있는 근거를 제공해준다. Carnot 사이클의 효율은 온도만의 함수이므로

$$\eta_{\text{thermal}} = 1 - \frac{Q_L}{Q_H} = 1 - \psi(T_L, T_H) \tag{7.3}$$

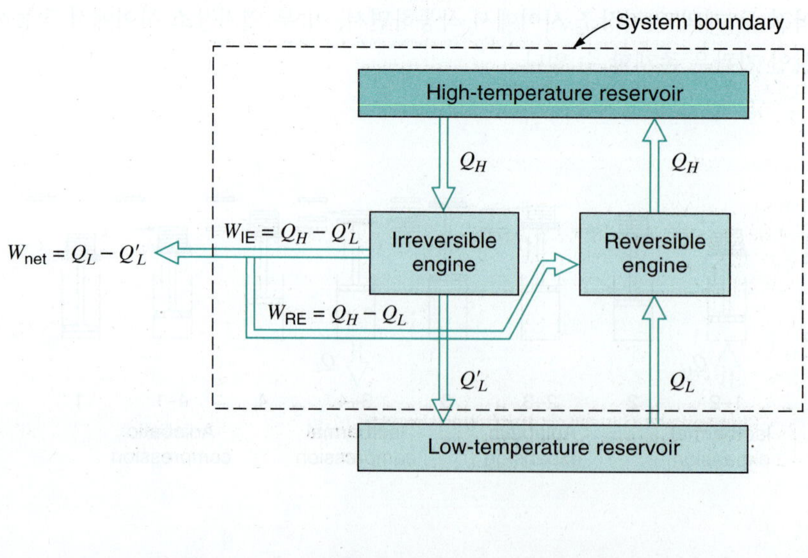

그림 7.20 Carnot 사이클이 두 열저장조 사이에서 작동하는 가장 효율적인 사이클인 것을 나타내는 예.

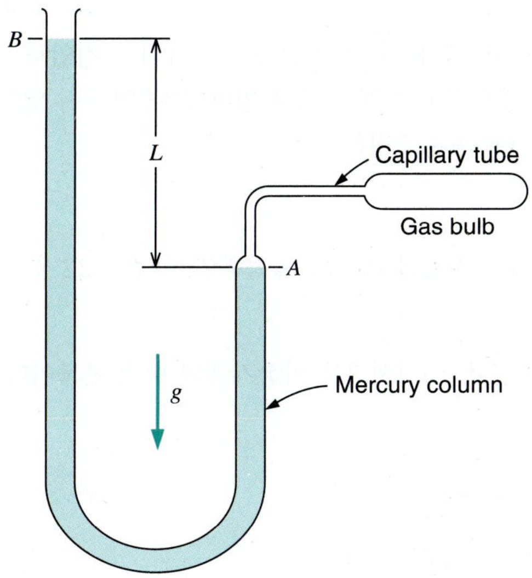

그림 7.21 정적 기체 열량계의 개략도.

으로 쓸 수 있다. 여기서 ψ는 함수 관계를 의미한다.

식 7.3을 만족하는 함수 관계는 여러 가지가 있을 수 있다. 이 중 간단한 것을 택하여 온도 눈금은

$$\frac{Q_H}{Q_L} = \frac{T_H}{T_L} \tag{7.4}$$

으로 정의된다. 이 정의를 식 7.3에 대입하면 다음과 같은 Carnot 사이클 열효율과 두 열저장조 온도 사이의 관계식을 얻을 수 있다.

$$\eta_{\text{thermal}} = 1 - \frac{Q_L}{Q_H} = 1 - \frac{T_L}{T_H} \tag{7.5}$$

그러나 식 7.4만으로는 온도의 크기를 정하거나 고정된 온도 기준점을 정할 수 없으므로 아직은 완전하지 않음에 주의해야 한다. 다음 절에서는 3.6절에서 소개된 이상기체의 절대 온도를 자세히 살펴보고 이것이 식 7.4의 관계를 만족시킴을 보일 것이다.

7.8 이상기체의 온도 눈금

여기서는 3.6절에서 도입된 이상기체의 온도 눈금을 좀 더 자세히 살펴보기로 하자. 이 눈금은, 실제 기체의 압력이 낮아짐에 따라 그 상태 방정식이 이상기체의 상태 방정식

$$Pv = RT$$

에 근접한다는 관찰 결과에 근거한다. 이상기체의 온도 눈금이 앞의 식 7.4에서 주어진 열역학적 온도의 정의를 만족하는 것은 곧 증명하겠지만, 이에 앞서 먼저 그림 7.21과 같은 정적 기체 열량계(constant-volume gas thermometer)로 온도를 측정하기 위해 이상기체가 어떻게 사용되는지를 생각해 보자.

온도를 측정하려는 지점에 기체구(gas bulb)가 위치하게 하고 수은의 높이가 기준 위치 A에 있도록 수은주를 조절한다. 즉 기체의 체적은 일정하게 유지된다. 모세관 내의 기체는 기체구 내의 기체와 온도가 같다. 이렇게 하면, 기체의 압력은 수은주의 높이 L로 표시할 수 있고, 이는 온도의 척도이기도다.

물의 삼중점 온도(273.16 K)에서 압력을 측정하여 이를 $P_{\text{t.p.}}$라 하자. 이상기체의 정의에 따라 다른 온도 T는 압력 측정치 P로부터

$$T = 273.16\left(\frac{P}{P_{\text{t.p.}}}\right)$$

의 관계를 이용하여 결정할 수 있다.

예제 7.3

어떤 정적 이상기체 열량계로 측정한 결과, 물의 빙점 0°C에서의 측정압력이 110.9 kPa이고 증기점 100°C에서의 측정압력은 151.5 kPa이었다. 섭씨 온도로 얼마일 때 압력이 영이 될지(즉 절대 온도 영도가 될지) 외삽법(extrapolation)을 사용하여 결정하라.

해석

이상기체 상태 방정식 $PV = mRT$에서 질량과 체적이 일정하면, 그림 7.22에 나타내듯이, 압력은 온도에 직접 비례하여

$P = CT$로 된다. 여기서 T는 이상기체의 절대 온도이다.

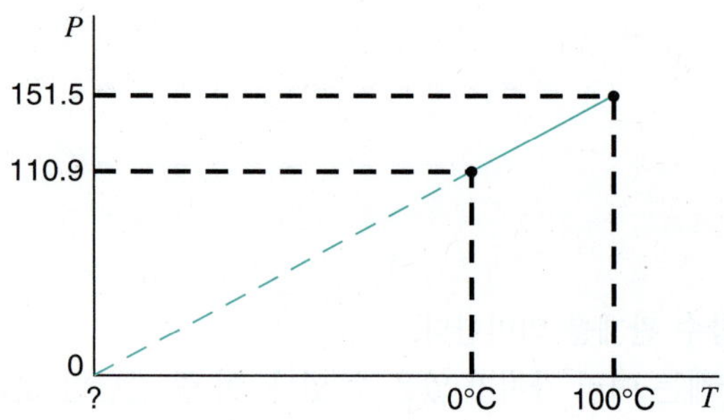

그림 7.22 예제 7.3의 그림.

풀이

기울기 $\dfrac{\Delta P}{\Delta T} = \dfrac{151.5 - 110.9}{100 - 0} = 0.406$

0°C에서 $P = 0$인 점까지 외삽하면

$$T = 0 - \frac{110.9}{0.406} = -273.15°\text{C}$$

으로 되어 이상기체의 절대 온도 Kelvin 온도 눈금과 섭씨 온도 눈금과의 관계를 나타내준다(2.11절의 Kelvin과 섭씨 온도 눈금에 대한 현재의 정의와 일치한다).

■

현실적으로는, 어떤 기체도 이상기체와 같지 않다는 문제가 있다. 그러나 압력이 낮아짐에 따라, 모든 기체의 거동이 이상기체의 거동에 근접하는 것은 알려져 있다. 기체구 내의 기체 양을 변화시키면서 여러 차례의 실험을 실시한다. 이렇게 하면, 삼중점에서의 압력과 다른 온도에서의 압력이 다를 것이다. (이상기체로 가정하여) 얻어진 온도 T_i를 물의 삼중점에서의 기체 구 내 압력에 대해 그리면, 그림 7.23에서와 같은 곡선이 그려질 것이다. 이 곡선을 영의 압력으로 외삽하면 이상기체 온도가 얻어진다. 다른 기

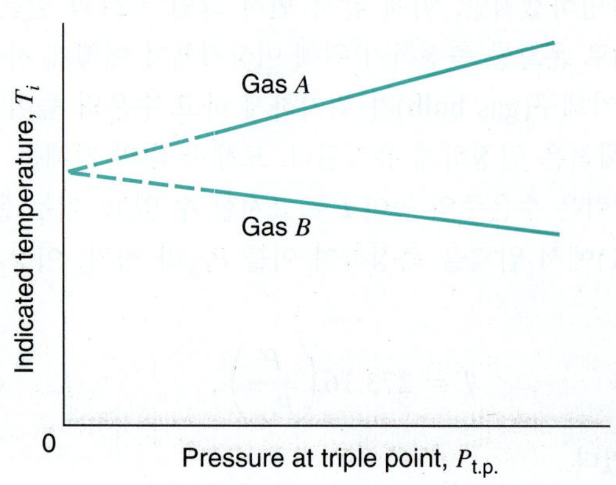

그림 7.23 이상기체 온도를 결정하는 방법을 나타내는 스케치.

체에 대해서는 다른 곡선이 그려지겠지만, 영 압력에서는 모두 같은 온도를 나타내게 될 것이다.

이상기체 온도 눈금 기준으로 온도를 측정하는 개략적인 방법과 원리를 살펴보았다. 이 분야에서 정밀한 작업은 어렵고 수고스럽기 때문에, 이 같은 작업은 실제로는 전 세계적으로도 몇몇 실험실에서만 수행되고 있다. 2장에서 다루었던 국제 온도 눈금은 열역학적 온도 눈금에 매우 가까우며 온도를 실제 측정하기도 훨씬 쉽다.

이상기체 온도 눈금이 Carnot 사이클과 제2법칙을 설명하면서 정의한 열역학적 온도 눈금과 실제로 동일하다는 것을 증명해 보자. 이것은 Carnot 사이클의 작동 유체로 이상기체를 사용하여 사이클의 네 가지 과정을 분석하면 된다. 그림 7.24에 네 지점, 1, 2, 3, 4와 네 가지 과정이 나타나 있다. 편의상, 실린더 내에는 단위 질량의 기체가 있다고 하자. 네 가지 과정 모두, 경계 이동에 의한 가역 일은 식 4.2에 의해 주어진다.

$$\delta w = P\,dv$$

각 과정에서 기체는 이상기체 관계식 3.5에 의해

$$Pv = RT$$

이며, 내부 에너지의 변화는 식 5.20에 의해

$$du = C_{v0}\,dT$$

이다. 운동 에너지와 위치 에너지 변화가 영이라면, 단위 질량에 대한 제1법칙은 식 5.7에서

$$\delta q = du + \delta w$$

가 된다. 앞의 세 식을 이 식에 대입하면 네 과정 모두에 대해

$$\delta q = C_{v0}\,dT + \frac{RT}{v}\,dv \tag{7.6}$$

의 관계가 얻어진다.

그림 7.23에서 두 개의 등온선은, Pv가 일정하므로, 그 모양을 알 수 있다. 과정 1–2는 T_H에서의 팽창이며 v_2는 v_1보다 크다. 마찬가지로, 과정 3–4는 낮은 온도 T_L에서의 압축이며 v_4는 v_3보다 작다. 단열 과정 2–3에서 기체는 T_H에서 T_L까지 팽창하며 비체적은 증가한다. 단열 과정 4–1에서는 T_L에서 T_H까지 압축되며 비체적은 감소한다. 각 과정 선 아래의 면적은, 식 4.2에 의해 주어졌듯이, 그 과정의 일을 나타낸다.

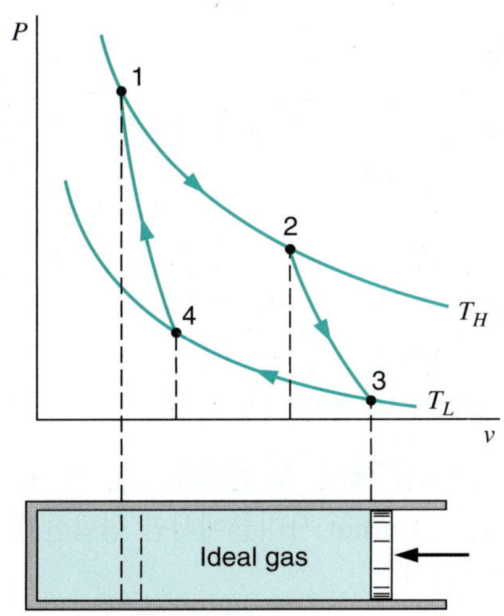

그림 7.24 이상기체 Carnot 사이클.

Carnot 사이클의 네 과정에 대해 식 7.6을 적분해보자. 등온 가열 과정 1–2에 대해서는

$$q_H = {}_1q_2 = 0 + RT_H \ln \frac{v_2}{v_1} \tag{7.7}$$

가 되고, 단열 팽창 과정 2–3에 대해서는

$$0 = \int_{T_H}^{T_L} \frac{C_{v0}}{T} dT + R \ln \frac{v_3}{v_2} \tag{7.8}$$

가 된다. 등온 방열 과정 3–4에 대해서는

$$\begin{aligned} q_L = -{}_3q_4 &= -0 - RT_L \ln \frac{v_4}{v_3} \\ &= +RT_L \ln \frac{v_3}{v_4} \end{aligned} \tag{7.9}$$

가 되고, 단열 압축 과정 4–1에 대해서는

$$0 = \int_{T_L}^{T_H} \frac{C_{v0}}{T} dT + R \ln \frac{v_1}{v_4} \tag{7.10}$$

이 된다. 7.8과 식 7.10으로부터

$$\int_{T_L}^{T_H} \frac{C_{v0}}{T} dT = R \ln \frac{v_3}{v_2} = -R \ln \frac{v_1}{v_4}$$

이 되므로

$$\frac{v_3}{v_2} = \frac{v_4}{v_1}, \qquad \text{or} \qquad \frac{v_3}{v_4} = \frac{v_2}{v_1} \tag{7.11}$$

가 되고 따라서 식 7.7, 7.9 그리고 식 7.11으로부터

$$\frac{q_H}{q_L} = \frac{RT_H \ln \dfrac{v_2}{v_1}}{RT_L \ln \dfrac{v_3}{v_4}} = \frac{T_H}{T_L}$$

이 되며, 이것은 제2법칙과 관련하여 정의한 열역학적 온도 눈금 식 7.4과 같다.

7.9 이상적인 기계와 실제 기계

열역학적 온도의 정의 식 7.4를 따르면 Carnot 사이클 열기관의 열효율은 식 7.5에 의해 주어진다. 또 냉동기나 열펌프로 작동하는 Carnot 사이클의 성능계수는

$$\beta = \frac{Q_L}{Q_H - Q_L} \underset{\text{Carnot}}{=} \frac{T_L}{T_H - T_L} \tag{7.12}$$

$$\beta' = \frac{Q_H}{Q_H - Q_L} \underset{\text{Carnot}}{=} \frac{T_H}{T_H - T_L} \tag{7.13}$$

으로 표시된다. 식 7.5, 7.12, 7.13의 세 가지 "효율"에서, 첫 번째 등호는 각 에너지 관계식의 정의이므로 항상 성립한다. 두 번째 등호는 가역 사이클, 즉 Carnot 사이클에서만 성립한다. 실제 열기관이나 냉동기 또는 열펌프는 항상 이보다 덜 효율적이며 따라서

$$\eta_{\text{real thermal}} = 1 - \frac{Q_L}{Q_H} \leq 1 - \frac{T_L}{T_H}$$

$$\beta_{\text{real}} = \frac{Q_L}{Q_H - Q_L} \leq \frac{T_L}{T_H - T_L}$$

$$\beta'_{\text{real}} = \frac{Q_H}{Q_H - Q_L} \leq \frac{T_H}{T_H - T_L}$$

이 될 것이다.

마지막으로, 제2법칙과 열역학적 온도 눈금과 관련하여 절대 온도 영도의 의미에 대해 정리가 되어야 한다. 주어진 고온 열저장조로부터 주어진 크기의 열을 받는 Carnot 열기관을 생각 해보자. 사이클의 방열 온도가 낮아짐에 따라, 순 일 출력은 증가하고 방열량은 감소한다. 마지막 한계에서는 방열량이 영이 되고, 이 한계에서의 열저장조 온도가 절대 영도이다.

마찬가지로, Carnot 사이클 냉동기에서는, 주어진 크기의 냉동 효과를 얻기 위해 필요한 일의 크기가 냉동 공간의 온도가 낮아짐에 따라 증가하게 된다. 절대 온도 영도는 이렇게 얻을 수 있는 한계 온도이며, 냉동 온도가 영도에 접근함에 따라 유한한 크기의 냉동 효과를 얻기 위해 필요한 일의 크기는 무한히 커지게 된다.

예제 7.4

그림 7.25에서 나타낸 열기관이 550°C의 고온에서 1 MW의 비율로 열을 받아 300 K의 주위로 열을 방출한다. 일은 450 kW의 비율로 생산된다. 주위로 배출되는 에너지와 열효율을 구하고, 같은 두 열저장조 사이에서 작동하는 Carnot 사이클과 비교하라.

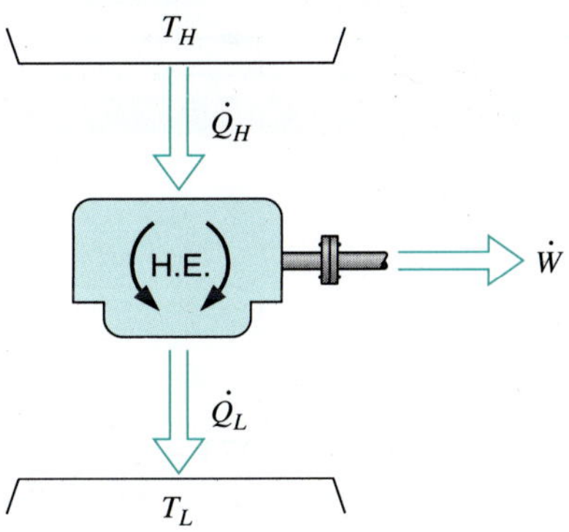

그림 7.25 예제 7.4의 두 열저장조 사이에서 작동하는 열기관.

풀이

열기관을 검사체적으로 취하면, 에너지 균형식은

$$\dot{Q}_L = \dot{Q}_H - \dot{W} = 1000 - 450 = 550 \text{ kW}$$

으로 되고 효율의 정의에 따라

$$\eta_{\text{thermal}} = \dot{W}/\dot{Q}_H = 450/1000 = 0.45$$

가 된다. Carnot 열기관에서는 효율이 열저장조의 온도에 의해

$$\eta_{\text{Carnot}} = 1 - \frac{T_L}{T_H} = 1 - \frac{300}{550 + 273} = 0.635$$

으로 주어진다. 일률과 열 방출률은

$$\dot{W} = \eta_{\text{Carnot}}\dot{Q}_H = 0.635 \times 1000 = 635 \text{ kW}$$

$$\dot{Q}_L = \dot{Q}_H - \dot{W} = 1000 - 635 = 365 \text{ kW}$$

이 된다. 실제 열기관의 효율은 Carnot(이상) 열기관보다 낮은 효율을 가지며, 현대의 증기발전소의 경우 대표적으로 45% 정도 된다. 이것은 Carnot 열기관(36%)에 비해 실제 열기관(55%)이 더 많은 에너지를 주위로 배출하는 것을 의미하기도 한다.

■

예제 7.5

에어컨의 기능은 더운 날의 실내 냉방이므로, 이것은 그림 7.26에서처럼 냉동기로 작동한다. 24°C의 실내에서 35°C의 주위로 총 4 kW가 제거되어야 한다. 필요한 일의 크기를 알고 싶다. 이를 위해서는 냉동기 내의 과정을 분석해야 하지만, 이것은 11장까지 미뤄두기로 하자. 다만, Carnot 사이클 냉동기로 가정하면 일률의 하한값을 계산할 수 있다.

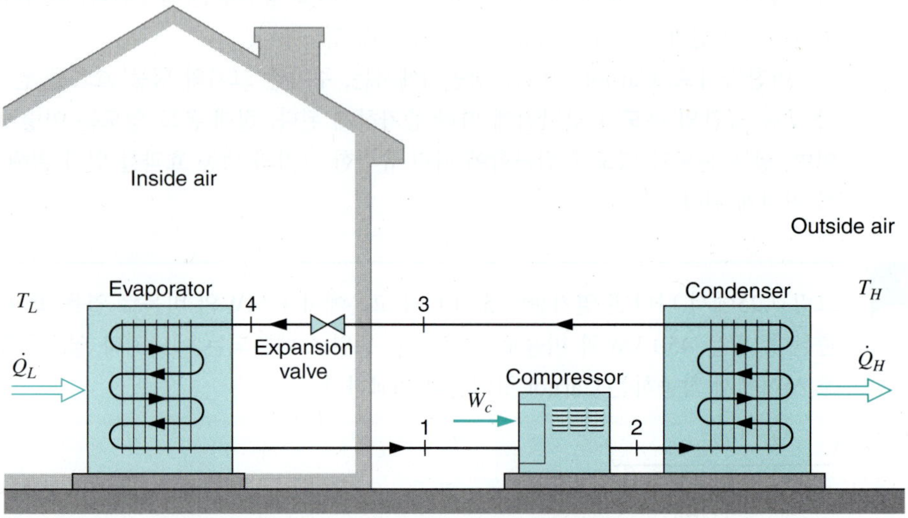

그림 7.26 T_L의 실내를 냉방 중인 에어컨.

풀이

성능계수(COP)는

$$\beta = \frac{\dot{Q}_L}{\dot{W}} = \frac{\dot{Q}_L}{\dot{Q}_H - \dot{Q}_L} = \frac{T_L}{T_H - T_L} = \frac{273 + 24}{35 - 24} = 27$$

이므로 일률, 즉 동력의 소요량은

$$\dot{W} = \dot{Q}_L/\beta = 4/27 = 0.15 \text{ kW}$$

가 될 것이다. 이것은 Carnot 사이클로 가정하고 구한 것이므로 가능한 최소값이라 할 수 있다. 또 4장의 열전달률에 대한 표현식을 돌이켜 보자. 적당한 규모의 열교환기를 채택한 냉동기가, 35°C의 주위로 4 kW를 배출하려면, 냉동기 내 고온측의 온도가 예컨대 45°C 정도로 높아야 한다. 또 실내를 냉방하려면, 예컨대 18°C 정도의 공기흐름이 있어야 한다. 고온을 45°C, 저온을 18°C로 하여 성능계수를 다시 계산해보면 10.8이 되며 이것이 더 현실적인 값일 것이다. 실제 냉동기의 성능계수는 5 또는 그 이하이다.

■

지금까지는 온도가 일정한 열저장조를 대상으로 하여 이 온도를 사용하여 Carnot 사이클의 효율을 계산하였다. 그러나 4장에서 취급하였듯이, 전도, 대류, 복사에 의한 열전달률의 표현식은

$$\dot{Q} = C\Delta T \tag{7.14}$$

으로 주어진다. 여기서 상수 C는 열전달 방식에 따라

$$\text{전도:}\quad C = \frac{\mathrm{k}A}{\Delta x} \qquad\qquad \text{복사:}\ C = \mathrm{h}A$$

$$\text{대류:}\quad C = \epsilon\sigma A(T_s^2 + T_\infty^2)(T_s + T_\infty)$$

으로 된다. 복수의 열전달 층에서 서로 다른 방식으로 열이 전달되는 복잡한 문제에 대해서도 식 7.14 처럼 쓸 수 있다. 다만, C의 값이 주어진 형상, 소재, 열전달 방식 등에 따라 달라질 뿐이다. 따라서, 열전달 면적이 무한히 크지 않는 한 사이클 내 작동 물질의 온도가 저장조 온도와 같아질 수는 없으므로, 열이 전달되려면, 온도차가 존재해야 한다.

이 장의 요약

열역학 제2법칙(second law of thermodynamics)의 고전적인 설명을 **열기관**(heat engines) 및 **냉동기**(refrigerators)의 개념과 함께 제시하였다. 열기관은 열 저장조로부터 열을 전달받아 일을 생산하며, 그 작동은 **Kelvin-Planck** 서술에 의해 제한된다. 냉동기는 기능적으로 볼 때 **열펌프**(heat pumps)와 동일하며, 차가운 환경에서 더운 환경으로 에너지를 전달시키는 것으로 이런 일은 자연적으로는 일어나지 않는다. **Clausius** 서술은, 냉동기나 열펌프가 이런 일을 하려면 일이 필요하다는 것을 말하고 있다. 이같은 사이클 장치의 한계에 근접하기 위해 **가역 과정**(reversible processes)의 개념을 논의하였고, 이어서 그 반대 개념인 **비가역 과정**(irreversible processes)과 불가능한 기계에 대해 설명하였다. 제1종 **영구 운동 기계**(A perpetual motion machine)는 열역학 제1법칙(에너지 균형식)을, 제2종 영구 운동 기계는 제2법칙을 위반하는 기계이다.

열기관의 성능[**열효율**(thermal efficiency)]과 열펌프 또는 냉동기의 성능[**성능계수**(coefficient of performance) 또는 COP]에 대한 한계를 각각의 **Carnot 사이클**(Carnot cycle) 장치와 연관하여 설명하였다. Carnot 사이클 장치에 관한 두 가지 원리는 Kevin-Planck나 Clausius의 서술을 대신할 수 있는 열역학 제2법칙의 다른 표현 방법이다. 이 두 가지 원리에 의해, Lord Kelvin이 그랬듯이, 열역학적 **절대 온도**(absolute temperature)와 Carnot 사이클 효율을 정립할 수 있다. 이 온도가 제3장에서 도입한 이상기체 온도와 같다는 것을 증명하였다.

이 장을 학습한 학생들은 다음과 같은 능력을 갖추었을 것이다.

- 열기관, 열펌프 및 냉동기의 개념에 대한 이해
- 가역 과정에 대한 이해
- 여러 가지 비가역 과정과 비가역성의 인식
- Carnot 사이클의 인식
- 열기관의 열효율의 정의에 대한 이해
- 열펌프의 성능계수의 정의에 대한 이해
- 절대 온도와 상대 온도의 차이에 대한 인식
- 열저장조와 Carnot 사이클이 있을 때 열효율의 한계에 대한 인식
- 실제 열기관의 열효율에 대한 이해
- 열저장조와 Carnot 사이클이 있을 때 성능계수의 한계에 대한 인식
- 실제 냉동기의 성능계수에 대한 이해

주요 개념과 식

(W와 Q는 각각 $\dot{W}$과 $\dot{Q}$으로 바꿔도 좋음)

열기관 $W_{HE} = Q_H - Q_L$; $\eta_{HE} = \dfrac{W_{HE}}{Q_H} = 1 - \dfrac{Q_L}{Q_H}$

열펌프 $W_{HP} = Q_H - Q_L$; $\beta_{HP} = \dfrac{Q_H}{W_{HP}} = \dfrac{Q_H}{Q_H - Q_L}$

냉동기 $W_{REF} = Q_H - Q_L$; $\beta_{REF} = \dfrac{Q_L}{W_{REF}} = \dfrac{Q_L}{Q_H - Q_L}$

과정을 비가역적으로 만드는 요인들: 마찰, 제어되지 않은 팽창($W = 0$), ΔT에 의한 Q, 혼합, 전기 저항을 통하는 전류, 연소, 밸브 유동(스로틀)

Carnot 사이클
- 1–2 T_H에서 등온, 열유입 Q_H
- 2–3 단열 압축 과정, T 하강
- 3–4 T_L에서 등온, 열유출 Q_L
- 4–1 단열 압축 과정, T 상승

원리 I $\eta_{any} \le \eta_{reversible}$ Same T_H, T_L

원리 II $\eta_{Carnot\,1} = \eta_{Carnot\,2}$ Same T_H, T_L

절대 온도 $\dfrac{T_L}{T_H} = \dfrac{Q_L}{Q_H}$

실제 열기관 $\eta_{HE} = \dfrac{W_{HE}}{Q_H} \le \eta_{Carnot\,HE} = 1 - \dfrac{T_L}{T_H}$

실제 열펌프 $\beta_{HP} = \dfrac{Q_H}{W_{HP}} \le \beta_{Carnot\,HP} = \dfrac{T_H}{T_H - T_L}$

실제 냉동기 $\beta_{REF} = \dfrac{Q_L}{W_{REF}} \le \beta_{Carnot\,REF} = \dfrac{T_L}{T_H - T_L}$

열전달률 $\dot{Q} = C\,\Delta T$

연습 문제

Homework Problems

개념 문제

7.1 두 개의 열기관 중 하나는 1200 K에서, 다른 하나는 1800 K에서 같은 크기의 Q를 받아, 두 열기관 모두 500 K에서 열을 방출한다. 어느 열기관이 더 우수한가?

7.2 정상 상태로 운전하는 냉장고가 500 W의 전력을 사용하며 COP가 2.5라면, 부엌의 공기에는 어떤 영향을 미치는가?

7.3 저온의 온도가 낮을수록 발전소의 효율이 높아진다면, 열방출에서 대기 온도 20°C 대신 냉장고의 −10°C를 사용하지 않는 이유는 무엇인가?

7.4 열전달 모델이 $\dot{Q} = CA\,\Delta T$과 같은 것을 모른다 하자. 제2법칙으로부터 Q의 방향에 대한 정보를 얻어낼 수 있는가?

7.5 저온의 온도가 낮을수록 발전소의 효율이 높아진다면, −40°C의 열 방출온도를 사용하지 않는 이유는 무엇인가?

7.6 석탄으로 가동되는 발전소는 고온의 온도가 600°C인 데 반해, 제트 엔진의 고온은 1400 K 정도 된다. 이것은, 모든 발전소를 제트 엔진으로 교체해야 하는 것을 의미하는가?

7.7 열전달에서는 $\dot{Q}$을 위해 온도차가 필요하다(4장을 보라). 이것은 실제 열기관에서 어떤 의미를 갖는가? 냉동기에서는 어떤가?

7.8 1500 K의 뜨거운 연소가스(공기)가 열기관의 고온 열원으로 사용되어 750 K까지 냉각되며 주위는 300 K이다. 이것은 T가 일정한 열원이 아니다. 효율에는 어떤 영향을 미치는가?

7.9 자동차 여행을 마치고 엔진이 냉각되어 출발 시와 같은 상태로 되돌아온다. 휘발유의 연소에 의한 에너지는 어떻게 되었는가? 엔진이 한 일은 어떻게 되었는가?

7.10 석탄을 연소하는 가역 기관이 있다면 (실제로는 가역일 수 없다) 이것은 석탄 매장량의 감소 이외에 세상에 어떤 영향을 미치

는가?

7.11 자동차 엔진이 20°C의 공기를 받아 연료를 소비하지 않고, −20°C로 공기를 배출하며 일을 생산한다면, 여기에 제1법칙과 제2법칙은 어떻게 적용되는가?

열기관과 냉동기

7.12 가솔린 엔진이 연료를 연소하여 얻은 35 kW의 열을 이용하여 20 hp를 생산한다. 열효율은 얼마이며, 주위로 배출되는 동력은 얼마인가?

7.13 예제 6.9의 증기 발전소의 열효율을 구하라.

7.14 냉장고가 1 kJ의 일을 사용하여 1.5 kJ의 열을 냉장공간에서 제거한다. 부엌으로 전달되는 에너지는 얼마이며, 성능계수는 얼마인가?

7.15 예제 6.10의 R-134a 냉동기의 성능계수를 구하라.

7.16 자동차 엔진이 25 hp를 구동축에 전달하며 열효율은 30%이다. 연료의 발열량은 40,000 kJ/kg이다. 연료 소모율과 라디에이터 및 배기관을 통해 배출되는 에너지 전달률을 구하라.

7.17 증기 발전소에서 1 MW가 보일러에 가해지고, 0.58 MW가 응축기에서 제거되고, 펌프 일은 0.02 MW이다. 발전소의 열효율을 구하라. 모든 과정을 반대 방향으로 작동할 경우, 냉동기로서의 성능계수를 구하라.

7.18 창문형 에어컨을 실험실에서 냉방 시험한 결과, COP는 1.75이고, 750 W의 전력을 사용하였다. 이 에어컨의 냉방 용량은 얼마이며, 실험실에는 어떤 영향을 미치는가?

7.19 태양전지가 15%의 효율로 전기를 생산한다. 이것을 효율 80%인 전기 발전기를 구동하는 열기관과 비교하라. 전체적인 효율이 태양전지와 같아지려면, 열기관의 효율이 얼마이어야 하는가?

7.20 발전소에서 150 MW의 전력을 생산한다. 발전소에서는 지열 열원으로부터 1000 MW를 공급받고 대기로 에너지를 배출한다. 대기로 버려지는 에너지 전달률을 구하라. 또 냉각탑을 통해 공기를 냉각하며 공기 온도 상승이 10°C가 넘지 않도록 하려면 공기 유량은 얼마나 되어야 하는가?

7.21 아래의 경우에 대해, 열기관이 제1법칙(에너지 균형식)을 만족하는지와 제2법칙을 위반하는지를 결정하라.

a. $\dot{Q}_H = 6\text{ kW}$ $\quad \dot{Q}_L = 4\text{ kW}$ $\quad \dot{W} = 2\text{ kW}$
b. $\dot{Q}_H = 6\text{ kW}$ $\quad \dot{Q}_L = 0\text{ kW}$ $\quad \dot{W} = 6\text{ kW}$
c. $\dot{Q}_H = 6\text{ kW}$ $\quad \dot{Q}_L = 2\text{ kW}$ $\quad \dot{W} = 5\text{ kW}$
d. $\dot{Q}_H = 6\text{ kW}$ $\quad \dot{Q}_L = 6\text{ kW}$ $\quad \dot{W} = 0\text{ kW}$

7.22 문제 7.21의 각 경우에 대해, 열펌프가 제1법칙(에너지 균형식)을 만족하는지와 제2법칙을 위반하는지를 결정하라.

7.23 1500 W의 전열기로 실내를 가열한다. 전열기 대신 COP가 2.0인 열펌프를 사용한다면 절약되는 전력은 얼마인가?

7.24 연습 문제 6.87의 R-12 열펌프 사이클의 성능계수를 구하라.

7.25 에어컨이 5.1 kW를 주위 대기에 버리고 1.5 kW의 동력을 소모한다. 냉방률과 성능계수를 구하라.

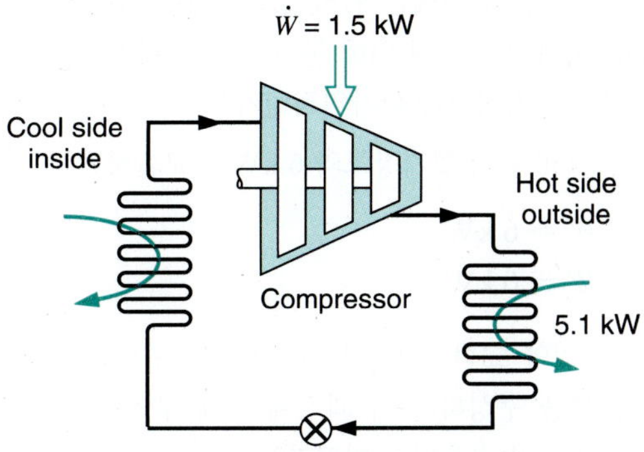

그림 P7.25

7.26 농부가 2 kW의 전동기로 열펌프를 가동하여 병아리 부화장을 30°C로 유지하려 한다. 부화장에서는 온도 T_{amb}인 주위로 10 kW의 비율로 에너지가 손실된다. 열펌프를 성공적으로 구동하기 위해 필요한 최소한의 성능계수는 얼마인가?

7.27 $\beta' = 2.2$인 열펌프로 주택을 난방하여 항상 20°C를 유지하려 한다. 주위 온도가 20°C 이하인 경우, 실내외 온도차 1°C에 대해 0.8 kW의 열 손실이 발생한다. 외부 온도가 −10°C라 할 때 열펌프를 구동하기 위해 필요한 동력을 구하라.

7.28 대형 디젤 기관이 40%의 효율로 15 MW의 동력을 생산한다. 배기가스는 800 K로 배출되며 공기로 가정할 수 있다. 흡입 공기는 290 K이다. 배기가스 외의 열손실이 없다면 질량 유동률은 얼마인가? 배기가스의 에너지가 사용될 수 있는가?

7.29 냉매 R-12가 95°C, $x = 0.1$의 상태에서 2 kg/s의 비율로 정압 열교환기에 유입되어 포화 증기로 바뀐다. 필요한 에너지는 성능계수가 $\beta' = 2.5$인 열펌프에 의해 공급된다. 열펌프를 구동하기 위해 필요한 동력을 구하라.

제2법칙과 과정

7.30 문제 6.82의 발전소 사이클을 비가역 사이클로 만드는 요인들을 열거하라.

7.31 문제 6.87의 열펌프 사이클을 비가역 사이클로 만드는 요인들을 열거하라.

7.32 제2법칙의 Kelvin-Planck 서술을 위반하는 사이클 장치는 Clausius 서술도 위반하는 것을 증명하라.

7.33 얕은 연못의 물이 낮 동안에는 덥혀지고 밤에는 식는다. 즉 주위와의 전도, 대류, 복사 열전달에 의해 물의 온도는 사이클을 겪는다. 이 사이클 과정은 가역적인가 비가역적인가?

7.34 사이클 장치가 250°C의 열저장조와 6 kW를 교환하면서

a. $\dot{Q}_L = 0\text{ kW} \qquad \dot{W} = 6\text{ kW}$
b. $\dot{Q}_L = 6\text{ kW} \qquad \dot{W} = 0\text{ kW}$

이고 $\dot{Q}_L$는 30°C의 주위와 교환된다. 이 장치가 열기관이라면 두 경우 a와 b에서 사이클을 구성하는 각 과정에 대해 무엇을 알 수 있는가? 이 장치가 열펌프일 경우에는 어떤가?

7.35 그림 P7.35에서처럼 열기관과 열펌프가 연결되어 있다. $T_{H1} = T_{H2} > T_{amb}$라면 다음의 세 가지 경우에 대해 이 장치가 제1법칙과 제2법칙을 위반하는지 밝혀라.

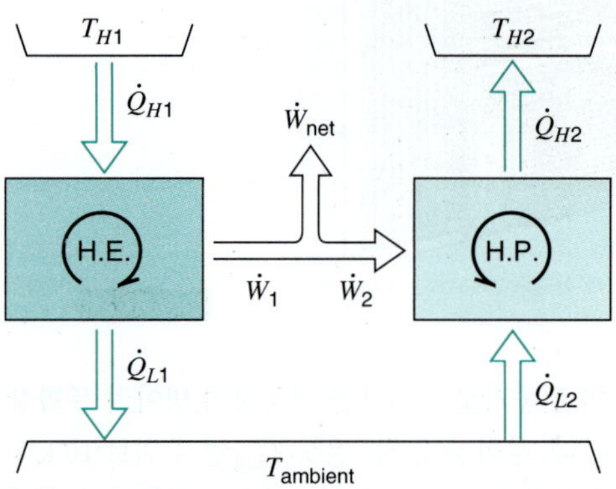

	$\dot{Q}_{H1}$	$\dot{Q}_{L1}$	$\dot{W}_1$	$\dot{Q}_{H2}$	$\dot{Q}_{L2}$	$\dot{W}_2$
a	6	4	2	3	2	1
b	6	4	2	5	4	1
c	3	2	1	4	3	1

그림 P7.35

7.36 문제 7.21의 네 가지 열기관이 제1종 또는 제2종 영구운동 기계인지 밝혀라.

Carnot 사이클과 절대 온도

7.37 300°C와 45°C의 열저장조 사이에서 작동하는 Carnot 사이클 열기관의 열효율을 구하고 문제 7.13의 결과와 비교하라.

7.38 0°C와 45°C의 열저장조 사이에서 작동하는 Carnot 사이클 열펌프의 성능계수를 구하고 그 결과를 문제 7.24의 결과와 비교하라.

7.39 겨울철에 몹시 추운 지방에서는 예를 들어 공기온도가 −30°C인 데 비해 지중 온도가 13°C에 이르는 경우가 있다. 두 열원을 사용하여 열펌프를 가동한다면 효율은 얼마나 될까?

7.40 물의 표면과 수중 온도와의 차이를 이용하여 동력을 생산할 수 있다. 하와이 근해에서는 바다 표면 온도가 20°C인 데 비해 수중 온도는 5°C에 이르러서, 이곳에 열기관을 설치하는 것이 제안되었다. 이 열기관에서 가능한 열효율은 얼마인가?

7.41 냉장고가 음식으로부터 500 kJ의 열을 제거해야 한다. 이 냉장고가 −10°C와 45°C 사이에서 동작하고, 500 W의 전동 압축기를 사용하는 Carnot 사이클로 동작한다고 가정하자. 다른 냉동 부하가 없다면, 시간이 얼마 걸리겠는가?

7.42 에어컨이 온도가 35°C인 외부의 대기를 냉각하여 15°C의 공기를 1 kg/s의 비율로 공급한다. 에어컨을 가동하기 위해 필요한 동력을 구하라. 또 이 계산을 위해 필요한 가정을 모두 열거하라.

7.43 문제 7.34에서처럼 250°C에서 6 kW를 받아 30°C에서 열을 배출하는 Carnot 사이클 열기관에 대해 출력 동력과 저온에서의 열 배출률을 구하라.

7.44 헬륨은 원소들 중에서 가장 낮은 4.2 K의 비등 온도를 가진다. 이 온도에서 기화 엔탈피는 83.3 kJ/kmol이다. Carnot 냉동 사이클을 사용하여 1 kmol의 액체 헬륨을 같은 온도의 포화기체 헬륨으로부터 얻으려 한다. 주위 온도 300 K에서 가동된다면 냉동기에 필요한 일 소요량과 사이클의 성능계수는 얼마인가?

7.45 그림 P7.45의 사이클 장치가 1000 K의 에너지 저장조로 부터 325 kJ을 공급받고 400 K의 에너지 저장조로 125 kJ을 배출하여 사이클 당 200 kJ을 생산한다. 이 사이클은 가역적인가, 비가역적인가, 아니면 실현 불가능한가?

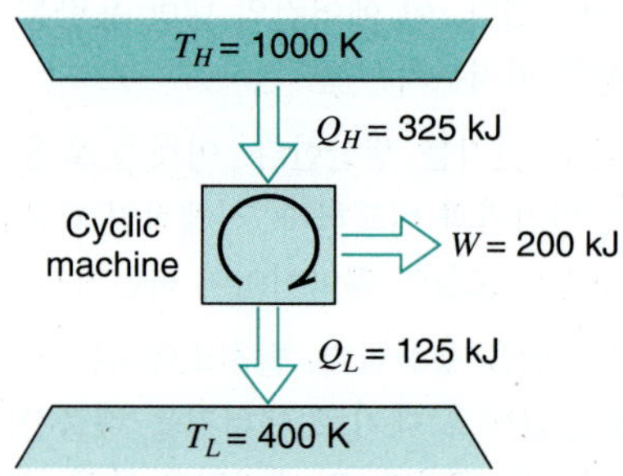

그림 P7.45

7.46 초저온 실험에서 100 W의 발열이 있는 용기를 −125°C로 유지시켜야 한다. 용기에서 열을 흡수하여 20°C의 실내로 열을 배출하는 열펌프를 가동하기 위해 필요한 최소 동력은 얼마인가?

7.47 당신 가정의 냉장고가 Carnot 사이클로 작동한다고 가정하고 최대 성능계수를 구하라.

7.48 10°C의 물 0.25 kg을 얼음으로 만들기 위해 냉장고에 공급해야 하는 일량을 구하라. 냉장고는 −8°C와 35°C 사이에서 Carnot 사이클로 동작하며 750 W 크기의 모터-압축기를 가진다. 다른 냉방 부하가 없다면, 이 과정에 소요되는 시간은 얼마인가?

7.49 겨울에 열펌프로 주택을 난방하려 한다. 실내는 항상 20°C로 유지되어야 한다. 주위온도가 −10°C로 떨어지면 주택으로부터의 열 손실률이 25 kW에 이른다. 열펌프를 가동하기 위해 필요한 최소 전력은 얼마인가?

그림 P7.49

7.50 체적이 2 m^3인 바위(사암)로 이루어진 열저장 장치가 태양열에 의해 400 K까지 가열된다. 열기관이 바위로부터 Q_H를 공급받고 290 K의 주위로 열을 배출한다. 이 과정 동안 바위는 식어가고 290 K에 이르면 과정이 멈춘다. 바위가 공급한 에너지를 구하라. 과정이 시작될 때의 열효율과 과정이 멈출 때의 열효율은 각각 얼마인가?

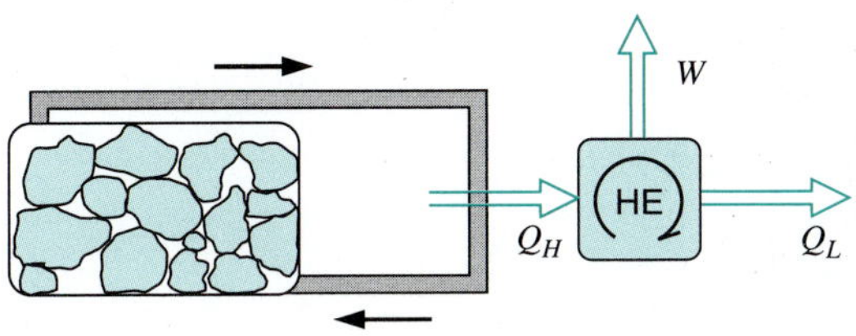

그림 P7.50

7.51 상인이 냉장고와 저온 냉동고에 대해 모두 연중 최소 성능계수 4.5를 보장한다. 두 가전 제품의 성능을 어떻게 평가할 수 있는가? 성능은 연중 일정한가?

7.52 핵 반응로에서 액체 나트륨이 800°C까지 가열되어 이것이 증기 발전소의 열원으로 이용된다. 응축기의 냉각수는 냉각탑에서 15°C로 공급된다. 발전소의 최대 열효율을 구하라. 이 값을 결정하기 위해 주어진 온도를 사용하는 것이 타당한가?

7.53 한 발명가가 개발한 냉동장치는 25°C의 실내에서 작동하며 냉장 공간을 −10°C로 유지시킨다. 성능계수가 8.5라고 주장한다면 당신은 이를 어떻게 평가하겠는가?

7.54 자동차엔진이 1500 K에서 5 kg의 연료를 연소하고 (Q_H를 가하는 것에 해당한다) 평균온도 750 K에서 라디에이터와 배기통으로 에너지를 배출한다. 연료의 발열량이 40,000 kJ/kg이라면 엔진으로부터 얻을 수 있는 최대 일의 양은 얼마인가?

7.55 가정용 냉동고가 20°C의 실내에서 가동된다. 냉동 공간을 −30°C로 유지하려면 2 kW의 비율로 열을 제거해야 한다. 이 냉동고를 가동하는 데 필요한 이론상 최소 동력은 얼마인가?

7.56 어떤 태양열 집열판으로부터 최대 100°C까지 얻을 수 있다. 이 에너지를 10°C의 환경에서 작동하는 열기관에 이용한다. 최대 열효율은 얼마인가? 집열판을 집광형으로 재설계하여 최대 온도 300°C까지 얻을 수 있다면 최대 열효율은 어떻게 될까?

7.57 열펌프를 이용하여 85°C, 5 MW의 열을 150°C의 열로 변환시키려 한다. 열펌프의 COP는 2.5이다. 열펌프에 필요한 최소 동력은 얼마인가?

7.58 $V = 0.1$ m^3인 철제 용기에 20°C, 200 kPa의 R-134a가 담겨 있다. 이 용기를 냉동기 내에서 −20°C까지 냉각시킨다. 냉동기는 온도 20°C인 실내에서 −20°C의 냉동온도를 유지한다. 냉동기가 R-134a로부터 제거해야 하는 열량과 이 과정에서 냉동기에 공급해야 할 일의 양을 구하라.

7.59 열교환기에 매시간 당 60 kg의 물이, 200 kPa의 포화수 상태로 유입되고, 포화 증기 상태로 배출된다. 열은 16°C의 저온 열저장조를 사용하는 Carnot 열펌프에 의해 공급된다. 열펌프로 공급되는 일률을 구하라.

7.60 수증기를 작동 유체로 하는 1000 MW급 발전소를 건설하려 한다. 응축기는 강물로 냉각된다(그림 P7.60을 보라). 수증기의 최대온도는 550°C이고, 응축기 압력은 10 kPa이다. 발전소를 지나는 강물의 온도 상승을 구하라.

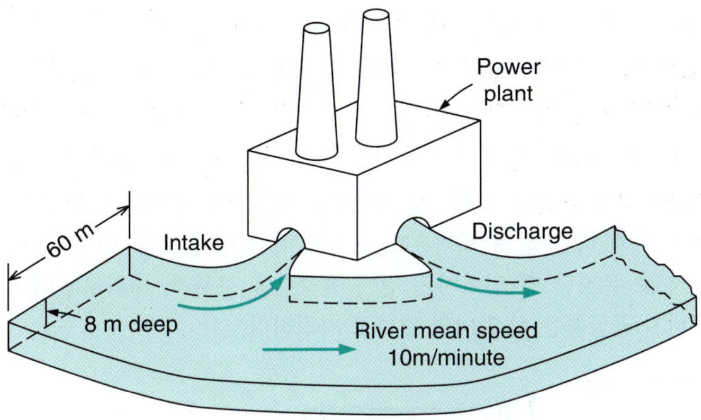

그림 P7.60

7.61 연료의 연소 온도와 350 K의 저온 사이에서 작동하는 Carnot 사이클에서 두 가지의 다른 연료를 사용할 수 있다. 연료 A는 2200 K에서 연소되고 발열량은 30,000 kJ/kg이다. 가격은 $1.50/kg이다. 연료 B는 1200 K에서 연소되며 발열량은 40,000 kJ/kg이다. 가격은 $1.30/kg이다. 당신은 어느 연료를 선택하겠는가? 그 이유는 무엇인가?

7.62 0.2 kW/m^2의 에너지를 흡수하여 열전달 매질을 450 K로 가열하는 태양열 집열판이 열기관의 열원으로 사용된다. 열기관은 40°C에서 열을 배출한다. 2.5 kW의 일을 얻으려면, 집열판의 최소 집열 면적은 얼마인가?

유한한 ΔT에 의한 열전달

7.63 내부를 5°C로 유지하는 냉동기가 30°C의 실내에 있다. 사이클에서 실제 열전달이 일어나려면 고온부는 실내 온도보다 ΔT만큼 높고, 저온부는 냉장 공간보다 ΔT 만큼 낮아야 한다. ΔT가 0, 5, 10°C라면 각각의 경우에 대해 Carnot 사이클로 가정하고 COP를 구하라.

7.64 냉동기가 2.5 kW의 동력을 소모하면서 5°C의 냉장 공간을 냉각시키는데, 이 사이클에서 고온부의 온도는 50°C이다. 열전달계수가 50 W/m^2K인 열교환기에서 35°C의 대기로 Q_H가 배출된다. 필요한 최소 전열 면적을 구하라.

7.65 열펌프를 이용하여 85°C, 5 MW의 열을 150°C의 열로 변환시키려 한다. 열펌프의 COP는 2.5이다. 열펌프에는 동력이 얼마나 필요한가? COP가 같다면, 동일한 저온에 대해 Carnot 열펌프

를 이용할 경우, 고온을 얼마나 높일 수 있는가?

7.66 외기를 저온 열저장조로 사용하여 주택을 난방하는 열펌프가 전동기에 의해 구동된다. 주택의 열손실은 $\dot{Q}_{loss} = K(T_H - T_L)$으로 온도차에 직접 비례한다. 열펌프를 구동하기 위해 필요한 최소 전력을 두 온도의 함수로 나타내라.

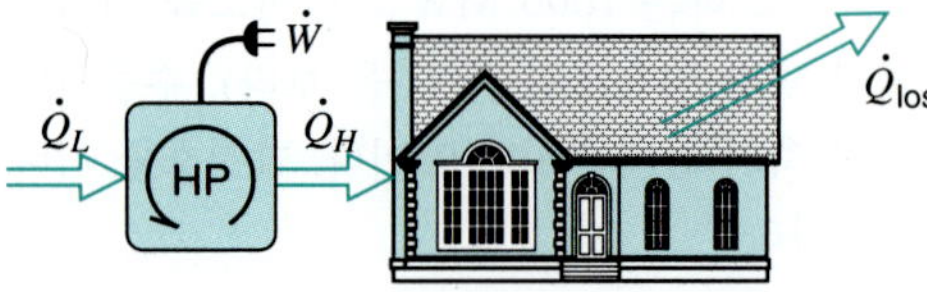

그림 P7.66

7.67 외기를 저온 열원으로 사용하는 열펌프로 주택을 난방한다. 여러 가지 다른 값의 외기 온도 조건에서, 실내 온도를 24°C 대신 20°C로 유지할 때 얻어지는 전기 절약량을 구하라. 주택으로부터 대기로의 에너지 손실률은 식 7.14와 같다고 가정하라.

7.68 외기를 고온 열원으로 사용하는 열펌프로 주택을 냉방한다. 여러 가지 다른 값의 외기온도 조건에서, 실내 온도를 20°C 대신 25°C로 유지할 때 얻어지는 전기 절약량을 구하라. 대기로부터의 에너지 공급률은 식 7.14와 같다고 가정하라.

그림 P7.68

7.69 농부가 2 kW의 전동기로 열펌프를 가동하여 병아리 부화장을 30°C로 유지하려 한다. 부화장에서는 온도 T_{amb}인 주위로, 실내외 온도차 1°C에 대해 0.5 kW의 열손실이 발생한다. 열펌프의 성능계수는 Carnot 열펌프에 비해 50%의 값을 갖는다. 열펌프를 성공적으로 구동하기 위해 필요한 주위 온도의 최소값은 얼마인가?

7.70 성능계수가 $\beta' = 0.5\ \beta'_{CARNOT}$인 열펌프에 의해 주택을 $T_H = 20°C$로 유지시키기 위한 에너지 손실률은 $\dot{Q} = 0.6(T_H - T_L)$ [kW]이다. 이 열펌프로 난방이 충분하다면, 최대 1.0 kW의 동력 소모에 대한 최저 외기 온도 T_L을 구하라.

7.71 최대 1.2 kW의 동력을 소모하는 에어컨에 의해 주택을 $T_L = 20°C$로 냉방시킨다. 주택으로의 열 유입률은 $\dot{Q} = 0.6(T_H - T_L)$ [kW]이고 에어컨의 성능계수는 $\beta' = 0.5\ \beta'_{CARNOT}$이다. 이 에어컨으로 냉방이 충분하기 위한 최대 외기 온도 T_H를 구하라.

7.72 그림 P7.72의 Carnot 열기관이, 열전달률이 $\dot{Q}_H = K(T_{res} - T_H)$으로 온도차에 직접 비례하는 열교환기를 통해 T_{res}의 열저장조로부터 에너지를 공급받는다. 이 기관은 저온 T_L로 열을 배출한다. 일 생산량을 최대로 하기 위해서는 사이클 내의 고온 T_H가 $T_H = (T_L T_{res})^{1/2}$이어야 함을 증명하라.

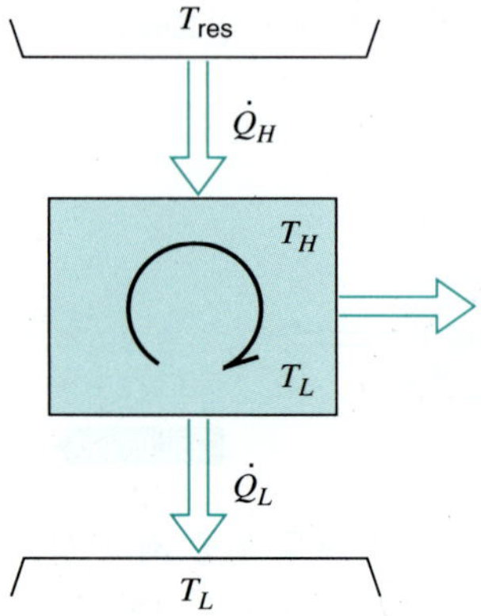

그림 P7.72

이상기체 Carnot 사이클

7.73 저온 온도가 300 K이며 60%의 열효율을 가지는 Carnot 사이클에서 수소 기체를 작동 유체로 사용한다. 열을 배출하는 동안 압력은 90 kPa에서 120 kPa로 증가한다. 단위 질량의 수소에 대해, 고온과 저온에서의 열전달량과 사이클 당 순 일을 구하라.

7.74 피스톤 실린더 내의 공기를 작동 유체로 사용하는 이상기체 Carnot 사이클의 고온 온도는 1200 K이며 열은 400 K에서 방출된다. 가열 과정에서 체적은 3배로 증가한다. 사이클에서 두 가지 비 열전달(q)와 사이클 효율을 구하라.

7.75 피스톤/실린더 장치 내의 공기가 그림 7.24에서 나타낸 P–v 선도의 Carnot 사이클을 수행한다. 고온과 저온은 각각 600 K와 300 K이다. 고온에서의 가열량은 250 kJ/kg이고 사이클 내 최저압은 75 kPa이다. 열이 배출된 후의 비체적과 압력, 그리고 단위 질량 당 순 일을 구하라.

제 8 장

엔트로피

Entropy

이 장의 주제

- Clausius 부등식
- 순수 물질의 엔트로피
- 열역학적 상태량의 관계식
- 이상기체의 엔트로피 변화
- 비가역 과정 중 검사질량 내의 엔트로피 변화
- 엔트로피 증가의 원리
- 방법론 편
- 엔트로피—계의 상태량
- 가역 과정에서의 엔트로피 변화
- 고체 및 액체의 엔트로피 변화
- 이상기체의 가역 폴리트로프 과정
- 엔트로피의 생성
- 시간 변화율 식으로서의 엔트로피

이제까지는 열역학 제2법칙을 고려함에 있어 열역학적 사이클만을 대상으로 했다. 이러한 방법이 매우 중요하고 유용한 것임에는 틀림없지만 때로는 사이클보다 과정을 중요시해야 할 때도 있다. 따라서 일상 생활에서 직면하는 과정들에 대한 제2법칙적 해석에 관심을 가질 수도 있는데 자동차 엔진의 연소 과정, 커피 한 잔의 냉각 또는 몸 내부에서 일어나는 화학적 과정 등이 바로 그것들이다. 또한 제2법칙을 정성적으로는 물론이고 정량적으로 다룰 수 있다면 많은 도움이 될 수 있을 것이다.

열역학 제1법칙을 공부할 때 처음에는 사이클적인 표현으로 법칙을 서술하였지만 곧 이어서 과정에 대해 제1법칙을 정량적으로 사용할 수 있도록 하는 상태량인 내부 에너지를 정의하였다. 이와 유사하게 제2법칙도 사이클에 대해 서술하였으며 이제는 제2법칙이 과정에 대해 제2법칙을 정량적으로 적용할 수 있게해 줄 상태량인 엔트로피로 인도한다는 것을 알게 될 것이다. 에너지와 엔트로피는 모두 어떠한 관측을 묘사하는 데 도움이 되는 추상적인 개념들이다. 제2장에서 지적한 바와 같이 열역학이란 에너지와 엔트로피에 관한 학문으로 묘사될 수 있다. 이 말의 의미는 앞으로 점차 명백해질 것이다.

8.1 Clausius 부등식

엔트로피라는 상태량을 공부함에 있어 첫 번째 단계는 다음과 같은 **Clausius 부등식**(inequality of Clausius)을 설정하 는 것이다.

$$\oint \frac{\delta Q}{T} \le 0$$

Clausius 부등식은 열역학 제2법칙의 결과 혹은 추론이다. 이 부등식이 가역적 및 비가역적인 열기관 및 냉동기를 포함하여 가능한 모든 사이클에 유효하다는 것을 설명하도록 하겠다. 어느 가역 사이클도 카르노 사이클의 연속으로 나타낼 수 있으므로 여기서는 Clausius 부등식에 이르기 위해 단 하나의 카르노 사이클만 고려하도록 한다.

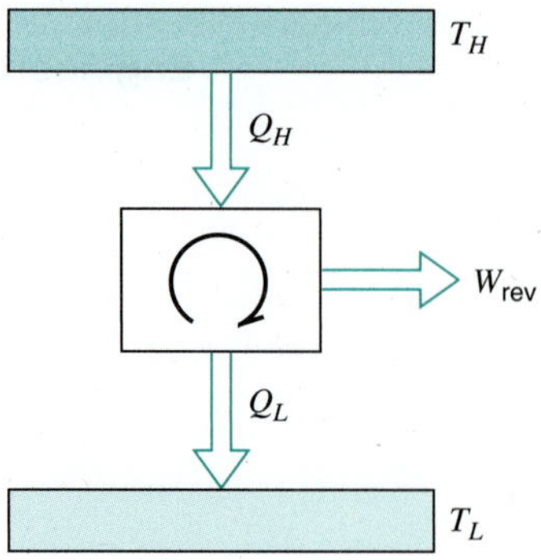

그림 8.1 Clausius 부등식의 설명을 위한 가역 열기관.

우선 그림 8.1에서와 같이 각각 T_H 및 T_L인 두 열원 사이에서 작동하는 가역(카르노) 열기관 사이클을 가정하자. 이 사이클에서 열전달의 사이클 적분 $\oint \delta Q$는 0보다 크다.

$$\oint \delta Q = Q_H - Q_L > 0$$

T_H와 T_L이 일정하기 때문에 절대 온도의 정의 및 가역 기관이라는 사실로부터 다음이 성립된다.

$$\oint \frac{\delta Q}{T} = \frac{Q_H}{T_H} - \frac{Q_L}{T_L} = 0$$

만일 δQ의 사이클 적분인 $\oint \delta Q$가 점차 0에 근접하더라도 (T_H에 T_L을 접근시킴으로써) 사이클이 가역적이면 $\delta Q/T$의 사이클 적분은 여전히 0이다. 따라서 모든 가역 열기관 사이클에 대해 다음과 같은 결론을 내릴 수 있다.

$$\oint \delta Q \geq 0$$

및

$$\oint \frac{\delta Q}{T} = 0$$

이제 그림 8.1의 가역 기관과 마찬가지로 T_H와 T_L 사이에서 작동하고 동일한 열량 Q_H를 받는 비가역 열기관을 생각하자. 비가역 사이클을 가역 사이클과 비교할 때 제2법칙으로부터 다음과 같은 결론을 내릴 수 있다.

$$W_{irr} < W_{rev}$$

가역 및 비가역 사이클 모두에 대해 $Q_H - Q_L = W$가 성립되므로 결론적으로

$$Q_H - Q_{L\,irr} < Q_H - Q_{L\,rev}$$

이 되고 따라서 다음이 성립한다.

$$Q_{L\,irr} > Q_{L\,rev}$$

결론적으로 비가역 사이클 기관에 대해서는 다음과 같이 된다.

$$\oint \delta Q = Q_H - Q_{L\,irr} > 0$$

$$\oint \frac{\delta Q}{T} = \frac{Q_H}{T_H} - \frac{Q_{L\,irr}}{T_L} < 0$$

Q_H, T_H, T_L을 고정시킨 채 기관을 점점 더 비가역적이 되도록 만들어 보자. δQ의 사이클 적분은 0에 수렴하게 되고 $\delta Q/T$의 사이클 적분은 점점 더 큰 음의 값을 가지게 된다. 극한에 이르게 되어 일 발생량이 0으로 가게 되면 다음 식들과 같이 된다.

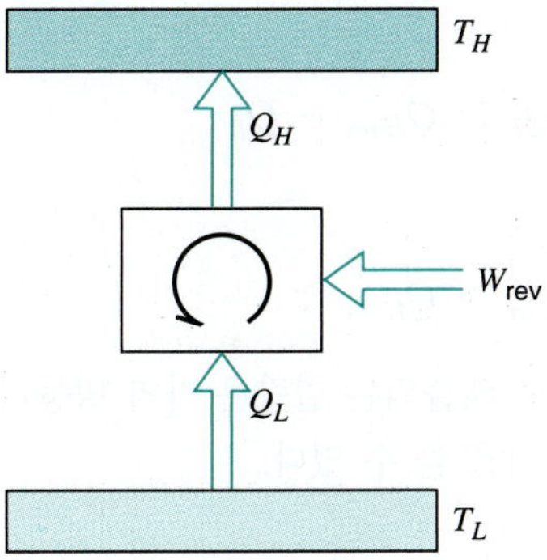

그림 8.2 Clausius 부등식을 설명하기 위한 가역 냉동 사이클.

$$\oint \delta Q = 0$$

$$\oint \frac{\delta Q}{T} < 0$$

이리하여 모든 비가역 열기관 사이클에 대해 다음과 같은 결론에 도달하게 된다.

$$\oint \delta Q \geq 0$$

$$\oint \frac{\delta Q}{T} < 0$$

Clausius 부등식의 설명을 완성하기 위해서는 가역 및 비가역 냉동 사이클에 대해서도 유사한 분석을 해야 한다. 그림 8.2에 나타낸 가역 냉동 사이클에 대해서는

$$\oint \delta Q = -Q_H + Q_L < 0$$

및

$$\oint \frac{\delta Q}{T} = -\frac{Q_H}{T_H} + \frac{Q_L}{T_L} = 0$$

이 성립한다. δQ의 사이클 적분이 가역적으로 0에 근접함에 따라(T_H가 T_L에 접근) $\delta Q/T$의 사이클 적분은 0으로 남게 된다. 극한에 이르게 되면

$$\oint \delta Q = 0$$

$$\oint \frac{\delta Q}{T} = 0$$

이 되며, 따라서 모든 가역 냉동 사이클에 대해 다음의 식이 성립한다.

$$\oint \delta Q \leq 0$$

$$\oint \frac{\delta Q}{T} = 0$$

끝으로 그림 8.2의 가역 냉동기와 마찬가지로 T_H와 T_L 사이에서 작동하고 동일한 열량 Q_L을 받는 비가역 냉동기를 생각하자. 제2법칙으로부터 비가역 냉동기의 소요 일량이 더 클 것이라는 결론을 내릴 수 있다. 다시 말해서

$$W_{irr} > W_{rev}$$

각 사이클에 대해 $Q_H - Q_L = W$이므로

$$Q_{H\,\text{irr}} - Q_L > Q_{H\,\text{rev}} - Q_L$$

이 되고 따라서 다음 식과 같이 정리된다.

$$Q_{H\,\text{irr}} > Q_{H\,\text{rev}}$$

다시 말해서 비가역 냉동기에 의해 고온 열원으로 배출되는 열량은 가역 냉동기에 의해 배출되는 것보다 크다. 그러므로 비가역 냉동기에 대해서 다음의 식을 쓸 수 있다.

$$\oint \delta Q = -Q_{H\,\text{irr}} + Q_L < 0$$

$$\oint \frac{\delta Q}{T} = -\frac{Q_{H\,\text{irr}}}{T_H} + \frac{Q_L}{T_L} < 0$$

Q_H, T_H, T_L을 일정하게 유지시킨 채 이 기계를 점차적으로 비가역적이 되도록 만들면 δQ와 $\delta Q/T$의 사이클 적분은 모두 점점 더 큰 음의 값을 갖게 된다. 따라서 δQ의 사이클 적분이 0에 수렴하는 극한의 경우는 비가역 냉동기에서는 존재하지 않게 된다.

이리하여 모든 비가역 냉동 사이클에 대하여는

$$\oint \delta Q < 0$$

$$\oint \frac{\delta Q}{T} < 0$$

이 된다.

요약하자면, $\oint \delta Q$의 부호에 대해 가능한 모든 가역 사이클을 고려했고(즉 $\oint \delta Q \lesseqgtr 0$), 이 모든 가역 사이클에 대해

$$\oint \frac{\delta Q}{T} = 0$$

임을 알 수가 있었다. 또한 $\oint \delta Q$의 부호에 대해 가능한 모든 비가역 사이클을 고려했고(즉 $\oint \delta Q \lesseqgtr 0$), 이 모든 비가역 사이클에 대해서는 다음과 같다.

$$\oint \frac{\delta Q}{T} < 0$$

따라서 모든 사이클에 대해 다음과 같이 쓸 수 있다.

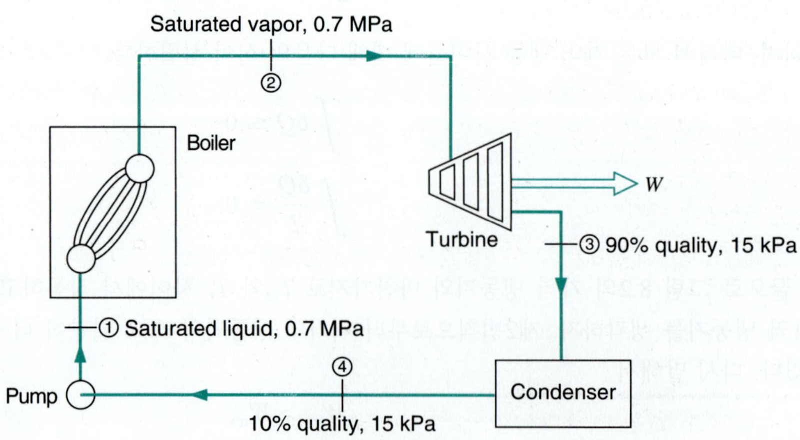

그림 8.3 Clausius의 부등식을 설명해 주는 간단한 증기 원동소.

$$\oint \frac{\delta Q}{T} \le 0 \tag{8.1}$$

여기서 등호는 가역 사이클, 부등호는 비가역 사이클에 대한 것이다. 이 식 8.1은 Clausius 부등식으로 알려져 있다.

Clausius 부등식의 의미는 그림 8.3에 그려진 간단한 증기 원동소를 이용하여 설명할 수 있다. 이 사이클은 펌프에서 포화액이 배출되어 보일러로 보내지도록 액체와 증기가 적절히 배합된 혼합 유체를 펌프가 다룰 수 있다는 점에서 일반적인 증기 원동소 사이클과는 약간 다르다. 그림 8.3에서와 같이 사이클의 다양한 지점에서 압력과 건도가 주어져 있다고 가정하자. 이 사이클은 Clausius 부등식을 만족할까?

$$\oint \frac{\delta Q}{T} = \int \left(\frac{\delta Q}{T}\right)_{\text{boiler}} + \int \left(\frac{\delta Q}{T}\right)_{\text{condenser}}$$

보일러와 응축기 내에서의 온도는 일정하므로 이 식은 다음과 같이 적분될 수 있다.

$$\oint \frac{\delta Q}{T} = \frac{1}{T_1}\int_1^2 \delta Q + \frac{1}{T_3}\int_3^4 \delta Q = \frac{{}_1Q_2}{T_1} + \frac{{}_3Q_4}{T_3}$$

작동 유체의 질량을 1 kg이라 하면 다음을 얻는다.

$$ {}_1q_2 = h_2 - h_1 = 2066.3 \text{ kJ/kg}, \qquad T_1 = 164.97°\text{C}$$

$$ {}_3q_4 = h_4 - h_3 = 463.4 - 2361.8 = -1898.4 \text{ kJ/kg}, \qquad T_3 = 53.97°\text{C}$$

그러므로

$$\oint \frac{\delta Q}{T} = \frac{2066.3}{164.97 + 273.15} - \frac{1898.4}{53.97 + 273.15} = -1.087 \text{ kJ/kg-K}$$

따라서 이 사이클은 Clausius 부등식을 만족하게 되며 이는 다시 말해서 열역학 제2법칙을 위배하지 않는다는 말과 동일하다.

개념에 관한 질문

a. Clausius는 $\oint \delta Q$의 부호에 관해 무엇인가를 말하고 있는가?

b. Clausius의 서술에서는 Carnot 사이클에서와 같이 등온 열전달을 필요로 하고 있는가?

8.2 엔트로피—계의 상태량

식 8.1과 그림 8.4를 이용하면 열역학 제2법칙으로부터 엔트로피라고 하는 계의 상태량을 얻을 수 있다는 것을 보일 수 있다. 어느 시스템(검사질량)이 경로 A를 따라 상태 1로부터 상태 2까지 가역 과정을 행하고 경로 B를 따라 가역 과정을 수행하여 사이클이 완성하도록 하자.

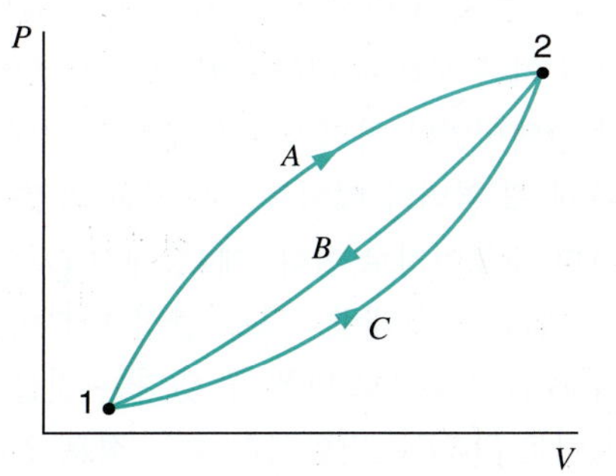

그림 8.4 엔트로피가 물질의 상태량임을 설명하기 위한 두 가역 사이클.

가역 사이클이기 때문에 다음과 같이 쓸 수 있다.

$$\oint \frac{\delta Q}{T} = 0 = \int_1^2 \left(\frac{\delta Q}{T}\right)_A + \int_2^1 \left(\frac{\delta Q}{T}\right)_B$$

처음에는 경로 C를 따라 진행하고 경로 B를 따라 완성되는 또 다른 가역 사이클을 생각하자. 이 사이클에 대해서는 다음과 같이 쓸 수 있다.

$$\oint \frac{\delta Q}{T} = 0 = \int_1^2 \left(\frac{\delta Q}{T}\right)_C + \int_2^1 \left(\frac{\delta Q}{T}\right)_B$$

첫 번째 식에서 두 번째 식을 빼게 되면 다음을 얻는다.

$$\int_1^2 \left(\frac{\delta Q}{T}\right)_A = \int_1^2 \left(\frac{\delta Q}{T}\right)_C$$

$\oint \delta Q/T$의 값이 상태점 1과 2 사이의 모든 가역적 경로에 대해 동일하므로 이 양은 경로에 무관하며 오직 양단의 상태에 의해 결정되는 함수라는 결론에 도달하게 되고 따라서 이 양은 상태량이다. 이 상태량을 **엔트로피**(entropy)라 부르며 S로 표기한다. 엔트로피는 다음과 같은 관계식에 따라서 물질의 상태량으로 정의된다고 할 수 있다.

$$dS \equiv \left(\frac{\delta Q}{T}\right)_{\text{rev}} \tag{8.2}$$

엔트로피는 종량적 상태량이며 단위 질량 당 엔트로피는 s로 표기된다. 중요한 점은 여기에서 정의되는 엔트로피는 가역 과정에 대한 것이라는 점이다.

상태 변화 시의 계의 엔트로피 변화량은 식 8.2를 적분함으로써 얻을 수 있다.

$$S_2 - S_1 = \int_1^2 \left(\frac{\delta Q}{T}\right)_{\text{rev}} \tag{8.3}$$

이 적분을 수행하기 위해서는 T와 Q 간의 관계를 알아야 하므로 이에 대한 설명을 하도록 하겠다. 중요한 것은 엔트로피가 상태량이기 때문에 어느 상태로부터 다른 상태로 진행할 때의 물질의 엔트로피 변화는 이 두 상태점 사이에서 일어나는 과정들이 가역적이건 비가역적이건 항상 동일하다는 것이다. 식 8.3을 이용하면 오직 가역 경로를 따르는 엔트로피 변화만을 구할 수 있다. 그러나 일단 변화량이 결정되면 이 값은 두 상태점 간의 모든 과정에 있어서의 엔트로피 변화량이라고 할 수 있다.

식 8.3을 이용하면 엔트로피 변화량을 계산할 수 있으나 엔트로피의 절대값에 대해서는 알 수가 없다. 저온 화학 반응 관측에 토대를 둔 열역학 제3법칙을 이용하면 모든 순수 물질(적절한 구조를 갖춘)에 대해서는 절대 온도 0도에서 엔트로피 절대값 0을 부여할 수 있다는 결론에 도달할 수 있다. 통계열역학에 의해서도 (가상적)이상기체 상태의 모든 순수 물질은 절대 온도 0도에서 엔트로피 값 0을 가짐을 알 수 있다.

그러나 예를 들어 화학 반응에서 일어나는 조성의 변화 같은 것이 없을 때는 내부 에너지 및 엔탈피의 값을 정할 때와 마찬가지로 임의로 선정된 기준 상태에 대한 상대적 엔트로피 값을 정해 주는 것이 편리하다. 두 경우 모두에서 어떠한 기준값이 선택되었다 하더라도 상태량의 변화량을 계산할 때는 공통으로 상쇄될 것이다. 앞으로 나올 절에서 다루게 될 열역학 테이블은 이러한 과정을 따라 얻어진다.

적분 인자로서의 T의 역할에 대해 한마디 덧붙이기로 한다. 제4장에서 Q는 경로 함수이므로 Q는 불완전 미분임을 알았다. 그러나$(\delta Q/T)_{\text{rev}}$는 열역학적 상태량이므로 완전 미분이다. 수학적인 관점으로부터 불완전 미분이 적분 인자의 도입을 통해 완전 미분으로 바뀔 수 있다는 것을 알고 있다. 따라서 $1/T$은 가역 과정에 있어서 불완전 미분 Q를 완전 미분 $\delta Q/T$로 변환시켜 주는 적분 인자의 역할을 한다.

8.3 순수 물질의 엔트로피

엔트로피는 계의 종량적 상태량이다. 비 엔트로피(단위 질량 당 엔트로피)는 비체적 및 비 엔탈피와 같은 방식으로 열역학 상태량 표에 주어져 있다. 증기표, 냉매표 및 암모니아표 등에 있어서의 비 엔트로피의 단위는 kJ/kg K이며 임의의 기준 상태에 대한 상대적인 값으로 주어져 있다. 증기표에서는 0.01°C 포화액의 엔트로피가 0으로 주어져 있다. 대부분의 냉매에 대해서는 –40°C 포화액의 엔트로피 값이 0으로 주어져 있다.

일반적으로 “엔트로피”라는 용어를 총 엔트로피(total entropy) 및 비 엔트로피 모두에 혼용하고 있는데 문맥이나 적절한 표기를 통해 정확한 뜻을 명확히 나타낼 수 있기 때문에 별 지장은 없다.

포화 영역에서의 엔트로피는 건도를 사용하여 계산할 수 있다. 이 관계식은 비체적, 내부 에너지 및 엔탈피 계산식과 유사하다.

$$s = (1 - x)s_f + xs_g$$

$$s = s_f + xs_{fg} \tag{8.4}$$

압축액의 엔트로피는 다른 상태량들과 같은 방식으로 표에 나와 있다. 이 상태량들은 주로 온도의 함수이며 동일 온도의 포화액에 대한 값들과 크게 차이나지 않는다. 표 B.1.4에 요약된 증기표 중에서

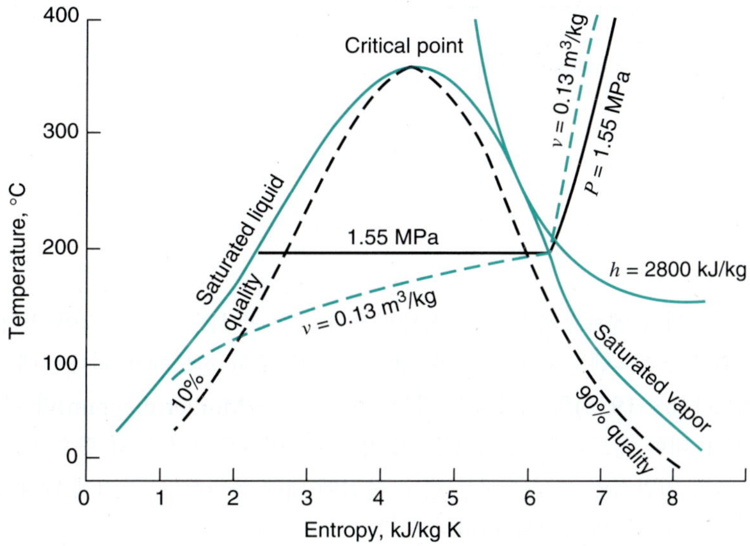

그림 8.5 증기에 대한 온도–엔트로피.

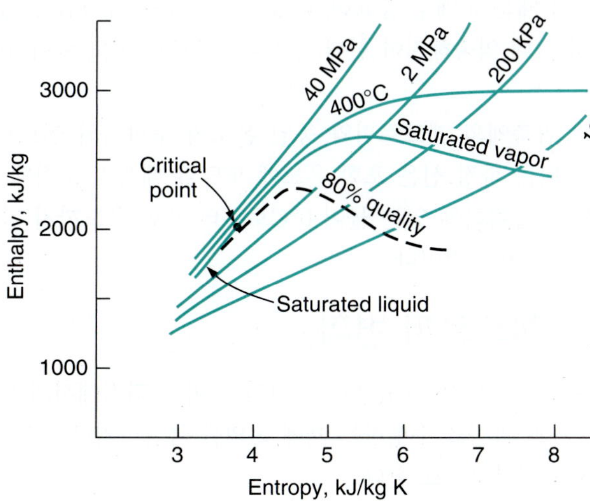

그림 8.6 증기에 대한 엔탈피–엔트로피 선도.

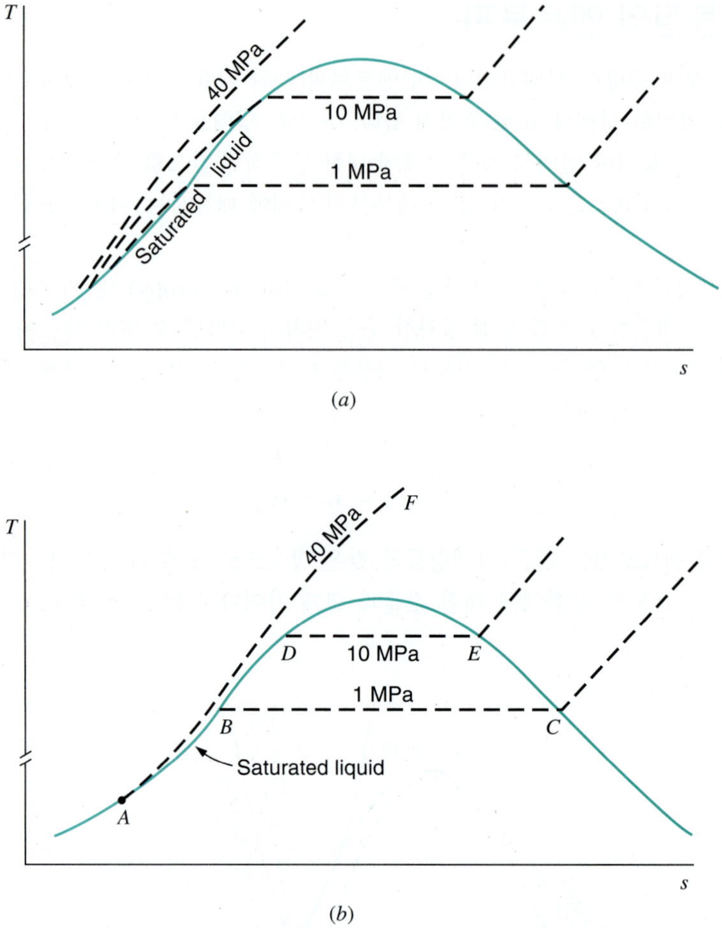

그림 8.7 압축액(물)의 상태량을 보여 주는 온도-엔트로피 선도.

표 4에는 압축액의 엔트로피가 다른 상태량들과 같은 방식으로 수록되어 있다. 한 물질의 열역학적 상태량들은 자주 온도-엔트로피 선도 및 엔탈피-엔트로피 선도에 나타내는데 후자는 독일 사람인 리처드 몰리에르(1863~1935)의 이름을 따서 몰리에르 선도(Mollier diagram)라 부르기도 한다. 그림 8.5 및 8.6은 증기에 대한 온도-엔트로피 선도 및 엔탈피-엔트로피 선도의 필수 요소들을 보여 주고 있다. 이러한 선도들의 일반적인 형식은 모든 순수 물질에 대해 동일하다. 증기에 대해 좀더 완전한 온도-엔트로피 선도는 부록 E의 그림 E.1에 나타나 있다.

이러한 선도들은 열역학적 데이터를 수록하고 있기 때문에 그리고 여러 가지 과정 중 발생하는 상태 변화를 쉽게 볼 수 있게 하기 때문에 매우 중요하다. 앞으로 공부를 해나감에 있어 학생들은 이러한 선도에 열역학적 과정을 표시하는 데 익숙해져야 한다. 온도-엔트로피 선도는 이러한 목적을 위해서 특히 유용하다.

대부분의 물질에 있어 압축액의 엔트로피와 동일 온도의 포화액의 엔트로피 차이가 매우 작기 때문에 액체가 정압으로 가열되는 과정 선은 포화 온도에 도달할 때까지 포화액 선과 거의 일치한다(그림 8.7). 따라서 만일 10 MPa의 압력하에 있는 물이 0°C로부터 포화 온도까지 가열된다면 이는 포화액 선과 일치하는 선 ABD로 나타내어질 것이다.

8.4 가역 과정에서의 엔트로피 변화

엔트로피가 계의 열역학적 상태량임을 보였으므로 이제는 여러 과정에서의 엔트로피의 의미를 다루어 보기로 한다. 이 절에서는 가역 과정을 수행하는 계에 논의를 국한하기로 하고 카르노 사이클, 가역 열전달 과정 및 가역 단열 과정을 공부하기로 한다.

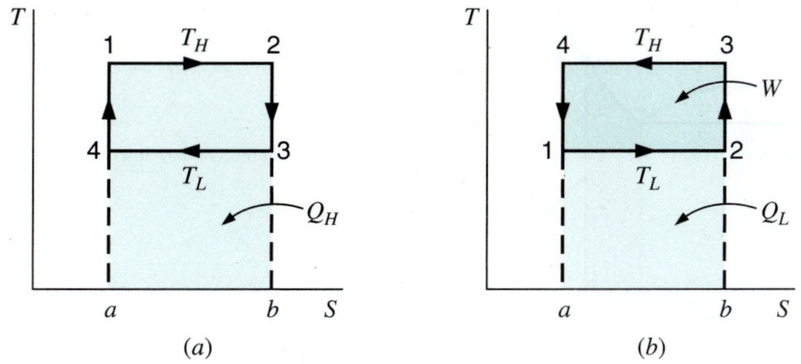

그림 8.8 온도–엔트로피 선도 상의 카르노 사이클.

카르노 사이클로 작동되는 어느 열기관의 작동 유체가 계를 채우고 있다고 하자. 첫 번째 과정은 고온 열원에서 작동 유체로 전달되는 등온 열전달이다. 이 과정에 대해서는 다음과 같이 쓸 수 있다.

$$S_2 - S_1 = \int_1^2 \left(\frac{\delta Q}{T}\right)_{\text{rev}}$$

작동 유체의 온도가 일정한 가역 과정이므로 이 식은 다음과 같이 적분된다.

$$S_2 - S_1 = \frac{1}{T_H}\int_1^2 \delta Q = \frac{{}_1Q_2}{T_H}$$

이 과정은 그림 8.8a에 나타나 있고 선 1–2 밑의 면적 즉 면적 1–2–b–a–1은 과정 중 작동 유체로 전달된 열량을 나타낸다.

카르노 사이클의 두 번째 과정은 가역 단열 과정이다. 엔트로피의 정의로부터

$$dS = \left(\frac{\delta Q}{T}\right)_{\text{rev}}$$

이므로 가역 단열 과정에서 엔트로피는 일정함이 명백하다. 등엔트로피 과정은 isentropic 과정이라 불린다. 선 2–3은 이 과정을 보여 주고 있는데 이 과정은 작동 유체의 온도가 T_L에 도달하면 끝난다.

세 번째 과정은 가역 등온 과정인데 이 과정에서는 열이 작동 유체로부터 저온 열원으로 전달된다. 이 과정에 대해서는 다음과 같이 쓸 수 있다.

$$S_4 - S_3 = \int_3^4 \left(\frac{\delta Q}{T}\right)_{\text{rev}} = \frac{{}_3Q_4}{T_L}$$

이 과정 중 전달 열량이 음의 값(작동 유체 기준)이므로 작동 유체의 엔트로피는 감소한다. 거기에다가 사이클을 완성하는 최종 과정 4–1이 가역 단열 과정(따라서 isentropic)이므로 과정 3–4에서의 엔트로피 감소량은 과정 1–2에서의 엔트로피 증가량과 정확히 같다. 선 3–4 밑의 면적, 즉 면적 3–4–a–b–3은 사이클의 정미 일량을 나타낸다. 사이클의 효율은 면적을 이용하여 다음과 같이 나타낼 수도 있다.

$$\eta_{\text{th}} = \frac{W_{\text{net}}}{Q_H} = \frac{\text{area } 1\text{–}2\text{–}3\text{–}4\text{–}1}{\text{area } 1\text{–}2\text{–}b\text{–}a\text{–}1}$$

효율에 관한 이전의 몇몇 서술은 이제 그림을 통해 이해할 수 있다. 예를 들어 T_L을 고정시키고 T_H를 높이면 효율이 증가한다. T_H가 일정할 때 T_L을 낮추면 효율이 증가한다. 또한 열을 버리는 곳의 절대 온도가 0도에 수렴하면 효율은 100%에 수렴함을 알 수 있다.

사이클을 역전시키면 냉동기 또는 열펌프가 된다. 냉동기에 대한 카르노 사이클은 그림 8.8b에 나타나 있다. 주목할 것은 작동 유체의 엔트로피가 T_L에서 증가하는 것인데 이는 T_L에서 열이 작동 유체로 전달되기 때문이다. T_H에서는 작동 유체로부터 밖으로 열이 전달되므로 엔트로피가 감소한다.

다음으로는 가역 열전달 과정에 대해 알아보기로 하자. 여기서 내부적으로 가역적인 과정, 다시 말해

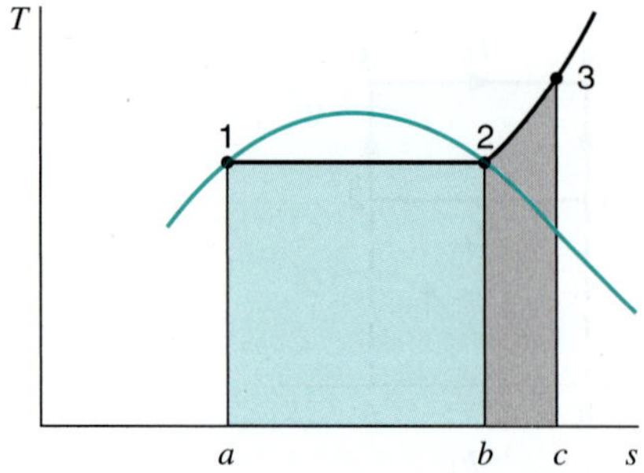

그림 8.9 내부적 가역 과정에서의 열 전달을 나타내는 면적을 보여 주는 온도–엔트로피 선도.

서 계의 경계 내에는 전혀 비가역성이 존재하지 않는 과정에 관심을 두고 있다. 그러한 과정에서 시스템을 출입하는 전달 열량은 온도–엔트로피 선도 상의 면적으로 나타난다. 한 예로 포화액으로부터 포화 증기로의 정압 상태 변화를 생각해 보자. 이 과정은 그림 8.9에 보이는 선도 상의 과정 1–2에 해당하며 면적 1–2–b–a–1은 전달 열량을 나타낸다(여기서 절대 온도를 사용해야 함을 주목할 것). 정압 과정이므로 단위 질량 당 전달 열량은 h_{fg}와 동일하다. 따라서

$$s_2 - s_1 = s_{fg} = \frac{1}{m}\int_1^2 \left(\frac{\delta Q}{T}\right)_{\text{rev}} = \frac{1}{mT}\int_1^2 \delta Q = \frac{{}_1q_2}{T} = \frac{h_{fg}}{T}$$

이 관계식은 열역학적 상태량 표에 s_{fg}가 계산되는 방법에 대한 열쇠를 제공한다. 예를 들어 10 MPa의 증기가 있다고 하자. 증기표로부터 다음의 값을 읽는다.

$$h_{fg} = 1317.1 \text{ kJ/kg}$$
$$T = 311.06 + 273.15 = 584.21 \text{ K}$$

따라서

$$s_{fg} = \frac{h_{fg}}{T} = \frac{1317.1}{584.21} = 2.2544 \text{ kJ/kg K}$$

이 값은 증기표에 나타난 값과 동일하다.

정압 상태에서 열이 포화 증기에 전달되면 증기는 선 2–3을 따라 과열된다. 이 과정에 대해서 다음과 같이 쓸 수 있다.

$${}_2q_3 = \frac{1}{m}\int_2^3 \delta Q = \int_2^3 T\,ds$$

T가 상수가 아니므로 온도와 엔트로피 간의 관계를 모르고서는 이 식을 적분할 수 없다. 하지만 선 2–3 아래의 면적, 즉 면적 2–3–c–b–2가 $\int_2^3 T ds$를 표시하며 따라서 가역 과정 중의 전달 열량을 나타낸다는 사실을 잘 알고 있다.

여기서 이끌어 낼 중요한 결론은 내부적으로 가역적인 과정에 있어서 온도–엔트로피 선도 상의 과정 선 아래 면적은 전달 열량을 나타낸다는 것이다. 이 결론은 비가역 과정에 대해서는 성립되지 않는데 이것은 추후에 설명하도록 하겠다.

예제 8.1

R-134a를 작동 유체로 하는 카르노 사이클 열펌프를 생각하자. 열은 R-134a가 0°C에서 두 개의 상(습증기)으로부터 포화 증기로 변할 때 흡수된다. 이 열은 R-134a가 60°C일 때 배출되어 포화액이 된다. 압축 후 열을 방출하기 전의 압력을 구하고 사이클의 성능 계수를 결정하라.

풀이

R-134a 표로부터 카르노 사이클의 정의로부터 열전달을 내포하는 두 개의 등온 과정과 온도가 변화하는

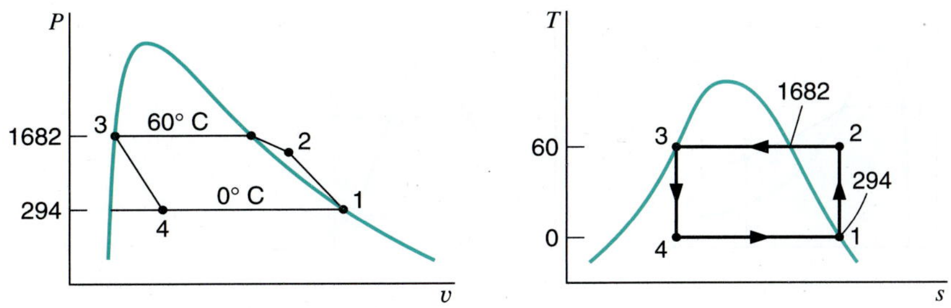

그림 8.10 예제 8.1에서의 선도.

두 개의 단열 과정을 가짐을 알 수 있다. 식 8.2로부터 s의 변화는

$$ds = \delta q/T$$

이고 카르노 사이클은 그림 8.8, 이 문제의 경우는 그림 8.10에 나타나 있다. 따라서

State 4 Table B.5.1: $s_4 = s_3 = s_{f@60deg} = 1.2857$ kJ/kg K

State 1 Table B.5.1: $s_1 = s_2 = s_{g@0deg} = 1.7262$ kJ/kg K

State 2 Table B.5.2: 60°C, $s_2 = s_1 = s_{g@0deg}$

표 B.5.2에서 1400 kPa와 1600 kPa 사이를 보간하면

$$P_2 = 1400 + (1600 - 1400)\frac{1.7262 - 1.736}{1.7135 - 1.736} = 1487.1 \text{ kPa}$$

카르노 사이클이라는 사실로부터 COP는식 7.13을 이용하여 다음과 같이 구한다.

$$\beta' = \frac{q_H}{w_{IN}} = \frac{T_H}{T_H - T_L} = \frac{333.15}{60} = 5.55$$

주의: 열방출 과정 동안 압력이 얼마나 변하는지 살펴보라. 이 과정은 실제 장치에서 실현시키기가 매우 어렵기 때문에 카르노 사이클에 근접할 수 있도록 설계되는 열펌프나 냉동기는 없다.

■

예제 8.2

어느 실린더/피스톤 장치에 20°C, 1L의 R-12 포화 냉매가 들어있다. 이제 피스톤이 가역 과정으로 최종 압력 400 kP까지 등온을 유지하면서 천천히 팽창한다. 이 과정을 실현시키기 위해 소요되는 일과 열전달량을 계산하라.

해석

냉매 R-12가 검사질량이다.

연속의 식: $m_2 = m_1 = m;$

에너지 식 5.11: $m(u_2 - u_1) = {}_1Q_2 - {}_1W_2$

엔트로피 식 8.3: $m(s_2 - s_1) \geq \int \delta Q/T$

과정: $T =$ 일정, 가역 과정이므로 엔트로피 식에 등호가 적용

상태 1 (T, P) 표 B.3.1: $u_1 = 54.45$ kJ/kg, $s_1 = 0.2078$ kJ/kg K

$m = V/v_1 = 0.001/0.000752 = 1.33$ kg

상태 2 (T, P) 표 B.3.2: $u_2 = 180.57$ kJ/kg, $s_2 = 0.7204$ kJ/kg K

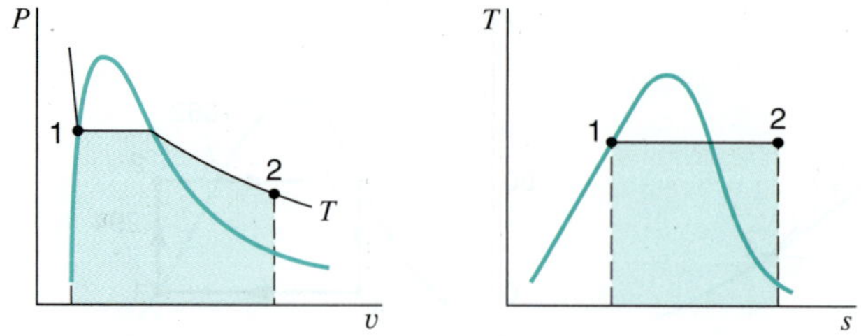

그림 8.11 예제 8.2에서의 선도.

T가 일정이므로 $\int \delta Q/T = {}_1Q_2$이며 따라서 엔트로피 식은 다음과 같다.

$$ {}_1Q_2 = mT(s_2 - s_1) = 1.33 \times 293.15 \times (0.7204 - 0.2078) = 200 \text{ kJ} $$

그리고 일은 에너지 식으로부터 다음과 같이 얻어진다.

$$ {}_1W_2 = m(u_1 - u_2) + {}_1Q_2 = 1.33 \times (54.45 - 180.57) + 200 = 32.3 \text{ kJ} $$

그림 8.11로부터 P–v 선도 상에서는 과정 선의 형태 때문에 면적으로 일을 계산하기가 어렵다는 것을 주목하라. 열전달량은 T–s 선도 상에서 나타나는 면적이다.

■

개념에 관한 질문

c. 가역 과정을 겪는 물질의 s를 어떻게 하면 변화시킬 수가 있나?

d. 어느 가역 과정이 물질에 열을 가한다. 만일 T가 변한다면 이것이 s의 변화에 영향을 미치는가?

e. 100 kPa, 150°C의 물이 가역 과정에서 75 kJ/kg의 열을 받는다. 어느 과정이 s를 가장 많이 변화시키는가? 등온 T, 정적 v, 정압 P?

8.5 열역학적 상태량의 관계식

이제 단순 압축성 물질에 대한 두 개의 중요한 열역학적 관계식을 유도할 것이다. 이 관계식들은 다음과 같다.

$$ T\,dS = dU + P\,dV $$
$$ T\,dS = dH - V\,dP $$

첫 번째 관계식은 운동과 중력의 영향을 받지 않는 단순 압축성 물질을 대상으로 하여 유도할 수 있다. 이러한 조건에서 상태 변화에 관한 제1법칙은 다음과 같다.

$$ \delta Q = dU + \delta W $$

여기에서 유도하는 식들은 물질의 상태가 항상 규명될 수 있는 상태에서의 변화들을 우선적으로 다룬다. 그러므로 우리는 준정적 과정 혹은 전장에서 소개했던 용어인 가역 과정을 고려해야 한다. 단순 압축성 물질의 가역 변화에 대해서는 다음과 같이 쓸 수 있다.

$$ \delta Q = T\,dS \qquad \text{and} \qquad \delta W = P\,dV $$

이 관계식들을 제1법칙 식에 대입하면 다음과 같이 우리가 유도하고자 하는 첫 번째 식을 얻게 된다.

$$ T\,dS = dU + P\,dV \tag{8.5} $$

이 식은 가역 과정을 가정함으로써 유도되었고 따라서 어느 가역 과정에 대해서도 적분될 수 있다는 것을 주목하라. 왜냐하면 그러한 과정 중에서는 어느 시점에서도 물질의 상태가 규명될 수 있기 때문이다. 또한 식 8.5는 오직 상태량만을 대상으로 한다는 것을 알 수 있다. 주어진 초기 및 최종 상태 사이에서 일어나는 비가역 과정이 있다고 하자. 물질의 상태량들은 오직 상태에만 의존하므로 주어진 상태 변화 중에 발생하는 상태량의 변화는 가역 과정과 비가역 과정 모두에서 동일하다. 그러므로 식 8.5는 때로는 주어진 두 상태 간의 비가역 과정에도 적용된다. 하지만 식 8.5의 적분은 동일한 두 상태 간의 가역 경로를 따라 수행된다.

엔탈피가 아래의 식에 의해 정의되므로

$$H = U + PV$$

다음의 식이 얻어진다.

$$dH = dU + P\,dV + V\,dP$$

위 식을 식 8.5에 대입하면

$$T\,dS = dH - V\,dP \tag{8.6}$$

을 얻게 되는데 이것이 유도하고자 하는 두 번째 관계식이다. 이 두 개의 표현, 즉식 8.5와 8.6은 두 가지 형태의 **열역학적 상태량의 관계식**(thermodynamic property relation)이며 때로는 **깁스 방정식**(Gibbs equation)이라 불린다. 이 식들은 단위 질량에 대해 다음과 같이 나타낼 수 있다.

$$T\,ds = du + P\,dv \tag{8.7}$$

$$T\,ds = dh - v\,dP \tag{8.8}$$

깁스 방정식은 앞으로 이 책의 다른 부분에서도 광범위하게 쓰일 것이다.

단순 압축성 물질이 아닌 고정된 조성 물질에 대해서도 단순 압축성 물질에 대한 방정식과는 다른 "*TdS*" 방정식을 만들 수 있다. 우리는 식 4.15로부터 가역 과정의 일에 관해 다음과 같은 표현식을 쓸 수 있다는 것을 알고 있다.

$$\delta W = P\,dV - \mathcal{T}\,dL - \mathcal{S}\,dA - \mathcal{E}\,dZ + \cdots$$

열역학적 상태량의 관계식에 대한 좀 더 일반적인 표현은 다음 식과 같이 될 것이다.

$$T\,dS = dU + P\,dV - \mathcal{T}\,dL - \mathcal{S}\,dA - \mathcal{E}\,dZ + \cdots \tag{8.9}$$

8.6 고체 및 액체의 엔트로피 변화

우리는 5.6절에서 고체 및 액체에 있어서 온도에 따르는 내부 에너지 및 엔탈피의 변화를 계산하였고 일반적으로 두 가지 모두 비열을 사용하여 간단하게는 식 5.17로, 대부분의 경우에는 식 5.18과 같이 적분 형태로 표현할 수 있다는 것을 알았다. 이제는 이 결과와 열역학적 상태량의 관계식인 식 8.7을 이용하여 고체와 액체의 엔트로피 변화를 계산할 수 있다. 주목할 것은 이러한 상(phase)에서는 식 8.7에 있는 비체적 항이 매우 작아서 식 5.17을 대입하게 되면 다음과 같이 된다는 것이다.

$$ds \simeq \frac{du}{T} \simeq \frac{C}{T}\,dT \tag{8.10}$$

5.6절에서 언급한 바와 마찬가지로 고체와 액체를 포함하는 많은 과정에 대해서 비열은 일정하다고 가정할 수 있으며 이 경우 식 8.10은 적분이 가능하게 된다. 그 결과는 다음과 같다.

$$s_2 - s_1 \simeq C \ln \frac{T_2}{T_1} \tag{8.11}$$

비열이 일정하지 않다면 통상적으로 C는 T의 함수로 알려져 있기 때문에 이 경우에도 식 8.11을 적분하여 엔트로피 변화를 찾아낼 수 있다. 식 8.11은 가역적이고($dS_{gen} = 0$) 단열적인($dq = 0$) 과정 다시 말해서 등엔트로피적인 과정에서 무슨 일이 생기는지를 설명하고 있다. 이 과정에서 일정 체적으로 근사시키게 되면 등온 과정이 되며 이는 왜 펌핑되는 액체의 온도가 변하지 않는지를 설명해준다.

예제 8.3

1 kg의 물이 20°C로부터 90°C로 가열된다. 비열이 일정하다고 가정하고 엔트로피 변화량을 계산하라. 그리고 이 결과를 증기표를 이용한 결과와 비교하라.

검사질량: 물
초기 및 최종 상태: 알려져 있음
모델: 일정 비열(상온에서의 값)

풀이

비열이 일정할 때 식 8.11로부터 다음을 구할 수 있다.

$$s_2 - s_1 = 4.184 \ln\left(\frac{363.2}{293.2}\right) = 0.8958 \text{ kJ/kg K}$$

증기표를 사용하여 구한 결과는 다음과 같다.

$$\begin{aligned} s_2 - s_1 = s_{f\,90°\text{C}} - s_{f\,20°\text{C}} &= 1.1925 - 0.2966 \\ &= 0.8959 \text{ kJ/kg K} \end{aligned}$$

■

8.7 이상기체의 엔트로피 변화

식 5.20과 5.24를 식 8.7에 대입하면 이상기체의 엔트로피 변화를 계산하는 데 유용한 두 개의 식을 만들어 낼 수 있다.

$$T\,ds = du + P\,dv$$

이상기체에 대해

$$du = C_{v0}\,dT \qquad \text{and} \qquad \frac{P}{T} = \frac{R}{v}$$

따라서

$$ds = C_{v0}\frac{dT}{T} + \frac{R\,dv}{v} \tag{8.12}$$

$$s_2 - s_1 = \int_1^2 C_{v0}\frac{dT}{T} + R\ln\frac{v_2}{v_1} \tag{8.13}$$

이와 유사한 방법으로

$$T\,ds = dh - v\,dP$$

이상기체에 대해

$$dh = C_{p0}\,dT \qquad \text{and} \qquad \frac{v}{T} = \frac{R}{P}$$

그러므로

$$ds = C_{p0}\frac{dT}{T} - R\frac{dP}{P} \tag{8.14}$$

$$s_2 - s_1 = \int_1^2 C_{p0}\frac{dT}{T} - R\ln\frac{P_2}{P_1} \tag{8.15}$$

식 8.13와 8.15를 적분하기 위해서는 비열의 온도 의존성을 알아야 한다. 그러나 식 5.27에서 표현된 바와 같이 두 비열 값의 차는 항상 일정하다는 것을 상기한다면 오직 하나의 비열에 대한 온도 의존성만 조사할 필요가 있음을 알 수 있다.

5.7절에서와 마찬가지로 정압비열 C_{p0}를 고려하기로 하자. 역시 세 가지 가능성을 조사해야 하는데 가장 간단한 것은 일정 비열을 가정하는 것이다. 이 경우 식 8.15는 직접 적분되어 다음과 같이 된다.

$$s_2 - s_1 = C_{p0} \ln \frac{T_2}{T_1} - R \ln \frac{P_2}{P_1} \tag{8.16}$$

유사하게 식 8.13에 대해서도 일정 비열을 가정하면 아래의 식을 얻는다.

$$s_2 - s_1 = C_{v0} \ln \frac{T_2}{T_1} + R \ln \frac{v_2}{v_1} \tag{8.17}$$

두 번째 가능성은 예를 들어 표 A.6에서 온도의 함수로 표현된 C_{p0}에 관한 식을 사용하는 것이. 세 번째는 통계열역학 계산의 결과를 기준 온도 T_0로부터 임의의 온도 T까지 적분하여 **표준 엔트로피**(standard entropy)를 다음과 같이 정의하는 것이다.

$$s_T^0 = \int_{T_0}^{T} \frac{C_{p0}}{T}\, dT \tag{8.18}$$

이러한 함수는 표 A.7의 공기, 또는 표 A.8의 기타 기체에 대한 것과 마찬가지로 하나의 항목(온도)에 관한 이상기체 표로 만들어질 수 있다. 이렇게 하여 두 상태 1과 2 사이의 엔트로피 변화는 다음과 같이 주어진다.

$$s_2 - s_1 = (s_{T2}^0 - s_{T1}^0) - R \ln \frac{P_2}{P_1} \tag{8.19}$$

5.7절에서 논했던 에너지 함수에서와 마찬가지로 표 A.7 및 표 A.8의 이상기체 표는 가장 정확한 결과를 줄 것이고 표 A.6에 수록된 식들은 비교적 정확한 근사값을 구할 수 있게 할 것이다. 일정 비열을 사용하는 것은 단원자 기체나 상온 이하의 다른 기체들을 제외하고는 덜 정확할 것이다. 또 하나 기억해야 할 점은 이 모든 결과들이 이상기체 모델에 대한 결과이고 어느 특정 문제에서는 적합하지 않을 수도 있다는 것이다.

예제 8.4

예제 5.7에서 산소가 300 K로부터 1500 K까지 가열된다. 이 과정 중에 압력은 200 kPa로부터 150 kPa로 강하한다고 가정한다. 1 kg 당 엔트로피 변화를 계산하라.

풀이

이상기체 거동을 가정할 때 엔트로피 변화에 대한 가장 정확한 답은 이상기체 표인 표 A.8을 이용하는 것이다. 식 8.19를 이용한 결과는 아래와 같다.

$$\begin{aligned} s_2 - s_1 &= (8.0649 - 6.4168) - 0.2598 \ln\left(\frac{150}{200}\right) \\ &= 1.7228 \text{ kJ/kg K} \end{aligned}$$

표 A.6의 경험식을 이용하면 이 결과에 상당히 근사된 값을 구할 수 있다. 식 8.15를 적분하면 다음의 결과를 얻는다.

$$s_2 - s_1 = \int_{T_1}^{T_2} C_{p0} \frac{dT}{T} - R \ln \frac{P_2}{P_1}$$

$$s_2 - s_1 = \left[0.88 \ln \theta - 0.0001\theta + \frac{0.54}{2}\theta^2 - \frac{0.33}{3}\theta^3\right]_{\theta_1=0.3}^{\theta_2=1.5}$$
$$-0.2598 \ln\left(\frac{150}{200}\right)$$
$$= 1.7058 \text{ kJ/kg K}$$

이 값은 먼저 구한 값과 1% 이내의 오차를 가지고 있다. 일정 비열에 대해서는 표 A.5에서 300 K에 대한 값을 사용하면 다음과 같이 계산된다.

$$s_2 - s_1 = 0.922 \ln\left(\frac{1500}{300}\right) - 0.2598 \ln\left(\frac{150}{200}\right)$$
$$= 1.5586 \text{ kJ/kg K}$$

이 값은 과도할 정도로 9.5% 작은 값이 나온다. 그러나 예제 5.6에서와 마찬가지로 평균 온도인 900 K에서의 비열을 가정하면

$$s_2 - s_1 = 1.0767 \ln\left(\frac{1500}{300}\right) + 0.0747 = 1.8076 \text{ kJ/kg K}$$

이 되며 4.9% 큰 값이 나오게 된다.

■

예제 8.5

공기가 400 kPa에서 300 kPa로 압력이 강하되면서 300에서 600 K로 가열될 때 킬로그램 당 엔트로피 변화를 구하라. 이 때 다음을 가정하라.

1. 일정 비열

2. 가변 비열

풀이

1. 표 A.5로부터 300 K 공기에 대해

$$C_{p0} = 1.004 \text{ kJ/kg K}$$

그러므로 식 8.16을 사용하여 다음을 구할 수 있다.

$$s_2 - s_1 = 1.004 \ln\left(\frac{600}{300}\right) - 0.287 \ln\left(\frac{300}{400}\right) = 0.7785 \text{ kJ/kg K}$$

2. 표 A.7로부터

$$s_{T1}^0 = 6.8693 \text{ kJ/kg K},$$
$$s_{T2}^0 = 7.5764 \text{ kJ/kg K}$$

식 8.19를 사용하면 다음의 결과를 얻는다.

$$s_2 - s_1 = 7.5764 - 6.8693 - 0.287 \ln\left(\frac{300}{400}\right) = 0.7897 \text{ kJ/kg K}$$

■

자주 다루어지는 상황으로 이상기체가 등엔트로피 과정을 겪는 경우를 생각해 보자. 결론적으로 말해서 좌변이 0이 되는 식 8.15는 초기와 최종 상태에서 압력과 온도 사이의 관계를 나타내게 되는데 온도 T의 함수로서의 비열의 성질에 의존하는 특정한 관계식이 될 것이다. 식 8.15 이후에 논했던 바와 같이 세 가지의 검사 방법이 가능하다. 이들 중 가장 정확한 것은 세 번째로 식 8.18에 의해 정의된 적분 온도함수 S_T^0와 더불어 이상기체 표인 표 A.7 및 식 8.19를 이용하는 것이다. 다음의 예제는 이 과정을 설명한다.

예제 8.6

1 kg의 공기가 피스톤이 달린 실린더에 400 kPa, 600 K의 상태로 들어 있다. 공기는 가역 단열 과정으로 150 kPa까지 팽창한다. 공기에 의한 일량을 계산하라.

검사질량: 공기
초기 상태: P_1, T_1; 상태 1은 확정
최종 상태: P_2
과정: 가역 단열
모델: 이상기체 표 및 공기 표, 표 A.7

해석

제1법칙으로부터

$$0 = u_2 - u_1 + w$$

제2법칙으로부터

$$s_2 = s_1$$

풀이

표 A.7으로부터

$$u_1 = 435.10 \text{ kJ/kg}, \qquad s^0_{T1} = 7.5764 \text{ kJ/kg K}$$

식 8.19를 써서 아래와 같이 계산한다.

$$s_2 - s_1 = 0 = (s^0_{T2} - s^0_{T1}) - R \ln \frac{P_2}{P_1}$$

$$= (s^0_{T2} - 7.5764) - 0.287 \ln\left(\frac{150}{400}\right)$$

$$s^0_{T2} = 7.2949 \text{ kJ/kg K}$$

표 A.7로부터

$$T_2 = 457 \text{ K}, \qquad u_2 = 328.14 \text{ kJ/kg}$$

그러므로 일량은 다음과 같다.

$$w = 435.10 - 328.14 = 106.96 \text{ kJ/kg}$$

세 가지 가능성 중 첫 번째인 일정 비열도 역시 특별한 경우로서 분석할 가치가 있다. 결과는 좌변이 0이 된 식 8.16과 같다. 다시 말해서 아래의 식이다.

$$s_2 - s_1 = 0 = C_{p0} \ln \frac{T_2}{T_1} - R \ln \frac{P_2}{P_1}$$

이 표현은 다음과 같이 쓸 수도 있다.

$$\ln\left(\frac{T_2}{T_1}\right) = \frac{R}{C_{p0}} \ln\left(\frac{P_2}{P_1}\right)$$

또는

$$\frac{T_2}{T_1} = \left(\frac{P_2}{P_1}\right)^{R/C_{p0}} \qquad (8.20)$$

그러나

$$\frac{R}{C_{p0}} = \frac{C_{p0} - C_{v0}}{C_{p0}} = \frac{k-1}{k} \tag{8.21}$$

인데 여기서 비열의 비 k는 다음과 같이 정의된다.

$$k = \frac{C_{p0}}{C_{v0}} \tag{8.22}$$

식 8.20은 다음과 같이 간편하게 쓸 수 있다.

$$\frac{T_2}{T_1} = \left(\frac{P_2}{P_1}\right)^{(k-1)/k} \tag{8.23}$$

위의 식과 이상기체 상태식으로부터 다음의 식이 뒤따른다.

$$\frac{T_2}{T_1} = \left(\frac{v_1}{v_2}\right)^{k-1} \tag{8.24}$$

$$\frac{P_2}{P_1} = \left(\frac{v_1}{v_2}\right)^{k} \tag{8.25}$$

마지막 표현으로부터 이 과정에 대해 다음을 알 수 있다.

$$Pv^k = \text{constant} \tag{8.26}$$

이것은 폴리트로프 과정에서 지수 n이 비열비 k와 일치하는 특별한 경우에 해당한다.

8.8 이상기체의 가역 폴리트로프 과정

어느 기체가 열전달이 있는 가역 과정을 수행할 때 그 과정은 자주 그림 8.12에서 보는 바와 같이 log V에 대한 log P의 그래프가 직선으로 그려지는 형태로 진행된다. 이러한 과정에서 PV^n은 일정하다.

압력과 체적 사이에 이러한 관계식을 가지는 과정을 **폴리트로프 과정**(polytropic process)이라 부른다. 이러한 예는 수냉식의 왕복동(reciprocating) 기관에서 실린더 내 연소 가스의 팽창에서 볼 수가 있다. 만일 폴리트로프 과정의 팽창 행정 중에 기관 측정기(engine indicator)를 사용하여 압력과 체적을 측정하고 이들의 로그 값을 그래프에 그린다면 그림 8.12의 직선과 비슷하게 나올 것이다. 이 그림으로부터 다음 식들이 얻어진다.

$$\frac{d \ln P}{d \ln V} = -n$$

$$d \ln P + n d \ln V = 0$$

n이 일정하면 (이는 $\log P - \log V$ 선도 상에서 직선을 의미함) 이 식은 적분되어 다음의 관계식이 된다.

$$PV^n = \text{일정} = P_1V_1^n = P_2V_2^n \tag{8.27}$$

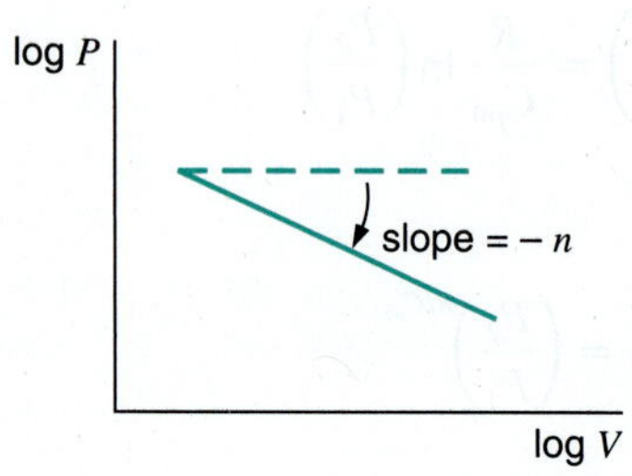

그림 8.12 폴리트로프 과정의 예.

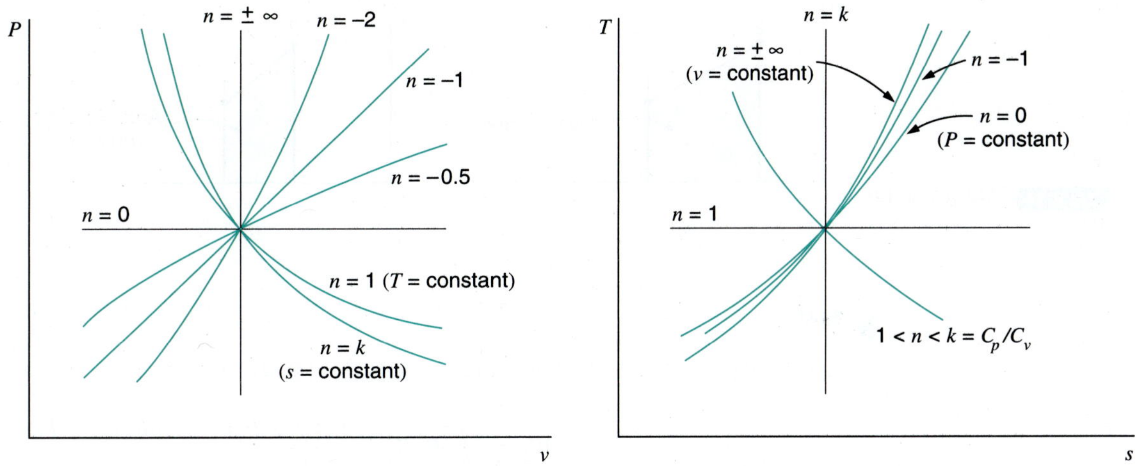

그림 8.13 P–v 및 T–s 선도 상에서의 폴리트로프 과정.

이 식으로부터 폴리트로프 과정에 대해서 다음과 같은 관계식을 쓸 수가 있다.

$$\frac{P_2}{P_1} = \left(\frac{V_1}{V_2}\right)^n$$

$$\frac{T_2}{T_1} = \left(\frac{P_2}{P_1}\right)^{(n-1)/n} = \left(\frac{V_1}{V_2}\right)^{n-1} \tag{8.28}$$

이상기체로 이루어진 검사질량에서 가역 폴리트로프 과정 중 이동 경계에서의 일량은 $n = 1$을 제외한 어느 n 값에 대해서도 다음 식을 사용하여 구할 수 있다.

$$_1W_2 = \int_1^2 P\,dV \qquad 또는 \qquad PV^n = 일정$$

$$_1W_2 = \int_1^2 P\,dV = 일정 \quad \int_1^2 \frac{dV}{V^n}$$

$$= \frac{P_2V_2 - P_1V_1}{1-n} = \frac{mR(T_2 - T_1)}{1-n} \tag{8.29}$$

그림 8.13에서는 다양한 n 값에 대한 폴리트로프 과정을 P–v 및 T–s 선도 상에 표시하고 있다. 몇 가지 친숙한 과정들에 대한 n 값은 다음과 같다.

정압 과정:	$n = 0$,	P = 일정
등온 과정:	$n = 1$,	T = 일정
가역 단열 과정:	$n = k$,	s = 일정
정적 과정:	$n = \infty$,	v = 일정

예제 8.7

실린더 내의 질소가 가역 과정을 통해 100 kPa, 20°C로부터 500 kPa로 압축된다. 이 압축 과정 중 압력과 체적 사이의 관계는 $PV^{1.3}$ = 일정이다. kg당 일과 전달 열량을 계산하고 이 과정을 P–V 및 T–S 선도에 그려라.

검사 질량: 질소

초기 상태: P_1, T_1; 상태 1은 기지수

최종 상태: P_2

과정: 가역 폴리트로프 과정, $n < k$

선도: 그림 8.14

모델: 이상기체, 일정 비열—300 K의값

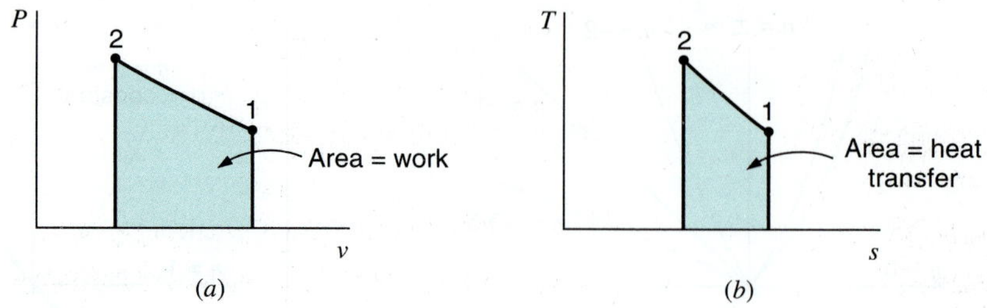

그림 8.14 예제 8.7에서의 선도.

해석

경계의 이동에 의한 일을 구해야 하며 식 8.29를 이용해서 다음과 같이 계산한다.

$$_1W_2 = \int_1^2 P\,dV = \frac{P_2V_2 - P_1V_1}{1-n} = \frac{mR(T_2 - T_1)}{1-n}$$

제1법칙 식은 아래와 같다.

$$_1q_2 = u_2 - u_1 + {_1w_2} = C_{v0}(T_2 - T_1) + {_1w_2}$$

풀이

식 8.28을 사용하여

$$\frac{T_2}{T_1} = \left(\frac{P_2}{P_1}\right)^{(n-1)/n} = \left(\frac{500}{100}\right)^{(1.3-1)/1.3} = 1.4498$$

$$T_2 = 293.2 \times 1.4498 = 425\ \text{K}$$

따라서 일은 아래와 같이

$$_1w_2 = \frac{R(T_2 - T_1)}{1-n} = \frac{0.2968(425 - 293.2)}{(1 - 1.3)} = -130.4\ \text{kJ/kg}$$

이 되고, 제1법칙으로부터 아래와 같이 전달 열량을 구한다.

$$\begin{aligned} _1q_2 &= C_{v0}(T_2 - T_1) + {_1w_2} \\ &= 0.745(425 - 293.2) - 130.4 = -32.2\ \text{kJ/kg} \end{aligned}$$

■

이상기체 가역 등온 과정(reversible isothermal process)은 특별한 흥미가 있다. 이 과정에서

$$PV = 일정 = P_1V_1 = P_2V_2 \tag{8.30}$$

가역 등온 과정 중 단순 압축성 질량의 경계에서 행해진 일은 다음 식을 적분하면 구할 수 있다.

$$_1W_2 = \int_1^2 P\,dV$$

이를 적분하면

$$_1W_2 = \int_1^2 P\,dV = 일정\int_1^2 \frac{dV}{V} = P_1V_1 \ln\frac{V_2}{V_1} = P_1V_1 \ln\frac{P_1}{P_2} \tag{8.31}$$

또는

$$_1W_2 = mRT \ln\frac{V_2}{V_1} = mRT \ln\frac{P_1}{P_2} \tag{8.32}$$

이 된다.

등온 과정에서는 내부 에너지나 엔탈피의 변화가 없으므로 전달 열량은 일량과 동일하다(운동 에너지와 위치 에너지 변화는 무시). 그러므로 식 8.31은 전달 열량으로 계산했어도 유도되었을 것이다.

예를 들어 식 8.7을 이용하면

$$\int_1^2 T\,ds = {}_1q_2 = \int_1^2 du + \int_1^2 P\,dv$$

그런데 $du = 0$이고, $Pv =$ 일정 $= P_1v_1 = P_2v_2$이므로

$${}_1q_2 = \int_1^2 P\,dv = P_1v_1 \ln\frac{v_2}{v_1}$$

가 되어식 8.31과 동일한 결과를 얻는다.

■

개념에 관한 질문

f. 어느 액체가 가역 단열 과정에서 압축된다. 온도 T의 변화는 얼마인가?

g. 어느 이상기체가 등온 가역가열과정을 겪고 있다. 상태량(v, u, h, s, P)들은 어떻게 변화하는가(상승, 하강, 또는 불변)?

h. 이산화탄소가 $n = 1.2$인 폴리트로프 과정에서 더 작은 체적으로 압축된다. 상태량(u, h, s, P, T)들은 어떻게 변화하는가(상승, 하강, 또는 불변)?

8.9 비가역 과정 중 검사질량 내의 엔트로피 변화

그림 8.15에서 사이클을 수행하는 검사질량을 생각해 보자. 가역 과정 A와 B로 이루어진 사이클은 가역 사이클이므로 다음의 식이 성립한다.

$$\oint \frac{\delta Q}{T} = \int_1^2 \left(\frac{\delta Q}{T}\right)_A + \int_2^1 \left(\frac{\delta Q}{T}\right)_B = 0$$

비가역 과정 C와 가역 과정 B로 이루어진 사이클은 비가역 사이클이다. 따라서 이 사이클에는 Clausius의 부등식이 적용되어 다음 식으로 쓸 수가 있다.

$$\oint \frac{\delta Q}{T} = \int_1^2 \left(\frac{\delta Q}{T}\right)_C + \int_2^1 \left(\frac{\delta Q}{T}\right)_B < 0$$

첫 번째 식에서 두 번째 식을 빼고 정리하면

$$\int_1^2 \left(\frac{\delta Q}{T}\right)_A > \int_1^2 \left(\frac{\delta Q}{T}\right)_C$$

경로 A가 가역적이고 엔트로피는 상태량이므로

$$\int_1^2 \left(\frac{\delta Q}{T}\right)_A = \int_1^2 dS_A = \int_1^2 dS_C$$

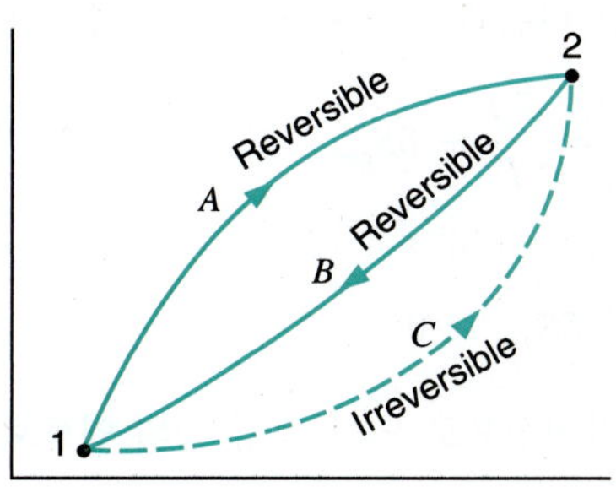

그림 8.15 비가역 과정 중 검사질량의 엔트로피 변화.

그러므로

$$\int_1^2 dS_C > \int_1^2 \left(\frac{\delta Q}{T}\right)_C$$

경로가 C가 임의적이므로 일반적으로 다음의 식이 성립한다.

$$dS \geq \frac{\delta Q}{T}$$

$$S_2 - S_1 \geq \int_1^2 \frac{\delta Q}{T} \tag{8.33}$$

이 식들에서 등호는 가역 과정, 부등호는 비가역 과정에 대한 것이다.

이 식은 열역학에서 가장 중요한 식들 중 하나로서 수많은 개념과 정의를 만들어내는 데 쓰인다. 이 식은 검사질량의 엔트로피에 비가역성이 어떠한 영향을 미치는지를 보여 주고 있다. 따라서 가역 과정에서 온도 T인 검사질량에 δQ의 열량이 전달된다면 이때의 엔트로피 변화는 다음 식에 의해 주어진다.

$$dS = \left(\frac{\delta Q}{T}\right)_{\text{rev}}$$

그러나 δQ의 열량이 온도 T인 검사질량에 전달될 때 어떤 비가역적 효과가 발생한다면 이때의 엔트로피 변화는 가역 과정에서의 변화보다 클 것이다. 이를 다음의 식으로 표시할 수 있다.

$$dS > \left(\frac{\delta Q}{T}\right)_{\text{irr}}$$

식 8.33은 $\delta Q = 0$일 때 및 $\delta Q < 0$일 때 그리고 $\delta Q > 0$일 때 유효하다. δQ가 음수이면 열전달로 인하여 엔트로피가 감소하려 할 것이다. 그러나 비가역성의 영향은 엔트로피를 여전히 증가시킬 것이고 절대 수치적 관점에서 δQ에 관해 다음과 같이 쓸 수 있다.

$$dS \geq \frac{\delta Q}{T}$$

개념에 관한 질문

i. 어느 물질에서 열이 빠져나간다. 이 과정이 가역적이라면 s의 변화에 대해 무엇을 말할 수 있을까? 또 비가역적일 때는 어떠한가?

j. 어느 물질이 단열 압축되어 P와 T가 상승한다. 이것이 s를 변화시키는가?

8.10 엔트로피의 생성

앞에서 고려한 것들로부터 얻어지는 결론은 비가역 과정에서의 엔트로피 변화는 동일한 δQ 및 T에 대한 가역 과정에서의 변화보다 크다는 것이다. 이는 다음과 같은 등식으로 쓸 수 있다.

$$dS = \frac{\delta Q}{T} + \delta S_{\text{gen}} \tag{8.34}$$

이때 마지막 항은 양수로 가정한다. 즉

$$\delta S_{\text{gen}} \geq 0 \tag{8.35}$$

엔트로피 δS_{gen}는 계의 내부에서 발생하는 비가역성으로 인한 과정 중의 **엔트로피 생성**(entropy generation)이다. 계 내부란 여기서는 검사질량을 지칭하나 나중에는 좀 더 일반적인 검사체적으로 확장될 것이다. 내부 생성은 7.4절에서 언급한 바와 같이 마찰, 불구속 팽창, 유한한 온도차에 의한 내부적 에너지 전달(재분배)등의 과정에 의해 일어난다. 내부 엔트로피 생성 외에도 δQ가 열원으로부터 전달될 때와 같이 유한한 온도차에서의 열전달이나 일의 기계적 전달 등에 의해서 외부적 비가역성이 생길 수 있다.

식 8.35는 가역 과정에 등호, 비가역 과정에 부등호를 적용함으로써 항상 성립한다. 엔트로피의 생성은 항상 양의 수이고 가역 과정에서 최소, 즉 0이 되므로 열전달 및 일에 관한 어떤 한계 값을 이끌어낼 수 있게 된다.

엔트로피 생성이 0인 가역 과정을 생각해보면 전달 열과 일의 항은 다음과 같다.

$$\delta Q = T\,dS \qquad \text{and} \qquad \delta W = P\,dV$$

엔트로피의 생성이 0이 아닌 비가역 과정에서 식 8.34에 의한 열전달은 다음과 같으며

$$\delta Q_{\text{irr}} = T\,dS - T\,\delta S_{\text{gen}}$$

따라서 동일 상태 변화 dS에 대해서는 가역 사이클에서의 경우보다 작다. 또한 비가역 과정에서는 일이 더 이상 $P\,dV$가 아니고 이보다 작다는 것을 알아야 한다. 또한 제1법칙이 다음과 같고

$$\delta Q_{\text{irr}} = dU + \delta W_{\text{irr}}$$

상태량의 관계식이 다음과 같으므로

$$T\,dS = dU + P\,dV$$

아래의 식을 구하게 된다.

$$\delta W_{\text{irr}} = P\,dV - T\,\delta S_{\text{gen}} \tag{8.36}$$

이 식은 엔탈피의 생성과 비례하는 양만큼 일이 감소한다는 것을 보여 준다. 비록 이것이 실제로 잃는 일 또는 에너지의 양이 아니고 단지 일을 할 수 있는 기회를 잃는 것이기는 하지만 위와 같은 이유로 $T\,\delta S_{\text{gen}}$은 때때로 "손실일"이라고도 불린다.

식 8.34는 초기와 최종 상태 사이에서 다음과 같이 적분된다.

$$S_2 - S_1 = \int_1^2 dS = \int_1^2 \frac{\delta Q}{T} + {}_1S_{2\,\text{gen}} \tag{8.37}$$

이와 같이 앞 절에서 부등식으로 표현되었던 비가역 과정에서의 엔트로피 변화가 여기에서는 등식으로 표현되었다. 엔트로피의 생성이 없는 가역 과정 한계에서 식 8.37로 표현된 S의 변화는 등호가 적용될 때의 식 8.33과 같게 되며 일은 $\int P\,dV$가 된다. 식 8.37은 식 5.5의 에너지 식과 같은 형태로서 검사질량에 대한 **엔트로피 평형식**(entropy balance equation)이 되며 이는 여러 하부 계를 포함할 수 있다. 이 식은 다음과 같은 일반적 형태로 다시 쓸 수 있는데

$$\Delta \text{ 엔트로피} = +\text{유입} - \text{유출} + \text{생성}$$

이는 엔트로피의 생성은 가능하지만 파괴는 불가능하다는 것을 보여준다. 이것은 또한 우리가 생성 또는 파괴할 수 없는 에너지와 대조를 이룬다.

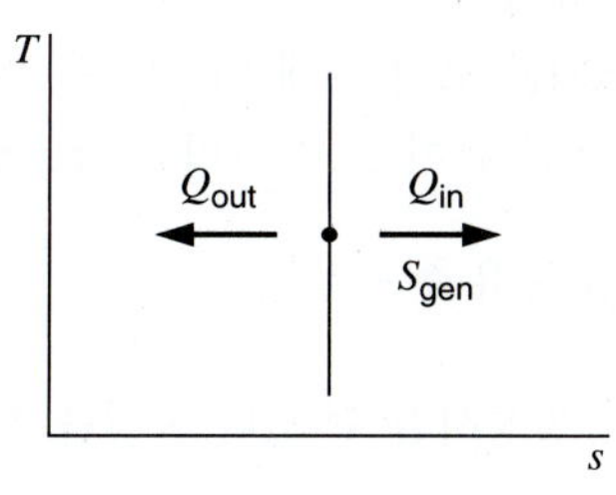

그림 8.16 열전달과 엔트로피 생성에 따른 엔트로피의 변화.

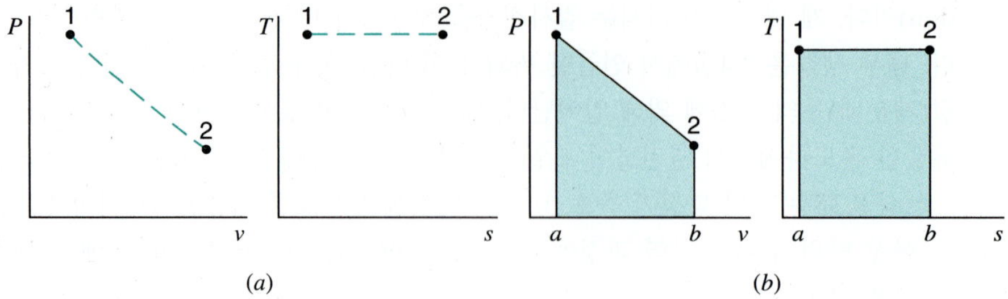

그림 8.17 압력–체적 및 온도–엔트로피 선도 상에서의 가역 및 비가역 과정들.

식 8.34, 8.37로부터 몇 가지 중요한 결론을 이끌어낼 수 있다. 첫째, 계의 엔트로피를 증가시킬 수 있는 방법에는 두 가지가 있다. 열을 계로 전달하는 방법과 계에 비가역 과정이 존재하도록 하는 방법이다. 엔트로피의 생성은 0보다 작을 수가 없으므로 계의 엔트로피를 감소시키는 방법은 계로부터 열을 밖으로 전달시키는 것 오직 하나뿐이다.

둘째, 이미 알고 있는 바와 같이 단열 과정에서는 $\delta Q = 0$이며 따라서 엔트로피의 증가는 항상 비가역성에 의한 것이다.

셋째, 비가역성의 존재는 실제 일을 가역일보다 작게 만든다. 이는 팽창 과정에서는 일이 덜 생성되고 압축 과정에서는 검사질량에 더 많은 일이 소모됨($\delta W < 0$)을 의미한다.

끝으로 강조해야 할 것은 열전달에 수반되는 s의 변화는 검사표면을 통하는 전달 현상이므로 검사체적 내에서 얻는 만큼 검사체적 밖에서는 잃는다는 것이다. 이는 비가역 과정에 기인하여 검사체적 내에 생성되는 모든 엔트로피를 표현하는 생성항(generation term)과는 대비가 된다.

이제 비가역 과정들을 P–V 및 T–S 선도에 나타내는 것에 대해 알아보기로 하자. 비가역 과정에서의 일량은 $P\,dV$와 다르고 전달 열량 또한 $\int T\,dS$와 같지 않다. 그러므로 P–V 및 T–S 선도에서 경로 선 아래의 면적은 각각 일과 열을 표시하지 않는다. 실제로 계가 비가역 과정을 겪고 있을 때에는 계의 정확한 상태를 확실하게 알 수 없는 상황이 많다. 이러한 이유로 비가역 과정은 점선으로, 가역 과정은 실선으로 나타내는 것이 유리하다. 이렇게 하면 점선 아래의 면적은 결코 일 또는 열을 나타내지 않게 될 것이다. 그림 8.17*a*는 비가역 과정을 보여 주고 있으며 이 과정에 있어서 열전달과 일은 0이므로 점선 아래의 면적은 아무런 의미가 없게 된다. 그림 8.17*b*는 가역 과정을 보여 주고 있으며 면적 1–2–*b*–*a*–1은 P–V 선도 상에서 일을 나타내고 T–S 선도 상에서는 전달 열량을 나타낸다.

8.11 엔트로피 증가의 원리

앞 절에서 계 또는 검사질량 내부에서 비가역성이 발생하는 비가역 과정을 고려하였다. 또한 검사질량의 엔트로피 변화는 양의 값 또는 음의 값이 될 수도 있다는 것을 알았다. 이는 엔트로피가 내부 엔트로피 생성에 의해 증가하거나 열전달의 방향에 따라 증가 또는 감소할 수 있기 때문이다. 이제는 에너지 식과 엔트로피 식의 차이를 강조하고 에너지는 보존되나 엔트로피는 그렇지 않다는 것을 지적하고자 한다.

두 개의 상호 배타적인 검사체적 A와 B가 공통의 표면과 주위 C를 가지고 이들이 모여서 전체를 이루고 있다고 생각해 보자. 몇 개의 과정이 일어나서 이 검사체적들이 그림 8.18에서와 같이 일과 열을 교환하도록 하자. Q나 W가 하나의 검사체적에서 다른 검사체적으로 전달되기 때문에 일과 열 개개의 항에 단 하나의 부호만을 사용할 수 있고 화살표를 이용하여 방향을 줄 수 있다. 이제 각 검사체적에 대해 에너지 및 엔트로피 식들을 쓰고 정미 효과(net effect)를 보기 위해 이 식들을 더해 보겠다. 식들을 쓸 때 그 식을 모두 기억해서 쓰는 것이 아니라 단순히 다음과 같이 쓰고 그림을 참조하여 부호를 정한다.

$$\text{변화량} = +\text{유입} - \text{유출} + \text{생성}$$

그러나 에너지는 생성시킬 수 없고 오직 엔트로피만 생성시킬 수 있다는 것을 알아야 한다.

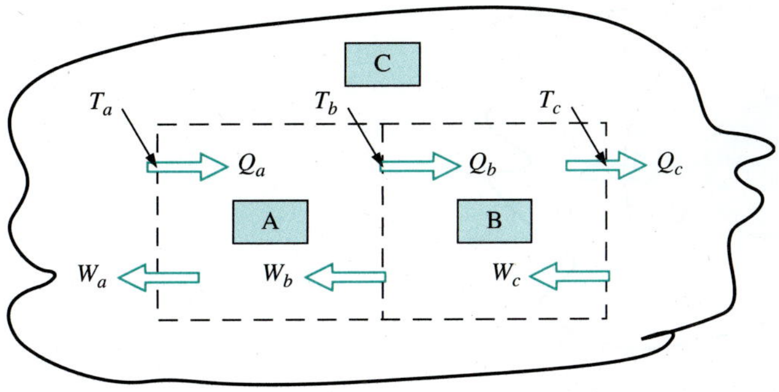

그림 8.18 세 개의 검사체적으로 구분된 전체 세계.

에너지:

$$(E_2 - E_1)_A = Q_a - W_a - Q_b + W_b$$
$$(E_2 - E_1)_B = Q_b - W_b - Q_c + W_c$$
$$(E_2 - E_1)_C = Q_c + W_a - Q_a - W_c$$

엔트로피:

$$(S_2 - S_1)_A = \int \frac{\delta Q_a}{T_a} - \int \frac{\delta Q_b}{T_b} + S_{\text{gen }A}$$
$$(S_2 - S_1)_B = \int \frac{\delta Q_b}{T_b} - \int \frac{\delta Q_c}{T_c} + S_{\text{gen }B}$$
$$(S_2 - S_1)_C = \int \frac{\delta Q_c}{T_c} - \int \frac{\delta Q_a}{T_a} + S_{\text{gen }C}$$

이제 전체의 에너지 변화량을 얻기 위해 모든 에너지 식을 더해 보면 전체 에너지가 변하지 않았다는 것을 알 수 있다. 즉 모든 우변의 전달 항이 소거되면서 에너지가 보존된다.

$$\begin{aligned}(E_2 - E_1)_{\text{total}} &= (E_2 - E_1)_A + (E_2 - E_1)_B + (E_2 - E_1)_C \\ &= Q_a - W_a - Q_b + W_b + Q_b - W_b - Q_c + W_c + Q_c + W_a - Q_a - W_c \\ &= 0 \end{aligned} \tag{8.38}$$

에너지가 과정의 이전에 저장되었던 장소나 형태와는 다르지만 전체의 양은 동일하다. 엔트로피에 대해서는 다음과 같이 약간 다른 것을 얻는다.

$$\begin{aligned}(S_2 - S_1)_{\text{total}} &= (S_2 - S_1)_A + (S_2 - S_1)_B + (S_2 - S_1)_C \\ &= \int \frac{\delta Q_a}{T_a} - \int \frac{\delta Q_b}{T_b} + S_{\text{gen }A} + \int \frac{\delta Q_b}{T_b} - \int \frac{\delta Q_c}{T_c} + S_{\text{gen }B} \\ &\quad + \int \frac{\delta Q_c}{T_c} - \int \frac{\delta Q_a}{T_a} + S_{\text{gen }C} \\ &= S_{\text{gen }A} + S_{\text{gen }B} + S_{\text{gen }C} \geq 0 \end{aligned} \tag{8.39}$$

여기서 모든 전달 항들은 소거되고 각각의 계에 양의 엔트로피 생성 항들만 남게 된다. 오직 모든 계에서 가역 과정들만 존재할 때 우변은 0이 되는 것이다. 이러한 개념을 **엔트로피 증가의 원칙**(principle of the increase of entropy)이라 일컫는다. 주목해야 할 것은 우리가 상태 1로부터 상태 2에 이르기까지 전체의 엔트로피 변화를 모두 더한다면 전체 생성량을 구할 수 있겠지만 도대체 이 엔트로피가 어디서 생성되는지는 지적해낼 수가 없다는 것이다. 이러한 좀 더 세부적인 정보를 얻기 위해서는 분리된 검사체적 *A*, *B*, *C*를 만들어 필요한 모든 전달 항들의 값을 구해야 한다. 이렇게 함으로써 내부 변화 및 전달 평형식에 의해 엔트로피 생성량을 얻게 된다. 비가역 과정의 한 예로서 그림 8.19에서 보는 바와 같이 고온 영역으로부터 저온 영역으로 에너지가 흘러가는 열전달 과정을 고려해 보도록 하자. 검사체적 *A*가 균일 온도 T_0의 주위 검사체적 *C*로부터 *Q*의 열전달을 받는 온도 *T*의 검사질량이라고 하자. 전달은 영역

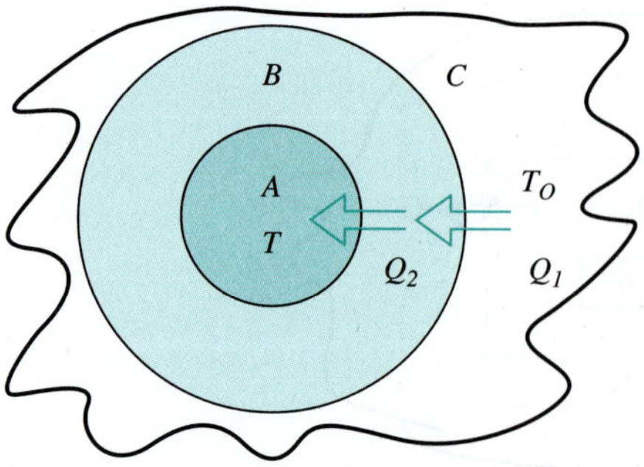

그림 8.19 벽을 통하는 열전달.

A와 C를 분리시키는 검사 체적 B, 즉 벽을 통해서 이루어진다. 검사체적 B, 즉 벽의 견지에서 증분 과정을 분석해보기로 하자. 이 벽은 시간적으로 상태 변화가 없지만 공간적으로는 불균일하다(벽은 외면이 T_0이고 내면은 T이다).

에너지 식: $$dE = 0 = \delta Q_1 - \delta Q_2 \Rightarrow \quad \delta Q_1 = \delta Q_2 = \delta Q$$

엔트로피 식: $$dS = 0 = \frac{\delta Q}{T_0} - \frac{\delta Q}{T} + \delta S_{\text{gen } B}$$

따라서 에너지 식으로부터 두 개의 열전달량이 동일하다는 것을 알 수 있지만 이 두 개의 열전달이 각각 다른 온도에서 일어남에 따라 다음과 같은 엔트로피 생성을 가져온다는 것을 깨닫게 된다.

$$\delta S_{\text{gen } B} = \frac{\delta Q}{T} - \frac{\delta Q}{T_0} = \delta Q\left(\frac{1}{T} - \frac{1}{T_0}\right) \geq 0 \tag{8.40}$$

열전달이 표시된 방향으로 이루어지기 위해서는 $T_0 > T$이어야 하므로 엔트로피 생성이 양의 값임을 알 수 있다. 온도가 역전되어 $T_0 < T$라고 가정하면 괄호 안은 음의 값이 되고 따라서 양의 엔트로피 생성을 갖기 위해서는 δQ가 음의 값 즉 반대 방향으로 이동해야 한다. 고온 영역으로부터 저온 영역으로 움직이는 열전달의 방향은 이렇게 제2법칙의 논리적인 귀결인 것이다.

엔트로피 증가의 원칙(총 엔트로피 생성)인 식 8.39는 다음의 예제를 통해 설명이 된다.

예제 8.8

100°C 상태의 수증기 1 kg이 정압 과정을 통해 25°C인 주위 공기에 열을 전달하고 100°C의 포화액으로 응결된다. 물과 주위의 총 엔트로피 변화량은 얼마인가?

풀이

검사질량(물)에 대해서 수증기표로부터 다음을 얻는다.

$$\Delta S_{\text{c.m.}} = -ms_{fg} = -1 \times 6.0480 = -6.0480 \text{ kJ/K}$$

주위에 대해서는 다음과 같이 계산한다.

$$Q_{\text{to surroundings}} = mh_{fg} = 1 \times 2257.0 = 2257 \text{ kJ}$$

$$\Delta S_{\text{surr}} = \frac{Q}{T_0} = \frac{2257}{298.15} = 7.5700 \text{ kJ/K}$$

$$\Delta S_{\text{gen total}} = \Delta S_{\text{c.m.}} + \Delta S_{\text{surr}} = -6.0480 + 7.5700 = 1.5220 \text{ kJ/K}$$

이 엔트로피의 증가는 엔트로피 증가의 원칙에 따르는 것이며 우리의 경험상 이 과정은 발생이 가능하다는 것을 말해 준다.

물로부터 주위로의 열전달이 역으로 일어날 수 있는지를 알아보는 것은 매우 흥미로운 일이다. 그림 8.20에서와 같이 카르노 사이클로 작동하는 기관이 물로부터 열을 받아 주위에 배출하는 것을 가정해

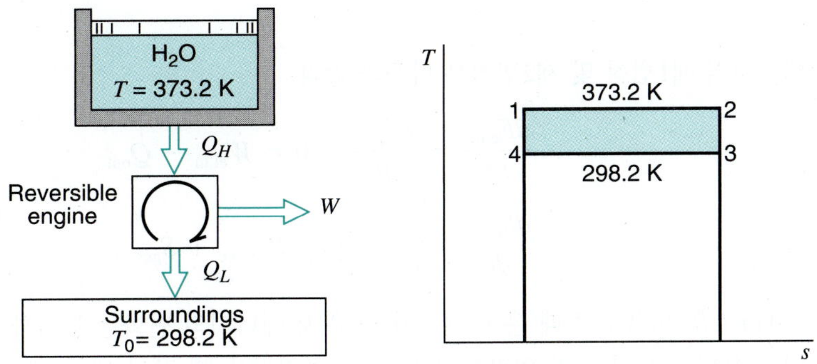

그림 8.20 외부와의 가역 열전달.

보자. 물의 엔트로피 감소는 주위의 엔트로피 증가와 동일할 것이다.

$$\Delta S_{\text{c.m.}} = -6.0480 \text{ kJ/K}$$
$$\Delta S_{\text{surr}} = 6.0480 \text{ kJ/K}$$
$$Q_{\text{to surroundings}} = T_0 \Delta S = 298.15(6.0480) = 1803.2 \text{ kJ}$$
$$W = Q_H - Q_L = 2257 - 1803.2 = 453.8 \text{ kJ}$$

가역 사이클이므로 기관은 역전되어 열펌프로 작동할 수 있다. 이 사이클에서 열펌프에 가해지는 일은 453.9 kJ이다.

■

8.12 시간 변화율 식으로서의 엔트로피

열역학 제2법칙이 식 8.34에서는 변화율, 식 8.37에서는 변화량에 관한 엔트로피 평형을 세우는 데 사용되었다. 때로는 주어진 과정이 시간을 따라 추적될 수 있도록 시간 변화율(rate)의 형태로 이 식이 필요하다. 또한 시간 변화율의 형태는 비정상 상태의 일반적 검사질량 해석에 있어서도 엔트로피 평형식을 개발하는 토대가 되기도 한다.

식 8.34에서 S의 증분을 취하고 δt로 나누면

$$\frac{dS}{\delta t} = \frac{1}{T}\frac{\delta Q}{\delta t} + \frac{\delta S_{\text{gen}}}{\delta t} \tag{8.41}$$

주어진 검사질량에는 각각 다른 표면 온도를 가진 몇 개의 열원이 존재할 수 있다. 에너지 방정식에는 검사표면을 통과하는 열전달이 일어나는 온도를 고려할 필요가 없으므로 식 5.31에서는 모든 항이 합쳐져서 시간 변화율의 형태로서의 정미 전달 열량이 되었다. 이와 함께 시간 변화율을 점(dot)으로 나타내면 한계상황에 있어서의 엔트로피 방정식은 다음과 같이 된다.

$$\frac{dS_{\text{c.m.}}}{dt} = \sum \frac{1}{T}\dot{Q} + \dot{S}_{\text{gen}} \tag{8.42}$$

이 식은 엔트로피 변화율이 열전달로 인한 **엔트로피 유량**(flux of entropy)의 검사질량 내 유입분 및 비가역 과정에 의한 검사질량 내부의 증가분에 기인한다고 표현하고 있다. 검사질량 내부에서 가역 과정만 일어난다면 엔트로피 변화율은 오직 열전달률을 온도로 나눈 것에 의해 결정될 것이다.

예제 8.9

열선 표면 온도 600 K에서 1 kW의 열유량(heat flux)으로 변화시켜 주는 전기 히터가 있다. 전기에서 열로의 에너지의 변환 과정을 살펴보고 총 엔트로피의 생성률을 찾아보기로 하자.

검사질량: 전기 히터 선

상태: 일정 온도 600 K

해석

비율의 형태로서의 제1법칙 및 제2법칙은 다음과 같다.

$$\frac{dE_{\text{c.m.}}}{dt} = \frac{dU_{\text{c.m.}}}{dt} = 0 = \dot{W}_{\text{el.in}} - \dot{Q}_{\text{out}}$$

$$\frac{dS_{\text{c.m.}}}{dt} = 0 = -\dot{Q}_{\text{out}}/T_{\text{surface}} + \dot{S}_{\text{gen}}$$

E의 비율로부터 U의 비율로 갈때 운동 에너지 및 위치 에너지의 변화는 무시하였다. 정상 상태이므로 좌변은 0이 되고 우변은 유입 전기 일량에서 유출 전달 열량을 뺀 값이 된다. 엔트로피 방정식에서는 좌변이 정상 상태이므로 0이 되고 우변은 열전달에 의한 엔트로피 유량의 유출 및 열선에서 생성된 엔트로피 등으로 이루어져 있다.

풀이

엔트로피 생성은 다음과 같다.

$$\dot{S}_{\text{gen}} = \dot{Q}_{\text{out}}/T = 1/600 = 0.001\ 67\ \text{kW/K}$$

■

8.13 방법론 편

고체나 액체에서 어떻게 s의 변화량을 구할 수 있는가?

고체나 액체의 경우에는 체적이 일정(v = 일정)하며 비체적 또한 매우 작다. 따라서 엔트로피는 식 8.11과 같이 온도의 함수가 된다.

$$s_2 - s_1 = C \ln\frac{T_2}{T_1}$$

이상기체에서는 어떻게 s의 변화량을 구할 수 있는가?

이상기체의 경우에 "u"와 "h"는 오직 T만의 함수이지만 s는 T와 P(또는 T와 v) 모두의 함수이다. 식 8.7~8의 깁스 관계식과 엔트로피에 대한 지식을 이용하면 다음 식을 얻을 수 있다.

$$s_2 - s_1 = s^0_{T2} - s^0_{T1} - R\ln\frac{P_2}{P_1} \approx C_p \ln\frac{T_2}{T_1} - R\ln\frac{P_2}{P_1} = C_v \ln\frac{T_2}{T_1} + R\ln\frac{v_2}{v_1}$$

첫 번째 가장 정확한 표현인 식 8.19는 표 A.7, A.8 및 근사식을 사용한다. 식 8.16-17은 표 A.5에서 25°C에 대한 평균 비열 C_p 또는 C_v를 이용한다.

등엔트로피 과정에 대한 지수 관계식은 항상 유효한가?

폴리트로프 과정에 대한 지수 관계식인 식 8.28은 일정 비열의 경우 등엔트로피 과정($n = k$)에도 적용된다. 이는 식 8.16~17을 근거로 하며 식 8.23~26에 나타나 있다. 비열이 일정하지 않으면 비열의 평균값을 정해 근사식으로 이용한다.

과정이 가역적인 것을 어떻게 알 수 있는가?

이것은 좀 더 어려운 질문이며 직접적이고 긍정적인 해답은 없다. 이에 답하기 위해서 반대의 경우를 찾아보도록 한다. 즉 선택된 CV(검사체적) 내에서 명백한 비가역 과정이 하나라도 발생하는가? 다른 온도를 가진 영역들 간의 열전달, 제어되지 않은 팽창, 서로 다른 상태의 질량 혼합, 옴 저항기를 통한 전류,

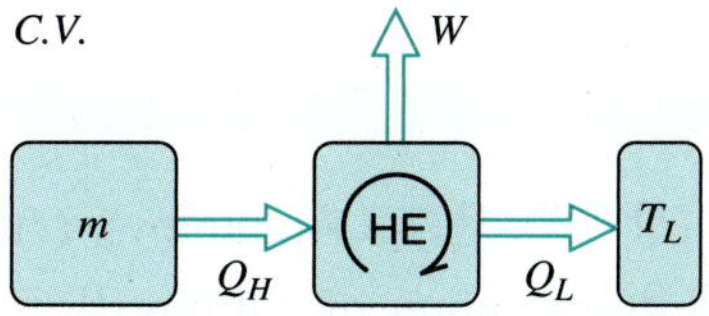

그림 8.21

급격히 좁아진 곳을 통한 유동 등이 존재하는가? 7장에 열거된 비가역 과정 중 어느 하나라도 존재하는지를 체크해 보고 만일 아무 것도 발견되지 않는다면 가역 과정으로 가정하라.

비가역 과정은 어떻게 다루는가?

비가역 과정에서는 엔트로피가 만들어지며 엔트로피 식을 이용하는 오직 하나의 이유는 생성된 양을 알아내는 데 있다. 따라서 과정이 얼마나 비가역적인가를 묵시적으로 말해주는 장치/과정에 대한 정보가 주어져야 한다. 엔트로피 유량($\dot{Q}/T$) 및 에너지($\dot{Q}$, $\dot{W}$)와 더불어 최초 및 최종 상태(또는 입구 및 출구 유동 상태)를 알게 되면 필요한 모든 정보를 얻게 되는 것이다. 때로는 효율이 정보로 주어지기도 한다. 이 경우에는 이상적인 장치/과정에 대해 먼저 계산한 후 실제 장치에 대한 상태 및 유량을 얻어야 할 필요가 있다. 그 이후에 앞에서와 같이 실제 과정에서의 엔트로피생성을 계산할 수 있다.

엔트로피 식의($\dot{Q}/T$) 항에 어떤 T를 사용할지를 어떻게 알 수 있는가?

식 8.41의 항은 실제로 모든 $\dot{Q}$이 동일한 T로부터 나오지 않는 한 표면 전체에 대한 합(적분)이다. 이 항은 $\dot{Q}$이 CV로 가로질러 들어가는 바로 그 검사체적의 표면에서 산정되는 것이며 또한 절대 온도를 사용해야만 한다. 창문 안쪽에서 바깥쪽으로 옮기는 것과 같이 CV를 다른 곳으로 이동시킬 때 보통 $\dot{Q}$은 동일하나 온도는 다르게 된다. 따라서 이 두 지점에서 유량 $\dot{Q}/T$는 다른 값을 가진다. 동일한 열전달을 가진 낮은 T지점에서 더 높은 s 유량을 가지는데 이는 낮아진 T의 공간에서 생성되는 s에 기인한다.

T_L 또는 T_H이 변할 때 열기관 또는 냉동기를 어떻게 다루는가?

열저장용 암반과 같이 열원의 크기가 유한할 때 혹은 그것이 열교환기로 유입되는 뜨거운 물질의 유동일 때에는 전체 열전달이 일정한 온도에서 일어나지 않고 넓은 온도 범위에 걸쳐서 일어나게 된다. 이 때에는 7장의 카르노 열기관에 대한 효율을 사용할 수 없고 8장에서처럼 검사체적에 대한 제2법칙을 만들어 주어야 한다. 7장이 제2법칙에 대한 역사적, 고전적 표현인 반면 8장은 엔트로피 평형식으로 표현된 현대식 버전이란 것을 상기하도록 하자.

그림 8.21에서와 같이 일정 체적의 질량이 가역 열기관에 열을 전달하고 상태 1로부터 상태 2로 식어가는 유한한 열원이 있다고 가정해 보자. 단순화를 위해서 열기관이 고정된 $T_L = T_0$ 를 가지고 있다고 가정하기로 한다. 질량과 열기관을 모두 포함하는 CV를 잡고 에너지 식 및 엔트로피 식을 쓰면 다음과 같다.

$$E_2 - E_1 = m(u_2 - u_1) = -W_{HE} - Q_L$$
$$S_2 - S_1 = m(s_2 - s_1) = -Q_L/T_L \quad \Rightarrow \quad Q_L = -T_L m(s_2 - s_1)$$

에너지 식에서 일에 대해 정리하면 다음과 같이 된다.

$$W_{HE} = -Q_L - m(u_2 - u_1) = T_L m(s_2 - s_1) - m(u_2 - u_1)$$

열기관을 둘러싼 CV에서 $Q_H = -m(u_2 - u_1)$이 에너지로서 포함되고 $\int \delta Q_H/T$가 엔트로피로서 고려되는데 여기서 T는 T_1과 T_2 사이에서 변화한다. 이 적분은 자체만으로는 계산될 수 없고 물질의 상태 변화와 연계되어야만 가능한데 가역 변화를 가정했을 때 다음과 같은 관계를 가진다.

$$\int \delta Q_H/T = \text{질량과 함께 유출되는 } s = -m(s_1 - s_2)$$

이 장의 요약

Clausius의 부등식(inequality of Clausius)과 [상태량–**엔트로피**(entropy), (s)]는 제2법칙의 현대식 서술이다. 제2법칙의 마지막 서술은 **엔트로피 생성**(generation of entropy)을 포함하는 **엔트로피 평형식**(entropy balance equation)이다. 제7장에 나오는 제2법칙에 대한 고전적 공식으로부터 유도되는 모든 결과는 사이클 장치에 적용되는 엔트로피 평형식으로부터 다시 유도될 수도 있다. 모든 가역 과정에 대하여 엔트로피 생성은 0이며 실제(비가역)의 모든 과정들은 양의 엔트로피 생성 값을 가진다. 엔트로피 생성은 실제 과정에 얼마나 크게 의존할까?

s에 대한 열역학 상태량 관계식은 가역 과정을 고려하여 유도되며 **깁스 관계식**(Gibbs relation)에 도달한다. 상태량 s의 변화량은 일반적인 표를 통하거나 이상기체는 물론이고 고체 및 액체에 대한 근사식을 통해 얻을 수 있다. 다양한 과정에서의 엔트로피 변화는 일반적으로 폴리트로프 과정의 특수한 경우로서 계산된다. 가역적인 비 경계일(specific boundary work)이 P–v 선도에서 과정 선 아래에 형성되는 면적인 것과 마찬가지로 가역 열전달량은 T–s 선도에서 과정 선 밑에 형성되는 면적이 된다.

여러분은 이 장을 공부함으로써 아래의 사항들을 가능하게 해주는 여러 가지 기법을 배우고 능력을 얻었을 것이다.

- Clausius 부등식이 제2법칙의 대체 서술이라는 것을 알기
- 엔트로피와 가역 열전달 사이의 관계를 알기
- 엔트로피를 포함하는 표에서 상태의 위치를 정하기
- 카르노 사이클이 T–s 선도 상에 어떻게 나타나는지 이해하기
- 단순 과정 선들이 T–s 선도 상에서 어떻게 다른지 알기
- 검사질량에 엔트로피 평형식이 어떻게 적용되는지를 이해하기
- 엔트로피가 생성되는 과정들과 엔트로피가 만들어지는 곳을 깨닫기
- 액체, 고체 및 이상기체에 관한 s의 변화를 계산하기
- 이상기체에서 폴리트로프 과정에 대한 다양한 상태량 관계식을 알기
- 비정상 엔트로피 식의 응용과 s의 유량(flux)이 무엇인가를 알기

주요 개념과 식

Clausius 부등식	$\int \frac{dQ}{T} \le 0$
엔트로피	$ds = \frac{dq}{T} + ds_{\text{gen}}; \qquad ds_{\text{gen}} \ge 0$
엔트로피에 관한 시간 변화율 방정식	$\dot{S}_{\text{c.m.}} = \sum \frac{\dot{Q}_{\text{c.m.}}}{T} + \dot{S}_{\text{gen}}$
엔트로피 방정식	$m(s_2 - s_1) = \int_1^2 \frac{\delta Q}{T} + {}_1S_{2\ \text{gen}}; \qquad {}_1S_{2\ \text{gen}} \ge 0$
총 엔트로피 변화	$\Delta S_{\text{net}} = \Delta S_{\text{cm}} + \Delta S_{\text{surr}} = \Delta S_{\text{gen}} \ge 0$
손실 일	$W_{\text{lost}} = \int T\, dS_{\text{gen}}$
실제 경계일	${}_1W_2 = \int P\, dV - W_{\text{lost}}$

깁스 방정식	$T\,ds = du + P\,dv$
	$T\,ds = dh - v\,dP$

고체, 액체

	$v = \text{constant}, \quad dv = 0$
s의 변화	$s_2 - s_1 = \int \frac{du}{T} = \int C \frac{dT}{T} \approx C \ln \frac{T_2}{T_1}$

이상기체

표준 엔트로피	$s_T^0 = \int_{T_0}^{T} \frac{C_{p0}}{T} dT$ (Function of T)
s의 변화	$s_2 - s_1 = s_{T2}^0 - s_{T1}^0 - R \ln \frac{P_2}{P_1}$ (Using Table A.7 or A.8)
	$s_2 - s_1 = C_{p0} \ln \frac{T_2}{T_1} - R \ln \frac{P_2}{P_1}$ (For constant C_p, C_v)
	$s_2 - s_1 = C_{v0} \ln \frac{T_2}{T_1} + R \ln \frac{v_2}{v_1}$ (For constant C_p, C_v)
비열의 비	$k = C_{p0}/C_{v0}$
폴리트로프 과정	$Pv^n = \text{constant}; \quad PV^n = \text{constant}$
	$\frac{P_2}{P_1} = \left(\frac{V_1}{V_2}\right)^n = \left(\frac{v_1}{v_2}\right)^n = \left(\frac{T_2}{T_1}\right)^{\frac{n}{n-1}}$
	$\frac{T_2}{T_1} = \left(\frac{v_1}{v_2}\right)^{n-1} = \left(\frac{P_2}{P_1}\right)^{\frac{n-1}{n}}$
	$\frac{v_2}{v_1} = \left(\frac{P_1}{P_2}\right)^{\frac{1}{n}} = \left(\frac{T_1}{T_2}\right)^{\frac{1}{n-1}}$
비 일(specific work)	${}_1w_2 = \frac{1}{1-n}(P_2v_2 - P_1v_1) = \frac{R}{1-n}(T_2 - T_1) \qquad n \neq 1$
	${}_1w_2 = P_1v_1 \ln \frac{v_2}{v_1} = RT_1 \ln \frac{v_2}{v_1} = RT_1 \ln \frac{P_1}{P_2} \qquad n = 1$
	The work is moving boundary work $w = \int P\,dv$
확인 가능한 과정들	$n = 0$, $P =$ 일정; 정압 과정
	$n = 1$, $T =$ 일정; 등온 과정
	$n = k$, $s =$ 일정; 가역 단열 과정
	$n = \infty$, $v =$ 일정; 정적 과정

연습 문제

Homework Problems

개념 문제

8.1 물질이 사이클을 완성하면 v, u, h 및 s는 변하지 않은 상태로 있게 된다. 무슨 일인가 발생했는가? 설명하라.

8.2 단단한 통 속에 들어있는 100°C, 건도 50%의 물이 110°C까지 가열된다. 상태량(P, v, u, x 및 s)은 어떻게 변화하는가? (증가, 큰 변화 없음, 감소)

8.3 20°C, 100 kPa의 물이 피스톤/실린더에서 열전달 없이 200 kP의 압력으로 압축된다. 상태량(T, v, u 및 s)은 어떻게 변화하는가? (증가, 큰 변화 없음, 감소)

8.4 피스톤/실린더에서의 가역 과정이 그림 P8.4로 주어진다. 저장량의 변화 $u_2 - u_1$ 및 전달량 ${}_1w_2$ 및 ${}_1q_2$를 양수, 0 또는 음수로 표시하라.

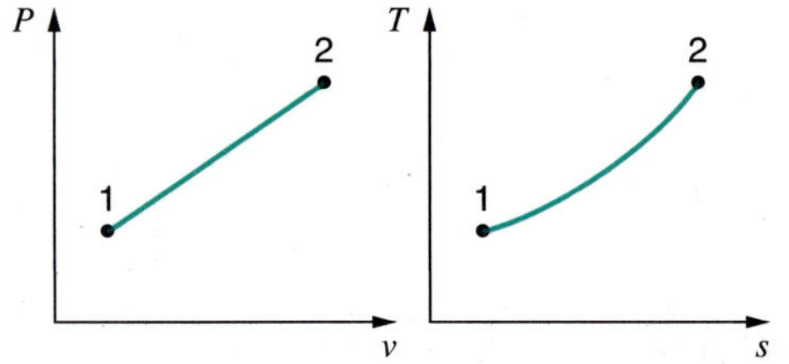

그림 P8.4

8.5 피스톤/실린더에서의 가역 과정이 그림 P8.5로 주어진다. 저장량의 변화 $u_2 - u_1$ 및 전달량 ${}_1w_2$ 및 ${}_1q_2$를 양수, 0, 또는 음수로 표시하라.

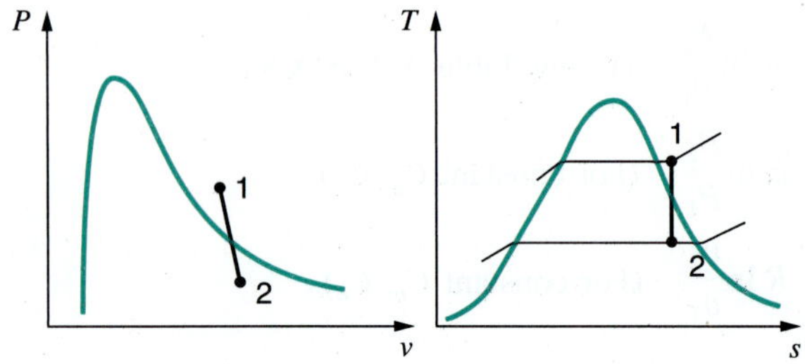

그림 P8.5

8.6 단단한 통 속에 있는 290 K, 100 kPa의 공기가 325 K까지 가열된다. 상태량(P, v, u 및 s)은 어떻게 변화하는가? (증가, 큰 변화 없음, 감소)

8.7 20°C, 100 kPa의 공기가 피스톤/실린더에서 열전달 없이 200 kP의 압력으로 압축된다. 상태량(T, v, u 및 s)은 어떻게 변화하는가? (증가, 큰 변화 없음, 감소)

8.8 이산화탄소가 $n = 1.4$인 폴리트로프 과정을 통해 작은 체적으로 압축된다. 상태량(u, h, s, P, T)은 어떻게 변화하는가? (증가, 감소, 또는 일정)

8.9 과정 A: 300 K, 100 kPa의 공기가 정압으로 310 K까지 가열된다. 과정 B: 1300 K의 공기를 100 kPa의 정압으로 1310 K까지 가열한다. 두 과정을 아래 표를 사용하여 비교하라. 상태량의 변화가 어떻게 비교되는가?

Property	$\Delta_A > \Delta_B$	$\Delta_A \approx \Delta_B$	$\Delta_A < \Delta_B$
$\Delta = v_2 - v_1$			
$\Delta = h_2 - h_1$			
$\Delta = s_2 - s_1$			

8.10 가역 열펌프에 $\dot{Q}/T_L$의 형태로 들어오는 s의 유량이 있다. T_H에서 유출되는 s 유량에 대해 무엇을 말할 수 있는가?

8.11 어느 전기 히터가 1500 W의 전기를 공급받고 있는데 이 히터는 동일한 양의 에너지를 벽과 창문을 통해서 잃고 있는 방을 가열한다. 이 과정 중 어느 곳에서 엔트로피가 생성되는지 정확하게 말하라.

Clausius 부등식

8.12 예제 6.9의 증기 원동소에서 1과 2 사이의 과정 선 상에 평균 온도 T를 가정하자. 이 사이클이 Clausius 부등식을 만족함을 보여라.

8.13 연습 문제 7.21의 열기관의 고온부가 1200 K, 저온부가 400 K라고 하자. 4가지 경우 각각에서 Clausius 부등식은 무엇을 말하고 있는가?

8.14 연습 문제 7.17의 증기 원동소가 보일러 온도가 700°C, 응축기 배출온도가 40°C라 하자. 이는 Clausius 부등식을 만족시키는가? 냉동기로서 역방향으로 구동되는 사이클에 대해서도 답하라.

8.15 어느 열기관이 250°C의 열원으로부터 6 kW를 받고 30°C에 열을 버린다. 다음의 세 경우에 대해 Clausius 부등식의 관점에서 검토하라.

a. $\dot{W} = 6$ kW

b. $\dot{W} = 0$ kW

c. Carnot 사이클

순수 물질의 엔트로피

8.16 빠져 있는 상태량을 구하고 물질의 상을 결정하라.

a. H_2O $s = 7.70$ kJ/kg K, $P = 25$ kPa $h = ?\ T = ?\ x = ?$

b. H_2O $u = 3400$ kJ/kg, $P = 10$ MPa $T = ?\ x = ?\ s = ?$

8.17 빠져 있는 상태량을 구하고 암모니아 NH_3의 상을 결정하라.

a. $T = 65$°C, $P = 600$ kPa $s = ?$ $v = ?$

b. $T = 20$°C, $P = 100$ kPa $s = ?$ $v = ?\ x = ?$

c. $T = 50$°C, $v = 0.1185$ m³/kg $s = ?$ $P = ?\ x = ?$

8.18 다음과 같은 물 상태의 엔트로피를 구하고 각각의 상태를 T–s 선도 상에 그려라.

a. 250°C, $v = 0.02$ m³/kg

b. 250°C, 2000 kPa

c. −2°C, 100 kPa

8.19 빠져 있는 상태량을 구하고 물질의 상을 결정하라.

a. R-12 $T = 0$°C, $P = 200$ kPa $s = ?\ x = ?$

b. R-134a $T = -10$°C, $x = 0.45$ $v = ?\ s = ?$

c. NH_3 $T = 20$°C, $s = 5.50$ kJ/kg K $u = ?\ x = ?$

8.20 20°C의 포화수가 등온 과정에서 고압으로 압축된다. 최종 압력이 다음과 같을 때 u와 s의 변화를 구하라

a. 500 kPa b. 2000 kPa c. 20 000 kPa

8.21 150°C의 포화 수증기가 등온 상태에서 더 낮은 압력으로 팽창한다. 최종 압력이 다음과 같을 때 u와 s의 변화를 구하라.

a. 100 kPa b. 50 kPa c. 10 kPa

8.22 건도 25%, 120°C인 2 kg의 물이 정적 과정을 통해서 20°C 상승한다. 새로운 건도와 비 엔트로피는 얼마인가?

8.23 건도 25%, 200 kPa인 2 kg의 물이 정압 과정을 통해서 20°C 상승한다. 엔트로피의 변화는 얼마인가?

8.24 다음의 상태에서 P, T, s 및 x 중 빠진 상태량을 구하라.

a. R-134a   5°C, $s = 1.7$ kJ/kg K

b. R-134a   50°C, $s = 1.9$ kJ/kg K

c. R-22   100 kPa, $v = 0.3$ m^3/kg

가역 과정

8.25 물을 작동 유체로 하는 카르노 사이클이 있다. 300°C의 물에 열전달이 일어나 물이 포화수로부터 포화 증기로 변한다. 열의 방출은 수온 40°C에서 일어난다. 사이클을 T–s 선도 상에 표시하고 열 방출 과정 초기 및 최종 상태의 물의 건도를 구하라. 물 1 kg 당 정미 일 및 사이클 열효율을 결정하라.

8.26 암모니아를 작동 유체로 하는 Carnot 사이클에서 고온부 온도 $T_H = 60°C$에서 Q_H를 전달받으면서 암모니아는 포화액에서 포화 증기로 변한다. 저온부에서의 암모니아 압력은 $P_{low} = 190$ kPa이다. 열 방출 초기에서의 T_L, 사이클 효율, kg 당 가해진 열량 및 엔트로피 s를 구하라.

8.27 물이 Carnot 사이클 열기관의 작동 유체로 사용되고 있는데 열이 가해지면 200°C의 포화액에서 포화 증기로 변한다. 열은 20 kPa의 정압 과정(또한 등온 과정)을 통해 배출된다. 이 열기관은 그림 P8.27과 같이 −15°C와 +20°C 사이에서 작동하는 Carnot 사이클 냉동기를 구동시킨다. 물 1 kg 당 가해진 열량을 구하라. 냉동기가 저온부에서 1 kJ의 열을 제거하려면 열기관의 물에 얼마의 열이 가해져야 할까?

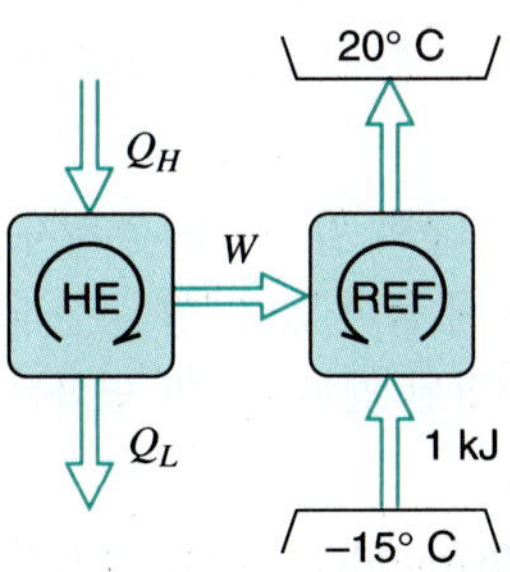

그림 P8.27

8.28 R-22를 작동 유체로 하는 Carnot 사이클 열펌프가 있다. 열은 R-22가 40°C일 때 배출되며 이때 R-22는 포화 증기에서 포화액으로 바뀐다. 열은 −5°C에서 R-22로 변한다.

a. 사이클을 T–s 선도에 그려라.

b. −5°C에서의 등온 가열 과정의 초기 및 최종 상태에서 R-22의 건도를 구하라.

c. 사이클의 성능 계수를 구하라.

8.29 연습 문제 8.28을 R-22 대신 R-134a로 바꾸어 풀어라.

8.30 1 MPa, 50°C의 암모니아가 피스톤 실린더 내에서 500 kPa, 20°C까지 가역 과정으로 팽창된다. 일 및 전달 열의 부호를 구하라.

8.31 200 kPa의 압력을 받는 건도 1.0의 물이 피스톤 실린더에서 1 MPa, 350°C로 가역적으로 압축된다. 일 및 전달 열의 부호를 구하라.

8.32 200 kPa의 압력을 받는 건도 1.0의 물이 피스톤 실린더에서 1 MPa, 250°C로 가역적으로 압축된다. 일 및 전달 열의 부호를 구하라.

8.33 정압을 유지하는 어느 피스톤 실린더 속에 100°C의 포화 액 0.1 kg이 들어 있다. 이제 이 포화액이 가역 과정으로 비등하여 포화 증기가 된다. 에너지 방정식을 사용하여 일과 전달 열을 구하라. 엔트로피 방정식을 사용하여 전달 열을 구하라. 둘은 서로 동일한가?

8.34 50°C의 1000 kPa의 암모니아 1 kg이 피스톤 실린더에서 그림 P8.34와 같이 가역 등온 과정으로 140°C까지 팽창한다. 이 과정에서 일과 전달 열을 구하라.

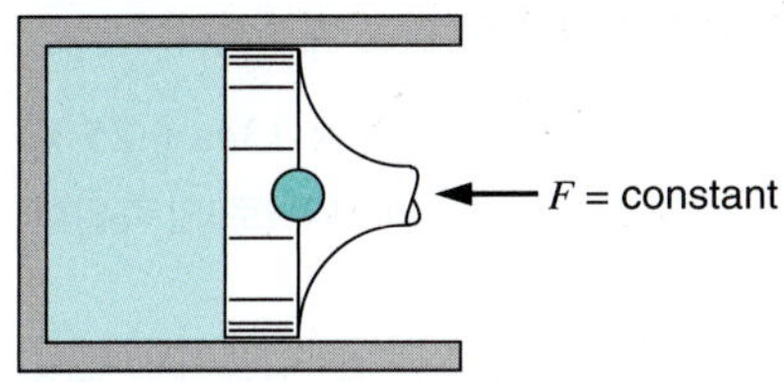

그림 P8.34

8.35 50°C의 1000 kPa의 암모니아 1 kg이 피스톤 실린더에서 가역 등온 과정으로 100 kPa까지 팽창한다. 이 과정에서 일과 전달 열을 구하라.

8.36 200 kPa의 포화 수증기가 가역 단열 과정으로 600 kPa로 압축된다. v와 T의 변화를 구하라.

8.37 등온 과정에서의 압축 및 열전달로 인하여 피스톤 실린더 내에 있는 500 kPa, 50°C의 R-134a가 포화 증기로 변한다. 단위 질량 당의 열전달(비열전달)과 일(비일)을 구하라.

8.38 50°C의 1000 kPa의 암모니아 1 kg이 그림 P8.38의 피스톤 실린더에서 가역 단열 과정으로 1000 kPa까지 팽창한다. 이 과정에서의 일과 전달 열을 구하라.

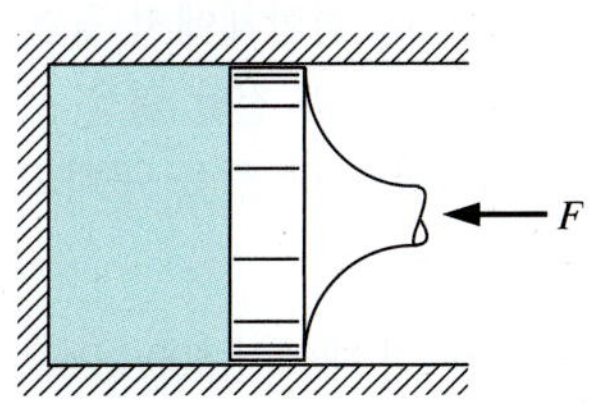

그림 P8.38

8.39 어느 피스톤 실린더에 100 kPa의 R-134a 0.25 kg이 들어 있다. 이것이 가역 단열 과정을 통해 400 kPa로 압축되어 70°C가 되도록 한다. 초기 온도는 얼마이어야 하는가?

8.40 100°C 및 90%의 건도를 가진 물 0.1 kg이 피스톤이 달린 실린더 내에 들어 있다. 피스톤이 움직여 물이 1.2 MPa에 도달할 때까지 압축한다. 이 과정에 필요한 일은 얼마인가?

8.41 300°C의 물 1 kg이 피스톤 벽에 대항하여 대기압인 100 kPa까지 팽창한다. 이때의 물은 90.2%의 건도를 가진다. 팽창이 가역 단열 과정으로 이루어진다고 가정하고 실린더 내의 초기 압력 및 물에 의해 행해진 일을 구하라.

8.42 그림 P8.42와 같은 단단한 용기 내에서 1000 kPa, 250°C의 물이 포화 증기로 변한다. 이 정적 과정 중 최종 온도 T 및 단위 질량 당 전달 열을 구하라.

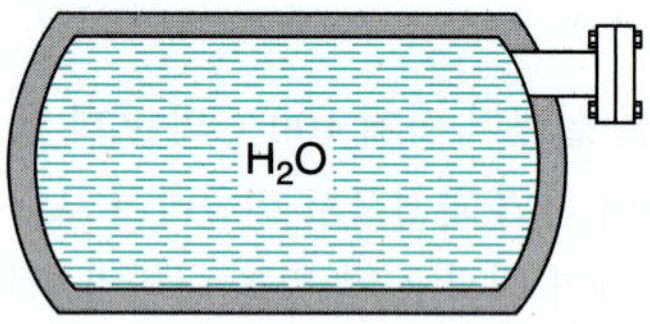

그림 P8.42

8.43 연습 문제 8.42에서 T–s 선도 상의 면적으로부터 단위 질량 당 전달 열을 구하고 과정 해석을 통해 구한 값과 비교하라.

8.44 초기 체적 20 L의 실린더에 10°C, 150 kPa의 R-134a가 들어있다. 피스톤이 R-134a를 가역 등온 압축하여 포화 증기 상태에 이르게 한다. 이 과정을 완성하는 데 필요한 일과 전달 열을 계산하라.

8.45 어느 피스톤 실린더에 100 kPa, −20°C의 R-134a 0.25 kg이 들어 있다. 이것이 가역 단열 과정을 통해 400 kPa로 압축된다. 얼마의 일이 필요한가?

8.46 피스톤/실린더 내의 물이 400°C, 2000 kPa 상태에서 가역 단열 팽창한다. 이때 단위 질량 당 일이 415.72 kJ/kg 발생된 것으로 측정되었다. 최종 상태에서의 P, T를 구하고 이 과정을 P–v 및 T–s 선도에 보여라.

8.47 50°C, 100 kPa의 암모니아 2 kg이 들어있는 실린더가 1000 kPa로 압축된다. 이 과정은 매우 느리게 진행되어 온도가 일정하다. 가역 과정으로 가정할 때 이 과정에서의 전달 열과 일을 구하라.

8.48 1000 kPa, 250°C의 물 2 kg이 들어 있는 피스톤/실린더 장치가 피스톤에 일정 하중이 걸린 채 냉각된다. 이 정압 과정은 물이 포화액 상태가 되면 끝난다. 일과 전달 열을 구하고 이 과정을 P–v 및 T–s 선도에 그려라.

8.49 1000 kPa, 250°C의 물이 피스톤/실린더 결합체에서 등온 과정을 통하여 포화 증기가 된다. 단위 질량 당 일과 전달 열을 구하라. P–v 선도 상의 면적을 이용하여 단위 질량 당 일을 구하고 정확한 값과 비교하라.

8.50 −20°C, 100 kPa의 R-134a가 피스톤 실린더 내에서 500 kPa로 가역 단열 압축된다. 최종 상태 온도와 단위 질량 당 일을 구하라.

8.51 열 절연이 잘 되어 있는 실린더/피스톤 속에 1200 kPa, 60의 암모니아가 들어있다. 피스톤이 움직여서 암모니아의 온도가 −20°C가 될 때까지 가역 과정으로 팽창시킨다. 과정 중에 암모니아에 의해서 600 kJ의 일이 발생한다. 최초의 실린더 체적은 얼마인가?

8.52 열 절연이 된 단단한 통 안에 3 MPa, 400°C의 과열 증기가 들어 있다. 그림 P8.52와 같이 통에 달린 밸브를 열어 증기를 밖으로 배출시킨다. 전체 과정은 비가역적이지만 통 안에 남아있는 증기는 가역 단열 과정을 이행한다. 내부의 최종 상태가 포화 증기가 되었을 때 빠져나간 증기는 전체의 몇 분의 1인가?

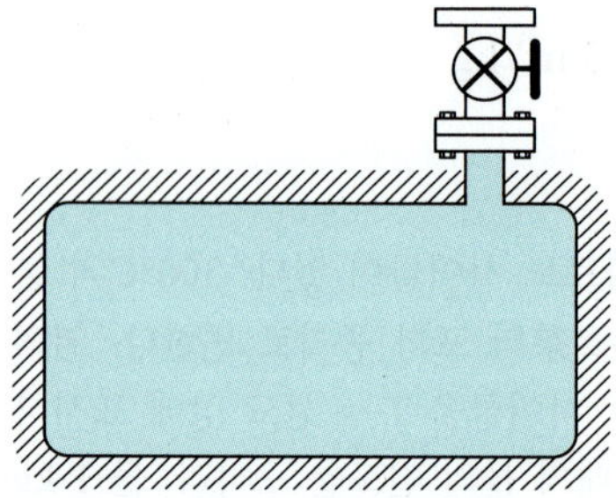

그림 P8.52

8.53 피스톤/실린더 장치에 200°C, 10 MPa의 물 2 kg이 들어 있다. 피스톤이 등온 과정으로 서서히 움직여 물을 200 kPa로 팽창시킨다. 주위 온도 200°C 상태에서 열전달이 발생하고 가역적이라고 가정한다. 과정을 P–V 선도에 그리고 일과 전달 열을 계산하라.

액체와 고체의 엔트로피

8.54 20°C의 물이 들어 있는 피스톤/실린더 장치가 2000 kPa의 정압을 유지하고 있다. 이것이 100°C로 가열될 때 증기표를 이용하여 전달 열과 엔트로피 변화를 구하라. 일정 비열 및 비압축성을 사용하여 위의 계산을 반복하라.

8.55 태양열 가옥의 열저장 물질로 5 × 8 × 0.3 m의 콘크리트 판이 사용된다. 18°C의 집에서 이 판이 야간에 23°C로부터 18°C로 냉각된다면 이와 관련된 정미 엔트로피 변화는 얼마인가?

8.56 하나는 250°C, 다른 하나는 25°C인 두 개의 5 kg 짜리 강철 블록이 열적 접촉을 한다. 이 강철의 최종 온도 및 엔트로피 변화를 계산하라.

8.57 싱크대 속에 70°C의 물 5리터와 1 kg의 알루미늄 주전자, 1kg의 철제 식기류 및 1 kg의 유리컵이 함께 들어 있다. 열 손실과 일을 모두 무시할 때 최종 균일 온도와 저장된 엔트로피의 변화는 각각 얼마인가?

8.58 200°C의 모래 25 kg이 든 주물형(foundry form) 상자가 15°C의 물 50 L가 담긴 통에 넣어진다. 주위와 아무런 열전달이 없고 비등에 의한 손실이 없다고 가정하고 이 과정에 대한 정미 엔트로피 변화를 구하라.

8.59 온도가 25°C인 4리터짜리 우유병이 내부가 5°C로 일정한 냉장고 안에 넣어져 냉각된다. 우유가 물의 물성을 가진다고 가정하고 우유의 엔트로피 변화를 구하라.

8.60 12 kg짜리 철제 용기 속에 1000 kPa, 200°C의 과열 수증기 0.2 kg이 들어 있다. 전체 질량은 외기 온도인 30°C로 냉각된다. 얼마의 열전달이 발생했는가? 강철과 물의 엔트로피 변화량을 구하라.

8.61 어느 컴퓨터의 CPU 칩이 50 g의 실리콘, 20 g의 구리 및

50 g의 염화폴리비닐(플라스틱)으로 구성되어 있다. 컴퓨터가 켜지면서 이 칩은 15°C로부터 70°C로 가열된다. 엔트로피는 얼마나 증가했는가?

8.62 5 kg의 철제 용기가 500°C에서 열처리 되고 있다. 15°C, 100 kPa의 물이 용기 내에 주입되어 철제 용기와 물의 최종 온도가 75°C가 되었다. 과정 중에 증발하는 물 및 용기 내의 공기는 무시하기로 한다. 얼마의 물이 주입되어야만 하고 또한 얼마의 엔트로피가 변화하였는가?

8.63 자동차 정비소의 오일 팬에 20°C, 100 kPa의 엔진오일 5 L가 담겨 있다. 여기에 100°C의 뜨거운 오일 2리터가 섞인다. 일을 무시하고 최종 온도와 엔트로피 변화를 계산하라.

8.64 연습 문제 7.61(그림 P8.64 참조)에서 설명한 바와 같이 열기관이 rock bed로부터 에너지를 받을 때 열기관으로부터 생성될 수 있는 일을 구하라. *힌트*: rock bed와 열기관으로 이루어진 검사 질량에 대하여 엔트로피 평형식을 써라.

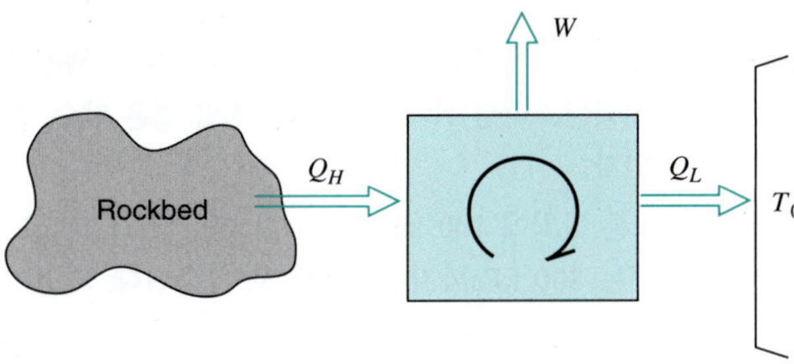

그림 P8.64

8.65 최초에 500°C인 2 kg의 납 용융물이 주조 형틀에 주입된다. 이 납은 열전달로 인해 정압 상태에서 20°C로 냉각된다. 납의 용융점은 327°C이며 상과 상 사이의 엔탈피 변화 h_{if}는 24.6 kJ/kg이다. 비열은 표 A.3과 A.4에서 찾을 수 있다. 이 과정에서 정미 엔트로피 변화를 구하라.

이상기체의 엔트로피

8.66 400 kPa의 물이 정압 과정을 통해서 150°C로부터 1200°C로 변화한다. 다음을 이용하여 비엔트로피의 변화를 각각 산정하라.

a. 증기표

b. 이상기체 표 A.8

c. 비열 표 A.5

8.67 견고한 용기 내부에 있는 공기가 300 K로부터 350 K까지 가열된다. 엔트로피 증가 $s_2 - s_1$를 구하라. 1300 K로부터 1350 K로 가열된다면 어떻게 되는가?

8.68 실린더/피스톤 장치 내에 1 kg의 질소를 지닌 Carnot 사이클 열펌프를 생각해 보자. 이 열펌프는 온도가 각각 300 K 및 400 K인 두 열원 사이에서 작동되고 있다. 저온 흡열 과정 초기에 압력은 1 MPa이다. 이 과정 중 체적은 세 배로 된다. 이 열펌프의 네 가지 과정을 분석하고 다음을 결정하라.

a. 각 상태점에서의 압력, 체적 및 온도

b. 각 과정에서의 일과 전달 열

8.69 피스톤/실린더 조합체에 들어 있는 300 K, 100 kPa의 산소 0.1 m^{3}가 가역 단열 과정으로 압축되어 최종 온도가 700 K가 되었다. 표 A.5를 써서 최종 압력 및 체적을 구하라.

8.70 피스톤/실린더 장치에 들어 있는 300 K, 100 kPa의 산소 0.1 m^{3}가 가역 단열 과정으로 압축되어 최종 온도가 700 K가 되었다. 표 A.8를 써서 최종 압력 및 체적을 구하라.

8.71 견고한 탱크 속에 500 K, 1500 kPa의 메탄 1 kg이 들어 있다. 이제 이것이 300 K로 냉각된다. 이상기체를 이용하여 전달 열과 엔트로피 변화를 구하라.

8.72 1.5 MPa, 1000 K인 실린더 속에 담긴 1 kg의 공기가 가역 등온 과정을 통하여 체적이 10배로 팽창한다. 과정 중의 전달 열 및 공기의 엔트로피 변화를 구하라.

8.73 250 kPa, 27°C 상태에서 실린더 체적 1 cm^{3}인 작은 공기총이 있다. 그림 P8.73과 같이 탄환은 처음에는 방아쇠에 의해 저지되어 있는 피스톤의 역할을 한다. 탄환이 발사되면 공기는 가역 과정으로 팽창한다. 탄환이 실린더를 떠날 때의 압력이 100 kPa이 되어야 할 때 최종 체적 및 공기에 의한 일을 구하라.

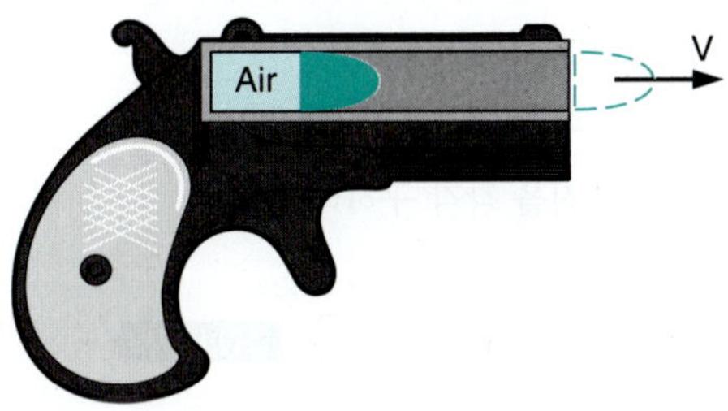

그림 P8.73

8.74 280 K, 100 kPa 및 0.1 m^{3}의 체적을 가지고 피스톤/실린더 결합체 속에 들어있는 수소 가스가 가역 단열 과정으로 0.01 m^{3}의 체적으로 압축된다. 새로운 온도는 얼마가 되며 또한 얼마의 일이 필요한가?

8.75 열 절연된 실린더/피스톤 장치에 120 kPa, 400 K의 이산화탄소가 들어 있다. 이 기체는 가역 단열 과정으로 2.5 MPa로 압축된다. 최종 온도 및 단위 질량 당 일을 다음의 가정 하에 각각 계산하라.

a. 가변 비열(표 A.8)

b. 일정 비열(표 A.5의 값 이용)

8.76 300 K, 100 kPa 및 0.1 m^{3}의 체적을 가지고 피스톤/실린더 결합체 속에 들어있는 수소 가스가 가역 등온 과정으로 서서히 냉각되면서 0.01 m^{3}의 체적으로 압축된다. 최종 온도, 전달 열 및 필요 일은 얼마인가?

8.77 그림 P8.77에 보이는 두 개의 견고한 탱크에 각각 1000 K, 500 kPa의 질소 가스 10 kg이 들어 있다. 이 두 개의 탱크가 가역 열펌프에 의해 열적으로 연결된다고 하자. 이 열펌프는 주위에 열

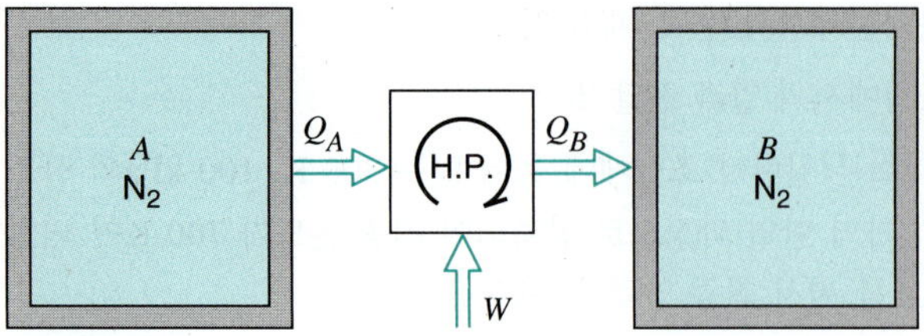

그림 P8.77

전달을 하지 않고 한쪽을 냉각하고 다른 한쪽은 가열한다. 한쪽 탱크가 1500 K까지 가열되면 과정은 중지된다. 일정 비열을 가정하고 두 탱크에 있어서 최종(P, T) 및 열펌프에 가해진 일을 구하라.

8.78 다음과 같은 방법으로 차가운 헬륨 가스를 공급하고자 한다. 대기 조건인 100 kPa, 20°C로 실린더에 들어 있는 헬륨이 가역 등온 과정으로 600 kPa까지 압축된 후 다시 가역 단열 과정으로 100 kPa로 되돌아온다.

a. 과정을 T–s 선도에 그려라.

b. 헬륨의 최종 온도 및 kg 당 일을 구하라.

8.79 그림 P8.79와 같은 자전거용 수동식 펌프의 최대 팽창 체적은 25 cm^{3}이다. 엄지손가락으로 출구를 막으면서 플런저(피스톤)를 눌러 300 kPa의 공기압을 얻게 된다고 하자. 외기의 상태는 P_0와 T_0이다. 다음의 두 가지 경우를 생각하자: (1) 매우 빨리 행해질 때 (~1 s) (2) 매우 느리게 행해질 때(~1 h).

a. 각 경우에 있어서의 과정에 대한 가정을 설정하라.

b. 두 경우에서 최종 온도와 체적을 각각 구하라.

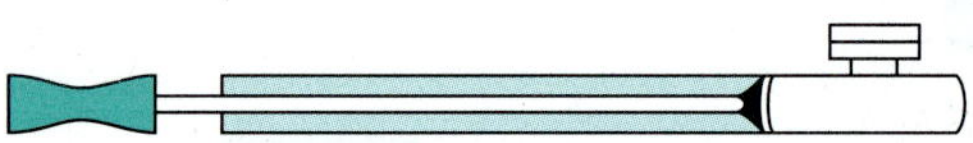

그림 P8.79

8.80 800 kPa, 25°C의 공기가 열 절연된 1 m^{3}의 견고한 탱크에 들어있다. 밸브가 열리고 내부 압력이 급격히 150 kPa로 떨어진 후 밸브가 닫힌다. 내부에 남아 있는 공기가 가역 단열 과정을 행했다고 가정하고 과정 중 빠져나간 질량을 구하라.

8.81 그림 P8.81에 보인 피스톤/실린더 조합에 1380 K, 15 MPa의 공기가 들어 있다. 이때 V_1 = 10 cm^{3}이고 A_{cyl} = 5 cm^{3}이다. 피스톤이 후퇴하여 실린더 끝을 빠져나오기 직전의 실린더 압력은 200 kPa이다. 실린더가 열 절연 되어있다고 할 때 그 길이는 얼마인가? 내부의 공기에 의해 행해진 일은 얼마인가?

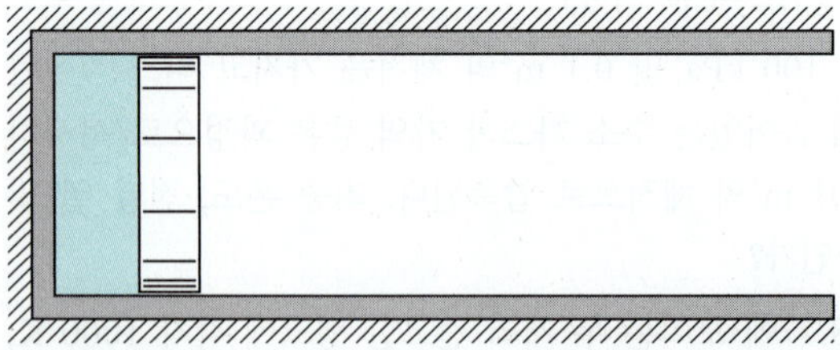

그림 P8.81

8.82 견고한 탱크에 20°C, 200 kPa의 공기 2 kg이 들어 있다. 탱크 내부의 저항에 전류가 흘러 100 kJ의 전기 일이 경계를 통과했고 내부 공기 온도는 80°C가 되었다. 가능한 이야기인가?

폴리트로프 과정

8.83 어느 피스톤/실린더에 300 K, 100 kPa의 공기가 들어 있다. n = 1.3인 가역 폴리트로프 과정을 통해서 공기의 온도가 500 K가 되었다. P–v 선도 및 T–s 선도를 그려라. 과정 중 단위 질량 당의 일과 전달 열을 구하라.

8.84 400 kPa, 20°C의 네온이 n = 1.4인 폴리트로프 과정을 통해서 100°C가 되었다. 전달 열과 일의 부호를 구하고 설명하라.

8.85 1.5 MPa와 1000 K의 상태로 실린더에 들어 있는 질량 1 kg의 공기가 가역 단열 과정으로 100 kPa까지 팽창한다. 다음을 이용하여 최종 온도와 과정 중 수행된 일을 구하라.

a. 일정 비열(표 A.5의 값 이용)

b. 이상기체 표(표 A.7)

8.86 1500 K의 뜨거운 연소공기가 n = 1.5의 폴리트로프 과정을 통하여 6배의 체적으로 팽창한다. 단위 질량 당의 경계일과 전달 열을 구하라.

8.87 일정 비열이 이상기체가 n = 1.4인 가역 폴리트로프 과정을 행한다. 기체가 이산화탄소라면 이 과정에 대한 전달 열은 양수, 음수, 0 중에서 무엇인가?

8.88 실린더/피스톤 장치에 100 kPa, 20°C의 메탄 가스 1 kg이 들어 있다. 이 기체는 800 kPa까지 가역적으로 압축된다. 과정이 단열일 때 필요한 일을 계산하라.

8.89 피스톤/실린더 장치에 들어 있는 20°C, 100 kPa의 헬륨 이 지수 n = 1.25인 가역 폴리트로프 과정을 통해 400 K로 변한다. 헬륨은 일정 비열을 가진 이상기체로 가정한다. 최종 압력, 단위 질량 당 전달 열 및 일을 구하라.

8.90 내연 기관에서의 폭발 팽창 행정은 폴리트로프 팽창으로 근사될 수 있다. 주어진 그림 P8.90에서 7 MPa, 1800 K의 공기가 0.2 L의 실린더에 들어 있다고 하자. 이제 이 공기는 지수 n = 1.5의 가역 폴리트로프 과정으로 팽창하여 체적 비가 8:1이 된다. 이 과정을 P–v 및 T–s 선도에 그리고 과정 중의 일과 전달 열을 계산하라.

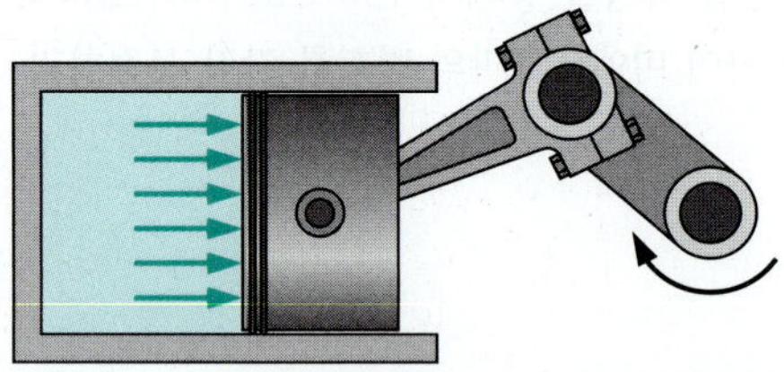

그림 P8.90

8.91 어느 피스톤/실린더에 300 K, 100 kPa의 공기가 들어 있다. 이 공기는 가역 단열 과정을 통해 체적이 1/7로 작아진다. 일정 비열을 사용하여 이 과정에 대한 최종 압력과 온도, 단위 질량 당의 일과 전달 열을 구하라.

8.92 1 MPa, 300°C인 이산화탄소가 200 L의 실린더/피스톤 장치에 들어 있다. 이 피스톤에 작용하는 전체 외력은 V^3에 비례한다. 이 계를 실온인 20°C까지 냉각시킬 때 이 과정 중의 일과 전달 열을 구하라.

8.93 500 kPa, 100°C인 에탄 가스 2 kg이 지수 $n = 1.3$인 가역 폴리트로프 팽창을 거친 후 최종 온도가 주위 온도 20°C와 같게 되었다. 이 과정에 대한 일과 전달 열을 계산하라.

8.94 실린더/피스톤 장치에 10°C인 R-22 포화 증기 10 L가 들어있다. R-22는 가역 폴리트로프 과정을 통해 2 MPa, 60°C로 압축된다. 폴리트로프 지수 n을 구하고 일과 전달 열을 계산하라.

엔트로피 생성

8.95 500°C인 물 1 kg과 포화 수증기 1 kg이 200 kPa의 정압 상태에서 혼합될 때 최종 온도 및 과정 중의 엔트로피 생성을 구하라.

8.96 어느 컴퓨터 칩이 2 kJ의 전기 일(electric work)을 발산하여 표면 온도 50°C에서 25°C의 공기로 열전달로 방출한다. 칩에서 얼마의 엔트로피가 생성되는가? 칩의 외부에서 생성되는 것이 있다면 얼마나 되는가?

8.97 열 전연된 실린더/피스톤 장치에 1 MPa, 50°C의 R-134a가 100 L 들어있다. R-134a는 팽창하여 실린더 내의 압력이 100 kPa로 강하할 때까지 피스톤을 움직인다. R-134a는이 과정에서 190 kJ의 일을 한다. 이것이 가능한가?

8.98 어느 차가 1시간짜리 왕복 운행에 평균 25마력의 동력을 사용한다. 열효율을 35%로 본다면 얼마의 연료 에너지가 사용되는가? 전체 에너지에 어떤 일이 생길까? 대기 온도를 20°C로 가정한다면 어떤 엔트로피 변화가 발생할까?

8.99 질량 및 대기압이 가해진 피스톤/실린더 장치 내에 5 MPa, 100°C의 물 2 kg이 들어 있다. 700°C의 열원으로부터 열이 공급되어 물이 최종적으로 700°C에 도달한다. 일, 전달 열 그리고 계 및 주위에 대한 총 엔트로피 생성을 구하라.

8.100 피스톤/실린더 장치에 50 kPa, −20°C의 암모니아 2.5 kg이 담겨있다. 이 장치에 200°C의 뜨거운 외부 기체로 실린더 밑부분을 정압 가열하여 50°C가 되었다. 암모니아로의 전달 열 및 총 엔트로피 생성을 구하라.

8.101 하나는 250°C, 다른 하나는 25°C인 두 개의 5 kg짜리 강철 블록이 열적 접촉을 한다. 이 과정에서 최종 온도 및 총 엔트로피 생성을 구하라.

8.102 가변 피스톤과 조합된 실린더에 50%의 건도 및 3 MPa 의 물 20 L가 들어 있다. 300°C의 대형 열원으로부터 600 kJ의 열을 받아 1.2 MPa로 팽창한다. 이 과정에서 물이 124 kJ의 일을 한다고 주장했다. 이것이 가능할까?

8.103 실린더/피스톤 장치에 200 kPa, 200°C의 물 20 L가 들어 있다. 피스톤이 천천히 움직여 800 kPa까지 물을 가압한다. 피스톤 하중에는 PV가 일정하다는 식이 적용된다. 실내 온도가 20°C라 할 때 이 과정이 제2법칙을 위배하지 않음을 보여라.

8.104 그림 P8.104와 같이 500 kPa의 정압을 유지하고 있는 피스톤/실린더 장치에 20°C와 100°C의 물 각 1 kg이 격막으로 분리되어 있다. 격막이 파열되고 열전달 없이 물이 하나로 합쳐졌다. 최종 온도와 엔트로피 생성을 구하라.

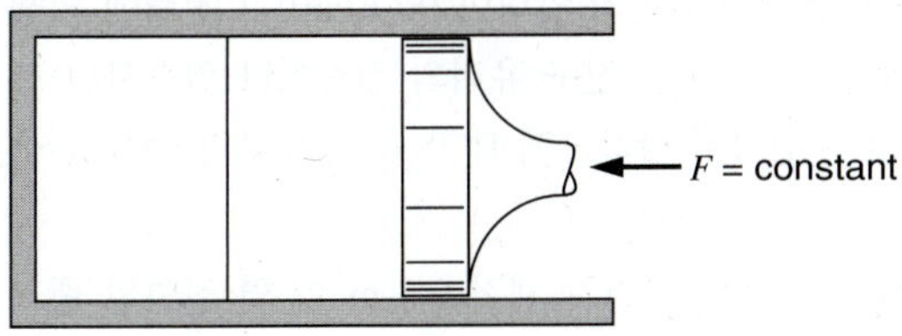

그림 P8.104

8.105 피스톤/실린더에 2000 kPa, 80°C인 암모니아 0.1 m^{3}이 담겨있다. 이 피스톤은 그림 P8.105와 같이 선형 스프링에 의해 하중을 받고 있으며 외부 대기 온도는 20°C이다. 암모니아는 20°C로 냉각되며 이 상태에서 건도는 10%가 된다. 이 과정에서 일, 전달 열 및 총 엔트로피 생성을 구하라.

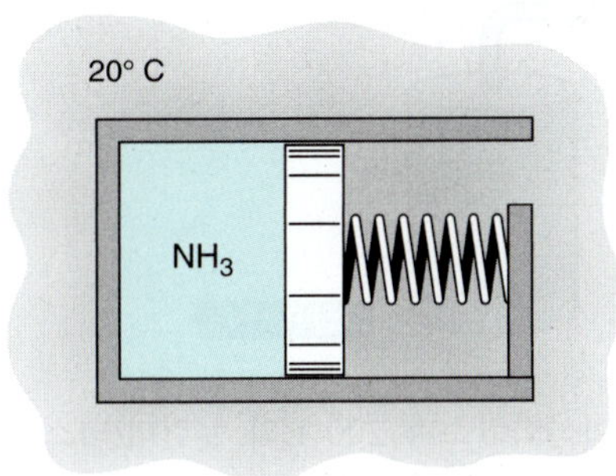

그림 P8.105

8.106 정압을 유지하도록 되어 있는 피스톤/실린더 내에 200 kPa의 포화 수증기 0.75 kg이 들어 있다. 이제 수증기가 20의 주위로 열을 전달하고 처음 체적의 반이 될 때까지 냉각된다. 일, 전달 열 및 총 엔트로피 생성을 구하라.

8.107 300 K의 공기 1 kg과 400 K의 공기 1 kg이 100 kPa의 일정 압력 및 $Q = 0$인 과정에서 혼합된다. 이 과정에서 최종 T와 엔트로피 생성을 구하라.

8.108 100 kPa, 500 K의 이산화탄소 1 kg이 열 차단된 견고한 탱크에서 200 kPa, 2000 K의 이산화탄소 2 kg과 혼합된다. 표 A.5의 일정 비열을 사용하여 이 과정의 최종 상태 (P, T)와 엔트로피 생성을 구하라.

8.109 100 kPa, 500 K의 이산화탄소 1 kg이 열 차단된 견고한 탱크에서 200 kPa, 2000 K의 이산화탄소 2 kg과 혼합된다. 표 A.8을 사용하여 이 과정의 최종 상태 (P, T)와 엔트로피 생성을 구하라.

8.110 어느 피스톤/실린더에 300 K, 150 kPa의 공기 1.5 kg이 들어 있다. 이제 이것이 2단계 과정을 통해 1600 K의 열원으로부터 가열된다. 먼저 정적으로 1000 K(상태 2)가 되고 다음에 정압으로 1500 K(상태 3)가 된다. 이 과정에서의 전달 열과 엔트로피 생성을 구하라.

8.111 어느 스프링 하중이 걸린 피스톤/실린더 장치에 27°C 160 kPa의 공기 1.5 kg이 들어 있다. 이 공기는 압력이 체적에 비례하는, $P = A + BV$의 과정을 통해서 가열되어 체적이 두 배가 되고 온도는 900 K에 도달하게 된다. 열원이 900 K라 가정하고 일, 전

달 열 및 총 엔트로피 생성을 구하라.

8.112 전구 속에 담긴 아르곤의 압력이 90 kPa이고 전력에 의해 20°C로부터 60°C로 가열된다. 전구 유리의 질량이나 열복사는 고려하지 않는다. 단위 질량의 아르곤에 대한 총 엔트로피 생성을 구하라.

8.113 600 kPa, 127°C의 질소가 체적 0.5 m^3인 열 절연된 탱크에 들어 있는데 이 탱크는 그림 P8.113과 같이 체적 0.5 m^3의 열 절연된 또 다른 빈 탱크에 파이프와 밸브로 연결되어 있다. 밸브가 열리면 질소가 두 탱크를 균일한 상태로 충전한다. 이 과정에 의한 최종 압력, 온도 및 엔트로피 생성을 구하라. 이 과정은 왜 비가역인가?

그림 P8.113

8.114 1 MPa, 300°C인 이산화탄소가 200 L의 실린더/피스톤 장치에 들어있다. 이 피스톤에 작용하는 전체 외력은 V^3에 비례한다. 이 계를 실온인 20°C까지 냉각시킬 때 과정 중에 생성된 총 엔트로피는 얼마인가?

8.115 500 kPa, 100°C인 에탄 가스 2 kg이 지수 $n = 1.3$인 가역 폴리트로프 팽창을 거친 후 최종 온도가 주위 온도 20°C와 같게 되었다. 만일 주위와 열을 주고 받는다면 이 과정에서 생성된 총 엔트로피 생성을 계산하라.

8.116 실린더/피스톤 장치에 10°C인 R-22 포화 증기 10 L가 들어있다. R-22는 가역 폴리트로프 과정을 통해 2 MPa, 60°C로 압축된다. 과정 중의 모든 열전달이 10°C인 주위 대기와 일어난다고 가정하고 정미 엔트로피 변화를 계산하라.

8.117 어느 5 kg짜리 알루미늄 방열판 속에 −10°C의 R-134a 액체가 2 kg 들어있다. 이 장치를 실내로 운반하여 100°C의 열원으로 220 kJ을 가열하였다. R-134a가 액체 상태로 유지된다고 가정하고 이 과정에 대한 총 엔트로피 생성을 구하라.

엔트로피 유량 혹은 엔트로피 시간 변화율

8.118 2000 K인 질소 가스 3 kg이 $V = C$ 상태에서 500 W 냉각된다. dS/dt는 얼마인가?

8.119 어느 창문이 20°C인 내부 표면에서 200 W를 받아 2인 외부표면을 통해 궁극적으로 −5°C인 대기로 모두 전달한다. 세 개 표면에서의 엔트로피 유량 및 창문의 엔트로피 생성률을 구하라.

8.120 가역 열펌프가 15°C인 외부에서 에너지를 추출하여 실내를 25°C로 가열하기 위해 1 kW의 동력을 사용한다. 모든 과정을 가역이라 가정할 때 외부로부터 열펌프로의 총 엔트로피 유입률과 열펌프로부터 실내로의 총 엔트로피 유입률은 얼마인가?

8.121 어느 자동차의 엔진 블럭이 450 K인 표면에서 1500 K의 뜨거운 연소 가스로부터 2 kW를 받는다. 냉각 채널 부근에서는 400 K인 엔진 블럭 표면에서 370 K로 흐르는 냉각수에 2 kW를 방출한다. 최종적으로 350 K인 방열기 속의 냉각수가 25°C의 공기에 2 kW를 방출한다. 엔진 블럭 내부, 냉각수 내부 및 방열기/공기의 내부 각각에서의 엔트로피 생성률을 구하라.

8.122 23°C의 실내 공기가 그림 P8.122와 같이 필라멘트 표면 온도 700 K인 2000 W짜리 전기난로에 의해 데워진다. 정상 상태에서 방은 7°C인 외기에 열을 잃는다. 엔트로피 생성률을 구하고 어디에서 생성되는지를 말하라.

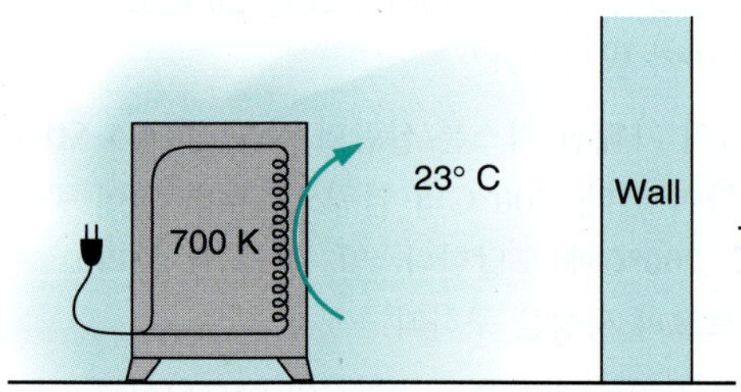

그림 P8.122

8.123 어느 자동차의 자동 변속기가 25 kW의 축일을 받아서 24 kW를 구동축으로 전달한다. 그 차이는 모두 45°C인 유압액과 금속 케이스에서 소산되어 20°C인 외부 공기로 방출된다. 변속기 내부에서의 엔트로피 생성률은 얼마인가? 변속기 밖에서는 얼마인가?

제 9 장

검사체적에 대한 제2법칙 해석

Second-Law Analysis for a Control Volume

이 장의 주제

- 검사체적에 대한 열역학 제2법칙
- 정상 상태 단일 유동 과정
- 효율
- 가용성과 제2법칙 효율
- 방법론 편
- 정상 상태 과정과 과도 과정
- 엔트로피 증가의 원리
- 가용 에너지, 가역 일 및 비가역성
- 엔트로피와 카오스(chaos)에 관한 몇 가지 일반적인 해설

앞의 두 장에서는 열역학 제2법칙 및 열역학적 상태량인 엔트로피에 관해 논하였다. 여기서는 제1법칙 해석에서와 마찬가지로 이들 개념에 대한 좀 더 일반적인 적용, 즉 검사체적 해석과 여러 가지 특별 관심사들을 고려하고자 한다. 또한 열역학적 효율 및 열역학적 가용성에 대한 정의를 논할 것이다.

9.1 검사체적에 대한 열역학 제2법칙

열역학 제2법칙은 6.1절에서와 비슷한 절차에 의해 검사체적에 적용될 수 있다. 6.1절에서는 검사체적에 대해 제1법칙이 전개되었다. 식 8.43에서 검사질량에 대한 엔트로피 변화율로 표현된 제2법칙은 다음과 같이 된다.

$$\frac{dS_{\text{c.m.}}}{dt} = \sum \frac{\dot{Q}}{T} + \dot{S}_{\text{gen}} \tag{9.1}$$

이제 검사체적을 출입하는 질량 유량에 의한 기여 부분(contribution)을 추가하게 된다. 이러한 상황에 대한 간단한 예가 그림 9.1에 그려져 있다. 단위 질량 유량 당 엔트로피 s를 운반하기는 하지만 이것이 다른 기여 부분을 발생시키지는 않는다. 유동 중에 과정이 일어나 엔트로피가 생성될 수는 있으나 이는 그것이 속하는 공간(즉 검사체적의 내부 또는 외부)에 기인하는 것이기 때문이다.

엔트로피 평형식은 검사체적 내의 총 엔트로피 변화율이 검사표면을 통과하는 정미 유량과 생성률의 합이라는 것을 말해 준다. 다시 말해서

$$\text{변화율} = +\text{유입} - \text{유출} + \text{생성}$$

또는

$$\frac{dS_{\text{c.v.}}}{dt} = \sum \dot{m}_i s_i - \sum \dot{m}_e s_e + \sum \frac{\dot{Q}_{\text{c.v.}}}{T} + \dot{S}_{\text{gen}} \tag{9.2}$$

이 유량들은 어느 수준의 엔트로피를 수반하는 질량 유량 및 어떤 온도(검사표면 상의 온도)에서 발생하

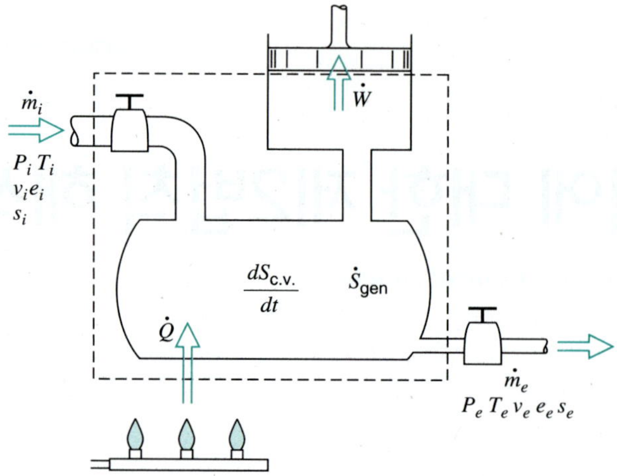

그림 9.1 시간 변화율의 형태로 표현된 검사체적에서의 엔트로피 평형.

는 열전달률이다. 축적항과 생성항은 전체 검사체적에 대한 것이며 다음과 같이 덩어리(적분 형태)로 나타낼 수 있다.

$$S_{\text{c.v.}} = \int \rho s\, dV = m_{\text{c.v.}} s = m_A s_A + m_B s_B + m_C s_C + \cdots$$

$$\dot{S}_{\text{gen}} = \int \rho \dot{s}_{\text{gen}}\, dV = \dot{S}_{\text{gen}.A} + \dot{S}_{\text{gen}.B} + \dot{S}_{\text{gen}.C} + \cdots \tag{9.3}$$

만일 검사체적이 상이한 유체 상태 및 그에 따르는 과정에 의한 다른 축적 단위를 가지고 있다면 상이한 영역에 대한 여러 가지 기여분을 전부 합해야만 할 것이다. 열전달이 검사면 전체에 분산되어 있다면 국부 온도 및 단위 면적에 대한 열전달률 $\dot{Q}/A$을 사용한 적분이 전체 검사표면에 대해서 다음과 같이 행해져야 할 것이다.

$$\sum \frac{\dot{Q}_{\text{c.v.}}}{T} = \int \frac{\delta \dot{Q}}{T} = \int_{\text{surface}} \frac{(\dot{Q}/A)}{T}\, dA \tag{9.4}$$

이와 같이 분산된 경우는 훨씬 더 자세한 해석이 필요하며 이 책에서 표현하는 제2법칙의 범위를 벗어난다. 식 9.2의 생성항(들)은, 식 9.3에서 내부적 비가역성에 의한 각각 양수인 엔트로피 생성항들의 합이며, 반드시 양수(혹은 0)가 되어 다음과 같은 부등식을 쓸 수 있다.

$$\frac{dS_{\text{c.v.}}}{dt} \geq \sum \dot{m}_i s_i - \sum \dot{m}_e s_e + \sum \frac{\dot{Q}_{\text{c.v.}}}{T} \tag{9.5}$$

여기서 등호는 내부적 가역 과정에, 부등호는 내부적 비가역 과정에 적용된다. 식 9.2 또는 9.5의 제2법칙 형태는 포괄적인 것이어서 어떠한 특별한 경우도 이 형태의 일부(단순화)로 귀결된다. 다음 절부터는 다양한 문제의 예를 설명하도록 한다.

검사체적에 질량의 유출입이 없다면 검사질량으로 단순화시킬 수 있으며 총 엔트로피에 대한 식은 식 8.43으로 되돌아간다. 이 검사질량에 대한 제2법칙의 해석은 8장에서 다루었으므로 여기서는 나머지 경우를 고려하고자 하는데 이는 6장에서 제1법칙에 대해 행해졌던 바 있다.

9.2 정상 상태 과정과 과도 과정

이제 식 9.2 혹은 식 9.5의 제2법칙 검사질량 식을 6장에서 개발한 두 개의 검사체적 표본 과정에 차례로 적용해 보도록 하자.

정상 상태 과정

6.3절에서 정의된 바 있는 **정상 상태 과정**(steady-state process)에서는 검사체적 내 어느 지점에서도 단위 질량 당 엔트로피가 시간에 따라 변함이 없음을 알 수 있으므로 식 9.2의 첫 번째 항은 0이 된다. 즉

$$\frac{dS_{\text{c.v.}}}{dt} = 0 \tag{9.6}$$

따라서 정상 상태 과정에서는

$$\sum \dot{m}_e s_e - \sum \dot{m}_i s_i = \sum_{\text{c.v.}} \frac{\dot{Q}_{\text{c.v.}}}{T} + \dot{S}_{\text{gen}} \tag{9.7}$$

이 되는데 여기서 질량 유동, 열전달, 엔트로피 생성률 및 상태는 모두 시간에 대해 상수이다.

정상 상태 과정에서 질량이 일정한 시간 변화율로 검사체적에 유입되는 면과 유출되는 면이 각각 하나씩만 존재한다면 다음과 같이 쓸 수 있다.

$$\dot{m}(s_e - s_i) = \sum_{\text{c.v.}} \frac{\dot{Q}_{\text{c.v.}}}{T} + \dot{S}_{\text{gen}} \tag{9.8}$$

질량 유량으로 양변을 나누어 정리하면 다음의 식이 된다.

$$s_e = s_i + \sum \frac{q}{T} + s_{\text{gen}}$$

S_{gen}이 항상 0 이상이므로 단열 과정에 대해서는 다음의 식을 쓸 수 있다.

$$s_e = s_i + s_{\text{gen}} \geq s_i \tag{9.9}$$

여기서 등호는 가역 단열 과정에 대해 성립한다.

예제 9.1

증기가 압력 1 MPa, 온도 300°C 그리고 속도 50 m/s로 증기 터빈에 들어간다. 증기는 150 kPa의 압력과 200 m/s의 속도를 가지고 터빈을 떠난다. 과정이 가역 단열적이라 가정하고 터빈을 흐르는 증기 1 kg 당 일을 계산하라.

검사체적: 터빈
스케치: 그림 9.2
입구 상태: 고정(그림 9.2)
출구 상태: P_e, $\mathbf{V}_e$ 기지수
과정: 정상 상태
모델: 증기표

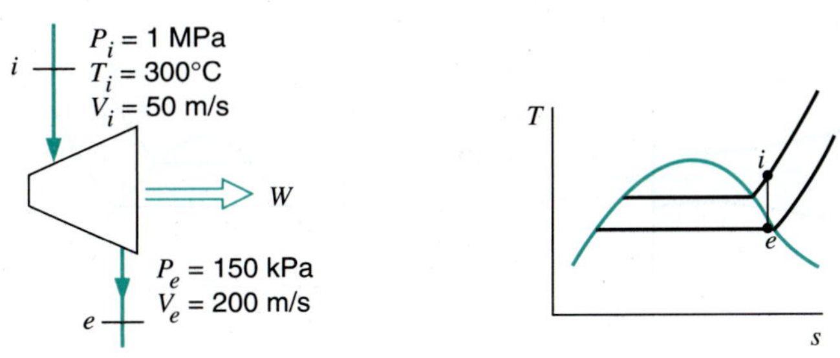

그림 9.2 예제 9.1에 대한 스케치.

해석

연속 방정식에 의해

$$\dot{m}_e = \dot{m}_i = \dot{m}$$

제1법칙으로부터

$$h_i + \frac{\mathbf{V}_i^2}{2} = h_e + \frac{\mathbf{V}_e^2}{2} + w$$

제2법칙은

$$s_e = s_i$$

풀이

증기표로부터

$$h_i = 3051.2 \text{ kJ/kg}, \qquad s_i = 7.1228 \text{ kJ/kg K}$$

최종 상태에서 알려진 두 상태량은 압력과 엔트로피이다.

$$P_e = 0.15 \text{ MPa}, \qquad s_e = s_i = 7.1228 \text{ kJ/kg K}$$

터빈을 떠나는 증기의 건도 및 엔탈피는 다음과 같이 결정된다.

$$s_e = 7.1228 = s_f + x_e s_{fg} = 1.4335 + x_e 5.7897$$
$$x_e = 0.9827$$
$$h_e = h_f + x_e h_{fg} = 467.1 + 0.9827(2226.5)$$
$$= 2655.0 \text{ kJ/kg}$$

그러므로 이 등엔트로피 과정에서의 증기 1 kg 당 일은 제1법칙의 식을 사용하여 구할 수 있다.

$$w = 3051.2 + \frac{50 \times 50}{2 \times 1000} - 2655.0 - \frac{200 \times 200}{2 \times 1000} = 377.5 \text{ kJ/kg}$$

■

예제 9.2

노즐을 통과하는 증기의 가역 단열 유동을 생각해 보자. 증기는 1 MPa, 300°C 및 30 m/s의 속도로 노즐에 들어간다. 노즐 출구에서 증기의 압력은 0.3 MPa이다. 가역 단열 및 정상 상태를 가정하고 노즐 출구에서의 증기의 속도를 구하라.

검사체적: 노즐
스케치: 그림 9.3
입구 상태: 확정(그림 9.3)
출구 상태: P_e 기지수
과정: 정상 상태
모델: 증기표

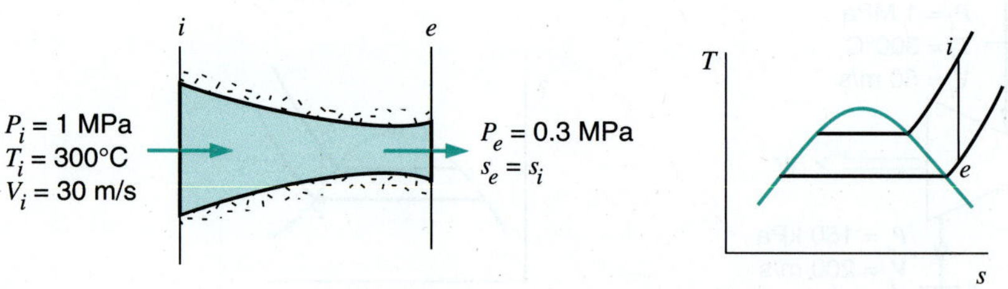

그림 9.3 예제 9.2의 스케치.

해석

일, 열전달 및 위치 에너지의 변화가 0인 정상 상태 과정이므로

연속 방정식: $\dot{m}_e = \dot{m}_i = \dot{m}$

1법칙: $h_i + \frac{\mathbf{V}_i^2}{2} = h_e + \frac{\mathbf{V}_e^2}{2}$

2법칙: $s_e = s_i$

풀이

증기표로부터

$$h_i = 3051.2 \text{ kJ/kg}, \qquad s_i = 7.1228 \text{ kJ/kg K}$$

최종 상태에서 알 수 있는 두 상태량은 엔트로피와 압력임:

$$s_e = s_i = 7.1228 \text{ kJ/kg K}, \qquad P_e = 0.3 \text{ MPa}$$

그러므로

$$T_e = 159.1°\text{C}, \qquad h_e = 2780.2 \text{ kJ/kg}$$

제1법칙에 대입하면 다음을 얻는다.

$$\frac{\mathbf{V}_e^2}{2} = h_i - h_e + \frac{\mathbf{V}_i^2}{2}$$

$$= 3051.2 - 2780.2 + \frac{30 \times 30}{2 \times 1000} = 271.5 \text{ kJ/kg}$$

$$\mathbf{V}_e = \sqrt{2000 \times 271.5} = 737 \text{ m/s}$$

■

예제 9.3

어느 발명가가 R-134a 포화 증기를 −20°C에서 받아서 1 MPa, 40°C로 송출해 주는 냉동 압축기를 가지고 있다고 한다. 압축 과정은 단열적이다. 이러한 과정이 제2법칙을 위배하는가?

검사체적: 압축기
입구 상태: 확정(T_i의 포화 증기)
출구 상태: 확정(P_e, T_e 기지수)
과정: 정상 상태, 단열
모델: R-134a표

해석

단열 정상 상태 과정이므로 제2법칙을 다음과 같이 쓸 수 있다.

$$s_e \geq s_i$$

풀이

R-134a 표로부터

$$s_e = 1.7148 \text{ kJ/kg K}, \qquad s_i = 1.7395 \text{ kJ/kg K}$$

그러므로 $s_e < s_i$인데 이 과정에 대한 제2법칙은 $s_e \geq s_i$를 요구한다. 이 문제에서 묘사된 과정은 제2법칙을 위배하고 있으며 따라서 불가능할 것이다.

■

예제 9.4

그림 9.4에 보이는 주유소용 공기 압축기가 100 kPa, 290 K의 대기를 흡입한 후 가역 단열 과정을 통해 1000 kPa로 압축한다. 이것에 필요한 단위 질량 당 일과 출구 공기 온도를 알고자 한다.

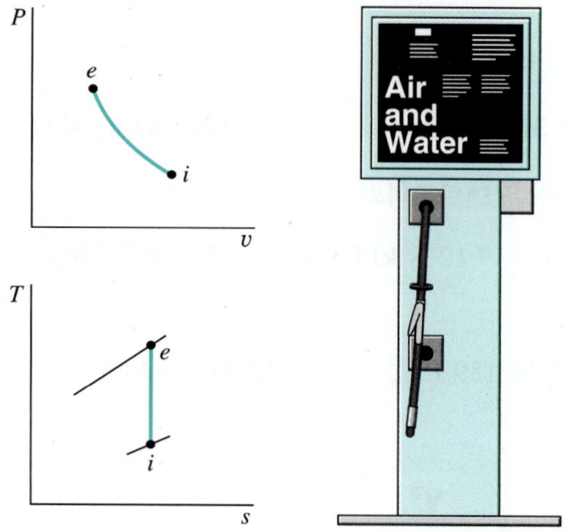

그림 9.4 예제 9.4에 대한 다이어그램.

풀이

검사체적; 공기 압축기, 정상 상태, 단일 유동, 단열 $\dot{Q}=0$을 가정하면

연속 방정식 6.11: $\dot{m}_e = \dot{m}_i = \dot{m}$

에너지 방정식 6.12: $\dot{m}h_i = \dot{m}h_e + \dot{W}_C$

엔트로피 방정식 9.8: $\dot{m}s_i + \dot{S}_{\text{gen}} = \dot{m}s_e$

과정: 가역 $\dot{S}_{\text{gen}} = 0$

표 A.5로부터 일정 비열을 사용하면, $C_{p0} = 1.004$ kJ/kg K, $k = 1.4$이다.
엔트로피 방정식으로부터 s가 일정하며 이를 이용하면 식 8.23의 관계식을 얻는다.

$$s_i = s_e \Rightarrow T_e = T_i\left(\frac{P_e}{P_i}\right)^{\frac{k-1}{k}}$$

$$T_e = 290\left(\frac{1000}{100}\right)^{0.2857} = 559.9 \text{ K}$$

단위 질량 당의 에너지 방정식으로부터 다음과 같이 일이 구해진다.

$$w_c = h_i - h_e = C_{P0}(T_i - T_e) = 1.004(290 - 559.9) = -271 \text{ kJ/kg}$$

■

예제 9.5

과열 저감 장치는 과열 증기의 유동에 물을 분사함으로써 기능을 한다. 300 kPa, 200°C의 증기가 2 kg/s의 유량으로 유입될 때 이 증기를 300 kPa의 포화 증기로 만들기 위해서는 분사되는 20°C 물의 유량을 얼마로 하여야 할까?

풀이

검사체적: 과열 저감 장치(그림 9.5 참조), 일 또는 외부 열전달은 없음

연속 방정식 6.9: $\dot{m}_1 + \dot{m}_2 = \dot{m}_3$

에너지 방정식 6.10: $\dot{m}_1 h_1 + \dot{m}_2 h_2 = \dot{m}_3 h_3 = (\dot{m}_1 + \dot{m}_2)h_3$

엔트로피 방정식 9.7: $\dot{m}_1 s_1 + \dot{m}_2 s_2 + \dot{S}_{\text{gen}} = \dot{m}_3 s_3$

과정: $P=$ 일정, $\dot{W}=0$, $\dot{Q}=0$

9.5

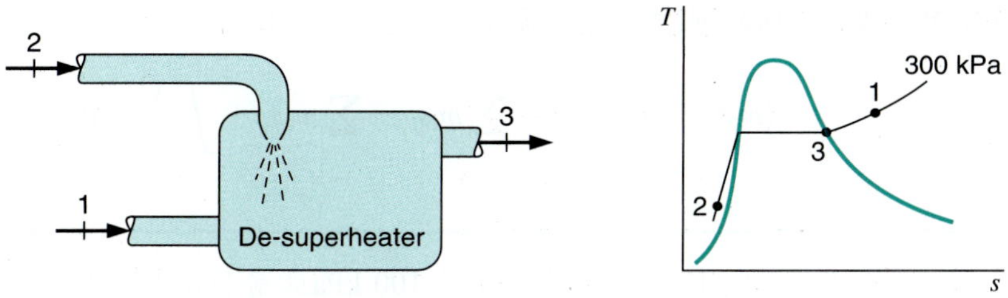

그림 9.5 예제 9.5에 대한 스케치 및 다이어그램.

모든 상태가 결정되어 있음 (상태 2는 20°C의 포화액으로 근사시킴)

$$\text{B.1.3: } h_1 = 2865.54\ \frac{\text{kJ}}{\text{kg}},\quad s_1 = 7.3115\ \frac{\text{kJ}}{\text{kg K}};\quad h_3 = 2725.3\ \frac{\text{kJ}}{\text{kg}},\quad s_3 = 6.9918\ \frac{\text{kJ}}{\text{kg K}}$$

$$\text{B.1.1: } h_2 = 83.94\ \frac{\text{kJ}}{\text{kg}},\qquad s_2 = 0.2966\ \frac{\text{kJ}}{\text{kg K}}$$

이제 연속 방정식에 의해 $\dot{m}_3$를 소거시킨 후 에너지 방정식으로부터 질량 유량 $\dot{m}_2$에 대해 아래와 같이 풀어줄 수 있다.

$$\dot{m}_2 = \dot{m}_1 \frac{h_1 - h_3}{h_3 - h_2} = 2\,\frac{2865.54 - 2725.3}{2725.3 - 83.94} = 0.1062\ \text{kg/s}$$

$$\dot{m}_3 = \dot{m}_1 + \dot{m}_2 = 2.1062\ \text{kg/s}$$

생성은 엔트로피 방정식에 의해 다음과 같이 계산된다.

$$\dot{S}_{\text{gen}} = \dot{m}_3 s_3 - \dot{m}_1 s_1 - \dot{m}_2 s_2$$

$$\dot{S}_{\text{gen}} = 2.1062 \times 6.9918 - 2 \times 7.3115 - 0.1062 \times 0.2966 = 0.072\ \text{kW/K}$$

■

천이 과정

6.5절에서와 같은 **천이 과정**(transient process)에 대해 식 9.2의 검사체적에 대한 제2법칙은 다음과 같은 형태로 다시 쓸수 있다.

$$\frac{d}{dt}(ms)_{\text{c.v.}} = \sum \dot{m}_i s_i - \sum \dot{m}_e s_e + \sum \frac{\dot{Q}_{\text{c.v.}}}{T} + \dot{S}_{\text{gen}} \tag{9.10}$$

이 식을 시간 구간 t에 적분하면 다음과 같다.

$$\int_0^t \frac{d}{dt}(ms)_{\text{c.v.}}\,dt = (m_2 s_2 - m_1 s_1)_{\text{c.v.}}$$

$$\int_0^t \left(\sum \dot{m}_i \dot{s}_i\right) dt = \sum m_i s_i,\qquad \int_0^t \left(\sum \dot{m}_e \dot{s}_e\right) dt = \sum m_e s_e,\qquad \int_0^t \dot{S}_{\text{gen}}\,dt = {}_1S_{2\text{gen}}$$

따라서 이 시간 구간 t에서 천이 과정에 대한 제2법칙을 다음과 같이 쓸 수 있다.

$$(m_2 s_2 - m_1 s_1)_{\text{c.v.}} = \sum m_i s_i - \sum m_e s_e + \int_0^t \sum_{\text{c.v.}} \frac{\dot{Q}_{\text{c.v.}}}{T}\,dt + {}_1S_{2\text{gen}} \tag{9.11}$$

이 과정에서 온도는 검사체적 전체에 대해 항상 균일하므로 우변의 적분은 다음과 같이 된다.

$$\int_0^t \sum_{\text{c.v.}} \frac{\dot{Q}_{\text{c.v.}}}{T}\,dt = \int_0^t \frac{1}{T} \sum_{\text{c.v.}} \dot{Q}_{\text{c.v.}}\,dt = \int_0^t \frac{\dot{Q}_{\text{c.v.}}}{T}\,dt$$

따라서 천이 과정에 대한 제2법칙은 다음과 같이 쓸 수 있다.

$$(m_2s_2 - m_1s_1)_{\text{c.v.}} = \sum m_is_i - \sum m_es_e + \int_0^t \frac{\dot{Q}_{\text{c.v.}}}{T}\,dt + {}_1S_{2\text{gen}} \tag{9.12}$$

예제 9.6

공기 탱크에 대기 온도인 17°C의 공기 40 L가 100 kPa로 충전되어 있다고 가정하자. 가역 단열 압축기가 가동되어 1000 kPa의 압력까지 탱크에 충전하고 멎었다. 여기서 탱크 속의 공기가 얼마나 뜨거워졌는가와 탱크를 채우기 위해 소요된 일의 양을 알고자 한다.

풀이

그림 9.6의 압축기와 공기 탱크 검사체적에서 다음의 식이 성립한다.

연속 방정식 6.15: $m_1 - m_2 = m_m$

에너지 방정식 6.16: $m_2u_2 - m_1u_1 = {}_1Q_2 - {}_1W_2 + m_{\text{in}}h_{\text{in}}$

엔트로피 방정식 9.12: $m_2s_2 + m_1s_1 = \int dQ/T + {}_1S_{2\text{gen}} + m_{\text{in}}s_{\text{in}}$

과정: Adiabatic ${}_1Q_2 = 0$, Process ideal ${}_1S_{2\text{gen}} = 0$, $s_1 = s_{\text{in}}$

$\Rightarrow m_2s_2 = m_1s_1 + m_{\text{in}}s_{\text{in}} = (m_1 + m_{\text{in}})s_1 = m_2s_1 \Rightarrow s_2 = s_1$

상수 $s \Rightarrow$ 식 8.19 $s^0_{T2} = s^0_{T1} + R\ln(P_2/P_i)$

$s^0_{T2} = 6.83521 + 0.287\ln(10) = 7.49605$ kJ/kg K

표 A.7에서 보간하여 $\Rightarrow T_2 = 555.7$ K $u_2 = 401.49$ kJ/kg

$m_1 = P_1V_1/RT_1 = 100 \times 0.04/10.287\ \ 2902 = 0.04806$ kg

$m_2 = P_2V_2/RT_2 = 1000 \times 0.04/10.287\ \ 555.72 = 0.2508$ kg

$\Rightarrow m_{\text{in}} = 0.2027$ kg

${}_1W_2 = m_{\text{in}}h_{\text{in}} + m_1u_1 - m_2u_2$

$= m_{\text{in}}(290.43) + m_1(207.19) - m_2(401.49) = -31.9$ kJ

주의: 과정 후의 높은 최종 온도는 열전달이 없다는 가정의 근거를 빈약하게 만든다. 충전 과정은 빨리 진행되지 않으므로 그에 따르는 열전달 손실이 있을 것이다. 실제 과정에서 좀 더 나은 근사 값을 구하기 위해서는 이러한 사실을 알아둘 필요가 있다.

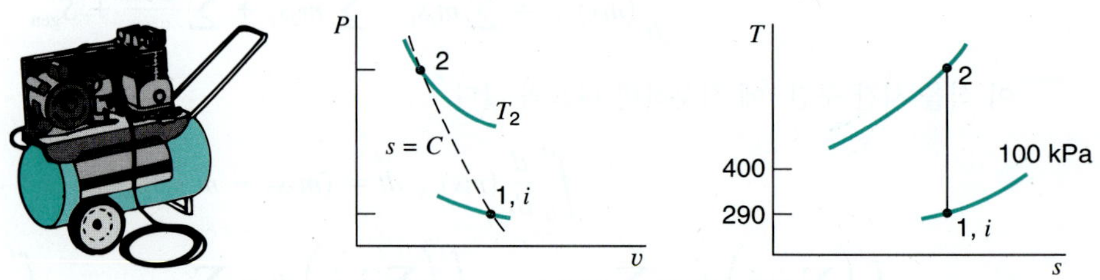

그림 9.6 예제 9.6에 대한 스케치와 다이어그램.

개념에 관한 질문

a. 펌프 내 물의 가역 단열 유동에서 P가 증가한다. T는 어떠한가?

b. 압축기 내 공기의 가역 단열 유동에서 P가 증가한다. T는 어떠한가?

c. −10°C, 200 kPa의 R-134가 압축기에서 압축되어 출구에서 1200 kPa, 50°C로 나간다. 이 과정에 대해 논해 보아라.

d. 어떤 속도를 가지고 노즐 밖으로 나오는 물의 유동이 자동차의 세차에 사용된 후 땅에 떨어진다. **V**, T, 및 s에 관한 물의 상태는 어떻게 되는가?

9.3 정상 상태 단일 유동 과정

단일 유동 정상 상태 과정에서의 일에 대한 표현식을 유도할 수 있는데 이는 의미 있는 변수가 어떻게 일의 출력에 영향을 미치는가를 이해하는 데 큰 도움을 준다. 우리는 정상 상태 과정이 검사체적을 출입하는 유체의 단일 유동만을 포함하고 있을 때 식 6.13의 제1법칙이 다음과 같음을 알고 있다.

$$q + h_i + \frac{1}{2}\mathbf{V}_i^2 + gZ_i = h_e + \frac{1}{2}\mathbf{V}_e^2 + gZ_e + w$$

그리고 식 9.8의 제2법칙은 식 9.4를 고려하면 다음과 같이 된다.

$$s_i + s_{\text{gen}} + \int \frac{\delta q}{T} = s_e$$

이 식은 미분형을 써서 표현하면 다음과 같이 된다.

$$\delta s_{\text{gen}} + \delta q/T = ds \qquad \Rightarrow \qquad \delta q = T ds - T\delta s_{\text{gen}}$$

적분을 용이하게 하고 q를 구하기 위해 식 8.8의 상태량 관계식을 사용하면 다음과 같이 된다.

$$\delta q = T\,ds - T\,\delta s_{\text{gen}} = dh - v\,dP - T\,\delta s_{\text{gen}}$$

따라서 다음의 식을 얻게 된다.

$$q = \int_i^e \delta q = \int_i^e dh - \int_i^e v\,dP - \int_i^e T\,\delta s_{\text{gen}} = h_e - h_i - \int_i^e v\,dP - \int_i^e T\,\delta s_{\text{gen}}$$

이 결과를 에너지 방정식에 대입하고 일에 대해 풀면 다음의 식을 얻게 된다.

$$\begin{aligned} w &= q + h_i - h_e + \frac{1}{2}(\mathbf{V}_i^2 - \mathbf{V}_e^2) + g(Z_i - Z_e) \\ &= h_e - h_i - \int_i^e v\,dP - \int_i^e T\,\delta s_{\text{gen}} + h_i - h_e + \frac{1}{2}(\mathbf{V}_i^2 - \mathbf{V}_e^2) + g(Z_i - Z_e) \end{aligned}$$

엔탈피 항은 소거되고 실제 과정을 이행하는 단일 유동에 대한 축일은 다음과 같이 된다.

$$w = -\int_i^e v\,dP + \frac{1}{2}(\mathbf{V}_i^2 - \mathbf{V}_e^2) + g(Z_i - Z_e) - \int_i^e T\,\delta s_{\text{gen}} \tag{9.13}$$

이 표현식에 대한 여러 설명을 순서대로 적으면 다음과 같다.

1. 마지막 항은 항상 감해진다는 것($T > 0$ 및 $\delta s_{\text{gen}} \geq 0$)을 알 수 있으며 이 항이 0이 되는 가역 과정에서 최대의 일을 얻을 수 있다. 모든 엔트로피 생성이 일의 출력을 감소시킨다고 결론지어진 식 8.36의 경계 일에 대한 결론과 동일하다. 과정의 마지막 적분을 계산하기를 기대하지만 엔트로피 생성의 효과를 설명하기 위해 보여줄 뿐이기 때문에 식 9.13은 쓰지 않겠다.
2. 가역 과정에 대해서 축일은 압력, 운동 에너지 또는 위치 에너지의 변화와 개별적으로 또는 조합하여 연계되어 있다. 압력이 증가하면 (펌프 또는 압축기) 일은 음이 되고 즉 축일의 유입이 발생하고, 압력이 감소하면(터빈) 일은 양이 된다. 비체적은 일의 부호에는 영향을 주지 않지만 크기에 영향을 주기 때문에 비체적이 큰 경우(유체가 기체일 때)에는 일의 양이 커지지만 반면에 비체적이 작으면(액체와 같이) 일은 작아질 것이다. 유동의 운동 에너지(풍차)나 위치 에너지(댐 또는 터빈)가 감소하면 감소하는 만큼 일을 추출해낼 수 있다.

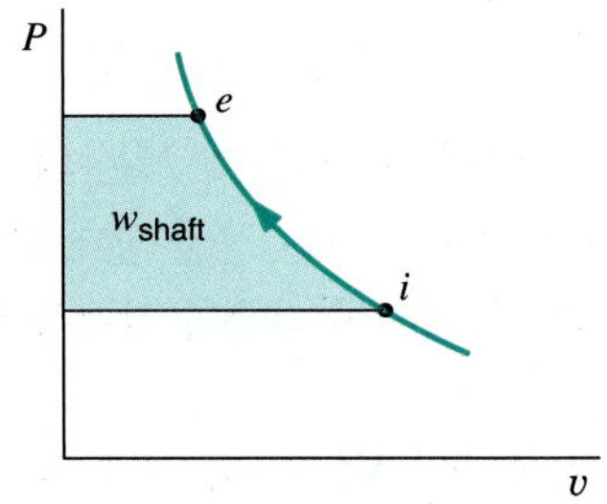

그림 9.7 식 9.14에서의 축일.

3. 검사체적이 축(shaft)을 가지고 있지 않다면($w = 0$), 우변의 항들은 합쳐서 0이 되어야만 한다. 어느 하나의 항에 변화가 생기면 다른 항들에 반대 부호의 정미 변화량이 동반되어야만 하며 마지막 항은 항상 빼줘야 한다는 사실을 주목하라. 예를 들어 운동 에너지 및 위치 에너지의 변화가 없는 관내 유동을 간단히 살펴보도록 하자. 유동을 가역적이라고 간주하면 마지막 항은 0이고 첫 번째 항이 0이 되어야만 한다. 즉 압력이 일정해야 한다. 유동이 어떤 마찰을 수반하고 따라서 비가역적이라는 것을 상기한다면, 첫 번째 항은 마지막 항과 균형을 맞추기 위해 양(압력이 감소하는)이 되어야만 한다.

위의 설명에서 언급한 바와 같이 식 9.13은 작업 유체의 운동 에너지와 위치 에너지의 변화가 작은 터빈, 압축기 및 펌프와 같은 대형 유동 과정에 수반되는 일을 설명하는데 유용하다. 이 기계들의 모델 과정은 운동 에너지와 위치 에너지의 변화가 없는 가역 정상 상태 과정이 된다. 때로는 이 과정이 단열이기도 하지만 아래의 식의 표현을 위해 반드시 필요한 조건은 아니다.

$$w = -\int_i^e v\, dP \tag{9.14}$$

이상의 결과로부터, 이 형태의 과정에 수반되는 축일(shaft work)는 그림 9.7의 선도에 나타난 면적으로 주어진다고 말할 수 있다. 중요한 것은 이 결과가 매우 특정한 경우에 적용된다는 것이며—면적 $\int_i^e v\, dP$는 면적 $\int_i^e P\, dv$와 다르다—오직 전혀 다른 상황에 있어서만 적용 가능하다. 또한 알아두어야 할 것은 이러한 과정에 수반되는 축일은 과정 중의 유체의 비체적과 매우 밀접하게 연관되어 있다는 것이다. 이 점을 더욱 강조하기 위해 그림 9.8의 단순 증기 원동소를 생각해 보기로 한다. 파이프, 보일러 및 응축기 등에서 전혀 압력 강하가 일어나지 않는 이상적 원동소라고 가정하자. 따라서 펌프에서의 압력 상승은 터빈에서의 압력 강하와 같다. 운동 에너지와 위치 에너지를 무시하면 이 과정에서의 일은 식 9.14로 주어진다. 펌프는 터빈을 통과하는 증기의 비체적과 비교할 때 매우 작은 비체적의 액체를 다루기 때문에 펌프에 주어지는 동력은 터빈으로부터 발생하는 동력보다 훨씬 작게 된다. 이 차이가 원동소의 정미 출력이다.

이와 동일한 추론은 비록 엄밀하게 보아서는 가역 단열이 아니지만 정상 상태 과정을 수반하는 실제 장치들에 대해서도 정성적으로 적용할 수 있다.

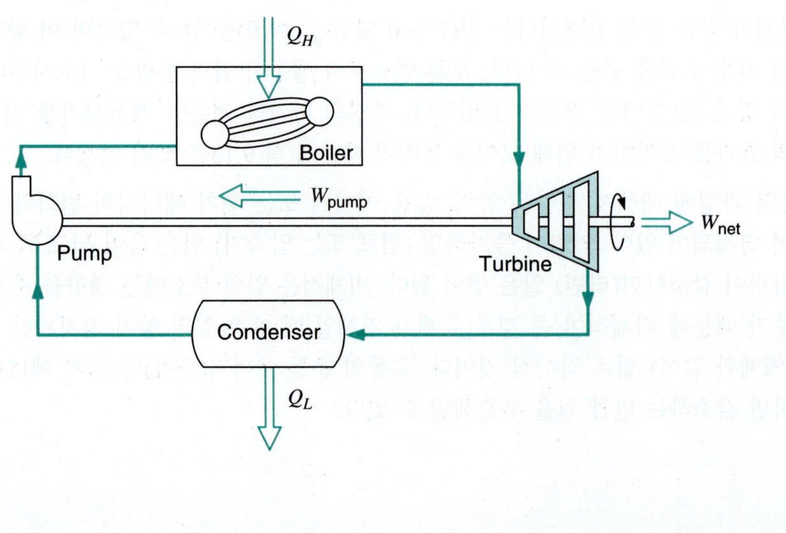

그림 9.8 단순증기 원동소.

예제 9.7

100 kPa, 30°C의 물을 등엔트로피적으로 5 MPa로 펌핑하는 데 소요되는 일을 단위 kg 당으로 계산하라.

검사체적: 펌프
입구 상태: P_i, T_i 기지수; 상태 확정
출구 상태: P_e 기지수
과정: 정상 상태, 등엔트로피
모델: 증기표

해석

가역 단열 정상 상태 과정이고 운동 에너지 및 위치 에너지 변화가 무시될 수 있으므로 다음을 얻는다.

제1법칙: $h_i = h_e + w$
제2법칙: $s_e - s_i = 0$

풀이

P_e와 s_e가 주어져 있으므로 상태 e가 결정되고 따라서 h_e를 알 수 있으며 제1법칙으로부터 w를 구할수 있다. 그러나 이 과정은 운동 에너지 및 위치 에너지의 변화를 무시할 수 있는 가역 정상 상태이고 따라서 식 9.14가 유효하다. 또한 액체가 펌핑되므로 과정 중 비체적의 변화는 매우 작을 것이다. 증기표로부터 $v_i = 0.001\ 004\ \text{m}^3/\text{kg}$임을 알수 있다. 비체적이 일정하다고 보고식 9.14를 사용하면 다음의 결과를 얻는다.

$$-w = \int_1^2 v\,dP = v(P_2 - P_1) = 0.001\ 004(5000 - 100) = 4.92\ \text{kJ/kg}$$

■

비압축성 유체(incompressible fluid, v = constant)의 가역 유동을 고려하면 식 9.13의 단순화된 형태의 식이 만들어진다. 첫 번째 항은 쉽게 적분되어 다음의 식이 된다.

$$w = -v(P_e - P_i) + \frac{1}{2}(\mathbf{V}_i^2 - \mathbf{V}_e^2) + g(Z_i - Z_e) \tag{9.15}$$

이 식은 일을 0으로 놓고 베르누이 방정식으로 알려져 있는 아래의 식을 만들어낸 Daniel Bernoulli의 이름을 따서 확장된 **베르누이 방정식**(Bernoulli Equation)이라 불린다.

$$vP_i + \frac{1}{2}\mathbf{V}_i^2 + gZ_i = vP_e + \frac{1}{2}\mathbf{V}_e^2 + gZ_e \tag{9.16}$$

이 방정식으로부터 유동 일(Pv), 운동 에너지 및 위치 에너지의 합은 유선(flow line)을 따라 일정하다는 것을 알 수 있다. 예를 들어 유동이 위로 상승함에 따라 운동 에너지나 압력이 그만큼 감소한다.

예제 9.8

액상의 물을 분사하기 위한 노즐을 생각해 보자. 만일 압력이 300 kPa이고 물이 20°C라면 이상적인 노즐의 출구에서 얼마나 높은 속도의 유동을 만들어낼 수 있는가?

해석

이 단일 정상 상태 유동에 있어서 일과 열전달은 없고 또한 비압축성이며 가역적이므로 베르누이 방정식을 적용하면 다음과 같이 된다.

$$vP_i + \frac{1}{2}\mathbf{V}_i^2 + gZ_i = vP_i + 0 + 0 = vP_e + \frac{1}{2}\mathbf{V}_e^2 + gZ = vP_0 + \frac{1}{2}\mathbf{V}_e^2 + 0$$

출구 운동 에너지는 다음과 같이 된다.

$$\frac{1}{2}\mathbf{V}_e^2 = v(P_i - P_0)$$

풀이

증기표로부터 20°C에서 $v = v_f = 0.001002\ \mathrm{m^3/kg}$을 사용하여 속도에 대해 풀 수 있다.

$$\mathbf{V}_e = \sqrt{2v(P_i - P_0)} = \sqrt{2 \times 0.001002(300 - 100)1000} = 20\ \mathrm{m/s}$$

단위를 맞추기 위해 kPa로부터 Pa로 변환할 때 1000배를 곱하는 것을 잊지 말도록 하자.

■

식 9.13의 마지막 적용으로 검사질량 가정에 대해 8.8절에서 논했던 이상 기체의 가역 폴리트로프 과정을 상기해 보자. 운동 및 위치 에너지의 변화가 없는 정상 상태 과정에 대해 다음의 관계식을 얻게 된다.

$$w = -\int_i^e v\,dP \qquad \text{and} \qquad Pv^n = \text{constant} = C^n$$

$$w = -\int_i^e v\,dP = -C\int_i^e \frac{dP}{P^{1/n}}$$

$$= -\frac{n}{n-1}(P_e v_e - P_i v_i) = -\frac{nR}{n-1}(T_e - T_i) \tag{9.17}$$

만일 과정이 등온이라면 $n = 1$이고 적분은 다음과 같이 된다.

$$w = -\int_i^e v\,dP = -\text{constant}\int_i^e \frac{dP}{P} = -P_i v_i \ln\frac{P_e}{P_i} \tag{9.18}$$

그림 8.13의 P–v 및 T–s 선도는 이 경우에도 폴리트로프 과정의 경사를 나타내는 데 사용될 수 있다는 것을 주목하라.

$$\int_i^e v\,dP$$

위 식에서 구한 적분 값은 운동 및 위치 에너지가 무시할 만큼 작지 않은 경우에 대해서도 식 9.13과 연계하여 사용될 수 있다.

개념에 관한 질문

e. 정상 상태 단일 유동에서 s는 일정하거나 증가한다. 이 말이 맞는가?

f. 유동 장치가 동일한 입구 속도와 출구 속도를 가진다면 축일이 있는가?

g. $n = 0$인 폴리트로프 유동 과정은 어떤 장치로 가능할까?

9.4 엔트로피 증가의 원리

검사질량 해석을 위한 엔트로피 증가의 원리는 8.8절에서 다루었다. 검사체적 해석에 대해서도 동일한 결론을 내릴 수 있다. 그림 9.9에서는 전체 세계를 검사체적 A와 그 주위인 검사체적 B로 쪼개어 보여주고 있다. 검사체적 A가 주위와 질량 유동, 에너지 및 엔트로피 전달을 주고받는 과정이 발생한다고 가정하자. 검사체적 A에 열전달이 행해지는 곳에서의 온도는 T_A인데 이는 검사체적과 멀리 떨어진 주변 온도와 꼭 같지는 않다.

먼저 두 개의 검사체적에 대한 엔트로피 평형식을 써보자.

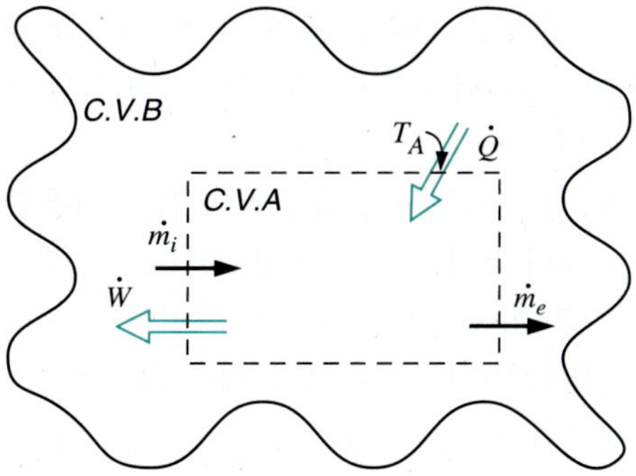

그림 9.9 검사체적과 주위의 엔트로피 변화.

$$\frac{dS_{CVA}}{dt} = \dot{m}_i s_i - \dot{m}_e s_e + \frac{\dot{Q}}{T_A} + \dot{S}_{\text{gen}\,A} \tag{9.19}$$

$$\frac{dS_{CV\,B}}{dt} = -\dot{m}_i s_i + \dot{m}_e s_e - \frac{\dot{Q}}{T_A} + \dot{S}_{\text{gen}\,B} \tag{9.20}$$

이 식들을 보면 전달 항들은 모두 검사체적 표면에서 계산된다는 것을 알 수 있다. 이제 두 엔트로피 평형식을 더하면 전체 세계에 대한 S의 정미 변화율을 찾아낼 수 있다.

$$\begin{aligned}\frac{dS_{\text{net}}}{dt} &= \frac{dS_{CV\,A}}{dt} + \frac{dS_{CV\,B}}{dt}\\ &= \dot{m}_i s_i - \dot{m}_e s_e + \frac{\dot{Q}}{T_A} + \dot{S}_{\text{gen}\,A} - \dot{m}_i s_i + \dot{m}_e s_e - \frac{\dot{Q}}{T_A} + \dot{S}_{\text{gen}\,B}\\ &= \dot{S}_{\text{gen}\,A} + \dot{S}_{\text{gen}\,B} \geq 0\end{aligned} \tag{9.21}$$

여기서 모든 전달 항들은 소거되고 각각의 세계에 오직 양의 값을 가진 생성항만 남게 된다. 주변에서 아무런 과정도 일어나지 않는다면 그 생성항은 0이다. 그러나 표시된 방향으로 열전달이 일어나려면 반드시 $T_B \geq T_A$이어야만 하고 이 말은 열전달이 유한한 온도차를 통해 이루어진다는 뜻이므로 주위에 비가역 과정이 발생하게 된다는 사실을 알 수 있다. 이러한 상황은 **외부적 비가역 과정**(external irreversible process)이라 불린다. 이는 검사체적 A의 내부에서 어떠한 s의 생성이 있을 때 **내부적 비가역 과정**(internal irreversible process)이라 불리는 것과 구분된다.

일반적인 검사체적 해석에 있어서도 검사질량의 경우와 다음과 같은 동일한 결론에 도달하게 된다. 즉 식 9.21로부터 전체 세계의 엔트로피는 반드시 증가하거나 일정하게 유지된다는 것이다. 다시 말해서 $dS_{\text{net}}/dt \geq 0$이다. 오로지 이 방정식을 만족하는 과정만이 발생할 수 있으며 총 엔트로피를 감소시키려고 하는 과정은 불가능하고 따라서 발생하지 않는다.

엔트로피 증가의 원칙에 대해 또 짚고 넘어가야 하는 것은 그 순서에 있다. 이 세계의 다양한 부분에 대한 상태의 변화를 관찰하고 평가하려면, 식 9.21의 좌변을 이용하여 정미 시간 변화율을 구하고 이렇게 함으로써 우리가 고려하는 과정에 대해서 양의 값을 가진다는 것을 증명할 수 있다. 이때에는 과정이 발생하는 검사체적과 이 과정에 의해 영향을 받는 주변에만 초점을 집중하여야 한다. 좌변을 모두 합하면 엔트로피의 저장이 되지만 그것이 만들어지는 장소는 설명하지 않는다. 엔트로피가 만들어지는 장소에 대한 상세 정보를 얻고자 한다면 수많은 검사체적의 분석과 각 검사체적에서의 저장과 전달에 대한 계산이 이루어져야 한다. 이렇게 하면 생성률이 평형 관계 즉 식 9.21과 같은 방정식으로부터 구해지는데 이 값은 양이거나 적어도 0보다 커야만 한다. 따라서 생성항을 합하는 것에 의해서 총 엔트로피가 증가해야할 뿐만 아니라 상상할 수 있는 모든 검사체적에서 양의 값 또는 적어도 0의 엔트로피가 생성되어야만 한다. 이는 매우 작은(심지어 미분량 dV) 검사체적에도 적용되므로 국부적으로 보아서 엔트로피를 생성하는(또는 일정한) 과정들만 발생할 수 있고 국부적으로 엔트로피를 파괴하는 그 어떤 과정도 일어날 수 없는 것이다. 그렇다고 어떤 질량 밖으로의 열전달에 의해 기인할 경우에는 그 질량의 엔트로피가 감소한다는 사실조차 배제하는 것은 아니라는 것을 기억하자. 즉 음의 저장(storage)은 음의 전달항(transfer term) 때문이라고 설명할 수 있다.

어느 특정 과정의 제2법칙 위반 가능성을 체크하기 위해 식 9.21을 사용할 때에는 엔트로피 생성항을 직접 계산할 수 있는 상황들이 있다. 그러나 많은 경우에 있어서는 검사체적과 주위의 엔트로피를 따로 계산한 후에 이들을 함께 더해서 식 9.21이 만족되는지를 보는 것이 필요하다. 이러한 경우에는 열전달이 온도 T_B에서 시작된다는 사실을 설명하기 위해 주위 B에 대한 식 9.20을 다시 써주는 것이 더 바람직하다. 이것은 식 9.20으로 나타난 B에서의 엔트로피 생성이 8.11절에서 구한 식 8.40에 의해 주어진다는 것을 의미하며 따라서 식 9.20은 다음과 같이 된다.

$$\frac{dS_{CV\,B}}{dt} = -\dot{m}_i s_i + \dot{m}_e s_e - \frac{\dot{Q}}{T_A} + \left\{\frac{\dot{Q}}{T_A} - \frac{\dot{Q}}{T_B}\right\} = \dot{m}_e s_e - \dot{m}_i s_i - \frac{\dot{Q}}{T_B} \tag{9.22}$$

정상 상태 과정에 있어서 $\frac{dS_{CV\,A}}{dt} = 0$이므로 모든 엔트로피 증가는 주위 B에서 관찰되며 식 9.22에 의해 계산할 수 있다. 천이 과정(transient process)에서는 검사체적 A와 주위 B에 관한 항 모두가 계산되어져야 한다. 각 항은 9.2절에서와 마찬가지로 과정 시간 t에 대해 적분된다. 따라서 식 9.23은 다음과 같이 적분되며,

$$\Delta S_{\text{net}} = \Delta S_{CV\,A} + \Delta S_{\text{surr}\,B} \tag{9.23}$$

여기서 검사체적 A에 관한 항은 다음과 같다.

$$\Delta S_{CV\,A} = (m_2 s_2 - m_1 s_1)_{CV\,A} \tag{9.24}$$

식 9.21을 주위에 적용하고 적분하면 주위에 관한 항은 다음과 같이 된다.

$$\Delta S_{\text{surr}\,B} = m_e s_e - m_i s_i - \frac{Q}{T_B} \tag{9.25}$$

9.5 효율

제7장에서 열역학 제2법칙이 열기관 사이클에 대한 열효율의 개념으로 인도한다는 것을 알았다. 다시 말해서

$$\eta_{\text{th}} = \frac{W_{\text{net}}}{Q_H}$$

여기서 W_{net}은 정미 사이클 일이고 Q_H는 고온 물체로부터의 전달 열이다.

이 장에서는 제2법칙을 검사체적 과정에 확대하여 고려해 보았는데 이제는 과정의 효율을 고려하도록 해보자. 예를 들어 우리는 증기 원동소의 터빈이나 가스 터빈 엔진의 압축기 같은 것의 효율에 관심을 가질 수 있는 것이다.

일반적으로 과정이 발생하는 기계의 효율을 정하기 위해서 주어진 조건하의 실제 기계 성능을 이상적 과정하에서 달성할 수 있는 성능과 비교한다. 제2법칙이 주된 고려사항이 되는 것은 바로 이러한 이상적 과정을 정의하는 데 있다. 예로 증기 터빈이 단열된 기계가 되고자 한다 하자. 여기에는 터빈과 주위 사이에서 일어나는 불가피한 열전달밖에 없다. 정상 상태로 작동하는 증기 터빈에 있어서 유입하는 증기의 상태와 배출 압력은 정해져 있다는 것을 알고 있다. 그러므로 이상적 과정은 입구 상태와 터빈 배출 압력 사이에 있어서의 가역 단열 과정 즉 등엔트로피 과정일 것이다. 다시 말해서 P_i, T_i, P_e는 설계 변수들인데 처음 두 변수는 작동 유체가 터빈 입구에서 이러한 조건이 되도록 전 과정에서 준비된 것들이고 출구 압력은 배출되는 주변 환경에 의해 결정되는 것이기 때문이다. 따라서 이상적 터빈 과정은 그림 9.10에 보이는 것처럼 상태 i로부터 상태 e_s로 진행될 것이고 이에 반해 실제 터빈은 실제 출구 상태

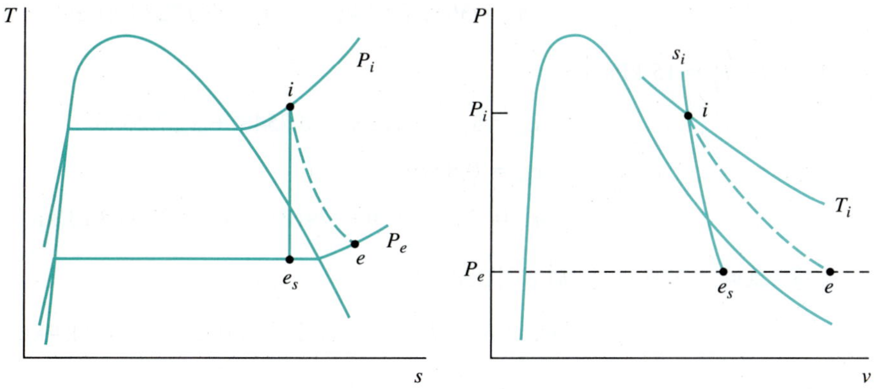

그림 9.10 가역 단열 증기 터빈과 실제 터빈의 과정.

e에서 더 큰 엔트로피의 증가를 가지게 되는 비가역 과정이 된다. 그림 9.10은 증기 터빈의 전형적인 상태를 보여주고 있는데 여기서 상태 e_s는 2상 영역이다. 또한 상태 e는 실제 과정의 비가역성의 정도에 따라 2상 영역 혹은 과열 증기 영역에 존재할 수 있다. 실제 과정에서의 일을 i부터 e까지 w로 표기하고 동일한 P_i, T_i부터 P_e까지의 이상적 등엔트로피 과정에서의 일을 w_s로 표기한다면 **터빈 효율**(efficiency of the turbine)을 다음과 같이 정의 할 수 있다.

$$\eta_{\text{turbine}} = \frac{w}{w_s} = \frac{h_i - h_e}{h_i - h_{es}} \tag{9.26}$$

모든 상태가 기체 상태인 가스 터빈에 대해서도 동일한 정의를 내릴 수가 있다. 전형적인 터빈 효율은 0.70~0.88인데 보통 큰 터빈이 작은 것보다 높은 효율을 가지고 있다.

예제 9.9

증기 터빈에 1 MPa의 압력과 300°C의 온도를 가진 증기가 유입된다. 이 증기는 15 kPa의 압력으로 터빈을 떠난다. 터빈에 의한 일은 증기 1 kg당 600 kJ로 측정되었다. 터빈 효율을 구하라.

검사체적: 터빈
입구 상태: P_i, T_i 기지수; 상태 확정
출구 상태: P_e 기지수
과정: 정상 상태
모델: 증기표 A.7

해석

터빈 효율은 식 9.26에 의해 구해진다.

$$\eta_{\text{turbine}} = \frac{w_a}{w_s}$$

따라서 터빈 효율을 구하기 위해서는 주어진 입구 상태와 최종 압력 사이에 등엔트로피 과정이 진행되었을 때의 일을 계산하여야 한다. 이 등엔트로피 과정에 대하여

연속 방정식: $\dot{m}_i = \dot{m}_e = \dot{m}$
제1법칙: $h_i = h_{es} + w_s$
제2법칙: $s_i = s_{es}$

풀이

증기표로부터 다음을 얻는다.

$$h_i = 3051.2 \text{ kJ/kg}, \qquad s_i = 7.1228 \text{ kJ/kg K}$$

그러므로, $P_e = 15$ kPa에서

$$s_{es} = s_i = 7.1228 = 0.7548 + x_{es} 7.2536$$
$$x_{es} = 0.8779$$
$$h_{es} = 225.9 + 0.8779(2373.1) = 2309.3 \text{ kJ/kg}$$

등엔트로피 과정에 대한 제1법칙으로부터

$$w_s = h_i - h_{es} = 3051.2 - 2309.3 = 741.9 \text{ kJ/kg}$$

그러나

$$w_a = 600 \text{ kJ/kg}$$

이므로 다음의 효율을 구할 수 있다.

$$\eta_{\text{turbine}} = \frac{w_a}{w_s} = \frac{600}{741.9} = 0.809 = 80.9\%$$

이 예제와 관련하여 터빈을 나오는 증기의 실제 상태 e를 구하기 위해서는 실제 과정을 분석할 필요가 있다는 것을 알아야 할 것이다. 실제 과정에 대해

$$\dot{m}_i = \dot{m}_e = \dot{m}$$
$$h_i = h_e + w_a$$
$$s_e > s_i$$

그러므로 실제 과정에 대한 제1법칙으로부터 다음을 얻게 된다.

$$h_e = 3051.2 - 600 = 2451.2 \text{ kJ/kg}$$
$$2451.2 = 225.9 + x_e 2373.1$$
$$x_e = 0.9377$$

■

터빈 효율은 P_i와 T_i로부터 P_e까지 진행되는 이상적인 등엔트로피 과정에 의해 정의되는데 이는 이들 변수 중 미지수가 존재할 때에도 마찬가지이다. 이를 다음 예제에서 설명하도록 한다.

예제 9.10

가스 터빈에 1600 K의 공기가 유입되어 100 kPa, 830 K로 유출된다. 터빈 효율은 85%이다. 터빈 입구 압력은 얼마인가?

검사체적: 터빈
입구 상태: T_i 기지수; 상태 확정
출구 상태: P_e, T_e 기지수; 상태 확정
과정: 정상 상태
모델: 공기 표, 표 A.7

해석

85%인 효율은 다음과 같이 식 9.26에 의해 주어진다.

$$\eta_{\text{turbine}} = \frac{w}{w_s}$$

실제의 비가역 과정에 대한 제1법칙은

$$h_i = h_e + w$$

P_i, T_i로부터 P_e까지의 이상적 등엔트로피 과정에 대한 제1법칙은

$$h_i = h_{es} + w_s$$

이며 제2법칙은 식 8.19로부터

$$s_{es} - s_i = 0 = s_{es}^0 - s_i^0 - R \ln \frac{P_e}{P_i}$$

(이 식은 오직 이상적 등엔트로피 과정에 대한 것이고 $s_e - s_i > 0$인 실제 과정에 대한 것은 아니다.)

풀이

공기 표, 표 A.7,의 1600 K에서 다음 값을 얻는다.

$$h_i = 1757.3 \text{ kJ/kg}, \qquad s_i^0 = 8.6905 \text{ kJ/kg K}$$

공기 표의 830 K(실제 터빈 출구 온도)로부터

$$h_e = 855.3 \text{ kJ/kg}$$

그러므로 실제 과정에 대한 제1법칙으로부터

$$w = 1757.3 - 855.3 = 902.0 \text{ kJ/kg}$$

터빈 효율의 정의를 사용하여

$$w_s = 902.0/0.85 = 1061.2 \text{ kJ/kg}$$

등엔트로피 과정에 대한 제1법칙으로부터

$$h_{es} = 1757.3 - 1061.2 = 696.1 \text{ kJ/kg}$$

그러므로 공기 표로부터

$$T_{es} = 683.7 \text{ K}, \qquad s_{es}^0 = 7.7148 \text{ kJ/kg K}$$

또한 터빈 입구 압력은 다음 식에서 정해진다.

$$0 = 7.7148 - 8.6905 - 0.287 \ln \frac{100}{P_i}$$

이 식을 정리하면 다음을 얻는다.

$$P_i = 2995 \text{ kPa}$$

■

6.4절에서 논의했던 바와 같이, 특별한 언급이 없는 한 압축기와 펌프는 보통 단열로 가정한다. 이 경우 유체는 압축기에 P_i, T_i 상태로 들어가서 요구되는 값인 P_e로 나온다. 따라서 주어진 입구 상태 i와 출구 압력 사이의 이상적 과정은 그림 9.11에 나타난 것처럼 w_s의 입력 일을 필요로 하고 상태 i와 상태 e_s 사이에서 작동하는 등엔트로피 과정이 될 것이다. 그러나 실제 과정은 비가역적이고 유체는 더 큰 엔트로피를 가진 실제 상태 e로 유출되므로 더 많은 입력 일이 필요하게 된다. **압축기**(compressor, 액체의 경우에는 펌프) **효율**(efficiency)은 다음과 같이 정의된다.

$$\eta_{\text{comp}} = \frac{w_s}{w} = \frac{h_i - h_{es}}{h_i - h_e} \tag{9.27}$$

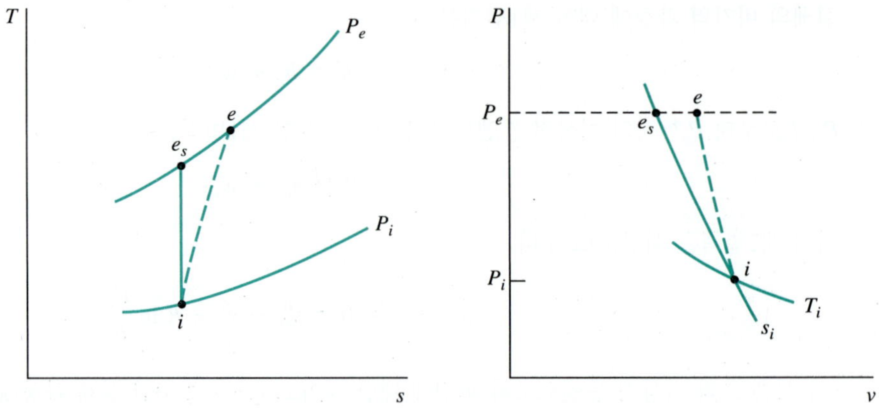

그림 9.11 이상적 단열 압축기와 실제 단열 압축기의 압축 과정.

전형적인 압축기 효율은 0.70~0.88 사이에 있으며 보통 대형 압축기가 소형보다 효율이 높다.

수냉관 또는 핀(fin)을 사용하여 압축되는 기체를 식혀 줄 경우의 이상적 과정은 가역 등온 과정이며 이때의 소요 일 w_T는 실제 압축기에 대한 소요 일 w보다 작게 된다. 냉각 압축기의 효율은 다음과 같이 된다.

$$\eta_{\text{cooled comp}} = \frac{w_T}{w} \tag{9.28}$$

예제 9.11

100 kPa, 300 K의 공기가 자동차의 supercharger에 들어간 후 150 kPa로 압축된다. 효율이 70%일때 공기 1 kg당 소요 일은 얼마인가? 출구 온도는 얼마인가?

검사체적: supercharger(압축기)
입구 상태: P_i, T_i 기지수; 상태 확정
출구 상태: P_e 기지수
과정: 정상 상태
모델: 이상 기체, 300 K 비열, 표 A.5

해석

70%인 효율은 식 9.27로부터 다음과 같이 주어진다.

$$\eta_{\text{comp}} = \frac{w_s}{w}$$

실제 비가역 과정에 대한 제1법칙은

$$h_i = h_e + w, \qquad w = C_{p0}(T_i - T_e)$$

P_i, T_i부터 P_e까지의 이상적 등엔트로피 과정에 대한 제1법칙은

$$h_i = h_{es} + w_s, \qquad w_s = C_{p0}(T_i - T_{es})$$

이며, 식 8.23으로부터 제2법칙은 다음과 같다.

$$\frac{T_{es}}{T_i} = \left(\frac{P_e}{P_i}\right)^{(k-1)/k}$$

풀이

표 A.5의 C_{p0}와 k 및 제2법칙으로부터

$$T_{es} = 300\left(\frac{150}{100}\right)^{0.286} = 336.9 \text{ K}$$

등엔트로피 과정에 대한 제1법칙으로부터

$$h_{es} = 1.004(300 - 336.9) = -37.1 \text{ kJ/kg}$$

이므로 효율에 관한 식으로부터 실제 소요 일은

$$w = -37.1/0.70 = -53.0 \text{ kJ/kg}$$

이며 실제 과정에 대한 제1법칙을 이용하면 출구에서의 온도는 다음과 같다.

$$T_e = 300 - \frac{-53.0}{1.004} = 352.8 \text{ K}$$

마지막 예제는 노즐 효율에 대한 것이다. 6.4절에서 논의한 바와 같이 노즐의 목적은 유체의 압력을 희생하여 고속 유체 흐름 또는 에너지 과점에서 볼 때 큰 운동 에너지를 만들어내는 것이다. 설계 변수들은 터빈에서와 마찬가지로 P_i, T_i, P_e이다. 노즐은 보통 단열로 간주되어 그림 9.12에서 알 수 있듯이 상태 i로부터 상태 e_s까지의 등엔트로피 과정이 이상적 과정이 되며 속도 $\mathbf{V}_{es}$를 생성한다. 실제 과정은 비가역적이고 출구 상태 e에서 더 큰 엔트로피와 더 작은 출구 속도 $\mathbf{V}_e$를 가진다. **노즐 효율**(nozzle efficiency)은 다음과 같은 운동 에너지의 항으로 정의된다.

$$\eta_{\text{nozz}} = \frac{\mathbf{V}_e^2/2}{\mathbf{V}_{es}^2/2} \tag{9.29}$$

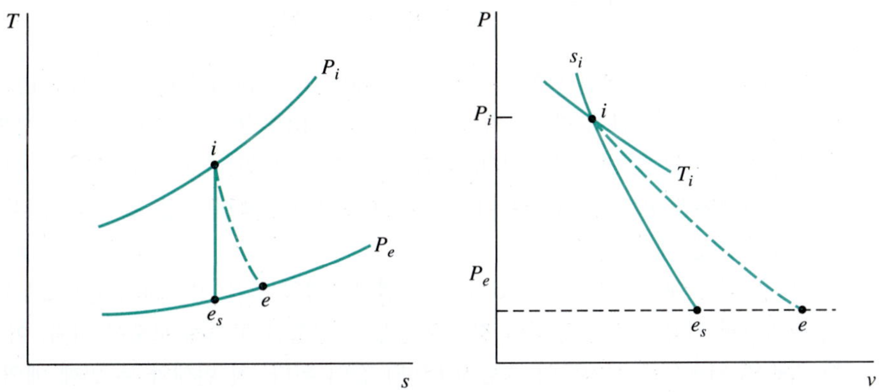

그림 9.12 단열 노즐에서의 이상적 과정 및 실제 과정.

노즐은 운동 부분이 없는 간단한 장치이다. 결과적으로 노즐 효율은 매우 높아 보통 0.90~0.97 정도 될 수 있다.

요약하자면, 과정(사이클이 아니고)을 수행하는 장치의 효율을 결정하려면 실제의 성능을 이와 관련되어 정의된 이상적 과정에 의한 성능과 비교해야 한다는 것이다.

9.6 가용 에너지, 가역 일 및 비가역성

터빈이나 노즐 그리고 압축기와 같은 장치에 대한 효율의 개념(두 개의 에너지 항의 비로 주어지므로 좀 더 정확히 말하자면 제1법칙 효율)으로부터 이제는 좀 더 의미 있는 제2법칙 해석을 포함하는 개념을 개발하기로 한다.

궁극적인 목표는 이 해석을 통해 천연 자원과 환경을 더 잘 관리하는 것이다.먼저 에너지원 또는 에너지 공급으로부터 유용한 일을 만들어 낼 수 있는 잠재 능력에 관심을 집중시키기로 한다. 그림 9.13a에

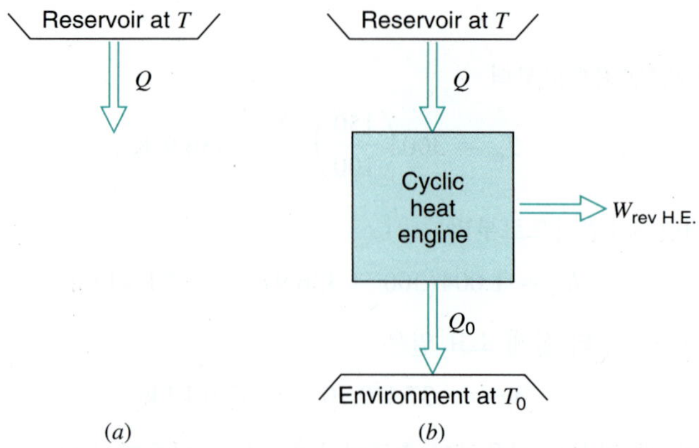

그림 9.13 등온 에너지원.

보여진 단순한 상황을 생각해 보자. 여기에는 등온 T가 유지되는 매우 큰 열원으로부터의 열전달 Q의 형태로 에너지원이 존재한다. 일을 만들어내는 궁극적인 잠재력은 무엇인가?

이에 답하기 위해 그림 9.13b에 보여진 바와 같은 사이클 열기관이 있다고 가상하자. Q를 최대한 많이 일로 변환시키기 위해서는 기관이 완전히 가역적, 다시 말해서 Carnot 사이클이어야 하고 저온 열원은 가능한 최저 온도가 되어야 하는데 이 온도는 때로는 주위 온도이기도 하다. Carnot 사이클에 대한 제1법칙 및 제2법칙을 활용하고 모든 Q를 양으로 간주하면

$$W_{\text{rev H.E.}} = Q - Q_0$$

$$\frac{Q}{T} = \frac{Q_0}{T_0}$$

임을 알수 있고, 따라서

$$W_{\text{rev H.E.}} = Q\left(1 - \frac{T_0}{T}\right) \tag{9.30}$$

식 9.30의 우변에 주어진 Q의 일부분이 총 **에너지**(energy)량 Q의 **가용**(available) 부분이라고 말할 수 있다. 이 생각을 한 단계 전진시키기 위해 그림 9.14의 T–s 선도에 그려진 상황을 고려해 보기로 하자. 색이 진한 부분의 총 면적이 Q이다. 주위 온도 T_0 밑에 있는 Q의 일부분은 열기관에 의해 일로 변환되지 않고 버려져야만 한다. 그러므로 이 부분은 총에너지 Q 중에서 쓸 수 없는 부분이며 두 온도 T와 T_0 사이의 부분이 가용 에너지이다.

다음에는, 예로서 그림 9.15a의 단순 열교환기와 같은 정압의 열원으로부터 열전달 Q가 있다는 것을 제외하면 기타 조건은 앞서의 경우와 동일한 상황을 고려해 보도록 하자. 이제 Carnot 사이클은 이러한 기관의 연속으로 대치되어 그림 9.15b와 같이 된다. 첫 번째와 두 번째 예의 단 하나의 차이는 두 번째 예에서는 ΔS에 상당하는 적분을 포함하고 있다는 것이다.

$$\Delta S = \int \frac{\delta Q_{\text{rev}}}{T} = \frac{Q_0}{T_0} \tag{9.31}$$

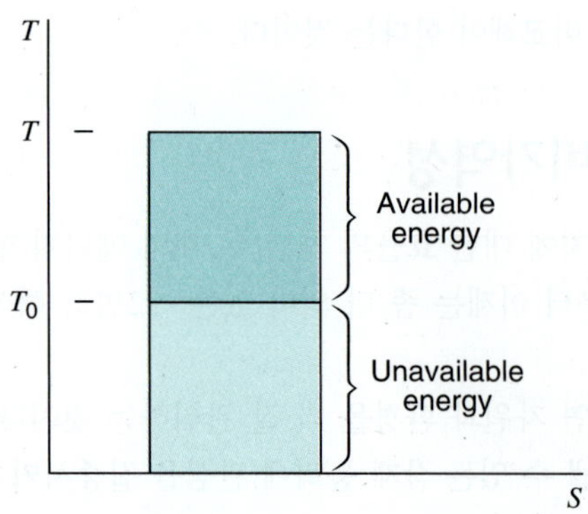

그림 9.14 등온 에너지원에 대한 T–S 선도.

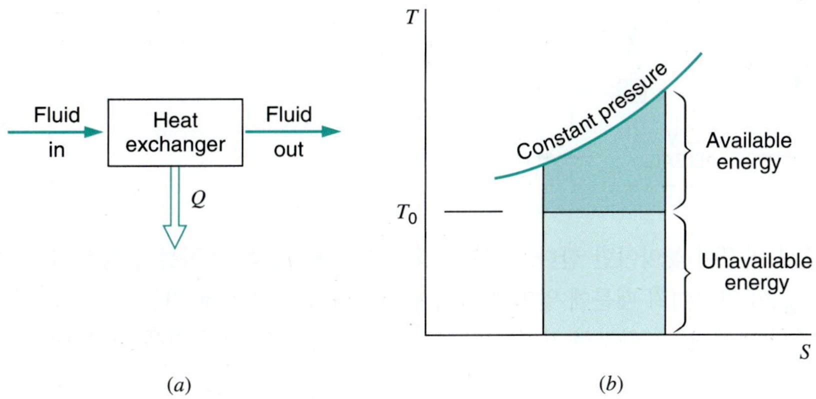

그림 9.15 온도가 변하는 에너지원.

제1법칙에 대입하면 다음을 얻는다.

$$W_{\text{rev H.E.}} = Q - T_0\,\Delta S \tag{9.32}$$

ΔS의 양(quantity)에 부호가 포함되어 있지 않음을 주목하도록 하자. 이는 그림 9.15*b*에 나타낸 엔트로피 변화량과 같다. 식 9.32는 Q의 가용 부분을 나타낸다. 이 상황에서 일을 발생시키는 데 사용될 수 없는 부분은 그림 9.15*b*에서 T_0의 밑 부분이다.

정상 상태 과정

이제 해석의 범위를 실제 비가역 과정으로 확대하자. 이때 정상 상태 검사체적 과정의 경우만을 고려하도록 한다. 이는 이 형태의 해석이 원동소나 냉동기 등과 같이 방대한 양의 산업 시스템 등에 적용될 수 있기 때문이다. 열역학 계의 해석이나 천이 검사체적 과정 등도 이와 병행하여 풀면 비슷한 결과를 얻을 수 있음을 알아야 할 것이다.

그림 9.16에 나타낸 실제 정상 상태 과정을 생각해 보자. 여기에서 검사체적은 상태 i로 들어오는 하나의 유체 흐름과 상태 e로 빠져나가는 또 하나의 흐름을 가지고 있으며 온도 T_H의 열원으로부터 열량 q(단위 유동 질량 당)를 받아들이고 단위 질량 당 일 w를 행한다. 운동 에너지와 위치 에너지의 변화가 없다고 가정하면 제1법칙은 다음과 같이 된다.

$$0 = q + h_i - h_e - w \tag{9.33}$$

실제 과정은 비가역적이므로 엔트로피 평형식은 검사체적내의 비 엔트로피 생성을 포함하면 다음과 같이 쓸 수 있다.

$$0 = s_i - s_e + \frac{q}{T_H} + s_{\text{gen}} \tag{9.34}$$

이제는 과정이 비가역적이 되는 한도를 알기 위한 정량적 방법을 정립하고 이를 잠재적으로 추출해낼 수 있는 일의 항으로 표현해 보도록 하자.

이제 실제의 검사체적을 동일한 입출구 상태 그리고 T_H에서 동일한 전달 열 q를 가지지만 절대적인 가역 과정이 수행되는 검사체적과 비교하기로 한다. 식 8.36 및 식 9.13을 상기하고 앞서 고려했던 과정들에 대한 지식으로부터 과정이 가역적이면 최대 출력의 일을 얻는다는 사실을 알 수 있다. 가역(이상적) 검사체적은 식 9.34에서 마지막 항 즉 가역 과정에서 0이 되어야만 하는 엔트로피 생성항을 제외하면 실제 검사체적에서와 모두 동일한 항들을 가진다. 이 항을 그냥 없앨 수는 없고 동일한 값을 가지는 다른

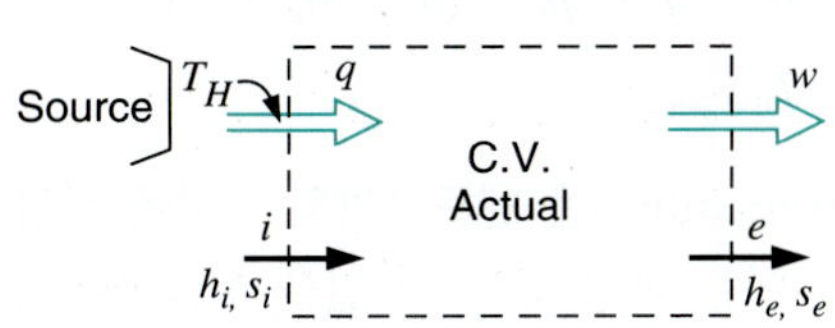

그림 9.16 실제 비가역 유동 과정.

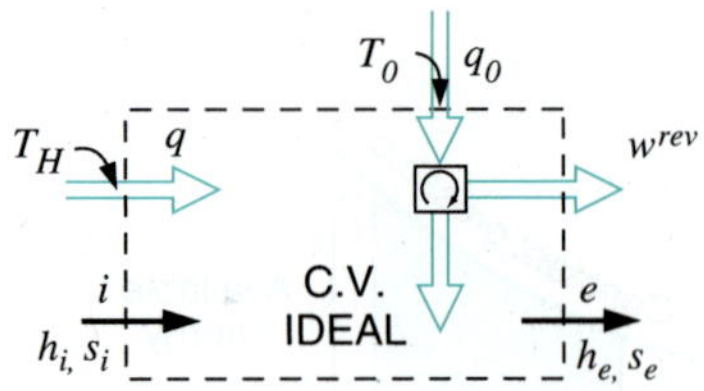

그림 9.17 이상적 가역 유동 과정.

것으로 바꾸어 놓아야만 한다. 가역 과정에서의 엔트로피 변화를 설명할 수 있는 것은 오직 열전달뿐이다. s_{gen}이 양수이기 때문에 열이 전달되어 들어와야 하고 사용 가능한 일반적인 열원은 T_0의 온도를 가지는 주변 밖에 없다. 따라서 가역 검사체적이 다음과 같은 전달 열을 가져야만 한다.

$$q_0 = T_0\, s_{\text{gen}} \ge 0 \tag{9.35}$$

가역 검사체적에 대한 에너지 및 엔트로피 방정식은 다음과 같이 된다.

$$0 = q + q_0 + h_i - h_e - w^{\text{rev}} \tag{9.36}$$

$$0 = s_i - s_e + \frac{q}{T_H} + \frac{q_0}{T_0} \tag{9.37}$$

검사체적 내부에서의 열전달 과정이 가역적이어야만 하므로 오직 미소 온도차를 통해서만 과정이 일어날 수 있고 따라서 가역 열기관 또는 가역 열펌프를 통해 열전달이 일어나는 것처럼 인식되는 것이다. 이 열전달은 그림 9.17의 검사체적 경계에 위치하며 이 그림에는 주변과의 열전달에 대해 분명하게 도시되어 있다.

주변으로부터의 열전달은 식 9.37로부터 다음 식과 같이 표현된다.

$$q_0 = T_0\, s_{\text{gen}} = T_0\,(s_e - s_i) - \frac{T_0}{T_H}\, q \tag{9.38}$$

따라서 **가역 일**(reversible work)은 다음과 같다.

$$\begin{aligned} w^{\text{rev}} &= h_i - h_e + q + q_0 \\ &= h_i - h_e + q + T_0(s_e - s_i) - \frac{T_0}{T_H}\, q \\ &= (h_i - T_0\, s_i) - (h_e - T_0\, s_e) + \left(1 - \frac{T_0}{T_H}\right) q \end{aligned} \tag{9.39}$$

이 표현은 온도 T를 가진 열원으로부터의 열전달, 그리고 입구 및 출구 상태가 주어진 축일의 이론적 상한을 설정해준다. 식 9.39에 이르는 분석이 그것을 설정해주는 방법을 알려주지는 않고 오직 이것이 열역학 제2법칙에 의해 내포된 한도라는 것을 말하고 있다는 사실을 주목하라. 덧붙여 입구와 출구에서의 유동항에 의한 기여분과 마치 카르노 열기관에 q가 전달되어 일의 항을 만들어 주는 것과 같이 온도 T_H의 열원으로부터의 열전달에 의한 기여분을 각각 분리하여 인식하도록 하자.

실제 과정에서 발생하는 실제 일은 다음과 같으며

$$w = h_i - h_e + q$$

가역 일과 실제 일의 차이는 다음의 식으로 표현되는 **비가역성**(irreversibility) i(단위 질량 유동 당 비가역성)의 범위를 나타낸다.

$$\begin{aligned} i &= w^{\text{rev}} - w \\ &= h_i - h_e + q + q_0 - (h_i - h_e + q) \\ &= q_0 = T_0\, s_{\text{gen}} \end{aligned} \tag{9.40}$$

이 단위 질량 당의 비가역성(specific irreversibility)은 엔트로피의 생성에 직접적으로 비례하는 것을 알 수 있으며 그 값은 주변 온도에 의존한다. 이는 과정으로부터 일을 추출함에 있어 잃어버린 기회—실제 과정에서 실패한 그 무엇—에 대한 척도이며 이 척도는 엔트로피 단위가 아닌 에너지의 단위로 나타난다.

정상 상태에 대한 가역 일을 표현한 식 9.39는 운동 에너지와 위치 에너지를 포함하지 않고 유도되었다. 특히 운동 에너지의 변화를 얻는 것이 장치의 목적인 노즐이나 디퓨저에서와 같이 필요할 때는 검사체적을 출입하는 유체 유동의 엔탈피 항과 함께 이러한 항들이 포함될 수 있다. 이러한 항들을 포함시키는 또 다른 방법은 식 9.39에 포함된 엔탈피가 식 6.8에서와 같은 총 엔탈피(total enthalpy)를 의미하도록 하는 것이 될 것이다. 검사체적을 출입하는 하나 이상의 유동을 포함하는 정상 상태 과정도 있다. 이 경우에는 과정에 포함된 각각의 유동에 대한 질량 유량도 포함하여 식 9.39를 시간 변화율에 토대를 두고 다시 써야만 할 것이다.

예제 9.12

100 kPa 및 25°C인 대기 중의 공기를 받아들이는 압축기가 있다. 압축기는 공기를 1 MPa로 압축하여 540 K로 배출한다. 공기와 압축기는 외부 온도보다 높기 때문에 유동하는 공기 1 kg 당 50 kJ의 열 손실이 있다. 가역 일과 과정의 비가역성을 구하라.

검사체적: 공기 압축기
개략도: 그림 9.16
입구 상태: P_i, T_i 기지수; 상태 확정
출구 상태: P_e, T_e 기지수; 상태 확정
과정: 운동 에너지 및 위치 에너지 변화가 없는 비단열 압축
모델: 이상기체

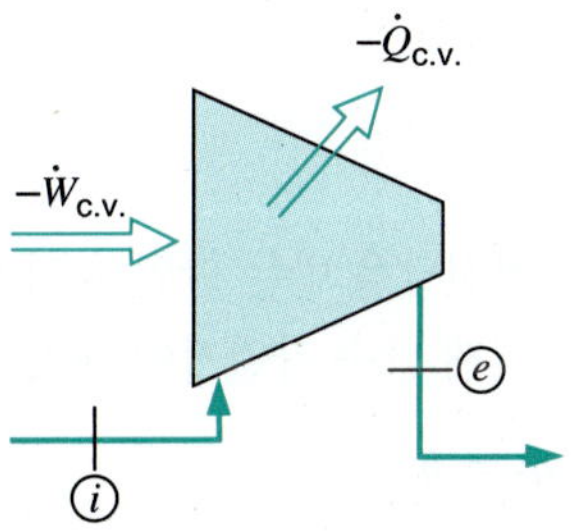

그림 9.18 예제 9.12를 위한 도해.

해석

이 정상 상태 과정은 단일 유입 및 유출의 유동으로 이루어지므로 모든 양은 단위 질량 당에 대해서 결정된다. 이상기체 공기 표로부터 다음을 얻는다.

$$h_i = 298.6 \text{ kJ/kg}, \qquad s^0_{T_i} = 6.8631 \text{ kJ/kg K}$$
$$h_e = 544.7 \text{ kJ/kg}, \qquad s^0_{T_e} = 7.4664 \text{ kJ/kg K}$$

따라서 실제 압축기에 대한 에너지 식으로부터 일을 구할 수 있다.

$$q = -50 \text{ kJ/kg}$$
$$w = h_i - h_e + q = 298.6 - 544.7 - 50 = -296.1 \text{ kJ/kg}$$

주어진 상태 변화에 대한 가역 일은 식 9.39로부터

$$\begin{aligned} w^{\text{rev}} &= T_0(s_e - s_i) - (h_e - h_i) + q\left(1 - \frac{T_0}{T_H}\right) \\ &= 298.2(7.4664 - 6.8631 - 0.287 \ln 10) - (544.7 - 298.6) + 0 \\ &= -17.2 - 246.1 = -263.3 \text{ kJ/kg} \end{aligned}$$

식 9.40으로부터

$$i = w^{\text{rev}} - w$$
$$= -263.3 - (-296.1) = 32.8 \text{ kJ/kg}$$

■

▶ 예제 9.13

급수 가열기를 통과하는 5 MPa, 40°C의 물 5 kg이 그림 9.17과 같이 두 열원에 의해 가열되고 있다. 100°C의 열원으로부터는 900 kW가 전달되고 또 다른 열원의 온도는 200°C인데 출구에서의 물의 상태는 5 MPa, 180°C가 된다. 가역 일과 비가역성을 구하라.

검사체적: 두 열원과 연결된 급수 가열기
입구 상태: P_i, T_i 기지수; 상태 확정
출구 상태: P_i, T_i 기지수; 상태 확정
과정: 운동 에너지 및 위치 에너지 변화가 없는 정압 가열
모델: 증기표

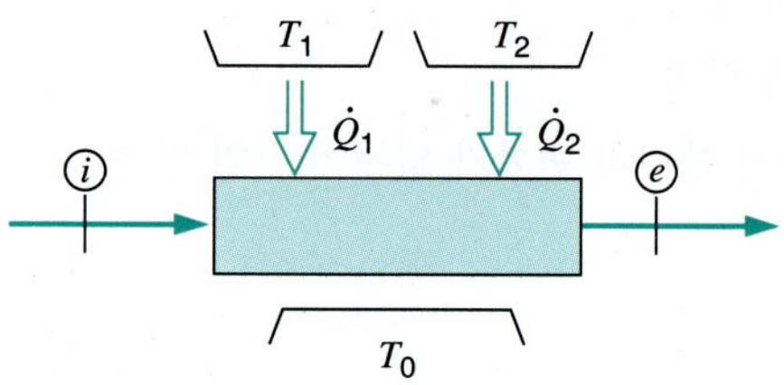

그림 9.19 급수 가열기.

▶ 해석

이 검사체적은 주위 온도와 다른 두 개의 열원으로부터 열전달을 받는 단일 유입 및 단일 유출 유동을 가지고 있다. 25°C인 주위와는 실제 일과 열의 교환이 없다. 실제 급수 가열기에 대한 에너지 식은 다음과 같다.

$$h_i + q_1 + q_2 = h_e$$

주어진 상태 변화에 대한 가역 일은 열원 T_1로부터의 열전달 q_1과 열원 T_2로부터의 열전달 q_2를 포함하여 식 9.39로부터 구할 수 있다.

$$w^{\text{rev}} = T_0(s_e - s_i) - (h_e - h_i) + q_1\left(1 - \frac{T_0}{T_1}\right) + q_2\left(1 - \frac{T_0}{T_2}\right)$$

식 9.40에서 실제 일은 0이므로

$$i = w^{\text{rev}} - w = w^{\text{rev}}$$

▶ 풀이

증기표로부터 입구와 출구의 상태량은

$$h_i = 171.97 \text{ kJ/kg}, \qquad s_i = 0.5705 \text{ kJ/kg K}$$
$$h_e = 765.25 \text{ kJ/kg}, \qquad s_e = 2.1341 \text{ kJ/kg K}$$

에너지 식으로부터 두 번째 열전달을 다음과 같이 구한다.

$$q_2 = h_e - h_i - q_1 = 765.25 - 171.97 - 900/5 = 413.28 \text{ kJ/kg}$$

가역 일은

$$
\begin{aligned}
w^{\text{rev}} &= T_0(s_e - s_i) - (h_e - h_i) + q_1\left(1 - \frac{T_0}{T_1}\right) + q_2\left(1 - \frac{T_0}{T_2}\right) \\
&= 298.2(2.1341 - 0.5705) - (765.25 - 171.97) \\
&\quad + 180\left(1 - \frac{298.2}{373.2}\right) + 413.28\left(1 - \frac{298.2}{473.2}\right) \\
&= 466.27 - 593.28 + 36.17 + 152.84 = 62.0 \text{ kJ/kg}
\end{aligned}
$$

비가역성은

$$i = w^{\text{rev}} = 62.0 \text{ kJ/kg}$$

■

개념에 관한 질문

h. 열전달을 통해 100% 활용이 가능한 에너지 전달이 가능한가?

i. 일을 통한 에너지 전달은 100% 활용이 가능한가?

j. 에너지는 생성 또는 파괴할 수 없다. 어떻게 하면 가용 에너지를 생성 또는 파괴할 수 있는가?

k. 에너지는 내부 에너지, 위치 에너지, 또는 운동 에너지로 저장될 수 있다. 이러한 에너지의 형태는 100% 활용 가능한가?

9.7 가용성과 제2법칙 효율

주어진 상태의 질량에 의해 행해질 수 있는 최대 가역 일은 무엇인가? 이 질문에 대한 답은 부분적으로 어떤 형태의 과정이 허용되는가에 달려 있다. 앞의 절에서 정상 상태 과정에서 주어진 상태 변화에 대한 가역 일을 표현하였고 다른 형태의 과정에 대한 분석에서도 나온다는 것을 알았다. 일반적으로 모든 과정에 있어서 질량이 주위와 평형 상태에 이르게 되면 자발적인 변화는 일어나지 않고 그 질량은 어떠한 일도 할 수 없게 될 것이다. 그러므로 주어진 상태 하의 질량이 완전히 가역적인 과정을 수행하여 주변과 평형 상태에 도달하게 된다면 최대의 가역 일을 행하는 것이 될 것이다. 이러한 견지에서 볼 때 최초 상태의 가용성은 그 질량에 의해 최대 가능 일을 달성할 수 있는 잠재 능력이라 말할 수 있다.

검사질량이 주위와 평형 상태에 있다면 압력과 온도에서도 반드시 평형, 즉 압력은 P_0, 온도는 T_0이어야 한다. 또한 주위와 화학 평형 상태에 있어야만 하는데 이는 더 이상의 화학 반응이 일어나지 않음을 내포한다. 주위와의 평형은 또한 계가 0의 속도와 최소의 위치 에너지를 가질 것을 요구한다. 주어진 문제에 전기 및 표면 효과가 포함된다면 이들에게도 또한 유사한 요구 조건이 설정될 것이다.

정상 상태 과정을 이행하는 질량에 대해서도 일반적으로 똑같이 말할 수 있다. 검사체적에 유입되는 질량의 상태가 주어지면 이 질량이 주위와 평형을 이룬 상태로 검사체적을 떠날 때 가역 일은 최대가 될 것이다. 이는 질량이 검사체적을 떠날 때 주위의 압력 및 온도와 동일해야 되고 주위와 화학적 평형을 이루며 최소의 위치 에너지 및 0의 속도를 가짐을 뜻한다(검사체적을 떠나는 질량은 분명히 어떤 속도를 가질 것이나 0에 근접하게 만들 수 있다).

정상 상태 과정에 관련된 가용성을 생각해 보자. 단일 유동의 검사체적에 있어서 가역 일은 식 9.39로 구한다. 운동 및 위치 에너지를 포함하면 이 식은 다음의 형태로 다시 쓸 수 있다.

$$w^{\text{rev}} = (h_{\text{TOT}\,i} - T_0 s_i) - (h_{\text{TOT}\,e} - T_0 s_e) + q\left(1 - \frac{T_0}{T_H}\right)$$

식 9.30 유도를 위해 열기관에 대해 논의했던 바로부터 가역 일을 나타내는 마지막 항은 열전달의 정미 가역 일에 대한 기여분임이 명백하다. 이것은 q와 연관한 관련된 가용성의 전달로 볼 수 있으며 열기관에서와 마찬가지로 일을 할 수 있는 능력을 준다고 말할 수 있다. 이러한 기여분은 유동 자체의 가용성과는 분리된다. 정상 상태 유동의 가역 일은 검사체적을 떠나는 질량이 주위와 평형을 이룰 때 주위에 대해 최대가 될 것이다. 유체가 주위와 평형을 이루는 상태를 하첨자 0으로 표기하면 가역 일은 $h_e = h_0$, $s_e = s_0$, $\mathbf{V}_e = 0$, $Z_e = Z_0$일때 최대가 될 것이다. 추가적 열전달 없이 가능한 단위 질량 당 최대 가역 일이 **유동 가용성**(flow availability) 또는 *엑서지*(exergy)이고 ψ로 표기한다.

$$\psi = \left(h - T_0 s + \frac{1}{2}\mathbf{V}^2 + gZ\right) - (h_0 - T_0 s_0 + gZ_0) \tag{9.41}$$

입구 상태에 대한 하첨자 없이 쓰여진 이유는 정상 상태 과정에서 검사체적에 유입되는 모든 상태의 물질과 관련되는 유동 가용성임을 나타내기 위한 것이다. 그러므로 가역 일은 유동 가용성의 감소분에 T_H와 주위 온도 사이에서 작동하는 열기관에서 얻을 수 있는 가역 일을 합한 것으로 볼 수 있다.

비가역성은 가역 일과 실제 일의 차로 정의된다. 하나 이상의 유동 및 열전달을 가상한 표현을 써서 일반적인 변화율의 방정식으로 표현하면 다음과 같이 된다.

$$\dot{I}_{\text{c.v.}} = \left(\sum \dot{m}_i\psi_i - \sum \dot{m}_e\psi_e\right) + \sum\left(1 - \frac{T_0}{T_j}\right)\dot{Q}_{\text{c.v.},j} - \dot{W}_{\text{c.v.}} \tag{9.42}$$

이 형태에서 비가역성은 질량 유동의 가용성 감소분에 열원 T_j에서의 열전달률의 가용성 감소분을 더하고 실제 일을 받는 주위의 가용성 증가분을 빼준 것과 동일하다. 비가역률은 따라서 가용성의 파괴율로 보이며 또한 식 9.40에서 알 수 있듯이 정미 엔트로피 증가율에 직접적으로 비례한다.

주어진 상태 변화에 비가역성이 덜 포함될수록 수행되는 일량은 더 커질 것이다(또는 소요되는 일량은 더 작아질 것이다). 이 관계는 적어도 두 가지 관점에서 의미가 있다. 첫째로 가용성은 천연 자원 가운데 하나라는 것이다. 이러한 가용성은 유전, 탄광 그리고 우라늄 광 등에서 찾아볼 수 있다. 또 일정 양의 일을 요구하는 주어진 목표를 달성하고자 한다고 가정하자. 어느 가용원으로부터 가역적으로 일이 생성된다고 하면 가용성의 감소는 정확히 가역 일과 동일하다. 그러나 요구되는 일을 생성함에 있어 비가역성이 존재하므로 실제 일은 가역 일보다 작을 것이며 가용성의 감소는 가역적으로 일이 생성될 때보다 (비강역성의 양만큼) 커질 것이다. 따라서 모든 과정에서 비가역성이 더 많을수록 우리의 가용원은 더 감소할 것이다.[1] 이들 가용원을 보존하고 효과적으로 사용하는 것은 모두에게 주어진 중요한 책무이다.

최소한의 비가역성으로 주어진 목표를 달성하는 것이 바람직한 두 번째 이유는 경제적인 이유이다. 일은 곧 돈이며 많은 경우에 있어서 주어진 목표는 비가역성이 덜할 때 더 적은 비용으로 달성될 수 있다. 그러나 주어진 목표 달성의 총 비용에는 많은 인자들이 포함되며 가장 경제적인 설계에 도달하기 위해서는 이들을 고려한 최적화 과정이 필수적일 수도 있다는 점을 알아야 한다. 열전달 과정을 예로 들자면 열전달의 온도차가 작을수록 비가역성은 작아진다. 하지만 주어진 열전달을 달성하고자 할 때 이러한 작은 온도차는 더 큰 (그러므로 더 고가의) 열교환기를 요구하게 된다. 이러한 다양한 인자들이 최적의 그리고 가장 경제적인 설계를 하는 데 모두 고려되어야 한다.

많은 경우에 있어서 환경에 대한 영향(예로 공기 오염 및 수질 오염)과 사회에 대한 영향도 최적 설계개발에 반드시 고려되어야 한다.

최근에 가용성 분석을 더 많이 활용함에 따라 제2법칙 효율로 불리는 용어가 더욱 일반적으로 쓰이고 있다. 이 용어는 열역학적 가용성의 견지에서 과정의 요구 출력을 비용 또는 입력과 비교함을 말한다. 따라서 식 9.26에 의해 실제 출력 일을 동일한 입구 상태와 출구 압력 하의 가상적 등엔트로피 팽창에 대한 일로 나눈 것으로 정의된 등엔트로피 터빈 효율은 "제1법칙 효율(first-law efficiency)"이라 불릴 수 있을 것이다. 이는 두 에너지량의 비교이기 때문이다. 방금 설명한 "제2법칙 효율"은 터빈의 실제 출력 일을 동일한 입구 및 출구 상태 간의 가용성 감소량으로 나눈 것이 될 것이다. 그림 9.20의 터빈에 대한 **제2법칙 효율**(second-law efficiency)은 다음과 같다.

$$\eta_{\text{2nd law}} = \frac{w_a}{\psi_i - \psi_e} \tag{9.43}$$

---

[1] 항간의 많은 화제에 에너지 보존이란 말이 언급되고 있다. 열역학적인 관점에서 본다면 가용성이란 말이 훨씬 더 타당한 용어일 것이다. 대기와 해양에는 엄청난 에너지가 존재하지만 상대적으로 가용성은 거의 없다.

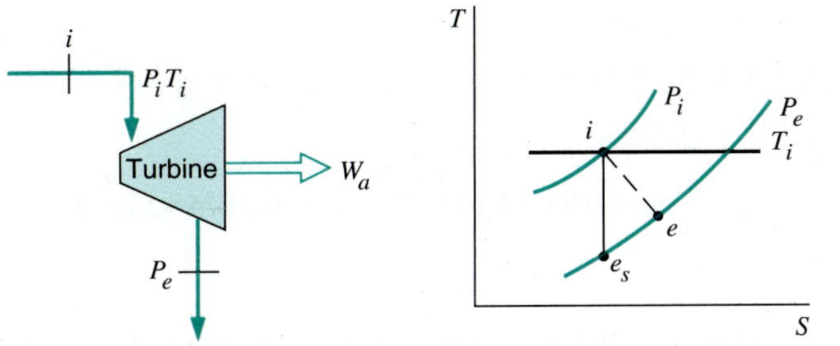

그림 9.20 비가역 터빈.

이렇게 볼 때 이 개념은 실제 상태 변화를 가지고 실제 과정의 등급 혹은 척도를 알 수 있게 하며 열역학적 가용성의 개념을 활용하는 또 하나의 편리한 방법이다. 마찬가지로 펌프나 압축기의 제2법칙 효율은 장치로의 입력 일에 대한 가용성 증가분의 비이다.

예제 9.14

열 절연된 증기 터빈(그림 9.21)에 3 MPa, 350°C인 수증기가 초 당 30 kg씩 유입된다. 터빈 내압이 0.5 MPa인 지점에서 장비 운용을 위해 5 kg/s의 증기를 뽑아낸다. 이때의 증기 온도는 200이다. 15 kPa로 터빈을 떠나는 증기의 건도는 90%이다. 입구 및 증기가 추출되는 두 지점에서 증기 1 kg당의 가용성을 구하라. 또한 이 과정에서 등엔트로피 효율과 제2법칙 효율을 구하라.

검사체적: 터빈
입구 상태: P_i, T_i 기지수; 상태 확정
출구 상태: P_i, T_i 기지수; P_3, x_3 기지수; 양쪽 상태 확정
과정: 정상 상태
모델: 증기표

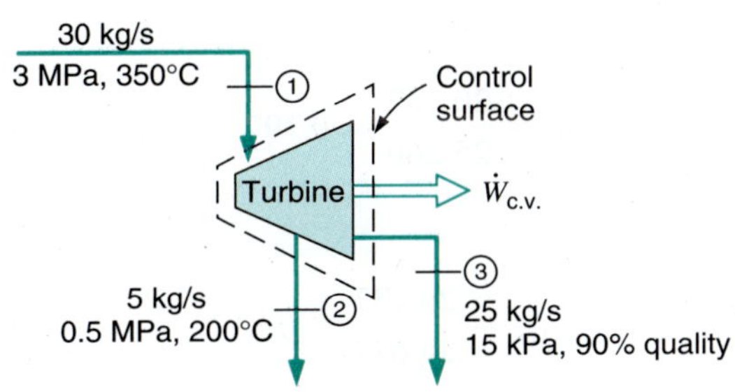

그림 9.21 비가역 터빈.

해석

터빈을 출입하는 증기의 가용성은 어느 한 지점에 있어서 식 9.41과 같이 주어진다.

$$\psi = (h - h_0) - T_0(s - s_0) + \frac{\mathbf{V}^2}{2} + g(Z - Z_0)$$

이 문제에서 운동 및 위치 에너지의 변화가 없으므로, 위 식은 다음과 같이 된다.

$$\psi = (h - h_0) - T_0(s - s_0)$$

이상적 등엔트로피 터빈에 대해

$$\dot{W}_s = \dot{m}_1 h_1 - \dot{m}_2 h_{2s} - \dot{m}_3 h_{3s}$$

실제 터빈에 대해

$$\dot{W} = \dot{m}_1 h_1 - \dot{m}_2 h_2 - \dot{m}_3 h_3$$

▶ **풀이**

주위 압력 및 온도가 0.1 MPa 및 25°C인 상태에서 물은 약하게 압축된 액체이며 물의 상태량은 25°C의 포화액의 상태량과 사실상 같으므로

$$h_0 = 104.9 \text{ kJ/kg}; \qquad s_0 = 0.3674 \text{ kJ/kg K}$$

식 9.41로부터 다음을 얻는다

$$\psi_1 = (3115.3 - 104.9) - 298.15(6.7428 - 0.3674) = 1109.6 \text{ kJ/kg}$$

$$\psi_2 = (2855.4 - 104.9) - 298.15(7.0592 - 0.3674) = 755.3 \text{ kJ/kg}$$

$$\psi_3 = (2361.8 - 104.9) - 298.15(7.2831 - 0.3674) = 195.0 \text{ kJ/kg}$$

$$\dot{m}_1\psi_1 - \dot{m}_2\psi_2 - \dot{m}_3\psi_3 = 30(1109.6) - 5(755.3) - 25(195.0) = 24\,637 \text{ kW}$$

이상적 등엔트로피 터빈에 대해

$$s_{2s} = 6.7428 = 1.8606 + x_{2s} \times 4.9606, \qquad x_{2s} = 0.9842$$

$$h_{2s} = 640.2 + 0.9842 \times 2108.5 = 2715.4 \text{ kJ/kg}$$

$$s_{3s} = 6.7428 = 0.7549 + x_{3s} \times 7.2536, \qquad x_{3s} = 0.8255$$

$$h_{3s} = 225.9 + 0.8255 \times 2373.1 = 2184.9 \text{ kJ/kg}$$

$$\dot{W}_s = 30(3115.3) - 5(2715.4) - 25(2184.9) = 25\,260 \text{ kW}$$

실제 터빈에 대해

$$\dot{W} = 30(3115.3) - 5(2855.4) - 25(2361.8) = 20\,137 \text{ kW}$$

등엔트로피 효율은 아래와 같이 계산되고

$$\eta_s = \frac{20\,137}{25\,260} = 0.797$$

이며 제2법칙 효율은 다음과 같다.

$$\eta_{\text{2nd law}} = \frac{20\,137}{24\,637} = 0.817$$

입력 일 또는 생성 일을 포함하고 있지 않은 장치에 있어서 제2법칙 효율의 정의는 과정에서의 입력에 대비한 목표의 성취도를 가용성 변화나 전달로 나타냄을 말한다. 그림 9.22에서와 같이 에너지가 고온 유체 흐름으로부터 저온 유체 흐름으로 전달되는 열교환기를 예로 들자면 제2법칙 효율은 다음과 같이 정의된다.

$$\eta_{\text{2nd law}} = \frac{\dot{m}_1(\psi_2 - \psi_1)}{\dot{m}_3(\psi_3 - \psi_4)} \tag{9.44}$$

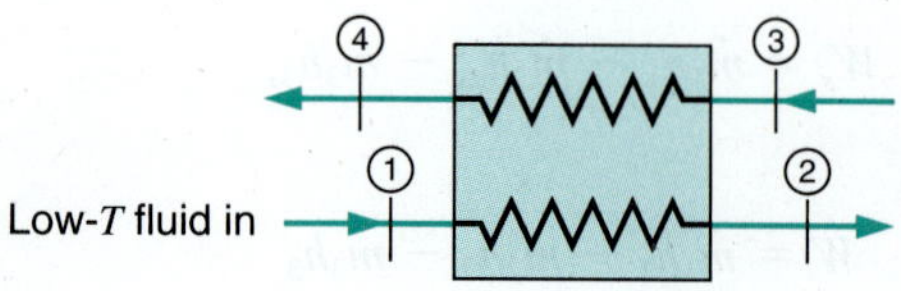

그림 9.22 2유체 열교환기.

9.8 엔트로피와 카오스(chaos)에 관한 몇 가지 일반적인 해설

지금까지 다루었던 것들을 잘 파악하고 있겠지만 아직도 엔트로피의 의미에 관해서는 겨우 희미한 윤곽만을 이해하고 있을지도 모른다. 실제로 "엔트로피란 무엇이지요?"라는 질문이 자주 제기되는데 이는 제대로 아는 사람이 없다는 뜻으로 하는 말이다. 이 절은 엔트로피 개념의 정성적이고 철학적인 양상에 대한 통찰력을 주고 여러 상이한 상황에 대한 엔트로피의 적용을 설명하기 위해서 포함시켰다.

첫째로, 에너지의 개념은 열역학 제1법칙으로부터, 엔트로피의 개념은 열역학 제2법칙으로부터 나온다는 것을 상기하자. 사실상 "에너지란 무엇인가?"하는 질문에 답하는 것은 "엔트로피란 무엇인가?"에 답하는 것만큼이나 어렵다. 또한 에너지란 용어를 정기적으로 사용하고 있고 일상 생활의 현상과 연관시킬 수 있기 때문에 에너지란 단어는 확실한 의미를 가지고 있는 것처럼 보이며 따라서 사고와 통신에 있어 효과적인 운반체의 역할을 하고 있다. 엔트로피란 단어도 같은 맥락에서 볼 수 있다. 만일 매우 비가역적인(얼음을 넣어 커피를 식히는 것과 같은) 과정을 보고 "저것은 확실히 엔트로피를 증가시킨다"라고 말한다면, 에너지라는 단어에서 그랬던 것처럼 엔트로피란 단어에 곧 친숙해질 것이다. 많은 경우에 있어 더 높은 효율을 논하는 것은 사실상 총 엔트로피를 덜 증가시키면서 주어진 목표를 달성하는 것에 대해 말한다고 할수 있다.

엔트로피에 관해 언급할 두 번째 중요한 점은 통계 열역학에 있어서 엔트로피는 확률이라는 단어를 이용하여 정의된다는 것이다. 여기서는 이 문제에 대해 상세히 다루지 않겠지만 엔트로피와 확률에 대한 몇몇 짤막한 언급도 도움이 될 것이다. 이러한 관점에서 볼 때 비가역 과정 중 발생하는 정미 엔트로피 증가는 확률이 낮은 상태로부터 확률이 높은 상태로의 상태 변화와 연계될 수 있다. 이전의 예제를 예로 들자면, 그림 7.15에서 격막이 파괴되면 기체가 양쪽 모두에서 발견될 확률이 한쪽에서는 기체가 다른 한쪽에서는 진공이 발견될 확률보다 높다. 따라서 격막이 파괴되면 과정의 방향은 확률이 낮은 상태로부터 높은 상태로 향하고 엔트로피의 증가가 이 과정에 수반된다. 마찬가지로 한 잔의 커피가 주위와 같은 온도로 있을 확률이 그렇지 않을 (높거나 낮을) 확률보다 더 높다. 그러므로 주위로의 열전달로 인해 커피가 식을 때 확률이 낮은 곳으로부터 높은 곳으로의 변화가 생기고 엔트로피의 증가가 수반되는 것이다.

엔트로피를 물리학 및 무질서와 카오스(chaos)의 단계까지 연관시켜보기 위해 아주 간단한 시스템을 고려해 보도록 하자. 주어진 상태에서 어느 물질의 U와 S 같은 상태량은 분자 단위의 많은 입자들에 대해 평균한 것이기 때문에 이들(원자 및 분자)은 세부적으로는 똑같은 양자(quantum) 상태로 존재하지 않는다. 시스템에 있어서 불확실성 또는 카오스를 이루는 상태에 대해서는 서로 다른 수많은 배열이 존재할 수 있다. 가능한 배열들의 수인 w는 열역학적 확률이라 불리며 이들 각각은 동등하게 가능하다. 이는 엔트로피를 다음과 같이 정의하는 데 사용된다.

$$S = k \ln w$$

여기서 k는 볼츠만 상수이며, 위의 정의에 의하여 S가 불확실성 또는 카오스와 연관된다. 주어진 시스템에 대해서 평형 분포와 w를 찾기 위해서는 가능한 모든 양자 상태에의 운동 에너지, 회전 에너지, 진동 에너지 등을 산정해야만 할 것이다. 이러한 것은 통계 열역학의 주제에 해당하는데 여기에서는 이를 세부적으로 살피기보다는 아주 간단한 예를 들어 원칙을 설명하도록 하겠다.

4개의 동일한 물체가 고층빌딩에서 층의 높이와 연관되는 위치 에너지와 같이 한 종류의 에너지만을 가질 수 있다고 가정하자. 4개의 물체들이 합쳐서 2단위의 에너지를 가지도록 하자(층고 × 질량 × 중력 가속도). 어떻게 배열될 수 있을까? 하나의 물체는 2층에 그리고 나머지 3개는 지상층(ground floor)

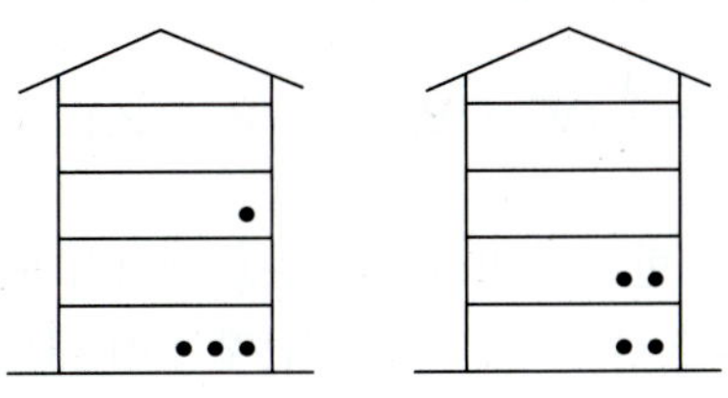

그림 9.23 에너지 분포의 설명.

에 두어 전체 2 에너지 단위를 맞출 수 있다. 또한 2 에너지 단위를 가지고 1층(first floor)에 2개의 물체를 그리고 지상층에 2개의 물체를 놓을 수도 있다. 이 두 가지 배열 방식은 동등한 가능성을 가지므로 우리는 시스템을 볼 때 50%의 시간에는 하나의 배열 방식을, 또 다른 50%의 시간에는 다른 배열 방식을 볼 수 있게 된다. 그리고 양의 S 값을 가지게 된다.

이제 열전달을 통해 2개의 에너지 단위를 추가해보자. 이는 물체들에 그들이 공유하는 어떤 에너지를 부여함으로써 이루어진다. 전체 에너지는 4 단위가 되고 시스템은 다음과 같은 배열이 될 것이다(a~e).

Floor number:		**0**	**1**	**2**	**3**	**4**
Number of objects	a:	3				1
Number of objects	b:	2	1		1	
Number of objects	c:	2		2		
Number of objects	d:	1	2	1		
Number of objects	e:		4			

이제 동등한 5개의 다른 배열($w = 5$)들이 생겨났고 따라서 각각의 배열을 시스템에서 볼 수 있는 시간은 20%씩이며 더 큰 S 값을 가지게 된다.

한편 일을 통해서 2단위의 에너지를 증대시키면 다른 방식으로 거동한다. 일은 경계의 운동을 수반하기 때문에 건물 높이기 위해서는 건물을 안으로 끌어당기고 잡아 늘려서 두 배의 높이로 만든다. 즉 최초 상태와 비교해서 1층은 물체 당 2단위를 가지는 등의 방식이다. 이는 배열의 수에 변함이 없이 최초의 배열에서 물체 당 에너지가 두 배로 바뀌고 $w = 2$인 상태를 유지함을 의미한다. 결과적으로 S는 변하지 않는다.

Floor number:		**0**	**1**	**2**	**3**	**4**
Number of objects	f:	3		1		
Number of objects	g:	2	2			

이 간단한 예제는 S를 변화시키는 열전달을 통한 에너지의 추가와 S를 변화시키지 않는 일을 통한 에너지의 추가 사이에 존재하는 현격한 차이를 설명해주고 있다. 첫 번째 상황에서는 많은 수의 입자를 낮은 에너지 준위로부터 높은 에너지 준위로 이동시킴으로써 분포를 변화시키고 카오스를 증대시키고 있다. 두 번째 상황에서는 에너지 상태 간에 입자의 이동은 없지만 주어진 상태의 에너지 준위를 변화시킴으로써 질서(order)와 카오스를 그대로 보존하고 있다.

9.9 방법론 편

일의 계산에 있어서 $\int P\,dv$를 쓰고 또 언제 $\int v\,dP$를 사용하나?

경계 일은 힘과 변위를 구성하는 이동 표면에 압력(또는 힘)이 작용할 때 발생한다. 이동 표면이라 함은 체적($dV = A\,dx$)의 변화가 있다는 것을 내포하며 가역 과정에 대해 적당한 표현은 다음과 같다.

$$ {}_1W_2 = \int F\,dx = \int PA\,dx = \int P\,dV = m\int P\,dv = m_1w_2 $$

유동 과정의 가역 축일(shaft work)에서는 식 9.14와 같이 다른 표현이 사용된다.

$$ w = -\int v\,dP + \frac{1}{2}(\mathbf{V}_i^2 - \mathbf{V}_e^2) + g(Z_i - Z_e) $$

이 식은 다음과 같으며 축일을 얻기 위해서는 반드시 압력이나 운동 에너지 또는 위치 에너지의 변화가 있어야 한다. 첫 번째 항에 대한 예로는 펌프를 들 수 있으며 두 번째 항에 대해서는 풍차를 마지막 항에 대해서는 강으로부터 더 높은 고도의 관개 수로에 보내지는 물의 유동을 들 수가 있다.

효율은 어떻게 산정하나?

효율은 잘 알려진 기준과 대비하여 실제 장치나 과정 또는 전체 시스템이나 사이클의 성능을 묘사하는 것이다. 기준 시스템의 종류는 효율의 이름(등엔트로피 또는 등온 또는 열 또는 제2법칙) 또는 묘사하는 장치 또는 시스템의 종류에 의해 함축적으로 표현되어 있다(즉 단일 과정 또는 장치인가 혹은 열기관, 열펌프, 또는 냉동기와 같은 전체 사이클인가).

기준 시스템을 명확하게 이해함으로써 그것의 성능을 계산할 수 있게 되고 실제 시스템의 성능을 구하기 위해 효율을 사용할 수 있다. 일반적으로 제1법칙 효율은 에너지 항의 비이고 반면에 제2법칙 효율은 엑서지(가용성) 항의 비이다.

전체 사이클의 효율은 주로 변환 효율(열기관 또는 냉동기의 COP)을 말하며 단일 과정 또는 장치에서는 상대적인 성능 측정값(등엔트로피 일 대비 실제 일 혹은 등엔트로피 운동 에너지 대비 실제 운동 에너지)을 말한다. 제2법칙 효율은 에너지 변환 효율이 아니고 실제 시스템과 이에 상당하는 가상의(실존하지 않는) 가역 시스템 사이의 비교를 말한다.

일반적인 검사체적 해석은 어떻게 하나?

알아야 할 좀 더 중요한 과제 중의 하나는 일반적인 법칙(질량, 운동량 및 에너지의 보존, 엔트로피 평형) 및 적분 형태(질량 평균된)로 주어지는 특정 법칙 등에 대한 검사체적의 공식화이다. 다음 단계에서는 공식을 좇는 것이 아닌 조직적인 방식으로 열역학 문제를 공식화하는 것을 보여주고 있으며 일반적인 문제 심지어는 낯선 문제들도 풀 수 있게 될 것이다.

공식화 단계들

단계 1

구성요소들을 포함하는 시스템에 대해 물리적 모델을 만들고 모든 질량 유동, 열 유동, 및 일률 등을 표시한다. 또한 외력 및 중력과 같은 힘에 대한 표시를 포함하라.

단계 2

분석하고자 하는 물질을 포함시키는 검사표면을 설정함으로써 검사질량 혹은 검사체적을 정의(즉 선택)하라. 이 선택은 공식화의 기본이 되므로 매우 중요하다. 분석하고자 하는 질량 유동, 열 유속 및 일에 관한 항목만이 검사표면을 통과할 수 있도록 해야 한다. 공식화에 들어가기를 원하지 않는 유동 및 유속(fluxes)을 제외시킬 수 있도록 가능하면 시스템의 많은 부분을 포함시켜라. 검사체적을 출입하는 곳에서의 물질의 상태에 번호를 매겨라. 만일 시스템이 동일 상태를 가지지 않으면 시스템의 곳곳에 저장 표시를 붙여라.

단계 3

선택된 각각의 검사체적에 대해 일반 법칙들을 써보아라. 질량 유동 또는 열과 일의 유속이 존재하는 검사체적들에 대해서는 무엇이 한 검사체적을 떠나서 다른 곳으로 들어가는지를 확실히 해라(즉 각각의 방정식에서 하나의 항이 반대의 부호를 갖도록 해라). 방정식을 적을 때에는 가장 일반적인 형태를 쓰고 존재하지 않는 항은 생략해라. 오직 두 가지 형태의 일반 법칙이 공식화에 사용되어야만 한다. (1) 원래의 시간 변화율 형태(S에 대해서는 식 9.2) 및 (2) 시간적분 형태(S에 대해서는 식 9.11). 여기서 존재하지 않는 항은 생략한다. 저장 항(좌변)과 유동항 사이를 구분하는 것이 매우 중요하다.

단계 4

각각의 검사체적 내에 대한 보조 법칙 또는 특정 법칙은 모두 적어라. 물질의 성질은 적거나 표를 참조하도록 한다. 주어진 과정에 대한 식은 통상적으로 쉽게 적을 수 있다. 이는 시스템이나 장치가 만들어지는 방식에 의해 주어지며 자주 현실에 대한 근사를 나타낸다. 즉 실제 세계에서의 거동에 대한 수학적 모델을 만드는 것이다.

단계 5

모든 식들을 연립함으로써 공식화를 마쳐라. 하지만 아직 숫자는 넣지 말아라. 이 시점에서 어느 양이 기지수이고 어느 양이 미지수인지를 체크하라. 여기서 물질의 모든 상태를 찾아내고 어느 두개의 독립된 상태량이 주어진 상태를 결정하는지를 찾아낼 수 있는 능력이 중요하다. 이러한 임무는 모든 과정들과 상태들을 (P–v), (T–v), (T–s) 또는 유사한 선도에 그려봄으로써 가장 쉽게 달성될 수 있다. 이 선도들은 또한 주어진 상태가 어디에 있는지를 결정하기 위하여 테이블 상의 무슨 숫자를 찾아볼 것인가를 알려준다.

단계 6

이제 방정식들은 미지의 변수들로 이루어진 모든 항을 한쪽 편에 놓고 기지의 항들을 다른 편에 써놓음으로써 미지수에 대해 풀리게 된다. 보통 이렇게 하는 것은 쉬운 일이지만 어떤 경우에는 방정식을 풀기 위해서 반복기법을 필요로 하기도 한다(예를 들자면 u, P, v가 결합된 상태량이 $h = u + Pv$가 아니고 $u + 1/2\ Pv$로 나타날 때). 각각의 양에 대한 수치를 얻게 되면 그것이 의미가 있고 합리적인 범위 내에 있는지 확인하라.

이 장의 요약

열역학 제2법칙이 질량의 출입이 있는 **일반적 검사체적**(general control volume)의 정상 및 비정상 과정에 대해 확장 적용되었다. 일반적 장치 및 전체 시스템의 대부분은 자동차 엔진이나 제트 엔진에서와 같은 느린 천이 상태를 가지기도 하지만 거의 정상 상태 작동으로 간주될 수 있다. 터빈, 노즐, 압축기 또는 펌프와 같은 정상 상태 단일 유도 장치들에 대해서는 엔트로피 방정식이 단순화되어 적용되기도 한다. 제2법칙과 깁스의 상태량 관계식은 단일 유동에서의 가역 축일에 대한 일반적 표현을 만들어내는데 사용된다. 이는 일의 크기에 영향을 주는 비체적(또는 밀도)의 중요성을 이해하는 데 유용하다. 축일이 없는 유동에 대해서는 가역 과정을 고려함으로써 **비압축성 유체**(incompressible fluid)에 대한 에너지 방정식을 **베르누이 방정식**(Bernoulli equation)으로 유도해 낼 수 있다. 이 식은 물 또는 수력학적 유체와 같은 액체의 유동들은 물론이고 저속의 공기 유동들을 커버한다. 이러한 저속의 공기 유동은 음속의 1/3보다 작은 크기의 속도에서 비압축성으로 간주된다.

많은 실제 장치들은 과정 중에 다소간의 비가역성을 가지고 작동한다. 따라서 유동 과정 중에도 엔트로피 생성이 있게 되고 총 엔트로피는 항상 증가한다. **실제 장치**(actual devices)의 성능 특성은 **이상적인 장치**(ideal device)와 비교함으로써 구해지며 **효율**(efficiency)이 두 개의 에너지 항(일 또는 운동 에너지)의 비로 주어지게 된다.

카르노 열기관으로부터의 출력 일은 고온 열원으로부터의 열전달 속에 있는 **가용 에너지**(available energy)이다. 실제 장치가 동일한 유동과 상태의 이상적 장치와 비교될 때 우리는 **가역 일**(reversible work) 및 **엑서지**[exergy, **가용성**(availability)]의 개념에 도달하게 된다. 가역 일은 주어진 유동과 열전달하에서 얻어낼 수 있는 최대 일 또는 장치에 투입해야만 하는 최소 일을 말한다. 실제 일과 이론 최대 일 사이의 비교가 제2법칙 효율을 만들어낸다. 엑서지(가용성)가 사용될 때 **제2법칙 효율**(second-law efficiency) 또한 열교환기와 같이 축일을 포함 하지 않는 장치에 사용될 수 있다. 이 경우 하나의 유동이 사용한 엑서지와 다른 유동이 얻는 엑서지를 비교하여 제1법칙 효율에 사용되는 에너지 대신에 엑서지의 비를 얻게 되는 것이다. 과정 중에 존재하는 어떠한 비가역성(엔트로피 생성)도 엑서지(가용성)를 파괴하며 이는 바람직하지 않은 것이 된다.

여러분은 이 장을 공부함으로써 아래의 사항들을 가능하게 해주는 여러 가지 기법을 배우고 능력을 얻었을 것이다.

- 좀 더 일반적인 검사체적에 대해 제2법칙을 적용하기

- 터빈, 노즐, 압축기, 및 펌프와 같은 정상 상태, 단일 유동 장치에 대해 가역적 및 비가역적으로 분석하기
- 제2법칙을 천이 과정에 확장시키는 법을 알기
- 전체 시스템을 전체로 혹은 개개의 장치로 나누어서 분석하기
- 여러 출입구를 가진 열교환기, 혼합실, 및 터빈 등과 같은 다중 유동 장치에 제2법칙을 적용하기
- 베르누이 식 혹은 가역 축일에 대한 표현을 적용해야 할 비압축성 유동이란 것을 깨닫기
- 베르누이 식을 적용해야 할 때와 적용할 수 없는 때를 알기
- 폴리트로프 과정에 대해서 축일을 산정하는 법을 알기
- 효율을 사용하여 실제 과정에 대한 분석을 적용하는 법과 실제 장치에 가장 근접한 이상적 근사를 밝혀내는 법을 알기
- 사이클 효율과 장치 효율 사이의 차이점을 알기
- 무질서 혹은 카오스의 척도로서의 엔트로피에 대한 감을 알기
- 가용 에너지의 개념을 이해하기
- 에너지와 가용성은 다른 개념이라는 사실을 이해하기
- 실제 시스템에 대한 이상적 상대를 개념화 하여 이상 시스템에서 가역 일과 열전달을 찾아낼 수 있는 능력을 갖기
- 제1법칙 및 제2법칙 효율 사이에 존재하는 차이점을 이해하기

주요 개념과 식

엔트로피의 시간 변화율 방정식

변화율 = +유입 − 유출 + 생성

$$\dot{S}_{\text{c.v.}} = \sum \dot{m}_i s_i - \sum \dot{m}_e s_e + \sum \frac{\dot{Q}_{\text{c.v.}}}{T} + \dot{S}_{\text{gen}}$$

정상 상태 단일 유동

$$s_e = s_i + \int_i^e \frac{\delta q}{T} + s_{\text{gen}}$$

가역 축일

$$w = -\int_i^e v\,dP + \frac{1}{2}\mathbf{V}_i^2 - \frac{1}{2}\mathbf{V}_e^2 + gZ_i - gZ_e$$

가역 열전달

$$q = \int_i^e T\,ds = h_e - h_i - \int_i^e v\,dP \quad \text{(from Gibbs relation)}$$

베르누이 방정식

$$v(P_i - P_e) + \frac{1}{2}\mathbf{V}_i^2 - \frac{1}{2}\mathbf{V}_e^2 + gZ_i - gZ_e = 0 \quad (v = \text{constant})$$

폴리트로프 과정 일

$$w = -\frac{n}{n-1}(P_e v_e - P_i v_i) = -\frac{nR}{n-1}(T_e - T_i) \quad n \neq 1$$

$$w = -P_i v_i \ln\frac{P_e}{P_i} = -RT_i \ln\frac{P_e}{P_i} = RT_i \ln\frac{v_e}{v_i} \quad n = 1$$

일은 축일 $w = -\int_i^e v\,dP$이고 이상 기체에 대한 것임

등엔트로피 효율

$\eta_{\text{turbine}} = w_{Tac}/w_{Ts}$ (터빈 일 유출)

$\eta_{\text{compressor}} = w_{Cs}/w_{Cac}$ (압축기 일 유입)

$\eta_{\text{pump}} = w_{Ps}/w_{Pac}$ (펌프 일 유입)

$\eta_{\text{nozzle}} = \frac{1}{2}\mathbf{V}_{ac}^2 / \frac{1}{2}\mathbf{V}_s^2$ (운동 에너지 유출)

열로부터의 가용 일	$W = Q\left(1 - \frac{T_0}{T_H}\right)$
주위 온도 T_0에서 추가의 q_{rev} 및 T_H에서 q를 가지는 가역 유동 일	$q_0^{\text{rev}} = T_0(s_e - s_i) - q\,\frac{T_0}{T_H}$
	$w^{\text{rev}} = h_i - h_e - T_0(s_i - s_e) + q\left(1 - \frac{T_0}{T_H}\right)$
유동의 비가역성	$i = w^{\text{rev}} - w = q_0^{\text{rev}} = T_0\dot{S}_{\text{gen}}/\dot{m} = T_0 s_{\text{gen}}$
제2법칙 효율	$\eta_{\text{2nd law}} = \frac{\text{요구 출력}}{\text{공급 입력}}$ (가용성 전달)
엑서지, 유동 가용성	$\psi = \left[h - T_0 s + \frac{1}{2}\mathbf{V}^2 + gZ\right] - [h_0 - T_0 s_0 + gZ_0]$
엑서지 파괴	파괴율 $= T_0\dot{S}_{\text{gen}} = \dot{I}$

연습 문제

Homework Problems

개념 문제

9.1 책 속의 개념 질문 e가 참이 되게 하는 과정은 어떤 과정 일까?

9.2 관내 유동에서 마찰은 약간의 압력 강하와 온도 상승을 유발한다. 엔트로피에는 어떤 영향을 미치는가?

9.3 어느 탱크가 400 kPa, 300 K로 유지되고 있으며 밸브가 열려 100 kPa, 300 K 상태인 외부로 유동이 이루어진다. 내부의 온도는 어떻게 되는가?

9.4 만일 우리가 가역 단열 유동 과정을 이행하는 질량 요소를 따라간다고 가정했을 때 상태의 변화에 대해 무엇이라 말할 수 있는가?

9.5 운동 에너지와 위치 에너지의 변화를 무시할 수 있는 정상류의 가역 과정이 그림 P9.5에 있다. $h_e - h_i$의 변화량과 w 및 q의 전달량을 양수, 0, 혹은 음수로 표시하라.

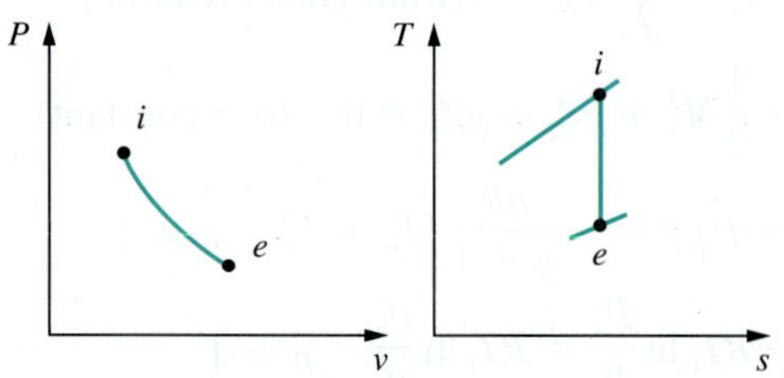

그림 P9.5

9.6 운동 에너지와 위치 에너지의 변화를 무시할 수 있는 정상류의 가역 과정이 그림 P9.6에 있다. $h_e - h_i$의 변화량과 w 및 q의 전달량을 양수, 0, 혹은 음수로 표시하라.

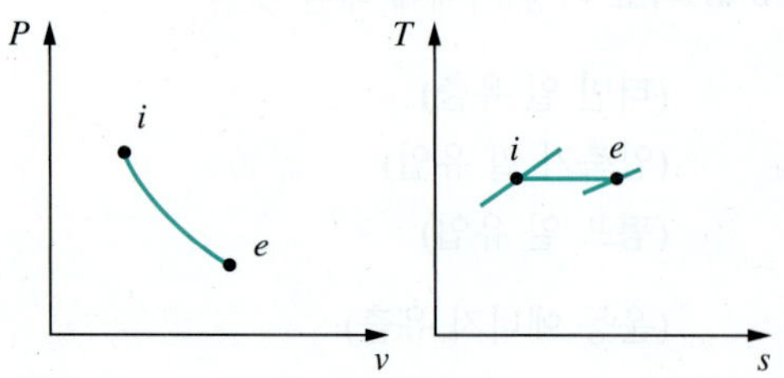

그림 P9.6

9.7 주어진 입출구 압력에 대한 터빈 출력을 증대시키려면 입구 상태가 어떻게 변화해야 하는가?

9.8 액상의 물이 대형 가스 터빈 발전소의 터빈부에 들어가기 직전의 뜨거운 가스에 뿌려진다. 더 큰 질량 유량이 더 많은 일을 생성한다고 한다. 이것이 그 이유인가?

9.9 어느 공기 압축기가 많은 양의 열을 밖으로 전달한다. 열전달이 없을 경우에 얼마나 T가 상승하는지 예제 9.4를 보라. 좋은 현상인가 혹은 단열을 해야 하는가?

9.10 압력을 증대시키기 위한 펌프의 축일은 동일한 압력 증대에 대한 공기 압축기에서의 축일과 비교해서 더 작다. 왜 그런가?

9.11 단일 정상류에 대해서 어느 것이 엑서지를 가장 많이 증가시키는가?

a. 1 kW의 열전달

b. 유동에 가해지는 1 kW의 축일

9.12 상온 T와 상압 P 상태의 어느 유동이 냉동기에 의해서 5°C로 냉각된다. 에너지가 증가했을까 혹은 감소했을까? 엑서지는 증가했을까 혹은 감소했을까?

정상 상태 가역 과정

단순장치

9.13 어느 압축기가 280 K, 100 kPa의 수소 가스 유동을 가역 과정을 통해서 1000 kPa의 압력으로 만든다. 출구는 얼마나 뜨거워지며 입력되는 비일(specific work)은 얼마인가?

9.14 어느 터빈의 1단에서 10 MPa, 800°C의 증기가 유입되며 출구 압력은 800 kPa이다. 이 과정에서 단열을 가정하고 운동 에너지는 무시하라. 이때 출구 온도와 비일을 구하라.

9.15 증기가 3 MPa와 450°C로 터빈에 유입되어 가역 단열 과정으로 팽창한 뒤 10 kPa로 배출된다. 터빈 입출구 간의 운동 에너지 및 위치 에너지의 변화는 매우 작다. 터빈의 출력은 800 kW이다. 터빈을 통과하는 증기의 질량 유량은 얼마인가?

9.16 어느 상업용 냉동기의 압축기에 −25°C 및 $x = 1$의 R-22가 유입된다. 출구 압력은 1000 kPa이고 과정은 가역 단열로 가정된다. 운동 에너지를 무시하고 출구 온도와 비일을 구하라.

9.17 R-134a를 작동 유체로 사용하는 열펌프에서 150 kPa, −10°C인 R-134a가 0.1 kg/s의 비율로 압축기에 들어간다. R-134a는 압축기에서 단열 과정을 통해 1 Mpa까지 압축된다. 과정을 가역적이라 가정하고 압축기 소요 동력을 계산하라.

9.18 어느 보일러가 2000 kPa의 포화수 3 kg/s를 가역 등온 과정으로 끓여서 포화 증기로 만든다. 이 과정에서 일이 사용되지 않았는지는 모른다고 가정하라. 열역학 제1법칙과 제2법칙을 사용하여 축일이 없음을 증명하라.

9.19 파이프를 500 kPa, 200°C, 속도 10 m/s의 상태로 흐르는 질소 가스가 300 m/s의 속도를 가지도록 노즐을 설계해보자. 질량 유량이 0.15 kg/s이고 팽창이 가역 단열적으로 이루어질 때 노즐 출구 압력 및 단면적을 결정하라.

9.20 −45°C, 60 kPa의 대기가 그림 P9.20에 보이는 제트 기관의 전방 디퓨져에 속도 900 km/h, 대항면적 1 m^2로 유입된다. 단열 디퓨져를 떠난 후의 속도는 20 m/s이다. 디퓨져 출구 온도 및 가능한 최대 압력을 구하라.

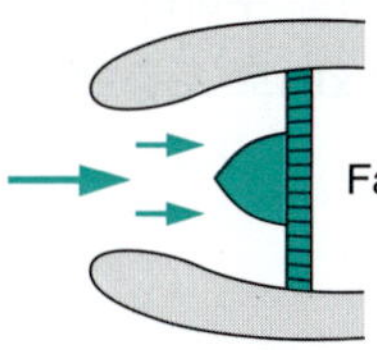

그림 P9.20

9.21 냉각된 압축기가 300 K, 100 kPa의 수소 가스 유동을 등온 과정을 통해 1000 kP의 압력으로 압축한다. 가역 과정을 가정하고 비일을 구하라.

9.22 등온 압축기로 작동되도록 R134a에 둘러싸인 압축기가 있다. 입구 상태는 0°C, 100 kPa이고 출구 상태는 포화 증기이다. 단위 질량 당의 전달 열과 일을 구하라.

9.23 어느 제트 기관의 출구 노즐에 1200 k, 150 kPa의 공기가 무시할 만큼의 작은 운동 에너지를 가지고 유입된다. 출구 압력은 80 kPa이고 과정은 가역 단열 과정이다. 300 K에서의 일정 비열을 사용하여 출구 속도를 구하라.

9.24 표 A.7에 있는 공기 표를 이용하여 앞 문제를 풀어라.

9.25 어느 팽창기에 2000 kPa, 300 K 상태의 공기 0.5 kg/s이 유입되어 400 kPa, 300 K의 상태로 출구를 나간다. 과정이 가역 등온이라고 가정하라. 운동 에너지 및 위치 에너지의 변화는 무시하고 열전달률과 일률을 구하라.

9.26 500 kPa 상태의 R-22 포화 증기 유동 2 kg/s가 정압으로 60°C로 가열된다. 열량은 300 K의 대기로부터 열을 얻고 그림 P9.26에 보이는 입력 일을 받는 열펌프로부터 공급된다. 모든 것이 가역적이라고 가정하고 입력되는 일률(동력)을 구하라.

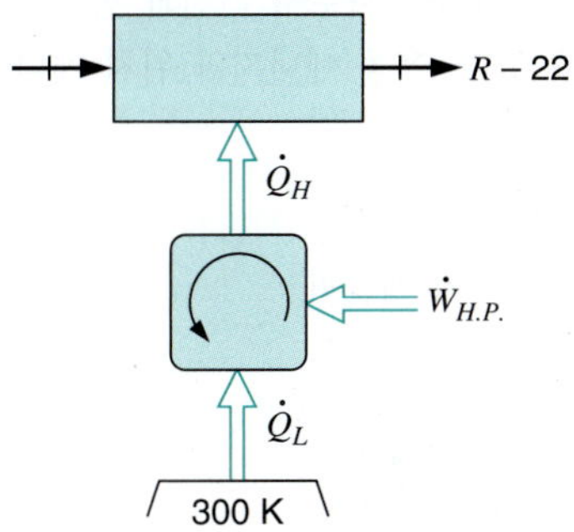

그림 P9.26

9.27 100 kPa, 20°C 상태의 물의 유동 5 kg/s가 어느 장치에 1000 kPa, 350°C의 증기로서 공급되어야만 한다. 일정한 온도인 500°C의 열원이 있다. 만일 이 과정이 가역적이 되려면 얼마의 열전달을 필요로 하는가?

9.28 가역 정상 상태 장치에 400 K, 450 kPa의 공기가 1 kg/s로 유입되어 600 K, 100 kPa로 나간다. 1000 K 열원으로부터 800 kW의 열을 받고 350 K에서 100 kW를 방출하며 500 K에서도 약간의 열전달이 일어난다(그림 P9.28 참조). 500 K에서의 전달 열량 및 생성된 일률을 구하라.

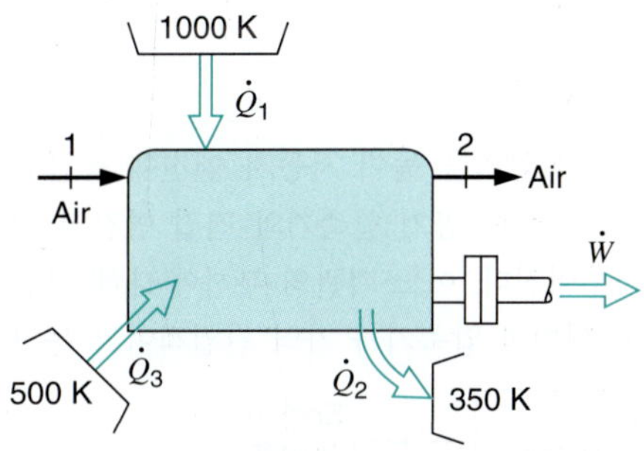

그림 P9.28

9.29 어느 발전소의 증기 터빈에 3000 kPa, 500°C의 증기 5 kg/s가 유입된다. 압력 1000 kPa에서 20%의 증기가 추출되어 급수 가열기로 들어가고 나머지는 200 kPa에서 터빈을 떠난다. 이 두 곳에서의 출구 온도 및 터빈 출력을 구하라.

9.30 20°C, 100 kPa의 공기 유동이 가역 단열 압축을 거친 뒤 이상적인 노즐에서 100 kPa로 팽창된다. 두 과정들은 무슨 과정인가? 공기는 얼마나 뜨거워지나? 출구 속도는 얼마인가?

9.31 어느 작은 터빈이 150 kW를 발생하는데 700°C, 2 MPa의 증기를 공급받는다. 배기는 압력 10 kPa인 열교환기를 통과하여 포화액 상태로 배출된다. 터빈은 가역 단열이다. 단위 질량 당의 터빈 일과 열교환기에서의 열전달량을 구하라.

9.32 200 kPa의 압력하에서 두개의 공기 유동이 있는데 하나는 400 K에서 1 kg/s 이고 다른 하나는 290 K에서 2 kg/s이다. 두 유동은 고온 유동으로부터 에너지를 받아 이를 저온 유동에 버리는 수많은 열기관을 통하여 에너지를 교환한다. 이렇게 하여 두 개의 유동은 동일한 온도가 되어 나간다. 전체 장치가 가역적이라 가정하고 출구 온도 및 열기관들의 총 출력을 구하라.

9.33 그림 P9.33에서 보는 바와 같이 임계압 근처에서 운전되는 증기 터빈 원동소를 생각해보자. 첫 번째 근사로서 터빈과 펌프의 과정을 가역 단열적이라 가정할 수 있다. 운동 에너지와 위치 에너지의 변화를 무시하고 다음을 계산하라.

a. 단위 질량 당 터빈 출력 일 및 터빈 출구 상태

b. 펌프 입력 일 및 펌프 출구 상태에서의 엔탈피

c. 사이클의 열효율

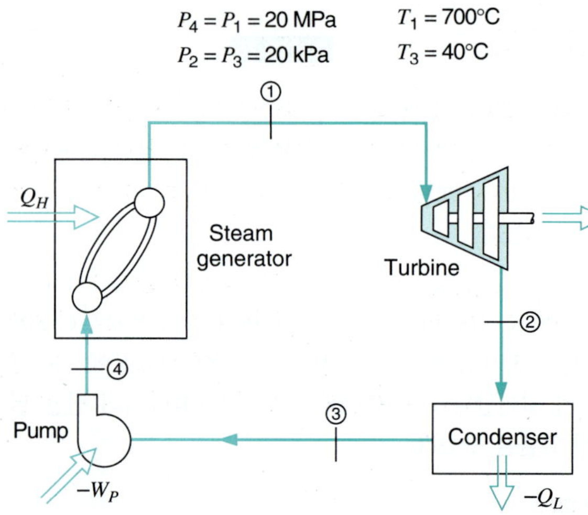

그림 P9.33

9.34 터보 과급기는 흡기의 압력을 높여 자동차 엔진에 공급한다. 이것은 그림 P9.34에서와 같이 공기 압축기와 직접 연결된 배기 가스 구동 터빈으로 이루어진다. 어느 기관의 부하에 대해 그림에 조건들이 주어져 있다. 터빈과 압축기가 가역 단열적이고 동일한 질량 유량을 가진다고 가정하라. 터빈 출구 온도와 출력을 구하라. 또한 압축기의 출구 압력과 온도를 구하라.

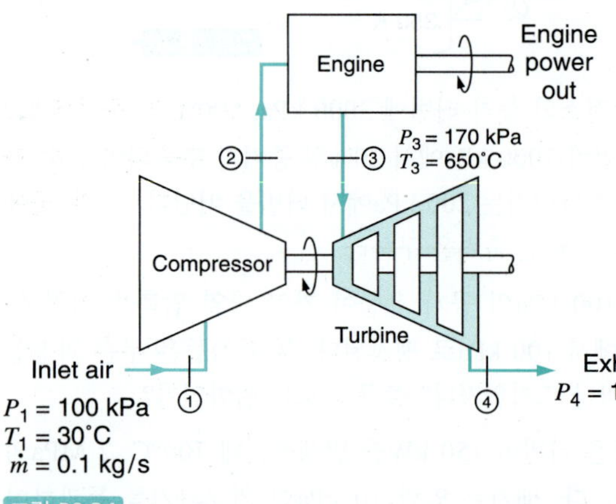

그림 P9.34

가역 축일, Bernoulli 방정식

9.35 어느 펌프의 모터가 2 kW이다. 100 kPa로부터 250 kPa까지 15°C 상태의 물을 얼마나 펌핑할 수 있는가?

9.36 정원용 호스에 200 kPa, 15°C인 액체 상태의 물이 들어 있다. 이상적인 작은 노즐을 통해 얼마의 속도를 얻을 수 있겠는가? 물 분사를 수직 상향시켰을 때 어느 높이까지 도달할 수 있겠는가?

9.37 작은 펌프가 20°C, 100 kPa의 물을 흡입하여 100 kg/min의 유량으로 2.5 MPa까지 펌핑한다. 펌프의 소요 동력을 구하라.

9.38 커다란 저장 탱크에 대기압 100 kPa에서 포화액 상태인 질소가 들어 있다. 이를 500 kPa까지 펌핑하여 파이프라인에 0.5 kg/s로 공급하려 한다. 가역적이라 가정하고 펌프에 소요되는 동력을 구하라.

9.39 100 kPa, 25°C의 액체 상태의 물이 0.5 kg/s로 펌프에 들어간다. 펌프로 들어가는 동력은 3 kW이다. 펌프에서의 과정이 가역적이라 가정하고 펌프 출구에서의 압력 및 온도를 구하라.

9.40 관개용 펌프가 강물에서 10°C, 100 kPa의 물을 100 m 더 높은 곳에 있는 수로에 펌핑한다. 펌프 입구 및 출구에서의 파이프 직경은 0.1 m이고 펌프를 구동하는 모터는 5마력이다. 운동 에너지와 마찰을 무시하고 가능한 최대 유량을 구하라.

9.41 어느 작은 댐에 150 kPa, 20°C의 액체 상태 물을 유량 2000 kg/s로 운반하는 직경 0.5 m의 파이프가 있다. 이 파이프는 그림 P9.41에서 보는 바와 같이 15 m 아래의 댐 밑바닥에서 0.35 m 직경의 파이프를 가진 터빈과 연결된다. 파이프에서의 마찰과 열전달이 없다고 가정하고 터빈 입구의 압력을 구하라. 터빈이 무시할 만큼의 운동 에너지와 함께 압력 100 kPa로 토출할 때 일률은 얼마인가?

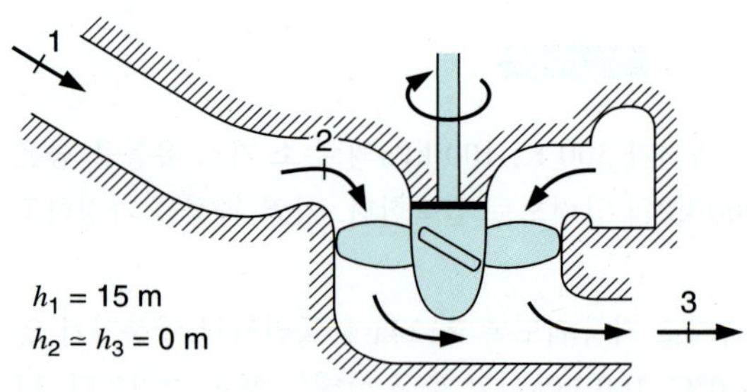

그림 P9.41

9.42 지상 25 m의 사다리 위에 있는 어느 소방수가 출구 직경 2.5 cm의 호스 노즐로 10 m 더 높은 곳까지 물을 분출시켜야 한다. 물 펌프가 지상에 있고 가역 유동이라(호스, 노즐 포함) 가정할 때 최소 소요 동력을 구하라.

9.43 파도가 수평속도 2 m/s로 해변에 몰려오고 있다. 마찰을 무시하고 해변에서 파도가 도달할 수 있는 높이를 구하라.

9.44 2 kW의 모터로 구동되는 작은 펌프에 액체 상태의 물이 150 kPa, 10°C 상태로 들어오고 있다. 운동 에너지를 무시하고 출구 압력이 1 MPa가 될 때 얻을 수 있는 최대 유량을 구하라. 배출되는 물은 그림 P9.44에서 볼 수 있듯이 분사 노즐을 통해 100 kPa의 대기로 분사된다. 분사 속도를 구하라.

그림 P9.44

9.45 −10°C인 포화 상태 R-134a가 가역 단열 과정으로 1.0 MPa까지 펌핑(압축)된다. 이때의 유량은 0.5 kg/s이다. R-134a의 입구 상태가 다음의 두 경우와 같을 때 소요 동력과 출구 온도를 구하라.

a. 건도 100% **b.** 건도 0%

9.46 지상에 있는 작은 물 펌프의 흡입 파이프가 100 kPa, 15°C 물이 있는 깊이 H의 우물에 담겨 있다. 펌프는 건물에 400 kPa의 물을 공급한다. 물의 절대 압력은 캐비테이션(cavitation) 현상을 방지하기 위해 적어도 포화 압력의 두 배 이상이 되어야 한다. 이러한 셋업(setup)을 허용하는 우물의 최대 깊이는 얼마인가?

9.47 100 kPa, 17°C의 대기가 60 km/h의 속도로 빌딩 쪽으로 불고 있다. 공기를 비압축성으로 가정하고 벽면의 정체점(속도 0)에서의 압력과 온도를 구하라.

9.48 대기 상태가 17°C, 100 kPa인 어느 날 차를 타고 고속도로를 120 km/h로 달리고 있다. 창밖으로 손을 내밀어 손바닥이 바람에 수직이 되게 하면 공기가 정체됨으로 해서 생기는 힘을 느끼게 된다(공기는 손바닥에서 상대속도 0이 된다). 공기가 거의 비압축성이라 가정하고 손바닥에서의 공기 온도 및 압력을 구하라.

9.49 벽면에 100 kPa, 290 K의 공기가 200 m/s로 부딪치고 있다. 그림 P9.49에서 보는 바와 같이 공기 흐름은 열전달 없이 벽면에서 정체된다(속도 0이 된다). 정체점 압력(stagnation pressure)을 다음의 두 가정에 의해 구하라. (a) 비압축성 유동을 가정 (b) 단열 압축을 가정. *힌트*: 온도 T는 에너지 식으로부터 구할 수 있다.

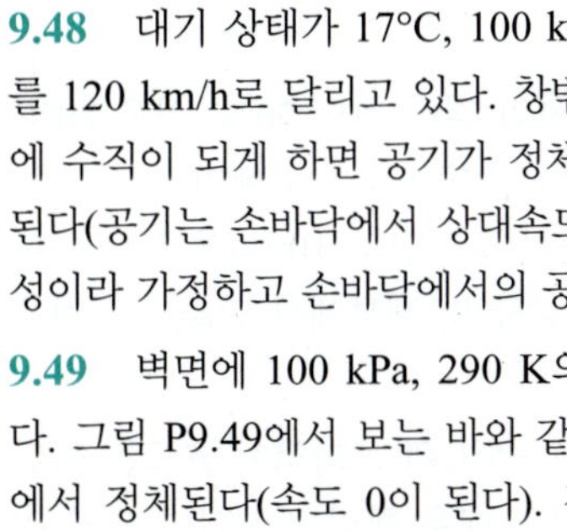

그림 P9.49

9.50 헬륨 가스가 800 kPa, 300°C로 정상 유동 팽창기에 들어가 120 kPa로 나온다. 질량 유량은 0.2 kg/s이고 팽창 과정은 지수 n = 1.3인 가역 폴리트로프 과정으로 간주할 수 있다. 팽창기의 출력을 구하라.

9.51 100 kPa, 300 K의 공기가 정상 상태의 장치를 통과하여 1000 K로 배출되면서 n = 1.3의 폴리트로프 과정을 이행한다. 출구 압력, 단위 질량 당 일 및 열전달량을 구하라.

9.52 가스 터빈에서의 팽창은 지수 n = 1.25를 가지는 폴리트로프 과정으로 근사될 수 있다. 입구 공기 상태는 1200 K, 800 kPa, 출구 압력은 125 kPa이며 질량 유량은 0.75 kg/s이다. 터빈의 열전달량 및 출력을 구하라.

정상 상태 비가역 과정

9.53 30°C, 800 kPa 상태의 R-134a가 정상 상태 하에서 저압으로 교축(throttle) 되어 −10°C가 되어 나온다. 비엔트로피(specific entropy) 생성을 구하라.

9.54 연습 문제 6.64의 증기 터빈을 분석해 보라. 이것이 가능한가?

9.55 1 MPa, 300 K의 메탄이 밸브를 통해 100 kPa 까지 교축된다. 운동 에너지의 변화가 없고 이상 기체의 거동을 한다고 가정한다. 비엔트로피 생성을 구하라.

9.56 300 K, 200 kPa의 이산화탄소가 정상 상태 장치(steady device)를 통과하면서 600 K의 열원에 의해 정압 과정으로 500 K까지 가열된다. 단위 질량 당 일과 열전달량 그리고 비엔트로피 생성을 구하라.

9.57 예제 6.5에 묘사된 교축 과정은 비가역 과정이다. 교축 과정 중 암모니아 1 kg 당 생성된 엔트로피를 구하라.

9.58 어느 증기 원동소의 대형 응축기가 대기 온도 25°C일 때 45°C에서 15 MW를 쏟아낸다. 엔트로피 생성률을 구하라.

9.59 0.6 MPa의 포화 증기와 0.6 MPa, 600°C의 증기가 단열적으로 합쳐져서 0.6 MPa, 400°C의 유동을 이룬다. 이 과정에서 총 엔트로피의 생성을 구하라.

9.60 압축기 이후의 열교환기에 1000 kPa, 500 K의 공기가 0.1 kg/s로 들어와서 정압 과정으로 320 K까지 냉각된다. 열은 300 K의 주위공기에 흡수된다. 총 엔트로피 생성률을 구하라.

9.61 어느 상업용 냉장고의 압축기에 −25°C, 및 x = 1 상태의 R-22가 유입된다. 출구에서는 1000 kPa 및 60°C이다. 운동 에너지를 무시하고 비엔트로피 생성을 구하라.

9.62 원동소의 응축기가 15 kPa, 건도 90%인 증기를 5 kg/s로 받아들여서 평균 온도 17°C인 냉각수에 방열한다. 그림 P9.62에서 볼 수 있는 이 정압 과정에서 냉각수에 주어지는 동력을 구하고 또한 포화액이 응축기를 나갈 때의 총 엔트로피 생성률을 구하라.

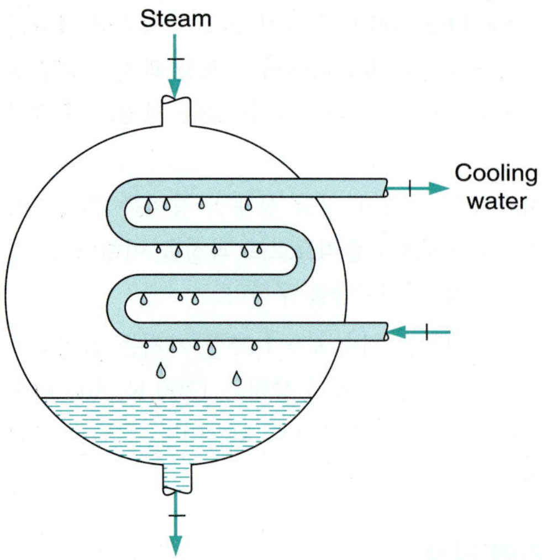

그림 P9.62

9.63 두 개의 공기 유동이 모두 200 kPa 하에 이루어진다. 하나는 400 K에서 1 kg/s이고 다른 하나는 290 K에서 2 kg/s이다. 두 유동이 단열된 용기 내에서 섞인 후 200 kPa에서 하나의 유동이 되어 나간다. 출구 온도와 총 엔트로피 생성률을 구하라.

9.64 어느 증기 터빈에 1000 kPa, 350°C의 물 2 kg/s가 15 m/s로 들어오고 있다. 출구에서는 100 kPa, 150°C이며 매우 느린 속도의 유동을 한다. 생성된 출력과 엔트로피 생성률을 구하라.

9.65 600 kPa인 질소의 포화액이 보일러에 0.005 kg/s로 유입된 후 포화 증기가 되어 나간다. 그 후에 600 kPa 상태로 과열기에 들어가 600 kPa, 280 K로 나간다. 300 K 열원으로부터 열전달이 있다고 가정하고 보일러 및 과열기에서의 엔트로피 생성률을 구하라.

9.66 대향류 열교환기의 한쪽 라인에 125 kPa, 1000 K의 공기가 2 kg/s로 유입되어 100 kPa, 400 K로 유출된다. 다른 한 라인에서는 200 kPa, 20°C의 물이 0.5 kg/s로 유입되어 200 kPa로 유출된다(그림 P9.66 참조). 물의 출구 온도와 총 엔트로피 생성률은 얼마인가?

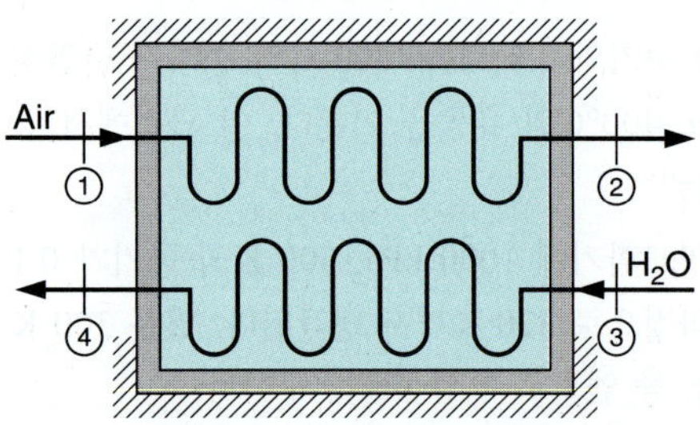

그림 P9.66

9.67 1000 kPa, 300 K의 공기가 500 kPa로 교축된다. 비엔트로피 생성을 구하라.

9.68 500 kPa, 20°C의 암모니아가 5 kg/s로 공급되길 필요로 한다. 두 개의 원천(source)을 쓸 수 있는데 하나는 20°C의 포화액이고 다른 하나는 500 kPa, 140°C의 상태이다. 두 원천으로부터의 유동은 밸브를 통해 단열된 혼합 용기에 들어가고 그곳에서 원하는 상태를 만들어 송출한다. 두 원천으로부터의 질량 유량 및 이 장치에 의한 총 엔트로피 생성률을 구하라.

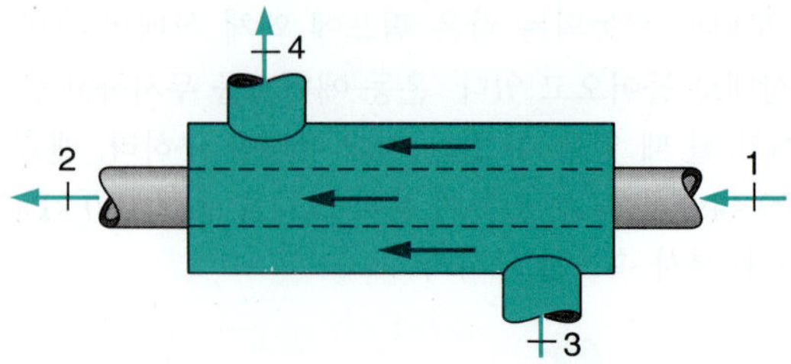

그림 P9.69

9.69 그림 P9.69에서와 같은 병행류(동일방향) 열교환기의 한쪽 라인에 17°C, 200 kPa의 산소가 0.25 kg/s로 들어오고 다른 한 라인에는 150 kPa, 500 K의 질소가 0.6 kg/s로 들어온다. 열교환기는 매우 길어 두 유동의 출구 온도는 동일하다. 일정 비열을 사용하여 출구 온도와 총 엔트로피 생성률을 구하라.

9.70 어느 발전소의 증기 터빈에 3000 kPa, 500°C의 증기가 유입된다. 터빈은 두 개의 출구 유동을 가지는데 하나는 1000 kPa, 350°C에서 20%의 증기가 추출되어 급수 가열기로 들어가고 나머지는 200 kPa, 200°C로 터빈을 떠난다. 단위 질량 당의 터빈 일 및 비엔트로피 생성을 유입 질량 1 kg당에 대해 구하라.

9.71 이산화탄소가 300 K 및 200 kPa 상태로 어느 장치에 흘러 들어와서 500 K로 나간다. 이 과정은 $n = 3.8$인 정상 상태 폴리트로프 과정이며 열전달은 600 K의 열원으로부터 이루어진다. 이 과정에 의한 비일, 비열전달 및 비엔트로피 생성을 구하라.

과도 과정

9.72 예제 6.11에서 주어진 충전 과정에서 생성된 비엔트로피를 계산하라.

9.73 예제 6.12에서 주어진 충전 과정에서 생성된 총 엔트로피를 계산하라.

9.74 R-134a가 들어있는 1리터짜리 캔이 건도 50%, 실온 20°C 상태 아래에 있다. 위에 달린 밸브가 열리면 증기가 빠져 나가고 실내로부터 열전달이 이루어져 최종적으로 건도 100%와 5°C에 도달하게 된다. 빠져나간 질량, 열전달량 및 밸브에서 만들어진 것을 제외한 엔트로피 생성을 구하라.

9.75 비어 있는 0.1 m^3의 용기가 −5°C의 포화액이 흐르는 라인을 통해 R-12로 채워진다. 이 과정은 매우 빨리 진행되어 단열 과정이다. 용기 내의 최종 질량 및 액체와 기체의 체적을 각각 구하라. 이 과정은 가역적인가?

9.76 탱크 속에 300 kPa, 400 K의 공기 2 m^3가 들어 있다. 탱크의 밸브를 열고 공기가 대기 중으로 새어나가게 하여 내부의 최종 압력이 200 kPa가 되게 되었다. 동시에 탱크는 가열되어서 남아있는 공기가 일정한 온도가 된다. 내부적 가역 과정을 가정했을 때 빠져나가는 엔트로피 s의 질량 평균(표 A.7 참조)은 얼마인가?

9.77 비어 있는 0.002 m^3의 용기에 0°C 포화액 상태의 R-134a가 라인을 통해 채워진다. 충전은 매우 빨리 진행되어 단열적이다. 용기 내의 최종 질량 및 총 엔트로피 생성을 구하라.

9.78 직경 0.1 m 높이 10 m의 파이프에 20°C의 물이 채워진다. 이 파이프는 상부가 100 kPa의 대기에 노출되어 있고 하부에 작은 노즐이 설치되어 있다. 이 물은 파이프가 다 비워질 때까지 노즐을 통해 바닥으로 분출된다. 물의 최초 유출 속도, 출구 유동의 평균 운동 에너지 및 과정 중의 총 엔트로피 생성을 구하라.

9.79 탱크 속의 공기가 300 kPa, 400 K이며 체적은 2 m^3이다. 탱크 위의 밸브가 열려 공기 일부가 주위로 빠져나가 내부의 최종 압력이 200 kPa가 된다. 탱크 속에 남아있는 공기에 대해 가역 단열 과정을 가정할 때 최종 온도와 질량을 구하라.

9.80 그림 P9.80과 같이 1 m^3의 견고한 탱크에 100 kg의 R-22가 주위 온도인 15°C 상태로 들어 있다. 탱크 위의 밸브가 열리고 포화 증기가 주위압력 100 kPa로 교축되어 나가서 수거 시스템으로 들어간다. 과정 중 탱크 내부의 온도는 15°C를 유지한다. 내부에 더 이상의 액체가 남아 있지 않게 되면 밸브가 닫힌다. 이 과정에서 탱크로의 열전달 및 총 엔트로피 생성을 계산하라.

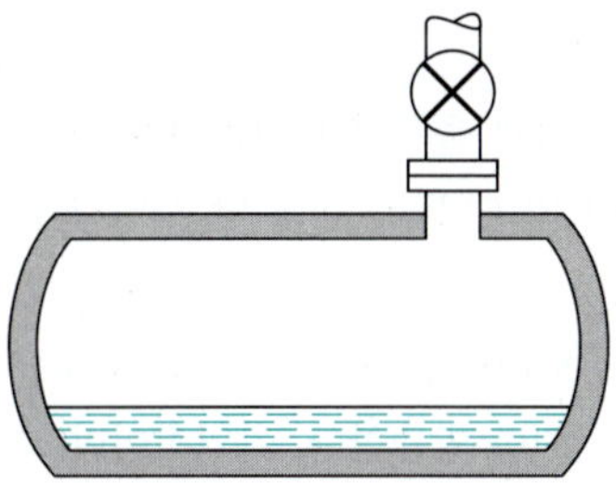

그림 P9.80

9.81 어느 풍선에 200 kPa, 300 K의 라인을 통해서 질량 0.1 kg의 공기를 채워 최종적으로 110 kPa, 300 K가 되게 한다. 압력은 $P = 100\text{ kPa} + CV$ 식에 의해서 풍선의 체적과 비례한다. 300 K의 대기와 주고받는 열전달량 및 총 엔트로피 생성을 구하라.

9.82 100,000 m^3의 오래된 폐 소금 광산에 290 K, 100 kPa의 공기가 들어있다. 이 폐광은 에너지 저장에 사용되어 원동소가 290 K, 100 kPa의 외부 공기를 2.1 MPa까지 펌핑해 넣는다. 펌프가 이상적이고 과정이 단열적이라고 가정하여 공기의 최종 질량 및 온도 그리고 펌프 소요 일 등을 구하라.

9.83 절연된 2 m^3의 탱크에 3 MPa로 냉매가 흐르는 라인으로부터 R-134a를 충전하고자 한다. 처음에는 비어있던 탱크에 충전이 진행되어 내부 압력이 3 MPa에 도달하면 밸브가 닫힌다. 5°C 및 96.5%의 건도를 가진 R-134a를 가역 과정으로 3 MPa로 압축하는 압축기가 충전 라인에 R-134a를 공급한다. 탱크를 충전하기 위해 펌프에 소요되는 일을 구하라.

9.84 어느 비어 있는 0.2 m^3의 용기에 500 kPa, 200°C의 라인을 통해 물이 흐르지 않을 때까지 채운다. 과정이 단열적이라 가정하고 최종 질량, 최종 온도 및 총 엔트로피 생성을 구하라.

9.85 처음에 비어 있는 0.2 m^3의 용기에 1000 kPa, 500 K의 라인으로부터 이산화탄소가 충전된다. 과정이 단열적이고 유동이 스스로 멈출 때까지 지속된다고 가정하라. 일정 열용량을 사용하여 용기 내 이산화탄소의 최종 질량 및 온도를 구하고 과정에 의한 총 엔트로피 생성을 구하라.

9.86 어느 요리사가 압력솥에 20°C의 물 3 kg과 적은 양의 공기를 채우고 그만 잊어버렸다. 압력솥은 $P > 200$ kPa가 되면 200 kPa를 유지시킬 수 있게 증기가 새어나가는 배출 밸브가 달려있다. 최초 질량의 반이 빠져나갔을 때 증기가 배출 밸브를 통해 100 kPa로 교축되는 과정에서 생성된 엔트로피는 얼마인가?

장치 효율

9.87 어느 압축기가 1 MPa의 포화 수증기를 17.5 MPa로 만들어주는데 이때 실제 출구 온도는 650°C이다. 압축기의 등엔트로피 효율 및 엔트로피 생성을 구하라.

9.88 어느 증기 터빈의 입구 상태는 1200 kPa, 500°C이며 출구에서의 압력은 200 kPa이다. 출구에서 가능한 최저 온도는 얼마인가? 이때의 효율은 어떻게 되는가?

9.89 어느 증기 터빈의 입구 상태는 1200 kPa, 500°C이며 출구에서의 압력은 200 kPa이다. 출구에서 가능한 최고온도는 얼마인가? 이때의 효율은 어떻게 되는가?

9.90 어느 증기 터빈의 입구 상태는 1200 kPa, 500°C이며 출구 상태는 200 kPa, 275°C이다. 등엔트로피 효율은 얼마인가?

9.91 어느 펌프에 100 kPa, 15°C의 물이 들어가고 동력 사용은 1.5 kW이다. 펌프는 75%의 등엔트로피 효율을 가지며 출구 속도 30 m/s인 유체를 1.2 kg/s로 유동시킨다. 펌프가 만들어낼 수 있는 출구 압력은 얼마까지 가능한가?

9.92 어느 원심 압축기가 100 kPa, 15°C인 대기를 흡입하여 450 kPa로 토출한다. 압축기의 등엔트로피 효율은 80%이다. 토출 온도는 얼마가 될까?

9.93 예제 6.10의 R-134a 압축기가 이상적이고 단열이라고 가정하여 등엔트로피 효율을 구하라.

9.94 그림 P9.94에 보여지는 어느 비상용 배수 펌프는 15°C의 물을 1 m^3/s의 유량과 20 m/s의 속도로 10 m 위까지 끌어올려야 한다. 펌프, 파이프 그리고 노즐은 모두 합해서 60%의 등엔트로피 효율을 가진다. 펌프의 구동에 필요한 동력은 얼마인가?

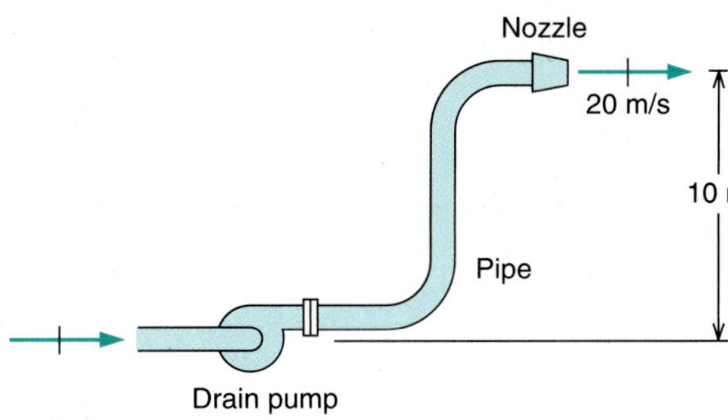

그림 P9.94

9.95 어느 상업용 냉장고의 압축기에 −25°C 및 $x = 1$ 상태의 R-22가 들어간다. 출구 상태는 1000 kPa 및 60°C이다. 운동 에너

지를 무시하고 압축기의 등엔트로피 효율을 구하라.

9.96 예제 6.4에서 노즐의 등엔트로피 효율을 구하라.

9.97 어느 노즐의 출구 속도가 500 m/s이다. 만일 $\eta_{nozzle} = 0.88$이라면 이상적인 출구 속도는 얼마인가?

9.98 등엔트로피 효율이 80%인 작은 공기 터빈이 270 kJ/kg의 일을 생성하고자 한다. 입구온도는 1000 K이고 터빈은 대기 중으로 공기를 배출한다. 요구되는 입구 압력 및 출구 온도를 구하라.

9.99 증기가 어느 터빈에 300°C, 600 kPa로 들어가고 20 kPa의 포화 증기로서 배출된다. 등엔트로피 효율을 구하라.

9.100 어느 산업용 공기 조화 장치에 있는 압축기가 150 kPa에서 포화 증기 상태로 있는 암모니아를 800 kPa로 압축한다. 출구에서 측정한 결과 온도는 100°C이고 질량 유량은 0.5 kg/s였다. 이 압축기에 필요한 모터 크기를 구하고 등엔트로피 효율을 구하라.

9.101 어느 터빈이 1500 K, 1000 kPa의 공기를 받아 100 kPa로 팽창시킨다. 터빈의 등엔트로피 효율은 85%이다. 실제 터빈 출구의 공기 온도 및 실제 터빈에서의 비엔트로피 증가를 구하라.

9.102 연습 문제 9.31의 작은 터빈은 이상적인 것이었다. 이번에는 등엔트로피 효율을 88%로 가정하자. 실제 단위 질량 당 터빈 일, 터빈에서 생성되는 엔트로피 및 열교환기에서의 열전달을 구하라.

9.103 이산화탄소가 단열 압축기에 100 kPa, 300 K로 들어가서 1000 kPa, 520 K로 나온다. 이 과정에서 압축기 효율 및 엔트로피 생성을 구하라.

9.104 100 kPa, 20°C의 공기가 0.1 kg/s로 단열된 압축기에 들어가 200°C로 나온다. 압축기의 등엔트로피 효율은 70%이다. 이상적 압축기 및 실제 압축기가 동일한 출구 압력을 가진다고 가정하라. 출구 압력은 얼마인가? 장치를 구동하기 위해 얼마의 동력이 필요한가?

9.105 실제 압축기가 등온 효율 80%인 연습 문제 9.22의 등온 압축기와 동일한 출구 압력 및 단위 질량 당 열전달을 가진다고 가정하자. 실제 압축기의 단위 질량 당 일과 출구 온도를 구하라.

9.106 어느 공냉식 공기 압축기가 20°C, 90 kPa의 공기를 받아들여 500 kPa로 압축한다. 등온 효율이 80%이고 실제 압축기는 이상적 압축기와 동일한 열전달을 가진다. 단위 질량 당 압축기 일과 출구 온도를 구하라.

9.107 어느 고압 물 분사기 노즐이 0.5 cm^2의 단면적을 가지고 있다. 이 분사기는 250 kPa, 20°C의 물을 받아들이며 출구 압력은 100 kPa이다. 입구의 운동 에너지는 무시하고 노즐의 등엔트로피 효율은 85%로 가정한다. 이상적인 노즐 출구 속도 및 실제 노즐의 질량 유량을 구하라.

9.108 어느 노즐이 20°C, 100 kPa의 공기를 200 m/s로 유동시켜야 한다. 노즐은 92%의 등엔트로피 효율을 가진 것으로 산정되었다. 유입 운동에너지를 무시한다면 노즐 입구 압력과 온도는 얼마여야 하는가?

9.109 1 MPa, 1200 K의 공기가 단열된 노즐에 15 m/s로 들어간다. 질량 유량은 2 kg/s이다. 공기는 650 kPa로 팽창하고 출구 온도는 1100 K가 된다. 출구 속도와 노즐 효율을 구하라.

가역 일, 가용성 및 엑서지

9.110 주위 온도가 300 K일 때 500 K에서 전달되는 100 kJ의 가용성을 구하라.

9.111 어느 유동과 관련된 가용성(엑서지)을 고려해 보기로 하자. 총 엑서지는 열역학적 상태, 운동 에너지 및 위치 에너지에 기초한다. 이들이 모두 음수가 될 수 있는가?

9.112 일이 전혀 개재가 되지 않는다면 가역 과정이 가용성을 변화시키는가?

9.113 가역 일과 가용성(엑서지)은 서로 연결되어 있는가?

9.114 입구 상태 −20°C, 100 kPa, 출구 상태 600 kPa, 50°C인 R-134a 압축기에서 단위 질량 당 가역 일을 구하라. 주위 온도는 25°C를 사용하라.

9.115 입구 상태 4 MPa, 500°C, 실제 출구 상태 100 kPa, $x = 1.0$인 증기 터빈 주위의 온도가 25°C일 때 단위 질량 당 가역 일을 구하라.

9.116 어느 열기관이 800 K에서 5 kW, 1000 K에서 10 kW를 받아 600 K에서 열전달에 의해 에너지를 방출한다. 가역적이라 가정하고 출력을 구하라. 이 기관이 $T_0 = 298$ K에서 에너지를 방출한다면 얼마의 동력이 생산되겠는가?

9.117 두 상태 간의 가역 일이 그 장치의 이상적 일과 동일한가?

9.118 가역 일이 등엔트로피 일과 동일한 때는 언제인가?

9.119 차가운 물을 T_0로 가열한다면 가용성은 증대되는가?

9.120 1500 K, 125 kPa 상태의 공기 유동 5 kg/min이 정압 열교환기를 통과하여 그림 P9.120의 열기관에 에너지를 준다. 공기는 500 K로 배출되며 주위는 298 K이다. 열기관에 전달되는 열전달률과 기관이 만들어내는 동력을 구하라.

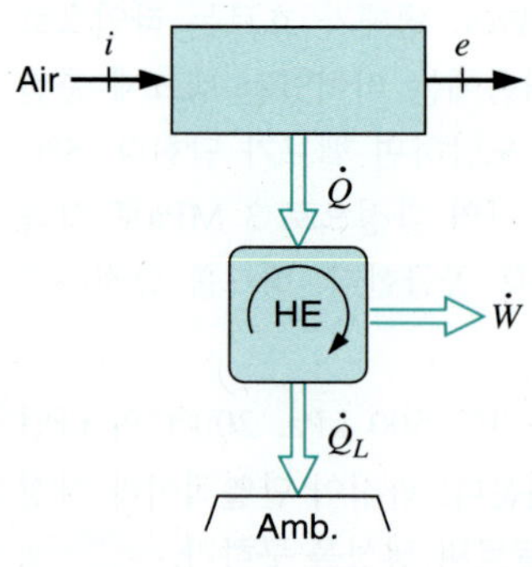

그림 P9.120

9.121 주위 온도를 17°C로 가정하고 연습 문제 9.62에서 응축기의 비가역성을 구하라.

9.122 1000 kPa, 300 K의 공기 유동이 500 kPa로 교축된다. 비가역성은 얼마인가? 유동의 가용성은 얼마나 감소하는가?

9.123 예제 6.5에서 교축 과정은 비가역 과정이다. 주위 온도를 25°C로 가정하고 가역 일과 비가역성을 구하라.

9.124 어느 병원의 소독을 목적으로 100 kPa, 150°C 상태의 증기가 15 kg/s로 공급될 필요가 있다. 보일러로부터 150 kPa, 250°C의 증기를 사용할 수 있으며 동시에 100 kPa, 15°C의 증류수도 사용 가능하다. 두개의 원천이 혼합실에서 섞여서 요구되는 상태를 만들어낸다. 혼합 과정에서의 비가역률을 계산하라.

9.125 단열된 혼합실에서 200 kPa 상태의 두 줄기 공기 유동이 동일한 유량으로 혼합된다. 하나의 유동은 1500 K이고 다른 유동은 300 K이다. 이 과정에서 흘러나가는 공기 단위 질량 당의 비가역성을 구하라.

9.126 1 MPa, 700°C의 증기 2 kg/s에 정상 유동 중인 1 MPa, 20°C의 물을 분사시켜 500°C가 되도록 하려 한다. 주위 온도가 20°C라 가정하고 비가역률을 구하라.

9.127 정상 상태에서 천연 가스가 연소하면 1100°C, 100 kPa에서 0.15 kg/s의 물질(공기와 거의 같은 상태량을 가짐)이 생성된다. 이 생성물은 열교환기를 통과하여 550°C로 배출된다. 주위 온도를 20°C라 가정했을 때 연소 생성물로부터 방출되는 열에 의해 작동하는 사이클 열기관의 이론 최대 출력은 얼마인가?

9.128 10°C, 750 kPa의 R-22가 태양열 집열기에 정상 상태로 들어가고 있다. 이 유동은 80°C, 700 kPa로 배출된다. 이 두 상태 간에 있어서 R-22의 가용성 변화를 구하라.

9.129 주위 온도를 298 K라 하고 연습 문제 9.33에서 원동소의 네 가지 상태 모두에서의 가용성을 구하라.

9.130 1000°C, 15 MPa의 물이 정상 유동 과정을 통해 열교환기에 흘러들어가서 에너지를 주고 15 MPa의 포화수가 되어 나온다. 단위 질량 당 열전달과 단위 질량 당 물이 전달한 유동 가용성(엑서지)을 구하라.

9.131 어느 열펌프가 4 kW의 동력을 사용할 때 2의 성능 계수를 가진다. 주위 온도가 T_0일 때 저온부의 온도는 20°C, 고온부는 80°C이다. 들어오고 나가는 에너지 유속(flux)에 대한 엑서지 유속(flux)을 구하라.

9.132 연습 문제 9.66에서 T_0 = 20°C로 가정하고 두 유동의 가용성 변화(kW)를 구하라.

9.133 연습 문제 9.66에서 응축기의 입구로부터 출구까지의 가용성의 변화를 구하라.

9.134 500 kPa, 300°C의 질소가 관 내에서 300 m/s로 흐른다. 100 kPa, 20°C의 주위 상태에 대한 가용성은 얼마인가?

9.135 1500 K, 100 kPa의 공기가 정압 열교환기를 통과하면서 열기관에 에너지를 주고 500 K로 나온다. 이와 동일한 가용성을 제공하려면 동일한 열전달이 몇 도의 일정 온도 열원으로부터 일어나야 하는가?

9.136 어느 증기 터빈의 입구 상태는 1200 kPa, 500°C이다. 실제 일 407 kJ/kg에서의 실제 출구 상태는 300 kPa이다. 제2법칙 효율은 얼마인가?

9.137 어느 열교환기가 1400 K로 들어와 600 kJ/kg의 가용성이 감소되어 떠나는 10 kg/s의 공기를 사용하여 3 kg/s의 물의 가용성을 1650 kJ/kg 증가시켰다. 비가역성과 제2법칙 효율은 얼마인가?

9.138 공기가 100 kPa, 300 K의 주위 조건으로 압축기에 들어가 800 kPa로 나온다. 압축기의 등엔트로피 효율이 85%라면 압축기 과정의 제2법칙 효율은 얼마인가?

9.139 어느 열기관이 1000 K에서 1 kW의 열을 받아 600 W를 일로 발생시키고 나머지는 주위에 열전달을 통해 방출한다. 들어오고 나가는 에너지의 유속(flux)은 얼마인가?

9.140 어느 열기관이 1000 K에서 1 kW의 열을 받아 600 W를 일로 발생시키고 나머지는 주위에 열전달을 통해 방출한다. 제1법칙 및 제2법칙 효율을 각각 구하라.

9.141 어느 증기 터빈의 입구 상태가 4 MPa, 500°C이고 실제 출구 상태는 100 kPa 및 x = 1.0이다. 제1법칙(등엔트로피) 및 제2법칙 효율을 구하라.

9.142 어느 압축기가 −20°C에서 R-134a의 포화 증기를 받아 30°C, 0.4 MPa를 만든다. 압축이 단열적이라 가정하고 등엔트로피 효율과 제2법칙 효율을 구하라.

9.143 연습 문제 9.131에서 열펌프의 제2법칙 효율을 구하라.

9.144 어느 냉장고의 압축기가 150 kPa의 R-22 포화 증기를 받아들인 뒤 단열 압축을 통해서 600 kPa, 50°C로 만든다. 단위 질량 당의 일, 엔트로피 생성 및 비가역성을 구하라.

9.145 연습 문제 9.144에서 압축기의 등엔트로피 효율과 제2법칙 효율을 구하라.

9.146 주위 온도를 20°C라 하고 연습 문제 9.66에서 대향류 열교환기의 제2법칙 효율을 구하라.

9.147 공기가 정상 유동 터빈에 1600 K로 들어와서 1000 K로 대기 중에 방출된다. 제2법칙 효율은 85%이다. 터빈 입구 압력은 얼마인가?

9.148 연습 문제 9.70에서 증기 터빈의 등엔트로피 효율과 제2법칙 효율을 구하라.

9.149 80°C의 온수 0.1 kg/s가 샤워 꼭지에서 20°C의 냉수 0.2 kg/s와 혼합된다. 이 과정에서의 엑서지 파괴(비가역성)율은 얼마인가?

9.150 예제 7.1의 자동차 엔진에 대해서 연료 에너지가 일정 온도 1500 K에서 전달된다고 가정하자. 잃어버리는 70%의 에너지 가운데 40%는 900 K에서 배기(exhaust)에 기인하고 나머지 30%는 450 K의 벽을 통해 370 K의 냉각수로 전달된 후 최종적으로 20°C의 주위 대기로 빠져나가는 열전달에 기인한다. 이 열기관에 있어서의 모든 에너지 및 엑서지 유동을 구하라. 또한 엑서지 파괴를 구하고 그것이 이루어지는 장소를 알아내라.

Introduction to
Engineering Thermodynamics

제 10 장

기체 혼합물

Gas Mixtures

이 장의 주제

- 일반적 사항과 이상 기체 혼합물
- 기체–수증기 혼합물에 대한 제1법칙
- 건구 온도와 습구 온도
- 방법론 편
- 기체와 수증기 혼합물에 대한 간단한 모델
- 단열 포화 과정
- 습공기 선도

지금까지의 열역학 전개에서는 주로 순물질을 대상으로 해왔다. 그러나 많은 열역학 문제들은 여러 가지 다른 순물질의 혼합물에서 발생한다. 때때로, 특히 액체와 고체에서는 이 혼합물들을 일컬어 용액(solution)이라 한다.

이 장에서는 기체 혼합물에 대해 열역학적으로 고려해야 할 사항들을 취급할 것이다. 비교적 간단한 모델인 이상 기체 혼합물로부터 시작하고, 나아가서 공기와 수증기의 혼합물에서처럼 한쪽 성분이 응집된 (고체나 액체) 상을 포함하는 간단하지만 매우 유용한 모델을 취급할 것이다.

10.1 일반적 사항과 이상 기체 혼합물

일반적으로 N개의 순물질 성분으로 구성된 혼합물을 생각해 보자. 총 질량과 총 몰수가

$$m_{\text{tot}} = m_1 + m_2 + \cdots + m_N = \sum m_i$$
$$n_{\text{tot}} = n_1 + n_2 + \cdots + n_N = \sum n_i$$

이라 하자. 혼합물을 나타내기 위해서는 보통 **질량 분율**(a mass fraction)(**농도**(concentration))

$$c_i = \frac{m_i}{m_{\text{tot}}} \tag{10.1}$$

이나 각 성분에 대한 **몰 분율**(a mole fraction)

$$y_i = \frac{n_i}{n_{\text{tot}}} \tag{10.2}$$

이 이용된다. 몰 분율은 분자량 M_i와 $m_i = n_i M_i$의 관계에 있다. 몰 기준은 질량 기준으로

$$c_i = \frac{m_i}{m_{\text{tot}}} = \frac{n_i M_i}{\sum n_j M_j} = \frac{n_i M_i / n_{\text{tot}}}{\sum n_j M_j / n_{\text{tot}}} = \frac{y_i M_i}{\sum y_j M_j} \tag{10.3}$$

처럼 바꿀 수 있고 질량 기준은 몰 기준으로

$$y_i = \frac{n_i}{n_{\text{tot}}} = \frac{m_i/M_i}{\sum m_j/M_j} = \frac{m_i/(M_i m_{\text{tot}})}{\sum m_j/(M_j m_{\text{tot}})} = \frac{c_i/M_i}{\sum c_j/M_j} \tag{10.4}$$

와 같이 바꿀 수 있다. 혼합물의 분자량은

$$M_{\text{mix}} = \frac{m_{\text{tot}}}{n_{\text{tot}}} = \frac{\sum n_i M_i}{n_{\text{tot}}} = \sum y_i M_i \tag{10.5}$$

으로 쓸 수 있다.

예제 10.1

기체 혼합물을 몰 기준으로 분석한 결과

CO_2	12.4%
O_2	4.0
N_2	82.0
CO	2.0

으로 나타났다. 질량 기준으로 분석하고 이 혼합물의 분자량을 구하라. 이상 기체로 가정하라.

검사질량: 기체 혼합물

상태: 성분이 알려짐

표 10.1

Constituent	Percent by Mole	Mole Fraction		Molecular Weight		Mass kg per kmol of Mixture	Analysis on Mass Basis, Percent
CO_2	12	0.12	×	44.0	=	5.28	$\frac{5.28}{30.08} = 17.55$
O_2	4	0.04	×	32.0	=	1.28	$\frac{1.28}{30.08} = 4.26$
N_2	82	0.82	×	28.0	=	22.96	$\frac{22.96}{30.08} = 76.33$
CO	2	0.02	×	28.0	=	0.56	$\frac{0.56}{30.08} = 1.86$
						30.08	100.00

풀이

표 10.1처럼 문제를 정리하여 푸는 것이 편리하다. 식 10.3에 따라 질량 기준으로 분석한 결과가 표에 나타나 있다. 계산 결과, 혼합물의 분자량은 30.08이다.

질량 기준 분석결과가 주어지고 몰 분율이나 백분율을 계산하려면, 계산 과정은 식 10.4에 의해 표 10.2와 같이 될 것이다.

표 10.2

Constituent	Mass Fraction		Molecular Weight		kmol per kg of Mixture	Mole Fraction	Mole Percent
CO_2	0.1755	÷	44.0	=	0.003 99	0.120	12.0
O_2	0.0426	÷	32.0	=	0.001 33	0.040	4.0
N_2	0.7633	÷	28.0	=	0.027 26	0.820	82.0
CO	0.0186	÷	28.0	=	0.000 66	0.020	2.0
					0.033 24	1.000	100.0

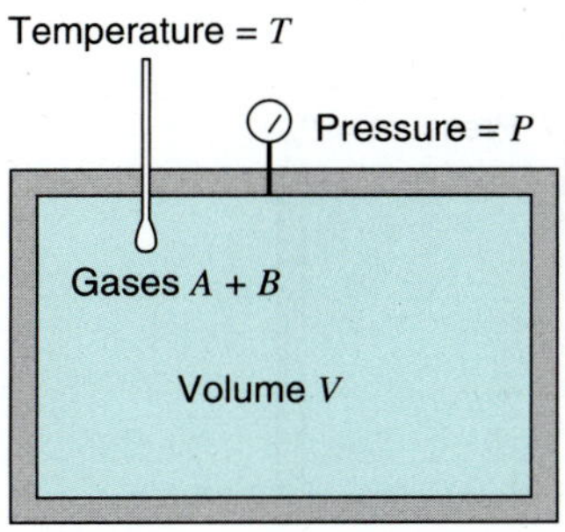

그림 10.1 두 기체의 혼합물.

그림 10.1에서처럼 두 기체의 혼합물을 생각해 보자. 두 기체가 이상 기체일 필요는 없다. 이 혼합물에서 실험적으로 측정할 수 있는 것은 어떤 상태량인가? 분명히 압력, 온도, 체적, 그리고 혼합물의 질량을 측정할 수 있다. 또 혼합물의 성분 역시 실험적으로 측정하여 몰과 질량 분율을 구할 수 있다.

이 혼합물이 어떤 과정이나 화학 반응을 겪고 이 과정이나 반응에 대해 열역학적 분석을 한다고 하자. 어떤 종류의 열역학적 데이터가 분석에 사용되는가? 한 가지 가능성으로, 혼합물들의 열역학적 상태량의 표들을 작성하는 것을 생각해 볼 수 있다. 그러나, 구성 성분의 종류나 또 각 성분의 상대적 비율의 종류가 많은 만큼, 실현할 수 있는 혼합물의 종류는 너무 많아져서, 만약 모든 혼합물의 종류에 대해 표를 작성한다면 이 표들 만으로 큰 도서관을 채우고도 남을 것이다. 차라리 순물질의 상태량을 이용하여 혼합물의 열역학적 상태량을 구하는 것이 훨씬 간단할 것이다. 이런 점이 이상 기체나 단순한 혼합물 모델을 사용하는 주요한 이유인 것이다.

이 같은 접근법에 대한 예외는 특정한 혼합물이 빈번하게 취급되어야 할 경우이다. 가장 친숙한 공기가 그 예이다. 공기의 열역학적 상태량에 대한 표와 선도는 흔히 제공된다. 그러나 이 경우에서도, 표가 나타내는 "공기"의 성분은 명확하게 정의되어야 한다. 이것은 공기의 성분이 표고나, 오염물질의 수, 또는 기타 변수들에 따라 달라지기 때문이다. 보통 표가 주어지는 공기의 성분은 다음과 같다.

Component	% on Mole Basis
Nitrogen	78.10
Oxygen	20.95
Argon	0.92
CO_2 & trace elements	0.03

이 장에서는 이상 기체의 혼합물을 중점적으로 취급한다. 혼합물 내 각 성분은 다른 성분의 존재에 의해 영향을 받지 않고 각자 이상 기체로 취급될 수 있다. 높은 압력의 실제 기체에서는, 다른 성분의 분자끼리의 상호 작용에 따라, 이같은 가정이 들어맞지 않을 것이다. 여기서는 기체 혼합물을 분석할 때 간단한 Dalton 모델만을 사용할 것이다.

Dalton 모델

기체 혼합물에 대한 Dalton 모델(Dalton model)에서 혼합물 구성 성분의 상태량은, 그림 10.2에서처럼, 각 성분이 분리되어 해당 온도와 체적에서 단독으로 존재할 때의 상태량과 동일한 값을 갖는다. 또 기체 혼합물과 분리된 성분은 모두 식 3.3~3.6의 이상 기체 모델을 따르는 것으로 가정한다. 일반적으로, 기체 혼합물의 거동을 분석할 때는 질량 기준이 선호된다. 그러나 이 경우에는, 몰 기준으로 할 때, 각 성분과 혼합물에 대한 기체 상수를 일반 기체 상수로 사용할 수 있으므로, 몰 기준이 더 편리하다. 따라서, 혼합물에 대해서는(그림 10.1)

$$PV = nRT$$
$$n = n_A + n_B \tag{10.6}$$

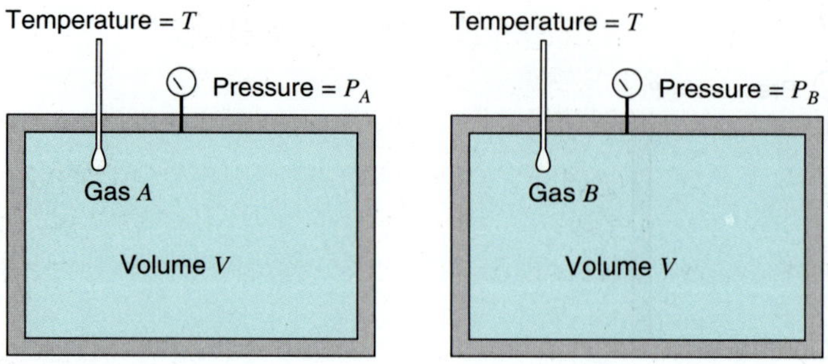

그림 10.2 Dalton 모델.

으로 쓸 수 있고, 각 성분에 대해서는(그림 10.2)

$$P_A V = n_A \overline{R} T$$
$$P_B V = n_B \overline{R} T \tag{10.7}$$

으로 쓸 수 있다. 식 10.7을 식 10.6에 대입하면

$$n = n_A + n_B$$
$$\frac{PV}{\overline{R}T} = \frac{P_A V}{\overline{R}T} + \frac{P_B V}{\overline{R}T} \tag{10.8}$$

또는

$$P = P_A + P_B \tag{10.9}$$

이 된다. 여기서 P_A와 P_B는 **분압**(partial pressure)이라 한다. 따라서, 이상 기체 혼합물에서는, 압력이 각 성분의 분압의 합과 같고, 이것은 식 10.6과 식 10.7에 의해

$$P_A = y_A P, \qquad P_B = y_B P \tag{10.10}$$

이 된다. 즉 각 성분의 분압은 그 성분의 몰 분율과 혼합물 압력의 곱과 같다.

이상 기체 혼합물의 내부 에너지, 엔탈피, 그리고 엔트로피를 결정함에 있어, Dalton 모델이 유용하며, 이것은 각 구성 성분이 전체 체적을 혼자만 점유하는 것처럼 거동한다는 가정 때문이다. 따라서, 혼합물의 내부 에너지, 엔탈피, 그리고 엔트로피는, 혼합물 중 각 성분마다 주어진 조건에서의 해당 상태량들의 합으로 계산할 수 있다. 이상 기체에서 내부 에너지와 엔탈피는 온도만의 함수이므로, 성분 A와 B의 혼합물에 대해, 질량 기준으로,

$$\begin{aligned} U = mu &= m_A u_A + m_B u_B \\ &= m(c_A u_A + c_B u_B) \end{aligned} \tag{10.11}$$

$$\begin{aligned} H = mh &= m_A h_A + m_B h_B \\ &= m(c_A h_A + c_B h_B) \end{aligned} \tag{10.12}$$

와 같이 쓸 수 있다. 식 10.11과 식 10.12에서 u_A, u_B, h_A 그리고 h_B는 혼합물 온도에서 각 성분의 이상 기체 상태량이다. 온도 변화가 포함된 과정에서 이 값들의 변화는 5.7절에서 취급한 세 가지 모델—이상 기체 표 A.7 중 한 가지나 각 성분의 비열을 이용하는—중 하나에 의해 계산된다.

이상 기체 혼합물의 질량 기준 상태 방정식은

$$PV = mR_{\text{mix}}T \tag{10.13}$$

이고 여기서

$$R_{\text{mix}} = \frac{1}{m}\left(\frac{PV}{T}\right) = \frac{1}{m}(n\overline{R}) = \overline{R}/M_{\text{mix}} \tag{10.14}$$

10.2 기체와 수증기 혼합물에 대한 간단한 모델

많은 경우 타당한 모델이라 할 수 있는, 혼합물 내 한 성분이 액체나 고체이고 나머지 성분은 이에 접한 이상 기체 혼합물인, 간단한 모델에서의 문제를 생각해 보자. 가장 친숙한 예는, 공기 조화나 건조 과정에서 흔히 볼 수 있는, 액체 상태의 물이나 얼음과 접한, 공기와 수증기의 혼합물에서 찾아볼 수 있다. 여름날에 이 혼합물이 냉각될 때 대기로부터 물이 응결되는 것은 우리에게도 익숙한 현상이다.

다음과 같은 가정이 성립되면, 이런 문제와 또 비슷한 많은 문제들을 매우 간단하면서도 상당히 정확하게 분석할 수 있다.

1. 고체나 액체는 용해된 기체를 함유하지 않는다.
2. 기체는 이상 기체 혼합물로 취급할 수 있다.
3. 혼합물과 액체(또는 고체)에 대해 주어진 압력과 온도에서, 액체(또는 고체)와 그 증기 사이의 평형은 다른 성분의 존재에 의해 영향을 받지 않는다. 다시 말하면, 평형에 도달하면, 증기의 분압은 혼합물 온도에 해당하는 포화 압력과 같아진다.

이런 접근법은 널리 쓰이고 상당한 정확성이 있으므로, 사용된 용어의 정의와 이런 방식이 유효하게 사용될 수 있는 문제들에 좀 더 주의를 기울여 보기로 하자. 위의 혼합물은 기체-수증기 혼합물이라고 하기로 한다.

기체–수증기 혼합물의 **이슬점**(dew point)은 수증기가 일정한 압력에서 응결하거나 고화되는 온도이다. 그림 10.3의 수증기에 대한 T–s 선도는 이슬점을 나타낸다. 기체 혼합물의 온도와 혼합물 내 수증기의 분압은 수증기가 처음에 과열 증기 상태 1에 있도록 한다.

혼합물이 일정한 압력에서 냉각되면, 수증기의 분압은 일정하게 유지되다가 상태 2에 도달하면 응결이 시작된다. 상태 2의 온도는 이슬점이다. 선도에서 곡선 1–3은 정적선으로서, 혼합물이 일정한 체적 조건에서 냉각되면, 응결이 상태 3에서 시작되는 것을 나타내고 있다. 그림에서 상태 3은 이슬점보다 약간 낮은 온도에 있다.

수증기가 포화 압력, 포화 온도 조건에 있을 때, 이 혼합물을 포화 혼합물이라 하고, 공기–수증기의 혼합물은 **포화 공기**(saturated air)라고 한다.

상대 습도(relative humidity) ϕ는 혼합물 중 수증기의 몰 분율과 같은 온도, 압력에서의 포화 혼합물 중 수증기의 몰 분율과의 비로 정의된다. 수증기는 이상 기체로 취급되므로, 이 정의에 따라, 상대 습도는 혼합물 중 수증기의 분압 P_v와 같은 온도에서의 수증기의 포화 압력 P_g와의 비와 같다.

$$\phi = \frac{P_v}{P_g}$$

그림 10.3의 T–s 선도 상의 지점으로 나타내면, 상대 습도 ϕ는

$$\phi = \frac{P_1}{P_4}$$

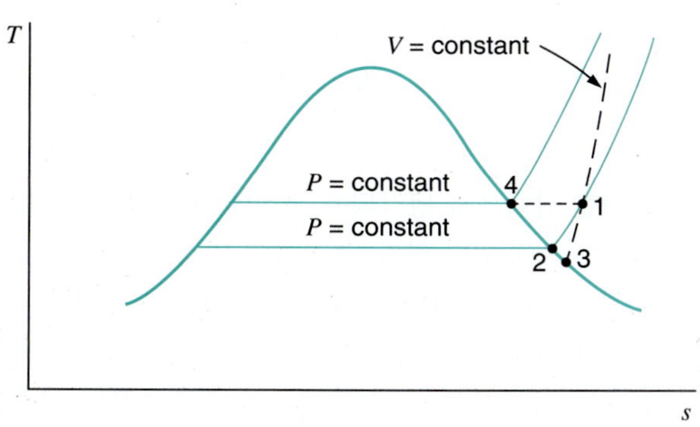

그림 10.3 이슬점의 정의를 나타내는 온도–엔트로피 선도.

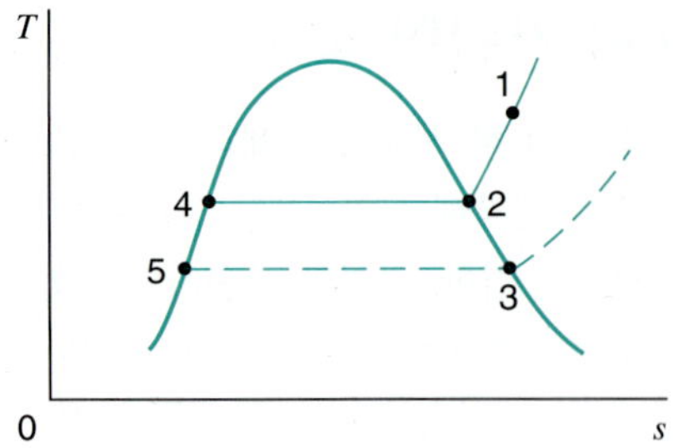

그림 10.4 일정한 압력에서 기체-수증기 혼합물의 냉각을 나타내는 온도-엔트로피 선도.

으로 될 것이다. 수증기는 이상 기체로 취급되므로, 상대 습도는 비체적이나 밀도의 비로 정의될 수도 있다.

$$\phi = \frac{P_v}{P_g} = \frac{\rho_v}{\rho_g} = \frac{v_g}{v_v} \tag{10.25}$$

공기-수증기 혼합물의 **습도 비**(humidity ratio) ω는 수증기의 질량 m_v와 건공기의 질량 m_a와의 비로 정의된다. **건공기**(dray air)라는 용어는 수증기가 포함되지 않는 공기를 나타내기 위해 사용된다. **비습도**(specific humidity)란 용어는 습도 비와 같은 의미로 사용된다.

$$\omega = \frac{m_v}{m_a} \tag{10.26}$$

이 정의는 다른 종류의 기체-수증기 혼합물에도 적용되며 하첨자 a는 수증기가 제거된 기체를 나타낸다. 수증기와 혼합물이 모두 이상 기체이므로, 습도 비는 분압과 분자량을 이용하여 다음과 같이 표현할 수 있다.

$$m_v = \frac{P_v V}{R_v T} = \frac{P_v V M_v}{\overline{R}T}, \qquad m_a = \frac{P_a V}{R_a T} = \frac{P_a V M_a}{\overline{R}T}$$

으로 쓰면,

$$\omega = \frac{P_v V/R_v T}{P_a V/R_a T} = \frac{R_a P_v}{R_v P_a} = \frac{M_v P_v}{M_a P_a} \tag{10.27}$$

이 된다. 공기-수증기 혼합물에서 이 식은

$$\omega = 0.622\,\frac{P_v}{P_a} \tag{10.28}$$

로 된다.

포화도(degree of saturation)는 실제 습도 비와 같은 온도, 압력에서의 포화 혼합물의 습도 비와의 비로 정의된다.

상대 습도 ϕ와 습도 비 ω와의 관계식은 식 10.25과식 10.28에서 P_v를 구해 비교하면 얻을 수 있다. 공기-수증기 혼합물에 대한 이 관계식은

$$\phi = \frac{\omega P_a}{0.622\,P_g} \tag{10.29}$$

가 된다.

기체-수증기 혼합물이 일정한 압력에서 냉각되는 과정에 대해 몇 가지 주의할 점이 있다. 수증기가 처음에 그림 10.4의 과열 증기 상태 1에 있다 하자. 혼합물이 일정한 압력에서 냉각되므로 이슬점 2에 도달할 때까지 수증기의 분압은 일정하고 이슬점에서 수증기는 포화 상태이다. 처음 응축수는 상태 4에 있으며 상태 2의 수증기와 평형을 이룬다. 온도가 더 하강함에 따라, 더 많은 수증기가 응결하고, 혼합물 중 수증기의 분압은 낮아진다. 혼합물 내 수증기는 항상 포화 상태에 있으며 액체 또는 고체는 이 수증기와

평형을 이루고 있다. 예를 들어, 온도가 T_3로 떨어지면, 혼합물 중 수증기는 상태 3에 있고, 그 분압은 T_3에 대한 포화 압력과 같다. 이 수증기와 평형을 이루는 액체는 상태 5에 있다.

예제 10.3

공기-수증기 혼합물 100 m_3이 0.1 MPa, 35°C, 그리고 상대 습도 70%의 상태에 있다. 습도 비, 이슬점, 그리고 공기와 수증기의 질량을 계산하라.

검사질량: 혼합물

상태: P, T, ϕ가 알려짐; 상태는 고정됨

해석과 풀이

식 10.25과 수증기 표에서

$$\phi = 0.70 = \frac{P_v}{P_g}$$

$$P_v = 0.70(5.628) = 3.94 \text{ kPa}$$

이 된다.

이슬점은 이 압력에 해당하는 포화 온도로서 28.6°C이다.

공기의 분압은

$$P_a = P - P_v = 100 - 3.94 = 96.06 \text{ kPa}$$

이다. 습도 비는 식 10.28으로부터

$$\omega = 0.622 \times \frac{P_v}{P_a} = 0.622 \times \frac{3.94}{96.06} = 0.0255$$

이 되며 공기의 질량은 다음과 같이 된다.

$$m_a = \frac{P_a V}{R_a T} = \frac{96.06 \times 100}{0.287 \times 308.2} = 108.6 \text{ kg}$$

수증기의 질량은 습도 비나 이상 기체 상태 방정식으로부터 구할 수 있다.

$$m_v = \omega m_a = 0.0255(108.6) = 2.77 \text{ kg}$$

$$m_v = \frac{3.94 \times 100}{0.4615 \times 308.2} = 2.77 \text{ kg}$$

■

예제 10.4

예제 10.3의 혼합물을 정압 과정으로 5°C까지 냉각할 때 응결되는 수증기의 양을 계산하라.

검사질량: 혼합물

초기 상태: 알려짐(예제 10.3)

최종 상태: T가 알려짐

과정: 일정한 압력

해석

최종 온도 5°C는 이슬점보다 낮으므로, 혼합물은 포화된다. 따라서

$$P_{v2} = P_{g2}, \qquad P_{a2} = P - P_{v2}$$

이고

$$\omega_2 = 0.622\frac{P_{v2}}{P_{a2}}$$

이 된다. 질량 보존에 의해, 응축수의 양은 초기 상태와 최종 상태의 수증기 질량의 차와 같아야 한다. 즉

$$\text{Mass of vapor condensed} = m_a(\omega_1 - \omega_2)$$

이다.

풀이

$$P_{v2} = P_{g2} = 0.8721 \text{ kPa}$$
$$P_{a2} = 100 - 0.8721 = 99.128 \text{ kPa}$$

이므로

$$\omega_2 = 0.622 \times \frac{0.8721}{99.128} = 0.0055$$

$$\text{Mass of vapor condensed} = m_a(\omega_1 - \omega_2) = 108.6(0.0255 - 0.0055)$$
$$= 2.172 \text{ kg}$$

으로 된다.

■

10.3 기체–수증기 혼합물에 대한 제1법칙

열역학 제1법칙을 기체–수증기 혼합물에 적용함에 있어, 혼합물을 이상 기체로 취급한다는 가정에 따라, 혼합물 내 여러 가지 성분들의 내부 에너지와 엔탈피 변화를 계산할 때 성분들이 각각 독립적으로 존재하는 것처럼 취급할 수 있다는 것을 유의해야 할 것이다. 따라서, 공기–수증기 혼합물을 취급할 때, 수증기의 엔탈피 변화는 수증기 표에서 구할 수 있고, 공기에 대해서는 이상 기체 관계식을 적용할 수 있다. 다음의 예제를 통하여 살펴보자.

▶ 예제 10.5

에어컨이 그림 10.5에 나타난 것과 같은 압력, 온도, 상대 습도를 가진다. 운동 에너지 변화를 무시하고, 건공기 1 kg 당 열전달을 계산하라.

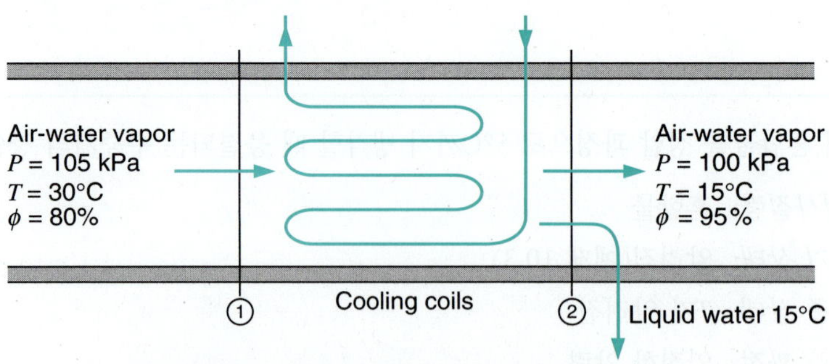

그림 10.5 예제 10.5에 대한 스케치.

검사체적: 냉각용 코일을 제외한 덕트
입구 상태: 알려짐(그림 10.5)
출구 상태: 알려짐(그림 10.5)

과정: 정상 상태, 운동 에너지와 위치 에너지의 변화 없음

모델: 공기—이상 기체, 비열은 300 K의 값으로 일정.

수증기—증기표(문제에서와 같은 저압에서 수증기는 이상 기체로 생각할 수 있으므로, 수증기의 엔탈피는 온도만의 함수이다. 따라서 약간 과열된 수증기의 엔탈피는 같은 온도의 포화 증기 엔탈피와 같다).

해석

공기과 물의 연속 방정식은

$$\dot{m}_{a1} = \dot{m}_{a2}$$
$$\dot{m}_{v1} = \dot{m}_{v2} + \dot{m}_{l2}$$

이 된다. 또 제1법칙에 따라

$$\dot{Q}_{\text{c.v.}} + \sum \dot{m}_i h_i = \sum \dot{m}_e h_e$$
$$\dot{Q}_{\text{c.v.}} + \dot{m}_a h_{a1} + \dot{m}_{v1} h_{v1} = \dot{m}_a h_{a2} + \dot{m}_{v2} h_{v2} + \dot{m}_{l2} h_{l2}$$

이 된다.

이 식을 $\dot{m}_a$으로 나누고, 물에 대한 연속 방정식을 대입한다. $\dot{m}_v = \omega \dot{m}_a$이므로, 제1법칙은

$$\frac{\dot{Q}_{\text{c.v.}}}{\dot{m}_a} + h_{a1} + \omega_1 h_{v1} = h_{a2} + \omega_2 h_{v2} + (\omega_1 - \omega_2) h_{l2}$$

으로 쓸 수 있다.

풀이

$$P_{v1} = \phi_1 P_{g1} = 0.80(4.246) = 3.397 \text{ kPa}$$
$$\omega_1 = \frac{R_a}{R_v}\frac{P_{v1}}{P_{a1}} = 0.622 \times \left(\frac{3.397}{105 - 3.4}\right) = 0.0208$$
$$P_{v2} = \phi_2 P_{g2} = 0.95(1.7051) = 1.620 \text{ kPa}$$
$$\omega_2 = \frac{R_a}{R_v} \times \frac{P_{v2}}{P_{a2}} = 0.622 \times \left(\frac{1.62}{100 - 1.62}\right) = 0.0102$$

이므로 이를 대입하면 다음과 같이 된다.

$$\dot{Q}_{\text{c.v.}}/\dot{m}_a + h_{a1} + \omega_1 h_{v1} = h_{a2} + \omega_2 h_{v2} + (\omega_1 - \omega_2) h_{l2}$$
$$\dot{Q}_{\text{c.v.}}/\dot{m}_a = 1.004(15 - 30) + 0.0102(2528.9)$$
$$-0.0208(2556.3) + (0.0208 - 0.0102)(62.99)$$
$$= -41.76 \text{ kJ/kg dry air}$$

■

예제 10.6

체적이 0.5 m3인 탱크에 질소와 수증기가 채워져 있다. 혼합물의 온도는 50°C이고 총 압력은 2 MPa이다. 수증기의 분압은 5 kPa이다. 탱크의 내용물을 10°C까지 냉각할 때 열전달량을 계산하라.

검사질량: 질소와 물

초기 상태: P_1, T_1 알려짐; 상태는 고정됨

최종 상태: T_2 알려짐
과정: 일정한 체적
모델: 이상 기체 혼합물; 질소의 경우 일정한 비열; 물에 대한 증기표

해석

이 과정은 정적 과정이다. 일이 영이므로, 제1법칙은

$$Q = U_2 - U_1 = m_{N_2}C_{v(N_2)}(T_2 - T_1) + (m_2u_2)_v + (m_2u_2)_l - (m_1u_1)_v$$

이 된다.

이 식은 수증기의 일부가 응결하는 것을 가정한 것이다. 그러나 이 가정은 해에서 검증되어야 할 것이다.

풀이

질소와 수증기의 질량은 이상 기체 상태 방정식으로 계산할 수 있다.

$$m_{N_2} = \frac{P_{N_2}V}{R_{N_2}T} = \frac{1995 \times 0.5}{0.2968 \times 323.2} = 10.39 \text{ kg}$$

$$m_{v_1} = \frac{P_{v1}V}{R_vT} = \frac{5 \times 0.5}{0.4615 \times 323.2} = 0.016\ 76 \text{ kg}$$

응결이 발생하면 수증기의 최종 상태는 10°C의 포화 증기 상태이다. 따라서

$$m_{v2} = \frac{P_{v2}V}{R_vT} = \frac{1.2276 \times 0.5}{0.4615 \times 283.2} = 0.004\ 70 \text{ kg}$$

이 된다.

이 값은 초기의 수증기 질량보다 작으므로, 응결이 발생한 것을 알 수 있다.

응결한 액체의 질량, m_{l2}는

$$m_{l2} = m_{v_1} - m_{v_2} = 0.016\ 76 - 0.004\ 70 = 0.012\ 06 \text{ kg}$$

과 같다.

수증기의 내부 에너지는 같은 온도의 포화 수증기의 내부 에너지와 같다. 따라서

$$u_{v_1} = 2443.5 \text{ kJ/kg}$$
$$u_{v_2} = 2389.2 \text{ kJ/kg}$$
$$u_{l2} = 42.0 \text{ kJ/kg}$$
$$\begin{aligned} Q_{\text{c.v.}} &= 10.39 \times 0.745(10 - 50) + 0.0047(2389.2) \\ &\quad + 0.012\ 06(42.0) - 0.016\ 76(2443.5) \\ &= -338.8 \text{ kJ} \end{aligned}$$

이 된다.

■

10.4 단열 포화 과정

공기-수증기 혼합물에 관해 중요한 과정은 **단열 포화 과정**(addiabatic saturation process)이다. 이 과정에서 공기-수증기 혼합물은 잘 단열된 덕트 내의 물과 접하고 있다(그림 10.6). 초기의 상대 습도가 100%보다 작으면, 물이 증발하고 공기-수증기 혼합물의 온도는 낮아질 것이다. 덕트를 빠져나가는 혼

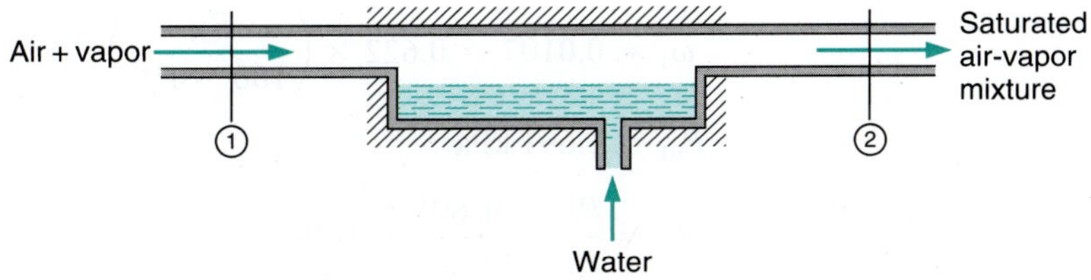

그림 10.6 단열 포화 과정.

합물이 포화 상태이고 이 과정이 단열 과정일 때, 혼합물의 덕트 출구 온도를 단열 포화 온도라 한다. 이 과정에서 정상 상태를 유지하기 위해, 단열 포화 온도의 물을 증발율과 같은 비율로 보충한다. 압력은 일정한 것으로 가정한다.

단열 포화 과정은 정상 상태 과정이므로, 운동 에너지와 위치 에너지의 변화를 무시하면, 제 1법칙은

$$h_{a1} + \omega_1 h_{v1} + (\omega_2 - \omega_1)h_{l2} = h_{a2} + \omega_2 h_{v2}$$

$$\omega_1(h_{v1} - h_{l2}) = C_{pa}(T_2 - T_1) + \omega_2(h_{v2} - h_{l2})$$

$$\omega_1(h_{v1} - h_{l2}) = C_{pa}(T_2 - T_1) + \omega_2 h_{fg2} \tag{10.30}$$

으로 된다.

단열 포화 과정에서 가장 중요한 사항은, 혼합물이 덕트를 빠져나갈 때의 온도, 즉, 단열 포화 온도가 덕트에 유입되는 공기–수증기 혼합물의 압력, 온도, 상대 습도와 함께 출구 압력의 함수라는 점이다. 따라서, 입구의 공기–수증기 혼합물의 상대 습도와 습도 비는, 단열 포화 장치의 입구와 출구에서 혼합물의 압력, 온도를 측정하여 결정할 수 있는 것이다. 이 값들은 상대적으로 측정하기 쉬우므로, 공기-수증기 혼합물의 습도를 결정하기 위한 방안의 하나로서 이 방법이 사용될 수 있다.

예제 10.7

단열 포화 장치 내 혼합물의 압력은 0.1 MPa이고, 입구 온도는 30°C, 출구 온도는 단열 포화 온도로서 20°C이다. 유입되는 공기–수증기 혼합물의 습도 비와 상대 습도를 구하라.

검사체적: 단열 포화 장치
입구 상태: P_1, T_1이 알려짐
출구 상태: P_2, T_2 알려짐; $\phi_2 = 100\%$; 고정된 상태
과정: 정상 상태, 단열 포화(그림 10.6)
모델: 이상 기체 혼합물; 공기의 경우 일정한 비열; 물에 대한 수증기 표

해석

연속 방정식과 제1법칙, 식 10.30을 사용한다.

풀이

출구의 수증기는 포화 상태이므로, $P_{v2} = P_{g2}$이고, v_2도 계산할 수 있다.

$$\omega_2 = 0.622 \times \left(\frac{2.339}{100 - 2.34}\right) = 0.0149$$

ω_1은 식 10.30을 사용하여 계산할 수 있다.

$$\omega_1 = \frac{C_{pa}(T_2 - T_1) + \omega_2 h_{fg2}}{(h_{v1} - h_{l2})}$$

$$\omega_1 = \frac{1.004(20 - 30) + 0.0149 \times 2454.1}{2556.3 - 83.96} = 0.0107$$

$$\omega_1 = 0.0107 = 0.622 \times \left(\frac{P_{v1}}{100 - P_{v1}}\right)$$

$$P_{v1} = 1.691 \text{ kPa}$$

$$\phi_1 = \frac{P_{v1}}{P_{g1}} = \frac{1.691}{4.246} = 0.398$$

■

개념에 관한 질문

f. 습공기를 가열하면 상대 습도와 절대 습도는 어떻게 되나?

g. 습공기를 냉각할 때, 일정한 P와 일정한 V 중 어떤 과정에서 이슬점에 더 빨리 도달하는가?

h. 습공기를 냉각하면 상대 습도와 절대 습도는 어떻게 되나?

i. 절대 습도와 상대 습도가 무엇을 나타내는지 설명하라.

j. 단열 포화 과정은 ϕ, ω, T를 어떻게 변화시키는가?

10.5 건구 온도와 습구 온도

공기–수증기 혼합물의 습도는 전통적으로, **건구**(dry-bulb) 온도계와 **습구**(wet-bulb) 온도계를 지나는 공기의 흐름을 이용한, 건습구 습도계(psychrometer)라 불리는 장치를 이용하여 측정해 왔다. 습구 온도계의 습구는 물에 적신 면 심지에 의해 싸여 있다. 건구 온도계는 단순히 공기의 온도를 측정한다. 그림 10.7에 나타낸 연속 유동 건습구 습도계에서처럼 공기의 흐름은 팬에 의해 유지된다.

습구 온도계에서 일어나는 과정은 약간 복잡하다. 먼저, 공기–수증기 혼합물이 포화되지 않은 상태이면, 심지의 물 일부가 증발되어 주위의 공기로 퍼져 나가고 이 과정에서 심지의 나머지 물을 냉각시킨다. 물의 온도가 낮아지면, 공기와 온도계로부터 물로 열이 전달되고 따라서 온도계는 냉각된다. 열과 질량의 전달률에 따라 정상 상태에 이르면, 습구 온도계의 온도는 건구 온도계의 온도보다 낮아지게 된다.

이 같은 증발에 의한 냉각 과정은 10.4절에서 살펴본 단열 포화 과정과 흡사하지만 동일하지는 않다. 이런 점에서, 단열 포화 온도를 흔히 **열역학적 습구 온도**(thermodynamic wet-bulb temperature)라 부르기도 한다. 그러나, 건습구 습도계로 측정한 습구 온도는 열과 질량의 전달률에 영향을 받고, 또

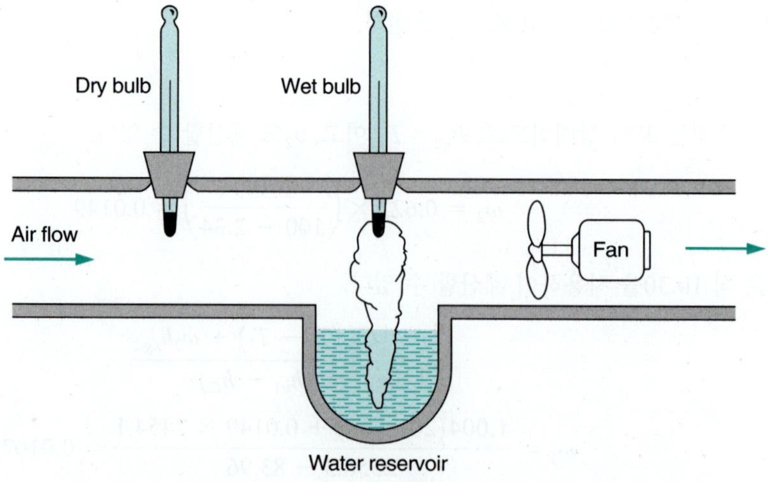

그림 10.7 건구 온도와 습구 온도를 측정하기 위한 정상 유동 장치.

이것은 열역학적 평형 상태량 외에도 예컨대 공기 유동의 속도 등에 의해 따라 달라질 것이 명백하다. 대기 온도, 대기압 조건의 공기–수증기 혼합물에 대해 두 가지 습구 온도는 매우 가깝다. 이 책에서는 두 온도가 서로 동등한 것으로 가정한다.

최근에는 습도 측정이 주로 전자 기기와 같이 다른 현상과 다른 장치를 이용하여 간편하게 이루어지고 있다. 예를 들어, 어떤 물질은 습기를 흡수하면 길이나, 모양이나, 정전 용량(capacitance), 또는 기타 여러 가지 면이 달라진다. 따라서, 이런 물질들은 대기중 습기의 양에 민감하다. 이런 물질을 이용하는 측정 기기는 보정을 거쳐 공기–수증기 혼합물의 습도를 측정 할수 있다. 기기의 출력을 프로그래밍하여 상대 습도나 습도 비 또는 습구 온도 등 무엇이든지 필요한 값들을 알아낼 수 있다.

10.6 습공기 선도

공기–수증기 혼합물의 상태량은 **습공기 선도**(psychrometric chart)에서 도표의 형태로 주어진다. 여러 가지 다른 형태가 있지만, 여기서는 주요한 요점만 정리하기로 하자. 두 가지 성분의 혼합물의 상태를 결정하기 위해서는, 세 가지의 독립적인 상태량—예를 들어, 압력, 온도, 혼합물의 구성—이 필요하다는 것을 기억할 필요가 있다.

부록 E의 그림 E.4에 포함된 선도를 그림 10.8에 간략하게 나타내었다. 이 선도는 상대 습도, 습구 온도, 그리고 건공기 단위 질량 당 혼합물의 엔탈피를 변수로 하고, 습도 비(세로 축)을 건구 온도(가로 축)의 함수로 그린 것이다. 선도의 기준이 될 총 압력이 정해지면(여기서 선도는 1 bar, 즉 100 kPa에 대한 것이다), 주어진 건구 온도, 총 압력, 습도 비에 대해 상대 습도와 습구 온도가 정해지므로, 일정 상대 습도 곡선과 일정 습구 온도 곡선을 그릴 수 있다. 수증기의 분압은 습도 비와 총 압력에 따라 정해지고, 따라서 수증기의 분압을 나타내는 두 번째의 세로 축을 그릴 수 있다. 마찬가지로 혼합물의 비체적과 엔트로피 역시 선도에 포함시킬 수 있다.

대부분의 습공기 선도는 건공기 1 kg 당 공기–수증기 혼합물의 엔탈피로 표시한다. 건공기의 엔탈피는 –20°C에서 영이 되고 수증기의 엔탈피는(포화액의 엔탈피가 0°C에서 영이 되도록 기준을 설정한) 수증기 표에서 취한 값이다. 습공기 선도에 사용한 값은

$$\tilde{h} \equiv h_a - h_a(-20°\text{C}) + \omega h_v$$

으로 쓸 수 있다. 보통은 엔탈피 값의 차이만이 사용되므로 이런 절차는 별 문제가 되지 않는다. 습구 온

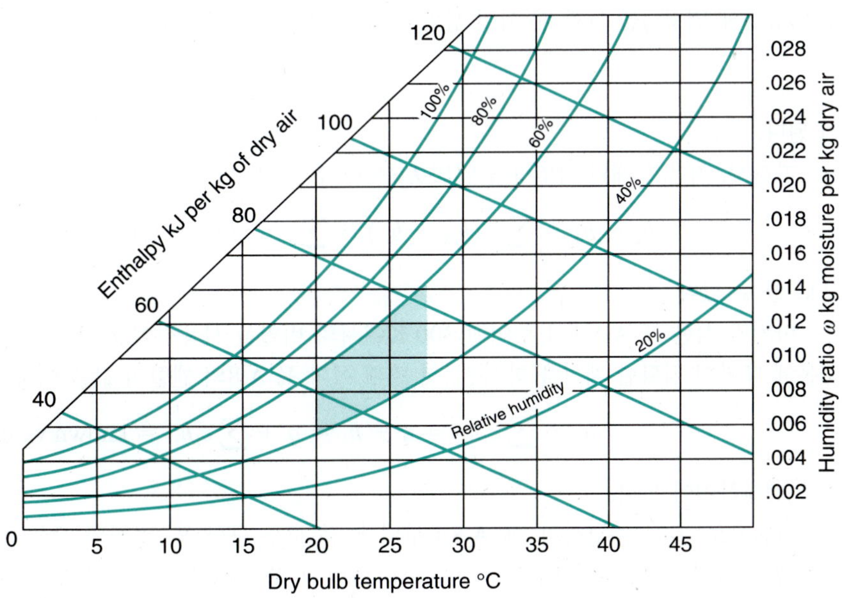

그림 10.8 습공기 선도 (psychrometricchart).

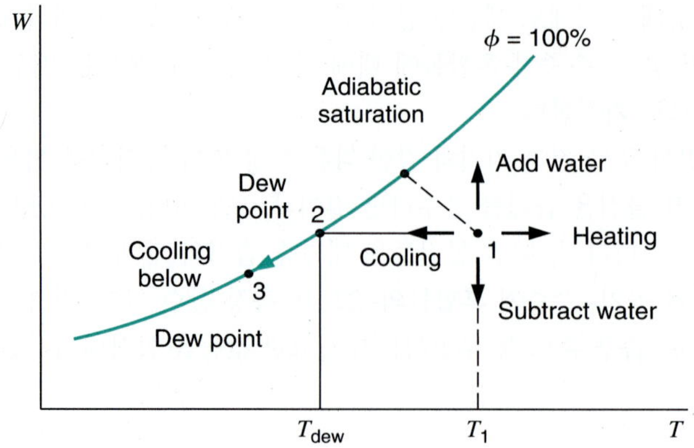

그림 10.9 습공기 선도 상의 과정.

도가 단열 포화 온도와 거의 같은 것을 감안하면, 일정 엔탈피 곡선이 일정 습구 온도 곡선과 거의 평행한 것은 당연하다. 따라서, 그림 10.6에서 단열 포화 장치에 유입되는 액체의 엔탈피를 무시한다면, 정해진 단열 포화 온도에서 유출되는 공기–수증기 혼합물의 엔탈피로부터, 장치에 유입되는 혼합물의 엔탈피를 알 수 있는 것이다.

그림 10.8의 선도에는, 또 인간이 지내기에 가장 적합한 조건을 나타내는 쾌적 영역(comfort zone)도 그려져 있다. 에어컨은 실외 대기 조건에 관계없이 실내 환경을 쾌적 영역 내로 유지시켜야 한다. 표준 대기압과 다른 압력에 대한 보정을 포함하는 선도도 얻을 수 있다. 주어진 선도를 사용하기 전에, 그 선도에 포함된 가정들을 충분히 숙지하고, 특정한 문제에서 사용하기에 적합한지를 미리 확인해야 할 것이다.

공기–수증기 혼합물에서 여러 가지 과정이 진행되는 방향을 그림 10.9에 나타낸다. 예를 들 어, 상태 1에서 시작하여 일정한 압력에서 냉각되는 과정은, 일정한 습도 비를 따라 상태 2의 이슬점까지 진행하고, 여기서 계속 냉각되어 포화선(상대 습도 100%)을 따라 상태 3까지 온도가 낮아진다. 다른 과정도 비슷한 방법으로 경로를 따라갈 수 있다.

10.7 방법론 편

혼합물의 *h*나 *u*를 알 때, *T*를 어떻게 구하나?

정압 유동에 열량 q를 가할 때 이런 상황이 발생한다; 이 경우, 에너지 균형식은

$$h_2 - h_1 = q$$

이 된다.

따라서, 처음 상태와 가열량을 알면 h_2를 알 수 있다. 이 식은 다시 온도와 관련시켜,

$$h_2 - h_1 = \sum c_i(h_{i2} - h_{i1}) \approx \sum c_i C_{pi}(T_2 - T_1) = C_{p\,\text{mix}}(T_2 - T_1)$$

으로 쓸 수 있다.

마지막 식은 표 A.5에서 주어진 300 K에서의 비열을 사용하여 T_2를 직접 계산할 수 있도록 해준다. 고온에 대하여 정확한 계산을 하려면, 첫 번째 식과 표 A.8의 엔탈피 값을 이용하여

$$h_2 = \sum c_i h_{i2} = q + h_1 = q + \sum c_i h_{i1} = \text{known value}$$

으로 계산하여야 한다.

다음으로, T_2를 추정하여, 표 A.8로부터 h_{i2}를 모두 구한 후, 좌변의 값을 계산한다. 값이 작으면, 더 높은 T_2를 추정하여 같은 계산을 다시 한다. 이런 과정을 반복하고 그 결과를 이용하여 최종적으로 선형

내삽법(linear interpolation)을 이용하여 원하는 값을 구할 수 있다. 만약, 질량이 정적 용기 내에서 가열된다면,

$$u_2 - u_1 = q \approx \sum c_i C_{v\,i}(T_2 - T_1) = C_{v\,\mathrm{mix}}(T_2 - T_1)$$

으로 쓸 수 있을 것이고, 다음의 계산 과정은 엔탈피 대신 내부 에너지를 사용하여 비슷하게 진행될 수 있다.

혼합물에 대하여 두 상태 사이의 s의 변화를 어떻게 계산하나?

주어진 혼합물에 대해 두 상태의 $s_2 - s_1$을 구한다 하자. 온도와 압력이 주어지면, 저온에 대해서는, 상수 비열 모델(constant heat capacity model)로 식 10.24를 사용할 수 있다. 체적 비가 주어질 경우에는, 이상 기체 법칙을 사용하여 압력 비를 구하면

$$\frac{P_2}{P_1} = \frac{T_2}{T_1}\frac{V_1}{V_2} \quad \Rightarrow \quad s_2 - s_1 = C_{v0\,\mathrm{mix}} \ln\frac{T_2}{T_1} + R_{\mathrm{mix}} \ln\frac{V_2}{V_1}$$

으로 된다.

식 8.16~17과 $C_{v0\,\mathrm{mix}} = C_{p0\,\mathrm{mix}} - R_{\mathrm{mix}}$을 기억하라. 고온의 경우, 상수 비열 모델보다는 식 10.18을 이용하여 엔트로피를 계산하는 것이 더 바람직할 것이다. $s_2 - s_1$을 계산할 때, 압력 보정 몰분율 항은 떨어져 나가고, 결과는

$$\begin{aligned} s_2 - s_1 &= \sum c_i(s^0_{T2i} - s^0_{T1i}) - \sum c_i R_i \ln\frac{P_2}{P_1} \\ &= \sum c_i(s^0_{T2i} - s^0_{T1i}) - R_{\mathrm{mix}} \ln\frac{P_2}{P_1} \end{aligned}$$

으로 될 것이다.

여기서는 표 A.8의 표준 엔트로피(standard entropy)를 온도의 함수로 사용한다.

혼합물에서 s를 알면 T를 어떻게 구할 수 있나?

단열 압축이거나 단열 팽창이면서 가역 과정이라면, 등엔트로피($s = 0$) 과정이다. 초기(입구) 상태와 최종(출구) 상태가 주어지고, 온도를 구하려 한다 하자. 엔트로피는 두 가지 상태량 (T, P) 또는 (T, v)의 함수이므로,

$$0 = s_2 - s_1 = \sum c_i(s^0_{T2i} - s^0_{T1i}) - R_{\mathrm{mix}} \ln\frac{P_2}{P_1} \approx C_{p\,\mathrm{mix}} \ln\frac{T_2}{T_1} - R_{\mathrm{mix}} \ln\frac{P_2}{P_1}$$

으로 된다.

비열의 평균값을 사용하여 마지막 표현식에서 T_2를 구하면 식 8.20이나 식 8.23의 결과를 얻을수 있다. 여기서 $k = k_{\mathrm{mix}} = C_{p\,\mathrm{mix}}/C_{v0\,\mathrm{mix}}$이다. 고온에 대하여 정확한 계산을 원할 경우에는 표준 엔트로피를 사용하여

$$\sum c_i\, s^0_{T2i} = \sum c_i\, s^0_{T1i} + R_{\mathrm{mix}} \ln\frac{P_2}{P_1}$$

으로 쓰고 이 식의 우변을 계산한다. 이어서 표준 엔트로피에 대한 표 A.8을 이용하여 시행착오(trial and error) 방법으로 T_2를 구한다.

혼합물에서 s를 알면 P를 어떻게 구할 수 있나?

엔트로피 변화에 관한 식에서 압력을 구하면

$$R_{\mathrm{mix}} \ln\frac{P_2}{P_1} = \sum c_i\,(s^0_{T2i} - s^0_{T1i}) \approx C_{p\,\mathrm{mix}} \ln\frac{T_2}{T_1}$$

이 되며 이 식은

$$\frac{P_2}{P_1} = \exp\left[\sum c_i(s^0_{T2i} - s^0_{T1i})/R_{\text{mix}}\right] \approx \left(\frac{T_2}{T_1}\right)^{C_{p\,\text{mix}}/R_{\text{mix}}}$$

으로 쓸 수 있다.

고온의 경우에도 위의 첫 번째 식을 사용할 수 있으며, 상수 비열 근사식인 식 8.20이 얻어진다.

이슬점 온도를 어떻게 구하나?

주어진 상태에 대해, 수증기 압력 P_v를 먼저 구한 후, 수증기 표에서 내삽법을 이용하여 이 압력이 포화 압력이 되는 온도를 구하며 된다.

$$P_g\,(T_{\text{dew}}) = P_v$$

이것은 그림 10.3에서 상태 1에서 상태 2로 이동하는 것과 같다.

단열 포화 온도를 어떻게 구하나?

그림 10.6과 같은 상황을 가정하면, 에너지 균형식은 식 10.30으로 쓸 수 있다. 단열 포화 온도 T_2는

$$\text{From B.1.1 at } T_2: \quad h_{12} = h_{f2} \text{ and } h_{fg2}; \quad w_2 = w_{\max} = 0.622\frac{P_{g2}}{P_{\text{tot}} - P_{g2}}$$

으로 쓸 수 있다. 반복 계산을 하기 위해서는 먼저 T_2를 추정하고 그에 따라 각각의 항을 계산하는 것이 좋을 것이다. T_2를 다시 계산한 후, 새로운 추정치를 사용하여 계산을 반복한다.

수증기 표나 공기 표와 함께 습공기 선도를 어떻게 이용하나?

공기 표의 엔탈피 값에 대해

$$\tilde{h} = h_a + \omega h_v = h_{a\,A7} - h_{a\,A7\text{ at }-20\text{C}} + \omega h_{vB1} = h_{a\,A7} - 253.45 + \omega h_{vB1}$$

으로 보정하면 각 표와 선도들이 호환 가능하게 된다.

이 장의 요약

여러 가지 요소들의 혼합물에 대하여 질량과 몰 수에 기초한 구성비의 정의로부터 시작하여 기체 혼합물을 취급한다. 구성비를 나타내는 용어인 **질량 분율**(mass fraction)과 **몰 분율**(mole fraction)을 합하여 **농도**(concentration)라 한다. 혼합물의 평균 분자량과 기타 상태량은 질량이나 몰 기준으로 나타낼 수 있다. 단순한 모델 중의 하나인 Dalton 모델은, 이상 기체가 이상적으로 혼합된 것으로, 여기서는 혼합물 내 구성 요소의 **분압**(partial pressure)이 전압(total pressure)의 몰 분율과 같다. 엔트로피는 압력에 민감하며, 몰 분율이 변화하면 **혼합에 의한 엔트로피 생성**(entropy generation by mixing)이 유발된다. 그러나, 서로 다른 물질의 혼합이 아니라면, 혼합물의 상태량을 이용하여, 순물질을 취급하듯이 혼합물을 취급할 수 있다.

공기와 수증기의 혼합물인 **습공기**(moist air)에 대해서는 특별한 기호법을 사용하여 특별히 취급한다. 수증기량은(수증기가 포화 상태에 가까운 정도를 나타내는) **상대 습도**(relative humidity)나 [**절대 습도**(absolute humidity)라고도 불리는] **습도 비**(humidity ratio)로 나타 낸다. 습공기를 냉각하면, (상대 습도 100%인) **이슬점**(dew point)에 도달하게 되며, 포화 습공기가 된다. 외부 열전전달이 없이 액체의 물을 기화시키는 **단열 포화 과정**(adiabatic saturation process)은 기화 냉각(evaporative cooling)이라 일컫는 과정에서 사용된다. 실제 측정 시에는, 유입 공기의 습도를 간접적으로 측정하게 해주는 **건구 온도**(dry-bulb temperature)와 **습구 온도**(wet-bulb temperature)를 구한다. 상태량 사이의 관계는 **습공기 선도**(psychrometricchart)로부터 구할 수 있다.

이 장을 학습한 학생들은 여러 가지 기법과 취급 능력을 익혀 다음과 같은 문제를 해결할 수 있을 것이다.

- 다요소 혼합물의 구성비를 질량이나 몰 기준으로 취급하기
- 질량 기준에 의한 농도를 몰 기준으로, 그리고 그 역 방향으로, 전환하기
- 혼합물의 평균 상태량을 질량이나 몰 기준으로 계산하기
- 분압과 그 계산
- v, u, h, s, $C_{p\,\text{mix}}$, R_{mix} 등의 혼합물의 상태량을 취급하기
- 혼합 과정에 따른 엔트로피 생성을 계산하기
- 순물질 대신 혼합물에 대한 질량, 에너지, 엔트로피에 대한 일반적인 보존식을 쓰기
- 혼합물에 대해 상수 비열을 사용하여 얻은 단순한 에너지 균형식을 사용하기
- 이상 기체 혼합물의 폴리트로픽 과정 취급하기
- 습공기의 습도를 나타내는 특별한 상태량(ϕ, ω)을 이해하기
- 상대 습도와 습도 비를 어떻게 변화시킬 수 있는지와 주어진 과정에서 둘 중 한 가지만 변화시킬 수 있는 것을 이해하기

주요 개념과 식

구성비 _Composition

질량 농도	$c_i = \dfrac{m_i}{m_{\text{tot}}} = \dfrac{y_i M_i}{\sum y_j M_j}$	
몰 농도	$y_i = \dfrac{n_i}{n_{\text{tot}}} = \dfrac{c_i/M_i}{\sum c_j/M_j}$	
분자량	$M_{\text{mix}} = \sum y_i M_i$	

상태량

내부 에너지	$u_{\text{mix}} = \sum c_i u_i;$	$\bar{u}_{\text{mix}} = \sum y_i \bar{u}_i = u_{\text{mix}} M_{\text{mix}}$
엔탈피	$h_{\text{mix}} = \sum c_i h_i;$	$\bar{h}_{\text{mix}} = \sum y_i \bar{h}_i = h_{\text{mix}} M_{\text{mix}}$
기체 상수	$R_{\text{mix}} = \bar{R}/M_{\text{mix}} = \sum c_i R_i$	
상수 비열	$C_{v\,\text{mix}} = \sum c_i C_{v\,i};$	$\bar{C}_{v\,\text{mix}} = \sum y_i \bar{C}_{v\,i}$
	$C_{v\,\text{mix}} = C_{p\,\text{mix}} - R_{\text{mix}};$	$\bar{C}_{v\,\text{mix}} = \bar{C}_{p\,\text{mix}} - \bar{R}$
	$C_{p\,\text{mix}} = \sum c_i C_{p\,i};$	$\bar{C}_{p\,\text{mix}} = \sum y_i \bar{C}_{p\,i}$
비열비	$k_{\text{mix}} = C_{p\,\text{mix}}/C_{v\,\text{mix}}$	
Dalton 모델	$P_i = y_i P_{\text{tot}}$ &	$V_i = V_{\text{tot}}$
엔트로피	$s_{\text{mix}} = \sum c_i s_i;$	$\bar{s}_{\text{mix}} = \sum y_i \bar{s}_i$
요소 엔트로피	$s_i = s^0_{Ti} - R_i \ln [y_i P/P_0]$	$\bar{s}_i = \bar{s}^0_{Ti} - \bar{R} \ln [y_i P/P_0]$

공기-물 혼합물

상대 습도	$\phi = \dfrac{P_v}{P_g}$

습도 비 $\omega = \dfrac{m_v}{m_a} = 0.622\dfrac{P_v}{P_a} = 0.622\dfrac{\phi P_g}{P_{tot} - \phi P_g}$

건공기 1 kg 당 엔탈피 $\tilde{h} = h_a + \omega h_v$

연습 문제

Homework Problems

개념 문제

10.1 T, P의 이상 기체들을 철제 용기에 주입하여 T, P의 이상 기체 혼합물을 만든다. T가 변하지 않도록 주입 과정 중에 열전달이 일어난다. 각 구성 요소의 상태량(P, v, u)은 상승하는가, 하강하는가, 아니면 불변인가?

10.2 T, P의 이상 기체들을 혼합실에 주입하여 T, P의 이상 기체 혼합물을 만든다. 주입 과정 중에 외부 열전달이 없고 출구 압력은 P이다. 각 구성 요소의 상태량(P, v, u)은 상승하는가, 하강하는가, 아니면 불변인가?

10.3 한 가지 혼합물을 여러 가지 다른 과정에 사용한다면, 분압을 고려할 필요가 있을까?

10.4 혼합물인 공기는 혼합물인데도 그 구성 요소를 취급하지 않고, 여러 가지 표를 직접 사용할 수 있는 이유는 무엇인가?

10.5 예컨대, −5°C처럼, 빙점 이하의 공기는 이슬점을 가지는가?

10.6 에어컨을 가동하는 자동차에서는 왜 물이 흘러내리는가?

10.7 35°C, $\Phi = 40\%$의 공기를 25°C, $\omega = 0.01$의 상태로 바꾸려 한다. 수분을 더해야 하는가, 아니면 제거해야 하는가?

혼합물 구성과 상태량

10.8 120°C, 125 kPa의 기체 혼합물이 몰 기준으로 N_2 50%, H_2O 30%, 그리고 O_2 20%이다. 혼합물 5 kg에 대해 각 성분의 몰분율, 혼합물의 기체 상수, 그리고 체적을 구하라.

10.9 질량 기준으로 O_2 60%, 아르곤 30%, 그리고 O_2 10%인 혼합물이 체적이 0.5 m^{3}이고 250 kPa, 310 K인 실린더 내에 있다. 각 성분의 몰분율과 아르곤의 질량을 구하라.

10.10 몰 기준으로 산소가 공기의 21%라면, 300 K, 100 kPa 상태의 60 m^{3}인 실내의 산소 상태(P, T, v)는 얼마인가?

10.11 새로운 냉매 R-407은 질량 기준으로 R-32 23%, R-125 25%, 그리고 R-134a 52%의 혼합물이다. 각 성분의 몰분율, 혼합물의 기체 상수, 그리고 새 냉매의 비열을 구하라.

10.12 기화기 방식의 내연 기관을 메탄 가스(천연 가스)를 사용하도록 개조한다. 실린더 내 공기–연료 비율은 질량 기준으로 20:1이다. 실린더 내에는 메탄 1몰 당 산소 몇 몰이 있는가?

10.13 60°C, 225 kPa의 혼합물에 대해 질량을 측정한 결과, O_2 0.5 kg, O_2 1.5 kg, 그리고 CH_4 0.5 kg이다. 각 성분의 분압, 혼합물의 (질량 기준) 비열, 혼합물의 분자량, 그리고 총 체적을 구하라.

10.14 300 K의 산소와 질소를 혼합하여 300 K, 100 kPa의 공기를 1 kg/s의 비율로 만든다. 각각의 질량 유량과 체적 유량은 얼마인가?

10.15 질량 기준으로 N_2 25%, O_2 50%, CO_2 25%인 혼합물 2 kg이 150 kPa, 300 K의 상태에 있다. 혼합물의 기체 상수와 총 체적을 구하라.

10.16 아세틸렌 C_2H_2, 프로판 C_3H_8, 그리고 부탄 C_4H_{10}을 포함하는 100 m^{3}의 연료 저장 탱크가 20°C, 100 kPa의 상태에 있다. 시험 결과, C_2H_6의 분압은 15 kPa이고, C_3H_8의 분압은 65 kPa이다. 각 성분의 질량은 얼마인가?

10.17 새로운 냉매 R-410a는 R-32와 R-125를 1:1의 질량 비로 섞은 혼합물이다. 혼합물의 총 분자량, 기체 상수, 그리고 비열비는 각각 얼마인가?

10.18 단면적이 0.1 m^{2}인 파이프에서 몰 기준으로 O_2 75%, N_2 25%인 혼합물이 200 kPa, 290 K에서 25 m/s의 속도로 흐른다. 질량 유량계를 설치하여 사용하려면 혼합물의 밀도와 기체 상수를 알 필요가 있다. 그 값은 얼마인가? 또 질량 유량은 얼마인가?

단순한 과정

10.19 300 K, 150 kPa의 CO_2 1 kg과 400 K, 150 kPa의 아르곤 1 kg을 강체 용기 내에서 열전달 없이 혼합한다. 최종 T, P 를 구하라.

10.20 문제 10.15의 혼합물이 정적 과정에서 500 K까지 가열된다. 표 A.5를 이용하여, 최종 압력과 총 열전달을 구하라.

10.21 문제 10.15의 혼합물이 정압 과정에서 500 K까지 가열된다. 표 A.5를 이용하여, 최종 체적과 총 열전달을 구하라.

10.22 300 K, 150 kPa의 아르곤 유동 1 kg/s와 1600 K, 150 kPa의 CO_2 유동 1 kg/s가 열전달 없이 혼합된다. 출구의 T, P를 구하라.

10.23 질량 비가 CO_2 40%, C_2 60%인 혼합물이 400 kPa, 300 K에서 1.5 kg/s의 유량으로 파이프 내를 흐른다. 그림 P10.23을 보라. 파이프 일부분에 가열 테이프를 두르고 그 위를 단열한 후, 파이프를 가열하기 위해 2 kW의 전력을 사용한다. 혼합물의 출구 온도를 구하라.

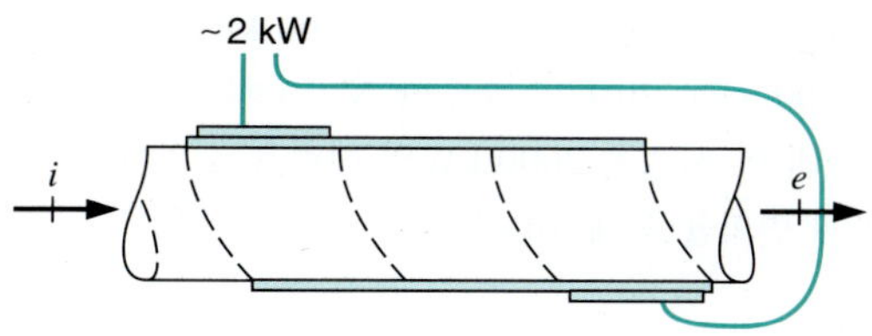

그림 P10.23

10.24 단열된 강체 용기 내에서 200 kPa, 280 K의 산소 12 kg과 400 kPa, 360 K의 이산화탄소 26 kg이 분리막에 의해 분리되어 있다. 분리막을 제거하고 혼합물이 균일 상태에 이를 때, 혼합물의 최종 온도와 압력을 구하라.

10.25 1000 K, 100 kPa의 이산화탄소 유동 0.1 kg/s와 400 K, 100 kPa의 질소 유동 0.2 kg/s가 혼합된다. 혼합실은 단열되며 100 kPa의 정압이 유지된다. 정압 비열을 사용하여 출구 온도를 구하라.

10.26 질량 기준으로 물 40%, 이산화탄소 60%의 혼합물이 120 kPa의 일정한 압력에서 400 K로부터 1000 K까지 가열된다. 표 A.5를 이용하여 엔탈피와 엔트로피의 총 변화량을 구하라.

10.27 표 A.8의 비열을 이용하여 문제 10.26를 풀어라.

10.28 단열 가스 터빈에 질량 기준으로 CO_2 10%, H_2O 10%, N_2 80%의 혼합물이 1000 K, 500 kPa의 상태로 유입된다. 입구의 체적 유량은 2 m^3/s이고 출구 상태는 700 K, 100 kPa이다. 표 A.5의 300 K에서의 비열을 사용하여 동력 출력을 kW 단위로 구하라.

10.29 표 A.8의 엔탈피 값을 이용하여 문제 10.28을 풀어라.

10.30 피스톤/실린더 장치에 질량 기준으로 40%의 메탄과 60%의 프로판 혼합물이 300 K, 100 kPa 상태로 담겨 있다. 이 혼합 기체를 등온(T = 일정) 과정으로 서서히 압축하여 최종 압력이 250 kPa에 이르게 한다. 이 과정을 P–V 선도에 그리고 과정에서의 일과 열전달을 구하라.

10.31 분리막(membrane)에 의해 두 구역으로 분리된 구조를 가지는 강체 용기에서 이산화탄소와 산소를 혼합한다. A에는 100 K, 200 kPa의 CO_2 1 kg이 있고, B에는 300 K, 200 kPa의 O_2 2 kg이 있다. 분리막을 제거하고 외부 열전달이 없이 혼합물이 균일한 상태에 이른다. 최종 T와 P를 구하라.

10.32 압력이 일정하게 유지되는 피스톤 실린더에 질소 0.5 kg과 산소 0.5 kg의 혼합물이 100 kPa, 300 K의 상태에 있다. 가열에 의해 800 kJ이 가해진다. 표 A.5를 이용하여 혼합물의 최종 온도와 엔트로피 증가를 구하라.

10.33 표 A.8을 이용하여 문제 10.32를 풀어라.

10.34 새로운 냉매 R-410a는 R-32와 R-125를 1:1의 질량 비로 섞은 혼합물이다. R-410a 0.5 kg이 250 kPa로 일정한 압력의 피스톤 실린더 내에서 270 K에서 320 K까지 가열된다. 일과 열전달을 구하라.

10.35 피스톤 실린더에 아르곤 0.5 kg과 수소 0.5 kg이 300 K, 100 kPa의 상태에 있다. 피스톤에 외력을 가해 혼합물을 가역 과정에 의해 400 kPa까지 압축한다. 최종 온도와 이 과정에서의 일과 열전달을 구하라.

10.36 질량 기준으로 메탄 75%와 에탄 25%의 혼합물인 천연가스가 17°C, 100 kPa의 상태에서 가역 단열 압축기로 유입된다. 압축기에 의해 천연 가스는 250 kPa까지 압축된다. 출구 온도와 1 kg의 유량에 필요한 일을 구하라.

10.37 물질 R-410a(문제 10.34를 보라.)이 100 kPa, 290 K의 상태에 있다. 이 물질이 가역 폴리트로픽 과정을 거쳐 250 kPa, 400 K로 변한다. 이 과정에 대한 비체적, 비 엔탈피, 비 엔트로피의 변화를 구하라.

10.38 1000 K, 100 kPa의 이산화탄소 유동 0.1 kg/s와 400 K, 100 kPa의 질소 유동 0.2 kg/s가 혼합된다. 혼합물은 출구에서 가역 단열 압축기에 의해 100 kPa에서 500 kPa까지 압축된다. 상수 비열을 사용하여 출구 온도와 필요한 압축기 동력을 구하라.

10.39 그림 P10.39에서 단열 탱크 A와 B가 밸브로 연결되어 있다. 탱크 A는 체적이 1 m^3이며 처음에 300 kPa, 10°C의 아르곤을 담고 있다. 탱크 B는 체적이 2 m^3이며 처음에 200 kPa, 50°C의 에탄을 담고 있다. 밸브를 열어 기체 혼합물이 최종적으로 균일하게 될 때까지 열어둔다. 최종 압력과 온도를 구하라.

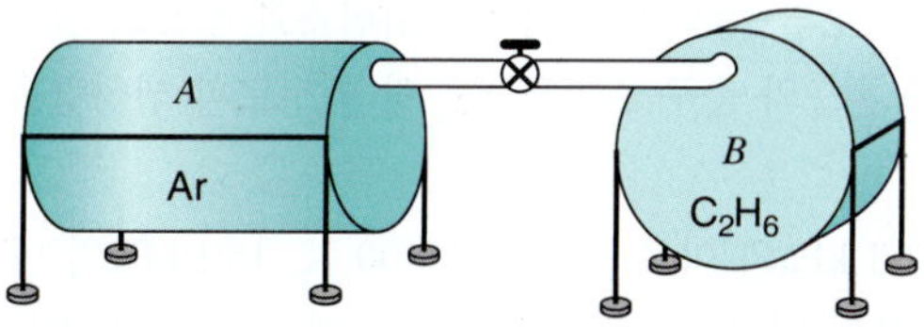

그림 P10.39

10.40 압축기에서 가역 단열 압축 과정을 거쳐 −10°C, 125 kPa의 R-410a(문제 10.34를 보라.)가 500 kPa까지 압축된다. 이상 기체로 가정하고 출구 온도와 비 일을 구하라.

10.41 질량 기준으로 이산화탄소 50%와 물 50%의 혼합물이 정상 상태의 장치에서 1500 K, 1 MPa로부터 500 K, 200 kPa로 상태가 변한다. 표 A.5를 이용하여 필요한 열전달과 관계된 일의 양을 구하라.

10.42 메탄 CH_4와 에틸렌 C_2H_4의 (질량 기준) 50/50인 기체 혼합물이 480 kPa, 330 K, 1.05 m^3의 처음 상태로 피스톤 실린더 내에 담겨 있다. 피스톤이 움직이고 혼합물이 가역 폴리트로픽 과정을 통해 260 K, 0.03 m^3의 최종 상태로 바뀐다. 최종 압력, 폴리트로픽 지수, 일과 열전달, 그리고 혼합물의 엔트로피 변화를 구하라.

10.43 피스톤/실린더 장치에 질량 기준으로 25%의 아르곤, 25%의 잘소, 그리고 50%의 이산화탄소가 100 kPa, 290 K 상태로 담겨 있다. 이 혼합 기체를 n = 1.3인 폴리트로픽 과정을 거쳐 원래 체적의 1/7이 되도록 압축한다. 최종 압력과 최종 온도, 그리고 피스톤 일을 구하라.

10.44 산소 2 kg과 아르곤 2 kg의 혼합물이 단열된 피스톤–실린더 장치 내에 100 kPa, 300 K의 상태로 있다. 피스톤이 움직여 혼합물의 체적이 원래의 반으로 줄어들 때, 최종 압력, 최종 온도, 그리고 피스톤 일을 구하라.

엔트로피 생성

10.45 같은 T의 기체 유동 A와 기체 유동 B가 몰 기준 1:1의 비율로 혼합된다. 유량 1 kmol 당 엔트로피 생성량은 얼마인가?

10.46 문제 10.22에서 엔트로피 증가율을 구하라.

10.47 문제 10.19에서 엔트로피 생성량을 구하라.

10.48 질량 기준으로 CO_2 50%와 O_2 50%의 혼합물 2 kg/s의 유동이, 정압 열교환기에서 1400 K의 복사 열원에 의해, 400 K에서 1000 K로 가열된다. 그림 P10.48에 나타낸 이 과정에서 열 전달률과 엔트로피 생성률을 구하라.

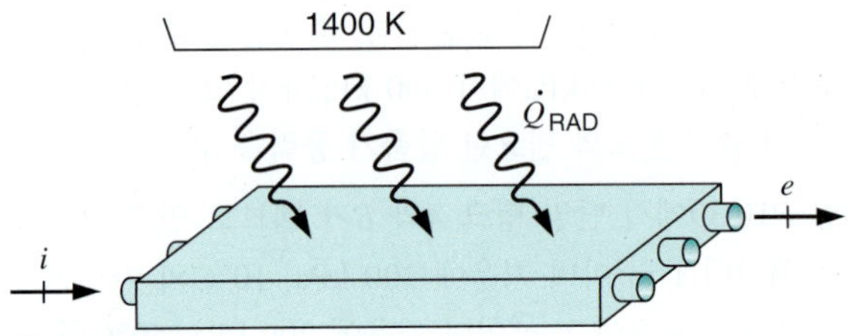

그림 P10.48

10.49 320 K의 이산화탄소가 단열 혼합실에서 280 K의 질소와 혼합된다. 두 유동은 모두 100 kPa이며 이산화탄소와 질소의 질량비는 2:1이다. 출구 온도와 출구 혼합물 1몰 당 엔트로피 생성량을 구하라.

10.50 300 K, 150 kPa의 아르곤 1 kg과 400 K, 150 kPa의 아르곤 1 kg을 강체 용기 내에서 열전달 없이 혼합한다. 최종 T, P를 구하라. s의 생성이 있는가?

10.51 문제 10.49에서, 이산화탄소의 입구 온도를 1400 K, 질소의 입구 온도를 300 K라 하고 다시 풀어라. 먼저 표 A.5를이 용하여 출구 온도를 구하고 이 결과와 표 A.8의 값을 이용하여 반복 계산하라.

10.52 1600 K, 100 kPa의 이산화탄소 유동 1 kg/s와 800 K, 100 kPa의 물 유동 2 kg/s가 혼합된다. 혼합된 후, 열교환기에 유입되어 400 K의 주위에 의해 500 K까지 냉각된다. 그림 P10.52를 보라. 열교환기에서의 열전달은 얼마나 되는가? 전 과정에 걸친 엔트로피 생성률은 얼마인가?

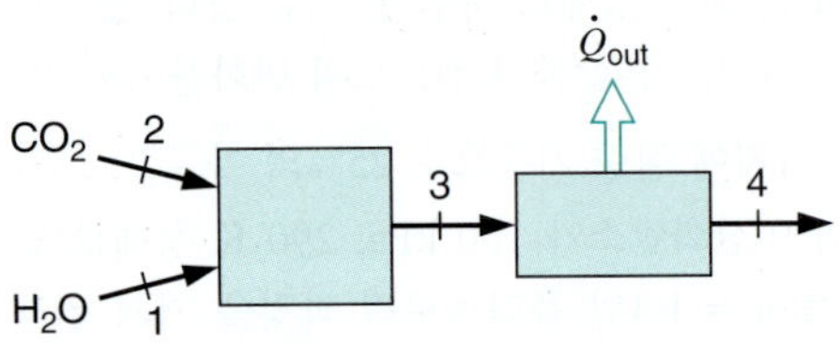

그림 P10.52

10.53 질량 기준으로 헬륨 60%와 질소 40%의 혼합물이 1 MPa, 800 K의 상태에서 2 kg/s의 유량으로 단열 터빈에 유입된다. 터빈의 출구 압력은 100 kPa이고 등엔트로피 효율은 85%이다. 터빈 일을 구하라.

10.54 대형 공기 분리 시설에 100 kPa, 20°C의 대기(몰 기준으로 79%의 N_2, 21%의 O_2)가 유입된다. 여기서 200 kPa, 100°C의 순수한 O_2 기체와 100 kPa, 20°C의 순수한 N_2 기체가 생산된다. 그림 P10.54에 나타낸 이 시설은 2000 kW의 전력을 소비한다. 이 과정에서의 엔트로피 변화율을 계산하라.

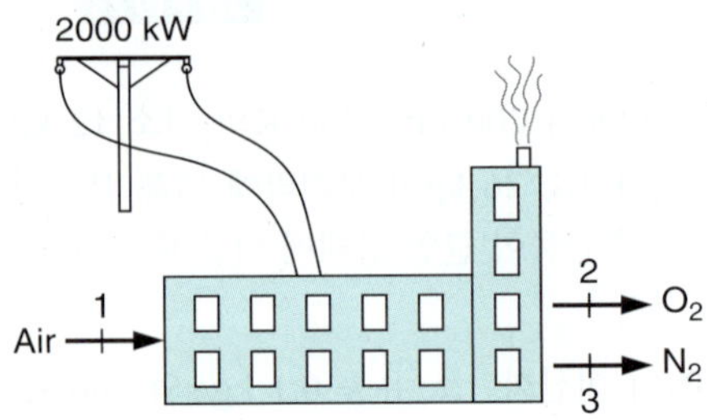

그림 P10.54

10.55 질량 기준으로 이산화탄소 50%와 물 50%의 혼합물이, 1200 K, 200 kPa의 상태에서, 유량 0.3 kg/s의 정상 유동으로 열교환기에 유입된다. 열교환기는 이 유동에서 300 kW를 추출한다. 표 A.8을 이용하여 유동의 출구 온도와 엔트로피 변화율을 구하라.

10.56 400 kPa, 400°C의 수증기 유동 1.8 kg/s가 400 kPa, 400 K의 산소 유동 3.2 kg/s와 정상 상태의 혼합실에서 열전달이 없이 혼합된다. 출구 온도와 엔트로피 생성률을 구하라.

10.57 세 가지 정상 유동이 150 kPa의 상태로 단열 혼합실에서 혼합된다. 유동 1은 유량이 2 kg/s인 340 K의 O_2, 유동 2는 유량이 4 kg/s인 280 K의 N_2, 유동 3은 유량이 3 kg/s인 310 K의 CO_2이다. 모든 유동은 150 kPa로 출구 총 압력과 같다. 출구 온도와 이 과정에서의 엔트로피 생성률을 구하라.

10.58 문제 10.39를 다시 풀되, 이번에는 탱크에 약간의 열전달이 가해져 혼합물의 최종 온도가 400 K가 된다고 가정하라. 최종 압력, 열전달, 그리고 이 과정에서의 엔트로피 변화를 구하라.

공기-수증기 혼합물

10.59 100 kPa의 공기가 a) −10°C, b) 45°C, c) 110°C라면, 어느 경우, 최대 절대 습도를 가지는가?

10.60 200 kPa의 공기가 a) −10°C, b) 45°C, c) 110°C라면, 어느 경우, 최대 절대 습도를 가지는가?

10.61 대기가 100 kPa, 25°C에서 상대 습도 75%이다. 절대 습도와 혼합물의 이슬점을 구하라. 혼합물을 30°C로 가열하면 상대 습도는 어떻게 변하는가?

10.62 (상대 습도 100%의) 포화 습공기가 100 kPa, 10°C의 상태에서 1 kg/s의 유량으로 열교환기에 유입되고 25°C로 냉각되어 나온다. 출구의 상대 습도와 필요한 동력을 구하라.

10.63 건공기 50 kg을 함유한 상대 습도 40%, 온도 20°C의 실내에 끓는 물을 더해 최종적으로 20°C, 습도 100%가 되도록 한다. 더해야 되는 물의 양을 구하라.

10.64 체적 기준으로 12%의 CO_2, 13%의 H_2O, 75%의 N_2의 혼합물인 연소 가스가 100 kPa의 상태에서 0.1 kg/s의 유량으로 열교

환기에 유입된다. 이슬점 온도는 얼마인가? 혼합물을 이슬점 아래 10°C까지 냉각하면 액체의 물 10 kg을 얻기 위해서는 시간이 얼마나 필요한가?

10.65 공기–수증기 혼합물인 대기 100 m^3의 상태가 100 kPa, 15°C이고 상대 습도는 40%이다. 물의 질량과 습도 비를 구하라. 혼합물의 이슬점은 얼마인가?

10.66 80°C의 액체 물의 유동 0.2 kg/s가 혼합실에서 80°C의 건공기 유동 16 kg/s에 더해진다. 물은 모두 증발하고 공기는 40°C로 혼합실을 빠져 나간다. 출구의 상대 습도와 열전달을 구하라.

10.67 새로운 고효율 가정용 난방 시스템은 공기–공기 열교환기를 채택한다. 이 열교환기에서는 실외로 배출되는 폐기로부터 에너지를 회수하여 실내로 유입되는 신선한 공기를 덥힌다. 실외의 대기 온도가 −10°C, 상대 습도가 30%이고, 유입 공기 유량이 1 m^3/s라면, 실내를 20°C, 상대 습도 40%로 유지하기 위해서는, 유입 공기에 수분을 얼마나 더해줘야 하는가?

10.68 100 kPa, 25°C이고 상대 습도가 80%인 대기가 1 m^3/s의 유량으로 흐른다. 이 유동이 지하실로 유입되어 100 kPa에서 15°C로 냉각된다면, 물이 얼마나 응축되겠는가?

10.69 온도 T_1, 압력 100 kPa인 상태의 완전 건공기가 2 kg/s의 유량으로 흐른다. 여기에 10°C, 100 kPa인 상태의 액체 물을 뿌려 냉각시켜, 공기는 10°C의 포화 습공기로 바뀐다. 이 과정은 외부로부터 열전달이나 일이 없이 정상 상태에서 일어난다. 출구 습공기의 습도 비와 액체 물의 유량을 구하라. 또 건공기의 입구 온도 T_1을 구하라.

10.70 피스톤 실린더 내에 100 kPa, 5°C인 상태의 포화 습공기 100 kg이 채워져 있다. 정압 과정으로 공기를 45°C까지 가열할 때, ${}_1q_2$와 최종 상대 습도를 구하라.

10.71 102 kPa, 30°C이고 상대 습도가 60%인 습공기가 정상 유동 에어컨에 유입된다. 에어컨에 유입되는 체적 유량은 100 L/s이다. 습공기는 95 kPa, 15°C이고 상대 습도가 100%인 상태로 에어컨에서 배출된다. 액체 응축수도 역시 15°C로 배출된다. 이 과정의 열전달률을 구하라.

10.72 커피 분말을 만들기 위해 혼합실에 커피(액체 물로 가정한다) 유동 0.2 kg/s를 뿌리고 T의 건공기 유동 8 kg/s를 더한다. 물은 모두 증발하고 공기는 최소 40°C 이상으로 혼합실을 빠져나간다. 여기서 분말은 무시한다. 입구 공기 유동의 T는 얼마나 되어야 하는가?

10.73 500 L의 강체 용기가 100 kPa, 35°C이고 70%의 상대 습도를 갖는 공기-수증기 혼합물을 담고 있다. 물이 응결되기 시작할 때까지 시스템을 냉각한다. 용기 내의 최종 온도와 이 과정의 열전달을 구하라.

10.74 150 kPa, 40°C이고 상대 습도 10%인 습공기가 300 L의 강체 용기에 담겨 있다. 이 용기에 밸브를 장치하여 600 kPa, 200°C의 수증기 공급선과 연결한다. 밸브를 열어, 용기 내 습공기 혼합물의 상대 습도가 90%로 될 때까지 수증기를 유입시킨다. 그리고 밸브를 닫는다. 이 과정 동안 용기 내 온도가 40°C로 일정하게 유지되도록 충분한 열을 가한다. 이 과정의 열전달, 용기에 유입되는 수증기의 질량, 그리고 용기 내의 최종 압력을 구하라.

10.75 체적이 10 m^3인 강체 용기에 45°C, 100 kPa이고 $\Phi = 40\%$인 습공기가 채워져 있다. 용기를 5°C까지 냉각한다. 용기 내 액체가 차지하는 체적은 무시하고 수증기의 최종 질량, 최종 상태의 총 압력, 그리고 열전달을 구하라.

표와 공식 또는 습공기 선도

10.76 100 kPa, 40°C이고 상대 습도가 40%인 습공기가 정압 장치를 통해 흐르는 동안 15°C까지 냉각된다. 입구와 출구에서의 습도 비와 건공기 1 kg 당 장치 내 열전달을 구하라.

10.77 상대 습도 50%, 온도 40°C인 상태 1의 실외 습공기가, 건공기 유량 0.2 kg/s의 비율로 지하실에 유입되어 16°C의 상태 2로 냉각된다. 공기는 다시 거실로 유입되어 25°C의 상태 3으로 가열된다. 상태 1에 대한 이슬점, 응결된 액체의 양, 지하실에서의 열전달, 그리고 상태 3인 거실에서의 상대 습도를 구하라.

10.78 세탁물 건조기에서 35°C, 상대 습도 80%의 습공기를 배출한다. 그림 P10.78에서 보듯이 공기 유동은 파이프를 통해 지붕 위로 향한다. 파이프의 열전달에 의해, 공기는 지붕 밖에 나갈 때 24°C까지 냉각된다. 세탁물 건조기 출구와 지붕 밖 유동의 습도 비를 구하라. 열전달과 유동 중 1 kg의 건공기 당 생겨나는 액체의 양를 구하라.

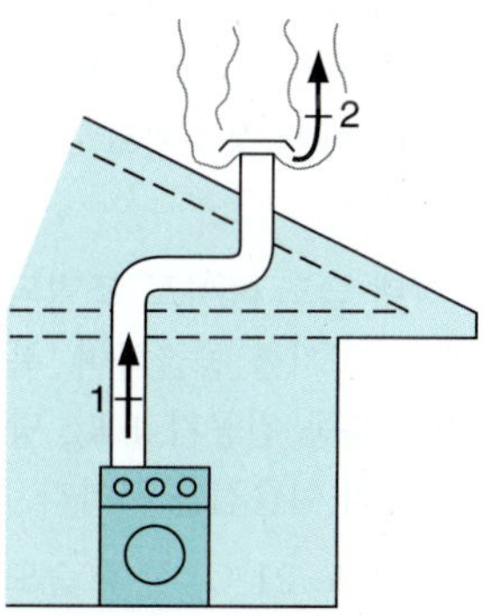

그림 P10.78

10.79 다음에 대해 공식과 증기표를 이용하여 총 압력 100 kPa에 대해 Φ, v, T_{dry}를 구하라. 또 습공기 선도를 이용하여 이 상태량들을 구해보라.

a. $\Phi = 50\%$, $v = 0.010$

b. $T_{dry} = 25°C$, $T_{wet} = 21$

10.80 겨울철 건물 난방을 위해 25°C, 100 kPa, 그리고 상대 습도 50%인 공기를 1.0 m^3/s의 비율로 정상 공급할 필요가 있다. 옥외 공기는 10°C, 100 kPa, 그리고 상대 습도 50%의 상태이다. 난방에 필요한 액체 물의 공급량과 열전달률을 구하라.

10.81 공기 냉각 및 제습 기능을 가진 장치에 35°C, 100 kPa, 그리고 상대 습도 90%인 실외 공기가 유입된다. 습공기는 먼저 낮은

온도 T_2까지 냉각되고 적당한 양의 물이 응결된다; 모든 액체는 T_2의 온도에서 배출되는 것으로 가정하라. 이어서 습공기는 가열되어 20°C, 100 kPa, 그리고 상대 습도가 30%인 상태에서 0.01 m^3/s의 체적 유량으로 장치에서 배출된다. 온도 T_2, 건공기 1 kg 당 액체의 질량, 그리고 총 열전달률을 구하라.

10.82 가정용 난로에서 유출되는 45°C 상대 습도 10%의 상태 1인 습공기 유동이 0.05 kg/s의 건공기를 함유한다. 그림 P10.82에서 보듯이, 15°C의 수돗물을 전열기에서 가열하여 만든 100°C, 100 kPa의 수증기를 공기 유동에 더한다. 거실에서는 30°C, 상대 습도 60%인 상태 4로 유출된다. 전열기에 필요한 전력과 상태 1에서 상태 4까지의 유동에 대한 열전달을 구하라.

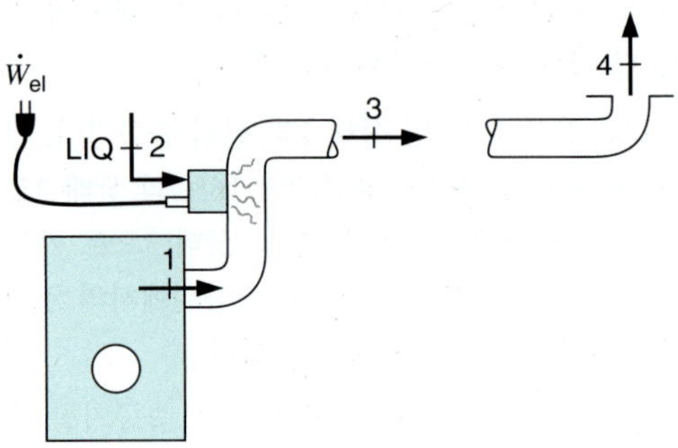

그림 P10.82

10.83 31°C, 상대 습도 50%의 습공기가 넓은 면적의 액체 물 표면을 지나간다. 시행착오법(trial and error)을 이용하여 단열포화 온도를 구하라. *힌트*: 약 22.5°C 근처이다.

10.84 발전소 용 냉각탑에서 45°C의 액체 물이 증발에 의해 냉각된다. 냉각탑에는 19.5°C, Φ = 30%, 100 kPa의 공기가 유입되고, 이 공기는 물의 흐름을 통과한 후, 25°C, Φ = 70%의 상태로 배출된다. 액체 물은 1 MW를 방열한 후 30°C에서 응축기로 유입된다. 공기의 질량 유량과 물의 증발량을 구하라.

10.85 5°C, Φ = 90%의 공기가 25°C, 상대 습도 60%로 조절되는 실내로 유입된다. 가열–증발 복합기가 이 공기를 공급하며, 복합기 내에서는 액체 물이 10°C로 유지된다. 유동 건공기 1 kg 당 액체의 유량과, 열전달을 구하라. 최종 혼합물의 이슬점을 구하라.

10.86 자동차의 서리/안개 제거 시스템에, 온도 21°C, 상대 습도 80%인 대기가 유입되고 냉각되어 액체 물이 흘러내린다. 이렇게 건조해진 공기를 41°C까지 가열하여 전면 유리로 송풍시킨다. 전면유리에서 습기를 제거하려면 송풍 공기의 상대 습도는 10% 이하이어야 한다. 대기의 이슬점, 전면 유리에 송풍되는 공기의 비습도, 그리고 냉각기 내 최저 온도와 비 열전달을 구하라.

10.87 온도가 35°C이고 상대 습도가 10%인 상태의 대기는 덥고 건조하다. 에어컨에 의해 21°C, 상대 습도 50%인 공기를 3600 m^3/h의 유량으로 공급해야 한다. 이 목적을 달성하기 위한 장치를 스케치해보라. 공급하거나 배출되어야 할 (20°C의) 물의 양과 열전달을 구하라.

10.88 45°C, 상대 습도 10%으로 건공기 0.2 kg/s을 함유하는 습공기 유동이 25°C, 절대 습도 w = 0.018으로 건공기 0.3 kg/s를 함유하는 습공기 유동과 혼합된다. 혼합은 100 kPa의 공기 덕트에서 발생하며, 열전달에 의해 최종 온도는 40°C로 된다. 열전달과 출구에서의 최종 상대 습도를 구하라.

10.89 실내 수영장에서 물이 1.512 kg/h의 비율로 증발하고, 이 습기를 제습기로 제거하여 실내를 21°C, Φ = 70%로 유지한다. 그림 P10.89의 제습기는 냉동 사이클로서, 증발기를 지나는 공기는 냉각되고, 여기서 액체 물이 응결되어 흘러내린다. 공기는 계속하여 응축기로 유입된다. 공기 유량 0.1 kg/s에 대해, 휀 구동용 모터와 압축기에 1.4 kW가 필요하고 장치의 성능 계수는 $\beta = \dot{Q}_L/\dot{W}_C$ = 2.0이다. 실내로 재순환되는 공기의 상태와 압축기의 일 소요량을 구하라.

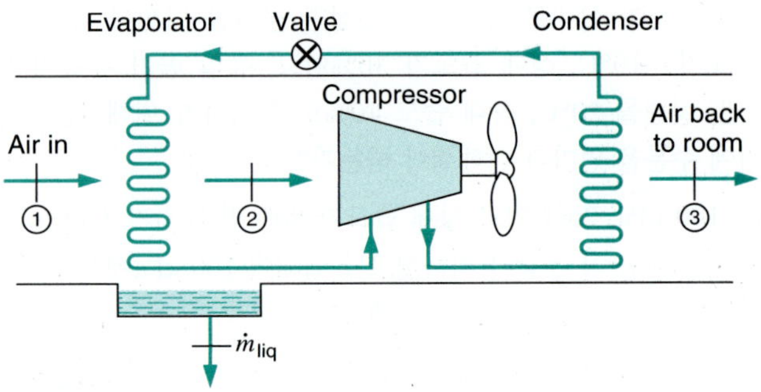

그림 P10.89

습공기 선도

10.90 습공기 선도를 이용하여 Φ, v, T_{wet}, T_{dry}를 구하라.

a. T_{dry} = 25°C, Φ = 80%
b. T_{dry} = 15°C, Φ = 100%
c. T_{dry} = 20°C, v = 0.008
d. T_{dry} = 25°C, T_{wet} = 23°C

10.91 습공기 선도를 이용하여 Φ, v, T_{wet}, T_{dry}를 구하라.

a. Φ = 50%, v = 0.012
b. T_{wet} = 15°C, Φ = 60%
c. v = 0.008, T_{wet} = 17°C
d. T_{dry} = 10°C, v = 0.006

10.92 문제 10.91의 각 상태에서 이슬점을 구하라.

10.93 구름이 끼고 바람이 있는 두 지점의 날씨를 비교해 보라. 해변 *A*에서는 온도가 20°C, 압력이 103.5 kPa, 상대 습도가 90%이고, 해변 *B*에서는 25°C, 99 kPa, 그리고 상대 습도 20%이다. 사람이 수영을 마치고 막 물에서 나왔다고 하자. 어느 해변이 더 쾌적할까? 그 이유를 설명하라.

10.94 40°C, 상대 습도 40%로 건공기 0.2 kg/s을 함유하는 습공기 유동을 에어컨으로 냉각시킨다. 출구 온도는 25°C이고, 압력은 100 kPa이다. 열전달률을 구하고 액체 물이 형성되는지 확인하라.

10.95 100 kPa, 30°C이고 상대 습도 40%인 대기가 정상 유동으

로 정압 열교환기에 유입된다. 첫번째 경우, 공기는 45°C까지 가열되고, 두 번째 경우는 포화에 이를 때까지 냉각된다. 두 경우에 대해, 출구 온도와 건공기 1 kg 당 열전달량을 구하라.

10.96 두 가지 공기의 흐름이 정상 유동 장치 내에서 혼합되는데, 두 흐름 모두, 상대 습도는 85%이고 건공기 유량이 0.1 kg/s이다. 한쪽 흐름은 32.5°C이고 다른 쪽 흐름은 16°C라 할 때, 출구의 상대 습도를 구하라.

10.97 여름철 더운 공기를 냉각하는 방법 중 하나는 증발 냉각(evaporative cooling)이며, 이것은 단열 포화 과정과 유사한 과정이다. 옥외 공기가 35°C, 100 kPa, 상대 습도 30%이라면, 이 방법에 의해 얻을 수 있는 최대 냉각 열량은 얼마인가? 이 방법에는 어떤 단점이 있는가?

10.98 100 kPa, 35°C, 상대 습도 40%의 습공기 유동이 20°C의 물의 단열 증발에 의해 냉각되어 포화 상태에 이른다. 건공기 1 kg 당 더해지는 물의 양과 출구 온도를 구하라.

10.99 두 가지 서로 다른 공기의 유동을 혼합하여 온도가 21°C이고 상대 습도가 60%인 습공기를 생산해야 한다. 유동 1의 공기는 10°C, 상대 습도 80%이고, 유동 2의 공기는 32°C, T_{wet} = 27°C이다. 그림 P10.99처럼 혼합실에 이어 가열기나 냉각기를 연결할 수 있다. 액체 물은 공급되지 않고 P = 100 kPa이다. 두 가지 제어 변수—하나는 질량 유량 비 $\dot{m}_{a1}/\dot{m}_{a2}$이고 다른 하나는 건 공기 1 kg 당 가열기/냉각기에서의 열전달량—을 구하라.

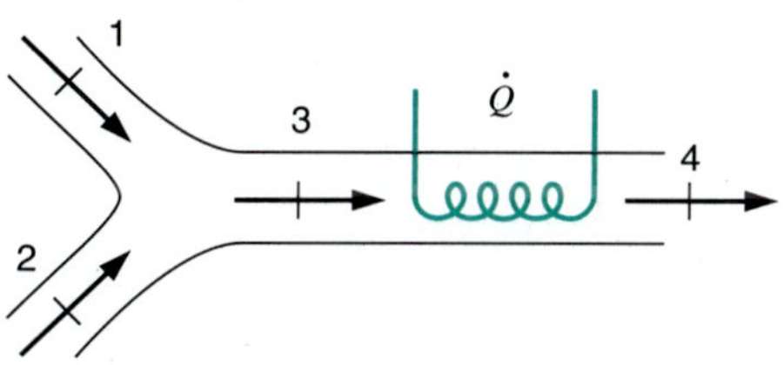

그림 P10.99

10.100 덥고 건조한 날씨에, 100 kPa, 40°C, 상대 습도 5%의 공기가 1.0 m³/s의 정상 유동으로 에어컨에 유입된다. 에어컨에서는 20°C의 액체 물을 20 kg/h의 유량으로 공기에 뿌려주고 20 kW의 비율로 열을 제거한다. 출구 압력은 100 kPa이다. 출구 온도와 상대 습도를 구하라.

10.101 단열 탱크 입구의 공기는 ω_1 = 0.0084이고, 출구 공기는 T_2 = 22°C, Φ_2 = 90%이고, 압력은 모두 100 kPa이다. 또 이 탱크에, 그림 P10.101처럼, 80°C, 100 kPa의 물이 0.25 kg/s의 유량으로 공급된다. 정상 작동할 때, 출구의 비습도, 공기의 질량 유량, 공기의 입구 온도 T_1을 구하라.

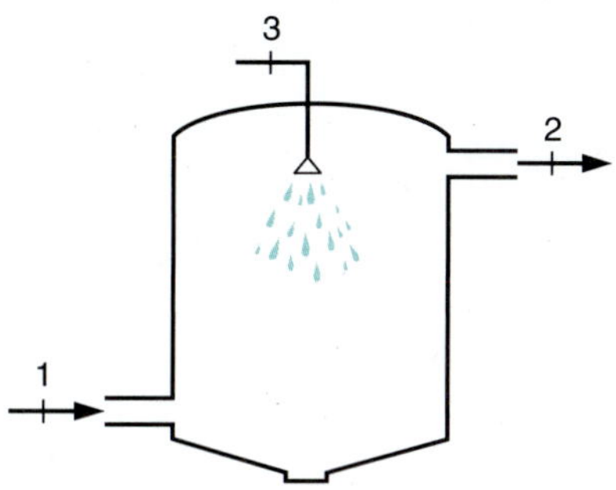

그림 P10.101

10.102 (1) 35°C, T_{wet} = 18°C와 (2) 26.5°C, Φ = 60%의 두 가지 대기 상태를 고려해 보자. 정상 유동 중인 공기를 (1)에서 (2)로, 또 (2)에서 (1)로 변화시키는 장치 시스템을 제안해보라. 가열기, 냉각기, 가습기, 제습기, 액체 회수기(liquid trap) 등을 이용할 수 있다. 액체/고체 유동은 과정에서 나타나는 최저 온도에서 이루어지는 것으로 가정하라. 상태 1의 비습도와 상대 습도, 그리고 상태 2의 이슬점을 구하고, 시스템 내 각 요소에서 건공기 1 kg 당 열전달을 구하라.

제 11 장

동력 및 냉동계

Power and Refrigeration Systems

이 장의 주제

- 동력계의 개요
- 재생 사이클
- 열병합 발전
- Brayton 사이클
- 제트 추진용 공기 표준 사이클
- Otto 사이클
- 냉동계의 개요
- 증기 압축 냉동계의 작동 유체
- 공기 표준 냉동 사이클
- Rankine 사이클
- 실제 사이클과 이상 사이클의 차이
- 공기 표준 동력 사이클
- 재생기가 있는 단순 가스 터빈 사이클
- 왕복 기관 동력 사이클
- 디젤 사이클
- 증기 압축 냉동 사이클
- 실제 증기 압축 냉동 사이클과 이상 사이클의 차이
- 복합 사이클의 동력 및 냉동계

앞서 여러번 다루었던 증기 발전소와 같은 동력 기관들은 사이클로 운전된다. 즉 작동 유체는 일련의 과정을 거친 후에 다시 초기 상태로 돌아온다. 내연 기관이나 가스 터빈과 같은 동력 기관에서는 작동 유체가 열역학적 사이클을 구성하지 않고 역학적 사이클(mechanical cycle)을 구성한다. 이 경우 작동 유체는 과정이 종료되었을 때 초기와 다른 조성을 갖거나 다른 상태에 있게 된다. 이러한 기기들은 (정확한 어휘는 아니나) 개방 사이클로 운전된다고 하고, 증기 발전소는 밀폐 사이클로 운전된다고 말한다. 개방 사이클과 밀폐 사이클의 구분은 냉동기기에도 똑같이 적용할 수 있다. 개방 사이클 기기와 밀폐 사이클 기기를 해석하는 방법으로, 실제 사이클과 유사한 이상화된 밀폐 사이클로 해석하면 편리하다. 이 방법은 특히 어떤 변수가 기기의 성능에 미치는 영향을 살펴보는 데 유리하다. 예를 들어 스파크-점화식 내연 기관은 보통 근사적인 Otto 사이클로 간주할 수 있다. Otto 사이클에서는 압축 비가 증가하면 사이클의 효율도 증가하게 된다. Otto 사이클의 효율이 실제 기관의 효율과 다르다고 하더라도 이러한 현상은 실제 현상과 매우 일치한다.

이 장에서는 동력 기기 및 냉동 기기에 대한 이상적인 사이클을 다루려 한다. 증기가 작동 유체인 경우와 이상 기체가 작동 유체인 경우를 살펴보고, 이상 사이클과 실제 사이클의 차이에 대해서도 살펴보기로 한다. 또 사이클의 성능을 향상시키기 위한 방법도 제시하려 한다. 이러한 방법 중에는 재생기, 다단 압축 및 팽창, 중간 냉각기 등도 있다. 이러한 계들의 여러 가지 복합 형태인 열병합 발전(cogeneration), 복합 사이클, 상부(topping) 사이클 및 하부(bottoming) 사이클, 이원 사이클 계 등도 취급할 것이다.

11.1 동력계의 개요

7장에서 열역학 제2법칙을 설명할 때 네 과정으로 구성된 열기관 사이클을 소개하였다. 이 사이클은 그림 7.16과 같이 축일을 수행하는 정상 상태 정상 유동(SSSF) 기기로 운전하거나 그림 7.17과 같이 경계 이동 일을 수행하는 피스톤-실린더 기기로 운전할 수 있다. SSSF 기기에서는 한 사이클 동안 작동 유체가 상 변화를 하기도 하며 하나의 상으로 작업하기도 한다. 경계 이동 일 기기에서는 작동 유체가 기체

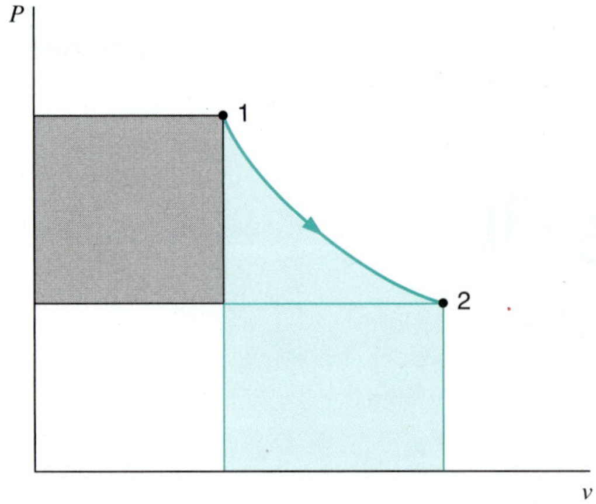

그림 11.1 축일과 경계 이동 일의 비교.

상인 경우가 많다.

가역 SSSF 과정에서 운동 에너지와 위치 에너지를 무시하면, 단위 질량 당 축일은 식 9.19로 표현된다.

$$w = -\int v\, dP$$

단순 압축성 물질에 대한 가역 과정에서 단위 질량 당 경계 이동 일은 식 4.3으로 표현된다.

$$w = \int P\, dv$$

이 두 가지 적분 값은 그림 11.1의 P–v 선도 상의 두 면적과 같다. SSSF 과정에서는 정압 변화에서 일이 0이며, 경계 이동 일의 경우 정적 변화에서 일이 0이다.

이제 그림 7.16과 같이 4개의 SSSF 과정으로 구성된 동력계를 생각해 보자. 각 과정은 내부적으로 가역이며, 운동 에너지와 위치 에너지의 변화가 무시할 만큼 작다고 가정하면, 각 과정에서 행한 일은 식 9.19로 표현된다. 편의상 두 열전달 기기(보일러와 응축기)에서는 일이 없는 정압 과정이라 생각한다. 또한 터빈과 펌프에서의 과정은 단열이며 따라서 등엔트로피 과정으로 가정한다. 이러한 과정으로 구성된 사이클을 그림 11.2에 나타내었다. 사이클 전체가 액체와 증기의 포화 영역 내에 존재하면 두 정압 과정은 등온 과정이 되어 결과적으로 Carnot 사이클과 같게 되며, 그렇지 않은 경우에는 Carnot 사이클과 다른 사이클이 된다. 어떠한 경우든 이 동력계의 출력 일은

$$w_{\text{net}} = -\int_1^2 v\, dP + 0 - \int_3^4 v\, dP + 0 = -\int_1^2 v\, dP + \int_4^3 v\, dP$$

로 표현된다. 여기서 $P_2 = P_3$이고 $P_1 = P_4$이므로 팽창 과정 3–4의 비체적이 압축 과정 1–2의 비체적보다 크고 따라서 출력 일이 양수임을 알 수 있다. 이 결과는 그림 11.2에 $-\int v\, dP$의 면적으로도 명백히 알 수 있다. 따라서 액체와 증기의 경우와 같이 비체적 차이가 크면 출력 일도 크게 된다.

그림 11.2의 네 과정 사이클이 경계 이동 일을 피스톤–실린더 계로 수행하였다면, 동력계의 출력 일은

$$w_{\text{net}} = \int_1^2 P\, dv + \int_2^3 P\, dv + \int_3^4 P\, dv + \int_4^1 P\, dv$$

로 표현된다. 그림 11.2의 네 면적을 고려할 때, 두 팽창 과정 동안의 압력이 두 압축 과정 동안의 압력보다 높아서 면적이 양수이며 따라서 출력 일이 양수이다.

이상의 두 가지 경우에서, 각 과정에서의 일은 서로 다르지만 사이클의 출력 일은 그림 11.2의 곡선 1–2–3–4–1의 내부 면적과 같다.

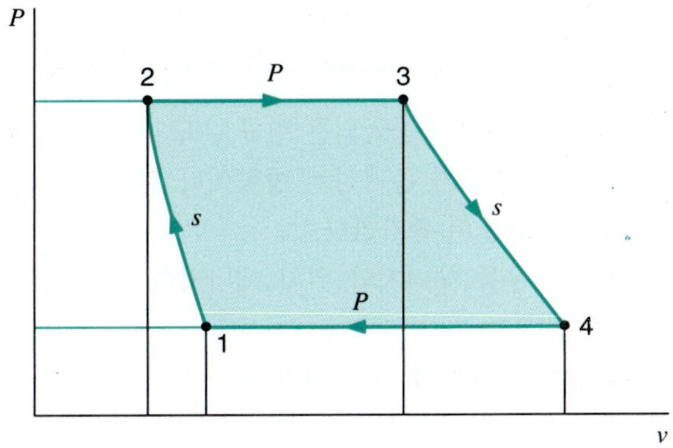

그림 11.2 네 과정으로 이루어진 동력 사이클.

다음 절에서는 그림 11.2와 같은 네 SSSF 과정 사이클인 Rankine 사이클을 다루는데, 이 사이클에서는 압축 과정의 비체적과 팽창 과정의 비체적의 차이를 최대로 하기 위하여 작동 유체가 증기와 액체 사이에 상 변화를 수행한다. 이 사이클은 증기 발전소의 이상 모델이다.

11.2 Rankine 사이클

그림 11.2와 같이 4개의 SSSF 과정으로 구성된 이상적인 사이클을 생각하자. 여기서 상태 1은 포화 액체이고 상태 3은 포화 증기 또는 과열 증기이다. 이 계는 **Rankine 사이클**(Rankine cycle)이라고 부르며 단순 증기 발전소에 대한 모델이다. 각 상태와 과정을 그림 11.3과 같은 *T*–*s* 선도 상에 표시하면 편리하다. 사이클은 다음의 네 과정으로 구성된다.

1–2: 펌프에서의 가역 단열 가압

2–3: 보일러에서의 정압 열전달

3–4: 터빈에서의 가역 단열 팽창(또는 증기 기관과 같은 동력 생성 기기)

4–1: 응축기에서의 정압 열전달

앞서 언급한 바와 같이 Rankine 사이클은 증기를 과열하여 1–2–3′–4′–1의 사이클을 구성하는 경우도 포함한다.

운동 에너지와 위치 에너지의 변화를 무시할 때, 열전달량과 일은 *T*–*s* 선도상에 여러 가지 면적으로 표시된다. 작동 유체에 전달된 열은 *a*–2–2′–3–*b*–*a*의 면적이고, 작동 유체가 방출한 열은 *a*–1–4–*b*의 면적이다. 열역학 제1법칙을 이용하면, 두 면적의 차이인 1–2–2–3–4–1의 면적은 사이클 당 출력 일을 나타내고 있음을 알 수 있다. 열효율은 다음 식으로 정의한다.

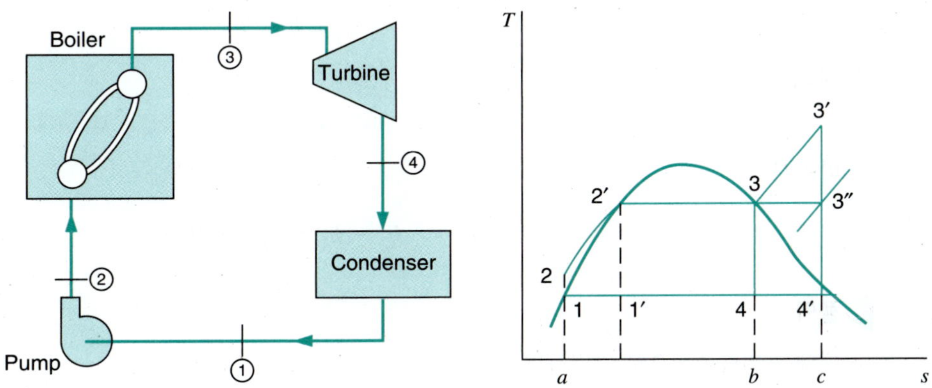

그림 11.3 Rankine 사이클로 운전되는 단순 증기 발전소.

$$\eta_{th} = \frac{w_{net}}{q_H} = \frac{\text{area } 1\text{–}2\text{–}2'\text{–}3\text{–}4\text{–}1}{\text{area } a\text{–}2\text{–}2'\text{–}3\text{–}b\text{–}a} \tag{11.1}$$

Rankine 사이클을 해석할 때, 효율을 열이 공급되는 평균 온도와 열이 방출되는 평균 온도의 관점에서 보면 편리하다. 열이 공급되는 평균 온도가 증가하는 방향이나 열이 방출되는 평균 온도가 감소하는 방향으로 변화하면 Rankine 사이클의 효율이 증가한다.

이 장의 이상 사이클 해석에서는 운동 에너지와 위치 에너지의 변화를 무시하고 있으며, 대부분의 실제 사이클에서도 역시 무시할 수 있다.

Rankine 사이클의 효율은 같은 최고 온도와 같은 최저 온도를 갖는 Carnot 사이클의 효율보다 낮다. 그 이유는 2와 2′ 사이의 평균 온도가 증발 온도보다 낮기 때문이다. 그렇다면 1′–2′–3–4–1′의 Carnot 사이클 대신 Rankine 사이클을 증기 발전소의 이상 사이클로 채택하는 이유는 무엇일까? 이 질문에는 적어도 두 가지 대답이 가능하다. 첫째 이유는 펌프에서 찾을 수 있다. 상태 1′은 액체와 증기의 혼합 상태이다. 상태 1′의 혼합 상태를 압축하여 포화 액체를 생성하는 펌프를 제작하기는 대단히 어렵다. 완전히 응축된 액체는 펌프로 압축하기가 매우 수월하며, Rankine 사이클은 이러한 관점으로 구성한 것이다. 두 번째 이유는 증기의 과열에서 찾을 수 있다. Rankine 사이클에서 증기는 3–3′ 과정을 통해 정압으로 과열된다. 반면에 Carnot 사이클에서는 모든 열전달이 일정한 온도에서 이루어지며 증기는 3–3″ 과정에서 과열된다. 이 과열 과정 동안 압력은 강하하므로 증기는 열을 받으며 외부로 일을 해야 한다. 이러한 등온 팽창 과정은 실제로 수행하기가 매우 어렵다. 따라서 Rankine 사이클이 실제 사이클과 더 유사한 이상 사이클로 볼 수 있다. 다음 절에서는 Rankine 사이클의 효율을 Carnot 사이클의 효율에 더 가깝게 할 수 있는 방법들을 생각해 보자.

먼저 예제를 살펴본 후, 일부 변수들이 Rankine 사이클의 성능에 어떻게 미치는지 토론하도록 한다.

예제 11.1

수증기를 작동 유체로 사용하고 응축기 압력이 10 kPa, 보일러 압력이 2 MPa인 Rankine 사이클의 효율을 구하라. 보일러 출구에서 수증기는 포화 증기이다.

Rankine 사이클에 있어서, w_p를 유동 유체의 단위 질량 당 펌프에 공급하는 일로 표기하고, q_L을 유동 유체의 단위 질량 당 방출하는 열로 표기하기로 한다.

문제를 해결하기 위해 검사체적을 펌프, 보일러, 터빈, 응축기로 각각 설정한다. 열역학 모델로 수증기 표를 사용하고, 운동 에너지와 위치 에너지의 변화가 없는 정상 상태 과정으로 간주한다.

검사체적: 펌프
입구 상태: P_1을 알고 있고, 포화 액체; 상태 확정
출구 상태: P_2을 알고 있음

해석

제1법칙:

$$w_p = h_2 - h_1$$

제2법칙:

$$s_2 = s_1$$

따라서

$$h_2 - h_1 = \int_1^2 v\, dP$$

풀이

액체를 비압축성으로 가정하면,

$$w_p = v(P_2 - P_1) = (0.001\ 01)(2000 - 10) = 2.0 \text{ kJ/kg}$$
$$h_2 = h_1 + w_p = 191.8 + 2.0 = 193.8 \text{ kJ/kg}$$

보일러에 대해

검사체적: 보일러
입구 상태: P_2, h_2를 알고 있음; 상태 확정
출구 상태: P_3를 알고 있음, 포화 증기; 상태 확정

해석

제1법칙:

$$q_H = h_3 - h_2$$

풀이

대입하면,

$$q_H = h_3 - h_2 = 2799.5 - 193.8 = 2605.7 \text{ kJ/kg}$$

터빈에 대해

검사체적: 터빈
입구 상태: 상태 3을 알고 있음.
출구 상태: P_4를 알고 있음.

해석

제1법칙:

$$w_1 = h_3 - h_4$$

제2법칙:

$$s_3 = s_4$$

풀이

상태 4의 건도를 다음과 같이 결정할 수 있다.

$$s_3 = s_4 = 6.3409 = 0.6493 + x_4 7.5009, \qquad x_4 = 0.7588$$
$$h_4 = 191.8 + 0.7588(2392.8) = 2007.5 \text{ kJ/kg}$$
$$w_t = 2799.5 - 2007.5 = 792.0 \text{ kJ/kg}$$

응축기에 대해

검사체적: 응축기
입구 상태: 상태 4를 알고 있음
출구 상태: 상태 1을 알고 있음

해석

제1법칙:

$$q_L = h_4 - h_1$$

풀이

대입하면

$$q_L = h_4 - h_1 = 2007.5 - 191.8 = 1815.7 \text{ kJ/kg}$$

이제 열효율은

$$\eta_{th} = \frac{w_{net}}{q_H} = \frac{q_H - q_L}{q_H} = \frac{w_t - w_p}{q_H} = \frac{792.0 - 2.0}{2605.7} = 30.3\%$$

로 계산된다. 열효율은 사이클의 여러 위치에서의 상태량들로 다음과 같이 표현할 수도 있다.

$$\eta_{th} = \frac{(h_3 - h_2) - (h_4 - h_1)}{h_3 - h_2} = \frac{(h_3 - h_4) - (h_2 - h_1)}{h_3 - h_2}$$

$$= \frac{2605.7 - 1815.7}{2605.7} = \frac{792.0 - 2.0}{2605.7} = 30.3\%$$

■

Rankine 사이클의 성능에 영향을 미치는 압력과 온도를 먼저 생각해 보자. 변수는 배기 압력(그리고 온도), 사이클 최대 온도, 사이클 최대 압력(보일러)이다. 그림 11.4에서 보는 바와 같이 기본 Rankine 사이클의 정미 사이클 출력 일은 11.1절에서 논의한 바와 같이 과정의 경로에 의해 밀폐된 면적 1–2–3–4–1로 주어진다. 무엇인가를 변화시켜 이 면적을 증가시키면 정미 사이클 일이 증가하는 결과를 가져온다.

즉, 배기 압력을 낮추거나, 최대 온도를 높이거나(과열 증기), 혹은 최대 압력을 높이면 이 면적은 증가할 것이다.

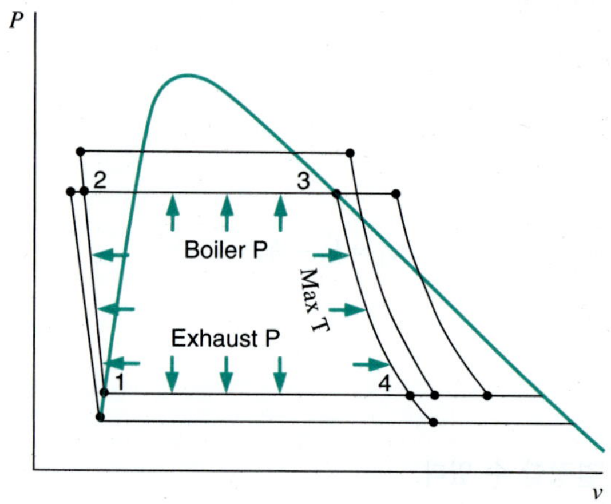

그림 11.4 Rankine 사이클 일에 미치는 압력과 온도의 영향.

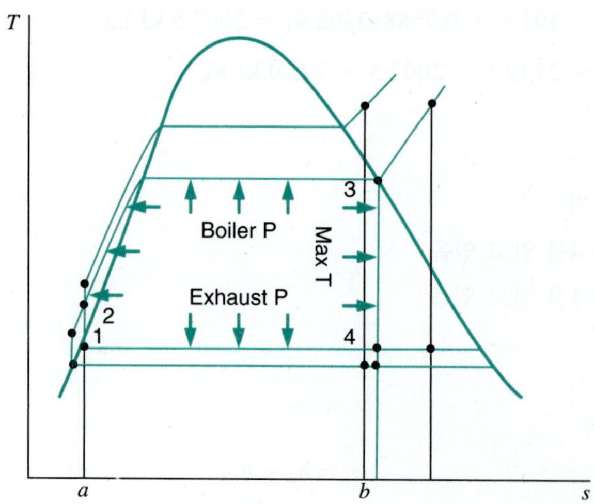

그림 11.5 Rankine 사이클 효율에 미치는 압력과 온도의 영향.

그림 11.5에 나타낸 T–s 선도에서도 정미 사이클 출력 일은 과정의 경로에 의해 밀폐된 면적 1–2–3–4–1이다. 왜냐하면, 이 면적은 열 입력 면적 a–2–3–b–a와 열 방출 면적 a–1–4–b–1의 차이이기 때문이다. 사이클 효율은 공급된 열에 대한 정미 일의 비 또는 T–s 선도에서 이들 두 면적의 비로 주어진다. 정리하면, 배기 압력을 낮추거나, 최대 온도의 높이거나, 혹은 최대 압력을 높이면 이 비는 증가한다.

예제 11.2

Rankine 사이클에서 증기는 4 MPa, 400°C의 상태로 보일러를 나와서 터빈에 들어간다. 응축기 압력은 10 kPa이다. 사이클의 효율을 계산하라.

사이클의 효율을 계산하기 위해서 터빈 일, 펌프 일, 보일러에서 전달한 열을 계산해야 한다. 각 부품을 검사체적으로 설정하여 이들을 계산한다. 모델로 수증기 표를 사용하고 운동 에너지와 위치 에너지의 변화가 없는 정상 상태 과정으로 간주한다.

검사체적: 펌프
입구 상태: P_1을 알고 있고, 포화 상태; 상태 확정
출구 상태: P_2를 알고 있음.

해석

제1법칙:

$$w_p = h_2 - h_1$$

제2법칙:

$$s_2 = s_1$$

$s_2 = s_1$ 이므로

$$h_2 - h_1 = \int_1^2 v\,dP = v(P_2 - P_1)$$

풀이

대입하면

$$w_p = v(P_2 - P_1) = (0.001\,01)(4000 - 10) = 4.0 \text{ kJ/kg}$$
$$h_1 = 191.8 \text{ kJ/kg}$$
$$h_2 = 191.8 + 4.0 = 195.8 \text{ kJ/kg}$$

터빈에 대해

검사체적: 터빈
입구 상태: P_3, T_3를 알고 있음; 상태 확정
출구 상태: P_4를 알고 있음.

해석

제1법칙:

$$w_t = h_3 - h_4$$

제2법칙:

$$s_4 = s_3$$

풀이

대입하면

$$h_3 = 3213.6 \text{ kJ/kg}, \qquad s_3 = 6.7690 \text{ kJ/kg K}$$

$$s_3 = s_4 = 6.7690 = 0.6493 + x_4 7.5009, \qquad x_4 = 0.8159$$

$$h_4 = 191.8 + 0.8159(2392.8) = 2144.1 \text{ kJ/kg}$$

$$w_t = h_3 - h_4 = 3213.6 - 2144.1 = 1069.5 \text{ kJ/kg}$$

$$w_{\text{net}} = w_t - w_p = 1069.5 - 4.0 = 1065.5 \text{ kJ/kg}$$

보일러에 대해

검사체적: 보일러
입구 상태: P_2, h_2를 알고 있음; 상태 확정
출구 상태: 상태 3을 알고 있음.

해석

제1법칙:

$$q_H = h_3 - h_2$$

풀이

대입하면

$$q_H = h_3 - h_2 = 3213.6 - 195.8 = 3017.8 \text{ kJ/kg}$$

$$\eta_{\text{th}} = \frac{w_{\text{net}}}{q_H} = \frac{1065.5}{3017.8} = 35.3\%$$

출력 일을 응축기에서 방출한 열로도 계산할 수 있으며, 제1법칙으로 사이클 출력 일은 한 사이클 동안 전달된 열의 합과 같다. 응축기를 검사체적으로 간주하면

$$q_L = h_4 - h_1 = 2144.1 - 191.8 = 1952.3 \text{ kJ/kg}$$

이므로

$$w_{\text{net}} = q_H - q_L = 3017.8 - 1952.3 = 1065.5 \text{ kJ/kg}$$

■

11.3 재생 사이클

Rankine 사이클의 또 다른 중요한 변화는 급수 가열기(feedwater heater)를 사용하는 **재생 사이클**(regenerative cycle)이다. 이 사이클의 기본 개념은 그림 11.6과 같이 과열이 없는 Rankine 사이클로 설명할 수 있다. 상태 2와 상태 2′ 사이의 과정 동안 작동 유체는 액체 상으로 가열되고 평균 온도가 증발 과정인 2′–3 과정보다 훨씬 낮다. 과정 2–2′ 때문에 1′–2′–3–4–1′의 Carnot 사이클보다 Rankine 사이클에서 열이 공급되는 동안의 평균 온도가 낮고, 따라서 사이클 효율도 이와 상응하는 Carnot 사이클보다 낮게 된다. 재생 사이클에서는 작동 유체가 상태 2 와 상태 2 사이의 상태로 보일러에 들어가고, 그 결과로 열이 공급되는 동안의 평균 온도가 더 높게 된다.

이상적인 재생 사이클에서, 펌프를 나온 액체(그림 11.6의 상태 2)는 터빈 케이스에서 터빈을 통과하는 증기와 역류되게 순환시켜 상태 2로 예열한다. 이는 두 흐름 사이의 커다란 열전달을 요구한다. 이

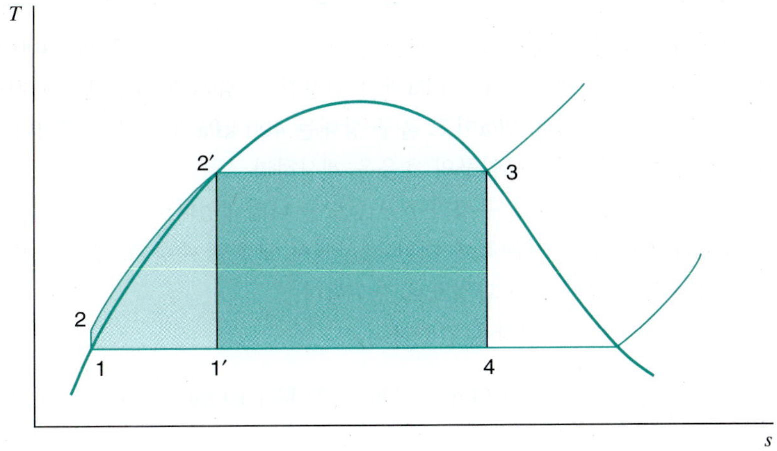

그림 11.6 Carnot 사이클 효율과 Rankine 사이클 효율에 나타내는 온도-엔트로피 선도.

러한 재생 사이클은 비현실적이기 때문에 좀더 현실적인 접근 방법으로 그림 11.7의 **급수 가열기**(feed-water heater)에서 터빈의 증기 일부를 빼내서 액체와 혼합하는 것이다.

과열된 수증기는 터빈에 상태 5로 들어간다. 상태 6까지 팽창된 후 수증기의 일부를 추출하여 급수 가열기에 공급한다. 남은 수증기는 터빈에서 상태 7까지 팽창하고 응축기에서 응축된다. 응축된 액체는 펌프를 통해 급수 가열기로 보내고 여기서 터빈에서 추출된 수증기와 혼합된다. 추출하는 수증기의 비율은 급수 가열기 출구의 액체가 상태 3의 포화 액체가 되도록 결정한다. 펌프에서는 액체를 보일러 압력까지 가압하지 않고 상태 6에 해당되는 중간 압력까지만 가압한다. 또 다른 펌프를 이용하여 급수 가열기의 출구 액체를 보일러 압력까지 가압한다. 여기서 중요한 점은 열을 공급하는 동안의 평균 온도가 증가했다는 사실이다.

이 사이클에서는 각 부품을 지나는 수증기의 질량이 서로 다르기 때문에 하나의 T–s 선도 상에 표시하기 어렵다. 그림 11.7의 T–s 선도는 유체의 각 위치에서의 상태만을 나타내고 있다.

그림 11.7에서 면적 4–5–c–b–4는 작동 유체의 단위 질량 당 전달된 열을 나타낸다. 과정 7–1은 열을 방출하는 과정이나 모든 수증기가 응축기를 통과하지 않으므로 면적 1–7–c–a–1은 응축기를 통과하는 단위 질량 당 열을 나타내지만 터빈에 들어가는 작동 유체는 단위 질량 당 열과는 다르다. 상태 6과 상태 7 사이의 터빈에는 증기의 일부만이 통과하고 있다. 다음 예제는 재생 사이클의 계산 방법을 예시하고 있다.

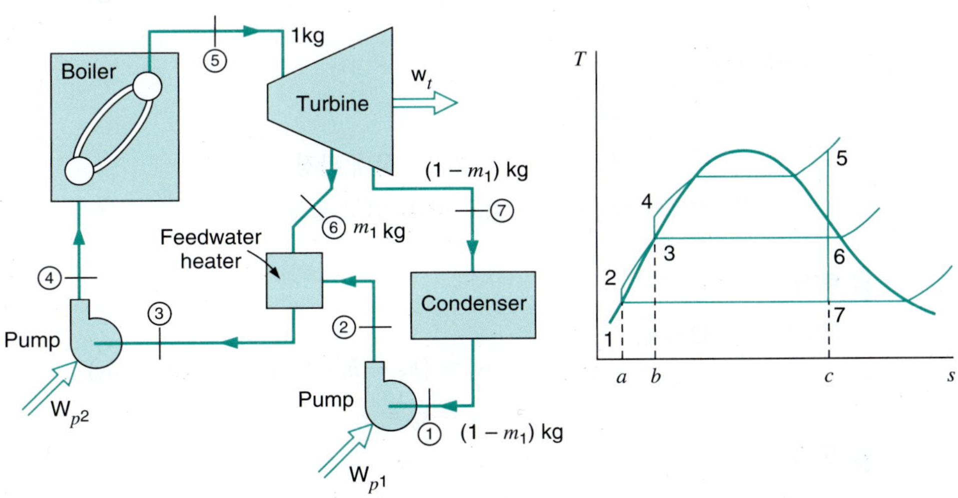

그림 11.7 개방형 급수 가열기를 이용한 재생 사이클.

예제 11.3

수증기를 작동 유체로 사용하는 재생 사이클을 생각하자. 증기는 4 MPa, 400°C의 상태로 보일러를 나와서 터빈에 들어간다. 터빈에서 400 kPa까지 팽창한 후 증기의 일부를 추출하여 급수 가열기에 공급한다. 급수 가열기의 압력은 400 kPa이고 출구 상태는 400 kPa의 포화 액체이다. 터빈에서 추출하고 남은 증기는 10 kPa까지 팽창된다. 사이클의 효율을 계산하라.

이 사이클은 그림 11.7에 그 구성과 T–s 선도를 나타내었다.

앞의 예제와 같이 각 검사체적에 대한 계산에서 모델로 수증기 표를 사용하고 운동 에너지와 위치 에너지의 변화가 없는 정상 상태 과정으로 간주한다.

예제 11.2에서 다음의 상태량을 얻었다.

$$h_5 = 3213.6 \text{ kJ/kg}, \qquad h_7 = 2144.1 \text{ kJ/kg}, \qquad h_1 = 191.8 \text{ kJ/kg}$$

또한 $P_6 = 400$ kPa에서 제2법칙으로부터

$$s_6 = s_5 = 6.7690 = 1.7766 + x_6 5.1193, \qquad x_6 = 0.9752$$
$$h_6 = 604.7 + 0.9752(2133.8) = 2685.6 \text{ kJ/kg}$$

우선 저압 펌프를 고려하면

검사체적: 저압 펌프
입구 상태: P_1을 알고 있고, 포화 액체; 상태 확정
출구 상태: P_2를 알고 있음

해석

제1법칙:

$$w_{p1} = h_2 - h_2$$

제2법칙:

$$s_2 = s_1$$

따라서

$$h_2 - h_1 = \int_1^2 v\, dP = v(P_2 - P_1)$$

풀이

$$w_{p1} = v(P_2 - P_1) = (0.001\,01)(400 - 10) = 0.4 \text{ kJ/kg}$$
$$h_2 = h_1 + w_p = 191.8 + 0.4 = 192.2 \text{ kJ/kg}$$

터빈에 대해

검사체적: 터빈
입구 상태: P_5, T_5를 알고 있음 ; 상태 확정
출구 상태: P_6을 알고 있고, P_7을 알고 있음

해석

제1법칙과 제2법칙:

$$w_t = (h_5 - h_6) + (1 - m_1)(h_6 - h_7)$$
$$s_5 = s_6 = s_7$$

풀이

제2법칙을 고려하면, h_6과 h_7의 값은 이미 계산한 값을 이용할 수 있다.

급수 가열기에 대해

검사체적: 급수 가열기
입구 상태: 상태 2와 상태 6을 알고 있음.
출구 상태: P_3을 알고 있고, 포화 액체 ; 상태 확정

해석

제1법칙:

$$m_1(h_6) + (1 - m_1)h_2 = h_3$$

풀이

대입하면

$$m_1(2685.6) + (1 - m_1)(192.2) = 604.7$$
$$m_1 = 0.1654$$

이제 터빈 일을 계산할 수 있다.

$$\begin{aligned} w_t &= (h_5 - h_6) + (1 - m_1)(h_6 - h_7) \\ &= (3213.6 - 2685.6) + (1 - 0.1654)(2685.6 - 2144.1) \\ &= 979.9 \text{ kJ/kg} \end{aligned}$$

고압 펌프에 대해

검사체적: 고압 펌프
입구 상태: 상태 3을 알고 있음.
출구 상태: P_4를 알고 있음.

해석

제1법칙과 제2법칙:

$$w_{p2} = h_4 - h_3$$
$$s_4 = s_3$$

풀이

대입하면

$$w_{p2} = v(P_4 - P_3) = (0.001\,084)(4000 - 400) = 3.9 \text{ kJ/kg}$$
$$h_4 = h_3 + w_{p2} = 604.7 + 3.9 = 608.6 \text{ kJ/kg}$$

따라서

$$\begin{aligned} w_{\text{net}} &= w_t - (1 - m_1)w_{p1} - w_{p2} \\ &= 979.9 - (1 - 0.1654)(0.4) - 3.9 = 975.7 \text{ kJ/kg} \end{aligned}$$

마지막으로 보일러에 대해

검사체적: 보일러
입구 상태: P_4, h_4를 알고 있음; 상태 확정
출구 상태: 상태 5를 알고 있음.

해석

제1법칙:

$$q_H = h_5 - h_4$$

풀이

대입하면

$$q_H = h_5 - h_4 = 3213.6 - 608.6 = 2605.0 \text{ kJ/kg}$$

따라서

$$\eta_{\text{th}} = \frac{w_{\text{net}}}{q_H} = \frac{975.7}{2605.0} = 37.5\%$$

예제 11.2의 Rankine 사이클에 비해 효율이 증가했다.

■

위의 내용에서는 터빈에서 추출한 증기와 급수가 급수 가열기에서 혼합된다고 가정하였다. 이보다 더욱 많이 사용되는 형태의 급수 가열기는 **밀폐형 가열기**(closed heater)이다. 이 경우 증기는 급수와 혼합되지 않고, 급수가 흐르는 관 외부에서 액체로 열만을 전달하며 응축된다. 밀폐형 가열기에서는 증기와 급수가 상당히 다른 압력에 있을 수 있다. 증기에서 응축된 액체는 펌프로 급수관에 공급하거나 **트랩**(trap)으로 제거하여 저압 가열기 또는 응축기로 보내진다(트랩은 증기는 통과시키지 않고 액체만 저압부로 통과시키는 기기이다).

개방형 급수 가열기는 밀폐형 급수 가열기에 비해 가격이 싸고 열전달 특성이 더 우수하다는 장점이 있다. 반면에 각 가열기 사이에 급수를 다루기 위한 펌프가 필요하다는 점은 개방형의 단점으로 지적할 수 있다.

많은 동력 발전소에서는 여러 단으로 증기를 추출하는 방법을 사용한다. 물론 단의 수와 방식은 경제적인 면에서 결정한다. 단의 수가 많으면 효율이 어느 정도 개선되지만 그 이익은 추가적인 장비와 증가된 계의 복잡성으로 상쇄될 수 있다.

11.4 실제 사이클과 이상 사이클의 차이

증기 동력 사이클을 마치기에 앞서서 실제 사이클이 이상 사이클과 어떻게 다른지에 대해 언급하고자 한다. 중요한 손실은 터빈 손실, 펌프 손실, 배관 손실, 응축기 손실 등이며 다음과 같다.

터빈 손실

9.5절에서 설명한대로 동력 발전소에서 이상적인 Rankine 사이클과 실제 사이클 성능 상 차이가 가장 큰 손실이 터빈 손실이다. 터빈에서의 출력은 사이클의 열효율 공식에서 분자이며 이는 가장 중요한 수치이다. 또한 터빈 출력은 등엔트로피 터빈 효율의 함수로 감소한다. 터빈 손실을 주로 깃과 통로 사이에 흐르는 작업 유체의 유동에 관련이 있다. 주위로의 열전달도 손실로 나타나지만 보통 크게 중요하지 않다. 터빈에서의 과정은 그림 11.8에 나타내었는데, 여기서 4_s는 이상적인 등엔트로피 팽창 후의 상태이고 4는 비가역 과정에 의한 실제 터빈 출구 상태를 나타낸다. 스로틀 과정 등을 이용하여 터빈을 조절하는 과정도 터빈 손실로 작용한다.

펌프 손실

펌프에서의 손실도 터빈 손실과 마찬가지로 주로 유체 유동의 비가역성과 관련이 있다. 펌프 효율은 9.5절에서 논의하였으며 이상적인 출구 상태 2_s와 실제의 출구 상태 2를 그림 11.8에 나타내었다. 펌프는 터빈에 비해 일의 양이 매우 적으므로 손실도 터빈 손실에 비해 매우 적다.

배관 손실

마찰에 의한 압력 강하와 주위로의 열전달은 가장 중요한 배관 손실이다. 예를 들어 터빈과 보일러를 연결하는 배관에 대해 생각해 보자. 마찰에 의한 영향만 있다면 그림 11.9의 상태 a와 상태 b로 각각 보일러 출구와 터빈 입구의 수증기 상태를 나타낼 수 있을 것이다. 마찰의 영향으로 엔트로피가 증가했음을 주의해야 한다. 일정한 압력에서 주위로 열전달이 발생하면 과정 bc로 나타낸다. 이 효과로 엔트로피는

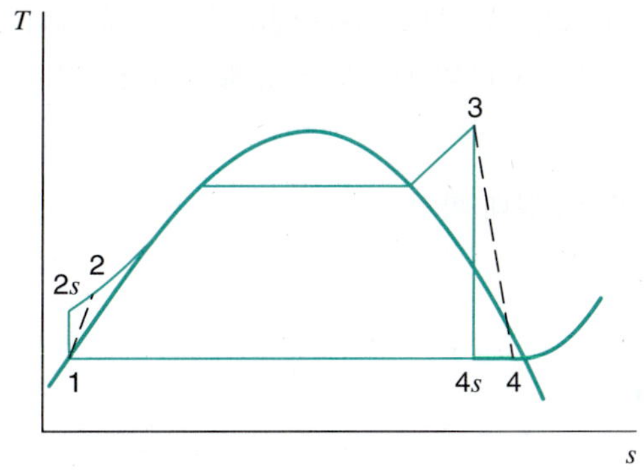

그림 11.8 터빈 효율의 사이클 성능에 대한 영향을 나타내는 온도-엔트로피 선도.

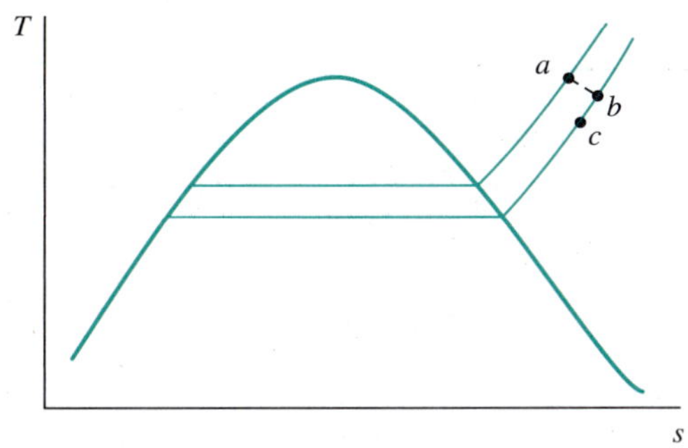

그림 11.9 보일러와 터빈 사이의 손실을 나타내는 온도-엔트로피 선도.

감소한다. 압력 강하와 열전달은 터빈 입구에서 수증기의 가용성을 감소시킨다. 이 과정 동안의 비가역성은 9장에서 소개한 방법으로 계산할 수 있다.

보일러에서의 압력 강하도 이와 비슷한 손실이다. 압력 강하 때문에 보일러로 들어가는 물은 보일러에서 나가는 수증기의 희망 압력보다 더 높은 압력으로 가압해야 하고, 따라서 추가적인 펌프 일이 요구된다.

응축기 손실

응축기에서의 손실은 상대적으로 적다. 손실 중의 하나로 응축기 출구에서 포화 온도 이하로의 냉각이 있다. 이는 액체를 포화 온도까지 가열하기 위해 추가적인 열전달이 필요하므로 손실이 된다.

이 손실의 사이클에 대한 영향을 살펴보기 위하여 다음 예제를 예제 11.2와 비교해 보자.

예제 11.4

증기 동력계가 그림 11.10에 표시된 온도와 압력의 상태로 이루어진 사이클로 작동된다. 터빈의 효율은 86%이고 펌프의 효율은 80%이다. 사이클의 효율을 계산하라.

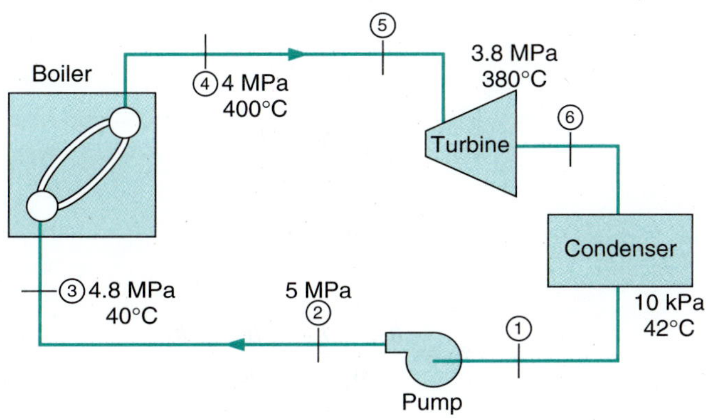

그림 11.10 예제 11.4에 대한 도식 선도.

앞의 예제와 같이 모델로 수증기 표를 사용하고 운동 에너지와 위치 에너지의 변화가 없는 정상 상태 과정으로 간주한다. 이 사이클은 그림 11.11의 T–s 선도 상에 나타내었다.

검사체적: 터빈
입구 상태: P_5, T_5를 알고 있음; 상태 확정
출구 상태: P_6을 알고 있음

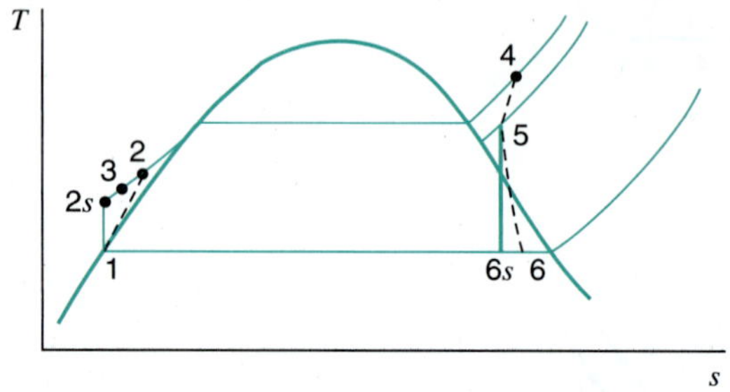

그림 11.11 예제 11.4에 대한 온도–엔트로피 선도.

해석

제1법칙:

$$w_t = h_5 - h_6$$

제2법칙:

$$s_{6s} = s_5$$

효율은

$$\eta_t = \frac{w_t}{h_5 - h_{6s}} = \frac{h_5 - h_6}{h_5 - h_{6s}}$$

풀이

수증기 표로부터

$$h_5 = 3169.1 \text{ kJ/kg}, \qquad s_5 = 6.7235$$

$$s_{6s} = s_5 = 6.7235 = 0.6493 + x_{6s}7.5009, \qquad x_{6s} = 0.8098$$

$$h_{6s} = 191.8 + 0.8098(2392.8) = 2129.5 \text{ kJ/kg}$$

$$w_t = \eta_t(h_5 - h_{6s}) = 0.86(3169.1 - 2129.5) = 894.1 \text{ kJ/kg}$$

펌프에 대해

검사체적: 펌프
입구 상태: P_1, T_1을 알고 있음; 상태 확정
출구 상태: P_2를 알고 있음.

해석

제1법칙:

$$w_p = h_2 - h_1$$

제2법칙:

$$s_{2s} = s_1$$

펌프 효율은

$$\eta_p = \frac{h_{2s} - h_1}{w_p} = \frac{h_{2s} - h_1}{h_2 - h_1}$$

$s_{2s} = s_1$이므로

$$h_{2s} - h_1 = v(P_2 - P_1)$$

따라서

$$w_p = \frac{h_{2s} - h_1}{\eta_p} = \frac{v(P_2 - P_1)}{\eta_p}$$

풀이

대입하면

$$w_p = \frac{v(P_2 - P_1)}{\eta_p} = \frac{(0.001\,009)(5000 - 10)}{0.80} = 6.3 \text{ kJ/kg}$$

따라서

$$w_{\text{net}} = w_t - w_p = 894.1 - 6.3 = 887.8 \text{ kJ/kg}$$

마지막으로 보일러에 대해

검사체적: 보일러
입구 상태: P_3, T_3을 알고 있음; 상태 확정
출구 상태: P_4, T_4를 알고 있음; 상태 확정

해석

제1법칙:

$$q_H = h_4 - h_3$$

풀이

대입하면

$$q_H = h_4 - h_3 = 3213.6 - 171.8 = 3041.8 \text{ kJ/kg}$$

$$\eta_{\text{th}} = \frac{887.8}{3041.8} = 29.2\%$$

이 결과는 예제 11.2의 유사한 Rankine 사이클의 효율인 35.3%와 비교할 수 있다.

■

11.5 열병합 발전

산업 시설 중에는 전기를 생산하면서 동시에 다른 형태의 에너지를 공급해야 하는 경우가 있 다. 이 경우 에너지 공급을 위해 제2보일러 등의 보조 장치를 사용하는 대신 동력 사이클의 터빈에서 팽창된 증기를 이용할 수 있다. 그림 11.12은 이러한 목적으로 구성된 한 가지 예를 나 타내고 있다. 터빈의 중간 압력의 위치에서 수증기를 추출하여 특별 공정을 작동하기 위한 목적이나 시설 도는 공간을 난방할 목적으로 사용한다. 이러한 형태의 응용을 **열병합 발전**(cogeneration)이라고 한다. 전기와 증기 모두를 목적으로 계를 설계하였을 때 열병합 발전은 설비에 대한 투자비와 운영비를 크게 절감할 수 있으며, 두 가지 요구 조건을 모두 만족시키기 위해서는 여러 변수들을 최적화해야만 한다. 열병합 발전 계에 대한 구체적인 예는 연습 문제에서 다루기로 한다.

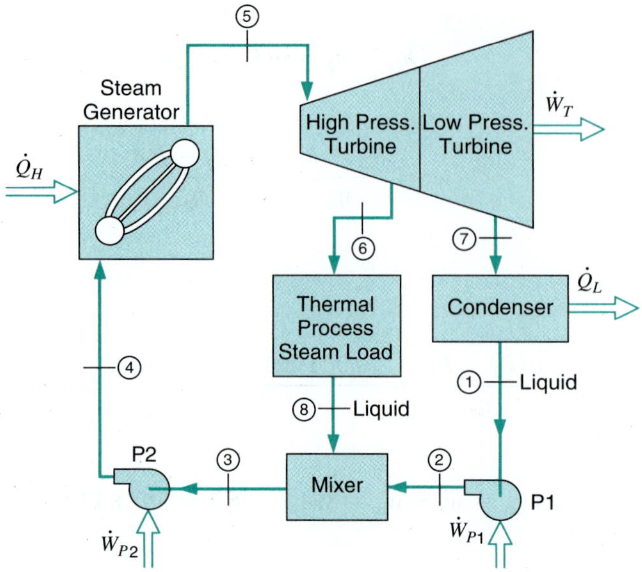

그림 11.12 열병합 발전계의 예.

개념에 관한 질문

a. 과열이 없는 Rankine 사이클을 고려하자. 한 사이클을 결정하는 데 얼마나 많은 상의 물성치가 필요한가? 과열이 있는 경우는?

b. 어느 요소가 Rankine 사이클에서 고압을 결정하는가? 저압을 결정하는 인자는 무엇인가?

c. 개방형과 밀폐형 급수 가열기의 차이점은 무엇인가?

d. 열병합 발전소에서는 무엇이 함께 발생되는가?

11.6 공기 표준 동력 사이클

11.1절에서 SSSF 과정과 실린더-피스톤 경계 이동 일 과정에 대한 이상적인 네 과정 사이클을 설명하였다. 또 한 상 변화 사이클과 하나의 상으로 이루어진 사이클에 관한 내용도 언급하였다. 그리고 상 변화 동력 사이클의 이상적인 모델인 Rankine 사이클에 대하여 자세히 알아보았다. 그러나 일을 생성하는 많은 장치들(엔진)은 작동 유체로 기체만을 사용한다. 자동차용 스파크 점화 기관이 가장 좋은 예이고, 디젤 기관과 전통적인 가스 터빈도 그러하다. 이런 엔진들에서는 연소 과정 동안 공기와 연료가 연소 생성물로 변화하므로 작동 유체의 조성이 변화한다. 따라서 이러한 기관을 내연 기관(internal combustion engine)이라 한다. 반면에 증기동력 기관은 연소 생성물로부터 작동 유체에 열만 전달되므로 외연 기관(external combustion engine)이라 한다. 외연 기관은 주로 기체상의 작동 유체를 사용하는데, 공기를 가장 많이 사용한다. 현재까지의 외연 기관은 상당히 제한적인 분야에만 사용하고 있으나, 원자로에 응용되는 가스 터빈 사이클은 널리 연구되고 있다. 다른 외연 기관들도 최근의 대기 오염 문제를 해결하기 위한 면에서 관심을 갖고 있다.

내연 기관에서 작동 유체는 역학적 사이클을 구성하기는 하나 완전한 열역학적 사이클을 구성하지 못하므로 소위 개방 사이클에서 작동한다고 한다. 그러나 내연 기관의 해석을 위하여 개방 사이클과 유사한 밀폐 사이클로 간주하는 방법이 편리하다. 이러한 관점에서 다음의 가정을 통해 공기 표준 사이클을 생각한다.

1. 전 사이클을 통해 일정한 질량의 공기가 작동 유체이며 공기는 항상 이상 기체이다. 따라서 흡입 과정과 배출 과정은 없다.

2. 연소 과정은 외부 열원으로부터의 열전달 과정으로 대치한다.
3. 사이클은 주위로의 열전달 과정으로 완성된다(실제 엔진에서는 배출 과정과 흡입 과정이다).
4. 모든 과정은 내부적으로 가역이다.
5. 경우에 따라 공기의 비열은 일정하다고 가정한다(물론 이러한 가정이 가장 정확한 모델은 아니다).

공기 표준 사이클은 여러 변수들이 성능에 미치는 영향을 정성적으로 검토하는 데 매우 중요하다. 효율이나 평균 유효 압력(mean effective pressure)과 같이 공기 표준 사이클에서 얻는 정량적 결과는 실제 엔진의 경우와 다를 수 있다. 따라서 공기 표준 사이클을 다룰 때는 정량적인 면보다는 정성적인 면에 중점을 두어야 한다.

왕복동 엔진에서"평균 유효 압력(mep)"은 동력 행정 동안 일정한 압력이 피스톤에 작용했다고 가정하였을 때 실제 일을 계산할 수 있는 압력으로 정의한다. 한 사이클 동안의 일은 평균 유효 압력, 피스톤의 면적(복동식 기관의 경우는 커넥팅 로드의 단면적을 제외한 면적), 행정의 곱으로 표시된다.

11.7 Brayton 사이클

11.1절에서 다루었던 4개의 SSSF 과정으로 구성된 이상적인 동력 사이클 중에서 두 개의 정압 과정과 두 개의 등엔트로피 과정으로 구성된 사이클을 그림 11.2에 나타내었다. 작동 유체가 응축되는 경우를 Rankine 사이클이라 하였고, 작동 유체가 항상 기체인 경우를 **Brayton 사이클**(Brayton cycle)이라 한다. 공기 표준 Brayton 사이클은 단순 **가스 터빈**(gas turbine)의 이상 사이클이다. 내연 과정을 이용하는 단순 개방 사이클과 열전달 과정을 이용하는 단순 밀폐 사이클을 그림 11.13에 도식적으로 나타내었다. 공기 표준 Brayton 사이클의 P–v 선도 및 T–s 선도를 그림 11.14에 나타내었다.

공기 표준 Brayton 사이클의 효율은 다음과 같다.

$$\eta_{\text{th}} = 1 - \frac{Q_L}{Q_H} = 1 - \frac{C_p(T_4 - T_1)}{C_p(T_3 - T_2)} = 1 - \frac{T_1(T_4/T_1 - 1)}{T_2(T_3/T_2 - 1)}$$

그러나 다음과 같이도 쓸 수 있다.

$$\frac{P_3}{P_4} = \frac{P_2}{P_1}$$

$$\frac{P_2}{P_1} = \left(\frac{T_2}{T_1}\right)^{k/(k-1)} = \frac{P_3}{P_4} = \left(\frac{T_3}{T_4}\right)^{k/(k-1)}$$

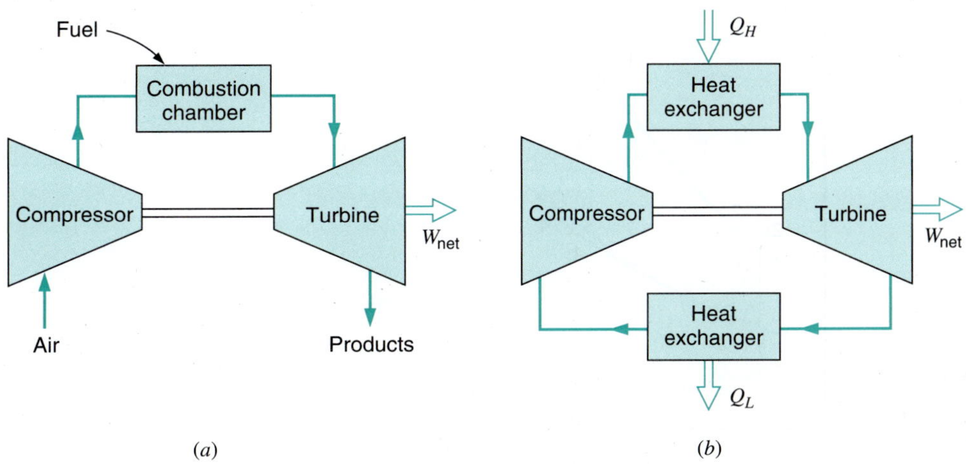

그림 11.13 Brayton 사이클로 운전되는 가스 터빈: (a) 개방 사이클, (b) 밀폐 사이클.

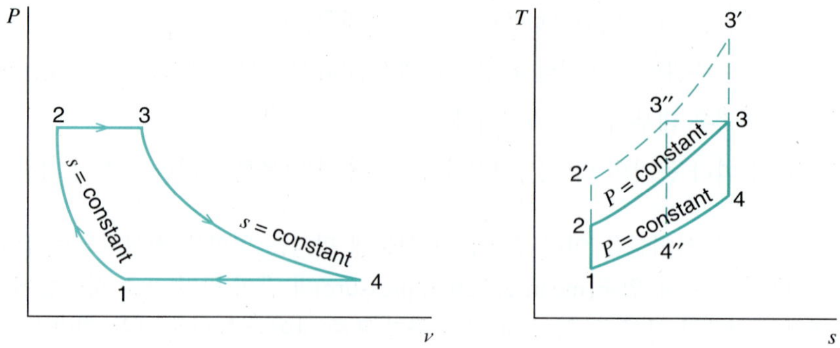

그림 11.14 공기 표준 Brayton 사이클.

$$\frac{T_3}{T_4} = \frac{T_2}{T_1} \quad \therefore \frac{T_3}{T_2} = \frac{T_4}{T_1} \quad \text{and} \quad \frac{T_3}{T_2} - 1 = \frac{T_4}{T_1} - 1$$

$$\eta_{\text{th}} = 1 - \frac{T_1}{T_2} = 1 - \frac{1}{(P_2/P_1)^{(k-1)/k}} \tag{11.2}$$

따라서 공기 표준 Brayton 사이클의 효율은 등엔트로피 압력 비의 함수이다. 효율은 압력 비에 따라 증가하는데, 이는 그림 11.14에서 알 수 있듯이 압력 비가 증가하면 사이클이 1–2–3–4–1에서 1–2′–3′–4–1로 변화하기 때문이다. 두 경우 방출하는 열은 같으나 후자의 경우 전자보다 공급하는 열이 더 많으므로 더욱 높은 효율을 갖게 된다. 후자의 경우 최고 온도가 T_3로 전자의 T_3보다 높다. 실제 가스 터빈에서 기체의 터빈 입구 온도는 재질에 따라 정해져 있다고 할 수 있다. 따라서 온도 T_3를 고정시키고 압력 비를 증가시키면 사이클은 1–2′–3″–4″–1로 변화한다. 이 사이클은 본래의 사이클보다 높은 효율을 가지나 작동 유체의 질량 당 일은 변화한다.

원자로의 출현과 함께 밀폐 사이클 가스 터빈은 더욱 중요하게 되었다. 열은 원자로의 연료로부터 가스 터빈의 작동 유체로 직접 전달되거나 제2의 유체를 통해 전달된다. 그리고 작동 유체에서 직접 주위로 열이 방출된다.

실제 가스 터빈과 이상 사이클의 차이는 주로 압축기와 터빈의 비가역성과 유체의 유로 및 연소실(또는 밀폐터빈에서의 열교환기)에서의 압력 강화로 인해 발생한다. 이러한 손실을 고려한 단순 개방 사이클 가스 터빈의 각 상태들을 그림 11.15에 나타내었다.

압축기와 터빈의 효율은 등엔트로피 과정과 비교하여 정의한다. 그림 11.15에 나타낸 표기법으로 설명하자면 압축기 효율과 터빈 효율은 각각

$$\eta_{\text{comp}} = \frac{h_{2s} - h_1}{h_2 - h_1} \tag{11.3}$$

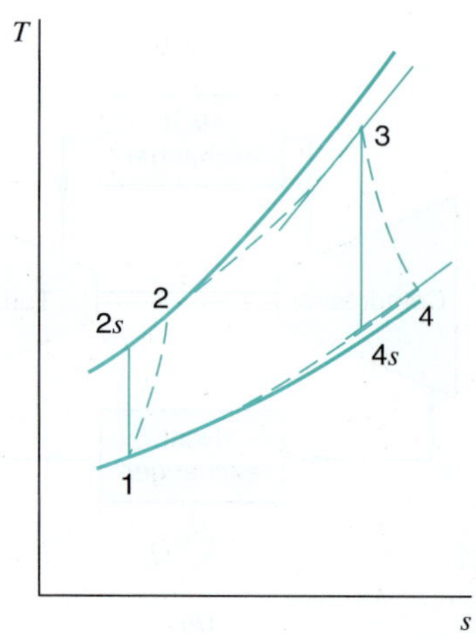

그림 11.15 가스 터빈 사이클에서 압축기 효율과 터빈 효율의 영향.

$$\eta_{\text{turb}} = \frac{h_3 - h_4}{h_3 - h_{4s}} \tag{11.4}$$

이 된다.

Brayton 사이클에서는 압축기 일[**역일**(back work)이라고도 함]이 상대적으로 많다. 압축기는 터빈의 출력 일 중 40% 내지 80%의 일을 소모한다. 실제 사이클에서는 손실로 인해 터빈의 출력 일이 감소하고 압축기의 입력 일이 증가한다. 따라서 압축기의 효율과 터빈 효율의 감소는 모두 사이클 효율을 감소시키는 결과를 가져온다. 실제로 압축기 효율과 터빈 효율이 60% 미만이 되면 터빈 일은 모두 압축기를 구동하는 데 소요되고 사이클 효율은 0이 된다. Braton 사이클은 터빈 일의 1% 내지 2% 정도만을 펌프 일로 소요하는 Rankine 사이클과 매우 대조적이다. 이러한 관점에서 팽창 과정과 압축 과정의 차이가 큰 사이클의 장점을 설명할 수 있다.

예제 11.5

공기 표준 Brayton 사이클에서 공기는 0.1 MPa, 15°C의 상태로 압축기에 유입되고 1.0 MPa의 압력으로 배출된다. 사이클의 최고 온도는 1100°C이다.

1. 사이클의 각 위치에서 압력과 온도
2. 압축기 일, 터빈 일, 사이클 효율을 계산하라.

각 검사 체적에 대한 모델은 비열이 (300 K에서의 값으로) 일정한 이상 기체이고, 각 과정은 운동 에너지와 위치 에너지의 변화가 없는 정상 상태 과정이다. 이 예제에 대한 선도는 그림 11.15와 같다.

압축기, 터빈, 고온 열교환기, 저온 열교환기를 차례대로 계산한다.

검사체적: 압축기
입구 상태: P_1, T_1을 알고 있음; 상태 확정
출구 상태: P_2를 알고 있음.

해석

제1법칙:

$$w_c = h_2 - h_1$$

(여기서 압축 일 w_c는 압축기로의 입력 일로 정의한다.)

제2법칙:

$$s_2 = s_1$$

이므로

$$\frac{T_2}{T_1} = \left(\frac{P_2}{P_1}\right)^{(k-1)/k}$$

풀이

T_2에 대해 풀면

$$\left(\frac{P_2}{P_1}\right)^{(k-1)/k} = 10^{0.286} = 1.932, \qquad T_2 = 556.8 \text{ K}$$

따라서

$$w_c = h_2 - h_1 = C_p(T_2 - T_1)$$
$$= 1.004(556.8 - 288.2) = 269.5 \text{ kJ/kg}$$

터빈에 대해

검사체적: 터빈
입구 상태: $P_3(=P_2)$을 알고 있고, T_3을 알고 있음; 상태 확정
출구 상태: $P_4(=P_1)$을 알고 있음.

해석

제1법칙:

$$w_t = h_3 - h_4$$

제2법칙:

$$s_3 = s_4$$

이므로

$$\frac{T_3}{T_4} = \left(\frac{P_3}{P_4}\right)^{(k-1)/k}$$

풀이

T_4에 대해 풀면

$$\left(\frac{P_3}{P_4}\right)^{(k-1)/k} = 10^{0.286} = 1.932, \qquad T_4 = 710.8 \text{ K}$$

따라서

$$\begin{aligned} w_t &= h_3 - h_4 = c_p(T_3 - T_4) \\ &= 1.004(1373.2 - 710.8) = 664.7 \text{ kJ/kg} \\ w_{\text{net}} &= w_t - w_c = 664.7 - 269.5 = 395.2 \text{ kJ/kg} \end{aligned}$$

열교환기에 대해

검사체적: 고온 열교환기
입구 상태: 상태 2 확정
출구 상태: 상태 3 확정

해석

제1법칙:

$$q_H = h_3 - h_2 = C_p(T_3 - T_2)$$

풀이

대입하면

$$q_H = h_3 - h_2 = C_p(T_3 - T_2) = 1.004(1373.2 - 556.8) = 819.3 \text{ kJ/kg}$$

검사체적: 저온 열교환기
입구 상태: 상태 4 확정
출구 상태: 상태 1 확정

해석

제1법칙:

$$q_L = h_4 - h_1 = C_p(T_4 - T_1)$$

풀이

대입하면

$$q_L = h_4 - h_1 = C_p(T_4 - T_1) = 1.004(710.8 - 288.2) = 424.1 \text{ kJ/kg}$$

이므로

$$\eta_{th} = \frac{w_{net}}{q_H} = \frac{395.2}{819.3} = 48.2\%$$

이 결과는 식 11.2로도 확인할 수 있다.

$$\eta_{th} = 1 - \frac{1}{(P_2/P_1)^{(k-1)/k}} = 1 - \frac{1}{10^{0.286}} = 48.2\%$$

■

예제 11.6

공기가 예제 11.5와 같은 조건으로 압축기에 유입되고 1.0 MPa로 배출되는 가스 터빈을 생각하자. 최고 온도는 1100°C이다. 압축기 효율이 80%이고 터빈 효율이 85%이며 압축기와 터빈 사이의 압력 강하는 15 kPa이라고 가정하자. 압축기 일, 터빈 일, 사이클 효율을 계산하라.

앞의 예제와 마찬가지로 각 검사체적에 대해 모델은 비열이 (300 K에서의 값으로) 일정한 이상 기체이고, 각 과정은 운동 에너지와 위치 에너지의 변화가 없는 정상 상태 과정이다. 이 예제에 대한 선도는 그림 11.15와 같다.

압축기, 터빈, 고온 열교환기의 순서로 계산한다.

검사체적: 압축기
입구 상태: P_1, T_1을 알고 있음; 상태 확정
출구 상태: P_2를 알고 있음

해석

제1법칙, 실제 과정:

$$w_c = h_2 - h_1$$

제2법칙, 이상적인 과정:

$$s_{2s} = s_1$$

이므로

$$\frac{T_{2s}}{T_1} = \left(\frac{P_2}{P_1}\right)^{(k-1)/k}$$

그리고

$$\eta_c = \frac{h_{2s} - h_1}{h_2 - h_1} = \frac{T_{2s} - T_1}{T_2 - T_1}$$

풀이

T_2에 대해 풀면

$$\left(\frac{P_2}{P_1}\right)^{(k-1)/k} = \frac{T_{2s}}{T_1} = 10^{0.286} = 1.932, \qquad T_{2s} = 556.8 \text{ K}$$

효율은

$$\eta_c = \frac{h_{2s} - h_1}{h_2 - h_1} = \frac{T_{2s} - T_1}{T_2 - T_1} = \frac{556.8 - 288.2}{T_2 - T_1} = 0.80$$

따라서

$$T_2 - T_1 = \frac{556.8 - 288.2}{0.80} = 335.8, \qquad T_2 = 624.0 \text{ K}$$

$$w_c = h_2 - h_1 = C_p(T_2 - T_1)$$

$$= 1.004(624.0 - 288.2) = 337.0 \text{ kJ/kg}$$

터빈에 대해

검사체적: 터빈

입구 상태: P_3(P_2—압력 강하)을 알고 있고, T_3을 알고 있음; 상태 확정

출구 상태: P_4를 알고 있음

해석

제1법칙, 실제 과정:

$$w_t = h_3 - h_4$$

제2법칙, 이상적인 과정:

$$s_{4s} = s_3$$

이므로

$$\frac{T_3}{T_{4s}} = \left(\frac{P_3}{P_4}\right)^{(k-1)/k}$$

그리고

$$\eta_t = \frac{h_3 - h_4}{h_3 - h_{4s}} = \frac{T_3 - T_4}{T_3 - T_{4s}}$$

풀이

수치를 대입하면

$$P_3 = P_2 - \text{pressure drop} = 1.0 - 0.015 = 0.985 \text{ MPa}$$

$$\left(\frac{P_3}{P_4}\right)^{(k-1)/k} = \frac{T_3}{T_{4s}} = 9.85^{0.286} = 1.9236, \qquad T_{4s} = 713.9 \text{ K}$$

$$\eta_t = \frac{h_3 - h_4}{h_3 - h_{4s}} = \frac{T_3 - T_4}{T_3 - T_{4s}} = 0.85$$

$$T_3 - T_4 = 0.85(1373.2 - 713.9) = 560.4 \text{ K}$$

$$T_4 = 812.8 \text{ K}$$

$$w_t = h_3 - h_4 = C_p(T_3 - T_4)$$

$$= 1.004(1373.2 - 812.8) = 562.4 \text{ kJ/kg}$$

$$w_{\text{net}} = w_t - w_c = 562.4 - 337.0 = 225.4 \text{ kJ/kg}$$

마지막으로 열교환기에 대해

검사체적: 고온 열교환기

입구 상태: 상태 2 확정

출구 상태: 상태 3 확정

해석

제1법칙:

$$q_H = h_3 - h_2$$

풀이

대입하면

$$q_H = h_3 - h_2 = C_p(T_3 - T_2)$$
$$= 1.004(1373.2 - 624.0) = 751.8 \text{ kJ/kg}$$

이므로

$$\eta_{th} = \frac{w_{net}}{q_H} = \frac{225.4}{751.8} = 30.0\%$$

■

예제 11.5와 예제 11.6을 비교하면 다음과 같다.

	w_c	w_t	w_{net}	q_H	η_{th}
예제 11.5(이상적)	269.5	664.7	395.2	819.3	48.2
예제 11.6(실제적)	337.0	562.4	225.4	751.8	30.0

앞서 언급했듯이 비가역성은 터빈 일을 감소시키고 압축기 일을 증가시킨다. 순 일(net work)은 두 일의 차이므로 압축기 효율 및 터빈 효율이 감소함에 따라 순 일은 급격히 감소한다. 따라서 고효율 압축기와 고효율 터빈의 개발은 가스 터빈 개발에 매우 중요하다.

이상적인 사이클(예제 11.5)에서는 터빈 일의 약 41% 정도가 압축기를 구동하는 데 소요되고 59% 정도가 순 일이다. 실제 사이클(예제 11.6)에서는 60% 정도가 압축기를 구동하는 데 소요되는 40% 정도가 순 일이다. 따라서 순 일이 10,000 kW가 되기 위해서는 25,000 kW의 터빈과 15,000 kW의 압축기가 필요하다. 이 결과로 가스 터빈에서는 보통 역일비(back-work ratio)가 매우 크게 된다.

11.8 재생기가 있는 단순 가스 터빈 사이클

가스 터빈 사이클의 효율은 **재생기**(regenerator)를 이용하여 증가시킬 수 있다. 재생기가 있는 단순 가스 터빈 사이클의 구성과 P–v 선도 및 T–s 선도를 그림 11.16에 나타내었다. 사이클 1–2–x–3–4–y–1에서 터빈 출구인 상태 4의 기체 온도는 압축기 출구의 기체 온도보다 높다. 따라서 터빈을 나온 저압 기체에서 압축기를 나온 고압 기체로 열전달이 이루어진다. 재생기의 한 가지인 대향류 열교환기(counterflow heat exchanger)를 사용할 때, 이상적으로는 재생기 출구에서 고압 기체의 온도 T_x가 터빈 출구의 기체 온도 T_4와 같게 된다. 외부 열원으로부터의 열전달은 기체의 온도를 T_x에서 T_3까지 증가시키는 데만 사용된다. 면적 x–3–d–b–x는 전달된 열을 나타내고 면적 y–1–a–c–y는 방출된 열을 나타낸다.

재생기가 있는 단순 가스 터빈 사이클에서 압력 비의 영향을 살펴보기 위해 사이클 1–2′–3′–4–1을 생각해 보자. 이 사이클에서 터빈 출구의 기체 온도는 압축기 출구의 기체 온도와 같으므로 재생기를 사용할 수 없게 된다. 이를 좀 더 정확히 알아보기 위하여 재생기가 있는 이상적인 가스 터빈 사이클의 효율을 계산해 보자.

그림 11.16의 표기법을 이용하면 재생기가 있는 사이클의 효율은 다음과 같다.

$$\eta_{th} = \frac{w_{net}}{q_H} = \frac{w_t - w_c}{q_H}$$
$$q_H = C_p(T_3 - T_x)$$
$$w_t = C_p(T_3 - T_4)$$

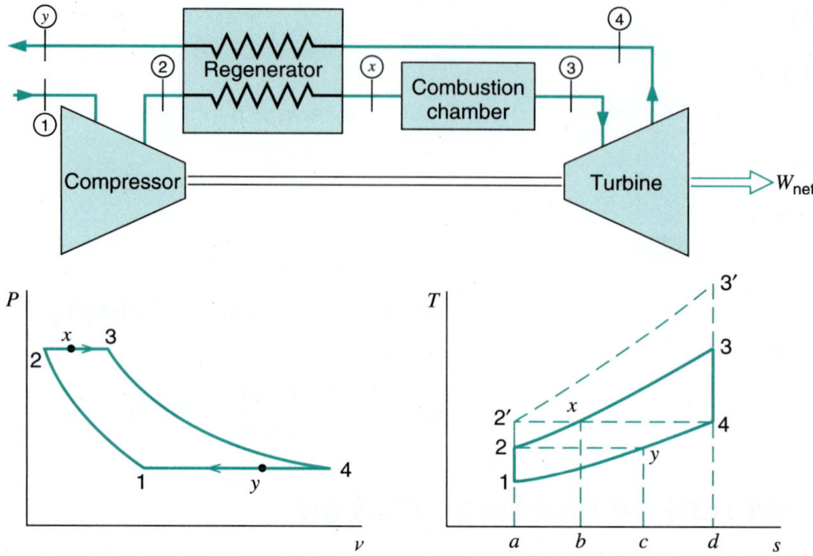

그림 11.16 이상적인 재생 사이클.

그러나 이상적인 재생기에서 $T_4 = T_x$이므로 $q_H = w_t$이다. 따라서

$$\eta_{th} = 1 - \frac{w_c}{w_t} = 1 - \frac{C_p(T_2 - T_1)}{C_p(T_3 - T_4)}$$

$$= 1 - \frac{T_1(T_2/T_1 - 1)}{T_3(1 - T_4/T_3)} = 1 - \frac{T_1}{T_3}\frac{[(P_2/P_1)^{(k-1)/k} - 1]}{[1 - (P_1/P_2)^{(k-1)/k}]}$$

$$\eta_{th} = 1 - \frac{T_1}{T_3}\left(\frac{P_2}{P_1}\right)^{(k-1)/k}$$

결과적으로 재생기를 이용한 이상 사이클에서 열효율은 압력 비와 최저 온도–최고 온도 비의 함수이다. 여기서는 Brayton 사이클과 달리 압력 비가 증가하면 효율이 감소함을 알 수 있다.

재생기의 유효도(regenerator efficiency) 또는 효율은 그림 11.17을 이용하여 정의할 수 있다. 상태 x는 고압 기체의 재생기 출구 상태이다. 이상적인 재생기에서 두 유체간의 온도차는 매우 작으며 고압 기체의 재생기 출구 상태의 온도는 T_x'이고 T_x'는 T_4와 같다. 실제 재생기에서는 유한한 온도차로 작동하며 실제 출구 상태의 온도 T_x는 T_x' 보다 낮게 된다. 재생기 효율은

$$\eta_{reg} = \frac{h_x - h_2}{h_x' - h_2} \tag{11.5}$$

로 정의한다. 비열이 일정하다고 가정하면 재생기 효율은

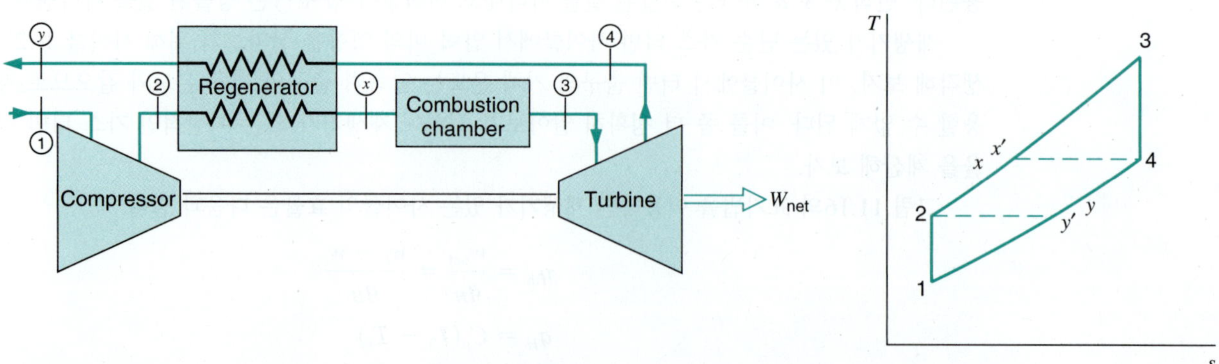

그림 11.17 재생기 효율의 정의를 설명하는 온도–엔트로피 선도.

$$\eta_{\text{reg}} = \frac{T_x - T_2}{T_x' - T_2}$$

의 관계가 성립된다.

재생기의 열전달 면적이 넓으면 재생기 효율이 증가하나 반면에 압력 강하에 의한 손실을 증가한다. 따라서 사이클의 최대 효율을 얻기 위해서는 압력 강하와 재생기 효율을 동시에 고려해야 한다. 경제적 관점에서 재생기의 가격은 재생기로 인한 에너지 절약과 비교해야 한다.

예제 11.7

예제 11.5의 사이클에 이상적인 재생기를 부착하였을 때 사이클의 열효율을 계산하라.

이 예제에 대한 선도로 그림 11.17을 이용하고 예제 11.5에서 계산한 값들을 이용하자. 고온 열교환기에 대한 제1법칙에서

$$q_H = h_3 - h_x$$

이므로 풀면

$$T_x = T_4 = 710.8\text{ K}$$

$$q_H = h_3 - h_x = C_p(T_3 - T_x) = 1.004(1373.2 - 710.8) = 664.7\text{ kJ/kg}$$

$$w_{\text{net}} = 395.2\text{ kJ/kg} \qquad \text{(from Example 11.5)}$$

$$\eta_{\text{th}} = \frac{395.2}{664.7} = 59.5\%$$

■

11.9 제트 추진용 공기 표준 사이클

다음에 다루는 공기 표준 사이클은 **제트 추진**(jet propulsion)에 이용된다. 이 사이클에서는 터빈에 의해 수행된 일이 겨우 압축기를 구동할 수 있게 된다. 터빈에서 기체는 중간 정도의 압력까지만 팽창하는데, 이 압력은 터빈 일이 압축기 일과 같도록 결정된다. 터빈의 배출 압력은 주위의 압력보다 높으므로 기체는 노즐에서 주위의 압력까지 팽창한다. 기체는 고속으로 분출되면 기체의 운동량 변화가 엔진이 설치되어 있는 비행체에 추진력을 공급한다. 이러한 공기 표준 사이클은 그림 11.18에 나타내었다. 이 사이클의 원리는 Brayton 사이클의 해석에 가역 단열 노즐만을 추가하면 설명할 수 있다.

예제 11.8

압축기 입구의 공기가 0.1 MPa, 15°C인 이상적인 제트 추진 사이클이 있다. 압축기 출구의 압력이 1.0 MPa이고 최고 온도가 1100°C이다. 터빈 일과 압축기 일이 같도록 터빈에서 공기가 팽창한다. 터빈을 나온 공기는 노즐에서 0.1 MP까지 팽창한다. 과정은 가역 단열 과정이다. 노즐 출구의 공기 속도를 구하라.

모델은 비열이 (300 K에서의 값으로) 일정한 이상 기체이고, 각 과정은 위치 에너지의 변화가 없는 정상 상태 과정이다. 노즐에서는 운동 에너지의 변화를 고려한다. 이 예제에 대한 선도는 그림 11.18과 같다.

압축기 해석은 예제 11.5와 같고, 그 결과는 다음과 같다.

$$P_1 = 0.1\text{ MPa}, \qquad T_1 = 288.2\text{ K}$$

$$P_2 = 1.0\text{ MPa}, \qquad T_2 = 556.8\text{ K}$$

$$w_c = 269.5\text{ kJ/kg}$$

터빈 해석도 예제 11.5와 같으나

$$P_3 = 0.1\text{ MPa}, \qquad T_3 = 1373.2\text{ K}$$

$$w_c = w_t = C_p(T_3 - T_4) = 269.5\text{ kJ/kg}$$

$$T_3 - T_4 = \frac{269.5}{1.004} = 268.6, \qquad T_4 = 1104.6\text{ K}$$

이므로

$$\frac{T_3}{T_4} = \left(\frac{P_3}{P_4}\right)^{(k-1)/k} = \frac{1373.2}{1104.6} = 1.2432$$

$$\frac{P_3}{P_4} = 2.142, \qquad P_4 = 0.4668 \text{ MPa}$$

검사체적: 노즐

입구 상태: 상태 4 확정

출구 상태: P_5를 알고 있음

해석

제1법칙

$$h_4 = h_5 + \frac{\mathbf{V}_5^2}{2}$$

제2법칙

$$s_4 = s_5$$

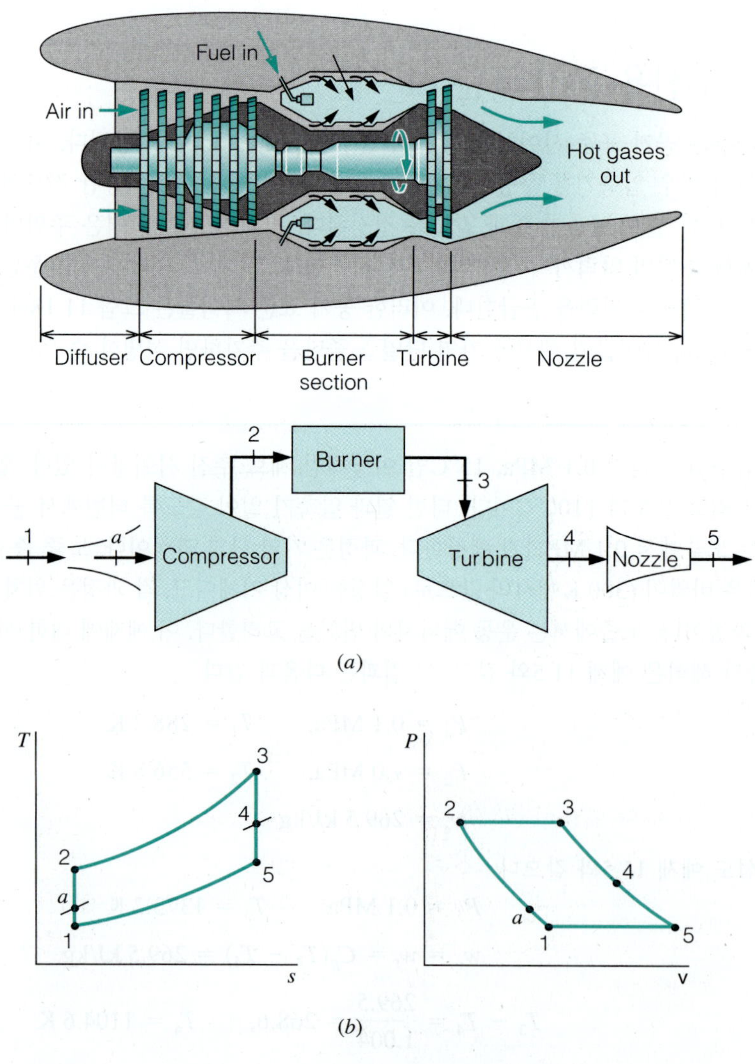

그림 11.18 제트 엔진에 대한 이상가스 터빈.

풀이

P_5가 0.1 MPa이므로 제2법칙에서 $T_5 = 710.8$ K를 얻을 수 있다. 그러면

$$\mathbf{V}_5^2 = 2C_{p0}(T_4 - T_5)$$
$$\mathbf{V}_5^2 = 2 \times 1000 \times 1.004(1104.6 - 710.8)$$
$$\mathbf{V}_5 = 889 \text{ m/s}$$

개념에 관한 질문

e. Brayton 사이클은 Rankine 사이클과 같은 4 과정을 가지고 있다. 그러나 T–s와 P–v 선도는 매우 다르다. 왜 그런가?

f. Brayton 사이클에 재생기를 항상 추가할 수 있을까? 압력 비가 증가하면 어떻게 되는가?

g. 압축기 사이에 중간 냉각기를 사용하는 이유가 무엇인가?

h. 제트 엔진은 축일을 만들지 않는다. 어떻게 동력이 생산되는가?

11.10 왕복 기관 동력 사이클

11.1절에서는 정상 상태 과정 또는 실린더–피스톤의 경계 이동 일 과정을 이용한 동력 사이클에 관해 언급하였다. 정상 상태 정압 과정에서 일의 전달이 0임을 지적하였다. 앞 절에서 다룬 정상 상태 동력 사이클에서는 두 개의 정압 열전달 과정이 포함되어 있다. 또 11.1절에서는 경계 이동 일 과정인 정적 과정에서 일의 전달이 0임을 지적하였다. 다음의 세 절에서는 실린더–피스톤의 경계 이동 일 과정을 이용한 이상적인 공기 표준 사이클을 다루기로 한다. 각 경우에는 한 개나 두 개의 정적 열전달 과정이 포함되어 있다.

왕복형기관 사이클을 설명하기에 앞서 약간의 일반적인 정의와 용어를 설명하고자 한다. 자동차 기관은 전형적으로 4, 6, 또는 8개의 실린더를 가지고 있고, 그들의 직경은 보어 B라고 불린다. 피스톤은 그림 11.19와 같이 크랭크 축에 연결되어 있고, 크랭크 각, θ를 변화하면서 회전할 때 피스톤은

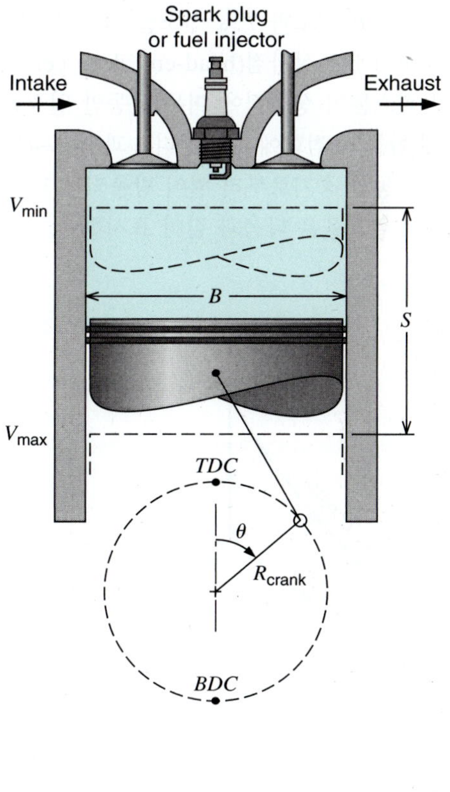

그림 11.19 내부 연소 기관용 피스톤–실린더 형상.

다음 식의 한 행정을 이루며 위와 아래로 움직인다.

$$S = 2R_{crank} \tag{11.6}$$

따라서 모든 실린더의 **변위**(displacement)는 다음과 같게 되고,

$$V_{displ} = N_{cyl}(V_{max} - V_{min}) = N_{cyl}A_{cyl}S \tag{11.7}$$

이것이 기관의 크기를 결정하는 주요 요소가 된다. **압축 비**(compression ratio)는 최소 체적에 대한 최대 체적의 비를 나타내며 다음과 같고, 이 특성들은 엔진의 형상에 의해 결정된다.

$$r_v = CR = V_{max}/V_{min} \tag{11.8}$$

한 사이클의 단위 질량 당 순 일은 **평균 유효 압력**(mean effective pressure)을 정의하는 데 사용되어 다음과 같고,

$$w_{net} = \oint P\,dv \equiv P_{meff}(v_{max} - v_{min}) \tag{11.9}$$

한 사이클 당 실린더의 순 일은 다음과 같다.

$$W_{net} = mw_{net} = P_{meff}(V_{max} - V_{min}) \tag{11.10}$$

이것을 사용하여 전 기관에 대한 일률(동력)을 나타내면 다음과 같다.

$$\dot{W} = N_{cyl}\,mw_{net}\frac{\text{RPM}}{60} = P_{meff}V_{displ}\frac{\text{RPM}}{60} \tag{11.11}$$

여기서 RPM은 분당 회전수이다. 이 회전수는 흡기와 배기 행정을 수행하여 완전한 한 사이클을 이루기 위해서 두 회전이 필요한 4행정 기관에 적용하기 위해서는 계수 1/2을 곱하여 수정되어야 한다.

11.11 Otto 사이클

공기 표준 **Otto 사이클**(Otto cycle)은 **스파크–점화 내연 기관**(spark-ignition internalcombustion engine)에 대한 이상 사이클이다. 사이클의 P–v 선도와 T–s 선도를 그림 11.20에 나타내었다. 과정 1–2는 피스톤이 하사점(crank-end dead center)에서 상사점(head-end dead center)으로 이동하면서 공기를 등엔트로피 압축하는 과정이다. 그리고 피스톤이 상사점에 머무는 동안 일정한 체적에서 열이 공급된다(이 과정은 스파크에 의한 연료–공기 혼합물의 점화에 해당한다). 과정 3–4는 등엔트로피 팽창 과정이며 과정 4–1은 피스톤이 하사점에 머무는 동안 공기로부터 열이 방출되는 과정이다.

공기의 비열이 일정할 때 이 사이클의 열효율은 다음과 같이 표시한다.

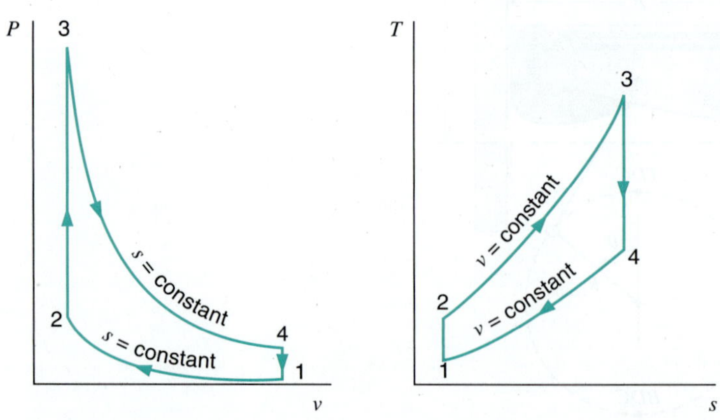

그림 11.20 공기 표준 Otto 사이클.

$$\eta_{th} = \frac{Q_H - Q_L}{Q_H} = 1 - \frac{Q_L}{Q_H} = 1 - \frac{mC_v(T_4 - T_1)}{mC_v(T_3 - T_2)}$$
$$= 1 - \frac{T_1(T_4/T_1 - 1)}{T_2(T_3/T_2 - 1)}$$

이며

$$\frac{T_2}{T_1} = \left(\frac{V_1}{V_2}\right)^{k-1} = \left(\frac{V_4}{V_3}\right)^{k-1} = \frac{T_3}{T_4}$$

이다. 따라서

$$\frac{T_3}{T_2} = \frac{T_4}{T_1}$$

이고

$$\eta_{th} = 1 - \frac{T_1}{T_2} = 1 - (r_v)^{1-k} = 1 - \frac{1}{r_v^{k-1}} \tag{11.12}$$

이며, 여기서 압축 비는

$$r_v = \text{compression ratio} = \frac{V_1}{V_2} = \frac{V_4}{V_3}$$

으로 정의한다.

공기 표준 Otto 사이클의 효율은 압축 비만의 함수이며, 압축 비가 증가할수록 효율이 증가한다는 점은 매우 중요하다. 그림 11.21은 공기 표준 사이클의 효율을 압축 비의 함수로 보여 주고 있다. 실제 스파크-점화 기관에서도 압축 비에 따라 효율이 증가하며 더욱 높은 효율을 얻기 위 하여 압축 비를 점점 높이려는 추세에 있다. 실제 엔진에서 압축 비를 높이면 연료가 스파크–점화 이전에 발화하는 경향이 있다. 발화 후 연료가 급속히 연소하여 실린더 내에 강한 압력파가 형성되므로 소위 스파크 노킹(knocking)이 발생한다. 따라서 발화가 일어나지 않는 최대의 압력비는 정해져 있다. 실제 엔진에서의 압축 비 증가를 위해서는 테트라에틸 연(tetraethyl lead) 등을 첨가한 노킹 억제용 연료를 사용하고 있다. 최근에는 대기 오염을 줄이려는 노력의 일환으로 노킹 억제 특성이 우수한 무연 휘발유를 개발하고 있다.

실제 개방 사이클 스파크–점화 기관과 공기 표준 사이클의 차이점은 다음과 같다.

1. 실제 기체의 비열은 온도에 따라 증가한다.
2. 고온에서의 열전달 과정이 연소 과정으로 대치되며, 불완전 연소가 가능하다.
3. 실제 기관에는 흡입(inlet) 과정과 배출(exhaust) 과정이 포함되며, 밸브를 통한 압력 강하가 있으므로 실린더를 공기로 충전하고 연소 생성물을 배출하기 위해서는 일정한 양의 일이 소요된다.
4. 실린더 내의 기체와 실린더 벽 사이에 상당한 양의 열전달이 있다.
5. 압력 구배와 온도 구배에 따른 비가역성이 있다.

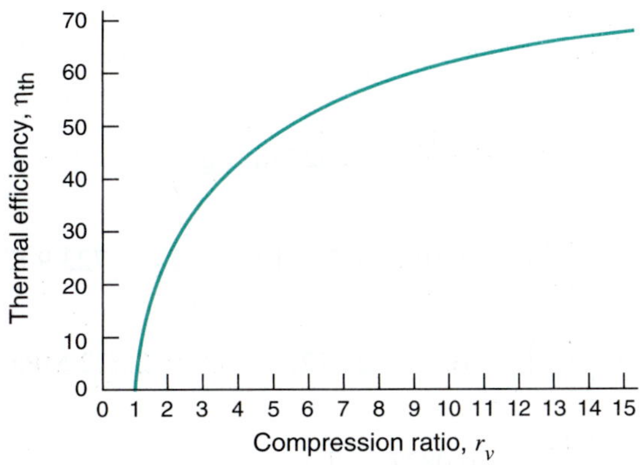

그림 11.21 압축 비의 함수로 나타낸 Otto 사이클의 열효율.

▶ 예제 11.9

어떤 공기 표준 Otto 사이클의 압축 비가 10이다. 압축 행정을 시작할 때의 압력이 0.1 MPa이고 온도는 15°C이다. 한 사이클 당 공기로의 열전달이 1800 kJ/kg이다.

1. 사이클의 각 과정의 종료 상태의 압력과 온도
2. 열효율
3. 평균 유효 압력을 계산하라.

검사질량: 실린더 내 공기
선도: 그림 11.21
상태량: $P_1 = 0.1$ MPa, $T_1 = 288.2$ K
과정: 네 과정(그림 11.21)을 알고 있음. $r_v = 10$, $q_H = 1800$ kJ/kg
모델: 이상 기체, 일정 비열(300 K에서의 값)

▶ 해석

압축 과정 1–2에 대한 제2법칙:

$$s_2 = s_1$$

이므로

$$\frac{T_2}{T_1} = \left(\frac{V_1}{V_2}\right)^{k-1}$$

$$\frac{P_2}{P_1} = \left(\frac{V_1}{V_2}\right)^{k}$$

가열 과정 2–3에 대한 제1법칙:

$$q_H = {}_2q_3 = u_3 - u_2 = C_v(T_3 - T_2)$$

팽창 과정 3–4에 대한 제2법칙:

$$s_4 = s_3$$

이므로

$$\frac{T_3}{T_4} = \left(\frac{V_4}{V_3}\right)^{k-1}$$

$$\frac{P_3}{P_4} = \left(\frac{V_4}{V_3}\right)^{k}$$

그리고

$$\eta_{\text{th}} = 1 - \frac{1}{r_v^{k-1}}, \qquad \text{mep} = \frac{w_{\text{net}}}{v_1 - v_2}$$

▶ 풀이

대입하여 풀면,

$$v_1 = \frac{0.287 \times 288.2}{100} = 0.827 \text{ m}^3/\text{kg}$$

$$\frac{T_2}{T_1} = \left(\frac{V_1}{V_2}\right)^{k-1} = 10^{0.4} = 2.5119, \qquad T_2 = 723.9 \text{ K}$$

$$\frac{P_2}{P_1} = \left(\frac{V_1}{V_2}\right)^{k} = 10^{1.4} = 25.12, \qquad P_2 = 2.512 \text{ MPa}$$

$$v_2 = \frac{0.827}{10} = 0.0827 \text{ m}^3/\text{kg}$$

$$ {}_2q_3 = C_v(T_3 - T_2) = 1800 \text{ kJ/kg} $$

$$ T_3 - T_2 = \frac{1800}{0.717} = 2510 \text{ K}, \qquad T_3 = 3234 \text{ K} $$

$$ \frac{T_3}{T_2} = \frac{P_3}{P_2} = \frac{3234}{723.9} = 4.467, \qquad P_3 = 11.222 \text{ MPa} $$

$$ \frac{T_3}{T_4} = \left(\frac{V_4}{V_3}\right)^{k-1} = 10^{0.4} = 2.5119, \qquad T_4 = 1287.5 \text{ K} $$

$$ \frac{P_3}{P_4} = \left(\frac{V_4}{V_3}\right)^{k} = 10^{1.4} = 25.12, \qquad P_4 = 0.4467 \text{ MPa} $$

$$ \eta_{\text{th}} = 1 - \frac{1}{r_v^{k-1}} = 1 - \frac{1}{10^{0.4}} = 0.602 = 60.2\% $$

결과를 방출한 열로 확인할 수 있다.

$$ {}_4q_1 = C_v(T_1 - T_4) = 0.717(288.2 - 1287.5) = -716.5 \text{ kJ/kg} $$

$$ \eta_{\text{th}} = 1 - \frac{716.5}{1800} = 0.602 = 60.2\% $$

$$ w_{\text{net}} = 1800 - 716.5 = 1083.5 \text{ kJ/kg} = (v_1 - v_2)\text{ mep} $$

$$ \text{mep} = \frac{1083.5}{(0.827 - 0.0827)} = 1456 \text{ kPa} $$

이 평균 유효 압력은 매우 큰 값이며, 그 주된 이유는 두 정적 열전달 과정으로 인해 전체 체적 변화가 (Brayton 사이클과 비교했을 때) 최소가 되었기 때문이다. 따라서 Otto 사이클은 실린더–피스톤 내연 기관과 유사한 모델이다. 이와 반대로, 평균 유효 압력이 낮으면 같은 출력 일을 위해서 큰 피스톤의 변위가 필요하고, 따라서 실제 엔진에서는 많은 마찰 손실이 있게 된다.

■

11.12 디젤 사이클

그림 11.22에 나타나 있은 공기 표준 **디젤 사이클**(diesel cycle)은 **압축–점화 기관**(compression-ignition engine)으로 부르는 디젤 기관의 이상 사이클이다.

이 사이클에서 열은 일정한 압력에서 작동 유체에 전달된다. 이 과정은 실제 엔진에서 연료의 분사와 연소에 해당된다. 공기 표준 사이클에서 열이 전달되면 기체가 팽창하므로 압력을 일정하게 유지하

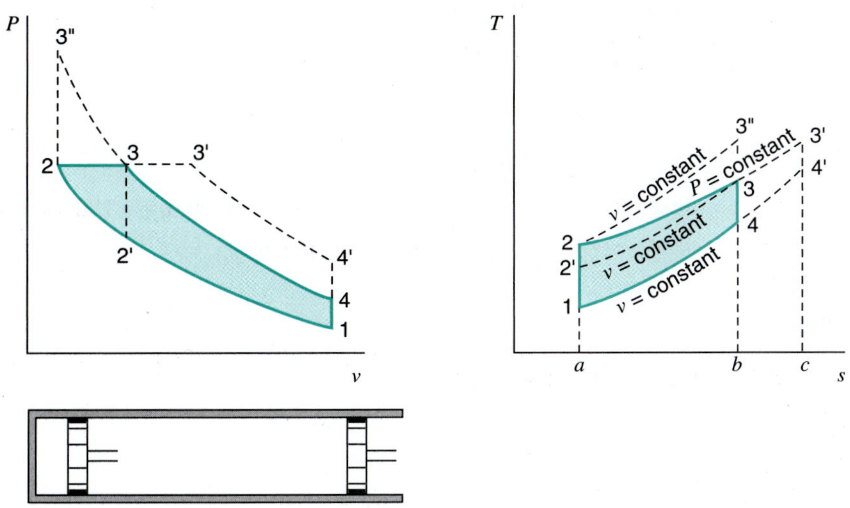

그림 11.22 공기 표준 디젤 사이클.

기에 필요한 정도만 열이 공급된다. 상태 3에 도달했을 때 열전달은 중지되고 피스톤이 하사점에 도달할 때까지 등엔트로피 팽창(과정 3–4)을 거치게 된다. 공기 표준 Otto 사이클에서와 마찬가지로 하사점에서 정적 과정은 열을 방출하는 과정이며, 실제 엔진의 배출 및 흡입 과정에 해당한다.

디젤 사이클의 효율은 다음의 식으로 표현된다.

$$\eta_{\text{th}} = 1 - \frac{Q_L}{Q_H} = 1 - \frac{C_v(T_4 - T_1)}{C_p(T_3 - T_2)} = 1 - \frac{T_1(T_4/T_1 - 1)}{kT_2(T_3/T_2 - 1)} \tag{11.13}$$

디젤 사이클에서는 등엔트로피 압축 비가 등엔트로피 팽창비보다 크다는 점에 유의해야 한다. 또한 주어진 압축 전 상태와 주어진 압축 비에 대해(즉 주어진 상태 1과 상태 2에 대해) 최고 온도가 증가할수록 사이클 효율이 감소한다. 이 내용은 T–s 선도를 이용하여 간단히 설명할 수 있다. 선도 상의 정압선과 정적선은 수렴하고, 온도가 3에서 3 로 증가하면 더욱 많은 열(면적 3–3′–c–b–3)이 전달되어야 하나 일(면적 3–3′–4′–4–3)은 상대적으로 약간 증가한다.

Otto 사이클과 디젤 사이클은 여러 가지 면에서 비교가 가능한데, 여기서는 두 가지만 설명하기로 한다. 압축 전 상태, 피스톤 행정, 압축 비 등이 같은 1–2–3″–4–1의 Otto 사이클과 1–2–3–4–1의 디젤 사이클을 생각해 보자. T–s 선도로부터 명백히 Otto 사이클의 효율이 더욱 높다는 것을 알 수 있다. 그러나 실제로는 디젤 기관을 스파크–점화 기관보다 더욱 높은 압력 비로 운전할 수 있다. 그 이유는 스파크–점화 기관에서 공기–연료 혼합물이 압축될 때 지나치게 높은 압력 비는 노킹이라는 심각한 문제를 야기할 수 있기 때문이다. 디젤 기관에서는 공기만 압축하므로 이러한 문제가 발생하지 않는다.

그러므로 Otto 사이클과 디젤 사이클을 비교하기 위해서는 먼저 실제로 가능한 압축 비를 선정하여야 한다. 이러한 관점에서 Otto 사이클 1–2′–3–4–1과 디젤 사이클 1–2–3–4–1을 서로 비교하여 보자. 두 사이클에서 최대 압력과 최고 온도는 같으므로 Otto 사이클이 디젤 사이클보다 낮은 압축 비를 갖는다. T–s 선도로부터 명백히 디젤 사이클의 효율이 더 높다. 비교의 기준에 따라 두 사이클의 비교 결과가 다를 수 있다.

실제 압축–점화 개방 사이클과 공기 표준 디젤 사이클의 차이점은 스파크–점화 기관과 공기 표준 Otto 사이클의 차이점과 비슷하다.

▸ 예제 11.10

공기 표준 디젤 사이클의 압축 비가 20이고 사이클 당 작동 유체에 전달된 열이 1800 kJ/kg이다. 압축 과정이 시작되는 상태의 압력이 0.1 MPa이고 온도는 15°C이다.

1. 사이클의 각 상태에서의 온도와 압력
2. 열효율
3. 평균 유효 압력을 계산하라.

검사질량: 실린더 내 공기

선도: 그림 11.22

상태량: $P_1 = 0.1$ MPa, $T_1 = 288.2$ K

과정: 네 과정(그림 11.22)을 알고 있음. $r_v = 20$, $q_H = 1800$ kJ/kg

모델: 이상 기체, 일정 비열(300 K에서의 값)

▶ 해석

압축 과정 1–2에 대한 제2법칙:

$$s_2 = s_1$$

이므로

$$\frac{T_2}{T_1} = \left(\frac{V_1}{V_2}\right)^{k-1}$$

$$\frac{P_2}{P_1} = \left(\frac{V_1}{V_2}\right)^{k}$$

가열 과정 2–3에 대한 제1법칙:

$$q_H = {}_2q_3 = C_p(T_3 - T_2)$$

팽창 과정 3–4에 대한 제2법칙:

$$s_4 = s_3$$

이므로

$$\frac{T_3}{T_4} = \left(\frac{V_4}{V_3}\right)^{k-1}$$

그리고

$$\eta_{th} = \frac{w_{net}}{q_H}, \qquad \text{mep} = \frac{w_{net}}{v_1 - v_2}$$

풀이

대입하면

$$v_1 = \frac{0.287 \times 288.2}{100} = 0.827\ \text{m}^3/\text{kg}$$

$$v_2 = \frac{v_2}{20} = \frac{0.827}{20} = 0.04135\ \text{m}^3/\text{kg}$$

$$\frac{T_2}{T_1} = \left(\frac{V_1}{V_2}\right)^{k-1} = 20^{0.4} = 3.3145, \qquad T_2 = 955.2\ \text{K}$$

$$\frac{P_2}{P_1} = \left(\frac{V_1}{V_2}\right)^{k} = 20^{1.4} = 66.29, \qquad P_2 = 6.629\ \text{MPa}$$

$$q_H = {}_2q_3 = C_P(T_3 - T_2) = 1800\ \text{kJ/kg}$$

$$T_3 - T_2 = \frac{1800}{1.004} = 1793\ \text{K}, \qquad T_3 = 2748\ \text{K}$$

$$\frac{V_3}{V_2} = \frac{T_3}{T_2} = \frac{2748}{955.2} = 2.8769, \qquad v_3 = 0.118\,96\ \text{m}^3/\text{kg}$$

$$\frac{T_3}{T_4} = \left(\frac{V_4}{V_3}\right)^{k-1} = \left(\frac{0.827}{0.118\,96}\right)^{0.4} = 2.1719, \qquad T_4 = 1265\ \text{K}$$

$$q_L = {}_4q_1 = C_v(T_1 - T_4) = 0.717(288.2 - 1265) = -700.4\ \text{kJ/kg}$$

$$w_{net} = 1800 - 700.4 = 1099.6\ \text{kJ/kg}$$

$$\eta_{th} = \frac{w_{net}}{q_H} = \frac{1099.6}{1800} = 61.1\%$$

$$\text{mep} = \frac{w_{net}}{v_1 - v_2} = \frac{1099.6}{0.827 - 0.041\,35} = 1400\ \text{kPa}$$

개념에 관한 질문

I. Otto 사이클과 Brayton 사이클 압축과의 차이점은?

J. Otto 사이클을 완전하게 설명하기 위해 필요한 변수의 수는? 디젤 사이클의 경우는?

K. 흡입과 배기 과정은 Otto 사이클과 디젤 사이클에 포함되지 않는다. 그러면 어떻게 이 필요한 과정들이 사이클의 성능에 영향을 미치는가?

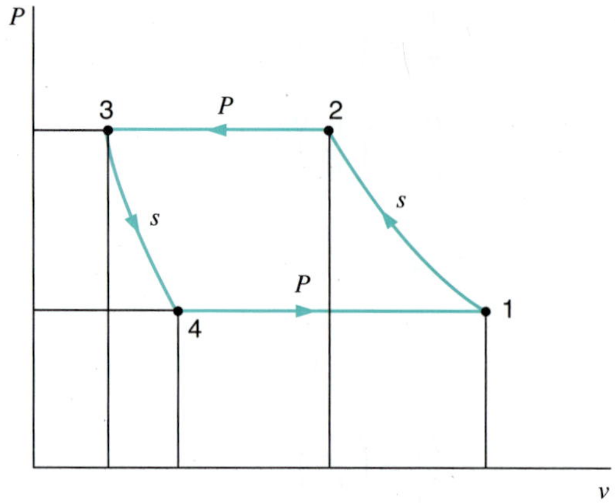

그림 11.23 네 과정으로 이루어진 냉동 사이클.

11.13 냉동계의 개요

11.1절에서 정상 상태 기기 또는 실린더–피스톤 경계 이동 일 기기를 이용한 네 과정 사이클의 내연 기관을 설명한 바 있다. 작동 유체는 사이클 동안 상 변화가 있는 경우도 있었으며 하나의 상에서만 작동하는 경우도 있었다. 그리고 4개의 가역 정상 상태 과정으로 구성된 동력계를 살펴보았다. 여기서 4개의 가역 과정 중에서 두 과정은 일의 출입이 없으므로 편의상 정압 열전달 과정으로 간주하였다. 일의 출입이 있는 나머지 두 과정은 단열이며 따라서 등엔트로피 과정으로 가정하였다. 그 결과로 그림 11.2의 동력 사이클을 얻었다.

이제 이와 똑같은 방법으로 이상적인 기본 냉동계 사이클을 살펴보자. 냉동 사이클에서 각 과정은 동력 사이클과 반대 방향이므로 그 이상적인 사이클은 그림 11.23과 같다. 사이클 전체가 2상의 포화 영역 내에 위치하면, 두 정압 과정은 등온 과정이므로 동력 사이클에서와 같이 사이클이 Carnot 사이클이 된다. 그리고 각 과정이 정상 상태이든 실린더–피스톤 경계 이동이든 상관없이 사이클에 대한 입력 일은 폐곡선 1–2–3–4–1의 내부 면적이 된다.

다음 절에서는 이러한 이상적인 기본 냉동계 사이클을 수정하여 얻는 냉동계와 열펌프 계의 모델을 살펴보기로 한다.

11.14 증기 압축 냉동 사이클

이 절에서는 11.2절에서 설명한 Rankine 동력 사이클과 같은 방법으로 사이클 동안 상 변화를 하는 작동 유체에 대한 이상 냉동 사이클을 살펴보자. 그림 11.23에서 상태 3을 응축기 온도에서의 포화 증기로, 상태 1을 증발기 온도에서의 포화 액체로 생각한다. 등엔트로피 팽창 과정 3–4는 액체가 대부분인 2상 영역에 있게 된다. 그 결과로 이 과정 동안 출력 일은 매우 미약하며 계에서 장비를 추가하는 비용에 대한 가치가 낮아지게 된다. 따라서 터빈을 밸브나 긴 모세관 등의 스로틀 기기(throttling device)로 대치하여 작동 유체가 고압에서 저압으로 스로틀 팽창하도록 한다. 그 결과가 그림 11.24에 나타낸 **증기 압축 냉동계**(vapor-compression refrigeration system)의 이상 모델이다. 저압의 포화 증기는 압축기에 들어가서 과정 1-2로 가역 단열 압축된다. 그리고 나서 과정 2–3에서 정압으로 열이 방출되며 작동 유체는 포화 액체로 응축기에서 나온다. 그후 작동 유체는 단열 스로틀 과정 3–4를 거쳐 정압 증발 과정 4–1을 통해 사이클을 완성한다.

이 사이클이 Rankine 사이클의 역 사이클과 유사하다는 점은 이미 언급하였다. 이 사이클과 작동 유체가 항상 2상 영역에 있는 1′–2′–3–4′–1′의 Carnot 사이클과의 차이점을 살펴보자 Carnot 사이클의 과정 1′–2′에서와 같이 액체와 증기의 혼합물을 압축하기보다는 증기만을 압축하기가 훨씬 용이하다. 상당한 속도로 압축하면서 액체와 증기가 평형을 이루는 상태 1′와 같은 혼합물을 얻는 것은 사실상 불가능

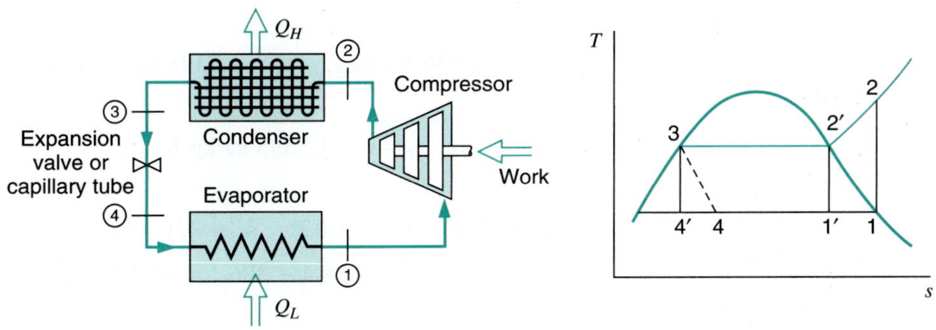

그림 11.24 이상적인 증기 압축 냉동 사이클.

하다. 또 다른 차이점은 앞서 언급한 바와 같이 터빈을 스로틀 과정으로 대치한 점이다.

그림 11.24에 나타낸 계는 두 가지 다른 목적 중 한 가지로 사용한다. 첫 번째는 냉동계인데, 이 경우 일정한 공간을 주변의 온도 T_3보다 낮은 온도 T_1로 유지하고자 한다(실제 계에서는 증발기와 응축기에서의 열전달을 위하여 유한한 온도차가 존재한다). 따라서 이러한 계를 사용하는 목적은 q_L에 있다. 냉동계의 성능은 성능 계수(coefficient of performance) β로 나타내며 이는 7장에서 정의하였다.

$$\beta = \frac{q_L}{w_c} \tag{11.14}$$

그림 11.24에서 기술한 두 번째 계의 용도는 열펌프(heat pump) 계인데, 이 경우 일정한 공간을 주변(또는 열원) 온도 T_1보다 높은 온도 T_3으로 유지하고자 한다. 계를 사용하는 목적은 q_H에 있으며 열펌프의 성능 계수 β'는 다음과 같다.

$$\beta' = \frac{q_H}{w_c} \tag{11.15}$$

냉동계와 열펌프 계는 설계 변수에서는 서로 다르나 해석 방법은 동일하다. 이 결과 다음 절에서 다루는 냉동기에 대한 내용은 열펌프 계에 대해서도 적용할 수 있음을 염두에 두어야 한다.

▸ 예제 11.11

작동 유체가 R-134a인 이상 냉동 사이클을 생각하자. 증발기에서 냉매가 증발되는 온도는 −20°C이고 응축기에서 응축되는 온도는 40°C이다. 냉매가 0.03 kg/s의 유량으로 순환하고 있다. 냉동기의 성능 계수와 냉동 용량을 구하라.

이 예제의 선도는 그림 11.24에 나타나 있다. 각 검사체적에 대하여 열역학 모델은 R-134a 표이다. 각 과정은 운동 에너지와 위치 에너지의 변화가 없는 정상 상태 과정이다.

검사체적: 압축기

입구 상태: T_1을 알고 있고 포화 증기; 상태 확정

출구 상태: P_2를 알고 있음(T_3에서의 포화 압력)

해석

제1법칙과 제2법칙:

$$w_c = h_2 - h_1$$

$$s_2 = s_1$$

풀이

$T_3 = 40°C$에서

$$P_g = P_2 = 1017 \text{ kPa}$$

R-134a 표에서

$$h_1 = 386.1 \text{ kJ/kg}, \quad s_1 = 1.7395 \text{ kJ/kg K}$$

따라서

$$s_2 = s_1 = 1.7395 \text{ kJ/kg K}$$

이므로

$$T_2 = 47.7°\text{C} \quad \text{그리고} \quad h_2 = 428.4 \text{ kJ/kg}$$

$$w_c = h_2 - h_1 = 428.4 - 386.1 = 42.3 \text{ kJ/kg}$$

검사체적: 팽창 밸브

입구 상태: T_3을 알고 있고 포화 액체; 상태 확정

출구 상태: T_4를 알고 있음.

해석

제1법칙

$$h_3 = h_4$$

풀이

수치를 대입하면

$$h_4 = h_3 = 256.5 \text{ kJ/kg}$$

검사체적: 증발기

입구 상태: 상태 4를 알고 있음

출구 상태: 상태 1을 알고 있음

해석

제1법칙:

$$q_L = h_1 - h_4$$

풀이

대입하면,

$$q_L = h_1 - h_4 = 386.1 - 256.5 = 129.6 \text{ kJ/kg}$$

따라서

$$\beta = \frac{q_L}{w_c} = \frac{129.6}{42.3} = 3.064$$

$$\text{냉동 용량} = 129.6 \times 0.03 = 3.89 \text{ kW}$$

■

11.15 증기 압축 냉동계의 작동 유체

증기 압축 냉동계에서는 증기 동력 사이클보다 훨씬 많은 종류의 작동 유체(냉매)를 사용한다. 증기 압축 냉동의 초기에는 암모니아와 이산화황이 중요한 냉매였으나, 두 가지 모두 유독하며 위험한 물질이다. 근래에는 Freon과 Genatron이란 상품명의 할로겐화 탄화수소를 주로 사용하고 있다. 예를 들면, 디클로로 디플루오로 메탄(CCl_2F_2)은 Freon-12, Genatron-12 또는 냉매-12나 R-12로 알려져 있다. 보통 CFC(chlorofluorocabon)로 불리는 이러한 종류의 냉매는 상온에서 화학적으로 대단히 안정적이며, 특히 수소가 없는 경우 더욱 안정하다. 이러한 특성은 작동 유체인 냉매에 꼭 필요하다. 반면에 이러한 특성 때문에 기체가 냉동 기기에서 대기 중으로 유출되면 수년에 걸쳐 성층권으로 서서히 확산되어 간다.

성층권에서 염소가 떨어지면서 분해되면 오존층을 파괴한다. 따라서 이미 널리 사용되고 있으나 생태계를 위협할 수 있는 CFC, 특히 R-11과 R-12를 제거하고 적절한 대체물을 개발하는 일이 시급하게 되었다. R-22와 같이 수소를 포함하는 CFC(때로는 HCFC로도 부른다)는 대기 중의 수명이 짧으므로 성층권에 도달하여 분해되는 양이 적으며 따라서 덜 유해하다. 가장 바람직한 유체는 염소 원자를 전혀 갖지 않은 HFC로 불리는 물질들이다.

작동 유체인 냉매를 선정하는 데는 두 가지 중요한 사항을 우선적으로 고려해야 하는데, 냉동이 필요한 온도와 사용할 장치의 종류가 그것이다.

냉매가 열전달 과정 동안 상 변화를 하면 냉매의 압력은 열이 공급하거나 방출되어도 항상 포화 압력으로 일정하게 유지된다. 저압에서 냉매의 비체적은 크며 따라서 큰 장치가 필요하다. 고압이면 장치는 작아도 되나 고압에 견딜 수 있도록 설계해야 한다. 특히 압력은 임계 압력보다는 매우 낮아야 한다. 매우 낮은 온도를 위해서는 두 개의 다른 냉매를 이용하여 두 계를 연결하는 캐스케이드(cascade) 냉동을 한다.

사용되는 압축기는 냉매와 특별한 관계에 있다. 왕복동 압축기는 낮은 비체적과 높은 압력에 적합하며, 원심 압축기는 낮은 압력과 높은 비체적에 적합하다.

또 실내에서 사용되는 기기의 냉매는 무독성이어야 한다. 환경적인 면 이외에 냉매가 갖추어야 할 성질로는 압축기 윤활유와의 혼합성, 부전도성(dielectric strength), 안정성, 저가격 등이 있다. 냉매는 대체로 부식을 유발하는 경우가 많다. 응축 온도와 증발 온도가 주어졌을 때, 이상 사이클에 대해 냉매는 각각 다른 성능 계수를 갖는다. 물론 다른 여건이 허락하면 가장 높은 성능 계수를 갖는 냉매를 사용하는 것이 바람직하다.

11.16 실제 증기 압축 냉동 사이클과 이상 사이클의 차이

실제 냉동 사이클은 주로 유체 유동에 의한 압력 강하와 주위와의 열전달로 인하여 이상 사이클과 다르게 된다. 실제 사이클은 그림 11.25의 선도와 같이 표시할 수 있다.

압축기 입구에서 냉매는 보통 과열 증기이다. 압축 과정 동안 비가역성과 열전달이 존재한다. 열전달의 방향은 주위의 온도와 냉매의 온도로 결정된다. 비가역성과 냉매로의 열전달은 엔트로피를 증가시키지만 주위로의 열전달은 엔트로피를 감소시키므로, 이 과정 동안 엔트로피는 증가할 수도 있고 감소할 수도 있다. 두 가지의 가능성을 점선 1–2 및 1–2′으로 나타내었다. 응축기 출구의 압력은 입구보다 낮으며 응축기 내의 냉매 온도는 열이 방출되는 주위의 온도보다 약간 높은 것이다. 보통 압축기 출구에서 액체의 온도는 포화 온도보다 낮다. 온도는 응축기와 팽창 밸브 사이의 배관에서 약간 더 낮아질 수 있다. 그러나 이 온도 강하로 인해 증발기 입구에서 더 낮은 엔탈피를 갖게 되고 증발기에서 더 많은 열을 방출하므로 냉동에 이득이 된다.

증발기를 통과하면서 냉매의 압력은 다소 감소한다. 증발기 출구에서 냉매는 약간 과열되고, 주위로부터의 열전달로 인해 증발기와 압축기 사이의 배관에서 온도가 상승한다. 이 열전달은 압축기 입구에서 유체의 비체적을 증가시켜 압축 일을 증가시키므로 손실이 된다.

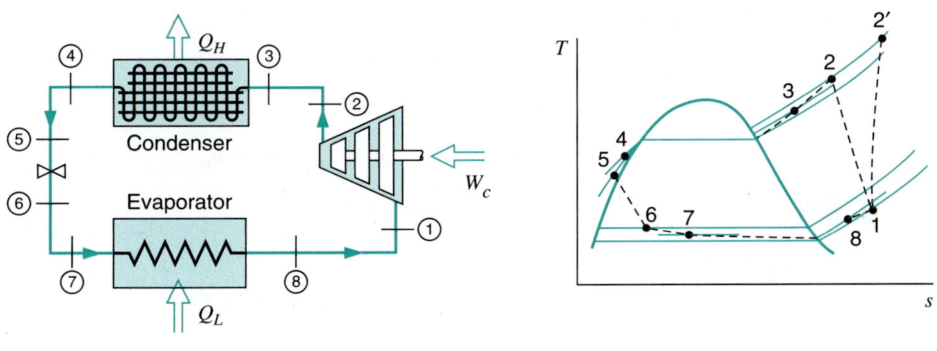

그림 11.25 실제 증기 압축 냉동 사이클.

예제 11.12

작동 유체로 R-12를 사용하는 냉동 사이클이 있다. 그림 11.25에 표시한 사이클 상의 여러 위치에서의 상태량이 다음과 같이 주어져 있다.

$$P_1 = 125 \text{ kPa}, \qquad T_1 = -10°\text{C}$$
$$P_2 = 1.2 \text{ MPa}, \qquad T_2 = 100°\text{C}$$
$$P_3 = 1.19 \text{ MPa}, \qquad T_3 = 80°\text{C}$$
$$P_4 = 1.16 \text{ MPa}, \qquad T_4 = 45°\text{C}$$
$$P_5 = 1.15 \text{ MPa}, \qquad T_5 = 40°\text{C}$$
$$P_6 = P_7 = 140 \text{ kPa}, \qquad x_6 = x_7$$
$$P_8 = 130 \text{ kPa}, \qquad T_8 = -20°\text{C}$$

압축 과정 동안 R-12로부터 방출된 열이 4 kJ/kg이다. 이 냉동 사이클의 성능 계수를 구하라.

각 검사체적에서 모델은 R-12표이다. 각 과정은 운동 에너지와 위치 에너지의 변화가 없는 정상 상태 과정이다.

검사체적: 압축기
입구 상태: P_1, T_1을 알고 있음; 상태 확정
출구 상태: P_2, T_2를 알고 있음; 상태 확정

해석

제1법칙

$$q + h_1 = h_2 + w$$
$$w_c = -w = h_2 - h_1 - q$$

풀이

R-12표에서

$$h_1 = 185.16 \text{ kJ/kg}, \qquad h_2 = 245.52 \text{ kJ/kg}$$

따라서

$$w_c = 245.52 - 185.16 - (-4) = 64.36 \text{ kJ/kg}$$

검사체적: 스로틀 밸브와 배관
입구 상태: P_5, T_5를 알고 있음; 상태 확정
출구 상태: $P_7 = P_6$을 알고 있고, $x_7 = x_6$

해석

제1법칙

$$h_5 = h_6$$

이므로

$$x_7 = x_6, \qquad h_7 = h_6$$

풀이

수치를 대입하면

$$h_5 = h_6 = h_7 = 74.53$$

검사체적: 증발기
입구 상태: P_7, h_7을 알고 있음
출구 상태: P_8, T_8을 알고 있음; 상태 확정

해석

제1법칙:

$$q_L = h_8 - h_7$$

풀이

대입하면

$$q_L = h_8 - h_7 = 179.12 - 74.53 = 104.59 \text{ kJ/kg}$$

따라서

$$\beta = \frac{q_L}{w_c} = \frac{104.59}{64.36} = 1.625$$

11.17 공기 표준 냉동 사이클

만약 그림 11.23의 4개 과정으로 된 이상 냉동 사이클에서 응축되는 작동 유체의 경우와 달리, 응축되지 않는(기체 상의) 작동 유체를 사용하는 경우 등엔트로피 팽창 과정 동안의 출력 일은 무시할 만큼 작지 않다. 그러므로 4개의 정상 상태 과정으로 이루어진 **공기 표준 냉동 사이클**(air-standard refrigeration cycle)에는 그림 11.26과 같이 터빈이 있다. 이 사이클은 역 Brayton 사이클이며 실제로 공기와 같은 기체를 액화하거나 항공기 냉방계와 같은 특수 용도로 사용된다. 상태 1에서 상태 2로 압축된 후 공기는 온도 T_0의 주위로 열을 방출하며 냉각된다. 그 후 공기는 팽창기에서 과정 3–4로 압축기 입구 압력까지 팽창되면 온도는 T_4까지 강하한다. 공기의 온도가 T_L에 도달할 때까지 공기는 열을 흡수한다. 이 사이클의 일은 면적 1–2–3–4–1로 나타나고 냉동 효과는 면적 4–1–*b*–*a*–4로 나타난다. 성능 계수는 두 면적의 비이다.

실제로 이 사이클은 개방 사이클로 항공기 냉방에 사용된다. 단순화한 형태를 그림 11.27에 나타내었다. 팽창기 출구의 냉각 공기는 직접 기내로 보내서 냉방에 사용한다.

이 사이클에 대항류 열교환기를 추가로 사용하면 매우 낮은 온도에 도달할 수 있다. 이러한 사이클은 저압 공기 액화기와 Collins 헬륨 액화기의 기본 사이클이다. 이상 사이클을 그림 11.28에 나타내었다. 팽창기는 매우 낮은 온도에서 작동하므로 윤활과 재질 선택에 특수한 문제가 야기된다.

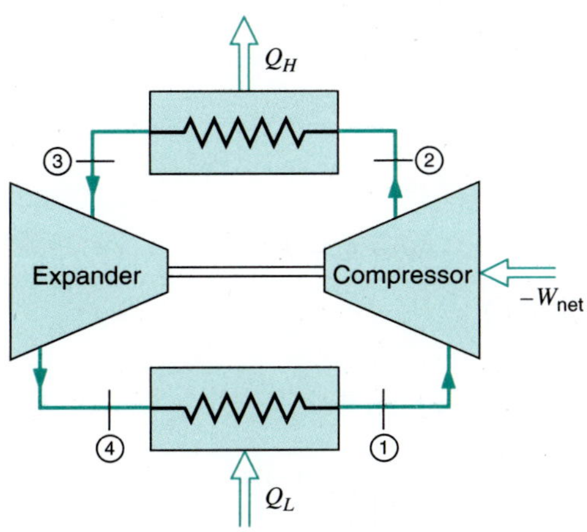

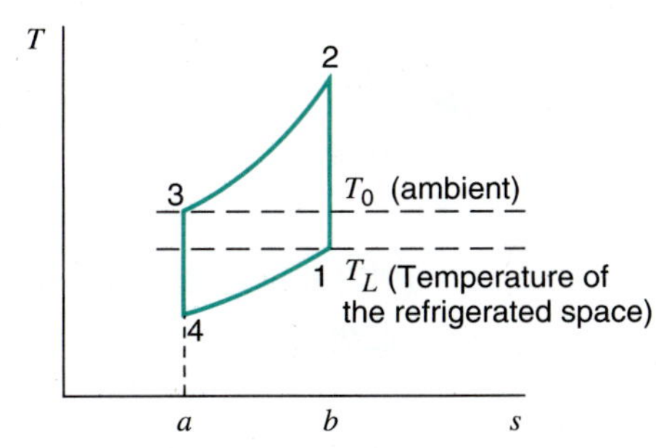

그림 11.26 공기 표준 냉동 사이클.

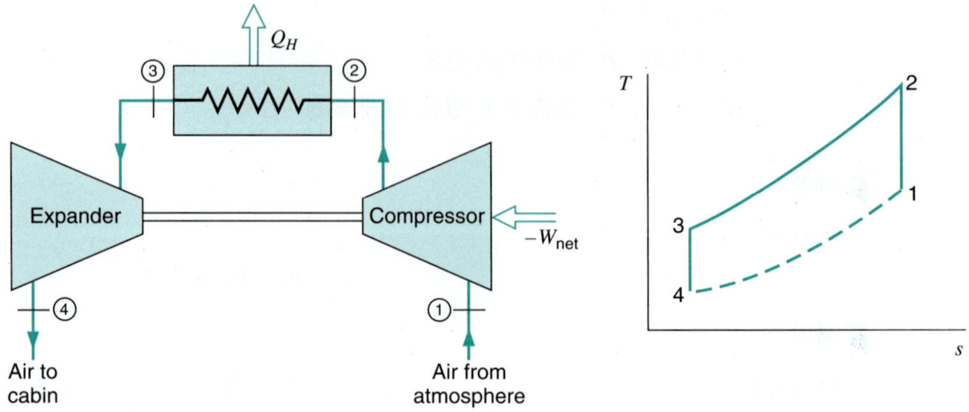

그림 11.27 항공기 냉방용 공기 냉동 사이클.

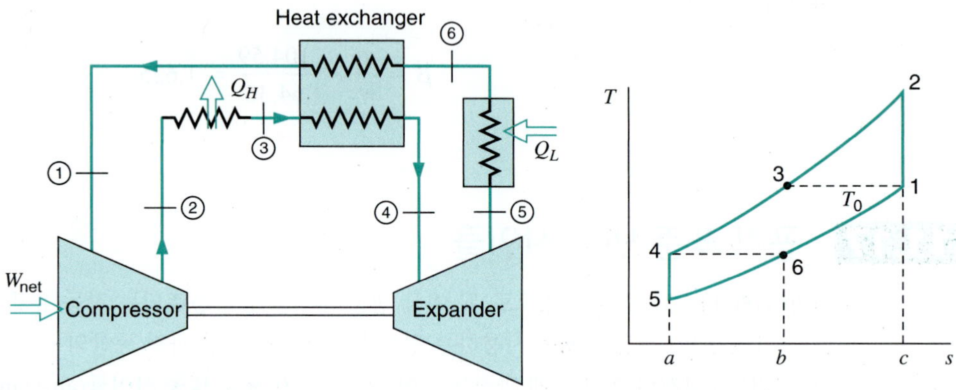

그림 11.28 열교환기를 이용한 공기 냉동 사이클.

예제 11.13

그림 11.26의 공기 표준 냉동 사이클이 있다. 압축기 입구에서 공기는 0.1 MPa, −20°C, 출구에서 0.5 MPa의 상태에 있다. 팽창기 입구에서 공기의 온도는 15°C이다.

1. 사이클의 성능 계수
2. 1 kW의 냉동을 수행하기 위하여 필요한 공기의 유량을 구하라.

이 예제의 각 검사체적에 대해 모델은 비열이 (300 K에서의 값으로) 일정한 이상 기체이고, 각 과정은 운동 에너지와 위치 에너지의 변화가 없는 정상 상태 과정이다. 이 예제의 선도는 그림 11.26과 같다.

검사체적: 압축기
입구 상태: P_1, T_1을 알고 있음; 상태 확정
출구 상태: P_2를 알고 있음

해석

제1법칙:

$$w_c = h_2 - h_1$$

(여기서 w_c는 압축기에서의 입력 일이다.)
제2법칙:

$$s_1 = s_2$$

이므로

$$\frac{T_2}{T_1} = \left(\frac{P_2}{P_1}\right)^{(k-1)/k}$$

풀이

대입하면,

$$\frac{T_2}{T_1} = \left(\frac{P_2}{P_1}\right)^{(k-1)/k} = 5^{0.286} = 1.5845, \qquad T_2 = 401.2\ \text{K}$$

$$w_c = h_2 - h_1 = C_p(T_2 - T_1)$$
$$= 1.004(401.2 - 253.2) = 148.5\ \text{kJ/kg}$$

검사체적: 팽창기
입구 상태: $P_3(= P_2)$과 T_3를 알고 있음; 상태 확정
출구 상태: $P_4(= P_1)$를 알고 있음

해석

제1법칙:

$$w_t = h_3 - h_4$$

제2법칙:

$$\frac{T_3}{T_4} = \left(\frac{P_3}{P_4}\right)^{(k-1)/k}$$

이므로

$$s_3 = s_4$$

풀이

따라서

$$\frac{T_3}{T_4} = \left(\frac{P_3}{P_4}\right)^{(k-1)/k} = 5^{0.286} = 1.5845, \qquad T_4 = 181.9\ \text{K}$$

$$w_t = h_3 - h_4 = 1.004(288.2 - 181.9) = 106.7\ \text{kJ/kg}$$

검사체적: 고온 열교환기
입구 상태: 상태 2를 알고 있음
출구 상태: 상태 3을 알고 있음

제1법칙:

$$q_H = h_2 - h_3\ (\text{방출한 열})$$

풀이

대입하면,

$$q_H = h_2 - h_3 = C_p(T_2 - T_3) = 1.004(401.2 - 288.2) = 113.4\ \text{kJ/kg}$$

검사체적: 저온 열교환기
입구 상태: 상태 4를 알고 있음
출구 상태: 상태 1을 알고 있음

해석

제1법칙:

$$q_L = h_1 - h_4$$

풀이

대입하면,

$$q_L = h_1 - h_4 = C_p(T_1 - T_4) = 1.004(253.2 - 181.9) = 71.6 \text{ kJ/kg}$$

따라서

$$w_{\text{net}} = w_c - w_t = 148.5 - 106.7 = 41.8 \text{ kJ/kg}$$

$$\beta = \frac{q_L}{w_{\text{net}}} = \frac{71.6}{41.8} = 1.713$$

1 kW의 냉동 용량을 위해서

$$\dot{m} = \frac{\dot{Q}_L}{q_L} = \frac{1}{71.6} = 0.014 \text{ kg/s}$$

■

개념에 관한 질문

l. 20°C 부엌에 있는 냉장고는 냉매로 R-12를 사용하고 있다. −5°C 얼음 조각을 만들고자 한다. 최고 압력 *P*와 최소압력 *P*를 구하라.

m. 표준 증기 압축 냉동 사이클을 완전하게 결정하기 위하여 필요한 변수의 수는?

11.18 복합 사이클의 동력 및 냉동계

매우 넓은 온도 영역을 활용하기 위해서 또는 폐열을 효율 증가에 이용하기 위해서 두 사이클을 직렬로 복합한 동력계 또는 냉동계가 바람직한 경우가 많다. 그림 11.29에 나타낸 사이클은 단순 증기 사이클에 수은 **상부 사이클**(topping cycle)을 복합한 사이클로 **이원 사이클**(binary cycle)이라 부른다. 이 **복합 사이클**(combined cycle)의 장점은 수은의 증기압이 물에 비하여 매우 낮다는 점에 있다. 수은의 등온 비등 과정은 물의 임계 온도보다 매우 높은 온도에서 일어나고 있으나 압력이 그리 높지 않다. 그리고 수은 응축기는 증기 보일러에 등온 열원이 되며, 두 사이클이 적절한 사이클 변수로 연결되었을 때 열효율이 높다. 전형적인 물–수은의 이원 사이클에 대한 포화 압력 및 포화 온도를 그림 11.29의 T–s 선도에 나타내었다.

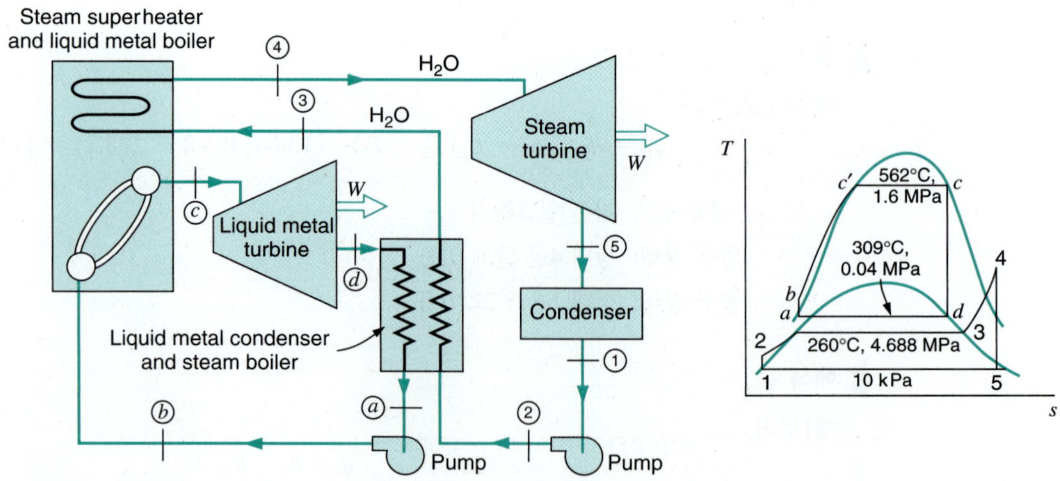

그림 11.29 물–수은 이원 동력계.

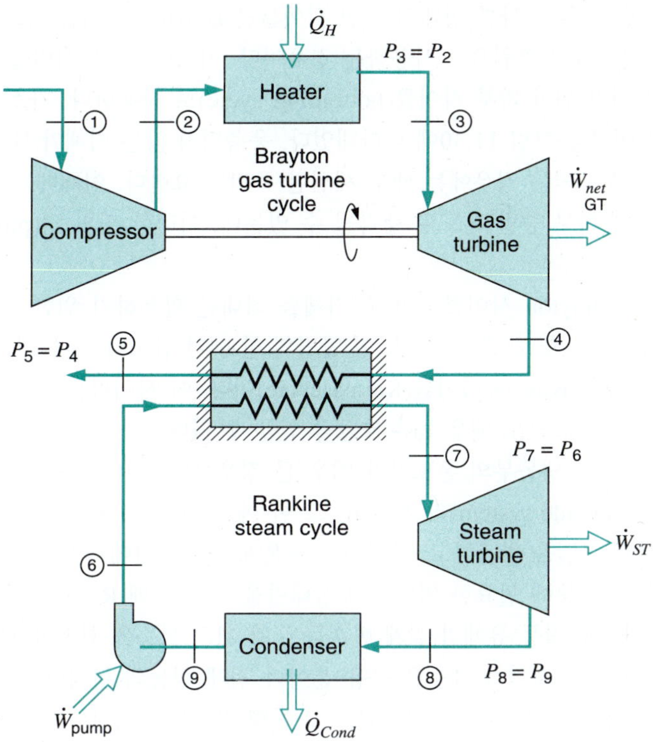

그림 11.30 복합 Brayton/Rankine 사이클 동력계.

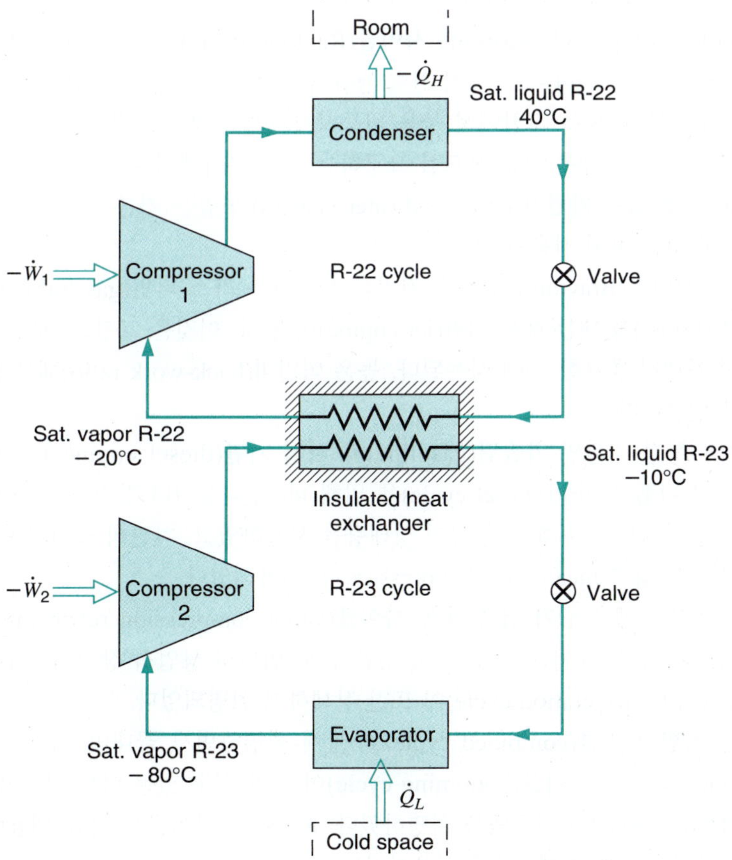

그림 11.31 복합 사이클 캐스캐이드 냉동계.

상당한 관심을 끌고 있는 다른 형태의 복합 사이클은 Brayton 사이클 가스 터빈에서 방출되는 폐열을 다른 증기 동력 사이클의 열원으로 사용하는 경우이다. 이 경우 증기 사이클은 복합 동력 사이클의 전체 열효율을 증가시키기 위한 **하부 사이클**(bottoming cycle)로 작용한다. 가스 터빈과 증기 Rankine 사이클을 이용하는 사이클을 그림 11.30에 나타내었다. 응축되지 않는 기체가 냉각되면서 등온 증발 및 과열 과정의 열원으로 사용되는 경우에는 매우 세심한 주의를 요한다. 이때에는 기체가 액체의 비등에 필요한 에너지를 갖지 못하고 증발 온도로 냉각될 수 있는데, 이러한 핀치 점(pinch point)을 피하도록 설계해야 한다.

이러한 복합계의 Brayton 사이클의 배출 기체를 최대한 활용하기 위한 한 가지 방법으로 Rankine 사이클의 작동 유체를 혼합물로 할 수 있다. 이 방법의 한 예가 암모니아-물의 혼합물을 Rankine형 사이클의 작동 유체로 이용한 **Kalina 사이클**(Kalina cycle)이다. 이 사이클은 두 유체 간의 온도차를 복합계의 설계에서 조절할 수 있으므로 매우 높은 효율을 얻을 수 있다.

냉동계에서도 주위와 냉동부의 온도차가 매우 큰 경우 복합 사이클을 이용할 수 있다. 이러한 냉동계를 **캐스캐이드 계**(cascade system)라 부르고, 그 한 예가 그림 11.31에 나타나 있다. 냉매 R-22를 이용하는 냉동계는 주위로 열을 방출하고, 증발기는 저온계의 응축기에서 방출하는 열을 흡수한다. 저온부 냉동계는 저온 영역의 냉동에 필요한 열역학적 상태량을 가진 냉매 R-23을 작동 유체로 이용한다. 다른 복합계에서와 마찬가지로 작동 유체와 설계 변수들은 각 계의 성능을 최적화하도록 설계해야 한다.

여기에서 언급한 복합 사이클 계들은 응용 분야나 전체 성능의 향상에 대한 예의 일부에 불과하다. 많은 다른 종류의 복합 동력계나 냉동계가 있고 그 중 몇 가지는 연습 문제에서 다루기로 한다.

이 장의 **요약**

많은 표준 동력 사이클과 냉동 사이클이 제시되었다. 먼저 고정 또는 이동 가능한 동력 생산용 **열기관**(heat engine)을 검토하였다. **Rankine 사이클**(Rankine cycle)과 그 변형된 사이클은 **증기 동력 발전소**(steam power plant)를 나타내고, 세계 전력 생산의 대부분을 차지한다. 공급되는 열은 화석 연료의 연소, 핵 원자로, 태양 복사, 또는 고압에서 물을 비등시키기에 충분한 높은 온도를 낼 수 있는 다른 열원으로부터 얻어진다. 낮거나 매우 높은 온도를 요구하는 응용 분야에서는 물 대신에 다른 물질이 사용된다. **밀폐**(closed)와 **개방 급수 가열기**(open feedwater heaters)와 같은 기본 사이클의 변형은 스팀과 함께 전기가 생산되어야 하는 곳에 적용된다.

Brayton 사이클(Brayton cycle)은 전기를 생산하는 **가스 터빈**(gas turbine)의 기본 사이클이고, 변형하면, **추력**(thrust)을 내는 **제트 기관**(jet engine)이 된다. 이것은 고성능, 저 질량, 저 체적 장치이며, 공간과 중량이 특별히 중요한 곳에 사용된다. 높은 역일비(back-work ratio)때문에 이 사이클의 성능은 압축기 효율에 민감하다.

2 또는 4 행정 기관인 **가솔린**(gasoline)과 **디젤 기관**(diesel engines)을 모델링하는 **Otto 사이클**(Otto cycle)과 **디젤 사이클**(Diesel cycle)을 위해 피스톤-실린더 장치를 소개했다. 압축 비가 열효율에 미치는 영향을 살펴보기 위해 저온 공기 상태량을 사용하였고, 기관의 크기와 출력과의 관계를 설명하기 위하여 **평균 유효 압력**(mean effective pressure)이 사용되었다.

표준 냉동 시스템을 **증기 압축 냉동 사이클**(vapor-compression refrigeration cycle)로 설명하였고, 이것은 가정용 냉장고, 에어콘, 열펌프 및 낮은 온도 범위의 상업적 장치에 적합하다. **공기 표준 냉동 사이클**(air-standard refrigeration cycle)이 또한 상세하게 설명되었다.

본 장은 **복합 사이클**(combined cycle)을 짧게 설명하면서 끝내며, 넓은 온도 범위와 **상부 사이클**(opping cycle) 및 **하부 사이클**(bottoming cycle)이 추가될 수 있는 다른 사이클의 조합인 **다단**(stacked) 또는 **캐스케이드**(cascade) 시스템을 설명하였다. Rankine 사이클은 가끔 대용량의 고정된 응용 분야에서 Brayton 사이클의 배기 에너지를 사용하기도 한다.

본 장을 공부하여 다음과 같은 많은 기술을 배우고, 능력을 키웠다.

- 여러 장치들을 가지고 완전한 시스템을 형성하는 검사체적에 일반 법칙의 적용법
- 일반적인 동력–생산 장치들의 작동법
- 단순 냉동기 및 열펌프의 작동법
- 대부분의 사이클이 카르노 사이클로 작동되지 않는다는 것
- 실제 사이클의 효율/COP는 이상 사이클보다 낮다.
- 여러 사이클에 가장 큰 영향을 미치는 변수에 대한 분별력
- 전체 사이클 효율 및 COP에 영향을 미치는 개별 요소 효율의 중요성에 대한 개념
- 대부분의 실제 사이클은 기본 사이클의 변형이라는 것
- 이러한 장치들이 환경에 영향을 미친다는 사실
- 다른 사이클 조합의 원리

주요 개념과 식

Rankine 사이클

개방형 급수 가열기	급수와 추출한 증기의 혼합, 포화 액체로 방출
밀폐형 급수 가열기	급수가 추출한 증기로 가열, 혼합되지 않음
열병합 발전	터빈 동력 생산과 요구되는 증기의 공급

Brayton 사이클

압축 비	압력 비 $r_p = P_{high}/P_{low}$
재생기	이중 유체 열교환기, 배기 유동 에너지 사용
중간 냉각기	압축단 사이의 냉각기, 입력 일 감소
제트 기관	축일이 없음, 출구 노즐에서 운동 에너지 발생
추력	$F = \dot{m}(\mathbf{V}_e - \mathbf{V}_i)$ 운동량 방정식
추진 동력	$\dot{W} = F\mathbf{V}_{aircraft} = \dot{m}(\mathbf{V}_e - \mathbf{V}_i)\mathbf{V}_{aircraft}$

피스톤 실린더 동력 사이클

압축 비	체적 비 $r_v = CR = V_{max}/V_{min}$
변위(1 실린더)	$\Delta V = V_{max} - V_{min} = m(v_{max} - v_{min}) = SA_{cyl}$
행정	$S = 2\,R_{crank}$, 압축과 팽창 과정의 피스톤 운동
평균 유효 압력	$P_{meff} = w_{net}/(v_{max} - v_{min}) = W_{net}/(V_{max} - V_{min})$
1 실린더의 동력	$\dot{W} = m w_{net} \dfrac{RPM}{60}$ (times $\frac{1}{2}$ for four-stroke cycle)
전동력	$\dot{W} = N_{cyl}\, m w_{net} \dfrac{RPM}{60} = P_{meff} V_{displ} \dfrac{RPM}{60}$

냉동 사이클

성능 계수

$$COP_{REF} = \beta_{REF} = \frac{\dot{Q}_L}{\dot{W}_C} = \frac{q_L}{w_c}$$

$$COP_{HP} = \beta_{HP} = \frac{\dot{Q}_H}{\dot{W}_C} = \frac{q_H}{w_c}$$

혼합 사이클

상부, 하부 사이클	고온 및 저온 사이클
캐스케이드 시스템	다단 냉동 사이클

연습 문제 Homework Problems

Rankine 사이클, 동력 발전소

단순 사이클

11.1 증기 동력 발전소는 카르노 사이클로 작동되는가? 사이클의 4 과정을 기술하라.

11.2 발전소 응축기에서 방출된 에너지는 유용하게 사용될 수 있는가?

11.3 그림 11.3과 같이 Rankine 사이클로 운전되는 증기 동력 발전소에서 보일러 출구 상태는 10 kPa까지 팽창되어 응축기에 들어간다. 사이클 효율과 각 부품에서의 단위 질량 당 일과 열전달량을 구하라.

11.4 문제 11.3의 동력 발전소는 변경되어 보일러 출구 부분에 과열기가 부착되고, 3 MPa, 400°C의 과열 증기를 만든다. 각 요소에서의 단위 질량 당 일과 열전달 그리고 사이클 효율을 구하라.

11.5 물을 작동 유체로 하고 태양 에너지를 이용하는 이상 Rankine 사이클이 있다. 포화 증기는 175°C의 온도로 태양열 집열기(solar collector)에서 나오고, 응축기 압력은 10 kPa이다.
사이클의 열효율을 계산하라.

11.6 한 발전 설비는 물을 이용한 Rankine 사이클로 운전되는데, 보일러 압력이 3 MPa이고 사이클의 최고 온도와 최저 온도가 각각 450°C와 45°C이다. 이 설비의 효율을 구하고, 같은 온도 범위의 Carnot 사이클의 효율도 구하라.

11.7 극지 탐험을 위한 동력 발전소는 암모니아를 사용한다. 암모니아는 보일러에서 1000 kPa, 80°C로 가열되고, 응축기는 −15°C를 유지한다. 사이클 효율을 구하라.

11.8 작동 물질로 암모니아를 사용하는 Rankine 사이클이 태양 에너지로 작동된다. 암모니아는 보일러/과열기에서 1500 kPa, 140°C로 가열된다. 응축기는 물로 냉각되어 출구 온도가 항상 25°C를 유지한다. 사이클의 4 상태의 T, P, x(가능하면)를 구하라.

11.9 이상 Rankine 사이클로 작동되는 증기 발전소는 고압이 5 MPa이고, 저압이 15 kPa이다. 터빈 출구의 건도는 95% 이상이어야 하고 생성되는 터빈 동력은 7.5 MW이어야 한다. 필요한 보일러 출구 온도 및 전체 질량 유동률을 구하라.

11.10 특별한 낮은 온도의 열원으로 R-134a를 작동 유체로 하는 동력 발전소를 작동하여 6 MPa의 압력을 가지는 초 임계 상태가 되도록 하고자 한다. 응축기의 온도는 40°C이다. R-134a를 얼마나 가열시켜야 터빈 출구에서의 건도가 최소 0.9를 유지하겠는가?

11.11 지열로 가열된 물을 열원으로 사용하고 작동 유체가 R-134a인 이상 Rankine 사이클이 있다. 보일러 출구에서 포화 증기인 R-134a의 온도는 85°C이고 응축기 온도는 40°C이다. 이 사이클의 열효율을 계산하라.

11.12 작동 유체가 R-22일때, 문제 11.11을 다시 풀어라.

11.13 작동 유체가 암모니아일 때, 문제 11.11을 다시 풀어라.

11.14 그림 P11.14와 같은 암모니아 Rankine 사이클 발전소가 있다. 이 발전소는 바닷물의 표면 온도가 25°C, 깊은 바닷물의 온도가 5°C인 지점에서 작동하도록 설계하였다. 작동 유체의 질량 유동률은 1000 kg/s이다.

a. 이 암모니아 사이클에 대해 터빈의 출력 동력과 펌프의 입력 동력을 구하라.

b. 각 열교환기를 통과하는 물의 질량 유동률을 구하라.

c. 이 발전소의 열효율은 얼마인가?

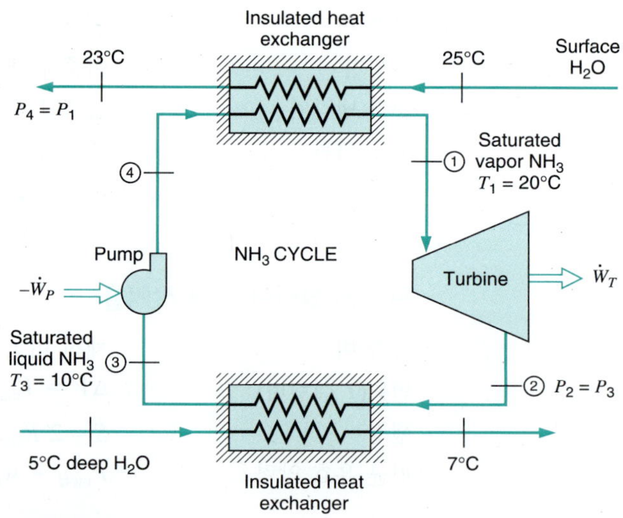

그림 P11.14

11.15 조그만 동력 발전소가 보일러에서 3 MPa, 600°C 증기 25 kg/s를 생산하고 있다. 증기는 응축기에서 12°C로 들어와서 15°C로 나가는 바닷물로 냉각되어 응축기 출구에서의 온도가 45°C이다. 순 출력과 질량 유량을 구하라.

11.16 어떤 증기 발전소에서 보일러 출구의 수증기가 4 MPa, 500°C이고 응축기 출구 온도가 45°C이다. 모든 부품이 이상적이라 가정하고 사이클 효율과 각 부품에서의 단위 질량 당 일과 열전달량을 구하라.

11.17 수증기를 작동 유체로 사용하는 단순 이상 Rankine 사이클이 있다. 사이클의 고압이 초임계 압력이다. 이 사이클은 고온의 에너지원이 가스 터빈의 배기 가스인 경우와 같이 증기 발생기에서 유체 간의 온도차를 최소화할 수 있는 장점이 있다. 터빈 입구 상태가 30 MPa, 550°C이고 응축기 압력이 5 kPa일 때, 사이클의 열효율을 계산하라. 터빈 출구에서 증기의 건도는 얼마인가?

11.18 이상적인 증기 재열 사이클을 아래의 그림 P11.18에 나타내었다. 고압 터빈의 입구 상태가 3 MPa, 400°C, 출구 압력이 0.8 MPa이다. 그 후 증기는 0.8 MPa, 400°C로 재열되고 저압 터빈에서 10 kPa로 팽창된다. 사이클의 열효율과 저압 터빈 출구에서 증기의 습분을 계산하라.

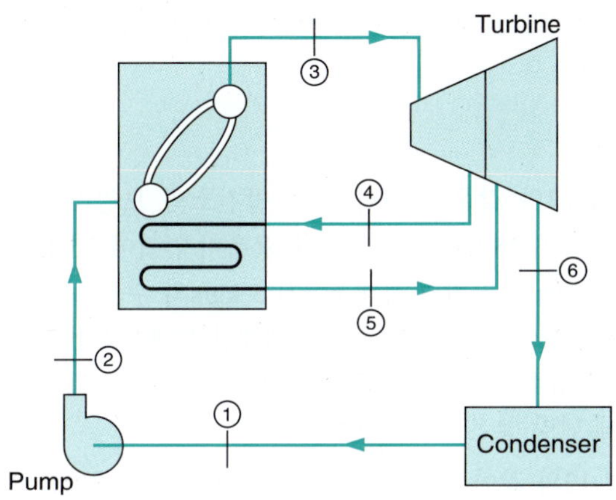

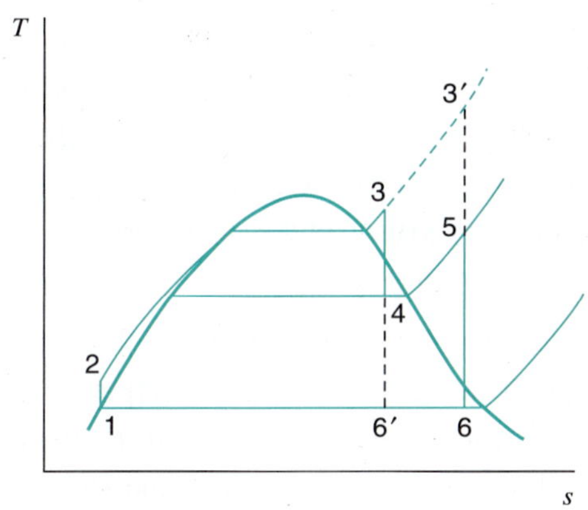

그림 P11.18

11.19 그림 P11.18와 같은 이상적인 증기 재열 사이클에서 고압 터빈의 입구 조건은 압력 4 MPa, 온도 450°C, 질량 유동률 20 kg/s이다. 고압 터빈을 통과하면서 압력은 400 kPa까지 팽창한 후 저압 터빈에서 T_5로 가열되면 압력은 10 kPa까지 팽창하여 응축기로 들어간다. 터빈 출구의 건도가 95%가 되는 온도 T_5를 구하여라. 또한 사이클의 효율과 순 출력을 구하여라.

개방형 급수 가열기

11.20 증기 동력 재생 사이클의 개방형 급수 가열기에서 물의 유동률은 20 kg/s이고, 100°C, 2 MPa의 물이 유입된다. 터빈에서 추출된 수증기는 가열기에 2 MPa, 275°C의 상태로 들어가고 포화 액체로 나온다. 필요한 추출 수증기의 유동률은 얼마인가?

11.21 이상적인 증기 재생 사이클에서 터빈 입구의 수증기는 3 MPa, 400°C이고 응축기 압력은 10 kPa이다. 터빈의 0.8 MPa인 위치에서 수증기를 추출하며 개방형 급수 가열기에 사용한다. 가열기 출구에서 급수는 포화 액체이다. 응축기와 급수 가열기 출구의 물은 적절한 펌프로 가압된다. 사이클의 열효율과 수증기의 단위 질량 당 순 일을 계산하라.

11.22 하나의 개방형 급수 가열기를 이용한 발전소에서 응축기 온도는 45°C, 최대 압력은 5 MPa, 보일러 출구 온도는 900°C이다. 1 MPa에서 추출된 수증기는 급수 가열기에서 급수와 혼합하여 포화 액체 상태로 나간다. 추출되는 수증기의 비율을 구하고, 두 펌프의 단위 질량 당 입력을 구하여라.

11.23 암모니아로 작동되는 Rankine 사이클이 낮은 온도의 열원으로 가열되어 5000 kPa에서 최고 온도 T가 120°C이다. Rankine 사이클의 저압은 1003 kPa이고, 2033 kPa의 개방형 급수 가열기를 가지고 있다. 전 유량은 5 kg/s이다. 출구 상태가 2033 kPa에서 포화 액체가 되는 급수 가열기로 추출되는 유량을 구하라. 두 펌프의 전 동력을 구하라.

11.24 문제 11.7의 동력 발전소는 출구 상태가 포화 액체이고 400 kPa에서 작동하는 개방형 급수 가열기를 가지는 발전소로 개조되었다. 터빈에서 추출된 질량 유량의 분율과 질량 유량 1 kg 당 터빈 일을 구하라.

11.25 증기 동력 발전소의 최고 및 최저 압력은 각각 20 MPa과 10 MPa이고, 출구 상태가 포화 액체인 1 MPa에서 작동되는 개방형 급수 가열기 하나를 가지고 있다. 최고 온도는 800°C, 터빈의 전 출력은 5 MW이다. 급수기로 추출되는 유량의 분율과 응축기의 열전달률을 구하라.

밀폐형 급수 가열기

11.26 증기 동력 재생 사이클의 밀폐형 급수 가열기에서 물의 유량은 20 kg/s이고, 100°C, 20 MPa의 상태에서 250°C, 20 MPa의 상태로 가열된다(그림 P11.26 참조) 터빈에서 추출된 수증기는 가열기에 4 MPa, 275°C의 상태로 들어가고 포화 액체로 나온다. 필요한 추출 수증기의 질량 유동률은 얼마인가?

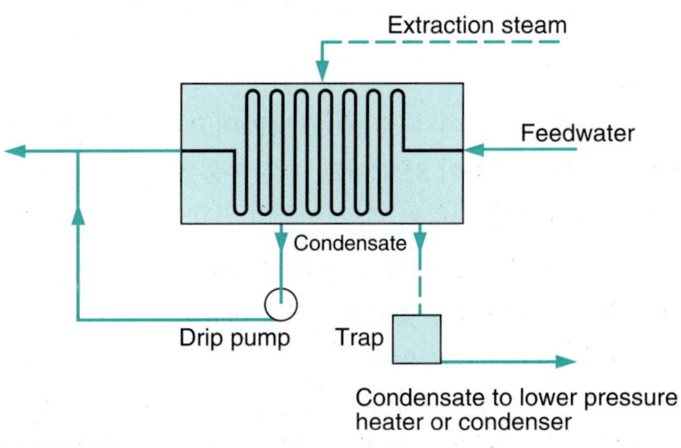

그림 P11.26

11.27 개방형 대신 밀폐형으로 가정하여 문제 11.21을 반복하라. 응축기 출구의 물을 보일러 압력인 3 MPa로 가압하는 데 하나의 펌프를 사용한다. 급수 가열기의 응축수는 트랩을 통하여 응축기로 배수된다.

11.28 개방형 대신 밀폐형 급수 가열기와 추출된 유량을 20 MPa의 급수관으로 가압 공급하는 펌프에 대하여 문제 11.25를 반복하라. 가압된 후 관에서 온도는 175°C로 가정한다. 주 펌프는 응축기 출구의 물을 20 MPa로 가압한다.

11.29 문제 11.23의 동력 발전소에서 개방형 급수 가열기가 밀폐형 급수 가열기로 대체된다고 가정한다. 급수 가열기에서 나온 추출된 유동은 압력 2033 kPa의 포화 액체이며 응축기로 들어간다. 급수는 50°C로 가열된다. 추출된 유량과 터빈의 전 출력을 구하라.

비이상 사이클

11.30 증기가 5 MPa, 400°C로 동력 발전소의 터빈을 들어가서 10 kPa의 응축기를 나온다. 터빈의 등엔트로피 효율은 85%이고, 출력은 20000 kW이다. 사이클에서 수증기의 질량 유량과 응축기에서의 열전달률은 얼마인가? 동력 발전소의 열효율을 구하고, 카르노 사이클과 비교하라.

11.31 증기 동력 발전소에서 고압은 5 MPa이고 응축기 온도는 50°C로 유지된다. 보일러 출구 온도는 600°C이다. 터빈 출구 상태는 50°C의 포화 증기이며, 커빈을 제외한 모든 부품은 이상적이다. 실제 터빈을 사용한 사이클의 효율과 터빈의 등엔트로피 효율을 구하라.

11.32 문제 11.24의 동력 발전소를 생각하자. 물이 300 kPa 열교환기를 120°C로 들어가서 90°C로 나온다(그림 P11.32 참조). 응축기는 −20°C인 주위로 열을 방출한다고 하자. 엔트로피가 발생하는 장소의 목록을 작성하고, 보일러 열교환기에서 암모니아 1 kg 당 발생하는 엔트로피를 구하라.

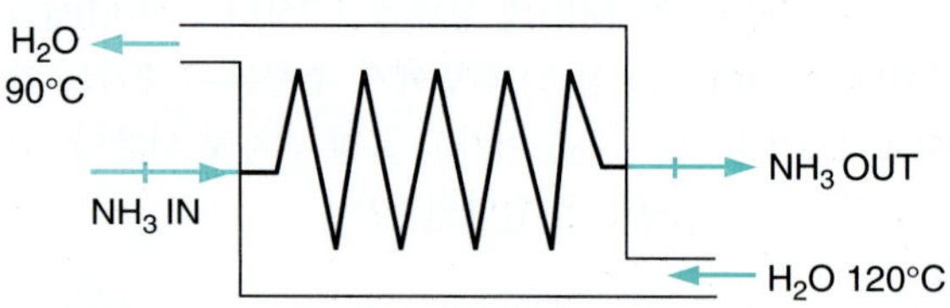

그림 P11.32

11.33 증기 동력 사이클에서 고압이 3 MPa이고 응축기 출구 온도가 45°C이다. 터빈 효율이 85°C이고 다른 부품은 모두 이상적이다. 보일러에서 800°C로 과열될 때, 사이클의 열효율을 구하라.

11.34 증기 동력 발전소에서 고압이 5 MPa이고, 보일러는 700°C의 열원에서 열을 받아 출구의 온도가 600°C이다. 응축기를 냉각하는 주위의 온도가 20°C이며 응축기 내부 온도가 45°C로 유지된다. 터빈 출구에서의 건도가 97%이며, 터빈 이외의 모든 부품은 이상적이다. 모든 부품에서 단위 질량 당 일과 열전달량을 구하고 터빈의 등엔트로피 효율을 계산하라. 보일러와 열원 사이에서 생성되는 단위 질량 당 엔트로피 생성률을 구하라.

11.35 증기 동력 발전소는 고압 4 MPa이고, 보일러는 700°C 열원에서 열을 받아 출구 온도가 600°C이다. 60°C 응축기를 냉각하는 주위 온도는 20°C이다. 92%의 등엔트로피 효율을 가지는 터빈 이외의 모든 부품은 이상적이다. 이상과 실제 터빈 출구에서의 건도를 구하라. 4 요소에서 실제 단위 질량 당 일과 열전달을 구하라.

11.36 문제 11.35에서 단위 질량 당 엔트로피 생성을 구하라.

11.37 소형 증기 발전소에서 보일러 출구 상태가 3 MPa, 400°C이고 응축기 압력이 50 kPa로 유지된다. 터빈의 등엔트로피 효율이 80%이고, 다른 모든 부품은 이상적이며, 발전기에 9.0 MW의 축 동력을 전달해야 한다. 단위 질량 당 터빈 일, 필요한 증기의 질량 유량, 그리고 사이클 효율을 구하라.

11.38 터빈의 등엔트로피 효율이 85%이라고 가정하고 문제 11.25를 다시 풀어라.

열병합

11.39 그림 11.12와 같은 열병합 증기 발전소의 보일러는 7 MPa, 500°C의 수증기 25 kg/s를 생산한다. 응축기 압력이 7.5 kPa이며, 압력이 500 kPa인 터빈의 상태 6에서 5 kg/s의 수증기를 추출하여 난방에 사용한 후, 100 kPa의 포화 액체인 상태 8로 돌아간다. 모든 부품이 이상적이라 가정하고, 펌프 1의 출구 온도, 터빈의 전체 출력과 전체 난방 열전달률을 구하라.

11.40 그림 11.12와 같이 보일러는 10 MPa, 500°C 수증기를 2단 터빈에 공급한다. 1단에서 25%의 수증기가 다른 공정을 위해 1.4 MPa의 압력으로 추출되어 사용된 후 1 MPa, 90°C의 압축 액체로 급수 가열기로 돌아온다. 나머지는 저압 터빈을 통해 10 kPa까지 팽창하여 응축된다. 첫 번째 펌프는 1 MPa까지 가압하고, 두 번째 펌프는 10 MPa까지 가압한다. 모든 요소들은 이상적이라고 가정한다. 다른 공정에서 5 MW의 열량을 필요로 한다면, 얼마의 동력이 터빈에 의해 병합 발전될 수 있는가?

11.41 500 kPa의 포화 수증기 10 kg/s가 제지 공장의 펄프 슬러리 건조 공정에 필요하다(그림 P11.41 참조). 열병합 발전으로, 이 수증기를 터빈에서 추출하여 공급하기로 하였다. 20°C, 100 kPa의 물은 5 MPa의 압력으로 가압되어 출구 온도가 400°C인 증기 발생기에 유입된다. 필요한 수증기를 생산하기 위해서 증기 발생기에 추가로 공급해야 하는 열전달률은 얼마인가? 순 출력의 차이는 얼마인가?

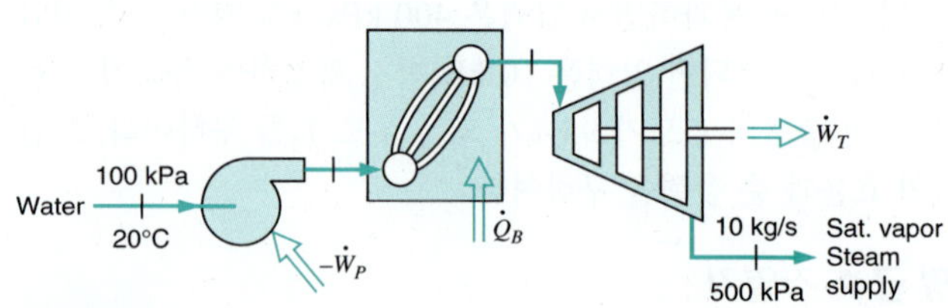

그림 P11.41

11.42 증기 열병합 발전소에서 터빈은 그림 P11.42와 같이 고압 증기 드럼과 저압 증기 드럼으로부터 증기를 공급받는다. 응축기는 두 열교환기로 구성되어 지역 난방을 위해 별도의 급수를 가열

한다. 고압 가열기는 지역 난방수에 30 MW를 전달하고 저압 가열기는 31 MW를 전달한다. 터빈에 의해 발생된 동력과 공기 제거기(deaerator)로 순환되는 온도를 구하라.

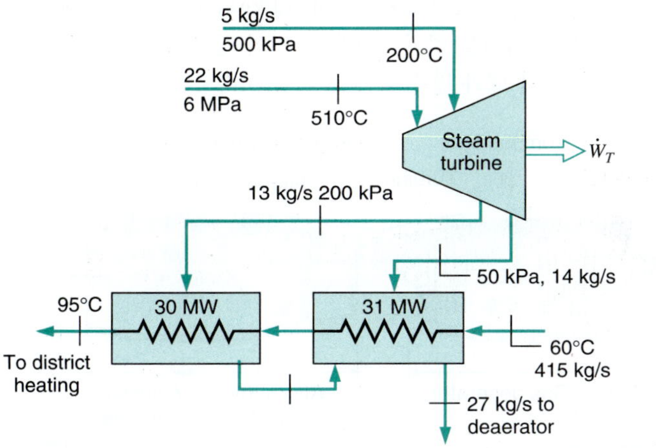

그림 P11.42

Brayton 사이클, 가스 터빈

11.43 Brayton 사이클의 역일비(back work ratio)가 Rankine 사이클의 역일비보다 높은 이유가 무엇인가?

11.44 Brayton 사이클의 입력 상태는 17°C, 100 kPa이며 압축비 16:1로 14 MW의 출력을 발생시킨다. 연소에 의해 960 kJ/kg의 열이 가해진다. 실온에서의 공기 특성을 가정하여 최고 온도와 공기의 질량 유량을 구하라.

11.45 Brayton 사이클의 입력 상태는 290 K, 90 kPa이며 연소에 의해 1000 kJ/kg의 열이 가해진다. 압축 비를 얼마로 하면 최고 온도가 1700 K 아래에 유지될 수 있는가? 실온 공기의 상태량을 사용하라.

11.46 이상적인 공기 표준 Brayton 사이클에서 압축기 입구의 압력과 온도는 100 kPa, 20°C이고 압축기를 통한 압력 비는 12:1이다. 사이클의 최고 온도는 1100°C이고 공기 유동률은 10 kg/s이다. 공기의 비열이 표 A.5의 값으로 일정하다고 가정하자. 압축기 일, 터빈 일, 사이클의 열효율을 구하라.

11.47 대규모의 가스 터빈 발전소가 이상적인 Brayton 사이클로 작동하고 발전기에 100 MW의 출력을 전달한다. 사이클의 최저 온도가 300 K이고 최고 온도가 1600 K이다. 사이클의 최소 압력은 100 kPa이고 압축기 압력 비는 14:1이다. 터빈의 동력을 계산하라. 터빈 출력 중 압축기를 구동하는 데 사용되는 일의 비율은 얼마인가? 사이클의 열효율은 얼마인가?

11.48 공기의 비열이 표 A.7과 같이 변화할 때 문제 11.46을 반복하라.

11.49 한 Brayton 사이클에서 입구 상태가 300 K, 100 kPa이고 연소에 의해 670 kJ/kg을 열을 공급한다. 재료의 특성을 고려하여 최대 온도는 1200 K이다. 가능한 최대의 압축 비는 얼마인가? 이 압축 비에 대해, 순 일과 사이클 효율을 계산하라. 공기의 비열로 표 A.7을 사용하라.

11.50 실온 공기의 상태량 대신에 표 A.7.1을 이용하여 문제 11.44를 풀어라.

재생기, 중간 냉각기, 비이상 사이클

11.51 문제 11.44에 재생기를 달면 유익한가?

11.52 문제 11.46의 이상 공기 표준 Brayton 사이클에 이상 재생기를 적용하였다. 개조 후의 사이클 열효율을 구하여라.

11.53 이상 가스 터빈 사이클의 압축기에서 압력 비가 12:1이다. 압축기 입구는 300 K, 100 kPa이고 사이클의 최고 온도는 1600 K이다. 사이클에 이상 재생기가 적용되었다. 찬 공기(298 K)를 사용할 때, 사이클의 열효율은 얼마인가? 압축 비가 증가하면 $T_4 - T_2$는 감소한다. $T_2 = T_4$가 되어 재생기를 사용할 수 없는 압축 비는 얼마인가?

11.54 사이클에 재생기 효율 75%를 포함하여 문제 11.47을 반복하라.

11.55 2단 공기 압축기의 양단 사이에 그림 P11.55와 같이 중간 냉각기가 있다. 입구 상태는 100 kPa, 290 K이고 최종 출구 압력은 1.6 MPa이다. 중간 냉각기는 정압에서 공기를 입구 온도 $T_3 = T_1$까지 냉각한다. 압축 일을 최소로 하는 최적의 압력은 $P_2 = (P_1P_4)^{1/2}$이다. 최적의 압력 P_2에 대한, 단위 질량 당 압축 일과 중간 냉각기 열전달량을 구하라.

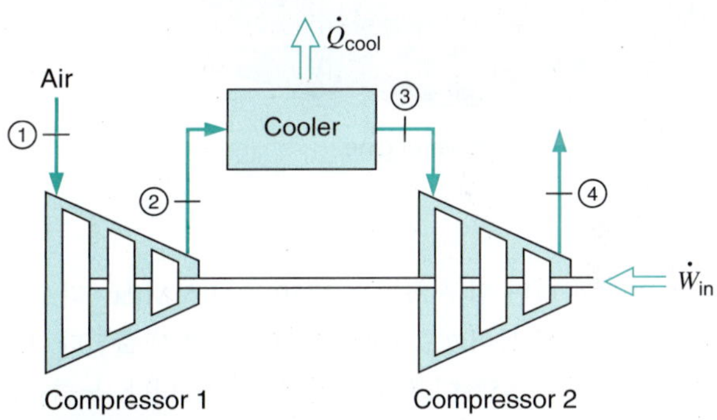

그림 P11.55

11.56 문제 11.44의 압축기는 공기를 300 K, 500 kPa로 냉각하는 중간 냉각기를 가지고 있고, 2단 압축기의 압력은 1600 kPa이다. 중간 냉각기에서의 단위 질량 당 열전달과 압축 일을 구하라.

11.57 가스 터빈의 2단 압축기로 17°C, 100 kPa의 대기를 500 kPa까지 압축한 후 중간 냉각기에서 일정한 압력 P로 27°C까지 냉각한다. 2단에서 공기는 1000 kPa로 압축된다. 2개의 단은 모두 가역 단열이다. 압축기의 각 단에서 단위 질량 당 일을 구하여라. 또한 중간 냉각기가 없는 경우의 일과 비교하여라(즉 1개의 압축기로 100 kPa에서 1000 kPa로 압축하는 경우와 비교).

11.58 압축기의 등엔트로피 효율이 85%이고 터빈의 등엔트로피 효율이 88%일때 문제 11.47을 반복하라

11.59 가스 터빈 사이클에서 2단 압축을 하며 두 단 사이에 중간

냉각기를 사용한다(P11.55 참조). 제1단의 입구 공기는 100 kPa, 300 K의 상태에 있다. 압축기 각 단의 압력 비는 5:1이며, 각 단의 등엔트로피 효율은 82%이다. 중간 냉각기의 출구 온도는 330 K이다. 압축기 각 단의 출구 온도와 단위 질량 당 전체 소요 일을 계산하라.

제트 기관 사이클

11.60 문제 11.47의 Brayton 사이클이 제트 기관으로 교체되었다. 실온 공기의 상태량을 사용하여 출구 속도를 구하라.

11.61 그림 P11.18과 같이 제트 추진에 사용되는 이상적인 공기 표준 가스 터빈 사이클이 있다. 압축기 입구 상태는 90 kPa, 290 K이다. 압축기의 압축 비는 4:1이고 터빈 입구 온도는 1500 K이다. 터빈을 나온 공기는 노즐에서 90 kPa로 팽창된다. 노즐 입구 출력과 노즐 출구 속도를 구하라.

11.62 그림 P11.62와 같은 제트 기관의 터빈 부분은 대기압 80 kPa에서 1200 K, 800 kPa의 기체(공기로 가정)를 유입한다. 모든 터빈 일은 압축기를 운전하는 데 사용된다. 노즐의 출구 속도가 800 m/s가 되는 터빈의 출구 압력을 구하라. *힌트*: 터빈과 노즐 모두에 C.V.을 설정하라.

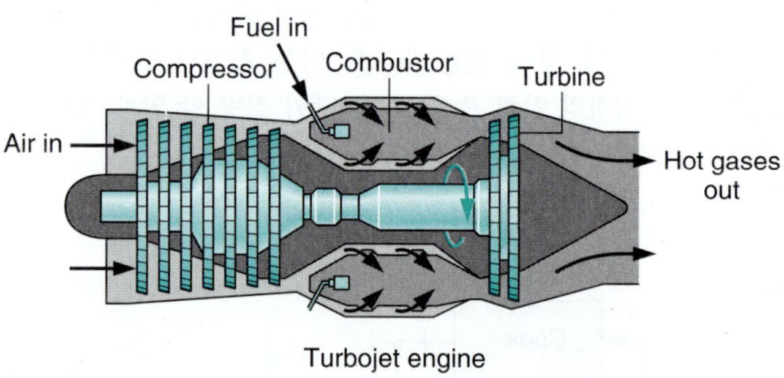

그림 P11.62

11.63 제트 엔진의 터빈 입구 공기는 1250 K, 1.5 MPa이다. 공기는 250 kPa로 노즐에 들어가고 100 kPa의 대기로 방출된다. 터빈의 등엔트로피 효율은 85%이고 노즐 효율은 95%이다. 노즐 입구 온도와 노즐 출구 속도를 구하라. 터빈 출구에서 운동 에너지는 무시하라.

11.64 공기 표준 제트 엔진 사이클이 주위 상태가 280 K, 100 kPa에서 작동된다. 압축기는 4000 kW의 축 동력을 요구한다. 터빈 입구의 상태 3은 1600 K, 2 MPa이며 질량 유량은 9 kg/s 이고, 터빈의 등엔트로피 효율은 85%이다. 노즐 입구의 압력과 온도를 결정하라. 공기의 상태량은 저온에서의 값을 사용하라.

11.65 제트 비행기가 고도 4900 m에서 비행하고 있다. 이 고도에서 주위의 압력은 55 kPa, 온도는 −18°C이다. 비행기의 속도가 280 m/s이고 압축기에서의 압력 비는 14:1이고 엔진에서의 최고 온도는 1450 K이다. 입구 유동은 디퓨저를 통하여 상태 *a*에서 상대 속도가 0이 되었다고 가정한다(그림 11.18). 상태 *a*의 온도와 압력을 구하라.

11.66 그림 P11.66의 제트 엔진에서 후연소기는 터빈을 통과한 기체에 연료를 공급하고 연소시켜 압력과 온도를 증가시키는 장치이다. 터빈 출구는 800 K, 250 kPa의 표준 조건이고 노즐 출구의 압력은 95 kPa이다. 후연소기는 450 kJ/kg의 에너지를 가해 동일한 비체적에서 압력을 증가시킨다. 터빈의 상류 영향은 무시한다. 후연소기를 껐을 때와 켰을 때의 노즐 출구 속도를 구하여라.

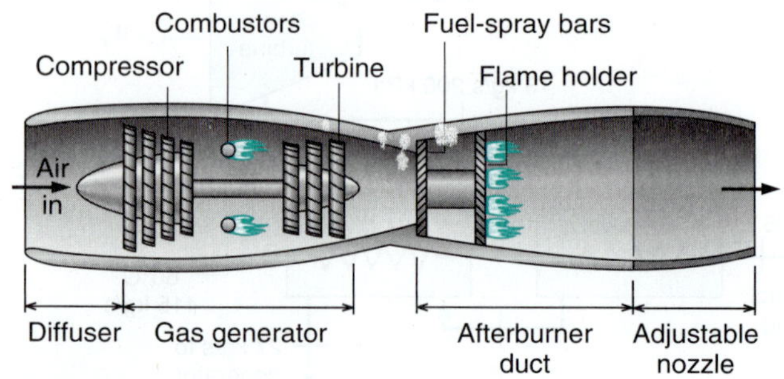

그림 P11.66

Otto 사이클

11.67 입구 상태(P_1, T_1)가 Otto 사이클의 효율에 어떤 영향을 미치는가? 실제 자동차 기관의 출력에 미치는 영향은 어떠한가?

11.68 가솔린 기관의 입구 공기는 95 kPa, 300 K이다. 공기는 체적 압축 비 8:1로 압축된다. 연소 과정에서 1300 kJ/kg의 에너지가 연료로부터 전달된다. 연소 후 온도와 압력을 구하라.

11.69 가솔린 기관에서 체적 압축 비가 9이다. 압축 전 상태는 290 K, 90 kPa이고 사이클 최고 온도는 1800 K이다. 표 A.5를 이용하여 팽창 후 압력, 사이클 당 순 일, 사이클 효율을 구하라.

11.70 그림 P11.70과 같이 압축 비가 10:1이고, 행정 체적이 3.0 L인 4행정 가솔린 기관이 1500 RPM으로 작동되고 있다. 흡입 직후 공기의 상태는 75 kPa, 280 K이다. 평균 유효 압력은 1000 kPa이다. 기관의 출력, 효율, 연소에 더해지는 단위 질량 당 에너지를 구하라.

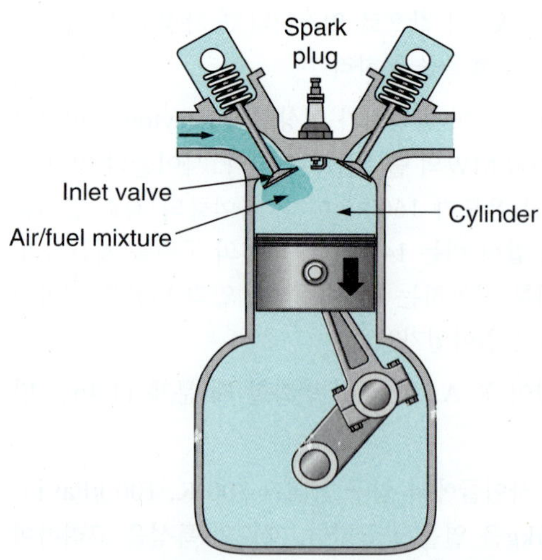

그림 P11.70

11.71 행정 체적이 4.2 L인 4행정 가솔린 기관의 흡입 상태는

280 K, 85 kPa이다. 최대 온도 2000 K, 최고 압력 5 MPa이고, 2000 RPM으로 작동되고 있다. 실온 공기 상태량을 사용하여 압축비, 평균 유효 압력, 그리고 출력을 구하라.

11.72 가솔린 기관에서 체적 압축 비가 10이고, 압축 전 실린더의 공기의 상태는 290 K, 85 kPa이다. 연소에 의한 최고 압력은 6000 kPa이다. 실온 공기 상태량으로 가정한다. 사이클에서 최고 온도는 얼마인가? 배기(열 방출) 초기의 온도와 사이클 효율을 구하라.

11.73 그림 P11.73에 나타낸 4행정 가솔린 기관의 압축 비는 10:1이고, 4개 실린더의 총 배기량은 2.3 L이다. 입구 상태는 280 K, 70 kPa이고, 2100 RPM으로 작동되며 연소 과정 중에 1800 kJ/kg의 열량이 더해진다. 사이클의 단위 질량 당 순 일과 발생된 동력은 얼마인가?

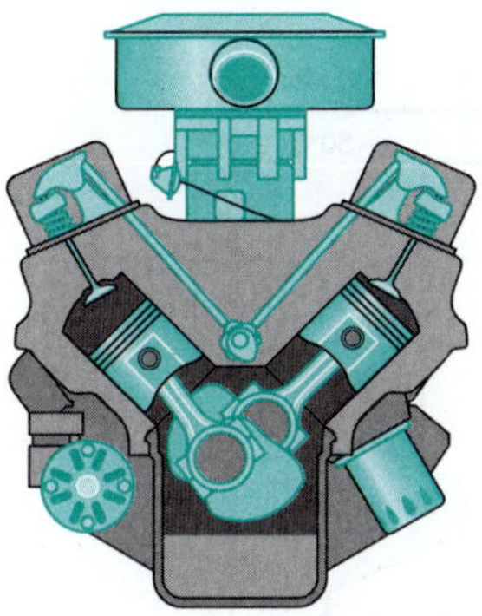

그림 P11.73

11.74 가솔린 기관에서 입구 공기는 290 K, 90 kPa에서 압축된다. 연소로 인해 1000 kJ/kg의 열이 가해져 온도가 2050 K로 된다. 찬 공기의 상태량(즉 300 K에서의 일정한 비열)을 이용하여 압축비, 단위 질량 당 압축 일, 사이클의 최고 압력을 구하라.

11.75 비열이 변화할 때 문제 11.74를 반복하라(표 A.7을 이용하라).

11.76 메타놀이 연료로 사용되면, 가솔린보다 약간 적은 에너 지를 방출한다. 압축 비가 10:1, 입구 상태가 10°C, 90 kPa, 그리고 연소 과정에 의해 1700 kJ/kg의 열량이 더해지는 기관을 가정하자. 최대 온도와 압력, 사이클 효율, 그리고 평균 유효 압력을 구하라.

11.77 실험에 의하면 내연 기관에서 팽창 과정을 폴리트로픽 지수 *n*이 비열비 *k*보다 약간 큰 폴리트로픽 과정으로 간주할 수 있다. 팽창 과정을 (Otto 사이클의 등 엔트로피 팽창 대신) *n*이 1.50인 가역 폴리트로픽 과정으로 가정하여 문제 11.71을 다시 풀어라.

Diesel 사이클

11.78 디젤 엔진에서 압축 전 상태는 95 kPa, 290 K이며 최대 압력은 6000 kPa, 최대 온도는 2400 K이다. 체적 압축 비와 열효율을 구하여라.

11.79 그림 P11.79와 같은 디젤 기관의 보어(bore)는 0.1 m, 행정은 0.11 m, 그리고 압축 비는 19:1이고, 2000 RPM(분당 회전수)으로 작동된다. 매 사이클 당 2회전하며, 평균 유효 압력은 1400 kPa이다. 총 6개 실린더를 가진 기관의 출력을 kW와 마력 hp로 구하라.

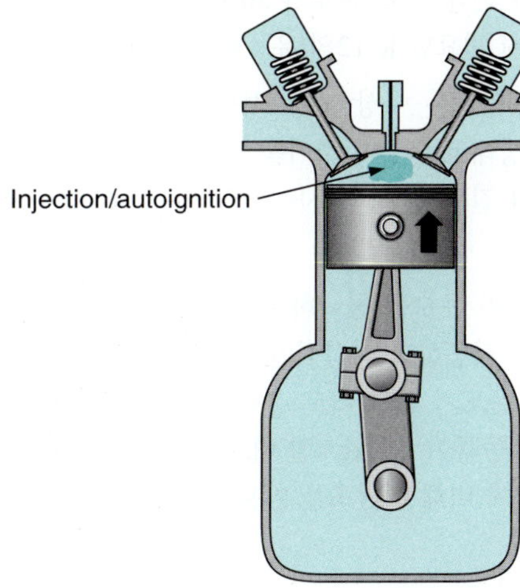

그림 P11.79

11.80 압축 비가 20:1이고, 입구 상태가 290 K, 80 kPa인 디젤 기관이 있다. 연소에 의해 1200 kJ/kg이 더해진다. 사이클의 최고 *P*와 *T*, 그리고 평균 유효 압력을 구하라.

11.81 디젤 기관에서 압축 전 상태는 95 kPa, 290 K에서 체적이 0.5 L이고 압축 비는 20:1이다. 사이클 최고 온도는 1800 K이다. 최대 압력, 단위 질량 당 순 일, 열효율을 구하라.

11.82 디젤 사이클에서 압축 전의 상태는 $T = 300$ K, $P = 200$ kPa이며, 연소(열전달)가 완료된 후의 상태는 $T = 1500$ K, $P = 7.0$ MPa이다. 압축 비, 열효율, 평균 유효 압력을 구하라.

11.83 실온 공기 조건이 아닌 경우로 표 A.7를 이용하여 문제 11.78을 풀어라.

11.84 디젤 엔진에서 압축 전 상태는 280 K, 85 kPa이며 최대 온도는 2200 K, 최대 압력은 6 MPa이다. 300 K의 찬 공기 조건을 이용하여 체적 압축 비와 평균 유효 압력을 구하여라.

냉동 사이클

11.85 작동 유체가 R-12인 냉동기의 최저 온도가 −10°C, 최고 압력이 1 MPa이다. 그림 11.24와 같은 이상적인 냉동기를 가정하라. 찬 공간으로부터의 단위 질량 당 열전달량, 더운 공간으로의 단위 질량 당 열전달량, 성능 계수를 구하라.

11.86 고압이 1500 kPa, 저압이 200 kPa이고, R-12로 작동되는 구형의 냉각 시스템이 있다. 열펌프로 사용될 때 성능 계수는 얼마인가?

11.87 이상적인 냉동 사이클에서 응축기 온도는 45°C, 증발기 온도는 −15°C이다. 작동 유체가 R-12, R-22일 때 성능 계수를 각각 계산하라.

11.88 환경적으로 안전한 냉매인 R-134a는 R-12를 대체할 수 있다. R-134a를 이용하여 문제 11.87을 반복하고 그 결과를 R-12와 비교하라.

11.89 육류 저장 창고의 냉동기는 최저 온도를 −15°C로 유지해

야 하며 외부 온도는 20°C이다. 냉매는 R-12이며 저온 공간으로부터 5 kW의 열을 제거해야 한다. 응축 온도가 20°C인 표준 증기 압축 냉동 사이클을 가정하여 필요한 R-12의 유동률을 구하라.

11.90 정상 상태로 운전되는 이상 냉동 사이클에서 R-22가 −20°C에서 포화 증기의 상태로 단열 압축기를 들어가서 1000 kPa로 나온다. 압축기의 단위 질량 당 일과 사이클의 성능 계수를 구하라.

11.91 소형 열펌프 유닛이 온수를 공급하는 데 사용된다. 이 유닛은 R-22를 작동 유체로 사용하고 이상적인 냉동 사이클로 작동된다고 가정하라. 증발기 온도가 15°C이고 응축기 온도가 60°C이다. 가열해야 하는 물의 유동률이 0.1 kg/s일 때, 물을 직접 15°C에서 60°C로 가열하는 방법에 비해 열펌프를 이용하여 절약할 수 있는 에너지의 양을 구하라.

11.92 저온 25°C이고, 고압 5000 kPa인 암모니아를 사용하는 열펌프가 있다. 축일 1 MW를 받는다면 고온에서의 열전달률은 얼마인가?

11.93 문제 11.92를 다시 생각해보자. 압축기가 2번 나누어 압축한다고 가정하자. 처음은 2000 kPa까지 압축하여 포화 증기에 도달할 때까지 일정 압력 P에서 열전달이 이루어지고 난 뒤, 5000 kPa까지 압축한다. 축일 1 MW가 입력될 때 2000 kPa과 5000 kPa에서의 두 열전달률을 구하라.

11.94 이상적인 열펌프에서 응축기 온도는 50°C, 증발기 온도는 0°C이다. 작동 유체가 R-12, R-22, 암모니아인 경우에 대해 각각 성능 계수를 구하라.

11.95 자동차용 공기 조화기에 R-134a를 사용하는데, 압축기는 입력 동력 1.5 kW로 R-134a를 201.7 kPa에서 1200 kPa까지 압축한다. 저온 열교환기는 30°C의 외부의 대기를 10°C로 냉각하여 차내로 공급한다. R-134a의 질량 유동률과 저온 열전달률은 얼마인가? 10°C에서 공기의 질량 유동률은 얼마인가?

11.96 일반적인 열펌프 사이클에 작동 유체로 냉매 R-22가 사용된다. 10°C의 포화 증기가 압축기에 들어가서 85°C로 나온다. 압축기 출구가 2 MPa이라면, 압축기의 등엔드로피 효율과 사이클의 성능 계수(COP)는 얼마인가?

11.97 정상 상태로 운전되는 냉동기에서 단열 압축기로 R-22 포화 증기 −20°C가 들어가 1000 kPa로 나온다. 압축기 출구에서의 온도는 60°C이다. 실제 압축 일과 실제 사이클 성능 계수를 구하라.

11.98 실험실의 냉장고는 R-22를 작동 유체로 사용한다. 고압은 1200 kPa, 저압은 201 kPa, 그리고 압축기는 가역이다. 냉장실에 보관된 −20°C(사이클의 T_L과 다름)의 표본으로부터 500 W의 열이 제거되어야 한다. 사이클의 성능 계수와 필요한 전기 동력을 구하라.

11.99 실험실 온도가 20°C인 경우의 문제 11.98을 생각하자. 세 개의 엔트로피 생성률과 발생하는 장소를 기술하라.

공기 표준 냉동 사이클

11.100 실온 공기 상태량을 사용하여 성능 계수를 구하는 식이 교재에는 제시되어 있지 않다. Brayton 사이클 효율을 구하는 방법과 유사하게 성능 계수(COP)를 압축 비의 함수로 나타내는 식을 유도하라.

11.101 압축기 입구 상태가 −10°C, 100 kPa이고, 주위가 공기를 400 kPa에서 35°C로 냉각하는 공기 표준 냉동 사이클이 있다. 사이클에서의 최저 온도, 저온에서의 단위 질량 당 열전달, 그리고 단위 질량 당 압축 일을 구하라.

11.102 그림 P11.102과 같은 이상적인 공기 표준 냉동 사이클에 열교환기가 사용된다. 이 경우 압축과 팽창은 모두 가역 단열 과정으로 가정할 수 있다. 사이클의 성능 계수를 구하라.

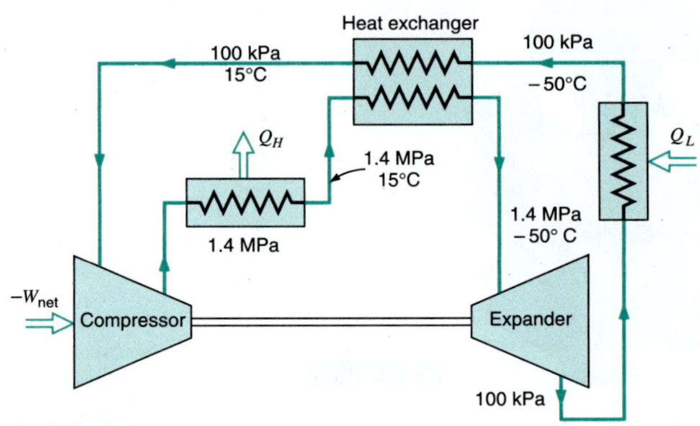

그림 P11.102

복합 사이클

11.103 왜 동력 발전소를 위해 복합 사이클 시스템을 고려하는가? 열펌프와 냉동기에 대해서는?

11.104 R-22를 사용하는 냉동기가 그림 P11.104와 같이 열효율이 25%인 소형 천연가스 열기관으로 구동된다. R-22는 40°C에서 응축되고 −20°C에서 증발되는 표준 사이클이다. 냉동 사이클에서 두 개의 단위 질량 당 열전달량을 구하라. 종합적인 성능 계수 Q_L/Q_1은 얼마인가?

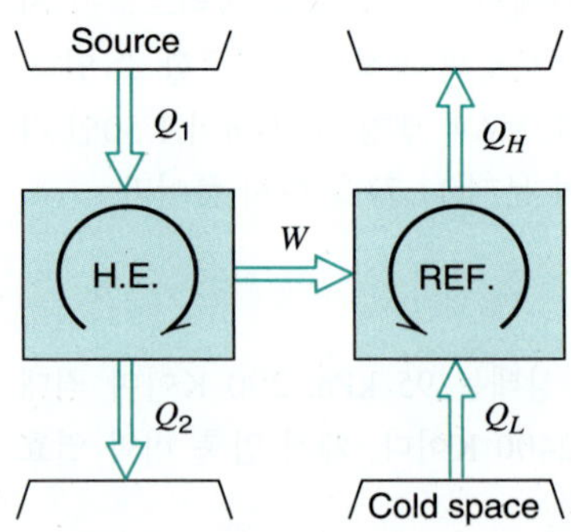

그림 P11.104

11.105 그림 11.29과 같은 이원계 발전소에서 고온 사이클은 수은을, 저온 사이클은 물을 작동 유체로 사용한다. 온도와 압력은 T–s 선도에 나타나 있다. 증기 사이클의 최고 온도는 과열기 출구

인 위치 4에서 500°C이다. 수은이 응축되고 물이 비등하는 열교환기에서 수은과 물의 질량 유량의 비를 결정하고 이상적인 사이클의 열효율을 구하라. 수은의 열역학 상태량 표로부터 다음의 포화 자료가 주어져 있다.

P, MPa	T_g, °C	h_f, kJ/kg	h_g, kJ/kg	s_f,kJ/kg-K	s_g, kJ/kg-K
0.04	309	42.21	335.64	0.1034	0.6073
1.60	562	75.37	364.04	0.1498	0.4954

11.106 캐스케이드(cascade) 계는 그림 11.31과 같이 두 개의 이상적인 냉동 사이클로 구성된다. 고온 사이클은 R-22를 사용한다. 응축기 출구의 포화 액체는 40°C이며 열교환기 출구의 포화 증기는 −20°C이다. 저온 사이클은 R-23을 사용한다. 증발기 출구의 포화 증기는 −80°C, $h = 330$ kJ/kg이고 열교환기 출구의 포화 액체는 −10°C, $h = 185$ kJ/kg이다. 압축기 출구에서 R-23은 $h = 405$ kJ/kg이다. 두 사이클의 질량 유동률과 성능 계수를 계산하라.

11.107 그림 P11.107과 같이 R-12를 사용하는 이상적인 이중 경로(dual-loop) 열 구동 냉동 사이클이 있다. 보일러에서 나온 105°C의 포화 증기는 터빈에서 응축기 압력까지 팽창된다. 증발기에서 나온 −15°C의 포화 증기는 응축기 압력까지 압축된다. 두 경로의 유동률은 터빈에서 생성된 동력으로 압축기를 구동할 수 있도록 결정된다. 두 출구 유체는 혼합되어 응축기에 들어간다. 응축기에서 나온 45°C의 포화 액체는 필요한 비율로 두 유로로 분리된다. 동력 경로의 유동률과 냉동 경로의 유동률의 비를 결정하라. 또 사이클의 성능을 식 Q_L/Q_H의 비로 구하라.

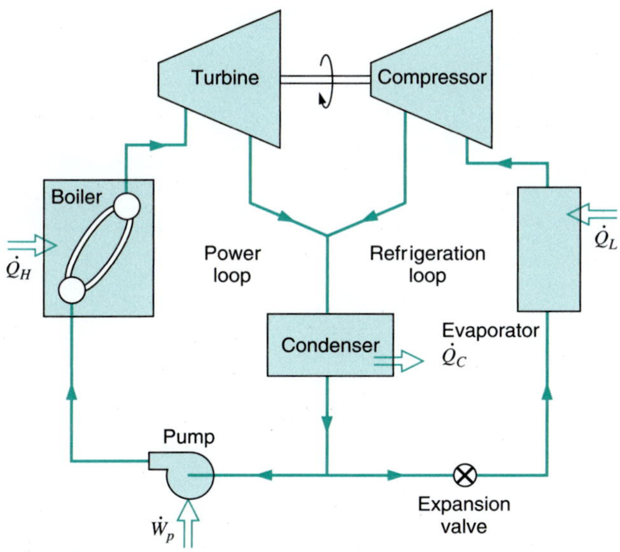

그림 P11.107

가용성과 엑서지 개념

11.108 어떤 열전달이 온도차에 의해 발생한 후 이상 사이클과 관계있는 모든 실제 사이클에 어떻게 영향을 미치는가?

11.109 동력 발전소에서 유한 온도차에 의한 열전달로 기인한 외적 비가역성을 무시한다면, 제2법칙 효율을 어떻게 정의할 것인가?

11.110 열펌프의 제2법칙 효율을 어떻게 정의할 것인가?

11.111 문제 11.15의 응축기에서 엑서지의 유동과 플럭스(flux)를 구하라. 이것을 이용하여 제2법칙 효율을 정의하라.

11.112 문제 11.4에서 설명한 Rankine 사이클의 4상태에서 물의 가용성을 각각 구하라. 고온 열원의 온도가 500°C이고, 저온 열저장조의 온도가 25°C라고 가정한다. 열저장조에서 나오거나 들어가는 수증기 단위 질량 당 유동 가용성을 구하라. 전체 사이클의 제2법칙 효율은 얼마인가?

11.113 문제 11.23의 급수 가열기에서 들어오고 나가는 엑서지 유동을 구하라.

11.114 문제 11.44의 Brayton 사이클을 생각하자. 엑서지의 유동과 플럭스(flux), 그리고 전체 사이클 제2법칙 효율을 구하라. 열전달은 내부적으로 가역 과정이라고 가정하고, 모든 외부 비가역성은 무시한다.

11.115 문제 11.32에서 암모니아를 사용하는 동력 발전소는 열원으로서 120°C, 300 kPa인 흐르는 물을 사용하고, 물은 90°C로 열교환기를 나간다. 열교환기의 제2법칙 효율을 구하라.

11.116 문제 11.92에 있는 열펌프의 제2법칙 효율은 얼마인가?

Introduction to
Engineering Thermodynamics

제 12 장

화학 반응

Chemical Reactions

이 장의 주제

- 연료
- 생성 엔탈피
- 연소 열
- 열역학 제3법칙과 절대 엔탈피
- 연료 전지
- 방법론 편
- 연소 과정
- 반응 계의 제1법칙 해석
- 단열 화염 온도
- 반응 계의 제2법칙 해석
- 화학 평형

많은 열역학 문제들은 화학 반응을 포함한다. 이들 중 가장 잘 알려진 것이 탄화수소 연료의 연소 반응으로 대부분의 동력 발생 장치에 사용된다. 그러나 우리는 인체에서 일어나는 반응을 포함하여, 화학 반응을 일으키는 다른 많은 과정들을 생각할 수 있다.

이 장에서는 화학 반응이 있는 시스템의 1법칙, 2법칙 해석을 다룰 것이다. 다른 관점에서 이 장은 1법칙과 2법칙의 연장이라고 할 수 있다. 그러나 많은 새로운 용어들이 등장하고 그것은 열역학 3법칙을 이해하는데 필수적이다.

이 장에서는 연소 과정이 상세히 다루어진다. 여기에는 두 가지 중요한 이유가 있다. 첫째로, 연소 과정은 기술자가 관여하는 많은 문제와 장치들에 매우 중요하고, 둘째, 연소 과정은 화학 반응의 열역학적 기본 원리를 가르치는 데 훌륭한 도구가 되기 때문이다. 학생들은 이 장을 공부하면서 이 두 가지 목적을 머릿속에 새겨 두어야 할 것이다.

다른 두 주제, 연료 전지와 화학 평형(연소 생성물의 해리에서도 적용된다) 또한 이 장에서 다루어진다.

12.1 연료

열역학 교재는 연료에 대해 상세히 다루지는 않지만 어떤 내용은 연소 반응을 설명하는데 필수적이므로 본 절에서는 **탄화수소 연료**(hydrocarbon fuels)에 대해 간단히 알아보기로 한다. 대부분의 연료는 세 가지, 즉 석탄, 액체 탄화수소, 기체 탄화수소로 분류된다.

석탄은 지질 시대 동안 생화학 반응, 높은 압력, 온도, 수생에 의해 퇴적된 식물들의 화석으로 구성된다. 석탄의 특성은 위치에 따라 상당히 다양하고, 심지어 같은 광산에서 나왔더라도 그 조성이 어느 정도 차이가 있다.

석탄의 분석은 두 가지 근거 중 하나에 바탕을 두고 있다. 공업 분석(proximate analysis)은 수분, 휘발성 물질, 고정탄소, 재의 질량 기준한 상대적인 양을 제시하고, 원소 분석(ultimate analysis)은 탄소, 황, 수소, 질소, 산소, 재의 질량 기준한 상대적인 양을 제시한다. 원소 분석은 건량 기준(dry basis)에 근거하고, 공업 분석에서 나타난 수분은 배제된다.

표 12.1 탄화수소 족(family)의 특성.

Family	Formula	Structure	Saturated
Paraffin	C_nH_{2n+2}	Chain	Yes
Olefin	C_nH_{2n}	Chain	No
Diolefin	C_nH_{2n-2}	Chain	No
Naphthene	C_nH_{2n}	Ring	Yes
Aromatic			
Benzene	C_nH_{2n-6}	Ring	No
Naphthalene	C_nH_{2n-12}	Ring	No

석탄의 많은 다른 특성은 석탄을 용도에 따라 평가하는 데 중요하다. 재의 융해도, 미분화 특성, 풍화 특성, 크기 등이 그것이다.

대부분의 액체, 기체 탄화수소 연료는 여러 종류의 탄화수소의 혼합물이다. 예를 들면, 가솔린은 약 40개의 아주 적은 량의 탄화수소의 혼합물로 이루어져 있다. 그러므로 탄화수소 연료를 다룸에 있어, 표 12.1에 요약된 것과 같은 중요한 탄화수소 족(family)들을 간단히 알아보기로 한다.

세 가지 개념이 정의되어야 한다. 첫 번째 개념은 분자 구조와 연관되어 있다. 고리와 사슬 구조가 중요하다; 그 둘의 차이점은 그림 12.1에 나타나 있으며, 포화 탄화수소와 불포화 탄화수소의 정의도 나타내고 있다. 포화 탄화수소가 탄소 간에 모두 단일 결합을 하는 데 반해, 불포화 탄화수소는 둘 또는 그 이상의 인접한 탄소 원자와 이중결합 또는 삼중 결합을 한다. 세 번째는 이성질체로, 동일한 탄소와 수소 원자 수를 가지지만 구조가 다른 두 탄화수소를 말한다. 즉 8개의 탄소 원자와 18개의 수소 원자를 가지지만 각각 서로 다른 분자 구조인 옥탄(C_8H_{18})들이 존재한다.

다양한 탄화수소 족(family)은 접미사로 표현이 가능하다. 파라핀 족 화합물은 "-ane"(propane, octane)으로 끝난다. 올레핀 족 화합물은 "-ylene", "-ene"(propene, octene)으로 끝난다. 디올레핀 족 화합물은 "-diene"(butadiene)으로 끝난다. 나프탈렌 족은 올레핀 족과 동일한 화학식을 가지지만 사슬 구조가 아니라 고리 구조이다. 나프탈렌 족의 탄화수소들은 접두사 "cyclo-"(cyclopentane)가 붙는다.

방향 족은 벤젠계(C_nH_{2n-6})와 나프탈렌계(C_nH_{2n-12})를 포함한다. 벤젠계는 고리 구조이고 불포화 탄화수소이다.

알코올은 내연 기관에서 연료로 사용되기도 한다. **알코올 족**(alcohol family)은 특징적으로 수소 원자 중 하나가 OH기로 치환된 것이다. 즉 메탄올이라 불리는 메틸알코올은 CH_3OH이다.

대부분의 액체 탄화수소 연료는 탄화수소의 혼합물로 원유를 증류와 크래킹 과정을 통해 얻어낸 것이다. 즉 원유로부터 다양한 연료를 생산할 수 있고, 그중 일부가 가솔린, 등유, 디젤유, 그리고 연료유가 된다. 이들 분류에 따라 등급이 다양하고, 각각은 많은 수의 서로 다른 탄화수소로 만들어진다. 이 연료들 간의 중요한 차이는 증류 곡선(그림 12.2)이다. 증류 곡선은 샘플 연료를 서서히 가열하여 기화시킴으로써 얻어진다. 그리고 증기를 응축시켜 그 양을 잰다. 휘발성이 높은 탄화수소일수록 기화가 먼저 일어

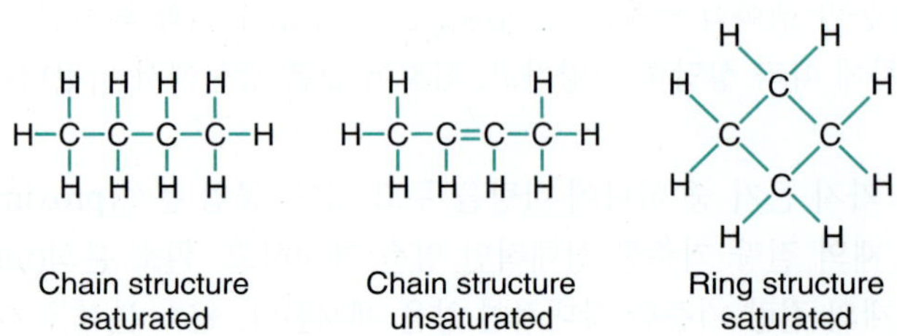

그림 12.1 탄화수소 연료의 분자 구조.

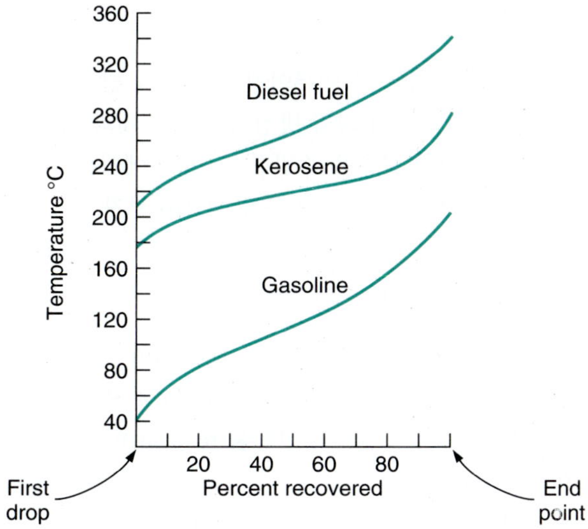

그림 12.2 탄화수소 연료의 증류 곡선.

나고, 기화되지 않은 부분의 온도는 공정을 거치며 증가한다. 증류 곡선은 기화되지 않은 부분의 온도와 응축된 증기의 양의 비교를 그린 것으로, 연료의 휘발성을 알 수 있게 한다.

액체 연료의 연소에 있어서, 많은 탄화수소의 혼합물이라 할지라도 하나의 탄화수소로 표현하는 것이 편리하다. 그래서 가솔린은 주로 octane(C_8H_{18}), 디젤유는 dodecane($C_{12}H_{26}$)으로 불리어진다. 또한 탄화수소 연료의 조성은 탄소와 수소의 함량에 따른다.

기체 탄화수소 연료의 주요한 두 생산 근원은 천연가스 유전과 특정 화학 제조 과정이다. 표 12.2는 다양한 기체 연료들의 조성을 보여준다. 천연가스의 주요 구성물은 메탄이며, 그것은 제조된 가스와 구별 짓게 한다.

오늘날 석탄, 석유혈암, 타르 샌드 퇴적물로부터 기체 및 액체 탄화수소 연료를 생산하기 위해 더 경제적인 공정을 개발하는 데 많은 노력을 기울이고 있다. 몇몇 대안 기술이 가능성 있는 것으로 입증되었고, 이 자원들이 미래에 우리 연료 공급에 큰 비중을 차지할 것으로 보인다.

표 12.2 대표적인 가스 연료의 체적 분석.

Constituent	Various Natural Gases A	B	C	D	Producer Gas from Bituminous Coal	Carbureted Water Gas	Coke-Oven Gas
Methane	93.9	60.1	67.4	54.3	3.0	10.2	32.1
Ethane	3.6	14.8	16.8	16.3			
Propane	1.2	13.4	15.8	16.2			
Butanes plus[a]	1.3	4.2		7.4			
Ethene						6.1	3.5
Benzene						2.8	0.5
Hydrogen					14.0	40.5	46.5
Nitrogen		7.5		5.8	50.9	2.9	8.1
Oxygen					0.6	0.5	0.8
Carbon monoxide					27.0	34.0	6.3
Carbon dioxide					4.5	3.0	2.2

[a]This includes butane and all heavier hydrocarbons

12.2 연소 과정

연소 과정은 산화 가능한 연료 구성물의 산화로 이루어지므로, 화학 방정식으로 나타낼 수 있다. 연소 과정 동안 원소의 질량은 변하지 않는다. 그래서 화학 방정식을 쓰는 것과 여러 구성물의 양과 관련된 문제를 푸는 것은 기본적으로 각 원소의 질량 보존을 수반한다. 이 장에서는 연소 과정에 적용을 위한 질량 보존에 대해 간단히 정리한다. 먼저 탄소와 산소의 반응을 생각해 보자.

$$\begin{array}{cc} \text{반응물} & \text{생성물} \\ C + O_2 \rightarrow & CO_2 \end{array}$$

이 방정식은 1 kmol의 탄소가 1 kmol의 산소와 반응하여 1 kmol의 이산화탄소를 생성하는 것을 나타낸다. 또한 이것은 12 kg의 탄소가 32 kg의 산소와 반응하여 44 kg의 이산화탄소를 생성하는 것을 의미하기도 한다. 연소 과정을 거치는 모든 초기 물질들을 **반응물**(reactant)이라 하고, 연소 과정의 결과로 생겨난 물질을 **생성물**(product)이라 한다.

탄화수소 연료가 타면 탄소와 수소 모두 산화된다. 메탄의 연소를 예로 들어 보자.

$$CH_4 + 2O_2 \rightarrow CO_2 + 2H_2O \tag{12.1}$$

여기서 연소의 생성물은 이산화탄소와 물이다. 물은 연소 생성물의 온도와 압력에 따라 기체, 액체, 또는 고체 상으로 존재한다.

연소 과정에서 화학 반응 중 많은 중간 생성물이 생성된다. 이 책에서 우리는 초기 물질과 최종 생성물에 관심이 있고 중간 생성물에는 관심이 없지만, 중간 생성물은 연소의 상세한 이해에 대단히 중요하다.

대부분의 연소 과정에서 산소는 순소한 산소가 아니라 공기로 공급된다. 공기의 조성은 몰 기준으로 약 21%의 산소, 78%의 질소, 그리고 1%의 아르곤으로 이루어져 있다. 질소와 아르곤은 화학 반응을 하지 않는다고 가정한다[나중에 다루어질 해리(dissociation)를 제외하고]. 그러나 그들은 다른 생성물과 같이 동일한 온도에서는 남아있게 되지만 만약 생성물이 원래 공기 온도와 다른 온도에 있게 되면 상태 변화를 하게 된다. 높은 온도가 형성되어지는 내연 기관에 있어서 실제로 질소와 산소 간에 얼마간의 반응이 일어나고, 이것은 엔진에서 배출되어지는 질소 산화물과 연관되어 대기 오염 문제를 야기한다.

공기와 관련한 연소 계산에서 아르곤은 보통 고려하지 않으며, 공기는 부피가 21%의 산소와 79%의 질소로 이루어져 있는 것으로 본다. 이렇게 가정할 때, 이 질소는 대기 질소(atmospheric nitrogen)로 간주되어진다. 대기 질소는 순수 질소의 분자량 28.013과 달리 28.16(아르곤을 고려하여)의 분자량을 갖는다. 이 교재에서는 차이를 두지 않으며, 79%의 질소를 순수 질소로 생각할 것이다.

공기가 체적 비로 21%의 산소와 79%의 질소로 이루어져 있다는 가정은 산소 1몰 당 질소 79.0/21.0 = 3.76 몰이 된다는 결론이 된다. 그러므로 메탄의 연소 반응에서 산소가 공기로서 공급되면 반응은 다음과 같이 나타낼 수 있다.

$$CH_4 + 2O_2 + 2(3.76)N_2 \rightarrow CO_2 + 2H_2O + 7.52N_2 \tag{12.2}$$

산화해야 할 연료에서 탄소, 수소, 그리고 다른 원소들의 **완전 연소**(complete combustion)에 충분한 산소를 공급하는 최소 공기량을 **이론 공기량**(theoretical air)이라고 한다. 이론 공기량으로 완전 연소되면 생성물은 산소를 포함하지 않는다. 탄화수소 연료와 공기의 일반적인 연소 반응은 **이론 반응 계수**(stoichiometric coefficient)를 포함하는 다음 식으로 나타낼 수 있다.

$$C_xH_y + \nu_{O_2}(O_2 + 3.76\,N_2) \rightarrow \nu_{CO_2}CO_2 + \nu_{H_2O}H_2O + \nu_{N_2}N_2 \tag{12.3}$$

원자들을 비교해서 다음과 같이 이론 공기량을 산출한다.

$$\text{C:} \quad \nu_{CO_2} = x$$

$$\text{H:} \quad 2\nu_{H_2O} = y$$

$$\text{N}_2: \quad \nu_{N_2} = 3.76 \times \nu_{O_2}$$

$$\text{O}_2: \quad \nu_{O_2} = \nu_{CO_2} + \nu_{H_2O}/2 = x + y/4$$

그리고 연료 1몰에 해당하는 공기의 총 몰 수는 다음과 같다.

$$n_{air} = \nu_{O_2} \times 4.76 = 4.76(x + y/4)$$

이 공기량은 100% 이론 공기량과 동일하다. 실제로는, 공급되는 공기량이 이론 공기량보다 다소 크지 않으면 완전 연소가 일어나지 않는다. 연료와 공기의 비율을 나타내는데 자주 사용되는 두 가지 중요한 변수에는 **공연비**(air–fuel ratio)(AF라고 나타냄)와 그것의 역수인, **연공비**(fuel–air ratio)(FA라고 나타냄)가 있다. 이 비들은 주로 질량에 근거하여 표현되지만, 때때로 몰에 근거하여 표현되기도 한다.

$$AF_{mass} = \frac{m_{air}}{m_{fuel}} \tag{12.4}$$

$$AF_{mole} = \frac{n_{air}}{n_{fuel}} \tag{12.5}$$

이들 두 비를 분자량과 관련하여 표현하면 다음과 같다.

$$AF_{mass} = \frac{m_{air}}{m_{fuel}} = \frac{n_{air}M_{air}}{n_{fuel}M_{fuel}} = AF_{mole}\frac{M_{air}}{M_{fuel}}$$

그리고 아래첨자 s는 100% 이론 공기에 대한 비를 표시하며, 이론 반응 혼합물(stoichiometric mixture)이라고도 한다. 실제 연소 과정에서 공기량은 이론 반응 공기 백분율(percent theoretical air)이라고 불리는 이론량의 분율로 표현된다. 이와 비슷한 개념의 **당량비**(equivalence ratio)는 실제 연공비를 이론 연공비로 나눈 것으로 이론 반응 공기 백분율의 역수이다.

$$\Phi = FA/FA_s = AF_s/AF \tag{12.6}$$

이론 반응 공기 백분율과 당량비는 둘 다 이론 공연비와 실제 공연비의 비율이어서 (분자와 분모 에) 분자량이 소거되어 질량 기준식과 몰 기준식은 동일하다.

따라서 150% 이론 공기량이라는 것은 실제로 공급된 공기량이 이론 공기량의 1.5배이고 당량비가 2/3임을 의미한다. 150% 이론 공기와 메탄의 완전 연소는 원자의 보존 법칙에 따라 모든 이론 반응 계수를 맞추어 다음 식과 같이 나타내어진다.

$$CH_4 + 1.5 \times 2(O_2 + 3.76N_2) \rightarrow CO_2 + 2H_2O + O_2 + 11.28N_2 \tag{12.7}$$

실제로 공급된 공기량은 **과잉 공기**(excess air) 백분율로도 표현될 수 있다. 과잉 공기는 이론 공기량보다 초과하여 많이 공급된 공기량이다. 그래서 150% 이론 공기량은 50% 과잉 공기와 동등한 것이다. 이론 공기, 과잉 공기, 당량비와 같은 용어는 모두 현재 사용되고 있고 반응물인 연료와 공기의 혼합물에 대한 정보를 제공한다.

공급된 공기량이 필요한 이론 공기량보다 적으면 연소는 불완전하다. 공기가 약간 부족하면, 탄소의 일부는 산소와 결합하여 이산화탄소(CO_2) 대신 일산화탄소(CO)를 생성한다. 공급된 공기량이 이론 공기량보다 상당히 적으면 연소 생성물로서 얼마간의 탄화수소도 생성될 것이다.

어느 정도의 과잉 공기가 공급되어도, 연소하는 동안 혼합과 난류를 포함한 여러 변수들에 따라 정확한 양이 정해지겠지만, 소량의 일산화탄소가 발생할 수 있다. 따라서 110% 이론 공기량과의 메탄의 연소는 다음과 같다.

이 절에서 지금까지 다루었던 내용이 다음 예제들에서 설명될 것이다.

$$\begin{aligned} &CH_4 + 2(1.1)O_2 + 2(1.1)3.76N_2 \rightarrow \\ &\quad +0.95\,CO_2 + 0.05\,CO + 2H_2O + 0.225\,O_2 + 8.27N_2 \end{aligned} \tag{12.8}$$

예제 12.1

옥탄(C_8H_{18})의 연소에서 이론 공연비를 구하라.

풀이

연소 방정식은 다음과 같다.

$$C_8H_{18} + 12.5O_2 + 12.5(3.76)N_2 \rightarrow 8CO_2 + 9H_2O + 47.0N_2$$

몰 기준 공연비는

$$AF = \frac{12.5 + 47.0}{1} = 59.5 \text{ kmol air/kmol fuel}$$

이다. 질량 기준 이론 공연비는 공기와 연료의 분자량을 이용하여 구할 수 있다.

$$AF = \frac{59.5(28.97)}{114.2} = 15.0 \text{ kg air/kg fuel}$$

■

예제 12.2

옥탄(C_8H_{18})이 200% 이론 공기와 연소했을 때 연소 생성물의 몰 분석(molal analysis)을 하고, 압력이 0.1 MPa일 때의 생성물의 이슬점(dew point)을 구하라.

풀이

200% 이론 공기와 옥탄의 연소 방정식은

$$C_8H_{18} + 12.5(2)O_2 + 12.5(2)(3.76)N_2 \rightarrow 8CO_2 + 9H_2O + 12.5O_2 + 94.0N_2$$

이다.

생성물의 총 kmol수 = 8 + 9 + 12.5 + 94.0 = 123.5

생성물의 몰 분석:

$$\begin{aligned} CO_2 &= 8/123.5 &= \;& 6.47\% \\ H_2O &= 9/123.5 &= \;& 7.29 \\ O_2 &= 12.5/123.5 &= \;& 10.12 \\ N_2 &= 94/123.5 &= \;& \underline{76.12} \\ & & & 100.00\% \end{aligned}$$

물의 분압은 100(0.0729) = 7.29 kPa이다.

이 압력에 해당하는 포화 온도는 39.7°C로 이것이 이슬점 온도이다.

연소 생성물로부터 응축된 물은 용해된 기체를 포함하고 이에 따라 부식성이 강하다. 이런 이유로 연소 생성물은 공기 중에 배출되기 전까지 이슬점 이상의 온도를 유지시킨다.

■

예제 12.3

유연탄(bituminous coal, 표 12.2 참조) 발생 가스는 20% 과잉 공기와 연소한다. 체적 기준 및 질량 기준 공연비를 구하라.

풀이

이론 공기 필요량을 구하기 위해서 연료 1 kmol 내의 가연성 물질에 대한 연소 방정식을 써보자.

$$0.14\,H_2 + 0.070\,O_2 \rightarrow 0.14\,H_2O$$
$$0.27\,CO + 0.135\,O_2 \rightarrow 0.27\,CO_2$$
$$0.03\,CH_4 + \underline{0.06\,O_2} \rightarrow 0.03\,CO_2 + 0.06\,H_2O$$
$$0.265 = \text{kmol oxygen required/kmol fuel}$$
$$-\underline{0.006} = \text{oxygen in fuel/kmol fuel}$$
$$0.259 = \text{kmol oxygen required from air/kmol fuel}$$

그러므로 연료 1 kmol에 대한 완전 연소 방정식은

$$\overbrace{0.14\,H_2 + 0.27\,CO + 0.03\,CH_4 + 0.006\,O_2 + 0.509\,N_2 + 0.045\,CO_2}^{\text{fuel}}$$
$$\overbrace{+0.259\,O_2 + 0.259(3.76)\,N_2}^{\text{air}} \rightarrow 0.20\,H_2O + 0.345\,CO_2 + 1.482\,N_2$$
$$\left(\frac{\text{kmol air}}{\text{kmol fuel}}\right)_{\text{theo}} = \frac{0.259 \times 4.76}{1} = 1.233$$

이다. 만약 공기와 연료가 동일한 압력과 온도라면, 이것은 연료 체적에 대한 공기 체적의 비를 나타낸다.

$$\text{20\% 과잉 공기에 대해,} \quad \frac{\text{kmol air}}{\text{kmol fuel}} = 1.233 \times 1.200 = 1.48$$

질량 기준 공연비는

$$AF = \frac{1.48(28.97)}{0.14(2) + 0.27(28) + 0.03(16) + 0.006(32) + 0.509(28) + 0.045(44)}$$
$$= \frac{1.48(28.97)}{24.74} = 1.73\ \text{kg air/kg fuel}$$

이다.

■

연소 생성물 분석은 연소 과정에서 공급된 실제 공기량을 계산하는 데 아주 간단한 방법을 제공한다. 그러한 분석이 가능한 여러 가지 실험 방법으로, **건량 기준**(dry basis), 즉 수증기를 제외한 모든 성분의 분율 분석과 수증기를 포함하는 분석이 있다. 여기서 우리는 실험 장치와 절차에 관심이 있는 것이 아니라 화학 반응의 열역학적 해석에서 그러한 정보를 사용하는 것에 관심이 있다. 다음 예들은 생성물의 분석이 어떻게 화학 반응과 연료의 조성을 구할 수 있는지를 설명해준다.

실제 연공비를 구하기 위한 연소 생성물 분석의 기본 원리는 각 원소의 질량 보존이다. 그래서 반응물에서 생성물로 바뀔 때 탄소 균형, 수소 균형, 산소 균형, 질소 균형을 맞춰야 한다(포함된 다른 원소들도 마찬가지로). 더욱이 이들 특정 원소들의 질량 사이에는 일정한 비율이 있다. 그래서 탄화수소 연료의 조성을 알면 탄소와 수소의 비율이 정해지는 것처럼 공기 중의 질소와 산소의 비율도 고정되어 있는 것이다.

연료의 연소에 산화제로서 대기가 자주 사용되며, 이 경우 반응물에 어느 정도의 수증기가 포함되게 된다. 습한 공기의 습도 비(ω)를 안다고 할 때, 아래 식을 이용해서 산소 단위 몰에 해당되는 공기 조성을 구하고자 한다.

$$1\ O_2 + 3.76\ N_2 + x\ H_2O$$

습도 비는 $\omega = m_v/m_a$이므로 물의 몰수는

$$n_v = \frac{m_v}{M_v} = \frac{\omega m_a}{M_v} = \omega n_a \frac{M_a}{M_v}$$

이고, 산소 단위 몰 당 건공기의 몰수는 $(1 + 3.76)/1$이므로 다음을 얻을 수 있다.

$$x = \frac{n_v}{n_{\text{oxygen}}} = \omega 4.76 \frac{M_a}{M_v} = 7.655\omega \tag{12.9}$$

이 물의 양은 연료 내의 수소가 산화해서 생긴 물과 함께 생성물에서 나타난다.

예제 12.4

메탄 (CH_4)이 대기와 연소 반응을 할 때, 생성물의 건량 기준(dry basis) 분석 결과는 아래와 같다.

CO_2	10.00%
O_2	2.37
CO	0.53
N_2	87.10
	100.00%

공연비와 이론 반응 공기 백분율(percent theoretical air)을 계산하고 연소 방정식을 구하라.

풀이

풀이는 생성물(dry products) 100 kmol에 대한 연소 방정식을 적고, 문자 계수로 나타낸 미지의 양을 풀면 된다.

생성물 분석 결과로부터 다음 방정식을 나타낼 수 있다. 이 분석은 건량 기준(dry basis)임을 생각하자.

$$aCH_4 + bO_2 + cN_2 \rightarrow 10.0CO_2 + 0.53CO + 2.37O_2 + dH_2O + 87.1N_2$$

각 원소들의 균형은 미지의 계수들을 풀 수 있게 한다.

질소 균형: $c = 87.1$

모든 질소는 공기로부터 생성되므로

$$\frac{c}{b} = 3.76 \qquad b = \frac{87.1}{3.76} = 23.16$$

탄소 균형: $a = 10.00 + 0.53 = 10.53$

수소 균형: $d = 2a = 21.06$

산소 균형: 모든 미지의 계수를 풀고 산소 균형을 통해서 검증한다. 또한 b는 산소 균형에 의해 구할 수 있다.

$$b = 10.00 + \frac{0.53}{2} + 2.37 + \frac{21.06}{2} = 23.16$$

이 값들을 a, b, c, d에 대입하면

$$10.53CH_4 + 23.16O_2 + 87.1N_2 \rightarrow 10.0CO_2 + 0.53CO + 2.37O_2 + 21.06H_2O + 87.1N_2$$

을 얻는다. 10.53으로 나누면 연료 단위 kmol 당 연소 방정식이 구해진다.

$$CH_4 + 2.2O_2 + 8.27N_2 \rightarrow 0.95CO_2 + 0.05CO + 2H_2O + 0.225O_2 + 8.27N_2$$

몰 기준 공연비는

$$2.2 + 8.27 = 10.47 \text{ kmol air/kmol fuel}$$

질량 기준 공연비는 분자량을 사용하여 구해진다.

$$AF = \frac{10.47 \times 28.97}{16.0} = 18.97 \text{ kg air/kg fuel}$$

이론 공연비는 이론 공기에 대한 연소 방정식을 활용해서 구해진다.

$$CH_4 + 2O_2 + 2(3.76)N_2 \rightarrow CO_2 + 2H_2O + 7.52N_2$$

$$AF_{theo} = \frac{(2 + 7.52)28.97}{16.0} = 17.23 \text{ kg air/kg fuel}$$

이론 반응 공기 백분율은 $\frac{18.97}{17.23} = 110\%$이다.

■

예제 12.5

켄터키, 젠킨 산 석탄의 건량 기준(dry basis) 질량 백분율 원소 분석 결과는 다음과 같다.

Component	Percent by Mass
Sulfur	0.6
Hydrogen	5.7
Carbon	79.2
Oxygen	10.0
Nitrogen	1.5
Ash	3.0

이 석탄이 30% 과잉 공기와 연소할 때, 질량 기준 공연비를 구하라.

풀이

이 문제의 해결 방법은 연료 100 kg당 각 가연성 원소들의 연소 방정식을 이용하는 것이다. 먼저 연료 100 kg당 몰 조성을 구한다.

$$\text{kmol S/100 kg fuel} = \frac{0.6}{32} = 0.02$$

$$\text{kmol H}_2\text{/100 kg fuel} = \frac{5.7}{2} = 2.85$$

$$\text{kmol C/100 kg fuel} = \frac{79.2}{12} = 6.60$$

$$\text{kmol O}_2\text{/100 kg fuel} = \frac{10}{32} = 0.31$$

$$\text{kmol N}_2\text{/100 kg fuel} = \frac{1.5}{28} = 0.05$$

각 가연성 원소들의 연소 방정식은 필요한 이론 산소량을 구할 수 있게 해준다.

$$0.02\,S + 0.02\,O_2 \rightarrow 0.02\,SO_2$$

$$2.85\,H_2 + 1.42\,O_2 \rightarrow 2.85\,H_2O$$

$$6.60\,C + 6.60\,O_2 \rightarrow 6.60\,CO_2$$

$$8.04 \text{ kmol } O_2 \text{ required/100 kg fuel}$$

$$-0.31 \text{ kmol } O_2 \text{ in fuel/100 kg fuel}$$

$$7.73 \text{ kmol } O_2 \text{ from air/100 kg fuel}$$

$$AF_{theo} = \frac{[7.73 + 7.73(3.76)]28.97}{100} = 10.63 \text{ kg air/kg fuel}$$

30% 과잉 공기에 대한 공연비는 다음과 같다.

$$AF = 1.3 \times 10.63 = 13.82 \text{ kg air/kg fuel}$$

■

개념에 관한 질문

a. 1 kmol의 탄소를 연소시키는 데 필요한 공기의 kmol수는?

b. 1 kmol의 수소 H_2를 6 kmol의 공기와 연소시키면 몰 기준 *A/F*는 얼마인가? 그리고, 이론 반응 공기 백분율은 얼마인가?

c. 식 12.8의 110% 이론 공기에서 당량비는 얼마인가? 그 혼합물은 농후(rich)한가 희박(lean)한가?

d. 대부분의 경우 연소 생성물은 이슬점 이상에서 배출된다. 그 이유는?

12.3 생성 엔탈피

이 책 앞의 11개의 장은 항상 일정한 화학 조성의 경우로서 화학 반응 동안의 조성 변화는 염두에 두지 않았다. 따라서 열역학적 상태량을 다룰 때 우리는 주어진 물질에 대한 열역학적 상태량의 표를 사용하였고, 열역학적 상태량들은 어떤 임의의 기준 상태(reference state)에 대해 상대적으로 주어졌다. 예를 들어 증기표(steam table)에서 0.01°C 포화 액체의 내부 에너지를 0으로 한다. 조성의 변화가 없을 때 이러한 절차는 꽤 합당하다. 왜냐하면 우리는 주어진 물질의 상태량 변화에 관심이 있기 때문이다. 기준 상태 조건에서의 상태량은 계산에서 상쇄된다. 그러나 이제 화학 반응이 있을 경우에 공통적으로 일관된 기준 상태의 값을 선택할 필요가 있다. 우리는 온도 25°C, 압력 0.1 MPa, 기체일 경우 가상의 이상 기체 상태를 기준 상태(표준 상태)로 사용할 것이다.

그림 12.3에서 보는 바와 같은 단순 정상 상태 연소 과정을 살펴보자. 이 이상적인 반응은 고체 탄소와 기체(이상 기체) 산소의 연소를 다룬다. 각각은 표준 상태(25°C, 0.1 MPa)로 검사체적(control volume)으로 들어간다. 반응에 의해 생성된 이산화탄소(이상 기체)는 표준 상태(25°C, 0.1 MPa)로 연소실을 나오게 된다. 열전달량을 정확하게 측정해 보면 –393,522 kJ/kmol 의 이산화탄소가 생성된 것을 알 수 있다. 화학 반응식은 다음과 같다.

$$C + O_2 \rightarrow CO_2$$

열역학 1법칙을 이 과정에 적용하면,

$$Q_{\text{c.v.}} + H_R = H_P \tag{12.10}$$

여기서, 하첨자 *R*, *P*는 각각 반응물과 생성물을 의미한다. 또한 그러한 과정에 대해서 열역학 1법칙을 다음과 같은 형태로 표현하는 것이 적합할 것이다.

$$Q_{\text{c.v.}} + \sum_R n_i\bar{h}_i = \sum_P n_e\bar{h}_e \tag{12.11}$$

여기서, Σ은 각각 모든 반응물 또는 모든 생성물에 관련된 것을 의미한다.

따라서 열전달량 측정을 통하여 표준 상태에서의 생성물과 반응물의 엔탈피 차이를 구할 수 있다. 그러나 표준 상태에서 모든 원소들의 엔탈피를 0으로 가정해보자. 이 경우 반응물들의 엔탈피는 0이고,

$$Q_{\text{c.v.}} = H_P = -393\ 522 \text{ kJ/kmol}$$

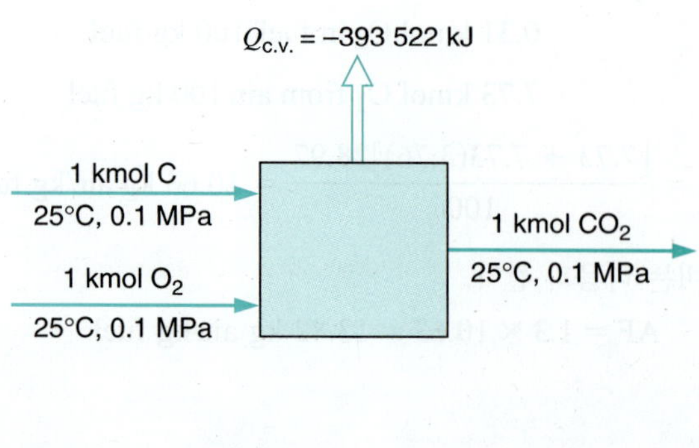

그림 12.3 연소 과정의 예.

이다. 25°C, 0.1 MPa(원소들의 엔탈피를 0으로 한 임의의 기준인)에서 (가상의) 이상 기체인 이산화탄소의 엔탈피를 **생성 엔탈피**(enthalpy of formation)라고 하고, $\bar{h}_f$로 나타낸다. 따라서 이산화탄소의 생성 엔탈피는

$$\bar{h}_f^\circ = -393\,522 \text{ kJ/kmol}$$

이다.

원소들의 엔탈피가 0인 기준과 상대적으로, 다른 상태에서의 이산화탄소 엔탈피는 25°C, 0.1 MPa의 이상 기체 상태와 주어진 상태 간의 엔탈피 변화만큼 생성 엔탈피에 더함으로써 얻을 수 있다. 즉 어떤 온도, 압력에서의 엔탈피 $\bar{h}_{T,P}$는

$$\bar{h}_{T,P} = (\bar{h}_f^\circ)_{298,0.1\text{MPa}} + (\Delta\bar{h})_{298,0.1\text{MPa}\rightarrow T,P} \tag{12.12}$$

이다. 여기서 $(\Delta\bar{h})_{298,0.1\text{MPa}\rightarrow T,P}$는 주어진 상태와 298.15 K, 0.1 MPa의 이상 기체 엔탈피 간의 엔탈피 차이를 나타내며, 다음의 예제들에서 편의상 하첨자를 생략한다.

이산화탄소에 대하여 설명한 과정은 다른 화합물에도 적용할 수 있다.

표 A.10은 여러 물질의 생성 엔탈피 값을 kJ/kmol 단위(또는 표 G.11에는 Btu/lb mol)로 보여준다. 또한 생성 엔탈피에 관하여 세 가지 추가적인 관찰이 가능하다.

1. 원소들로부터 화합물이 생성되는 이상적인 화학 반응에서 열전달량 측정에 의하여 생성 엔탈피의 개념을 설명했다. 실제로 생성 엔탈피는 관찰된 분광학 자료를 다루는 통계 열역학의 적용에 의해 알려졌다.
2. 25°C, 0.1 MPa에서 원소의 엔탈피를 임의로 0이라고 하는 절차에 대한 정당성은 핵 반응이 없는 경우에 화학 반응을 하는 동안 각 원소의 질량은 보존된다는 사실에 근거한다. 이 기준(표준) 상태를 선택함에 있어 어떤 모순이나 불명확함은 없으며, 이는 열역학적 관점에서 화학 반응을 공부하는데 매우 편리하다.
3. 어떤 경우에 원소나 화합물은 25°C, 0.1 MPa 이외의 상태에서도 존재할 수 있다. 예를 들면, 탄소는 흑연이나 다이아몬드 형태로 존재할 수 있다. 어떤 주어진 값과 관계있는 상태는 분명하게 규정되어야 하는 것이 중요하다. 따라서 표 A.10에서 흑연의 생성 엔탈피가 0이고, 탄소를 포함하는 각 물질의 엔탈피는 이 값에 상대적으로 주어진다. 또 다른 예는 산소가 단원자 또는 이원자 형태, 혹은 오존 O_3 형태로도 존재한다는 것이다. 값이 0인 것은 이원자 형태의 산소처럼 표준 상태에서 화학적으로 안정한 경우에 대한 것이다. 그래서 각각의 다른 형태들은 그 산소 형태를 생성하는 반응의 화학 반응 및 열전달과 일치하는 생성 엔탈피를 가져야 한다.

표 A.10에 보면, 물의 생성 엔탈피를 두 가지로 나타내고 있는데, 하나는 액체 물이고 다른 하나는 기체(가상의 이상 기체) 물에 대한 것으로, 둘 다 25°C, 0.1 MPa의 표준 상태이다. 표 A.9에 주어진 이상 기체 상태량 변화와 관련하여 가상의 이상 기체 기준을 사용하는 것이 편리하며, 또한 증기표인 표 B.1에 주어진 실제 물의 상태량 변화와 관련하여 실제 액체 기준을 사용하는 것이 편리하다.

실제 액체 상태량 값은 0.1 MPa에서 가상의 이상 기체 값으로부터 얻어진다. 그 상태에서부터 매우 낮은 압력(실제 물의 압력이 거의 이상 기체처럼 거동하는 압력인 3.169 kPa)까지 이상 기체 계산을 하고, 증기표 (B.1)를 사용해서 그 상태부터 0.1 MPa에서의 실제 액체 상태까지의 상태량 변화를 계산한다.

학생들은 생성 엔탈피가 음수일 때 마이너스 표시에 자주 고민을 하게 된다. 예를 들면 이산화탄소의 생성 엔탈피는 음수이다. 왜냐하면 정상 유동(steady flow) 화학 반응을 하는 동안 열전달량은 음수이고, 이산화탄소의 엔탈피는 초기의 탄소와 산소의 엔탈피(둘 다 엔탈피 값이 0) 합보다 작아야 하기 때문이다. 이는 0.1 MPa에서의 포화 증기 엔탈피를 0으로 둔다면 증기표에서 나타날 상황과 아주 유사하다. 이런 경우에 액체의 엔탈피는 음수이고 문제를 풀 때 액체의 엔탈피를 단순히 음수로 사용한다.

12.4 반응 계의 제1법칙 해석

생성 엔탈피의 의미는 반응 시스템의 1법칙 해석에 매우 편리하다는 것이다. 왜냐하면 같은 기준에 상대적으로 얻어진 것들로서, 각각 물질들의 엔탈피를 더하거나 뺄 수 있기 때문이다.

그런 문제에서는 정상 상태 정상 유동 과정(steady-state, steady-flow process)에 대한 1법칙 식을 다음과 같은 형태로 나타낼 것이다.

$$Q_{\text{c.v.}} + H_R = W_{\text{c.v.}} + H_P$$

또는

$$Q_{\text{c.v.}} + \sum_R n_i \bar{h}_i = W_{\text{c.v.}} + \sum_P n_e \bar{h}_e$$

여기서 R과 P는 각각 반응물과 생성물을 의미한다. 각 문제에서 풀이의 근거로서 하나의 매개 변수를 선택할 필요가 있다. 보통 1 kmol의 연료가 그 매개 변수가 된다.

▶ 예제 12.6

정상 상태 정상 유동 과정에서 일어나는 다음의 반응을 살펴보자.

$$CH_4 + 2O_2 \rightarrow CO_2 + 2H_2O(l)$$

반응물과 생성물은 모두 0.1 MPa, 25°C에서 존재한다. 연소실로 들어가는 연료 1 kmol 당 열전달량을 구하라.

검사체적: 연소실
입구 상태: P, T는 기지수(known); 상태 확정(state fixed)
출구 상태: P, T는 기지수; 상태 확정
과정: 정상 상태
모델: 3가지 기체는 이상 기체이고 물은 액체

해석

1법칙:

$$Q_{\text{c.v.}} + \sum_R n_i \bar{h}_i = \sum_P n_e \bar{h}_e$$

풀이

표 A.10의 값을 사용하여

$$\sum_R n_i \bar{h}_i = (\bar{h}_f^0)_{CH_4} = -74\,873 \text{ kJ}$$

$$\sum_P n_e \bar{h}_e = (\bar{h}_f^0)_{CO_2} + 2(\bar{h}_f^0)_{H_2O(l)}$$

$$= -393\,522 + 2(-285\,830) = -965\,182 \text{ kJ}$$

$$Q_{\text{c.v.}} = -965\,182 - (-74\,873) = -890\,309 \text{ kJ}$$

■

그러나 대부분의 경우에 화학 반응에서 반응물과 생성물을 구성하는 물질들은 온도 25°C, 압력 0.1 MPa(생성 엔탈피가 주어지는 상태)에서 존재하지 않는다. 그러므로 25°C, 0.1 MPa과 주어진 상태 사이의 엔탈피 변화를 알아야 한다. 고체 또는 액체의 경우에 이 엔탈피 변화는 주로 열역학적 상태량 표 또는 비열 자료를 통해 얻을 수 있다. 기체의 경우 엔탈피 변화는 보통 다음의 절차 중 하나를 통해 알 수 있다.

1. 25°C, 0.1 MPa과 주어진 상태 사이의 거동을 이상 기체로 가정한다. 이 경우에 엔탈피는 온도만의 함수이고 $\overline{C}_{p0}$ 방정식에서 구할 수 있으며, 또한 온도의 함수로서 도표화된 엔탈피 값으로부터도 구할 수 있다. 표 A.6은 여러 물질들에 대한 $\overline{C}_{p0}$ 방정식을 나타내고, 표 A.9는 $\bar{h}° - \bar{h}°_{298}$ 값(즉 식 12.11의 $\Delta\bar{h}$)을 kJ/kmol 단위로 나타내고 있다($\bar{h}°_{298}$은 25°C 또는 298.15 K을 의미한다). 간단하게 $\bar{h}°_{298}$로 나타낸다.) 위첨자 °는 이상 기체 거동에 기초한 0.1 MPa 압력에서의 엔탈피, 즉 표준 상태 엔탈피를 나타내는 데 사용된다.
2. 열역학적 상태량의 표를 구할 수 있으면, 액체 상태의 물에 대해서 위에서 설명한 것처럼 실제 물질 거동 기준 상태가 사용된다면, $\Delta\bar{h}$는 이 표로부터 직접 얻을 수 있다. 가상의 이상 기체 기준 상태가 사용된다면, 표를 사용하기 위해 그 상태의 상태량으로 보정한 실제 물질에 대한 계산이 필요하다.

따라서, 일반적으로 화학 반응을 수반하는 정상 상태 과정에 1법칙을 적용하고 운동 에너지 및 위치 에너지의 변화를 무시하면 다음과 같이 쓸 수 있다.

$$Q_{\text{c.v.}} + \sum_R n_i(\bar{h}_f^\circ + \Delta\bar{h})_i = W_{\text{c.v.}} + \sum_P n_e(\bar{h}_f^\circ + \Delta\bar{h})_e \tag{12.13}$$

예제 12.7

25°C, 0.1 MPa 기준과 비교하여 3.5 MPa, 300°C에서의 물의 엔탈피(kmol 기준)를 다음 과정을 이용하여 계산하라.

1. 수증기를 부록 표 A.6에서 주어진 $\overline{C}_{p0}$ 값을 가진 이상 기체라고 가정하라.
2. 수증기를 부록 표 A.9에서 주어진 $\Delta\bar{h}$ 값을 가진 이상 기체라고 가정하라.
3. 수증기 표

풀이

이 모든 과정들에 대해서 우리는 이렇게 나타낼 수 있다.

$$\bar{h}_{T,P} = (\bar{h}_f^\circ + \Delta\bar{h})$$

유일한 차이는 $\Delta\bar{h}$를 계산하는 과정이다. 표 A.10으로부터

$$(\bar{h}_f^\circ)_{H_2O(g)} = -241\ 826 \text{ kJ/kmol}$$

1. 표 A.6으로부터 $H_2O(g)$에 대한 비열 방정식을 이용하면,

$$C_{p0} = 1.79 + 0.107\theta + 0.586\theta^2 - 0.20\theta^3, \theta = T/1000$$

평균 온도

$$T_{\text{avg}} = \frac{298.15 + 573.15}{2} = 435.65 \text{ K}$$

에서의 비열은

$$C_{p0} = 1.79 + 0.107(0.43565) + 0.586(0.43565)^2 - 0.2(0.43565)^3$$
$$= 1.9313 \frac{\text{kJ}}{\text{kg K}}$$

이다. 그러므로,

$$\Delta\bar{h} = MC_{p0}\Delta T$$
$$= 18.015 \times 1.9313(573.15 - 298.15) = 9568 \frac{\text{kJ}}{\text{kmol}}$$
$$\bar{h}_{T,P} = -241\ 826 + 9568 = -232\ 258 \text{ kJ/kmol}$$

2. $H_2O(g)$에 대해 표 A.9를 이용하면

$$\Delta\bar{h} = 9539 \text{ kJ/kmol}$$
$$\bar{h}_{T,P} = -241\ 826 + 9539 = -232\ 287 \text{ kJ/kmol}$$

3. 수증기 표를 이용하여, 액체 기준 또는 기체 기준 상태가 사용될 수 있다. 액체의 경우

$$\Delta\bar{h} = 18.015(2977.5 - 104.9) = 51\ 750 \text{ kJ/kmol}$$

기체의 경우

$$\bar{h}_{T,P} = -285\ 830 + 51\ 750 = -234\ 080 \text{ kJ/kmol}$$

미미한 차이는 $\Delta\bar{h}$를 계산하는 과정에서 25°C의 포화 증기(정확히는 이상 기체가 아님)의 엔탈피를 사용함으로써 나타난다.

문제에 사용된 각각의 접근법은 주어진 물질에 대해서 구할 수 있는 자료에 의해 좌우된다. ■

예제 12.8

소형 가스 터빈은 $C_8H_{18}(l)$ 연료와 400%의 이론 공기를 사용한다. 공기와 연료는 25°C로 들어가고, 그 연소 생성물은 900 K로 배출되어 나온다. 엔진출력과 연료 소비량 측정 결과 비 연료 소비량(specific fuel consumption)은 메가와트 당 0.25 kg/s인 것을 알았다. 연료 kmol 당 엔진으로부터 방출되는 열전달량을 구하라. 완전 연소로 가정하라.

검사체적: 가스 터빈 엔진
입구 상태: 연료와 공기의 온도는 기지수
출구 상태: 연소 생성물의 온도는 기지수
과정: 정상 상태
모델: 모든 기체는 이상 기체, 표 A.9; 액체 상태의 옥탄, 표 A.10

해석

연소 방정식은 다음과 같다.

$$C_8H_{18}(l) + 4(12.5)O_2 + 4(12.5)(3.76)N_2 \rightarrow 8CO_2 + 9H_2O + 37.5O_2 + 188.0N_2$$

1법칙:

$$Q_{\text{c.v.}} + \sum_R n_i(\bar{h}_f^\circ + \Delta\bar{h})_i = W_{\text{c.v.}} + \sum_P n_e(\bar{h}_f^\circ + \Delta\bar{h})_e$$

풀이

공기는 여러 성분으로 구성되어 있고 25°C로 들어가므로 반응물의 엔탈피는 연료의 엔탈피와 같다.

$$\sum_R n_i(\bar{h}_f^0 + \Delta\bar{h})_i = (\bar{h}_f^0)_{C_8H_{18}(l)} = -250\ 105 \text{ kJ/kmol fuel}$$

생성물을 고려해볼 때 다음을 도출할 수 있다.

$$\begin{aligned}\sum_P n_e(\bar{h}_f^0 + \Delta\bar{h})_e &= n_{CO_2}(\bar{h}_f^0 + \Delta\bar{h})_{CO_2} + n_{H_2O}(\bar{h}_f^0 + \Delta\bar{h})_{H_2O} \\ &\quad + n_{O_2}(\Delta\bar{h})_{O_2} + n_{N_2}(\Delta\bar{h})_{N_2} \\ &= 8(-393\ 522 + 28\ 030) + 9(-241\ 826 + 21\ 937) \\ &\quad + 37.5(19\ 241) + 188(18\ 223) \\ &= -755\ 476 \text{ kJ/kmol fuel}\end{aligned}$$

$$W_{\text{c.v.}} = \frac{1000\text{ kJ/s}}{0.25\text{ kg/s}} \times \frac{114.23\text{ kg}}{\text{kmol}} = 456\,920\text{ kJ/kmol fuel}$$

따라서 1법칙으로부터,

$$\begin{aligned} Q_{\text{c.v.}} &= -755\,476 + 456\,920 - (-250\,105) \\ &= -48\,451\text{ kJ/kmol fuel} \end{aligned}$$

■

▶ 예제 12.9

25°C에서 기체 상태의 에텐 1 kmol과 산소 3 kmol의 혼합물은 일정한 부피의 봄베 내에서 반응한다. 열은 생성물의 온도가 600 K까지 냉각될 때까지 전달된다. 이 계에서의 열전달량을 구하라.

검사질량: 일정한 부피의 봄베

초기 상태: T 기지수

최종 상태: T 기지수

과정: 정적 과정

모델: 이상 기체 혼합물, 표 A.9, A.10

해석

화학 반응은

$$C_2H_4 + 3O_2 \rightarrow 2CO_2 + 2H_2O(g)$$

1법칙:

$$Q + U_R = U_P$$

$$Q + \sum_R n(\bar{h}_f^0 + \Delta\bar{h} - \bar{R}T) = \sum_P n(\bar{h}_f^0 + \Delta\bar{h} - \bar{R}T)$$

풀이

표 A.9와 A.10으로부터 값을 이용하여,

$$\begin{aligned} \sum_R n(\bar{h}_f^0 + \Delta\bar{h} - \bar{R}T) &= (\bar{h}_f^0 - \bar{R}T)_{C_2H_4} - n_{O_2}(\bar{R}T)_{O_2} = (\bar{h}_f^0)_{C_2H_4} - 4\bar{R}T \\ &= 52\,467 - 4 \times 8.3145 \times 298.2 = 42\,550\text{ kJ} \end{aligned}$$

$$\begin{aligned} \sum_P n(\bar{h}_f^0 + \Delta\bar{h} - \bar{R}T) &= 2[(\bar{h}_f^0)_{CO_2} + \Delta\bar{h}_{CO_2}] + 2[(\bar{h}_f^0)_{H_2O(g)} + \Delta\bar{h}_{H_2O(g)}] - 4\bar{R}T \\ &= 2(-393\,522 + 12\,906) + 2(-241\,826 + 10\,499) \\ &\quad - 4 \times 8.3145 \times 600 \\ &= -1\,243\,841\text{ kJ} \end{aligned}$$

따라서,

$$Q = -1\,243\,841 - 42\,550 = -1\,286\,391\text{ kJ}$$

■

12.5 연소 열

연소 열(enthalpy of combustion, h_{RP})은 주어진 온도와 압력 하에서 완전 연소가 일어날 때 반응물과 생성물의 엔탈피 차 로 정의된다. 즉

$$\bar{h}_{RP} = H_P - H_R$$
$$\bar{h}_{RP} = \sum_P n_e(\bar{h}_f^0 + \Delta\bar{h})_e - \sum_R n_i(\bar{h}_f^0 + \Delta\bar{h})_i \tag{12.14}$$

연소 열을 표현하는 일반적인 매개 변수는 kg (h_{RP}) 또는 kmol ($\bar{h}_{RP}$)과 같은 연료의 단위 질량이다. 생성 엔탈피는 일정하므로, 이를 분리하면 다음과 같다.

$$H = H^0 + \Delta H$$

여기서,

$$H_R^0 = \sum_R n_i \bar{h}_{fi}^0; \qquad \Delta H_R = \sum_R n_i \Delta\bar{h}_i$$

와

$$H_P^0 = \sum_P n_i \bar{h}_{fi}^0; \qquad \Delta H_P = \sum_P n_i \Delta\bar{h}_i$$

이제 엔탈피 차이를 쓰면 다음과 같다.

$$H_P - H_R = H_P^0 - H_R^0 + \Delta H_P - \Delta H_R$$
$$= \bar{h}_{RP0} + \Delta H_P - \Delta H_R \tag{12.15}$$

이는 표준 상태 연소 열($\bar{h}_{RP0}$)과 입구와 출구 항인 ΔH_P와 ΔH_R으로 나타난다. 생성물과 반응물에 대한 후자의 두 항은 표준 상태가 아닐 경우에는 0이 아니다.

연료의 연소 열에 대한 도표화된 값은 온도 25°C, 압력 0.1 MPa에 대한 것이다. 이 온도와 압력에서 여러 가지 탄화수소 연료에 대한 연소 열(h_{RP0})은 표 12.3에 나타내었다.

흔히 우리는 "**발열량**(heating value)" 또는 "**반응열**(heat of reaction)"이라는 용어를 사용한다. 이것은 일정 온도 하에서 연소 또는 반응 과정 동안 연소실로부터 전달된 열을 나타낸 것이다. 정압 과정이나 정상 유동 과정의 경우 열역학 제1법칙으로부터 그것(반응열)은 연소 열의 음의 값과 같음을 알수 있다. 이러한 이유로 연소 과정에서 이 열전달량은 때때로 정압 발열량으로 불린다.

발열량이라는 용어가 사용될 때, "고위(higher)"와 "저위(lower)" 발열량이라는 용어가 사용 된다. **고위 발열량**(higher heating value)은 생성물 내에 액체 상태의 물을 포함한 상태에서의 열전달량이고, **저위 발열량**(lower heating value)은 생성물 내에 수증기 상태의 물을 포함한 상태에서의 열전달량이다.

예제 12.10

다음의 조건에서 25°C에서의 프로판의 연소 열을 kmol과 kg 기준으로 각각 계산하라.

1. 생성물 내에 액체 상태의 물을 포함한 액체 프로판
2. 생성물 내에 기체 상태의 물을 포함한 액체 프로판
3. 생성물 내에 액체 상태의 물을 포함한 기체 프로판
4. 생성물 내에 기체 상태의 물을 포함한 기체 프로판

이 예제는 생성 엔탈피로부터 어떻게 연소 열이 얻어지는지 보여주기 위해 고안되었다. 프로판의 증발열은 370 kJ/kg이다.

표 12.3 25°C에서의 탄화수소의 연소 열.

	Units: $\frac{kJ}{kg}$	Liquid H_2O in Products		Gas H_2O in Products	
Hydrocarbon	**Formula**	**Liq. HC**	**Gas HC**	**Liq. HC**	**Gas HC**
Paraffins	C_nH_{2n+2}				
Methane	CH_4		−55 496		−50 010
Ethane	C_2H_6		−51 875		−47 484
Propane	C_3H_8	−49 973	−50 343	−45 982	−46 352
n-Butane	C_4H_{10}	−49 130	−49 500	−45 344	−45 714
n-Pentane	C_5H_{12}	−48 643	−49 011	−44 983	−45 351
n-Hexane	C_6H_{14}	−48 308	−48 676	−44 733	−45 101
n-Heptane	C_7H_{16}	−48 071	−48 436	−44 557	−44 922
n-Octane	C_8H_{18}	−47 893	−48 256	−44 425	−44 788
n-Decane	$C_{10}H_{22}$	−47 641	−48 000	−44 239	−44 598
n-Dodecane	$C_{12}H_{26}$	−47 470	−47 828	−44 109	−44 467
n-Cetane	$C_{16}H_{34}$	−47 300	−47 658	−44 000	−44 358
Olefins	C_nH_{2n}				
Ethene	C_2H_4		−50 296		−47 158
Propene	C_3H_6		−48 917		−45 780
Butene	C_4H_8		−48 453		−45 316
Pentene	C_5H_{10}		−48 134		−44 996
Hexene	C_6H_{12}		−47 937		−44 800
Heptene	C_7H_{14}		−47 800		−44 662
Octene	C_8H_{16}		−47 693		−44 556
Nonene	C_9H_{18}		−47 612		−44 475
Decene	$C_{10}H_{20}$		−47 547		−44 410
Alkylbenzenes	$C_{6+n}H_{6+2n}$				
Benzene	C_6H_6	−41 831	−42 266	−40 141	−40 576
Methylbenzene	C_7H_8	−42 437	−42 847	−40 527	−40 937
Ethylbenzene	C_8H_{10}	−42 997	−43 395	−40 924	−41 322
Propylbenzene	C_9H_{12}	−43 416	−43 800	−41 219	−41 603
Butylbenzene	$C_{10}H_{14}$	−43 748	−44 123	−41 453	−41 828
Other fuels					
Gasoline	C_7H_{17}	−48 201	−48 582	−44 506	−44 886
Diesel T-T	$C_{14.4}H_{24.9}$	−45 700	−46 074	−42 934	−43 308
JP8 jet fuel	$C_{13}H_{23.8}$	−45 707	−46 087	−42 800	−43 180
Methanol	CH_3OH	−22 657	−23 840	−19 910	−21 093
Ethanol	C_2H_5OH	−29 676	−30 596	−26 811	−27 731
Nitromethane	CH_3NO_2	−11 618	−12 247	−10 537	−11 165
Phenol	C_6H_5OH	−32 520	−33 176	−31 117	−31 774
Hydrogen	H_2		−141 781		−119 953

해석 및 풀이

기본적인 연소 방정식은

$$C_3H_8 + 5O_2 \rightarrow 3CO_2 + 4H_2O$$

이다. 표 A.10으로부터 $(\bar{h}_f^0)_{C_3H_8(g)} = -103\ 900$ kJ/kmol.

$$(\bar{h}_f^0)_{C_3H_8(l)} = -103\ 900 - 44.097(370) = -120\ 216 \text{ kJ/kmol}$$

1. 액체 프로판–액체 상태의 물:

$$\begin{aligned}\bar{h}_{RP_0} &= 3(\bar{h}_f^0)_{CO_2} + 4(\bar{h}_f^0)_{H_2O(l)} - (\bar{h}_f^0)_{C_3H_8(l)} \\ &= 3(-393\ 522) + 4(-285\ 830) - (-120\ 216) \\ &= -2\ 203\ 670\ \text{kJ/kmol} = -\frac{2\ 203\ 670}{44.097} = -49\ 973\ \text{kJ/kg}\end{aligned}$$

액체 프로판의 고위 발열량은 49,973 kJ/kg이다.

2. 액체 프로판–기체 상태의 물:

$$\begin{aligned}\bar{h}_{RP_0} &= 3(\bar{h}_f^0)_{CO_2} + 4(\bar{h}_f^0)_{H_2O(g)} - (\bar{h}_f^0)_{C_3H_8(l)} \\ &= 3(-393\ 522) + 4(-241\ 826) - (-120\ 216) \\ &= -2\ 027\ 654\ \text{kJ/kmol} = -\frac{2\ 027\ 654}{44.097} = -45\ 982\ \text{kJ/kg}\end{aligned}$$

액체 프로판의 저위 발열량은 45,982 kJ/kg 이다.

3. 기체 프로판–액체 상태의 물:

$$\begin{aligned}\bar{h}_{RP_0} &= 3(\bar{h}_f^0)_{CO_2} + 4(\bar{h}_f^0)_{H_2O(l)} - (\bar{h}_f^0)_{C_3H_8(g)} \\ &= 3(-393\ 522) + 4(-285\ 830) - (-103\ 900) \\ &= -2\ 219\ 986\ \text{kJ/kmol} = -\frac{2\ 219\ 986}{44.097} = -50\ 343\ \text{kJ/kg}\end{aligned}$$

기체 프로판의 고위 발열량은 50,343 kJ/kg이다.

4. 기체 프로판–기체 상태의 물:

$$\begin{aligned}\bar{h}_{RP_0} &= 3(\bar{h}_f^0)_{CO_2} + 4(\bar{h}_f^0)_{H_2O(g)} - (\bar{h}_f^0)_{C_3H_8(g)} \\ &= 3(-393\ 522) + 4(-241\ 826) - (-103\ 900) \\ &= -2\ 043\ 970\ \text{kJ/kmol} = -\frac{2\ 043\ 970}{44.097} = -46\ 352\ \text{kJ/kg}\end{aligned}$$

기체 프로판의 저위 발열량은 46,352 kJ/kg이다.

이 예제에서 계산된 네 개의 값들은 표 12.3에 주어진 해당 값과 일치한다.

■

12.6 단열 화염 온도

일을 하지 않고 운동 에너지 및 위치 에너지의 변화도 없으면서 단열적으로 일어나는 연소 과정을 생각해보자. 그러한 과정에서의 생성물의 온도를 **단열 화염 온도**(adiabatic flame temperature)라 한다. 단열 화염 온도는 일을 하지 않고 운동 에너지 및 위치 에너지의 변화가 없다는 가정하에서 주어진 반응물에 대해서 얻을 수 있는 최고 온도이다. 왜냐하면 반응 물질들로부터 일어나는 어떠한 열전달과 불완전 연소는 생성물의 온도를 낮추려는 경향이 있기 때문이다.

주어진 연료와 반응물의 압력 및 온도에 대해서 얻어낼 수 있는 최대 단열 화염 온도는 이론 반응 혼합물에 달려있다. 단열 화염 온도는 사용되는 과잉 공기량에 의해 조절될 수 있다. 이것은 가스 터빈의 경우 매우 중요한데, 그 예로 가스 터빈에서의 허용 최대 온도는 터빈 내 재료의 야금 특성에 의해 결정되며, 그 생성물의 미세 온도 제어는 필수적인 것이다.

예제 12.11은 단열 화염 온도를 구하는 방법을 보여준다. 단열 화염 온도에 중대한 영향을 미치는 연소 생성물 내에서 발생하는 해리는 다음 장에서 언급할 것이다.

예제 12.11

25°C인 액체 상태의 옥탄은 25°C의 400%의 이론 공기와 정상 유동 과정에서 연소한다. 단열 화염 온도를 구하라.

검사체적: 연소실
입구 상태: 연료와 공기의 T는 기지수
과정: 정상 상태
모델: 이상 기체인 기체, 표 A.9; 액체 상태의 옥탄, 표 A.10

해석

반응식은

$$C_8H_{18}(l) + 4(12.5)O_2 + 4(12.5)(3.76)N_2 \rightarrow 8CO_2 + 9H_2O(g) + 37.5O_2 + 188.0N_2$$

1법칙: 단열 과정이므로,

$$H_R = H_P$$
$$\sum_R n_i(\bar{h}_f^0 + \Delta\bar{h})_i = \sum_P n_e(\bar{h}_f^0 + \Delta\bar{h})_e$$

여기서 $\Delta\bar{h}_e$는 단열 화염 온도에서 생성물 속의 각 성분에 대한 것이다.

풀이

표 A.9과 A.10으로부터

$$H_R = \sum_R n_i(\bar{h}_f^0 + \Delta\bar{h})_i = (\bar{h}_f^0)_{C_8H_{18}(l)} = -250\ 105\ \text{kJ/kmol fuel}$$
$$H_P = \sum_P n_e(\bar{h}_f^0 + \Delta\bar{h})_e$$
$$= 8(-393\ 522 + \Delta\bar{h}_{CO_2}) + 9(-241\ 826 + \Delta\bar{h}_{H_2O}) + 37.5\ \Delta\bar{h}_{O_2} + 188.0\ \Delta\bar{h}_{N_2}$$

시행착오법에 의해 이 식을 만족하는 생성물의 온도를 구할 수 있다. 다음을 가정하면

$$T_P = 900\ \text{K}$$
$$H_P = \sum_P n_e(\bar{h}_f^0 + \Delta\bar{h})_e$$
$$= 8(-393\ 522 + 28\ 030) + 9(-241\ 826 + 21\ 892)$$
$$+ 37.5(19\ 249) + 188(18\ 222)$$
$$= -755\ 769\ \text{kJ/kmol fuel}$$

또 다음을 가정하면

$$T_p = 1000\ \text{K}$$
$$H_P = \sum_P n_e(\bar{h}_f^0 + \Delta\bar{h})_e$$
$$= 8(-393\ 522 + 33\ 400) + 9(-241\ 826 + 25\ 956)$$
$$+ 37.5(22\ 710) + 188(21\ 461)$$
$$= 62\ 487\ \text{kJ/kmol fuel}$$

$H_P = H_R = -250{,}105$ kJ/kmol이므로 선형 보간법에 의해 구해보면 단열 화염 온도가 962 K이다. 실제로 이상 기체의 엔탈피는 온도에 대한 선형 함수가 아니므로, 단열 화염 온도의 참 값은 우리가 구한 값과는 약간 다를 것이다.

■

개념에 관한 질문

e. 연료의 생성 엔탈피와 관련된 연소 열은 얼마인가?

f. *n*-부탄의 고위 발열량(HHV)과 저위 발열량(LHV)은 얼마인가?

g. *n*-옥탄의 h_{fg} 값은 얼마인가?

h. 연료를 농후(rich)하게 연소시켰을 때와 연료를 희박(lean)하게 연소시켰을 때의 단열 화염 온도는 어떻게 되는가?

12.7 열역학 제3법칙과 절대 엔탈피

화학 반응에 대해 제2법칙을 고려할 때 우리는 제1법칙에서와 같은 문제에 직면하게 된다. 수많은 물질의 엔트로피에 대해서 어떤 기준이 적용되어야 하는가? 이 문제는 직접적으로 열역학 제3법칙을 고려하도록 하게 된다.

열역학 제3법칙은 20세기 초기에 공식화되었다. 초기의 연구는 주로 W. H. Nernst (1864~1941)와 Max Planck (1858~1947)에 의해 이루어졌다. 제3법칙은 온도가 절대 영도일 때의 물질의 엔트로피를 다루는 법칙이고, 또한 절대 영도에서 완전한 결정의 엔트로피가 0이 되는 본질적인 상태를 다루는 법칙이다. 이때의 결정 구조는 통계학적인 관점에서 볼 때 가장 질서 있는 상태라는 것을 의미한다. 또한 절대 온도가 0이므로 열에너지도 최소가 된다. 절대 영도에서 완전한 결정 구조를 가지지 않고 고용체 또는 유리질 고형물과 같이 무질서도가 있는 물질은, 절대 영도에서 유한한 값의 엔트로피를 갖는다. 제3법칙의 실험적인 증거는 저온에서의 화학 반응 자료와 절대 영도 근방의 열용량 계측 자료에 근거한다. 내부 에너지와 엔트로피의 특성을 각각 보여주는 제1, 제2법칙과는 대조적으로, 제3법칙은 단지 절대 영도에서의 엔트로피에 대한 문제만을 다룬다. 하지만 제3법칙이 내포하는 바는 꽤 심오한데, 특히 화학 평형과 관련되어 그러하다.

제3법칙의 특별한 타당성은 절대적인 기준으로부터 각각의 물질들의 엔트로피를 규정할 수 있다는 데에 근거한다. 이 기준에 대한 엔트로피를 '**절대 엔탈피**(absolute entropy)'라고 칭한다. 절대 영도와 주어진 상태 사이의 엔트로피 증가는 열량 측정 자료나 통계 열역학에 근거한 절차에 의해서 구할 수 있다. 열량 측정법은 상 변화와 연계된 에너지의 정밀 측정뿐 아니라 실험 온도 범위에서 비열 데이터의 정밀 측정을 가능하게 해준다. 이러한 측정 결과는 통계 열역학과 관찰된 분자 데이터에 근거한 계산 결과와 일치한다.

표 A.10은 25°C, 0.1 MPa 조건하에서 여러 물질의 절대 엔트로피 값을 나타낸다. 또한 표 A.9는 압력 0.1 MPa일 때 다양한 온도에 대한 여러 종류의 기체의 절대 엔트로피 값을 나타낸 다. 이 표들에 있는 기체에 대한 수치들은 이상 기체를 가정한 값들이다. 압력 0.1 MPa을 뜻하 는 P^0는 '**표준 상태 압력**(standard-state pressure)'라 칭하며, 이들 표에서 주어진 절대 엔트로피는 $\bar{s}^0$로 나타낸다. 온도는 켈빈으로 나타내며 $\bar{s}^0_{1000}$과 같이 아래 첨자로 표시한다.

표준 상태의 압력인 0.1 MPa과 어떤 주어진 온도에서의 절대 엔트로피 값을 알 경우에는 그 물질이 그 상태에서 이상 기체라고 가정할 수 있다는 전제하에 어떤 다른 압력 P에서의 엔트로피 변화량 계산은 매우 간단하다. 물질이 표 A.9에 있다면 kmol 단위의 결과식은 다음과 같다.

$$\bar{s}_{T,P} = \bar{s}^0_T - \bar{R} \ln \frac{P}{P^0} \tag{12.16}$$

이 식에서 우변의 첫째 항은 표 A.9에서 구할 수 있으며, 두 번째 항은 압력이 P^0에서 P로의 변화를 설명하는 이상 기체 항이다. 만약 그 물질이 압력 P에서 이상 기체가 아니고 그 물질의 상태량에 관한 표가 있을 경우에라면, 그 압력 변화에 대한 이상 기체 항은 이상 기체 거동에 대한 가정이 합당할 정도의 낮은 압력 P^*로 대체되어야 한다. 그러면,

$$\bar{s}_{T,P} = \bar{s}_T^0 - \bar{R} \ln \frac{P^*}{P^0} + (\bar{s}_{T,P} - \bar{s}_{T,P^*}^*) \tag{12.17}$$

만약 물질이 표 A.9의 목록에 없고, 예를 들어 표 A.10에서 주어진 바와 같이 온도 T_0에서의 절대 엔트로피 만을 안다면 다음 식으로 $\bar{s}_T^0$를 계산해야 한다.

$$\bar{s}_T^0 = \bar{s}_{T_0}^0 + \int_{T_0}^{T} \frac{\bar{C}_{p0}}{T} dT \tag{12.18}$$

그러고 나서 식 12.16과 12.17을 계산한다.

T, P인 조건에서 이상 기체 혼합물의 절대 엔트로피를 계산할 경우에는 그 혼합물 엔트로피는 다음과 같이 성분 엔트로피의 항으로 주어진다.

$$\bar{s}_{\text{mix}} = \sum\nolimits_i y_i \bar{s}_i \tag{12.19}$$

여기서 각각의 성분 엔트로피 $\bar{s}_i$는 kmol 기준 식 10.18으로부터 계산된다.

$$\bar{s}_i = \bar{s}_{Ti}^0 - \bar{R} \ln \frac{y_i P}{P^0} \tag{12.20}$$

12.8 반응 계의 제2법칙 해석

가역 일, 비가역성 및 가용성의 개념은 9장에서 소개된 바 있다. 이 개념들은 열역학 제1법칙 및 제2법칙을 포함하고 있다. 우리는 이 문제를 더욱 발전시켜서, 특히 연소를 통해서 일어날 수 있는 최대한의 일(가용성)을 구하는 것과 이러한 과정과 연관된 비가역성을 검토하는 데에 특별한 관심을 두고자 한다.

주위(surroundings) 이외의 저장소로부터의 열전달이 없고, 또한 운동 에너지 및 위치 에너지의 변화가 없는 정상 상태 과정에서의 가역 일은 총 질량에 기준한 식 9.39로부터 다음과 같이 나타낸다.

$$W^{\text{rev}} = \sum m_i(h_i - T_0 s_i) - \sum m_e(h_e - T_0 s_e)$$

이 식을 화학 반응이 있는 정상 유동 과정에 적용시키고 이 장의 기호를 도입하면 다음 식을 얻는다.

$$W^{\text{rev}} = \sum_R n_i(\bar{h}_f^0 + \Delta\bar{h} - T_0\bar{s})_i - \sum_P n_e(\bar{h}_f^0 + \Delta\bar{h} - T_0\bar{s})_e \tag{12.21}$$

마찬가지로 이러한 과정에 대한 비가역성은 다음 식과 같이 나타낼 수 있다.

$$I = W^{\text{rev}} - W = \sum_P n_e T_0 \bar{s}_e - \sum_R n_i T_0 \bar{s}_i - Q_{\text{c.v.}} \tag{12.22}$$

운동 에너지와 위치 에너지의 변화가 없는 정상 유동 과정에서의 가용성 c는 식 9.41로부터 다음과 같이 주어진다.

$$\psi = (h - T_0 s) - (h_0 - T_0 s_0)$$

반응물과 생성물 모두 주위와 온도 평형을 이루고 있는 경우에 정상 상태 화학 반응이 일어난다면, 열역학적 상태량인 조합 항$(h - Ts)$이 중요하게 된다. 이 상태량이 깁스 함수(Gibbs function)로서 다음 식과 같다.

$$g \equiv h - Ts \tag{12.23}$$

이러한 과정에 대해, 운동 에너지와 위치 에너지의 변화가 없는 경우에 있어서 가역 일은 다음과 같은 관계로 주어진다.

$$W^{\text{rev}} = \sum_R n_i \bar{g}_i - \sum_R n_e \bar{g}_e = -\Delta G \tag{12.24}$$

여기서

$$\Delta G = \Delta H - T\Delta S \tag{12.25}$$

이다. 우리는 식 12.24가 특수한 경우라는 것과 반응물과 생성물이 주위와 온도 평형을 이루지 않는다면 가역 일은 식 12.21에 의해 주어진다는 것을 명심해야 한다.

이제 온도가 일정하지 않는 연소 과정에 대한 제2법칙 해석을 생각해 보자. 이 문제는 다음 예제로 취급한다.

예제 12.12

그림 12.4에서 보는 바와 같이, 25°C, 200 kPa의 에텐 가스가 400%의 이론 공기와 함께 정상 유동 단열 연소실에 유입된다. 생성된 기체 혼합물은 단열 화염 온도와 200 kPa로 배출된다.

이 과정에서 에텐의 kmol 당 비가역성을 계산하라.

검사체적: 연소실

입구 상태: 각 성분기체 흐름에 대해 P, T는 기지수

출구 상태: P, T는 기지수

모델: 모두 이상 기체, 표 A.9와 A.10

개략도: 그림 12.4

그림 12.4 예제 12.12의 개략도.

해석

연소 방정식은 다음과 같다.

$$C_2H_4(g) + 12O_2 + 12(3.76)N_2 \rightarrow 2CO_2 + 2H_2O(g) + 9O_2 + 45.1N_2$$

단열 화염 온도를 먼저 결정한다.

제1법칙:

$$H_R = H_P$$

$$\sum_R n_i(\bar{h}_f^0)_i = \sum_P n_e(\bar{h}_f^0 + \Delta\bar{h})_e$$

풀이

$$52\,467 = 2(-393\,522 + \Delta\bar{h}_{CO_2}) + 2(-241\,826 + \Delta\bar{h}_{H_2O(g)}) + 9\Delta\bar{h}_{O_2} + 45.1\Delta\bar{h}_{N_2}$$

시행착오법에 의해 단열 화염 온도가 1016 K이라는 것을 알 수 있다.

이제 우리는 단열 연소 과정 동안의 엔트로피 변화를 구해본다.

$$S_R = S_{C_2H_4} + S_{air}$$

식 12.16에 의해

$$S_{C_2H_4} = 1\left(219.330 - 8.3145 \ln \frac{200}{100}\right) = 213.567 \text{ kJ/K}$$

식 12.19와 12.20으로부터

$$S_{air} = 12\left(205.147 - 8.3145 \ln \frac{0.21 \times 200}{100}\right) + 45.1\left(191.610 - 8.3145 \ln \frac{0.79 \times 200}{100}\right)$$

$$= 12(212.360) + 45.1(187.807) = 11\,018.416 \text{ kJ/K}$$

$$S_R = 213.567 + 11\ 018.416 = 11\ 231.983 \text{ kJ/K}$$

다 성분의 기체 혼합 생성물인 경우에는 다음과 같이 표로 작성하는 것이 편리하다.

Comp	n_i	y_i	$\bar{R} \ln \frac{y_i P}{P^0}$	$\bar{s}^0_{Ti}$	$\bar{s}_i$
CO_2	2	0.0344	−22.254	270.194	292.448
H_2O	2	0.0344	−22.254	233.355	255.609
O_2	9	0.1549	−9.743	244.135	253.878
N_2	45.1	0.7763	+3.658	228.691	225.033

그리고 각 성분 i에 대해 이 표의 값 n_i와 $\bar{s}_i$을 활용하여,

$$S_P = \sum{}_i n_i \bar{s}_i = 13\ 530.004 \text{ kJ/K}$$

이 과정이 단열 과정이므로 식 12.28로부터 비가역성은 다음과 같다.

$$I = T_0(S_P - S_R) = 298.15(13530.004 - 11\ 231.983)$$
$$= 685\ 155 \text{ kJ/kmol } C_2H_4$$

■

12.9 연료 전지

앞에서의 토의는 가역 화학 반응이 가능한 경우를 제기했다. 몇몇 반응들은 1장에서 언급한 바와 같이 **전해조**(electrolytic cell)에서 반응을 일으키게 함으로써 가역성에 접근하게 할 수 있다. 전해조의 **기전력**(electromotive force)과 정확히 같은 전위차가 가해지면, 아무런 반응이 일어나지 않는다. 가해지는 전위차가 약간 증가되면, 반응은 한쪽 방향으로 일어나며, 만약 가해지는 전위차가 약간 감소하면, 반응은 그 반대 방향으로 일어난다. 이때 행해진 일은 공급된 전기 에너지이다.

주위 온도와 같은 일정한 온도에서 일어나는 가역 반응을 생각해보자. 연료 전지의 출력 일(work output)은

$$W = -\left(\sum n_e \bar{g}_e - \sum n_i \bar{g}_i\right) = -\Delta G$$

이다. 여기서, ΔG는 전체 화학 반응에 있어서 깁스 함수의 변화량이다. 또한 일은 전위차 $\mathscr{E}$에 의해 흐르는 대전된(charged) 전자들에 의해 다음과 같이 얻어짐을 알 수 있다.

$$W = \mathscr{E} n_e N_0 e$$

여기서 n_e는 외부 회로를 통해 흐르는 전자들의 kmol 수이고,

$$N_0 e = 6.022\ 136 \times 10^{26} \text{ elec/kmol} \times 1.602\ 177 \times 10^{-22} \text{ kJ/elec V}$$
$$= 96\ 485 \text{ kJ/kmol V}$$

이다. 따라서 주어진 반응에 대해, 주어진 온도에서의 연료 전지의 최대(가역 반응) **전위차**(electrical potential) $\mathscr{E}^0$는 다음과 같다.

$$\mathscr{E}^0 = \frac{-\Delta G}{96\ 485 n_e} \tag{12.26}$$

예제 12.13

1.2절에서 언급된 수소–산소 연료 전지에 대하여, 25°C에서의 가역 기전력을 계산하라.

$$2H_2 \rightarrow 4H^+ + 4e^-$$

풀이

음극 측에서의 반응은

$$4H^+ + 4e^- + O_2 \rightarrow 2H_2O$$

그리고 양극 측에서의 반응은 따라서 전체 반응(kmol 기준)은

$$2H_2 + O_2 \rightarrow 2H_2O$$

이로부터 4 kmol의 전자가 외부 회로를 통해 흐른다. 그리고 각 성분이 0.1 MPa의 표준 상태 압력하에 있고 생성된 물이 액체라고 하면 다음과 같다.

$$\begin{aligned}
\Delta H^0 &= 2\bar{h}^0_{f_{H_2O(l)}} - 2\bar{h}^0_{f_{H_2}} - \bar{h}^0_{f_{O_2}} \\
&= 2(-285\,830) - 2(0) - 1(0) = -571\,660 \text{ kJ} \\
\Delta S^0 &= 2\bar{s}^0_{H_2O_{(l)}} - 2\bar{s}^0_{H_2} - \bar{s}^0_{O_2} \\
&= 2(69.950) - 2(130.678) - 1(205.148) = -326.604 \text{ kJ/K} \\
\Delta G^0 &= -571\,660 - 298.15(-326.604) = -474\,283 \text{ kJ}
\end{aligned}$$

따라서 식 12.28로부터

$$\mathscr{E}^0 = \frac{-(-474\,283)}{96\,485 \times 4} = 1.229 \text{ V}$$

■

예제 12.13에서 25°C의 경우에 깁스 함수와 가역 기전력의 변화를 구하였다. 그러나 실제로는 대다수의 연료 전지들은 물이 액체가 아닌 기체로 증발되어지는 높은 온도에서 작동하여 많은 에너지를 잃게 된다. 여러 온도에 대한 계산에서 온도 증가에 따라 기전력이 줄어들게 되며, 이 거동은 그림 12.5에 나타냈다.

연료 전지는 이동용 동력원뿐 아니라 고정용 동력원에 사용을 위해서 다양하게 연구되고 있다. 저온 연료 전지들은 수소를 연료로 사용한다. 반면에, 고온의 전지들은 내부적으로 수소와 일산화탄소로 개질되어지는 메탄과 이산화탄소를 사용할 수 있다. 가장 중요한 연료 전지들은 표 12.4에 그 주요 특징과 함께 열거되어 있다.

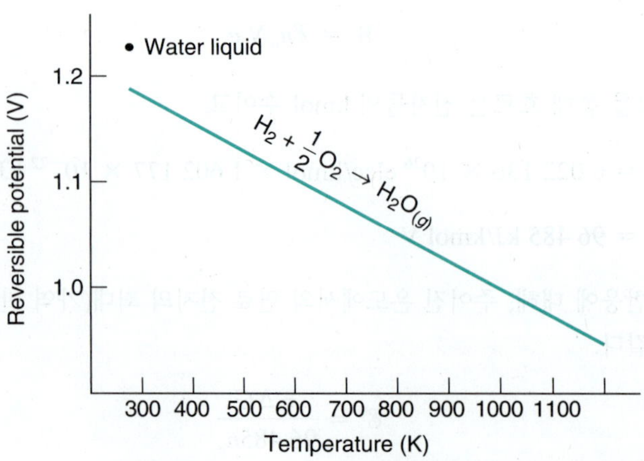

그림 12.5 수소–산소 연료 전지: 온도에 따른 이상적 기전력.

표 12.4 연료 전지의 종류.

FUEL CELL	PEC	PAC	MCC	SOC
	Polymer Electrolyte	**Phosphoric Acid**	**Molten Carbonate**	**Solid Oxide**
T	80°C	200°C	650°C	900°C
Fuel	Hydrogen, H_2	Hydrogen, H_2	CO, Hydrogen	Natural Gas
Carrier	H^+	H^+	CO_3^{--}	O^{--}
Charge, n_e	$2e^-$ per H_2	$2e^-$ per H_2	$2e^-$ per H_2 $2e^-$ per CO	$8e^-$ per CH_4
Catalyst	Pt	Pt	Ni	ZrO_2
Poison	CO	CO		

저온 연료 전지들은 CO 기체로 인한 오염에 매우 민감하다. 그래서 수소 기체를 공급하기 위해 외부 개질기와 정화기가 필요하다. 고온 연료 전지들은 천연가스(주로 메탄) 또한 표 12.2에 보이는 바와 같은 에탄과 프로판 등을 개질해서 전지 속에 수소 기체와 일산화탄소로 개질이 가능하다. 가장 최근의 연구로는 가스화 된 석탄 가스를 연료로 사용하여 약 15기압의 고압에서 연료 전지를 작동하는 연구가 이뤄지고 있다. 연료 전지는 적은 양의 연료 임에도 불구하고 배기 가스를 발생시키기 때문에 부가되는 연소가 발생할 수 있고, 따라서 연료 전지를 가스 터빈이나 증기 원동소와 결합해서 유휴 배기 가스 에너지를 활용할 수 있다. 이러한 복합 사이클 원동소는 효율을 약 60%까지 올리려고 노력하고 있다.

개념에 관한 질문

i. 연소 과정에서의 비가역성은 중요한가? 답을 분명하게 설명하라.

j. 만약 공연비(A/F)가 이론 반응보다 크다면, 그것은 어느 정도의 가역인가?

k. 동력 발생의 관점에서 연료 전지가 매력적 것이 무엇인가?

12.10 화학 평형

열역학적 평형의 개념은 온도와 압력의 평형을 포함해 2.3절에서 처음으로 소개되었다. 주어진 T, P에서 평형에 대한 필요 조건은 깁스 함수의 관점에서 식 12.26에 주어진 것처럼 가역 일이 영에 가까워지는 것이다. 만약 시스템 내의 구성 성분들 사이에서 화학 반응이 일어난다면, 화학 평형 조건을 가질 수 있다. 다음의 반응을 생각해보자.

$$\nu_A A + \nu_B B \rightleftharpoons \nu_C C + \nu_D D \tag{12.27}$$

이 식에서 이론 반응 계수 υ_A, υ_B, υ_C, υ_D는 성분 A, B, C, D가 반응에 관여하는 상대적인 정도를 나타낸다. 각 성분 i의 kmol수 변화는 아래와 같다.

$$dn_i = \pm\nu_i \, d\varepsilon \tag{12.28}$$

여기서 e는 **반응도**(degree of reaction)라고 부른다. 반응식의 같은 쪽에 있는 성분들은 같은 부호이고, 반대쪽에 있는 것들과는 반대의 부호를 갖는다. **화학 평형**(chemical equilibrium)의 필요 조건은 전체적인 계의 **깁스 함수**(Gibbs function)가 **최소**(minimum)이어야 한다. 성분 A의 존재량에 관련한 그림 12.6과 다음 식으로 표현해 보면

$$d\,G_{TP} = 0 \tag{12.29}$$

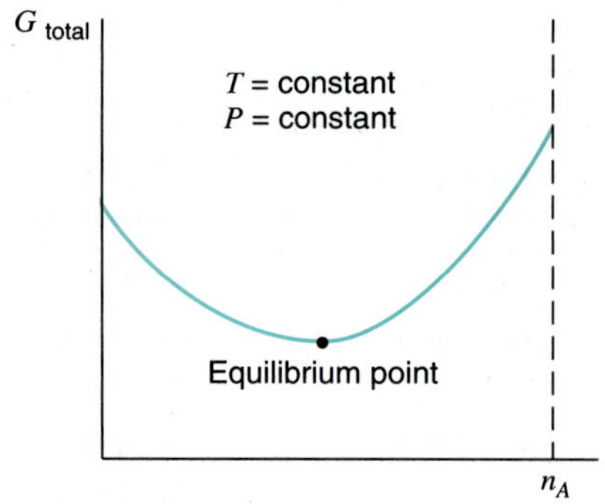

그림 12.6 화학 평형을 위한 필요 조건 설명.

이것은 다음에서와 같이 성분의 상태량의 항으로 표현된다.

$$d\,G_{TP} = \sum_i \bar{g}_i\,dn_i = (+\nu_C\bar{g}_C + \nu_D\bar{g}_D - \nu_A\bar{g}_A - \nu_B\bar{g}_B)\,d\varepsilon \tag{12.30}$$

식 12.30의 성분에 대한 깁스 함수는 성분 엔트로피에 대한 식 12.20과 온도에서 순수 물질의 표준 상태 깁스 함수의 항으로 표현될 수 있다.

$$\bar{g}_i = \bar{g}^0_{Ti} + \bar{R}T\ln\frac{y_iP}{P^0} \tag{12.31}$$

각 성분에 대한 이 식을 식 12.30에 대입하고 정리하면

$$dG_{T,P} = \left\{\Delta G^0 + \bar{R}T\ln\left[\frac{y_C^{\nu_C}y_D^{\nu_D}}{y_A^{\nu_A}y_B^{\nu_B}}\left(\frac{P}{P^0}\right)^{\nu_C+\nu_D-\nu_A-\nu_B}\right]\right\}d\varepsilon \tag{12.32}$$

이다. 여기서

$$\Delta G^0 = \nu_C\bar{g}^0_C + \nu_D\bar{g}^0_D - \nu_A\bar{g}^0_A - \nu_B\bar{g}^0_B \tag{12.33}$$

주어진 반응에 대해서, ΔG^0는 온도의 함수임에 주목하라. 그리고 그것은 순수 물질의 표준 상태 깁스 함수와 고정된 이론 반응 계수를 포함하고 있음을 의미한다. 평형 상태 $d\,G_{TP} = 0$에서, $d\varepsilon$을 임의의 값으로 보면,

$$\ln\left[\frac{y_C^{\nu_C}y_D^{\nu_D}}{y_A^{\nu_A}y_B^{\nu_B}}\left(\frac{P}{P^0}\right)^{\nu_C+\nu_D-\nu_A-\nu_B}\right] = -\frac{\Delta G^0}{\bar{R}T} = \ln K \tag{12.34}$$

여기서 K는 **평형 상수**(equilibrium constant)라고 부른다. 따라서

$$K = \frac{y_C^{\nu_C}y_D^{\nu_D}}{y_A^{\nu_A}y_B^{\nu_B}}\left(\frac{P}{P^0}\right)^{\nu_C+\nu_D-\nu_A-\nu_B} \tag{12.35}$$

위 식은 반응식 12.27에 부합하는 **화학 평형 방정식**(chemical equilibrium equation)이다.

식 12.34와 12.35에서의 평형 상수 정의로부터 몇 가지 결론을 내릴 수 있다. 만약 깁스 함수의 변화량이 크고 부호가 양이면, $\ln K$는 크고 부호는 음으로 K값이 아주 작게 될 것이다. 식 12.35에서 일정한 값 P에 대해 좌변항의 성분의 농도에 비해서 우변(성분 C와 D)의 농도가 상대적으로 적은 값이 되면, 반응은 왼쪽으로 진행된다. 그 반대는 깁스 함수의 변화량이 크고 부호가 음의 경우로서, K값이 크게 되어 반응은 그림 12.7에서 보는 것처럼 오른쪽으로 진행된다. 만약 깁스 함수의 변화량이 영(0)이면, $\ln K$ 역시 영이고, K는 정확하게 1이 되고, 이 반응은 이론 반응 계수가 최대가 아니라면, 모든 농도가 같은 크기로서 중간을 유지하게 된다.

우리가 알 수 있는 다른 경향은 온도와 압력의 영향이다. 깁스 함수의 변화량이 같을지라도, 온도가 높은 경우에는, $\ln K$의 절대 값은 더욱 작아지게 된다. 그것은 곧 K가 1에 가까워지고 반응이 중심부에 위치하게 된다.

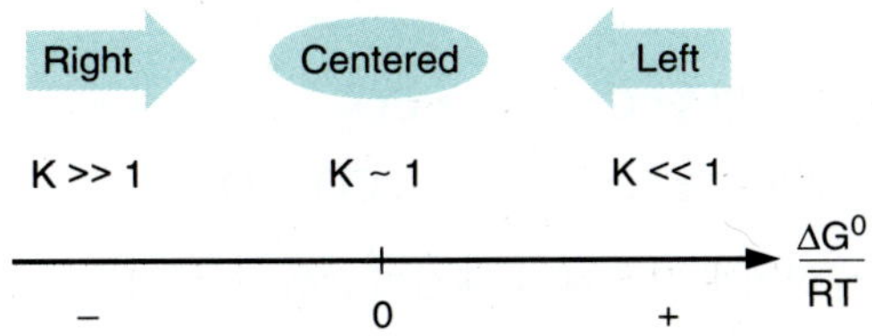

그림 12.7 깁스 함수의 변화량에 따른 반응의 이동.

낮은 온도의 경우에, 반응은 가장 작은 깁스 함수 G^0의 방향으로 진행된다. 압력이 영향을 가지려면 식 12.35에서의 거듭제곱 지수가 영(0)이 아니라야 한다. 그것은 우변($v_C + v_D$)의 몰수와 좌변($v_A + v_B$)의 몰수가 다를 때이다. 우변이 더 많은 몰수를 갖는다면, 거듭제곱 지수는 양수이다. 그러므로 만약 압력이 기준 압력보다 크면, 전체 압력 인자는 1보다 커진다. 그것은 K가 특정 온도에 대해서 일정할 때 우변 항의 농도를 감소시키게 된다. 여러분은 다른 모든 조합에 대해 논의가 가능하며 그 결과를 보면, 높은 압력은 몰수가 감소하는 방향으로 반응을 진행해서 나아가게 하며, 낮은 압력은 몰수가 증가하는 방향의 반응을 유도하게 한다. 즉 반응은 외부에서 가해지는 압력 변화에 반대로 작용하려 하는 것이다.

표 A.11은 온도의 함수로서 여러 가지 반응들에 대한 평형 상수 값(log기준)을 보여준다. 다른 반응의 경우 ΔG^0 (그리고 K)의 값은 A.11에 주어진 반응의 조합으로부터 구해지거나 아래 식으로부터 구해질 수 있다.

$$\Delta G_T^0 = \Delta H_T^0 - T\,\Delta S_T^0 \tag{12.36}$$

여기서 온도 T에서의 반응에 대한 표준 상태 엔탈피와 엔트로피 변화는 각각 계산해 낼 수 있다.
아래의 예제는 어떤 해리(dissociation) 반응 방정식에 대한 평형 상태의 조성을 결정하기 위한 과정을 설명한다.

예제 12.14

25°C와 0.1 MPa에서의 탄소 1 kmol은 25°C와 0.1 MPa에서의 산소 1 kmol과 반응하여 평형 상태의 혼합물 CO_2, CO, O_2를 생성한다. 평형 상태의 조성과 이 과정 동안의 열전달량을 구하라.

검사체적: 연소실
입구 상태: 탄소와 산소에 대한 P, T는 기지수
출구 상태: P, T는 기지수 과정: 정상 상태 개략도: 그림 12.8
모델: 탄소의 경우 표 A.10; 이상 기체의 경우 표 A.9와 A.10

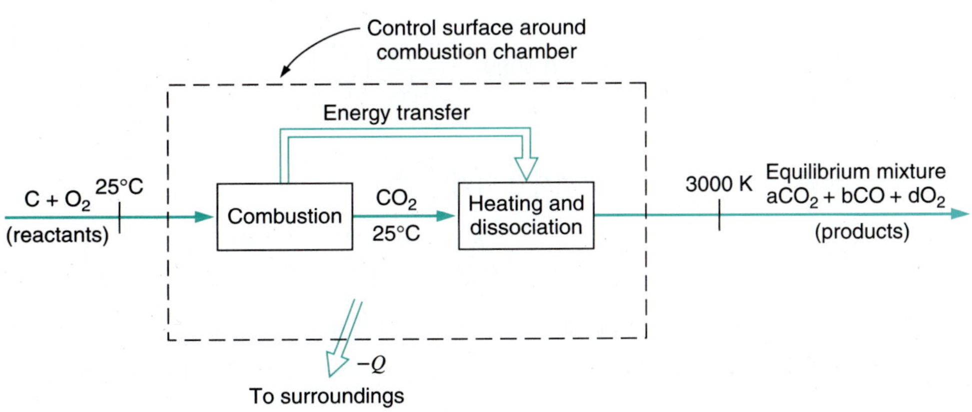

그림 12.8 예제12.14의 개략도.

해석과 풀이

비록 과정이 두 단계, 즉 그림 12.8에 나타낸 바와 같이 열이 수반되는 연소 과정과 연소 생성물인 이산화탄소의 해리 과정으로 일어나지만 하나의 종합된 과정으로 보는 것이 편리하다. 이 두 단계의 과정은

아래와 같이 나타내어진다.

$$\text{연소 반응: } C + O_2 \rightarrow CO_2$$
$$\text{해리 반응: } 2CO_2 \rightleftharpoons 2CO + O_2$$

즉 C와 O_2의 연소에 의해 방출된 에너지가 고온에서 생성된 CO_2를 가열하고, 이로 인해 CO_2의 일부가 CO와 O_2로 해리된다. 따라서 전체 반응은 아래와 같이 쓰일 수 있다.

$$C + O_2 \rightarrow aCO_2 + bCO + dO_2$$

여기서 미지의 계수 a, b, d는 해리 반응과 연관된 평형 방정식의 해를 통해 구한다. 일단 이것이 얻어지면, 연소실 주변의 검사체적에 대한 1법칙 식을 나타내고 열전달량을 계산한다.

연소 방정식으로부터 해리 반응에 대한 초기의 조성은 1 kmol의 CO_2임을 알 수 있다. 따라서 해리된 CO_2의 kmol수를 $2z$라 하면,

	$2CO_2$	$\rightleftharpoons$ $2CO$	$+ O_2$
Initial:	1	0	0
Change:	$-2z$	$+2z$	$+z$
At equilibrium:	$(1-2z)$	$2z$	z

그러므로 전체 반응식은

$$C + O_2 \rightarrow (1-2z)CO_2 + 2zCO + zO_2$$

그리고 평형 상태에서의 전체 kmol 수는

$$n = (1-2z) + 2z + z = 1 + z$$

평형 몰분율은

$$y_{CO_2} = \frac{1-2z}{1+z} \qquad y_{CO} = \frac{2z}{1+z} \qquad y_{O_2} = \frac{z}{1+z}$$

표 A.11로부터, 고려된 해리 반응에 대해서 3000 K에서의 평형 상수 값을 구한다.

$$\ln K = -2.217 \qquad K = 0.1089$$

$P = 0.1$ MPa과 이 양들을 식 12.35에 대입하면 평형 방정식을 얻을 수 있다.

$$K = 0.1089 = \frac{y_{CO}^2 y_{O_2}}{y_{CO_2}^2}\left(\frac{P}{P^0}\right)^{2+1-2} = \frac{\left(\dfrac{2z}{1+z}\right)^2\left(\dfrac{z}{1+z}\right)}{\left(\dfrac{1-2z}{1+z}\right)^2} \quad (1)$$

또는 더 간편한 식으로 표현하면 아래와 같다.

$$\frac{K}{P/P^0} = \frac{0.1089}{1} = \left(\frac{2z}{1-2z}\right)^2\left(\frac{z}{1+z}\right)$$

이 수학적 관계식에 대해 물리적으로 의미 있는 근(root)을 구하기 위해, 각 성분의 몰수가 0보다 커야함을 주목하자. 따라서 우리에게 관심 있는 근은 다음의 범위 내에 놓여 있음이 분명하다.

$$0 \le z \le 0.5$$

시행착오법(trial and error)에 의해 평형 방정식을 풀어서 z를 구할 수 있다.

$$z = 0.2189$$

따라서 전체 과정은

$$C + O_2 \rightarrow 0.5622CO_2 + 0.4378CO + 0.2189O_2$$

여기서 평형 몰분율은

$$y_{CO_2} = \frac{0.5622}{1.2189} = 0.4612$$

$$y_{CO} = \frac{0.4378}{1.2189} = 0.3592$$

$$y_{O_2} = \frac{0.2189}{1.2189} = 0.1796$$

연소실에서부터 주위로의 열전달량은 생성 엔탈피와 표 A.9를 이용하여 계산해낼 수 있다. 이 과정에 대해,

$$H_R = (\bar{h}_f^0)_C + (\bar{h}_f^0)_{O_2} = 0 + 0 = 0$$

평형 상태의 생성물은 3000 K로 연소실에서 배출된다. 따라서

$$\begin{aligned} H_P &= n_{CO_2}(\bar{h}_f^0 + \bar{h}_{3000}^0 - \bar{h}_{298}^0)_{CO_2} \\ &\quad + n_{CO}(\bar{h}_f^0 + \bar{h}_{3000}^0 - \bar{h}_{298}^0)_{CO} \\ &\quad + n_{O_2}(\bar{h}_f^0 + \bar{h}_{3000}^0 - \bar{h}_{298}^0)_{O_2} \\ &= 0.5622(-393\,522 + 152\,853) \\ &\quad + 0.4378(-110\,527 + 93\,504) \\ &\quad + 0.2189(98\,013) \\ &= -121\,302 \text{ kJ} \end{aligned}$$

제1법칙에 대입하면

$$\begin{aligned} Q_{C.V.} &= H_P - H_G \\ &= -121\,302 \text{ kJ/kmol C burned} \end{aligned}$$

이다.

■

위의 예제에서 반드시 100%의 이론 산소가 연소실로 들어갈 필요가 없다는 것이 흥미로운 점이다. 예를 들면, 만약 200%의 산소가 공급된다면, 해리를 위한 초기 조성은 1 CO_2 + 1 O_2이다. 그래서 평형 상태에서 O_2의 kmol수는 $(1 + z)$이고, 혼합물의 전체 kmol수는 $(2 + z)$이다. 풀이에 앞서, $z = 0.1553$일 때는 예제 12.14보다 더 많은 CO_2와 더 적은 CO를 가지는 결과적 혼합물을 가짐을 알 수 있다. 또한 0.1 MPa 이외의 경우 혼합물의 압력은 평형 방정식의 해에 영향을 미칠 것이고, 그러므로 혼합물 조성은 N_2 같이 반응에 불활성인 기체가 존재하기 때문에 O_2를 대신해서 공기가 초기에 공급되어져 왔다.

식 12.27과 같은 형태로서 하나 이상의 독립된 반응 방정식이 동시에 진행되는 경우는 결국 하나의 혼합물을 형성한다. 이 때 상응하는 미지수의 수를 가진 각 반응 방정식에 대해 식 12.35와 같은 형태의 평형 방정식이 존재한다. 그러한 복잡한 문제에 대한 해는 이 교재에서는 다루지 않는다.

개념에 관한 질문

l. O_2와 O의 혼합물에 대해 일정한 *T*에서 압력이 증가되었다; 조성은 어떻게 되었나?

m. O_2와 O의 혼합물에 대해 일정한 *P*에서 온도가 증가되었다; 조성은 어떻게 되었나?

n. O_2와 O의 혼합물에 대해 일정한 *T*와 *P*를 유지하면서 약간의 아르곤을 추가하였다; O의 몰수는 어떻게 되었나?

12.11 방법론 편

발열량을 알 경우 연료의 생성 엔탈피를 어떻게 구하는가?

두 값은 다음의 정의에 의해 서로 연관되어 있다.

$$HV = -H^0_{RP} = -M_{\text{fuel}} \times H^0_{RP\ \text{TBL 12.3}} = H^0_R - H^0_P$$
$$= \sum_R n_i\,\bar{h}^0_{fi} - \sum_P n_i\,\bar{h}^0_{fi} = \bar{h}^0_{f\,\text{fuel}} - \nu_{CO_2}\bar{h}^0_{f\,CO_2} - \nu_{H_2O}\bar{h}^0_{f\,H_2O}$$

여기서 연료의 생성 엔탈피는 일반적으로 반응물의 경우에 유일하게 영(0)이 아닌 항이고, 생성물에는 이산화탄소와 물의 항을 포함한다. 이 모든 것들이 연료에 관해서 하나의 값을 갖기 위해서는 표준 상태이어야 하고, 액체 상태든지 증기 상태든지 간에 연료와 물에 대한 값들이 있어야 함을 유의하라.

어떤 종류의 생성 화학 종이 존재하는지 어떻게 아는가?

연소의 대한 본 입문서에서는 탄소가 연소해서 이산화탄소가 되고 수소가 연소해서 물로 되며 질소는 변하지 않은 채로 배출된다고 가정한다. 만약 여분의 산소(희박) 또는 여분의 연료(농후)가 있다면, 변하지 않은 과잉 생성물을 얻게 될 것이다. 현실은 더욱 복잡해서 위의 설명보다 상세생성물 목록을 더욱 정확하게 다루는 법을 알 필요가 있다. 만약 화학적 평형이 존재한다면, 생성 화학 종들의 목록은 매우 길어지게 될 것이다. 이 목록은 무거운 연료의 경우에 대해서 약 50~100종의 화학 종을 포함하게 된다.

단열 화염 온도를 어떻게 구하는가?

단열(또는 비단열) 화염 온도는 화합된 생성물 에너지로부터 구해진다. 연소하여 생성물로 화학 변화되는 반응물이 있다고 가정하면, 에너지 방정식(연료 1 kmol에 대한)은 아래와 같다.

$$H_R + Q = H_P + W$$

$H = H^0 + \Delta H$로 분리한 후, 엔탈피 ΔH_P를 다음 식과 같이 구한다.

$$\Delta H_P = H^0_R - H^0_P + \Delta H_R + Q - W = HV + \Delta H_R + Q - W$$

실제 경우에 있어서, 마지막 세 항은 있거나 또는 없어도 괜찮다. 만약 표준 단열 화염 온도가 필요하면, 마지막 세 항은 영(0)이라 가정한다. 또한 화학 종으로부터 좌변항을 다음과 같이 표현할 필요가 있다.

$$\Delta H_P = \sum_P \nu_i \Delta\bar{h}_i$$

그리고 엔탈피는 표 A.9로부터 구한 것이므로 온도의 함수가 된다. T를 추정하여 ΔH_P를 계산해보고 우변(RHS = $HV + \Delta H_R + Q - W$)과 같이 되는지를 비교하라. 만약 값이 작으면 더 높은 T를 추정하고 우변과 일치할 때까지 계속한다. 이 절차는 에너지 방정식이 단지 하나의 미지수($T_{\text{ad.}}$)를 풀 수 있기 때문에 우변을 안다는 것이 필요하다.

불활성 가스와의 희석이 화학적 평형에 어떻게 영향을 미치는가?

아르곤(또는 다른 불활성 가스)과 같은 희석가스의 존재는 직접적으로는 화학 반응 방정식에 영향을 미치지 않는다. 몰분율의 계산에 영향을 주는데 왜냐하면 그것의 존재는 다른 모든 성분의 몰분율을 낮추고 일반적으로 몰수가 증가하는 방향으로 반응을 이끌기 때문이다.

어떤 반응이 일어날지 어떻게 아는가?

일반적으로 여러분은 화학 종의 농도를 알고자 노력하기 전까지 그것을 알지 못한다. 그러나 평형 상수의 크기로부터 아이디어를 얻을 수 있다. 만약 평형 상수가 크다면 반응은 오른쪽으로, 평형 상수가 작으면 반응은 왼쪽으로 진행될 것이고, 그래서 그 반응이 지배적인지 알 수 있을 것이다(중심에서 전후로). 대형의 시스템의 경우 다단계 및 동시에 반응을 하는 화학 종을 다루기 위해서는 조금 더 정교한 공식과 해를 구하는 절차가 필요하다.

이 장의 요약

탄화수소 연료(hydrocarbon fuels)의 연소와 일반적인 화학 반응에 대해 소개한다. 탄화수소 연료와 순수 산소 또는 공기와의 단순한 산화는 수소가 연소하여 물이 되고 탄소가 연소하여 이산화탄소가 된다. 각 **원자**(atom)에 대해서는 **연속 방정식**(continuity equation)을 적용하여 **반응물**(reactants)과 **생성물**(products) 화학 종에 대하여 이론 반응 계수(stoichiometric coefficients)의 균형을 맞춘다. 반응 혼합물 조성은 특별한 사용분야에서의 활용에 따라 질량 또는 몰 기준한 비(air-fuel ratio) 또는 **이론 반응 공기 백분율**(percent theoretical air) 또는 **당량비**(equivalence ratio)로 표현될 수 있다. **이론 반응 혼합물**(stoichiometric mixture)로써 **완전 연소**(complete combustion)를 하는 경우에는 특정 연료의 생성물은 유일한 반면, 실제 연소의 경우는 **건량**(dry) 또는 **습량**(wet) 기준(basis) 계측에서 언급한 바와 같이 불완전 연소가 일어나서 더욱 복잡한 생성물이 생성될 수 있다. 생성물의 일부가 물이기 때문에 **이슬점**(dew point)이 존재한다. 따라서 생성물이 냉각될 때 물이 그로부터 **응축**됨을 알 수 있다.

반응물에서 생성물로의 화학적 변화가 있기 때문에, 공통의 기준을 가지고 에너지를 측정할 필요가 있다. 화학적으로 순수한 물질들(CO같은 화합물이 아닌)이 기저 상태(ground state, 탄소의 경우 다이아몬드 형태가 아닌 흑연)일때 표준 온도와 압력(25°C, 100 kPa)에서 생성 엔탈피 값이 0이다. 안정한 화합물은 음의 **생성 엔탈피**(formation enthalpy)를 가지고 불안정한 화합물은 양의 생성 엔탈피를 가진다. 반응물에서 생성물로의 **엔탈피 변화는 연소 열**(enthalpy of combustion)이고, 그것은 **발열량**(heating value HV)의 음의 값을 갖는다. 연소 과정이 어떠한 열전달도 없이 일어날 때, 그 결과의 생성물 온도를 **단열 화염 온도**(adiabatic flame temperature)라고 한다. 연소 열, 발열량(저위 또는 고위), 그리고 단열 화염 온도는 혼합물(연료와 공연비)과 반응 물의 공급 온도에 영향을 받는다. 이러한 상태량들에 대해서 하나의 유일한 값을 사용함으로써, 그 기준 조건(표준 상태)에서의 이론 반응 혼합물에 대해 이해할 수 있게 된다.

엔탈피와 마찬가지로, **엔트로피의 절대값**(absolute value of entropy)이 2법칙 적용을 위해 필요하다. 0 K에서 완전한 결정 구조의 절대 엔트로피는 0이고, 이것이 열역학 **제3법칙**(third law of thermodynamics)이다. 연소 과정은 **비가역 과정**(irreversible process)이고 이에 따른 **가용성의 감소**(loss of availability)가 일어난다. 이 비가역성은 이론 반응하지 않는 혼합물과, 단열 화염 온도를 낮추는 산소의 희석(즉 공기 중의 질소)에 의해 증가한다. 흐름의 가용성(exergy) 개념으로부터, 2법칙을 적용해서 **깁스 함수**(Gibbs function)의 변화량에 의해 주어진 **가역 일**(reversible work)을 구한다. 고온에서의 연소보다도 덜 비가역적인 반응은 화학적 평형과정에 접근하는 **연료 전지**(fuel cell)에서의 화학적 변환이다. 여기서 에너지 방출은 직접적으로 전력 생산으로 변환된다. 이 분야는 오늘날 미래의 에너지 변환 시스템을 위해 가장 집중적으로 연구 및 개발이 진행되고 있다.

2법칙을 사용한 앞의 분석으로부터 가역 축일(reversible shaft work)은 깁스 함수의 변화량으로서 구해진다. 이것은 주어진 T, P에서의 **최소 깁스 함수**(minimum Gibbs function)로 평형 상태를 얻기 위해 확장되었다.

성분들이 모두 이상 기체라고 가정한 단일 평형 반응에 대해 화학적 평형은 공식화되었다. 이것은 성분들의 몰분율, 압력, 및 반응 상수를 한데 묶는 평형 방정식을 이끌어낸다. 반응 상수는 온도 T에서 반응물(좌변)에서 생성물(우변)로의 깁스 함수 변화량과 연관되어진다. 온도 또는 압력이 변함에 따라, 평형 조성은 T와 P의 민감도에 따라 변화할 것이다. 매우 큰 평형 상수의 경우, 반응은 우변을 향해 진행되어지고, 매우 작은 평형 상수의 경우, 좌변을 향해 진행되 어진다.

이 장을 공부하면서 다음과 같은 것을 할 수 있는 많은 기술을 배우고 능력을 습득하어야 한다:

- 어떤 연료의 이론 반응에 대한 연소 방정식을 적는다.
- 건량 기준에서 측정된 생성물들과의 반응에 대해서 이론 반응 계수의 균형을 맞춘다.
- 습공기 산화제뿐 아니라 연료 혼합물들의 연소를 다룬다.
- 공통 기준의 엔탈피 값을 에너지 방정식에 적용한다.

- 고온 생성물에 대해 적절한 표를 사용한다.
- 저온의 연소 생성물에서는 물의 응축을 다룬다.
- 주어진 반응물들에 대한 단열 화염 온도를 계산한다.
- 생성 엔탈피와 연소 열 사이의 차이점을 안다.
- 고위 발열량(higher heating value)과 저위 발열량(lower heating value)의 정의를 안다.
- 연소 문제에 제2법칙을 적용하고 비가역성을 구한다.
- 깁스 함수의 변화량과 가역 일을 계산한다.
- 연료 전지가 어떻게 작동하는지 그리고 전위차를 어떻게 구하는지 안다.
- 화학적 평형이 이상 기체 혼합물을 위한 것임을 이해한다.
- 반응에 의한 깁스 함수의 변화량에 대한 의미를 이해한다.
- 절대 압력이 언제 조성에 영향을 미치는지 안다.
- 반응 기구와 평형 상수 사이의 관계를 안다.
- 모든 화학 종들이 존재하고 몰분율에 영향을 줌을 이해한다.
- 불활성 기체와의 희석이 효과가 있음을 안다.
- 화학적 평형과 에너지 방정식 사이의 연결성을 이해한다.
- 대부분의 문제들은 반복에 의해 풀어야 함을 직관적으로 안다.
- 연소 과정에 더해서 해리도 다룰 줄 안다.

주요 개념과 식

반응	연료 + 산화제 ⇒ 생성물 탄화수소 + 공기 ⇒ 이산화탄소 + 물 + 질소
이론 반응비	과잉 연료 및 과잉 산소 없음
이론 반응 계수	반응물과 생성물 사이 원자들의 균형을 맞추기 위한 인자
이론 반응	$C_xH_y + \nu_{O_2}(O_2 + 3.76\,N_2)$ $\Rightarrow \nu_{CO_2}CO_2 + \nu_{H_2O}H_2O + \nu_{N_2}N_2$ $\nu_{O_2} = x + y/4;\quad \nu_{CO_2} = x;\quad \nu_{H_2O} = y/2;\quad \nu_{N_2} = 3.76\upsilon_{O_2}$
공연비	$AF_{\text{mass}} = \dfrac{m_{\text{air}}}{m_{\text{fuel}}} = AF_{\text{mole}}\dfrac{M_{\text{air}}}{M_{\text{fuel}}}$
당량비	$\Phi = \dfrac{FA}{FA_s} = \dfrac{AF_s}{AF}$
생성 엔탈피	$\bar{h}_f^\circ$, 화학적으로 순수 물질이고 기저 상태의 경우 0
연소 열	$h_{RP} = H_P - H_R$
발열량	$HV = h_{RP}$
단열 화염 온도	$H_P = H_R$
가역 일	$W^{\text{rev}} = G_R - G_P = -\Delta G = -(\Delta H - T\Delta S)$ 국소 온도 T에서 Q가 전달됨
깁스 함수	$G = H - TS$
비가역성	$i = w^{\text{rev}} - w = T_0\dot{S}_{\text{gen}}/\dot{m} = T_0 s_{\text{gen}}$ $I = W^{\text{rev}} - W = T_0\dot{S}_{\text{gen}}/\dot{n} = T_0 s_{\text{gen}}$ 연료 1 kmol의 경우

평형	주어진 T, P에 대해 최소 $G \Rightarrow dG_{T,P} = 0$
평형 반응	$\nu_A A + \nu_B B \Leftrightarrow \nu_C C + \nu_D D$
깁스 함수 변화량	$\Delta G^0 = \nu_C \bar{g}_C^0 + \nu_D \bar{g}_D^0 - \nu_A \bar{g}_A^0 - \nu_B \bar{g}_B^0$ T, P^0에서 구함
평형 상수	$K = e^{-\Delta G^0/\bar{R}T}$
	$K = \dfrac{y_C^{\nu_C} y_D^{\nu_D}}{y_A^{\nu_A} y_B^{\nu_B}} \left(\dfrac{P}{P^0}\right)^{\nu_C + \nu_D - \nu_A - \nu_B}$

연습 문제

Homework Problems

개념 문제

12.1 몰 기준 또는 질량 기준 *A*/*F*가 필요한 이유는?

12.2 이론 반응 순수 산소와 연소한 수소의 이슬점은 얼마인가? 공기와 연소한 경우는?

12.3 연소가 지구 온난화의 원인이 되는 이유는?

12.4 O_2의 경우 산소의 생성 엔탈피는? O라면? CO_2라면?

12.5 발열량은 하나의 연료에 대해 고정된 값인가?

12.6 어떤 연료들의 경우 표 12.3의 액체 연료 란에 기입 사항이 없는 이유는 무엇인가?

12.7 순수 산소 또는 공기와 연소에서 연소 열에 대한 차이가 있는가? 단열 화염 온도는 어떤가?

12.8 단열 화염 온도가 하나의 연료에 대해 고정된 값인가?

12.9 정상류 버너로 연료를 공기와 연소시킨다. 이제 아르곤이나 헬륨과 같은 불활성 기체를 반응물에 첨가한다. 화염 온도는 어떻게 되는가?

12.10 용접공(welder)은 아세틸렌 한 통과 산소 한 통을 사용한다. 그는 왜 공기 대신에 산소 통을 사용하는가?

연료와 연소과정

12.11 에탄올 C_2H_5OH의 연소에서 질량 기준 및 몰 기준 이론 공연비를 계산하라.

12.12 어떤 연료 오일 조성이 $C_{10}H_{22}$로 되어 있다. 이 연료가 150% 이론 공기와 연소한다면 연소 생성물의 조성은 얼마인가?

12.13 피크닉 그릴에서 기체 프로판은 이론 반응 공기와 함께 버너에 공급된다. 질량 기준 공연비와 프로판 1 kg 연소에 대한 반응물 총 질량을 구하라.

12.14 메탄은 200% 이론 공기와 연소한다. 생성물의 조성과 이슬점을 구하라.

12.15 표 12.2의 천연가스 B가 20% 과잉 공기와 연소한다. 생성물의 조성을 구하라.

12.16 가솔린 C_7H_{17}의 이론 반응 완전 연소에서 연료의 분자량, 연소 생성물, 연소한 연료 kg당 생성된 이산화탄소의 질량을 구하라.

12.17 액체 프로판은 건공기와 연소한다. 연소 생성물의 체적분석은 건량 기준에서 다음 체적 백분율 조성을 나타낸다. CO_2 8.6%, CO 0.6%, O_2 7.2%, N_2 83.6%. 이 연소 과정에서 사용된 이론 반응 공기 백분율(percent theoretical air)을 구하라.

12.18 메탄의 연소에서 150% 이론 공기는 25°C, 100 kPa, 상대 습도 70%에서 사용된다. 생성물의 조성과 이슬점을 구하라.

12.19 부탄은 40°C, 100 kPa의 건조 공기와 질량 기준 $AF = 26$인 상태에서 연소한다. 완전 연소할 때 당량비, 이론 반응 공기 백분율, 생성물의 이슬점을 구하라. 생성물이 주위 온도(ambient temperature) 40°C로 냉각될 때 어느 만큼의 물(kg/kg 연료)이 응축되는가?

12.20 메탄올 CH_3OH이 엔진에서 200% 이론 공기와 연소하고 생성물이 100 kPa, 30°C로 보내진다. 연료 1 kg 당 어느 만큼의 물이 응축되는가?

12.21 펜탄은 100 kPa의 정압 과정에서 120% 이론 공기와 연소한다. 생성물은 주위 온도 20°C로 냉각된다. 연료 kg 당 어느 정도 질량의 물이 응축되는가? 연소에 사용된 공기가 상대 습도 90%일 때를 가정하여 답을 다시 구하라.

에너지 방정식, 생성 엔탈피

12.22 25°C, 200 kPa에서 단단한 용기 안에 처음에 2 kmol의 탄소와 2 kmol의 산소가 들어있다. 연소가 일어나서 그 생성물은 1000 K 온도에서 이산화탄소 1 kmol, 일산화탄소 1 kmol, excess 산소로 구성된다. 그 용기내의 최종 압력과 연소 과정 동안 용기에서의 열전달량을 구하라.

12.23 헵탄 C_7H_{16}의 연소는 연료와 공기가 P_0, T_0에서 기체로 공급되는 정상 유동 버너에서 일어난다. 혼합물은 125% 이론 공기를 갖고 있고, 생성물은 열교환기를 지나 600 K로 냉각된다. 열교환기에서의 연소된 헵탄 kmol 당 열전달량을 구하라.

12.24 둘 다 25°C인 부탄가스와 200% 이론 공기가 정상 유동연소기로 들어간다. 연소 생성물은 1000 K로 나온다. 연소기에서의 연소된 부탄 kmol 당 열전달량을 계산하라.

12.25 석유와 천연가스를 연료로 사용하는 것에 대한 한 가지 대안이 에탄올(C_2H_5OH)로, 곡물의 발효 작용에 의해 주로 생산된다. 액체 에탄올이 정상 유동 과정에서 120% 이론 공기와 연소되는 연

소 과정을 생각해보자. 반응물은 25°C로 연소실에 들어가고 생성물은 60°C, 100 kPa로 나온다. 에탄올 kmol 당 열전달량을 계산하라.

12.26 기체로 공급되는 에탄올 연료의 경우를 가지고 앞의 문제를 구하라.

12.27 대체 연료로서 이론 반응 공기와 연소하는 액체 메탄올을 생각해보자. 정압 과정에서 이론 반응 공기와 액체 메탄올 둘 다 P_0, T_0로 공급되고 900 K에서 생성물을 배출한다. 연료 kmol 당 열전달량은 얼마인가?

12.28 또 다른 대체 연료로 심각하게 고려되는 것이 수소 연료이다. 그것은 다방면에 걸쳐 연구되고 있는 여러 기술에 의해 물에서부터 생산된다. 현재 가장 큰 문제는 비용, 저장, 안전성이다. 에탄올 연료 대신 수소 가스를 사용하여 문제 12.25를 풀어보라.

12.29 펜텐 C_5H_{10}은 정상 유동 과정에서 순수한 이론 반응 산소와 연소한다. 어느 한 점에서 생성물은 700 K로 되었다가 열교환기가 사용되어 25°C로 냉각된다. 열교환기에서의 비 열전달량(specific heat transfer)을 구하라.

12.30 메탄 CH_4은 정상 유동 단열 과정에서 다른 두 산화제와 함께 연소된다: *사례 A*: 순수 산소 O_2, *사례 B*: $O_2 + x$Ar. 반응물은 T_0, P_0로 공급되었고, 두 사례의 생성물은 1800 K에 존재한다. 사례 A에서 요구되는 당량비와 사례 B에서 이론 반응비(stoichiometric ratio)을 위한 아르곤의 양 x를 구하라.

에너지 방정식, 생성 엔탈피

12.31 페놀은 표 12.3에 나타나지만 표 A.10에서 생성 엔탈피에 해당하는 값은 나타나 있지 않다. 계산할 수 있겠는가?

12.32 피크닉 그릴에서 둘 다 주위 상태 P_0, T_0에서 기체 프로판과 이론 반응 공기는 혼합되어 버너에 공급된다. 연소가 끝나면 생성물은 냉각되고 결국 주위 상태 T_0에 도달하게 된다. 프로판 1 kg에 대해 어느 만큼의 열전달이 일어났고, 반응 혼합물의 kg 당 열전달량은 얼마인가?

12.33 풀이를 위해 표 A.10 대신 표 12.3을 사용하여 문제 12.23을 풀어라.

12.34 식품 처리 공장에서 나온 젖은 바이오매스 쓰레기는 촉매 반응기에 공급된다. 정상 유동 과정에서 촉매 반응기는 처리공장 보일러 연소에 적합한 저에너지 연료 가스로 변환된다. 그 연료 가스는 체적 기준하여 메탄 50%, 이산화탄소 45%, 수소 5%의 조성을 가지고 있다. 연료 가스 혼합물의 단위 부피당 저위 발열량(lower heating value)을 구하라.

12.35 표 12.3의 연소 열은 연료 kg당 값이다. Brayton 사이클과 디젤 사이클 해석에서 혼합물 kg당 값인 q_H가 필요하다. 생성물과 이론 반응 혼합물에 수증기가 있는 두 경우에서 메탄과 기체 옥탄의 q_H를 구하라.

12.36 풀이를 위해 표 A.10 대신 표 12.3을 사용하여 문제 12.25를 풀어라.

12.37 프로필벤젠 C_9H_{12}은 표 12.3에는 실려 있지만 표 A.10에는 없다. 이 책에는 분자량(molecular weight)도 실려 있지 않다. 분자량, 액체 연료의 생성 엔탈피, 증발 열을 구하라.

12.38 풀이를 위해 표 A.10 대신 표 12.3을 사용하여 문제 12.27을 풀어라.

12.39 버너는 둘 다 기체인 질량 분율 40% n-부탄, 60% 메탄올인 두 연료의 혼합물을 공급받는다. 이 연료는 이론 반응 공기와 연소한다. 생성물의 조성과 이 연료 혼합물의 저위 발열량을 구하라(kJ/kg 연료 혼합물).

12.40 메탄이라고 가정하는 천연가스는 그림 P12.40에서 보는 바와 같이 200% 이론 공기와 연소한다. 그리고 반응물은 표준 상태 온도와 압력의 기체로 공급된다. 물이 20°C, 500 kPa로 들어가서 에너지를 방출하고 700°C, 500 kPa가 되어 나오는 열교환기를 통해 생성물이 흘러 지나간다. 생성물은 400 K로 굴뚝으로 배출된다. 생성물은 연료 kmol 당 어느 정도의 에너지를 공급할 수 있으며, 그리고 연료 kg 당 물 몇 kg을 데울 수 있는가?

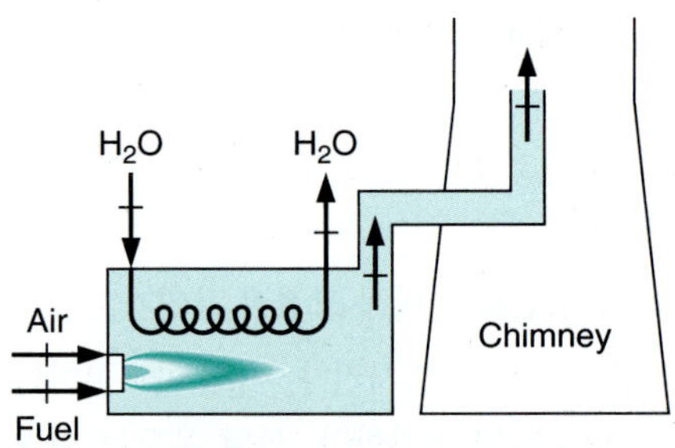

그림 P12.40

12.41 정압 버너는 P_0, T_0의 기체 상태 벤젠 C_6H_6과 이론 반응의 순수 산소를 공급받는다. 단열 화염 온도를 2000 K로 한정하기 위해 연소 후에 액체 상태의 물을 뿌린다. 연료 kmol 당 부가된 액체 상태 물의 kmol과 결합된 생성물의 이슬점을 구하라.

12.42 298 K, 100 kPa의 연료와 공기가 이론 반응 혼합물을 만들기 위해 액체 니트로메탄(연료)이 기화기(carburetor)에서 공기에 더해진다. 연소 후에 정압 열교환기는 생성물이 배출되기 전에 600 K에 이르게 한다. 연료 속의 질소 원자가 N_2 기체가 된다고 하면, 전체 과정에서 연료 kmol 당 총 열전달량을 구하라.

단열 화염 온도

12.43 수소 가스는 그림 P12.43에서 보는 바와 같이 정상 유동 버너에서 순수 산소와 연소한다. 두 반응물은 표준 상태의 압력과 온도에서 이론 반응비로 공급된다. 단열 화염 온도는 얼마인가?

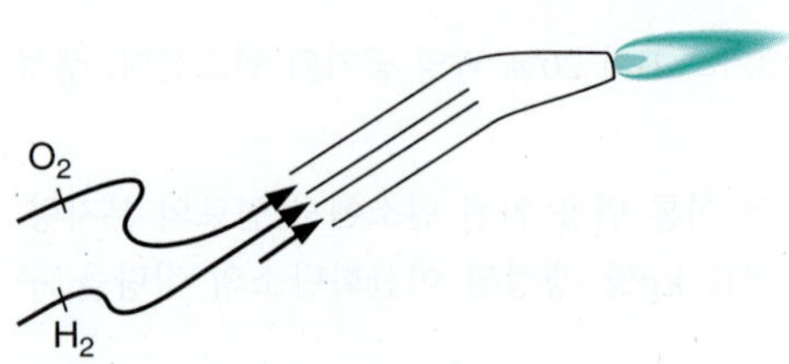

그림 P12.43

12.44 로켓에서 수소는 공기와 연소하며, 이 두 반응물은 P_0, T_0의 기체로 공급된다. 연소는 단열 과정이고 혼합물은 이론 반응이다(100% 이론 공기). 생성물들의 이슬점과 단열 화염 온도(~2500 K)를 구하라.

12.45 탄소는 노(furnace) 내에서 150% 이론 공기와 연소한다. 두 반응물은 표준 상태 압력과 온도로 공급된다. 단열 화염 온도는 얼마인가?

12.46 벤젠 C_6H_6과 공기의 이론 반응 혼합물과 25°C, 100 kPa로 지나는 반응물로부터 혼합된다. 단열 화염 온도를 구하라. 표 A.5로부터 생성물에 대해 T_0에서 일정 비열이 사용되면 오차는 얼마인가?

12.47 수소 가스는 정상 유동 버너에서 200% 이론 공기와 연소하며, 두 반응물은 표준 상태 압력과 온도로 공급된다. 단열 화염 온도는 얼마인가?

12.48 가스 터빈은 천연가스(메탄으로 가정된다)를 태우며, 공기는 1000 kPa, 500 K로 연소기에 공급되고 연료는 298 K, 1000 kPa로 공급된다. 단열 화염 온도가 1800 K로 제한될 때 이론 반응 공기 백분율은 얼마인가?

12.49 T_0의 액체 n-부탄은 그림 P12.49에서와 같이 1.0 MPa, 400 K의 1차 공기와 함께 이론 반응비로 가스 터빈에 분사된다. 완전 연소 후에 생성물들은 단열 화염 온도에 있게 되어 그 온도가 너무 높아서 1.0 MPa, 400 K의 2차 공기를 추가하여 최종 혼합물의 온도가 1400 K가 되었다. $T_{ad} > 1400$ K임을 보이고 1차 공기량에 대한 2차 공기량의 비를 구하라.

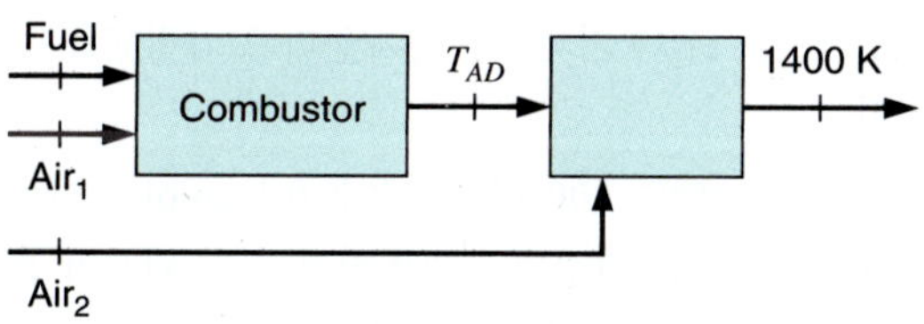

그림 P12.49

12.50 25°C의 부탄가스는 600 K의 150% 이론 공기와 혼합하여 단열 정상 유동 연소기에서 연소된다. 연소기에서 배출되는 생성물의 온도는 얼마인가?

12.51 메탄으로 가정하는 천연가스는 200% 이론 공기와 연소한다. 그리고 반응물은 표준 상태 온도와 압력의 기체로 공급된다. 생성물은 열교환기를 지나서 그림 P12.51에서와 같이 배출된다. 연소 직후 열교환기 직전의 단열 화염 온도는 얼마인가?

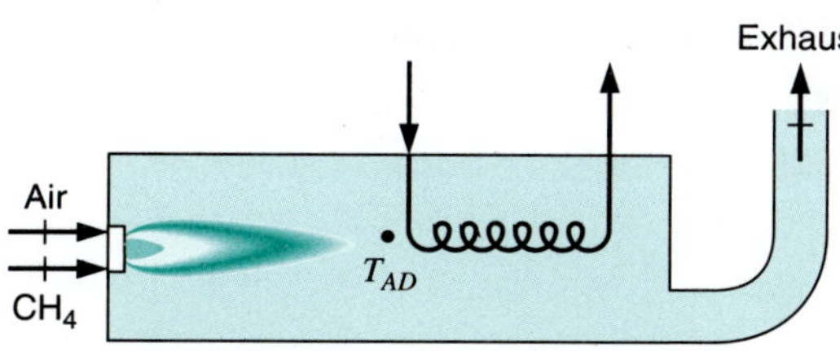

그림 P12.51

12.52 25°C의 액체 부탄은 600 K의 150% 이론 공기와 혼합되어 정상 유동 버너에서 연소된다. 표 12.3에서의 연소 열을 사용하여 버너 안에서 밖으로 나올 때의 단열 화염 온도를 구하라.

12.53 P_0, T_0의 아세틸렌 가스는 절단기의 선단으로 공급된다. P_0, T_0의 이론 반응 순수 산소와 연소할 때의 단열 화염 온도를 구하라.

12.54 P_0, T_0의 아세틸렌 가스는 절단기의 선단으로 공급된다. P_0, T_0의 이론 반응 산소와 연소할 때의 단열 화염 온도를 구하라.

12.55 에텐 C_2H_4은 150% 이론 공기와 연소하며, 반응물은 P_0, T_0로 정상 유동 정압 과정이다. 단열 화염 온도를 구하라.

12.56 기체 에탄올 C_2H_5OH은 정적 연소기에서 순수 산소와 연소한다. 반응물은 표준 상태에서 이론 반응비로 충진 되었다. 열전달이 없다고 가정하고 최종 온도(> 5000 K)를 구하라.

연소 과정에 대한 2법칙

12.57 정상 유동 단열 조건에서 순수 산소와 수소의 이론 반응 연소를 생각해보자. 반응물은 각각 298 K, 100 kPa로 들어가고 생성물은 100 kPa의 압력으로 나온다. 출구 온도는 얼마이고, 비가역성은 얼마인가?

12.58 메탄은 공기와 연소하며, 둘 다 표준 상태로 공급된다. 1800 K의 화염 온도를 얻을 수 있는 충분한 과잉 공기가 있다. 이론 반응 공기 백분율과 비가역성은 얼마인가?

12.59 메탄올 CH_3OH과 25% 과잉 공기와의 연소를 생각해보자. 연소 생성물은 열교환기를 지나 200 kPa, 400 K로 배출된다. 모든 물이 수증기라고 가정하고, 열교환기를 나가는 생성물들의 절대 엔트로피를 계산하라.

12.60 메탄올 CH_3OH과 25% 과잉 공기와의 연소를 생각해보자. 연소 생성물은 열교환기를 지나 200 kPa, 40°C에서 배출된다. 적당량의 액체와 증기 상태의 물을 사용하여, 열교환기를 나가는 생성물들의 절대 엔트로피(연소된 메탄올 kmol 당)를 계산하라.

12.61 한 발명가가 수도 꼭지로부터 10°C, 100 kPa의 물 0.001 kg/s을 받아 수소와 산소 기체로 분리하여 생산하는 장치를 만들었다고 주장하고 있다. 이 장치는 25°C의 방에서 10-kW 전력이 공급될 때 작동한다. 이 주장을 어떻게 평가하는가?

12.62 암모니아 2 kmol이 정상 유동 과정에서 x kmol의 산소와 연소한다. H_2O, N_2, 과잉 O_2를 포함하는 생성물은 200°C, 7 MPa로 배출된다.

a. 생성물 가운데 물의 절반이 응축했을 때 x를 계산하라.

b. 출구 조건에서의 생성물의 절대 엔트로피를 계산하라.

12.63 수소 기체가 298 K, 50 kPa에서 이론 반응비로 산소와 혼합된다. 그 혼합물은 열전달 없이 완전 연소된다. 단열 화염 온도와 수소 kmol 당 발생되는 엔트로피를 구하라.

연료 전지

12.64 예제 12.13에서 기본적인 수소–산소 연료 전지 반응은 25, 100 kPa에서 해석되었다. 연료 전지가 25°C, 100 kPa일 때 순수 산소 대신, 공기 중에서 작동한다고 가정하여 이 계산을 반복하라.

12.65 기본적인 수소–산소 연료 전지가 예제 12.13에서의 298 K 대신 600 K에서 작동한다고 가정하라. 깁스 함수의 변화량과 발생하는 가역 기전력을 구하라.

12.66 음극에서의 반응이 다음과 같은 메탄–산소 연료 전지를 생각해보자.

$$CH_4 + 2H_2O \rightarrow CO_2 + 8e^- + 8H^+$$

반응에 의해 생산된 전자는 외부 부하(load)를 통해 흐르고 양이온은 전해질을 지나 양극으로 이동한다. 여기서의 반응은 다음과 같다.

$$8e^- + 8H^+ + 2O_2 \rightarrow 4H_2O$$

25°C, 100 kPa에서 작동하는 연료 전지에 대한 가역 일과 가역 기전력을 계산하라.

12.67 실내 온도 대신 1200 K에서 연료 전지가 작동한다고 가정하여, 앞의 문제를 다시 풀어라.

화학적 평형, 평형 상수

12.68 물(표 A.11을 보라)의 해리(dissociation)는 압력에 민감한가?

12.69 298 K일 때 물의 해리에 대해 $K = \exp(-184)$이다. 무엇을 의미하는가?

12.70 연소 과정에서, 단열 화염 온도는 반응에 영향을 받는가?

12.71 연소 후에 해리가 일어날 때 T는 증가하는가? 감소하는가?

12.72 평형에서, 반응물과 생성물의 깁스 함수는 동일하다; 에너지의 경우에는 어떠한가? $H_R = H_P$인가?

12.73 반응 $O_2 \Longleftrightarrow 2O$에서 298 K와 6000 K일 때 평형 상수를 계산하라. 표 A.11로 결과를 입증하라.

12.74 표 A.9의 상태량을 사용하여 반응 $H_2 \Longleftrightarrow 2H$에서 2000 K일 때 평형 상수를 계산하라. 표 A.11에 열거된 값들과 결과를 비교하라.

12.75 산소의 해리 반응 $O_2 \Leftrightarrow 2O$을 생각해보자. 298 K의 산소 1 kmol로 시작하여 100 kPa의 일정 압력에서 가열된다. 어느 온도에서 단원자 산소의 농도가 10%에 도달하게 될까?

12.76 순수 산소는 정상 상태 과정에서 200 kPa의 일정 압력일 때 25°C에서 3200 K로 가열된다. 출구에서의 조성과 열전달량을 구하라.

12.77 질소 가스 N_2는 4000 K, 10 kPa로 가열된다. 이 상태에서 어느 정도 분율의 N_2가 N으로 해리되는가?

12.78 수소 가스는 실내 온도에서부터, 이원자 화학 종이 부분적으로 단원자 형태로 해리되는 상태인 4000 K, 500 kPa까지 가열된다. 이 상태에서 평형 조성을 구하라.

12.79 Ar 1 kmol과 O_2 1 kmol이 100 kPa의 일정 압력에서 가열되어 3200 K에서 평형에 도달한다. Ar, O_2, O의 최종 몰분율을 구하라.

12.80 CO_2 1 kmol을 3000 K로 가열하여 얻어진 반응 $2CO_2 \Leftrightarrow 2CO + O_2$을 생각해보자. 3000 K, 200 kPa에서의 CO의 평형 몰분율을 구하라.

12.81 공기(79% 질소와 21% 산소로 가정)가 100 kPa의 일정 압력일 때 정상 상태 과정에서 가열되고 약간의 NO가 형성된다(N_2와 O_2의 해리는 무시한다). 어떤 온도에서 NO의 몰분율이 0.001이 되는가?

12.82 순수 산소와 이론 반응비로 연소하는 펜탄 C_5H_{12}의 연소 생성물은 2400 K, 100 kPa로 배출된다. 단지 CO_2의 해리를 고려하고, CO의 평형 몰분율을 구하라.

12.83 25°C, 150 kPa에서 이산화탄소 1 kmol, 일산화탄소 1 kmol, 산소 2 kmol의 혼합물이 정압의 정상 상태 과정에서 3000 K로 가열된다. 이와 동일한 물질들이 배출 화학 평형 혼합물에서도 존재한다고 가정하고, 그 혼합물의 조성을 구하라.

12.84 수소와 순수 산소의 연소에서 나온 물은 3800 K, 50 kPa의 상태에 있다. H_2O, O_2, H_2가 기체로만 존재한다고 가정했을 때 평형 조성을 구하라.

12.85 피스톤/실린더에 25°C, 200 kPa의 수소 0.1 kmol과 아르곤 0.1 kmol이 들어있다. 정압 과정에서 가열되어 수소 원자의 몰분율이 10%이다. 최종 온도와 필요한 열전달량을 구하라.

12.86 탱크에 25°C, 200 kPa의 수소 0.1 kmol과 아르곤 0.1 kmol이 들어있다. 탱크는 일정한 부피를 유지한다. 수소 원자(H)의 몰분율이 10%가 되기 위해 어느 온도 T까지 가열되어야 하는가?

12.87 25°C, 150 kPa에서 일산화탄소 1 kmol, 질소 1 kmol, 산소 1 kmol의 기체 혼합물이 정압의 정상 상태에서 가열된다. 배출되는 혼합물은 CO_2, CO, O_2, N_2로 화학 평형에 도달한다고 가정할 수 있다. 이 시점에서 CO_2의 몰분율은 0.176이다. 이 과정의 열전달량을 계산하라.

제 13 장

열전달 개론

Introduction to Heat Transfer

이 장의 주제

- 열전달 형태
- 확장 표면
- 천이 열전달
- 정상 상태 1차원 전도
- 내부 에너지 생성
- 대류 열전달

열전달은 많은 응용 분야에서 중요하며 여기서는 열전달 해석에 대한 개론을 다루도록 한다. 앞에서 열전달은 정상 또는 천이 과정에 대한 에너지 전달률 또는 유한한 양의 에너지 전달 형태로 취급하였다. 여기서는 주어진 열량을 전달하는 데 걸리는 시간 또는 전달률을 예측하는 과정에 대한 상세한 설명은 생략하고, 주로 열전도를 중심으로 열전달에 대한 간략한 내용만을 소개한다. 또한 복사와 대류에 대하여 약간 다루며 대류에 관한 상세한 내용은 추후에 다루거나 또는 유체역학에서 다루도록 한다.

13.1 열전달 형태

4.7절에서는 3가지 열전달 형태를 온도 차에 기인한 에너지 전달로 간략히 소개하였다. 물리적으로 두 가지 열전달 형태가 있다. 하나는 **전도**(conduction)로서 분자, 원자, 전자의 각종 운동에 의한 원자 단위의 에너지 교환이고, 다른 하나는 **복사**(radiation)로서 전자기파에 의한 에너지 전달이다. 한편 물질의 유동이 있을 경우에 유동은 국부적인 열전도에 커다란 영향을 미치며, 이 열전달 형태를 **대류**(convection) 열전달이라고 한다.

전도

열전도는 원자, 분자, 전자 사이의 상호 작용을 통하여 이루어지므로 물질이 배열된 상세한 구조에 따라 결정된다. 고체와 액체는 원자 사이의 거리가 가깝고 비교적 강력한 결합력 때문에 에너지를 전도하는 능력이 가장 크다. 열전도에 의한 대부분의 전달 열량이 전자에 의하여 이루어진다. 따라서 금속은 전자의 뛰어난 이동성 때문에 가장 우수한 열전도체이다. 이와 반대로 가스는 분자 간 거리가 멀기 때문에 상호 작용과 분자 사이의 힘이 약하며 운동량과 에너지가 교환되는 단기간 충돌 동안만 분자 간 힘이 강하다.

전도에 의한 열전달은 그림 13.1과 같이 고온 영역으로부터 저온 영역으로의 에너지 흐름이다. 전도 열전달률은 **Fourier 법칙**(Fourier's law)에 따라 다음과 같이 표시된다.

$$\dot{Q} = -kA\frac{dT}{dx} \tag{13.1}$$

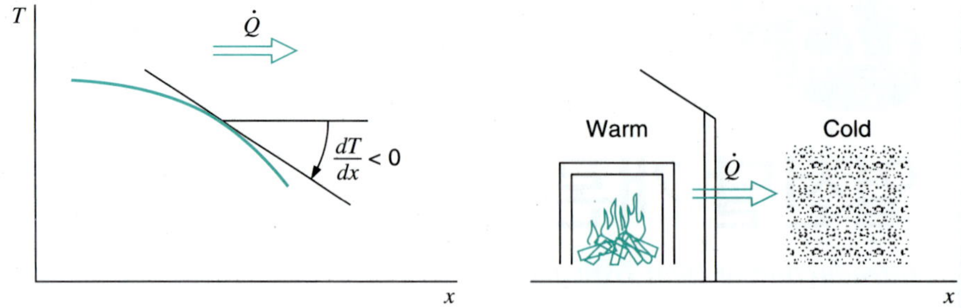

그림 13.1 온도가 낮은 영역으로 전도 열전달.

표 13.1 표 A.3, A.4, A.5로부터 발췌한 물질의 열전도율[300 K, 100 kPa(또는 포화 압력)에서의 상태량].

Solids from A.3	***k* [W/m K]**	**Liquids from A.4**	***k* [W/m K]**
Asphalt	0.7	Ammonia	0.51
Brick, common	0.7	Gasoline	0.12
Carbon diamond	1350	Glycerine	0.29
Carbon graphite	155	Methanol	0.19
Concrete	1.28	Oil engine	0.14
Glass plate	1.40	Propane	0.095
Glass wool	0.037	R-12	0.07
Granite	2.9	R-134a	0.08
Ice (0°C)	2.25	Water	0.60
Plaster	0.79	Lead	16.3
Plexiglas	0.18	**Gases from A.5**	***k* [W/m K]**
Polystyrene	0.35		
Rock salt	7	Air	0.026
Snow, firm	0.46	Argon	0.018
Wood, hard	0.16	Carbon dioxide	0.017
Wood, soft	0.12	Helium	0.155
Wool	0.036	Neon	0.05
Metals		Nitrogen	0.026
Aluminum	164	Oxygen	0.027
Copper, pure	372	Propane	0.018
Copper, commercial	52	R-12	0.01
Iron, cast	52	R-134a	0.013
Iron, steel	15	Water steam	0.02

여기서 A는 열이 흐르는 x방향에 수직한 단면적이다. 마이너스 부호는 온도 구배와 반대로 열이 고온 영역에서 저온 영역으로 전달되는 것을 의미한다. 표 A.3~A.5에 있는 물질의 대표적인 열전도율 값이 표 13.1에 주어져 있다.

다음 절에서는 온도 구배를 구하고 열유속 $\dot{Q}$와 유한한 온도 차이를 관련시킬 수 있는 물리적 상황을 살펴보도록 한다.

대류

대류에 의한 열전달은 국부적으로 전도가 일어나는 유동을 상세히 알아야 결정된다. 열전달 해를 구하기 위해서 반드시 유동에 대한 해가 수반되어야 한다. 따라서 이러한 문제 설정이 매우 복잡하게 되어 종종 수학적인 해를 얻기가 어렵다. **Newton의 냉각 법칙**(Newton's law of cooling)으로 전체적인 온도 차이에 의한 열전달을 표시하기 위하여 열전달 층에 대하여 평균을 취한다.

$$\dot{Q} = hA(T_s - T_\infty) \tag{13.2}$$

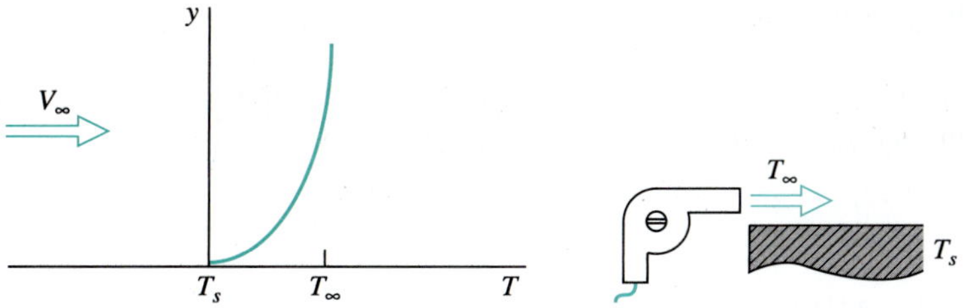

그림 13.2 대류 열전달 층.

표 13.2 대류 열전달 계수.

Heat Transfer Coefficient h [W/m^2 K]	Gas	Liquid
Natural convection	5–25	50–1000
Forced convection	25–250	50–20 000
Boiling/condensation	2500–100 000	

여기서 A는 온도가 T_s인 표면의 면적이고 h는 표면에서 멀리 떨어진 온도 T_∞의 유체로 대류 열전달 계수이다. 표면에 수직한 방향으로 온돈 변동이 그림 13.2에 나타나 있다. 대류 열전달 계수 h의 크기는 유동, 속도, 전체 모양에 달려 있다. 이 값에 대한 몇 가지 일반적인 값이 표 13.2에 나타나 있다.

유체역학과 열전도에 대한 내용으로부터 h의 무차원 형태인 **Nusselt 수**(Nusselt number)와

$$Nu = \frac{hL}{k}$$

절대 점도 μ, 밀도 ρ, 특성 길이 L로 표시되는 무차원 속도인 **Reynolds 수**(Reynolds number)

$$Re = \frac{\rho \mathbf{V} L}{\mu}$$

사이의 상관 관계식을 얻을 수 있다. 여러 가지 상황에 대한 상관 관계식들이 무차원 수인 **Prandtl 수**(Prandtl number) $Pr = \mu Cp/k$와 함께 다음 형태로 일반 핸드북에 나와 있다.

$$Nu = C\,Re^n Pr^{1/3} \tag{13.3}$$

상수 C, n에 대한 몇 가지 값들이 파이프나 덕트 내부 유동이나 외부 유동에 대하여 표 13.3에 주어져 있고 길이 L에 대한 평균값과 관련되어 있다. 각종 유동에 대하여 추가적인 상세한 내용은 13.6절에서 설명한다.

복사

복사는 모든 파장에 걸쳐 일어나는 전자기파에 의한 에너지 전달이다. 파장 분포는 열원의 온도 특성에 달려 있고 적정 온도인 경우에 파장의 대부분이 육안으로 볼 수 없는 범위에(적외선) 있다. 온도가 높아지면 에너지의 상당 부분이 태양이나 전구로부터 빛과 같은 가시 범위로 옮겨진다. 전체 에너지 흐름은 (전달률) 파장 전체에 걸쳐 합하여 구하며 상세한 내용은 이 책 수준을 벗어난다.

표 13.3 식 13.3의 상수(C, n)에 대한 전형적인 값.

		C, n		C, n
Laminar flow (low velocity):	Internal	4, 0	External	0.7, 0.5
Turbulent flow (high velocity):	Internal	0.03, 0.8	External	0.03, 0.8

표 13.4 전형적인 표면 방사율 ε.

Perfect Black body	1	Metal surface	0.6–0.9
Non-metallic surface	0.9	Polished metal	0.1

물체 표면으로부터의 에너지 방출은 표면 온도의 4승에 달려 있으며 이상적인 흑체에 대하여 **Stefan-Boltzmann 법칙**(Stefan Boltzmann law)은 전체 방사율을 다음과 같이 표시한다.

$$\dot{Q} = \sigma A T_s^4 \tag{13.4}$$

여기서 T_s는 절대 온도이고 σ는 Stefan-Boltzmann 상수이다.

$$\sigma = 5.67051 \times 10^{-8}\ \mathrm{W/m^2\ K^4}$$

실제 물체 표면은 이상 흑체 복사의 일부를 방사한다. 이 비율을 **방사율**(emissivity)이라고 한다. 여러 표면에 대한 대표적인 값이 표 13.4에 있고 고체 표면과 파장에 대한 평균값을 나타낸다.

표면에 부딪히는 복사는 일부 반사되고 나머지는 투과하거나 표면에 흡수된다. 흡수 계수가 방사율 ε과 같다고 가정하면 회체에 대하여 주위와 열교환하는 열유속은 다음과 같이 쓸 수 있다.

$$\dot{Q} = \varepsilon\sigma A(T_s^4 - T_\infty^4) \tag{13.5}$$

다수 표면 사이에 방사, 반사, 흡수가 일어나며 복사열 전달이 있는 경우에 고도의 해석이 요구되며 이러한 해석은 개론 수준을 넘는다.

표면 에너지 평형

해석상 강철 용기의 벽과 같이 고체 물질의 표면(내부 혹은 외부)에 위치한 검사체적이 필요한 경우가 종종 있다. 보통 검사체적 표면에는 유체 같은 매질이 인접으로 흐르며 대기 또는 강관 내를 흐르는 수증기가 그 예에 해당한다. 고체 물질 내에서 열전달은 전도에 의하여 일어나지만 유체 내에서는 대류나 복사로 일어난다.

한쪽은 고체에 있고 다른 한쪽은 유체에 있는 표면 상의 무한히 얇은 검사체적에 대하여 여러 가지 에너지 흐름(열전달) 사이의 관계를 살펴본다(그림 13.3). 이 검사체적은 질량이나 체적을 갖지 아니하므로 에너지를 저장할 수 없다. 따라서 에너지 방정식은 다음과 같다.

$$\frac{dE_{\mathrm{cv}}}{dt} = 0 = \dot{Q}_s - \dot{Q}_{\mathrm{Fluid}} = (\dot{q}_s'' - \dot{q}_{\mathrm{Fluid}}'')A \tag{13.6}$$

국부적으로 두 면 사이에 다음과 같은 에너지 평형이 있다.

$$\dot{Q}_s = \dot{Q}_{\mathrm{Fluid}} = \dot{Q}_{\mathrm{Conv}} + \dot{Q}_{\mathrm{Rad}} \tag{13.7}$$

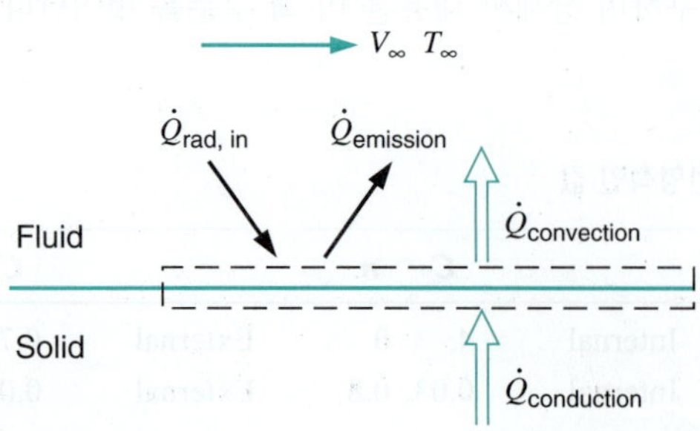

그림 13.3 표면의 에너지 평형.

고체 내 전도에 대하여 식 13.1, 대류에 대하여 식 13.2, 복사에 대하여 식 13.5를 치환하고 면적으로 나누면 다음 식을 얻는다.

$$-k_s\left[\frac{dT}{dx}\right]_s = h(T_s - T_\infty) + \varepsilon\sigma(T_s^4 - T_\infty^4)$$

위 식에서 고체 내 온도 구배와 표면 온도 사이의 관련성에 유의하고 복사가 있는 경우에 이 관련성이 비선형적 관계임에 유의하라. 만일 유체의 움직임이 없다면(자연 대류나 강제대류) 유체의 대류는 유체 내의 전도로 바뀐다.

예제 13.1

그림 13.4처럼 트랜지스터 케이스의 왼쪽 면적은 4 cm^2이고 온도는 T_1으로 두께 5 mm, 열전도도 k = 0.35 W/mk인 플라스틱을 통해 정상 상태로 열전달이 일어난다. 오른쪽 면은 온도가 T_s = 85°C이고, 방사율은 0.9로서 대류 열전달 계수는 h = 25 W/m^2 K이고 온도가 25인 유체에 노출되어 있다. 플라스틱 케이스의 온도가 선형으로 변하는 경우에 유체내의 대류와 복사 열전달률 및 온도 T_1을 구하라.

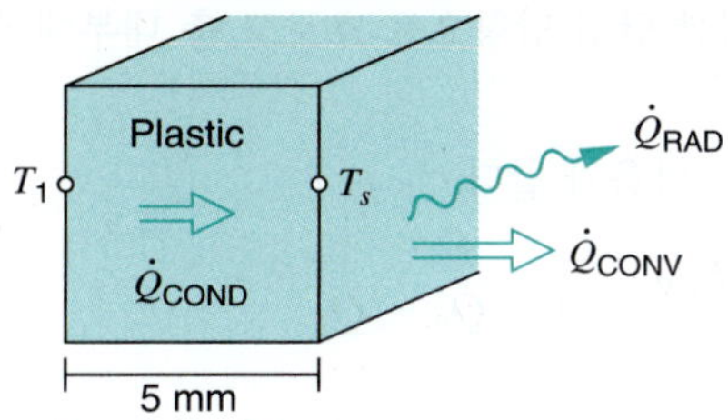

그림 13.4 트랜지스터 표면에서 정상 상태 열전달 평형.

해석

정상 상태 열전달은 식 13.2의 대류, 식 13.5의 복사, 식 13.1의 전도로 이루어지며 식 13.7 형태의 에너지 평형식으로 표시된다.

풀이

식 13.2로부터 대류 열전달률을 구할 수 있다.

$$\dot{Q}_{\text{Conv}} = hA(T_s - T_\infty) = 25 \times 4 \times 10^{-4}(85 - 25) = 0.6 \text{ W}$$

식 13.5로부터 복사는 다음 식과 같다(절대 온도 T를 사용함을 유의하라).

$$\begin{aligned}\dot{Q}_{\text{Rad}} &= \varepsilon\sigma A(T_s^4 - T_\infty^4) = 0.9 \times 5.67 \times 10^{-8} \times 4 \times 10^{-4}(358.15^4 - 298.15^4)\\ &= 0.174 \text{ W}\end{aligned}$$

식 13.7의 표면 에너지 평형으로부터 전도 열전달은 다음과 같다.

$$\dot{Q}_{\text{Cond}} = \dot{Q}_{\text{Conv}} + \dot{Q}_{\text{Rad}} = 0.774 \text{ W}$$

플라스틱 내의 온도가 선형으로 변화한다고 가정하면 식 13.1은 다음과 같이 쓸 수 있다.

$$\dot{Q}_{\text{Cond}} = -kA\frac{dT}{dx} = -kA\frac{T_s - T_1}{L} = kA\frac{T_1 - T_s}{L}$$

T_1에 대하여 풀면 다음 식과 같다.

$$\begin{aligned}T_1 &= T_s + \dot{Q}_{\text{Cond}}\, L/kA = 85 + 0.774 \times 0.005/(0.35 \times 4 \times 10^{-4})\\ &= 113°\text{C}\end{aligned}$$

■

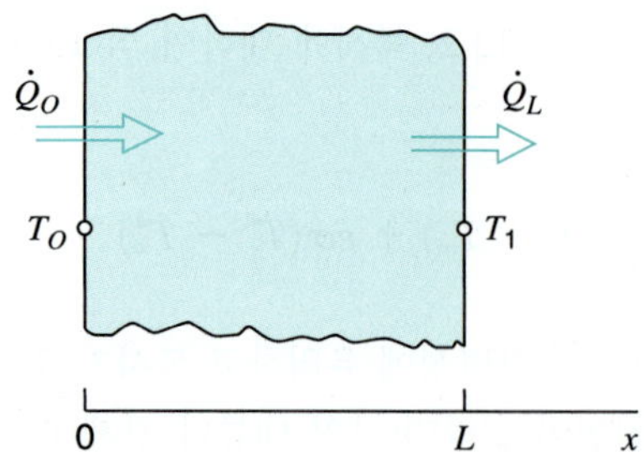

그림 13.5 평면 정상 상태 열전도층.

13.2 정상 상태 1차원 전도

단일 평판 층

전도 문제에 대한 첫 번째 해석으로 균질한 물체 층을 통한 정상 상태 전도에 대하여 온도 분포를 살펴보도록 한다. 창문의 유리판, 라디에터의 얇은 금속 벽, 오븐의 투시 창, 컴퓨터 칩의 기저 층을 통한 열전달이 여기에 해당된다. 에너지는 평판 수직한 단일 방향으로 흐르고 층 내부에서 에너지 생성은 없다. 이 상황이 그림 13.5에 나타나 있다.

두께 L인 평판에 대한 에너지 방정식은 다음과 같다.

$$\frac{dE_{\text{CV}}}{dt} = 0 = \dot{Q}_0 - \dot{Q}_L$$

위의 에너지 평형식을 다시 쓰고 Fourier 전도 법칙을 대입하면 다음 식을 얻는다.

$$\dot{Q}_0 = \dot{Q}_L = -kA\frac{dT}{dx} = \text{constant} \tag{13.8}$$

기준점으로 $x = 0$을 택하고 위치 L을 바꾸어도 에너지 방정식은 동일하다. 따라서 열전달률은 x축에 수직한 평면을 통해 일정하다. 이것은 물질에 에너지가 저장되지도 않고 방출되지도 않는다고 말하는 것과 동일하다. 일정 단면적 A와 일정한 열전도율에 대하여 다음 식을 쓸 수 있다.

$$\frac{dT}{dx} = -\dot{Q}_0/kA = C_1$$

위 식에 dx를 곱하고 위치 $x = 0$부터 적분하면 다음 식을 얻는다.

$$\int_{T_0}^{T} dT = \int_0^x C_1\,dx \;\Rightarrow\; T - T_0 = C_1(x - 0) = C_1 x \tag{13.9}$$

C_1 또는 $\dot{Q}_0$ 대신 $x = L$에서 온도 T_1을 식 13.9에 대입하면 다음 식을 얻는다.

$$T_1 - T_0 = C_1 L \;\Rightarrow\; C_1 = (T_1 - T_0)/L \tag{13.10}$$

식 13.9로부터 온도 변동은 다음과 같다.

$$T = T_0 + (T_1 - T_0)\frac{x}{L} \tag{13.11}$$

이 식은 x가 0부터 L까지 변화할 때 온도 T가 T_0부터 T_1까지 선형적으로 변화함을 나타낸다. 따라서 열전달률은 다음과 같다.

$$\dot{Q} = -kA\frac{dT}{dx} = -kAC_1 = -kA\frac{T_1 - T_0}{L} \tag{13.12}$$

이 식은 열전달률과 유한한 온도 차이 사이의 관계를 나타낸다. 단위 면적 당 열전달률(열유속)은 다음과 같다.

$$\dot{q}'' = \dot{Q}/A = -k\frac{dT}{dx} = -k\frac{T_1 - T_0}{L} \tag{13.13}$$

이 결과를 나타내는 예제가 유리창에 대하여 예제 4.4에 있으며 플라스틱 케이스를 통한 열전도는 예제 13.1에 있다. 다음 예제에 다른 상황이 주어져 있다.

예제 13.2

그림 13.6처럼 뒷면이 완전 단열되어 있고 면적 0.5 m^2 위에 균일하게 500W를 소산시키는 전기 가열판을 고려하자. 가열판 앞면에는 표면 온도가 27°C인 두께 1 cm 석고 판이 있다. 히터와 접히는 면의 석고 판 온도를 구하라.

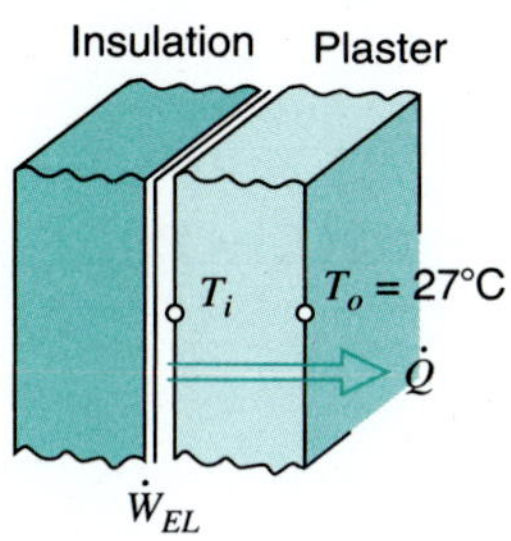

그림 13.6

해석

석고 판을 통한 정상 상태 1차원 열전달을 고려하자. 열유속이 일정하므로 식 13.9처럼 온도 변동이 선형적이고 열전달률은 식 13.12처럼 표시된다.

$$\dot{Q} = \dot{W}_{el} = -kA\frac{dT}{dx} = kA\frac{T_i - T_o}{L}$$

풀이

표 13.1로부터 열전도율이 $k = 0.79$ W/mK이므로 다음과 같이 T_i를 구할 수 있다.

$$T_i = T_o + \dot{Q}L/(kA) = 27 + 500 \times 0.01/(0.79 \times 0.5)$$
$$= 27 + 13.7 = 39.7°C$$

열저항

열저항 개념을 도입하기 위하여 식 13.12로 표시된 열전달률을 다음 형태로 쓴다.

$$\dot{Q} = -kA\frac{T_1 - T_0}{L} = \frac{T_0 - T_1}{(L/kA)} = \Delta T/R_{cond} \tag{13.14}$$

여기서 다음과 같이 표시되는 [K/W] 단위를 갖는 **전도 열저항**(conduction thermal resistance)이다.

$$R_{cond} = \frac{L}{kA} \tag{13.15}$$

식 13.14로부터 주어진 온도 차이에 대하여 열저항이 크면 열전달률이 작고 열저항이 작으면 열전달률이 크다는 것을 알 수 있다. 이것은 주어진 전압 강하에 대하여 전기저항을 통한 전류와 유사하며, 둘 사이의 상사성은 13.2절에서 보다 상세히 설명하도록 한다.

식 13.15는 식 13.14로부터 유도된 단일 전도층에 대한 것으로 식 13.2의 대류에 대해서도 유사하게 다음 식을 쓸 수 있다.

$$\dot{Q} = hA(T_s - T_\infty) = \Delta T/R_{\text{conv}}$$

단일 **대류 층 저항**(convection layer resistance)에 대한 정의는 다음과 같다.

$$R_{\text{conv}} = \frac{1}{hA} \tag{13.16}$$

또한 복사 열전달에 대하여 비록 선형이 아니지만 이 개념을 사용할 수 있으며, 식 13.5에서 온도 차이에 대하여 인수분해하면 다음과 같다.

$$\begin{aligned} T_s^4 - T_\infty^4 &= (T_s^2 + T_\infty^2)(T_s^2 - T_\infty^2) \\ &= (T_s^2 + T_\infty^2)(T_s + T_\infty)(T_s - T_\infty) \end{aligned}$$

따라서 식 13.5의 복사 열전달을 다음과 같이 쓸 수 있다.

$$\begin{aligned} \dot{Q}_{\text{Rad}} &= \varepsilon\sigma A(T_s^4 - T_\infty^4) \\ &= \varepsilon\sigma A(T_s^2 + T_\infty^2)(T_s + T_\infty)(T_s - T_\infty) \\ &= (T_s - T_\infty)/R_{\text{Rad}} \end{aligned}$$

복사 열저항(radiation thermal resistance)은 다음과 같다.

$$R_{\text{Rad}} = 1/[\varepsilon\sigma A(T_s^2 + T_\infty^2)(T_s + T_\infty)] \tag{13.18}$$

열저항은 열전달 형태, 열전달 매개체와 유동의 성질, 기하학적 모양에 따라 결정된다. 일단 주어진 상황에 대하여 열저항이 구해지면 그것을 사용하여 다음과 같이 열전달률을 구할 수 있다.

$$\dot{Q} = \Delta T/R \tag{13.19}$$

따라서 온도 차이는 다음과 같다.

$$\Delta T = R\dot{Q} \tag{13.20}$$

종종 면적을 이용하여 위 식을 다음과 같이 쓰기도 한다.

$$\begin{aligned} \Delta T &= R\dot{Q} = RA\dot{q}'' = R''\dot{q}'' \\ R'' &= RA \end{aligned} \tag{13.21}$$

단위 면적 당 전도, 대류, 복사 저항은 다음과 같다.

$$\begin{aligned} R''_{\text{cond}} &= \frac{L}{k} \\ R''_{\text{conv}} &= \frac{1}{h} \\ R''_{\text{Rad}} &= 1/[\varepsilon\sigma(T_s^2 + T_\infty^2)(T_s + T_\infty)] \end{aligned} \tag{13.22}$$

위 식은 단위가 모두 [m^2K/W]이며 식 13.15-13.18과 같이 면적 A에 종속되어 있지 않다. 이 값은 층의 형태, 두께, 물질이나 유동 형태에 따라 결정되며, 판재, 롤, 매트 같은 단열재를 생산 하는 업자들이 주로 사용하는 값이다.

▶ 예제 13.3

예제 13.1에서 플라스틱 트랜지스터 케이스, 대류 층, 복사에 대하여 단위 면적 당 열저항을 계산하라.

해석

평판에서 정상 열전달은 식 13.21, 13.22처럼 단위 면적 당 열저항을 갖는다.

풀이

열전도율에 의한 열저항은 식 13.15 또는 13.22로부터 다음과 같다.

$$R''_{\text{cond}} = RA = L/k = 0.005/0.35 = 0.0143 \text{ m}^2\text{K/W}$$

열대류 저항은 식 13.16 혹은 13.22로부터 다음과 같다.

$$R''_{\text{conv}} = 1/h = 1/25 = 0.04 \text{ m}^2\text{K/W}$$

마지막으로 열복사 저항은 식 13.18 혹은 13.22로부터 다음과 같다.

$$\begin{aligned} R''_{\text{Rad}} &= 1/[\varepsilon\sigma(T_s^2 + T_\infty^2)(T_s + T_\infty)] \\ &= 1/[0.9 \times 5.67 \times 10^{-8}(358.15^2 + 298.15^2)(358.15 + 298.15)] \\ &= 0.137 \text{ m}^2\text{K/W} \end{aligned}$$

■

복합 층

열전달이 있는 대부분의 구조물에서 매개체는 단일 균일 층이 아니고 종종 서로 다른 물질의 여러 층으로 이루어져 있다. 단열재와 보호재로 둘러싸인 금속 파이프 벽을 통한 열전달이나 석고 판, 유리섬유 단열재, 공기 층과 같은 내부 구조물과 벽돌, 목재, 알루미늄과 같은 외장재로 이루어진 일반 건물 벽을 통한 열전달이 이러한 경우이다. 가정용 냉장고는 보통 내부에 플라스틱 벽과 단열 층, 외부는 플라스틱 코팅된 금속판으로 되어 있다. 이러한 몇 가지 예들은 서로 샌드위치된 다수의 **복합**(composite) 층을 형성하고 있다.

복합 층을 해석하기 위하여 단일 층에 대한 해석에 접합부에서의 매칭 조건을 적용한다. 정상 조건에서 서로 다른 두 평판이 완전하게 열접촉하고 있으며, 그림 13.7과 같이 두 평판의 접촉부 온도가 T_1인 경우를 고려하자. 13.1절의 표면 검사체적과 같이 두 층이 접합된 위치 주위에 두께 0인 검사체적을 고려하자. 검사체적은 에너지를 저장하지 못하므로 한쪽 열전달은 다른 쪽 열전달과 같다.

$$\dot{Q} = -k_1 A \frac{T_1 - T_0}{L_1} = -k_2 A \frac{T_2 - T_1}{L_2} \tag{13.23}$$

온도 차이는 식 13.14의 열전달률로부터 다음과 같다.

$$\begin{aligned} T_0 - T_1 &= \dot{Q}L_1/(k_1 A) = \dot{Q}R_1 \\ T_1 - T_2 &= \dot{Q}L_2/(k_2 A) = \dot{Q}R_2 \end{aligned}$$

위 식에서 두 층에 대한 열저항을 사용하였다. 두 온도 차이를 더하면 결합된 두 층 사이의 전체 온도 차이는 다음과 같다.

$$T_0 - T_1 = T_0 - T_1 + T_1 - T_2 = \dot{Q}R_1 + \dot{Q}R_2 = \dot{Q}(R_1 + R_2) \tag{13.24}$$

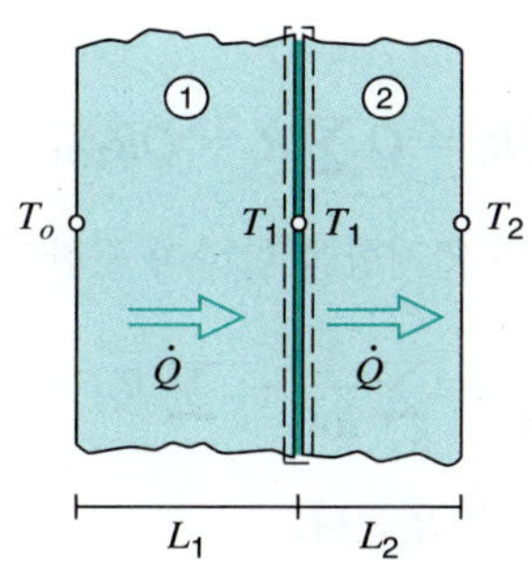

그림 13.7 평면 복합 층 형상.

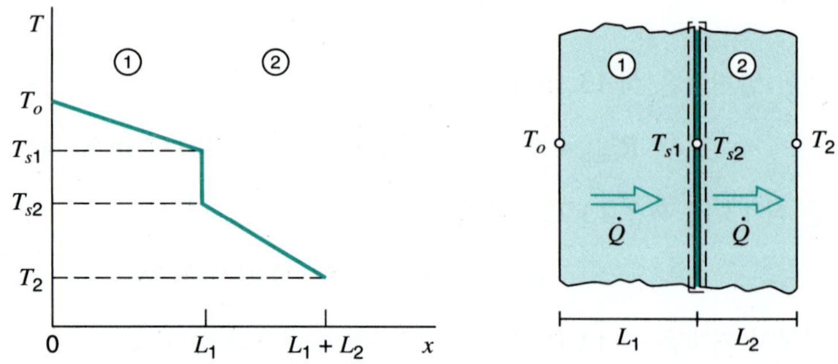

그림 13.8 두 층 사이의 열저항.

복합 층에 대하여 이 식과 식 13.14 형태를 비교하면 다음 식을 얻는다.

$$\Delta T_{\text{TOT}} = T_0 - T_2 = \dot{Q}R_{\text{TOT}} \tag{13.25}$$

$$R_{\text{TOT}} = R_1 + R_2 \tag{13.26}$$

직렬 연결된 두 층의 전체 열저항은 각 층의 열저항을 합한 것이다.

두 층이 완전한 열접촉을 하고 있지 않다면 서로 대하는 두 면의 온도는 다를 수 있다. 접촉면을 현미경으로 보게 되면 매끄럽지 않고 각 면은 울퉁불퉁하여 단지 몇 점에서만 서로 접촉하여 두 면 사이의 공동에는 다른 물질이나 공기가 갇혀 있을 수 있다. 이 때문에 그림 13.8과 같이 매우 얇은 층을 두께 0이라고 할 때 접촉 면에서 온도가 불연속적으로 상승하게 된다. 이 접촉 층을 통하여 온도 차이와 열전달이 있으므로 관련된 **접촉 저항**(contact resistance)이 있으며, 식 13.20과 유사하다.

$$\Delta T_C = T_{S1} - T_{S2} = \dot{Q}R_C \tag{13.27}$$

접촉 면적을 고려하면 식 13.27을 다음과 같이 쓸 수 있다.

$$\Delta T_C = T_{S1} - T_{S2} = \dot{q}''AR_C = \dot{q}''R''_C \tag{13.28}$$

따라서

$$R''_C = AB_C \tag{13.29}$$

이 저항은 단위가 [m^2K/W]로 표면 상태, 즉 두 면이 서로 얼마나 잘 밀착되어 있는지, 어떠한 접착제, 크림, 단열재가 사용되었는지에 따라 값이 달라진다. 두 면을 어떻게 접착할지 여부는 설계시에 최대 저항(작은 열유속, 큰 온도 차이)를 요구하는지, 또는 최소 저항(큰 열유속, 작은 온도 차이)을 요구하는지에 달려 있다. 덕트나 파이프 위에 물질이 쌓이면 오염을 일으키고 내부 유동과 마찬가지로 바람직하지 않은 열전달 저항을 나타낸다.

이 결과는 두 개의 복합 층으로부터 다수 층까지 일반화시킬 수 있다. 복합 층은 일반적으로 두 유체, 예를 들면 파이크 내부의 증기와 외부의 공기를 구분하므로 전도 층과 접촉 층 외에 두 개 대류 층이 있다.

모든 층을 통한 정상 열전달이 일어나는 다수 층이 있다고 가정하면 각 층에 대하여 다음 식을 쓸 수 있다.

$$\Delta T_i = \dot{Q}R_i \tag{13.30}$$

따라서 전체 온도 차이는 다음과 같다.

$$\Delta T_{\text{TOT}} = \sum \Delta T_i = \sum \dot{Q}R_i = \dot{Q}\sum R_i = \dot{Q}R_{\text{TOT}} \tag{13.31}$$

전체 열저항은 다음 식과 같이 직렬로 연결된 모든 층의 열저항을 합하여 구한다.

$$R_{\text{TOT}} = \sum R_i = \sum \frac{L}{kA} + \sum \frac{1}{hA} + \sum R_C \tag{13.32}$$

식 13.30을 전체 온도 차이, 식 13.31로 나누면 다음 식을 얻는다.

$$\Delta T_i/\Delta T_{TOT} = \dot{Q}R_i/\dot{Q}R_{TOT} = R_i/R_{TOT} \tag{13.33}$$

각 층의 온도 차이는 전체 온도 차이의 일부이며, 그 비율은 각 층의 열저항을 전체 저항으로 나눈 것과 같음을 알 수 있다. 이것은 각 층을 통한 열전달률이 같을 때만 성립한다.

예제 13.4

70°C 고온수 탱크 바닥을 형성하는 평면 복합 벽 2 m^2을 고려하자. 그림 13.9처럼 벽은 2 mm 강철로 그 위에 8 cm 유리섬유로 단열되어 있고 두께 5 mm 플라스틱 케이스로 덮여 있다. 플라스틱의 열전도율은 $k = 0.2$ W/mK이며 $h = 10$ W/m^2K 열전달 계수에서 15°C 외기로 대류가 발생한다. 탱크 바닥을 통한 고온수로부터의 열 손실을 구하고자 한다.

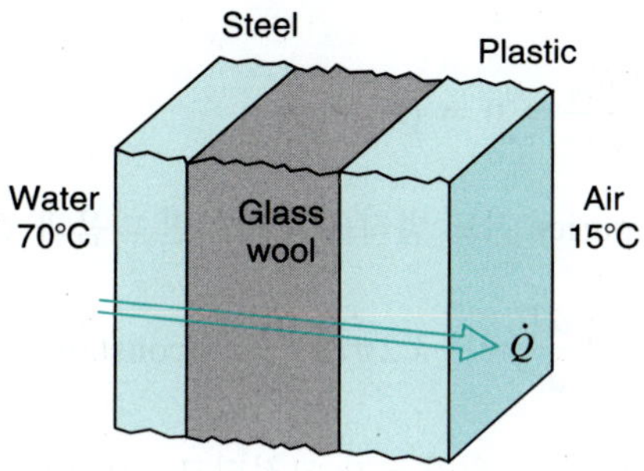

그림 13.9 물탱크 벽.

해석

1차원 평면 복합 벽을 통한 정상 상태 열전달이다. 열전달을 구하기 위하여 식 13.32로부터 전체 저항을 사용할 수 있다.

풀이

$$\begin{aligned} R_{TOT} &= R_{steel} + R_{ins} + R_{plastic} + R_{conv} \\ &= \frac{L_{st}}{k_{st}A} + \frac{L_{ins}}{k_{ins}A} + \frac{L_{plastic}}{k_{plastic}A} + \frac{1}{h_{conv}A} \\ &= \frac{0.002}{15 \times 2} + \frac{0.08}{0.037 \times 2} + \frac{0.005}{0.2 \times 2} + \frac{1}{10 \times 2} \\ &= 0.000067 + 1.081 + 0.0125 + 0.05 \\ &= 1.144 \text{ K/W} \end{aligned}$$

식 13.31로부터 열전달은 다음과 같다.

$$\dot{Q} = \Delta T_{TOT}/R_{TOT} = (70 - 15)/1.144 = 48.1 \text{ W}$$

각 층의 온도 차이는 식 13.33으로부터 구할 수 있다.

■

원통 층

원통 형태에서 열전달이 반경 방향으로 일어나는 경우가 많이 있다. 파이프 내부 유동에서 파이프 벽을 통한 열전달과 약간의 전력이 소비되는 전선의 단열 층을 통한 열전달이 한 예이며, 원통 형태의 고온수 저장 탱크 경우에도 비교적 얇은 금속 벽과 두꺼운 단열 층을 통해 대기로 열전달이 일어난다.

균일한 반경 층을 통한 에너지 정상 전도 해는 13.2절의 평면 층에 대한 해와 유사하다. 그림 13.10과 같이 내부 반경 r_0, 표면 온도 T_0인 중공 원통(파이프)에서 반경 방향으로 전체 열유속이라고 가정하자.

반경 r_0부터 표면 온도가 T_1이고 열유속이 $\dot{Q}_1$인 반경 r_1까지 길이 L인 검사체적에 대하여 에너지 방

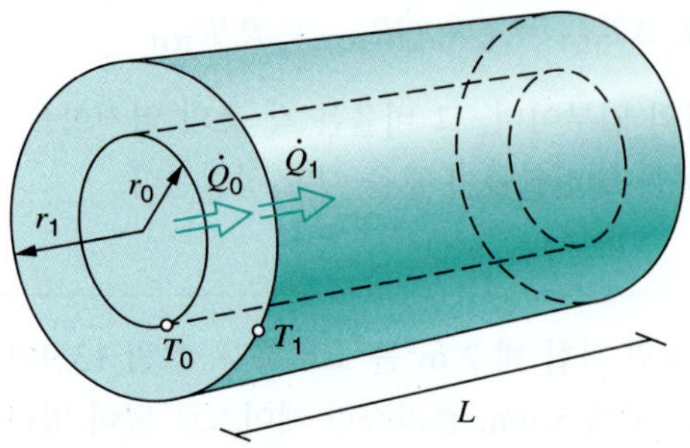

그림 13.10 원통 형태의 열전달.

정식을 쓰면 다음과 같다.

$$\frac{dE_{\text{cv}}}{dt} = 0 = \dot{Q}_0 - \dot{Q}_1 \tag{13.34}$$

두 열전달률 사이의 평형식을 다시 쓰고 Fourier 전도 법칙을 대입하면 다음과 같다.

$$\dot{Q}_0 = \dot{Q}_1 = -kA\,\frac{dT}{dr} = -k\,2\pi rL\,\frac{dT}{dr} = \text{constant} \tag{13.35}$$

여기서 r과 온도 구배는 원하는 위치에서 구한다. 위치 r_0가 고정되고 r_1이 변하여도 에너지 방정식은 동일하므로 전체 열유속을 일정하다. 함수 $T(r)$을 구하기 위하여 식 13.35를 다음과 같이 적분한다.

$$dT = -\frac{\dot{Q}_0}{2\pi kL}\,r^{-1}\,dr \Rightarrow \int_{T_0}^{T} dT = -\int_{r_0}^{r}\frac{\dot{Q}_0}{2\pi kL}\,r^{-1}dr \tag{13.36}$$

T에 관한 다음 해는 반경에 따른 온도 변동이 $\ln(r)$로 나타남을 보인다.

$$T - T_0 = -\frac{\dot{Q}_0}{2\pi kL}\ln\left(\frac{r}{r_0}\right) \tag{13.37}$$

이 해를 사용하여 전체 열유속과 전체 온도 차이를 다음과 같이 관련지을 수 있다.

$$\dot{Q}_0 = \frac{2\pi kL}{\ln(r_1/r_0)}\,(T_0 - T_1) \tag{13.38}$$

위 식으로부터 열전달률을 구하면 다음과 같다.

식 13.14와 비교하면 원통 층의 열전도 저항은 다음과 같다.

$$R_{\text{cond cyl}} = \frac{\ln(r_1/r_0)}{2\pi kL} \tag{13.39}$$

식 13.35처럼 열전달률은 일정하지만 반경에 따라 열이 통과하는 표면적이 증가하므로 단위 면적 당 열유속은 평면 경우처럼 일정하지 않다. 원통 형태에 대하여 단위 길이 당 열전달률은 다음과 같다.

$$\dot{Q}_0' = \dot{Q}_0/L = \Delta T/(RL) = \Delta T/R \tag{13.40}$$

따라서 단위 길이 당 저항은

$$R'_{\text{cond cyl}} = RL = \frac{\ln(r_1/r_0)}{2\pi kL} \tag{13.41}$$

이 저항은 원통 크기(내경과 외경)와 물질 상태량(k)의 함수이고 식 13.39처럼 길이 L의 함수 는 아니다.

예제 13.5

그림 13.11과 같은 전선에 전류가 흐르고 m당 2 W 열이 발생한다. 전선은 직경 5 mm 구리로 주위에 두께 2 mm 단열 층이(k = 0.2 W/mK) 있으며 22°C 대기로의 대류 열전달 계수는 h = 25 W/m^{2}K이다. 구리 표면 온도를 구하라.

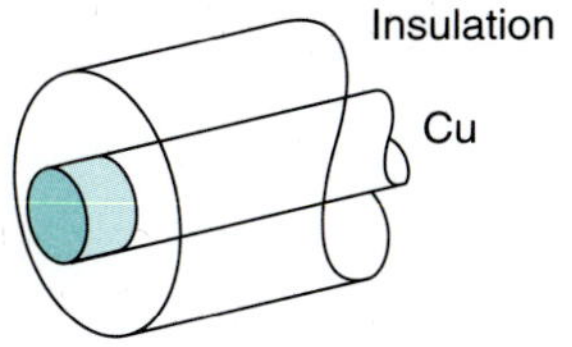

그림 13.11 전선.

해석

구리선 주위의 검사체적에 대하여 평형식은 다음과 같다.

$$0 = \dot{W}_{\text{el}} - \dot{Q}_{\text{out}}$$

발생된 열은 단열 층을 통해 열전도된 다음 대류형태로 표면에서 전달된다.

$$\dot{Q}_{\text{out}} = \dot{Q}_{\text{cond}} = \dot{Q}_{\text{conv}}$$

풀이

열전달은 반경 방향으로 전도와 대류 층을 통해 일어나며 열저항은 다음과 같다.

$$R_{\text{cond cyl}} = \frac{\ln(r_1/r_0)}{2\pi kL} = \ln[0.0045/0.0025]/[2\pi \times 0.2 \times 1] = 0.4677\ \text{K/W}$$

$$R_{\text{conv}} = 1/[hA] = 1/[25 \times 2\pi \times 0.0045 \times 1] = 1.4147\ \text{K/W}$$

$$R_{\text{TOT}} = R_{\text{cond cyl}} + R_{\text{conv}} = 1.882\ \text{K/W}$$

$R' = RL$ = 1.882임을 유의하면 식 13.40으로부터 다음을 구할 수 있다.

$$\Delta T = \dot{Q}\,R_{\text{TOT}} = 2\ \text{W} \times 1.882\ \text{K/W} = 3.8\ \text{K}$$

$$T_s = T_\infty + \Delta T = 22 + 3.8 = 25.8°\text{C}$$

■

전기적 상사

식 13.20 $\Delta T = R\dot{Q}$처럼 온도 차이를 열전달률과 열저항으로 쓴다면 **Ohm 법칙**(Ohm's law)과 유사한 방정식을 쓸 수 있다.

$$E = RI \tag{13.42}$$

여기서 전류 I($\dot{Q}$와 유사)는 저항 R(열저항 R과 유사)을 통해 전압 차 E(ΔT와 유사)에 의하여 흐른다. 전기 회로에 적용되는 모든 회로 해석은 동등한 열저항 네트워크에도 직접 적용할 수 있다. **직렬 저항**(resistance in series)을 갖는 경우는 식 13.32로 표시되는 복합 층으로 설명되며 각 층을 통과하는 열전달률이 동일하다. 이 경우에 전체 저항은 그림 13.12처럼 직렬 연결된 모든 저항의 합과 같다.

$$\dot{Q}_{\text{TOT}} = \dot{Q}_i \quad \text{and} \quad \Delta T_{\text{TOT}} = \sum \Delta T_i$$

$$\text{SERIES:} \quad R_{\text{TOT}} = \sum R_i \tag{13.43}$$

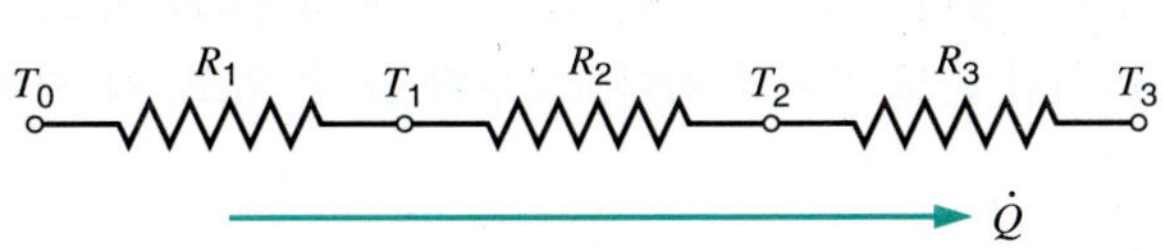

그림 13.12 직렬 연결된 열저항 층.

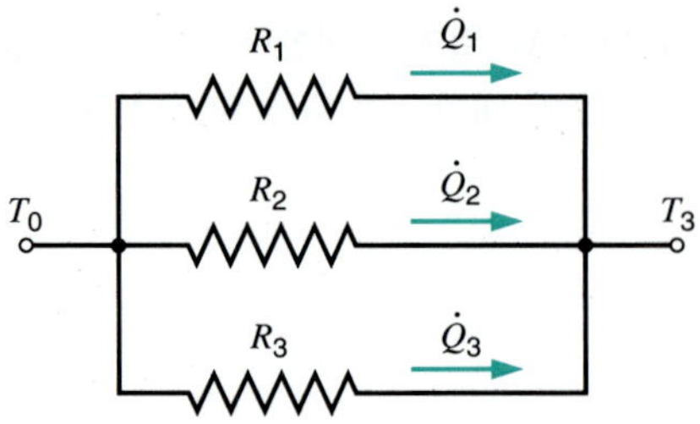

그림 13.13 병렬 연결된 열저항 층.

병렬 저항은 그림 13.13과 같이 한 영역에서 다른 영역으로 다수 경로에 의한 열전달로 설명된다. 실내의 따뜻한 공기로부터 열 에너지는 서로 다른 율로 창문, 벽, 천정을 통해 차가운 대기로 전달될 수 있다. **병렬 저항**(resistance in parallel)에 대하여 다음 식을 쓸 수 있다.

$$\dot{Q}_{\text{TOT}} = \sum \dot{Q}_i \quad \text{and} \quad \Delta T_{\text{TOT}} = \Delta T_i$$

$$\text{PARALLEL: } \frac{1}{R_{\text{TOT}}} = \sum \frac{1}{R_i} \tag{13.44}$$

물리적 시스템에 대한 간단한 전기적 상사를 만들기 위하여 질량의 각 부분을 어떤 온도를 갖는 절점으로 할당하고 모든 절점을 열저항으로 연결한다. 절점은 일정한 열전달률을 발생하는 전기 히터와 같은 열원이나 열침을 나타낼 수 있다. 절점에 대한 에너지 방정식은 절점으로 모든 열전달 합을 포함하며 간접적으로 온도를 구한다.

예제 13.6

5°C 외기와 100°C 수증기를 구분하는 복합 평면 벽을 고려하자. 그림 13.14처럼 수증기가 있는 두께 2 mm 강철판을 갖는 구조물을 가정하자. 강철은 2 m^2 면적에 걸쳐 8 cm 두께 유리섬유로 단열되어 있고 바깥은 두께 1 cm의 연한 목재판으로 되어 있으며, 외부 열전달 계수는 $h = 25$ W/m^{2}K이다. 면적 0.5 m^{2}인 나머지 벽은 유리섬유가 없고 단지 목판으로 되어있으며 이 경우 대류 열전달 계수는 $h = 20$ W/m^{2}K이다. 수증기로부터 전체 열 손실을 구하고자 한다.

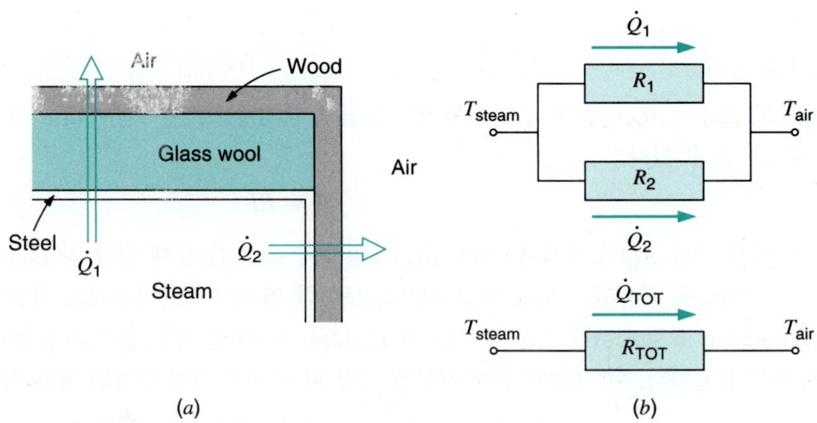

그림 13.14 (a) 물리적 시스템, (b) 전기적 상사.

해석

이 경우에 수증기로부터 벽 1을 통하여 공기로 전달되는 열전달률 $\dot{Q}_1$과 벽 2를 통하여 공기로 전달되는 $\dot{Q}_2$가 있다. 각각은 식 13.19처럼 온도 차이와 저항으로부터 쓸 수 있고, 각 저항은 식 13.32로부터 직렬 조합이다.

풀이

$$R_1 = \left[\frac{L_{st}}{k_{st}} + \frac{L_{ins}}{k_{ins}} + \frac{L_{wood}}{k_{wood}} + \frac{1}{h_{conv}}\right]/A_1$$
$$= [(0.002/15) + (0.08/0.037) + (0.01/0.12) + (1/25)]/2 = 1.143 \text{ K/W}$$
$$R_2 = \left[\frac{L_{st}}{k_{st}} + \frac{L_{wood}}{k_{wood}} + \frac{1}{h_{conv}}\right]/A_2$$
$$= [(0.002/15) + (0.01/0.12) + (1/20)]/0.5 = 0.267 \text{ K/W}$$

그러면

$$\dot{Q}_1 = \Delta T/R_1 = (100 - 5)/1.143 = 83.1 \text{ W}$$
$$\dot{Q}_2 = \Delta T/R_2 = (100 - 5)/0.267 = 355.8 \text{ W}$$

전체 열 손실은 두 개 합으로 약 439 W이며, 다음 식을 쓸 수 있다.

$$\dot{Q}_{TOT} = \dot{Q}_1 + \dot{Q}_2 = (\Delta T/R_1) + (\Delta T/R_2) = \Delta T/R_{TOT}$$

이 식에서

$$\frac{1}{R_{TOT}} = \frac{1}{R_1} + \frac{1}{R_2} \quad \text{or} \quad R_{TOT} = \frac{R_1 R_2}{R_1 + R_2}$$

이 식은 식 13.44처럼 병렬 연결된 두 저항에 대한 결과이다. 이 경우에

$$R_{TOT} = 1.143 \times 0.267/[1.143 + 0.267] = 0.2164 \text{ K/W}$$
$$\dot{Q}_{TOT} = (100 - 5)/0.2164 = 439 \text{ W}$$

이 값은 동일한 결과이지만 전기적 상사에 의하여 얻어졌다.

13.3 확장 표면

열전달을 향상시키는 실용적 응용은 용기나 파이프 벽에 핀이나 확장 표면을 부착하는 것이다. 자동차 라디에이터 또는 냉장고 응축기의 파이프는 고온 유체를 수송하고 있으며 파이프 주위를 흐르는 공기로 냉각되고 있다. 파이프 표면에 부착된 얇은 판은 파이프로부터 전도에 의해 따뜻해지며 이 판은 대기로 대류 열전달을 일으키기 위한 넓은 면적을 제공한다. 오토바이 엔진의 주조된 실린더 헤드에도 다수의 판이 있으며 이 판은 냉각수가 필요하지 않을 정도로 충분히 공기 냉각을 위하여 넓은 면적을 제공한다. 또 다른 예는 컴퓨터 칩이나 트랜지스터 케이스에 부착된 핀이다.

그림 13.15의 검사체적에 대하여 전체 에너지를 합하면 다음과 같다.

$$E_{cv} = \int \rho\, e\, dV = \int \rho\, e\, A_c\, dx$$

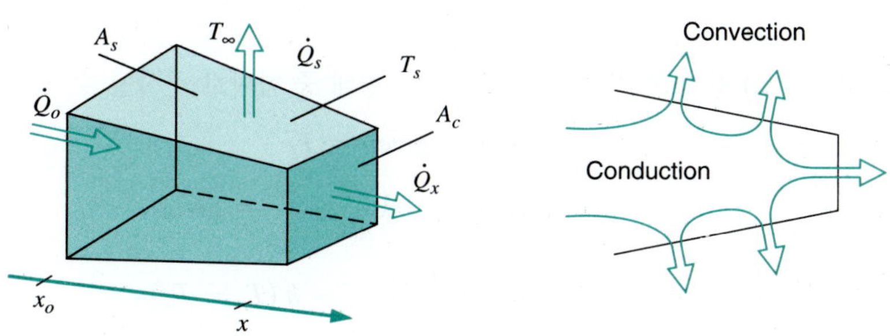

그림 13.15 물체내의 축 방향 전도와 표면 대류.

표면을 통한 대류 열전달은 다음 식과 같이 표면적에 걸친 적분을 통해 구하여지며 여기서 주변 길이 P는 단위 길이 당 면적으로 $Pdx = dA_s$이다.

$$\dot{Q}_s = \int h(T_s - T_\infty)\, dA_s = \int hP(T_s - T_\infty)\, dx$$

고체나 액체 경우처럼 일이 없는 경우만(체적 변화 없음) 고려하자. 그림 상의 제어 체적에 대한 에너지 방정식은 다음과 같다.

$$\frac{dE_{cv}}{dt} = 0 = \dot{Q}_0 - \dot{Q}_x - \dot{Q}_s \tag{13.45}$$

$\dot{Q}_0$를 상수로 놓고 x에 대하여 에너지 방정식을 미분하면 다음 식을 얻는다.

$$\frac{d\,\rho e A_c}{dt} = \frac{d}{dx}\left[kA_c\frac{dT}{dx}\right] - h\,P\,(T_s - T_\infty) \tag{13.46}$$

또한 정상 상태이므로 시간에 대하여 상태량의 변화가 없고 면적 A_c에 대하여 온도가 균일하고 표면 온도 T_s가 x만의 함수인 온도 T와 같다고 가정하자. 이러한 경우에 에너지 방정식은 다음과 같이 된다.

$$0 = \frac{d}{dx}\left[kA_c\frac{dT}{dx}\right] - h\,P\,(T - T_\infty)$$

위 식은 단면적을 통한 에너지 전도와 표면 열전달 사이의 열평형을 나타낸다.

단면적과 일정한 핀

단면적과 열전도율이 일정한 경우에 에너지 방정식은 다음과 같이 더 간단해진다.

$$0 = \frac{d^2T}{dx^2} - a^2\,(T - T_\infty) \tag{13.47}$$

여기서 매개 변수는

$$a^2 = hP/kA_c \tag{13.48}$$

해를 구하기 위하여 우선 변수를 다음과 같이 치환한다.

$$\theta = T - T_\infty \quad \Rightarrow \quad d\theta = dT$$

미분 방정식은 다음과 같이 된다.

$$\frac{d^2\theta}{dx^2} - a^2\theta = 0 \tag{13.49}$$

이 식은 2계 선형(T에 대하여) 미분 방정식으로 x의 함수로 온도를 구할 수 있다. 우변이 0이므로 미분 방정식은 제차이다. 2개의 독립 해가 존재하며 다음과 같이 해를 선형 결합으로 나타낼 수 있다.

$$\theta = T - T_\infty = C_1\,e^{ax} + C_2\,e^{-ax} \tag{13.50}$$

2개 상수는 $x = 0$과 $x = L$에서 2개 경계 조건으로 구해진다. $x = 0$에서의 가장 일반적인 **경계 조건**(boundary conditions)은 그곳의 온도로 2개 상수, C_1과 C_2를 구하기 위한 첫 번째 방정식을 제공한다.

$$x = 0: \qquad \theta(0) = \theta_b = T_b - T_\infty = C_1 + C_2 \tag{13.51}$$

핀 끝에서의($x = L$) 경계 조건은 다음 여러 가지 형태 중 하나로 근사될 수 있다.

a. $T = \text{given} = T_L$

b. $\dot{q}'' = -k\left.\dfrac{dT}{dx}\right|_{x=L} = \text{given}$

c. $-k\left.\dfrac{dT}{dx}\right|_{x=L} = h\,(T_L - T_\infty)$

이 식들은 각각 Dirichlet 경계 조건, Neuman 경계 조건, 혼합 경계 조건이다. 식 13.50으로부터 다음 식을 쓸 수 있다.

$$\theta_L = T_L - T_\infty = C_{1e}^{aL} + C_{2e}^{-aL} \tag{13.52}$$

$$k\frac{dT}{dx}\bigg|_{x=L} = \mathrm{a}C_1e^{aL} - \mathrm{a}C_2e^{-aL} \tag{13.53}$$

이 식을 경계 조건 a, b, c에 대입하면 상수 C_1, C_2에 대한 두 번째 식이 얻어진다.

그렇다면 어떠한 종류의 경계 조건을 사용하여야 하는가? 가장 일반적 경우는 타입 c로 핀 끝이 대기를 향하므로 표면 대류 열전달과 핀 끝에서의 축 방향 열전도가 같다는 조건이다. 만일 핀 끝이 온도 T_L인 다른 물체와 연결되어 있다면 이것은 타입 a로 종종 핀 길이가 매우 긴 경우에도 사용되며 이때 핀 온도는 극한 $L \to \infty$에서 주위 온도 T_∞에 접근한다. 핀 끝을 단열하거나 $x = L$이 대칭 면인 경우에 타입 b처럼 열전달이 없다.

무한히 긴 핀

무한히 긴(infinitely long) 핀의 경우에 간단한 해가 얻어진다. 이 경우식 13.52에서 $L \to \infty$일 때 조건은 $\theta_L \to 0$인 경우에만 만족한다. 식 13.51로부터 다른 상수를 구하면 식 13.50으로부터 해는 다음과 같다.

$$\theta = T - T_\infty = (T_b - T_\infty)e^{-ax} \tag{13.54}$$

핀에서 전도 열전달은 다음과 같다.

$$\dot{Q} = -k\,A_c\frac{dT}{dx} = k\,A_c\,a(T_b - T_\infty)e^{-ax}$$

따라서 온도 차이와 열전달은 기초 면으로부터 거리 x에 따라 지수 함수적으로 감소한다. 핀으로부터 전체 열전달률은 기초 면 $x = 0$에서의 전도 열전달률과 같다.

$$\dot{Q}_b = -k\,A_c\frac{dT}{dx} = k\,A_c\,a(T_b - T_\infty) = (hPkA_c)^{1/2}(T_b - T_\infty) \tag{13.55}$$

식 13.14와 비교하면 전체 핀에 대한 열저항이 $R_{\text{fin}} = (hPkA_c)^{-1/2}$임을 알수 있다.

단열 끝

단열 끝에 대한 해는 경계 조건 타입 b를 사용하므로 온도 구배가 0이 된다. 식 13.51과 함께 13.53으로부터 상수 C_1과 C_2 값을 구할 수 있으며, 정리하면 다음과 같이 해를 쓸 수 있다.

$$\theta = T - T_\infty = (T_b - T_\infty)\frac{\cosh a(L - x)}{\cosh aL} \tag{13.56}$$

핀으로부터 전체 열전달률은 기초 $x = 0$에서 계산된다.

$$\dot{Q}_b = -k\,A_c\frac{dT}{dx} = (hPkA_c)^{1/2}\tanh(aL)(T_b - T_\infty) \tag{13.57}$$

이 식은 앞의 결과와 tanh(aL)만큼 다르다. 이 함수값은 aL이 증가할 때 1에 접근하고 3보다 큰 aL에 대하여 거의 1과 같다.

경계 조건 타입 c를 갖는 경우도 해를 구할 수 있으며 *sinh*과 *cosh* 함수를 갖는 약간 복잡하고 긴 해가 구해진다. 이러한 해는 열전달 교재 또는 핸드북에서 찾을 수 있다.

예제 13.7

그림 13.16처럼 두께 2 mm, 길이 0.05 m, 폭 0.1 m인 사각 알루미늄 핀이 100°C 기초 면에 부착되어 있다. 20°C 공기가 핀 주위를 흐르고 평균 대류 열전달 계수는 $h = 50\ \mathrm{W/m^2K}$이다. 단열팁 조건으로 가정할 때 핀의 열전달률과 팁 온도를 구하라.

해석

단열팁 조건의 해는 식 13.56과 같다.

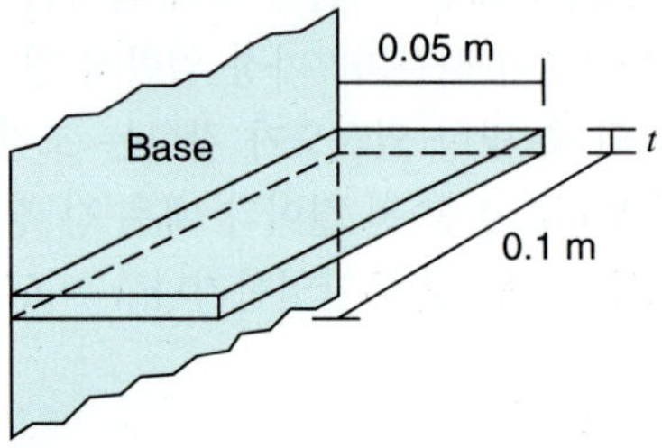

그림 13.16 사각 핀.

풀이

그림으로부터 단면적, 주변 길이, 매개 변수 등이 다음과 같다.

$$A_c = w\,t = 0.1 \times 0.002 = 0.0002\ \mathrm{m^2}$$
$$P = 2w + 2t = 0.2 + 0.004 = 0.204\ \mathrm{m}$$
$$a = (hP/kA_c)^{1/2} = [50 \times 0.204/(164 \times 0.0002)]^{1/2}$$
$$= 17.63\ \mathrm{m^{-1}}$$
$$aL = 17.63 \times 0.05 = 0.8817$$

식 13.57로부터 핀에 대한 열전달률을 계산할 수 있다.

$$\dot{Q} = (hPkA_c)^{1/2}\tanh(aL)(T_b - T_\infty)$$
$$= [50 \times 0.204 \times 164 \times 0.0002]^{1/2} \times 0.707 \times (100 - 20)$$
$$= 32.7\ \mathrm{W}$$

$x = L$에서 식 13.56을 계산하면 팁 온도를 구할 수 있다.

$$T_L = T_\infty + \theta_{\text{tip}} = T_\infty + (T_b - T_\infty)\frac{\cosh 0}{\cosh aL} = 20 + 80\frac{1}{1.414} = 76.6°\mathrm{C}$$

$\tanh(aL) = 0.707$과 T_L로부터 이 핀 길이가 무한히 길다고 가정할 수 없음에 유의하라. ■

핀 효율과 유효도

실제 핀은 단면적, 주변 길이가 일정하지 않고 대류 열전달 계수도 핀 표면을 따라 변하므로 수학적 해는 단지 근사값이다. 거리 x에 대하여 모양의 변동이 알려진 경우 이외에 대하여 해를 구할 수 있으나 다소 복잡한 공식보다는 그래프로 결과를 제시하고자 한다.

주어진 핀에 대하여 핀 표면으로부터 대류 열전달의 합과 같은 기초 면적을 통한 열전도로서의 실제 열전달과 두 가지 잘 정의된 경우를 비교할 수 있다. 고체 열전도율이 매우 커서 표면 온도가 어디서나 T_b인 경우에 최대 열전달이 일어난다.

$$\dot{Q}_{\max} = hA_{\text{surf fin}}(T_b - T_\infty) \tag{13.58}$$

핀 **효율**(efficiency)은 다음과 같이 정의된다.

$$\dot{Q}_{\text{fin}} = \eta_{\text{fin}}\dot{Q}_{\max} \tag{13.59}$$

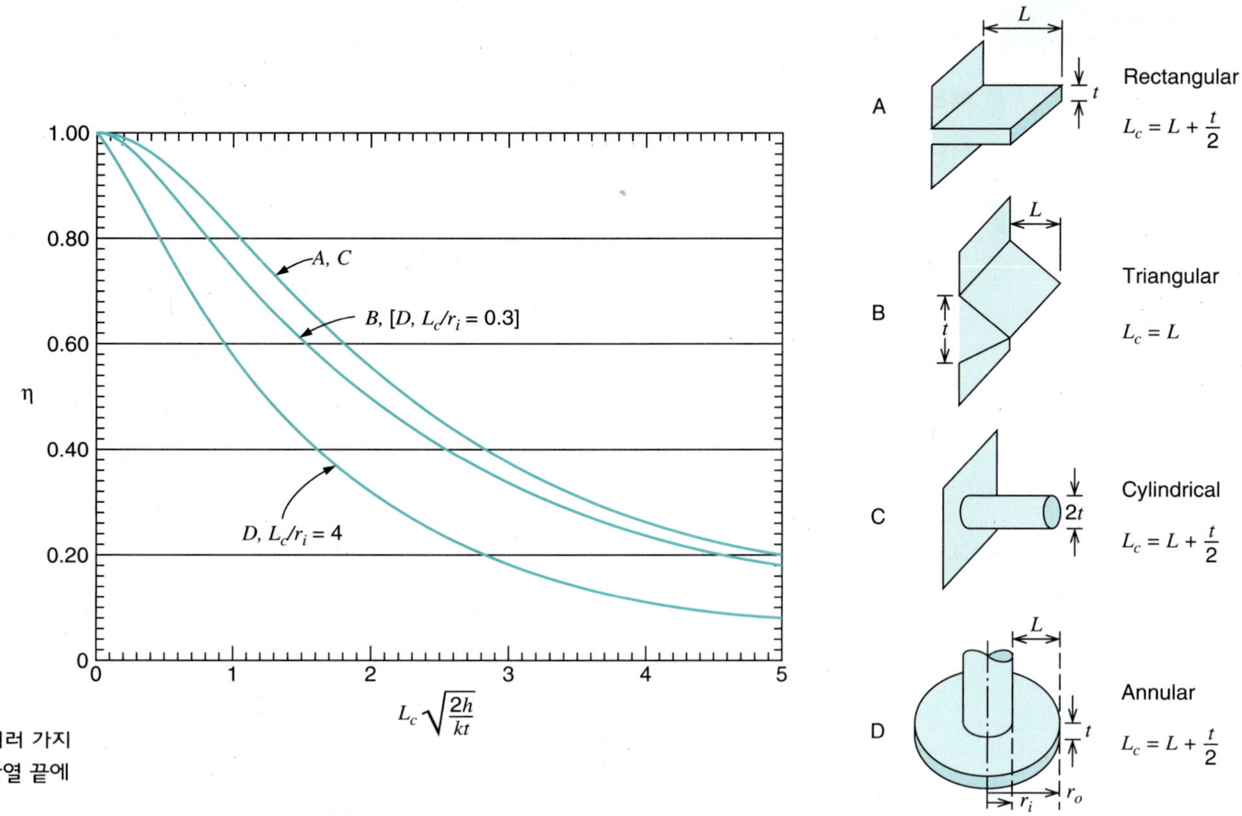

그림 13.17 여러 가지 핀 모양과 비단열 끝에 대한 핀 효율.

그림 13.17은 4가지 모양에 대한 핀 효율을 나타낸다. 여기서 처음 두 가지는 무한히 폭이 넓은 경우이고 수정 길이를 사용하여 핀끝 열전달을 설명한다. 횡축의 변수는 단면적이 일정한 경우에 대하여 (aL)과 거의 같고 길이가 증가함에 따라 효율이 떨어짐을 알 수 있다.

핀이 없는 경우에 핀이 차지할 면적을 통하여 다음과 같은 열전달이 일어난다.

$$\dot{Q}_{\text{base no fin}} = hA_{c\,b}(T_b - T_\infty) \tag{13.60}$$

이 값을 이용하여 핀 **유효도**(effectiveness)를 정의한다.

$$\varepsilon = \dot{Q}_{\text{fin}}/\dot{Q}_{\text{base no fin}} \tag{13.61}$$

이 값은 기초 면적의 유효 증가를 나타내므로 A_{cb}가 ε배 더 크다고 볼 수 있다. 식 13.58~60을 식 13.61에 치환함으로써 유효도와 효율 사이의 관계를 알 수 있다.

$$\varepsilon = \eta_{\text{fin}}\,\dot{Q}_{\text{max}}/\dot{Q}_{\text{base no fin}} = \eta_{\text{fin}}\,A_{\text{surf fin}}/A_{c\,b} \tag{13.62}$$

일단 단일 핀 성능이 계산되면 다수 핀과 나머지 기초 면적 상의 열전달이 계산된다. 전체 핀이 N개라고 가정하고 전체 표면적을 다음과 같이 나누면

$$A_{\text{total}} = N\,A_{c\,b} + A_{\text{base no fins}}$$

열전달은 다음과 같다.

$$\begin{aligned}\dot{Q}_{\text{total}} &= \dot{Q}_{\text{all fins}} + \dot{Q}_{\text{base no fins}} \\ &= N\,\dot{Q}_{\text{fin}} + h\,A_{\text{base no fins}}\,(T_b - T_\infty) \\ &= (N\,\varepsilon\,A_{c\,b} + A_{\text{base no fins}})h(T_b - T_\infty)\end{aligned} \tag{13.63}$$

예제 13.8

예제 13.7의 핀으로부터의 열전달을 구하고, 그림 13.17 그래프를 사용하여 핀 효율과 유효도를 구하라.

해석

비단열 끝에 대한 그림 13.17의 그래프에서 케이스 *A*에 대한 해이다.

풀이

그래프에서 사용할 수정 길이, 핀 표면적, 매개 변수를 다음과 같이 계산한다.

$$L_c = L + t/2 = 0.05 + 0.002/2 = 0.051 \text{ m}$$

$$A_{\text{surf fin}} = 2\,w\,L + 2\,t\,L + w\,t$$

$$= 2 \times 0.1 \times 0.05 + 2 \times 0.002 \times 0.05 + 0.1 \times 0.002 = 0.0104 \text{ m}^2$$

$$L_c\sqrt{\frac{2h}{kt}} = 0.051\sqrt{\frac{2 \times 50}{164 \times 0.002}} = 0.89$$

그림 13.17의 경우 *A*에 이 결과를 대입하면 효율 $\eta = 0.85$를 얻는다.

$$\dot{Q}_{\text{max}} = h\,A_{\text{surf fin}}(T_b - T_\infty) = 50 \times 0.0104 \times (100 - 20) = 41.6 \text{ W}$$

$$\dot{Q}_{\text{fin}} = \eta_{\text{fin}}\,\dot{Q}_{\text{max}} = 0.85 \times 41.6 = 35.4 \text{ W}$$

$$\dot{Q}_{\text{base no fin}} = h\,A_{c\,b}\,(T_b - T_\infty) = 50\,[0.1 \times 0.002]\,(100 - 20) = 0.8 \text{ W}$$

$$\varepsilon = \dot{Q}_{\text{fin}}/\dot{Q}_{\text{base no fin}} = 35.4/0.8 = 44$$

비단열 끝, 수정된 길이 사용, $A_{\text{surf fin}}$ 계산으로 인하여 열전달량이 앞의 경우보다 약간 더 크다는 것을 알 수 있다.

■

13.4 내부 에너지 생성

앞 절에서는 검사체적 내에 내부 에너지 생성이 없는 경우를 다루었으나 에너지 생성이 있는 경우도 있다. 화학적 반응으로 에너지가 방출되거나 전류가 전기 저항을(전선, 파이프, 가열판, 변압기, 코일 등) 통해 흐르면서 에너지가 방출하는 경우 등이 여기에 해당한다. 이와 같은 경우에 대한 에너지 방정식은 다음과 같다.

$$\frac{dE_{CV}}{dt} = \dot{Q}_{\text{in}} - \dot{W}_{\text{out}} + \dot{Q}_{\text{gen}}$$

식을 간단하게 하기 위하여 체적이 일정하여 일이 없고 단위 체적 당 균일한 에너지 발생 $\dot{q}'''$이 있다고 가정한다. 마지막으로 에너지 저장이 없는 정상 상태를 가정하면 에너지 방정식은 다음 과 같이 된다.

$$0 = \dot{Q}_{\text{in}} + \dot{Q}_{\text{gen}} \tag{13.64}$$

평면 형태에서 에너지 생성

그림 13.18과 같이 균일한 내부 에너지 생성이 있는 경우에 대하여 13.2절로부터 평면 형태에 대한 정상 상태 열전도 해석을 수행한다. 앞에서 언급한 단순 가정에 의하여 식 13.64는 다음과 같이 된다.

$$0 = \dot{Q}_0 - \dot{Q}_x + \dot{q}'''V$$

$$= \dot{Q}_0 + kA\frac{dT}{dx} + \dot{q}'''Ax \tag{13.65}$$

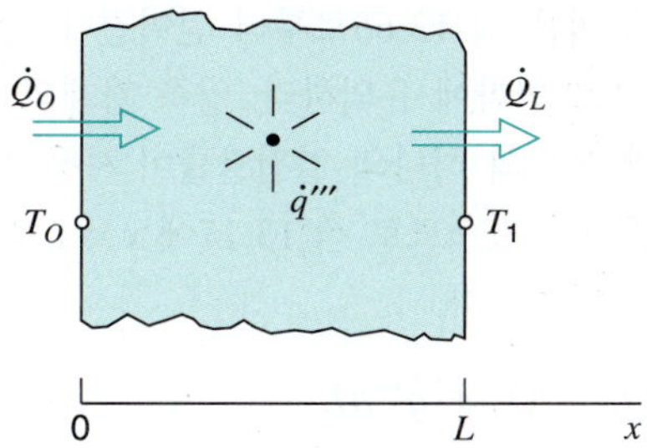

그림 13.18 에너지 생성이 있는 평면 전도층.

위 식에서 영역에 대한 체적과 위치 x에서 전도에 대한 식을 대입하였다. 식 13.8에 대하여 행한 것처럼 $\dot{Q}_0$이 상수일 때 $T(x)$를 구하기 위하여 식 13.65를 적분한다.

$$\frac{dT}{dx} = -\frac{\dot{Q}_0}{kA} - \frac{\dot{q}'''}{k}x \tag{13.66}$$

양변에 dx를 곱하고 적분한다.

$$\int_{T_0}^{T} dT = \int_0^x \left[-\frac{\dot{Q}_0}{kA} - \frac{\dot{q}'''}{k}x\right]dx$$

정리하면 다음 식과 같이 된다.

$$T - T_0 = -\frac{\dot{Q}_0}{kA}x - \frac{\dot{q}'''}{2k}x^2 \tag{13.67}$$

이 해는 좌측 온도와 그 곳의 열전달률, 에너지 발생률을 매개 변수로 하는 x에 대한 2차 포물선을 나타낸다. $x = L$에서 온도 T_1을 도입하면 다음과 같이 된다.

$$T_1 - T_0 = -\frac{\dot{Q}_0}{kA}L - \frac{\dot{q}'''}{2k}L^2 \tag{13.68}$$

이 식에서 $\dot{Q}_0$을 구하여 식 13.67에 대입하면 다음 식을 얻는다.

$$T = T_0 + \frac{T_1 - T_0}{L}x + \frac{\dot{q}'''}{2k}(L - x)x \tag{13.69}$$

이 해는 에너지 생성 항 부호에 따라 그림 13.19에 나타나 있으며 임의 위치 x에서의 열전달률은 다음과 같다.

$$\dot{Q}_x = -kA\frac{dT}{dx} = (T_0 - T_1)\frac{kA}{L} + \frac{1}{2}\dot{q}'''A(2x - L) \tag{13.70}$$

$$\dot{Q}_x = \dot{Q}_0 + \dot{q}'''Ax \tag{13.71}$$

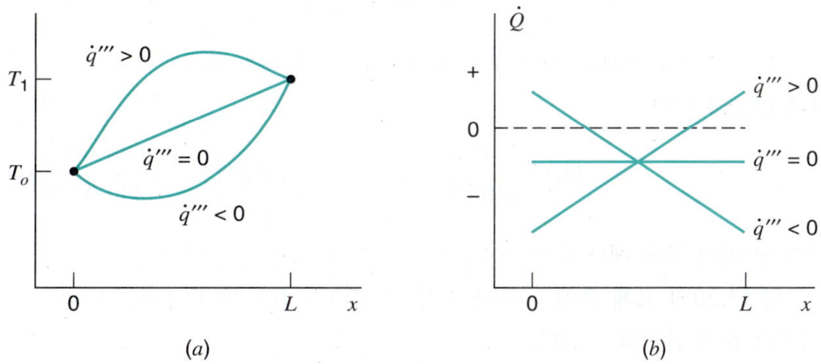

그림 13.19 (a) 온도 프로필 (b) 변동.

처음 식은 식 13.69로부터 구해지며 두 번째 식은 식 13.65로부터 얻어진다. 온도는 x에 대하여 포물선 형태로 변하고 열전달은 x에 대하여 선형적으로 변함에 유의하라. 양쪽 경계의 온도가 변수로 사용될 경우에 식 13.69의 해가 사용되고, 하나의 경계 온도와 하나의 열전달률이 사용될 경우에는 식 13.67이 사용된다. 이것들은 독립적이 아니고 상호 연관되어 있으므로 식 13.17에 $x = L$을 대입하면 우측의 열전달률이 구하여지고 이 식은 전체 에너지 평형을 만족한다.

$$\dot{Q}_L = \dot{Q}_0 + \dot{q}'''AL \tag{13.72}$$

원통 형태에서의 에너지 생성

원통 형태에서도 에너지 생성이 있을 수 있으며, 이 경우에 대하여 수학적 해를 구할 수 있다. 식 13.34에 에너지 생성이 더하여 얻어진 식 13.64로부터 다음과 같이 수정된 형태의 에너지 평형식을 쓸 수 있다.

$$\begin{aligned} 0 &= \dot{Q}_0 - \dot{Q}_x + \dot{q}'''V \\ &= \dot{Q}_0 + kA\frac{dT}{dr} + \dot{q}'''V \\ &= \dot{Q}_0 + k2\pi rL\frac{dT}{dr} + \dot{q}'''L\pi(r^2 - r_0^2) \end{aligned} \tag{13.73}$$

온도 구배를 구하면 다음과 같다.

$$\frac{dT}{dr} = -\dot{Q}_0/[k2\pi rL] - \dot{q}'''(r^2 + r_0^2)/(2\pi r) \tag{13.74}$$

dr을 곱하고 적분하면 다음 식을 얻는다.

$$\int_{T_0}^{T} dT = \int_{r_0}^{r}\left[-\frac{\dot{Q}_0}{k2\pi rL} - \frac{\dot{q}'''}{2k}(r^2 - r_0^2/r)\right]dr \tag{13.75}$$

$$T - T_0 = \frac{1}{2k}\left[\dot{q}'''r_0^2 - \frac{\dot{Q}_0}{\pi L}\right]\ln\left(\frac{r}{r_0}\right) - \frac{\dot{q}'''}{4k}(r^2 - r_0^2) \tag{13.76}$$

이 결과는 자연 로그 함수와 포물선 형태로 반경에 대한 온도 T의 변동을 나타낸다. 에너지 생성 항이 없는 경우에 식 13.37 결과처럼 간단하게 된다. 외부 반경 r_1에서 온도 T_1일 때 식 13.76으로부터 다음 식을 얻는다.

$$T_1 - T_0 = \frac{1}{2k}\left[\dot{q}'''r_0^2 - \frac{\dot{Q}_0}{\pi L}\right]\ln\left(\frac{r_1}{r_0}\right) - \frac{\dot{q}'''}{4k}(r_1^2 - r_0^2) \tag{13.77}$$

이 식을 사용하여 $\dot{Q}_0$을 소거하고 T_1로 표시 가능하다. 사각 괄호 내의 두 항에 대한 식을 구하여 식 13.76에 대입하면 다음 식을 얻는다.

$$T - T_0 = (T_1 - T_0)\frac{\ln(r/r_0)}{\ln(r_1/r_0)} + \frac{\dot{q}'''}{4k}\left[(r_1^2 - r_0^2)\frac{\ln(r/r_0)}{\ln(r_1/r_0)} + r_0^2 - r^2\right] \tag{13.78}$$

온도 프로필은 내부와 외부 온도와 에너지 발생률에 의하여 결정된다. 식 13.77로부터 열전달률을 구하면 다음과 같다.

$$\dot{Q}_0 = \frac{2\pi rL}{\ln(r_1/r_0)}(T_0 - T_1) + \pi L\dot{q}'''\left[r_0^2 - \frac{r_1^2 - r_0^2}{2\ln(r_1/r_0)}\right]$$

우변의 첫 번째 항은 에너지 생성이 없는 식 13.38 경우와 동일하다.

그림 13.20의 고체 봉에 대하여 중심 선은 $\dot{Q}_0 = 0$인 대칭 선이므로 식 13.75의 접분을 다시 수행하면 다음과 같이 간단하게 된다.

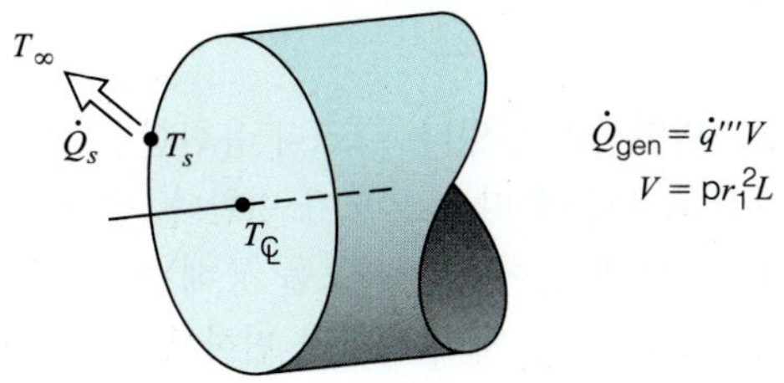

그림 13.20 에너지 생성이 있는 고체 봉.

$$T_f = \frac{1}{2}(T_s - T_\infty) = \frac{1}{2}(227 + 273 + 1500) = 1500 \text{ K} \tag{13.79}$$

여기서 T_0는 중심 선 온도 $T_℄$이다. 봉 표면의 온도는 다음 식과 같다.

$$T_s = T_1 = T_℄ - \frac{\dot{q}'''}{4k}r_1^2 = T_℄ - \frac{\dot{q}'}{4\pi k} \tag{13.80}$$

식 13.80의 마지막 등식은 봉의 단위 길이 당 다음과 같은 에너지 발생에 대한 식을 사용한 것이다.

$$\dot{q}' = \dot{q}'''r_1^2 = \dot{Q}_{gen}/L \tag{13.81}$$

▸ 예제 13.9

원통 모양의 콘크리트를 양생하는 동안 화학적 반응으로 단위 체적 당 2.5 kW/m^3 열이 발생한다. 원통 직경은 0.25 m이고 길이는 매우 길다. 표면은 25°C 대기에 노출되어 있고 대류 열전달 계수는 h = 20 W/m^{2}K이다. 정상 상태를 가정하고 열전도율이 k = 1 W/mK일 때 콘크리트의 최대 온도를 구하고자 한다.

해석

콘크리트를 검사체적으로 취하고 정상 상태에 대하여 온도 T의 변화가 없으며 내부에서 발생한 모든 에너지는 표면에서 대류 열전달에 의하여 사라진다. 따라서 표면 온도와 대기 온도 사이에 다음과 같은 관계가 있다.

$$\dot{Q}_S = hA_s(T_s + T_\infty) = h2\pi r_1 L(T_s - T_\infty)$$
$$= \dot{Q}_{gen} = \dot{q}'''L\pi r_1^2$$

풀이

온도 차에 대하여 구하면

$$T_s - T_\infty = \dot{q}'''L\pi r_1^2[h2\pi r_1 L] = \dot{q}'''r_1/2h$$
$$= 2500 \times 0.125/(2 \times 20) = 7.8°\text{C}$$

식 13.80은 다음과 같이 표면 온도와 중심 온도 사이를 관련짓는다.

$$-T_s = \frac{\dot{q}'''}{4k}r_1^2 = 2500 \times 0.1252/(4 \times 1) = 9.8°\text{C}$$

최대 온도는 중심 선 온도로 다음과 같다.

$$T_℄ = T_s + (T_℄ - T_s) = T_\infty + (T_s - T_\infty) + (T_℄ - T_s)$$
$$= 25 + 7.8 + 9.8 = 42.6°\text{C}$$

■

13.5 천이 열전달

지금까지 해석과 예제는 정상 상태 열전달만을 다루었다. 그러나 유한한 크기의 영역에 에너지가 가해지거나 제거되면 상태는 일정할 수 없으므로 시간에 따라 온도가 변한다. 냉장고 안에 음식물을 두거나 오븐이나 난로에 어떤 물질을 놓는 경우, 보일러 안에서 파이프를 통해 찬 물이 흐르는 경우는 열전달 때문에 물질 상태가 변하는 예이다. 열전달률은 온도 차이에 따라 변하므로 과정이 진행되면서 열전달률도 변한다.

강체 용기 표면에 부착된 고온 열원으로부터 용기 안의 공기를 가열한다고 가정하자. 13.2절의 해석을 이용하여 용기 벽과 대류 층에 대한 구조와 형태로부터 온도 T_∞인 외부 열원으로부터 온도 T의 내부 공기로 전체 열저항을 계산할 수 있다. 순간 열전달률은 다음과 같으며 공기로의 열전달률을 양으로 측정하였다.

$$\dot{Q} = \frac{\Delta T}{R_{\text{TOT}}} = \frac{T_\infty - T}{R_{\text{TOT}}} \tag{13.82}$$

여기서 식 13.14의 정상 해가 타당하다고 가정하였다. 시간이 경과할수록 가열 벽 근처 공기는 더 뜨거워지고 점차 벽에서 멀리 떨어진 공기도 가열된다. 따라서 공기 층 내에 약간 불균일한 온도가 형성되지만 공기 층 내에서 충분히 신속하게 에너지가 재분배된다면 불균일성은 작다.

집중해석

앞으로 해석에서는 검사체적의 온도가 전체 체적에 걸쳐 균일하다고 가정한다. 즉 하나의 온도로 검사체적 상태를 규정한다. 검사질량에 대한 에너지 방정식은 다음과 같다.

$$\frac{dE_{CV}}{dt} = \dot{Q} = \frac{T_\infty - T}{R_{\text{TOT}}} \tag{13.83}$$

여기서,

$$dE_{CV} = d(\rho\, e\, V) = d(mu) = m\, C\, dT$$

따라서 다음 식을 쓸 수 있다.

$$\frac{dT}{dt} = \frac{T_\infty - T}{m\, C\, R_{\text{TOT}}} \tag{13.84}$$

적분을 수월하게 하기 위하여 변수를 다음과 같이 바꾼다.

$$\theta = T - T_\infty \qquad \Rightarrow \qquad d\theta = dT$$

$$\frac{d\theta}{dt} = -\frac{\theta}{m\, C\, R_{\text{TOT}}} \tag{13.85}$$

위 식에 dt를 곱하고 θ로 나누면 다음 식을 얻는다.

$$\theta^{-1}\, d\theta = -\frac{1}{m\, C\, R_{\text{TOT}}}\, dt \tag{13.86}$$

이 식을 과정 초기, 즉 $t = 0$, $\theta = \theta_i$로부터 적분한다.

$$\int_{\theta_i}^{\theta} \theta^{-1}\, d\theta = -\int_0^t \frac{1}{m\, C\, R_{\text{TOT}}}\, dt$$

결과는 다음과 같다.

$$\ln\frac{\theta}{\theta_i} = -\frac{t}{m\, C\, R_{\text{TOT}}} \tag{13.87}$$

로그 함수의 역함수(exp 함수)를 취하면 최종 해는 다음과 같다.

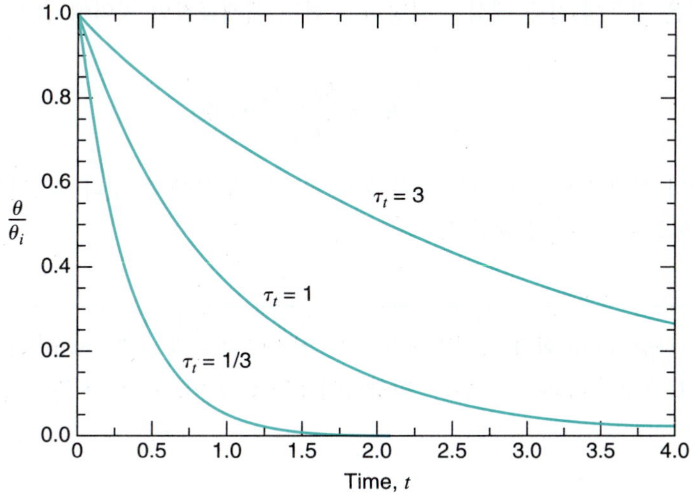

그림 13.21 온도 차의 지수 함수 형태 감소.

$$\frac{\theta}{\theta_i} = \frac{T - T_\infty}{T_i - T_\infty} = \exp\left[-\frac{t}{m\,C\,R_{\text{TOT}}}\right] = \exp\left[-\frac{t}{\tau_t}\right] \tag{13.88}$$

이 식은 시간이 무한히 경과할 경우 초기 온도 차이 $\theta_i = T_i - T_\infty$가 0까지 지수 함수적으로 감소함을 보여 준다. 여기서 다음과 같이 열시간 상수를 도입하여 그림 13.21과 같이 여러 가지 **열시간 상수**(thermal time constant)에 대하여 해를 구한다.

$$\tau_t = m\,C\,R_{\text{TOT}} \tag{13.89}$$

τ_t가 매우 작은 경우에(작은 질량 또는 열용량 또는 열저항) 감소 속도는 빨라지고 물질 온도는 단시간에 대기 온도에 접근한다. 반면에 τ_t가 큰 경우(큰 질량 또는 열용량 또는 열저항)에 감소 속도는 매우 느려진다. 시간 τ_t가 경과할 때 온도 차이는 초기 온도 차의 약 37% [exp(−1) = 0.3678]까지 떨어지고 시간이 $3\tau_t$만큼 경과하면 약 5%[exp(−3) = 0.04979]까지 떨어진다. 따라서 열시간 상수 값은 과정의 진행 속도가 얼마나 빠르고 느린 정도를 제공한다.

Biot 수

질량에 대한 평균 온도를 사용하는 단순한 집중 해석은 열전달을 일으키는 온도 차이에 비하여 검사체적 내의 온도 차이가 작을 것을 요구한다. 핀 단면적 상에서 균일한 상태를 가정하는 핀 열전달에 대한 수학적 해를 구하는 경우에도 유사한 근사가 필요하다.

평균과 과정이 타당한 가정이 되는 조건을 살펴보자. 다음 식은 표면으로의 전도 열전달에 의한 온도 차이를 나타낸다.

$$\Delta T_{\text{cond}} = \dot{Q}R_{\text{cond}} = \dot{Q}L/k_{\text{solid}}A \tag{13.90}$$

대류 열전달에 의한 온도 차이는 다음과 같다.

$$\Delta T_{\text{conv}} = \dot{Q}R_{\text{conv}} = \dot{Q}/h_{\text{fluid}}A \tag{13.91}$$

이 두 온도 차이의 비를 무차원수인 **Biot 수**(Biot number)로 정의한다.

$$\frac{\Delta T_{\text{cond}}}{\Delta T_{\text{conv}}} = \frac{R_{\text{cond}}}{R_{\text{conv}}} = \frac{h_{\text{fluid}}\,L}{k_{\text{solid}}} \equiv Bi \tag{13.92}$$

Biot 수는 13.1절에 정의된 Nusselt 수와 동일한 형태의 조합이지만 이 경우에 열전달 계수는 유체에 대한 값이고 열전도율은 고체 물질에 대한 것이다. Biot 수가 작은 경우에 대류에 의한 온도 차이에 비하여 전도에 의한 온도 차이를 무시할 수 있다. 실제로 이것은 특성 길이 $L_c = V/A_s$로 표시할 수 있다. 따라서 만일 다음과 같은 경우에 집중 해석은 타당하고 전도 매개물질의 영역에 걸쳐 평준화된 온도를 가정할 수 있다.

$$Bi = \frac{h_{\text{fluid}} L_c}{k_{\text{solid}}} \leq 0.1 \tag{13.93}$$

Biot 수가 이보다 훨씬 크면 전도 매질내의 온도 분포를 무시할 수 없다. 이 경우에 다차원 전도 해석이 필요하고 수학적으로 해는 복잡해진다.

▸ 예제 13.10

온도가 20°C인 사방 3 cm 화강암 입방체가 대류 열전달 계수 h = 75 w/m²K로 대류에 의하여 모든 외부 표면이 200°C 고온 가스로 가열된다. 화강암이 175°C에 이르는 데 시간이 얼마나 걸리는가? 집중 해석이 타당한가?

해석

다음에 기초하여 Biot 수를 계산한다.

$$L_c = \frac{V}{A_s} = \frac{(3 \times 3 \times 3)}{(6 \times 3 \times 3)} = 0.5 \text{ cm}$$

$$B_i = \frac{hL_c}{k} = \frac{75 \text{ (W/m}^2 \text{ K)} \times 0.5 \text{ m}}{2.9 \text{ (W/m K)}} = 0.129$$

이 값은 화강암 내부 온도 차를 무시할 수 있는 한계보다 약간 크다. 식 13.88은 약간의 오차를 갖는다.

풀이

대류 저항은 다음과 같다.

$$R_{\text{TOT}} = 1/hA = 1/(75 \times 6 \times 3 \times 3 \times 10^{-4}) = 2.47 \text{ K/W}$$

열시간 상수는, 표 A.3의 C 값을 이용하면

$$\tau_t = mCR_{\text{TOT}} = \rho VCR_{\text{TOT}}$$
$$= 2750 \times 3^3 \times 10^{-6} \times 0.89 \times 1000 \times 2.47 = 163 \text{ s}$$

식 13.87과 식 13.89로부터 시간을 구하면 다음과 같다.

$$t = \tau_t \ln\left(\frac{\theta}{\theta_i}\right) = 163 \ln\left(\frac{175 - 200}{20 - 200}\right) = 322 \text{ s}$$

■

13.6 대류 열전달

유체의 대류는 13.1절 대류 열전달 서론에서 말한 것처럼 열전달 과정에 커다란 영향을 미친다. 다음 절에서는 평균 Nusselt 값으로 표시된 열전달에 대한 상관 관계식과 유동 상황을 보다 상세하게 다루도록 한다. 여기서 파이프 외부 표면과 전자 칩 상부의 유동이나 지붕 위의 공기 흐름과 같은 외부 유동과 파이프 내의 유동, 엔진 내부의 냉각수 유동, 덕트내 공기 흐름과 같은 내부 유동을 살펴보도록 한다.

외부 유동

그림 13.22에 보인 것처럼 유체와 표면 온도가 서로 다른 평판 위에 접근하는 유체의 자유 흐름을 고려하자. 유체와 고체 벽면 사이에 열전달과 운동량 전달이 발생하고 여기서 고체 면 온도는 일정 온도 T_s이며 속도를 0으로 가정한다. 점성 마찰로 인하여 유체는 속도가 떨어지고 표면에 평행한 속도는 표면에서

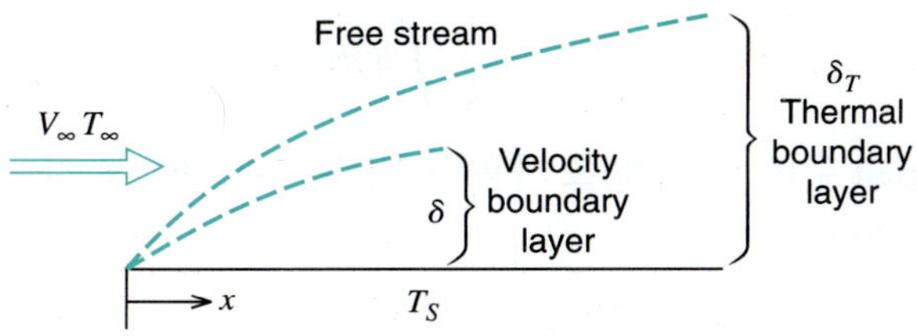

그림 13.22 운동량 및 열경계층.

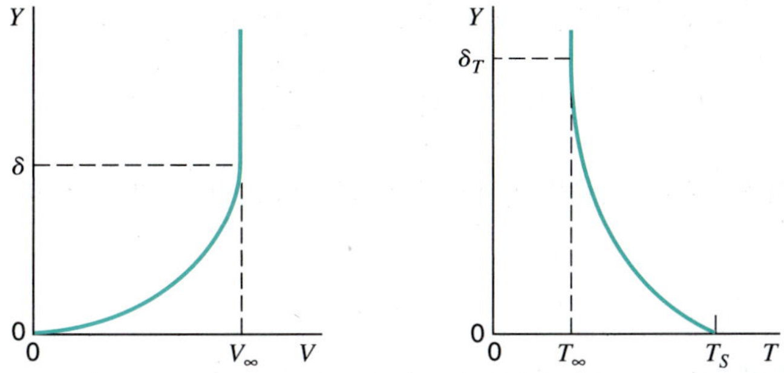

그림 13.23 벽 근처에서 속도 프로필 $V(y)$와 온도 프로필 $T(y)$.

멀리 떨어진 자유 흐름 속도로부터 표면에서 0까지 변화한다. 속도가 변화하는 표면에서 수직으로 측정된 거리를 **운동량**(momentum, 속도) **경계층**(boundary layer)이라하고 보다 정확하게 표현하자면 자유 흐름 속도 $\mathbf{V}_\infty$의 99% 속도까지의 거리 δ로 정의한다. 온도도 자유 흐름의 온도로부터 표면 온도까지 **열경계층**(thermal boundary layer)에 해당하는 거리 δ_T에 걸쳐 유사한 변동을 나타낸다. 두 경계층은 그림 13.23에 나타나 있다.

표면 $y = 0$에서 y축의 양방향으로 유체의 국부 열유속은 다음과 같다.

$$\dot{q}'' = -k\left(\frac{\partial T}{\partial y}\right)_{y=0} \tag{13.94}$$

전체 열경계층에 걸쳐 Newton의 냉각 법칙 식 13.2는 다음처럼 쓸 수 있다.

$$\dot{q}'' = h(T_s - T_\infty) \tag{13.95}$$

식 13.94와 13.95의 열유속을 같게 놓으면 열전달 계수 h는 다음처럼 표시된다.

$$h = -k\left(\frac{\partial T}{\partial y}\right)_{y=0} /(T_s - T_\infty) \tag{13.96}$$

따라서 총괄 열전달 계수는 온도 $T(x, y)$, 즉 온도 구배를 계산하면 구할 수 있다. 이 값은 표면에 따라 변하는 값으로 열경계층이 자유 흐름 방향에 따라 성장할 때 h는 일반적으로 x에 따라 감소한다. 주어진 표면적으로부터 평균 열전달률은 다음과 같다.

$$\dot{Q} = \int \dot{q}''\, dA_s = (T_s - T_\infty) \int h\, dA_s$$

이 식은 다음과 같이 h의 **평균값**(average value)으로 쓸 수 있다.

$$\dot{Q} = h_{\text{avg}} A_s (T_s - T_\infty) \tag{13.97}$$

여기서

$$h_{\text{avg}} = \frac{1}{A_s}\int h\, dA_s$$

x–y 평면에 수직한 z 방향으로 이 값이 균일한 경우에 대하여 x 영역의 길이에 걸쳐 다음과 같이 평균값을 구한다.

$$h_{avg} = \frac{1}{L}\int h\,dx \tag{13.98}$$

13.1.2절에서 정의한 Nusselt 수는 식 13.96을 사용하여 온도 구배 항으로 다시 쓸 수 있으며 무차원 온도 구배를 나타냄을 알 수 있다.

$$Nu \equiv \frac{hL}{k} = -\left(\frac{\partial T}{\partial y}\right)_{y=0}\frac{L}{T_s - T_\infty} \tag{13.99}$$

국부 Nu 값과 평균 Nu 값은 해당하는 h값과 다음과 같은 관계가 있다.

$$Nu_{avg} = \frac{h_{avg}L}{k} \tag{13.100}$$

평판 위의 층류(저속)는 경계층을 발달시키고 국부 Nusselt 수 $Nu = hx/k$는 x의 제곱근에 비례하여 변화한다.

$$Nu = \frac{hx}{k} \propto x^{1/2}$$

따라서 **국부 열전달 계수**(local heat transfer coefficient) h는 다음과 같다.

$$h_x = C\,x^{-1/2} \tag{13.101}$$

식 13.98에 따라 적분하면 $x = 0$에서 $x = L$까지의 평균값을 얻는다.

$$\begin{aligned} h_{avg} &= \frac{1}{L}\int C\,x^{-1/2}\,dx \\ &= \frac{1}{L}2C\,[x^{1/2}]_0^L = 2C\frac{1}{L}[x^{1/2} - 0] \\ &= 2C\,L^{-1/2} = 2h_L \end{aligned} \tag{13.102}$$

이 식은 $x = L$에서 열전달 계수 값의 2배이다. 함수 $h(x)$와 $h_{avg}(x)$가 그림 13.24에 나타나 있다.

평판 위의 경계층은 그림 13.25처럼 여러 영역으로 이루어진다. 선단부에 **층류 경계층**(laminar boundary layer)이 있고 **천이 영역**(transition region)이 나타나며 이어서 **완전 경계층 영역**(fully turbulent boundary layer)이 발생한다. 천이 위치는 임계 Re수가 다음 값에 다다른 이후에 발생한다.

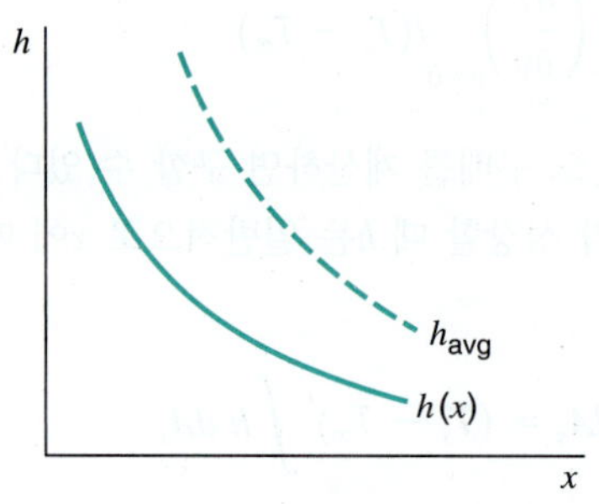

그림 13.24 국부, 평균 열전달 계수.

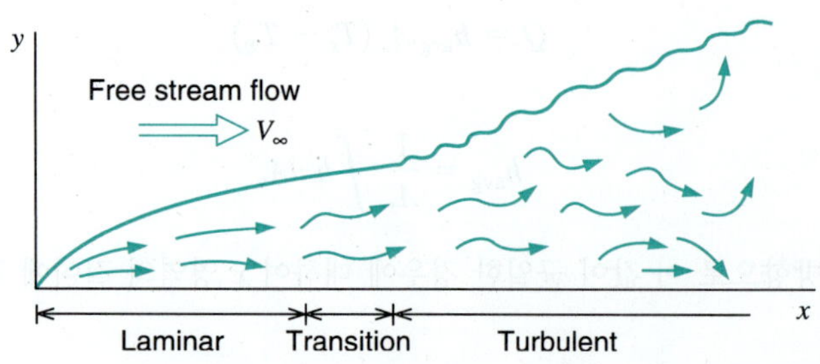

그림 13.25 평판 위의 경계층 발달.

표 13.5 여러 가지 유동에 대한 식 13.104의 상수 값.

CASE	V	D	Geometry	Re_D	C	n
			Circular	40–1000	0.51	0.5
A	⇒		Cylinder	$1000–2 \times 10^5$	0.26	0.6
				$2 \times 10^5–10^6$	0.076	0.7
B	⇒		Square	$5000–10^5$	0.1	0.68
C	⇒		Square	$5000–10^5$	0.25	0.6
D	⇒		Vertical plate	$4000–2 \times 10^4$	0.23	0.73
E	⇒		Horizontal plate	$< 5 \times 10^5$	0.68	0.5
				$> 5 \times 10^5$	0.03	0.8

$$Re_c = \frac{\rho V x_c}{\mu} = 5 \times 10^5 \tag{13.103}$$

이 지점에서 유동은 불안정하여지고 평균 운동 위에 교란이 발생한다. 여러 가지 크기와 강도의 교란 및 보텍스는 벽 근처 유체와 벽에서 멀리 떨어진 유체의 혼합을 촉진한다. 이것은 운동량과 에너지 수송(교환)을 증가시키므로 h값이 더 크게 된다. 거리 x에 대한 경계층 성장률은 층류 경계층이 $x^{1/2}$에 비례하는 것에 비하여 난류 유동은 전형적으로 $x^{4/5}$에 대하여 더 급속하게 변화한다. 또한 국부 h값은 층류에 비하여 보다 점진적으로 감소한다.

선단으로부터 거리를 D라고 할 때 평판에 대한 두 경우는 식 13.3처럼 평균 Nu수에 대한 다음과 같은 상관 관계식을 얻는다.

$$Nu_{\text{avg}} = C\, Re_D^n\, Pr^{1/3} \tag{13.104}$$

여기서 상수 C와 멱수 n은 케이스 E처럼 표 13.5에 열거되어 있다.

작은 Re값에 대하여 층류와 난류 성분은 식 13.98의 적절한 평균값 h를 형성하는 데 다음과 같이 사용된다.

$$h_{\text{avg}} = \frac{1}{L}\left[\int_0^{xc} h_{\text{laminar}}\, dx + \int_{xc}^{L} h_{\text{turbulent}}\, dx\right] \tag{13.105}$$

그러나 더 큰 Re에 대하여 층류의 기여는 극히 작아서 평균 Nu에 대하여 완전 난류 형태만으로도 충분히 정확하다. 실제 기하학적 모양, 유동 속도, 방향과 표면 온도의 불확실성이 25% 내에서 정확한 열전달 계산을 가져온다는 사실을 염두에 두어야 한다.

표 13.5에는 원형이나 사각 단면을 갖는 파이프나 닥트 위의 교차 유동과 같은 표면 위의 유동도 포함되어 있다. 어떤 유동은 유동 형태 변화에 의하여 다른 범위의 Re수에 대한 상관관계식을 가지며, 일반적으로 접근하는 유동과 기하학적 모양에 민감하다. 많은 유동 형태와 이들의 다수 배열을 식 13.104와 유사한 형태로 상관관계를 가지며 문헌에서 찾아볼 수 있다.

예제 13.11

25°C 공기가 사방 3 cm 컴퓨터 칩 상부 면을 10 m/s 속도로 흐른다. 상부 표면을 통해 소산되는 열이 5 W인 경우에 표면 온도가 얼마인가? 공기의 동점성 계수 $\nu = \mu/\rho = 1.6 \times 10^{-5}$ m^2/s이고 $Pr = 0.7$이며 공기속도는 면에 평행하다고 가정한다.

해석

이것은 표 13.5의 케이스 E처럼 대류 상관관계식을 갖는 평판으로부터의 정상 상태 대류이다. 적절한 h값을 구하기 위하여 Nu에 대한 어떠한 형태의 상관관계식을 사용해야 할지 결정해야 한다.

풀이

상부 면의 유동 길이에 기초하여 우선 Re 수를 계산한다.

$$Re = \rho VL/\mu = VL/\nu = 10 \times 0.03/1.6 \times 10^{-5} = 18\,750$$

이것은 전체 상부 면 상에 층류 유동을 형성한다. 표 13.5로부터 Nu 수는 다음과 같다.

$$Nu = 0.68\,Re^{0.5}Pr^{1/3} = 0.68 \times 18\,750^{0.5} \times 0.7^{1/3} = 82.7$$

평균 열전달 계수는 다음과 같다.

$$h = Nu\,k/L = 82.7 \times 0.026/0.03 = 71.7\ \mathrm{W/m^2\,K}$$

열전달률은 $\dot{Q} = hA\,\Delta T$이므로 온도 차이는 다음과 같다.

$$\Delta T = \dot{Q}/hA = 5/(71.7 \times 0.03 \times 0.03) = 77.5°\mathrm{C}$$

따라서 표면 온도는 다음과 같이 된다.

$$T_s = T_{\text{air}} + \Delta T = 25 + 77.5 = 102.5°\mathrm{C}$$

■

자유 유동과 표면 사이에 큰 온도 차이가 있으면 ρ, μ, k와 같은 물성치 값에 영향을 줄 수 있다. 이 영향을 설명하기 위한 특별한 상관관계식이 식 13.104의 확장된 형태 또는 유사한 방정식으로 개발되었다. 아주 좋은 방법은 다음과 같이 정의된 **막 온도**(film temperature)에서 유체 성질을 계산하는 것이다.

$$T_f = \frac{1}{2}(T_s + T_\infty) \tag{13.106}$$

이 온도는 Re 수와 식 13.104의 Nu 수 상관 관계식을 계산하는 데 필요한 물성치 계산에 사용된다.

예제 13.12

1500 K의 고온 연소 가스가 강관 위로 44 m/s로 흐르면서 파이프 내의 물을 225°C로 비등시킨다. 파이프는 직경이 $D = 10$ cm이고 표면 온도는 227°C이다. 파이프 단위 길이 당 열전달률을 구하고자 한다.

해석

원형 관 위의 정상 상태 외부 유동으로 표 13.5의 케이스 A와 같은 모양에 Newton 냉각 법칙이 적용된다. 가스가 고온이므로 막온도에서 성질을 계산하고 공기 성질을 사용할 수 있다고 가정한다.

풀이

막 온도는 다음과 같다.

$$T_f = \frac{1}{2}(T_s + T_\infty) = \frac{1}{2}(227 + 273 + 1500) = 1000\ \mathrm{K}$$

이 온도에서의 공기 성질을 문헌에서 찾아보면 다음과 같다.

$$\mu = 42 \times 10^{-6}\ \mathrm{kg/s\,m}, \qquad k = 0.074\ \mathrm{W/m\,K}, \qquad Pr = 0.73$$

이상 기체 법칙으로부터 밀도를 계산하면

$$\rho = P/RT = 101.3/(0.287 \times 1000) = 0.353\ \mathrm{kg/m^3}$$

따라서 Re 수는 다음과 같다.

$$Re = \rho\mathbf{V}D/\mu = 0.353 \times 44 \times 0.1/42 \times 10^{-6} = 36\,981$$

이 값은표 13.5의 경우 A에 대한 중간 범위에 속하므로 Nu 수는 다음과 같다.

$$Nu = 0.26\, Re^{0.5}\, Pr^{1/3} = 0.26 \times 36\,981^{0.6} \times 0.73^{1/3}$$
$$= 0.26 \times 550.5 \times 0.90 = 128.8$$

$$h = Nu\, k/D = 128.8 \times 0.074/0.1 = 95.3\ \text{W/m}^2\,\text{K}$$

열전달률은 다음과 같다.

$$\dot{Q} = hA_s\, \Delta T = h\pi D\, L\Delta T$$

따라서 단위 길이 당 열전달률은 다음과 같다.

$$\dot{q}' = \dot{Q}/L = h\pi D\Delta T$$
$$= 95.3\, \pi\, 0.1(1500 - 500)$$
$$= 29\,939\ \text{W/m} = 29.9\ \text{kW/m}$$

■

내부 유동

탱크에서 파이프나 덕트로의 유동은 그림 13.26과 같이 완전 발달 유동으로 바뀌기 전에 입구 영역에서 천이 유동을 거친다. 벽의 존재는 경계층을 통해 인식되며 경계층은 모든 유체를 포함할 때까지 성장한다. 천이 영역동안 유동 속도는 상수로부터 중심 선으로부터 거리의 함수로 바뀐다. 완전 발달 유동에 대한 속도 프로필은 벽으로부터 가장 멀리 떨어진 중심 선에서 최대이고 벽에서 속도 0을 갖는다. 파이프 내 층류 유동에 대하여 프로필은 포물선이 되지만 난류 유동에 대한 프로필은 포물선과 균일한 속도 사이의 중간 형태로서 벽 근처에서 구배가 심하고 중심부에서 다소 평평한 형태를 갖는다.

파이프나 덕트를 통한 질량 유량률은 6.1절에서 설명한 것처럼 단면적에 걸친 적분에 의하여 구할 수 있다.

$$\dot{m} = \int \rho \mathbf{V}\, dA_c = \rho \mathbf{V}_m A_c \qquad (13.107)$$

평균 속도(mean velocity) $\mathbf{V}_m$은 유동을 특징짓는 데 사용된다.

$$\mathbf{V}_m = \dot{m}/\rho A_c = \frac{1}{\rho A_c} \int \rho \mathbf{V}\, dA_c \qquad (13.108)$$

따라서 파이프 유동에 대하여 $A_c = \pi D^2/4$, 밀도가 일정하고 $\mathbf{V}(r)$을 알 경우에 평균 속도는 다음과 같이 구할 수 있다.

$$\mathbf{V}_m = \frac{4}{\pi D^2} \int \mathbf{V}(r)\, 2\pi r\, dr = \frac{8}{D^2} \int_0^{D/2} \mathbf{V}(r) r\, dr \qquad (13.109)$$

이 속도는 마찰과 열전달 계산에서 Re 수를 계산하는 데 사용된다. 평균 속도가 유용한 것처럼 **평균 온도**(mean temperature)는 유동의 에너지 수준을 특징짓는다. 온도 항으로 유동에 의한 에너지 유속을 표시하기 위하여 단상유동을 가정하고 다음과 같이 열용량을 사용한다.

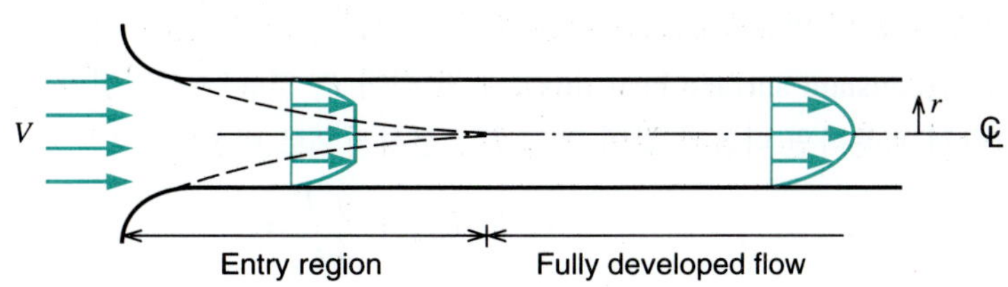

그림 13.26 파이프 내부의 유속 발달 형태.

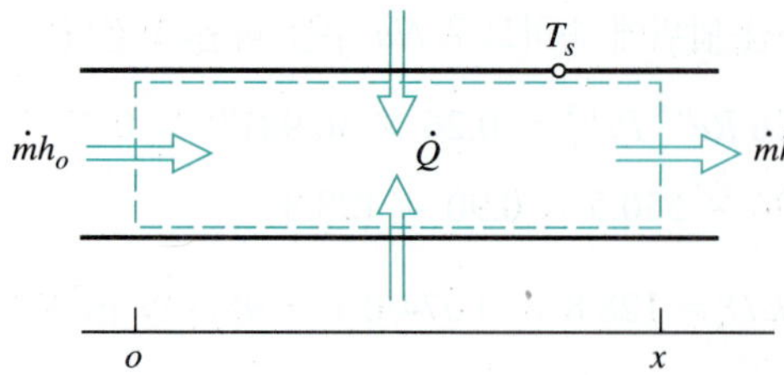

그림 13.27 파이프 또는 덕트의 검사체적.

$$\dot{m}h = \dot{m}\, C_p\, T_m = \int \rho \mathbf{V}\, C_p\, T\, dA_c$$

$$= \rho \mathbf{V}_m\, C_p\, T_m\, A_c \tag{13.110}$$

$$T_m = \frac{1}{\dot{m}C_p}\int \rho \mathbf{V}\, C_p\, T\, dA_c \tag{13.111}$$

밀도가 일정한 원형 파이프 유동에 대하여 다음과 같이 된다.

$$T_m = \frac{1}{\dot{m}C_p}\rho C_p \int \mathbf{V} T\, 2\pi r\, dr$$

$$= \frac{8}{\mathbf{V}_m D^2}\int_0^{D/2} \mathbf{V}(r)\, T(r) r\, dr \tag{13.112}$$

위 식을 계산하기 위하여 속도와 온도 프로필이 모두 필요하다. 그림 13.27의 검사체적을 고려하면 에너지 방정식은 다음과 같이 된다.

$$\frac{dECV}{dt} = 0 = \dot{m}h_o + \dot{Q} - \dot{m}h_x \tag{13.113}$$

엔탈피 유동 항은 식 13.110으로부터 평균 온도로 표시된다.

$$\dot{m}h_o = \dot{m}\, C_p\, T_{m\,o}; \qquad \dot{m}h_x = \dot{m}\, C_p\, T_m$$

주변 길이 P인 표면 위에서 열전달을 적분하면 다음과 같다.

$$\dot{Q} = \int \dot{q}''\, dA_s = \int \dot{q}''\, P\, dx$$

에너지 방정식 13.113의 우변은 다음과 같다.

$$\dot{m}C_p\, T_m = \dot{m}C_p\, T_{m\,o} + \int \dot{q}''\, P\, dx \tag{13.114}$$

x에 대해서 미분하면

$$\frac{d}{dx}\dot{m}C_p\, T_m = \dot{m}C_p \frac{dT_m}{dx} = 0 + \dot{q}''P \tag{13.115}$$

평균 온도에 대한 미분 방정식은 다음과 같다.

$$\frac{dT_m}{dx} = \frac{\dot{q}''P}{\dot{m}C_p} \tag{13.116}$$

이 식으로부터 온도의 축 방향 변동을 구할 수 있다. 식 13.116의 해는 2가지 표면 조건에 대하여 구한다. 즉 하나는 일정 표면 열유속 $\dot{q}''$이고 다른 하나는 일정한 표면 온도이다.

표면 열유속(constant surface heat flux), 주변 길이 P, 열용량이 일정한 경우에 식 13.116의 우변은 상수이다. 따라서 적분하면 다음과 같이 온도 T는 선형적으로 변한다.

$$T_m = T_{m\,o} + \frac{\dot{q}''P}{\dot{m}C_p}x \tag{13.117}$$

다음과 같은 Newton의 냉각 법칙에 따라 $\dot{q}''$이 상수이므로 T_s도 x에 따라 변화함에 유의하라.

$$\dot{q}'' = h(T_s - T_m) \tag{13.118}$$

경계층이 발달하는 입구 영역에서 h는 감소하므로 그림 13.28a에 보인 것처럼 온도 차이는 증가하여 완전 발달 유동 경우에 대한 상수에 도달한다.

표면 온도가 상수로 일정한 경우에 식 13.116은 변수를 $\theta = T_m - T_s$로 변환하여 적분하면 다음과 같이 된다.

$$\frac{d\theta}{dx} = -\frac{hP}{\dot{m}C_p}\theta$$

$$\int_{\theta_o}^{\theta_L} \frac{d\theta}{\theta} = -\int_o^L \frac{hP}{\dot{m}C_p} dx$$

변수 분리 후 적분하면 다음과 같다.

$$\ln\frac{\theta_L}{\theta_o} = -\frac{P}{\dot{m}C_p}\int_o^L h\,dx = -\frac{PL}{\dot{m}C_p}h_{avg} \tag{13.119}$$

여기서 식 13.98로부터 h의 평균값이 사용되고 전체 표면적은 $PL = A_s$가 사용된다. 전달 단위 수(number of transfer units)는 다음과 같이 정의된다.

$$\text{NTU} = \frac{h_{avg}A_s}{\dot{m}C_p} = \frac{1}{\dot{m}C_pR} \tag{13.120}$$

이 식은 흐름의 열용량 $\dot{m}C_p$에 대한 열전달 용량 (hA) 또는 ($1/R$)의 비를 나타낸다. 이들 각각은 단위 온도 차이 당 에너지 유속(동력)이다. 식 13.119의 해는 다음과 같으며 그림 13.28a에 나타나 있다.

$$\theta_L = \theta_o e^{-\text{NTU}} \tag{13.121}$$

전체 열전달률은 다음과 같다.

$$\begin{aligned}\dot{Q} &= \dot{m}C_p(T_{mL} - T_{mo}) = \dot{m}C_p(\theta_L - \theta_o)\\ &= \Delta T_{lm}/R\end{aligned} \tag{13.122}$$

여기서 대수 평균 온도 차이는 다음과 같이 정의된다.

$$\begin{aligned}\Delta T_{lm} &= \dot{m}C_pR(\theta_L - \theta_o) = (\theta_L - \theta_o)/NTU\\ &= \frac{\theta_L - \theta_o}{\ln(\theta_o/\theta_L)} = \frac{T_{mL} - T_{mo}}{\ln[(T_o - T_s)/(T_L - T_s)]}\end{aligned} \tag{13.123}$$

이 식은 NTU를 $\ln(\theta_0/\theta_L)$로 표시하기 위하여 식 13.119의 해를 사용하였다. 온도 차이로 대수 평균 온도 차이를 사용하면 식 13.122는 식 13.14에서처럼 열전달률을 나타낸다.

Nu 수로 표시된 열전달 계수에 대한 상관 관계식은 식 13.104와 매우 유사하며 이미 식 13.3에 나타

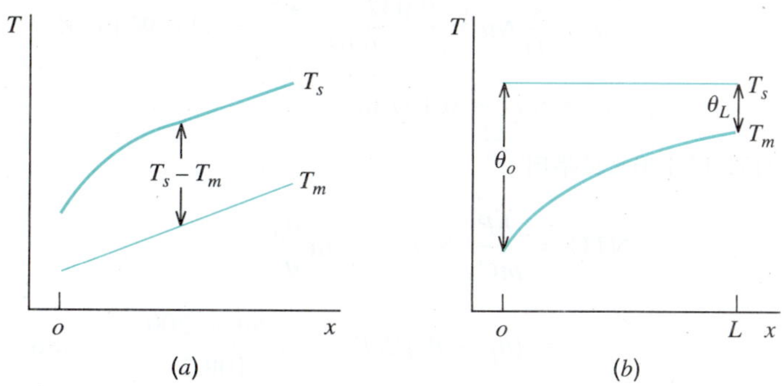

그림 13.28 평균 온도의 축 방향 변동 (a) 일정 표면 열유속 (b) 일정 표면 온도.

나 있다. 층류에 대하여 2개 표면 조건에 대한 해는 수학적으로 구할 수 있다. 파이프 직경에 기초한 *Nu* 수는 다음과 같이 상수로 된다.

$$Nu_D = \begin{cases} 4.36 & \dot{q}'' \text{ constant} \\ 3.66 & T_s \text{ constant} \end{cases} \tag{13.124}$$

비원형 단면에 대하여 두 경우 사이의 차이는 훨씬 적다. 후자 경우에 다음과 같이 **수력 직경**(hydraulic diameter)이 사용되며 Nu_{Dh}의 값은 크기가 4 정도이다.

$$D_h = \frac{4A_c}{P} \tag{13.125}$$

Re 수가 임계 값을 초과할 때 유동은 난류 유동으로 천이한다. 수력 직경에 기초한 모든 형태에 대하여 사용되는 전형적인 상관 관계식은 다음과 같다.

$$Re_c = 2300$$

특수 모양에 대한 수많은 상관 관계식과 물성치에 대한 온도 영향은 문헌상에서 찾아볼 수 있다.

$$Nu_D = 0.027\, Re_D^{0.8} Pr^{1/3} \tag{13.126}$$

예제 13.13

수증기 광열기 내의 직경 5 cm 강관 표면 온도가 500°C이다. 800 kPa, 300°C 수증기가 $Re = 20{,}000$, $Pr = 1$, $k = 0.042$ W/mK, $C_p = 2.1$ kJ/kg K, 0.15 kg/s 질량 유량률 상태로 강관에 들어간다. 수증기를 450°C로 만들기 위하여 필요한 관 길이와 대수 평균 온도 차를 구하라.

해석

물성치가 일정하다는 가정과 함께 파이프 단면은 정상 유동이다. 이러한 조건에 대한 해는 식 13.119, 13.121이다.

풀이

식 13.123으로부터 대수 평균 온도 차이는 다음과 같다.

$$\Delta T_{lm} = \frac{450 - 300}{\ln \dfrac{300 - 500}{450 - 500}} = 108.2°\text{C}$$

길이 L을 구하기 전에 식 13.120-121 또는 13.119에 들어갈 h_{avg}를 구해야 한다.

$$Re_0 = 20\,000 > 2300 \text{ so turbulent flow}$$

식 13.126으로부터 다음을 얻는다.

$$Nu = 0.027 \times 20\,000^{0.8} \times 1^{1/3} = 74.5$$

$$h = \frac{k}{D} Nu = \frac{0.042 \times 74.5}{0.05} = 62.6 \text{ W/m}^2 \text{ K}$$

$$P = \pi D = 0.157 \text{ m}$$

따라서 식 13.121과 13.120으로부터

$$\text{NTU} = \frac{hP}{\dot{m}C_P} \times L = -\ln\frac{\theta_L}{\theta_o}$$

$$= (\theta_L - \theta_o)/\Delta T_{lm} = \frac{-50 + 200}{108.2} = 1.386$$

길이는 다음과 같다.

$$L = \frac{\dot{m}C_p}{h\,P} \times \text{NTU} = \frac{0.15 \times 2.1 \times 1000}{62.6 \times 0.157} \times 1.386$$
$$= 44.4 \text{ m}$$

■

T_s가 상수인 것보다 보다 일반적인 경계 조건은 다른 유체인 주위 유체 온도가 일정한 것이다. 이 경우에 식 13.118을 다음 식으로 바꾸어 쓸 수 있다.

$$\dot{q}' = \dot{q}''\,P = (T_{\text{amb}} - T_m)/R' \tag{13.127}$$

여기서 R'은 파이프나 덕트 단위 길이 당 T_m과 T_{amb} 사이의 열저항이다. 변수를 $\theta = T_m - T_{\text{amb}}$로 치환하면 식 13.116은 다음과 같이 쓸 수 있다.

$$\frac{dT_m}{dx} = \frac{\dot{q}'}{\dot{m}C_p} = \frac{1}{\dot{m}C_p R'}(T_{\text{amb}} - T_m) \tag{13.128}$$

$$\frac{d\theta}{dx} = -\frac{\theta}{\dot{m}C_p R'} \tag{13.129}$$

식 13.121은 식 13.120에서 정의한 NTU에 대하여 타당하며 열저항은 다음과 같다.

$$R = R'/L = \sum\left(\frac{1}{hA} + \frac{t}{kA} + \cdots\right)$$

여기서 R'은 내부 대류 층, 하나 또는 다수의 전도층, 주위 유체의 외부 대류 층으로부터 계산된다.

연습 문제

Homework Problems

개념 문제와 단일 평판 층

13.1 20°C, 100 kPa 공기가 5 m/s 속도로 건물 지붕 위로 흐른다. 공기의 절대 점도는 19×10^{-6} kg/ms이고 지붕 길이는 1 m이다. $Pr = 0.7$과 식 13.3을 사용하고 외부 난류 유동을 가정하여 h의 특성값을 구하라.

13.2 17°C, 100 kPa 공기가 사방 1 m길이의 창문 위로 흐르며 Re 수는 50 000이다. 공기에 대한 Pr 수는 0.7이고 층류 또는 난류로 가정할 때 열전달 계수 h의 특성값을 구하라.

13.3 80°C, 100 kPa 물이 저속으로 직경 0.04 m 파이프 내를 흐르며 이때 Re 수는 400이다. $Pr = 6$을 사용하여 유동에 대한 적절한 h값을 구하라.

13.4 15°C, 100 kPa 물이 사방 10 cm 사각 덕트 안을 흐르며, Re 수는 2300이다. 물에 대한 Pr 수는 6.2이다. 유동이 층류와 난류인 경우에 열전달 계수 h의 특성값을 구하라.

13.5 맑은 날 태양 복사는 약 1000 W/m^{2}이다. 이러한 양의 에너지를 복사하기 위하여 완전 흑체의 온도는 얼마여야 하는가?

13.6 노의 한쪽 면 면적이 0.75 m^{2}이고 표면 온도는 45°C, 방사율은 0.8이다. 주변 공기와 벽의 온도는 20°C이고 대류 열전달 계수는 100 W/m^{2}K이다. 측면으로부터 대류와 복사에 대한 순수 열전달률을 구하라.

13.7 스테레오 앰프의 트랜지스터가 직경 8 mm, 높이 8 mm의 실린더 형태 케이스 안에서 0.25 W 열을 방출한다. 케이스 상부와 측면은 20°C 실내 공기에 노출되어 있고 이때 대류 열전달 계수는 $h =$ 40 W/m^{2}K이다. 바닥은 무시하고 트랜지스터 표면 온도를 구하라.

13.8 두 개 열전대가 두께 5 cm 물질의 양쪽 온도를 측정하며 이 물질을 통해 전기 히터는 0.75 m^2 면적 상에서 150 W를 입력하고 있다. 측정된 온도 차이는 4.5°C 이면 물질의 열전도율은 얼마인가? 이 물질 층의 열저항은 얼마인가?

13.9 체적 4 m^{3}인 강체 탱크 안에 500 kPa, 30°C의 아르곤 가스가 있다. 이 탱크는 밸브가 설치된 피스톤 실린더(초기에 비어 있음)와 연결되어 있다. 피스톤을 띄우기 위하여 실린더 안의 압력은 100 kPa이어야 한다. 밸브를 서서히 개방하여 열이 전달되면 아르곤은 최종 상태 30°C에 다다른다. 열전도율이 $k = 0.1$ W/mK, 표면적이 1.5 m^2, 1 cm 두께의 열전도 층을 통해 60°C 공간으로부터 열전달이 일어난다.

a. 아르곤의 최종 체적과 이 과정 동안 전체 일을 구하라.

b. 필요한 전체 열전달을 구하라.

c. 이 과정은 시간이 얼마나 걸리는가?

13.10 상부 면의 면적이 0.5 cm × 2 cm인 사각 칩이 h = 150 W/m²K의 열전달 계수를 갖는 온도 20°C 공기로 냉각된다. 또한 열전도율이 k = 60 W/mK이고 폭 1 mm, 두께 0.5 mm, 길이 6 mm인 16개 연결핀이 30°C 기판에 부착되어 있다. 표면 온도가 80°C를 초과하지 않는다면 상부 면과 핀을 통하여 어느 정도의 열이 소산될 수 있는가?

복합 평면 층

13.11 열기관이 열교환기를 통해 750°C 열원으로부터 2 kW 에너지를 받는다. 열 에너지는 2 mm 두께의 강철판을 통해 40 W/m²K의 대류 열전달 계수를 갖는 유체로 전달된다. 허용되는 온도 강하가 최대 25°C인 경우에 필요한 단면적을 구하라.

13.12 이중 유리(각각 4 mm 두께) 창문 사이에 1 cm 공기 층이 있다. 외기는 −10°C이며 대류 열전달 계수는 175 W/m²K이다. 내부 유리창의 표면 온도가 298 K일 때 열전달률과 공기 층 내의 최저 온도를 구하라.

13.13 어떤 가옥의 벽 면적이 2000 m²이고 1 cm 두께의 석고판, k = 0.04 W/mK인 두께 6 cm 단열재, 10 cm 두께의 외부 벽돌로 이루어져 있다. 또한 2 cm 공기 층을 두고 2 mm 두께의 이중 유리창을 갖는 200 m²의 창문이 있다. 실내에는 대류 층이 없고 외부 대류 열전달 계수는 h = 20 W/m²K라고 가정하자. 실내는 20°C이고 외부는 35°C일 때 단위 면적 당 벽과 창문의 열저항을 구하라. 실내로의 전체 열전달률을 구하라.

13.14 냉장실과 25°C 방 사이에 1 cm 두께의 석고 판, 10 cm 유리섬유, 1 cm 두께 석고 판으로 이루어진 면적 200 m²인 벽이 있다. 면적 100 m²인 다른 벽은 1 cm 석고 판, 15 cm 유리섬유, 5 cm 벽돌로 이루어져 있으며 15°C 외기와 접해 있다. 냉장실 내부의 열전달 계수는 h = 15 W/m²K이고 외부는 h = 40 W/m²K이다. 냉장실을 −20°C로 유지하기 위하여 열전달이 얼마나 필요한가?

13.15 전기 회로판이 k = 0.95 W/mK인 1 mm 기저 층과 k = 0.4 W/mK인 1.5 mm 플라스틱으로 구성되어 있으며, 25 냉각 오일로의 대류 열전달 계수는 h = 35 W/m²K이다. 전기 회로의 발생열이 1000 W/m²이라면 기판 온도는 얼마인가?

13.16 2 cm 두께의 플렉시글라스가 2 cm 두께의 연한 목재와 접착되어 있다. 접착 층은 경화하면서 100 W/m² 열을 발생한다. 플렉시글라스와 목재의 바깥면은 대류 열전달 계수가 h = 5 W/m²K인 22°C 대기와 마주한다. 정상 상태일 때 접착제 온도를 구하라.

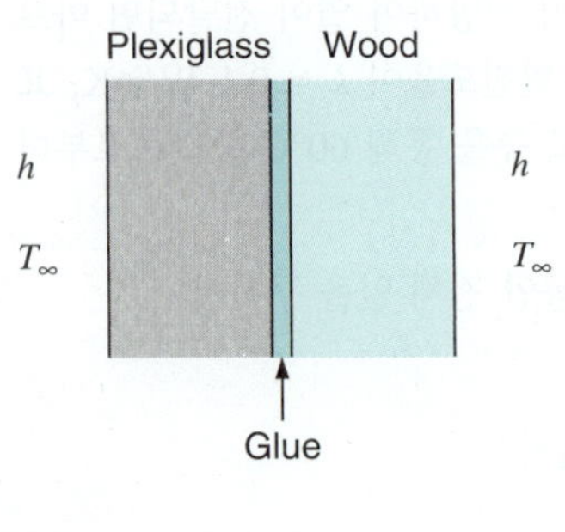

그림 P13.16

13.17 파워 트랜지스터 연결 부위가 k = 1.25 W/mK인 2 mm 두께 기저판, k = 0.4 W/mK인 2 mm 두께 플라스틱판과 1 mm 강철 케이스 위에 있다. 금속은 35°C 프린트 회로기 판에 대한 접촉 저항을 갖는다. 트랜지스터 연결부가 45°C라면 단위 면적 당 얼마나 많은 열이 이 복합 층을 통해 전달되는가?

13.18 매우 얇은 전열 판이 100 W/m² 열을 발생한다. 좌측에 대류 열전달 계수가 h = 25 w/m²K인 60°C 공기에 노출된 두께 2 mm 유리창이 있는 2차 두께의 연한 목재가 있다. 우측에 는 2 mm 두께의 정지된 공기 층이 있고 h = 50 W/m²K인 200 kPa, 100°C 물 유동에 노출된 1 mm 두께의 강철판이 붙어 있다. 이 복합 층은 평면구조이고 정상 상태이다. 가열판 온도와 우측, 좌측으로서의 열전달을 구하라.

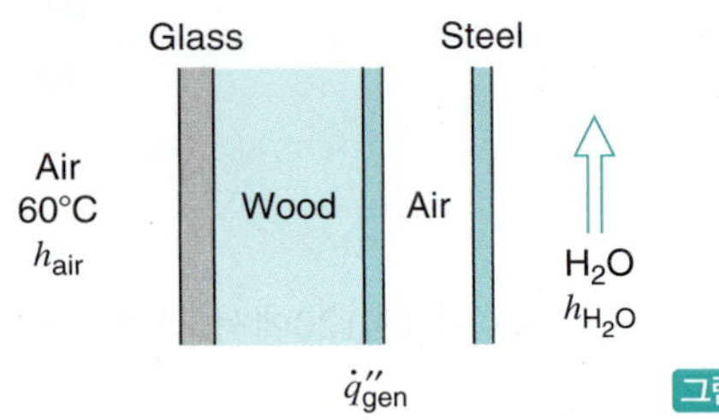

그림 P13.18

13.19 크기가 0.5 m, 0.5 m, 25 cm인 상자의 상부는 1 cm 두께 플렉시글라스이고 바닥과 벽은 1 cm 두께 연한 목재로 덮인 0.5 mm 강철판이다. 측벽과 상부는 20°C 대기로 대류 열전달 계수가 각각 h = 15 W/m²K, h = 100 W/m²K이다. 바닥은 0.05 m²K/W 열저항을 통해 10°C 지면과 접촉하고 있다. 상자 내부 공기는 200 W히터로 가열된다. 정상 상태 온도는 얼마인가?

원통 형태

13.20 15 kPa 포화 수증기가 내부 반경이 0.2 m, 벽 두께가 3 mm인 강관 내를 흐른다. 강관 외부의 25°C 대기로 대류 열전달 계수는 25 W/m²K이다. 강관을 통한 온도 강하와 열전달률을 구하라.

13.21 15 kPa 포화 수증기가 내부 반경이 0.2 m, 벽 두께가 3 mm인 강관 내를 흐른다. 열전도율이 k = 0.07 W/mK인 0.1 m 두께의 단열재가 파이프 주위에 감겨 있고 25°C 대기로 대류 열전달 계수는 25 W/m²K이다. 단열재를 통한 온도 강하와 열전달률을 구하라.

13.22 공중의 전기 구리선에 전류가 흘러 단위 길이 당 x W 열이 발생한다. 전기선의 직경은 4 mm이고 k = 0.2 W/mK인 두께 2 mm 단열재가 있고 22°C 대기로 외부 열전달 계수는 h = 15 W/m²K이다. 전선 표면 온도는 35°C일 때 x값은 얼마인가?

13.23 77.3 K인 포화 액체 질소가 두께 5 mm 강철 용기(k = 15 W/mK) 안에 저장되어 있다. 강철 용기 직경은 0.75 m이고 외부에 25 cm 두께의 단열 층(k = 0.05 W/mK)이 있고 무시할 만한 열저항 R을 갖는 금속판으로 덮혀 있다. 15°C 대기로 열전달 계수는 30 W/m²K이고 실린더 용기 높이는 3 m이다. 상부와 바닥을 무시

할 때 질소로의 열전달률을 구하라.

13.24 500 kPa 포화수가 2 kg/s 질량 유량률로 내부 직경 5 cm, $k = 40$ W/mK, 벽 두께 3 mm 금속관 내를 흐른다. 파이프는 $h = 100$ W/m^{2}K인 500°C 가스에 노출되어 있다. 물이 비등하여 500 kPa 포화 수증기로 나오고 수온이 균일하고 내부에 대류 층이 없다고 가정하자. 파이프로 전달되는 전체 열전달률과 필요한 파이프 길이를 구하라.

13.25 2 m 길이의 가열기가 두께 1 cm 모래 층($k = 0.5$ W/mK)으로 둘러싸인 1차 직경 2 m 길이의 봉 표면에 1500 W 열을 축적한다. 이것은 내경 3 cm, 두께 1 mm 강관 내에 조합되어 있다. 파이프 외부는 20°C 대기로 35 W/m^{2}K 대류 열전달 계수를 갖는다. 모래의 최고 온도를 구하라.

13.26 냉매 R-12가 두께 0.5 mm, 내경 2 mm 금속 관($k = 10$ W/mK) 안에서 증발할 때 온도가 −20°C이다. 두께 2 mm 서리 층($k \approx 0.75$ W/mK)이 관 외부에 형성되고 5°C 냉장고 공기로 대류($h = 45$ W/m^{2}K)가 있다. 2 m 길이 관에 대한 전체 열전달률을 구하라.

13.27 앞의 문제를 다시 고려하자. 냉장고 안의 팬이 관위로 공기를 불어 h 값이 커진다. 서리 층이 녹기 시작하기 위하여 h 값이 얼마여야 하는가?

확장 표면, 핀

13.28 단면이 8 mm × 8 mm이고 길이가 10 cm인 강철 사각봉이 100°C 판에 부착되어 있다. 주변 가스는 250°C이고 60 W/m^{2}K의 대류 열전달 계수를 갖는다. 핀끝은 단열로 가정한다. 이것은 무한히 길이가 긴 핀인가? 전체 열전달률은 얼마인가?

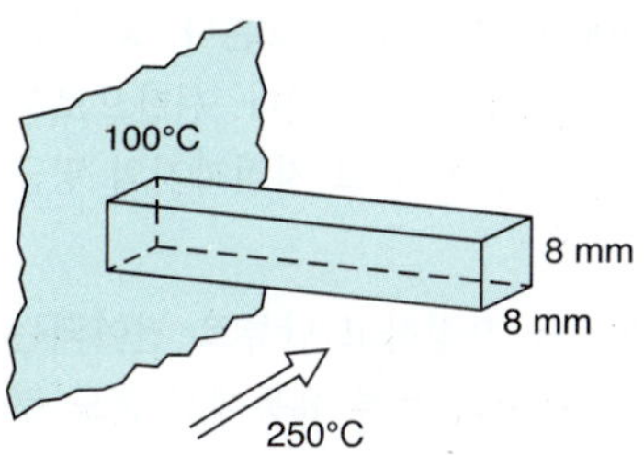

그림 P13.28

13.29 길이 4 cm, 폭 40 cm, 두께 2 mm인 강철판이($k = 15$ W/mK) 폭 40 cm, 온도가 100°C 판의 핀으로 사용된다. 자유 흐름 공기 온도가 15°C이고 $h = 50$ W/m^{2}K이다. 핀끝이 단열이라고 가정할 때 이 핀에 대한 열전달률을 구하고 강철 핀을 길이 2 cm, 폭 40 cm 반으로 잘라서 2개의 동일한 핀으로 사용하는 경우와 비교하라.

13.30 그림 P13.30처럼 두께 1 mm 사방 16 mm인 알루미늄 사각 판이 16 mm × 8 mm CPU에 부착되어 있다. CPU 측면과 바닥을 무시하라. 핀과 상부 표면은 대류 열전달 계수가 40 W/m^{2}K인 25°C 공기로 1 W 열을 버려야 한다. CPU 상부 표면 온도는 얼마인가?

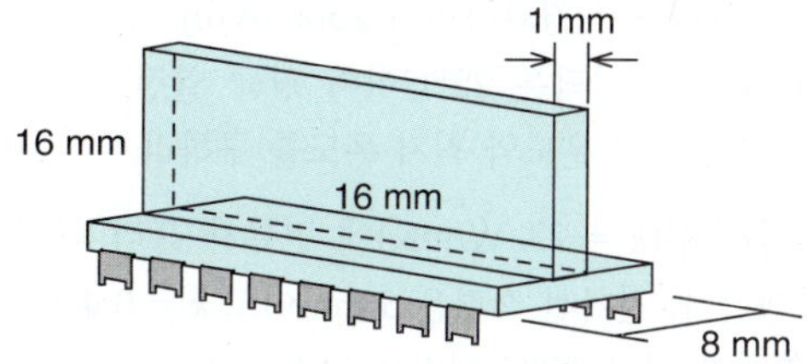

그림 P13.30

13.31 외부 반경 0.25 m인 강관의 표면 온도가 54°C이다. 두께 2 mm, 외부 반경 0.30 m인 환형 핀이 파이프에 장착되고 25°C 대기로 25 W/m^{2}K의 대류 열전달 계수를 갖는다. 각 핀으로부터의 열전달률을 구하라.

13.32 전기가열기의 금속 파이프 길이가 2 m이고 직경이 4 cm로 관 위에는 외경 20 cm, 두께 1 mm의 다수 환형 핀이 설치되어 있다. 핀 금속은 $k = 20$ W/mK이고 대류 열전달 계수는 25 W/m^{2}K이다. 핀 효율과 유효도를 구하라.

13.33 문제 13.32의 가열기 금속관 표면과 핀 표면 위에서 18°C 대기로 대류 열전달 계수는 $h = 25$ W/m^{2}K이다. 가열기 길이 1 cm당 핀이 한 개 있고 1500 W의 전체 열방출이 있는 경우에 직경 4 cm 금속관 온도는 얼마가 되겠는가?

13.34 길이가 30 cm이고 직경이 5 mm인 실린더 모양의 알루미늄 봉이 120°C의 두 개 후판과 20°C 대기 사이에 놓여 있다. 봉으로부터 대기로 열전달 계수는 60 W/m^{2}K이다. 봉에 대한 핀 효율을 구하고 봉으로부터 열전달률을 구하라.

13.35 순동인 삼각형 핀이 두께 8 mm, 길이 10 cm, 폭 25 cm 기초 판에 있다. 외부의 대류 열전달 계수가 100 W/m^{2}K인 경우에 핀 효율을 구하라. 길이가 20 cm인 경우에 이 값은 얼마인가?

13.36 길이가 2 cm, 직경이 1 cm인 실린더 강철봉이 핀으로 사용된다. 기초는 온도가 200°C이고 면적이 0.5 m^{2}이며 $h = 250$ W/m^{2}k로 흐르는 60°C, 800 kPa 물에 노출되어 있다. 기초에 200개 봉이 균일하게 설치되어 있을 때 물로 열전달률을 구하라.

에너지 생성

13.37 새롭게 부은 콘크리트 슬라브 크기가 8 m × 10 cm × 0.12 m이다. 양생하는 동안 2.5 W/kg 열이 발생한다. 바닥은 단열로 가정하고 $h = 15$ W/m^{2}K인 15°C 대기로 표면을 통해 대류 열전달이 일어난다. 고체 콘크리트 물성을 사용하여 평형에 도달할 때(정상 상태) 상부 표면 온도를 구하라.

13.38 두께 2 cm 폴리스티렌 판이 25 000 W/m^3 에너지를 발생하도록 조정된 마이크로 웨이브 오븐 안에 있다. 측면에서 25°C 대기로 대류 열전달 계수는 25 W/m^{2}K이다. 정상 상태에서 판 내부 최대 온도를 구하라.

13.39 20 cm 깊이 연못이 600 W/m^{2}의 태양열 복사로 균일하게 가열된다. 바닥은 완전하게 단열되어 있고 표면은 15°C 대기로 $h = 25$ W/m^{2}K의 대류 열전달 계수를 갖는다. 연못 바닥의 온도를 구하라.

13.40 25 cm 두께 콘크리트가 경화하면서 2500 W/m³ 열을 방출한다. 상부 면은 30°C이고 바닥은 22°C이며 평균 열전도율은 0.9 W/mK이다. 슬랩 내의 최고 온도와 최저 온도를 구하라.

13.41 공중의 전기 금속선(k = 23 W/mK)에 전류가 흘러 단위 길이 당 2 W 열이 발생한다. 전기선 직경은 5 mm이고 k = 0.4 W/mK, 두께 2 mm 단열재가 있고 25°C 대기로 열전달 계수 h = 15 W/m²K이다. 금속 전선의 중심부 온도를 구하라.

13.42 핵 반응로의 실린더 모양 토륨 연료봉(k = 50 W/mK)이 내부 반경 25 mm인 강철 튜브(k = 15 W/mK) 안에 있다. $\dot{q}''' = 10^7$ W/m³의 율로 토륨 내에서 균일하게 에너지가 발생한다. 강철 튜브 밖에는 100°C 물이 h = 1000 W/m²K 열전달 계수로 흐른다. 튜브 단위 길이 당 물로의 열전달률을 구하고 연료봉 내의 최대 온도를 구하라.

13.43 그림 P13.43처럼 접촉 저항 없이 두 평면 층이 붙어 있다. 층 A는 폭이 4 cm이고 k = 100 W/mK이며 200 000 W/m³의 열 발생이 있다. 층 B는 폭이 3 cm이고 k = 20 W/mK로 열 발생이 없다. 양쪽 면의 대기는 40°C로 h = 200 W/m²K이다. 세 지점의 온도를 구하고 왼쪽에서 오른쪽으로 단위 면적 당 열전달률을 구하라.

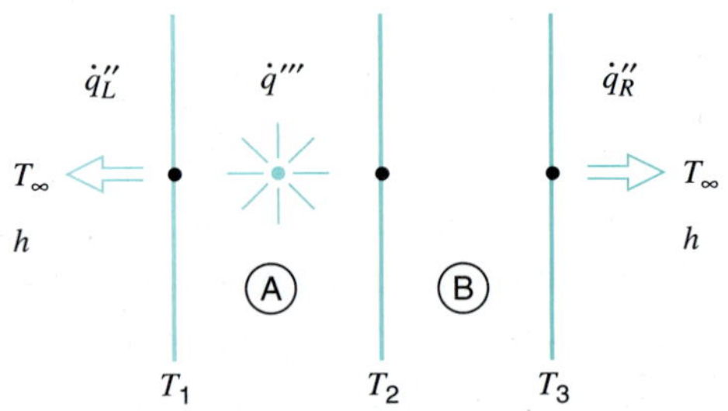

그림 P13.43

천이 문제

13.44 얇은 강철 벽 컨테이너에 80°C, 110 kPa, 200 kg 물이 담겨 있다. 이 물은 전체 표면적 2 m²인 5 cm 두께 유리섬유 층을 통해 대류 열전달 계수가 h = 15 W/m²K인 20°C 대기로 열전달에 의해 냉각된다. 강철 벽과 단열재의 에너지를 무시하고 물 온도가 50°C가 될 때까지 걸리는 시간을 계산하고 30°C까지 걸리는 시간을 구하라.

13.45 25 kg의 구형 강철 볼이 25°C이고 아래 반쪽 면을 통해 1200 K 고온 가스에 의하여 균일하게 가열된다. 대류 열전달 계수가 50 W/m²K이고 강철 온도는 균일하다고 가정한다. 강철 온도가 1000 K 되는 데 걸리는 시간은 얼마인가?

13.46 작은 철구(k = 15 W/mK)가 20°C이다. 90°C로 유지되는 수조에 담근 후 5초 후에 h = 100 W/m²K에 의하여 85°C 균일한 온도로 되었다. 구의 반경은 얼마인가?

13.47 열전대 연결부는(k = 20 W/mK, ρ = 8000 kg/m³, C_p = 0.4 kJ/kg K) 구형이다. 이것을 유체에 담글 때 열전달 계수가 h = 50 W/m²K로 예상된다. 0.02초 안에 유체 온도 변화의 95%를 감지하기 위하여 연결부 크기는 얼마여야 하는가?

13.48 0.1 kg 정육면체 철 온도가 20°C이다. 이것을 90°C 수조에 담근다. 4초 후에 열전달로 인하여 75°C 균일한 온도로 된다. 대류 열전달 계수는 얼마인가?

13.49 현재 20°C에서 1500 kg 공기가 있는 집 바깥은 −20°C 추운 겨울이다. 난방 시스템이 고장나서 4시간 동안 실내 공기 온도가 10°C로 떨어진다. 집안의 모든 물건이 실내 공기와 동일한 온도의 16 000 kg 고체 목재로 대표된다고 가정한다. 실내와 실외 사이의 열저항이 얼마인가? (질량, 체적, 압력 변화 무시하라.)

13.50 1000 m² 면적을 갖는 25 cm 깊이의 얕은 연못에 15°C 물이 있다. 오전과 오후 동안 총 8시간 동안 1000 W/m²의 순수 태양열을 받는다. 열전달을 무시하면 연못은 온도가 얼마가 되겠는가? 30°C 동일한 연못이 복사 없이, 바닥 통한 열전달 없이, 단지 15°C 대기로 20 W/m²K의 열전달 계수로 한밤 동안 냉각된다고 하자. 4시간 후 온도는 얼마인가?

13.51 길이가 L인 정육면체 컨테이너가 20°C, 100 kPa 상태의 질량을 담고 있다. 이 용기는 외부로부터 h = 75 W/m²K로 가열되어 에너지 저장 목적에 사용된다. 컨테이너 안의 질량이 각각 다음과 같은 경우에 Bi 수가 1이 되기 위하여 길이 L은 얼마인가?

a. 공기　　b. 강철　　c. 물

13.52 문제 13.50의 연못을 고려하자. Bi = 0.2이기 위하여 연못 깊이는 얼마인가?

13.53 문제 13.28의 핀에 대하여 Bi 수를 구하라. Bi 수가 0.1이기 위하여 폭이 얼마여야 하는가?

대류

13.54 24 m/s, 300 K 공기가 400 K 평판 위로 흐른다. 공기 물성치는 Pr = 0.7이고 $\upsilon = \mu/\rho = 1.6 \times 10^{-5}$ m²/s이다. 선단으로부터 하류로 x = 0.15 m 지점의 국부 열유속과 그 지점까지의 평균 열유속을 구하라.

13.55 문제 13.54와 동일한 흐름을 가정하고 난류로 천이되는 지점 s_c를 구하라. 국부 열유속과 x_c에서의 층류 유동에서 온도 구배를 구하라.

13.56 전자 칩 상부 온도가 85°C 이고 4 cm 길이 면을 따라 팬이 10 m/s 속도로 20°C 공기를 송풍하고 있다. 칩의 폭 길이는 2 cm이고 공기 물성은 Pr = 0.7이며 $\upsilon = \mu/\rho = 1.6 \times 10^{-5}$ m²/s이다. 전체 열전달률을 구하라. 열전달률을 2배로 하기 위하여 공기 속도는 얼마여야 하는가?

13.57 0°C 대기가 20 m/s 속도로 2 cm 두께의 지붕 위로 흐르며 지붕 아래에는 5°C 공기가 정체된 상태로 있다. 공기 물성이 Pr = 0.7이고 $\upsilon = 1.4 \times 10^{-5}$ m²/s라고 가정하고 지붕 내부 표면 온도는 5°C이다. 지붕 크기는 10 m × 10 m이다. 다락방 공기로부터 지붕을 통한 전체 열 손실을 구하라.

13.58 15°C, Pr = 7, $\nu = \mu/\rho = 1.1 \times 10^{-6}$ m²/s인 물이 변압기

안의 50°C 표면 위를 10 m/s 속도로 흐른다. 전체 길이는 0.25 m이고 폭이 0.1 m일 때 전체 열전달률을 구하라.

13.59 25°C 공기가 75°C 표면 온도를 갖는 $D = 2.5$ cm 실린더 봉 위를 15 m/s 속도로 흐른다. 봉의 길이는 1 m이고 공기 물성은 $Pr = 0.7$, $\nu = \mu/\rho = 1.6 \times 10^{-5}$ m^2/s으로 가정한다. 봉으로부터 열전달률을 구하라.

13.60 15°C, $Pr = 7$, $\nu = \mu/\rho = 1.1 \times 10^{-6}$ m^2/s인 물이 한 변 길이가 0.1 m인 정사각형 단면의 덕트를 통해 1.0 m/s로 흐른다. 덕트 표면 온도는 50°C이다. 덕트로부터 최대 열 손실을 구하고 유동 방향을 결정하라.

13.61 40°C, 400 kPa 보충수가 120°C 표면 온도로 가열된 직경 2 cm 파이프 내를 3 m/s로 흐른다. 물의 물성은 $Pr = 4$, $\nu = \mu/\rho = 0.7 \times 10^{-6}$ m^2/s, $k = 0.6$ W/mk, $C_p = 4.18$ kJ/kg K 이다. 완전 발달 유동을 가정하고 파이프 단위 길이 당 열전달률을 구하라.

13.62 앞의 문제에서 몇 가지 물리적 설정을 가정하자. 물을 100°C로 가열하기 위하여 필요한 파이프 길이는 얼마인가?

13.63 15°C, 100 kPa 물이 0.04 m/s 속도로 한 변이 0.05 m인 정사각형 덕트 내를 흐른다. 일정한 열유속 $\dot{q}'' = 4000$ W/m^2이 덕트에 가해진다. 물의 물성은 $Pr = 8$, $\nu = 1 \times 10^{-6}$ m^2/s이다. 물을 85°C까지 가열하기 위하여 필요한 덕트 길이는 얼마인가? 완전 발달 유동을 가정할 때 초기 덕트 표면 온도는 얼마인가?

13.64 앞의 문제와 동일한 설정을 가정하고 표면 조건을 $T_s = 120$°C로 바꾼다. 물을 85°C까지 가열하기 위하여 필요한 덕트 길이는 얼마인가? 완전 발달 유동을 가정할 때 초기 국부 열유속은 얼마인가?

13.65 엔진 오일이 0.02 kg/s 유량으로 길이 15 m, 직경 3 mm인 관을 흐른다. 100°C 표면 온도를 갖는 관에 오일이 50°C로 들어온다. 오일 물성은 $\nu = \mu/\rho = 1.5 \times 10^{-4}$ m^2/s, $C_p = 1.9$ kJ/kg, $Pr = 600$이다. 오일 출구 온도를 구하라.

13.66 25°C 공기가 두께 2 mm, 직경 5 cm 강철관을 $\mathbf{V} = 50$ m/s 속도로 흐른다. 파이프 안에는 100 kPa, 250°C, $\mathbf{V} = 40$ m/s의 수증기 흐름이 있다. *공기에 대하여*: $Pr = 0.7$, $\nu = \mu/\rho = 1.6 \times 10^{-5}$ m^2/s이고 *수증기에 대하여*: $Pr = 1$, $\nu = \mu/\rho = 4.0 \times 10^{-5}$ m^2/s, $C_p = 2$ kJ/kg K이다. 파이프 단위 길이 당 열 손실을 구하라.

13.67 앞의 문제와 동일한 물리적 상황을 가정하자. 수증기를 175°C까지 냉각하기 위한 파이프 길이를 구하라.

Introduction to
Engineering Thermodynamics

부록

Appendix

부록 A SI 단위: 단일 상태의 상태량 425

표 A.1 단위 환산계수 • 425
표 A.2 임계 상수 • 428
표 A.3 25°C에서 고체의 상태량 • 429
표 A.4 25°C에서 액체의 상태량 • 429
표 A.5 25°C, 100 kPa에서 각종 이상기체의 상태량(SI 단위) • 430
표 A.6 각종 이상기체의 정압 비열 • 431
표 A.7.1 공기의 이상기체 상태량과 0.1 MPa(1 bar)에서의 표준 엔트로피 • 432
표 A.7.2 등엔트로피 상대 압력과 상대부피 함수 • 433
표 A.8 각종 물질의 이상기체 상태량과 0.1 MPa(1 bar)에서의 엔트로피(질량 기준) • 434
표 A.9 각종 물질의 이상기체 상태량과 0.1 MPa(1 bar)에서의 엔트로피(몰 기준)(SI 단위) • 436
표 A.10 25°C, 100 kPa에서 각종 물질의 생성엔탈피와 절대엔트로피 • 442
표 A.11 e를 밑(base)으로 하는 평형상수 K의 로그, $\ln K$ • 443

부록 B SI 단위: 열역학표 445

표 B.1 물의 열역학적 상태량 • 445
표 B.2 암모니아의 열역학적 상태량 • 466
표 B.3 R-12의 열역학적 상태량 • 470
표 B.4 R-22의 열역학적 상태량 • 474
표 B.5 R-134a의 열역학적 상태량 • 480
표 B.6 질소의 열역학적 상태량 • 486

부록 C 이상기체 비열 491

부록 D 상태방정식 493

표 D.1 상태방정식 • 493
표 D.2 Benedict-Webb-Rubin 방정식의 실험상수들 • 494
표 D.3 Lee-Kesler 상태방정식 • 495
표 D.4 Lee-Kesler 단순유체의 포화액-증기 압축성 • 495
표 D.5 물질의 편차인자(acentric factors) • 495
그림 D.1 Lee-Kesler 단순유체의 압축성인자 • 496

부록 E 그림 497

그림 E.1 물에 대한 온도-엔트로피 선도 • 497
그림 E.2 암모니아에 대한 압력-엔탈피 선도 • 498
그림 E.3 산소에 대한 압력-엔탈피 선도 • 499
그림 E.4 건습구 도표 • 500

부록 F 영국 단위 보충 501

부록 G 영국 단위표 509

표 G.1 임계상수(영국 단위) • 509
표 G.2 77°F에서 고체의 상태량 • 511
표 G.3 77°F에서 액체의 상태량 • 511
표 G.4 77°F, 1atm에서 각종 이상기체의 상태량(영국 단위) • 512
표 G.5 공기의 이상기체 상태량(영국 단위), 1 atm = 101.325 kPa = 14.696 lbf/in^{2}에서의 표준 엔트로피 • 513
표 G.6 각종 물질의 이상기체 상태량(영국 단위), 1 atm에서의 엔트로피 • 514
표 G.7 물의 열역학적 상태량 • 520
표 G.8 R-134a의 열역학적 상태량 • 531
표 G.9 77°F, 1 atm에서 각종 물질의 생성엔탈피와 절대엔트로피 • 537

부록 A

SI 단위: 단일 상태의 상태량

SI Units: Single-State Properties

표 A.1 단위 환산계수.

Area (A)	
1 mm^2 = 1.0 × 10^{-6} m^2	1 ft^2 = 144 in.^{2}
1 cm^2 = 1.0 × 10^{-4} m^2 = 0.1550 in.^{2}	1 in.^{2} = 6.4516 cm^2 = 6.4516 × 10^{-4} m^2
1 m^2 = 10.7639 ft^2	1 ft^2 = 0.092 903 m^2
Conductivity (k)	
1 W/m-K = 1 J/s-m-K	
= 0.577 789 Btu/h-ft-°R	1 Btu/h-ft-R = 1.730 735 W/m-K
Density (ρ)	
1 kg/m^3 = 0.06242797 lbm/ft^3	1 lbm/ft^3 = 16.018 46 kg/m^3
1 g/cm^3 = 1000 kg/m^3	
1 g/cm^3 = 1 kg/L	
Energy (E, U)	
1 J = 1 N-m = 1 kg-m^2/s^2	
1 J = 0.737 562 lbf-ft	1 lbf-ft = 1.355 818 J
1 cal (Int.) = 4.1868 J	= 1.28507 × 10^{-3} Btu
	1 Btu (Int.) = 1.055 056 kJ
1 erg = 1.0 × 10^{-7} J	= 778.1693 lbf-ft
1 eV = 1.602 177 33 × 10^{-19} J	
Force (F)	
1 N = 0.224809 lbf	1 lbf = 4.448 222 N
1 kp = 9.80665 N (1 kgf)	
Gravitation	
g = 9.80665 m/s^2	g = 32.17405 ft/s^2
Heat capacity (C_p, C_v, C), specific entropy (s)	
1 kJ/kg-K = 0.238 846 Btu/lbm-°R	1 Btu/lbm-°R = 4.1868 kJ/kg-K
Heat flux (per unit area)	
1 W/m^2 = 0.316 998 Btu/h-ft^2	1 Btu/h-ft^2 = 3.15459 W/m^2

표 A.1 단위 환산계수. (계속)

Heat-transfer coefficient (h) 1 W/m^2-K = 0.176 11 Btu/h-ft^2-°R	1 Btu/h-ft^2-°R = 5.67826 W/m^2-K
Length (L) 1 mm = 0.001 m = 0.1 cm 1 cm = 0.01 m = 10 mm = 0.3970 in. 1 m = 3.28084 ft = 39.370 in. 1 km = 0.621 371 mi 1 mi = 1609.3 m (US statute)	1 ft = 12 in. 1 in. = 2.54 cm = 0.0254 m 1 ft = 0.3048 m 1 mi = 1.609344 km 1 yd = 0.9144 m
Mass (m) 1 kg = 2.204 623 lbm 1 tonne = 1000 kg 1 grain = 6.47989×10^{-5} kg	1 lbm = 0.453 592 kg 1 slug = 14.5939 kg 1 ton = 2000 lbm
Moment (torque, T) 1 N-m = 0.737 562 lbf-ft	1 lbf-ft = 1.355 818 N-m
Momentum (mV) 1 kg-m/s = 7.232 94 lbm-ft/s = 0.224809 lbf-s	1 lbm-ft/s = 0.138 256 kg-m/s
Power ($\dot{Q}$, $\dot{W}$) 1 W = 1 J/s = 1 N-m/s = 0.737 562 lbf-ft/s 1 kW = 3412.14 Btu/h 1 hp (metric) = 0.735 499 kW 1 ton of refrigeration = 3.516 85 kW	1 lbf-ft/s = 1.355 818 W = 4.626 24 Btu/h 1 Btu/s = 1.055 056 kW 1 hp (UK) = 0.7457 kW = 550 lbf-ft/s = 2544.43 Btu/h 1 ton of refrigeration = 12 000 Btu/h
Pressure (P) 1 Pa = 1 N/m^2 = 1 kg/m-s^2 1 bar = 1.0×10^5 Pa = 100 kPa 1 atm = 101.325 kPa = 1.01325 bar = 760 mm Hg [0°C] = 10.332 56 m H_2O [4°C] 1 torr = 1 mm Hg [0°C] 1 mm Hg [0°C] = 0.133 322 kPa 1 m H_2O [4°C] = 9.806 38 kPa	1 lbf/$in.^2$ = 6.894 757 kPa 1 atm = 14.695 94 lbf/$in.^2$ = 29.921 in. Hg [32°F] = 33.899 5 ft H_2O [4°C] 1 in. Hg [0°C] = 0.49115 lbf/$in.^2$ 1 in. H_2O [4°C] = 0.036126 lbf/$in.^2$
Specific energy (e, u) 1 kJ/kg = 0.42992 Btu/lbm = 334.55 lbf-ft/lbm	1 Btu/lbm = 2.326 kJ/kg 1 lbf-ft/lbm = 2.98907×10^{-3} kJ/kg = 1.28507×10^{-3} Btu/lbm

표 A.1 단위 환산계수. (계속)

Specific kinetic energy ($\frac{1}{2}\mathbf{V}^2$)
1 m^2/s^2 = 0.001 kJ/kg
1 kJ/kg = 1000 m^2/s^2
1 ft^2/s^2 = 3.9941 × 10^{-5} Btu/lbm
1 Btu/lbm = 25037 ft^2/s^2

Specific potential energy (Zg)
1 m-g_{std} = 9.80665 × 10^{-3} kJ/kg
= 4.21607 × 10^{-3} Btu/lbm
1 ft-g_{std} = 1.0 lbf-ft/lbm
= 0.001285 Btu/lbm
= 0.002989 kJ/kg

Specific volume (v)
1 cm^3/g = 0.001 m^3/kg
1 cm^3/g = 1 L/kg
1 m^3/kg = 16.018 46 ft^3/lbm
1 ft^3/lbm = 0.062 428 m^3/kg

Temperature (T)
1 K = 1°C = 1.8 R = 1.8 F
TC = TK − 273.15
= (TF − 32)/1.8
TK = TR/1.8
1 R = (5/9) K
TF = TR − 459.67
= 1.8 TC + 32
TR = 1.8 TK

Universal Gas Constant
$\bar{R} = N_0 k$ = 8.31451 kJ/kmol-K
= 1.98589 kcal/kmol-K
= 82.0578 atm-L/kmol-K
$\bar{R}$ = 1.98589 Btu/lbmol-R
= 1545.36 lbf-ft/lbmol-R
= 0.73024 atm-ft^3/lbmol-R
= 10.7317 (lbf/in.^{2})-ft^3/lbmol-R

Velocity (V)
1 m/s = 3.6 km/h
= 3.28084 ft/s
= 2.23694 mi/h
1 km/h = 0.27778 m/s
= 0.91134 ft/s
= 0.62137 mi/h
1 ft/s = 0.681818 mi/h
= 0.3048 m/s
= 1.09728 km/h
1 mi/h = 1.46667 ft/s
= 0.44704 m/s
= 1.609344 km/h

Volume (V)
1 m^3 = 35.3147 ft^3
1 L = 1 dm^3 = 0.001 m^3
1 Gal (US) = 3.785 412 L
= 3.785 412 × 10^{-3} m^3
1 ft^3 = 2.831 685 × 10^{-2} m^3
1 in.^{3} = 1.6387 × 10^{-5} m^3
1 Gal (UK) = 4.546 090 L
1 Gal (US) = 231.00 in.^{3}

표 A.2 임계 상수.

Substance	Formula	Molec. Mass	Temp. (K)	Press. (MPa)	Vol. (m^3/kg)
Ammonia	NH_3	17.031	405.5	11.35	0.00426
Argon	Ar	39.948	150.8	4.87	0.00188
Bromine	Br_2	159.808	588	10.30	0.000796
Carbon dioxide	CO_2	44.01	304.1	7.38	0.00212
Carbon monoxide	CO	28.01	132.9	3.50	0.00333
Chlorine	Cl_2	70.906	416.9	7.98	0.00175
Fluorine	F_2	37.997	144.3	5.22	0.00174
Helium	He	4.003	5.19	0.227	0.0143
Hydrogen (normal)	H_2	2.016	33.2	1.30	0.0323
Krypton	Kr	83.80	209.4	5.50	0.00109
Neon	Ne	20.183	44.4	2.76	0.00206
Nitric oxide	NO	30.006	180	6.48	0.00192
Nitrogen	N_2	28.013	126.2	3.39	0.0032
Nitrogen dioxide	NO_2	46.006	431	10.1	0.00365
Nitrous oxide	N_2O	44.013	309.6	7.24	0.00221
Oxygen	O_2	31.999	154.6	5.04	0.00229
Sulfur dioxide	SO_2	64.063	430.8	7.88	0.00191
Water	H_2O	18.015	647.3	22.12	0.00317
Xenon	Xe	131.30	289.7	5.84	0.000902
Acetylene	C_2H_2	26.038	308.3	6.14	0.00433
Benzene	C_6H_6	78.114	562.2	4.89	0.00332
n-Butane	C_4H_{10}	58.124	425.2	3.80	0.00439
Chlorodifluoroethane (142b)	CH_3CClF_2	100.495	410.3	4.25	0.00230
Chlorodifluoromethane (22)	$CHClF_2$	86.469	369.3	4.97	0.00191
Dichlorofluoroethane (141)	CH_3CCl_2F	116.95	481.5	4.54	0.00215
Dichlorotrifluoroethane (123)	$CHCl_2CF_3$	152.93	456.9	3.66	0.00182
Difluoroethane (152a)	CHF_2CH_3	66.05	386.4	4.52	0.00272
Difluoromethane (32)	CF_2H_2	52.024	351.3	5.78	0.00236
Ethane	C_2H_6	30.070	305.4	4.88	0.00493
Ethyl alcohol	C_2H_5OH	46.069	513.9	6.14	0.00363
Ethylene	C_2H_4	28.054	282.4	5.04	0.00465
n-Heptane	C_7H_{16}	100.205	540.3	2.74	0.00431
n-Hexane	C_6H_{14}	86.178	507.5	3.01	0.00429
Methane	CH_4	16.043	190.4	4.60	0.00615
Methyl alcohol	CH_3OH	32.042	512.6	8.09	0.00368
n-Octane	C_8H_{18}	114.232	568.8	2.49	0.00431
Pentafluoroethane (125)	CHF_2CF_3	120.022	339.2	3.62	0.00176
n-Pentane	C_5H_{12}	72.151	469.7	3.37	0.00421
Propane	C_3H_8	44.094	369.8	4.25	0.00454
Propene	C_3H_6	42.081	364.9	4.60	0.00430
Tetrafluoroethane (134a)	CF_3CH_2F	102.03	374.2	4.06	0.00197

표 A.3 25°C에서 고체의 상태량.

Substance	ρ (kg/m^3)	C_p (kJ/kg-K)
Asphalt	2120	0.92
Brick, common	1800	0.84
Carbon, diamond	3250	0.51
Carbon, graphite	2000~2500	0.61
Coal	1200~1500	1.26
Concrete	2200	0.88
Glass, plate	2500	0.80
Glass, wool	20	0.66
Granite	2750	0.89
Ice (0°C)	917	2.04
Paper	700	1.2
Plexiglass	1180	1.44
Polystyrene	920	2.3
Polyvinyl chloride	1380	0.96
Rubber, soft	1100	1.67
Sand, dry	1500	0.8
Salt, rock	2100~2500	0.92
Silicon	2330	0.70
Snow, firm	560	2.1
Wood, hard (oak)	720	1.26
Wood, soft (pine)	510	1.38
Wool	100	1.72
Metals		
Aluminum	2700	0.90
Brass, 60-40	8400	0.38
Copper, commercial	8300	0.42
Gold	19300	0.13
Iron, cast	7272	0.42
Iron, 304 St Steel	7820	0.46
Lead	11340	0.13
Magnesium, 2% Mn	1778	1.00
Nickel, 10% Cr	8666	0.44
Silver, 99.9% Ag	10524	0.24
Sodium	971	1.21
Tin	7304	0.22
Tungsten	19300	0.13
Zinc	7144	0.39

표 A.4 25°C에서 액체의 상태량.*

Substance	ρ (kg/m^3)	C_p (kJ/kg-K)
Ammonia	604	4.84
Benzene	879	1.72
Butane	556	2.47
CCl_4	1584	0.83
CO_2	680	2.9
Ethanol	783	2.46
Gasoline	750	2.08
Glycerine	1260	2.42
Kerosene	815	2.0
Methanol	787	2.55
n-octane	692	2.23
Oil engine	885	1.9
Oil light	910	1.8
Propane	510	2.54
R-12	1310	0.97
R-22	1190	1.26
R-32	961	1.94
R-125	1191	1.41
R-134a	1206	1.43
Water	997	4.18
Liquid metals		
Bismuth, Bi	10040	0.14
Lead, Pb	10660	0.16
Mercury, Hg	13580	0.14
NaK (56/44)	887	1.13
Potassium, K	828	0.81
Sodium, Na	929	1.38
Tin, Sn	6950	0.24
Zinc, Zn	6570	0.50

*Or T_{melt} if higher

표 A.5 25°C, 100 kPa에서 각종 이상기체의 상태량(SI 단위).*

Gas	Chemical Formula	Molecular Mass	R (kJ/Kg-K)	ρ (kg/m^3)	C_{p0} (kJ/kg-K)	C_{v0} (kJ/kg-K)	$k = \frac{C_p}{C_v}$
Steam	H_2O	18.015	0.4615	0.0231	1.872	1.410	1.327
Acetylene	C_2H_2	26.038	0.3193	1.05	1.699	1.380	1.231
Air	-	28.97	0.287	1.169	1.004	0.717	1.400
Ammonia	NH_3	17.031	0.4882	0.694	2.130	1.642	1.297
Argon	Ar	39.948	0.2081	1.613	0.520	0.312	1.667
Butane	C_4H_{10}	58.124	0.1430	2.407	1.716	1.573	1.091
Carbon dioxide	CO_2	44.01	0.1889	1.775	0.842	0.653	1.289
Carbon monoxide	CO	28.01	0.2968	1.13	1.041	0.744	1.399
Ethane	C_2H_6	30.07	0.2765	1.222	1.766	1.490	1.186
Ethanol	C_2H_5OH	46.069	0.1805	1.883	1.427	1.246	1.145
Ethylene	C_2H_4	28.054	0.2964	1.138	1.548	1.252	1.237
Helium	He	4.003	2.0771	0.1615	5.193	3.116	1.667
Hydrogen	H_2	2.016	4.1243	0.0813	14.209	10.085	1.409
Methane	CH_4	16.043	0.5183	0.648	2.254	1.736	1.299
Methanol	CH_3OH	32.042	0.2595	1.31	1.405	1.146	1.227
Neon	Ne	20.183	0.4120	0.814	1.03	0.618	1.667
Nitric oxide	NO	30.006	0.2771	1.21	0.993	0.716	1.387
Nitrogen	N_2	28.013	0.2968	1.13	1.042	0.745	1.400
Nitrous oxide	N_2O	44.013	0.1889	1.775	0.879	0.690	1.274
n-octane	C_8H_{18}	114.23	0.07279	0.092	1.711	1.638	1.044
Oxygen	O_2	31.999	0.2598	1.292	0.922	0.662	1.393
Propane	C_3H_8	44.094	0.1886	1.808	1.679	1.490	1.126
R-12	CCl_2F_2	120.914	0.06876	4.98	0.616	0.547	1.126
R-22	$CHClF_2$	86.469	0.09616	3.54	0.658	0.562	1.171
R-32	CF_2H_2	52.024	0.1598	2.125	0.822	0.662	1.242
R-125	CHF_2CF_3	120.022	0.06927	4.918	0.791	0.722	1.097
R-134a	CF_3CH_2F	102.03	0.08149	4.20	0.852	0.771	1.106
Sulfur dioxide	SO_2	64.059	0.1298	2.618	0.624	0.494	1.263
Sulfur trioxide	SO_3	80.053	0.10386	3.272	0.635	0.531	1.196

*Or saturation pressure if it is less than 100 kPa.

표 A.6 각종 이상기체의 정압 비열.†

	$C_{p0} = C_0 + C_1\theta + C_2\theta_2 + C_3\theta_3$		(kJ/kg K)	$\theta = T$(Kelvin)/1000	
Gas	**Formula**	C_0	C_1	C_2	C_3
Steam	H_2O	1.79	0.107	0.586	−0.20
Acetylene	C_2H_2	1.03	2.91	−1.92	0.54
Air	-	1.05	−0.365	0.85	−0.39
Ammonia	NH_3	1.60	1.4	1.0	−0.7
Argon	Ar	0.52	0	0	0
Butane	C_4H_{10}	0.163	5.70	−1.906	−0.049
Carbon dioxide	CO_2	0.45	1.67	−1.27	0.39
Carbon monoxide	CO	1.10	−0.46	1.0	−0.454
Ethane	C_2H_6	0.18	5.92	−2.31	0.29
Ethanol	C_2H_5OH	0.2	−4.65	−1.82	0.03
Ethylene	C_2H_4	1.036	5.58	−3.0	0.63
Helium	He	5.193	0	0	0
Hydrogen	H_2	13.46	4.6	−6.85	3.79
Methane	CH_4	1.2	3.25	0.75	−0.71
Methanol	CH_3OH	0.66	2.21	0.81	−0.89
Neon	Ne	1.03	0	0	0
Nitric oxide	NO	0.98	−0.031	0.325	−0.14
Nitrogen	N_2	1.11	−0.48	0.96	−0.42
Nitrous oxide	N_2O	0.49	1.65	−1.31	0.42
n-octane	C_8H_{18}	−0.053	6.75	−3.67	0.775
Oxygen	O_2	0.88	−0.0001	0.54	−0.33
Propane	C_3H_8	−0.096	6.95	−3.6	0.73
R-12*	CCl_2F_2	0.26	1.47	−1.25	0.36
R-22*	$CHClF_2$	0.2	1.87	−1.35	0.35
R-32*	CF_2H_2	0.227	2.27	−0.93	0.041
R-125*	CHF_2CF_3	0.305	1.68	−0.284	0
R-134a*	CF_3CH_2F	0.165	2.81	−2.23	1.11
Sulfur dioxide	SO_2	0.37	1.05	−0.77	0.21
Sulfur trioxide	SO_3	0.24	1.7	−1.5	0.46

†Approximate forms valid from 250 K to 1200 K.

*Formula limited to maximum 500 K.w

표 A.7.1 공기의 이상기체 상태량과 0.1 MPa(1 bar)에서의 표준 엔트로피.

T (K)	u (kJ/kg)	h (kJ/kg)	s_T^0 (kJ/kg-K)	T (K)	u (kJ/kg)	h (kJ/kg)	s_T^0 (kJ/kg-K)
200	142.77	200.17	6.46260	1100	845.45	1161.18	8.24449
220	157.07	220.22	6.55812	1150	889.21	1219.30	8.29616
240	171.38	240.27	6.64535	1200	933.37	1277.81	8.34596
260	185.70	260.32	6.72562	1250	977.89	1336.68	8.39402
280	200.02	280.39	6.79998	1300	1022.75	1395.89	8.44046
290	207.19	290.43	6.83521	1350	1067.94	1455.43	8.48539
298.15	213.04	298.62	6.86305	1400	1113.43	1515.27	8.52891
300	214.36	300.47	6.86926	1450	1159.20	1575.40	8.57111
320	228.73	320.58	6.93413	1500	1205.25	1635.80	8.61208
340	243.11	340.70	6.99515	1550	1251.55	1696.45	8.65185
360	257.53	360.86	7.05276	1600	1298.08	1757.33	8.69051
380	271.99	381.06	7.10735	1650	1344.83	1818.44	8.72811
400	286.49	401.30	7.15926	1700	1391.80	1879.76	8.76472
420	301.04	421.59	7.20875	1750	1438.97	1941.28	8.80039
440	315.64	441.93	7.25607	1800	1486.33	2002.99	8.83516
460	330.31	462.34	7.30142	1850	1533.87	2064.88	8.86908
480	345.04	482.81	7.34499	1900	1581.59	2126.95	8.90219
500	359.84	503.36	7.38692	1950	1629.47	2189.19	8.93452
520	374.73	523.98	7.42736	2000	1677.52	2251.58	8.96611
540	389.69	544.69	7.46642	2050	1725.71	2314.13	8.99699
560	404.74	565.47	7.50422	2100	1774.06	2376.82	9.02721
580	419.87	586.35	7.54084	2150	1822.54	2439.66	9.05678
600	435.10	607.32	7.57638	2200	1871.16	2502.63	9.08573
620	450.42	628.38	7.61090	2250	1919.91	2565.73	9.11409
640	465.83	649.53	7.64448	2300	1968.79	2628.96	9.14189
660	481.34	670.78	7.67717	2350	2017.79	2692.31	9.16913
680	496.94	692.12	7.70903	2400	2066.91	2755.78	9.19586
700	512.64	713.56	7.74010	2450	2116.14	2819.37	9.22208
720	528.44	735.10	7.77044	2500	2165.48	2883.06	9.24781
740	544.33	756.73	7.80008	2550	2214.93	2946.86	9.27308
760	560.32	778.46	7.82905	2600	2264.48	3010.76	9.29790
780	576.40	800.28	7.85740	2650	2314.13	3074.77	9.32228
800	592.58	822.20	7.88514	2700	2363.88	3138.87	9.34625
850	633.42	877.40	7.95207	2750	2413.73	3203.06	9.36980
900	674.82	933.15	8.01581	2800	2463.66	3267.35	9.39297
950	716.76	989.44	8.07667	2850	2513.69	3331.73	9.41576
1000	759.19	1046.22	8.13493	2900	2563.80	3396.19	9.43818
1050	802.10	1103.48	8.19081	2950	2613.99	3460.73	9.46025
1100	845.45	1161.18	8.24449	3000	2664.27	3525.36	9.48198

표 A.7.2 등엔트로피 상대 압력과 상대부피 함수.

T[K]	P_r	v_r	T[K]	P_r	v_r	T[K]	P_r	v_r
200	0.2703	493.47	700	23.160	20.155	1900	1327.5	0.95445
220	0.3770	389.15	720	25.742	18.652	1950	1485.8	0.87521
240	0.5109	313.27	740	28.542	17.289	2000	1658.6	0.80410
260	0.6757	256.58	760	31.573	16.052	2050	1847.1	0.74012
280	0.8756	213.26	780	34.851	14.925	2100	2052.1	0.68242
290	0.9899	195.36	800	38.388	13.897	2150	2274.8	0.63027
298.15	1.0907	182.29	850	48.468	11.695	2200	2516.2	0.58305
300	1.1146	179.49	900	60.520	9.9169	2250	2777.5	0.54020
320	1.3972	152.73	950	74.815	8.4677	2300	3059.9	0.50124
340	1.7281	131.20	1000	91.651	7.2760	2350	3364.6	0.46576
360	2.1123	113.65	1050	111.35	6.2885	2400	3693.0	0.43338
380	2.5548	99.188	1100	134.25	5.4641	2450	4046.2	0.40378
400	3.0612	87.137	1150	160.73	4.7714	2500	4425.8	0.37669
420	3.6373	77.003	1200	191.17	4.1859	2550	4833.0	0.35185
440	4.2892	68.409	1250	226.02	3.6880	2600	5269.5	0.32903
460	5.0233	61.066	1300	265.72	3.2626	2650	5736.7	0.30805
480	5.8466	54.748	1350	310.74	2.8971	2700	6236.2	0.28872
500	6.7663	49.278	1400	361.62	2.5817	2750	6769.7	0.27089
520	7.7900	44.514	1450	418.89	2.3083	2800	7338.7	0.25443
540	8.9257	40.344	1500	483.16	2.0703	2850	7945.1	0.23921
560	10.182	36.676	1550	554.96	1.8625	2900	8590.7	0.22511
580	11.568	33.436	1600	634.97	1.6804	2950	9277.2	0.21205
600	13.092	30.561	1650	723.86	1.52007	3000	10007.	0.19992
620	14.766	28.001	1700	822.33	1.37858			
640	16.598	25.713	1750	931.14	1.25330			
660	18.600	23.662	1800	1051.05	1.14204			
680	20.784	21.818	1850	1182.9	1.04294			
700	23.160	20.155	1900	1327.5	0.95445			

상대압력과 상대부피는 온도의 함수로서 두 척도상수 A_1과 A_2를 사용하여 계산할 수 있다.

$$P_r = \exp\left[s_T^0/R - A_1\right]; \qquad v_r = A_2 T/P_r$$

등엔트로피 과정($s_1 = s_2$)에 대해서는

$$\frac{P_2}{P_1} = \frac{P_{r2}}{P_{r1}} = \frac{e^{S_{T2}^0/R}}{e^{S_{T1}^0/R}} \approx \left(\frac{T_2}{T_1}\right)^{C_p/R} \quad \text{and} \quad \frac{v_2}{v_1} = \frac{v_{r2}}{v_{r1}} \approx \left(\frac{T_2}{T_1}\right)^{C_v/R}$$

여기서 근사적 등식은 비열이 일정하다는 가정에 따른 것이다.

표 A.8 각종 물질의 이상기체 상태량과 0.1 MPa(1 bar)에서의 엔트로피(질량 기준).

	Nitrogen, Diatomic (N_2) $R = 0.2968$ kJ/kg-K $M = 28.013$			Oxygen, Diatomic (O_2) $R = 0.2598$ kJ/kg-K $M = 31.999$		
T (K)	u (kJ/kg)	h (kJ/kg)	s_T^0 (kJ/kg-K)	u (kJ/kg)	h (kJ/kg)	s_T^0 (kJ/kg-K)
200	148.39	207.75	6.4250	129.84	181.81	6.0466
250	185.50	259.70	6.6568	162.41	227.37	6.2499
300	222.63	311.67	6.8463	195.20	273.15	6.4168
350	259.80	363.68	7.0067	228.37	319.31	6.5590
400	297.09	415.81	7.1459	262.10	366.03	6.6838
450	334.57	468.13	7.2692	296.52	413.45	6.7954
500	372.35	520.75	7.3800	331.72	461.63	6.8969
550	410.52	573.76	7.4811	367.70	510.61	6.9903
600	449.16	627.24	7.5741	404.46	560.36	7.0768
650	488.34	681.26	7.6606	441.97	610.86	7.1577
700	528.09	735.86	7.7415	480.18	662.06	7.2336
750	568.45	791.05	7.8176	519.02	713.90	7.3051
800	609.41	846.85	7.8897	558.46	766.33	7.3728
850	650.98	903.26	7.9581	598.44	819.30	7.4370
900	693.13	960.25	8.0232	638.90	872.75	7.4981
950	735.85	1017.81	8.0855	679.80	926.65	7.5564
1000	779.11	1075.91	8.1451	721.11	980.95	7.6121
1100	867.14	1193.62	8.2572	804.80	1090.62	7.7166
1200	957.00	1313.16	8.3612	889.72	1201.53	7.8131
1300	1048.46	1434.31	8.4582	975.72	1313.51	7.9027
1400	1141.35	1556.87	8.5490	1062.67	1426.44	7.9864
1500	1235.50	1680.70	8.6345	1150.48	1540.23	8.0649
1600	1330.72	1805.60	8.7151	1239.10	1654.83	8.1389
1700	1426.89	1931.45	8.7914	1328.49	1770.21	8.2088
1800	1523.90	2058.15	8.8638	1418.63	1886.33	8.2752
1900	1621.66	2185.58	8.9327	1509.50	2003.19	8.3384
2000	1720.07	2313.68	8.9984	1601.10	2120.77	8.3987
2100	1819.08	2442.36	9.0612	1693.41	2239.07	8.4564
2200	1918.62	2571.58	9.1213	1786.44	2358.08	8.5117
2300	2018.63	2701.28	9.1789	1880.17	2477.79	8.5650
2400	2119.08	2831.41	9.2343	1974.60	2598.20	8.6162
2500	2219.93	2961.93	9.2876	2069.71	2719.30	8.6656
2600	2321.13	3092.81	9.3389	2165.50	2841.07	8.7134
2700	2422.66	3224.03	9.3884	2261.94	2963.49	8.7596
2800	2524.50	3355.54	9.4363	2359.01	3086.55	8.8044
2900	2626.62	3487.34	9.4825	2546.70	3210.22	8.8478
3000	2729.00	3619.41	9.5273	2554.97	3334.48	8.8899

표 A.8 각종 물질의 이상기체 상태량과 0.1 MPa(1 bar)에서의 엔트로피(질량 기준). (계속)

	Carbon Dioxide (CO_2) $R = 0.1889$ kJ/kg-K $M = 44.010$			Water (H_2O) $R = 0.4615$ kJ/kg-K $M = 18.015$		
T (K)	**u (kJ/kg)**	**h (kJ/kg)**	**s_T^0 (kJ/kg-K)**	**u (kJ/kg)**	**h (kJ/kg)**	**s_T^0 (kJ/kg-K)**
200	97.49	135.28	4.5439	276.38	368.69	9.7412
250	126.21	173.44	4.7139	345.98	461.36	10.1547
300	157.70	214.38	4.8631	415.87	554.32	10.4936
350	191.78	257.90	4.9972	486.37	647.90	10.7821
400	228.19	303.76	5.1196	557.79	742.40	11.0345
450	266.69	351.70	5.2325	630.40	838.09	11.2600
500	307.06	401.52	5.3375	704.36	935.12	11.4644
550	349.12	453.03	5.4356	779.79	1033.63	11.6522
600	392.72	506.07	5.5279	856.75	1133.67	11.8263
650	437.71	560.51	5.6151	935.31	1235.30	11.9890
700	483.97	616.22	5.6976	1015.49	1338.56	12.1421
750	531.40	673.09	5.7761	1097.35	1443.49	12.2868
800	579.89	731.02	5.8508	1180.90	1550.13	12.4244
850	629.35	789.93	5.9223	1266.19	1658.49	12.5558
900	676.69	849.72	5.9906	1353.23	1768.60	12.6817
950	730.85	910.33	6.0561	1442.03	1880.48	12.8026
1000	782.75	971.67	6.1190	1532.61	1994.13	12.9192
1100	888.55	1096.36	6.2379	1719.05	2226.73	13.1408
1200	996.64	1223.34	6.3483	1912.42	2466.25	13.3492
1300	1106.68	1352.28	6.4515	2112.47	2712.46	13.5462
1400	1218.38	1482.87	6.5483	2318.89	2965.03	13.7334
1500	1331.50	1614.88	6.6394	2531.28	3223.57	13.9117
1600	1445.85	1748.12	6.7254	2749.24	3487.69	14.0822
1700	1561.26	1882.43	6.8068	2972.35	3756.95	14.2454
1800	1677.61	2017.67	6.8841	3200.17	4030.92	14.4020
1900	1794.78	2153.73	6.9577	3432.28	4309.18	14.5524
2000	1912.67	2290.51	7.0278	3668.24	4591.30	14.6971
2100	2031.21	2427.95	7.0949	3908.08	4877.29	14.8366
2200	2150.34	2565.97	7.1591	4151.28	5166.64	14.9712
2300	2270.00	2704.52	7.2206	4397.56	5459.08	15.1012
2400	2390.14	2843.55	7.2798	4646.71	5754.37	15.2269
2500	2510.74	2983.04	7.3368	4898.49	6052.31	15.3485
2600	2631.73	3122.93	7.3917	5152.73	6352.70	15.4663
2700	2753.10	3263.19	7.4446	5409.24	6655.36	15.5805
2800	2874.81	3403.79	7.4957	5667.86	6960.13	15.6914
2900	2996.84	3544.71	7.5452	5928.44	7266.87	15.7990
3000	3119.18	3685.95	7.5931	6190.86	7575.44	15.9036

표 A.9 각종 물질의 이상기체 상태량과 0.1 MPa(1 bar)에서의 엔트로피(몰 기준)(SI 단위).

	Nitrogen, Diatomic (N_2) $\bar{h}^0_{f,298} = 0$ kJ/kmol $M = 28.13$		Nitrogen, Monatomic (N) $\bar{h}^0_{f,298} = 472\ 680$ kJ/kmol $M = 14.007$	
T K	$(\bar{h} - \bar{h}^0_{298})$ kJ/kmol	$\bar{s}^0_T$ kJ/kmol K	$(\bar{h} - \bar{h}^0_{298})$ kJ/kmol	$\bar{s}^0_T$ kJ/kmol
0	−8670	0	−6197	0
100	−5768	159.812	−4119	130.593
200	−2857	179.985	−2040	145.001
298	0	191.609	0	153.300
300	54	191.789	38	153.429
400	2971	200.181	2117	159.409
500	5911	206.740	4196	164.047
600	8894	212.177	6274	167.837
700	11937	216.865	8353	171.041
800	15046	221.016	10431	173.816
900	18223	224.757	12510	176.265
1000	21463	228.171	14589	178.455
1100	24760	231.314	16667	180.436
1200	28109	234.227	18746	182.244
1300	31503	236.943	20825	183.908
1400	34936	239.487	22903	185.448
1500	38405	241.881	24982	186.883
1600	41904	244.139	27060	188.224
1700	45430	246.276	29139	189.484
1800	48979	248.304	31218	190.672
1900	52549	250.234	33296	191.796
2000	56137	252.075	35375	192.863
2200	63362	255.518	39534	194.845
2400	70640	258.684	43695	196.655
2600	77963	261.615	47860	198.322
2800	85323	264.342	52033	199.868
3000	92715	266.892	56218	201.311
3200	100134	269.286	60420	202.667
3400	107577	271.542	64646	203.948
3600	115042	273.675	68902	205.164
3800	122526	275.698	73194	206.325
4000	130027	277.622	77532	207.437
4400	145078	281.209	86367	209.542
4800	160188	284.495	95457	211.519
5200	175352	287.530	104843	213.397
5600	190572	290.349	114550	215.195
6000	205848	292.984	124590	216.926

표 A.9 각종 물질의 이상기체 상태량과 0.1 MPa(1 bar)에서의 엔트로피(몰 기준)(SI 단위). (계속)

	OXYGEN, DIATOMIC (O_2) $\bar{h}^0_{f,298} = 0$ kJ/kmol $M = 31.999$		OXYGEN, MONATOMIC (O) $\bar{h}^0_{f,298} = 249\ 170$ kJ/kmol $M = 16.00$	
T K	$(\bar{h} - \bar{h}^0_{298})$ kJ/kmol	$\bar{s}^0_T$ kJ/kmol K	$(\bar{h} - \bar{h}^0_{298})$ kJ/kmol	$\bar{s}^0_T$ kJ/kmol
0	−8683	0	−6725	0
100	−5777	173.308	−4518	135.947
200	−2868	193.483	−2186	152.153
298	0	205.148	0	161.059
300	54	205.329	41	161.194
400	3027	213.873	2207	167.431
500	6086	220.693	4343	172.198
600	9245	226.450	6462	176.060
700	12499	231.465	8570	179.310
800	15836	235.920	10671	182.116
900	19241	239.931	12767	184.585
1000	22703	243.579	14860	186.790
1100	26212	246.923	16950	188.783
1200	29761	250.011	19039	190.600
1300	33345	252.878	21126	192.270
1400	36958	255.556	23212	193.816
1500	40600	258.068	25296	195.254
1600	44267	260.434	27381	196.599
1700	47959	262.673	29464	197.862
1800	51674	264.797	31547	199.053
1900	55414	266.819	33630	200.179
2000	59176	268.748	35713	201.247
2200	66770	272.366	39878	203.232
2400	74453	275.708	44045	205.045
2600	82225	278.818	48216	206.714
2800	90080	281.729	52391	208.262
3000	98013	284.466	56574	209.705
3200	106022	287.050	60767	211.058
3400	114101	289.499	64971	212.332
3600	122245	291.826	69190	213.538
3800	130447	294.043	73424	214.682
4000	138705	296.161	77675	215.773
4400	155374	300.133	86234	217.812
4800	172240	303.801	94873	219.691
5200	189312	307.217	103592	221.435
5600	206618	310.423	112391	223.066
6000	224210	313.457	121264	224.597

표 A.9 각종 물질의 이상기체 상태량과 0.1 MPa(1 bar)에서의 엔트로피(몰 기준)(SI 단위). (계속)

	CARBON DIOXIDE (O_2) $\bar{h}^0_{f,298} = -393\ 522$ kJ/kmol $M = 44.01$		OXYGEN, MONATOMIC (O) $\bar{h}^0_{f,298} = -110\ 527$ kJ/kmol $M = 128.01$	
T K	$(\bar{h} - \bar{h}^0_{298})$ kJ/kmol	$\bar{s}^0_T$ kJ/kmol K	$(\bar{h} - \bar{h}^0_{298})$ kJ/kmol	$\bar{s}^0_T$ kJ/kmol K
0	−9364	0	−8671	0
100	−6457	179.010	−5772	165.852
200	−3413	199.976	−2860	186.024
298	0	213.794	0	197.651
300	69	214.024	54	197.831
400	4003	225.314	2977	206.240
500	8305	234.902	5932	212.833
600	12906	243.284	8942	218.321
700	17754	250.752	12021	223.067
800	22806	257.496	15174	227.277
900	28030	263.646	18397	231.074
1000	33397	269.299	21686	234.538
1100	38885	274.528	25031	237.726
1200	44473	279.390	28427	240.679
1300	50148	283.931	31867	243.431
1400	55895	288.190	35343	246.006
1500	61705	292.199	38852	248.426
1600	67569	295.984	42388	250.707
1700	73480	299.567	45948	252.866
1800	79432	302.969	49529	254.913
1900	85420	306.207	53128	256.860
2000	91439	309.294	56743	258.716
2200	103562	315.070	64012	262.182
2400	115779	320.384	71326	265.361
2600	128074	325.307	78679	268.302
2800	140435	329.887	86070	271.044
3000	152853	334.170	93504	273.607
3200	165321	338.194	100962	276.012
3400	177836	341.988	108440	278.279
3600	190394	345.576	115938	280.422
3800	202990	348.981	123454	282.454
4000	215624	352.221	130989	284.387
4400	240992	358.266	146108	287.989
4800	266488	363.812	161285	291.290
5200	292112	368.939	176510	294.337
5600	317870	373.711	191782	297.167
6000	343782	378.180	207105	299.809

표 A.9 각종 물질의 이상기체 상태량과 0.1 MPa(1 bar)에서의 엔트로피(몰 기준)(SI 단위). (계속)

	Water (H_2O) $\bar{h}^0_{f,298} = -241\ 826$ kJ/kmol $M = 18.015$		Hydroxyl (OH) $\bar{h}^0_{f,298} = 38\ 987$ kJ/kmol $M = 17.007$	
T K	**$(\bar{h} - \bar{h}^0_{298})$ kJ/kmol**	**$\bar{s}^0_T$ kJ/kmol K**	**$(\bar{h} - \bar{h}^0_{298})$ kJ/kmol**	**$\bar{s}^0_T$ kJ/kmol K**
0	−9904	0	−9172	0
100	−6617	152.386	−6140	149.591
200	−3282	175.488	−2975	171.592
298	0	188.835	0	183.709
300	62	189.043	55	183.894
400	3450	198.787	3034	192.466
500	6922	206.532	5991	199.066
600	10499	213.051	8943	204.448
700	14190	218.739	11902	209.008
800	18002	223.826	14881	212.984
900	21937	228.460	17889	216.526
1000	26000	232.739	20935	219.735
1100	30190	236.732	24024	222.680
1200	34506	240.485	27159	225.408
1300	38941	244.035	30340	227.955
1400	43491	247.406	33567	230.347
1500	48149	250.620	36838	232.604
1600	52907	253.690	40151	234.741
1700	57757	256.631	43502	236.772
1800	62693	259.452	46890	238.707
1900	67706	262.162	50311	240.556
2000	72788	264.769	53763	242.328
2200	83153	269.706	60751	245.659
2400	93741	274.312	67840	248.743
2600	104520	278.625	75018	251.614
2800	115463	282.680	82268	254.301
3000	126548	286.504	89585	256.825
3200	137756	290.120	96960	259.205
3400	149073	293.550	104388	261.456
3600	160484	296.812	111864	263.592
3800	171981	299.919	119382	265.625
4000	183552	302.887	126940	267.563
4400	206892	308.448	142165	271.191
4800	230456	313.573	157522	274.531
5200	254216	318.328	173002	277.629
5600	278161	322.764	188598	280.518
6000	302295	326.926	204309	283.227

표 A.9 각종 물질의 이상기체 상태량과 0.1 MPa(1 bar)에서의 엔트로피(몰 기준)(SI 단위). *(계속)*

	HYDROGEN (H_2) $\bar{h}^0_{f,298} = 0$ kJ/kmol $M = 2.016$		HYDROGEN, MONATOMIC (H) $\bar{h}^0_{f,298} = 217\,999$ kJ/kmol $M = 1.008$	
T K	**$(\bar{h} - \bar{h}^0_{298})$ kJ/kmol**	**$\bar{s}^0_T$ kJ/kmol K**	**$(\bar{h} - \bar{h}^0_{298})$ kJ/kmol**	**$\bar{s}^0_T$ kJ/kmol K**
0	−8467	0	−6197	0
100	−5467	100.727	−4119	92.009
200	−2774	119.410	−2040	106.417
298	0	130.678	0	114.716
300	53	130.856	38	114.845
400	2961	139.219	2117	120.825
500	5883	145.738	4196	125.463
600	8799	151.078	6274	129.253
700	11730	155.609	8353	132.457
800	14681	159.554	10431	135.233
900	17657	163.060	12510	137.681
1000	20663	166.225	14589	139.871
1100	23704	169.121	16667	141.852
1200	26785	171.798	18746	143.661
1300	29907	174.294	20825	145.324
1400	33073	176.637	22903	146.865
1500	36281	178.849	24982	148.299
1600	39533	180.946	27060	149.640
1700	42826	182.941	29139	150.900
1800	46160	184.846	31218	152.089
1900	49532	186.670	33296	153.212
2000	52942	188.419	35375	154.279
2200	59865	191.719	39532	156.260
2400	66915	194.789	43689	158.069
2600	74082	197.659	47847	159.732
2800	81355	200.355	52004	161.273
3000	88725	202.898	56161	162.707
3200	96187	205.306	60318	164.048
3400	103736	207.593	64475	165.308
3600	111367	209.773	68633	166.497
3800	119077	211.856	72790	167.620
4000	126864	213.851	76947	168.687
4400	142658	217.612	85261	170.668
4800	158730	221.109	93576	172.476
5200	175057	224.379	101890	174.140
5600	191607	227.447	110205	175.681
6000	208332	230.322	118519	177.114

표 A.9 각종 물질의 이상기체 상태량과 0.1 MPa(1 bar)에서의 엔트로피(몰 기준)(SI 단위). (계속)

	Nitric Oxide (NO) $\bar{h}^0_{f,298} = 90\ 291$ kJ/kmol $M = 30.006$		Nitrogen Dioxide (NO_2) $\bar{h}^0_{f,298} = 33\ 100$ kJ/kmol $M = 46.005$	
T K	$(\bar{h} - \bar{h}^0_{298})$ kJ/kmol	$\bar{s}^0_T$ kJ/kmol K	$(\bar{h} - \bar{h}^0_{298})$ kJ/kmol	$\bar{s}^0_T$ kJ/kmol K
0	−9192	0	−10186	0
100	−6073	177.031	−6861	202.563
200	−2951	198.747	−3495	225.852
298	0	210.759	0	240.034
300	55	210.943	68	240.263
400	3040	219.529	3927	251.342
500	6059	226.263	8099	260.638
600	9144	231.886	12555	268.755
700	12308	236.762	17250	275.988
800	15548	241.088	22138	282.513
900	18858	244.985	27180	288.450
1000	22229	248.536	32344	293.889
1100	25653	251.799	37606	298.904
1200	29120	254.816	42946	303.551
1300	32626	257.621	48351	307.876
1400	36164	260.243	53808	311.920
1500	39729	262.703	59309	315.715
1600	43319	265.019	64846	319.289
1700	46929	267.208	70414	322.664
1800	50557	269.282	76008	325.861
1900	54201	271.252	81624	328.898
2000	57859	273.128	87259	331.788
2200	65212	276.632	98578	337.182
2400	72606	279.849	109948	342.128
2600	80034	282.822	121358	346.695
2800	87491	285.585	132800	350.934
3000	94973	288.165	144267	354.890
3200	102477	290.587	155756	358.597
3400	110000	292.867	167262	362.085
3600	117541	295.022	178783	365.378
3800	125099	297.065	190316	368.495
4000	132671	299.007	201860	371.456
4400	147857	302.626	224973	376.963
4800	163094	305.940	248114	381.997
5200	178377	308.998	271276	386.632
5600	193703	311.838	294455	390.926
6000	209070	314.488	317648	394.926

표 A.10 25°C, 100 kPa에서 각종 물질의 생성엔탈피와 절대엔트로피.

Substance	Formula	M	State	$\bar{h}_f^0$ kJ/kmol	$\bar{s}_f^0$ kJ/kmol K
Water	H_2O	18.015	gas	−241 826	188.834
Water	H_2O	18.015	liq	−285 830	69.950
Hydrogen peroxide	H_2O_2	34.015	gas	−136 106	232.991
Ozone	O_3	47.998	gas	+142 674	238.932
Carbon (graphite)	C	12.011	solid	0	5.740
Carbon monoxide	CO	28.011	gas	−110 527	197.653
Carbon dioxide	CO_2	44.010	gas	−393 522	213.795
Methane	CH_4	16.043	gas	−74 873	186.251
Acetylene	C_2H_2	26.038	gas	+226 731	200.958
Ethene	C_2H_4	28.054	gas	+52 467	219.330
Ethane	C_2H_6	30.070	gas	−84 740	229.597
Propene	C_3H_6	42.081	gas	+20 430	267.066
Propane	C_3H_8	44.094	gas	−103 900	269.917
n-Butane	C_4H_{10}	58.124	gas	−126 200	306.647
Pentane	C_5H_{12}	72.151	gas	−146 500	348.945
Benzene	C_6H_6	78.114	gas	+82 980	269.562
Hexane	C_6H_{14}	86.178	gas	−167 300	387.979
Heptane	C_7H_{16}	100.205	gas	−187 900	427.805
n-Octane	C_8H_{18}	114.232	gas	−208 600	466.514
n-Octane	C_8H_{18}	114.232	liq	−250 105	360.575
Methanol	CH_3OH	32.042	gas	−201 300	239.709
Methanol	CH_3OH	32.042	liq	−239 220	126.809
Ethanol	C_2H_5OH	46.069	gas	−235 000	282.444
Ethanol	C_2H_5OH	46.069	liq	−277 380	160.554
Ammonia	NH_3	17.031	gas	−45 720	192.572
T-T-Diesel	$C_{14.4}H_{24.9}$	198.06	liq	−174 000	525.90
Sulfur	S	32.06	solid	0	32.056
Sulfur dioxide	SO_2	64.059	gas	−296 842	248.212
Sulfur trioxide	SO_3	80.058	gas	−395 765	256.769
Nitrogen oxide	N_2O	44.013	gas	+82 050	219.957
Nitromethane	CH_3NO_2	61.04	liq	−113 100	171.80

표 A.11 e를 밑(base)으로 하는 평형상수 K의 로그, ln *K*.

For the reaction $v_A A + v_B B \rightleftharpoons v_C C + v_D D$, the equilibrium constant K is defined as

$$K = \frac{y^{2_C} y^{2_D}}{y^{2_A} y^{2_B}} \left(\frac{P}{P^0} \right)^{v_C + v_D - v_A - v_B}, \quad P^0 = 0.1\ \text{MPa}$$

Temp K	$H_2 \rightleftharpoons 2H$	$O_2 \rightleftharpoons 2O$	$N_2 \rightleftharpoons 2N$	$2H_2O \rightleftharpoons 2H_2 + O_2$	$2H_2O \rightleftharpoons H_2 + 2OH$	$2CO_2 \rightleftharpoons 2CO + O_2$	$N_2 + O_2 \rightleftharpoons 2NO$	$N_2 + 2O_2 \rightleftharpoons 2NO_2$
298	−164.003	−186.963	−367.528	−184.420	−212.075	−207.529	−69.868	−41.355
500	−92.830	−105.623	−213.405	−105.385	−120.331	−115.234	−40.449	−30.725
1000	−39.810	−45.146	−99.146	−46.321	−51.951	−47.052	−18.709	−23.039
1200	−30.878	−35.003	−80.025	−36.363	−40.467	−35.736	−15.082	−21.752
1400	−24.467	−27.741	−66.345	−29.222	−32.244	−27.679	−12.491	−20.826
1600	−19.638	−22.282	−56.069	−23.849	−26.067	−21.656	−10.547	−20.126
1800	−15.868	−18.028	−48.066	−19.658	−21.258	−16.987	−9.035	−19.577
2000	−12.841	−14.619	−41.655	−16.299	−17.406	−13.266	−7.825	−19.136
2200	−10.356	−11.826	−36.404	−13.546	−14.253	−10.232	−6.836	−18.773
2400	−8.280	−9.495	−32.023	−11.249	−11.625	−7.715	−6.012	−18.470
2600	−6.519	−7.520	−28.313	−9.303	−9.402	−5.594	−5.316	−18.214
2800	−5.005	−5.826	−25.129	−7.633	−7.496	−3.781	−4.720	−17.994
3000	−3.690	−4.356	−22.367	−6.184	−5.845	−2.217	−4.205	−17.805
3200	−2.538	−3.069	−19.947	−4.916	−4.401	−0.853	−3.755	−17.640
3400	−1.519	−1.932	−17.810	−3.795	−3.128	0.346	−3.359	−17.496
3600	−0.611	−0.922	−15.909	−2.799	−1.996	1.408	−3.008	−17.369
3800	0.201	−0.017	−14.205	−1.906	−0.984	2.355	−2.694	−17.257
4000	0.934	0.798	−12.671	−1.101	−0.074	3.204	−2.413	−17.157
4500	2.483	2.520	−9.423	0.602	1.847	4.985	−1.824	−16.953
5000	3.724	3.898	−6.816	1.972	3.383	6.397	−1.358	−16.797
5500	4.739	5.027	−4.672	3.098	4.639	7.542	−0.980	−16.678
6000	5.587	5.969	−2.876	4.040	5.684	8.488	−0.671	−16.588

주의: Consistent with thermodynamic data in *JANAF Thermochemical Tables*, third edition, Thermal Group, Dow Chemical U.S.A., Midland, MI, 1985.

Introduction to
Engineering Thermodynamics

부록 *B*

SI 단위: 열역학표

SI Units: Thermodynamic Tables

표 B.1 물의 열역학적 상태량.

TABLE B.1.1
Saturated Water

Temp. (°C)	Press. (kPa)	Specific Volume, m³/kg Sat. Liquid v_f	Evap. v_{fg}	Sat. Vapor v_g	Internal Energy, kJ/kg Sat. Liquid u_f	Evap. u_{fg}	Sat. Vapor u_g
0.01	0.6113	0.001000	206.131	206.132	0	2375.33	2375.33
5	0.8721	0.001000	147.117	147.118	20.97	2361.27	2382.24
10	1.2276	0.001000	106.376	106.377	41.99	2347.16	2389.15
15	1.705	0.001001	77.924	77.925	62.98	2333.06	2396.04
20	2.339	0.001002	57.7887	57.7897	83.94	2318.98	2402.91
25	3.169	0.001003	43.3583	43.3593	104.86	2304.90	2409.76
30	4.246	0.001004	32.8922	32.8932	125.77	2290.81	2416.58
35	5.628	0.001006	25.2148	25.2158	146.65	2276.71	2423.36
40	7.384	0.001008	19.5219	19.5229	167.53	2262.57	2430.11
45	9.593	0.001010	15.2571	15.2581	188.41	2248.40	2436.81
50	12.350	0.001012	12.0308	12.0318	209.30	2234.17	2443.47
55	15.758	0.001015	9.56734	9.56835	230.19	2219.89	2450.08
60	19.941	0.001017	7.66969	7.67071	251.09	2205.54	2456.63
65	25.03	0.001020	6.19554	6.19656	272.00	2191.12	2463.12
70	31.19	0.001023	5.04114	5.04217	292.93	2176.62	2469.55
75	38.58	0.001026	4.13021	4.13123	313.87	2162.03	2475.91
80	47.39	0.001029	3.40612	3.40715	334.84	2147.36	2482.19
85	57.83	0.001032	2.82654	2.82757	355.82	2132.58	2488.40
90	70.14	0.001036	2.35953	2.36056	376.82	2117.70	2494.52
95	84.55	0.001040	1.98082	1.98186	397.86	2102.70	2500.56
100	101.3	0.001044	1.67185	1.67290	418.91	2087.58	2506.50
105	120.8	0.001047	1.41831	1.41936	440.00	2072.34	2512.34
110	143.3	0.001052	1.20909	1.21014	461.12	2056.96	2518.09
115	169.1	0.001056	1.03552	1.03658	482.28	2041.44	2523.72
120	198.5	0.001060	0.89080	0.89186	503.48	2025.76	2529.24
125	232.1	0.001065	0.76953	0.77059	524.72	2009.91	2534.63
130	270.1	0.001070	0.66744	0.66850	546.00	1993.90	2539.90

TABLE B.1.1 (계속)
Saturated Water

Temp. (°C)	Press. (kPa)	Specific Volume, m³/kg Sat. Liquid v_f	Evap. v_{fg}	Sat. Vapor v_g	Internal Energy, kJ/kg Sat. Liquid u_f	Evap. u_{fg}	Sat. Vapor u_g
135	313.0	0.001075	0.58110	0.58217	567.34	1977.69	2545.03
140	361.3	0.001080	0.50777	0.50885	588.72	1961.30	2550.02
145	415.4	0.001085	0.44524	0.44632	610.16	1944.69	2554.86
150	475.9	0.001090	0.39169	0.39278	631.66	1927.87	2559.54
155	543.1	0.001096	0.34566	0.34676	653.23	1910.82	2564.04
160	617.8	0.001102	0.30596	0.30706	674.85	1893.52	2568.37
165	700.5	0.001108	0.27158	0.27269	696.55	1875.97	2572.51
170	791.7	0.001114	0.24171	0.24283	718.31	1858.14	2576.46
175	892.0	0.001121	0.21568	0.21680	740.16	1840.03	2580.19
180	1002.2	0.001127	0.19292	0.19405	762.08	1821.62	2583.70
185	1122.7	0.001134	0.17295	0.17409	784.08	1802.90	2586.98
190	1254.4	0.001141	0.15539	0.15654	806.17	1783.84	2590.01

TABLE B.1.1 (계속)
Saturated Water

Temp. (°C)	Press. (kPa)	ENTHALPY, kJ/kg Sat. Liquid h_f	Evap. h_{fg}	Sat. Vapor h_g	ENTROPY, kJ/kg-K Sat. Liquid s_f	Evap. s_{fg}	Sat. Vapor s_g
0.01	0.6113	0.00	2501.35	2501.35	0	9.1562	9.1562
5	0.8721	20.98	2489.57	2510.54	0.0761	8.9496	9.0257
10	1.2276	41.99	2477.75	2519.74	0.1510	8.7498	8.9007
15	1.705	62.98	2465.93	2528.91	0.2245	8.5569	8.7813
20	2.339	83.94	2454.12	2538.06	0.2966	8.3706	8.6671
25	3.169	104.87	2442.30	2547.17	0.3673	8.1905	8.5579
30	4.246	125.77	2430.48	2556.25	0.4369	8.0164	8.4533
35	5.628	146.66	2418.62	2565.28	0.5052	7.8478	8.3530
40	7.384	167.54	2406.72	2574.26	0.5724	7.6845	8.2569
45	9.593	188.42	2394.77	2583.19	0.6386	7.5261	8.1647
50	12.350	209.31	2382.75	2592.06	0.7037	7.3725	8.0762
55	15.758	230.20	2370.66	2600.86	0.7679	7.2234	7.9912
60	19.941	251.11	2358.48	2609.59	0.8311	7.0784	7.9095
65	25.03	272.03	2346.21	2618.24	0.8934	6.9375	7.8309
70	31.19	292.96	2333.85	2626.80	0.9548	6.8004	7.7552
75	38.58	313.91	2321.37	2635.28	1.0154	6.6670	7.6824
80	47.39	334.88	2308.77	2643.66	1.0752	6.5369	7.6121
85	57.83	355.88	2296.05	2651.93	1.1342	6.4102	7.5444
90	70.14	376.90	2283.19	2660.09	1.1924	6.2866	7.4790
95	84.55	397.94	2270.19	2668.13	1.2500	6.1659	7.4158
100	101.3	419.02	2257.03	2676.05	1.3068	6.0480	7.3548
105	120.8	440.13	2243.70	2683.83	1.3629	5.9328	7.2958
110	143.3	461.27	2230.20	2691.47	1.4184	5.8202	7.2386
115	169.1	482.46	2216.50	2698.96	1.4733	5.7100	7.1832
120	198.5	503.69	2202.61	2706.30	1.5275	5.6020	7.1295
125	232.1	524.96	2188.50	2713.46	1.5812	5.4962	7.0774
130	270.1	546.29	2174.16	2720.46	1.6343	5.3925	7.0269
135	313.0	567.67	2159.59	2727.26	1.6869	5.2907	6.9777
140	361.3	589.11	2144.75	2733.87	1.7390	5.1908	6.9298
145	415.4	610.61	2129.65	2740.26	1.7906	5.0926	6.8832
150	475.9	632.18	2114.26	2746.44	1.8417	4.9960	6.8378
155	543.1	653.82	2098.56	2752.39	1.8924	4.9010	6.7934
160	617.8	675.53	2082.55	2758.09	1.9426	4.8075	6.7501
165	700.5	697.32	2066.20	2763.53	1.9924	4.7153	6.7078
170	791.7	719.20	2049.50	2768.70	2.0418	4.6244	6.6663
175	892.0	741.16	2032.42	2773.58	2.0909	4.5347	6.6256
180	1002.2	763.21	2014.96	2778.16	2.1395	4.4461	6.5857
185	1122.7	785.36	1997.07	2782.43	2.1878	4.3586	6.5464
190	1254.4	807.61	1978.76	2786.37	2.2358	4.2720	6.5078

TABLE B.1.1 (계속)
Saturated Water

Temp. (°C)	Press. (kPa)	Specific Volume, m³/kg: Sat. Liquid v_f	Evap. v_{fg}	Sat. Vapor v_g	Internal Energy, kJ/kg: Sat. Liquid u_f	Evap. u_{fg}	Sat. Vapor u_g
195	1397.8	0.001149	0.13990	0.14105	828.36	1764.43	2592.79
200	1553.8	0.001156	0.12620	0.12736	850.64	1744.66	2595.29
205	1723.0	0.001164	0.11405	0.11521	873.02	1724.49	2597.52
210	1906.3	0.001173	0.10324	0.10441	895.51	1703.93	2599.44
215	2104.2	0.001181	0.09361	0.09479	918.12	1682.94	2601.06
220	2317.8	0.001190	0.08500	0.08619	940.85	1661.49	2602.35
225	2547.7	0.001199	0.07729	0.07849	963.72	1639.58	2603.30
230	2794.9	0.001209	0.07037	0.07158	986.72	1617.17	2603.89
235	3060.1	0.001219	0.06415	0.06536	1009.88	1594.24	2604.11
240	3344.2	0.001229	0.05853	0.05976	1033.19	1570.75	2603.95
245	3648.2	0.001240	0.05346	0.05470	1056.69	1546.68	2603.37
250	3973.0	0.001251	0.04887	0.05013	1080.37	1522.00	2602.37
255	4319.5	0.001263	0.04471	0.04598	1104.26	1496.66	2600.93
260	4688.6	0.001276	0.04093	0.04220	1128.37	1470.64	2599.01
265	5081.3	0.001289	0.03748	0.03877	1152.72	1443.87	2596.60
270	5498.7	0.001302	0.03434	0.03564	1177.33	1416.33	2593.66
275	5941.8	0.001317	0.03147	0.03279	1202.23	1387.94	2590.17
280	6411.7	0.001332	0.02884	0.03017	1227.43	1358.66	2586.09
285	6909.4	0.001348	0.02642	0.02777	1252.98	1328.41	2581.38
290	7436.0	0.001366	0.02420	0.02557	1278.89	1297.11	2575.99
295	7992.8	0.001384	0.02216	0.02354	1305.21	1264.67	2569.87
300	8581.0	0.001404	0.02027	0.02167	1331.97	1230.99	2562.96
305	9201.8	0.001425	0.01852	0.01995	1359.22	1195.94	2555.16
310	9856.6	0.001447	0.01690	0.01835	1387.03	1159.37	2546.40
315	10547	0.001472	0.01539	0.01687	1415.44	1121.11	2536.55
320	11274	0.001499	0.01399	0.01549	1444.55	1080.93	2525.48
325	12040	0.001528	0.01267	0.01420	1474.44	1038.57	2513.01
330	12845	0.001561	0.01144	0.01300	1505.24	993.66	2498.91
335	13694	0.001597	0.01027	0.01186	1537.11	945.77	2482.88
340	14586	0.001638	0.00916	0.01080	1570.26	894.26	2464.53
345	15525	0.001685	0.00810	0.00978	1605.01	838.29	2443.30
350	16514	0.001740	0.00707	0.00881	1641.81	776.58	2418.39
355	17554	0.001807	0.00607	0.00787	1681.41	707.11	2388.52
360	18651	0.001892	0.00505	0.00694	1725.19	626.29	2351.47
365	19807	0.002011	0.00398	0.00599	1776.13	526.54	2302.67
370	21028	0.002213	0.00271	0.00493	1843.84	384.69	2228.53
374.1	22089	0.003155	0	0.00315	2029.58	0	2029.58

TABLE B.1.1 (계속)
Saturated Water

Temp. (°C)	Press. (kPa)	Enthalpy, kJ/kg Sat. Liquid h_f	Evap. h_{fg}	Sat. Vapor h_g	Entropy, kJ/kg-K Sat. Liquid s_f	Evap. s_{fg}	Sat. Vapor s_g
195	1397.8	829.96	1959.99	2789.96	2.2835	4.1863	6.4697
200	1553.8	852.43	1940.75	2793.18	2.3308	4.1014	6.4322
205	1723.0	875.03	1921.00	2796.03	2.3779	4.0172	6.3951
210	1906.3	897.75	1900.73	2798.48	2.4247	3.9337	6.3584
215	2104.2	920.61	1879.91	2800.51	2.4713	3.8507	6.3221
220	2317.8	943.61	1858.51	2802.12	2.5177	3.7683	6.2860
225	2547.7	966.77	1836.50	2803.27	2.5639	3.6863	6.2502
230	2794.9	990.10	1813.85	2803.95	2.6099	3.6047	6.2146
235	3060.1	1013.61	1790.53	2804.13	2.6557	3.5233	6.1791
240	3344.2	1037.31	1766.50	2803.81	2.7015	3.4422	6.1436
245	3648.2	1061.21	1741.73	2802.95	2.7471	3.3612	6.1083
250	3973.0	1085.34	1716.18	2801.52	2.7927	3.2802	6.0729
255	4319.5	1109.72	1689.80	2799.51	2.8382	3.1992	6.0374
260	4688.6	1134.35	1662.54	2796.89	2.8837	3.1181	6.0018
265	5081.3	1159.27	1634.34	2793.61	2.9293	3.0368	5.9661
270	5498.7	1184.49	1605.16	2789.65	2.9750	2.9551	5.9301
275	5941.8	1210.05	1574.92	2784.97	3.0208	2.8730	5.8937
280	6411.7	1235.97	1543.55	2779.53	3.0667	2.7903	5.8570
285	6909.4	1262.29	1510.97	2773.27	3.1129	2.7069	5.8198
290	7436.0	1289.04	1477.08	2766.13	3.1593	2.6227	5.7821
295	7992.8	1316.27	1441.78	2758.05	3.2061	2.5375	5.7436
300	8581.0	1344.01	1404.93	2748.94	3.2533	2.4511	5.7044
305	9201.8	1372.33	1366.38	2738.72	3.3009	2.3633	5.6642
310	9856.6	1401.29	1325.97	2727.27	3.3492	2.2737	5.6229
315	10547	1430.97	1283.48	2714.44	3.3981	2.1821	5.5803
320	11274	1461.45	1238.64	2700.08	3.4479	2.0882	5.5361
325	12040	1492.84	1191.13	2683.97	3.4987	1.9913	5.4900
330	12845	1525.29	1140.56	2665.85	3.5506	1.8909	5.4416
335	13694	1558.98	1086.37	2645.35	3.6040	1.7863	5.3903
340	14586	1594.15	1027.86	2622.01	3.6593	1.6763	5.3356
345	15525	1631.17	964.02	2595.19	3.7169	1.5594	5.2763
350	16514	1670.54	893.38	2563.92	3.7776	1.4336	5.2111
355	17554	1713.13	813.59	2526.72	3.8427	1.2951	5.1378
360	18651	1760.48	720.52	2481.00	3.9146	1.1379	5.0525
365	19807	1815.96	605.44	2421.40	3.9983	0.9487	4.9470
370	21028	1890.37	441.75	2332.12	4.1104	0.6868	4.7972
374.1	22089	2099.26	0	2099.26	4.4297	0	4.4297

TABLE B.1.2
Saturated Water Pressure Entry

Press. (kPa)	Temp. (°C)	Specific Volume, m³/kg Sat. Liquid v_f	Evap. v_{fg}	Sat. Vapor v_g	Entropy, kJ/kg Sat. Liquid u_f	Evap. u_{fg}	Sat. Vapor u_g
0.6113	0.01	0.001000	206.131	206.132	0	2375.3	2375.3
1	6.98	0.001000	129.20702	129.20802	29.29	2355.69	2384.98
1.5	13.03	0.001001	87.97913	87.98013	54.70	2338.63	2393.32
2	17.50	0.001001	67.00285	67.00385	73.47	2326.02	2399.48
2.5	21.08	0.001002	54.25285	54.25385	88.47	2315.93	2404.40
3	24.08	0.001003	45.66402	45.66502	101.03	2307.48	2408.51
4	28.96	0.001004	34.79915	34.80015	121.44	2293.73	2415.17
5	32.88	0.001005	28.19150	28.19251	137.79	2282.70	2420.49
7.5	40.29	0.001008	19.23674	19.23775	168.76	2261.74	2430.50
10	45.81	0.001010	14.67254	14.67355	191.79	2246.10	2437.89
15	53.97	0.001014	10.02117	10.02218	225.90	2222.83	2448.73
20	60.06	0.001017	7.64835	7.64937	251.35	2205.36	2456.71
25	64.97	0.001020	6.20322	6.20424	271.88	2191.21	2463.08
30	69.10	0.001022	5.22816	5.22918	289.18	2179.22	2468.40
40	75.87	0.001026	3.99243	3.99345	317.51	2159.49	2477.00
50	81.33	0.001030	3.23931	3.24034	340.42	2143.43	2483.85
75	91.77	0.001037	2.21607	2.21711	394.29	2112.39	2496.67
100	99.62	0.001043	1.69296	1.69400	417.33	2088.72	2506.06
125	105.99	0.001048	1.37385	1.37490	444.16	2069.32	2513.48
150	111.37	0.001053	1.15828	1.15933	466.92	2052.72	2519.64
175	116.06	0.001057	1.00257	1.00363	486.78	2038.12	2524.90
200	120.23	0.001061	0.88467	0.88573	504.47	2025.02	2529.49
225	124.00	0.001064	0.79219	0.79325	520.45	2013.10	2533.56
250	127.43	0.001067	0.71765	0.71871	535.08	2002.14	2537.21
275	130.60	0.001070	0.65624	0.65731	548.57	1991.95	2540.53
300	133.55	0.001073	0.60475	0.60582	561.13	1982.43	2543.55
325	136.30	0.001076	0.56093	0.56201	572.88	1973.46	2546.34
350	138.88	0.001079	0.52317	0.52425	583.93	1964.98	2548.92
375	141.32	0.001081	0.49029	0.49137	594.38	1956.93	2551.31
400	143.63	0.001084	0.46138	0.46246	604.29	1949.26	2553.55
450	147.93	0.001088	0.41289	0.41398	622.75	1934.87	2557.62
500	151.86	0.001093	0.37380	0.37489	639.66	1921.57	2561.23
550	155.48	0.001097	0.34159	0.34268	655.30	1909.17	2564.47
600	158.85	0.001101	0.31457	0.31567	669.88	1897.52	2567.40
650	162.01	0.001104	0.29158	0.29268	683.55	1886.51	2570.06
700	164.97	0.001108	0.27176	0.27286	696.43	1876.07	2572.49
750	167.77	0.001111	0.25449	0.25560	708.62	1866.11	2574.73
800	170.43	0.001115	0.23931	0.24043	720.20	1856.58	2576.79

TABLE B.1.2 (계속)
Saturated Water Pressure Entry

Press. (kPa)	Temp. (°C)	Enthalpy, kJ/kg Sat. Liquid h_f	Evap. h_{fg}	Sat. Vapor h_g	Entropy, kJ/kg-K Sat. Liquid s_f	Evap. s_{fg}	Sat. Vapor s_g
0.6113	0.01	0.00	2501.3	2501.3	0	9.1562	9.1562
1.0	6.98	29.29	2484.89	2514.18	0.1059	8.8697	8.9756
1.5	13.03	54.70	2470.59	2525.30	0.1956	8.6322	8.8278
2.0	17.50	73.47	2460.02	2533.49	0.2607	8.4629	8.7236
2.5	21.08	88.47	2451.56	2540.03	0.3120	8.3311	8.6431
3.0	24.08	101.03	2444.47	2545.50	0.3545	8.2231	8.5775
4.0	28.96	121.44	2432.93	2554.37	0.4226	8.0520	8.4746
5.0	32.88	137.79	2423.66	2561.45	0.4763	7.9187	8.3950
7.5	40.29	168.77	2406.02	2574.79	0.5763	7.6751	8.2514
10	45.81	191.81	2392.82	2584.63	0.6492	7.5010	8.1501
15	53.97	225.91	2373.14	2599.06	0.7548	7.2536	8.0084
20	60.06	251.38	2358.33	2609.70	0.8319	7.0766	7.9085
25	64.97	271.90	2346.29	2618.19	0.8930	6.9383	7.8313
30	69.10	289.21	2336.07	2625.28	0.9439	6.8247	7.7686
40	75.87	317.55	2319.19	2636.74	1.0258	6.6441	7.6700
50	81.33	340.47	2305.40	2645.87	1.0910	6.5029	7.5939
75	91.77	384.36	2278.59	2662.96	1.2129	6.2434	7.4563
100	99.62	417.44	2258.02	2675.46	1.3025	6.0568	7.3593
125	105.99	444.30	2241.05	2685.35	1.3739	5.9104	7.2843
150	111.37	467.08	2226.46	2693.54	1.4335	5.7897	7.2232
175	116.06	486.97	2213.57	2700.53	1.4848	5.6868	7.1717
200	120.23	504.68	2201.96	2706.63	1.5300	5.5970	7.1271
225	124.00	520.69	2191.35	2712.04	1.5705	5.5173	7.0878
250	127.43	535.34	2181.55	2716.89	1.6072	5.4455	7.0526
275	130.60	548.87	2172.42	2721.29	1.6407	5.3801	7.0208
300	133.55	561.45	2163.85	2725.30	1.6717	5.3201	6.9918
325	136.30	573.23	2155.76	2728.99	1.7005	5.2646	6.9651
350	138.88	584.31	2148.10	2732.40	1.7274	5.2130	6.9404
375	141.32	594.79	2140.79	2735.58	1.7527	5.1647	6.9174
400	143.63	604.73	2133.81	2738.53	1.7766	5.1193	6.8958
450	147.93	623.24	2120.67	2743.91	1.8206	5.0359	6.8565
500	151.86	640.21	2108.47	2748.67	1.8606	4.9606	6.8212
550	155.48	655.91	2097.04	2752.94	1.8972	4.8920	6.7892
600	158.85	670.54	2086.26	2756.80	1.9311	4.8289	6.7600
650	162.01	684.26	2076.04	2760.30	1.9627	4.7704	6.7330
700	164.97	697.20	2066.30	2763.50	1.9922	4.7158	6.7080
750	167.77	709.45	2056.98	2766.43	2.0199	4.6647	6.6846
800	170.43	721.10	2048.04	2769.13	2.0461	4.6166	6.6627

TABLE B.1.2 (계속)
Saturated Water Pressure Entry

Press. (kPa)	Temp. (°C)	Specific Volume, m³/kg Sat. Liquid v_f	Evap. v_{fg}	Sat. Vapor v_g	Internal Energy, kJ/kg Sat. Liquid u_f	Evap. u_{fg}	Sat. Vapor u_g
850	172.96	0.001118	0.22586	0.22698	731.25	1847.45	2578.69
900	175.38	0.001121	0.21385	0.21497	741.81	1838.65	2580.46
950	177.69	0.001124	0.20306	0.20419	751.94	1830.17	2582.11
1000	179.91	0.001127	0.19332	0.19444	761.67	1821.97	2583.64
1100	184.09	0.001133	0.17639	0.17753	780.08	1806.32	2586.40
1200	187.99	0.001139	0.16220	0.16333	797.27	1791.55	2588.82
1300	191.64	0.001144	0.15011	0.15125	813.42	1777.53	2590.95
1400	195.07	0.001149	0.13969	0.14084	828.68	1764.15	2592.83
1500	198.32	0.001154	0.13062	0.13177	843.14	1751.3	2594.5
1750	205.76	0.001166	0.11232	0.11349	876.44	1721.39	2597.83
2000	212.42	0.001177	0.09845	0.09963	906.42	1693.84	2600.26
2250	218.45	0.001187	0.08756	0.08875	933.81	1668.18	2601.98
2500	223.99	0.001197	0.07878	0.07998	959.09	1644.04	2603.13
2750	229.12	0.001207	0.07154	0.07275	982.65	1621.16	2603.81
3000	233.90	0.001216	0.06546	0.06668	1004.76	1599.34	2604.10
3250	238.38	0.001226	0.06029	0.06152	1025.62	1578.43	2604.04
3500	242.60	0.001235	0.05583	0.05707	1045.41	1558.29	2603.70
4000	250.40	0.001252	0.04853	0.04978	1082.28	1519.99	2602.27
5000	263.99	0.001286	0.03815	0.03944	1147.78	1449.34	2597.12
6000	275.64	0.001319	0.03112	0.03244	1205.41	1384.27	2589.69
7000	285.88	0.001351	0.02602	0.02737	1257.51	1322.97	2580.48
8000	295.06	0.001384	0.02213	0.02352	1305.54	1264.25	2569.79
9000	303.40	0.001418	0.01907	0.02048	1350.47	1207.28	2557.75
10000	311.06	0.001452	0.01657	0.01803	1393.00	1151.40	2544.41
11000	318.15	0.001489	0.01450	0.01599	1433.68	1096.06	2529.74
12000	324.75	0.001527	0.01274	0.01426	1472.92	1040.76	2513.67
13000	330.93	0.001567	0.01121	0.01278	1511.09	984.99	2496.08
14000	336.75	0.001611	0.00987	0.01149	1548.53	928.23	2476.76
15000	342.24	0.001658	0.00868	0.01034	1585.58	869.85	2455.43
16000	347.43	0.001711	0.00760	0.00931	1622.63	809.07	2431.70
17000	352.37	0.001770	0.00659	0.00836	1660.16	744.80	2404.96
18000	357.06	0.001840	0.00565	0.00749	1698.86	675.42	2374.28
19000	361.54	0.001924	0.00473	0.00666	1739.87	598.18	2338.05
20000	365.81	0.002035	0.00380	0.00583	1785.47	507.58	2293.05
21000	369.89	0.002206	0.00275	0.00495	1841.97	388.74	2230.71
22000	373.80	0.002808	0.00072	0.00353	1973.16	108.24	2081.39
22089	374.14	0.003155	0	0.00315	2029.58	0	2029.58

TABLE B.1.2 (계속)

Saturated Water Pressure Entry

Press. (kPa)	Temp. (°C)	ENTHALPY, kJ/kg Sat. Liquid h_f	Evap. h_{fg}	Sat. Vapor h_g	ENTROPY, kJ/kg-K Sat. Liquid s_f	Evap. s_{fg}	Sat. Vapor s_g
850	172.96	732.20	2039.43	2771.63	2.0709	4.5711	6.6421
900	175.38	742.82	2031.12	2773.94	2.0946	4.5280	6.6225
950	177.69	753.00	2023.08	2776.08	2.1171	4.4869	6.6040
1000	179.91	762.79	2015.29	2778.08	2.1386.	4.4478	6.5864
1100	184.09	781.32	2000.36	2781.68	2.1791	4.3744	6.5535
1200	187.99	798.64	1986.19	2784.82	2.2165	4.3067	6.5233
1300	191.64	814.91	1972.67	2787.58	2.2514	4.2438	6.4953
1400	195.07	830.29	1959.72	2790.00	2.2842	4.1850	6.4692
1500	198.32	844.87	1947.28	2792.15	2.3150	4.1298	6.4448
1750	205.76	878.48	1917.95	2796.43	2.3851	4.0044	6.3895
2000	212.42	908.77	1890.74	2799.51	2.4473	3.8935	6.3408
2250	218.45	936.48	1865.19	2801.67	2.5034	3.7938	6.2971
2500	223.99	962.09	1840.98	2803.07	2.5546	3.7028	6.2574
2750	229.12	985.97	1817.89	2803.86	2.6018	3.6190	6.2208
3000	233.90	1008.41	1795.73	2804.14	2.6456	3.5412	6.1869
3250	238.38	1029.60	1774.37	2803.97	2.6866	3.4685	6.1551
3500	242.60	1049.73	1753.70	2803.43	2.7252	3.4000	6.1252
4000	250.40	1087.29	1714.09	2801.38	2.7963	3.2737	6.0700
5000	263.99	1154.21	1640.12	2794.33	2.9201	3.0532	5.9733
6000	275.64	1213.32	1571.00	2784.33	3.0266	2.8625	5.8891
7000	285.88	1266.97	1505.10	2772.07	3.1210	2.6922	5.8132
8000	295.06	1316.61	1441.33	2757.94	3.2067	2.5365	5.7431
9000	303.40	1363.23	1378.88	2742.11	3.2857	2.3915	5.6771
10000	311.06	1407.53	1317.14	2724.67	3.3595	2.2545	5.6140
11000	318.15	1450.05	1255.55	2705.60	3.4294	2.1233	5.5527
12000	324.75	1491.24	1193.59	2684.83	3.4961	1.9962	5.4923
13000	330.93	1531.46	1130.76	2662.22	3.5604	1.8718	5.4323
14000	336.75	1571.08	1066.47	2637.55	3.6231	1.7485	5.3716
15000	342.24	1610.45	1000.04	2610.49	3.6847	1.6250	5.3097
16000	347.43	1650.00	930.59	2580.59	3.7460	1.4995	5.2454
17000	352.37	1690.25	856.90	2547.15	3.8078	1.3698	5.1776
18000	357.06	1731.97	777.13	2509.09	3.8713	1.2330	5.1044
19000	361.54	1776.43	688.11	2464.54	3.9387	1.0841	5.0227
20000	365.81	1826.18	583.56	2409.74	4.0137	0.9132	4.9269
21000	369.89	1888.30	446.42	2334.72	4.1073	0.6942	4.8015
22000	373.80	2034.92	124.04	2158.97	4.3307	0.1917	4.5224
22089	374.14	2099.26	0	2099.26	4.4297	0	4.4297

TABLE B.1.3
Superheated Vapor Water

Temp. (°C)	v (m³/kg)	u (kJ/kg)	h (kJ/kg)	s (kJ/kg-K)	v (m³/kg)	u (kJ/kg)	h (kJ/kg)	s (kJ/kg-K)
	P = 10 kPa (45.81)				P = 50 kPa (81.33)			
Sat.	14.67355	2437.89	2584.63	8.1501	3.24034	2483.85	2645.87	7.5939
50	14.86920	2443.87	2592.56	8.1749	-	-	-	-
100	17.19561	2515.50	2687.46	8.4479	3.41833	2511.61	2682.52	7.6947
150	19.51251	2587.86	2782.99	8.6881	3.88937	2585.61	2780.08	7.9400
200	21.82507	2661.27	2879.52	8.9037	4.35595	2659.85	2877.64	8.1579
250	24.13559	2735.95	2977.31	9.1002	4.82045	2734.97	2975.99	8.3555
300	26.44508	2812.06	3076.51	9.2812	5.28391	2811.33	3075.52	8.5372
400	31.06252	2968.89	3279.51	9.6076	6.20929	2968.43	3278.89	8.8641
500	35.67896	3132.26	3489.05	9.8977	7.13364	3131.94	3488.62	9.1545
600	40.29488	3302.45	3705.40	10.1608	8.05748	3302.22	3705.10	9.4177
700	44.91052	3479.63	3928.73	10.4028	8.98104	3479.45	3928.51	9.6599
800	49.52599	3663.84	4159.10	10.6281	9.90444	3663.70	4158.92	9.8852
900	54.14137	3855.03	4396.44	10.8395	10.82773	3854.91	4396.30	10.0967
1000	58.75669	4053.01	4640.58	11.0392	11.75097	4052.91	4640.46	10.2964
1100	63.37198	4257.47	4891.19	11.2287	12.67418	4257.37	4891.08	10.4858
1200	67.98724	4467.91	5147.78	11.4090	13.59737	4467.82	5147.69	10.6662
1300	72.60250	4683.68	5409.70	14.5810	14.52054	4683.58	5409.61	10.8382
	100 kPa (99.62)				200 kPa (120.23)			
Sat.	1.69400	2506.06	2675.46	7.3593	0.88573	2529.49	2706.63	7.1271
150	1.93636	2582.75	2776.38	7.6133	0.95964	2576.87	2768.80	7.2795
200	2.17226	2658.05	2875.27	7.8342	1.08034	2654.39	2870.46	7.5066
250	2.40604	2733.73	2974.33	8.0332	1.19880	2731.22	2970.98	7.7085
300	2.63876	2810.41	3074.28	8.2157	1.31616	2808.55	3071.79	7.8926
400	3.10263	2967.85	3278.11	8.5434	1.54930	2966.69	3276.55	8.2217
500	3.56547	3131.54	3488.09	8.8341	1.78139	3130.75	3487.03	8.5132
600	4.02781	3301.94	3704.72	9.0975	2.01297	3301.36	3703.96	8.7769
700	4.48986	3479.24	3928.23	9.3398	2.24426	3478.81	3927.66	9.0194
800	4.95174	3663.53	4158.71	9.5652	2.47539	3663.19	4158.27	9.2450
900	5.41353	3854.77	4396.12	9.7767	2.70643	3854.49	4395.77	9.4565
1000	5.87526	4052.78	4640.31	9.9764	2.93740	4052.53	4640.01	9.6563
1100	6.33696	4257.25	4890.95	10.1658	3.16834	4257.01	4890.68	9.8458
1200	6.79863	4467.70	5147.56	10.3462	3.39927	4467.46	5147.32	10.0262
1300	7.26030	4683.47	5409.49	10.5182	3.63018	4683.23	5409.26	10.1982
	300 kPa (133.55)				400 kPa (143.63)			
Sat.	0.60582	2543.55	2725.30	6.9918	0.46246	2553.55	2738.53	6.8958
150	0.63388	2570.79	2760.95	7.0778	0.47084	2564.48	2752.82	6.9299
200	0.71629	2650.65	2865.54	7.3115	0.53422	2646.83	2860.51	7.1706

TABLE B.1.3 (계속)

Superheated Vapor Water

Temp. (°C)	v (m³/kg)	u (kJ/kg)	h (kJ/kg)	s (kJ/kg-K)	v (m³/kg)	u (kJ/kg)	h (kJ/kg)	s (kJ/kg-K)
	300 kPa (133.55)				400 kPa (143.63)			
250	0.79636	2728.69	2967.59	7.5165	0.59512	2726.11	2964.16	7.3788
300	0.87529	2806.69	3069.28	7.7022	0.65484	2804.81	3066.75	7.5661
400	1.03151	2965.53	3274.98	8.0329	0.77262	2964.36	3273.41	7.8984
500	1.18669	3129.95	3485.96	8.3250	0.88934	3129.15	3484.89	8.1912
600	1.34136	3300.79	3703.20	8.5892	1.00555	3300.22	3702.44	8.4557
700	1.49573	3478.38	3927.10	8.8319	1.12147	3477.95	3926.53	8.6987
800	1.64994	3662.85	4157.83	9.0575	1.23722	3662.51	4157.40	8.9244
900	1.80406	3854.20	4395.42	9.2691	1.35288	3853.91	4395.06	9.1361
1000	1.95812	4052.27	4639.71	9.4689	1.46847	4052.02	4639.41	9.3360
1100	2.11214	4256.77	4890.41	9.6585	1.58404	4256.53	4890.15	9.5255
1200	2.26614	4467.23	5147.07	9.8389	1.69958	4466.99	5146.83	9.7059
1300	2.42013	4682.99	5409.03	10.0109	1.81511	4682.75	5408.80	9.8780
	500 kPa (151.86)				600 kPa (158.85)			
Sat.	0.37489	2561.23	2748.67	6.8212	0.31567	2567.40	2756.80	6.7600
200	0.42492	2642.91	2855.37	7.0592	0.35202	2638.91	2850.12	6.9665
250	0.47436	2723.50	2960.68	7.2708	0.39383	2720.86	2957.16	7.1816
300	0.52256	2802.91	3064.20	7.4598	0.43437	2801.00	3061.63	7.3723
350	0.57012	2882.59	3167.65	7.6328	0.47424	2881.12	3165.66	7.5463
400	0.61728	2963.19	3271.83	7.7937	0.51372	2962.02	3270.25	7.7078
500	0.71093	3128.35	3483.82	8.0872	0.59199	3127.55	3482.75	8.0020
600	0.80406	3299.64	3701.67	8.3521	0.66974	3299.07	3700.91	8.2673
700	0.89691	3477.52	3925.97	8.5952	0.74720	3477.08	3925.41	8.5107
800	0.98959	3662.17	4156.96	8.8211	0.82450	3661.83	4156.52	8.7367
900	1.08217	3853.63	4394.71	9.0329	0.90169	3853.34	4394.36	8.9485
1000	1.17469	4051.76	4639.11	9.2328	0.97883	4051.51	4638.81	9.1484
1100	1.26718	4256.29	4889.88	9.4224	1.05594	4256.05	4889.61	9.3381
1200	1.35964	4466.76	5146.58	9.6028	1.13302	4466.52	5146.34	9.5185
1300	1.45210	4682.52	5408.57	9.7749	1.21009	4682.28	5408.34	9.6906
	800 kPa (170.43)				1000 kPa (179.91)			
Sat.	0.24043	2576.79	2769.13	6.6627	0.19444	2583.64	2778.08	6.5864
200	0.26080	2630.61	2839.25	6.8158	0.20596	2621.90	2827.86	6.6939
250	0.29314	2715.46	2949.97	7.0384	0.23268	2709.91	2942.59	6.9246
300	0.32411	2797.14	3056.43	7.2327	0.25794	2793.21	3051.15	7.1228
350	0.35439	2878.16	3161.68	7.4088	0.28247	2875.18	3157.65	7.3010
400	0.38426	2959.66	3267.07	7.5715	0.30659	2957.29	3263.88	7.4650
500	0.44331	3125.95	3480.60	7.8672	0.35411	3124.34	3478.44	7.7621
600	0.50184	3297.91	3699.38	8.1332	0.40109	3296.76	3697.85	8.0289

TABLE B.1.3 (계속)
Superheated Vapor Water

Temp. (°C)	v (m³/kg)	u (kJ/kg)	h (kJ/kg)	s (kJ/kg-K)	v (m³/kg)	u (kJ/kg)	h (kJ/kg)	s (kJ/kg-K)
	800 kPa (170.43)				1000 kPa (179.91)			
700	0.56007	3476.22	3924.27	8.3770	0.44779	3475.35	3923.14	8.2731
800	0.61813	3661.14	4155.65	8.6033	0.49432	3660.46	4154.78	8.4996
900	0.67610	3852.77	4393.65	8.8153	0.54075	3852.19	4392.94	8.7118
1000	0.73401	4051.00	4638.20	9.0153	0.58712	4050.49	4637.60	8.9119
1100	0.79188	4255.57	4889.08	9.2049	0.63345	4255.09	4888.55	9.1016
1200	0.84974	4466.05	5145.85	9.3854	0.67977	4465.58	5145.36	9.2821
1300	0.90758	4681.81	5407.87	9.5575	0.72608	4681.33	5407.41	9.4542
	1200 kPa (187.99)				1400 kPa (195.07)			
Sat.	0.16333	2588.82	2784.82	6.5233	0.14084	2592.83	2790.00	6.4692
200	0.16930	2612.74	2815.90	6.5898	0.14302	2603.09	2803.32	6.4975
250	0.19235	2704.20	2935.01	6.8293	0.16350	2698.32	2927.22	6.7467
300	0.21382	2789.22	3045.80	7.0316	0.18228	2785.16	3040.35	6.9533
350	0.23452	2872.16	3153.59	7.2120	0.20026	2869.12	3149.49	7.1359
400	0.25480	2954.90	3260.66	7.3773	0.21780	2952.50	3257.42	7.3025
500	0.29463	3122.72	3476.28	7.6758	0.25215	3121.10	3474.11	7.6026
600	0.33393	3295.60	3696.32	7.9434	0.28596	3294.44	3694.78	7.8710
700	0.37294	3474.48	3922.01	8.1881	0.31947	3473.61	3920.87	8.1160
800	0.41177	3659.77	4153.90	8.4149	0.35281	3659.09	4153.03	8.3431
900	0.45051	3851.62	4392.23	8.6272	0.38606	3851.05	4391.53	8.5555
1000	0.48919	4049.98	4637.00	8.8274	0.41924	4049.47	4636.41	8.7558
1100	0.52783	4254.61	4888.02	9.0171	0.45239	4254.14	4887.49	8.9456
1200	0.56646	4465.12	5144.87	9.1977	0.48552	4464.65	5144.38	9.1262
1300	0.60507	4680.86	5406.95	9.3698	0.51864	4680.39	5406.49	9.2983
	1600 kPa (201.40)				1800 kPa (207.15)			
Sat.	0.12380	2595.95	2794.02	6.4217	0.11042	2598.38	2797.13	6.3793
250	0.14184	2692.26	2919.20	6.6732	0.12497	2686.02	2910.96	6.6066
300	0.15862	2781.03	3034.83	6.8844	0.14021	2776.83	3029.21	6.8226
350	0.17456	2866.05	3145.35	7.0693	0.15457	2862.95	3141.18	7.0099
400	0.19005	2950.09	3254.17	7.2373	0.16847	2947.66	3250.90	7.1793
500	0.22029	3119.47	3471.93	7.5389	0.19550	3117.84	3469.75	7.4824
600	0.24998	3293.27	3693.23	7.8080	0.22199	3292.10	3691.69	7.7523
700	0.27937	3472.74	3919.73	8.0535	0.24818	3471.87	3918.59	7.9983
800	0.30859	3658.40	4152.15	8.2808	0.27420	3657.71	4151.27	8.2258
900	0.33772	3850.47	4390.82	8.4934	0.30012	3849.90	4390.11	8.4386
1000	0.36678	4048.96	4635.81	8.6938	0.32598	4048.45	4635.21	8.6390
1100	0.39581	4253.66	4886.95	8.8837	0.35180	4253.18	4886.42	8.8290
1200	0.42482	4464.18	5143.89	9.0642	0.37761	4463.71	5143.40	9.0096
1300	0.45382	4679.92	5406.02	9.2364	0.40340	4679.44	5405.56	9.1817

Table B.1.3 (계속)
Superheated Vapor Water

Temp. (°C)	*v* (m³/kg)	*u* (kJ/kg)	*h* (kJ/kg)	*s* (kJ/kg-K)	*v* (m³/kg)	*u* (kJ/kg)	*h* (kJ/kg)	*s* (kJ/kg-K)
	2000 kPa (212.42)				2500 kPa (223.99)			
Sat.	0.09963	2600.26	2799.51	6.3408	0.07998	2603.13	2803.07	6.2574
250	0.11144	2679.58	2902.46	6.5452	0.08700	2662.55	2880.06	6.4084
300	0.12547	2772.56	3023.50	6.7663	0.09890	2761.56	3008.81	6.6437
350	0.13857	2859.81	3136.96	6.9562	0.10976	2851.84	3126.24	6.8402
400	0.15120	2945.21	3247.60	7.1270	0.12010	2939.03	3239.28	7.0147
450	0.16353	3030.41	3357.48	7.2844	0.13014	3025.43	3350.77	7.1745
500	0.17568	3116.20	3467.55	7.4316	0.13998	3112.08	3462.04	7.3233
600	0.19960	3290.93	3690.14	7.7023	0.15930	3287.99	3686.25	7.5960
700	0.22323	3470.99	3917.45	7.9487	0.17832	3468.80	3914.59	7.8435
800	0.24668	3657.03	4150.40	8.1766	0.19716	3655.30	4148.20	8.0720
900	0.27004	3849.33	4389.40	8.3895	0.21590	3847.89	4387.64	8.2853
1000	0.29333	4047.94	4634.61	8.5900	0.23458	4046.67	4633.12	8.4860
1100	0.31659	4252.71	4885.89	8.7800	0.25322	4251.52	4884.57	8.6761
1200	0.33984	4463.25	5142.92	8.9606	0.27185	4462.08	5141.70	8.8569
1300	0.36306	4678.97	5405.10	9.1328	0.29046	4677.80	5403.95	9.0291
	3000 kPa (233.90)				4000 kPa (250.40)			
Sat.	0.06668	2604.10	2804.14	6.1869	0.04978	2602.27	2801.38	6.0700
250	0.07058	2644.00	2855.75	6.2871	-	-	-	-
300	0.08114	2750.05	2993.48	6.5389	0.05884	2725.33	2960.68	6.3614
350	0.09053	2843.66	3115.25	6.7427	0.06645	2826.65	3092.43	6.5820
400	0.09936	2932.75	3230.82	6.9211	0.07341	2919.88	3213.51	6.7689
450	0.10787	3020.38	3344.00	7.0833	0.08003	3010.13	3330.23	6.9362
500	0.11619	3107.92	3456.48	7.2337	0.08643	3099.49	3445.21	7.0900
600	0.13243	3285.03	3682.34	7.5084	0.09885	3279.06	3674.44	7.3688
700	0.14838	3466.59	3911.72	7.7571	0.11095	3462.15	3905.94	7.6198
800	0.16414	3653.58	4146.00	7.9862	0.12287	3650.11	4141.59	7.8502
900	0.17980	3846.46	4385.87	8.1999	0.13469	3843.59	4382.34	8.0647
1000	0.19541	4045.40	4631.63	8.4009	0.14645	4042.87	4628.65	8.2661
1100	0.21098	4250.33	4883.26	8.5911	0.15817	4247.96	4880.63	8.4566
1200	0.22652	4460.92	5140.49	8.7719	0.16987	4458.60	5138.07	8.6376
1300	0.24206	4676.63	5402.81	8.9442	0.18156	4674.29	5400.52	8.8099

TABLE B.1.3 (계속)

Superheated Vapor Water

Temp. (°C)	v (m^3/kg)	u (kJ/kg)	h (kJ/kg)	s (kJ/kg-K)	v (m^3/kg)	u (kJ/kg)	h (kJ/kg)	s (kJ/kg-K)
	5000 kPa (263.99)				6000 kPa (275.64)			
Sat.	0.03944	2597.12	2794.33	5.9733	0.03244	2589.69	2784.33	5.8891
300	0.04532	2697.94	2924.53	6.2083	0.03616	2667.22	2884.19	6.0673
350	0.05194	2808.67	3068.39	6.4492	0.04223	2789.61	3042.97	6.3334
400	0.05781	2906.58	3195.64	6.6458	0.04739	2892.81	3177.17	6.5407
450	0.06330	2999.64	3316.15	6.8185	0.05214	2988.90	3301.76	6.7192
500	0.06857	3090.92	3433.76	6.9758	0.05665	3082.20	3422.12	6.8802
550	0.07368	3181.82	3550.23	7.1217	0.06101	3174.57	3540.62	7.0287
600	0.07869	3273.01	3666.47	7.2588	0.06525	3266.89	3658.40	7.1676
700	0.08849	3457.67	3900.13	7.5122	0.07352	3453.15	3894.28	7.4234
800	0.09811	3646.62	4137.17	7.7440	0.08160	3643.12	4132.74	7.6566
900	0.10762	3840.71	4378.82	7.9593	0.08958	3837.84	4375.29	7.8727
1000	0.11707	4040.35	4625.69	8.1612	0.09749	4037.83	4622.74	8.0751
1100	0.12648	4245.61	4878.02	8.3519	0.10536	4243.26	4875.42	8.2661
1200	0.13587	4456.30	5135.67	8.5330	0.11321	4454.00	5133.28	8.4473
1300	0.14526	4671.96	5398.24	8.7055	0.12106	4669.64	5395.97	8.6199
	8000 kPa (295.06)				10000 kPa (311.06)			
Sat.	0.02352	2569.79	2757.94	5.7431	0.01803	2544.41	2724.67	5.6140
300	0.02426	2590.93	2784.98	5.7905	-	-	-	-
350	0.02995	2747.67	2987.30	6.1300	0.02242	2699.16	2923.39	5.9442
400	0.03432	2863.75	3138.28	6.3633	0.02641	2832.38	3096.46	6.2119
450	0.03817	2966.66	3271.99	6.5550	0.02975	2943.32	3240.83	6.4189
500	0.04175	3064.30	3398.27	6.7239	0.03279	3045.77	3373.63	6.5965
550	0.04516	3159.76	3521.01	6.8778	0.03564	3144.54	3500.92	6.7561
600	0.04845	3254.43	3642.03	7.0205	0.03837	3241.68	3625.34	6.9028
700	0.05481	3444.00	3882.47	7.2812	0.04358	3434.72	3870.52	7.1687
800	0.06097	3636.08	4123.84	7.5173	0.04859	3628.97	4114.91	7.4077
900	0.06702	3832.08	4368.26	7.7350	0.05349	3826.32	4361.24	7.6272
1000	0.07301	4032.81	4616.87	7.9384	0.05832	4027.81	4611.04	7.8315
1100	0.07896	4238.60	4870.25	8.1299	0.06312	4233.97	4865.14	8.0236
1200	0.08489	4449.45	5128.54	8.3115	0.06789	4444.93	5123.84	8.2054
1300	0.09080	4665.02	5391.46	8.4842	0.07265	4660.44	5386.99	8.3783

TABLE B.1.3 (계속)
Superheated Vapor Water

Temp. (°C)	*v* (m³/kg)	*u* (kJ/kg)	*h* (kJ/kg)	*s* (kJ/kg-K)	*v* (m³/kg)	*u* (kJ/kg)	*h* (kJ/kg)	*s* (kJ/kg-K)
	15000 kPa (342.24)				20000 kPa (365.81)			
Sat.	0.01034	2455.43	2610.49	5.3097	0.00583	2293.05	2409.74	4.9269
350	0.01147	2520.36	2692.41	5.4420	-	-	-	-
400	0.01565	2740.70	2975.44	5.8810	0.00994	2619.22	2818.07	5.5539
450	0.01845	2879.47	3156.15	6.1403	0.01270	2806.16	3060.06	5.9016
500	0.02080	2996.52	3308.53	6.3442	0.01477	2942.82	3238.18	6.1400
550	0.02293	3104.71	3448.61	6.5198	0.01656	3062.34	3393.45	6.3347
600	0.02491	3208.64	3582.30	6.6775	0.01818	3174.00	3537.57	6.5048
650	0.02680	3310.37	3712.32	6.8223	0.01969	3281.46	3675.32	6.6582
700	0.02861	3410.94	3840.12	6.9572	0.02113	3386.46	3809.09	6.7993
800	0.03210	3610.99	4092.43	7.2040	0.02385	3592.73	4069.80	7.0544
900	0.03546	3811.89	4343.75	7.4279	0.02645	3797.44	4326.37	7.2830
1000	0.03875	4015.41	4596.63	7.6347	0.02897	4003.12	4582.45	7.4925
1100	0.04200	4222.55	4852.56	7.8282	0.03145	4211.30	4840.24	7.6874
1200	0.04523	4433.78	5112.27	8.0108	0.03391	4422.81	5100.96	7.8706
1300	0.04845	4649.12	5375.94	8.1839	0.03636	4637.95	5365.10	8.0441
	30000 kPa				40000 kPa			
375	0.001789	1737.75	1791.43	3.9303	0.001641	1677.09	1742.71	3.8289
400	0.002790	2067.34	2151.04	4.4728	0.001908	1854.52	1930.83	4.1134
425	0.005304	2455.06	2614.17	5.1503	0.002532	2096.83	2198.11	4.5028
450	0.006735	2619.30	2821.35	5.4423	0.003693	2365.07	2512.79	4.9459
500	0.008679	2820.67	3081.03	5.7904	0.005623	2678.36	2903.26	5.4699
550	0.010168	2970.31	3275.36	6.0342	0.006984	2869.69	3149.05	5.7784
600	0.011446	3100.53	3443.91	6.2330	0.008094	3022.61	3346.38	6.0113
650	0.012596	3221.04	3598.93	6.4057	0.009064	3158.04	3520.58	6.2054
700	0.013661	3335.84	3745.67	6.5606	0.009942	3283.63	3681.29	6.3750
800	0.015623	3555.60	4024.31	6.8332	0.011523	3517.89	3978.80	6.6662
900	0.017448	3768.48	4291.93	7.0717	0.012963	3739.42	4257.93	6.9150
1000	0.019196	3978.79	4554.68	7.2867	0.014324	3954.64	4527.59	7.1356
1100	0.020903	4189.18	4816.28	7.4845	0.015643	4167.38	4793.08	7.3364
1200	0.022589	4401.29	5078.97	7.6691	0.016940	4380.11	5057.72	7.5224
1300	0.024266	4615.96	5343.95	7.8432	0.018229	4594.28	5323.45	7.6969

TABLE B.1.4
Compressed Liquid Water

Temp. (°C)	*v* (m³/kg)	*u* (kJ/kg)	*h* (kJ/kg)	*s* (kJ/kg-K)	*v* (m³/kg)	*u* (kJ/kg)	*h* (kJ/kg)	*s* (kJ/kg-K)
	500 kPa (151.86)				2000 kPa (212.42)			
Sat.	0.001093	639.66	640.21	1.8606	0.001177	906.42	908.77	2.4473
0.01	0.000999	0.01	0.51	0.0000	0.000999	0.03	2.03	0.0001
20	0.001002	83.91	84.41	0.2965	0.001001	83.82	85.82	.2962
40	0.001008	167.47	167.98	0.5722	0.001007	167.29	169.30	.5716
60	0.001017	251.00	251.51	0.8308	0.001016	250.73	252.77	.8300
80	0.001029	334.73	335.24	1.0749	0.001028	334.38	336.44	1.0739
100	0.001043	418.80	419.32	1.3065	0.001043	418.36	420.45	1.3053
120	0.001060	503.37	503.90	1.5273	0.001059	502.84	504.96	1.5259
140	0.001080	588.66	589.20	1.7389	0.001079	588.02	590.18	1.7373
160	-	-	-	-	0.001101	674.14	676.34	1.9410
180	-	-	-	-	0.001127	761.46	763.71	2.1382
200	-	-	-	-	0.001156	850.30	852.61	2.3301
	5000 kPa (263.99)				10000 kPa (311.06)			
Sat.	0.001286	1147.78	1154.21	2.9201	0.001452	1393.00	1407.53	3.3595
0	0.000998	0.03	5.02	0.0001	0.000995	0.10	10.05	0.0003
20	0.001000	83.64	88.64	0.2955	0.000997	83.35	93.32	0.2945
40	0.001006	166.93	171.95	0.5705	0.001003	166.33	176.36	0.5685
60	0.001015	250.21	255.28	0.8284	0.001013	249.34	259.47	0.8258
80	0.001027	333.69	338.83	1.0719	0.001025	332.56	342.81	1.0687
100	0.001041	417.50	422.71	1.3030	0.001039	416.09	426.48	1.2992
120	0.001058	501.79	507.07	1.5232	0.001055	500.07	510.61	1.5188
140	0.001077	586.74	592.13	1.7342	0.001074	584.67	595.40	1.7291
160	0.001099	672.61	678.10	1.9374	0.001195	670.11	681.07	1.9316
180	0.001124	759.62	765.24	2.1341	0.001120	756.63	767.83	2.1274
200	0.001153	848.08	853.85	2.3254	0.001148	844.49	855.97	2.3178
220	0.001187	938.43	944.36	2.5128	0.001181	934.07	945.88	2.5038
240	0.001226	1031.34	1037.47	2.6978	0.001219	1025.94	1038.13	2.6872
260	0.001275	1127.92	1134.30	2.8829	0.001265	1121.03	1133.68	2.8698
280					0.001322	1220.90	1234.11	3.0547
300					0.001397	1328.34	1342.31	3.2468

TABLE B.1.4 (계속)
Compressed Liquid Water

Temp. (°C)	*v* (m³/kg)	*u* (kJ/kg)	*h* (kJ/kg)	*s* (kJ/kg-K)	*v* (m³/kg)	*u* (kJ/kg)	*h* (kJ/kg)	*s* (kJ/kg-K)
	15000 kPa (342.24)				20000 kPa (365.81)			
Sat.	0.001658	1585.58	1610.45	3.6847	0.002035	1785.47	1826.18	4.0137
0	0.000993	0.15	15.04	0.0004	0.000990	0.20	20.00	0.0004
20	0.000995	83.05	97.97	0.2934	0.000993	82.75	102.61	0.2922
40	0.001001	165.73	180.75	0.5665	0.000999	165.15	185.14	0.5646
60	0.001011	248.49	263.65	0.8231	0.001008	247.66	267.82	0.8205
80	0.001022	331.46	346.79	1.0655	0.001020	330.38	350.78	1.0623
100	0.001036	414.72	430.26	1.2954	0.001034	413.37	434.04	1.2917
120	0.001052	498.39	514.17	1.5144	0.001050	496.75	517.74	1.5101
140	0.001071	582.64	598.70	1.7241	0.001068	580.67	602.03	1.7192
160	0.001092	667.69	684.07	1.9259	0.001089	665.34	687.11	1.9203
180	0.001116	753.74	770.48	2.1209	0.001112	750.94	773.18	2.1146
200	0.001143	841.04	858.18	2.3103	0.001139	837.70	860.47	2.3031
220	0.001175	929.89	947.52	2.4952	0.001169	925.89	949.27	2.4869
240	0.001211	1020.82	1038.99	2.6770	0.001205	1015.94	1040.04	2.6673
260	0.001255	1114.59	1133.41	2.8575	0.001246	1108.53	1133.45	2.8459
280	0.001308	1212.47	1232.09	3.0392	0.001297	1204.69	1230.62	3.0248
300	0.001377	1316.58	1337.23	3.2259	0.001360	1306.10	1333.29	3.2071
320	0.001472	1431.05	1453.13	3.4246	0.001444	1415.66	1444.53	3.3978
340	0.001631	1567.42	1591.88	3.6545	0.001568	1539.64	1571.01	3.6074
360					0.001823	1702.78	1739.23	3.8770
	30000 kPa				50000 kPa			
0	0.000986	0.25	29.82	0.0001	0.000977	0.20	49.03	−0.0014
20	0.000989	82.16	111.82	0.2898	0.000980	80.98	130.00	0.2847
40	0.000995	164.01	193.87	0.5606	0.000987	161.84	211.20	0.5526
60	0.001004	246.03	276.16	0.8153	0.000996	242.96	292.77	0.8051
80	0.001016	328.28	358.75	1.0561	0.001007	324.32	374.68	1.0439
100	0.001029	410.76	441.63	1.2844	0.001020	405.86	456.87	1.2703
120	0.001044	493.58	524.91	1.5017	0.001035	487.63	539.37	1.4857
140	0.001062	576.86	608.73	1.7097	0.001052	569.76	622.33	1.6915
160	0.001082	660.81	693.27	1.9095	0.001070	652.39	705.91	1.8890
180	0.001105	745.57	778.71	2.1024	0.001091	735.68	790.24	2.0793
200	0.001130	831.34	865.24	2.2892	0.001115	819.73	875.46	2.2634
220	0.001159	918.32	953.09	2.4710	0.001141	904.67	961.71	2.4419
240	0.001192	1006.84	1042.60	2.6489	0.001170	990.69	1049.20	2.6158
260	0.001230	1097.38	1134.29	2.8242	0.001203	1078.06	1138.23	2.7860
280	0.001275	1190.69	1228.96	2.9985	0.001242	1167.19	1229.26	2.9536
300	0.001330	1287.89	1327.80	3.1740	0.001286	1258.66	1322.95	3.1200
320	0.001400	1390.64	1432.63	3.3538	0.001339	1353.23	1420.17	3.2867
340	0.001492	1501.71	1546.47	3.5425	0.001403	1451.91	1522.07	3.4556
360	0.001627	1626.57	1675.36	3.7492	0.001484	1555.97	1630.16	3.6290
380	0.001869	1781.35	1837.43	4.0010	0.001588	1667.13	1746.54	3.8100

TABLE B.1.5
Saturated Solid-Saturated Vapor, Water

Temp. (°C)	Press. (kPa)	Specific Volume, m³/kg Sat. Solid v_i	Evap. v_{ig}	Sat. Vapor v_g	Internal Energy, kJ/kg Sat. Solid u_i	Evap. u_{ig}	Sat. Vapor u_g
0.01	0.6113	0.0010908	206.152	206.153	−333.40	2708.7	2375.3
0	0.6108	0.0010908	206.314	206.315	−333.42	2708.7	2375.3
−2	0.5177	0.0010905	241.662	241.663	−337.61	2710.2	2372.5
−4	0.4376	0.0010901	283.798	283.799	−341.78	2711.5	2369.8
−6	0.3689	0.0010898	334.138	334.139	−345.91	2712.9	2367.0
−8	0.3102	0.0010894	394.413	394.414	−350.02	2714.2	2364.2
−10	0.2601	0.0010891	466.756	466.757	−354.09	2715.5	2361.4
−12	0.2176	0.0010888	553.802	553.803	−358.14	2716.8	2358.7
−14	0.1815	0.0010884	658.824	658.824	−362.16	2718.0	2355.9
−16	0.1510	0.0010881	785.906	785.907	−366.14	2719.2	2353.1
−18	0.1252	0.0010878	940.182	940.183	−370.10	2720.4	2350.3
−20	0.10355	0.0010874	1128.112	1128.113	−374.03	2721.6	2347.5
−22	0.08535	0.0010871	1357.863	1357.864	−377.93	2722.7	2344.7
−24	0.07012	0.0010868	1639.752	1639.753	−381.80	2723.7	2342.0
−26	0.05741	0.0010864	1986.775	1986.776	−385.64	2724.8	2339.2
−28	0.04684	0.0010861	2415.200	2415.201	−389.45	2725.8	2336.4
−30	0.03810	0.0010858	2945.227	2945.228	−393.23	2726.8	2333.6
−32	0.03090	0.0010854	3601.822	3601.823	−396.98	2727.8	2330.8
−34	0.02499	0.0010851	4416.252	4416.253	−400.71	2728.7	2328.0
−36	0.02016	0.0010848	5430.115	5430.116	−404.40	2729.6	2325.2
−38	0.01618	0.0010844	6707.021	6707.022	−408.06	2730.5	2322.4
−40	0.01286	0.0010841	8366.395	8366.396	−411.70	2731.3	2319.6

TABLE B.1.5 (계속)
Saturated Solid-Saturated Vapor, Water

		ENTHALPY, kJ/kg			ENTROPY, kJ/kg-K		
Temp. (°C)	Press. (kPa)	Sat. Solid h_i	Evap. h_{ig}	Sat. Vapor h_g	Sat. Solid s_i	Evap. s_{ig}	Sat. Vapor s_g
0.01	0.6113	−333.40	2834.7	2501.3	−1.2210	10.3772	9.1562
0	0.6108	−333.42	2834.8	2501.3	−1.2211	10.3776	9.1565
−2	0.5177	−337.61	2835.3	2497.6	−1.2369	10.4562	9.2193
−4	0.4376	−341.78	2835.7	2494.0	−1.2526	10.5358	9.2832
−6	0.3689	−345.91	2836.2	2490.3	−1.2683	10.6165	9.3482
−8	0.3102	−350.02	2836.6	2486.6	−1.2839	10.6982	9.4143
−10	0.2601	−354.09	2837.0	2482.9	−1.2995	10.7809	9.4815
−12	0.2176	−358.14	2837.3	2479.2	−1.3150	10.8648	9.5498
−14	0.1815	−362.16	2837.6	2475.5	−1.3306	10.9498	9.6192
−16	0.1510	−366.14	2837.9	2471.8	−1.3461	11.0359	9.6898
−18	0.1252	−370.10	2838.2	2468.1	−1.3617	11.1233	9.7616
−20	0.10355	−374.03	2838.4	2464.3	−1.3772	11.2120	9.8348
−22	0.08535	−377.93	2838.6	2460.6	−1.3928	11.3020	9.9093
−24	0.07012	−381.80	2838.7	2456.9	−1.4083	11.3935	9.9852
−26	0.05741	−385.64	2838.9	2453.2	−1.4239	11.4864	10.0625
−28	0.04684	−389.45	2839.0	2449.5	−1.4394	11.5808	10.1413
−30	0.03810	−393.23	2839.0	2445.8	−1.4550	11.6765	10.2215
−32	0.03090	−396.98	2839.1	2442.1	−1.4705	11.7733	10.3028
−34	0.02499	−400.71	2839.1	2438.4	−1.4860	11.8713	10.3853
−36	0.02016	−404.40	2839.1	2434.7	−1.5014	11.9704	10.4690
−38	0.01618	−408.06	2839.0	2431.0	−1.5168	12.0714	10.5546
−40	0.01286	−411.70	2838.9	2427.2	−1.5321	12.1768	10.6447

표 B.2 암모니아의 열역학적 상태량.

TABLE B.2.1

Saturated Ammonia

Temp. (°C)	Press. (kPa)	Specific Volume, m³/kg: Sat. Liquid v_f	Evap. v_{fg}	Sat. Vapor v_g	Internal Energy, kJ/kg: Sat. Liquid u_f	Evap. u_{fg}	Sat. Vapor u_g
−50	40.9	0.001424	2.62557	2.62700	−43.82	1309.1	1265.2
−45	54.5	0.001437	2.00489	2.00632	−22.01	1293.5	1271.4
−40	71.7	0.001450	1.55111	1.55256	−0.10	1277.6	1277.4
−35	93.2	0.001463	1.21466	1.21613	21.93	1261.3	1283.3
−30	119.5	0.001476	0.96192	0.96339	44.08	1244.8	1288.9
−25	151.6	0.001490	0.76970	0.77119	66.36	1227.9	1294.3
−20	190.2	0.001504	0.62184	0.62334	88.76	1210.7	1299.5
−15	236.3	0.001519	0.50686	0.50838	111.30	1193.2	1304.5
−10	290.9	0.001534	0.41655	0.41808	133.96	1175.2	1309.2
−5	354.9	0.001550	0.34493	0.34648	156.76	1157.0	1313.7
0	429.6	0.001566	0.28763	0.28920	179.69	1138.3	1318.0
5	515.9	0.001583	0.24140	0.24299	202.77	1119.2	1322.0
10	615.2	0.001600	0.20381	0.20541	225.99	1099.7	1325.7
15	728.6	0.001619	0.17300	0.17462	249.36	1079.7	1329.1
20	857.5	0.001638	0.14758	0.14922	272.89	1059.3	1332.2
25	1003.2	0.001658	0.12647	0.12813	296.59	1038.4	1335.0
30	1167.0	0.001680	0.10881	0.11049	320.46	1016.9	1337.4
35	1350.4	0.001702	0.09397	0.09567	344.50	994.9	1339.4
40	1554.9	0.001725	0.08141	0.08313	368.74	972.2	1341.0
45	1782.0	0.001750	0.07073	0.07248	393.19	948.9	1342.1
50	2033.1	0.001777	0.06159	0.06337	417.87	924.8	1342.7
55	2310.1	0.001804	0.05375	0.05555	442.79	899.9	1342.7
60	2614.4	0.001834	0.04697	0.04880	467.99	874.2	1342.1
65	2947.8	0.001866	0.04109	0.04296	493.51	847.4	1340.9
70	3312.0	0.001900	0.03597	0.03787	519.39	819.5	1338.9
75	3709.0	0.001937	0.03148	0.03341	545.70	790.4	1336.1
80	4140.5	0.001978	0.02753	0.02951	572.50	759.9	1332.4
85	4608.6	0.002022	0.02404	0.02606	599.90	727.8	1327.7
90	5115.3	0.002071	0.02093	0.02300	627.99	693.7	1321.7
95	5662.9	0.002126	0.01815	0.02028	656.95	657.4	1314.4
100	6253.7	0.002188	0.01565	0.01784	686.96	618.4	1305.3
105	6890.4	0.002261	0.01337	0.01564	718.30	575.9	1294.2
110	7575.7	0.002347	0.01128	0.01363	751.37	529.1	1280.5
115	8313.3	0.002452	0.00933	0.01178	786.82	476.2	1263.1
120	9107.2	0.002589	0.00744	0.01003	825.77	414.5	1240.3
125	9963.5	0.002783	0.00554	0.00833	870.69	337.7	1208.4
130	10891.6	0.003122	0.00337	0.00649	929.29	226.9	1156.2
132.3	11333.2	0.004255	0	0.00426	1037.62	0	1037.6

TABLE B.2.1 (계속)
Saturated Ammonia

Temp. (°C)	Press. (kPa)	ENTHALPY, kJ/kg Sat. Liquid h_f	Evap. h_{fg}	Sat. Vapor h_g	ENTROPY, kJ/kg-K Sat. Liquid s_f	Evap. s_{fg}	Sat. Vapor s_g
−50	40.9	−43.76	1416.3	1372.6	−0.1916	6.3470	6.1554
−45	54.5	−21.94	1402.8	1380.8	−0.0950	6.1484	6.0534
−40	71.7	0	1388.8	1388.8	0	5.9567	5.9567
−35	93.2	22.06	1374.5	1396.5	0.0935	5.7715	5.8650
−30	119.5	44.26	1359.8	1404.0	0.1856	5.5922	5.7778
−25	151.6	66.58	1344.6	1411.2	0.2763	5.4185	5.6947
−20	190.2	89.05	1329.0	1418.0	0.3657	5.2498	5.6155
−15	236.3	111.66	1312.9	1424.6	0.4538	5.0859	5.5397
−10	290.9	134.41	1296.4	1430.8	0.5408	4.9265	5.4673
−5	354.9	157.31	1279.4	1436.7	0.6266	4.7711	5.3977
0	429.6	180.36	1261.8	1442.2	0.7114	4.6195	5.3309
5	515.9	203.58	1243.7	1447.3	0.7951	4.4715	5.2666
10	615.2	226.97	1225.1	1452.0	0.8779	4.3266	5.2045
15	728.6	250.54	1205.8	1456.3	0.9598	4.1846	5.1444
20	857.5	274.30	1185.9	1460.2	1.0408	4.0452	5.0860
25	1003.2	298.25	1165.2	1463.5	1.1210	3.9083	5.0293
30	1167.0	322.42	1143.9	1466.3	1.2005	3.7734	4.9738
35	1350.4	346.80	1121.8	1468.6	1.2792	3.6403	4.9196
40	1554.9	371.43	1098.8	1470.2	1.3574	3.5088	4.8662
45	1782.0	396.31	1074.9	1471.2	1.4350	3.3786	4.8136
50	2033.1	421.48	1050.0	1471.5	1.5121	3.2493	4.7614
55	2310.1	446.96	1024.1	1471.0	1.5888	3.1208	4.7095
60	2614.4	472.79	997.0	1469.7	1.6652	2.9925	4.6577
65	2947.8	499.01	968.5	1467.5	1.7415	2.8642	4.6057
70	3312.0	525.69	938.7	1464.4	1.8178	2.7354	4.3533
75	3709.0	552.88	907.2	1460.1	1.8943	2.6058	4.5001
80	4140.5	580.69	873.9	1454.6	1.9712	2.4746	4.4458
85	4608.6	609.21	838.6	1447.8	2.0488	2.3413	4.3901
90	5115.3	638.59	800.8	1439.4	2.1273	2.2051	4.3325
95	5662.9	668.99	760.2	1429.2	2.2073	2.0650	4.2723
100	6253.7	700.64	716.2	1416.9	2.2893	1.9195	4.2088
105	6890.4	733.87	668.1	1402.0	2.3740	1.7667	4.1407
110	7575.7	769.15	614.6	1383.7	2.4625	1.6040	4.0665
115	8313.3	807.21	553.8	1361.0	2.5566	1.4267	3.9833
120	9107.2	849.36	482.3	1331.7	2.6593	1.2268	3.8861
125	9963.5	898.42	393.0	1291.4	2.7775	0.9870	3.7645
130	10892	963.29	263.7	1227.0	2.9326	0.6540	3.5866
132.3	11333	1085.85	0	1085.9	3.2316	0	3.2316

TABLE B.2.2
Superheated Ammonia

Temp. (°C)	*v* (m³/kg)	*u* (kJ/kg)	*h* (kJ/kg)	*s* (kJ/kg-K)	*v* (m³/kg)	*u* (kJ/kg)	*h* (kJ/kg)	*s* (kJ/kg-K)
	50 kPa (−46.53)				100 kPa (−33.60)			
Sat.	2.1752	1269.6	1378.3	6.0839	1.1381	1284.9	1398.7	5.8401
−30	2.3448	1296.2	1413.4	6.2333	1.1573	1291.0	1406.7	5.8734
−20	2.4463	1312.3	1434.6	6.3187	1.2101	1307.8	1428.8	5.9626
−10	2.5471	1328.4	1455.7	6.4006	1.2621	1324.6	1450.8	6.0477
0	2.6474	1344.5	1476.9	6.4795	1.3136	1341.3	1472.6	6.1291
10	2.7472	1360.7	1498.1	6.5556	1.3647	1357.9	1494.4	6.2073
20	2.8466	1377.0	1519.3	6.6293	1.4153	1374.5	1516.1	6.2826
30	2.9458	1393.3	1540.6	6.7008	1.4657	1391.2	1537.7	6.3553
40	3.0447	1409.8	1562.0	6.7703	1.5158	1407.9	1559.5	6.4258
50	3.1435	1426.3	1583.5	6.8379	1.5658	1424.7	1581.2	6.4943
60	3.2421	1443.0	1605.1	6.9038	1.6156	1441.5	1603.1	6.5609
70	3.3406	1459.9	1626.9	6.9682	1.6653	1458.5	1625.1	6.6258
80	3.4390	1476.9	1648.8	7.0312	1.7148	1475.6	1647.1	6.6892
100	3.6355	1511.4	1693.2	7.1533	1.8137	1510.3	1691.7	6.8120
120	3.8318	1546.6	1738.2	7.2708	1.9124	1545.7	1736.9	6.9300
140	4.0280	1582.5	1783.9	7.3842	2.0109	1581.7	1782.8	7.0439
160	4.2240	1619.2	1830.4	7.4941	2.1093	1618.5	1829.4	7.1540
180	4.4199	1656.7	1877.7	7.6008	2.2075	1656.0	1876.8	7.2609
200	4.6157	1694.9 1925.7		7.7045	2.3057	1694.3 1924.9		7.3648
	150 kPa (−25.22)				200 kPa (−18.86)			
Sat.	0.7787	1294.1	1410.9	5.6983	0.5946	1300.6	1419.6	5.5979
−20	0.7977	1303.3	1422.9	5.7465	-	-	-	-
−10	0.8336	1320.7	1445.7	5.8349	0.6193	1316.7	1440.6	5.6791
0	0.8689	1337.9	1468.3	5.9189	0.6465	1334.5	1463.8	5.7659
10	0.9037	1355.0	1490.6	5.9992	0.6732	1352.1	1486.8	5.8484
20	0.9382	1372.0	1512.8	6.0761	0.6995	1369.5	1509.4	5.9270
30	0.9723	1389.0	1534.9	6.1502	0.7255	1386.8	1531.9	6.0025
40	1.0062	1406.0	1556.9	6.2217	0.7513	1404.0	1554.3	6.0751
50	1.0398	1423.0	1578.9	6.2910	0.7769	1421.3	1576.6	6.1453
60	1.0734	1440.0	1601.0	6.3583	0.8023	1438.5	1598.9	6.2133
70	1.1068	1457.2	1623.2	6.4238	0.8275	1455.8	1621.3	6.2794
80	1.1401	1474.4	1645.4	6.4877	0.8527	1473.1	1643.7	6.3437
100	1.2065	1509.3	1690.2	6.6112	0.9028	1508.2	1688.8	6.4679
120	1.2726	1544.8	1735.6	6.7297	0.9527	1543.8	1734.4	6.5869
140	1.3386	1580.9	1781.7	6.8439	1.0024	1580.1	1780.6	6.7015
160	1.4044	1617.8	1828.4	6.9544	1.0519	1617.0	1827.4	6.8123
180	1.4701	1655.4	1875.9	7.0615	1.1014	1654.7	1875.0	6.9196
200	1.5357	1693.7	1924.1	7.1656	1.1507	1693.2	1923.3	7.0239
220	1.6013	1732.9	1973.1	7.2670	1.2000	1732.4	1972.4	7.1255

TABLE B.2.2 (계속)
Superheated Ammonia

Temp. (°C)	v (m³/kg)	u (kJ/kg)	h (kJ/kg)	s (kJ/kg-K)	v (m³/kg)	u (kJ/kg)	h (kJ/kg)	s (kJ/kg-K)
	300 kPa (−9.24)				400 kPa (−1.89)			
Sat.	0.40607	1309.9	1431.7	5.4565	0.30942	1316.4	1440.2	5.3559
0	0.42382	1327.5	1454.7	5.5420	0.31227	1320.2	1445.1	5.3741
10	0.44251	1346.1	1478.9	5.6290	0.32701	1339.9	1470.7	5.4663
20	0.46077	1364.4	1502.6	5.7113	0.34129	1359.1	1495.6	5.5525
30	0.47870	1382.3	1526.0	5.7896	0.35520	1377.7	1519.8	5.6338
40	0.49636	1400.1	1549.0	5.8645	0.36884	1396.1	1543.6	5.7111
50	0.51382	1417.8	1571.9	5.9365	0.38226	1414.2	1567.1	5.7850
60	0.53111	1435.4	1594.7	6.0060	0.39550	1432.2	1590.4	5.8560
70	0.54827	1453.0	1617.5	6.0732	0.40860	1450.1	1613.6	5.9244
80	0.56532	1470.6	1640.2	6.1385	0.42160	1468.0	1636.7	5.9907
100	0.59916	1506.1	1685.8	6.2642	0.44732	1503.9	1682.8	6.1179
120	0.63276	1542.0	1731.8	6.3842	0.47279	1540.1	1729.2	6.2390
140	0.66618	1578.5	1778.3	6.4996	0.49808	1576.8	1776.0	6.3552
160	0.69946	1615.6	1825.4	6.6109	0.52323	1614.1	1823.4	6.4671
180	0.73263	1653.4	1873.2	6.7188	0.54827	1652.1	1871.4	6.5755
200	0.76572	1692.0	1921.7	6.8235	0.57321	1690.8	1920.1	6.6806
220	0.79872	1731.3	1970.9	6.9254	0.59809	1730.3	1969.5	6.7828
240	0.83167	1771.4	2020.9	7.0247	0.62289	1770.5	2019.6	6.8825
260	0.86455	1812.2	2071.6	7.1217	0.64764	1811.4	2070.5	6.9797
	500 kPa (4.13)				600 kPa (9.28)			
Sat.	0.25035	1321.3	1446.5	5.2776	0.21038	1325.2	1451.4	5.2133
10	0.25757	1333.5	1462.3	5.3340	0.21115	1326.7	1453.4	5.2205
20	0.26949	1353.6	1488.3	5.4244	0.22154	1347.9	1480.8	5.3156
30	0.28103	1373.0	1513.5	5.5090	0.23152	1368.2	1507.1	5.4037
40	0.29227	1392.0	1538.1	5.5889	0.24118	1387.8	1532.5	5.4862
50	0.30328	1410.6	1562.2	5.6647	0.25059	1406.9	1557.3	5.5641
60	0.31410	1429.0	1586.1	5.7373	0.25981	1425.7	1581.6	5.6383
70	0.32478	1447.3	1609.6	5.8070	0.26888	1444.3	1605.7	5.7094
80	0.33535	1465.4	1633.1	5.8744	0.27783	1462.8	1629.5	5.7778
100	0.35621	1501.7	1679.8	6.0031	0.29545	1499.5	1676.8	5.9081
120	0.37681	1538.2	1726.6	6.1253	0.31281	1536.3	1724.0	6.0314
140	0.39722	1575.2	1773.8	6.2422	0.32997	1573.5	1771.5	6.1491
160	0.41748	1612.7	1821.4	6.3548	0.34699	1611.2	1819.4	6.2623
180	0.43764	1650.8	1869.6	6.4636	0.36389	1649.5	1867.8	6.3717
200	0.45771	1689.6	1918.5	6.5691	0.38071	1688.5	1916.9	6.4776
220	0.47770	1729.2	1968.1	6.6717	0.39745	1728.2	1966.6	6.5806
240	0.49763	1769.5	2018.3	6.7717	0.41412	1768.6	2017.0	6.6808
260	0.51749	1810.6	2069.3	6.8692	0.43073	1809.8	2068.2	6.7786

TABLE B.2.2 (계속)
Superheated Ammonia

Temp. (°C)	v (m³/kg)	u (kJ/kg)	h (kJ/kg)	s (kJ/kg-K)	v (m³/kg)	u (kJ/kg)	h (kJ/kg)	s (kJ/kg-K)
	800 kPa (17.85)				1000 kPa (24.90)			
Sat.	0.15958	1330.9	1458.6	5.1110	0.12852	1334.9	1463.4	5.0304
20	0.16138	1335.8	1464.9	5.1328	-	-	-	-
30	0.16947	1358.0	1493.5	5.2287	0.13206	1347.1	1479.1	5.0826
40	0.17720	1379.0	1520.8	5.3171	0.13868	1369.8	1508.5	5.1778
50	0.18465	1399.3	1547.0	5.3996	0.14499	1391.3	1536.3	5.2654
60	0.19189	1419.0	1572.5	5.4774	0.15106	1412.1	1563.1	5.3471
70	0.19896	1438.3	1597.5	5.5513	0.15695	1432.2	1589.1	5.4240
80	0.20590	1457.4	1622.1	5.6219	0.16270	1451.9	1614.6	5.4971
100	0.21949	1495.0	1670.6	5.7555	0.17389	1490.5	1664.3	5.6342
120	0.23280	1532.5	1718.7	5.8811	0.18477	1528.6	1713.4	5.7622
140	0.24590	1570.1	1766.9	6.0006	0.19545	1566.8	1762.2	5.8834
160	0.25886	1608.2	1815.3	6.1150	0.20597	1605.2	1811.2	5.9992
180	0.27170	1646.8	1864.2	6.2254	0.21638	1644.2	1860.5	6.1105
200	0.28445	1686.1	1913.6	6.3322	0.22669	1683.7	1910.4	6.2182
220	0.29712	1726.0	1963.7	6.4358	0.23693	1723.9	1960.8	6.3226
240	0.30973	1766.7	2014.5	6.5367	0.24710	1764.8	2011.9	6.4241
260	0.32228	1808.1	2065.9	6.6350	0.25720	1806.4	2063.6	6.5229
280	0.33477	1850.2	2118.0	6.7310	0.26726	1848.8	2116.0	6.6194
300	0.34722	1893.1	2170.9	6.8248	0.27726	1891.8	2169.1	6.7137
	1200 kPa (30.94)				1400 kPa (36.26)			
Sat.	0.10751	1337.8	1466.8	4.9635	0.09231	1339.8	1469.0	4.9060
40	0.11287	1360.0	1495.4	5.0564	0.09432	1349.5	1481.6	4.9463
50	0.11846	1383.0	1525.1	5.1497	0.09942	1374.2	1513.4	5.0462
60	0.12378	1404.8	1553.3	5.2357	0.10423	1397.2	1543.1	5.1370
70	0.12890	1425.8	1580.5	5.3159	0.10882	1419.2	1571.5	5.2209
80	0.13387	1446.2	1606.8	5.3916	0.11324	1440.3	1598.8	5.2994
100	0.14347	1485.8	1658.0	5.5325	0.12172	1481.0	1651.4	5.4443
120	0.15275	1524.7	1708.0	5.6631	0.12986	1520.7	1702.5	5.5775
140	0.16181	1563.3	1757.5	5.7860	0.13777	1559.9	1752.8	5.7023
160	0.17071	1602.2	1807.1	5.9031	0.14552	1599.2	1802.9	5.8208
180	0.17950	1641.5	1856.9	6.0156	0.15315	1638.8	1853.2	5.9343
200	0.18819	1681.3	1907.1	6.1241	0.16068	1678.9	1903.8	6.0437
220	0.19680	1721.8	1957.9	6.2292	0.16813	1719.6	1955.0	6.1495
240	0.20534	1762.9	2009.3	6.3313	0.17551	1761.0	2006.7	6.2523
260	0.21382	1804.7	2061.3	6.4308	0.18283	1803.0	2059.0	6.3523
280	0.22225	1847.3	2114.0	6.5278	0.19010	1845.8	2111.9	6.4498
300	0.23063	1890.6	2167.3	6.6225	0.19732	1889.3	2165.5	6.5450
320	0.23897	1934.6	2221.3	6.7151	0.20450	1933.5	2219.8	6.6380

TABLE B.2.2 (계속)
Superheated Ammonia

Temp. (°C)	v (m³/kg)	u (kJ/kg)	h (kJ/kg)	s (kJ/kg-K)	v (m³/kg)	u (kJ/kg)	h (kJ/kg)	s (kJ/kg-K)
	1600 kPa (41.03)				2000 kPa (49.37)			
Sat.	0.08079	1341.2	1470.5	4.8553	0.06444	1342.6	1471.5	4.7680
50	0.08506	1364.9	1501.0	4.9510	0.06471	1344.5	1473.9	4.7754
60	0.08951	1389.3	1532.5	5.0472	0.06875	1372.3	1509.8	4.8848
70	0.09372	1412.3	1562.3	5.1351	0.07246	1397.8	1542.7	4.9821
80	0.09774	1434.3	1590.6	5.2167	0.07595	1421.6	1573.5	5.0707
100	0.10539	1476.2	1644.8	5.3659	0.08248	1466.1	1631.1	5.2294
120	0.11268	1516.6	1696.9	5.5018	0.08861	1508.3	1685.5	5.3714
140	0.11974	1556.4	1748.0	5.6286	0.09447	1549.3	1738.2	5.5022
160	0.12662	1596.1	1798.7	5.7485	0.10016	1589.9	1790.2	5.6251
180	0.13339	1636.1	1849.5	5.8631	0.10571	1630.6	1842.0	5.7420
200	0.14005	1676.5	1900.5	5.9734	0.11116	1671.6	1893.9	5.8540
220	0.14663	1717.4	1952.0	6.0800	0.11652	1713.1	1946.1	5.9621
240	0.15314	1759.0	2004.1	6.1834	0.12182	1755.2	1998.8	6.0668
260	0.15959	1801.3	2056.7	6.2839	0.12705	1797.9	2052.0	6.1685
280	0.16599	1844.3	2109.9	6.3819	0.13224	1841.3	2105.8	6.2675
300	0.17234	1888.0	2163.7	6.4775	0.13737	1885.4	2160.1	6.3641
320	0.17865	1932.4	2218.2	6.5710	0.14246	1930.2	2215.1	6.4583
340	0.18492	1977.5	2273.4	6.6624	0.14751	1975.6	2270.7	6.5505
360	0.19115	2023.3	2329.1	6.7519	0.15253	2021.8	2326.8	6.6406
	5000 kPa (88.90)				10000 kPa (125.20)			
Sat.	0.02365	1323.2	1441.4	4.3454	0.00826	1206.8	1289.4	3.7587
100	0.02636	1369.7	1501.5	4.5091	-	-	-	-
120	0.03024	1435.1	1586.3	4.7306	-	-	-	-
140	0.03350	1489.8	1657.3	4.9068	0.01195	1341.8	1461.3	4.1839
160	0.03643	1539.5	1721.7	5.0591	0.01461	1432.2	1578.3	4.4610
180	0.03916	1586.9	1782.7	5.1968	0.01666	1500.6	1667.2	4.6617
200	0.04174	1633.1	1841.8	5.3245	0.01842	1560.3	1744.5	4.8287
220	0.04422	1678.9	1900.0	5.4450	0.02001	1615.8	1816.0	4.9767
240	0.04662	1724.8	1957.9	5.5600	0.02150	1669.2	1884.2	5.1123
260	0.04895	1770.9	2015.6	5.6704	0.02290	1721.6	1950.6	5.2392
280	0.05123	1817.4	2073.6	5.7771	0.02424	1773.6	2015.9	5.3596
300	0.05346	1864.5	2131.8	5.8805	0.02552	1825.5	2080.7	5.4746
320	0.05565	1912.1	2190.3	5.9809	0.02676	1877.6	2145.2	5.5852
340	0.05779	1960.3	2249.2	6.0786	0.02796	1930.0	2209.6	5.6921
360	0.05990	2009.1	2308.6	6.1738	0.02913	1982.8	2274.1	5.7955
380	0.06198	2058.5	2368.4	6.2668	0.03026	2036.1	2338.7	5.8960
400	0.06403	2108.4	2428.6	6.3576	0.03137	2089.8	2403.5	5.9937
420	0.06606	2159.0	2489.3	6.4464	0.03245	2143.9	2468.5	6.0888
440	0.06806	2210.1	2550.4	6.5334	0.03351	2198.5	2533.7	6.1815

표 B.3 R-12의 열역학적 상태량.

TABLE B.3.1
Saturated R-12

Temp. (°C)	Press. (kPa)	Specific Volume, m³/kg: Sat. Liquid v_f	Evap. v_{fg}	Sat. Vapor v_g	Internal Energy, kJ/kg: Sat. Liquid u_f	Evap. u_{fg}	Sat. Vapor u_g
−90	2.8	0.000608	4.41494	4.41555	−43.29	177.20	133.91
−80	6.2	0.000617	2.13773	2.13835	−34.73	172.54	137.82
−70	12.3	0.000627	1.12665	1.12728	−26.14	167.94	141.81
−60	22.6	0.000637	0.63727	0.63791	−17.50	163.36	145.86
−50	39.1	0.000648	0.38246	0.38310	−8.80	158.76	149.95
−45	50.4	0.000654	0.30203	0.30268	−4.43	156.44	152.01
−40	64.2	0.000659	0.24125	0.24191	−0.04	154.11	154.07
−35	80.7	0.000666	0.19473	0.19540	4.37	151.77	156.13
−30	100.4	0.000672	0.15870	0.15937	8.79	149.40	158.19
−29.8	101.3	0.000672	0.15736	0.15803	8.98	149.30	158.28
−25	123.7	0.000679	0.13049	0.13117	13.24	147.01	160.25
−20	150.9	0.000685	0.10816	0.10885	17.71	144.59	162.31
−15	182.6	0.000693	0.09033	0.09102	22.20	142.15	164.35
−10	219.1	0.000700	0.07595	0.07665	26.72	139.67	166.39
−5	261.0	0.000708	0.06426	0.06496	31.26	137.16	168.42
0	308.6	0.000716	0.05467	0.05539	35.83	134.61	170.44
5	362.6	0.000724	0.04676	0.04749	40.43	132.01	172.44
10	423.3	0.000733	0.04018	0.04091	45.06	129.36	174.42
15	491.4	0.000743	0.03467	0.03541	49.73	126.65	176.38
20	567.3	0.000752	0.03003	0.03078	54.45	123.87	178.32
25	651.6	0.000763	0.02609	0.02685	59.21	121.03	180.23
30	744.9	0.000774	0.02273	0.02351	64.02	118.09	182.11
35	847.7	0.000786	0.01986	0.02064	68.88	115.06	183.95
40	960.7	0.000798	0.01737	0.01817	73.82	111.92	185.74
45	1084.3	0.000811	0.01522	0.01603	78.83	108.66	187.49
50	1219.3	0.000826	0.01334	0.01417	83.93	105.24	189.17
55	1366.3	0.000841	0.01170	0.01254	89.12	101.66	190.78
60	1525.9	0.000858	0.01025	0.01111	94.43	97.88	192.31
65	1698.8	0.000877	0.00897	0.00985	99.87	93.86	193.73
70	1885.8	0.000897	0.00783	0.00873	105.46	89.56	195.03
75	2087.5	0.000920	0.00680	0.00772	111.23	84.94	196.17
80	2304.6	0.000946	0.00588	0.00682	117.21	79.90	197.11
85	2538.0	0.000976	0.00503	0.00600	123.45	74.34	197.80
90	2788.5	0.001012	0.00425	0.00526	130.02	68.12	198.14
95	3056.9	0.001056	0.00351	0.00456	137.01	60.98	197.99
100	3344.1	0.001113	0.00279	0.00390	144.59	52.48	197.07
105	3650.9	0.001197	0.00205	0.00324	153.15	41.58	194.73
110	3978.5	0.001364	0.00110	0.00246	164.12	24.08	188.20
112.0	4116.8	0.001792	0	0.00179	176.06	0	176.06

TABLE B.3.1 (계속)
Saturated R-12

Temp. (°C)	Press. (kPa)	Enthalpy, kJ/kg Sat. Liquid h_f	Evap. h_{fg}	Sat. Vapor h_g	Entropy, kJ/kg-K Sat. Liquid s_f	Evap. s_{fg}	Sat. Vapor s_g
−90	2.8	−43.28	189.75	146.46	−0.2086	1.0359	0.8273
−80	6.2	−34.72	185.74	151.02	−0.1631	0.9616	0.7984
−70	12.3	−26.13	181.76	155.64	−0.1198	0.8947	0.7749
−60	22.6	−17.49	177.77	160.29	−0.0783	0.8340	0.7557
−50	39.1	−8.78	173.73	164.95	−0.0384	0.7785	0.7401
−45	50.4	−4.40	171.68	167.28	−0.0190	0.7524	0.7334
−40	64.2	0	169.59	169.59	0	0.7274	0.7274
−35	80.7	4.42	167.48	171.90	0.0187	0.7032	0.7219
−30	100.4	8.86	165.34	174.20	0.0371	0.6799	0.7170
−29.8	101.3	9.05	165.24	174.29	0.0379	0.6790	0.7168
−25	123.7	13.33	163.15	176.48	0.0552	0.6574	0.7126
−20	150.9	17.82	160.92	178.74	0.0731	0.6356	0.7087
−15	182.6	22.33	158.64	180.97	0.0906	0.6145	0.7051
−10	219.1	26.87	156.31	183.19	0.1080	0.5940	0.7019
−5	261.0	31.45	153.93	185.37	0.1251	0.5740	0.6991
0	308.6	36.05	151.48	187.53	0.1420	0.5545	0.6965
5	362.6	40.69	148.96	189.65	0.1587	0.5355	0.6942
10	423.3	45.37	146.37	191.74	0.1752	0.5169	0.6921
15	491.4	50.10	143.68	193.78	0.1915	0.4986	0.6902
20	567.3	54.87	140.91	195.78	0.2078	0.4806	0.6884
25	651.6	59.70	138.03	197.73	0.2239	0.4629	0.6868
30	744.9	64.59	135.03	199.62	0.2399	0.4454	0.6853
35	847.7	69.55	131.90	201.45	0.2559	0.4280	0.6839
40	960.7	74.59	128.61	203.20	0.2718	0.4107	0.6825
45	1084.3	79.71	125.16	204.87	0.2877	0.3934	0.6811
50	1219.3	84.94	121.51	206.45	0.3037	0.3760	0.6797
55	1366.3	90.27	117.65	207.92	0.3197	0.3585	0.6782
60	1525.9	95.74	113.52	209.26	0.3358	0.3407	0.6765
65	1698.8	101.36	109.10	210.46	0.3521	0.3226	0.6747
70	1885.8	107.15	104.33	211.48	0.3686	0.3040	0.6726
75	2087.5	113.15	99.14	212.29	0.3854	0.2847	0.6702
80	2304.6	119.39	93.44	212.83	0.4027	0.2646	0.6672
85	2538.0	125.93	87.11	213.04	0.4204	0.2432	0.6636
90	2788.5	132.84	79.96	212.80	0.4389	0.2202	0.6590
95	3056.9	140.23	71.71	211.94	0.4583	0.1948	0.6531
100	3344.1	148.31	61.81	210.12	0.4793	0.1656	0.6449
105	3650.9	157.52	49.05	206.57	0.5028	0.1297	0.6325
110	3978.5	169.55	28.44	197.99	0.5333	0.0742	0.6076
112.0	4116.8	183.43	0	183.43	0.5689	0	0.5689

TABLE B.3.2
Superheated R-12

Temp. (°C)	v (m³/kg)	u (kJ/kg)	h (kJ/kg)	s (kJ/kg-K)	v (m³/kg)	u (kJ/kg)	h (kJ/kg)	s (kJ/kg-K)
	50 kPa (−45.18)				100 kPa (−33.10)			
Sat.	0.30515	151.94	167.19	0.7336	0.15999	158.15	174.15	0.7171
−30	0.32738	159.18	175.55	0.7691	0.16006	158.20	174.21	0.7174
−20	0.34186	164.08	181.17	0.7917	0.16770	163.22	179.99	0.7406
−10	0.35623	169.08	186.89	0.8139	0.17522	168.32	185.84	0.7633
0	0.37051	174.18	192.70	0.8356	0.18265	173.50	191.77	0.7854
10	0.38472	179.38	198.61	0.8568	0.18999	178.77	197.77	0.8070
20	0.39886	184.67	204.62	0.8776	0.19728	184.13	203.85	0.8281
30	0.41296	190.06	210.71	0.8981	0.20451	189.57	210.02	0.8488
40	0.42701	195.54	216.89	0.9181	0.21169	195.09	216.26	0.8691
50	0.44103	201.11	223.16	0.9378	0.21884	200.70	222.58	0.8889
60	0.45502	206.76	229.51	0.9572	0.22596	206.39	228.98	0.9084
70	0.46898	212.50	235.95	0.9762	0.23305	212.15	235.46	0.9276
80	0.48292	218.31	242.46	0.9949	0.24011	218.00	242.01	0.9464
90	0.49684	224.21	249.05	1.0133	0.24716	223.91	248.63	0.9649
100	0.51074	230.18	255.71	1.0314	0.25419	229.90	255.32	0.9831
110	0.52463	236.22	262.45	1.0493	0.26121	235.96	262.08	1.0009
120	0.53851	242.33	269.26	1.0668	0.26821	242.09	268.91	1.0185
	200 kPa (−12.53)				400 kPa (8.15)			
Sat.	0.08354	165.36	182.07	0.7035	0.04321	173.69	190.97	0.6928
0	0.08861	172.08	189.80	0.7325	-	-	-	-
10	0.09255	177.51	196.02	0.7548	0.04363	174.76	192.21	0.6972
20	0.09642	183.00	202.28	0.7766	0.04584	180.57	198.91	0.7204
30	0.10023	188.55	208.60	0.7978	0.04797	186.39	205.58	0.7428
40	0.10399	194.17	214.97	0.8184	0.05005	192.23	212.25	0.7645
50	0.10771	199.86	221.41	0.8387	0.05207	198.11	218.94	0.7855
60	0.11140	205.62	227.90	0.8585	0.05406	204.03	225.65	0.8060
70	0.11506	211.45	234.46	0.8779	0.05601	209.99	232.40	0.8259
80	0.11869	217.35	241.09	0.8969	0.05794	216.01	239.19	0.8454
90	0.12230	223.31	247.77	0.9156	0.05985	222.08	246.02	0.8645
100	0.12590	229.34	254.53	0.9339	0.06173	228.20	252.89	0.8831
110	0.12948	235.44	261.34	0.9519	0.06360	234.37	259.81	0.9015
120	0.13305	241.60	268.21	0.9696	0.06546	240.60	266.79	0.9194
130	0.13661	247.82	275.15	0.9870	0.06730	246.89	273.81	0.9370
140	0.14016	254.11	282.14	1.0042	0.06913	253.22	280.88	0.9544
150	0.14370	260.45	289.19	1.0210	0.07095	259.61	287.99	0.9714

TABLE B.3.2 (계속)
Superheated R-12

Temp. (°C)	v (m³/kg)	u (kJ/kg)	h (kJ/kg)	s (kJ/kg-K)	v (m³/kg)	u (kJ/kg)	h (kJ/kg)	s (kJ/kg-K)
	500 kPa (15.60)				1000 kPa (41.64)			
Sat.	0.03482	176.62	194.03	0.6899	0.01744	186.32	203.76	0.6820
30	0.03746	185.23	203.96	0.7235	-	-	-	-
40	0.03921	191.20	210.81	0.7457	-	-	-	-
50	0.04091	197.19	217.64	0.7672	0.01837	191.95	210.32	0.7026
60	0.04257	203.20	224.48	0.7881	0.01941	198.56	217.97	0.7259
70	0.04418	209.24	231.33	0.8083	0.02040	205.09	225.49	0.7481
80	0.04577	215.32	238.21	0.8281	0.02134	211.57	232.91	0.7695
90	0.04734	221.44	245.11	0.8473	0.02225	218.03	240.28	0.7900
100	0.04889	227.61	252.05	0.8662	0.02313	224.48	247.61	0.8100
110	0.05041	233.83	259.03	0.8847	0.02399	230.94	254.93	0.8293
120	0.05193	240.09	266.06	0.9028	0.02483	237.41	262.25	0.8482
130	0.05343	246.41	273.12	0.9205	0.02566	243.91	269.57	0.8665
140	0.05492	252.77	280.23	0.9379	0.02647	250.43	276.90	0.8845
150	0.05640	259.19	287.39	0.9550	0.02728	256.98	284.26	0.9021
160	0.05788	265.65	294.59	0.9718	0.02807	263.56	291.63	0.9193
170	0.05934	272.16	301.83	0.9884	0.02885	270.18	299.04	0.9362
180	0.06080	278.72	309.12	1.0046	0.02963	276.84	306.47	0.9528
	1500 kPa (59.22)				2000 kPa (72.88)			
Sat.	0.01132	192.08	209.06	0.6768	0.00813	195.70	211.97	0.6713
70	0.01226	200.05	218.44	0.7046	-	-	-	-
80	0.01305	207.16	226.73	0.7284	0.00870	201.61	219.02	0.6914
90	0.01377	214.11	234.77	0.7508	0.00941	209.41	228.23	0.7171
100	0.01446	220.95	242.65	0.7722	0.01003	216.87	236.94	0.7408
110	0.01512	227.73	250.41	0.7928	0.01061	224.11	245.34	0.7630
120	0.01575	234.47	258.10	0.8126	0.01116	231.21	253.53	0.7841
130	0.01636	241.20	265.74	0.8318	0.01168	238.22	261.58	0.8043
140	0.01696	247.91	273.35	0.8504	0.01217	245.18	269.53	0.8238
150	0.01754	254.63	280.94	0.8686	0.01265	252.10	277.41	0.8426
160	0.01811	261.36	288.52	0.8863	0.01312	259.00	285.24	0.8609
170	0.01867	268.10	296.11	0.9036	0.01357	265.90	293.04	0.8787
180	0.01922	274.87	303.70	0.9205	0.01401	272.79	300.82	0.8961
190	0.01977	281.65	311.31	0.9371	0.01445	279.69	308.59	0.9131
200	0.02031	288.47	318.93	0.9534	0.01488	286.61	316.36	0.9297
210	0.02084	295.31	326.58	0.9694	0.01530	293.54	324.14	0.9459
220	0.02137	302.19	334.24	0.9851	0.01572	300.49	331.92	0.9619

표 B.4 R-22의 열역학적 상태량.

TABLE B.4.1
Saturated R-22

		Specific Volume, m³/kg			Internal Energy, kJ/kg		
Temp. (°C)	**Press. (kPa)**	**Sat. Liquid** v_f	**Evap.** v_{fg}	**Sat. Vapor** v_g	**Sat. Liquid** u_f	**Evap.** u_{fg}	**Sat. Vapor** u_g
−70	20.5	0.000670	0.94027	0.94094	−30.62	230.13	199.51
−65	28.0	0.000676	0.70480	0.70547	−25.68	227.21	201.54
−60	37.5	0.000682	0.53647	0.53715	−20.68	224.25	203.57
−55	49.5	0.000689	0.41414	0.41483	−15.62	221.21	205.59
−50	64.4	0.000695	0.32386	0.32456	−10.50	218.11	207.61
−45	82.7	0.000702	0.25629	0.25699	−5.32	214.94	209.62
−40.8	101.3	0.000708	0.21191	0.21261	−0.87	212.18	211.31
−40	104.9	0.000709	0.20504	0.20575	−0.07	211.68	211.60
−35	131.7	0.000717	0.16568	0.16640	5.23	208.34	213.57
−30	163.5	0.000725	0.13512	0.13584	10.61	204.91	215.52
−25	201.0	0.000733	0.11113	0.11186	16.04	201.39	217.44
−20	244.8	0.000741	0.09210	0.09284	21.55	197.78	219.32
−15	295.7	0.000750	0.07688	0.07763	27.11	194.07	221.18
−10	354.3	0.000759	0.06458	0.06534	32.74	190.25	222.99
−5	421.3	0.000768	0.05457	0.05534	38.44	186.33	224.77
0	497.6	0.000778	0.04636	0.04714	44.20	182.30	226.50
5	583.8	0.000789	0.03957	0.04036	50.03	178.15	228.17
10	680.7	0.000800	0.03391	0.03471	55.92	173.87	229.79
15	789.1	0.000812	0.02918	0.02999	61.88	169.47	231.35
20	909.9	0.000824	0.02518	0.02600	67.92	164.92	232.85
25	1043.9	0.000838	0.02179	0.02262	74.04	160.22	234.26
30	1191.9	0.000852	0.01889	0.01974	80.23	155.35	235.59
35	1354.8	0.000867	0.01640	0.01727	86.53	150.30	236.82
40	1533.5	0.000884	0.01425	0.01514	92.92	145.02	237.94
45	1729.0	0.000902	0.01238	0.01328	99.42	139.50	238.93
50	1942.3	0.000922	0.01075	0.01167	106.06	133.70	239.76
55	2174.4	0.000944	0.00931	0.01025	112.85	127.56	240.41
60	2426.6	0.000969	0.00803	0.00900	119.83	121.01	240.84
65	2699.9	0.000997	0.00689	0.00789	127.04	113.94	240.98
70	2995.9	0.001030	0.00586	0.00689	134.54	106.22	240.76
75	3316.1	0.001069	0.00491	0.00598	142.44	97.61	240.05
80	3662.3	0.001118	0.00403	0.00515	150.92	87.71	238.63
85	4036.8	0.001183	0.00317	0.00436	160.32	75.78	236.10
90	4442.5	0.001282	0.00228	0.00356	171.51	59.90	231.41
95	4883.5	0.001521	0.00103	0.00255	188.93	29.89	218.83
96.0	4969.0	0.001906	0	0.00191	203.07	0	203.07

TABLE B.4.1 (계속)
Saturated R-22

		Enthalpy, kJ/kg			Entropy, kJ/kg-K		
Temp. (°C)	Press. (kPa)	Sat. Liquid h_f	Evap. h_{fg}	Sat. Vapor h_g	Sat. Liquid s_f	Evap. s_{fg}	Sat. Vapor s_g
−70	20.5	−30.61	249.43	218.82	−0.1401	1.2277	1.0876
−65	28.0	−25.66	246.93	221.27	−0.1161	1.1862	1.0701
−60	37.5	−20.65	244.35	223.70	−0.0924	1.1463	1.0540
−55	49.5	−15.59	241.70	226.12	−0.0689	1.1079	1.0390
−50	64.4	−10.46	238.96	228.51	−0.0457	1.0708	1.0251
−45	82.7	−5.26	236.13	230.87	−0.0227	1.0349	1.0122
−40.8	101.3	−0.80	233.65	232.85	−0.0034	1.0053	1.0019
−40	104.9	0	233.20	233.20	0	1.0002	1.0002
−35	131.7	5.33	230.16	235.48	0.0225	0.9664	0.9889
−30	163.5	10.73	227.00	237.73	0.0449	0.9335	0.9784
−25	201.0	16.19	223.73	239.92	0.0670	0.9015	0.9685
−20	244.8	21.73	220.33	242.06	0.0890	0.8703	0.9593
−15	295.7	27.33	216.80	244.13	0.1107	0.8398	0.9505
−10	354.3	33.01	213.13	246.14	0.1324	0.8099	0.9422
−5	421.3	38.76	209.32	248.09	0.1538	0.7806	0.9344
0	497.6	44.59	205.36	249.95	0.1751	0.7518	0.9269
5	583.8	50.49	201.25	251.73	0.1963	0.7235	0.9197
10	680.7	56.46	196.96	253.42	0.2173	0.6956	0.9129
15	789.1	62.52	192.49	255.02	0.2382	0.6680	0.9062
20	909.9	68.67	187.84	256.51	0.2590	0.6407	0.8997
25	1043.9	74.91	182.97	257.88	0.2797	0.6137	0.8934
30	1191.9	81.25	177.87	259.12	0.3004	0.5867	0.8871
35	1354.8	87.70	172.52	260.22	0.3210	0.5598	0.8809
40	1533.5	94.27	166.88	261.15	0.3417	0.5329	0.8746
45	1729.0	100.98	160.91	261.90	0.3624	0.5058	0.8682
50	1942.3	107.85	154.58	262.43	0.3832	0.4783	0.8615
55	2174.4	114.91	147.80	262.71	0.4042	0.4504	0.8546
60	2426.6	122.18	140.50	262.68	0.4255	0.4217	0.8472
65	2699.9	129.73	132.55	262.28	0.4472	0.3920	0.8391
70	2995.9	137.63	123.77	261.40	0.4695	0.3607	0.8302
75	3316.1	145.99	113.90	259.89	0.4927	0.3272	0.8198
80	3662.3	155.01	102.47	257.49	0.5173	0.2902	0.8075
85	4036.8	165.09	88.60	253.69	0.5445	0.2474	0.7918
90	4442.5	177.20	70.04	247.24	0.5767	0.1929	0.7695
95	4883.5	196.36	34.93	231.28	0.6273	0.0949	0.7222
96.0	4969.0	212.54	0	212.54	0.6708	0	0.6708

TABLE B.4.2
Superheated R-22

Temp. (°C)	*v* (m³/kg)	*u* (kJ/kg)	*h* (kJ/kg)	*s* (kJ/kg-K)	*v* (m³/kg)	*u* (kJ/kg)	*h* (kJ/kg)	*s* (kJ/kg-K)
	50 kPa (−54.80)				100 kPa (−41.03)			
Sat.	0.41077	205.67	226.21	1.0384	0.21525	211.19	232.72	1.0026
−40	0.44063	212.69	234.72	1.0762	0.21633	211.70	233.34	1.0052
−30	0.46064	217.57	240.60	1.1008	0.22675	216.68	239.36	1.0305
−20	0.48054	222.56	246.59	1.1250	0.23706	221.76	245.47	1.0551
−10	0.50036	227.66	252.68	1.1485	0.24728	226.94	251.67	1.0791
0	0.52010	232.87	258.87	1.1717	0.25742	232.21	257.96	1.1026
10	0.53977	238.19	265.18	1.1943	0.26748	237.60	264.35	1.1256
20	0.55939	243.62	271.59	1.2166	0.27750	243.08	270.83	1.1481
30	0.57897	249.17	278.12	1.2385	0.28747	248.67	277.42	1.1702
40	0.59851	254.82	284.74	1.2600	0.29739	254.36	284.10	1.1919
50	0.61801	260.58	291.48	1.2811	0.30729	260.16	290.89	1.2132
60	0.63749	266.44	298.32	1.3020	0.31715	266.06	297.77	1.2342
70	0.65694	272.42	305.26	1.3225	0.32699	272.06	304.76	1.2548
80	0.67636	278.50	312.31	1.3428	0.33680	278.16	311.84	1.2752
90	0.69577	284.68	319.47	1.3627	0.34660	284.37	319.03	1.2952
100	0.71516	290.96	326.72	1.3824	0.35637	290.67	326.31	1.3150
110	0.73454	297.34	334.07	1.4019	0.36614	297.07	333.69	1.3345
	150 kPa (−32.02)				200 kPa (−25.12)			
Sat.	0.14727	214.74	236.83	0.9826	0.11237	217.39	239.87	0.9688
−20	0.15585	220.94	244.32	1.0129	0.11520	220.10	243.14	0.9818
−10	0.16288	226.20	250.63	1.0373	0.12065	225.44	249.57	1.0068
0	0.16982	231.55	257.02	1.0612	0.12600	230.87	256.07	1.0310
10	0.17670	236.99	263.50	1.0844	0.13129	236.38	262.63	1.0546
20	0.18352	242.53	270.06	1.1072	0.13651	241.97	269.27	1.0776
30	0.19028	248.17	276.71	1.1295	0.14168	247.66	275.99	1.1002
40	0.19701	253.90	283.45	1.1514	0.14681	253.43	282.80	1.1222
50	0.20370	259.73	290.29	1.1729	0.15190	259.31	289.69	1.1439
60	0.21036	265.67	297.22	1.1940	0.15696	265.27	296.66	1.1652
70	0.21700	271.70	304.25	1.2148	0.16200	271.33	303.73	1.1861
80	0.22361	277.83	311.37	1.2353	0.16701	277.49	310.89	1.2066
90	0.23020	284.05	318.58	1.2554	0.17200	283.74	318.14	1.2269
100	0.23678	290.38	325.90	1.2753	0.17697	290.09	325.48	1.2468
110	0.24333	296.80	333.30	1.2948	0.18193	296.53	332.91	1.2665
120	0.24988	303.32	340.80	1.3142	0.18688	303.06	340.44	1.2858
130	0.25642	309.93	348.39	1.3332	0.19181	309.69	348.05	1.3050

Table B.4.2 (계속)
Superheated R-22

Temp. (°C)	v (m³/kg)	u (kJ/kg)	h (kJ/kg)	s (kJ/kg-K)	v (m³/kg)	u (kJ/kg)	h (kJ/kg)	s (kJ/kg-K)
	300 kPa (−14.61)				400 kPa (−6.52)			
Sat.	0.07657	221.32	244.29	0.9499	0.05817	224.23	247.50	0.9367
−10	0.07834	223.88	247.38	0.9617	-	-	-	-
0	0.08213	229.47	254.10	0.9868	0.06013	228.00	252.05	0.9536
10	0.08583	235.11	260.86	1.0111	0.06306	233.80	259.02	0.9787
20	0.08947	240.83	267.67	1.0347	0.06591	239.64	266.01	1.0029
30	0.09305	246.62	274.53	1.0577	0.06871	245.55	273.03	1.0265
40	0.09659	252.48	281.46	1.0802	0.07146	251.51	280.09	1.0494
50	0.10009	258.43	288.46	1.1022	0.07416	257.54	287.21	1.0717
60	0.10355	264.47	295.54	1.1238	0.07683	263.65	294.39	1.0936
70	0.10699	270.59	302.69	1.1449	0.07947	269.84	301.63	1.1150
80	0.11040	276.80	309.92	1.1657	0.08209	276.11	308.94	1.1361
90	0.11379	283.10	317.24	1.1861	0.08468	282.46	316.33	1.1567
100	0.11716	289.49	324.64	1.2062	0.08725	288.89	323.80	1.1770
110	0.12052	295.97	332.13	1.2260	0.08981	295.41	331.34	1.1969
120	0.12387	302.54	339.70	1.2455	0.09236	302.02	338.96	1.2165
130	0.12720	309.20	347.36	1.2648	0.09489	308.71	346.66	1.2359
140	0.13052	315.95	355.10	1.2837	0.09741	315.48	354.45	1.2550
	500 kPa (0.15)				600 kPa (5.88)			
Sat.	0.04692	226.55	250.00	0.9267	0.03929	228.46	252.04	0.9185
10	0.04936	232.43	257.11	0.9522	0.04018	231.00	255.11	0.9295
20	0.05175	238.42	264.30	0.9772	0.04228	237.15	262.52	0.9552
30	0.05408	244.44	271.48	1.0013	0.04431	243.30	269.89	0.9799
40	0.05636	250.51	278.69	1.0247	0.04628	249.48	277.25	1.0038
50	0.05859	256.63	285.93	1.0474	0.04820	255.70	284.62	1.0270
60	0.06079	262.82	293.22	1.0696	0.05008	261.97	292.02	1.0495
70	0.06295	269.08	300.55	1.0913	0.05193	268.30	299.46	1.0715
80	0.06509	275.40	307.95	1.1126	0.05375	274.69	306.94	1.0930
90	0.06721	281.81	315.41	1.1334	0.05555	281.14	314.48	1.1140
100	0.06930	288.29	322.94	1.1539	0.05733	287.67	322.07	1.1347
110	0.07138	294.85	330.54	1.1740	0.05909	294.27	329.73	1.1549
120	0.07345	301.49	338.21	1.1937	0.06084	300.95	337.46	1.1748
130	0.07550	308.21	345.96	1.2132	0.06258	307.71	345.26	1.1944
140	0.07755	315.02	353.79	1.2324	0.06430	314.54	353.12	1.2137
150	0.07958	321.90	361.69	1.2513	0.06601	321.46	361.07	1.2327
160	0.08160	328.87	369.67	1.2699	0.06772	328.45	369.08	1.2514

TABLE B.4.2 (계속)
Superheated R-22

Temp. (°C)	v (m³/kg)	u (kJ/kg)	h (kJ/kg)	s (kJ/kg-K)	v (m³/kg)	u (kJ/kg)	h (kJ/kg)	s (kJ/kg-K)
	800 kPa (15.47)				1000 kPa (23.42)			
Sat.	0.02958	231.50	255.16	0.9056	0.02364	233.82	257.46	0.8954
20	0.03037	234.44	258.74	0.9179	-	-	-	-
30	0.03203	240.91	266.53	0.9440	0.02460	238.31	262.91	0.9136
40	0.03363	247.34	274.24	0.9690	0.02599	245.05	271.04	0.9400
50	0.03518	253.77	281.91	0.9931	0.02732	251.72	279.05	0.9651
60	0.03667	260.21	289.55	1.0164	0.02860	258.37	286.97	0.9893
70	0.03814	266.69	297.20	1.0391	0.02984	265.02	294.86	1.0126
80	0.03957	273.21	304.87	1.0611	0.03104	271.69	302.73	1.0352
90	0.04097	279.79	312.57	1.0826	0.03221	278.39	310.60	1.0572
100	0.04236	286.42	320.30	1.1036	0.03336	285.12	318.49	1.0786
110	0.04373	293.11	328.09	1.1242	0.03449	291.91	326.41	1.0996
120	0.04508	299.86	335.93	1.1444	0.03561	298.75	334.36	1.1200
130	0.04641	306.69	343.82	1.1642	0.03671	305.65	342.36	1.1401
140	0.04774	313.59	351.78	1.1837	0.03780	312.61	350.41	1.1599
150	0.04905	320.56	359.80	1.2029	0.03887	319.64	358.51	1.1792
160	0.05036	327.60	367.89	1.2218	0.03994	326.74	366.68	1.1983
170	0.05166	334.72	376.04	1.2404	0.04100	333.90	374.90	1.2171
	1200 kPa (30.26)				1400 kPa (36.31)			
Sat.	0.01960	235.66	259.18	0.8868	0.01668	237.12	260.48	0.8792
40	0.02085	242.58	267.60	0.9141	0.01712	239.89	263.86	0.8901
50	0.02205	249.55	276.01	0.9405	0.01825	247.22	272.77	0.9181
60	0.02319	256.43	284.26	0.9657	0.01930	254.38	281.40	0.9444
70	0.02428	263.28	292.42	0.9898	0.02029	261.45	289.86	0.9694
80	0.02534	270.10	300.51	1.0131	0.02125	268.45	298.20	0.9934
90	0.02636	276.94	308.57	1.0356	0.02217	275.44	306.47	1.0165
100	0.02736	283.79	316.62	1.0574	0.02306	282.42	314.70	1.0388
110	0.02833	290.68	324.68	1.0788	0.02393	289.42	322.92	1.0606
120	0.02929	297.61	332.76	1.0996	0.02477	296.44	331.13	1.0817
130	0.03024	304.59	340.87	1.1199	0.02561	303.50	339.35	1.1024
140	0.03117	311.62	349.02	1.1399	0.02643	310.61	347.60	1.1226
150	0.03208	318.71	357.21	1.1595	0.02723	317.76	355.89	1.1424
160	0.03299	325.86	365.45	1.1787	0.02803	324.97	364.21	1.1618
170	0.03389	333.07	373.74	1.1977	0.02882	332.23	372.57	1.1809
180	0.03479	340.35	382.09	1.2163	0.02960	339.55	380.99	1.1997
190	0.03567	347.69	390.50	1.2346	0.03037	346.94	389.45	1.2182

TABLE B.4.2 (계속)
Superheated R-22

Temp. (°C)	*v* (m^3/kg)	*u* (kJ/kg)	*h* (kJ/kg)	*s* (kJ/kg-K)	*v* (m^3/kg)	*u* (kJ/kg)	*h* (kJ/kg)	*s* (kJ/kg-K)
	1600 kPa (41.75)				2000 kPa (51.28)			
Sat.	274.53	238.30	261.43	0.8724	0.01129	239.95	262.53	0.8598
50	0.01535	244.70	269.26	0.8969	-	-	-	-
60	0.01635	252.20	278.36	0.9246	0.01213	247.29	271.56	0.8873
70	0.01728	259.52	287.17	0.9507	0.01301	255.29	281.31	0.9161
80	0.01817	266.73	295.80	0.9755	0.01381	263.02	290.64	0.9429
90	0.01901	273.88	304.30	0.9992	0.01456	270.57	299.70	0.9682
100	0.01983	281.00	312.73	1.0221	0.01528	278.02	308.57	0.9923
110	0.02061	288.12	321.10	1.0442	0.01596	285.40	317.32	1.0155
120	0.02138	295.25	329.46	1.0658	0.01662	292.75	325.99	1.0378
130	0.02213	302.39	337.81	1.0867	0.01726	300.09	334.61	1.0594
140	0.02287	309.57	346.16	1.1072	0.01788	307.44	343.20	1.0805
150	0.02359	316.79	354.54	1.1272	0.01849	314.80	351.78	1.1010
160	0.02430	324.06	362.95	1.1469	0.01909	322.19	360.37	1.1211
170	0.02501	331.37	371.39	1.1661	0.01967	329.62	368.97	1.1407
180	0.02570	338.74	379.87	1.1851	0.02025	337.09	377.60	1.1600
190	0.02639	346.17	388.40	1.2037	0.02082	344.61	386.25	1.1788
200	0.02707	353.66	396.97	1.2220	0.02138	352.17	394.94	1.1974
	3000 kPa (70.09)				4000 kPa (84.53)			
Sat.	0.00688	240.75	261.38	0.8300	0.00443	236.40	254.13	0.7935
80	0.00775	251.29	274.53	0.8678	-	-	-	-
90	0.00847	260.65	286.04	0.9000	0.00504	245.48	265.63	0.8254
100	0.00910	269.37	296.66	0.9288	0.00580	257.78	281.00	0.8672
110	0.00967	277.72	306.74	0.9555	0.00641	268.13	293.75	0.9009
120	0.01021	285.84	316.47	0.9805	0.00692	277.58	305.27	0.9306
130	0.01072	293.80	325.96	1.0044	0.00739	286.52	316.08	0.9578
140	0.01120	301.67	335.27	1.0272	0.00782	295.14	326.42	0.9831
150	0.01166	309.47	344.47	1.0492	0.00823	303.54	336.45	1.0071
160	0.01211	317.24	353.58	1.0705	0.00861	311.81	346.25	1.0300
170	0.01255	325.00	362.65	1.0912	0.00898	319.97	355.89	1.0520
180	0.01298	332.75	371.68	1.1113	0.00933	328.08	365.41	1.0732
190	0.01339	340.52	380.70	1.1310	0.00968	336.15	374.85	1.0939
200	0.01380	348.31	389.71	1.1502	0.01001	344.20	384.24	1.1139
210	0.01420	356.12	398.73	1.1691	0.01033	352.25	393.59	1.1335
220	0.01460	363.98	407.77	1.1876	0.01065	360.31	402.93	1.1526
230	0.01499	371.87	416.83	1.2058	0.01097	368.38	412.25	1.1713

표 B.5 R-134a의 열역학적 상태량.

TABLE B.5.1

Saturated R-134a

		Specific Volume, m³/kg			Internal Energy, kJ/kg		
Temp. (°C)	**Press. (kPa)**	**Sat. Liquid** v_f	**Evap.** v_{fg}	**Sat. Vapor** v_g	**Sat. Liquid** u_f	**Evap.** u_{fg}	**Sat. Vapor** u_g
−70	8.3	0.000675	1.97207	1.97274	119.46	218.74	338.20
−65	11.7	0.000679	1.42915	1.42983	123.18	217.76	340.94
−60	16.3	0.000684	1.05199	1.05268	127.52	216.19	343.71
−55	22.2	0.000689	0.78609	0.78678	132.36	214.14	346.50
−50	29.9	0.000695	0.59587	0.59657	137.60	211.71	349.31
−45	39.6	0.000701	0.45783	0.45853	143.15	208.99	352.15
−40	51.8	0.000708	0.35625	0.35696	148.95	206.05	355.00
−35	66.8	0.000715	0.28051	0.28122	154.93	202.93	357.86
−30	85.1	0.000722	0.22330	0.22402	161.06	199.67	360.73
−26.3	101.3	0.000728	0.18947	0.19020	165.73	197.16	362.89
−25	107.2	0.000730	0.17957	0.18030	167.30	196.31	363.61
−20	133.7	0.000738	0.14576	0.14649	173.65	192.85	366.50
−15	165.0	0.000746	0.11932	0.12007	180.07	189.32	369.39
−10	201.7	0.000755	0.09845	0.09921	186.57	185.70	372.27
−5	244.5	0.000764	0.08181	0.08257	193.14	182.01	375.15
0	294.0	0.000773	0.06842	0.06919	199.77	178.24	378.01
5	350.9	0.000783	0.05755	0.05833	206.48	174.38	380.85
10	415.8	0.000794	0.04866	0.04945	213.25	170.42	383.67
15	489.5	0.000805	0.04133	0.04213	220.10	166.35	386.45
20	572.8	0.000817	0.03524	0.03606	227.03	162.16	389.19
25	666.3	0.000829	0.03015	0.03098	234.04	157.83	391.87
30	771.0	0.000843	0.02587	0.02671	241.14	153.34	394.48
35	887.6	0.000857	0.02224	0.02310	248.34	148.68	397.02
40	1017.0	0.000873	0.01915	0.02002	255.65	143.81	399.46
45	1160.2	0.000890	0.01650	0.01739	263.08	138.71	401.79
50	1318.1	0.000908	0.01422	0.01512	270.63	133.35	403.98
55	1491.6	0.000928	0.01224	0.01316	278.33	127.68	406.01
60	1681.8	0.000951	0.01051	0.01146	286.19	121.66	407.85
65	1889.9	0.000976	0.00899	0.00997	294.24	115.22	409.46
70	2117.0	0.001005	0.00765	0.00866	302.51	108.27	410.78
75	2364.4	0.001038	0.00645	0.00749	311.06	100.68	411.74
80	2633.6	0.001078	0.00537	0.00645	319.96	92.26	412.22
85	2926.2	0.001128	0.00437	0.00550	329.35	82.67	412.01
90	3244.5	0.001195	0.00341	0.00461	339.51	71.24	410.75
95	3591.5	0.001297	0.00243	0.00373	351.17	56.25	407.42
100	3973.2	0.001557	0.00108	0.00264	368.55	28.19	396.74
101.2	4064.0	0.001969	0	0.00197	382.97	0	382.97

TABLE B.5.1 (계속)
Saturated R-134a

Temp. (°C)	Press. (kPa)	Enthalpy, kJ/kg: Sat. Liquid h_f	Evap. h_{fg}	Sat. Vapor h_g	Entropy, kJ/kg-K: Sat. Liquid s_f	Evap. s_{fg}	Sat. Vapor s_g
−70	8.3	119.47	235.15	354.62	0.6645	1.1575	1.8220
−65	11.7	123.18	234.55	357.73	0.6825	1.1268	1.8094
−60	16.3	127.53	233.33	360.86	0.7031	1.0947	1.7978
−55	22.2	132.37	231.63	364.00	0.7256	1.0618	1.7874
−50	29.9	137.62	229.54	367.16	0.7493	1.0286	1.7780
−45	39.6	143.18	227.14	370.32	0.7740	0.9956	1.7695
−40	51.8	148.98	224.50	373.48	0.7991	0.9629	1.7620
−35	66.8	154.98	221.67	376.64	0.8245	0.9308	1.7553
−30	85.1	161.12	218.68	379.80	0.8499	0.8994	1.7493
−26.3	101.3	165.80	216.36	382.16	0.8690	0.8763	1.7453
−25	107.2	167.38	215.57	382.95	0.8754	0.8687	1.7441
−20	133.7	173.74	212.34	386.08	0.9007	0.8388	1.7395
−15	165.0	180.19	209.00	389.20	0.9258	0.8096	1.7354
−10	201.7	186.72	205.56	392.28	0.9507	0.7812	1.7319
−5	244.5	193.32	202.02	395.34	0.9755	0.7534	1.7288
0	294.0	200.00	198.36	398.36	1.0000	0.7262	1.7262
5	350.9	206.75	194.57	401.32	1.0243	0.6995	1.7239
10	415.8	213.58	190.65	404.23	1.0485	0.6733	1.7218
15	489.5	220.49	186.58	407.07	1.0725	0.6475	1.7200
20	572.8	227.49	182.35	409.84	1.0963	0.6220	1.7183
25	666.3	234.59	177.92	412.51	1.1201	0.5967	1.7168
30	771.0	241.79	173.29	415.08	1.1437	0.5716	1.7153
35	887.6	249.10	168.42	417.52	1.1673	0.5465	1.7139
40	1017.0	256.54	163.28	419.82	1.1909	0.5214	1.7123
45	1160.2	264.11	157.85	421.96	1.2145	0.4962	1.7106
50	1318.1	271.83	152.08	423.91	1.2381	0.4706	1.7088
55	1491.6	279.72	145.93	425.65	1.2619	0.4447	1.7066
60	1681.8	287.79	139.33	427.13	1.2857	0.4182	1.7040
65	1889.9	296.09	132.21	428.30	1.3099	0.3910	1.7008
70	2117.0	304.64	124.47	429.11	1.3343	0.3627	1.6970
75	2364.4	313.51	115.94	429.45	1.3592	0.3330	1.6923
80	2633.6	322.79	106.40	429.19	1.3849	0.3013	1.6862
85	2926.2	332.65	95.45	428.10	1.4117	0.2665	1.6782
90	3244.5	343.38	82.31	425.70	1.4404	0.2267	1.6671
95	3591.5	355.83	64.98	420.81	1.4733	0.1765	1.6498
100	3973.2	374.74	32.47	407.21	1.5228	0.0870	1.6098
101.2	4064.0	390.98	0	390.98	1.5658	0	1.5658

TABLE B.5.2
Superheated R-134a

Temp. (°C)	v (m³/kg)	u (kJ/kg)	h (kJ/kg)	s (kJ/kg-K)	v (m³/kg)	u (kJ/kg)	h (kJ/kg)	s (kJ/kg-K)
	50 kPa (−40.67)				100 kPa (−26.54)			
Sat.	0.36889	354.61	373.06	1.7629	0.19257	362.73	381.98	1.7456
−20	0.40507	368.57	388.82	1.8279	0.19860	367.36	387.22	1.7665
−10	0.42222	375.53	396.64	1.8582	0.20765	374.51	395.27	1.7978
0	0.43921	382.63	404.59	1.8878	0.21652	381.76	403.41	1.8281
10	0.45608	389.90	412.70	1.9170	0.22527	389.14	411.67	1.8578
20	0.47287	397.32	420.96	1.9456	0.23392	396.66	420.05	1.8869
30	0.48958	404.90	429.38	1.9739	0.24250	404.31	428.56	1.9155
40	0.50623	412.64	437.96	2.0017	0.25101	412.12	437.22	1.9436
50	0.52284	420.55	446.70	2.0292	0.25948	420.08	446.03	1.9712
60	0.53941	428.63	455.60	2.0563	0.26791	428.20	454.99	1.9985
70	0.55595	436.86	464.66	2.0831	0.27631	436.47	464.10	2.0255
80	0.57247	445.26	473.88	2.1096	0.28468	444.89	473.36	2.0521
90	0.58896	453.82	483.26	2.1358	0.29302	453.47	482.78	2.0784
100	0.60544	462.53	492.81	2.1617	0.30135	462.21	492.35	2.1044
110	0.62190	471.41	502.50	2.1874	0.30967	471.11	502.07	2.1301
120	0.63835	480.44	512.36	2.2128	0.31797	480.16	511.95	2.1555
130	0.65479	489.63	522.37	2.2379	0.32626	489.36	521.98	2.1807
	150 kPa (−17.29)				200 kPa (−10.22)			
Sat.	0.13139	368.06	387.77	1.7372	0.10002	372.15	392.15	1.7320
−10	0.13602	373.44	393.84	1.7606	0.10013	372.31	392.34	1.7328
0	0.14222	380.85	402.19	1.7917	0.10501	379.91	400.91	1.7647
10	0.14828	388.36	410.60	1.8220	0.10974	387.55	409.50	1.7956
20	0.15424	395.98	419.11	1.8515	0.11436	395.27	418.15	1.8256
30	0.16011	403.71	427.73	1.8804	0.11889	403.10	426.87	1.8549
40	0.16592	411.59	436.47	1.9088	0.12335	411.04	435.71	1.8836
50	0.17168	419.60	445.35	1.9367	0.12776	419.11	444.66	1.9117
60	0.17740	427.76	454.37	1.9642	0.13213	427.31	453.74	1.9394
70	0.18308	436.06	463.53	1.9913	0.13646	435.65	462.95	1.9666
80	0.18874	444.52	472.83	2.0180	0.14076	444.14	472.30	1.9935
90	0.19437	453.13	482.28	2.0444	0.14504	452.78	481.79	2.0200
100	0.19999	461.89	491.89	2.0705	0.14930	461.56	491.42	2.0461
110	0.20559	470.80	501.64	2.0963	0.15355	470.50	501.21	2.0720
120	0.21117	479.87	511.54	2.1218	0.15777	479.58	511.13	2.0976
130	0.21675	489.08	521.60	2.1470	0.16199	488.81	521.21	2.1229
140	0.22231	498.45	531.80	2.1720	0.16620	498.19	531.43	2.1479

TABLE B.5.2 (계속)
Superheated R-134a

Temp. (°C)	v (m³/kg)	u (kJ/kg)	h (kJ/kg)	s (kJ/kg-K)	v (m³/kg)	u (kJ/kg)	h (kJ/kg)	s (kJ/kg-K)
	300 kPa (0.56)				400 kPa (8.84)			
Sat.	0.06787	378.33	398.69	1.7259	0.05136	383.02	403.56	1.7223
10	0.07111	385.84	407.17	1.7564	0.05168	383.98	404.65	1.7261
20	0.07441	393.80	416.12	1.7874	0.05436	392.22	413.97	1.7584
30	0.07762	401.81	425.10	1.8175	0.05693	400.45	423.22	1.7895
40	0.08075	409.90	434.12	1.8468	0.05940	408.70	432.46	1.8195
50	0.08382	418.09	443.23	1.8755	0.06181	417.03	441.75	1.8487
60	0.08684	426.39	452.44	1.9035	0.06417	425.44	451.10	1.8772
70	0.08982	434.82	461.76	1.9311	0.06648	433.95	460.55	1.9051
80	0.09277	443.37	471.21	1.9582	0.06877	442.58	470.09	1.9325
90	0.09570	452.07	480.78	1.9850	0.07102	451.34	479.75	1.9595
100	0.09861	460.90	490.48	2.0113	0.07325	460.22	489.52	1.9860
110	0.10150	469.87	500.32	2.0373	0.07547	469.24	499.43	2.0122
120	0.10437	478.99	510.30	2.0631	0.07767	478.40	509.46	2.0381
130	0.10723	488.26	520.43	2.0885	0.07985	487.69	519.63	2.0636
140	0.11008	497.66	530.69	2.1136	0.08202	497.13	529.94	2.0889
150	0.11292	507.22	541.09	2.1385	0.08418	506.71	540.38	2.1139
160	0.11575	516.91	551.64	2.1631	0.08634	516.43	550.97	2.1386
	500 kPa (15.66)				600 kPa (21.52)			
Sat.	0.04126	386.82	407.45	1.7198	0.03442	390.01	410.66	1.7179
20	0.04226	390.52	411.65	1.7342	-	-	-	-
30	0.04446	398.99	421.22	1.7663	0.03609	397.44	419.09	1.7461
40	0.04656	407.44	430.72	1.7971	0.03796	406.11	428.88	1.7779
50	0.04858	415.91	440.20	1.8270	0.03974	414.75	438.59	1.8084
60	0.05055	424.44	449.72	1.8560	0.04145	423.41	448.28	1.8379
70	0.05247	433.06	459.29	1.8843	0.04311	432.13	457.99	1.8666
80	0.05435	441.77	468.94	1.9120	0.04473	440.93	467.76	1.8947
90	0.05620	450.59	478.69	1.9392	0.04632	449.82	477.61	1.9222
100	0.05804	459.53	488.55	1.9660	0.04788	458.82	487.55	1.9492
110	0.05985	468.60	498.52	1.9924	0.04943	467.94	497.59	1.9758
120	0.06164	477.79	508.61	2.0184	0.05095	477.18	507.75	2.0019
130	0.06342	487.13	518.83	2.0440	0.05246	486.55	518.03	2.0277
140	0.06518	496.59	529.19	2.0694	0.05396	496.05	528.43	2.0532
150	0.06694	506.20	539.67	2.0945	0.05544	505.69	538.95	2.0784
160	0.06869	515.95	550.29	2.1193	0.05692	515.46	549.61	2.1033
170	0.07043	525.83	561.04	2.1438	0.05839	525.36	560.40	2.1279

TABLE B.5.2 (계속)
Superheated R-134a

Temp. (°C)	v (m³/kg)	u (kJ/kg)	h (kJ/kg)	s (kJ/kg-K)	v (m³/kg)	u (kJ/kg)	h (kJ/kg)	s (kJ/kg-K)
	800 kPa (31.30)				1000 kPa (39.37)			
Sat.	0.02571	395.15	415.72	1.7150	0.02038	399.16	419.54	1.7125
40	0.02711	403.17	424.86	1.7446	0.02047	399.78	420.25	1.7148
50	0.02861	412.23	435.11	1.7768	0.02185	409.39	431.24	1.7494
60	0.03002	421.20	445.22	1.8076	0.02311	418.78	441.89	1.7818
70	0.03137	430.17	455.27	1.8373	0.02429	428.05	452.34	1.8127
80	0.03268	439.17	465.31	1.8662	0.02542	437.29	462.70	1.8425
90	0.03394	448.22	475.38	1.8943	0.02650	446.53	473.03	1.8713
100	0.03518	457.35	485.50	1.9218	0.02754	455.82	483.36	1.8994
110	0.03639	466.58	495.70	1.9487	0.02856	465.18	493.74	1.9268
120	0.03758	475.92	505.99	1.9753	0.02956	474.62	504.17	1.9537
130	0.03876	485.37	516.38	2.0014	0.03053	484.16	514.69	1.9801
140	0.03992	494.94	526.88	2.0271	0.03150	493.81	525.30	2.0061
150	0.04107	504.64	537.50	2.0525	0.03244	503.57	536.02	2.0318
160	0.04221	514.46	548.23	2.0775	0.03338	513.46	546.84	2.0570
170	0.04334	524.42	559.09	2.1023	0.03431	523.46	557.77	2.0820
180	0.04446	534.51	570.08	2.1268	0.03523	533.60	568.83	2.1067
	1200 kPa (46.31)				1400 kPa (52.42)			
Sat.	0.01676	402.37	422.49	1.7102	0.01414	404.98	424.78	1.7077
50	0.01724	406.15	426.84	1.7237	-	-	-	-
60	0.01844	416.08	438.21	1.7584	0.01503	413.03	434.08	1.7360
70	0.01953	425.74	449.18	1.7908	0.01608	423.20	445.72	1.7704
80	0.02055	435.27	459.92	1.8217	0.01704	433.09	456.94	1.8026
90	0.02151	444.74	470.55	1.8514	0.01793	442.83	467.93	1.8333
100	0.02244	454.20	481.13	1.8801	0.01878	452.50	478.79	1.8628
110	0.02333	463.71	491.70	1.9081	0.01958	462.17	489.59	1.8914
120	0.02420	473.27	502.31	1.9354	0.02036	471.87	500.38	1.9192
130	0.02504	482.91	512.97	1.9621	0.02112	481.63	511.19	1.9463
140	0.02587	492.65	523.70	1.9884	0.02186	491.46	522.05	1.9730
150	0.02669	502.48	534.51	2.0143	0.02258	501.37	532.98	1.9991
160	0.02750	512.43	545.43	2.0398	0.02329	511.39	543.99	2.0248
170	0.02829	522.50	556.44	2.0649	0.02399	521.51	555.10	2.0502
180	0.02907	532.68	567.57	2.0898	0.02468	531.75	566.30	2.0752

TABLE B.5.2 (계속)
Superheated R-134a

Temp. (°C)	*v* (m³/kg)	*u* (kJ/kg)	*h* (kJ/kg)	*s* (kJ/kg-K)	*v* (m³/kg)	*u* (kJ/kg)	*h* (kJ/kg)	*s* (kJ/kg-K)
	1600 kPa (57.90)				2000 kPa (67.48)			
Sat.	0.01215	407.11	426.54	1.7051	0.00930	410.15	428.75	1.6991
60	0.01239	409.49	429.32	1.7135	-	-	-	-
70	0.01345	420.37	441.89	1.7507	0.00958	413.37	432.53	1.7101
80	0.01438	430.72	453.72	1.7847	0.01055	425.20	446.30	1.7497
90	0.01522	440.79	465.15	1.8166	0.01137	436.20	458.95	1.7850
100	0.01601	450.71	476.33	1.8469	0.01211	446.78	471.00	1.8177
110	0.01676	460.57	487.39	1.8762	0.01279	457.12	482.69	1.8487
120	0.01748	470.42	498.39	1.9045	0.01342	467.34	494.19	1.8783
130	0.01817	480.30	509.37	1.9321	0.01403	477.51	505.57	1.9069
140	0.01884	490.23	520.38	1.9591	0.01461	487.68	516.90	1.9346
150	0.01949	500.24	531.43	1.9855	0.01517	497.89	528.22	1.9617
160	0.02013	510.33	542.54	2.0115	0.01571	508.15	539.57	1.9882
170	0.02076	520.52	553.73	2.0370	0.01624	518.48	550.96	2.0142
180	0.02138	530.81	565.02	2.0622	0.01676	528.89	562.42	2.0398
	3000 kPa (86.20)				4000 kPa (100.33)			
Sat.	0.00528	411.83	427.67	1.6759	0.00252	394.86	404.94	1.6036
90	0.00575	418.93	436.19	1.6995	-	-	-	-
100	0.00665	433.77	453.73	1.7472	-	-	-	-
110	0.00734	446.48	468.50	1.7862	0.00428	429.74	446.84	1.7148
120	0.00792	458.27	482.04	1.8211	0.00500	445.97	465.99	1.7642
130	0.00845	469.58	494.91	1.8535	0.00556	459.63	481.87	1.8040
140	0.00893	480.61	507.39	1.8840	0.00603	472.19	496.29	1.8394
150	0.00937	491.49	519.62	1.9133	0.00644	484.15	509.92	1.8720
160	0.00980	502.30	531.70	1.9415	0.00683	495.77	523.07	1.9027
170	0.01021	513.09	543.71	1.9689	0.00718	507.19	535.92	1.9320
180	0.01060	523.89	555.69	1.9956	0.00752	518.51	548.57	1.9603
	6000 kPa				10000 kPa			
90	0.001059	328.34	334.70	1.4081	0.000991	320.72	330.62	1.3856
100	0.001150	346.71	353.61	1.4595	0.001040	336.45	346.85	1.4297
110	0.001307	368.06	375.90	1.5184	0.001100	352.74	363.73	1.4744
120	0.001698	396.59	406.78	1.5979	0.001175	369.69	381.44	1.5200
130	0.002396	426.81	441.18	1.6843	0.001272	387.44	400.16	1.5670
140	0.002985	448.34	466.25	1.7458	0.001400	405.97	419.98	1.6155
150	0.003439	465.19	485.82	1.7926	0.001564	424.99	440.63	1.6649
160	0.003814	479.89	502.77	1.8322	0.001758	443.77	461.34	1.7133
170	0.004141	493.45	518.30	1.8676	0.001965	461.65	481.30	1.7589
180	0.004435	506.35	532.96	1.9004	0.002172	478.40	500.12	1.8009

표 B.6 질소의 열역학적 상태량.

TABLE B.6.1

Saturated Nitrogen

Temp. (K)	Press. (kPa)	Specific Volume, m³/kg: Sat. Liquid v_f	Evap. v_{fg}	Sat. Vapor v_g	Internal Energy, kJ/kg: Sat. Liquid u_f	Evap. u_{fg}	Sat. Vapor u_g
63.1	12.5	0.001150	1.48074	1.48189	−150.92	196.86	45.94
65	17.4	0.001160	1.09231	1.09347	−147.19	194.37	47.17
70	38.6	0.001191	0.52513	0.52632	−137.13	187.54	50.40
75	76.1	0.001223	0.28052	0.28174	−127.04	180.47	53.43
77.3	101.3	0.001240	0.21515	0.21639	−122.27	177.04	54.76
80	137.0	0.001259	0.16249	0.16375	−116.86	173.06	56.20
85	229.1	0.001299	0.10018	0.10148	−106.55	165.20	58.65
90	360.8	0.001343	0.06477	0.06611	−96.06	156.76	60.70
95	541.1	0.001393	0.04337	0.04476	−85.35	147.60	62.25
100	779.2	0.001452	0.02975	0.03120	−74.33	137.50	63.17
105	1084.6	0.001522	0.02066	0.02218	−62.89	126.18	63.29
110	1467.6	0.001610	0.01434	0.01595	−50.81	113.11	62.31
115	1939.3	0.001729	0.00971	0.01144	−37.66	97.36	59.70
120	2513.0	0.001915	0.00608	0.00799	−22.42	76.63	54.21
125	3208.0	0.002355	0.00254	0.00490	−0.83	40.73	39.90
126.2	3397.8	0.003194	0	0.00319	18.94	0	18.94

Temp. (K)	Press. (kPa)	Enthalpy, kJ/kg: Sat. Liquid h_f	Evap. h_{fg}	Sat. Vapor h_g	Entropy, kJ/kg-K: Sat. Liquid s_f	Evap. s_{fg}	Sat. Vapor s_g
63.1	12.5	−150.91	215.39	64.48	2.4234	3.4109	5.8343
65	17.4	−147.17	213.38	66.21	2.4816	3.2828	5.7645
70	38.6	−137.09	207.79	70.70	2.6307	2.9684	5.5991
75	76.1	−126.95	201.82	74.87	2.7700	2.6909	5.4609
77.3	101.3	−122.15	198.84	76.69	2.8326	2.5707	5.4033
80	137.0	−116.69	195.32	78.63	2.9014	2.4415	5.3429
85	229.1	−106.25	188.15	81.90	3.0266	2.2135	5.2401
90	360.8	−95.58	180.13	84.55	3.1466	2.0015	5.1480
95	541.1	−84.59	171.07	86.47	3.2627	1.8007	5.0634
100	779.2	−73.20	160.68	87.48	3.3761	1.6068	4.9829
105	1084.6	−61.24	148.59	87.35	3.4883	1.4151	4.9034
110	1467.6	−48.45	134.15	85.71	3.6017	1.2196	4.8213
115	1939.3	−34.31	116.19	81.88	3.7204	1.0104	4.7307
120	2513.0	−17.61	91.91	74.30	3.8536	0.7659	4.6195
125	3208.0	6.73	48.88	55.60	4.0399	0.3910	4.4309
126.2	3397.8	29.79	0	29.79	4.2193	0	4.2193

TABLE B.6.2
Superheated Nitrogen

Temp. (K)	v (m³/kg)	u (kJ/kg)	h (kJ/kg)	s (kJ/kg-K)	v (m³/kg)	u (kJ/kg)	h (kJ/kg)	s (kJ/kg-K)
	100 kPa (77.24 K)				200 kPa (83.62 K)			
Sat.	0.21903	54.70	76.61	5.4059	0.11520	58.01	81.05	5.2673
100	0.29103	72.84	101.94	5.6944	0.14252	71.73	100.24	5.4775
120	0.35208	87.94	123.15	5.8878	0.17397	87.14	121.93	5.6753
140	0.41253	102.95	144.20	6.0501	0.20476	102.33	143.28	5.8399
160	0.47263	117.91	165.17	6.1901	0.23519	117.40	164.44	5.9812
180	0.53254	132.83	186.09	6.3132	0.26542	132.41	185.49	6.1052
200	0.59231	147.74	206.97	6.4232	0.29551	147.37	206.48	6.2157
220	0.65199	162.63	227.83	6.5227	0.32552	162.31	227.41	6.3155
240	0.71161	177.51	248.67	6.6133	0.35546	177.23	248.32	6.4064
260	0.77118	192.39	269.51	6.6967	0.38535	192.14	269.21	6.4900
280	0.83072	207.26	290.33	6.7739	0.41520	207.04	290.08	6.5674
300	0.89023	222.14	311.16	6.8457	0.44503	221.93	310.94	6.6393
350	1.03891	259.35	363.24	7.0063	0.51952	259.18	363.09	6.8001
400	1.18752	296.66	415.41	7.1456	0.59392	296.52	415.31	6.9396
450	1.33607	334.16	467.77	7.2690	0.66827	334.04	467.70	7.0630
500	1.48458	371.95	520.41	7.3799	0.74258	371.85	520.37	7.1740
600	1.78154	448.79	626.94	7.5741	0.89114	448.71	626.94	7.3682
700	2.07845	527.74	735.58	7.7415	1.03965	527.68	735.61	7.5357
800	2.37532	609.07	846.60	7.8897	1.18812	609.02	846.64	7.6839
900	2.67217	692.79	960.01	8.0232	1.33657	692.75	960.07	7.8175
1000	2.96900	778.78	1075.68	8.1451	1.48501	778.74	1075.75	7.9393

TABLE B.6.2 (계속)

Superheated Nitrogen

Temp. (K)	v (m³/kg)	u (kJ/kg)	h (kJ/kg)	s (kJ/kg-K)	v (m³/kg)	u (kJ/kg)	h (kJ/kg)	s (kJ/kg-K)
	400 kPa (91.22 K)				600 kPa (96.37 K)			
Sat.	0.05992	61.13	85.10	5.1268	0.04046	62.57	86.85	5.0411
100	0.06806	69.30	96.52	5.2466	0.04299	66.41	92.20	5.0957
120	0.08486	85.48	119.42	5.4556	0.05510	83.73	116.79	5.3204
140	0.10085	101.06	141.40	5.6250	0.06620	99.75	139.47	5.4953
160	0.11647	116.38	162.96	5.7690	0.07689	115.34	161.47	5.6422
180	0.13186	131.55	184.30	5.8947	0.08734	130.69	183.10	5.7696
200	0.14712	146.64	205.49	6.0063	0.09766	145.91	204.50	5.8823
220	0.16228	161.68	226.59	6.1069	0.10788	161.04	225.76	5.9837
240	0.17738	176.67	247.62	6.1984	0.11803	176.11	246.92	6.0757
260	0.19243	191.64	268.61	6.2824	0.12813	191.13	268.01	6.1601
280	0.20745	206.58	289.56	6.3600	0.13820	206.13	289.05	6.2381
300	0.22244	221.52	310.50	6.4322	0.14824	221.11	310.06	6.3105
350	0.25982	258.85	362.78	6.5934	0.17326	258.52	362.48	6.4722
400	0.29712	296.25	415.10	6.7331	0.19819	295.97	414.89	6.6121
450	0.33437	333.81	467.56	6.8567	0.22308	333.57	467.42	6.7359
500	0.37159	371.65	520.28	6.9678	0.24792	371.45	520.20	6.8471
600	0.44595	448.55	626.93	7.1622	0.29755	448.40	626.93	7.0416
700	0.52025	527.55	735.65	7.3298	0.34712	527.43	735.70	7.2093
800	0.59453	608.92	846.73	7.4781	0.39666	608.82	846.82	7.3576
900	0.66878	692.67	960.19	7.6117	0.44618	692.59	960.30	7.4912
1000	0.74302	778.68	1075.89	7.7335	0.49568	778.61	1076.02	7.6131
	800 kPa (100.38 K)				1000 kPa (103.73 K)			
Sat.	0.03038	63.21	87.52	4.9768	0.02416	63.35	87.51	4.9237
120	0.04017	81.88	114.02	5.2191	0.03117	79.91	111.08	5.1357
140	0.04886	98.41	137.50	5.4002	0.03845	97.02	135.47	5.3239
160	0.05710	114.28	159.95	5.5501	0.04522	113.20	158.42	5.4772
180	0.06509	129.82	181.89	5.6793	0.05173	128.94	180.67	5.6082
200	0.07293	145.17	203.51	5.7933	0.05809	144.43	202.52	5.7234
220	0.08067	160.40	224.94	5.8954	0.06436	159.76	224.11	5.8263
240	0.08835	175.54	246.23	5.9880	0.07055	174.98	245.53	5.9194
260	0.09599	190.63	267.42	6.0728	0.07670	190.13	266.83	6.0047
280	0.10358	205.68	288.54	6.1511	0.08281	205.23	288.04	6.0833
300	0.11115	220.70	309.62	6.2238	0.08889	220.29	309.18	6.1562
350	0.12998	258.19	362.17	6.3858	0.10401	257.86	361.87	6.3187
400	0.14873	295.69	414.68	6.5260	0.11905	295.42	414.47	6.4591
500	0.18609	371.25	520.12	6.7613	0.14899	371.04	520.04	6.6947
600	0.22335	448.24	626.93	6.9560	0.17883	448.09	626.92	6.8895
700	0.26056	527.31	735.76	7.1237	0.20862	527.19	735.81	7.0573
800	0.29773	608.73	846.91	7.2721	0.23837	608.63	847.00	7.2057
900	0.33488	692.52	960.42	7.4058	0.26810	692.44	960.54	7.3394
1000	0.37202	778.55	1076.16	7.5277	0.29782	778.49	1076.30	7.4614

TABLE B.6.2 (계속)
Superheated Nitrogen

Temp. (K)	*v* (m³/kg)	*u* (kJ/kg)	*h* (kJ/kg)	*s* (kJ/kg-K)	*v* (m³/kg)	*u* (kJ/kg)	*h* (kJ/kg)	*s* (kJ/kg-K)
	1500 kPa (110.38 K)				2000 kPa (115.58 K)			
Sat.	0.01555	62.17	85.51	4.8148	0.01100	59.25	81.25	4.7193
120	0.01899	74.26	102.75	4.9650	0.01260	66.90	92.10	4.8116
140	0.02452	93.36	130.15	5.1767	0.01752	89.37	124.40	5.0618
160	0.02937	110.44	154.50	5.3394	0.02144	107.55	150.43	5.2358
180	0.03393	126.71	177.60	5.4755	0.02503	124.42	174.48	5.3775
200	0.03832	142.56	200.03	5.5937	0.02844	140.66	197.53	5.4989
220	0.04260	158.14	222.05	5.6987	0.03174	156.52	219.99	5.6060
240	0.04682	173.57	243.80	5.7933	0.03496	172.15	242.08	5.7021
260	0.05099	188.87	265.36	5.8796	0.03814	187.62	263.90	5.7894
280	0.05512	204.10	286.78	5.9590	0.04128	202.97	285.53	5.8696
300	0.05922	219.27	308.10	6.0325	0.04440	218.24	307.03	5.9438
350	0.06940	257.03	361.13	6.1960	0.05209	256.21	360.39	6.1083
400	0.07949	294.73	413.96	6.3371	0.05971	294.05	413.47	6.2500
450	0.08953	332.53	466.82	6.4616	0.06727	331.95	466.49	6.3750
500	0.09953	370.54	519.84	6.5733	0.07480	370.05	519.65	6.4870
600	0.11948	447.71	626.92	6.7685	0.08980	447.33	626.93	6.6825
700	0.13937	526.89	735.94	6.9365	0.10474	526.59	736.07	6.8507
800	0.15923	608.39	847.22	7.0851	0.11965	608.14	847.45	6.9994
900	0.17906	692.24	960.83	7.2189	0.13454	692.04	961.13	7.1333
1000	0.19889	778.32	1076.65	7.3409	0.14942	778.16	1077.01	7.2553
	3000 kPa (123.61 K)				10000 kPa			
Sat.	0.00582	46.03	63.47	4.5032	-	-	-	-
140	0.01038	79.98	111.13	4.8706	0.00200	0.84	20.87	4.0373
160	0.01350	101.35	141.85	5.0763	0.00291	47.44	76.52	4.4088
180	0.01614	119.68	168.09	5.2310	0.00402	82.44	122.65	4.6813
200	0.01857	136.78	192.49	5.3596	0.00501	108.21	158.35	4.8697
220	0.02088	153.24	215.88	5.4711	0.00590	129.86	188.88	5.0153
240	0.02312	169.30	238.66	5.5702	0.00672	149.42	216.64	5.1362
260	0.02531	185.10	261.02	5.6597	0.00749	167.77	242.72	5.2406
280	0.02746	200.72	283.09	5.7414	0.00824	185.34	267.69	5.3331
300	0.02958	216.21	304.94	5.8168	0.00895	202.38	291.90	5.4167
350	0.03480	254.57	358.96	5.9834	0.01067	243.57	350.26	5.5967
400	0.03993	292.70	412.50	6.1264	0.01232	283.59	406.79	5.7477
500	0.05008	369.06	519.29	6.3647	0.01551	362.42	517.48	5.9948
600	0.06013	446.57	626.95	6.5609	0.01861	441.47	627.58	6.1955
700	0.07012	525.99	736.35	6.7295	0.02167	521.96	738.65	6.3667
800	0.08008	607.67	847.92	6.8785	0.02470	604.42	851.43	6.5172
900	0.09003	691.65	961.73	7.0125	0.02771	689.02	966.15	6.6523
1000	0.09996	777.85	1077.72	7.1347	0.03072	775.68	1082.84	6.7753

Introduction to
Engineering Thermodynamics

부록 C

이상기체 비열

Ideal-Gas Specific Heat

세 종류의 에너지 저장 또는 보유 형태를 2.6장에서 확인하였다. 그중 두 형태인 병진 운동 에너지와 분자내부에너지는 개별 분자에 관련된 것이다. 이들이 이상기체 모델을 구성하여 세 번째 형태인 계의 분자 간 위치에너지는 실제(이상기체가 아닌) 물질의 거동을 설명해준다. 이 부록은 이상기체의 기여를 다룬다. 이들이 에너지(물론 엔탈피에도)에 기여하기 때문에 각 기체의 비열에도 기여한다. 분자 간 에너지 기여에 따라 다음과 같이 분류할 수 있다.

단원자 기체
(불활성 기체 Ar, He, Ne, Xe, Kr 또한 N, O, H, Cl, F, …)

$$h = h_{\text{translation}} + h_{\text{electronic}} = h_t + h_e$$

$$\frac{dh}{dT} = \frac{dh_t}{dT} + \frac{dh_e}{dT}, \qquad C_{P0} = C_{P0t} + C_{P0e} = \frac{5}{2}R + f_e(T)$$

여기서 전자에 의한 기여값 $f_e(T)$는 매우 높은 온도가 아니면 보통 작은 양이다(예외로는 O, Cl, F 등).

2원자 기체와 선원 단원자 기체
(N_2, O_2, CO, OH, …, CO_2, N_2O, …)

비열에 대한 병진운동과 전자의 기여에 더하여 이들 기체는 분자의 회전(분자의 질량중심에 대한) 에너지를 갖고 또한 $3a - 5$개의 서로 독립된 분자를 구성하는 a개 원자의 진동모드를 갖는다. 즉

$$C_{P0} = C_{P0t} + C_{P0r} + C_{P0v} + C_{P0e} = \frac{5}{2}R + R + f_v(T) + f_e(T)$$

여기서 진동에 의한 기여는

$$f_v(T) = R\sum_{i=1}^{3a-5}[x_i^2 e^{x_i}/(e^{x_i} - 1)^2], \qquad x_i = \frac{\theta_i}{T}$$

전자에 의한 기여 $f_e(T)$는 매우 높은 온도가 아니면 보통 작은 값이다(예외로는 O_2, NO, OH 등).

예제 C.1

N_2, 3a − 5 = 1 vibrational mode, with $\theta_i = 3392$ K.

At $T = 300$ K, $C_{P0} = 0.742 + 0.2968 + 0.0005 + \approx 0 = 1.0393$ kJ/kg K.

At $T = 1000$ K, $C_{P0} = 0.742 + 0.2968 + 0.123 + \approx 0 = 1.1618$ kJ/kg K.

(an increase of 11.8% from 300 K).

예제 C.2

CO_2, 3a − 5 = 4 vibrational modes, with θ_i = 960 K, 960 K, 1993 K, 3380 K

At $T = 300$ K, $C_{P0} = 0.4723 + 0.1889 + 0.1826 + \approx 0 = 0.8438$ kJ/kg K.

At $T = 1000$ K, $C_{P0} = 0.4723 + 0.1889 + 0.5659 + \approx 0 = 1.2271$ kJ/kg K.

(an increase of 45.4% from 300 K).

비선형 다원자 분자 (H_2O, NH_3, CH_4, C_2H_6, ⋯)

선형원자와 비슷하나 진동모드가 $3a - 6$이다. 즉

$$C_{P0} = C_{P0t} + C_{P0r} + C_{P0v} + C_{P0e} = \frac{5}{2}R + \frac{3}{2}R + f_v(T) + f_e(T)$$

여기서 진동에 의한 기여는

$$f_v(T) = R\sum_{i=1}^{3a-6}[x_i^2 e^{x_i}/(e^{x_i} - 1)^2], \qquad x_i = \frac{\theta_i}{T}$$

$f_e(T)$는 매우 높은 온도가 아니면 보통 작은 값이다.

예제 C.3

CH_4, 3a − 6 = 9 vibrational modes, with θ_i = 4196 K, 2207 K (two modes), 1879 K (three), 4343 K (three)

At $T = 300$ K, $C_{P0} = 1.2958 + 0.7774 + 0.1527 + \approx 0 = 2.2259$ kJ/kg K.

At $T = 1000$ K, $C_{P0} = 1.2958 + 0.7774 + 2.4022 + \approx 0 = 4.4754$ kJ/kg K.

(an increase of 101.1% from 300 K).

부록 D

상태방정식

Equations of State

가장 많이 이용되는 압력에 대한 상태방정식은 두 개의 매개변수를 사용한 식으로 표현할 수 있다. 방정식은 삼차 상태방정식으로 알려져 있고 특별한 경우로 이상기체 법칙을 포함한다.

$$P = \frac{RT}{v - b} - \frac{a}{v^2 + cbv + db^2}$$

여기서 (a, b)는 매개변수이고 (c, d)는 다음 표에 편차인자 (ω)와 함께 정의되어 있다.

$$b = b_0 RT_c/P_c \quad \text{그리고} \quad a = a_0 R^2 T_c^2/P_c$$

편차인자는 환산온도 $T_r = 0.7$에서의 포화압력에 의해 다음과 같이 정의된다.

$$\omega = -\frac{ln\, P_r^{\text{sat}} \text{ at } T_r = 0.7}{ln\, 10} - 1$$

표 D.1 상태방정식.

Model	c	d	b_0	a_0
Ideal gas	0	0	0	0
van der Waals	0	0	1/8	27/64
Redlich–Kwong	1	0	0.08664	$0.42748\, T_r^{-1/2}$
Soave	1	0	0.08664	$0.42748\, [1 + f(1 - T_r^{1/2})]^2$
Peng–Robinson	2	−1	0.0778	$0.45724\, [1 + f(1 - T_r^{1/2})]^2$

$$f = 0.48 + 1.574\omega - 0.176\omega^2 \quad \text{for Soave}$$

$$f = 0.37464 + 1.54226\omega - 0.26992\omega^2 \quad \text{for Peng–Robinson}$$

표 D.2 Benedict-Webb-Rubin 방정식의 실험상수들.*

Gas	Formula	A_0	B_0	$C_0 \times 10^{-6}$	a	b	$c \times 10^{-6}$	$\alpha \times 10^3$	$\gamma \times 10^2$
Methane	CH_4	1.85500	0.042600	0.022570	0.49400	0.00338004	0.002545	0.124359	0.600
Ethylene	C_2H_4	3.33958	0.0556833	0.131140	0.25900	0.008600	0.021120	0.17800	0.923
Ethane	C_2H_6	4.15556	0.0627724	0.179592	0.34516	0.011122	0.032767	0.243389	1.180
Propylene	C_3H_6	6.11220	0.0850647	0.439182	0.774056	0.0187059	0.102611	0.455696	1.829
Propane	C_3H_8	6.872	0.097313	0.508256	0.94770	0.022500	0.12900	0.607175	2.200
n-Butane	C_4H_{10}	10.0847	0.124361	0.992830	1.88231	0.0399983	0.316400	1.10132	3.400
n-Pentane	C_5H_{12}	12.1794	0.156751	2.12121	4.07480	0.066812	0.82417	1.81000	4.750
n-Hexane	C_6H_{14}	14.4373	0.177813	3.31935	7.11671	0.109131	1.51276	2.81086	6.66849
n-Heptane	C_7H_{16}	17.5206	0.199005	4.74574	10.36475	0.151954	2.47000	4.35611	9.000
Nitrogen	N_2	1.19250	0.04580	0.0058891	0.01490	0.00198154	0.000548064	0.291545	0.750
Oxygen	O_2	1.49880	0.046524	0.0038617	−0.040507	−0.000027963	−0.00020376	0.008641	0.359
Ammonia	NH_3	3.78928	0.0516461	0.178567	0.10354	0.000719561	0.000157536	0.00465189	1.980
Carbon dioxide	CO_2	2.67340	0.045628	0.11333	0.051689	0.0030819	0.0070672	0.11271	0.494

*Units: atmospheres, liters, moles, K, gas constant $R = 0.08206$.

표 D.3 Lee-Kesler 상태방정식.

The Lee–Kesler generalized equation of state is

$$Z = \frac{P_r v_r'}{T_r} = 1 + \frac{B}{v_r'} + \frac{C}{v_r'^2} + \frac{D}{v_r'^5} + \frac{c_4}{T_r^3 v_r'^2} + \left(\beta + \frac{\gamma}{v_r'^2}\right) \exp\left(-\frac{\gamma}{v_r'^2}\right)$$

$$B = b_1 - \frac{b_2}{T_r} - \frac{b_3}{T_r^2} - \frac{b_4}{T_r^3}$$

$$C = c_1 - \frac{c_2}{T_r} + \frac{c_3}{T_r^3}$$

$$D = d_1 + \frac{d_2}{T_r}$$

in which

$$T_r = \frac{T}{T_c}, \quad P_r = \frac{P}{P_c}, \quad v_r' = \frac{v}{RT_c/P_c}$$

The set of constants is as follows:

Constant	Simple Fluids	Constant	Simple Fluids
b_1	0.118 119 3	c_3	0.0
b_2	0.265 728	c_4	0.042 724
b_3	0.154 790	$d_1 \times 10^4$	0.155 488
b_4	0.030 323	$d_2 \times 10^4$	0.623 689
c_1	0.023 674 4	β	0.653 92
c_2	0.018 698 4	γ	0.060 167

표 D.4 Lee–Kesler 단순유체의 포화액–증기 압축성.

T_r	0.40	0.50	0.60	0.70	0.80	0.85	0.90	0.95	1
P_r sat	2.7E-4	4.6E-3	0.028	0.099	0.252	0.373	0.532	0.737	1
Z_f	6.5E-5	9.5E-4	0.0052	0.017	0.042	0.062	0.090	0.132	0.29
Z_g	0.999	0.988	0.957	0.897	0.807	0.747	0.673	0.569	0.29

표 D.5 물질의 편차인자(acentric factors).

Substance		ω	Substance		ω
Ammonia	NH_3	0.25	Water	H_2O	0.344
Argon	Ar	0.001	*n*-Butane	C_4H_{10}	0.199
Bromine	Br_2	0.108	Ethane	C_2H_6	0.099
Helium	He	−0.365	Methane	CH_4	0.011
Hydrogen	H_2	−0.218	R-32		0.277
Nitrogen	N_2	0.039	R-125		0.305

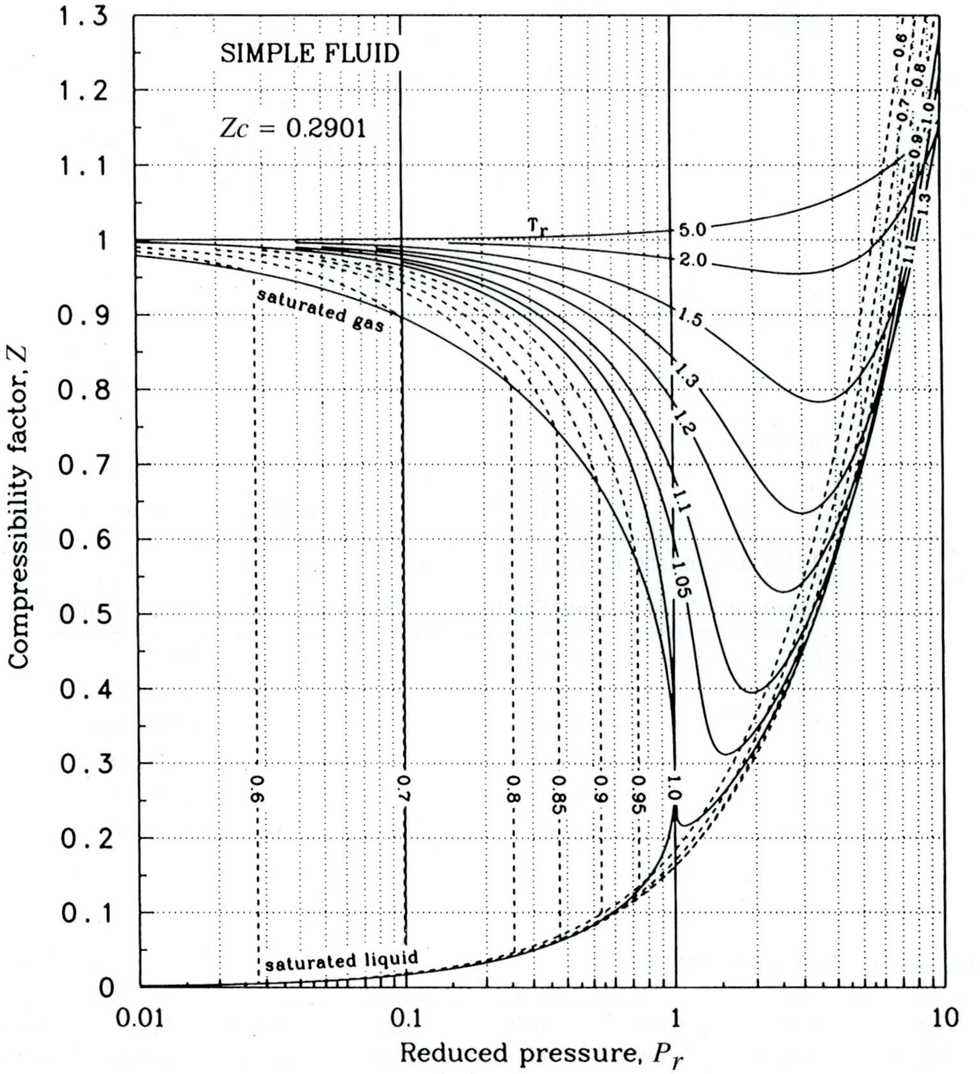

그림 D.1 Lee–Kesler 단순유체의 압축성인자.

부록 E

그림

Figures

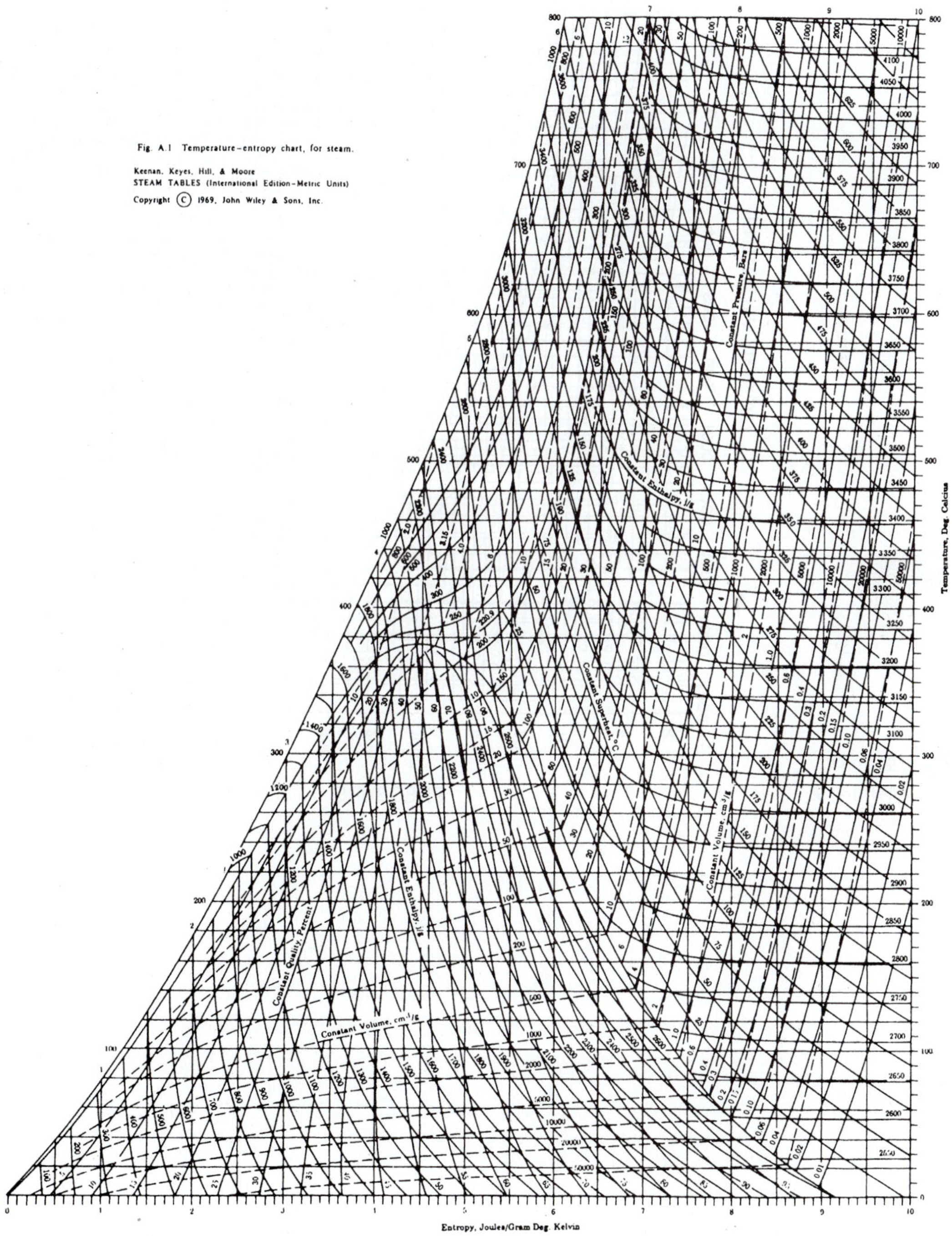

그림 E.1 물에 대한 온도–엔트로피 선도.

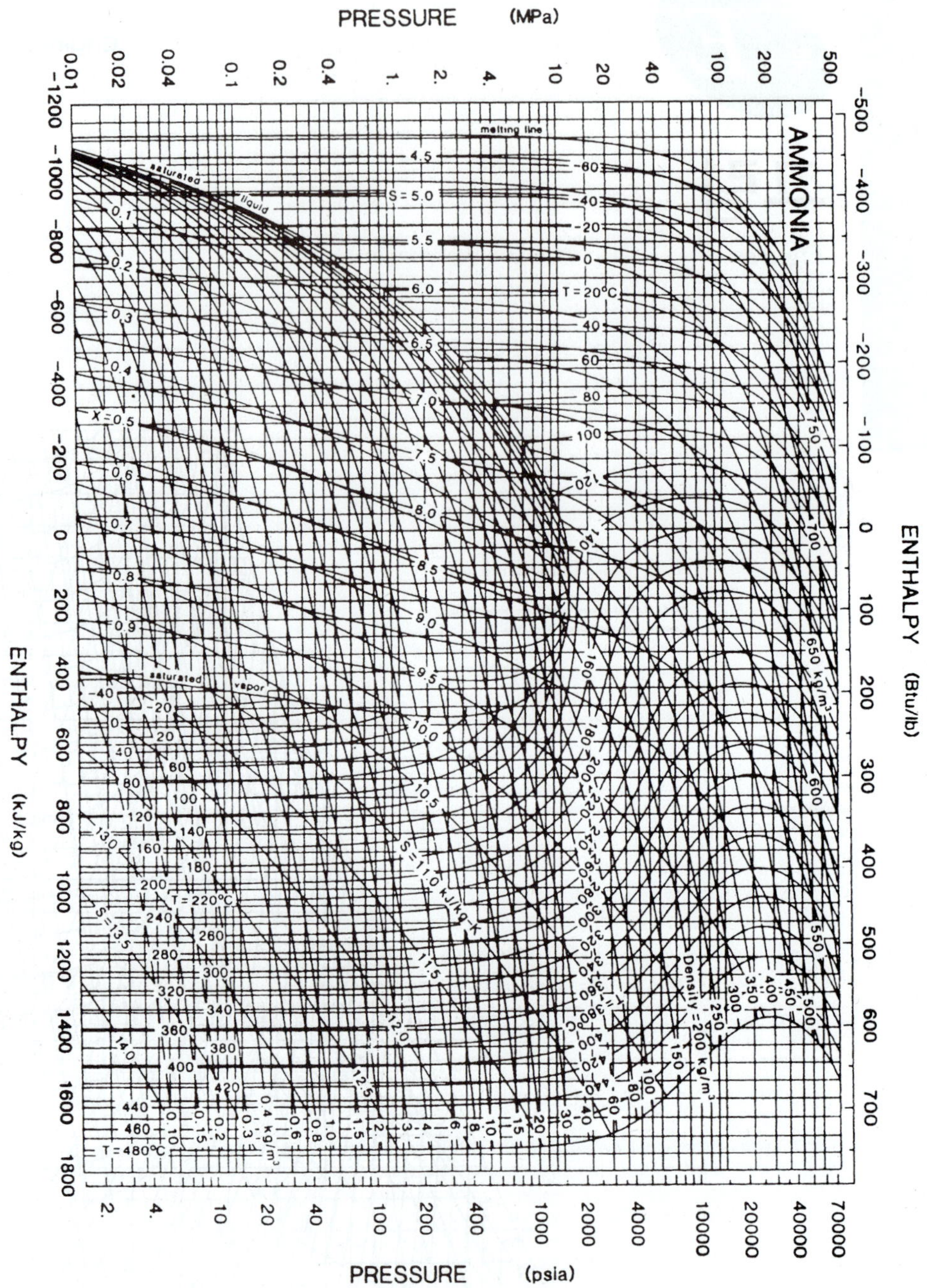

그림 E.2 암모니아에 대한 압력–엔탈피 선도.

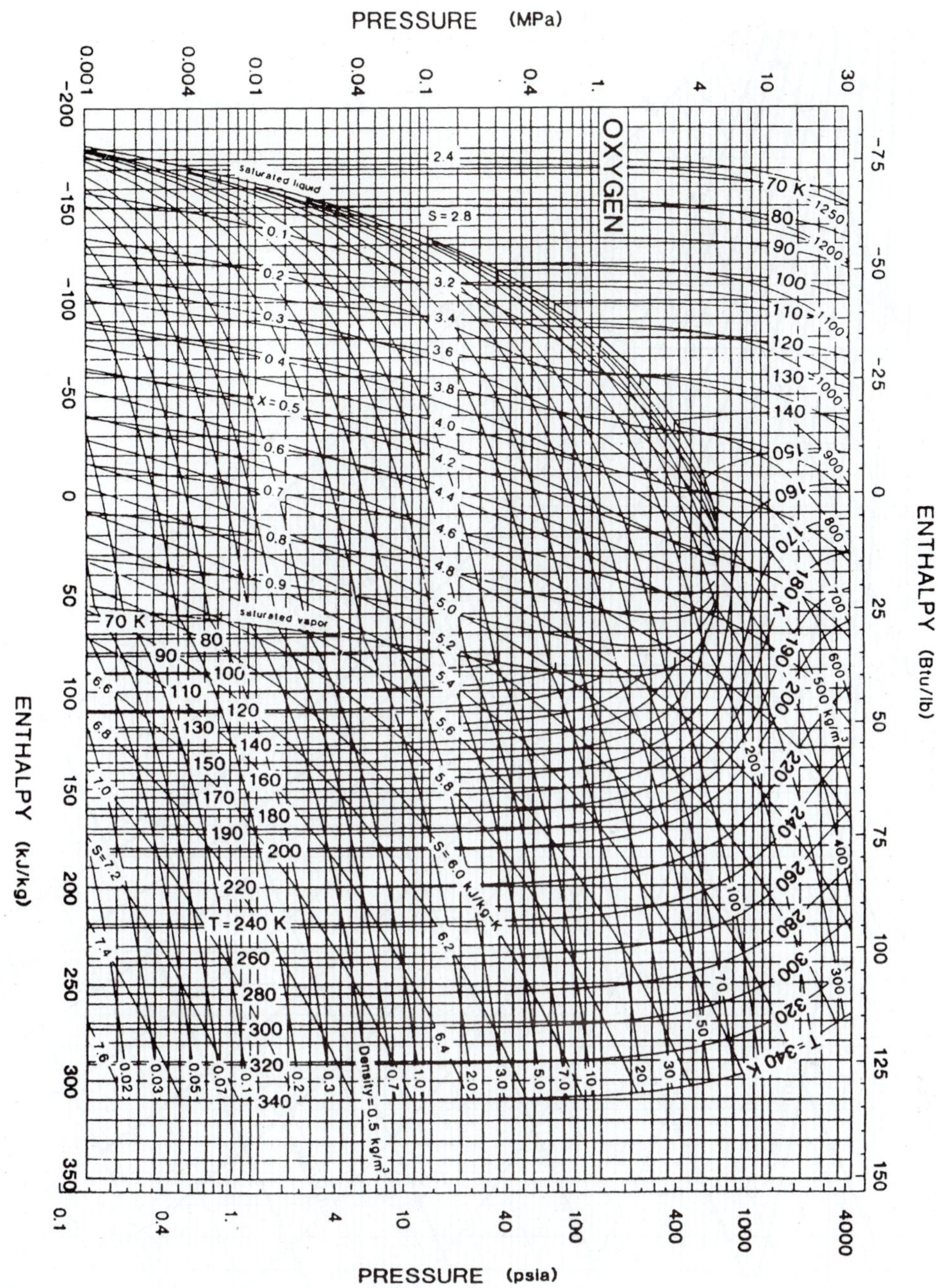

그림 E.3 산소에 대한 압력–엔탈피 선도.

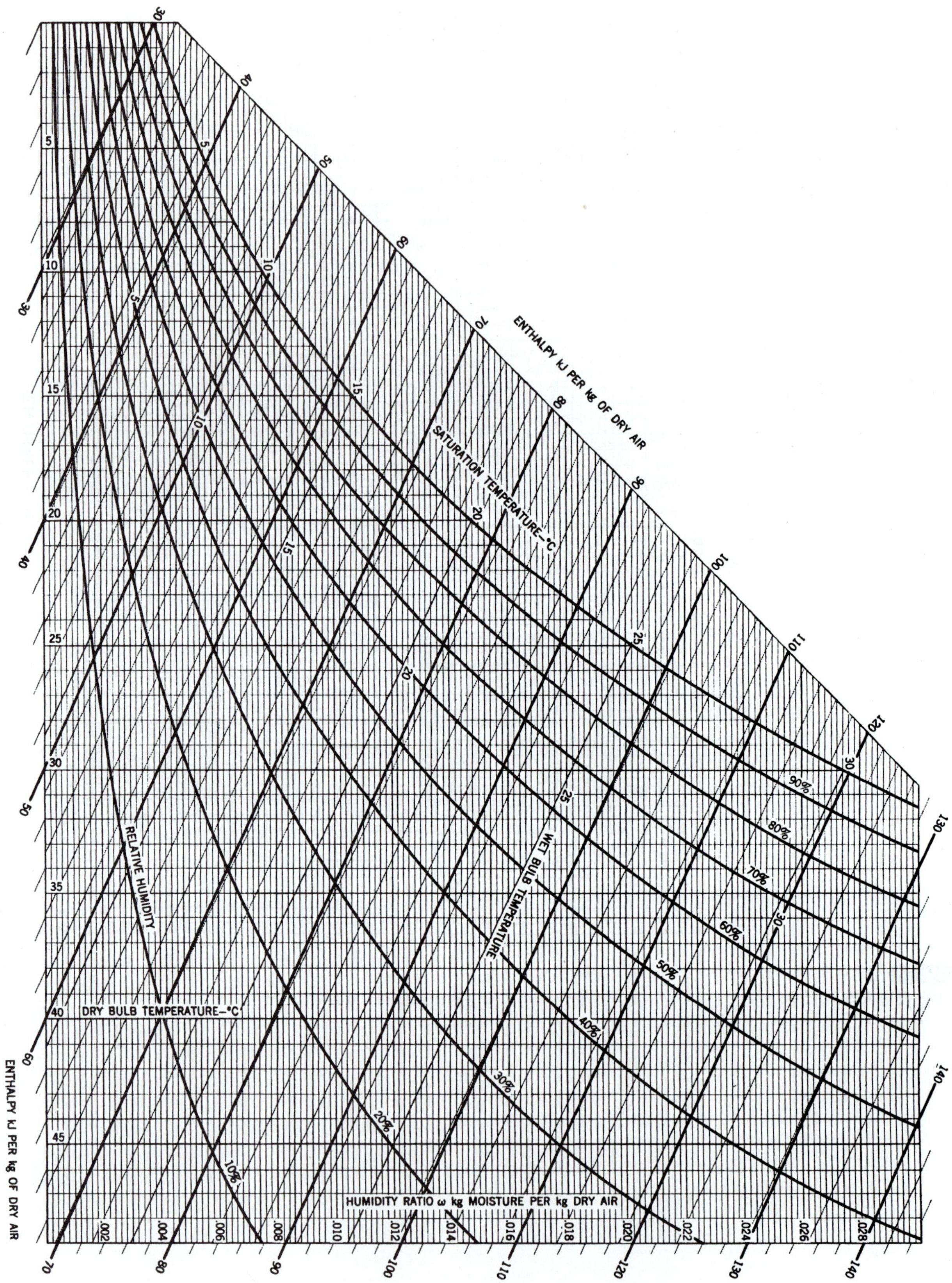
ENTHALPY kJ PER kg OF DRY AIR
SATURATION TEMPERATURE–°C
WET BULB TEMPERATURE
RELATIVE HUMIDITY
DRY BULB TEMPERATURE–°C
HUMIDITY RATIO ω kg MOISTURE PER kg DRY AIR
90%
80%
70%
60%
50%
40%
30%
20%
10%
.002
.004
.006
.008
.010
.012
.014
.016
.018
.020
.022
.024
.026
.028

그림 E.4 건습구 도표.

부록 F

영국 단위 보충

English Unit Supplement

현재 미국에서 사용되고 있는 단위계를 영국 공학단위계라고 한다. 이 단위계에서 시간의 기본 단위는 2.5절에서 논의한 것처럼 초(seconds)를 사용한다. 길이의 기본 단위는 피트(ft)로서 오늘날은 미터(meter)를 이용하여 정의한다.

$$1 \text{ ft} = 0.3048 \text{ m}$$

인치(in.)는 피트로 정의된다. 즉

$$12 \text{ in.} = 1 \text{ ft}$$

각종 단위 환산 값을 표 A.1에 정리하여 놓았다. 이 단위계에서 질량의 기본 단위는 파운드 질량(lbm)으로 원래는 런던탑에 넣어 둔 어떤 백금 봉의 질량으로 정의하였으나 오늘날은 다음과 같이 킬로그램(kg)으로 정의한다.

$$1 \text{ lbm} = 0.453592 \text{ kg}$$

관련 단위에는 파운드 몰(lb mol)이 있는데 분자량과 같은 수치의 파운드 질량을 갖는 물질의 양을 뜻한다. 파운드 몰과 몰(그램 몰)은 구별하여야 한다.

영국 공학단위계에서 힘의 단위는 표준질량이 표준중력가속도하에서 끌려지는 힘으로써 파운드 힘(lbf)으로 정의되며, 표준중력가속도는 위도 45°의 해수면에서의 값으로 9.80665 m/s^2 또는 32.174 ft/s^{2}이다. 따라서 뉴턴의 제2법칙으로부터 다음과 같이 쓸 수 있다.

$$1 \text{ lbf} = 32.174 \text{ ft/s}^2$$

이것은 단위환산과 일관성을 위해 필요한 인자이다. 1 lmb과 1 lbf를 구별하여 사용하며 파운드라는 단위만은 사용하지 않는다는 데 주의할 필요가 있다. 또한 중력가속도가 표준값(32.174 ft/s^2 또는 9.80665 m/s^2)과 크게 다르지 않은 경우 1 lbf는 수치로는 1 lbm와 거의 같다. 이런 이유로 가끔 사람들이 첨자를 생략하게 되고 혼란과 오류를 초래하게 된다. 예를 들어 중력가속도가 32.14 ft/s^2(해발 약 10,000 ft의 값)인 곳에서 1파운드 질량에 작용하는 중력을 계산해보자.

$$F = ma = \frac{1 \text{ lbm} \times 32.14 \text{ ft/s}^2}{32.174 \text{ lbm ft/lbf s}^2}$$
$$= 0.999 \text{ lbf}$$

영국 공학단위계에서 온도 눈금은 화씨(Fahrenheit scale)이며, 이는 정상적인 물의 빙점(0°C)을 32°F, 표준 비등점(100°C)을 212°F로 한 것이다. 따라서 섭씨 100°C의 변화는 화씨 180°C의 변화와 같다. 화씨에 관계된 절대온도 척도를 랭킨(Rankine scale)이라고 하고 R로 나타낸다. 둘 사이의 관계는 다음과 같다.

$$R = F + 459.67$$

이상에서 정의된 기본 단위에 따른 압력(단위면적당 힘)의 단위는 평방인치당 파운드 힘(lbf/in.2 = psi)이다. 표준 대기압(atm)을 사용해 보면,

$$1 \text{ atm} = 14.6959 \text{ lbf/in.}^2 \ (= 101.325 \text{ kPa})$$

체적 단위는 ft^3이므로, 비체적의 단위는 ft^3/lbm 또는 ft^3/lb mol이고 일반 기체상수(Universal Gas Constant) $\bar{R}$는 다음과 같다.

$$\bar{R} = 1545 \frac{(\text{lbf/ft}^2) \times (\text{ft}^3/\text{lb mol})}{\text{R}}$$

$$= 1545 \frac{\text{ft lbf}}{\text{lb mol} \cdot \text{R}} = 1.98589 \frac{\text{Btu}}{\text{lb mol} \cdot \text{R}}$$

lbm 단위를 기준한 특별한 물질에 대해,

$$R = \frac{\bar{R}}{M}\left(\frac{\text{ft lbf}}{\text{lbm} \cdot \text{R}}\right)$$

다양한 기체에 대한 R 값은 표 G4에 나타내었다.

기본 에너지 단위(힘 × 거리)는 피트 파운드 힘(ft lbf)이지만 대부분 열역학 응용분야에서 더 편리한(크기 때문에) 단위는 영국 열량 단위(Btu)이다. 이 단위는 원래 1 lbm의 물을 59.5°F에서 60.5°F로 가열하는 데 필요한 에너지의 양으로 정의되어 있다. 요즘은 더 정밀하게 다음 관계로 정의하고 있다.

$$1 \text{ Btu} = 77.8 \text{ ft lbf}$$

우리가 다루는 2종류의 특별한 에너지는 운동에너지와 위치에너지이며, 이들은 뉴턴 열역학 제2법칙의 적분량과 관계된 것으로 단위 변환이 필요하다. 운동에너지에 대하여 5.2절에서와 같이 처리하면 다음 식을 얻게 된다.

$$KE = \int F\,dx = \int m\frac{d\mathbf{V}\,dx}{dx\,dt}dx = \int m\mathbf{V}\,d\mathbf{V} = \frac{m\mathbf{V}^2}{2}$$

예를 들어 5 lbm의 질량이 200 ft/s의 속도를 갖고 있다면 운동에너지는 다음과 같다.

$$KE = \frac{5 \text{ lbm} \times (200 \text{ ft/s})^2}{2 \times 32.174 \dfrac{\text{lbm ft}}{\text{lbf s}^2} \times 778 \dfrac{\text{ft lbf}}{\text{Btu}}} = 4.0 \text{ Btu}$$

위치에너지의 경우

$$PE = \int F\,d\mathbf{Z} = \int mg\,d\mathbf{Z} = mg\mathbf{Z}$$

예를 들어 5 lbm의 질량이 200 ft 높이에 있고 중력가속도가 32.16 ft/s^2인 경우의 위치에너지는 다음과 같다.

$$PE = \frac{5 \text{ lbm} \times 32.16 \text{ ft/s}^2 \times 200 \text{ ft}}{32.174 \dfrac{\text{lbm ft}}{\text{lbf s}^2} \times 778 \dfrac{\text{ft lbf}}{\text{Btu}}} = 1.28 \text{ Btu}$$

에너지 변화율 또는 동력의 단위는 영국 단위계에서 마력(hp)으로 다음과 같이 정의된다.

$$1\text{hp} = 550 \frac{\text{ft lbf}}{\text{s}} = 2544 \frac{\text{Btu}}{\text{h}} = 745.7\ \text{W}$$

마지막으로 이 단위계이서 엔트로피(에너지/온도)의 단위는 Btu/R 또는 단위질량당 Btu/lbm·R이다.

영국 단위 문제들

영국 단위계를 사용할 수 있도록 일련의 영국 단위 연습 문제들을 SI 단위의 해당 장별 연습 문제에서 선택하였다. 이 연습 문제들은 영국 단위의 이용과 단위만으로 된 표를 사용하여 단위를 변환하도록 한 것이다. 문제들이 교재의 모든 내용을 다루지는 못하여도 영국 단위계를 거의 모든 주제에 활용할 수 있도록 각 장에서 발췌한 것이다.

연습 문제

English Unit Problems

2.1 2500 lbm의 자동차가 15 mi/h의 속력으로 달리다가 15 ft/s^{2}으로 일정하게 가속되어 50 mi/h의 속력을 얻었다. 힘과 총 소요시간은 얼마인가?

2.2 4000 lbm의 질량을 가진자동차가 60 mi/h의 속도로 달리고 있다. 운동에너지를 구하라. 표준중력장에서 같은 크기의 위치에너지를 얻기 위해서 어느만큼의 높이로 들어 올려져야 하는가?

2.3 1파운드 질량의 산소(O_2 분자량 32)가 100 gal 탱크에 들어 있다. 질량 기준과 기준의 비체적(v와 $\bar{v}$)을 구하라.

2.4 7 ft 높이의 강철 원통은 단면적이 15 ft^{2}이다.바닥에서 2 ft 높이로 액체의 물이 들어있고, 그 위에 4 ft 높이의 가솔린 층이 있다. 그 가솔린 층의 표면은 14.7 psia의 대기에 노출되어 있다. 물 안의 최고 압력은 얼마인가?

2.5 그림 P2.45와 같이 단면적이 0.1 ft^{2}인 실린더의 고정 장치위에 200 lbm의 피스톤이 있다. 바깥의 대기압이 1 atm일 경우 피스톤을 들어 올리는 데 필요한 물의 압력은 얼마가 되어야 하는가?

2.6 잠수부가 바다 밑 30 ft 깊이에 있을 때 공기탱크의 압력 게이지는 10 psi를 지시하고 있다. 어느 깊이에서 게이지 압력이 영(zero)이 되는가? 그것은 무엇을 의미하는가?

2.7 밀도 60 lbm/ft^{3}의 푸른색 마노미터 액체는 3인치의 액주 높이차를 보이고 있다. 액주 관(pipe)의 한끝은 진공에, 또 다른 끝은 14.5 psia의 대기에 노출되어 있다. 파이프의 절대압력은 얼마인가?

3.1 용기 안에 300 psia, 65°F의 물질이 있다. 임계상태량만을 사용하여 물질이 질소, 물 또는 프로판인 경우에 대해 그 상(phase)을 구할 수 있겠는가?

3.2 다음 상태에 있는 물에 대해 P, T, v, x(가능하면) 중에서 빠진 상태량을 결정하라.

a. 600 psia, 500°F

b. 15 psia, 30°F

3.3 다음 상태에 있는 R-134a에 대해 상(phase)과 P, T, v, x 중에서 빠진 상태량을 결정하라.

a. $T = -10$°F, $P = 18$ psia

b. $P = 40$ psia, $v = 1.3$ ft^3/lbm

3.4 다음 상태에 있는 물에 대해 P, T, v, x(가능하면) 중에서 빠진 상태량을 결정하라.

a. 680 psia, 0.03 ft^3/lbm

b. 150 psia, 320°F

c. 400°F, 3 ft^3/lbm

3.5 체적이 35 ft^{3}이고 200°F의 물 2 lbm을 담고 있는 밀폐용기가 가열된다. 최고 400°F까지 가열하려면 안전밸브를 얼마의 압력에 맞추어 놓아야 하는가?

3.6 물을 담고 있는 두 탱크가 그림 P3.49와 같이 서로 연결되어 있다. A 탱크는 30 lbf/in.^{2}, $v = 8$ ft^3/lbm, $V = 40$ ft^3, B 탱크는 8 lbm, 80 lbf/in.^{2}, 750°F이다. 밸브를 열어 두 물이 균일한 상태에 도달할 경우 최종 비체적을 구하라.

3.7 내연기관 내에 있는 체적 10 in^{3}의 공기는 440°F, 150 psia의 상태에 있다. 연소가 시작되어 정적과정으로 2700 R까지 가열된다. 공기의 질량은 얼마이며, 압력은 얼마나 높게 되는가?

3.8 체적 35 ft^3 탱크에는 15 psi, 540 R의 프로판이 들어있고 밸브로 체적 20 ft^3, 40 psi, 720 R의 또 다른 프로판 탱크와 연결되어 있다. 밸브를 열고 두 탱크가 600 R로 균일한 상태가 되었을 때 최종 압력은 얼마인가?

3.9 250°F, 440 lbf/in.^{2} 상태로 25 ft^{3}의 탱크에 저장되어 있는 에탄가스의 질량을 압축성인자 선도(compressibility chart)를 사용하여 구하라.

4.1 일 $F\,\Delta x$는 lbf-ft의 단위를 갖는다. Btu로는 얼마인가?

4.2 공기압 75 psia로 한정되어 있는 공압 피스톤/실린더로부터 2.5 Btu의 일이 봉에 공급된다. 봉의 움직임을 최대 2 ft로 제한하기 위해 실린더의 직경을 얼마로 해야 하는가?

4.3 300 lbf의 힘은 트럭을 40 mi/h의 속도로 언덕을 오르게 한다. 이때의 동력은 얼마인가?

4.4 마찰이 없는 피스톤을 장착한 실린더에 100 psi, 300°F의 과열증기 냉매 R-134a 0.1 lbm가 들어있다. R-134a는 건도가 25%일 때까지 일정한 압력 하에서 냉각된다. 이 과정에서 행해진 일을 계산하라.

4.5 피스톤 실린더에 100 psi, 900 R의 공기 1 lbm가 들어있다. 이 공기는 압력이 체적에 선형적인 과정으로 최종상태 15 psi, 500 R까지 팽창한다. 이 과정에서 행해진 일을 구하라.

4.6 피스톤 실린더는 단면적1 ft^2인 피스톤(m = 0) 상면에 70°F의 액체상태의 물 15 ft로 채워져 있다(그림 P2.39를 보라). 공기는 피스톤 아래로 들어가서 피스톤을 들어올려 물을 실린더 상부 가장자리로 밀어낸다. 모든 물을 밀어내기 위해 필요한 일을 구하라. 그리고 그 과정을 P–V 선도로 도시하라.

4.7 헬륨 가스는 20 psia, 630 R, 1 ft^3에서15 psia까지 n = 1.667의 폴리트로픽 과정으로 팽창한다. 어느만큼의 일이 주어졌는가?

4.8 물 가열기는 표면적 30 ft^2의 단열 판으로 덮여 있다. 판의 내면은 175°F, 외면은 70°F, 재료의 열전도계수는 0.05 Btu/h.ft.이다. 열손실을 720 Btu/h로 제한하려면 판의 두께는 얼마가 되어야 하는가?

5.1 영국단위로 1 cal은 얼마인가? Btu 단위로 1 ft-lbf는 얼마인가?

5.2 항공모함에서 이륙하는 비행기는 증기로 구동되는 평균 200 psia의 압력을 갖고 있는 피스톤 실린더의 도움을 받는다. 38,500 lbm의 비행기는 증기 피스톤에서 나오는 에너지의 30%를 가지고 속력 0에서100 ft/s까지 가속되어야 한다. 피스톤에 필요한 행정체적(displacement volume)을 구하라.

5.3 다음 상태에 있는 물에 대해 상(phase)과 P, T, v, u, h, x 중에서 빠진 상태량을 구하라.

a. 270°F, u = 1000 Btu/lbm

b. 1000 psia, u = 300 Btu/lbm

c. 60 psia, 340°F

5.4 다음 상태에 있는 R-134a에 대해 상(phase)과 P, T, v, u, h, x 중에서 빠진 상태량을 결정하라.

a. 30°F, 75 psia,

b. 140°F, h = 175 Btu/lbm

c. 400 psia, u = 200°F

5.5 마찰이 없는 피스톤을 장착한 실린더에 400 lbf/in^2, 200°F의 과열증기 냉매 R-134a 4 lbm가 들어 있다. 압력을 일정하게 하고 실린더를 냉각하여 건도가 75%로 되었다. 이 과정에서의 열전달량을 계산하라.

5.6 일정 압력의 피스톤 실린더에는 1100°F, 2.26 ft^3의 물 2 lbm가 들어있다. 이제 냉각되어 원래 체적의 1/10이 되었다. 이 과정에서의 열전달량을 구하라.

5.7 물로 채워진 부피 50 ft^3, 압력 2000 lbf/in^2, 온도 560°F의 반응기가 그림 P5.40과 같이 격납고 속에 들어 있다. 격납고는 잘 단열되어 있으며 처음엔 진공이다. 고장으로 인해반응기가 파손되어 물이 격납고를 채우게 된다. 최종 압력이 30 lbf/in^2를 초과하지 않도록 격납고의 최소 용적을 구하라.

5.8 그림 P5.68에 나타낸 엔진은 40 lbm의 알루미늄 헤드, 40 lbm의 강철 부품, 10 lbm의 엔진오일, 12 lbm의 글리세린(부동액)과 200 lbm의 주철 블록으로 구성되어 있다. 모든 부품이 40°F일 때 엔진이 구동되어 정상상태의 균일한 온도에 도달할 때까지 7000 Btu를 흡수한다. 우리는 엔진의 온도가 얼마가 되는지를 알고자한다.

5.9 1기압(일정), 2000 R의 이산화탄소 가스를 담은 피스톤 실린더가 2200 R로 가열된다. 표 F.4의 열용량을 사용하여 열전달량을 구하고, 표 F.6 사용하여 다시 구하라.

5.10 질소 가스에 대해 앞의 연습 문제를 수행하라.

5.11 밀폐된 실린더는 그림 P5.81에서 보는 바와 같이 핀에 의해 고정된 마찰 없는 피스톤에 의해 두 공간으로 나누어져 있다. 공간 A에는 14.7 lbf/in^2, 90°F인 0.3 ft^3의 공기가 들어있고, 공간 B에는 90°F의 포화수증기 10 ft^3이 들어있다. 핀을 당겨 피스톤을 느슨하게 하여 두 공간이 90°F에서 평형이 되었다. 공기와 물(수증기)을 검사질량(시스템)으로 볼 때, 시스템에 의해 행해진 일과 실린더로의 열전달량을 결정하라.

5.12 헬륨 가스는 20 psia, 600 R, 9 ft^3에서 15 psia까지 n = 1.667의 폴리트로픽 과정으로 팽창한다. 어느만큼의 열전달이 수반되었는가?

5.13 부피 4 ft^3의 피스톤/실린더 장치에 50 lbf/in^2, 200°F의 산소가 들어있다. 이제 지수 n = 1.2의 폴리트로픽 과정으로 최종 온도 400°F까지 압축된다. 이 과정에 대한 열전달량을 계산하라.

5.14 330°F, 건도 90%, 체적 4 ft^3인 물이 일정 압력 P를 유지하는 피스톤/실린더에 들어 있다. 히터를 켜서 10,000 Btu/h로 이 물을 가열한다. 모든 액체가 다 증발할 때까지 걸리는 시간은 얼마인가?

5.15 체적 5000 ft^3인 밀폐된 방에 있는 컴퓨터는 7.5 kW의 율로 에너지를 발산한다. 그 방에는 100 lbm의 나무, 50 lbm의 강철과 공기가 540 R, 1 atm 상태로 들어 있다. 모두 균일하게 가열된다고 하면 온도 20°F 증가하는 데 걸리는 시간은 얼마나 걸리는가?

5.16 어떤 크레인이 7000 Btu/h로써 200 lbm의 박스를 60 ft 들어 올린다. 어느만큼의 시간이 걸리는가?

6.1 60°F인 액체상태의 물이 노즐에서 흘러나와 수직으로 40 ft의 높이로 분출되었다. 노즐 출구 속도 $\mathbf{V}_{exit}$는 얼마인가?

6.2 90°F, 125 psia의 R-134a는 교축되어 90°F로 냉각된다. 출구의 압력 P는 얼마인가?

6.3 보일러에서3 ft/s로 흐르는103 psia인 액체상태의 물을 증발시킨다. 파이프의 크기가 같을 때 103 psia인 포화 수증기의 속도는 얼마인가? 그리고 그 흐름은 일정 압력 P가 되는가?

6.4 60 ft/s, 480 R, 11 psia의 공기10 lbm/s가 제트엔진으로 흘러들어가서 1500 ft/s, 1440 R, 11 psia로 흘러나온다. 운동에너지의 변화량(동력)은 얼마인가?

6.5 30 lbf/in^2, 600 R의 질소가스가 매우 느린 속도로 축소 노즐로 흘러들어간다. 노즐을 나올 때는 15 lbf/in^2, 500 R이다. 노즐이 단열되어 있다면 출구에서의 속도를 구하라.

6.6 새 냉장고의 압축기는 −10°F, $x = 1$의 R-134a를 받아들이고, 출구 상태는 150 psia, 140°F이다. 운동에너지를 무시하고 단위질량당 일(specific work)을 구하라.

6.7 소형 물펌프가 관개용으로 사용된다. 펌프는 50°F 1기압의 강에서 10 lbm/s의 율로 취수한다. 출구 배관은 펌프와 강보다 60 ft 위로 흐르는 관에 연결된다. 거기서 물은 개수로로 들어간다. 이 과정이 단열적이고 물의 온도는 50°F로 유지된다면 소요 펌프 일을 구하라.

6.8 자동차 라디에이터에는 글리세린이 들어있고 그림 P6.72에서 보는 것처럼 200°F로 들어가서 130°F로 되돌아나온다. 공기는 68°F로 흘러들어가서 77°F로 나온다. 방열기가 33 hp을 전달해야 한다면 글리세린의 질량유량은 얼마이며, 15 psia로 들어가는 공기의 체적유량은 얼마인가?

6.9 다음 자료는 그림 P6.82에서 보는 것처럼 단순 증기 동력 발전소에 관한 것이다.

상태	1	2	3	4	5	6	7
P lbf/in^2	900	890	860	830	800	1.5	1.4
T F		115	350	920	900		110
h, Btu/lbm		85.3	323	1468	1456	1029	78

상태 6은 x_6 = 0.92이고 유속이 600 ft/s이다. 증기의 유동률은 200,000 lbm/h이고 펌프로의 입력은 400 hp이다. 배관의 지름은 증기 발생기에서 터빈까지는 8 in.이고 복수기에서 증기발생기까지는 3 in.이다. 터빈의 출력과 복수기에서 열전달률을 구하라.

6.10 초기에 비어있던 실린더에 70°F, 15 psia의 공기가 가득 찰 때까지 채워진다. 열전달이 없다고 하면 최종온도는 70°F보다 큰가, 같은가, 작은가? 최종온도 T는 실린더 크기에 의존하는가?

6.11 체적 0.05 ft^{3}의 비어있는 통(canister)에 40°F의 포화액체 R-134a가 흐르는 배관으로부터 R-134a가 채워진다. 충진 과정이 빨라서 단열이다. 얼마나 많은 질량의 R-134a가 통에 들어있는가? 통을 이제 저장 선반에 올려두고 실내 온도 70°F까지 서서히 가열한다. 최종 압력은 얼마인가?

7.1 가솔린 엔진은 연료의 연소에 의한 35 Btu/s의 열전달을 이용하여 20 hp를 생산한다. 엔진의 열효율은 얼마이며, 어느만큼의 동력이 주위로 버려지는가?

7.2 냉장고는 1 Btu의 일을 이용하여 저온 공간으로부터 1.5 Btu를 제거한다. 어느만큼의 에너지가 부엌으로 나가며, 냉장고의 성능계수(coefficient of performance)는 얼마인가?

7.3 공기조화기가 95°F의 외부 공기를 60°F로 냉각하여 1 lbm/s 율로 공급한다. 공기조화기의 성능계수는 카르노 장치의 반이라고 하면 공기조화기 가동에 필요한 동력을 구하라.

7.4 한 농부가 2 kW의 모터로써 열펌프를 구동한다. 병아리 부화장을 90°F로 유지해야 하며, 그것은 차가운 주위(T_{amb})로 10 Btu/s의 율로 에너지를 빼앗긴다. 열펌프가 견딜 수 있는 최소 성능계수는 얼마인가?

7.5 대형 열펌프는 185°F에서 5000 Btu/s의 열을 300°F로 공급되도록 하여야 한다. 실제의 열펌프 COP는 2.5라 하자. 이 장치를 구동하는데 어느만큼의 동력이 필요한가? 동일한 COP에 대해 저온부의 온도가 같다면 카르노 열펌프는 고온부의 온도는 얼마만큼 높게 되는가?

8.1 다음 상태에 있는 물에 대해 P, T, v, u, h, x 중에서 빠진 상태량을 구하라.

a. 150°F, s = 1.75 Btu/lbm R

b. 1500 psia, u = 1350 Btu/lbm

c. 280°F, s = 2 Btu/lbm R

8.2 다음 상태에 있는 R-134a에 대해 P, T, v, u, h, x 중에서 빠진 상태량을 구하라.

a. 80°F, 80 psia

b. 10°F, 6 = 0.45

c. 100psia, h = 180 Btu/lbm

8.3 피스톤/실린더에서 30 lbf/in^2, x = 1.0의 물이 140 lbf/in^2, 600°F까지 가역과정으로 압축되었다. 일의 부호와 열의부호를 구하라.

8.4 600°F의 1파운드 질량의 물이 실린더에서 주위 압력 14.7 lbf/in^{2}에 이를 때까지 피스톤에 대하여 팽창하여 물의 건도는 90%가 된다. 이 팽창이 가역이고 단열적이라고 한다.

a. 실린더의 초기 압력은 얼마였는가?

b. 물에 의해 어느만큼의 일이 행해졌는가?

8.5 60°F, 30 psia의 R-134a가 들어있는 실린더의 초기 체적은 1 ft^{3}이다. 피스톤은 R-134a를 가역 등온 과정으로 포화증기 상태까지 압축한다. 이 과정을 달성하기 위해 필요한 일과 열전달량을 구하라.

8.6 400°F, 50 lbm의 뜨거운 모래가 들어있는 주형 상자를 60°F, 2 ft^{3}의 물이 담긴 통에 집어넣는다. 주위로 열전달이나 비등에 의한 물의 증발이 없다면 이 과정의 엔트로피의 순 변화량을 계산하라.

8.7 피스톤/실린더 장치에 500 R, 1 atm, 체적 1 ft^3의 질소가스가 가역 단열과정으로 최종 온도 1000 R까지 압축된다. 표 F.4로부터 일정한 열용량을 사용하여 최종압력과 체적을 구하라.

8.8 피스톤/실린더 장치에 500 R, 1 atm, 체적1 ft^3의 질소가스가 가역 단열과정으로 최종 온도 1000 R까지 압축된다. 표 F.6을 사용하여 최종압력과 체적을 구하라.

8.9 피스톤/실린더 장치에 70°F, 15 lbf/in^{2}의 헬륨이 $n = 1.25$의 가역 폴리트로픽 과정으로 720 R까지 된다. 헬륨은 일정한 비열을 가진 이상기체라고 한다. 최종압력과 비 열전달량(specific heat transfer)과 비일(specific work)을 구하라.

8.10 540 R의 공기 1kg은 일정한 15 psia와 $Q = 0$인 과정에서 720 R의 공기 1 kg과 혼합된다. 이 과정에서 최종 T와 엔트로피생성량을 구하라.

8.11 15 psia의 공기 1 lbm은 단단한 단열탱크에서 30 psia의 공기 1 lbm와 혼합된다. 이 과정에서 최종 상태(P, T)와 엔트로피생성량을 구하라.

8.12 한 농부가 2.5 hp의 일률로 열펌프를 구동한다. 병아리 부화장을 86°F로 유지해야 하며, 그 방은 50°F의 차가운 주위로 20 Btu/s를 빼앗긴다. 열펌프에서의 엔트로피 생성률은 얼마인가? 열손실과정에서의 엔트로피 생성률은 얼마인가?

9.1 증기가 터빈에 400 lbf/in^2, 900°F으로 들어가서 가역 단열과정으로 팽창한 후 130°F로 배기된다. 터빈의 출력은 800 Btu/s이며, 운동에너지와 위치에너지는 무시될 수 있다. 질량 유량을 구하라.

9.2 제트엔진의 출구노즐은 무시할 수 있는 정도의 운동에너지로 2100 R, 20 psia의 공기를 받아들인다. 출구의 압력은 10 psia이며, 가역 단열과정이다. 77°F에서 일정한 열용량을 이용하여 출구속도를 구하라.

9.3 확대관은 300 psia, 540 R의 공기 1 lbm/s을 받아들여 60 psia, 540 R의 상태로 배출한다. 이 과정은 가역 등온이라고 하자. 운동에너지와 위치에너지의 변화량을 무시하고 열전달률과 일률을 구하라.

9.4 100 lbf/in^{2}의 포화 수증기와 100 lbf/in^2, 1000°F의 두 물의 흐름이 정상유동 과정에서 단열적으로 혼합되어 하나의 흐름이 되어 100 lbf/in^2, 600°F로 나온다. 이 과정 동안의 총 엔트로피생성을 구하라.

9.5 원동소의 응축기가 130°F, 건도 90%의 증기 10 lbm/s를 받아들여서 평균온도 62°F의 냉각수에 방열한다. 이 정압과정에서 냉각수에 주어지는 동력 및 응축기 출구가 포화액체일 때 총 엔트로피 생성률을 구하라.

9.6 작은 펌프는 70°F, 14.7 lbf/in^{2}의 물을 흡입하여 200 lbm/s의 유량으로 250 lbf/in^{2}까지 퍼 올린다. 펌프의 소요 동력을 구하라.

9.7 처음에 비어있는 5 ft^3의 탱크에 70°F, 15 psia의 공기를 가득 찰 때 까지 채운다. 열전달이 없다고 가정하고 최종질량과 엔트로피생성을 구하라.

9.8 체적 0.05 ft^3의 비어있는 통에 40°F인 포화액체 상태의 R-134a가 흐르는 배관을 통해 R-134a가 채워진다. 충전은 매우 빨리 진행되어 단열적이다. 얼마만 한 질량의 R-134a가 통에 들어있는가? 어느만큼의 엔트로피가 생성되었는가?

9.9 어떤 증기터빈의 입구는 200 psia, 900°F이고 출구는 40 psia이다. 가장 낮은 출구온도는 얼마까지 가능한가? 그 경우는 효율 얼마에 해당하는가?

9.10 어떤 증기터빈의 입구는 200 psia, 900°F이고 출구는 40 psia이다. 가장 높은 출구온도는 얼마까지 가능한가? 그 경우는 효율 얼마에 해당하는가?

9.11 어떤 증기터빈의 입구는 200 psia, 900°F이고 출구는 40 psia, 600°F이다. 등엔트로피 효율은 얼마인가?

9.12 150 psia, 540 R의 공기흐름이 75 psia로 교축된다. 비가역성은 얼마인가? 흐름의 가용성(availability)의 강하(drop)는 얼마인가?

9.13 어떤 증기터빈의 입구는 200 psia, 900°F이고 출구는 40 psia로, 실제 일은 143.61 Btu/lbm이다. 제2법칙 효율은 얼마인가?

9.14 어떤 열교환기는 2500 R로 들어와서 250 Btu/lbm로 가용성을 줄여서 나가는 공기 20 lbm/s를 이용해서 6 lbm/s인 물의 가용성을 800 Btu/lbm까지 증가시킨다. 비가역성과 제2법칙 효율은 얼마인가?

10.1 250°F, 18 lbm/in^{2}인 기체 혼합물은 몰비로 50% N_2, 30% H_2O와 20% O_2이다. 질량분율, 혼합기체 상수와 10 lbm의 혼합물의 체적을 구하라.

10.2 새로운 냉매 R-410a는 질량비 1:1로 R-32와 R-125의 혼합물이다. 총 분자량, 혼합물의 기체상수, 혼합물의 비열비는 얼마인가?

10.3 질량분율로 40% CO_2와 60% N_2인 60 lbf/in^2, 540 R의 혼합물 1.5 lbm/s이 어떤 파이프를 흐른다. 파이프를 가열 테이프로 감고 바깥은 단열하여 2 Btu/s의 전력으로 파이프를 가열하였다. 이 혼합물의 출구온도를 구하라.

10.4 산소 4 lbm와 아르곤 4 lbm의 어떤 혼합물이 14.7 lbf/in^{2}인 단열 피스톤 실린더에 들어있다. 이제 피스톤은 혼합물의 초기 체적의 반까지 압축한다. 최종 압력 및 온도와 피스톤의 일을 구하라.

10.5 1200 R의 이산화탄소가스 흐름 2 lbm/s는 600 R의 질소가스 흐름 1 lbm/s와 1 atm의 일정 압력하에서 혼합된다. 표 F.4의 일정 열용량을 사용하여 출구온도 및 엔트로피 생성율을 구하라.

10.6 표 F.6의 값들을 사용하여 앞의 연습 문제를 풀어라.

10.7 14.7 lbf/in^2, 60°F, 상대습도 40%인 공기와 수증기의 혼합

물이 들어있는 2000 ft^3의 어떤체적을 생각해보자. 물의 질량과 습도비를 구하라. 혼합물의 이슬점은 얼마인가?

10.8 공기가 14.7 psia이고 (a) 15°F, (b) 115°F, (c) 230°F이면 각각 최대 절대습도는 얼마인가?

10.9 14.7 lbf/in^2, 80°F, 상대습도 80%인 대기 흐름 35 ft^3/s을 생각해보자. 이 흐름이 지하실로 들어가서 14.7 psia인 60°F로 냉각된다. 얼마 만한 양의 액체가 응축되겠는가?

10.10 가정용 난방로로부터 습공기를 공급하는 그림 P10.82의 상태 1은 유량 0.1 lbm/s의 건공기로서 120°F, 상대습도 10%이다. 조그만 전기히터로 60°F의 수돗물을 212°F, 14.7 psia의 수증기로 바꾸어 추가한다. 그 유동이 상태 4(90°F, 상대습도60%)로 나와서 거실로 올라간다. 전기히터의 소요동력과 상태 1에서 상태 4동안에 유동으로의 열전달량을 구하라.

11.1 그림 11.3에 보인 증기동력발전소는 Rankine 사이클로 작동하며 보일러를 나오는 포화증기의 압력은 600 lbf/in^2이다. 터빈은 2.225 lbf/in^2에서 작동하는 복수기로 배출한다. 각 이상적인 요소의 단위 질량당 일과 열전달량 및 사이클 효율을 구하라.

11.2 어떤 Rankine 사이클은 R-134a를 작동유체로 하고 태양에너지를 동력으로 사용한다. 보일러 과열기에서 R-134a를 240°F, 750 psia까지 가열한다. 복수기는 수냉으로 출구 상태가 70°F로 유지된다. 이 사이클의 상태 4에 대한 T, P, x(가능하면)를 구하라.

11.3 연습 문제 11.2의 Rankine 사이클 열효율을 구하라.

11.4 연습 문제 11.167의 발전소 보일러 후단에 과열기를 추가함으로써 600 lbf/in^2, 700°F의 과열증기를 내보낸다. 각 이상적(ideal) 부품에서의 단위질량당 일(specific work)과 열전달량 및 사이클 효율을 구하라.

11.5 증기 동력 재생사이클의 밀폐형 급수 가열기는 40 lbm/s의 물을 200°F, 2000 lbf/in^2에서 450°F, 2000 lbf/in^2까지 가열한다. 터빈에서 추출된 수증기는 500 lbf/in^2, 550°F 상태로 가열기로 들어가서 포화액체로 나온다. 필요한 추출 수증기의 질량유량은 얼마인가?

11.6 Brayton 사이클은 14,000 Btu/s를 생산하며,입구 상태는 60°F, 14.5 psia, 압축비 16:1이다. 연소에 의해 400 Btu/lbm의 열을 공급한다. 최고온도와 공기의 질량유량을 구하라. 공기는 차가운 상태의 값으로 한다.

11.7 표 F.5의 상태량을 사용하여 앞의 연습 문제를 해결하라.

11.8 연습 문제 11.6의 Brayton 사이클에 이상 재생기를 적용하였다. 개조 후의 사이클 효율을 구하라.

11.9 어떤 제트엔진의 터빈은 2200 R, 220 lbf/in^2의 공기를 받아들여 노즐로 35 lbf/in^2로 배출하며 노즐은 다시 14.7 lbf/in^2의 대기로 배기한다. 터빈의 등엔트로피 효율은 85%, 노즐 효율은 95%이다. 노즐 입구온도 및 노즐 출구속도를 구하라. 터빈 출구의 운동에너지는 무시한다.

11.10 어떤 가솔린 엔진은 체적 압축비는 10이고 압축전의 공기는 실린더 내에서 520 R, 12.2 psia이다. 연소 최고압력은 900 psia이고 공기는 차가운 상태의 값으로 한다. 사이클 최대 온도는 얼마인가? 배기를 시작할 때(열방출)의 온도 및 전체 열효율을 구하라.

11.11 총 행정체적이 220 in^3인 6기통 4행정 미니밴 엔진은 압축비가 10:1이며 2000 RPM으로 작동되고 있다. 압축전 상태는 7 psia, 500 R이고 연소로 인해 430 Btu/lbm가 추가되었다. 차가운 공기의 상태량을 사용하여 사이클 최대온도와 열효율을 구하라.

11.12 앞의 연습 문제에서 엔진의 평균유효압력과 총 출력을 구하라.

11.13 디젤엔진은 내경(bore) 4.0 in., 행정(stroke) 4.3 in., 압축비 19:1이며 회전수 2000 RPM(분당 회전수)으로 작동하고 있다. 각 사이클은 2회전을 하며 200 lbf/in^2의 평균 유효압력을 갖는다. 총 6기통에 대하여 엔진출력을 Btu/s와 마력 hp 단위로 구하라.

11.14 디젤엔진은 압축비가 20:1이며 입구상태는 520 R이다. 연소로 인해 500 Btu/lbm가 추가되었다. 최고의 P와 T 그리고 평균 유효압력을 구하라.

11.15 주위온도 70°F에 있는 자동차 에어컨(냉방장치)은 R-134a를 사용하고 있으며 20°F의 차가운 공기를 생산한다. 높은 P 중에서 최소값과 낮은 P 중에서 최고값을 구하라.

11.16 응축기 압력 150 psia, 증발기 온도 10°F, 작동유체 R-134a인 이상적인 냉동사이클을 생각해 보자. 사이클 성능계수(COP)를 구하라.

11.17 앞의 연습 문제 냉동기에서 압축기 출구의 실제 상태가 150 psia, 160°F라 하자. 비 이상적인(non-ideal) 사이클 성능 계수(COP) 및 R-134a 내부의 모든 과정에 있어서 엔트로피 생성량을 구하라.

12.1 O_2의 경우 산소의 생성엔탈피는? O라면? CO_2라면?

12.2 펜탄은 14.7 lbf/in^2의 정압과정에서 120% 이론공기와 연소한다. 생성물은 주위온도 70°F로 냉각된다. 연료 lbm당 어느 정도 질량의 물이 응축되는가? 연소에 사용된 공기가 상대습도 90%일 때를 가정하여 답을 다시 구하라.

12.3 77°F, 30 lbf/in^2에서 단단한 용기 안에 처음에 2 pound-mol의 탄소와 2 pound-mol의 산소가 들어있다. 연소가 일어나 서 그 생성물은 1800 R의 온도에서 이산화탄소 1 pound-mol, 일산화탄소1 pound-mol, excess 산소로 구성된다. 그 용기 내의 최종압력과 연소과정 동안 용기에서의 열전달량을 구하라.

12.4 석유와 천연가스를 연료로 사용하는 것에 대한 한 가지 대안이 에탄올(C_2H_5OH)로서, 곡물의 발효 작용에 의해 주로 생산된다. 액체 에탄올이 정상유동 과정에서 120% 이론공기와 연소되는 연소과정을 생각해보자. 반응물은 77°F로 연소실에 들어가고 생성물은 140°F, 14.7 lbf/in^2로 나온다. 에탄올 기체의 생성엔탈피와

일반화된 표와 선도들을 이용하여 에탄올 pound-mol당 열전달량을 계산하라.

12.5 펜텐 C_5H_{10}은 정상상태 과정에서 순수한 산소와 연소한 다. 어느 한 점에서 생성물은 1300 R로 되었다가 열 교환기가 사용되어 77°F로 냉각된다. 열 교환기에서의 단위질량당 열전달량(specific heat transfer)을 구하라.

12.6 메탄 CH_4은 정상상태 과정에서 다른 두 산화제와 함께 연소 된다: **사례 A** 순수 산소, O_2, **사례 B** $O_2 + x$Ar. 반응물은 T_0, P_0로 공급되었고, 두 사례의 생성물은 3200 R에 존재한다. 사례 A에서 요구되는 당량비와 사례 B에서 이론반응비(stoichiometric ratio)를 위한 아르곤의 양 x를 구하라.

12.7 버너는 둘 다 기체인 질량분율 40% *n*-부탄, 60% 메탄올인 두 연료의 혼합물을 공급받는다. 이 연료는 이론반응공기와 연소한다. 생성물의 조성과 이 연료혼합물의 저위발열량을 구하라(Btu/lbm 연료혼합물).

12.8 수소가스는 정상유동 버너에서 순수산소와 연소하며, 두 반응물은 표준상태 압력과 온도에서 이론반응비(stoichiometric ratio)로 공급된다. 단열화염온도는 얼마인가?

12.9 77°F, 14.7 lbf/in^{2}의 아세틸렌가스는 절단기의 선단으로 공급된다. 77°F의 100%의 이론공기와 연소할 때의 단열화염온도를 계산하라.

12.10 77°F의 100%의 이론산소를 사용하여 앞의 연습 문제를 풀어라.

12.11 에텐 C_2H_4은 150% 이론공기와 연소하며, 반응물은 P_0, T_0로 정상상태 정압과정이다. 단열화염온도를 구하라.

12.12 메탄은 공기와 연소하며, 둘 다 표준상태로서 공급된다. 3200 R의 화염온도를 얻을 수 있는 충분한 과잉공기가 있다. 이 과정에서 이론반응 공기 백분율과 비가역성은 얼마인가?

12.13 P_0, T_0의 흑연은 P_0, 900 R로 들어오는 공기와 일정비로 연소하며, 생성물은 P_0, 2200 R이다. 당량비, 이론반응 공기 백분율 및 총 비가역성을 구하라.

12.14 예제 12.13에서 기본적인 수소-산소 연료전지 반응은 25°F, 100 kPa에서 해석되었다. 연료전지가 77°F, 14.7 lbf/in^{2}일 때 순수산소 대신, 공기 중에서 작동한다고 가정하여 이 계산을 반복하라.

12.15 반응 $O_2 \rightleftharpoons 2O$에서 537 R과 10,800 R일 때 평형상수를 계산하라.

12.16 순수 산소는 정상상태 과정에서 30 lbf/in^{2}의 일정 압력 일 때 77°F에서 5300°F로 가열된다. 출구에서의 조성과 열전달량을 구하라.

12.17 메탄의 평형반응 $CH_4 \rightleftharpoons C + 2H_2$는 1440 R에서 & $\ln K = -0.3362$, 1080 R에서 & $\ln K = -4.607$이다. K와 온도와의 관계를 주목함으로써, 1260 R에서 K를 구하기 위해 $(1/T)$ 단위로 & $\ln K$를 내삽(interpolation)하는 방법을 보여라.그리고 그것을 선형보간(linear interpolation)한 값과 비교하라.

12.18 77°F, 20 lbf/in^{2}에서 일산화탄소 1 pound-mol, 질소 1 pound-mol, 산소 1 pound-mol의 기체 혼합물이 정압 유동과정에서 가열된다. 배출되는 혼합물은 CO_2, CO, O_2, N_2로 화학 평형에 도달한다고 가정할 수 있다.이 시점에서 CO_2의 몰분율은 0.176이다. 이 과정의 열전달량을 계산하라.

12.19 화학비료 제조에서 중요한 단계는 $N_2+3H_2 \rightleftharpoons 2NH_3$ 반응에 따른 암모니아 생산이다.

a. 300°F에서 이 반응에 대한 평형상수를 구하라.

b. 몰비로 질소 25%, 수소 75%의 초기조성에 대해서 300°F, 750 lbf/in^{2}에서의 평형조성을 계산하라.

12.20 CO_2 1 pound-mol을 5400 R로 가열하여 얻어진 반응 $2\ CO_2 \Leftrightarrow 2\ CO + O_2$을 생각해보자. 깁스함수 변화량으로부터 평형상수를 구하고 표 A.11에 열거된 값을 입증하라.

12.21 앞의 연습 문제를 고려해서 5400 R, 1 atm에서의 CO의 평형 몰분율을 구하라.

부록 G

영국 단위표

English Unit Tables

표 G.1 임계상수(영국 단위).

Substance	Formula	Molec. Weight	Temp. (R)	Pressure (lbf/in.^{2})	Volume (ft^3/lbm)
Ammonia	NH_3	17.031	729.9	1646	0.0682
Argon	Ar	39.948	271.4	706	0.0300
Bromine	Br_2	159.808	1058.4	1494	0.0127
Carbon dioxide	CO_2	44.010	547.4	1070	0.0342
Carbon monoxide	CO	28.010	239.2	508	0.0533
Chlorine	Cl_2	70.906	750.4	1157	0.0280
Fluorine	F_2	37.997	259.7	757	0.0279
Helium	He	4.003	9.34	32.9	0.2300
Hydrogen (normal)	H_2	2.016	59.76	188.6	0.5170
Krypton	Kr	83.800	376.9	798	0.0174
Neon	Ne	20.183	79.92	400	0.0330
Nitric oxide	NO	30.006	324.0	940	0.0308
Nitrogen	N_2	28.013	227.2	492	0.0514
Nitrogen dioxide	NO_2	46.006	775.8	1465	0.0584
Nitrous oxide	N_2O	44.013	557.3	1050	0.0354
Oxygen	O_2	31.999	278.3	731	0.0367
Sulfur dioxide	SO_2	64.063	775.4	1143	0.0306
Water	H_2O	18.015	1165.1	3208	0.0508
Xenon	Xe	131.300	521.5	847	0.0144
Acetylene	C_2H_2	26.038	554.9	891	0.0693
Benzene	C_6H_6	78.114	1012.0	709	0.0531
n-Butane	C_4H_{10}	58.124	765.4	551	0.0703
Chlorodifluoroethane (142b)	CH_3CClF_2	100.495	738.5	616	0.0368
Chlorodifluoromethane (22)	$CHClF_2$	86.469	664.7	721	0.0307
Dichlorodifluoroethane (141)	CH_3CCl_2F	116.950	866.7	658	0.0345
Dichlorotrifluoroethane (123)	$CHCl_2CF_3$	152.930	822.4	532	0.0291
Difluoroethane (152a)	CHF_2CH_3	66.050	695.5	656	0.0435
Difluoromethane (32)	CH_2F_2	52.024	632.3	838	0.0378
Ethane	C_2H_6	30.070	549.7	708	0.0790
Ethyl alcohol	C_2H_5OH	46.069	925.0	891	0.0581

Substance	Formula	Molec. Weight	Temp. (R)	Pressure (lbf/in.^{2})	Volume (ft^3/lbm)
Ethylene	C_2H_4	28.054	508.3	731	0.0744
n-Heptane	C_7H_{16}	100.205	972.5	397	0.0691
n-Hexane	C_6H_{14}	86.178	913.5	437	0.0688
Methane	CH_4	16.043	342.7	667	0.0990
Methyl alcohol	CH_3OH	32.042	922.7	1173	0.0590
n-Octane	C_8H_{18}	114.232	1023.8	361	0.0690
Pentafluoroethane (125)	CHF_2CF_3	120.022	610.6	525	0.0282
n-Pentane	C_5H_{12}	72.151	845.5	489	0.0675
Propane	C_3H_8	44.094	665.6	616	0.0964
Propene	C_3H_6	42.081	656.8	667	0.0689
Tetrafluoroethane (134a)	CF_3CH_2F	102.030	673.6	589	0.0311

표 G.2 77°F에서 고체의 상태량.

Substance	ρ (lbm/ft^3)	C_p (Btu/lbm R)
Asphalt	132.3	0.225
Brick, common	112.4	0.20
Carbon, diamond	202.9	0.122
Carbon, graphite	125~156	0.146
Coal	75~95	0.305
Concrete	137	0.21
Glass, plate	156	0.191
Glass, wool	1.25	0.158
Granite	172	0.212
Ice (32 F)	57.2	0.487
Paper	43.7	0.287
Plexiglas	73.7	0.344
Polystyrene	57.4	0.549
Polyvinyl chloride	86.1	0.229
Rubber, soft	68.7	0.399
Sand, dry	93.6	0.191
Salt, rock	130~156	0.2196
Silicon	145.5	0.167
Snow, firm	35	0.501
Wood, hard (oak)	44.9	0.301
Wood, soft (pine)	31.8	0.33
Wool	6.24	0.411
Metals		
Aluminum, duralumin	170	0.215
Brass, 60-40	524	0.0898
Copper, commercial	518	0.100
Gold	1205	0.03082
Iron, cast	454	0.100
Iron, 304 St Steel	488	0.110
Lead	708	0.031
Magnesium, 2% Mn	111	0.239
Nickel, 10% Cr	541	0.1066
Silver, 99.9% Ag	657	0.0564
Sodium	60.6	0.288
Tin	456	0.0525
Tungsten	1205	0.032
Zinc	446	0.0927

표 G.3 77°F에서 액체의 상태량.

Substance	ρ (lbm/ft^3)	C_p (Btu/lbm R)
Ammonia	37.7	1.151
Benzene	54.9	0.41
Butane	34.7	0.60
CCl_4	98.9	0.20
CO_2	42.5	0.69
Ethanol	48.9	0.59
Gasoline	46.8	0.50
Glycerine	78.7	0.58
Kerosene	50.9	0.48
Methanol	49.1	0.61
n-octane	43.2	0.53
Oil, engine	55.2	0.46
Oil, light	57	0.43
Propane	31.8	0.61
R-12	81.8	0.232
R-22	74.3	0.30
R-32	60	0.463
R-125	74.4	0.337
R-134a	75.3	0.34
Water	62.2	1.00
Liquid Metals		
Bismuth, Bi	627	0.033
Lead, Pb	665	0.038
Mercury, Hg	848	0.033
NaK (56/44)	55.4	0.27
Potassium, K	51.7	0.193
Sodium, Na	58	0.33
Tin, Sn	434	0.057
Zinc, Zn	410	0.12

표 G.4 77°F, 1atm에서 각종 이상기체의 상태량(영국 단위).*

Gas	Chemical Formula	Molecular Mass	R (ft-lbf/lbm R)	$\rho \times 10^3$ (lbm/ft^3)	C_{p0} (Btu/lbm R)	C_{v0} (Btu/lbm R)	k C_{p0}/C_{v0}
Steam	H_2O	18.015	85.76	1.442	0.447	0.337	1.327
Acetylene	C_2H_2	26.038	59.34	65.55	0.406	0.330	1.231
Air	-	28.97	53.34	72.98	0.240	0.171	1.400
Ammonia	NH_3	17.031	90.72	43.325	0.509	0.392	1.297
Argon	Ar	39.948	38.68	100.7	0.124	0.0745	1.667
Butane	C_4H_{10}	58.124	26.58	150.3	0.410	0.376	1.091
Carbon dioxide	CO_2	44.01	35.10	110.8	0.201	0.156	1.289
Carbon monoxide	CO	28.01	55.16	70.5	0.249	0.178	1.399
Ethane	C_2H_6	30.07	51.38	76.29	0.422	0.356	1.186
Ethanol	C_2H_5OH	46.069	33.54	117.6	0.341	0.298	1.145
Ethylene	C_2H_4	28.054	55.07	71.04	0.370	0.299	1.237
Helium	He	4.003	386.0	10.08	1.240	0.744	1.667
Hydrogen	H_2	2.016	766.5	5.075	3.394	2.409	1.409
Methane	CH_4	16.043	96.35	40.52	0.538	0.415	1.299
Methanol	CH_3OH	32.042	48.22	81.78	0.336	0.274	1.227
Neon	Ne	20.183	76.55	50.81	0.246	0.148	1.667
Nitric oxide	NO	30.006	51.50	75.54	0.237	0.171	1.387
Nitrogen	N_2	28.013	55.15	70.61	0.249	0.178	1.400
Nitrous oxide	N_2O	44.013	35.10	110.8	0.210	0.165	1.274
n-octane	C_8H_{18}	114.23	13.53	5.74	0.409	0.391	1.044
Oxygen	O_2	31.999	48.28	80.66	0.220	0.158	1.393
Propane	C_3H_8	44.094	35.04	112.9	0.401	0.356	1.126
R-12	CCl_2F_2	120.914	12.78	310.9	0.147	0.131	1.126
R-22	$CHClF_2$	86.469	17.87	221.0	0.157	0.134	1.171
R-32	CF_2H_2	52.024	29.70	132.6	0.196	0.158	1.242
R-125	CHF_2CF_3	120.022	12.87	307.0	0.189	0.172	1.097
R-134a	CF_3CH_2F	102.03	15.15	262.2	0.203	0.184	1.106
Sulfur dioxide	SO_2	64.059	24.12	163.4	0.149	0.118	1.263
Sulfur trioxide	SO_3	80.053	19.30	204.3	0.152	0.127	1.196

*Or saturation pressure if it is less than 1 atm.

표 G.5 공기의 이상기체 상태량(영국 단위), 1 atm = 101.325 kPa = 14.696 lbf/in^{2}에서의 표준 엔트로피.

T (R)	u (Btu/lbm)	h (Btu/lbm)	s_T^0 (Btu/lbm R)	T (R)	u (Btu/lbm)	h (Btu/lbm)	s_T^0 (Btu/lbm R)
400	68.212	95.634	1.56788	1950	357.243	490.928	1.96404
440	75.047	105.212	1.59071	2000	367.642	504.755	1.97104
480	81.887	114.794	1.61155	2050	378.096	518.636	1.97790
520	88.733	124.383	1.63074	2100	388.602	532.570	1.98461
536.67	91.589	128.381	1.63831	2150	399.158	546.554	1.99119
540	92.160	129.180	1.63979	2200	409.764	560.588	1.99765
560	95.589	133.980	1.64852	2300	431.114	588.793	2.01018
600	102.457	143.590	1.66510	2400	452.640	617.175	2.02226
640	109.340	153.216	1.68063	2500	474.330	645.721	2.03391
680	116.242	162.860	1.69524	2600	496.175	674.421	2.04517
720	123.167	172.528	1.70906	2700	518.165	703.267	2.05606
760	130.118	182.221	1.72216	2800	540.286	732.244	2.06659
800	137.099	191.944	1.73463	2900	562.532	761.345	2.07681
840	144.114	201.701	1.74653	3000	584.895	790.564	2.08671
880	151.165	211.494	1.75791	3100	607.369	819.894	2.09633
920	158.255	221.327	1.76884	3200	629.948	849.328	2.10567
960	165.388	231.202	1.77935	3300	652.625	878.861	2.11476
1000	172.564	241.121	1.78947	3400	675.396	908.488	2.12361
1040	179.787	251.086	1.79924	3500	698.257	938.204	2.13222
1080	187.058	261.099	1.80868	3600	721.203	968.005	2.14062
1120	194.378	271.161	1.81783	3700	744.230	997.888	2.14880
1160	201.748	281.273	1.82670	3800	767.334	1027.848	2.15679
1200	209.168	291.436	1.83532	3900	790.513	1057.882	2.16459
1240	216.640	301.650	1.84369	4000	813.763	1087.988	2.17221
1280	224.163	311.915	1.85184	4100	837.081	1118.162	2.17967
1320	231.737	322.231	1.85977	4200	860.466	1148.402	2.18695
1360	239.362	332.598	1.86751	4300	883.913	1178.705	2.19408
1400	247.037	343.016	1.87506	4400	907.422	1209.069	2.20106
1440	254.762	353.483	1.88243	4500	930.989	1239.492	2.20790
1480	262.537	364.000	1.88964	4600	954.613	1269.972	2.21460
1520	270.359	374.565	1.89668	4700	978.292	1300.506	2.22117
1560	278.230	385.177	1.90357	4800	1002.023	1331.093	2.22761
1600	286.146	395.837	1.91032	4900	1025.806	1361.732	2.23392
1650	296.106	409.224	1.91856	5000	1049.638	1392.419	2.24012
1700	306.136	422.681	1.92659	5100	1073.518	1423.155	2.24621
1750	316.232	436.205	1.93444	5200	1097.444	1453.936	2.25219
1800	326.393	449.794	1.94209	5300	1121.414	1484.762	2.25806
1850	336.616	463.445	1.94957	5400	1145.428	1515.632	2.26383
1900	346.901	477.158	1.95689				

표 G.6 각종 물질의 이상기체 상태량(영국 단위), 1 atm에서의 엔트로피.

	Nitrogen, Diatomic (N_2) $\bar{h}^0_{f,537} = 0$ Btu/lb mol $M = 28.013$		Nitrogen, Monatomic (N) $\bar{h}^0_{f,537} = 203\ 216$ Btu/lb mol $M = 14.007$	
T R	$(\bar{h} - \bar{h}^0_{537})$ Btu/lb mol	$\bar{s}^0_T$ Btu/lbmol R	$(\bar{h} - \bar{h}^0_{537})$ Btu/lb mol	$\bar{s}^0_T$ Btu/lbmol R
0	−3727	0	−2664	0
200	−2341	38.877	−1671	31.689
400	−950	43.695	−679	35.130
537	0	45.739	0	36.589
600	441	46.515	314	37.143
800	1837	48.524	1307	38.571
1000	3251	50.100	2300	39.679
1200	4693	51.414	3293	40.584
1400	6169	52.552	4286	41.349
1600	7681	53.561	5279	42.012
1800	9227	54.472	6272	42.597
2000	10804	55.302	7265	43.120
2200	12407	56.066	8258	43.593
2400	14034	56.774	9251	44.025
2600	15681	57.433	10244	44.423
2800	17345	58.049	11237	44.791
3000	19025	58.629	12230	45.133
3200	20717	59.175	13223	45.454
3400	22421	59.691	14216	45.755
3600	24135	60.181	15209	46.038
3800	25857	60.647	16202	46.307
4000	27587	61.090	17195	46.562
4200	29324	61.514	18189	46.804
4400	31068	61.920	19183	47.035
4600	32817	62.308	20178	47.256
4800	34571	62.682	21174	47.468
5000	36330	63.041	22171	47.672
5500	40745	63.882	24670	48.148
6000	45182	64.654	27186	48.586
6500	49638	65.368	29724	48.992
7000	54109	66.030	32294	49.373
7500	58595	66.649	34903	49.733
8000	63093	67.230	37559	50.076
8500	67603	67.777	40270	50.405
9000	72125	68.294	43040	50.721
9500	96658	68.784	45875	51.028
10000	81203	69.250	48777	51.325

표 G.6 각종 물질의 이상기체 상태량(영국 단위), 1 atm에서의 엔트로피. (계속)

	Oxygen, Diatomic (O_2) $\bar{h}^0_{f,537} = 0$ Btu/lb mol $M = 31.999$		Oxygen, Monatomic (O) $\bar{h}^0_{f,537} = 107\ 124$ Btu/lb mol $M = 16.00$	
T R	$(\bar{h} - \bar{h}^0_{537})$ Btu/lb mol	$\bar{s}^0_T$ Btu/lbmol R	$(\bar{h} - \bar{h}^0_{537})$ Btu/lb mol	$\bar{s}^0_T$ Btu/lbmol R
0	−3733	0	−2891	0
200	−2345	42.100	−1829	33.041
400	−955	46.920	−724	36.884
537	0	48.973	0	38.442
600	446	49.758	330	39.023
800	1881	51.819	1358	40.503
1000	3366	53.475	2374	41.636
1200	4903	54.876	3383	42.556
1400	6487	56.096	4387	43.330
1600	8108	57.179	5389	43.999
1800	9761	58.152	6389	44.588
2000	11438	59.035	7387	45.114
2200	13136	59.844	8385	45.589
2400	14852	60.591	9381	46.023
2600	16584	61.284	10378	46.422
2800	18329	61.930	11373	46.791
3000	20088	62.537	12369	47.134
3200	21860	63.109	13364	47.455
3400	23644	63.650	14359	47.757
3600	25441	64.163	15354	48.041
3800	27250	64.652	16349	48.310
4000	29071	65.119	17344	48.565
4200	30904	65.566	18339	48.808
4400	32748	65.995	19334	49.039
4600	34605	66.408	20330	49.261
4800	36472	66.805	21327	49.473
5000	38350	67.189	22325	49.677
5500	43091	68.092	24823	50.153
6000	47894	68.928	27329	50.589
6500	52751	69.705	29847	50.992
7000	57657	70.433	32378	51.367
7500	62608	71.116	34924	51.718
8000	67600	71.760	37485	52.049
8500	72633	72.370	40063	52.362
9000	77708	72.950	42658	52.658
9500	82828	73.504	45270	52.941
10000	87997	74.034	47897	53.210

표 G.6 각종 물질의 이상기체 상태량(영국 단위), 1 atm에서의 엔트로피. (계속)

	Carbon Dioxide (CO_2) $\bar{h}^0_{f,537} = -169\ 184$ Btu/lb mol $M = 44.01$		Carbon Monoxide (CO) $\bar{h}^0_{f,537} = -47\ 518$ Btu/lb mol $M = 28.01$	
T R	$(\bar{h} - \bar{h}^0_{537})$ Btu/lb mol	$\bar{s}^0_T$ Btu/lbmol R	$(\bar{h} - \bar{h}^0_{537})$ Btu/lb mol	$\bar{s}^0_T$ Btu/lbmol R
0	−4026	0	−3728	0
200	−2636	43.466	−2343	40.319
400	−1153	48.565	−951	45.137
537	0	51.038	0	47.182
600	573	52.047	441	47.959
800	2525	54.848	1842	49.974
1000	4655	57.222	3266	51.562
1200	6927	59.291	4723	52.891
1400	9315	61.131	6220	54.044
1600	11798	62.788	7754	55.068
1800	14358	64.295	9323	55.992
2000	16982	65.677	10923	56.835
2200	19659	66.952	12549	57.609
2400	22380	68.136	14197	58.326
2600	25138	69.239	15864	58.993
2800	27926	70.273	17547	59.616
3000	30741	71.244	19243	60.201
3200	33579	72.160	20951	60.752
3400	36437	73.026	22669	61.273
3600	39312	73.847	24395	61.767
3800	42202	74.629	26128	62.236
4000	45105	75.373	27869	62.683
4200	48021	76.084	29614	63.108
4400	50948	76.765	31366	63.515
4600	53885	77.418	33122	63.905
4800	56830	78.045	34883	64.280
5000	59784	78.648	36650	64.641
5500	67202	80.062	41089	65.487
6000	74660	81.360	45548	66.263
6500	82155	82.560	50023	66.979
7000	89682	83.675	54514	67.645
7500	97239	84.718	59020	68.267
8000	104823	85.697	63539	68.850
8500	112434	86.620	68069	69.399
9000	120071	87.493	72610	69.918
9500	127734	88.321	77161	70.410
10000	135426	89.110	81721	70.878

표 G.6 각종 물질의 이상기체 상태량(영국 단위), 1 atm에서의 엔트로피. (계속)

	WATER (H_2O) $\bar{h}^0_{f,537} = -103\ 966$ Btu/lb mol $M = 18.015$		HYDROXYL (OH) $\bar{h}^0_{f,537} = 16\ 761$ Btu/lb mol $M = 17.007$	
T R	$(\bar{h} - \bar{h}^0_{537})$ Btu/lb mol	$\bar{s}^0_T$ Btu/lbmol R	$(\bar{h} - \bar{h}^0_{537})$ Btu/lb mol	$\bar{s}^0_T$ Btu/lbmol R
0	−4528	0	−3943	0
200	−2686	37.209	−2484	36.521
400	−1092	42.728	−986	41.729
537	0	45.076	0	43.852
600	509	45.973	452	44.649
800	2142	48.320	1870	46.689
1000	3824	50.197	3280	48.263
1200	5566	51.784	4692	49.549
1400	7371	53.174	6112	50.643
1600	9241	54.422	7547	51.601
1800	11178	55.563	9001	52.457
2000	13183	56.619	10477	53.235
2200	15254	57.605	11978	53.950
2400	17388	58.533	13504	54.614
2600	19582	59.411	15054	55.235
2800	21832	60.245	16627	55.817
3000	24132	61.038	18220	56.367
3200	26479	61.796	19834	56.887
3400	28867	62.520	21466	57.382
3600	31293	63.213	23114	57.853
3800	33756	63.878	24777	58.303
4000	36251	64.518	26455	58.733
4200	38774	65.134	28145	59.145
4400	41325	65.727	29849	59.542
4600	43899	66.299	31563	59.922
4800	46496	66.852	33287	60.289
5000	49114	67.386	35021	60.643
5500	55739	68.649	39393	61.477
6000	62463	69.819	43812	62.246
6500	69270	70.908	48272	62.959
7000	76146	71.927	52767	63.626
7500	83081	72.884	57294	64.250
8000	90069	73.786	61851	64.838
8500	97101	74.639	66434	65.394
9000	104176	75.448	71043	65.921
9500	111289	76.217	75677	66.422
10000	118440	76.950	80335	66.900

표 G.6 각종 물질의 이상기체 상태량(영국 단위), 1 atm에서의 엔트로피. (계속)

	HYDROGEN (H_2) $\bar{h}^0_{f,537} = 0$ Btu/lb mol $M = 2.016$		HYDROGEN, MONATOMIC (H) $\bar{h}^0_{f,537} = 93\ 723$ Btu/lb mol $M = 1.008$	
T R	$(\bar{h} - \bar{h}^0_{537})$ Btu/lb mol	$\bar{s}^0_T$ Btu/lbmol R	$(\bar{h} - \bar{h}^0_{537})$ Btu/lb mol	$\bar{s}^0_T$ Btu/lbmol R
0	−3640	0	−2664	0
200	−2224	24.703	−1672	22.473
400	−927	29.193	−679	25.914
537	0	31.186	0	27.373
600	438	31.957	314	27.927
800	1831	33.960	1307	29.355
1000	3225	35.519	2300	30.463
1200	4622	36.797	3293	31.368
1400	6029	37.883	4286	32.134
1600	7448	38.831	5279	32.797
1800	8884	39.676	6272	33.381
2000	10337	40.441	7265	33.905
2200	11812	41.143	8258	34.378
2400	13309	41.794	9251	34.810
2600	14829	42.401	10244	35.207
2800	16372	42.973	11237	35.575
3000	17938	43.512	12230	35.917
3200	19525	44.024	13223	36.238
3400	21133	44.512	14215	36.539
3600	22761	44.977	15208	36.823
3800	24407	45.422	16201	37.091
4000	26071	45.849	17194	37.346
4200	27752	46.260	18187	37.588
4400	29449	46.655	19180	37.819
4600	31161	47.035	20173	38.040
4800	32887	47.403	21166	38.251
5000	34627	47.758	22159	38.454
5500	39032	48.598	24641	38.927
6000	43513	49.378	27124	39.359
6500	48062	50.105	29606	39.756
7000	52678	50.789	32088	40.124
7500	57356	51.434	34571	40.467
8000	62094	52.045	37053	40.787
8500	66889	52.627	39535	41.088
9000	71738	53.182	42018	41.372
9500	76638	53.712	44500	41.640
10000	81581	54.220	46982	41.895

표 G.6 각종 물질의 이상기체 상태량(영국 단위), 1 atm에서의 엔트로피. (계속)

	Nitric Oxide (NO) $\bar{h}^0_{f,537} = 38\ 818$ Btu/lb mol $M = 30.006$		Nitrogen Dioxide (NO_2) $\bar{h}^0_{f,537} = 14\ 230$ Btu/lb mol $M = 46.005$	
T R	$(\bar{h} - \bar{h}^0_{537})$ Btu/lb mol	$\bar{s}^0_T$ Btu/lbmol R	$(\bar{h} - \bar{h}^0_{537})$ Btu/lb mol	$\bar{s}^0_T$ Btu/lbmol R
0	−3952	0	−4379	0
200	−2457	43.066	−2791	49.193
400	−979	48.207	−1172	54.789
537	0	50.313	0	57.305
600	451	51.107	567	58.304
800	1881	53.163	2469	61.034
1000	3338	54.788	4532	63.333
1200	4834	56.152	6733	65.337
1400	6372	57.337	9044	67.118
1600	7948	58.389	11442	68.718
1800	9557	59.336	13905	70.168
2000	11193	60.198	16421	71.493
2200	12853	60.989	18978	72.712
2400	14532	61.719	21567	73.838
2600	16228	62.397	24182	74.885
2800	17937	63.031	26819	75.861
3000	19657	63.624	29473	76.777
3200	21388	64.183	32142	77.638
3400	23128	64.710	34823	78.451
3600	24875	65.209	37515	79.220
3800	26629	65.684	40215	79.950
4000	28389	66.135	42923	80.645
4200	30154	66.565	45637	81.307
4400	31924	66.977	48358	81.940
4600	33698	67.371	51083	82.545
4800	35476	67.750	53813	83.126
5000	37258	68.113	56546	83.684
5500	41726	68.965	63395	84.990
6000	46212	69.746	70260	86.184
6500	50714	70.467	77138	87.285
7000	55229	71.136	84026	88.306
7500	59756	71.760	90923	89.258
8000	64294	72.346	97826	90.149
8500	68842	72.898	104735	90.986
9000	73401	73.419	111648	91.777
9500	77968	73.913	118565	92.525
10000	82544	74.382	125485	93.235

표 G.7 물의 열역학적 상태량.

TABLE G.7.1
Saturated Water

Temp. (F)	Press. (psia)	Specific Volume, ft³/lbm Sat. Liquid v_f	Evap. v_{fg}	Sat. Vapor v_g	Internal Energy, Btu/lbm Sat. Liquid u_f	Evap. u_{fg}	Sat. Vapor u_g
32	0.0887	0.01602	3301.6545	3301.6705	0	1021.21	1021.21
35	0.100	0.01602	2947.5021	2947.5181	2.99	1019.20	1022.19
40	0.122	0.01602	2445.0713	2445.0873	8.01	1015.84	1023.85
45	0.147	0.01602	2036.9527	2036.9687	13.03	1012.47	1025.50
50	0.178	0.01602	1703.9867	1704.0027	18.05	1009.10	1027.15
60	0.256	0.01603	1206.7283	1206.7443	28.08	1002.36	1030.44
70	0.363	0.01605	867.5791	867.5952	38.09	995.64	1033.72
80	0.507	0.01607	632.6739	632.6900	48.08	988.91	1036.99
90	0.699	0.01610	467.5865	467.6026	58.06	982.18	1040.24
100	0.950	0.01613	349.9602	349.9764	68.04	975.43	1043.47
110	1.276	0.01617	265.0548	265.0709	78.01	968.67	1046.68
120	1.695	0.01620	203.0105	203.0267	87.99	961.88	1049.87
130	2.225	0.01625	157.1419	157.1582	97.96	955.07	1053.03
140	2.892	0.01629	122.8567	122.8730	107.95	948.21	1056.16
150	3.722	0.01634	96.9611	96.9774	117.94	941.32	1059.26
160	4.745	0.01639	77.2079	77.2243	127.94	934.39	1062.32
170	5.997	0.01645	61.9983	62.0148	137.94	927.41	1065.35
180	7.515	0.01651	50.1826	50.1991	147.96	920.38	1068.34
190	9.344	0.01657	40.9255	40.9421	157.99	913.29	1071.29
200	11.530	0.01663	33.6146	33.6312	168.03	906.15	1074.18
210	14.126	0.01670	27.7964	27.8131	178.09	898.95	1077.04
212.0	14.696	0.01672	26.7864	26.8032	180.09	897.51	1077.60
220	17.189	0.01677	23.1325	23.1492	188.16	891.68	1079.84
230	20.781	0.01685	19.3677	19.3846	198.25	884.33	1082.58
240	24.968	0.01692	16.3088	16.3257	208.36	876.91	1085.27
250	29.823	0.01700	13.8077	13.8247	218.48	869.41	1087.90
260	35.422	0.01708	11.7503	11.7674	228.64	861.82	1090.46
270	41.848	0.01717	10.0483	10.0655	238.81	854.14	1092.95
280	49.189	0.01726	8.6325	8.6498	249.02	846.35	1095.37
290	57.535	0.01735	7.4486	7.4660	259.25	838.46	1097.71
300	66.985	0.01745	6.4537	6.4712	269.51	830.45	1099.96
310	77.641	0.01755	5.6136	5.6312	279.80	822.32	1102.13
320	89.609	0.01765	4.9010	4.9186	290.13	814.07	1104.20
330	103.00	0.01776	4.2938	4.3115	300.50	805.68	1106.17
340	117.94	0.01787	3.7742	3.7921	310.90	797.14	1108.04
350	134.54	0.01799	3.3279	3.3459	321.35	788.45	1109.80

TABLE G.7.1 (계속)
Saturated Water

Temp. (F)	Press. (psia)	ENTHALPY, Btu/lbm Sat. Liquid h_f	Evap. h_{fg}	Sat. Vapor h_g	ENTROPY, Btu/lbm R Sat. Liquid s_f	Evap. s_{fg}	Sat. Vapor s_g
32	0.0887	0	1075.38	1075.39	0	2.1869	2.1869
35	0.100	2.99	1073.71	1076.70	0.0061	2.1703	2.1764
40	0.122	8.01	1070.89	1078.90	0.0162	2.1430	2.1591
45	0.147	13.03	1068.06	1081.10	0.0262	2.1161	2.1423
50	0.178	18.05	1065.24	1083.29	0.0361	2.0898	2.1259
60	0.256	28.08	1059.59	1087.67	0.0555	2.0388	2.0943
70	0.363	38.09	1053.95	1092.04	0.0746	1.9896	2.0642
80	0.507	48.08	1048.31	1096.39	0.0933	1.9423	2.0356
90	0.699	58.06	1042.65	1100.72	0.1116	1.8966	2.0083
100	0.950	68.04	1036.98	1105.02	0.1296	1.8526	1.9822
110	1.276	78.01	1031.28	1109.29	0.1473	1.8101	1.9574
120	1.695	87.99	1025.55	1113.54	0.1646	1.7690	1.9336
130	2.225	97.97	1019.78	1117.75	0.1817	1.7292	1.9109
140	2.892	107.96	1013.96	1121.92	0.1985	1.6907	1.8892
150	3.722	117.95	1008.10	1126.05	0.2150	1.6533	1.8683
160	4.745	127.95	1002.18	1130.14	0.2313	1.6171	1.8484
170	5.997	137.96	996.21	1134.17	0.2473	1.5819	1.8292
180	7.515	147.98	990.17	1138.15	0.2631	1.5478	1.8109
190	9.344	158.02	984.06	1142.08	0.2786	1.5146	1.7932
200	11.530	168.07	977.87	1145.94	0.2940	1.4822	1.7762
210	14.126	178.13	971.61	1149.74	0.3091	1.4507	1.7599
212.0	14.696	180.13	970.35	1150.49	0.3121	1.4446	1.7567
220	17.189	188.21	965.26	1153.47	0.3240	1.4201	1.7441
230	20.781	198.31	958.81	1157.12	0.3388	1.3901	1.7289
240	24.968	208.43	952.27	1160.70	0.3533	1.3609	1.7142
250	29.823	218.58	945.61	1164.19	0.3677	1.3324	1.7001
260	35.422	228.75	938.84	1167.59	0.3819	1.3044	1.6864
270	41.848	238.95	931.95	1170.90	0.3960	1.2771	1.6731
280	49.189	249.17	924.93	1174.10	0.4098	1.2504	1.6602
290	57.535	259.43	917.76	1177.19	0.4236	1.2241	1.6477
300	66.985	269.73	910.45	1180.18	0.4372	1.1984	1.6356
310	77.641	280.06	902.98	1183.03	0.4507	1.1731	1.6238
320	89.609	290.43	895.34	1185.76	0.4640	1.1483	1.6122
330	103.00	300.84	887.52	1188.36	0.4772	1.1238	1.6010
340	117.94	311.29	879.51	1190.80	0.4903	1.0997	1.5900
350	134.54	321.80	871.30	1193.10	0.5033	1.0760	1.5793

TABLE G.7.1 (계속)
Saturated Water

Temp. (F)	Press. (psia)	Specific Volume, ft³/lbm Sat. Liquid v_f	Evap. v_{fg}	Sat. Vapor v_g	Internal Energy, Btu/lbm Sat. Liquid u_f	Evap. u_{fg}	Sat. Vapor u_g
360	152.93	0.01811	2.9430	2.9611	331.83	779.60	1111.43
370	173.24	0.01823	2.6098	2.6280	342.37	770.57	1112.94
380	195.61	0.01836	2.3203	2.3387	352.95	761.37	1114.31
390	220.17	0.01850	2.0680	2.0865	363.58	751.97	1115.55
400	347.08	0.01864	1.8474	1.8660	374.26	742.37	1116.63
410	276.48	0.01878	1.6537	1.6725	385.00	732.56	1117.56
420	308.52	0.01894	1.4833	1.5023	395.80	722.52	1118.32
430	343.37	0.01909	1.3329	1.3520	406.67	712.24	1118.91
440	381.18	0.01926	1.1998	1.2191	417.61	701.71	1119.32
450	422.13	0.01943	1.0816	1.1011	428.63	690.90	1119.53
460	466.38	0.01961	0.9764	0.9961	439.73	679.82	1119.55
470	514.11	0.01980	0.8826	0.9024	450.92	668.43	1119.35
480	565.50	0.02000	0.7986	0.8186	462.21	656.72	1118.93
490	620.74	0.02021	0.7233	0.7435	473.60	644.67	1118.28
500	680.02	0.02043	0.6556	0.6761	485.11	632.26	1117.37
510	743.53	0.02066	0.5946	0.6153	496.75	619.46	1116.21
520	811.48	0.02091	0.5395	0.5604	508.53	606.23	1114.76
530	884.07	0.02117	0.4896	0.5108	520.46	592.56	1113.02
540	961.51	0.02145	0.4443	0.4658	532.56	578.39	1110.95
550	1044.02	0.02175	0.4031	0.4249	544.85	563.69	1108.54
560	1131.85	0.02207	0.3656	0.3876	557.35	548.42	1105.76
570	1225.21	0.02241	0.3312	0.3536	570.07	532.50	1102.56
580	1324.37	0.02278	0.2997	0.3225	583.05	515.87	1098.91
590	1429.58	0.02318	0.2707	0.2939	596.31	498.44	1094.76
600	1541.13	0.02362	0.2440	0.2676	609.91	480.11	1090.02
610	1659.32	0.02411	0.2193	0.2434	623.87	460.76	1084.63
620	1784.48	0.02465	0.1963	0.2209	638.26	440.20	1078.46
630	1916.96	0.02525	0.1747	0.2000	653.17	418.22	1071.38
640	2057.17	0.02593	0.1545	0.1804	668.68	394.52	1063.20
650	2205.54	0.02673	0.1353	0.1620	684.96	368.66	1053.63
660	2362.59	0.02766	0.1169	0.1446	702.24	340.02	1042.26
670	2528.88	0.02882	0.0990	0.1278	720.91	307.52	1028.43
680	2705.09	0.03031	0.0809	0.1112	741.70	269.26	1010.95
690	2891.99	0.03248	0.0618	0.0943	766.34	220.82	987.16
700	3090.47	0.03665	0.0377	0.0743	801.66	145.92	947.57
705.4	3203.79	0.05053	0	0.0505	872.56	0	872.56

TABLE G.7.1 (계속)
Saturated Water

Temp. (F)	Press. (psia)	Enthalpy, Btu/lbm Sat. Liquid h_f	Enthalpy, Btu/lbm Evap. h_{fg}	Enthalpy, Btu/lbm Sat. Vapor h_g	Entropy, Btu/lbm R Sat. Liquid s_f	Entropy, Btu/lbm R Evap. s_{fg}	Entropy, Btu/lbm R Sat. Vapor s_g
360	152.93	332.35	862.88	1195.23	0.5162	1.0526	1.5688
370	173.24	342.95	854.24	1197.19	0.5289	1.0295	1.5584
380	195.61	353.61	845.36	1198.97	0.5416	1.0067	1.5483
390	220.17	364.33	836.23	1200.56	0.5542	0.9841	1.5383
400	247.08	375.11	826.84	1201.95	0.5667	0.9617	1.5284
410	276.48	385.96	817.17	1203.13	0.5791	0.9395	1.5187
420	308.52	396.89	807.20	1204.09	0.5915	0.9175	1.5090
430	343.37	407.89	796.93	1204.82	0.6038	0.8957	1.4995
440	381.18	418.97	786.34	1205.31	0.6160	0.8740	1.4900
450	422.13	430.15	775.40	1205.54	0.6282	0.8523	1.4805
460	466.38	441.42	764.09	1205.51	0.6404	0.8308	1.4711
470	514.11	452.80	752.40	1205.20	0.6525	0.8093	1.4618
480	565.50	464.30	740.30	1204.60	0.6646	0.7878	1.4524
490	620.74	475.92	727.76	1203.68	0.6767	0.7663	1.4430
500	680.02	487.68	714.76	1202.44	0.6888	0.7447	1.4335
510	743.53	499.59	701.27	1200.86	0.7009	0.7232	1.4240
520	811.48	511.67	687.25	1198.92	0.7130	0.7015	1.4144
530	884.07	523.93	672.66	1196.58	0.7251	0.6796	1.4048
540	961.51	536.38	657.45	1193.83	0.7374	0.6576	1.3950
550	1044.02	549.05	641.58	1190.63	0.7496	0.6354	1.3850
560	1131.85	561.97	624.98	1186.95	0.7620	0.6129	1.3749
570	1225.21	575.15	607.59	1182.74	0.7745	0.5901	1.3646
580	1324.37	588.63	589.32	1177.95	0.7871	0.5668	1.3539
590	1429.58	602.45	570.06	1172.51	0.7999	0.5431	1.3430
600	1541.13	616.64	549.71	1166.35	0.8129	0.5187	1.3317
610	1659.32	631.27	528.08	1159.36	0.8262	0.4937	1.3199
620	1784.48	646.40	505.00	1151.41	0.8397	0.4677	1.3075
630	1916.96	662.12	480.21	1142.33	0.8537	0.4407	1.2943
640	2057.17	678.55	453.33	1131.89	0.8681	0.4122	1.2803
650	2205.54	695.87	423.89	1119.76	0.8831	0.3820	1.2651
660	2362.59	714.34	391.13	1105.47	0.8990	0.3493	1.2483
670	2528.88	734.39	353.83	1088.23	0.9160	0.3132	1.2292
680	2705.09	756.87	309.77	1066.64	0.9350	0.2718	1.2068
690	2891.99	783.72	253.88	1037.60	0.9575	0.2208	1.1783
700	3090.47	822.61	167.47	990.09	0.9901	0.1444	1.1345
705.4	3203.79	902.52	0	902.52	1.0580	0	1.0580

TABLE G.7.2
Superheated Vapor Water

Temp. (F)	v (ft³/lbm)	u (Btu/lbm)	h (Btu/lbm)	s (Btu/lbm R)	v (ft³/lbm)	u (Btu/lbm)	h (Btu/lbm)	s (Btu/lbm R)
	1 psia (101.70)				5 psia (162.20)			
Sat.	333.58	1044.02	1105.75	1.9779	73.531	1062.99	1131.03	1.8441
200	392.51	1077.49	1150.12	2.0507	78.147	1076.25	1148.55	1.8715
240	416.42	1091.22	1168.28	2.0775	83.001	1090.25	1167.05	1.8987
280	440.32	1105.02	1186.50	2.1028	87.831	1104.27	1185.53	1.9244
320	464.19	1118.92	1204.82	2.1269	92.645	1118.32	1204.04	1.9487
360	488.05	1132.92	1223.23	2.1499	97.447	1132.42	1222.59	1.9719
400	511.91	1147.02	1241.75	2.1720	102.24	1146.61	1241.21	1.9941
440	535.76	1161.23	1260.37	2.1932	107.03	1160.89	1259.92	2.0154
500	571.53	1182.77	1288.53	2.2235	114.21	1182.50	1288.17	2.0458
600	631.13	1219.30	1336.09	2.2706	126.15	1219.10	1335.82	2.0930
700	690.72	1256.65	1384.47	2.3142	138.08	1256.50	1384.26	2.1367
800	750.30	1294.86	1433.70	2.3549	150.01	1294.73	1433.53	2.1774
900	809.88	1333.94	1483.81	2.3932	161.94	1333.84	1483.68	2.2157
1000	869.45	1373.93	1534.82	2.4294	173.86	1373.85	1534.71	2.2520
1100	929.03	1414.83	1586.75	2.4638	185.78	1414.77	1586.66	2.2864
1200	988.60	1456.67	1639.61	2.4967	197.70	1456.61	1639.53	2.3192
1300	1048.17	1499.43	1693.40	2.5281	209.62	1499.38	1693.33	2.3507
1400	1107.74	1543.13	1748.12	2.5584	221.53	1543.09	1748.06	2.3809
	10 psia (193.19)				14.696 psia (211.99)			
Sat.	38.424	1072.21		1.7877	26.803	1077.60		1.7567
200	38.848	1074.67	1146.56	1.7927	-	-	-	-
240	41.320	1089.03	1165.50	1.8205	27.999	1087.87	1164.02	1.7764
280	43.768	1103.31	1184.31	1.8467	29.687	1102.40	1183.14	1.8030
320	46.200	1117.56	1203.05	1.8713	31.359	1116.83	1202.11	1.8280
360	48.620	1131.81	1221.78	1.8948	33.018	1131.22	1221.01	1.8516
400	51.032	1146.10	1240.53	1.9171	34.668	1145.62	1239.90	1.8741
440	53.438	1160.46	1259.34	1.9385	36.313	1160.05	1258.80	1.8956
500	57.039	1182.16	1287.71	1.9690	38.772	1181.83	1287.27	1.9262
600	63.027	1218.85	1335.48	2.0164	42.857	1218.61	1335.16	1.9737
700	69.006	1256.30	1384.00	2.0601	46.932	1256.12	1383.75	2.0175
800	74.978	1294.58	1433.32	2.1009	51.001	1294.43	1433.13	2.0584
900	80.946	1333.72	1483.51	2.1392	55.066	1333.60	1483.35	2.0967
1000	86.912	1373.74	1534.57	2.1755	59.128	1373.65	1534.44	2.1330
1100	92.875	1414.68	1586.54	2.2099	63.188	1414.60	1586.44	2.1674
1200	98.837	1456.53	1639.43	2.2428	67.247	1456.47	1639.34	2.2003
1300	104.798	1499.32	1693.25	2.2743	71.304	1499.26	1693.17	2.2318
1400	110.759	1543.03	1747.99	2.3045	75.361	1542.98	1747.92	2.2620
1500	116.718	1587.67	1803.66	2.3337	79.417	1587.63	1803.60	2.2912
1600	122.678	1633.24	1860.25	2.3618	83.473	1633.20	1860.20	2.3194

TABLE G.7.2 (계속)
Superheated Vapor Water

Temp. (F)	*v* (ft³/lbm)	*u* (Btu/lbm)	*h* (Btu/lbm)	*s* (Btu/lbm R)	*v* (ft³/lbm)	*u* (Btu/lbm)	*h* (Btu/lbm)	*s* (Btu/lbm R)
	20 psia (227.96)				40 psia (267.26)			
Sat.	20.091	1082.02	1156.38	1.7320	10.501	1092.27	1170.00	1.6767
240	20.475	1086.54	1162.32	1.7405	-	-	-	-
280	21.734	1101.36	1181.80	1.7676	10.711	1097.31	1176.59	1.6857
320	22.976	1116.01	1201.04	1.7929	11.360	1112.81	1196.90	1.7124
360	24.206	1130.55	1220.14	1.8168	11.996	1127.98	1216.77	1.7373
400	25.427	1145.06	1239.17	1.8395	12.623	1142.95	1236.38	1.7606
440	26.642	1159.59	1258.19	1.8611	13.243	1157.82	1255.84	1.7827
500	28.456	1181.46	1286.78	1.8919	14.164	1180.06	1284.91	1.8140
600	31.466	1218.35	1334.80	1.9395	15.685	1217.33	1333.43	1.8621
700	34.466	1255.91	1383.47	1.9834	17.196	1255.14	1382.42	1.9063
800	37.460	1294.27	1432.91	2.0243	18.701	1293.65	1432.08	1.9474
900	40.450	1333.47	1483.17	2.0626	20.202	1332.96	1482.50	1.9859
1000	43.437	1373.54	1534.30	2.0989	21.700	1373.12	1533.74	2.0222
1100	46.422	1414.51	1586.32	2.1334	23.196	1414.16	1585.86	2.0568
1200	49.406	1456.39	1639.24	2.1663	24.690	1456.09	1638.85	2.0897
1300	52.389	1499.19	1693.08	2.1978	26.184	1498.94	1692.75	2.1212
1400	55.371	1542.92	1747.85	2.2280	27.677	1542.70	1747.56	2.1515
1500	58.352	1587.58	1803.54	2.2572	29.169	1587.38	1803.29	2.1807
1600	61.333	1633.15	1860.14	2.2854	30.660	1632.97	1859.92	2.2089
	60 psia (292.73)				80 psia (312.06)			
Sat.	7.177	1098.33	1178.02	1.6444	5.474	1102.56	1183.61	1.6214
320	7.485	1109.46	1192.56	1.6633	5.544	1105.95	1188.02	1.6270
360	7.924	1125.31	1213.29	1.6893	5.886	1122.53	1209.67	1.6541
400	8.353	1140.77	1233.52	1.7134	6.217	1138.53	1230.56	1.6790
440	8.775	1156.01	1253.44	1.7360	6.541	1154.15	1250.98	1.7022
500	9.399	1178.64	1283.00	1.7678	7.017	1177.19	1281.07	1.7346
600	10.425	1216.31	1332.06	1.8165	7.794	1215.28	1330.66	1.7838
700	11.440	1254.35	1381.37	1.8609	8.561	1253.57	1380.31	1.8285
800	12.448	1293.03	1431.24	1.9022	9.322	1292.41	1430.40	1.8700
900	13.452	1332.46	1481.82	1.9408	10.078	1331.95	1481.14	1.9087
1000	14.454	1372.71	1533.19	1.9773	10.831	1372.29	1532.63	1.9453
1100	15.454	1413.81	1585.39	2.0119	11.583	1413.46	1584.93	1.9799
1200	16.452	1455.80	1638.46	2.0448	12.333	1455.51	1638.08	2.0129
1300	17.449	1498.69	1692.42	2.0764	13.082	1498.43	1692.09	2.0445
1400	18.445	1542.48	1747.28	2.1067	13.830	1542.26	1746.99	2.0749
1500	19.441	1587.18	1803.04	2.1359	14.577	1586.99	1802.79	2.1041
1600	20.436	1632.79	1859.70	2.1641	15.324	1632.62	1859.48	2.1323
1800	22.426	1726.69	1975.69	2.2178	16.818	1726.54	1975.50	2.1861
2000	24.415	1824.02	2095.10	2.2685	18.310	1823.88	2094.94	2.2367

Table G.7.2 (계속)
Superheated Vapor Water

Temp. (F)	*v* (ft^3/lbm)	*u* (Btu/lbm)	*h* (Btu/lbm)	*s* (Btu/lbm R)	*v* (ft^3/lbm)	*u* (Btu/lbm)	*h* (Btu/lbm)	*s* (Btu/lbm R)
	100 psia (327.85)				150 psia (358.47)			
Sat.	4.4340	1105.76	1187.81	1.6034	3.0163	1111.19	1194.91	1.5704
350	4.5917	1115.39	1200.36	1.6191	-	-	-	-
400	4.9344	1136.21	1227.53	1.6517	3.2212	1130.10	1219.51	1.5997
900	8.0528	1331.45	1480.47	1.8838	5.3529	1330.18	1478.76	1.8381
1000	8.6574	1371.87	1532.08	1.9204	5.7590	1370.83	1530.68	1.8750
1100	9.2599	1413.12	1584.47	1.9551	6.1630	1412.24	1583.31	1.9098
1200	9.8610	1455.21	1637.69	1.9882	6.5655	1454.47	1636.71	1.9430
1300	10.4610	1498.18	1691.76	2.0198	6.9670	1497.55	1690.93	1.9747
1400	11.0602	1542.04	1746.71	2.0502	7.3677	1541.49	1745.99	2.0052
1500	11.6588	1586.79	1802.54	2.0794	7.7677	1586.30	1801.91	2.0345
1600	12.2570	1632.44	1859.25	2.1076	8.1673	1632.00	1858.70	2.0627
1800	13.4525	1726.38	1975.32	2.1614	8.9657	1726.00	1974.86	2.1165
2000	14.6472	1823.74	2094.78	2.2120	9.7633	1823.38	2094.38	2.1672
	200 psia (381.86)				300 psia (417.42)			
Sat.	2.2892	1114.55	1199.28	1.5464	1.5441	1118.14	1203.86	1.5115
400	2.3609	1123.45	1210.83	1.5600	-	-	-	-
450	2.5477	1146.44	1240.73	1.5938	1.6361	1135.37	1226.20	1.5365
500	2.7238	1167.96	1268.77	1.6238	1.7662	1159.47	1257.52	1.5701
550	2.8932	1188.65	1295.72	1.6512	1.8878	1181.85	1286.65	1.5997
600	3.0580	1208.87	1322.05	1.6767	2.0041	1203.24	1314.50	1.6266
700	3.3792	1248.76	1373.82	1.7234	2.2269	1244.63	1368.26	1.6751
800	3.6932	1288.62	1425.31	1.7659	2.4421	1285.41	1420.99	1.7187
900	4.0029	1328.90	1477.04	1.8055	2.6528	1326.31	1473.58	1.7589
1000	4.3097	1369.77	1529.28	1.8425	2.8604	1367.65	1526.45	1.7964
1100	4.6145	1411.36	1582.15	1.8776	3.0660	1409.60	1579.80	1.8317
1200	4.9178	1453.73	1635.74	1.9109	3.2700	1452.24	1633.77	1.8653
1300	5.2200	1496.91	1690.10	1.9427	3.4730	1495.63	1688.43	1.8972
1400	5.5214	1540.93	1745.28	1.9732	3.6751	1539.82	1743.84	1.9279
1500	5.8222	1585.81	1801.29	2.0025	3.8767	1584.82	1800.03	1.9573
1600	6.1225	1631.55	1858.15	2.0308	4.0777	1630.66	1857.04	1.9857
1800	6.7223	1725.62	1974.41	2.0847	4.4790	1724.85	1973.50	2.0396
2000	7.3214	1823.02	2093.99	2.1354	4.8794	1822.32	2093.20	2.0904

TABLE G.7.2 (계속)
Superheated Vapor Water

Temp. (F)	v (ft³/lbm)	u (Btu/lbm)	h (Btu/lbm)	s (Btu/lbm R)	v (ft³/lbm)	u (Btu/lbm)	h (Btu/lbm)	s (Btu/lbm R)
	400 psia (444.69)				600 psia (486.33)			
Sat.	1.1619	1119.44	1205.45	1.4856	0.7702	1118.54	1204.06	1.4464
450	1.1745	1122.63	1209.57	1.4901	-	-	-	-
500	1.2843	1150.11	1245.17	1.5282	0.7947	1127.97	1216.21	1.4592
550	1.3834	1174.56	1276.95	1.5605	0.8749	1158.23	1255.36	1.4990
600	1.4760	1197.33	1306.58	1.5892	0.9456	1184.50	1289.49	1.5320
700	1.6503	1240.38	1362.54	1.6396	1.0728	1231.51	1350.62	1.5871
800	1.8163	1282.14	1416.59	1.6844	1.1900	1275.42	1407.55	1.6343
900	1.9776	1323.69	1470.07	1.7252	1.3021	1318.36	1462.92	1.6766
1000	2.1357	1365.51	1523.59	1.7632	1.4108	1361.15	1517.79	1.7155
1100	2.2917	1407.81	1577.44	1.7989	1.5173	1404.20	1572.66	1.7519
1200	2.4462	1450.73	1631.79	1.8327	1.6222	1447.68	1627.80	1.7861
1300	2.5995	1494.34	1686.76	1.8648	1.7260	1491.74	1683.38	1.8186
1400	2.7520	1538.70	1742.40	1.8956	1.8289	1536.44	1739.51	1.8497
1500	2.9039	1583.83	1798.78	1.9251	1.9312	1581.84	1796.26	1.8794
1600	3.0553	1629.77	1855.93	1.9535	2.0330	1627.98	1853.71	1.9080
1700	3.2064	1676.52	1913.86	1.9810	2.1345	1674.88	1911.87	1.9355
1800	3.3573	1724.08	1972.59	2.0076	2.2357	1722.55	1970.78	1.9622
2000	3.6585	1821.61	2092.41	2.0584	2.4375	1820.20	2090.84	2.0131
	800 psia (518.36)				1000 psia (544.74)			
Sat.	0.5691	1115.02	1199.26	1.4160	0.4459	1109.86	1192.37	1.3903
550	0.6154	1138.83	1229.93	1.4469	0.4534	1114.77	1198.67	1.3965
600	0.6776	1170.10	1270.41	1.4861	0.5140	1153.66	1248.76	1.4450
650	0.7324	1197.22	1305.64	1.5186	0.5637	1184.74	1289.06	1.4822
700	0.7829	1222.08	1337.98	1.5471	0.6080	1212.03	1324.54	1.5135
800	0.8764	1268.45	1398.19	1.5969	0.6878	1261.21	1388.49	1.5664
900	0.9640	1312.88	1455.60	1.6408	0.7610	1307.26	1448.08	1.6120
1000	1.0482	1356.71	1511.88	1.6807	0.8305	1352.17	1505.86	1.6530
1100	1.1300	1400.52	1567.81	1.7178	0.8976	1396.77	1562.88	1.6908
1200	1.2102	1444.60	1623.76	1.7525	0.9630	1441.46	1619.67	1.7260
1300	1.2892	1489.11	1679.97	1.7854	1.0272	1486.45	1676.53	1.7593
1400	1.3674	1534.17	1736.59	1.8167	1.0905	1531.88	1733.67	1.7909
1500	1.4448	1579.85	1793.74	1.8467	1.1531	1577.84	1791.21	1.8210
1600	1.5218	1626.19	1851.49	1.8754	1.2152	1624.40	1849.27	1.8499
1700	1.5985	1673.25	1909.89	1.9031	1.2769	1671.61	1907.91	1.8777
1800	1.6749	1721.03	1968.98	1.9298	1.3384	1719.51	1967.18	1.9046
2000	1.8271	1818.80	2089.28	1.9808	1.4608	1817.41	2087.74	1.9557

TABLE G.7.2 (계속)

Superheated Vapor Water

Temp. (F)	v (ft³/lbm)	u (Btu/lbm)	h (Btu/lbm)	s (Btu/lbm R)	v (ft³/lbm)	u (Btu/lbm)	h (Btu/lbm)	s (Btu/lbm R)
	1500 psia (596.38)				2000 psia (635.99)			
Sat.	0.2769	1091.81	1168.67	1.3358	0.1881	1066.63	1136.25	1.2861
650	0.3329	1146.95	1239.34	1.4012	0.2057	1091.06	1167.18	1.3141
700	0.3716	1183.44	1286.60	1.4429	0.2487	1147.74	1239.79	1.3782
750	0.4049	1214.13	1326.52	1.4766	0.2803	1187.32	1291.07	1.4216
800	0.4350	1241.79	1362.53	1.5058	0.3071	1220.13	1333.80	1.4562
850	0.4631	1267.69	1396.23	1.5321	0.3312	1249.46	1372.03	1.4860
900	0.4897	1292.53	1428.46	1.5562	0.3534	1276.78	1407.58	1.5126
1000	0.5400	1340.43	1490.32	1.6001	0.3945	1328.10	1474.09	1.5598
1100	0.5876	1387.16	1550.26	1.6398	0.4325	1377.17	1537.23	1.6017
1200	0.6334	1433.45	1609.25	1.6765	0.4685	1425.19	1598.58	1.6398
1300	0.6778	1479.68	1667.82	1.7108	0.5031	1472.74	1658.95	1.6751
1400	0.7213	1526.06	1726.28	1.7431	0.5368	1520.15	1718.81	1.7082
1500	0.7641	1572.77	1784.86	1.7738	0.5697	1567.64	1778.48	1.7395
1600	0.8064	1619.90	1843.72	1.8301	0.6020	1615.37	1838.18	1.7692
1700	0.8482	1667.53	1902.98	1.8312	0.6340	1663.45	1898.08	1.7976
1800	0.8899	1715.73	1962.73	1.8582	0.6656	1711.97	1958.32	1.8248
1900	0.9313	1764.53	2023.03	1.8843	0.6971	1760.99	2018.99	1.8511
2000	0.9725	1813.97	2083.91	1.9096	0.7284	1810.56	2080.15	1.8765
	4000 psia				8000 psia			
650	0.02447	657.71	675.82	0.8574	0.02239	627.01	660.16	0.8278
700	0.02867	742.13	763.35	0.9345	0.02418	688.59	724.39	0.8844
750	0.06332	960.69	1007.56	1.1395	0.02671	755.67	795.21	0.9441
800	0.10523	1095.04	1172.93	1.2740	0.03061	830.67	875.99	1.0095
850	0.12833	1156.47	1251.46	1.3352	0.03706	915.81	970.67	1.0832
900	0.14623	1201.47	1309.71	1.3789	0.04657	1003.68	1072.63	1.1596
950	0.16152	1239.20	1358.75	1.4143	0.05721	1079.59	1164.28	1.2259
1000	0.17520	1272.94	1402.62	1.4449	0.06722	1141.04	1240.55	1.2791
1100	0.19954	1333.90	1481.60	1.4973	0.08445	1236.84	1361.85	1.3595
1200	0.22129	1390.11	1553.91	1.5423	0.09892	1314.18	1460.62	1.4210
1300	0.24137	1443.72	1622.38	1.5823	0.11161	1382.27	1547.50	1.4718
1400	0.26029	1495.73	1688.39	1.6188	0.12309	1444.85	1627.08	1.5158
1500	0.27837	1546.73	1752.78	1.6525	0.13372	1503.78	1701.74	1.5549
1600	0.29586	1597.12	1816.11	1.6841	0.14373	1560.12	1772.89	1.5904
1700	0.31291	1647.17	1878.79	1.7138	0.15328	1614.58	1841.49	1.6229
1800	0.32964	1697.11	1941.11	1.7420	0.16251	1667.69	1908.27	1.6531
1900	0.34616	1747.10	2003.32	1.7689	0.17151	1719.85	1973.75	1.6815
2000	0.36251	1797.27	2065.60	1.7948	0.18034	1771.38	2038.36	1.7083

TABLE G.7.3
Compressed Liquid Water

Temp. (F)	v (ft³/lbm)	u (Btu/lbm)	h (Btu/lbm)	s (Btu/lbm R)	v (ft³/lbm)	u (Btu/lbm)	h (Btu/lbm)	s (Btu/lbm R)
	500 psia (467.12)				1000 psia (544.74)			
Sat.	0.01975	447.69	449.51	0.6490	0.02159	538.37	542.36	0.74318
32	0.01599	0.00	1.48	0.0000	0.01597	0.02	2.98	0.0000
50	0.01599	18.02	19.50	0.0360	0.01599	17.98	20.94	0.0359
75	0.0160	42.98	44.46	0.0838	0.0160	42.87	45.83	0.0836
100	0.0161	67.87	69.36	0.1293	0.0161	67.70	70.67	0.1290
125	0.0162	92.75	94.24	0.1728	0.0162	92.52	95.51	0.1724
150	0.0163	117.66	119.17	0.2146	0.0163	117.37	120.39	0.2141
175	0.0165	142.62	144.14	0.2547	0.0164	142.28	145.32	0.2542
200	0.0166	167.64	168.18	0.2934	0.0166	167.25	170.32	0.2928
225	0.0168	192.76	194.31	0.3308	0.0168	192.30	195.40	0.3301
250	0.0170	217.99	219.56	0.3670	0.0169	217.46	220.60	0.3663
275	0.0172	243.36	244.95	0.4022	0.0171	242.77	245.94	0.4014
300	0.0174	268.91	270.52	0.4364	0.0174	268.24	271.45	0.4355
325	0.0177	294.68	296.32	0.4698	0.0176	293.91	297.17	0.4688
350	0.0180	320.70	322.36	0.5025	0.0179	319.83	323.14	0.5014
375	0.0183	347.01	348.70	0.5345	0.0182	346.02	349.39	0.5333
400	0.0186	373.68	375.40	0.5660	0.0185	372.55	375.98	0.5647
425	0.0190	400.77	402.52	0.5971	0.0189	399.47	402.97	0.5957
450	0.0194	428.39	430.19	0.6280	0.0193	426.89	430.47	0.6263
	2000 psia (635.99)				8000 psia			
Sat.	0.02565	662.38	671.87	0.8622	-	-	-	-
50	0.01592	17.91	23.80	0.0357	0.01563	17.38	40.52	0.0342
75	0.0160	42.66	48.57	0.0832	0.0157	41.42	64.65	0.0804
100	0.0160	67.36	73.30	0.1284	0.01577	65.49	88.83	0.1246
125	0.0161	92.07	98.04	0.1716	0.01586	89.62	113.10	0.1670
150	0.0162	116.82	122.84	0.2132	0.01597	113.81	137.45	0.2078
175	0.0164	141.62	147.68	0.2531	0.01610	138.04	161.87	0.2471
200	0.0165	166.48	172.60	0.2916	0.01623	162.31	186.34	0.2849
225	0.0167	191.42	197.59	0.3288	0.01639	186.61	210.87	0.3214
250	0.0169	216.45	222.69	0.3648	0.01655	210.97	235.47	0.3567
275	0.0171	241.61	247.93	0.3998	0.01675	235.39	260.16	0.3909
300	0.0173	266.92	273.33	0.4337	0.01693	259.91	284.97	0.4241
325	0.0176	292.42	298.92	0.4669	0.01714	284.53	309.91	0.4564
350	0.0178	318.14	324.74	0.4993	0.01737	309.29	335.01	0.4878
400	0.0184	370.38	377.20	0.5621	0.01788	359.26	385.73	0.5486
450	0.0192	424.03	431.13	0.6231	0.01848	409.94	437.30	0.6069
500	0.0201	479.84	487.29	0.6832	0.01918	461.56	489.95	0.6633
600	0.0233	605.37	613.99	0.8086	0.02106	569.36	600.53	0.7728

Table G.7.4
Saturated Solid–Saturated Vapor, Water (English Units)

Temp. (F)	Press. (lbf/in.^{2})	Specific Volume, ft^3/lbm Sat. Solid v_i	Sat. Vapor $v_g \times 10^{-3}$	Internal Energy, Btu/lbm Sat. Solid u_i	Evap. u_{ig}	Sat. Vapor u_g
32.02	0.08866	0.017473	3.302	−143.34	1164.5	1021.2
32	0.08859	0.01747	3.305	−143.35	1164.5	1021.2
30	0.08083	0.01747	3.607	−144.35	1164.9	1020.5
25	0.06406	0.01746	4.505	−146.84	1165.7	1018.9
20	0.05051	0.01745	5.655	−149.31	1166.5	1017.2
15	0.03963	0.01745	7.133	−151.75	1167.3	1015.6
10	0.03093	0.01744	9.043	−154.16	1168.1	1013.9
5	0.02402	0.01743	11.522	−156.56	1168.8	1012.2
0	0.01855	0.01742	14.761	−158.93	1169.5	1010.6
−5	0.01424	0.01742	19.019	−161.27	1170.2	1008.9
−10	0.01086	0.01741	24.657	−163.59	1170.8	1007.3
−15	0.00823	0.01740	32.169	−165.89	1171.5	1005.6
−20	0.00620	0.01740	42.238	−168.16	1172.1	1003.9
−25	0.00464	0.01739	55.782	−170.40	1172.7	1002.3
−30	0.00346	0.01738	74.046	−172.63	1173.2	1000.6
−35	0.00256	0.01737	98.890	−174.82	1173.8	998.9
−40	0.00187	0.01737	134.017	−177.00	1174.3	997.3

Table G.7.4 (계속)
Saturated Solid–Saturated Vapor, Water (English Units)

Temp. (F)	Press. (lbf/in.^{2})	Enthalpy, Btu/lbm Sat. Solid h_i	Evap. h_{ig}	Sat. Vapor h_g	Entropy, Btu/lbm R Sat. Solid s_i	Evap. s_{ig}	Sat. Vapor s_g
32.02	0.08866	−143.34	1218.7	1075.4	−0.2916	2.4786	2.1869
32	0.08859	−143.35	1218.7	1075.4	−0.2917	2.4787	2.1870
30	0.08083	−144.35	1218.8	1074.5	−0.2938	2.4891	2.1953
25	0.06406	−146.84	1219.1	1072.3	−0.2990	2.5154	2.2164
20	0.05051	−149.31	1219.4	1070.1	−0.3042	2.5422	2.2380
15	0.03963	−151.75	1219.6	1067.9	−0.3093	2.5695	2.2601
10	0.03093	−154.16	1219.8	1065.7	−0.3145	2.5973	2.2827
5	0.02402	−156.56	1220.0	1063.5	−0.3197	2.6256	2.3059
0	0.01855	−158.93	1220.2	1061.2	−0.3248	2.6544	2.3296
−5	0.01424	−161.27	1220.3	1059.0	−0.3300	2.6839	2.3539
−10	0.01086	−163.59	1220.4	1056.8	−0.3351	2.7140	2.3788
−15	0.00823	−165.89	1220.5	1054.6	−0.3403	2.7447	2.4044
−20	0.00620	−168.16	1220.5	1052.4	−0.3455	2.7761	2.4307
−25	0.00464	−170.40	1220.6	1050.2	−0.3506	2.8081	2.4575
−30	0.00346	−172.63	1220.6	1048.0	−0.3557	2.8406	2.4849
−35	0.00256	−174.82	1220.6	1045.7	−0.3608	2.8737	2.5129
−40	0.00187	−177.00	1220.5	1043.5	−0.3659	2.9084	2.5425

표 G.8 R-134a의 열역학적 상태량.

TABLE G.8.1
Saturated R-134a

Temp. (F)	Press. (psia)	SPECIFIC VOLUME, ft³/lbm			INTERNAL ENERGY, Btu/lbm		
		Sat. Liquid v_f	Evap. v_{fg}	Sat. Vapor v_g	Sat. Liquid u_f	Evap. u_{fg}	Sat. Vapor u_g
−100	0.951	0.01077	39.5032	39.5139	50.47	94.15	144.62
−90	1.410	0.01083	27.3236	27.3345	52.03	93.89	145.92
−80	2.047	0.01091	19.2731	19.2840	53.96	93.27	147.24
−70	2.913	0.01101	13.8538	13.8648	56.19	92.38	148.57
−60	4.067	0.01111	10.1389	10.1501	58.64	91.26	149.91
−50	5.575	0.01122	7.5468	7.5580	61.27	89.99	151.26
−40	7.511	0.01134	5.7066	5.7179	64.04	88.58	152.62
−30	9.959	0.01146	4.3785	4.3900	66.90	87.09	153.99
−20	13.009	0.01159	3.4049	3.4165	69.83	85.53	155.36
−15.3	14.696	0.01166	3.0350	3.0466	71.25	84.76	156.02
−10	16.760	0.01173	2.6805	2.6922	72.83	83.91	156.74
0	21.315	0.01187	2.1340	2.1458	75.88	82.24	158.12
10	26.787	0.01202	1.7162	1.7282	78.96	80.53	159.50
20	33.294	0.01218	1.3928	1.4050	82.09	78.78	160.87
30	40.962	0.01235	1.1398	1.1521	85.25	76.99	162.24
40	49.922	0.01253	0.9395	0.9520	88.45	75.16	163.60
50	60.311	0.01271	0.7794	0.7921	91.68	73.27	164.95
60	72.271	0.01291	0.6503	0.6632	94.95	71.32	166.28
70	85.954	0.01313	0.5451	0.5582	98.27	69.31	167.58
80	101.515	0.01335	0.4588	0.4721	101.63	67.22	168.85
90	119.115	0.01360	0.3873	0.4009	105.04	65.04	170.09
100	138.926	0.01387	0.3278	0.3416	108.51	62.77	171.28
110	161.122	0.01416	0.2777	0.2919	112.03	60.38	172.41
120	185.890	0.01448	0.2354	0.2499	115.62	57.85	173.48
130	213.425	0.01483	0.1993	0.2142	119.29	55.17	174.46
140	243.932	0.01523	0.1684	0.1836	123.04	52.30	175.34
150	277.630	0.01568	0.1415	0.1572	126.89	49.21	176.11
160	314.758	0.01620	0.1181	0.1343	130.86	45.85	176.71
170	355.578	0.01683	0.0974	0.1142	134.99	42.12	177.11
180	400.392	0.01760	0.0787	0.0963	139.32	37.91	177.23
190	449.572	0.01862	0.0614	0.0801	143.97	32.94	176.90
200	503.624	0.02013	0.0444	0.0645	149.19	26.59	175.79
210	563.438	0.02334	0.0238	0.0471	156.18	16.17	172.34
214.1	589.953	0.03153	0	0.0315	164.65	0	164.65

TABLE G.8.1 (계속)
Saturated R-134a

Temp. (F)	Press. (psia)	Enthalpy, Btu/lbm Sat. Liquid h_f	Evap. h_{fg}	Sat. Vapor h_g	Entropy, Btu/lbm R Sat. Liquid s_f	Evap. s_{fg}	Sat. Vapor s_g
−100	0.951	50.47	101.10	151.57	0.1563	0.2811	0.4373
−90	1.410	52.04	101.02	153.05	0.1605	0.2733	0.4338
−80	2.047	53.97	100.58	154.54	0.1657	0.2649	0.4306
−70	2.913	56.19	99.85	156.04	0.1715	0.2562	0.4277
−60	4.067	58.65	98.90	157.55	0.1777	0.2474	0.4251
−50	5.575	61.29	97.77	159.06	0.1842	0.2387	0.4229
−40	7.511	64.05	96.52	160.57	0.1909	0.2300	0.4208
−30	9.959	66.92	95.16	162.08	0.1976	0.2215	0.4191
−20	13.009	69.86	93.72	163.59	0.2044	0.2132	0.4175
−15.3	14.696	71.28	93.02	164.30	0.2076	0.2093	0.4169
−10	16.760	72.87	92.22	165.09	0.2111	0.2051	0.4162
0	21.315	75.92	90.66	166.58	0.2178	0.1972	0.4150
10	26.787	79.02	89.04	168.06	0.2244	0.1896	0.4140
20	33.294	82.16	87.36	169.53	0.2310	0.1821	0.4132
30	40.962	85.34	85.63	170.98	0.2375	0.1749	0.4124
40	49.922	88.56	83.83	172.40	0.2440	0.1678	0.4118
50	60.311	91.82	81.97	173.79	0.2504	0.1608	0.4112
60	72.271	95.13	80.02	175.14	0.2568	0.1540	0.4108
70	85.954	98.48	77.98	176.46	0.2631	0.1472	0.4103
80	101.515	101.88	75.84	177.72	0.2694	0.1405	0.4099
90	119.115	105.34	73.58	178.92	0.2757	0.1339	0.4095
100	138.926	108.86	71.19	180.06	0.2819	0.1272	0.4091
110	161.122	112.46	68.66	181.11	0.2882	0.1205	0.4087
120	185.890	116.12	65.95	182.07	0.2945	0.1138	0.4082
130	213.425	119.88	63.04	182.92	0.3008	0.1069	0.4077
140	243.932	123.73	59.90	183.63	0.3071	0.0999	0.4070
150	277.630	127.70	56.49	184.18	0.3135	0.0926	0.4061
160	314.758	131.81	52.73	184.53	0.3200	0.0851	0.4051
170	355.578	136.09	48.53	184.63	0.3267	0.0771	0.4037
180	400.392	140.62	43.74	184.36	0.3336	0.0684	0.4020
190	449.572	145.52	38.05	183.56	0.3409	0.0586	0.3995
200	503.624	151.07	30.73	181.80	0.3491	0.0466	0.3957
210	563.438	158.61	18.65	177.26	0.3601	0.0278	0.3879
214.1	589.953	168.09	0	168.09	0.3740	0	0.3740

TABLE G.8.2
Superheated R-134a

Temp. (F)	v (ft³/lbm)	u (Btu/lbm)	h (Btu/lbm)	s (Btu/lbm R)	v (ft³/lbm)	u (Btu/lbm)	h (Btu/lbm)	s (Btu/lbm R)
	5 psia (−53.51)				15 psia (−14.44)			
Sat.	8.3676	150.78	158.53	0.4236	2.9885	156.13	164.42	0.4168
−20	9.1149	156.03	164.47	0.4377	-	-	-	-
0	9.5533	159.27	168.11	0.4458	3.1033	158.58	167.19	0.4229
20	9.9881	162.58	171.83	0.4537	3.2586	162.01	171.06	0.4311
40	10.4202	165.99	175.63	0.4615	3.4109	165.51	174.97	0.4391
60	10.8502	169.48	179.52	0.4691	3.5610	169.07	178.95	0.4469
80	11.2786	173.06	183.50	0.4766	3.7093	172.70	183.00	0.4545
100	11.7059	176.73	187.56	0.4840	3.8563	176.41	187.12	0.4620
120	12.1322	180.49	191.71	0.4913	4.0024	180.20	191.31	0.4694
140	12.5578	184.33	195.95	0.4985	4.1476	184.08	195.59	0.4767
160	12.9828	188.27	200.28	0.5056	4.2922	188.03	199.95	0.4838
180	13.4073	192.29	204.69	0.5126	4.4364	192.07	204.39	0.4909
200	13.8314	196.39	209.19	0.5195	4.5801	196.19	208.91	0.4978
220	14.2551	200.58	213.77	0.5263	4.7234	200.40	213.51	0.5047
240	14.6786	204.86	218.44	0.5331	4.8665	204.68	218.19	0.5115
260	15.1019	209.21	223.19	0.5398	5.0093	209.05	222.96	0.5182
280	15.5250	213.65	228.02	0.5464	5.1519	213.50	227.80	0.5248
300	15.9478	218.17	232.93	0.5530	5.2943	218.03	232.72	0.5314
320	16.3706	222.78	237.92	0.5595	5.4365	222.64	237.73	0.5379
	30 psia (15.15)				40 psia (28.83)			
Sat.	1.5517	160.21	168.82	0.4136	1.1787	162.08	170.81	0.4125
20	1.5725	161.09	169.82	0.4157	-	-	-	-
40	1.6559	164.73	173.93	0.4240	1.2157	164.18	173.18	0.4173
60	1.7367	168.41	178.05	0.4321	1.2796	167.95	177.42	0.4256
80	1.8155	172.14	182.21	0.4400	1.3413	171.74	181.67	0.4336
100	1.8929	175.92	186.43	0.4477	1.4015	175.57	185.95	0.4414
120	1.9691	179.77	190.70	0.4552	1.4604	179.46	190.27	0.4490
140	2.0445	183.68	195.03	0.4625	1.5184	183.41	194.65	0.4565
160	2.1192	187.68	199.44	0.4697	1.5757	187.43	199.09	0.4637
180	2.1933	191.74	203.92	0.4769	1.6324	191.52	203.60	0.4709
200	2.2670	195.89	208.48	0.4839	1.6886	195.69	208.18	0.4780
220	2.3403	200.12	213.11	0.4908	1.7444	199.93	212.84	0.4849
240	2.4133	204.42	217.82	0.4976	1.7999	204.24	217.57	0.4918
260	2.4860	208.80	222.61	0.5044	1.8552	208.64	222.37	0.4985
280	2.5585	213.27	227.47	0.5110	1.9102	213.11	227.25	0.5052
300	2.6309	217.81	232.41	0.5176	1.9650	217.66	232.20	0.5118
320	2.7030	222.42	237.43	0.5241	2.0196	222.28	237.23	0.5184
340	2.7750	227.12	242.53	0.5306	2.0741	226.99	242.34	0.5248
360	2.8469	231.89	247.70	0.5370	2.1285	231.76	247.52	0.5312

Table G.8.2 (계속)
Superheated R-134a

Temp. (F)	*v* (ft³/lbm)	*u* (Btu/lbm)	*h* (Btu/lbm)	*s* (Btu/lbm R)	*v* (ft³/lbm)	*u* (Btu/lbm)	*h* (Btu/lbm)	*s* (Btu/lbm R)
	60 psia (49.72)				80 psia (65.81)			
Sat.	0.7961	164.91	173.75	0.4113	0.5996	167.04	175.91	0.4105
60	0.8204	166.95	176.06	0.4157	-	-	-	-
80	0.8657	170.89	180.51	0.4241	0.6262	169.97	179.24	0.4168
100	0.9091	174.85	184.94	0.4322	0.6617	174.06	183.86	0.4252
120	0.9510	178.82	189.38	0.4400	0.6954	178.15	188.44	0.4332
140	0.9918	182.85	193.86	0.4476	0.7279	182.25	193.03	0.4410
160	1.0318	186.92	198.38	0.4550	0.7595	186.39	197.64	0.4485
180	1.0712	191.06	202.95	0.4623	0.7903	190.58	202.28	0.4559
200	1.1100	195.26	207.59	0.4694	0.8205	194.83	206.98	0.4632
220	1.1484	199.54	212.29	0.4764	0.8503	199.14	211.72	0.4702
240	1.1865	203.88	217.05	0.4833	0.8796	203.51	216.53	0.4772
260	1.2243	208.30	221.89	2.4902	0.9087	207.95	221.41	0.4841
280	1.2618	212.79	226.80	0.4969	0.9375	212.47	226.34	0.4909
300	1.2991	217.36	231.78	0.5035	0.9661	217.05	231.35	0.4975
320	1.3362	222.00	236.83	0.1501	0.9945	221.71	236.43	0.5041
340	1.3732	226.71	241.96	0.5166	1.0227	226.44	241.58	0.5107
360	1.4100	231.51	247.16	0.5230	1.0508	231.24	246.80	0.5171
380	1.4468	236.37	252.43	0.5294	1.0788	236.12	252.09	0.5235
400	1.4834	241.31	257.78	0.5357	1.1066	241.07	257.46	0.5298
	100 psia (79.08)				125 psia (93.09)			
Sat.	0.4794	168.74	177.61	0.4100	0.3814	170.46	179.28	0.4094
80	0.4809	168.93	177.83	0.4104	-	-	-	-
100	0.5122	173.20	182.68	0.4192	0.3910	172.01	181.06	0.4126
120	0.5414	177.42	187.44	0.4276	0.4171	176.43	186.08	0.4214
140	0.5691	181.62	192.15	0.4356	0.4413	180.77	190.98	0.4297
160	0.5957	185.84	196.86	0.4433	0.4642	185.10	195.84	0.4377
180	0.6215	190.08	201.58	0.4508	0.4861	189.43	200.68	0.4454
200	0.6466	194.38	206.34	0.4581	0.5073	193.79	205.52	0.4529
220	0.6712	198.72	211.15	0.4653	0.5278	198.19	210.40	0.4601
240	0.6954	203.13	216.00	0.4723	0.5480	202.64	215.32	0.4673
260	0.7193	207.60	220.91	0.4792	0.5677	207.15	220.28	0.4743
280	0.7429	212.14	225.88	0.4861	0.5872	211.72	225.30	0.4811
300	0.7663	216.74	230.92	0.4928	0.6064	216.35	230.38	0.4879
320	0.7895	221.42	236.03	0.4994	0.6254	221.05	235.51	0.4946
340	0.8125	226.16	241.20	0.5060	0.6442	225.81	240.71	0.5012
360	0.8353	230.98	246.44	0.5124	0.6629	230.65	245.98	0.5077
380	0.8580	235.87	251.75	0.5188	0.6814	235.56	251.32	0.5141
400	0.8806	240.83	257.13	0.5252	0.6998	240.53	256.72	0.5205

TABLE G.8.2 (계속)
Superheated R-134a

Temp. (F)	v (ft³/lbm)	u (Btu/lbm)	h (Btu/lbm)	s (Btu/lbm R)	v (ft³/lbm)	u (Btu/lbm)	h (Btu/lbm)	s (Btu/lbm R)
	150 psia (105.13)				200 psia (125.25)			
Sat.	0.3150	171.87	180.61	0.4089	0.2304	174.00	182.53	0.4080
120	0.3332	175.33	184.57	0.4159	-	-	-	-
140	0.3554	179.85	189.72	0.4246	0.2459	177.72	186.82	0.4152
160	0.3761	184.31	194.75	0.4328	0.2645	182.54	192.33	0.4242
180	0.3955	188.74	199.72	0.4407	0.2814	187.23	197.64	0.4327
200	0.4141	193.18	204.67	0.4484	0.2971	191.86	202.85	0.4407
220	0.4321	197.64	209.63	0.4558	0.3120	196.46	208.01	0.4484
240	0.4496	202.14	214.62	0.4630	0.3262	201.08	213.15	0.4559
260	0.4666	206.69	219.64	0.4701	0.3400	205.72	218.31	0.4631
280	0.4833	211.29	224.70	0.4770	0.3534	210.40	223.48	0.4702
300	0.4998	215.95	229.82	0.4838	0.3664	215.13	228.69	0.4772
320	0.5160	220.67	235.00	0.4906	0.3792	219.91	233.94	0.4840
340	0.5320	225.46	240.23	0.4972	0.3918	224.74	239.24	0.4907
360	0.5479	230.32	245.52	0.5037	0.4042	229.64	244.60	0.4973
380	0.5636	235.24	250.88	0.5102	0.4165	234.60	250.01	0.5038
400	0.5792	240.23	256.31	0.5166	0.4286	239.62	255.48	0.5103
	250 psia (141.87)				300 psia (156.14)			
Sat.	0.1783	175.50	183.75	0.4068	0.1428	176.50	184.43	0.4055
160	0.1955	180.42	189.46	0.4162	0.1467	177.70	185.84	0.4078
180	0.2117	185.49	195.28	0.4255	0.1637	183.44	192.53	0.4184
200	0.2261	190.38	200.84	0.4340	0.1779	188.71	198.59	0.4278
220	0.2394	195.18	206.26	0.4421	0.1905	193.77	204.35	0.4364
240	0.2519	199.94	211.60	0.4498	0.2020	198.72	209.93	0.4445
260	0.2638	204.70	216.90	0.4573	0.2128	203.62	215.43	0.4522
280	0.2752	209.47	222.21	0.4646	0.2230	208.50	220.88	0.4597
300	0.2863	214.27	227.52	0.4717	0.2328	213.39	226.31	0.4669
320	0.2971	219.12	232.86	0.4786	0.2423	218.30	231.75	0.4740
340	0.3076	224.01	238.24	0.4854	0.2515	223.25	237.21	0.4809
360	0.3180	228.95	243.66	0.4921	0.2605	228.24	242.70	0.4877
380	0.3282	233.95	249.13	0.4987	0.2693	233.29	248.24	0.4944
400	0.3382	239.01	254.65	0.5052	0.2779	238.38	253.81	0.5009

TABLE G.8.2 (계속)
Superheated R-134a

Temp. (F)	v (ft³/lbm)	u (Btu/lbm)	h (Btu/lbm)	s (Btu/lbm R)	v (ft³/lbm)	u (Btu/lbm)	h (Btu/lbm)	s (Btu/lbm R)
	400 psia (179.92)				500 psia (199.36)			
Sat.	0.0965	177.23	184.37	0.4020	0.0655	175.90	181.96	0.3960
180	0.0966	177.26	184.41	0.4020	-	-	-	-
200	0.1146	184.44	192.92	0.4152	0.0666	176.38	182.54	0.3969
220	0.1277	190.41	199.86	0.4255	0.0867	185.78	193.80	0.4137
240	0.1386	195.92	206.19	0.4347	0.0990	192.46	201.62	0.4251
260	0.1484	201.21	212.20	0.4432	0.1089	198.40	208.47	0.4347
280	0.1573	206.38	218.03	0.4512	0.1174	204.00	214.86	0.4435
300	0.1657	211.49	223.76	0.4588	0.1252	209.41	220.99	0.4517
320	0.1737	216.58	229.44	0.4662	0.1323	214.74	226.98	0.4594
340	0.1813	221.68	235.09	0.4733	0.1390	220.01	232.87	0.4669
360	0.1886	226.79	240.75	0.4803	0.1454	225.27	238.73	0.4741
380	0.1957	231.93	246.42	0.4872	0.1516	230.53	244.56	0.4812
400	0.2027	237.12	252.12	0.4939	0.1575	235.82	250.39	0.4880
	750 psia				1000 psia			
180	0.01640	136.22	138.49	0.3285	0.01593	134.77	137.71	0.3262
200	0.01786	144.85	147.32	0.3421	0.01700	142.70	145.84	0.3387
220	0.02069	155.27	158.14	0.3583	0.01851	151.26	154.69	0.3519
240	0.03426	173.83	178.58	0.3879	0.02102	160.95	164.84	0.3666
260	0.05166	187.78	194.95	0.4110	0.02603	172.59	177.40	0.3843
280	0.06206	196.16	204.77	0.4244	0.03411	184.70	191.01	0.4029
300	0.06997	203.08	212.79	0.4351	0.04208	194.58	202.37	0.4181
320	0.07662	209.37	220.00	0.4445	0.04875	202.67	211.69	0.4302
340	0.08250	215.33	226.78	0.4531	0.05441	209.79	219.86	0.4406
360	0.08786	221.11	233.30	0.4611	0.05938	216.36	227.35	0.4498
380	0.09284	226.78	239.66	0.4688	0.06385	222.61	234.43	0.4583
400	0.09753	232.39	245.92	0.4762	0.06797	228.67	241.25	0.4664

표 G.9 77°F, 1 atm에서 각종 물질의 생성엔탈피와 절대엔트로피.

Substance	Formula	M	State	h_f^0 Btu/lbmol	s_f^0 Btu/lbmol R
Water	H_2O	18.015	gas	−103 966	45.076
Water	H_2O	18.015	liq	−122 885	16.707
Hydrogen peroxide	H_2O_2	34.015	gas	−58 515	55.623
Ozone	O_3	47.998	gas	+61 339	57.042
Carbon (graphite)	C	12.011	solid	0	1.371
Carbon monoxide	CO	28.011	gas	−47 518	47.182
Carbon dioxide	CO_2	44.010	gas	−169 184	51.038
Methane	CH_4	16.043	gas	−32 190	44.459
Acetylene	C_2H_2	26.038	gas	+97 477	47.972
Ethene	C_2H_4	28.054	gas	+22.557	52.360
Ethane	C_2H_6	30.070	gas	−36 432	54.812
Propene	C_3H_6	42.081	gas	+8 783	63.761
Propane	C_3H_8	44.094	gas	−44 669	64.442
Butane	C_4H_{10}	58.124	gas	−54 256	73.215
Pentane	C_5H_{12}	72.151	gas	−62 984	83.318
Benzene	C_6H_6	78.114	gas	+35 675	64.358
Hexane	C_6H_{14}	86.178	gas	−71 926	92.641
Heptane	C_7H_{16}	100.205	gas	−80 782	102.153
n-Octane	C_8H_{18}	114.232	gas	−89 682	111.399
n-Octane	C_8H_{18}	114.232	liq	−107 526	86.122
Methanol	CH_3OH	32.042	gas	−86 543	57.227
Ethanol	C_2H_5OH	46.069	gas	−101 032	67.434
Ammonia	NH_3	17.031	gas	−19 656	45.969
T-T-Diesel	$C_{14.4}H_{24.9}$	198.06	liq	−74 807	125.609
Sulfur	S	32.06	solid	0	7.656
Sulfur dioxide	SO_2	64.059	gas	−127 619	59.258
Sulfur trioxide	SO_3	80.058	gas	−170 148	61.302
Nitrogen oxide	N_2O	44.013	gas	+35 275	52.510
Nitromethane	CH_3NO_2	61.04	liq	−48 624	41.034

Introduction to
Engineering Thermodynamics

연습 문제 해답

Homework Problems

2.18	0.406 kmol
2.21	3583 N
2.24	21.7 m/s^2
2.27	1530 N
2.30	198 kPa
2.33	700 N
2.36	332 kPa
2.42	0.12 kPa
2.45	100.73 kPa
2.48	1.77 kPa, 13.2 mm
2.51	1346 kPa
2.54	8.72 m
2.57	370 kPa
2.60	6.9 mm
3.12	1234 k, 1356 k
3.15	190 k
3.18	vapor, solid
3.24	a. vapor
	b. liquid
	c. mixture
	d. vapor
3.27	1200 kPa, undefined, 2033 kPa, 0.0326 m^3/kg
3.30	mixture, 2513 kPa, 0.672 gas, 10000 kPa, undefined
3.33	431 kPa
3.36	35.7 kg
3.39	771 kPa, 1318 kPa, 0.468
3.42	212°C, more vapor
3.45	rise, fall
3.48	100%, −50%
3.51	1.19 kg, 0.83 kg, 1.81 kg
3.54	96.4 kPa
3.57	0.697 kg, 3000 kPa
3.60	2.75%, 9.4%, 25.3%
3.63	3.2%, 9.9%, 23.4%
3.66	No
3.69	4.5%, 1.4%
3.72	0.47 m^3
3.75	925 kPa, 0.007 m^3/kg
3.78	under
3.84	101.98 K, 102.15 K
4.6	$F_2 = 4\ F_1$
4.15	9807 J
4.18	0.083 m, 0.028 m
4.21	303 m
4.24	3.17 kPa, 0.0361, 0 kJ
4.27	1160 K
4.30	0.71 m^3, −291 kJ
4.33	211.7°C, 0.1 m^3, 0 kJ
4.36	1.72 m^3, 264 kJ
4.39	877 K, 357.5 kJ/kg
4.42	−74.5 kJ
4.45	−7.165 kJ
4.48	1.969, −51.8 kJ/kg
4.51	−49.4 kJ
4.54	1.29 m^3, 215 kJ
4.57	1.55 MPa, 0.5 m^3, 80 kJ
4.60	829°C, 25.4 m^3, 3390 kJ
4.63	778 kJ
4.66	12.6 J
4.72	20 kW
4.75	186 W
4.78	74 W, 1063 kJ
4.84	5400 W
4.87	203 kJ
4.90	16 kW/m^2
5.9	30.89 kJ, 0.0386 m^3
5.12	4.29 m^3
5.15	9.9 m/s, −5.49 m
5.18	a. 3973 kPa, 1664 kJ/kg
	b. undefined, 114 kJ/kg
	c. −337.6 kJ/kg, 0.00109 m^3/kg
	d. 32.5°C, 405 kJ/kg
5.21	a. −0.03, 0.47 kJ/kg
	b. −0.12, 1.88 kJ/kg
	c. −1.19, 18.67 kJ/kg
5.24	a. mixture L+V
	b. compressed liquid
	c. superheated vapor
	d. superheated vapor
	e. mixture L+V

5.27	133.6°C, 0 kJ, −1148 kJ
5.30	721 kJ
5.33	165 kJ
5.36	878 kJ, 0 kJ
5.39	114 kJ
5.42	180°C, 1684 kJ
5.45	3387 kJ, 285 kJ
5.48	25.51 MJ
5.51	−7421 kJ
5.54	0.274, 759 kJ
5.57	2611 kJ
5.60	65°C
5.63	41.8 MJ
5.66	5.03 kJ
5.69	1 kJ/kg K, 14%, 21%
5.72	53.7°C, 43.7°C
5.75	36 kJ/kg, 45 kJ/kg
5.78	261 kJ, 444 kJ
5.81	2.3 kg, 3.48 kg, 736 K, 613 kPa
5.84	472°C, 476°C, 501°C
5.87	0.03 m^3, 1913 kPa, −83.5 kJ, −320 kJ
5.90	−2.67 kJ
5.93	73.7 kJ/kg
5.96	845 kPa, 459 K
5.99	1491 kPa, 41.5 kJ, 1025 kJ
5.102	0.23 m/s
5.105	249 s
5.108	15 h
5.111	2.45 kW
5.114	5.9 kW, 267 N
6.9	1624 m/s, no
6.12	6.4 m/s
6.15	17.2 m/s
6.18	582 m/s
6.21	124 kPa, 320 K
6.24	345 K
6.27	7.6°C
6.30	−20°C, 3680%
6.33	624 kW
6.36	−9.9 kW
6.39	98.6 kW
6.42	12 kg/s
6.45	317 kJ/kg, −307 kJ/kg
6.48	1400 kJ/kg
6.51	0.84 kW, 1.01 kW
6.54	0.224 kg/s
6.57	20.2°C, 44 m/s
6.60	−11 kW
6.63	22 MW
6.66	18 MW
6.69	0.27 kg/s
6.72	0.258 kg/s, 4.19 m^3/s
6.75	0.076 kg/s
6.78	2.07 kg/s
6.81	1389 K
6.84	13.75 MW, 67 MW
6.87	−0.55 kW, −8.665 kW, 5.42 kW
6.90	16.96 kg, −469 kJ
6.93	520°C, 0.342 m^3
6.96	11.61 kg, 573 kPa
6.99	41 MJ
6.102	270.4 MJ
7.12	0.43, 20 kW
7.15	2.91
7.18	1.3 kW, 750 W
7.24	2.17
7.27	10.9 kW
7.33	Irreversible
7.39	0.15
7.42	1.39 kW
7.45	impossible
7.48	15.2 kJ, 20 s
7.51	refrigerator claim OK deep freezer not OK
7.54	100 MJ
7.57	0.91 MW
7.60	1.9°C
7.63	1#1, 7.8, 6
7.66	$\dot{W} = K\,(T_H - T_L)^2/T_H$
7.69	5.4°C
7.75	0.27 m^3/kg, 320 kPa, 125 kJ/kg
8.3	all constant
8.6	v ~ C, rest increases
8.15	a. impossible
	b. OK
	c. OK
8.18	4.05, 6.545, −1.237 all kJ/kg K
8.21	Δu's 23.2, 26, 28.3 kJ/kg
	Δs's 0.77, 1.1, 1.85 kJ/kg K
8.24	a. 0.966, 350.9 kPa
	b. 232 kPa, x undefined
	c. 42.6°C, 1.1975 kJ/kg K
8.27	1940 kJ/kg, 0.46 kJ
8.30	both positive
8.33	16.94 kJ, 225.7 kJ, 225.7 kJ, yes
8.36	0.383 m^3/kg, 237.3°C
8.39	26.4°C
8.42	171.95°C, −132 kJ/kg
8.45	−0.675 kJ
8.48	−463 kJ, −4360 kJ
8.51	0.385 m^3

8.54	334.6 kJ/kg, 1.0 kJ/kg K, 334.4 kJ/kg, 1.0 kJ/kg K
8.57	65.2°C, 0.023 kJ/K
8.60	1353 kJ out, 0.979 kJ/K
8.63	316 K, 0.0728 kJ/K
8.66	2.909, 2.7249, 2.3352 all kJ/kg K
8.69	2015 kPa, 0.0116 m^3
8.72	660.8 kJ, 0.661 kJ/K
8.75	a. 697.3 K, −253.3 kJ/kg b. 789.7 K, −254.5 kJ/kg
8.78	143 K, −623.6 kJ/kg
8.81	48.6 cm, 0.294 kJ
8.84	both negative
8.87	negative
8.90	1.81 kJ, −0.963 kJ
8.93	147 kJ, −91 kJ
8.96	6.2 J/K, 0.5 J/K
8.99	875 kJ, 6955 kJ, 5.3 kJ/K
8.102	yes
8.105	−112 kJ, −1485 kJ, 0.29 kJ/K
8.108	180 kPa, 1500 K, 0.369 kJ/K
8.111	161 kJ, 852 kJ, 0.6 kJ/K
8.114	0.365 kJ/K
8.117	0.2 kJ/K
8.120	0.1 kW/K, 0.1 kW/K
8.123	3.1 W/K, 0.27 W/K
9.15	0.728 kg/s
9.18	$q = 1891$ kJ/kg, w = 0
9.21	2849 kJ/kg
9.24	633 m/s
9.27	27 MW
9.30	Isentropic processes, 357 K, 359 m/s
9.33	$w_T = 1569$ kJ/kg, $w_{p,\text{ in}} = 20.1$, 0.428
9.36	14 m/s, 10.1 m
9.39	6.08 MPa, 25.3°C
9.42	2.36 kW
9.45	a. 16.7 kW, 45°C b. 0.3 kW, −9.6°C
9.48	17.6°C, 100.67 kPa
9.51	18442 kPa, −849 kJ/kg, −104 kJ/kg
9.54	Yes
9.57	0.0686 kJ/kg K
9.60	0.0154 kW/K
9.63	326.7 K, 0.0358 kW/K
9.66	120.2°C, 1.54 kW/K
9.69	443 K, 0.0228 kW/K
9.72	0.506 kJ/kg K
9.75	125.5 kg, 0.0887 m^3, 0.0113 m^3, irreversible
9.78	14 m/s, 49 m^2/s^2, 13.1 J/K
9.81	−0.39 kJ, 0.0185 kJ/K
9.84	0.361 kg, 333°C, 0.186 kJ/K
9.87	85%, 0.149 kJ/kg K
9.90	87%
9.93	89%
9.96	70%
9.99	71.7%
9.102	1230 kJ/kg, 0.5 kJ/kg K
9.105	28.5 kJ/kg, 6°C
9.108	313 K, 129 kPa
9.111	No
9.114	−38.9 kJ/kg
9.117	No
9.120	94.4 kW, 63.9 kW
9.123	20.45 kJ/kg, 20.45 kJ/kg
9.126	274 kW
9.129	6.24 kJ/kg
9.132	−755 kW, 305 kW
9.135	924 K
9.138	0.92
9.141	0.885, 0.906
9.144	−47.8 kJ/kg, 0.0444 kJ/kg K, 13.24 kJ/kg
9.147	3003 kPa
10.9	0.668, 0.234, 0.098, 0.454 kg
10.12	2.325 mole O_2/mole CH_4
10.15	0.2513 kJ/kg K, 1.0 m^3
10.18	2.57 kg/m^3, 0.2682 kJ/kg K, 6.43 kg/s
10.21	1.675 m^3, 373 kJ
10.24	335 K, 306 kPa
10.27	901 kJ/kg, 1.354 kJ/kg K
10.30	−8.8 kJ, −8.8 kJ
10.33	1056 K, 1.31 kJ/kg K
10.36	353 K, 134 kJ/kg
10.39	316 K, 242 kPa
10.42	13236 kPa, 0.933, −1596 kJ, −1988 kJ, −6.766 kJ/K
10.45	5.76 kJ/kmol K
10.48	1283 kW, 1.01 kW/K
10.51	1070 K
10.54	1.9 kW/K
10.57	302 K, 1.87 kW/K
10.60	0.00081, 0.0313, 1.572
10.63	0.445 kg
10.66	0.0125, −195 kW
10.69	0.00773, 0.0155 kg/s, 29°C
10.72	96°C
10.75	0.068 kg, 84.95 kPa, −740.8 kJ
10.78	35 kJ/kg air, 0.0099 kg/kg air
10.81	1.7°C, 0.0288 kg/kg air, −1.05 kW
10.84	33.3 kg/s, 0.323 kg/s
10.87	18.4 kg/h, −4.21 kW

10.9 a. 0.016, 22.3°C,
b. 0.0106, 15°C
c. 57%, 14.4°C
d. 0.017, 86%
10.93 beach A
10.96 94%
10.99 3.77, 6.43 kJ/kg air
10.102 0.006, 18%, 18°C, 8.4 kJ/kg air, 37.2 kJ/kg air, 28.5 kJ/kg air
11.3 3.0, 2609, 846, 1766 all kJ/kg, 32%
11.6 35%, 56%
11.9 758°C, 4.82 kg/s
11.12 10.3%
11.15 32.6 MW, 4358 kg/s
11.18 36%, x = 0.92
11.21 36%, 896 kJ/kg
11.24 0.0437, 198 kJ/kg
11.27 34.5%, 866 kJ/kg
11.30 21.57 kg/s, 44.8 MW, 30.7%, 52.6%
11.33 34.7%
11.36 3.0 kJ/kg K
11.39 40.3°C, 29.2 MW, 11.6 MW
11.42 22 MW, 62.5°C
11.45 22.3
11.48 3.04 MW, 7.32 MW, 48.4%
11.51 Yes
11.54 166 MW, 0.4, 58%
11.57 253 kJ/kg, 271 kJ/kg
11.60 1012 m/s
11.63 824 K, 602 m/s
11.66 623 m/s, 1012 m/s
11.69 232 kPa, 462 kJ/kg, 58.5%
11.72 2047 K, 815 K, 60%
11.75 23.8, 518 kJ/kg in, 15129 kPa
11.78 19.3, 61.9%
11.81 6298 kPa, 551 kJ/kg, 65.3%
11.84 20.9, 895 kPa
11.87 3.2, 3.17
11.90 44.9 kJ/kg, 3.77
11.93 388.5 kW, 4300 kW
11.96 64%, 4.44
11.99 0.09 W/K, 0.04 W/K, valve, inside
11.102 0.57
11.105 11.4, 52.9%
11.111 4358 kg/s, 5703 kW water, 286 kW ocean, 5%
11.114 26.66 kg/s, 18303 kW source, 2 kW intake, 4302 kW exhaust
12.12 11 H_2O + 10 CO_2 + 87.42 N_2 + 7.75 O_2
12.15 2.39 H_2O + 1.47 CO_2 + 12.1 N_2 + 0.53 O_2 for 1 mole gas
12.18 2.324 H_2O + 1 CO_2 + 11.28 N_2 + 1 O_2, 53.8°C
12.21 1.25 kg, 1.49 kg
12.24 1197 MJ/kmol
12.27 −463 272 kJ/kmol
12.30 0.1475, 9.575
12.33 −3842 MJ/kmol
12.36 −1215 MJ/kmol
12.39 1.8 CO_2 + 2.8 H_2O + 10.69 N_2, 30941 kJ/kg
12.42 −585 MJ/kmol
12.45 1843 K
12.48 169%
12.51 1480 K
12.54 2909 K
12.57 4991 K, 24.6 MJ/kmol
12.60 1838 kJ/kmol K
12.63 4991 K, 79.7 kJ/kmol K
12.66 1.06 V
12.69 nearly no dissociation
12.72 no
12.75 2980 K
12.78 49.7% H_2, 50.3% H by mole
12.81 1444 K
12.84 36.2% H_2O, 21.3% O_2 and 42.5% H_2
12.87 176 811 kJ
13.3 109 W/m^2K
13.6 187.5 W, 97 W
13.9 2.22 W/mK, 0.03 K/W
13.12 2 m 2
13.15 1.7 m^2K/W, 0.82 m^2 k/W, 21 kW
13.18 58.4°C
13.21 240 W
13.24 45.6°C
13.27 28.3°C, 31 W/m
13.30 387 W
13.33 397 W
13.36 41.8 W
13.39 102 K/W, 40.7 K/W, 502°C
13.42 63.2°C
13.45 60 W
13.48 75%, 19
13.51 20.5, 28
13.54 48°C
13.57 39.8°C
13.60 50.7°C, 55.7°C
13.63 yes, 1143 sec
13.66 1 h 28 min
13.69 5392 W/m^2K
13.72 42.6°C, 26.4°C
13.75 0.74 m
13.78 5 kW/m^2, 2.5 kW/m^2

13.81	3.28 kW
13.84	37.9 kW/m
13.87	0.0265 mK/W, 470 m
13.90	73.5°C
13.93	127.5°C
13.96	80°C
13.99	2033 kPa
13.102	0.05, 0.05, 0.1, 2.5, 3.125 all K/W, 9.44 W
13.105	59°C, 163°C
13.108	28% lower

부록 F, 영국 단위 보충

2.3	0.1337 ft^3/lbm, 4.3 ft^3/mol
2.6	53 ft
3.3	a. compr. liquid, 0.01173 ft^3/lbm
	b. sup. vapor, 67 F
3.6	10.5 psia
3.9	48 lbm, 10% error
4.3	22.6 Btu/s
4.6	49.8 Btu
4.8	2.6 in.
5.2	62 ft^3
5.5	−78 Btu
5.8	197 F
5.11	0, −12.6 Btu
5.14	32.9 s
6.3	728 ft/s, no
6.6	24.6 Btu/lbm
6.9	33 000 hp, -1.92×10^8 Btu/h
6.11	3.6 lbm, 86 psia
7.2	2.5 Btu, 1.5
7.5	3333 Btu/s, 1074 R
8.3	negative, positive
8.6	1.29 Btu/R
8.9	69.4 psia, −236 Btu/lbm, −377 Btu/lbm
8.12	0.00088 Btu/s R, 0.0026 Btu/s R
9.3	60 Btu/s, 60 Btu/s
9.6	2.3 Btu/s = 3.3 hp
9.9	484 F, 100%
9.12	25.5 Btu/lbm, 25.5 Btu/lbm
9.14	200 Btu/s, 96%
10.3	546 R
10.7	0.66 lbm, 0.00436, 35.5 F
10.10	1.235 Btu/s, −0.78 Btu/s
11.1	1.8, 1104, 360, 746 all in Btu/lbm, 32.5%
11.4	1.8, 1253, 424, 829 all in Btu/lbm, 33.7%
11.7	2600 R, 67.2 lbm/s
11.10	3836 R, 1527 R, 60.2%
11.13	116 Btu/s = 164 hp
11.16	3.72
12.3	126 psia, 195 945 Btu (out)
12.6	0.145, 9.689
12.9	5236 R
12.12	151%, 114 570 Btu/lbmol
12.15	ln K = −186; ln K = 5.13
12.18	75 360 Btu
12.21	0.36

Introduction to
Engineering Thermodynamics

찾아보기
Index

ㄱ

가솔린(gasoline) ▸ *336*
가스 터빈(gas turbine) ▸ *309, 336*
가역 과정(reversible process) ▸ *168, 181*
가역 일(reversible work) ▸ *246, 256, 377*
가용성의 감소(loss of availability) ▸ *377*
가용성(availability) ▸ *256*
가용 에너지(available energy) ▸ *256*
가용(available) ▸ *244*
강성적 상태량(intensive property) ▸ *15*
강성적(intensive) ▸ *29*
개방계(open system) ▸ *14, 28*
개방 급수 가열기
(open feedwater heaters) ▸ *336*
건공기(dray air) ▸ *274*
건구 온도(dry-bulb temperature) ▸ *284*
건구(dry-bulb) ▸ *280*
건도(quality) ▸ *37, 60*
건량 기준(dry basis) ▸ *353*
건량(dry) ▸ *377*
검사질량(control mass) ▸ *13, 28*
검사체적(control volume) ▸ *13, 28*
경계 조건(boundary conditions) ▸ *398*
경계층(boundary layer) ▸ *409*
고립(isolated) ▸ *28*
고위 발열량(higher heating value) ▸ *362*
고체(solid) ▸ *60*
공기 표준 냉동 사이클(air-standard
refrigeration cycle) ▸ *331, 336*
공연비(air-fuel ratio) ▸ *351*
과냉 액체(subcooled liquid) ▸ *36*
과열 증기(superheated vapor) ▸ *37*
과잉 공기(excess air) ▸ *351*
과정(process) ▸ *29*
국부 열전달 계수
(local heat transfer coefficient) ▸ *410*
기전력(electromotive force) ▸ *369*
깁스 관계식(Gibbs relation) ▸ *216*
깁스 함수(Gibbs function) ▸ *371, 377*

ㄴ

내부 에너지(internal energy) ▸ *94, 114*
내부적 비가역 과정(internal irreversible
process) ▸ *237*
냉동기(refrigerators) ▸ *162, 181*
노즐 효율(nozzle efficiency) ▸ *243*
노즐(nozzle) ▸ *131*
농도(concentration) ▸ *267, 284*

ㄷ

다단(stacked) ▸ *336*
단열 과정(adiabatic process) ▸ *81*
단열 포화 과정(addiabatic saturation
process) ▸ *278, 284*
단열 화염 온도(adiabatic flame
temperature) ▸ *364, 377*
단위(units) ▸ *29*
당량비(equivalence ratio) ▸ *351, 377*
대류 층 저항(convection layer resistance)
▸ *390*
대류(convection) ▸ *81, 85, 383*
독립 상태량(independent properties) ▸ *41*
동력(power) ▸ *84*
동소 변태(allotropic transformation) ▸ *41*
디젤 기관(diesel engines) ▸ *336*
디젤 사이클(diesel cycle) ▸ *323, 336*
디퓨져(diffuser) ▸ *133*

ㅁ

막 온도(film temperature) ▸ *412*
모세관(capillary tube) ▸ *133*
몰 분율(a mole fraction) ▸ *267, 284*
무한히 긴(infinitely long) 핀 ▸ *399*
밀도(density) ▸ *20*
밀도 ρ(density ρ) ▸ *29*
밀폐계(closed system) ▸ *14, 28*
밀폐형 가열기(closed heater) ▸ *304*
밀폐(closed) ▸ *336*

ㅂ

반응도(degree of reaction) ▸ *371*
반응물(reactants) ▸ *350, 377*
반응열(heat of reaction) ▸ *362*
발열량(heating value HV) ▸ *362, 377*
방사율(emissivity) ▸ *386*
베르누이 방정식(Bernoulli equation)
▸ *235, 256*
변위(displacement) ▸ *320*
변화율(rate form) ▸ *114*
복사 열저항(radiation thermal resistance)
▸ *390*
복사(radiation) ▸ *85, 383*
복합 사이클(combined cycle) ▸ *334, 336*
복합(composite) 층 ▸ *391*
분압(partial pressure) ▸ *284*
비가역 과정(irreversible processes)
▸ *169, 181, 377*
비가역성(irreversibility) ▸ *246*
비습도(specific humidity) ▸ *274*
비압축성 유체(incompressible fluid)
▸ *235, 256*

비열(specific heats, 열용량) ▸ 114
비체적(specific volume) ▸ 20
비체적 v(specific volume v) ▸ 29

ㅅ

사이클(cycle) ▸ 16
삼중점(triple point) ▸ 39
상대 습도(relative humidity) ▸ 273, 284
상부 사이클(opping cycle) ▸ 334, 336
상태량-엔트로피(entropy) ▸ 216
상태량(property) ▸ 15
상태 방정식(equations of state) ▸ 55, 60
상태(state) ▸ 15, 29
상(phase) ▸ 15
생성물(products) ▸ 350, 377
생성 엔탈피(enthalpy of formation) ▸ 357, 377
성능계수(coefficient of performance) ▸ 165, 181
수증기 점(steam point) ▸ 28
순수 물질(pure substance) ▸ 36, 60
스로틀 과정(throttling process) ▸ 133
스파크-점화 내연 기관(spark-ignition internalcombustion engine) ▸ 320
습공기 선도(psychrometric chart) ▸ 281, 284
습공기(moist air) ▸ 284
습구 온도(wet-bulb temperature) ▸ 284
습구(wet-bulb) ▸ 280
습도 비(humidity ratio) ▸ 274, 284
습량(wet) ▸ 377
승화 곡선(sublimation line) ▸ 39
승화(sublimation) ▸ 39, 60
실제 장치(actual devices) ▸ 256

ㅇ

알코올 족(alcohol family) ▸ 348
압력-비체적-온도 면(pressurespecific-volume-temperature surface) ▸ 48
압력 P (pressure P) ▸ 29
압력(pressure) ▸ 22
압축기(compressor, 기체) ▸ 136, 241
압축 비(compression ratio) ▸ 320
압축성 인자(compressibility factor) ▸ 52, 60
압축성(compressible) ▸ 36
압축 액체(compressed liquid) ▸ 37
압축-점화 기관(compression-ignition engine) ▸ 323
액체(liquid) ▸ 60
얼음 점(ice point) ▸ 28
에너지 보존식(conservation of energy, 제1법칙) ▸ 148
에너지 보존(conservation of energy) ▸ 96, 114
에너지(energy) ▸ 18, 93, 244
엑서지(exergy) ▸ 256
엔탈피 변화는 연소 열(enthalpy of combustion) ▸ 377
엔탈피(enthalpy) ▸ 102, 114
엔트로피 생성(generation of entropy) ▸ 208, 216
엔트로피 유량(flux of entropy) ▸ 213
엔트로피의 절대값(absolute value of entropy) ▸ 377
엔트로피 증가의 원칙(principle of the increase of entropy) ▸ 211
엔트로피 평형식(entropy balance equation) ▸ 209, 216
엔트로피(entropy) ▸ 192
역일(back work) ▸ 311
연공비(fuel-air ratio) ▸ 351
연료 전지(fuel cell) ▸ 377
연소 열(enthalpy of combustion ▸ 362
연속 방정식(continuity equation) ▸ 377
연속식(continuity equation) ▸ 124, 141, 148
연속체(continuum) ▸ 15
열경계층(thermal boundary layer) ▸ 409
열기관(heat engines) ▸ 162, 181, 336
열병합 발전(cogeneration) ▸ 307
열시간 상수(thermal time constant) ▸ 407
열역학적 습구 온도(thermodynamic wet-bulb temperature) ▸ 280
열역학적 평형 (thermodynamic equilibrium) ▸ 16
열역학 제0법칙(the zeroth law of thermodynamics) ▸ 28
열역학 제1법칙 (first law of thermodynamics) ▸ 127
열역학 제2법칙(second law of thermodynamics) ▸ 161, 181
열펌프(heat pump) ▸ 162
열펌프(heat pumps) ▸ 181
열효율(thermal efficiency) ▸ 163, 181
열(heat) ▸ 80, 84
영구운동 기계(perpetual-motion machine) ▸ 167, 181
온도의 동등성(equality of temperature) ▸ 27
온도 T(temperature T) ▸ 29
완전 경계층 영역(fully turbulent boundary layer) ▸ 410
완전 연소(complete combustion) ▸ 350, 377
외부적 비가역 과정(external irreversible process) ▸ 237
운동량(momentum 속도) ▸ 409
운동 에너지(kinetic energy) ▸ 94, 114
원자(atom) ▸ 377
위치 에너지(potential energy) ▸ 94, 114
유동 가용성(flow availability) ▸ 250
유동 일률(rate of flow work) ▸ 126
유효도(effectiveness) ▸ 401
융해 곡선(fusion line) ▸ 39
융해(fusion) ▸ 60
응축 ▸ 377
이론 공기량(theoretical air) ▸ 350
이론 반응 계수(stoichiometric coefficient) ▸ 350
이론 반응 공기 백분율(percent theoretical air) ▸ 377
이론 반응 혼합물(stoichiometric mixture) ▸ 377
이상기체 가역 등온 과정(reversible isothermal process) ▸ 206
이상기체(ideal gas) ▸ 50
이상적인 장치(ideal device) ▸ 256
이슬점(dew point) ▸ 273, 284, 377
이원 사이클(binary cycle) ▸ 334
일반 선도(generalized chart) ▸ 53
일반적인 검사체적(general control volume) ▸ 127, 256
일(work) ▸ 84

임계점(critical point) ▸ 38

ㅈ

재생기의 유효도(regenerator efficiency) ▸ 316
재생기(regenerator) ▸ 315
재생 사이클(regenerative cycle) ▸ 300
저위 발열량(lower heating value) ▸ 362
전도 열저항(conduction thermal resistance) ▸ 389
전도(conduction) ▸ 81, 85, 383
전위차(electrical potential) ▸ 369
전해조(electrolytic cell) ▸ 369
절대 습도(absolute humidity) ▸ 284
절대 엔탈피(absolute entropy) ▸ 366
절대 온도 눈금(absolute temperature scale) ▸ 174
절대 온도(absolute temperature) ▸ 181
접촉 저항(contact resistance) ▸ 392
정상 상태 과정(steady-state process) ▸ 128, 226
정상 상태의 열교환기(steady-state heat exchanger) ▸ 130
정상 상태(steady-state) ▸ 148
정압비열[specific heat (at constant pressure)] ▸ 105
정체 엔탈피(stagnation enthalpy) ▸ 128
제1법칙(first law) ▸ 142
제2법칙 효율 (second-law efficiency) ▸ 250, 256
제3법칙 (third law of thermodynamics) ▸ 377
제트 기관(jet engine) ▸ 336
종량적 상태량(extensive property) ▸ 15
주울(J) ▸ 69
중량적(extensive) ▸ 29
증기 동력 발전소 (steam power plant) ▸ 336
증기 압축 냉동 계(vapor-compression refrigeration system) ▸ 326
증기 압축 냉동 사이클(vapor-compression refrigeration cycle) ▸ 336
증기(vapor) ▸ 60
증발 곡선(vaporization line) ▸ 39
증발(vaporization) ▸ 60
직렬 저항(resistance in series) ▸ 395
질량 보존식(conservation of mass) ▸ 148
질량 보존(conservation of mass) ▸ 123
질량 분율(a mass fraction) ▸ 267, 284

ㅊ

천이 과정(transient process) ▸ 141, 148
천이 영역(transition region) ▸ 410
총 에너지(total energy) ▸ 114
총 엔탈피(total enthalpy) ▸ 128
최소 깁스 함수 (minimum Gibbs function) ▸ 377
최소(minimum) ▸ 371
추력(thrust) ▸ 336
층류 경계층 (laminar boundary layer) ▸ 410

ㅋ

캐스캐이드 계(cascade system) ▸ 336

ㅌ

탄화수소 연료(hydrocarbon fuels) ▸ 347, 377
터빈 효율(efficiency of the turbine) ▸ 239
트랩(trap) ▸ 304

ㅍ

펌프(pump) ▸ 136
평균값(average value) ▸ 409
평균 속도(mean velocity) ▸ 413
평균 온도(mean temperature) ▸ 413
평균 유효 압력(mean effective pressure) ▸ 320, 336
평형 상수(equilibrium constant) ▸ 372
포화 공기(saturated air) ▸ 273
포화 압력(saturation pressure) ▸ 36
포화 액체(saturated liquid) ▸ 36
포화 온도(saturation temperature) ▸ 36
폴리트로프 과정(polytropic process) ▸ 72, 85, 204
표면 열유속 (constant surface heat flux) ▸ 414
표준 상태 압력 (standard-state pressure) ▸ 366
표준 엔트로피(standard entropy) ▸ 201
핀, 무한히 긴(infinitely long) ▸ 399

ㅎ

하부 사이클(bottoming cycle) ▸ 336
한 사이클(a cycle) ▸ 29
혼합에 의한 엔트로피 생성(entropy generation by mixing) ▸ 284
화학 평형 방정식(chemical equilibrium equation) ▸ 372
화학 평형(chemical equilibrium) ▸ 371
효율(efficiency) ▸ 241, 256, 400

B

Biot 수(Biot number) ▸ 407
Brayton 사이클(Brayton cycle) ▸ 309, 336

C

Carnot 사이클(Carnot cycle) ▸ 172
Carnot 사이클(Carnot cycle) 장치 ▸ 181
Clausius 부등식 (inequality of Clausius) ▸ 187
Clausius 서술 ▸ 181
Clausius의 부등식 (inequality of Clausius) ▸ 216

F

Fourier 법칙(Fourier's law) ▸ 383

K

Kalina 사이클(Kalina cycle) ▸ 336
Kelvin-Planck 서술 ▸ 181

N

Newton의 냉각 법칙 (Newton's law of cooling) ▸ 384
Nusselt 수(Nusselt number) ▸ 385

O

Ohm 법칙(Ohm's law) ▸ 395
Otto 사이클(Otto cycle) ▸ 320, 336

P

$P-v-T$ 면(P-v-T surface) ▸ 60
Prandtl 수(Prandtl number) ▸ 385

R

Rankine 사이클(Rankine cycle)
▸ 295, 336
Reynolds 수(Reynolds number) ▸ 385

S

Stefan-Boltzmann 법칙
(Stefan Boltzmann law) ▸ 386

Introduction to
Engineering Thermodynamics

Introduction to
Engineering Thermodynamics